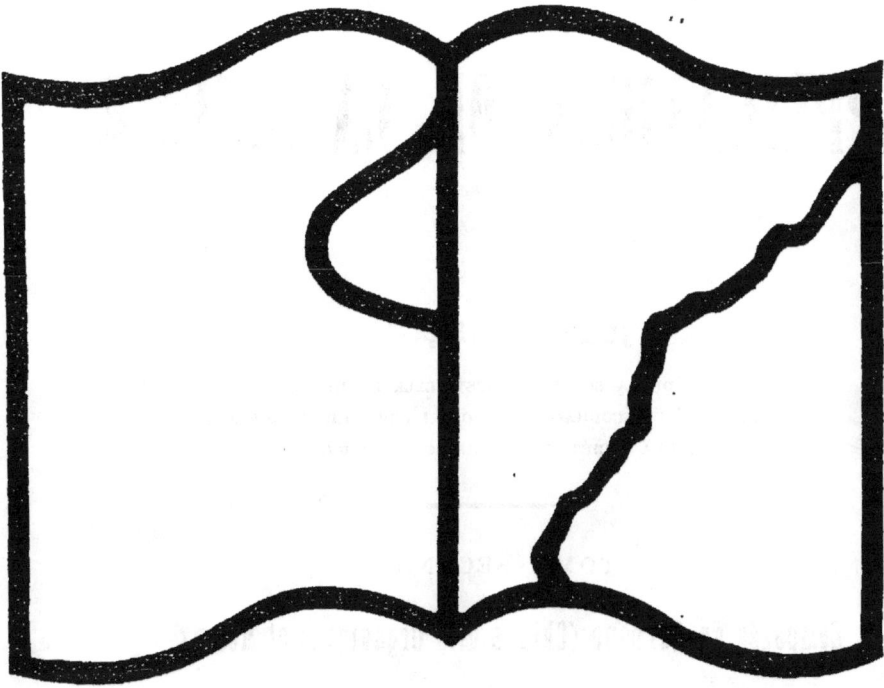

Texte détérioré — reliure défectueuse

NF Z 43-120-11

TRAITÉ-RÉPERTOIRE GÉNÉRAL

DES

APPLICATIONS DE LA CHIMIE

PAR

JULES GARÇON

LAURÉAT DE LA SOCIÉTÉ INDUSTRIELLE DE MULHOUSE,
DE LA SOCIÉTÉ D'ENCOURAGEMENT POUR L'INDUSTRIE NATIONALE,
DE LA SOCIÉTÉ INDUSTRIELLE DE ROUEN,

TOME SECOND

Composés du Carbone (Chimie dite Organique) et Métaux.

*Cet ouvrage a été honoré du Prix quinquennal de l'Exposition
de la Société Industrielle de Rouen (2 mars 1906).*

PARIS
H. DUNOD ET E. PINAT, ÉDITEURS
49, QUAI DES GRANDS-AUGUSTINS, 49

1907

TRAITÉ-RÉPERTOIRE GÉNÉRAL

DES

APPLICATIONS DE LA CHIMIE

PAR

JULES GARÇON

LAURÉAT DE LA SOCIÉTÉ INDUSTRIELLE DE MULHOUSE,
DE LA SOCIÉTÉ D'ENCOURAGEMENT POUR L'INDUSTRIE NATIONALE,
DE LA SOCIÉTÉ INDUSTRIELLE DE ROUEN.

TOME SECOND

Composés du Carbone (Chimie dite Organique) et Métaux.

---

*Cet ouvrage a été honoré du Prix quinquennal de l'Exposition
de la Société Industrielle de Rouen (2 mars 1906).*

PARIS
H. DUNOD ET E. PINAT
19, QUAI DES GRANDS-AUGUSTINS, 19

1907

RAPPORTS

de M. O. PIEQUET, à la Société Industrielle de Rouen
et de M. Ach. LIVACHE, à la S. d'Encouragement pour l'Industrie Nationale.

SOCIÉTÉ INDUSTRIELLE DE ROUEN
Rapport présenté par M. O. PIEQUET, au Comité de chimie :
Séance du 23 février 1906.

...L'auteur a condensé d'une façon extraordinairement complète et heureuse les documents scientifiques et industriels les plus intéressants et les plus divers, les résultats des travaux et des recherches faites dans tous les pays. De cet ouvrage, une partie seulement est imprimée ; la partie concernant la chimie du carbone est manuscrite... Le rapporteur conclut en demandant, au nom de la Commission, que le prix quinquennal de l'Exposition de 1884 soit accordé à l'auteur de ce remarquable ouvrage. Ces conclusions sont adoptées à l'unanimité. (Elles ont été ratifiées à l'unanimité en séance générale le 2 mars).

Note sur le *Traité des Applications de la Chimie* de M. Jules Garçon,
par M. O. PIEQUET. (Extrait du *Bulletin*, 1906, p. 94-98).

.. Vous voyez quelles qualités doit réunir l'auteur d'un ouvrage vraiment utile ! Sa science et son expérience personnelles doivent le mettre à même de faire un choix judicieux parmi les innombrables documents qui lui servent de base fondamentale, en même temps que son talent d'écrivain doit lui permettre de coordonner, de condenser et d'exposer clairement, sans abréviations exagérées comme sans longueurs inutiles, les faits qu'après mûr examen, il a juges dignes d'être retenus.

Ces qualités, nous les rencontrons toutes dans l'œuvre de M. Jules Garçon. Je ne crois pas nécessaire de vous présenter l'auteur du *Traité des Applications de la Chimie*; vous connaissez tous l'homme de haute probité scientifique, que des travaux, dont la seule nomenclature effraie à juste titre ceux qui réfléchissent à l'immense somme de travail qu'a dû coûter son œuvre, unique jusqu'ici, de l'*Encyclopédie Universelle des Industries Tinctoriales*, qualifiaient mieux que tout autre pour entreprendre la publication d'un livre dans le genre de celui qui est aujourd'hui soumis à votre examen...

Avec l'esprit particulièrement enviable de méthode qu'il apporte en tous ses travaux, il nous indique les sources auxquelles il a puisé... Il y a là une bibliographie de la chimie industrielle continuée dans tout le volume, qui évite toute recherche et facilite considérablement le travail à ceux qui sont désireux d'approfondir...

Vous serez d'accord avec votre Commission, Messieurs, pour décerner à cette œuvre le prix de l'Exposition de 1884.

Permettez-moi en terminant cette note de regretter avec vous, que notre Société ne dispose pas de récompenses plus importantes pour honorer comme il mérite celui qui s'est acquis des droits à notre reconnaissance...

SOCIÉTÉ D'ENCOURAGEMENT POUR L'INDUSTRIE NATIONALE
Rapport présenté par M. l'Ingénieur Ach. LIVACHE,
au nom du Comité des Arts Chimiques.
(Extrait du *Bulletin* de mai 1901.)

M. Jules Garçon, lauréat de la Société d'Encouragement, a soumis à votre examen le premier volume de son *Traité des applications de la chimie*, ouvrage qui a pour objet « d'étudier les applications générales et particulières de la chimie en les rattachant aux propriétés des corps d'où elles dérivent, et d'exposer avec détails les plus importantes de ces applications. »

Le premier volume comprend les métalloïdes et les composés métalliques.

Après un aperçu des principales applications de la chimie, M. Garçon indique les sources bibliographiques des sciences chimiques ; il énumère, tant pour la France que pour l'étranger, les catalogues, les périodiques, les mémoires des sociétés chimiques, les annales, les journaux, les revues, les catalogues des bibliothèques qui peuvent être consultés avec fruit.

De plus, comme cet ouvrage sera lu par des industriels, l'auteur se préoccupe de leur donner les renseignements indispensables sur les brevets d'invention, sur les règlements concernant les établissements dangereux, insalubres ou incommodes, sur le transport par chemin de fer des matières dangereuses et des matières infectes.

Arrivant alors à l'objet principal de son travail, M. Garçon étudie successivement les divers métalloïdes, en rattachant à chacun d'eux leurs composés métalliques ; il passe en revue leurs propriétés physiques et chimiques, leurs applications, et termine par la bibliographie.

Lorsqu'on lit cet ouvrage, on est étonné des nombreux renseignements utiles qu'il fournit. Ce n'est pas un dictionnaire et ce n'est pas une encyclopédie c'est un ouvrage intermédiaire fait à un point de vue éminemment pratique, qui permet de trouver rapidement le renseignement dont le chimiste ou l'industriel peuvent avoir besoin, et qui leur indique d'une façon précise les sources les plus récentes auxquelles ils pourront se reporter pour avoir un ensemble aussi complet que possible de la question qui les intéresse.

Prenons, par exemple, ce qui a trait à l'oxygène. L'auteur donne d'abord la préparation, les propriétés et les applications de l'oxygène et de l'ozone, avec une bibliographie ; puis il étudie l'air, l'eau, l'eau oxygénée et les oxydes avec une bibliographie pour chacune de ces divisions.

A propos de l'ozone, sont exposés les procédés si intéressants qui l'utilisent aujourd'hui pour la stérilisation des eaux potables.

A propos de l'air, nous trouvons des renseignements sur les compresseurs et les machines à air comprimé, sur les moteurs à air chaud, le séchage à air chaud.

A propos de l'eau, nous avons de nombreuses données sur les méthodes d'analyse des eaux, sur les eaux de pluie, de rivière, de source, de puits, sur l'eau de mer, sur les eaux minérales, sur la purification des eaux potables, sur les eaux industrielles et leur épuration, sur les eaux résiduaires, sur l'analyse des eaux industrielles et des eaux d'alimentation ; enfin, pour terminer, une bibliographie remarquable, ne remplissant pas moins de 15 pages, et signalant les articles importants parus dans les principales publications scientifiques françaises, anglaises et allemandes.

A propos de l'eau oxygénée, sont indiquées ses applications au blanchiment des diverses fibres animales et végétales.

Enfin, dans les chapitres relatifs aux oxydes, nous remarquons une étude très détaillée du mercerisage à propos de la soude caustique, avec des extraits des principaux brevets successifs ; puis des renseignements intéressants sur une question actuellement très discutée, l'emploi de l'oxyde de zinc dans la peinture à l'huile ; les applications des bichromates en teinture et en impression, etc., etc.

En passant en revue les chapitres consacrés aux autres métalloïdes, on pourrait citer de même de nombreux articles aussi utiles : pour le soufre, par exemple, nous trouvons les brevets pris pour la fabrication de l'anhydride sulfurique au moyen de l'amiante platinée ; pour le carbone, l'application des houilles au chauffage, etc.

En résumé, cet ouvrage est remarquable par sa richesse en renseignements pratiques. Cela tient à ce que M. Jules Garçon, qui a indiqué dans une communication récente, faite devant la Société d'Encouragement, les milliers de publications qu'il a dû dépouiller pour ses ouvrages précédents et qu'avec une persévérance infatigable il continue à relever pour la publication de son Encyclopédie universelle des industries tinctoriales et des industries annexes, a eu évidemment la prévoyance, au fur et à mesure de ses recherches, d'extraire ce qui lui semblait utile pour le travail particulier des applications de la chimie. Il en est résulté une abondance de renseignements précis et variés que l'on n'est pas toujours habitué à rencontrer dans les ouvrages similaires.

Votre Comité a l'honneur de vous proposer de remercier M. Garçon d'avoir présenté à la Société le premier volume de cette intéressante publication et de voter l'insertion au *Bulletin* du présent rapport. Votre Comité exprime en outre le vœu qu'il complète aussi rapidement que possible ce traité des applications de la chimie :

Signé : A. LIVACHE, *rapporteur.*

Lu et approuvé en séance le 10 mai 1901.

TABLE SYSTÉMATIQUE DES MATIÈRES

DEUXIÈME PARTIE
Composés du carbone dits organiques.
CHAPITRE XVI
Carbures d'hydrogène.

Dérivés de substitution des Carbures.

CHAPITRE XVII

Bitumes, Pétroles, Gaz d'éclairage, Goudron de houille.

CHAPITRE XVIII

Essences et Résines.

CHAPITRE XIX

Alcools, Éthers, Oxydes.

Oxydes.

CHAPITRE XX

Boissons fermentées, Eaux-de-vie, Distillerie, Parfumerie

CHAPITRE XXI

Phénols et Dérivés.

Dérivés nitrés et sulfonés

CHAPITRE XXII

Aldéhydes

CHAPITRE XXIII

Acides

CHAPITRE XXIV

Ethers-sels, Corps gras.

CHAPITRE XXV

Amines. Amides, Composés azoïques et Hydrazines.

I. Amines.

CHAPITRE XXVI

Glucoses et Glucosides. Saccharoses (Sucres).

CHAPITRE XXVII

Polyglucosides (suite).

Dextrines et Gommes, Amidons, Celluloses.

CHAPITRE XXVIII

Alcaloïdes naturels.

       Aconitine, Aricine. Atropine, Berbérine, Brucine, Caféine ou théine, Cicutine ou Coni-
       cine, Cinchonine, Cinchonidine, Cocaïne, Codéine, Colchicine, Curarine, Datu-
       rine. Digitaline, Duboisine, Ecgonine. Emétine. Elatérine, Ergotinine, Erytrophéine,
       Esérine, Fumarine, Hachischine, Hordéaine, Hydrastine, Hyoscyamine, Jaborine,
       Morphine, Napelline, Narcéine, Narcotine, Nicotine, Papavérine, Pelletiérine, Pilocar-
       pine, Picrotoxine, Quinine, Quinidine, Saracénine, Scopolamine, Solanine, Strychnine,
       Thébaïne, Théobromine. Vératrine, Yohimbine

CHAPITRE XXIX

Matières albuminoïdes.

CHAPITRE XXX

Ferments.

       Action des agents physiques et chimiques amylase diastase, malt, tréhalase, inver-

CHAPITRE XXXI

Matières colorantes et applications. Produits pharmaceutiques

I. MATIÈRES COLORANTES NATURELLES.

II. MATIÈRES COLORANTES ARTIFICIELLES.

INTRODUCTION A LA CHIMIE

(Suite au Tome I, p. **XXIII** et suivantes)

Ce tome II est consacré plus spécialement à l'étude des Composés du Carbone. On a appelé longtemps cette partie de la chimie : *chimie organique*, parce que l'on rencontrait les composés dits organiques, dans les organes des êtres vivants, végétaux ou animaux, et parce que l'on croyait impossible de les produire autrement que sous l'influence de la vie.

La chimie organique a été d'abord la chimie des matières qui prennent naissance dans le monde animal et dans le monde végétal, sous l'action de ce qu'on est convenu d'appeler la force vitale. Puis la chimie organique fut successivement ; pour *Chevreul*, la chimie des principes immédiats que l'on trouve dans les corps du règne végétal et du règne animal ; pour *Dumas et Liebig*, 1837, la chimie des radicaux composés ; pour *Gmelin*, 1847, la chimie des composés du carbone ; pour *Schorlemmer*, 1872, la chimie des hydrocarbures et de leurs dérivés. Aujourd'hui les merveilles de la synthèse ont conduit, grâce aux travaux de Berthelot, etc., à supprimer la barrière qui séparait artificiellement le domaine de la chimie dite minérale et celui de la chimie dite organique. Il n'y a en réalité qu'*une* chimie, et les lois qui président aux réactions sont les mêmes pour tous les composés quelle que soit leur simplicité ou leur complexité. Mais il est juste de mettre à part l'étude des composés du carbone, qui forme aujourd'hui par la diversité et la multitude de ses composés, la partie la plus développée des sciences chimiques.

Les composés du carbone les plus simples sont ceux qu'il forme avec l'oxygène (étudiés t. I, p. 688), avec l'azote (étudiés t. I, p. 715), avec l'hydrogène : ces derniers sont les hydrocarbures, que nous étudions Ch. XVII. Les composés les plus complexes sont les matières albuminoïdes, constituées de carbone, d'hydrogène, d'oxygène, d'azote, avec coexistence possible de petites proportions de soufre, de phosphore, etc. Tous ces composés sont classés dans notre Traité d'après leur fonction chimique principale ; nous développons plus loin cette classification.

Synthèse des corps dits organiques. — La distinction entre les composés dits minéraux et les composés dits organiques sera d'autant plus justement laissée de côté, que les composés dits organiques les plus compliqués, même certains d'entre ceux qui existent dans les êtres vivants, sont reproduits aujourd'hui de toutes pièces.

Le xixᵉ siècle a vu se réaliser la formation des carbures, des alcools, etc., à partir des éléments générateurs C,H,O. La gloire revient à Berthelot d'avoir posé, à partir de 1860, les méthodes générales qui facilitent ces synthèses, et d'en avoir effectué un grand nombre ; en particulier nous citerons celles du formène, de l'éthylène, de l'acétylène 1862, de la benzine, de l'alcool méthylique 1857, de l'acide formique 1856, des corps gras, de l'acide oxalique, etc. Elles lui ont permis d'aller avec l'hydrogène et le carbone jusqu'à l'anthracène ; avec l'hydrogène, le carbone et l'oxygène jusqu'à l'alcool. Elles semblent avoir préparé la synthèse prochaine des substances amylacées et des matières albuminoïdes. Elles lui ont enfin permis de montrer l'identité absolue des lois qui régissent les composés dits minéraux et de celles qui régissent les composés dits organiques. L'on doit reconnaître que grâce à elles, la chimie organique est désormais assise sur la même base expérimentale que la chimie minérale.

Avant Berthelot, un très petit nombre de synthèses isolées avaient déjà été réalisées ; Wöhler 1825 pour l'urée, Piria 1838 pour l'essence de reine des prés, Kolbe 1845 pour l'acide acétique.

Grâce aux méthodes synthétiques généralisées, nou seulement des acides simples comme l'acide acétique, l'acide formique, mais des acides plus complexes, comme les acides tartrique, citrique, salicylique, gallique, cinnamique, urique ; non seulement des corps relativement simples comme l'éthylène, l'acétylène, l'alcool éthylique, mais des substances de composition extrêmement compliquée : phénols, sucres, matières colorantes (alizarine, indigo), couleurs d'aniline, alcaloïdes, parfums artificiels, explosifs puissants, poudres sans fumée, antiseptiques, analgésiques, sont produites aujourd'hui par le chimiste dans son laboratoire, et ils s'amoncellent en nombre indéfini par la seule action des réactifs aidée de l'intervention de forces physiques sous la direction intelligente de l'esprit humain.

Mode de combinaison des corps. — Les composés du carbone renferment les combinaisons les plus complexes de la chimie ; nous sommes amenés à compléter ici les indications un peu sommaires que nous avons données dans notre introduction du tome I, et qui suffisaient pour l'étude de combinaisons plus simples.

L'hypothèse que les corps composés résultent de la juxtaposition des atomes est généralement admise. Mais comment se fait cette juxtaposition ? Le système dualistique ou par addition de Lavoisier, complété par la théorie des corps électropositifs et électronégatifs de Berzélius, admettait que les groupements moléculaires primitifs persistent dans les composés ; ces idées ont depuis longtemps disparu.

A l'encontre du système dualistique ou par addition, se place le système unitaire ou par substitution. L'idée première appartient à H. Davy ; il émit l'opinion en 1815 que c'est l'H qui donne aux composés la fonction d'être des acides et qui joue le rôle essentiel dans la constitution des acides. En conséquence il représente les sels oxygénés comme des combinaisons à radical oxygéné. Dulong, 1816, adopta ces vues et considéra de son côté, les acides organiques comme des hydrures de radicaux. Ce fut *Gerhardt* 1842-44, qui généralisa ces idées et donna au système le nom de système unitaire. « D'après lui, dit Würtz, l'arrangement des atomes en un composé étant inaccessible à l'expérience et défiant le raisonnement, c'est une vaine entreprise que de définir les corps d'après leur constitution ; tout ce qu'on peut tenter, c'est de les classer d'après leurs fonctions et leur métamorphose. Pour exprimer cette dernière d'une manière correcte, il suffit de représenter la constitution des corps par des formules unitaires ». Ces atomes constitutifs peuvent être changés par voie de double décomposition. Le système unitaire reçut l'appui de Liebig, et l'illustre savant allemand convertit à ses idées *Dumas* à la suite d'une entrevue célèbre qui eut lieu en 1837.

Théorie des radicaux. — L'idée première de radicaux oxygénés, jouant le même rôle que des éléments et véritables corps élémentaires de la chimie organique, a été exprimée par *Lavoisier*. Elle fut adoptée par Berzélius qui la rapporta à sa théorie binaire électrochimique. Elle fut appliquée pour la première fois aux dérivés de l'alcool par *Dumas et Boullay*, 1828, dans leur remarquable étude sur l'alcool éthylique, qu'ils rattachèrent à l'éthylène ou éthérine. Woehler et Liebig, 1832, l'étendirent aux dérivés de l'acide benzoïque, c'est-à-dire du radical benzoyle. Berzélius adopta bientôt le radical éthyle pour les dérivés de l'alcool, puis il fut entraîné par ses idées dualistiques jusqu'à ne voir dans tout composé organique que l'oxyde d'un radical non oxygéné. Liebig conçoit la Chimie organique comme la Chimie des radicaux composés. *Laurent* rattacha à la théorie des substitutions, la notion de ses noyaux ou radicaux composés modifiables par substitution. *Gerhardt* considéra les radicaux comme des restes ou résidus de combinaisons plus saturées, restes qui peuvent être transportés d'un corps dans un autre par double décompositions.

Les radicaux sont donc des groupements moléculaires capables, soit de s'unir par addition directe avec un corps simple, soit de se substituer à un corps simple. Leur atomicité varie avec la proportion d'hydrogène qu'ils renferment.

Les premiers radicaux isolés furent le cyanogène par Gay-Lussac, 1814; l'éthyle par Frankland, 1848; le cacodyle par Bunsen, 1839.

La première idée d'un radical polyatomique revient à *Gay-Lussac*, lorsque, pour expliquer que le fer n'était pas décelable dans les ferro et ferricyanures par les moyens ordinaires, il proposa d'admettre qu'il s'y trouvait à l'état de ferro-cyanogène et de ferri-cyanogène. Mais l'idée même de polyatomicité dans les corps composés revient à Graham et date de ses travaux classiques sur les divers acides phosphoriques, 1833. Liebig étudia les acides polybasiques en chimie organique, *Gerhardt* les acides bibasiques de la chimie minérale. A ces travaux, il faut rattacher ceux de *Fremy* sur l'acide tartrique et les acides stanniques, antimoniques, siliciques ; et surtout ceux de *Williamson*, 1851, sur les éthers mixtes, de *Berthelot* sur la glycérine, 1854 (triatomique), de *Würtz* sur le glycol, 1856 (diatomique), de *Berthelot* sur les sucres (hexatomiques), de *Hofmann* sur les amines (polyatomiques).

Une classe particulière de radicaux est connue sous le nom de radicaux organo-métalliques ; Frankland, 1849 ; leur histoire renferme de nombreux travaux de chimistes français : études des phosphines par *Thénard*, 1846 ; par *Cahours* et *Hofmann*, 1857 ; étude des radicaux de l'étain par *Cahours*, 1860, de ceux de silicium par *Friedel*, 1869 ; étude générale de *Berthelot*, 1866.

Théorie des substitutions.

— Elle a été introduite dans la science chimique par *Dumas* et *Laurent*. L'étude de l'action que le chlore exerce sur différentes substances organiques, en particulier sur la cire, l'alcool, la liqueur des Hollandais, l'essence de térébenthine, amena *Dumas*, 1834, à reconnaître que le chlore possède le pouvoir de s'emparer de l'hydrogène de certains corps et de le remplacer atome par atome ; il formula en ces termes la loi empirique des substitutions. « Dans un composé, l'hydrogène organique peut être remplacé par du chlore, du brome, de l'iode, et même de l'oxygène et du soufre ; et, en général, les éléments peuvent être remplacés par d'autres éléments en proportions équivalentes, et ces corps simples eux-mêmes peuvent être remplacés par certains corps composés faisant fonction de corps simples. » Les travaux de *Laurent* sur la naphtaline le conduisirent de son côté à reconnaître que le chlore, élément électronégatif, peut prendre la place et jouer le rôle de l'hydrogène, élément électropositif. Cette extension de ses idées rencontra d'abord une vive opposition de la part de *Dumas*, mais il s'y rallia entièrement en 1839, à la suite de sa découverte de l'acide trichloracétique ; et en même temps que *Laurent* édifiait sa théorie des noyaux, *Dumas* déduisait des substitutions sa théorie des types chimiques, 1840. Pour lui, les molécules chimiques sont des édifices dont on peut remplacer les matériaux par d'autres, même différents, sans changer la forme de l'édifice. Il s'éleva alors entre Berzélius, représentant des idées dualistiques, et *Dumas*, devenu fervent des idées unitaires, une polémique remarquable.

La théorie des substitutions entraîna le perfectionnement de la théorie des radicaux et amena la naissance de la théorie des types ; elle a exercé une action puissante sur l'essor de la chimie, en inspirant une foule de travaux, de recherches et de découvertes des plus remarquables. La chloruration, la nitratation d'un grand nombre de substances organiques en dérivent presque directement.

Théorie des types chimiques.

— A la théorie des substitutions se

rattache comme un véritable corollaire la théorie des types chimiques ; elle a aussi pour premier auteur *Dumas*, qui a dit le premier, 1834 : « Les corps formés par substitution possèdent les mêmes propriétés fondamentales et appartiennent au même type chimique que les corps d'où ils dérivent par substitution, car il existe en chimie organique certains types qui se conservent, alors qu'à la place de l'hydrogène qu'ils renferment on vient à introduire des volumes égaux d'autres éléments. » Cette théorie prit un premier développement lorsque *Laurent*, 1836, se mit à comparer avec l'eau tous les oxydes minéraux et organiques. Elle reçut son plein développement de l'Américain Sterry Hunt, de l'Anglais Williamson, 1851, qui, à la suite de ses découvertes sur les éthers mixtes, compara avec l'eau les acides organiques, les alcools, les éthers, et introduisit définitivement dans la science l'idée de considérer l'eau comme un type auquel on peut rattacher la composition d'un grand nombre de corps ; enfin de *Gerhardt*, 1856, qui devint, à la suite de ses travaux sur les acides organiques anydres, 1852, le grand promoteur de la théorie des types moléculaires. *Gerhardt* rapporta tous les composés à quatre types moléculaires fondamentaux : l'hydrogène, l'acide chlorhydrique, l'ammoniaque proposé par Würtz à la suite de ses travaux sur les ammoniaques composées, l'eau. Toutes les réactions chimiques sont par là ramenées aux doubles décompositions ; la combinaison même des corps simples entre eux constitue simplement une double décomposition entre des molécules de corps simples. Le type acide chlorhydrique est d'ailleurs superflu, car il se confond avec le type hydrogène. A ces types, Wood, et Kékulé, 1858, ont ajouté le type formène, dont l'idée se rattache à la tétratomicité de l'atome de carbone.

La théorie des types a reçu son extension normale par la création des types condensés de Williamson pour la représentation des combinaisons polyatomiques. On a ainsi par chaque type un type condensé deux, trois, quatre fois, qui s'applique aux acides polybasiques, aux alcools polyatomiques.

La théorie des types embrasse en conséquence l'universalité des composés minéraux et organiques et représente figurativement les liens de parenté et de dérivation qui existent entre eux.

Tétravalence de l'atome de carbone. — Une autre considération très importante, et sur laquelle toute la chimie du carbone est aujourd'hui fondée, c'est l'hypothèse de la tétravalence de cet élément. Un atome de carbone peut fixer jusqu'à quatre éléments ou radicaux monovalents ; il est dans ce cas saturé, tel le méthane $C \underset{\diagdown}{\overset{\diagup}{\underset{—}{\diagup}}} \begin{matrix} H \\ H \\ H \\ H \end{matrix}$

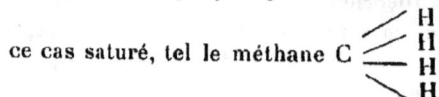

Les atomes de carbone peuvent d'ailleurs se souder à eux-mêmes et se saturer mutuellement ; il en résulte que le nombre des composés du carbone n'a pas de limite.

Le plus simple des carbures saturés, le méthane, ne peut se souder à lui-même que, si on lui enlève par la pensée un atome d'hydrogène. Le résidu ainsi obtenu ou *radical* méthyle CH^3 se soude à lui-même pour donner le carbure saturé suivant : l'éthane

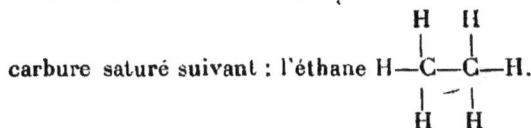

$$H\overset{\overset{\displaystyle H}{|}}{\underset{\underset{\displaystyle H}{|}}{C}}\overset{\overset{\displaystyle H}{|}}{\underset{\underset{\displaystyle H}{|}}{C}}H.$$

Les quatre valences du carbone ne sont pas toujours saturées. L'éthylène C^2H^4, par exemple, peut encore fixer deux radicaux monovalents ; l'acétylène C^2H^2 peut en fixer quatre. Dans ce cas, on admet que les valences libres se saturent réciproquement par une double ou triple liaison.

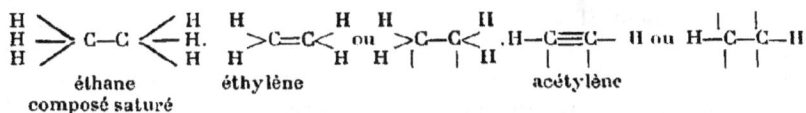

éthane
composé saturé — éthylène — acétylène

Les atomes de carbone sont considérés comme formant une chaîne ouverte ou fermée, selon que les atomes de carbone extrêmes sont libres ou reliés entre eux. Pour avoir une chaîne fermée ou noyau, il faut au moins trois atomes de carbone. Le plus simple des noyaux est le triméthylène ; et, le plus important est le benzène qui, par soudure donne le naphtalène et l'anthracène.

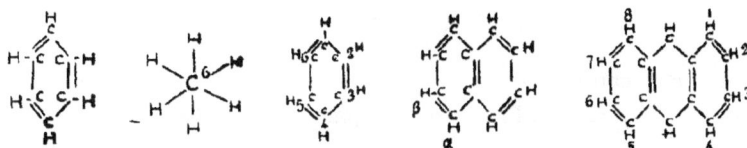

Suivant que le carbure générateur est en chaîne ouverte ou en chaîne fermée, on divise tous les composés du carbone en deux grandes classes : *série acyclique ou grasse* et *série cyclique ou aromatique*.

Isomérie. — Un grand nombre de composés du carbone ont la même composition centésimale et la même formule brute, mais des propriétés physiques ou chimiques différentes. C'est ce qu'on nomme Isomérie ; elle revêt plusieurs formes.

Si les poids moléculaires sont multiples, on a la *polymérie*. On distingue deux sortes de polymérie, suivant que le retour au terme primitif est possible ou non. Par exemple la formaldéhyde se transforme en paraldéhyde, et l'inverse est possible. Au contraire l'acétylène se transforme en benzine, sous l'influence de l'étincelle, mais l'inverse n'a pu être obtenue. La série des carbures dits acétyléniques fournit des exemples nets de polymérie.

Si les poids moléculaires sont les mêmes, la fonction peut être différente ou semblable. Quand la fonction est différente, l'isomérie est dite *accidentelle* ou par fonction. C'est le cas de l'acide acétique CH^3COOH, et du formiate de méthyle $H.COOCH^3$; le premier possède la fonction acide, le second la fonction éther. C'est encore le cas du formiate d'éthyle, de l'acétate de méthyle, de l'acide propionique. Quand la fonction est la même, c'est l'isomérie proprement dite, appelée encore *isomérie interne* ou *de chaine*, parce qu'on explique les différents isomères par des changements dans les positions respectives des divers groupements atomiques.

Considérons par exemple un noyau benzène dont les atomes de carbone sont numérotés de 1 à 6. Si nous remplaçons l'un des atomes d'hydrogène par un radical monovalent R, il n'y aura qu'une seule combinaison, possible, tous les atomes étant identiques à eux-mêmes. Mais si nous fixons un second radical monovalent, il pourra occuper trois positions différentes par rapport au premier. Si le premier est en 1, le second pourra occuper les positions 2, 3 ou 4 (les positions 1.6 et 1.5 sont analogues aux positions 1.2 et 1.3, par suite de la symétrie du noyau). On exprime ce fait en disant qu'il y a trois isomères disubstitués du benzène possibles : on les appelle ortho (1-2), méta (1-3), para (1-4), suivant que les radicaux fixés sont consécutifs ou séparés par 1 ou par 2 atomes d'hydrogène. Par exemple, si le radical est un groupement OH ou hydroxyle, on a les trois diphénols :

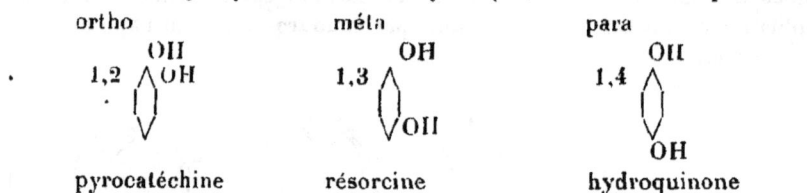

ortho	méta	para
OH	OH	OH
1,2 ∧ OH	1,3 ∧	1,4 ∧ OH
∨	∨ OH	∨
		OH
pyrocatéchine	résorcine	hydroquinone

Il resterait à parler de l'isomérie optique ; nous en dirons un mot à propos de la stéréochimie.

Notation des composés du carbone

— Le système dualistique et le système unitaire ont adopté successivement les formules conformes aux idées qu'ils soutenaient. La formule de l'acide sulfurique en notation atomique, est dans l'un SO^3H^2O, dans le second SO^4H^2. Lorsque les théories des radicaux composés, des substitutions, des types chimiques eurent été posées pour les composés dits organiques, *Gerhardt* appliqua ces théories à établir des formules qu'il appela rationnelles « Les formules chimiques, dit-il, n'expriment et ne peuvent exprimer que des rapports, des analogies. Les meilleures sont celles qui rendent sensibles le plus de rapports, le plus d'analogies. » Un même composé peut donc présenter plusieurs formules rationnelles, selon que l'on fait ressortir davantage les radicaux composés ou résidus qui peuvent se transporter d'un composé à un autre par voie de double décomposition ou de substitution ; selon que l'on fait ressortir une métamorphose plutôt qu'une autre, il peut même présenter plusieurs formules de constitution.

Ces formules rationnelles déduites, Gerhardt les rapporta à la réaction type de la double décomposition, et les dériva d'unités moléculaires en établissant des formules types ; ce sont celles de l'acide chlorhydrique ; de l'eau ; de l'ammoniaque ; auxquelles Kékulé ajouta le type formène qui embrasse tous les composés organiques à condition d'employer pour les radicaux polyatomiques les formules condensées. La notation typique a l'inconvénient de paraître préjuger la disposition moléculaire ; système ingénieux, dit Berthelot, il offre l'inconvénient de mettre perpétuellement sous les yeux des êtres fictifs. »

Le type acide chlorhydrique comprend les corps simples, les radicaux, les chlorures, les bromures etc., tels :

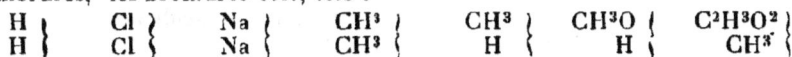

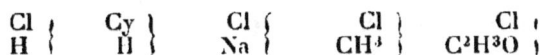

$$\left.\begin{matrix}H\\H\end{matrix}\right\} \quad \left.\begin{matrix}Cl\\Cl\end{matrix}\right\} \quad \left.\begin{matrix}Na\\Na\end{matrix}\right\} \quad \left.\begin{matrix}CH^3\\CH^3\end{matrix}\right\} \quad \left.\begin{matrix}CH^3\\H\end{matrix}\right\} \quad \left.\begin{matrix}CH^3O\\H\end{matrix}\right\} \quad \left.\begin{matrix}C^2H^3O^2\\CH^3\end{matrix}\right\}$$

$$\left.\begin{matrix}Cl\\H\end{matrix}\right\} \quad \left.\begin{matrix}Cy\\H\end{matrix}\right\} \quad \left.\begin{matrix}Cl\\Na\end{matrix}\right\} \quad \left.\begin{matrix}Cl\\CH^3\end{matrix}\right\} \quad \left.\begin{matrix}Cl\\C^2H^3O\end{matrix}\right\}$$

Le type eau comprend les acides, les oxydes, les sels, les alcools, les éthers, tels :

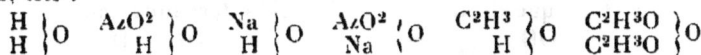

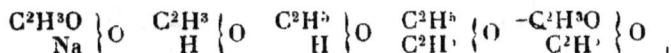

$$\left.\begin{matrix}H\\H\end{matrix}\right\}O \quad \left.\begin{matrix}AzO^2\\H\end{matrix}\right\}O \quad \left.\begin{matrix}Na\\H\end{matrix}\right\}O \quad \left.\begin{matrix}AzO^2\\Na\end{matrix}\right\}O \quad \left.\begin{matrix}C^2H^3\\H\end{matrix}\right\}O \quad \left.\begin{matrix}C^2H^3O\\C^2H^3O\end{matrix}\right\}O$$

$$\left.\begin{matrix}C^2H^3O\\Na\end{matrix}\right\}O \quad \left.\begin{matrix}C^2H^3\\H\end{matrix}\right\}O \quad \left.\begin{matrix}C^2H^5\\H\end{matrix}\right\}O \quad \left.\begin{matrix}C^2H^5\\C^2H^5\end{matrix}\right\}O \quad \left.\begin{matrix}-C^2H^3O\\C^2H^5\end{matrix}\right\}O \;,$$

Le type ammoniaque comprend les amines primaires, secondaires, tertiaires, et composés analogues, et les amides, tels :

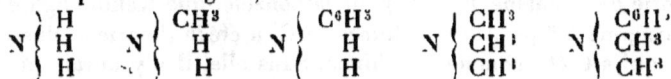

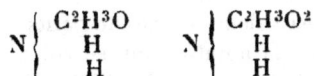

$$N\left\{\begin{matrix}H\\H\\H\end{matrix}\right. \quad N\left\{\begin{matrix}CH^3\\H\\H\end{matrix}\right. \quad N\left\{\begin{matrix}C^6H^5\\H\\H\end{matrix}\right. \quad N\left\{\begin{matrix}CH^3\\CH^3\\CH^3\end{matrix}\right. \quad N\left\{\begin{matrix}C^6H^5\\CH^3\\CH^3\end{matrix}\right.$$

$$N\left\{\begin{matrix}C^2H^3O\\H\\H\end{matrix}\right. \quad N\left\{\begin{matrix}C^2H^3O^2\\H\\H\end{matrix}\right.$$

Aux types condensés se rattachent les acides polybasiques, les alcools polyatomiques

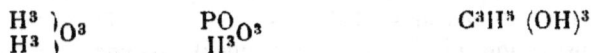

$$\left.\begin{matrix}H^2\\H^2\end{matrix}\right\}O^2 \qquad \left.\begin{matrix}SO^2\\H^2\end{matrix}\right\}O^2 \qquad \left.\begin{matrix}CH^2\\CH^2\end{matrix}\right\}(OH)^2$$

$$\left.\begin{matrix}H^3\\H^3\end{matrix}\right\}O^3 \qquad \left.\begin{matrix}PO\\H^3\end{matrix}\right\}O^3 \qquad C^3H^5\,(OH)^3$$

Ch. Gerhardt rapportait toutes les formules chimiques à 2 volumes de vapeur; *Aug. Laurent* adopte les mêmes formules.

Les idées de valence des corps élémentaires et des radicaux amenèrent à substituer aux formules typiques les formules développées dans le plan et dites de structure. Elles ont été étendues à tous les composés du carbone, en admettant avec Kékulé les hypothèses si fécondes, de la tétravalence de l'atome de C, et de l'échange mutuel d'une ou plusieurs valences entre les différents atomes de carbone eux-mêmes, 1858, dans les composés dont la molécule renferme plusieurs atomes de carbone. Les formules dites de structure développées dans le plan facilitent l'interprétation de nombreux cas d'isoméries et ont inspiré d'innombrables recherches synthétiques, partant d'innombrables découvertes [1]. Celles des hydrocarbures générateurs peuvent se présenter sous la forme de chaînes longues avec ou sans chaînes latérales pour les séries grasses; et de chaînes fermées ou noyaux pour les séries aromatiques.

Comme exemples de formules développées dans le plan, nous donnerons les suivantes :

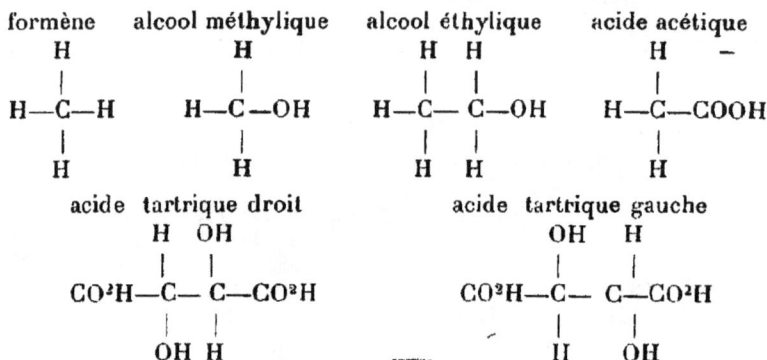

formène   alcool méthylique   alcool éthylique   acide acétique
   H   H   H   H   H   –
   | | | | |
H—C—H   H—C—OH   H—C— C—OH   H—C—COOH
   | | | | |
   H   H   H   H   H

acide tartrique droit   acide tartrique gauche
      H   OH   OH   H
      | | | |
CO^{2}H—C— C—CO^{2}H   CO^{2}H—C— C—CO^{2}H
      | | | |
      OH H   H   OH

La théorie de la chaîne fermée pour la benzine, que Kékulé figure par un simple hexagone à 6 positions d'atomes de C, a été la théorie la plus féconde peut-être qui ait été conçue en chimie. Sans elle, il n'y aurait pour ainsi dire pas de chimie aromatique.

Kékulé avait commencé par figurer les valences par de petits cercles, 1859 [2], dont *Naquet* fit aussi usage, mais la notation ne se vulgarisa pas. Crum Brown enferme chaque symbole dans un cercle, 1865 ; Frankland 1866, supprima les cercles et adopta les formules dites graphiques, aujourd'hui d'un usage général.

Les formules développées dans le plan supposent aux molécules deux dimensions seulement ; il est plus naturel d'admettre que les molécules présentent les trois dimensions. D'ailleurs des corps de même formule et de même constitution plane peuvent cependant posséder des propriétés différentes, par exemple en ce qui regarde le pouvoir rotatoire, le point de fusion, le coefficient de solubilité, l'action physiologique. Les formules de constitution développées dans le plan sont impuissantes à représenter cette isomérie : on y a suppléé par des formules développées dans l'espace ou formules stéréochimiques.

1. Comme exemple, W. Thörner 1876 appliquant les idées de Kékulé, décrit dans un seul travail 120 corps nouveaux.
2. Lehrbuch der organischen Chemie.-

Voici quelques exemples de formules développées dans l'espace :

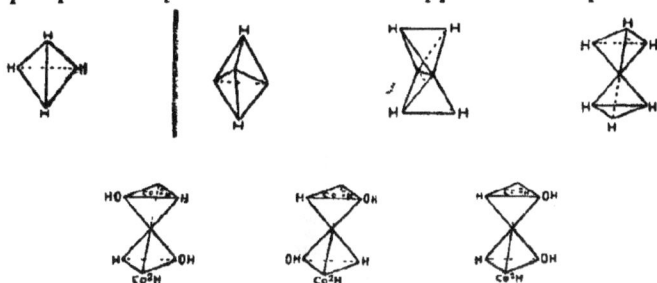

Stéréochimie.

Stéréochimie. — La stéréochimie part de cette idée que les molécules doivent présenter les trois dimensions : par conséquent l'atome de carbone qui est tétravalent doit être un tétraèdre. La stéréochimie s'efforce d'établir des relations entre la disposition des atomes dans l'espace et les propriétés des corps. Seule, elle permet d'expliquer certains cas d'isomérie par la disymétrie moléculaire, en montrant que deux atomes de carbone peuvent s'enchaîner par une, deux, trois liaisons, suivant que la soudure s'opère par un sommet, une ligne ou une face du carbone tétraèdre (méthane, éthane, éthylène, acétylène). La stéréochimie semble mieux et davantage qu'un simple système de notation commode. Les bases en ont été posées par *Pasteur*, lorsqu'en 1860 et 1861 il expliqua la différence dans leurs pouvoirs rotatoires des acides tartriques isomères par une dissymétrie moléculaire. Elle semble avoir été prévue par Wollaston 1808, et par L. Gmelin 1848. Wislicenus, 1873, émit le premier l'idée des formules dans l'espace ; il les appliqua aux différents acides lactiques ; déjà certaines formes représentatives de Kékulé 1867, tendaient à cette conception. Mais les véritables fondateurs de la stéréochimie sont Van't Hoff, 1873, qui la dériva des formules même de constitution, et *Le Bel*, 1874, qui s'appuya sur la mécanique chimique. La stéréochimie du carbone fut étudiée par V. Meyer, Ad. Baeyer, *Friedel*, Bischoff, Em. Fischer (synthèse des sucres). *Ph. Guye* l'approfondit au moyen de considérations mathématiques. Hantzch, Werner, *Le Bel* ont étudié la stéréochimie de l'azote. En ce qui concerne la relation entre le pouvoir rotatoire des corps et l'agencement des atomes, il semble établi que les substances renfermant au moins un atome de carbone asymétrique, c'est-à-dire un atome de carbone dont les quatre valences sont saturées par quatre atomes ou groupes univalents différents, possèdent le pouvoir rotatoire.

Chimie physique.

Chimie physique. — La *Chimie physique* a pour objet d'appliquer les lois de la physique à l'étude détaillée des phénomènes d'ordre chimique. Elle a pris un grand développement dans les vingt dernières années, et ses applications sont devenues nombreuses aussi bien dans le domaine industriel,

par exemple la métallurgie, etc., que dans le domaine de la physiologie et
de la thérapeutique. Nous n'indiquerons ici que quelques-uns de ses points
principaux, d'après les ouvrages récents de Van't Hoff et de Svante Arrhenius.

Les points principaux de la chimie physique sont : la théorie des solutions,
qui est une extension de la loi d'Avogadro des gaz au cas des liquides et
des solides[1] ; la théorie de la dissociation électrolytique ; les lois des équilibres chimiques ; enfin l'application de la thermodynamique aux problèmes
chimiques. La chimie physique n'est, remarque Arrhenius, que l'extension
des anciennes théories et des anciennes lois.

I. *Théorie des solutions* ; pour un corps donné, la pression osmotique est
la même que la tension de ce corps à l'état gazeux, la température et la
concentration restant les mêmes.

En conséquence, si à la même température deux solutions de corps différents contiennent sous le même volume le même nombre de molécules, elles
devront exercer la même pression osmotique, qui égale la tension gazeuse
qu'aurait le corps réduit en vapeur sous le même volume. Et si l'on connaît
le poids moléculaire, il est facile de calculer cette pression osmotique. Ce
sont là d'ailleurs des lois limites qui ne sont vraies que pour une dilution
infinie, mais qui sont applicables à la pression ordinaire et aux solutions
dont la concentration ne dépasse guère le dixième de la concentration normale de la molécule au litre.

La pression osmotique se détermine au mieux indirectement par les
méthodes de la cryoscopie, Raoult, etc., reposant sur l'abaissement du
point de congélation.

La théorie des solutions a été étendue aux solutions solides. Applications
en sidérurgie ; aux colloïdes ; à la teinture, etc.

Elle a été appliquée aux phénomènes physiologiques qui se passent au
sein de solutions convenablement diluées et où la pression osmotique joue
un rôle prépondérant. Croissance des plantes, Vriès. Fonction des globules
rouges du sang, Donders et Hamburger. Fécondation artificielle d'œufs
d'oursins, Loeb.

Les réactions accompagnées d'un grand dégagement de chaleur sont celles
dont la limite est élevée.

II. *Théorie de la dissociation électrique*, d'Arrhénius. Dans les électro-
lytes, les atomes particulaires de la molécule se trouvent à l'état d'ions ;
l'équilibre électrique de ceux-ci est rompu par le passage d'un courant, et
alors ils apparaissent. Conséquences : calcul des vitesses de diffusion, de
Nernst. Établissement de la toxicité en rapport avec le degré d'ionisation.

III. *Les lois des Équilibres chimiques.* — La Chimie physique comprend
encore ce qu'on appelle la Cinétique et la Statique chimiques. On peut lui

---

1. La loi de Boyle ou loi de Mariotte pv $= C$; la loi de Gay-Lussac v $= v_0 \dfrac{273 + t}{273}$;
la loi d'Avogadro pv $= c\,T = 1,99\,T$. calories peuvent se déduire de la théorie cinétique
des gaz, d'après laquelle les molécules gazeuses sont des sphères parfaitement élastiques,
se mouvant avec une grande rapidité.

rattacher au début les considérations et travaux de Berthelot sur l'équilibre chimique ; ceux de Bergmann sur les échanges chimiques ; ceux de Gay-Lussac ; ceux de Rose sur l'action de masses. Malaguti en 1853 a posé que l'équilibre est dû à l'échange de deux réactions opposées d'égales vitesses ; c'est ce que Van't Hoff, plus tard, nomma l'équilibre mobile, que l'on figure en équations chimiques par le symbole ⇌. — Wenzel, Malaguti, Wilhelmy étudièrent les vitesses de réaction. Rappelons les travaux de Berthelot et Péan de Saint-Gilles sur les éthers 1862-63, de Williamson 1851 sur l'éthérification, de Warder sur la saponification 1881.

Gudberg et Waage, dans leurs travaux poursuivis depuis 1864 jusqu'en 1879, sont arrivés à l'équation, pour deux combinaisons A et B : $v = K (C_a - C_b)$, où C représente la concentration des substances et K la constante augmente avec la température. Pour $A + B \rightleftharpoons E + F$ l'équilibre est caractérisé par la relation $K C_a C_b = K_1 C_e C_1$.

Les lois des équilibres chimiques reçoivent de nombreuses applications en chimie industrielle : exemple, cristallisation dans les eaux mères ; en metallurgie, en géologie, dans l'étude de l'action des enzymes, etc.

Au point de vue des équilibres chimiques, il est à noter que les réactions totales sont des exceptions : les réactions d'équilibre sont la règle dans le cas de mélanges homogènes de systèmes pouvant se transformer l'un en l'autre.

L'étude de l'influence de la température et celle de la pression ont conduit aux lois des phénomènes de dissociation.

Enfin la loi des phases de Gibbs a une grande valeur pour trouver le nombre de combinaisons possibles. Les phases sont les parties homogènes d'un système hétérogène ; l'eau, la glace, la vapeur d'eau à 0° représentent trois phases. La loi des phases peut s'énoncer : n corps différents, simples ou composés, peuvent former n + 2 phases ; et celles-ci peuvent coexister en un point singulier, c'est-à-dire à une température et une pression définies.

IV. Au principe général de la conservation de l'énergie, se rattache le *Principe de Carnot-Clausius* : Dans un cycle réversible, la somme algébrique des rapports $\frac{Q}{T}$, des chaleurs Q fournies au système, aux températures absolues T, est nulle. En conséquence, si la température reste constante, la somme des chaleurs est nulle, et la somme des travaux est également nulle.

Principe du travail maximum, formulé d'abord par Thomsen, puis par Berthelot : Si une réaction est capable de produire du travail, elle se produira. Souvent ce travail peut être mesuré par la chaleur dégagée (thermochimie), surtout à température peu éloignée du 0 absolu ; mais il est aussi sous la dépendance d'autres conditions de concentration, de température, etc. Ce travail peut être mesuré encore par la force electromotrice développée par la réaction. Voir t. I, p. xxvi.

Classification et Nomenclature. — Les composés du carbone ont été

classés pour la première fois en séries homologues par Gerhardt 1842. Peu de temps après, A. Laurent 1844, classa les substituts organiques d'après leur noyau. Gmelin seul adopta cette classification. Avant lui Schiel avait déjà sérié les alcools et Dumas les acides gras.

Aujourd'hui, les séries homologues les plus habituellement présentées sont celles qui renferment les corps jouissant de propriétés chimiques très voisines, c'est-à-dire possédant une même fonction chimique qui est caractérisée justement par l'ensemble de propriétés voisines. Ils renferment tous un groupement fonctionnel caractéristique de cette fonction chimique. Ce groupement est par exemple $CH^2.OH$ pour les alcools primaires de la série grasse, $CO.H$ pour les aldéhydes, $COOH$ pour les acides, $CH^2.NH^2$ pour les amines, $CO.NH^2$ pour les amides, NH pour les imides, etc.

Les composés du carbone peuvent être classés en séries de substitution ; chaque série comprend tous les composés dérivant d'un même carbure. CH^4 méthane ; CH^3Cl chlorure de méthyle ; $CH\,Cl^3$ chloroforme ; $H.CH^2OH$ alcool méthylique ; $H.COH$ formol ou adéhyde formique ; $CH^3.NH^2$ méthylamine ; $HC\,N$ acide cyanhydrique.

Nous adopterons autant que possible la classification par fonctions.

Nous avons déjà étudié, t. I, la fonction acide, la fonction base, la fonction sel. Ces trois fonctions se présentent dans les composés du carbone ; mais en dehors d'elles il en existe d'autres dont les principales sont : la fonction carbure, la fonction alcool, la fonction adéhyde, la fonction éther, la fonction amine, la fonction amide.

Les *hydrocarbures* sont des composés binaires, ne renfermant que du carbone et de l'hydrogène. Ils se divisent en carbures gras, à chaîne longue ou acycliques, et en carbures aromatiques, à chaîne fermée ou cycliques.

Les *alcools* et les *phénols* sont des composés ternaires formés de carbone, hydrogène et oxygène. Les alcools dérivent des carbures gras, les phénols dérivent des carbures aromatiques, par substitution du groupement fonctionnel -OH ou hydroxyle, à H de l'hydrocarbure générateur. On peut les assimiler aux oxydes métalliques dont le métal serait remplacé par un radical alcoolique : $CH^3.OH$ alcool méthylique, $K.OH$ hydrate de potassium. Aux oxydes métalliques même correspondent les *éthers-oxydes* qui sont des oxydes de radicaux alcooliques : $CH^3—O—CH^3$, oxyde de méthyle ; $K.O.K$, oxyde de potassium.

Les *acides* sont des corps qui donnent comme les acides minéraux des sels en s'unissant aux bases et des éthers-sels en s'unissant aux alcools. Leur groupement fonctionnel est le *carboxyle* -COOH ; selon que son H est remplacé par un métal ou par un radical alcoolique, on a le sel ou l'éther-sel.

Les *éthers-sels* résultent de la combinaison d'un acide et d'un alcool avec élimination d'eau.

Les *aldéhydes* ordinaires dérivent des alcools par perte d'hydrogène ; le groupement fonctionnel est —COH. Ce sont des alcools intermédiaires entre les alcools et les acides.

Les *amines* ou ammoniaques composées sont des combinaisons basiques que l'on peut considérer comme résultant du remplacement d'un ou plusieurs atomes d'hydrogène dans NH^3 par un ou plusieurs radicaux alcooliques. Le groupement fonctionnel est $-CH^2-NH^2$.,

Les *amides* sont des corps neutres ou acides résultant de la déshydratation des sels ammoniacaux. Le groupement fonctionnel est $-CO.NH^2$. On peut les considérer comme résultant ou de la substitution d'un radical acide à H de NH^3, ou de la substitution de NH^2 à OH dans le groupe carboxyle d'un acide COOH.

Les composés *azoïques* possèdent le groupement $-N=N-$.

Un même corps peut posséder plusieurs fois la même fonction ou posséder en même temps plusieurs fonctions différentes. C'est ainsi que la glycérine contient trois fois la fonction alcool; l'acide tartrique contient deux fois la fonction alcool et deux fois la fonction acide ; etc.   -

La constitution d'un grand nombre de composés du carbone n'est pas encore établie d'une façon certaine; c'est le cas pour la plupart des alcaloïdes naturels, des matières albuminoïdes et des ferments, que nous étudierons dans les derniers chapitres.

* * *

Nous signalons, à la fin de cette introduction, les principales des résolutions prises par la Commission internationale pour la réforme de la nomenclature chimique :

« A côté des procédés habituels de nomenclature, il sera établi pour chaque composé organique un nom *officiel* permettant de le retrouver sous une rubrique unique dans les tables et dictionnaires.

La Commission exprime le vœu que les auteurs prennent l'habitude de mentionner dans leurs mémoires, entre parenthèses, le nom officiel à côté du nom choisi par eux.

1. *Hydrocarbures*. — La désinence *ane* est adoptée pour tous les hydrocarbures saturés.

Les noms actuels des quatre premiers hydrocarbures normaux saturés (*méthane, éthane, propane, butane*) sont conservés ; on emploiera les noms tirés des nombres grecs pour ceux qui ont plus de quatre atomes de carbone.

Les hydrocarbures à chaîne arborescente sont regardés comme dérivés des hydrocarbures normaux, et on rapportera leur nom à la chaîne normale, la plus longue qu'on puisse établir dans leur formule, en y ajoutant la désignation des chaînes latérales. Lorsqu'un radical hydrocarboné est introduit dans une chaîne latérale, on emploiera le terme métho-, étho-, etc., au lieu de méthyl-, éthyl-...

La position des chaînes latérales sera désignée par des chiffres indiquant auquel des atomes de carbone de la chaîne principale elles sont attachées. Le numérotage partira de l'extrémité de la chaîne principale la plus rapprochée d'une chaîne latérale.

Dans les hydrocarbures non saturés à chaîne ouverte possédant une seule double liaison, on remplacera la terminaison *ane* de l'hydrocarbure saturé correspondant par ia terminaison *-ène*; s'il y a deux doubles liaisons, onterminera en *diène*; s'il y en a trois, en *triène*, etc.

Les noms des hydrocarbures à triple liaison se termineront pareillement en *-ine, -diine, -triine*.

Les hydrocarbures non saturés seront numérotés comme les hydrocarbures saturés correspondants...

Si cela est nécessaire, la place de la double ou triple liaison sera indiquée par le numéro du premier atome de carbone sur lequel elle s'appuie.

Les hydrocarbures saturés à chaîne fermée prendront les noms des hydrocarbures saturés correspondants de la série grasse précédés du préfixe *cyclo-* (cyclohexane pour hexaméthylène).

II. *Fonctions.* — On donnera aux *alcools* et *phénols* le nom de l'hydrocarbure dont ils dérivent, suivi du suffixe *nol* (méthanol, penténol).

Quand on a affaire à des alcools ou à des phénols polyatomiques, on intercalera, entre le nom de l'hydrocarbure fondamental et le suffixe, une des particules *di*, *tri*, *tétra*, indiquant l'atomicité (propen-triol pour glycérine, hexane-hexol pour mannite).

Le nom de *mercaptan* est abandonné et cette fonction exprimée par le suffixe *-thiol* (éthane-thiol).

Les *aldéhydes* seront caractérisées par le suffixe *-al* ajouté au nom de l'hydrocarbure dont elles dérivent; les aldéhydes sulfurées par le suffixe *-thial* : méthanal, éthane-thial.

Les *cétones* recevront la désinence *one* : *propanone*.

Le nom des *acides* monobasiques de la série grasse est tiré de celui de l'hydrocarbure correspondant suivi du suffixe *oïque* ; on désignera de même les acides polybasiques par les terminaisons dioïque, trioïque, tétroïque.

Dans les amines, lorsque le groupe NH^2 sera considéré comme groupe substituant, il sera exprimé par le préfixe *amino*. Acide aminoéthanoïque. Les corps où le groupe bivalent NH ferme une chaîne composée de radicaux positifs, seront appelés *imines*.

La commission propose de nommer le groupe NH^2 *amigène* et le groupe NH *imigène*.

Les oximes seront dénommées en ajoutant le suffixe *oxime* au nom de l'hydrocarbure correspondant : butanoxine.

Le terme générique *urée* est conservé, On l'emploiera comme suffixe pour les dérivés alcooliques de l'urée, tandis que les dérivés par substitution acide seront les *uréides*. Les corps dérivant de deux molécules d'urée seront désignés par les suffixes *diurée*, *diuréide*. Les uréides acides prendront le nom d'*acides uréiques*.

Pour les dérivés de la série grasse, où le groupe C fait partie de la chaîne principale, on fera suivre le nom de l'hydrocarbure du suffixe *nitrile* : méthane-nitrile.

Les *hydrazines* symétriques sont considérées comme dérivés hydrazoïques et dénommées comme tels. Les hydrazines asymétriques sont désignées par les noms des radicaux qu'elles renferment, suivis du suffixe *hydrazine*.

Le nom des hydrazones est formé en remplaçant la terminaison al ou one des aldéhydes et des cétones par le suffixe *hydrazone*. Le terme *osazone* est remplacé par *dihydrazone*.

III. *Radicaux.* — Les radicaux monovalents dérivant des hydrocarbures par élimination d'un atome d'hydrogène sont terminés en *yle*. Cette désinence remplace la terminaison *ane* pour les radicaux des hydrocarbures saturés ; elle est ajoutée au nom complet de l'hydrocarbure lorsque celui-ci n'est pas saturé : méthyle.

Les radicaux à fonction alcoolique, c'est-à-dire ceux qui dérivent des alcools par enlèvement d'un atome d'hydrogène uni directement au carbone sont nommés en ajoutant *ol* au radical de l'hydrocarbure correspondant : méthylol.

Les radicaux des aldéhydes sont nommés comme ceux des alcools en remplaçant *ol* par *al* : éthylal.

Les radicaux des acides qui ont conservé la fonction acide, c'est-à-dire qui dérivent de l'acide correspondant par élimination d'un atome d'hydrogène lié au carbone, sont dénommés de même en remplaçant *ol* par *oïque*.

Dans les dérivés aromatiques et dans tous les corps renfermant une chaîne fermée, toutes les chaînes latérales seront considérées comme des groupes substituants. »

Les noms de Genève sont en somme la traduction mnémotechnique de la constitution chimique. A mesure que la complexité de cette constitution augmente, les noms sont exposés à atteindre bien vite une longueur effrayante. Il semblerait ridicule de les employer dans le langage vulgaire ; mais ils constituent pour le chimiste initié un langage courant, qui lui représente nettement la constitution des corps ; ce langage ne lui offrira aucune difficulté puisque le chimiste doit avoir présente à l'esprit dans toute sa clarté la constitution chimique des corps et que ce langage courant est une simple peinture de ces constitutions. Il est évident qu'en langue vulgaire on ira demander chez le droguiste ou le pharmacien du vert malachite ou de l'antipyrine et non du chlorhydrate de tétraméthyldiaminodiphényl-méthane ou de la phényldiméthylpyrazolone. Ce langage scientifique que le vulgaire n'a aucun besoin d'apprendre n'est pas plus arcane que le langage du botaniste ou du minéralogiste.

RENSEIGNEMENTS
SUR LES BREVETS D'INVENTION

Depuis la publication de notre tome I, la loi du 5 juillet 1844 (voir p. 3 et suiv.) a été modifiée par la loi du 7 avril 1902 dans ses articles 11, 24 et 32. Les Renseignements du t. I comprenant la loi du 5 juillet 1844 doivent donc être complétés par l'introduction dans son texte de ces modifications. — Les Renseignements comprenant des extraits de la circulaire concernant les formalités à accomplir pour la prise des brevets et les modèles des pièces à déposer sont devenus caducs; ils doivent être remplacés par le texte de l'Arrêté ministériel du 11 août 1903 et par celui de l'Instruction sur l'application de la loi. On se les procurera facilement à l'office national de la Propriété industrielle et commerciale, 292, rue Saint-Martin, qui a remplacé le Bureau des Brevets du Ministère. On peut y consulter la collection des brevets tous les jours non fériés de midi à 4 heures.

Modifications introduites par la loi du 7 avril 1902.

Art. 11 (addition à la fin). — La délivrance n'aura lieu qu'un an après le jour du dépôt de la demande, si la dite demande renferme une réquisition expresse à cet effet.

Le bénéfice de la disposition qui précède ne pourra être réclamé par ceux qui auraient déjà profité des délais de priorité accordés par des traités de réciprocité, notamment par l'article 4 de la convention internationale pour la protection de la propriété industrielle du 20 mars 1883.

Art. 24 (remplacé par le suivant). — Les descriptions et dessins de tous les brevets d'invention et certificats d'addition seront publiés *in extenso* par fascicules séparés, dans leur ordre d'enregistrement.

Cette publication, relativement aux descriptions et dessins des brevets, pour la délivrance desquels aura été acquis le délai d'un an prévu par l'article 11, n'aura lieu qu'après l'expiration de ce délai.

Il sera, en outre, publié un catalogue des brevets d'invention délivrés.

Un arrêt du ministre du commerce et de l'industrie déterminera : 1° les conditions de forme, dimensions et rédaction que devront présenter les descriptions et dessins, ainsi que les prix de vente des fascicules imprimés et les conditions de publication du catalogue ; 2° les conditions à remplir par ceux qui, ayant déposé une demande de brevet en France et désirant déposer à l'étranger des demandes analogues avant la délivrance du brevet français, voudront obtenir une copie officielle des documents afférents à leur demande en France.

Toute expédition de cette nature donne lieu au payement d'une taxe de 25 francs ; les frais de dessin, s'il y a lieu, seront à la charge de l'impétrant.

Art. 32 (addition au paragraphe 1°). L'intéressé aura toutefois un délai de trois mois au plus pour effectuer valablement le payement de son annuité, mais il devra verser en outre une taxe supplémentaire de 5 frs, s'il effectue le payement dans le premier mois ; de 10 francs, s'il effectue le payement dans le second mois, et de 15 francs, s'il effectue le payement dans le troisième mois. Cette taxe supplémentaire devra être acquittée en même temps que l'annuité en retard.

La loi du 5 juillet 1844 a abrogé les lois antérieures, soit la loi du 7 janvier 1791 relative aux découvertes utiles et aux moyens d'en assurer la propriété à ceux qui seront reconnus en être les auteurs; la loi du 25 mai 1791 portant règlement sur la propriété des auteurs d'inventions et découvertes en tout genre d'industrie ; la loi du 20 septembre 1792 (an IV de la liberté) relative aux brevets d'invention délivrés pour des établissements de finances ; l'arrêté du Directoire exécutif du 17 vendémiaire an VII concernant la publication des brevets ; l'arrêté du 5 vendémiaire an IX, relatif au mode de délivrance ; le Décret impérial du 25 novembre 1806, celui du 25 janvier 1807, celui du 13 août 1810.

La loi du 5 juillet 1844 a été modifiée dans son article 32 par la loi du 31 mai 1856 et dans ses articles 11, 24, 32 par la loi du 7 avril 1902. Elle a donné lieu à des arrêtés ministériels en date des 3 septembre 1901, 31 mai et 31 décembre 1902, 11 août 1903. Elle a été étendue aux colonies par arrêté du 21 octobre 1848 et décret du 29 juin 1906, à l'Algérie par décret du 5 juin 1850, à l'Indochine par décret du 24 juin 1893, à Madagascar et dépendances par décret du 28 octobre 1902.

Les lois relatives à la garantie des inventions... admises aux expositions sont : la loi du 23 mai 1868,... et pour l'Exp. de 1900 la loi du 30 déc. 1899.

La Convention internationale du 20 mars 1883 pour la protection de la propriété industrielle a été modifiée par l'Acte additionnel de Bruxelles du 14 décembre 1900 (entré en vigueur le 14 septembre 1902). Les États faisant aujourd'hui partie de l'Union sont les suivants : Belgique, Brésil, Espagne, France avec l'Algérie et les colonies, Grande-Bretagne, avec la Nouvelle-Zélande et le Queensland, Italie, Pays-Bas, avec les Indes Neerlandaises, Surinam et Curaçao, Portugal avec les Açores et Madère, Serbie, Suisse, Tunisie, Norvège, Suède, États-Unis d'Amérique, République Dominicaine, Danemark avec les îles Féroé, Japon, Allemagne, Mexique.

Des arrangements spéciaux en date des 14 et 15 avril 1891 ont été pris concernant la répression des fausses indications de provenances sur les marchandises, l'enregistrement international des marques de fabrique ou de commerce (avec Acte additionnel du 14 décembre 1900).

Il résulte de ladite Convention qu'en déposant son Brevet français, l'inventeur se trouve protégé *pendant un an* en Belgique, Allemagne, Espagne, Grande-Bretagne, Italie, Portugal, Suisse, Danemark, Norvège, Suède, Tunisie, Etats-Unis, Mexique, Brésil et Japon. Il peut donc déposer valablement ses brevets dans ces pays étrangers à un moment quelconque *dans le courant de l'année*.

L'Autriche, la Hongrie, la Russie, la Turquie et l'Australie n'ont pas adhéré à la Convention. Pour éviter d'y perdre ses droits, on doit donc y déposer le brevet presqu'en même temps que le dépôt français.

Il est bon de déposer le Brevet allemand en même temps que le Brevet français, de manière à bénéficier de la recherche sévère sur la nouveauté de l'invention que fait le Patentamt de Berlin avant d'accorder le Brevet.

Le Congrès de Berlin des 12-16 sept. 1905 a inscrit, parmi ses résolutions, la suivante, sur la portée de l'assimilation des ressortissants de l'Union aux nationaux. « Les sujets ou citoyens de chacun des Etats contractants jouiront dans tous les autres Etats de l'Union... du bénéfice le plus complet de la législation intérieure... ».

En conséquence, la loi du 1er juillet 1906 relative à l'application en France des conventions internationales concernant la propriété industrielle, dit : Les Français peuvent revendiquer l'application à leur profit, en France, en Algérie et dans les colonies françaises, des dispositions de la convention internationale pour la protection de la propriété industrielle signée à Paris, le 20 mars 1883, ainsi que des arrangements, actes additionnels et protocoles de clôture qui ont modifié ladite convention, dans tous les cas où ces dispositions sont plus favorables que la loi française pour protéger les droits dérivant de la propriété industrielle, et notamment en ce qui concerne les délais de priorité et d'exploitation en matière de brevets d'invention.

Il en résulte que le délai d'exploitation est porté de deux à trois ans.

RÈGLEMENTS CONCERNANT LES
ÉTABLISSEMENTS DANGEREUX, INSALUBRES ET INCOMMODES

Au tableau, p. 54 et suiv., il faut ajouter, depuis juin 1899 :

Alcool (Usines de dénaturation de l') par mélange avec des hydrocarbures :	Odeur et dangers d'incendie.	1re
Pour l'approvisionnement d'hydrocarbures de 1500 litres et au-dessous.	idem.	3e
Cuivre (extraction du) par grillages chlorurant des résidus de grillage des pyrites.	Emanations nuisibles.	1re
Ether (Distillation de l') entre 10 et 30 litres.	Dangers d'incendie et d'explosion.	2e
Si la quantité dépasse 30 litres.	idem.	1re
Fourrières de chiens.	Odeur et bruit.	2e
Minerais de zinc non sulfureux (Réduction).	Bruit et fumée.	3e
Ordures ménagères (Incinération des).	Poussières, fumées, odeurs.	1re
A l'état vert, s'il est traité au plus 150 tonnes par jour et dans les 24 heures.	idem.	2e
Pailles et autres fibres végétales (Blanchiments par l'acide sulfureux).	Em. nuisibles.	2e

RÈGLEMENTS

POUR LE TRANSPORT PAR CHÉMIN DE FER

DES MATIÈRES DANGEREUSES ET INFECTES

L'arrêté du 12 nov. 1897 a été complété et modifié par toute une série d'instructions et de circulaires du ministère des Travaux publics relatives à la mise en application dans les différentes Cⁱᵉ de chemins de fer de l'instruction du 16 juillet 1898, concernant la surveillance des expéditions d'explosifs, munitions et matières assimilées.

Circulaires du 10 sept. 1898, relatives aux cartouches chargées pour canons, aux amorces électriques munies de détonateurs, à l'acide carbonique liquéfié, à l'acide sulfureux anhydre liquéfié, aux explosifs de sûreté, au celluloïd, au sesquisulfure de phosphore, aux amorces électriques sans détonateurs ; du 25 février 1899, relative au chlorure d'acétyle, aux munitions de sûreté, aux graisses fraîches ; du 12 août 1899, relative à l'acide fluorhydrique et aux graisses fraîches.

Circulaire du 23 juin 1900, modifiant les art. 7 et 38 du règlement du 12 nov. 1897.

Circulaires ministérielles du 6 mars 1901, relatives au transport des fontaines à gaz et fontaines de soudage, et à la colle des fabricants de chaussures du 16 mars 1901, relative au transport en vrac des cadavres d'animaux ; du 26 mars 1901, relatives aux amorces en papier pour jouets ou pour briquets de poche ; du 18 juin 1902, relative au carbure de calcium, faisant passer ce corps de la 3ᵉ à la 4ᵉ catégorie des matières dangereuses ; du 30 juillet 1903, relative à l'acide phosphorique ; du 12 août 1903, relative au bioxyde de baryum, au dinitrochlorobenzol, à la nitronaphtaline et au binitrotoluène ; du 2 mai 1904, relative à l'acétylène dissous, au chlorate de potasse, au chlorure de soufre, aux accumulateurs électriques, aux explosifs type O Nᵒ 1, aux récipients du service de l'artillerie contenant de l'air comprimé à 400 kgs, à la dynamite ; du 3 octobre 1904, relative à l'acétylène dissous en récipients de plus de 5 litres, aux iodures de phosphore, aux chlorures de phosphore ; du 10 avril 1905, relative à l'acide nitrique monohydraté et à l'acide sulfonitrique, au sulfure de carbone, à l'éther sulfurique, aux mèches à canon, à l'oxygène comprimé, aux déchets d'animaux putréfiables, aux os de cuisine ; du 27 mai 1905, relative à l'air liquide et à l'ammoniaque liquide.

CHAPITRE XVI

CARBURES D'HYDROGÈNE

Généralités. — Les carbures d'hydrogène ou hydrocarbures sont les plus simples des composés organiques, puisqu'ils ne renferment que deux éléments, C et H. Ce sont des corps *neutres*, affectant les trois états de la matière. On les rencontre en grand nombre dans la nature, en particulier dans les pétroles. Ils sont insolubles dans l'eau, peu solubles dans l'alcool, plus solubles dans l'éther. Ceux qui sont solides se dissolvent dans les carbures liquides.

La chaleur les décompose en leurs éléments. Comme ceux-ci sont combustibles, il en résulte que tous les carbures sont combustibles, et ils reçoivent de ce fait de nombreuses applications pour le chauffage et l'éclairage. Par la combustion, ils donnent de l'acide carbonique et de l'eau ; la flamme est éclairante, mais le pouvoir éclairant est faible si le nombre d'atomes de C qui entre dans la molécule est restreint ; la flamme devient fuligineuse lorsque le nombre de C s'élève.

Les carbures se produisent, d'une façon générale, soit en décomposant par la chaleur un grand nombre de substances organiques, en particulier les sels alcalins des acides, soit en unissant le carbone et l'hydrogène, ou en faisant réagir les carbures sur l'hydrogène ou sur d'autres carbures, ou en polymérisant les carbures : synthèses pyrogénées de Berthelot.

On a cru pendant longtemps que les *hydrocarbures* étaient tous des composés incolores. Ceci est vrai en général, mais il y a des exceptions. Le $C^{26}H^{38}$, d'après *Zeise*, est le premier du genre. Le carbure $C^{26}H^{16}$, dérivé du fluorène, en 1875, par *de la Harpe* et *van Dorp* et retrouvé, en 1892, par *Demantz*, est d'un rouge vif ; *C. Graebe* (*Revue de chimie pure et appliquée*, 1899) lui donne le nom de dibiphénylène-éthène. L'acénaphtylène $C^{12}H^8$, de *Behr* et *van Dorp*, est jaune d'or. Le dixanthylène de *Gurgenjaz* et *von Kostanecki* possède également une coloration jaunâtre. *C. Graebe* attribue la cause de ces colorations à la présence de groupes chromogènes, $>C=C<$ et $-HC=CH-$.

Les carbures se divisent en séries homologues, analogues à des progressions arithmétiques. Dans chacune de ces séries, les propriétés physiques varient suivant une progression assez régulière. Les carbures tendent vers l'état solide à mesure que leur poids moléculaire augmente ; ainsi, les premiers sont gazeux, les suivants liquides, les derniers solides. Si l'on compare ensemble les carbures renfermant le même nombre de C, celui qui renferme le plus grand nombre de H est le plus volatil et le moins dense.

Ils présentent de nombreux cas d'isomérie. Dans la série des carbures saturés, l'isomérie apparaît à partir du butane C^4H^{10}. Il y a deux butanes : le butane normal, ou en chaîne longue, $CH^3 . CH^2 . CH^2 . CH^3$, et le carbure arborescent ou isobutane, $CH^3 . CH (CH^3) . CH^3$. Le premier de ces composés existe dans les pétroles bruts, il bout à $+ 1°$; le second a été obtenu par synthèse et bout à $- 17°$. Le nombre des isomères augmente avec l'exposant du carbone; c'est ainsi que les carbures saturés en C^6 ou hexanes sont au nombre de six, tous isolés; les carbures en C^{10} ou décanes seraient au nombre de 75, dont trois seulement sont connus.

Dans les carbures non saturés, l'isomérie est encore plus compliquée. Il existe par exemple 3 butènes, C^4H^8 : le butène 1, $CH^3 . CH^2 . CH : CH^2$, qui bout à $- 5°$; le butène 2 : $CH^3 . CH : CH . CH^3$, qui bout à $+ 1°$, et l'isobutène : $CH^3 (CH^3) C = CH^2$, qui bout à $- 6°$. Ces trois carbures, en particulier le second, existent dans le gaz d'éclairage.

L'isomérie dans les dérivés de la benzine résulte des positions relatives des hydrogènes remplacés par un élément ou un radical. Les dérivés monosubstitués ne présentent pas de cas d'isomérie; les dérivés disubstitués présentent trois isomères possibles. On nomme ortho, méta, para-dérivés, ceux dans lesquels les hydrogènes substitués sont voisins ou séparés par un ou deux hydrogènes restés libres. On les désigne encore par les abréviations 1, 2; 1, 3; 1 4, qui indiquent les situations respectives des hydrogènes substitués. Les dérivés trisubstitués sont au nombre de trois : 1, 2, 3; 1, 3, 4; 1, 3, 5, et ainsi de suite.

Avec les carbures plus complexes : naphtaline, anthracène, etc., les cas d'isomérie augmentent; la naphtaline, par exemple, présente déjà deux dérivés monosubstitués.

Les carbures forment la base de toutes les combinaisons du carbone.

*
* *

Nous les diviserons en cinq classes : Paraffines, Oléfines, Acétylène et homologues, Camphènes, Carbures aromatiques.

1° CARBURES FORMÉNIQUES OU PARAFFINES C^nH^{2n+2}. — On nomme ces carbures *Paraffines* parce que la paraffine en est le type. On les nomme aussi *Carbures forméniques* parce que le formène en est le premier terme; *saturés*, ou limites, parce qu'étant doués d'affinités peu énergiques (parum affinis, ils n'entrent en combinaison directe avec aucun corps, et ne se modifient que par voie de substitution. Cet état de saturation s'explique par l'hypothèse que le carbone voit toutes ses atomicités satisfaites dans ces composés, et on le représente avantageusement en développant les formules :

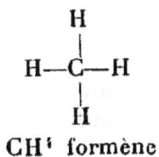

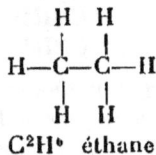

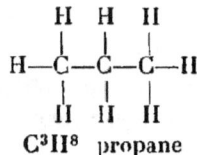

CH⁴ formène   C²H⁶ éthane   C³H⁸ propane

Paraffines ou Carbures Forméniques, C^nH^{2n+2} :

Méthane ou Formène	CH^4	$H.CH^3$
Éthane	C^2H^6	$CH^3.CH^3$
Propane	C^3H^8	$CH^3.CH^2.CH^3$
Butanes [2]	$C^4H^{10}CH^3.(CH^2)^2CH^3$ et $CH(CH^3)^3$	
Pentanes [3]	C^5H^{12}	
Paraffine	$C^{24}H^{50}$	
Hydrure de mélissène	$C^{30}H^{62}$	

A partir du carbure en C^3, il existe un *normal* à chaîne continue, et un ou plusieurs *iso* à branches latérales.

On les a aussi considérés comme des hydrures de radicaux alcooliques, ou alkyles : méthyle ou Me CH^3, éthyle C^2H^3, propyle C^3H^7. Les hydrates de ces radicaux alcooliques sont les alcools, les hydrures forment les carbures, les carbonyles forment les radicaux acides. Ces radicaux alcooliques peuvent à leur tour être considérés comme des hydrures des carbures éthyléniques C^nH^{2n}.

Ils ne se combinent ni à l'acide sulfurique, ni à l'acide nitrique.

Les Paraffines existent dans les huiles de pétrole d'Amérique, le naphte de la mer Caspienne, dans leurs produits de distillation, ainsi que dans ceux du boghead, du cannelcoal, des corps gras.

On les prépare principalement en faisant agir la chaleur sur les acides gras en présence d'un excès d'alcali, *Dumas*, ou par l'action du zinc ou du sodium sur les iodures alcooliques, *Frankland. Berthelot* a donné une méthode générale de préparation qui consiste à traiter un composé organique quelconque, même oxygéné, avec de l'acide iodhydrique concentré et en excès, à la température de 273°.

2° CARBURES ÉTHYLÉNIQUES OU OLÉFINES C^nH^{2n} :

Éthylène	C^2H^4
Propylène	C^3H^6
Butylène	C^4H^8
Amylène (pentène)	C^5H^{10}
Caproilène (hexène)	C^6H^{12}
OEnanthylène (heptène)	C^7H^{14}
Caprylène	C^8H^{16}
Élaène	C^9H^{18}
Paramylène	$C^{10}H^{20}$
Célène	$C^{16}H^{32}$
Cérotène	$C^{27}H^{54}$
Mélissène	$C^{30}H^{60}$

On les nomme *Oléfines* parce qu'à l'exemple de l'éthylène ou gaz oléfiant, ils donnent avec le chlore des homologues de la liqueur huileuse des Hollandais. On les a considérés aussi comme les radicaux des glycols ou alcools diatomiques.

Les Oléfines se préparent en déshydratant les alcools correspondant au moyen de l'acide sulfurique ou du chlorure de zinc.

Les Oléfines sont des corps bivalents, que caractérise leur facilité de se combiner directement avec les corps simples ou composés, par simple addition : ce caractère permet de les distinguer et de les séparer des carbures forméniques. Ils donnent avec le chlore des dichlorures auxquels correspondent les glycols ; avec l'acide sulfurique des carbures sulfonés qui, chauffés doucement, donnent les alcools secondaires.

Par l'oxydation, ils donnent des acétones et des acides.

3° CARBURES ACÉTYLÉNIQUES C^nH^{2n-2} :

Acétylène (éthine)	C^2H^2	$CH\equiv CH$
Allylène (propine)	C^3H^4	$CH^3.C\equiv CH$
Crotonylène (Iso) (butine)	C^4H^6	$CH^3.C\equiv C.CH^3$
Valérylène (pentine)	C^5H^8	$CH^3.CH^2.C\equiv C.CH^3$
Adipène	C^6H^{10}	
Conylène ˗	C^7H^{12}	
Menthène	$C^{10}H^{10}$	

Les carbures acétyléniques sont des corps tétravalents. Ils se polymérisent facilement et donnent alors des carbures camphéniques et des carbures aromatiques. L'action du chlorure cuivreux engendre des combinaisons de ces carbures avec le cuivre. Ils se caractérisent encore par le fait qu'ils décolorent le permanganate de potassium.

4° CARBURES CAMPHÉNIQUES OU TERPÈNES $(C^5H^8)^n$. — La constitution des carbures camphéniques n'est établie avec certitude que pour un petit nombre d'entre eux. Ils sont intermédiaires entre les carbures de la série grasse et ceux de la série aromatique. Ils existent tout formés dans les huiles essentielles.

Au point de vue de leur formule brute, on peut les considérer comme des polymères d'un carbure en C^5H^8, et distinguer ainsi : les carbures dimères $(C^5H^8)^2$, dont les principaux sont les térébenthènes $C^{10}H^{16}$; les carbures trimères $(C^5H^8)^3$; les carbures tétramères $(C^5H^8)^4$; les carbures polymères $(C^5H^8)^n$.

5° CARBURES AROMATIQUES. — Ces carbures sont des corps saturés, très stables, à chaîne fermée ou noyau, d'où leur nom de *carbures cycliques*. Ils se rapportent tous au benzène, que nous représenterons par l'hexagone de Kékulé [1]. Ils peuvent tous être obtenus, à partir du benzène, par condensation avec les chlorures alcooliques en présence de chlorure d'aluminium,

_____

1. On doit à *Kékulé*, 1865, la représentation de la benzine par l'hexagone, et à *Ladenburg* celle par le prisme droit à base triangulaire. La dernière représentation montre bien qu'il fonctionne comme un composé saturé, donnant seulement naissance à des composés de substitution. En numérotant de 1 à 6, les atomes de C, on voit aisément que

Friedel et Crafts. Ils se produisent dans la distillation de la houille à l'abri de l'air.

On peut les diviser en trois classes principales :

a. *Benzène et Carbures à un noyau benzénique*. — Ils résultent du remplacement dans le noyau benzénique de un ou plusieurs atomes de H par un ou plusieurs radicaux alcooliques monovalents, saturés ou non, qui viennent former des chaînes latérales soudées au noyau benzénique.

Benzène	C^6H^6	C^6H^6 triacétylène
Toluène	C^7H^8	$C^6H^5.CH^3$ méthylbenzène
Xylène	C^8H^{10}	$C^6H^4(CH^3)^2$ diméthylbenzène
Mésitylène	C^9H^{12}	$C^6H^3(CH^3)^3$ triméthylbenzène
Durènes ou Cumènes $C^{10}H^{14}$		$C^6H^4(CH^3)^4$ tétraméthylbenzène

Ces carbures dérivent du benzène en substituant à H le radical méthyle. Le benzène lui-même est considéré comme de l'hydrure de phényle $H(C^6H^5)$.

D'autres séries comprennent les éthylbenzènes isomères avec le diméthylbenzène, les méthyléthylbenzènes, les propylbenzènes, les phénylacétylènes, etc. Tels le cymène ou propylméthylbenzène, $C^{10}H^{14}$ ou $C^6H^4CH^3C^3H^7$; le styrolène ou cinnamène ou phényléthylène, C^8H^8 ou $C^6H^5.CH : CH^2$; le phénylacétylène, C^8H^6 ou $C^6H^5— C \equiv CH$. A l'isocymène se rattachent les terpènes ou carbures camphéniques, vus ci-dessus en 4°.

Au benzène, par substitutions à $(CH)^2$ de O'', de S'', de $(NH)''$, on peut rattacher le furfurane C^4H^4O, le thiophène C^4H^4S, le pyrrol ou azol C^4H^4NH.

b. *Carbures à deux noyaux benzéniques*, reliés par un carbure de la série grasse.

Diphénylméthane	$CH^2(C^6H^5)^2$
Triphénylméthane	$CH(C^6H^5)^3$
Diphényléthane (dibenzyle)	$C^2H^4(C^6H^5)^2$
Ditolylméthane	$CH^2(C^6H^4.CH^3)^2$
Stilbène (diphényléthylène)	$C^6H^5(CH)^2C^6H^5$
Tolane (diphénylacétylène)	$C^6H^5.C^2.C^6H^5$

Ces carbures ont pris une grande importance depuis que Fischer et Bayer leur ont rattaché les matières colorantes dérivées de l'aniline, rosanilines et phtaléines.

c. *Carbures pyrogénés à plusieurs noyaux benzéniques*. — Ils résultent de l'action de la chaleur sur les carbures précédents.

cette substitution ne peut donner qu'un seul composé monosubstitué, mais peut en donner trois disubstitués : l'o. ou 1,2: le m. ou 1,3, le p. ou 1, 4.

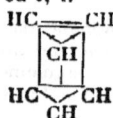

Naphtaline	$C^{10}H^8$	
Acénaphtène	$C^{12}H^{10}$	$C^{10}H^7(CH^2)^2$
Fluorène	$C^{13}H^{10}$	$(C^6H^4)^2CH^2$
Anthracène	$C^{14}H^{10}$	$C^6H^4(CH^2)^2C^6H^4$
Phénanthrène	$C^{14}H^{10}$	
Pyrène	$C^{16}H^{10}$	$C^{10}H^6.C^6H^4$
Rétène	$C^{18}H^{40}$	
Chrysène ou triphénylène	$C^{18}H^{12}$	

Ces carbures se rattachent à des noyaux benzéniques soudés :

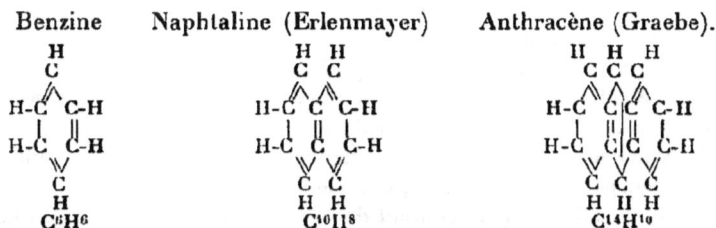

Benzine   Naphtaline (Erlenmayer)   Anthracène (Graebe).

$$
\begin{array}{ccc}
\text{Benzine} & \text{Naphtaline} & \text{Anthracène} \\
C^6H^6 & C^{10}H^8 & C^{14}H^{10}
\end{array}
$$

Les carbures aromatiques fonctionnent comme des corps saturés, bien qu'ils ne le soient pas [1]. Ils donnent des composés de substitution très aisément, et ces composés sont nombreux et importants : *Dérivés chlorés et bromés*, avec le chlore et le brome. *Sulfones*, avec l'acide sulfurique. *Dérivés sulfonés* ou *acides sulfoniques*, avec l'acide sulfurique concentré. *Dérivés nitrés*, avec l'acide nitrique.

Ce sont là des dérivés de substitution directe. Mais d'une façon indirecte, ils donnent également par substitution d'un ou plusieurs H par un groupement fonctionnel, les différentes fonctions, soit la fonction phénol qui correspond à la f. alcoolique des carbures gras, soit la f. acide, la f. amine, la f. aldéhyde, etc. ; soit des fonctions nouvelles, qui en dehors de la f. phénol, sont la f. quinone, la f. azine, etc. *Phénols*, par fusion avec la potasse des acides sulfoniques. *Acides*, par oxydation de l'aldéhyde, de l'alcool ou même du carbure correspondant. *Amines*, par réduction des dérivés nitrés. *Quinones*, par oxydation des carbures ou de leurs dérivés en position para.

✱ ✱

Après ces généralités sur les carbures d'hydrogène, nous étudierons, avec détails, dans ce chapitre, le Formène, les Paraffines, l'Éthylène, l'Acétylène, les Carbures camphéniques, la Benzine, la Naphtaline, l'Anthracène, ainsi que leurs principaux dérivés chlorés, bromés, iodés, nitrés, etc. Nous étudierons dans le chapitre suivant, chapitre XVII, les Bitumes, les Pétroles, huiles et essences de pétroles, et le Gaz d'éclairage.

---

1. Ils peuvent donner dans des cas spéciaux des produits d'addition par rupture d'1, 2 ou 3 doubles liaisons.

Formène C H⁴, — ou *méthane*. Il se forme par la décomposition spontanée des matières organiques, des végétaux, de la houille, etc. C'est lui qui se dégage sous forme de bulles gazeuses, lorsqu'on remue avec un bâton la vase des eaux stagnantes, de là son nom de *gaz des marais*, où Volta le découvrit en 1778. C'est le principal constituant des gaz combustibles qui s'échappent du sol en certains pays : *gaz naturel*; ou qui s'accumulent dans les houillères: *grisou*. Il existe aussi dans le gaz d'éclairage dans la proportion de 30 à 70 pour 100.

Le formène est un gaz incolore, à faible odeur; d = 0,559, 1 litre pèse 0,732 gr. Il est très peu soluble dans l'eau, un peu plus dans l'alcool. C'était l'un des anciens gaz permanents; sa température critique est —81°8, et sa pression critique 54,9 atm. Le liquide bout à —164° sous la pression ordinaire et se solidifie à — 186° sous une pression de 80 mm. La chaleur le décompose, l'électricité aussi, en hydrogène et acétylène.

C'est le type des carbures saturés qui ne forment aucun produit d'addition. Il éteint les corps en combustion ; comme le fait l'hydrogène, mais comme celui-ci également, il brûle au contact de l'air, avec une flamme peu éclairante ou donnant de l'eau H^2O et de l'acide carbonique CO^2, par l'union de ses deux éléments constitutifs avec l'oxygène O de l'air. Cette union avec l'oxygène a lieu au contact d'un corps en ignition, sous l'influence d'une température de 650°, d'une étincelle électrique ou de la mousse de platine. Elle donne lieu à une explosion violente et à un dégagement de chaleur de 188 calories par molécule-gramme. L'explosion est maxima pour le mélange de 1 vol. CH^4 et de 2 vol. O. La combustion du gaz cesse lorsque la flamme est subitement refroidie, par exemple au contact d'une toile métallique ; c'est le principe des lampes de sûreté des mineurs.

Le chlore réagit sur le formène, avec explosion en présence des rayons solaires ; il se forme de l'acide chlorhydrique avec dépôt de carbone. A la lumière diffuse, la détonation n'a plus lieu et il se forme des composés de substitutions et de l'acide chlorhydrique ; suivant le temps de contact, on obtient du formène mono, di, tri ou tétrachloré.

GAZ NATUREL

Gaz naturel. — Il existe, dans un grand nombre de pays, des sources de gaz combustibles qui s'échappent du sol. Les plus anciennement connues sont celles qui avoisinent la mer Caspienne et celles qui se trouvent en Chine. Elles sont très abondantes, de même que celles qui existent aux États-Unis ; mais l'exploitation de ces derniers ne date que du xixᵉ siècle. Il s'en trouve également en Asie-Mineure, en Perse, à Java, aux Indes. En France, on en a signalé dans les environs de Grenoble et sur les bords de l'Aude, près de Salles. En Angleterre, on en a découvert récemment à Heathfield.

Les trois principaux centres, sont : Bakou sur les bords de la mer Caspienne; Tsouliou-tcheng, en Chine et Pittsburg, aux États-Unis.

Sur les bords de la mer Caspienne, ces dégagements sont spontanés et accompagnent les puits de pétrole. En Chine, ils s'échappent généralement des puits d'eau salée. Aux États-Unis, c'est principalement à la suite de forages qu'ils ont pris naissance.

La composition du gaz naturel varie peu ; c'est du formène presque pur, contenant de faibles quantités de carbures homologues supérieurs, d'hydrogène, d'acide carbonique, d'azote et d'oxygène; on rencontre également, mais plus rarement des traces d'oxyde de carbone et d'hydrogène sulfuré. Certains gaz naturels des états d'Ohio et d'Indiana tiennent jusqu'à 98 pour 100 de formène ; ils ne sont guère éclairants directement. Lorsque la teneur en formène diminue, la proportion d'éthane ou celle d'éthylène augmente et la flamme alors devient plus éclairante.

L'origine des gaz naturels est encore discutée. Résultent-ils de la décomposition de matières organiques contemporaines des terrains de gisement ? ou bien de réactions pyrogénées intervenant entre des carbures métalliques, des carbonates et de la vapeur d'eau ? ou bien ces sources d'hydrocarbures gazeux sont-elles de simples émanations souterraines et volcaniques ?

Les sources de gaz naturel constituent une richesse considérable, qui est exploitée depuis la plus haute antiquité. Sur les bords de la mer Caspienne, les anciens habitants enflammaient ces gaz naturels les jours de réjouissance publique. A Sourakhane, célèbre par ses feux éternels, on voit encore les restes d'un *temple du feu*, élevé par les anciens Persans. Dans les régions pétrolifères de Bakou et de Tiflis, les gaz naturels servent actuellement pour cuire la pierre à chaux et chauffer les chaudières à raffiner les pétroles.

En Chine, c'est dans le Setchouen, aux environs de Tsoulioutcheng, que l'on rencontre les *puits de feu*. Ces puits donnent de l'eau salée et un dégagement de gaz naturel. La nappe saline se trouve à une profondeur de 200 à 300 mètres ; en creusant davantage on trouve du pétrole. Les gaz inflammables se dégagent avec violence : ils sont canalisés dans des bambous, enduits d'argile : ils servent au chauffage des bassins d'évaporation ainsi qu'à l'éclairage des chantiers. D'après Gill, le district de Tsouliou-tcheng est percé d'au moins 1.200 puits de sel.

C'est aux États-Unis que les gaz naturels ont pris l'importance économique la plus considérable. Le premier puits qui donna du gaz fut foré à Eaton (Delaware) en 1866; mais dès 1821, une source de gaz naturel avait été découverte à Frédonia (New-York); captée, elle servit à alimenter 30 becs brûleurs pour l'éclairage public. Il y a actuellement environ 1500 puits répartis sur une superficie de 13.000 kilomètres carrés. La plupart se trouvent en Pensylvanie, puis dans les états d'Indiana, de New-York et d'Ohio. Le nombre d'usines exploitées est environ de 250. On estime à 100 millions de francs, l'économie annuelle de houille réalisée par l'emploi des gaz naturels aux États-Unis. Ces gaz sont surtout utilisés pour le chauffage des générateurs de vapeur et des fours de fusion, ainsi que pour l'éclairage privé ou public. Pour ce dernier usage, on les carbure au préalable, quand ils ne sont pas directement éclairants.

Le gaz naturel est après l'hydrogène le plus puissant des combustibles gazeux; privé de tout élément délétère et spécialement du soufre, il convient mieux que le charbon aux fabrications du fer, de l'acier et du verre. Il produit la vapeur avec plus de régularité puisque l'on n'a plus besoin d'ouvrir les portes des foyers. Le gaz naturel est même supérieur au gaz Siemens.

Dans la seule ville de Pittsburg, l'ancienne « smoke city », le gaz naturel, amené par des conduits d'une longueur de près de 2.000 kilomètres, suffit pour le chauffage et l'éclairage de 400 usines et de 7.000 habitants. La consommation en 1890, a été de 25 millions de m³, épargnant ainsi 8 millions de tonnes de charbon.

Ce gaz provient de poches souterraines situées souvent à plus de 1.000 mètres de profondeur, il est extrait au moyen de tubages et de pompes qui le compriment et le distribuent ensuite aux usines métallurgiques souvent très éloignées des puits.

L'Engineering Record du 17 déc. 1904 décrit la plus récente des trois usines élévatoires de gaz que possède la Carnegie Natural Gas Cᵒ, une des filiales de la United States Stel Corporation. Cette usine se trouve à Hundred (Virginie occidentale). Les deux compresseurs réunis du type cross compound, peuvent refouler par 24 h., 840.000 m³ de gaz. La pression naturelle du gaz est de 2,1 kgs par cm². Il est refoulé à la pression de 3,5 kgs par cm².

En Angleterre, le gaz naturel, insoupçonné jusqu'en ces dernières années, fut découvert par hasard en 1897 à Heathfield, dans le Sussex, en creusant un puits pour un service d'eau. Au lieu de l'eau cherchée, on trouva du gaz sous une pression de 10 kgs par cm² à une profondeur de 90 à 120 m.

Des travaux de recherches furent exécutés et une société « The natural gas fields of England Limited » s'est fondée dans le but d'exploiter ces gaz pour le chauffage et l'éclairage. Le puits principal atteint 130 m., la pression du gaz à sa sortie est de 15 atmosphères et le débit peut atteindre 500.000 m³ par jour, soit environ la huitième partie de la consommation quotidienne de Londres. Grâce à la grande pression du gaz, son transport à domicile est très facilité.

Le gaz de Heathfield est un peu moins éclairant que le gaz d'éclairage de Londres, mais peut être utilisé directement dans ce but. Il sert surtout à alimenter les moteurs à gaz et donne de très bons résultats, la consommation est de 420 lt par cheval-heure.

GRISOU

Grisou ou feu terrou. — On désigne sous ce nom, le gaz combustible qui se dégage spontanément dans la plupart des mines de houille et parfois aussi, mais plus rarement, dans des mines de sel.

Ce gaz, mélangé à l'air dans certaines proportions, forme un mélange détonnant qui met souvent en danger la vie des mineurs. On estime à 2.000 le nombre annuel de ses victimes.

Davy a établi, en 1813, l'identité du grisou avec le gaz des marais. La composition du grisou varie peu ; c'est du formène presque pur contenant de petites quantités d'acide carbonique, d'azote et d'oxygène.

L'origine du grisóu, est la même que celle de la houille, tous deux sont des produits de la décomposition lente des matières végétales, enfouies à l'abri de l'air.

Le grisou est renfermé dans la houille et les roches encaissantes comme l'eau dans un corps poreux, et il y est souvent contenu à une pression considérable. Des expériences faites à ce sujet, ont révélé des pressions atteignant jusqu'à 32 kgs par cm² (Mine Balden, couche Bensham).

Voici pour mémoire quelques exemples, tristement célèbres, de coups de grisou en France et à l'étranger :

Oaks Colliery (Yorkshire), 361 victimes, 12 déc. 1866 (17 explosions successives, à la suite desquelles la mine fut abandonnée).

Puits Sainte-Eugénie (Montceau-les-Mines), 89 victimes, 1er sept. 1867.

Kurgk (Saxe), 276 victimes, 1869.

Puits Jabin (Saint-Étienne), 186 victimes, le 4 février 1876.

Frameries (Mons). 121 victimes, 17 avril 1879.

Bruckenberg (Zwickau, Saxe), 89 victimes, 1er déc. 1879.

Penicraig (Cardiff, sud du pays de Galle), 101 victimes, 18 déc. 1880.

Kaham (Sunderland), 164 victimes, 8 sept. 1880.

Karvin (Silésie), 165 victimes, 1894.

Courrières (Lens), 10 mars 1906, 1098 victimes.

Les *Annales des mines*, 10e série, t. VII, 6e livraison, 1905, donnent le nombre des accidents du grisou et des victimes en France depuis 1898.

La plupart de ces explosions mettent en mouvement des poussières de charbon dans une série de galeries même éloignées du centre de l'explosion originele. Il s'ensuit des explosions beaucoup plus violentes (voir t. I, p. 681), et une production de gaz délétères qui asphyxient les mineurs.

La pression considérable du grisou ne peut être équilibrée que par le poids des *morts-terrains* qui recouvrent la houille, aussi les terrains les plus grisouteux se rencontrent-ils à une grande profondeur. Si la houille est en communication avec une cavité naturelle, le gaz s'accumule dans cette dernière, produisant ce que les mineurs appellent un sac ou nid. Lorsque le pic de l'ouvrier atteint une de ces cavités, un jet de gaz s'en échappe produisant un *soufflard*.

I a production du grisou se fait donc de deux manières différentes : dans l'une, qui est normale, le gaz renfermé dans la houille s'en échappe sur tout le front de taille, d'une façon continue ; dans l'autre, le dégagement est instantané et il provient, en général, d'un soufflard.

Les propriétés du grisou sont les mêmes que celles du formène.

Explosibilité du grisou. — L'étude des conditions dans lesquelles ses mélanges avec l'air peuvent s'enflammer et faire explosion, ainsi que celle des moyens de remédier à ce danger, sont importantes au point de vue pratique. *H. Le Chatelier* et *Mallard* ont fait cette étude. D'après leurs déterminations, le point d'inflammation du grisou est de 650° ; mais le contact de corps poreux, comme la mousse de palladium, peut rendre la combustion sensible dès 200°. Le grisou ne s'enflamme pas instantanément, comme le font les mélanges avec l'air, de l'hydrogène ou de l'oxyde de carbone. A la température de 650°, il faut environ 10 secondes pour que l'inflammation du grisou se produise ; à mesure que la température s'élève, ce temps diminue ; et à 1.000°, le retard n'atteint pas une seconde.

Les mélanges du grisou et de l'air, en proportion quelconque, brûlent complètement lorsque la température est de 650° dans toute la masse gazeuse. A la température ordinaire, la combustion réalisée en un point peut ne pas se propager dans toute la masse. Pour que l'explosion se produise, il faut que la proportion de grisou soit comprise entre 6 et 16 pour 100 du mélange gazeux. La vitesse de propagation de la flamme dépend d'un grand nombre de facteurs : de la proportion des gaz mélangés, de l'agitation du mélange au moment de l'inflammation, de la température, du voisinage des corps froids. Cette vitesse est sensiblement nulle pour les mélanges limites, tenant 6 à 16 pour 100 de grisou ; elle est maximum, non pas pour le mélange moléculaire donnant une combustion complète, mais pour un mélange tenant un léger excès de gaz combustible. Le voisinage des corps froids joue un rôle important dans la propagation des flammes ; en refroidissant le mélange gazeux au-dessous de sa température d'inflammation, ils éteignent la flamme jusqu'à une certaine distance de la paroi. D'après H. Le Chatelier, la propagation de la flamme n'a plus lieu dans des tubes d'un diamètre inférieur à 3,2 mm.

C'est en étudiant des phénomènes analogues que *Davy* songea à l'emploi de treillis métalliques pour construire la *lampe de sûreté* qui porte son nom.

Moyens préventifs. — Dans la lutte contre le grisou, il y a deux points à considérer : 1° l'accumulation du mélange explosif ; 2° son inflammation. En s'efforçant de lutter contre ces deux causes, on peut considérablement réduire les accidents.

1° Parmi les moyens proposés pour éviter l'accumulation du grisou, le plus sûr est une *ventilation* mécanique énergique, l'aérage naturel étant insuffisant et celui par foyer dangereux.

On admet que dans le cas de mines très grisouteuses, la quantité d'air à introduire est de 100 litres par seconde, pour chaque tonne de houille extraite en 24 heures. Les règlements de l'Administration des Mines prescrivent un nombre de mètres cubes d'air par seconde, compris entre 1/10 et 1/20 de l'extraction journalière. En Belgique, on descend à 1/30.

Pour avoir une idée de la quantité de grisou qui s'échappe d'une mine, on le dose dans l'air qui sort de la mine et on le rapporte à la quantité de charbon extraite dans le même temps On donne ce résultat en mètre cube de grisou par tonne de houille. La teneur doit être, au maximum, 1 demi-centième.

La perfection de l'aérage dans les houillères devrait être telle, que l'emploi de lampes à feu nu, soit toujours possible.

Voici, d'après *Haton de la Goupillière*, quelques autres considérations sur l'aérage des houillères : Schondorf admet que l'aérage doit être suffisant pour que la perte en oxygène ne dépasse pas 1,5 pour 100 ; le développement d'acide carbonique 0.5 pour 100 et celui d'hydrogène carboné 0,6 pour 100. Callon réclame 12,5 litres d'air par minute pour l'homme et le triple pour le cheval. Demanet indique pratiquement 25 m³ par homme et par heure, dont 14 pour l'ouvrier, 7 pour sa lampe et 4 pour combattre les miasmes : il adopte le triple pour le cheval. T. Wills demande par homme et par minute 2,80 m³, dont 0,013 m³ pour la respiration et le reste pour des causes accessoires. La Compagnie de Blanzy envoie 80 litres d'air, par seconde et par ouvrier, dans les puits à grisou. Une règle généralement admise en Belgique, recommande pour chaque ouvrier du poste le plus occupé, le chiffre de 30 à 50 litres passant réellement au chantier. Cette quantité est ordinairement dépassée. On sait que le général Morin a indiqué pour la ventilation d'une chambre fermée, un renouvellement de 100 m³ par heure et par personne.

Grisoumètres.— Ce sont des appareils destinés à donner directement la proportion de grisou qui existe dans l'atmosphère. Plusieurs sont automatiques, mais n'offrent pas une grande sécurité. Parmi ces derniers, nous rappellerons la lampe indicatrice du Dʳ *Irvine* (*Revue univers. des Mines*, XXXIII), fondée sur le principe des flammes chantantes. Elle consiste essentiellement en un tube étroit dans lequel brûle une flamme plus ou moins longue, suivant la teneur en grisou. On a proposé de placer ces lampes aux points suspects, avec correspondance téléphonique dans le cabinet d'un surveillant spécial.

L'appareil de *Forbes* (*Annales des Mines*, 7ᵉ série, XIX) repose sur l'inégale vitesse du son dans les gaz plus ou moins denses. Celui d'*Ansell* est fondé sur l'endosmose (*Ann. des Mines*, 7ᵉ série, XIX) ; lorsqu'un corps poreux, tel qu'une plaque de biscuit de porcelaine, sépare deux milieux supposés à la même pression, dont l'un est formé d'air pur, et l'autre imprégné de grisou, le manomètre s'élève, dans le premier, d'une quantité qui est proportionnelle à la teneur en grisou et peut lui servir de mesure. On peut produire une correspondance à distance, au moyen d'un contact électrique. L'appareil est sujet à erreur, en raison des influences propres de l'acide carbonique et de la vapeur d'eau, qui s'exercent en des sens différents.

Le grisoumètre de *Hauger* et *Pescheux* (Ac. des sciences, 1905) est fondé sur la variation de densité de l'air. Il se compose d'une balance de précision dont le fléau porte, à une extrémité, un récipient contenant de l'air normal, et à l'autre un plateau de même surface. Quand la composition de l'air ambiant varie, l'équilibre se trouve rompu, une aiguille ferme un circuit électrique actionnant une sonnerie. L'aiguille réglable à volonté peut donner ainsi le degré de sensibilité que l'on veut obtenir suivant la proportion du mélange.

Les seuls grisoumètres qui soient précis utilisent la combustion du grisou, tel l'appareil de *Coquillon* perfectionné par *N. Gréhant*. Ce grisoumètre consiste en une ampoule de verre, renfermant une spirale de platine que l'on porte au rouge vif par un courant électrique ; tout gaz combustible préexistant dans l'air de l'ampoule, se trouve brûlé au contact de ce fil rouge, et lorsqu'on interrompt le courant, il se produit, par suite du refroidissement, une diminution ou réduction de volume que l'on peut mesurer au moyen d'un tube gradué, soudé à l'ampoule. Le grisoumètre Gréhant fonctionne sur l'eau, il est donc près de 14 fois plus sensible que s'il fonctionnait sur le mercure ; il est doué d'une telle sensibilité que l'air renfermant 1 pour 100 de formène pur, donne une réduction de 10,3 divisions, soit 5 cm. 1 (*Soc. d'Enc.*, 1898). Chaque analyse grisoumétrique dure 15 minutes, et il serait à souhaiter que le grisoumètre fût d'un emploi quotidien dans les mines à grisou.

L'indicateur de grisou de l'Américain *Shaw* repose sur la mesure des limites d'inflammabilité ; il est très précis (*Annales des Mines*, 1891). Le principe consiste à ajouter au mélange gazeux une certaine proportion de gaz combustible, gaz d'éclairage par exemple, jusqu'à ce que la limite d'inflammabilité soit atteinte. Cette quantité de gaz ajoutée est évidemment d'autant moindre que la proportion de grisou est plus forte.

Une bonne indication de la présence du grisou est donnée par la formation d'une auréole bleue autour de la flamme des lampes, auréole qui augmente avec la proportion de grisou. Pour la rendre visible, il faut une flamme peu éclairante ; avec la flamme de l'hydrogène, on reconnaît facilement le grisou à partir de 1/4 pour 100 (*H. Le Châtelier*). Il n'existe malheureusement pas de lampes à hydrogène pratiques pour la mine. L'Allemand *Pieler* a proposé une lampe à alcool, que *Chesneau*, ingénieur des Mines, a perfectionnée en ajoutant à l'alcool un peu de chlorure de cuivre, ce qui rend l'auréole brillante et facile à observer. Un dispositif de sûreté assure l'extinction de la lampe dans les mélanges explosifs.

2° Les principales causes de l'inflammation du grisou sont les lampes à feu nu et le tirage à la poudre.

Lampes de sûreté. — Les lampes à feu nu ont donc été remplacées par les lampes de sûreté. Dans la *lampe de Davy*, la flamme est entourée d'un manchon de toile métallique dont les mailles ont un diamètre de 0,5 mm. Le pouvoir éclairant est très faible, les deux tiers de la lumière sont, en effet, retenus par le treillis. Cette lampe s'éteint dans le grisou et se rallume à l'air, propriété qui la rend encore utile aujourd'hui pour la recherche des accumulations de grisou. — La lampe de Davy a reçu de nombreux perfectionnements. *Chauny* a remplacé partiellement le treillis métallique par un cylindre de cristal qui laisse passer la lumière. *Marsault* emploie un triple manchon métallique. *Mueseler* place un diaphragme métallique et une cheminée au-dessus de la flamme, à l'intérieur du treillis métallique. Ce dispositif arrête la flamme qui se produit dans les mélanges explosifs et amène l'extinction. *Fumet* (1884) dispose l'arrivée d'air à la partie inférieure de la flamme. Si la proportion de grisou est dangereuse, une série d'explosions rapides se produisent, amenant, comme dans l'harmonica chimique, des mouvements vibratoires de la flamme qui déterminent son extinction.

Les lampes de sûreté dont le treillis métallique est en mauvais état, sont extrêmement dangereuses. L'ouverture de la lampe, survenant accidentellement à la suite d'un choc qui brise le verre, ou résultant de l'imprudence coupable du mineur, a été cause de nombreux accidents.

La question de la *fermeture* de la lampe a toujours préoccupé les constructeurs. Le mode de fermeture doit être, en effet, commode pour le lampiste et impraticable pour le mineur auquel on remet la lampe pleine, allumée et fermée.

Le dispositif de *Villiers* repose sur l'emploi d'un électro-aimant. Dans les lampes Lemursiaux, Purdy, Cuvelier, l'aspiration d'une petite pompe remplace l'action de l'électricité. *Ailot* a imaginé une vis de 1.200 tours, destinée à lasser la patience de l'ouvrier, tandis qu'une répétition d'engrenage permet l'ouverture rapide. *Schroeder* emploie un rivet de plomb qui est écrasé par la fermeture et décapité par la réouverture. Dans plusieurs lampes, la disposition est telle, que le seul fait de l'ouverture détermine préalablement l'extinction.

Voici un extrait de l'Instruction ministérielle de 1872, relative à l'emploi des lampes :

« Chaque maître mineur fournira aux lampistes les éléments d'un tableau indiquant les noms et prénoms de tous les ouvriers qui travaillent avec des lampes de sûreté dans son service, et y fera opérer, au fur et à mesure, les retranchements nécessaires pour que ce tableau soit constamment à jour dans les lampisteries.

« Les lampes seront nettoyées et garnies dans une lampisterie centrale et chaque jour transportées sur les puits où des casiers seront disposés pour les recevoir.

« Indépendamment de l'inspection des tamis, faite à la lampisterie centrale, ceux-ci seront encore vérifiés avant la remise des lampes aux ouvriers.

« Au moment de la descente dans la mine, chaque ouvrier recevra sa lampe pleine, allumée et fermée à clef; il devra s'en assurer et la refuser si elle est ouverte ou s'il reconnaît quelques défauts dans la toile métallique. Les lampes seront numérotées et chacune d'elles sera toujours assignée au même ouvrier.

« Il est expressément défendu d'ouvrir les lampes dans les travaux; celles qui s'y éteindront seront renvoyées fermées, soit à la surface, soit en quelque point désigné de l'intérieur où elles seront visitées et rallumées.

« Les clefs de rallumage des lampes de sûreté seront placées et entretenues par les soins des maîtres mineurs, aux endroits désignés par des ordres écrits. Si, exceptionnellement, les emplacements des clefs deviennent dangereux, les maîtres mineurs devront les enlever sans délai.

« Tout ouvrier porteur d'une lampe ouverte, d'une clef ou d'un instrument capable d'ouvrir sa lampe, d'une allumette, sera puni d'une retenue de..... S'il est reconnu qu'on a fumé dans un chantier, tous les ouvriers qui en font partie seront punis d'une retenue de..... Le tout sous préjudice des peines correctionnelles portées par la loi.

« Les lampistes devront signaler chaque jour les contraventions qu'ils pourront reconnaître, telles que : ouverture frauduleuse de la lampe, dégradation volontaire, etc.

« Dans les mines où la lampe de sûreté n'est pas obligatoire et où les lampes à feu nu sont admises dans certains quartiers, des gardiens spéciaux seront placés à la limite des travaux à grisou pour en interdire l'accès aux ouvriers porteurs de lampes ordinaires.

« Chaque fois qu'un ouvrier nouveau sera embauché, le maître mineur devra lui expliquer l'usage de la lampe de sûreté, lui lire ou faire lire par le marqueur les parties du règlement qui le concernent et lui énumérer les précautions dont le mineur doit s'entourer dans l'emploi de la lampe de sûreté, savoir :

« De la préserver de tout choc et de tout accident pouvant ou déformer l'enveloppe ou entraîner la rupture du verre ou de quelques mailles du tamis dont la vertu préservatrice cesserait immédiatement.

« Éviter de l'exposer à un courant d'air trop vif qui pourrait faire sortir la flamme de la toile métallique, surtout si celle-ci avait une température élevée.

« Observer cette dernière précaution principalement aux passages des portes ou d'un courant d'air étroit, au voisinage du front de taille dont la chute pourrait déterminer un courant d'air inattendu.

« Éviter tout mouvement brusque de la lampe, la placer toujours à la partie inférieure de la galerie et en surveiller la flamme qui ne doit jamais être assez forte pour enfumer le tamis.

« Baisser la mèche si la flamme s'allonge sous la présence du gaz inflammable ; se retirer tranquillement en la diminuant encore si le gaz augmente, et en rapprochant autant que possible la lampe du sol de la galerie.

« Enfin, éteindre celle-ci complètement si le gaz persiste et si le tamis se remplit de flamme, soit en noyant la mèche dans l'huile, soit en l'étouffant sous ses vêtements, mais jamais en soufflant la flamme ».

Explosifs de sûreté. — Les dangers du tirage à la poudre ont à peu près disparu, grâce à l'emploi des explosifs de sûreté. Ces explosifs sont ainsi nommés parce qu'ils ne déterminent pas l'inflammation du grisou. Leur découverte est due aux travaux de la Commission des substances explosives (voir Mallard, *Annales des Mines*, 1888, 1889 et 1905).

Ce sont des *explosifs brisants*, c'est-à-dire qu'ils détonnent dans un temps extrêmement court, et se refroidissent immédiatement par suite de la transformation d'une partie de la chaleur en travail mécanique. Or, on sait que le grisou demande un certain temps pour s'enflammer. Ces explosifs seront décrits à leur place, mais disons de suite qu'ils sont formés, pour la plupart, de dynamite, de gélatine explosive ou de coton octonitrique, additionné d'azotate d'ammoniaque.

Les moyens de prévention déjà mentionnés : ventilation, grisoumètre, lampes de sûreté, sont insuffisants dans le cas de *dégagements instantanés* du grisou.

Pour avoir une idée de ces dégagements, il suffit de rappeler le coup de grisou du charbonnage de l'Agrappe (Couchant de Mons), en 1879, qui produisit 40.000 hectolitres de houille en poudre et alimenta pendant 2 heures une flamme de 40 mètres de haut, à l'orifice du puits. Cet accident coûta la vie à 121 personnes.

De tels dégagements, heureusement rares, sont presque toujours en relation avec des phénomènes sismiques. Le professeur italien de Rossi fit le premier cette remarque ; il proposa, dès 1880, d'établir des observatoires spéciaux à proximité des houillères. Ces propositions furent suivies, au Japon d'abord, puis dans le nord de la France. La simultanéité des phénomènes cosmiques et grisouteux a été vérifiée par Chesneau, ingénieur des Mines, en 1886. Il a pu constater ce fait important, que le maximum dangereux de l'agitation microsismique a précédé, de neuf heures, le maximum dangereux de l'émanation grisouteuse.

Paraffine $C^{24}H^{50}$. — La paraffine a été découverte en 1829, par *Reichenbach*, dans les produits goudronneux de la distillation du bois. Sa présence a été successivement constatée dans les goudrons de houille, de schiste. de tourbe, dans les huiles lourdes de pétrole et le goudron naturel de Rangoon. Actuellement, on l'extrait surtout du pétrole, de la cire minérale et des goudrons provenant de la distillation des lignites ou des schistes bitumineux. Les propriétés des paraffines varient suivant leur origine. On les considère comme des mélanges de carbures saturés plus ou moins condensés ; d'après Krey, 1890, la paraffine contient également quelques unités pour 100 d'hydrocarbures non saturés.

Extraction des huiles de naphte (ou pétrole brut). — L'idée de traiter le pétrole en vue d'en extraire la paraffine, remonte à 1856, quoique dès 1820, *A. Bucher*, avait déjà constaté l'existence d'une substance grasse dans le pétrole de Tegernsée (Bavière), laquelle fut reconnue plus tard par *Kobell*, pour de la paraffine.

Les pétroles d'Amérique ne contiennent que peu de paraffine ; au contraire ceux qui proviennent des Indes, en particulier ceux de Rangoon, renferment jusqu'à 10 pour 100 et ceux de Java, jusqu'à 40 pour 100 de paraffine.

Lors de la distillation du pétrole brut, la paraffine s'accumule dans les huiles lourdes qui passent en dernier lieu. Ces huiles à paraffine sont refroidies au-dessous de 0° et il se dépose des cristaux de paraffine qu'on exprime à la presse hydraulique. Cette paraffine brute se raffine par traitement à la soude caustique, puis distillation, ou par fusion en présence du noir animal. Plus le point de fusion est élevé, plus les cristaux sont grands et plus la paraffine est estimée.

Quelquefois, en Pensylvanie par exemple, la distillation du naphte est arrêtée avant le passage des huiles à paraffine, il reste alors dans la cornue une paraffine molle, peu condensée, connue sous le nom de *vaseline*, qu'on étudiera plus loin.

Les goudrons provenant de la distillation des lignites de Saxe, ceux des schistes bitumineux d'Autun et d'Écosse sont également traités en vue de l'extraction de la paraffine. Les goudrons de lignite donnent 5 à 6 pour 100 de paraffine molle et 8 à 9 pour 100 de paraffine dure. Pour le schiste bitumineux le rendement est de 13 à 19 kgs de paraffine par tonne de schiste.

Paraffine naturelle ou ozokérite. — La paraffine naturelle, cire minérale, ozokérite, neft-gil, provient surtout de la Galicie, on la rencontre également en Hongrie, en Moldavie, au Caucase, dans l'Amérique du Nord. Pour l'extraire, on commence par fondre le produit brut, de façon à éliminer les matières minérales qui se déposent, et on le soumet ensuite à une distillation fractionnée.

L'ozokérite de Boryslaw donne de 52 à 56 pour 100 de paraffine qui se dépose des huiles lourdes et qu'on exprime à la presse.

La majeure partie de la cire minérale n'est pas soumise à la distillation ; on la purifie simplement à l'acide sulfurique et on la décolore ensuite au moyen des résidus de la préparation du prussiate de potasse. On l'emploie souvent sous le nom de *cérésine* comme succédanée de la cire d'abeille.

Propriétés. — La paraffine purifiée est une substance blanche, cireuse, inodore et insipide ; elle est plus molle que la cire, mais plus dure que le suif, elle n'est pas toxique.

La paraffine se dissout facilement dans le sulfure de carbone, l'éther et la benzine, difficilement dans l'acide acétique cristallisable et l'alcool éthylique.

La paraffine ne dissolvant pas l'alcool et dissolvant, au contraire, les éthers et autres impuretés des alcools d'industrie, a été proposée pour purifier ces derniers. 1 partie de paraffine se dissout à 15°, dans 370 parties d'alcool amylique et dans 150.000 parties d'alcool éthylique, à 75° centésimaux, ou dans 12.000 parties d'un mélange à parties égales des deux alcools.

Le point de fusion d'une paraffine oscille entre 45° et 65° selon sa provenance. La moyenne est 46° pour la paraffine du naphte, 65° pour l'ozokérite. La densité augmente avec le point de fusion. Si la température de fusion est 41°, 44°, 49°, 50°5, 52°, 55°, le poids spécifique à 15°5 est 875,25 ; 882,30 ; 898,95 ; 901,05 ; 903,50 ; 908,65.

La paraffine pure cristallise en lamelles rondes très fines, en aiguilles ou en grains. Les aiguilles se dissolvent plus facilement que les grains et surtout que les lames. Cette cristallisation est le caractère qui la distingue de l'ozokérite.

La paraffine bout vers 300° ; elle émet bien avant des fumées blanches, combustibles avec une flamme éclairante.

La composition centésimale de la paraffine est, en moyenne, $C = 85$ pour 100, $H = 15$ pour 100. Les réactifs sont, en général, sans action sur la paraffine, cependant l'acide sulfurique concentré et chaud la charbonne en partie, et les oxydants énergiques donnent divers acides gras, notamment l'acide cérotique. Le chlore et le brome donnent des dérivés substitués.

Applications. — Les paraffines sont employées comme combustibles sous forme de bougies, d'allumettes paraffinées ; comme matière grasse, pour lubréfier et imperméabiliser ; enfin, comme succédané de la cire d'abeilles.

La première de ces applications est de beaucoup la plus importante. Les bougies de paraffine, très répandues en Angleterre, ont un pouvoir éclairant élevé, mais coulent facilement et répandent, quand on les souffle, une odeur désagréable qui permet de les distinguer des bougies stéariques. La paraffine qui sert dans ce but est presque toujours additionnée d'acide stéarique pour élever le point de fusion. La teneur en acide stéarique doit être vérifiée avec soin, car le point de fusion s'abaisse rapidement ; c'est ainsi qu'un mélange de 2/3 de paraffine fondant à 45° et de 1/3 de stéarine fondant à 54°, a pour point de fusion 41°. La moyenne calculée est 48°, soit donc une différence de 7°. Le même écart se reproduit pour le mélange de 1/3 de paraffine fondant à 47° et 2/3 de stéarine fondant à 54°, qui fond à 48°.

Le pouvoir éclairant du pétrole est augmenté par addition de paraffine ou mieux d'un mélange de 2 p. de paraffine et 1 p. de blanc de baleine. La dose est 0 gr. 60 par litre de pétrole.

Les propriétés onctueuses de la paraffine la font employer comme matière de graissage pour les machines, le cuir, etc.

La paraffine est employée dans les fabriques de tissus de laine pour *parer* les fils de chaîne, il est nécessaire d'employer de la paraffine pure, pour cet usage ; dans le cas où elle est encore souillée d'huile de pétrole et autre, elle se fixe sur la fibre de laine, à un point tel qu'il est impossible de l'enlever sans attaquer le tissu lui-même. Si l'on ménage l'opération du dégorgeage, la teinture se fera mal et les couleurs paraîtront toujours tachées. La distinction des deux paraffines est facile : celle qui est pure est blanche, translucide, inodore, cassante et fusible seulement à partir de 57° ; la paraffine impure, au contraire, est molle, plastique, grasse au toucher et fusible dès 40°, quelquefois même au-dessous de cette température.

Pour empêcher les objets de caoutchouc de devenir durs et cassants, on les trempe de 1 à 3 minutes dans un bain de paraffine fondue maintenu à

100° ; on les suspend ensuite dans une étuve à 100°, de telle sorte que l'excès de ce corps s'en puisse égoutter. Le caoutchouc absorbe ainsi 2 à 8 pour 100 de paraffine et acquiert alors, sans perdre son élasticité, une résistance extraordinaire à l'air, à la lumière et aux autres influences extérieures.

Grâce à ses affinités négatives, la paraffine est souvent employée pour former une enveloppe protectrice contre l'humidité et les agents chimiques. C'est ainsi qu'on en imprègne le plâtre, le bois, le liège, les métaux, les explosifs, etc. afin de les soustraire aux agents atmosphériques ou autres. C'est ainsi que pour conserver les fresques anciennes on les recouvre d'une solution de paraffine dans la benzine, et qu'on protège les surfaces métalliques au moyen de papier paraffiné. On l'utilise également pour imperméabiliser les tissus, les tonneaux. etc. ; pour conserver la viande, les œufs. Ce dernier usage a été proposé par *Lace*, 1874; les œufs paraffinés se conservent parfaitement, aussi bien au point de vue du bon goût que de la permanence du poids. 1 kg. de paraffine suffit pour enduire 3.000 œufs.

Dans les laboratoires, la paraffine est utilisée comme substance isolante et comme bain-marie. En histologie, on l'emploie pour l'inclusion des pièces destinées à être coupées au microtome.

En chirurgie, on utilise la paraffine en injections dans les tissus pour rétablir la forme et l'aspect des parties opérées. *Gersuny* de Vienne et *Delangre* de Tournai, appliquèrent les premiers, en 1899, ce genre de prothèse. La paraffine employée à cet usage doit avoir un point de fusion de 55°. L'injection se fait à une température ne dépassant pas 65°.

La paraffine, surtout l'ozokérite brute, servent à falsifier la cire d'abeilles et à fabriquer des cires artificielles pour parquet. Dans ce but (*Meyer*, br. fr., 1897), on l'emploie par parties égales avec de la colophane et de l'huile.

Une cire vendue comme cire d'abeille n'était qu'un mélange de 60 parties de paraffine et 40 parties de résine ; on l'avait recouverte d'une mince couche de cire (Pharm. Post., 1876).

Vaseline.
— Lorsque l'on a en vue la préparation de la vaseline, on arrête la distillation du naphte vers 350°, avant le passage des huiles à paraffine.

La masse brune qui reste dans la cornue est décolorée par des filtrations répétées sur du noir animal ou de l'argile, à une douce chaleur.

La vaseline épurée est blanche, translucide, grasse, inodore à froid et d'une faible odeur de pétrole à chaud. Elle possède une réaction neutre et n'est pas toxique ; sa densité est de 0,83 à 0,86 ; son point de fusion oscille entre 30° et 35°. Elle commence à se volatiliser à partir de 250°; elle doit distiller sans laisser de résidus. La vaseline est insoluble dans l'eau et la glycérine, presque insoluble dans l'alcool, soluble dans l'éther, le chloroforme, le sulfure de carbone, les huiles et les essences. Elle dissout l'iode, le soufre, les alcaloïdes, le phénol. La vaseline est inattaquable aux acides et aux alcalis.

La vaseline apparut pour la première fois à l'exposition de Philadelphie en 1876. Ses emplois se sont rapidement multipliés. Elle sert pour préserver les métaux de l'oxydation, comme matière de graissage, pour les machines. On l'emploie dans les sucreries, les distilleries et les fabriques d'extraits, pour empêcher la formation de mousse dans les chaudières de concentration. La vaseline est un excipient très employé en pharmacie et en parfumerie pour la confection de pommades, coldcream, fards. La vaseline étant un produit neutre, inaltérable à l'air, par conséquent ne rancissant pas, est bien supérieure à toutes les graisses animales ou végétales qui ne possèdent pas cette stabilité.

On utilise encore la vaseline pour le nettoyage des mains et des têtes de bébés, pour conserver le beurre, etc. Le cérat à la vaseline : cire 5, vaseline 95 peut absorber jusqu'à 75 pour 100 d'eau.

A l'intérieur, la vaseline a été recommandée dans les catarrhes bronchiques, le croup, la coqueluche, l'asthme, et de plus, dans la constipation et la dysenterie.

Éthylène C² H⁴. — Ou *gaz oléfiant*. Ce nom lui vient de l'aspect de sa combinaison avec le chlore. L'éthylène fut découvert vers 1796 par quatre chimistes hollandais : Deiman, van Troostwyk, Bondt et Lauwerenbourg, en déshydratant l'alcool ordinaire. C'est encore la méthode suivie pour l'obtenir dans les laboratoires. On décompose l'alcool par l'acide sulfurique. Il faut opérer aux alentours de la température de 160° ; car au-dessous de 160°, il se forme de l'éther ordinaire et au-dessus, l'alcool n'est plus seulement déshydraté, mais il est entièrement décomposé, et l'acide sulfurique se trouve réduit par l'éthylène ; il se forme de l'acide sulfureux et du charbon.

Sa synthèse a été réalisée par Berthelot par la combinaison de volumes égaux d'acétylène et d'hydrogène. L'éthylène se forme dans la plupart des décompositions pyrogénées de matières organiques, principalement des matières bitumineuses et des graisses. Il existe en petite proportion dans le gaz d'éclairage, 4 p. 100.

L'éthylène est un gaz incolore, d'odeur légèrement empyreumatique. Sa d = 0,97 ; 1 litre pèse 1,254 gr. Il est peu soluble dans l'eau, assez soluble dans l'alcool absolu, davantage dans l'éther, assez soluble dans le chlorure cuivreux ammoniacal. Ces caractères trouvent leur application dans l'analyse eudiométrique des mélanges gazeux. C'est un gaz facilement liquéfiable, *Faraday*. Sa température critique est 9°3, et sa pression critique 58 atm. Liquéfié, il bout à — 105° sous la pression normale. Ce liquide s'évapore rapidement dans le vide ; il peut abaisser la température jusqu'à — 136°. On l'a solidifié à — 169°.

L'éthylène est le type des carbures à double liaison ou oléfines ; sa formule est : $CH^2 = CH^2$.

La chaleur le dédouble, d'abord en acétylène et hydrogène ; si l'on poursuit longtemps l'action de la chaleur, on obtient de l'éthane, du formène, de la benzine, etc. L'étincelle électrique agit de même.

L'éthylène brûle, au contact de l'air, avec une flamme blanche, très éclairante, en dégageant 341 cal. Un mélange de 1 volume d'éthylène et 3 volumes d'oxygène détonne avec violence au contact d'un corps en ignition ; il se forme de l'acide carbonique et de l'eau. Si l'on diminue de moitié le volume de l'oxygène, l'explosion a encore lieu, avec formation d'oxyde de carbone au lieu d'acide carbonique. Avec un volume d'oxygène moindre, l'explosion n'a plus lieu. Un mélange d'éthylène et d'air à volumes égaux, passant dans un tube de verre chauffé au rouge sombre, se décompose en aldéhyde formique, sans dépôt de charbon. L'acide chromique agit d'une façon analogue. Le permanganate donne de l'acide oxalique.

L'éthylène étant un carbure non saturé, donne naissance à des composés d'addition. L'hydrogène donne de l'éthane. Volumes égaux de chlore et d'éthylène se combinent à la lumière diffuse en donnant un liquide huileux *liqueur des Hollandais* $C^2H^4Cl^2$. L'éthylène brûle dans le chlore, avec formation d'acide chlorhydrique et de noir de fumée. Le brome et l'iode s'unissent directement avec lui.

Les hydracides se combinent lentement à l'éthylène, sous l'influence de la lumière ; il se forme les éthers simples de l'alcool ordinaire.

L'éthylène est absorbé lentement par l'acide sulfurique à 66° Bé, instantanément par l'acide anhydre. Il se forme de l'acide éthylsulfonique, *Faraday* 1825, *Hennel* 1826. Cet acide, *Hennel* 1828, bouilli avec l'eau, se dédouble en alcool éthylique et en SO^4H^2. *Berthelot*, 1855, a démontré que l'alcool ainsi produit synthétiquement est le même que l'alcool de fermentation.

Amylène C^5H^{10}. — C'est un liquide de d=0.670, soluble dans l'alcool et l'éther ; bouillant à 35°-36°. Il est employé pour l'anesthésie totale.

Acétylène C^2H^2. — Le gaz acétylène a été découvert en 1836, par *Edmond Davy*. Celui-ci, cherchant à isoler le potassium, chauffait du tartre mélangé de charbon ; il se produisit du carbure de potassium, lequel projeté dans l'eau la décomposa avec dégagement d'acétylène (British. Assoc. for the advancement of science, 1836).

Production et préparation. — Berthelot a réalisé la synthèse de l'acétylène en 1860, dans l'œuf électrique, par l'union directe de C et H ; c'est le seul carbure qui soit dans ce cas. Il se forme aussi lorsqu'on fait agir une série d'étincelles sur un mélange de H et d'un gaz carboné non hydrogéné, principalement Cy.

L'acétylène se forme dans la plupart des combustions incomplètes. C'est à lui qu'est due l'odeur caractéristique qui se dégage lorsqu'un bec Bunsen brûle dans le pied ; application au brûleur de Jungfleich qui fut longtemps le seul moyen de préparer l'acétylène dans les laboratoires. Il se produit de l'acétylène dans l'action de la chaleur au rouge ou de l'étincelle électrique, sur un grand nombre de composés de carbone. Wœhler le prépara, en 1862, en décomposant par l'eau le produit qu'on obtient, en chauffant à haute température du zinc et du calcium, en présence d'un excès de charbon.

Le procédé de préparation, usité actuellement, est analogue ; on décompose le carbure de calcium par l'eau: $CaC^2 + 2H^2O = C^2H^2 + Ca(OH)^2$. La réaction a lieu à froid, mais elle dégage de la chaleur, surtout quand le carbure se trouve en présence d'une quantité d'eau insuffisante. Si l'eau arrive goutte à goutte sur le carbure, la température peut monter jusqu'à 400°, *Berthelot* et *Vieille*. Il faut éviter que la température ne s'élève au-dessus de 50°, autrement le gaz est moins éclairant, et il est souillé de benzène qui tend à le rendre fuligineux.

P. Macé (br. fr., 1897) obtient un mélange d'acétylène, de formène et d'hydrogène en faisant agir l'eau sur un mélange de carbure de calcium et de manganèse.

Atkin prépare l'acétylène par l'action du carbonate de soude sur le carbure de calcium à sec. Il se forme du CH^2, du carbonate de calcium, de la soude et de l'eau. La température ne dépasse pas 75° ; le gaz ainsi obtenu est très pur.

Théoriquement, d'après la formule ci-dessus, 1 kg. de carbure de calcium devrait donner 349 litres d'acétylène ; mais en pratique, on ne peut compter que sur 300 litres de gaz, tenant toujours 1 à 2 pour 100 d'impuretés. Ces impuretés peuvent être : l'hydrogène, l'azote, l'oxygène, le méthane, qui ne sont pas nuisibles en faibles quantités et l'ammoniaque, les composés thioniques, l'hydrogène sulfuré, l'hydrogène phosphoré, qui sont nuisibles parce qu'ils sont susceptibles de produire des composés explosifs.

Épuration. — Il est donc important de purifier l'acétylène, de façon à éviter la formation, en présence des métaux, de combinaisons explosives.

Ullman, de Genève, emploie à cet effet une solution d'acide chromique ; toutes les impuretés sont oxydées. Dans le procédé *Bon*, le gaz traverse successivement une colonne remplie de pierre ponce, imbibée de sulfate de cuivre, qui obtient l'hydrogène sulfuré, l'hydrogène arsenié et l'hydrogène phosphoré ; puis une couche de chlorure de calcium qui agit comme desséchant ; l'ammoniaque, s'il y en a, est retenue par l'eau du gazomètre. L'odeur alliacée de l'acétylène est ainsi très atténuée. *R. Pictet*, 1896, purifie l'acétylène en le faisant passer à travers des liquides refroidis au-dessous de —10°. capables d'absorber les impuretés sans les dissoudre ; tels les acides minéraux dilués, les solutions de chlorures alcalins et alcalino-terreux. *J. H. Exley* (brev. angl., 1890) forme des briquettes avec de l'argile, de la fécule et des substances poreuses, telles que sciure de bois, tourbe pulvérisée, son, etc. On les sèche et fait passer le gaz à épurer à travers cette masse. *Bullier* et *Maquenne* ont imaginé un produit épurant, qu'ils obtiennent par double décomposition entre l'hypochlorite de chaux et le sulfate de soude cristallisé, sans addition d'eau. Ce produit épurant est employé par le chemin de fer P.L.M.

Lunge et *Cedercreuz* ont proposé l'emploi de chlorure de chaux, mais Wolff a constaté que l'action de ce corps sur l'acétylène est accompagnée de petites explosions par suite de la formation de chlorure d'azote, aux dépens du chlore, du chlorure de chaux et de l'azote de l'ammoniaque que contient toujours l'acétylène. Il est donc nécessaire de débarrasser l'acétylène de son ammoniaque avant de le purifier par le chlorure de chaux. Un simple lavage suffit dans ce but. Le chlorure de chaux absorbe H^2S et PH^3, et le gaz ne possède plus qu'une faible odeur qu'il est préférable d'accentuer pour faciliter la recherche des fuites. On y arrive en ajoutant de petites traces d'acétate d'amyle.

L'épuration de l'acétylène, en ce qui concerne les thiodérivés et l'hydrogène sulfuré, est très importante. *Landriset* a fait l'observation que le soufre brûle dans l'acétylène, non seulement à l'état d'anhydride sulfureux, mais à l'état SO^3 qui, avec l'humidité de l'air, donne des vapeurs blanches et acres de SO^4H^2.

Pour produire l'acétylène à peu près pur, sans dégagements de produits polymérisés, il faut :

1° Que la température du dégagement ne dépasse pas 35°C ;

2° Que le gaz soit refroidi et suffisamment lavé avant de passer au gazomètre, ce que l'on obtient par barbotage dans de l'eau. La quantité de l'eau du laveur comporte la moitié de celle employée pour le dégagement du gaz. Par ce simple procédé, l'ammoniaque se trouve retenue complètement et il ne reste plus qu'à éliminer de petites quantités de soufre et d'hydrogene sulfuré.

D'après les expériences de *Roussel* et *Landriset*, les épurateurs sont inutiles quand le carbure tombe dans l'eau. A l'eau de lavage, on ajoutera de la chaux pour arrêter toute trace d'hydrogène sulfurée qui pourrait y être entraînée ; on peut sans inconvénient employer à cet effet la chaux résiduaire de la fabrication de l'acétylène qui n'occasionne aucune dépense. Pour l'oxydation de l'hydrogène phosphoré, il suffit d'ajouter du chlorure de chaux (hypochlorite de calcium) à l'eau du générateur ; en général, 20 grammes suffisent pour 1 kilogramme de carbure.

Signalons, en outre, comme substances proposées pour l'épuration du gaz acétylène : l' *Acagine* qui renferme, outre du chlorure de chaux, du chromate de plomb, 15 pour 100, ce dernier en présence de chlore libre donne $PbCl^2$ et CrO^3 ; 1 kg. suffit pour épurer 13 m³ d'acétylène, et le *Frankolin* qui est formé en majeure partie d'une solution fortement chlorhydrique de chlorure de cuivre.

Notons ici que dans le procédé Atkin, le S et le P se combinent à la chaux de sorte que le C^2H^2 ne contient pas d'hydrogène arsénié ou phosphoré et très peu d'humidité.

Bullier et *Maquenne* ont trouvé récemment que la chaux pouvait être entraînée mécaniquement par l'acétylène, elle nuit en ce sens qu'elle favorise l'obstruction des becs. Pour l'éliminer, les auteurs conseillent une filtration sur un tissu pelucheux, telle que la flanelle ; par exemple, qui arrête complètement les poussières sans engendrer de perte de charge sensible.

L'acétylène employé comme moyen d'éclairage public exige, d'après Roussel et Landriset :

1° d'être produit par chute de carbure dans l'eau, en évitant que la température ne s'élève au-dessus de 85° ;

2° d'être lavé dans de l'eau contenant de petites quantités de chaux et de chlorure de chaux (résidus du régénérateur) ;

3° d'être privé d'ammoniaque, d'hydrogène sulfuré, de thiodérivés et d'hydrogène phosphoré. On arrive à ce résultat par l'eau de lavage et en ajoutant à l'eau du régénérateur 20 à 35 grammes de chlorure de chaux (hypochlorite de calcium du commerce) pour 1 kg. de carbure.

Dans le but de constater la pureté du gaz acétylène, on emploie les réactifs suivants :

1° pour l'ammoniaque, du papier de curcuma ou le réactif de Nesler ;

2° pour l'hydrogène sulfuré, du papier à l'acétate de plomb ;

3° pour les thiodérivés, oxydation au moyen de l'hypochlorite de soude dilué alcalin et détermination de l'acide sulfurique ;

4° pour l'hydrogène phosphoré, le réactif Berges ou l'odeur du gaz ; oxydation au moyen de l'hypochlorite de soude dilué et précipitation après addition d'acide chlorhydrique et d'ammoniaque, à l'état de phosphate ammoniaco-magnésien. Enfin, on a également proposé l'emploi d'un papier au chlorure de mercure qu'on imbibe d'acide chlorhydrique à 10 pour 100 avant de le placer au-dessus du courant gazeux. Si l'acétylène contient des composés phosphorés ou siliciés, le papier noircit.

Les appareils *générateurs d'acétylène* servant à une préparation économique et industrielle peuvent se diviser en deux classes : 1° ceux qui produisent l'acétylène à une pression légèrement supérieure à la pression atmosphérique ; et 2° ceux qui fournissent l'acétylène sous pression. Il sera dit quelques mots des derniers, à propos de l'acétylène comprimé, dans l'étude des propriétés physiques.

La première classe comprend des générateurs à écoulement d'eau sur le carbure de calcium ; des générateurs fonctionnant comme le briquet à hydrogène de Gay-Lussac, dans lequel l'eau vient en contact avec le carbure, de bas en haut ; enfin, des générateurs à chute de carbure dans l'eau.

Les appareils générateurs à écoulement d'eau sur le carbure, tels l'appareil Bon, la lampe portative Gossart et Chevalier, les appareils Lebrun et Cornaille, etc., comprennent deux parties essentielles : le générateur et le gazomètre. Le gaz traverse l'épurateur avant ou après le gazomètre. Il faut éviter ici l'emploi de carbure en pains et exiger des fournisseurs du carbure coulé qui est compact. La surface qu'il offre à l'attaque de l'eau est plus faible et l'échauffement est ainsi diminué.

Lorsqu'on prépare l'acétylène par chute d'eau sur le carbure, il se produit toujours de l'ammoniaque, au contraire, d'après *Roussel* et *Landriset* (*Moniteur Quesneville*, 1901), il ne s'en dégage pas ou très peu quand le carbure tombe dans l'eau, l'ammoniaque est alors absorbée par l'eau. Aussi, en Suisse, les appareils à chute d'eau sur le carbure sont interdits, sauf pour les appareils à très faible production. La chute d'eau sur le carbure provoque en outre le dégagement d'une grande partie du soufre du carbure, à l'état d'hydrogène sulfuré; tandis que quand le carbure tombe dans l'eau en excès, le dégagement d'hydrogène sulfuré est nul; celui qui peut se produire reste dans les résidus à l'état de sulfure de calcium.

Les appareils qui reposent sur le même principe que le briquet à hydrogène de Gay-Lussac, semblent permettre l'arrêt automatique de la réaction, attendu que la pression du gaz engendré refoule l'eau qui cesse de mouiller le carbure. Mais l'arrêt ne peut pas se produire instantanément, la réaction continue, d'abord parce que le carbure reste imprégné d'eau, ensuite, parce qu'il se trouve dans une atmosphère chargée de vapeur d'eau. Il y a donc surproduction.

Pour régulariser l'action du carbure de calcium sur l'eau, *Schneider* (br. fr., 1895) imprègne les cristaux de carbure d'une matière indifférente à l'eau, telle que : paraffine, stéarine, huile, pétrole. *D'Arsonval* (br. fr., 1896), dans l'appareil producteur d'acétylène, recouvre l'eau d'une couche d'huile ou de pétrole que le carbure, renfermé dans un panier à claire-voie, doit traverser avant de venir en contact avec l'eau ; procédé indiqué par *Claude et Hess* (br. belge). *Létang et Serpollet* emploient du sucre. *Chassevant* (br. fr., 1895), remplace l'eau par un liquide moins attaquable, mélange d'eau et de méthylène de la régie, de glycérine, d'acétone. *Bullier* (br. fr., 1896) préfère l'eau sucrée.

Les appareils à chute de carbure dans l'eau, ont de grands avantages. L'appareil idéal, écrivait Moissan en 18 , consisterait en un gazomètre contenant un excès d'eau dans lequel un fragment de carbure d'un poids déterminé tomberait automatiquement au moment voulu. Le poids de ce fragment de carbure devrait être tel qu'il puisse remplir d'acétylène le gazomètre sans produire un excès de gaz. De plus, le fragment de carbure de calcium ne devrait tomber automatiquement dans l'eau qu'au moment où le gazomètre serait à peu près libre. Dans les appareils *Cousin, O. Perrier*, c'est la variation du niveau de l'eau qui, par l'intermédiaire d'un flotteur, ouvre ou ferme l'orifice de la trémie contenant le carbure. L'appareil *Reibel* emploie le carbure à l'état de tout venant. Un distributeur mobile le fait tomber dans l'eau du gazogène qui est recouverte d'une couche de pétrole. Cette couche de pétrole empêche l'attaque du carbure dans le tube du distributeur et préserve le carbure en réserve de l'action de la vapeur d'eau.

Citons enfin l'appareil spécial pour le procédé Atkin, qui n'emploie pas d'eau.

Propriétés. — L'acétylène est un gaz incolore. Il est inodore lorsqu'il est pur, *Moissan*; celui que l'on obtient industriellement a une odeur alliacée, désagréable, due probablement à des traces de phosphure d'hydrogène. L'acétylène est toxique, mais à dose élevée, 40 pour 100 d'après Gréhant; il est donc moins toxique que le gaz d'éclairage.

Sa densité, par rapport à l'air, est de 0,92 ; 1 litre de ce gaz pèse 1,189 gr.
Il a été liquéfié et même solidifié. D'après P. Villard, il suffit d'une pression de 26 atmosphères pour le liquéfier à 0°. L'acétylène liquide dissout la paraffine et les matières grasses.

L'acétylène liquide et *l'acétylène comprimé à haute pression* servent pour l'éclairage. Leur production mérite donc quelques détails. Les appareils *Ducretet* et *Lejeune* permettent d'obtenir rapidement de l'acétylène sous une pression quelconque, et de remplir directement les récipients à gaz comprimé, analogues à ceux qui servent à l'éclairage des wagons par le gaz Riché, etc. L'acétylène liquide peut également s'obtenir par le procédé *Dickerson* et *Suckert* et par le procédé *Raoul Pictet*. Dans le premier, l'acétylène se liquéfie sous sa propre pression. Dans le second, l'acétylène est repris d'un gazomètre au moyen d'une pompe et envoyé dans les compresseurs réfrigérents, système Pictet.

L'acétylène liquide est logé dans des réservoirs en acier nickelés, essayés à la pression de 250 atm. ; leur volume est de 12 à 13 litres; ils permettent d'emmagasiner 4 kg. de gaz. Ils ne doivent être remplis, qu'en partie, en raison du coefficient de dilatation très élevé de l'acétylène liquide.

Tous ces réservoirs de gaz acétylène comprimé doivent être construits avec exclusion du cuivre et de ses alliages, pour éviter la formation d'un acétylure cuivreux explosible, dont nous parlerons plus loin.

Le gaz acétylène est peu soluble dans l'eau qui en dissout seulement son volume à la température ordinaire. Il est à peu près insoluble dans l'eau salée, aussi le recueille-t-on toujours sur une solution saline. L'acétone en dissout 25 à 30 fois son volume. Le volume de gaz dissous croît proportionnellement à la pression. Sous une pression de 10 atm., on arrive à loger 250 à 300 litres d'acétylène, sous un volume de 1 litre de dissolution. Ce procédé, breveté par *Claude* et *Hess* (br. fr. 1896), est exploité par la *Société de l'acétylène dissous*. Il permet d'emmagasiner la même quantité d'acétylène sous une pression beaucoup plus faible que si on le liquéfiait par la pression seule.

L'emploi de l'acétylène comprimé, liquéfié ou dissous n'est pas sans danger d'explosion. *Berthelot et Vieille* en ont recherché les conditions. Voici leurs conclusions :
1° L'acétylène n'est pas explosif pour des pressions inférieures à 2 atmosphères ; 2° l'explosibilité augmente avec la pression ; l'acétylène liquide est un explosif aussi puissant que le coton-poudre; 3° il suffit d'un fil métallique chauffé au rouge pour faire détoner toute la masse du gaz. Une amorce au fulminate de mercure produit également l'explosion ; 4° le choc seul ne paraît pas suffisant pour déterminer l'explosion.

L'acétylène dissous, par contre, présente moins de dangers d'explosion que l'acétylène comprimé. D'après Berthelot et Vieille (Comptes rendus, 1897-1898), l'acétylène est inexplosible pour des pressions inférieures à 10 atmosphères. Cette pression limite est considérablement reculée, quand la dissolution est absorbée par des matières poreuses, telles que la brique, l'amiante, etc.

*
* *

L'acétylène est le premier terme des carbures à triple liaison $CH \equiv CH$. Les quatre valences libres peuvent être saturées par des éléments ou des radicaux monovalents. Par conséquent, l'acétylène entre en réaction avec un très grand nombre de corps simples ou composés.

C'est un composé endothermique ; sa chaleur, absorbée lors de sa formation est de — 62 calories à partir du diamant et de — 58 calories à partir du charbon de bois. Il en résulte que la décomposition brusque de C^2H^2 donne liue à un dégagement de chaleur et par suite à une explosion. Cette décomposition instantanée ne peut se produire ni par la chaleur, ni par l'électricité ; *Berthelot* l'a réalisée au moyen d'une capsule de fulminate de mercure. L'explosion est violente, mais elle est locale et ne se propage pas.

Sous l'influence de la chaleur, l'acétylène se polymérise en donnant de la benzine, *Berthelot*, 1866. Cette réaction est très importante au point de vue théorique, puisqu'elle permet d'établir un lien entre la série grasse et la série aromatique et de réaliser virtuellement la synthèse de tous les hydrocarbures.

L'hydrogène n'a pas d'action sur l'acétylène à froid ; en chauffant, il se forme de l'ethylène; si on opère en présence de mousse de platine, on obtient le terme saturé, l'éthane. La première réaction : formation d'éthylène, a permis à Berthelot la synthèse totale de l'alcool (voir éthylène). Cette réaction ne semble pouvoir être appliquée industriellement que si le prix du carbure diminue beaucoup.

Les halogènes, Cl, Br, I, donnent des composés d'addition. Avec le chlore, la réaction a lieu avec explosion à la lumière diffuse ; dans l'obscurité, il ne se produit rien. Avec l'iode, la combinaison n'a lieu qu'en chauffant.

L'acétylène brûle dans l'oxygène et dans l'air avec une flamme chaude et éclairante. Sa température d'inflammation est de 500°. Sa chaleur de combustion est de 318 calories, soit environ 14.000 calories par mètre cube, c'est-à-dire 2,5 fois celle du gaz de houille. L'emploi du gaz de houille est cependant plus avantageux dans les applications au chauffage, par suite de son prix moins élevé. A l'Hôtel des monnaies de Berlin, on emploie l'acétylène pour la fusion des métaux précieux.

La température de combustion de l'acétylène, brûlé dans l'air, atteint 2400° ; brûlé avec son volume d'oxygène, on peut atteindre 3.000°, c'est-à-dire 1.000° de plus qu'avec le gaz oxhydrique ; *H. Le Chatelier*.

D'après *N. Vivian* et *B. Lewes*, la température moyenne de la flamme de l'acétylène, mesurée avec le pyromètre électrique, serait de 900° à 1000° seulement.

Le chalumeau alimenté d'oxygène et d'acétylène dans la proportion de

O 1 vol., C^2H^2 0,9 vol., remplace avantageusement le chalumeau oxhydrique, pour la soudure autogène des métaux. Le procédé de soudure oxyacétylénique coûte trois fois moins cher que le procédé oxhydrique. Son emploi tend à se répandre dans les chaudronneries, tôleries, constructions mécaniques, fonderies, tuyauteries, etc. Il permet le découpage des tôles grâce à une suroxydation artificielle du métal.

Un mélange d'acétylène et d'air détone au contact d'un fil de platine à peine rouge. Un fil de cuivre chauffé au rouge sombre, placé dans un courant d'acétylène et d'air devient d'abord incandescent, puis l'explosion a lieu ensuite, au bout de quelques secondes. Le fer agit comme le cuivre, mais moins nettement. L'explosion est maximum pour un mélange de 12 p. d'air et 1 p. d'acétylène. D'après *Fr. Clowes*, les mélanges d'acétylène et d'air, dont la proportion d'acétylène varie entre 3 et 82 p. 100, sont tous explosibles. Avec le permanganate de potassium, on obtient de l'acide oxalique; avec l'acide chromique, on obtient de l'acide acétique ; avec l'ozone, *Maillefert* a obtenu de l'acide formique ; l'ozone concentré brûle complètement l'acétylène avec explosion. Les Farbenfabriken d'Elberfeld (br. fr., 1898) préparent l'acide formique à partir de C^2H^2.

L'azote se combine directement à l'acétylène en présence de l'étincelle électrique, il se forme de l'acide cyanhydrique, de l'hydrogène et un dépôt de carbone (Voir de Hoyermann à Wiesbaden, br. fr., 1899).

Le soufre fondu donne du thiophène C^4H^4S.

Les métaux alcalins chauffés à une douce chaleur en présence d'acétylène donnent de l'acétylène non substitué; avec le sodium on obtient l'acétylène monosodé C^2HNa ; si l'on pousse la température jusqu'au rouge sombre, on a le carbure C^2Na^2. Les métaux usuels (Ca, Fe, Cd, Al) et leurs alliages, de même que le platine, ne sont pas attaqués par l'acétylène pur, fait très important au point de vue des canalisations. La formation de l'acétylure cuivreux, composé très explosif, ne paraît se former qu'en présence d'ammoniaque, de phosphure d'hydrogène, qui existent toujours dans l'acétylène impur. L'*acétylure cuivreux* détone entre 95° et 120°. C'est sa formation spontanée dans les robinets de cuivre qui cause le plus grand nombre des accidents. Le fer, le nickel et le cobalt pyrophoriques, absorbent l'acétylène à froid ; il en est de même du noir de platine et de l'amiante platinée. Il se produit un dégagement de chaleur amenant une polymération d'abord et une décomposition thermique ensuite. Le métal est porté à l'incandescence. Cette étude a été faite d'une façon complète par *P. Sabatier*, qui conclut en ces termes au point de vue des applications possibles. Le fer et le cobalt donnent par incandescence une formation de charbon noir très léger, utilisable pour sa couleur ; des liquides qui sont formés de carbures aromatiques, et de carbures gras complets et incomplets ; enfin des gaz combustibles et éclairants. Le nickel donne par incandescence dans l'acétylène un résidu solide non utilisable comme noir, beaucoup de carbures liquides qui constituent un pétrole riche en produits aromatiques, enfin du gaz. Le cuivre donne très facilement, à partir de 180°, une transformation de la plus grande partie de l'acétylène, en un produit solide, le *cuprène*. Il y a production simultanée d'une certaine quantité de carbures colorés, et il se dégage peu de gaz. Ce cuprène si facile à former pourra sans doute être utilisé par l'industrie, soit à cause de son extrême légèreté, soit à cause de sa combustion lente et régulière (préparation des matières explosibles), soit peut-être comme isolant pour remplacer la gutta-percha autour des fils de cuivre.

Le sous-chlorure de cuivre ammoniacal donne en présence d'acétylène un précipité rouge-marron d'*acétylure de cuivre*. *Föderbaum* (Berichte, 1898) a proposé d'utiliser cette réaction, pour le dosage du cuivre, en présence d'arsenic ou de cadmium. Avec l'azotate d'argent on obtient un précipité blanc également très explosif. Ces précipités, traités, soit par l'acide chlorhydrique, soit par l'acide sulfurique, régénèrent le gaz acétylène.

*
* *

Applications. — L'acétylène sert surtout pour l'éclairage On l'emploie également pour le chauffage, et pour l'alimentation des moteurs. Il sert encore dans la fabrication du diiodoforme et dans celle du noir d'acétylène. Nous avons étudié ce dernier, t. I, p. 685. On l'utilise pour carburer les gaz qui ne sont pas éclairants naturellement. Enfin, l'acétylène a été proposé pour carburer l'acier. *Otto N. Witt.*

L'acétylène s'utilise sous forme de gaz, de liquide ou de dissolution. L'acétylène comprimé, l'acétylène liquide, l'acétylène dissous ont été étudiés plus haut à propos des propriétés physiques.

Éclairage par l'acétylène. — Le pouvoir éclairant de l'acétylène est la conséquence de sa forte teneur en carbone : 92,3 pour 100 Cette grande quantité de carbone en suspension dans la flamme est la cause de son éclat merveilleux.

Le gaz acétylène doit être brûlé dans des becs à trous très étroits et sous une pression constante d'environ 100 millimètres d'eau. Sans cette double précaution, la flamme est fuligineuse. D'après *J. Vertess* (Chemiker-Zeitung, 1898), la flamme, si elle ne fume pas au début, fume après 200 ou 300 heures de consommation. Les brûleurs atteignent alors une température supérieure à celle de décomposition de l'acétylène et ce gaz se dédouble en hydrogène et charbon. Dans le but d'éviter la formation de carbone, qui outre qu'il rend la flamme fuligineuse, amène l'encrassement des becs, on a proposé de diluer l'acétylène dans un gaz inerte, de manière à ce qu'il soit mis en contact avec une plus grande quantité d'air au moment de sa combustion. Avec 5 à 8 pour 100 d'acide carbonique, la flamme devient remarquablement belle et sans dépôt de charbon, *Godwin*. Si l'on dilue l'acétylène avec de l'oxygène, ou de l'air au lieu de gaz inerte, on obtient de plus l'avantage de pouvoir diminuer la pression qui rend les fuites si onéreuses. Le doseur-mélangeur du système *Nolet-Boistelle* construit par la Cⁱᵉ universelle de l'acétylène, permet un dosage exact de l'air. On n'emploie pas de mélange contenant plus de 30 p. 100 d'air.

Dans ces conditions, les chances d'explosion n'existent pour ainsi dire pas, et l'emploi d'une pression de 4 à 5 centimètres d'eau est suffisante pour assurer un bel éclairage. *Schneider* (br. all., 150.665) dilue l'acétylène avec de l'air, de manière à obtenir un mélange contenant de 40 à 90 volumes d'acétylène et 60 à 70 volumes d'air. Ce mélange peut également servir à l'éclairage par l'incandescence, ou à l'éclairage direct. En introduisant de 50 à 500 gr. de vapeurs d'hydrocarbure par mètre cube, on obtient un mélange de pouvoir calorifique très élevé, et il n'y a plus à craindre de dépôt de benzine dans les conduites.

D'après *Lœwes*, la quantité de lumière fournie par l'acétylène serait de 168 carcels-heure par mètre cube, c'est-à-dire que son pouvoir éclairant est 15 à 20 fois plus grand que celui du gaz de houille.

L'éclairage à l'acétylène est plus économique que l'éclairage électrique par lampes à incandescence ; il ne coûte pas plus cher que l'éclairage au pétrole, et il a l'avantage de donner une lumière meilleure.

L'incandescence par le gaz de houille est plus économique que l'éclairage direct à l'acétylène, mais, dans le cas de l'incandescence par l'acétylène, l'avantage reste à ce dernier. Le bec Sirius de la Cⁱᵉ de l'acétylène dissous, réalise l'incandescence avec une consommation de 2 à 3 l. par carcel-heure.

L'éclairage à l'acétylène convient particulièrement lorsqu'on n'a pas de gaz de houille à sa disposition : dans les châteaux, à la campagne, etc. Des Cⁱᵉˢ de chemins de fer et de tramways l'ont adopté.

La flamme de l'acétylène est suffisamment riche en rayons photogéniques pour qu'on puisse l'employer en photographie ; on utilise dans ce cas un mélange de 60 parties d'air et 40 parties d'acétylène.

L'acétylène sert également pour l'éclairage des bouées et des projecteurs de phares. Un bec Sirius, d'un modèle spécial, dont le manchon mesurait 55 millimètres de diamètre, a été expérimenté par le service des phares à Chassiron. L'intensité lumineuse variable, avec la pression, fut comprise entre 450 et 568 carcels-heure. La puissance lumineuse du phare fut doublée, passant de 18.000 calories (avec l'incandescence par le gaz d'huile) à 30.000 carcels.

L'éclairage à l'acétylène trouve encore une application dans les *lampes étalons* pour la photométrie. Telle la lampe construit par *Violle*, dans laquelle l'acétylène mélangé d'air y est brûlé sous la pression de 50 centimètres d'eau ; avec une consommation de 38 litres d'acétylène à l'heure, la lumière fournie est de 100 bougies. La lumière de l'acétylène diffère très peu de celle du platine en fusion. L'unité d'intensité lumineuse étant par définition la quantité de lumière émise par 1 cm² de platine en fusion ; l'emploi de l'étalon à acétylène comme étalon secondaire serait à recommander préférablement à la lampe à acétate d'amyle de Siemens, qui a l'inconvénient de donner une flamme trop rouge.

Le Dr Viley, de Washington, emploie l'acétylène pour l'éclairage du polirimètre à pénombre. La sensibilité de l'appareil serait très augmentée et permettrait de faire des observations avec des liquides légèrement colorés.

, G. Gastine et V. Vermorel (C. R., 1901) ont utilisé avec succès, dans la destruction des papillons nocturnes, des pièges lumineux alimentés par le gaz acétylène.

L'emploi de l'acétylène pour la *carburation des gaz pauvres, en particulier des gaz d'huile*, permet de doubler le pouvoir éclairant du dernier. Les proportions du mélange éclairant sont en général 80 pour 100 de gaz d'huile et 20 pour 100 d'acétylène ; mais cette proportion varie suivant l'intensité lumineuse qu'on veut obtenir. Cette application a été adoptée par les chemins de fer de l'État prussien ; la pression du gaz ne doit pas dépasser 10 atmosphères.

Dans le cas du gaz à l'eau, 40 pour 100 d'acétylène lui communique une belle lumière.

L'acétylène, ainsi que H. Le Chatelier l'a montré, possède toutes les qualités nécessaires pour servir à l'*alimentation des moteurs à gaz*. Sa température d'inflammation est très basse, sa flamme se propage avec une grande rapidité et il forme avec l'air des mélanges facilement explosibles. *Ravel*, avec un moteur de 2 chevaux, de son système, a obtenu un travail de 820 et 840 kilogrammètres par litre d'acétylène, au lieu de 405 kilogrammètres que donne en moyenne le gaz de houille. Le moteur de *Pedrotti* développe une puissance utile de 62 kilogrammètres et dépense cinq centimes par heure.

Règlements administratifs. — Les nombreux accidents qui se produisirent au début de l'emploi de l'acétylène furent dus, en grande partie, à des imprudences. Il est arrivé fréquemment, par exemple, que des ouvriers ignorants, ont fait une soudure à un gazomètre contenant encore de l'acétylène ou bien qu'ils ont recherché une fuite au moyen d'une bougie allumée. Ces accidents ont amené les pouvoirs publics à réglementer, d'une façon sévère, l'emploi de l'acétylène. C'est ainsi que les fabriques de carbure et les fabriques d'acétylène liquéfié ou comprimé à plus de 1,5 atmosphère, sont classées comme établissements dangereux de première classe. Les usines qui produisent l'acétylène pour l'éclairage public, quelle que soit la pression, sont également rangées dans la première classe. Les petites installations privées qui produisent le gaz à une pression inférieure à 1,5 atm., sont rangées dans la troisième classe.

Voici le texte des conclusions du rapport de *Vieille*, adoptées par le Conseil de salubrité de la Seine, relativement à l'installation des appareils :

« Toute personne qui voudra, dans l'immeuble qu'elle occupe, employer un appareil générateur d'acétylène, sera tenue d'adresser préalablement à la Préfecture de police une déclaration indiquant : la désignation précise du local affecté à l'appareil, une description de cet appareil avec plans à l'appui, à l'échelle de 2 mm., et instruction sur le mode de fonctionnement, certifiée par le constructeur. Une nouvelle déclaration devra être faite dans le cas où l'installation passerait entre les mains d'un nouveau locataire.

Après cette déclaration, l'emploi des générateurs d'acétylène pourra se faire dans les conditions ci-après :

Les appareils ne pourront en aucun cas être installés dans des caves ou sous-sols ; ils devront être placés, soit à l'air libre, soit dans un local bien aéré, éclairé par la lumière du jour, munis d'ouvertures simplement grillagées, communiquant avec l'extérieur, à l'exclusion des courettes mal ventilées.

Les bouteilles ou réservoirs d'acétylène liquéfié, placés à l'air libre, seront soustraits à l'action directe du soleil. A cet effet, ils seront entourés d'une enveloppe ou manchon surmonté d'un couvercle servant d'abri au récipient, tout en assurant la libre circulation de l'air le long de ses parois.

Les liquides ou matières usées provenant de l'extinction du carbure de calcium, ne pourront être déversés à l'égout sans avoir été préalablement dilués dans un excès d'eau... dix fois leur volume primitif.

Les réservoirs de gaz acétylène comprimé ou liquéfié devront satisfaire aux conditions suivantes : Les récipients chargés à une pression inférieure à 10 kg. cm², seront éprouvés par le constructeur et sous sa responsabilité à une pression double de celle qu'ils sont appelés à supporter. Ces récipients seront munis de manomètres. Dans le cas où les récipients seraient chargés à des pressions supérieures à 15 kg. cm², ils seront soumis, aux frais du propriétaire de l'appareil, par le service des mines, à une épreuve officielle opérée avec le martelage et constatant qu'ils supportent une pression égale à une fois et demie la pression maxima des gaz qu'ils contiennent. Les bouteilles ou réservoirs d'acétylène liquéfié sont soumis aux épreuves et vérifications actuellement imposées aux réservoirs renfermant l'acide carbonique et le protoxyde d'azote liquéfiés, destinés aux transports par voies ferrées, sauf en ce qui concerne les précautions de remplissage des récipients.

Toutes les précautions relatives à la canalisation et à la ventilation des locaux éclairés par le gaz d'éclairage ordinaire, sont applicables aux locaux éclairés par le gaz acétylène ».

Carbures camphéniques. — Les plus importants et les plus connus sont les carbures dimères $C^{10}H^{16}$. Ils forment la majeure partie des essences de conifères, d'hespéridées, de labiées, etc.

Ils possèdent des odeurs variées et sont tous liquides, à l'exception du camphène. Leur densité varie de 0,84 à 0,88 ; leur point d'ébullition de 155° à 180°. Ils exercent une action très variable sur la lumière polarisée.

Suivant qu'ils sont saturés ou non, on les divise : en *terpilènes* ou *terpadiènes* qui peuvent fixer quatre éléments monovalents : $2Br^2$, $2HCl$; en *terpènes* ou carbures camphéniques proprements dits, qui peuvent fixer deux éléments monovalents : Br^2, HCl ; enfin, en *terpanes* ou carbures camphéniques, relativement saturés.

1. Les carbures *terpiléniques* ou tétravalents comprennent : les *terpilènes* ou *limonènes* et le *sylvestrène*.

Le *terpilène droit, limonène droit, hespéridène, carvène, citrène*, forme presque exclusivement l'essence d'orange; il existe également dans les essences de citron, de carvi, d'érigéron, de céleri, d'aneth, de cumin.

Le *terpilène* ou *limonène gauche*, existe dans l'essence de menthe russe, dans l'essence d'aiguilles de pin.

Le *terpilène* ou *limonène inactif*, appelé encore cajeputène, caoutchène, dipentène, existe dans les essences de térébenthine russes et suédoises, dans les essences de cajeput, de cascarille, de cubèbe, de bergamote, de semencontra, de myrte.

Le *sylvestrène* existe dans l'essence de térébenthine suédoise, il est dextrogyre. Le carbure inactif correspondant semble être le sylvestrène.

2. Les *terpènes* ou carbures *camphéniques proprement dits*, comprennent : les *térébenthènes* ou *pinènes* qui constituent les différentes variétés d'essences de térébenthine; les *camphènes*, qui existent également dans certaines essences (valériane, citronelle), mais que l'on a tout d'abord obtenu en réduisant les camphres; les *fénolènes* ou *fenchènes*, produits artificiels. Les térébenthènes sont tous liquides.

Les carbures mono-térébéniques ou terpènes $C^{10}H^{16}$ se rencontrent dans un grand nombre d'essences naturelles. On donne en général le nom de pinènes à tous les carbures qui proviennent des essences de conifères. Les pinènes des essences de térébenthine possèdent tantôt un pouvoir rotatoire à gauche : l-pinène ou l-térébenthène de l'essence française ; tantôt un pouvoir rotatoire à droite : térébenthène ou essence américaine, russe et suédoise ou australène.

Le térébenthène donne avec le gaz chlorhydrique sec un monochlorhydrate cristallisé qui a l'odeur du camphre et qui a reçu, pour ce motif, le nom de *camphre artificiel*. C'est un vieux produit, puisqu'il date de 1803, où Tromsdorff l'obtint. Par saponification ménagée, ce composé redonne non le térébenthène, mais un isomère cristallisé, le camphène. On a des camphènes dextrogyres, lévogyres ou inactifs selon le pinène originel. Les camphènes par oxydation donnent les camphres $C^{10}H^{16}$. Les terpènes par fixation d'oxygène donnent les camphols $C^{10}H^{18}O$, dont les deux principaux sont le bornéol ou alcool campholique et l'isobornéol.

3. Les *terpanes* ou carbures relativement saturés comprennent les phellandrènes *a* et *l* et le terpinène. Le terpinène existe dans l'essence de cardamone, il est inactif. On l'obtient également en faisant bouillir la terpine, le cinéol ou le terpinéol avec un mélange d'alcool et d'acide sulfurique.

La constitution de ces carbures se rattache à celle du cymène $C^{10}H^{14}$ qui aurait fixé deux atomes d'hydrogène. Cette hypothèse permet de prévoir 14 isomères, sans parler de l'isomérie stéréochimique, et permet d'expliquer les différents degrés de saturation de ces carbures par la position des doubles liaisons.

Les carbures trimères $C^{15}H^{24}$, ou sesquiterpènes se rencontrent dans les essences d'açores, de chanvre, de cubèbe, de copahu, de girofle ; leur densité est voisine de 0,92 ; leur point d'ébullition est compris entre 260° et 300°.

Les carbures tétramères $C^{20}H^{32}$, sont obtenus artificiellement par condensation des précédents, sous l'influence de la chaleur ou du fluorure de bore ; leur densité est voisine de 0,94 et leur point d'ébullition situé vers 400°. Les principaux sont les colophènes.

Des carbures polymères plus élevés constituent le caoutchouc et la gutta.

Benzine C^6H^6 — *benzène, benzol, hydrate de phényle* ou *triacétylène* (voir goudron de houille), découverte par *Faraday*, en 1825.

La benzine se forme dans presque toutes des décompositions pyrogénées. On la retire du goudron de houille en recueillant ce qui passe au-dessous de 150° : benzine brute. Les gaz des fours à coke avec récupération, avant de servir au chauffage des fours même et des chaudières, traversent des colonnes de coke alimentées d'huile créosotée ; les huiles légères sont absorbées et on les récupère par distillation, ce qui donne les benzols bruts. La benzine rectifiée du commerce comprend ce qui passe entre 70° et 130°. Pour l'avoir pure, on fait cristalliser à 0° la benzine du commerce. Berthelot a réalisé sa synthèse en condensant de l'acétylène par la chaleur.

La benzine est un liquide mobile, incolore, $d = 0,899$, bouillant à 80°,4 et se solidifiant à 0°. C'est un toxique qui produit chez ceux qui la manient habituellement, des troubles nerveux, analogues à ceux de l'intoxication alcoolique chronique : hallucinations, troubles de la parole, délire, convulsions, coma.

La benzine est peu soluble dans l'eau ; 1 volume de benzine se dissout dans 700 volumes d'eau environ. Cependant, dans le cas du gaz d'éclairage dont le constituant éclairant est la benzine, la quantité de cette dernière qui se dissout dans l'eau des gazomètres, peut devenir très appréciable. La benzine est soluble dans l'alcool, l'éther, le chloroforme, l'acétone. Elle dissout l'iode, le soufre, le phosphore, le camphre, le caoutchouc, la cire, les corps gras, etc. Elle est combustible à l'air avec une flamme fuligineuse, mais si on lui ajoute 2 p. d'alcool, on a un liquide qui brûle sans fumée et qui constitue une matière d'éclairage.

Denayrouse a construit une lampe à benzine (*lusol*) produisant l'incandescence d'un manchon Auer. Elle est analogue à la lampe à alcool du même inventeur ; le diamètre de l'éjecteur, la puissance de la récupération, et le diamètre des entrées d'air, seuls varient. Pour l'éclairage intensif, il existe une lampe fonctionnant sous une faible pression. L'allumage est produit par un morceau d'alcool solidifié. Ce système d'éclairage serait quatre fois moins coûteux que l'éclairage au pétrole.

La benzine brûle sur l'eau, ce qui l'a fait employer pour préparer des feux grégeois, amorcés par du sodium ou du phosphure de calcium.

La chaleur de formation de la benzine a été déterminée par Berthelot à partir du carbone diamant et de l'hydrogène gazeux ; elle est de 12 calories à l'état gazeux, 5 calories à l'état liquide, 2,7 calories à l'état solide.

L'acide sulfurique donne des acides -phénylsulfureux. L'acide nitrique donne deux nitrobenzines ou dérivés nitrés, la mono- qui conduit à l'aniline et la bi- qui a trois isomères et conduit aux diamines. Les chlorures alcooliques donnent des carbures dérivés par substitution, comme les méthyl-benzines.

Essai de la benzine. — La benzine est souvent falsifiée par l'essence de pétrole ; elle laisse dans ce cas une odeur désagréable et persistante quand on l'emploie au détachage. On reconnaîtra cette addition, si on ajoute un fragment de poix noire, qui se dissout en donnant un liquide d'autant moins coloré que la quantité d'essence de pétrole est plus grande. Il est nécessaire de faire en même temps un témoin avec une benzine type et de comparer les teintes.

On distinguera les benzines de houille, de celles de pétrole, au moyen d'un cristal d'iodure de potassium. Avec les premières, il se produit une coloration violette ; avec les dernières, la teinte est carminée.

Désodorisation. — Il est bien difficile d'éliminer entièrement l'odeur de la benzine, si caractéristique. On a proposé de laisser tomber goutte à goutte la benzine dans un ballon contenant de l'acide sulfurique. Le ballon est muni d'un tube abducteur qui conduit les vapeurs de benzine dans un récipient où elle se condensera en un liquide possédant l'odeur du miel. La température du mélange d'acide sulfurique et de benzine doit être portée jusque vers 150°.

*
* *

Les applications de la benzine sont multiples. La plus grande partie est transformée en nitrobenzine qui sert à la fabrication de l'aniline. En médecine, on l'a utilisée comme antiseptique dans le traitement des maladies de la peau, et comme antispasmodique dans la coqueluche.

Les applications de la benzine sont basées principalement sur sa propriété de dissoudre un grand nombre de corps, par exemple, des gommes, des résines, application aux vernis; des corps gras, application à l'extraction des graisses et des parfums, à l'art du teinturier-dégraisseur et la teinture à sec.

Dégraissage. — L'application de la benzine au dégraissage des étoffes, est de première importance. L'idée en remonte au pharmacien Collas ; en 1851, il présenta à la Société d'encouragement pour l'Industrie nationale, un produit qu'il retirait du goudron de houille et qui devait, sous le nom de benzine Collas, remplacer bientôt l'essence de térébenthine, de citron et autres huiles essentielles jusqu'alors employées dans l'art du teinturier-dégraisseur. Pour l'enlèvement des taches de graisse, le mélange de 3 p. de benzine et de 1 p. d'alcool est plus efficace que la benzine seule.

Le nettoyage est l'opération qui consiste à faire disparaître toutes les taches, quelles qu'elles soient. On distingue les nettoyages partiels ou détachages et les nettoyages proprement dits qui comprennent lès nettoyages au savon et les nettoyages à sec.

Les taches de graisse, de vernis, d'huile ou de peinture, de poix, bougie, cire, suie, cambouis, disparaissent par le foulonnage en benzine.

En général, lorsque la tache est de nature inconnue, on doit commencer par faire agir la benzine ; si la tache ne disparaît pas, on utilise les réactifs dans l'ordre suivant : essence de térébenthine, alcool, éther, chloroforme, etc., puis on continue en essayant successivement le savon, l'ammoniaque, l'eau de Javel, les acides, etc.

On donne le nom de nettoyages à sec aux nettoyages pratiqués avec la benzine. Les étoffes sont trempées au plein et foulées dans des bains de benzine, d'où leur nom d'*emplein*. Le foulage peut se faire au fouloir, mais le procédé est malsain; il n'est pas économique à cause des pertes de benzine par évaporation ; enfin, il y a danger d'incendie. On opère préférablement en vase clos, dans des laveuses à benzine qui assurent un travail rapide et régulier, telle la laveuse Dehaître. On procède à deux foulages successifs en ayant soin de changer la benzine chaque fois, puis on passe à l'essoreuse et on sèche.

Lorsqu'on n'a pas de laveuse ni d'essoreuse, on peut opérer le nettoyage en plein, en imbibant toute la pièce à traiter, au moyen d'une éponge, brossant, puis séchant rapidement à l'aide de plâtre, de kaolin ou de substances analogues.

Savon de benzine. — Le nettoyage à sec peut être rendu plus rapide par l'addition de substances à base de savon. Le produit breveté par Paquereau et Homo, et vendu sous le nom de savon benzine, aurait la composition suivante : savon mou diaphane, 1 kg. ; huile de palme décolorée, 1 kg. ; huile d'oléine, 100 gr. ; benzine crist., 200 gr. On monte le bain avec : benzine : 1 litre ; savon-benzine : 80 à 100 gr.

On fait subir aux étoffes le traitement suivant : bain de trempage en benzine ; foulage dans le bain et savon-benzine ; brossage des parties ayant résisté au foulage ; rinçage en benzine propre ; essorage et séchage.

Le nettoyage à sec est plus coûteux que le nettoyage au savon, mais il ménage mieux, en général, la couleur et la fibre. Il est surtout employé pour les étoffes de laine et de soie, les tapisseries, les gants glacés.

Voici une formule de pâte à détacher, à base de benzine : dans 20 gr. d'eau bouillante, on fait dissoudre 12 grammes de savon blanc pur, contenant une forte proportion d'alcali, on laisse refroidir la solution, puis on y ajoute 3 gr. d'ammoniaque concentrée ; on agite, et on verse peu à peu, en remuant, 100 gr. de benzine désodorisée.

Pour détacher les écrus des taches de graisse minérale provenant du tissage, on a proposé de les soumettre à un passage en eau, savon et ammoniaque, additionnés d'un liquide détersif, composé de 100 cc. d'éther; 100 cc. de benzine ; 200 cc. de tétrachlorure de carbone. Ce mélange s'étale en nappe mince sur le bain de savon et finit par s'émulsionner.

L'emploi de la benzine est dangereux, même en dehors de sa toxicité et de sa facilité d'inflammation, lorsqu'un foyer se trouve dans le voisinage, car des cas de combustions spontanées peuvent se produire ; c'est ainsi qu'en 1881, dans l'établissement Bienaimé à Clichy, une barboteuse à benzine, dans laquelle des fichus de laine et un tissu en poil de chèvre étaient soumis au nettoyage, fit explosion. En 1885, en 1887, dans l'usine Petitdidier à Saint-Denis, des cas analogues eurent lieu. M. l'ingénieur Livache, croit que la cause occasionnelle doit être attribuée à la production d'une étincelle électrique. On ne peut expliquer autrement les cas constatés d'inflammation spontanée dans le nettoyage de gants mis sur les mains et frottés vigoureusement l'un contre l'autre.

On peut rendre la benzine ininflammable en l'additionnant de chlorure de carbone (Voy. p. 797).

Les hydrocarbures ayant servi au dégraissage peuvent être épurés par un traitement à la soude étendue. L'épuration terminée, on lave l'hydrocarbure à l'eau et on distille à l'aide d'un courant de vapeur. Les hydrocarbures sont alors decantés et déshydratés.

Teinture à sec. — Les procédés de teinture à sec reposent sur la propriété qu'ont les benzines du commerce de dissoudre plusieurs couleurs d'aniline. Des essais ont été faits dans ce sens chez Bonnet, Ramel, Savigny et Giraud de Lyon, sous la direction de Martinon (*Bull. de la S. ind. de Marseille*, 1885). Comme véhicule de couleurs, on emploie des acides gras qui sont également solubles dans les carbures benzéniques, mais le fait de l'acidité du dissolvant peut amener la décomposition de la matière colorante. Pour obvier à cet inconvénient, on neutralise par l'ammoniaque, de manière à former un savon demi-fluide auquel on incorpore la couleur. Le savon ammoniacal est soluble en toute proportion dans les hydrocarbures, et dissout complètement (opérer au bain-marie) la plupart des couleurs artificielles, plus spécialement les dérivés à caractère basique. Dans le cas de colorants peu solubles, on facilite en les dissolvant d'abord dans l'alcool.

Les avantages de la teinture à sec sont : la rapidité, la possibilité de teindre en pièce le velours, la peluche, et les étoffes très légères, en soie grège, par exemple, enfin, la possibilité de charger la soie avant la teinture, dans la charge au tannin. D'après Martinon, ces avantages sont loin de compenser les inconvénients, qui sont : la fixation superficielle de la matière colorante ; l'impossibilité d'obtenir des nuances foncées, car les fibres et tissus teints, pâlissant par le frottement, on est obligé de procéder à un lavage dans la benzine non colorée qui enlève une grande partie de la couleur ; une perte considérable de la benzine pendant le séchage ; le danger d'inflammabilité des bains de teinture.

⁂

La benzine, ainsi que le sulfure de carbone et l'éther de pétrole, sont des solvants très employés pour *l'extraction des matières grasses* contenues dans les graines végétales ou dans leurs tourteaux, et dans les résidus gras de toutes sortes; comme aussi pour l'extraction des parfums. Cette extraction se fait d'une façon très parfaite au moyen d'appareils extracteurs, dont le principe est le même que celui des appareils à déplacement de laboratoire.

La benzine entre dans la composition des *vernis volatils* bon marché, y remplaçant l'alcool avec avantage. Le mélange de 2 parties de benzine et de 1 partie d'alcool, dissout mieux les vernis que la benzine seule. Une dissolution de 1 p. de bitume naturel ou goudron, dans 2 p. de benzine brute de houille, constitue un vernis brillant mais cassant. Quand on veut, en particulier, l'appliquer sur le cuir, on lui donne de l'élasticité en lui ajoutant une petite quantité d'élémi et de baume de copahu, ou bien une petite quantité d'une dissolution de caoutchouc dans l'huile légère de houille. Pour des vernis bon marché on emploie la formule: 2 p. goudron de houille; 1 p. goudron de bois; 4 p. huile légère de houille.

Les vernis au caoutchouc sont, en général, à base de benzine: 1 p. de caoutchouc bien desséché pour 8 p. de benzine. On chauffe au bain-marie avec précaution. Pour obtenir une dissolution incolore, on fait d'abord gonfler le caoutchouc dans le sulfure de carbone, puis on ajoute ensuite la benzine.

F.-H. Waudram (br. all., 1897) emploie une dissolution de caoutchouc dans la benzine pour rendre étanches les bouchons de liège.

Les seules résines presque insolubles dans la benzine sont : la gomme laque et la sandaraque ; le benjoin est insoluble.

Toluène C^7H^8 — ou dracyle, benzoène, hydrure de crésyle, rétinaphte. C'est le méthylbenzène, $C^6H^5.CH^3$. On l'extrait du goudron. Liquide, incolore, bouillant à 111°.

Il donne avec le chlore du chlorure de benzyle, qu'on fait bouillir avec de l'acide azotique étendu pour avoir industriellement l'acide benzoïque (Lauth et Grimaux) en même temps que l'acide benzaldéhyde pour vert malachite. Il donne avec l'acide nitrique deux nitrotoluènes isomères ; et avec le bichromate et l'acide sulfurique de l'acide benzoïque.

Il sert comme liquide thermométrique pour les thermomètres de précision à basses températures jusqu'à —10°.

Xylène C^8H^{10} — ou diméthylbenzine $C^6H^4 (CH^3)^2$. Lorsqu'il est retiré du goudron de houille, il contient trois produits isomères : l'ortho bouillant à 141°-143°, 10-15 p. 100 ; le méta 137°-158°, 70-75 p. 100 ; le para 137°-138°, 20-25 p. 100.

Naphtaline $C^{10}H^8$. — La naphtaline a été découverte en 1820 par *Garden*. Sa synthèse a été réalisée par *Berthelot*, au moyen de l'acétylène et de la benzine. La naphtaline prend naissance aux dépens de presque tous les corps hydrocarbonés portés au rouge ; car il se forme presque toujours de l'acétylène ; et ce dernier, se polymérise partiellement en benzine. Les trois formations : acétylène, benzine et naphtaline sont corrélatives ; elles expliquent la présence de la naphtaline dans le goudron de houille, *Berthelot*.

On extrait la naphtaline des huiles brunes de houille passant entre 180° et 220°. Par refroidissement, les cristaux de naphtaline se déposent, et on les exprime au moyen de presses. Pour avoir la naphtaline en lamelles, on envoie les vapeurs dans de grandes chambres, sur les parois desquelles les cristaux se déposent. Le meilleur mode de purification consiste en un traitement avec 10 pour 100 d'acide sulfurique concentré et 5 pour 100 de bioxyde de manganèse ; on agite 20 minutes à la température du bain-marie, on lave à l'eau, puis à l'eau alcalinisée avec de la soude et on distille la naphtaline dans un courant de vapeur d'eau. Pour avoir la naphtaline tout à fait pure, on la fait cristalliser dans l'alcool bouillant. Dans l'industrie, on se contente souvent d'une distillation en présence de vapeur d'eau.

La naphtaline se présente en tables minces rhomboïdales, d'odeur forte et désagréable. Sa densité est 1,1517 à 15° ; fondue, elle est plus légère que l'eau et surnage sur cette dernière. Elle fond à 80° et bout à 218°. La naphtaline est insoluble dans l'eau mais elle est soluble dans l'alcool bouillant et dans l'éther. Elle est miscible à l'alcool absolu et au toluène bouillant. Elle brûle avec une flamme très fuligineuse. Une petite proportion de sa vapeur rend le gaz d'éclairage très éclairant. Ce mode de carburation est réalisé dans le bec *alocarbon*.

La naphtaline est un carbure d'une grande stabilité. Elle donne des dérivés nombreux et importants, dont on trouvera l'énumération dans l'ouvrage classique de Nœlting et Réverdin.

Soumise à l'action prolongée de la chaleur rouge, elle se décompose partiellement, avec formation d'hydrogène et d'un carbure solide, le dinaphtyle.

Les dérivés sulfonés de la naphtalène jouent un rôle très important dans la fabrication des matières colorantes. Les b-naphtalène-sulfonates de Zn ou Mg, sont employés pour l'imprégnation du bois, *M. Frank* (br. all. 1901, 1902).

L'action de l'acide nitrique est particulièrement intéressante, car elle donne naissance aux nitronaphtalines, qui sont des explosifs.

La naphtaline sert également à la préparation de l'acide phtalique.

La naphtaline est employée comme insecticide pour préserver les fourrures et les collections d'histoire naturelle, contre les insectes qui les détruisent ; pour tuer les vers blancs; on l'ajoute par petites quantité aux engrais azotés pour éloigner les insectes. Son insolubilité a été appliquée par A. Plauer (br. angl., 1898) pour enrober divers antiseptiques solides, tels que borax, acide borique, permanganate, acide salicylique, etc dans le but d'empêcher leur dissolution trop rapide.

La naphtaline est employée en thérapeutique comme antiseptique intestinal et urinaire. La dose est de 3 à 5 gr. par jour, à raison de un cachet de 0,25 gr. toutes les heures. On l'utilise également sous forme de pommade au 1/10.000, ou en solution alcoolique à 30 pour 100, pour le traitement de l'eczéma, du pysoriasis, de la gale, du pitriasis, etc.

Anthracène C^{14}H^{10}. — Il a été découvert en 1832 par *Dumas* et *Laurent* qui le nommèrent paranaphtaline. Sa synthèse a été effectuée par Berthelot. La production de l'anthracène n'est pas moins générale que celle de la naphtaline. Ces deux carbures se trouvent dans les mêmes produits pyrogénés, la naphtaline l'emporte en quantité, si l'éthylène domine dans les carbures générateurs; au contraire, l'anthracène est plus abondant quand la benzine domine dans les générateurs : la benzine changeant la naphtaline en anthracène, *Berthelot*.

Industriellement, l'anthracène s'extrait des huiles vertes du goudron de houille, qui passent entre 340° et 360° à la distillation. Le produit commercial contient 50 à 65 pour 100 d'anthracène. La purification s'effectue au moyen d'acide sulfureux liquide qui dissout la plus grande partie des impuretés, ou par distillation sur de la chaux V. *Vesely*, pour purifier l'anthracène brut, le dissout dans un solvant tel que CS^2 ; CCl^4 ; CHCl^n et le traite par SO^{4}H^2. On obtiendrait ainsi facilement un produit blanc, exempt de carbazols et titrant 85 à 90 pour 100 d'anthracène pur (br. all. 164 508).

L'anthracène cristallise en lamelles rhomboïdales blanches, brillantes, présentant une fluorescence violet-bleu. Il fond à 210 et bout à 360° ; il se sublime facilement dans un courant gazeux. Il est insoluble dans l'eau, peu soluble dans l'alcool, dans l'éther et dans l'essence de pétrole ; il est plus soluble dans la benzine et surtout le toluène et ses homologues.

L'acide azotique et l'acide chromique transforment l'anthracène en anthraquinone, qui conduit à l'alizarine artificielle. Le chlore, le brome donnent des produits de substitution. Sa principale application est la fabrication de l'alizarine artificielle.

DÉRIVÉS DE SUBSTITUTION DES CARBURES

Dans ce paragraphe, nous étudierons, d'abord parmi les dérivés chlorés, le méthane bichloré, le méthane trichloré ou chloroforme, le méthane tétrachloré on tétrachlorure de carbone, le chlorure de benzyle ; puis, parmi les dérivés bromés et iodés, le bromoforme, l'iodoforme et le diiodoforme ; enfin, parmi les dérivés nitrés, le nitrométhane et le nitréthane, les mono, di et trinitrobenzines, les nitrotoluènes, les trinitrobutyltoluènes et les muscs artificiels, enfin les nitronaphtalines.

DÉRIVÉS CHLORÉS

Méthane dichloré — ou bichlorure de méthylène C^{2}H^{2}Cl^2. C'est un liquide éthéré, de densité 1,35, bouillant à 40°. Il brûle avec une flamme fuligineuse. C'est un agent anesthésique qui provoque le sommeil dans l'espace de une à cinq minutes, sans déterminer d'agitation musculaire, ni de toux. Il cause un léger larmoiement.

Chloroforme CHCl³ — ou formène trichloré. Il a été découvert en 1831, à la fois par *Soubeyran*, en France et par *Liebig* en Allemagne. On le prépare en distillant 3 p. d'alcool, 20 p. de chlorure de chaux, 10 p. de chaux éteinte et 80 p. d'eau. On chauffe doucement jusqu'à 80⁰ environ, et on arrête le feu ; la réaction est d'abord tumultueuse et se continue d'elle-même ensuite.

Dans cette préparation, le chlore du chlorure de chaux, transforme d'abord le chlore en chloral Celui-ci, en présence de la chaux, se dédouble en chloroforme et formiate, *Personne, A. Béchamp.*

Actuellement, on traite directement le chloral du commerce par de la potasse. En remplaçant l'alcool par l'acétone, le rendement est plus élevé.

On prépare également beaucoup de chloroforme au moyen du chlorure de méthyle industriel CH³Cl en le traitant par un chlorurant. Le produit ainsi obtenu contient toujours du bichlorure de méthylène CH²Cl², composé toxique, et du tétrachlorure de carbone CCl⁴.

Le chloroforme, de même que le bromoforme et l'iodoforme sont préparés par la *Chemische Fabrik E. Schering* en électrolysant des chlorures, etc., alcalins en présence d'alcool ou d'aldéhyde, et dans une atmosphère d'acide carbonique qui a pour but de saturer l'alcali mis en liberté. On opère à 60⁰-70⁰.

Le chloroforme de Pictet est obtenu par la congélation du chloroforme officinal, à une température de 70⁰ à 80⁰ ; les impuretés restent dans l'eau-mère.

On peut également purifier le chloroforme en formant la combinaison salicylide-chloroforme, qu'on décompose ensuite par la distillation, en salicilyde et chloroforme pur.

Propriétés. — Le chloroforme rectifié du commerce a pour d. 1,49. Liquide incolore, très mobile, d'une odeur suave, éthérée, d'une saveur sucrée, piquante, non spontanément inflammable, difficilement combustible, peu soluble dans l'eau 1/111, se dissolvant en grandes quantités dans l'alcool et l'éther, insoluble dans la glycérine, miscible aux huiles grasses, neutre aux papiers réactifs et complètement volatil. Ce produit est souvent employé comme dissolvant en chimie organique principalement pour les corps gras et en pharmacie pour préparer le chloroforme pur, le seul qui doive être employé aux usages pharmaceutiques (Codex, de 1884).

Le chloroforme pur ou chloroforme officinal du Codex s'obtient en agitant le chloroforme rectifié du commerce avec moitié de son volume d'eau distillée ; décantez. Ajoutez au chloroforme lavé 1/100 de son poids d'acide sulfurique officinal, et laissez en contact 48 heures en ayant soin d'agiter de temps en temps le mélange ; renouvelez ce traitement tant que l'acide se colore : décantez. Mélangez le chloroforme avec 3 p. 100 de son poids de de lessive des savonniers ; laissez en contact pendant 24 heures en agitant de temps en temps. Ajoutez alors 5 pour 100 d'huile d'œillette, brassez fortement le mélange et distillez au bain-marie. Mettez le produit distillé en contact, pendant 24 heures, avec 5 pour 100 de chlorure de calcium fondu et concassé, en ayant soin d'agiter de temps en temps. Décantez, distillez au bain-marie et ne recueillez que les 8/10 du produit. Le premier et le dernier dixième sont mis de côté et servent pour une opération ultérieure.

V. *Masson* (J. de pharmacie, 1899) propose de rectifier le chloroforme comme suit :

1° Lavage à l'eau distillée. 2° Traitement par l'acide sulfurique (2,5 pour 100) pendant une durée de 2 ou 3 jours, renouvelé s'il y a lieu. 3° Traitement par la lessive de soude, à 1,33 (3 pour 100), pendant trois ou quatre jours. 4° Lavage à l'eau distillée. 5° Traitement par le chlorure de calcium fondu, pur, grossièrement pulvérisé (2,5 pour 100); agitation pendant 2 ou 3 heures, puis addition d'huile d'œillette (2,5 pour 100). 6° Distillation. Le chloroforme distillé est reçu dans des récipients jaugés, contenant par avance la quantité d'alcool correspondant à deux millièmes en poids. Chaque opération porte sur 40 kg. de matière et dure 8 à 10 jours.

La conservation du chloroforme est assurée pendant des années par l'addition d'un millième d'alcool. Le chloroforme en usage dans l'armée, est additionné de deux millièmes d'alcool pur et absolu; sa densité est sensiblement de 1,498 à + 15°, il bout à 61° sous la pression de 760 mm., et à 61°,5 sous la pression de 767 mm. L'alcool ajouté ne modifie pas le point d'ébullition.

La chaux que l'on avait proposée pour la conservation du chloroforme doit être abandonnée en faveur de l'alcool.

Le chloroforme, pour les applications médicales, doit être conservé dans des fioles à l'émeri; le liège n'est pas, par lui-même, une cause d'altération, mais il cède au chloroforme des matières résineuses et tanniques qui colorent l'acide sulfurique, privant ainsi l'expert d'un contrôle précieux.

Essai du chloroforme. — Le chloroforme pur, *J. Regnault* (J. de pharmacie, 1879), exhale jusqu'à la fin de son évaporation une odeur suave et laisse un papier absolument sec et inodore; il ne doit ni rougir le tournesol, ni précipiter le nitrate d'argent. Il ne doit pas se colorer en brun par ébullition avec la potasse caustique, sinon il renferme de l'aldéhyde. Il ne doit pas colorer l'acide sulfurique concentré en brun, sinon il renferme des dérivés chlorés des alcools. Il ne donne aucune coloration avec le violet d'aniline, s'il ne renferme pas d'alcool.

Le chloroforme pur ne donne aucune coloration avec le bleu d'aniline triphénylé, le bleu de diphénylamine, la fuchsine chlorhydrate; s'il renferme de l'alcool, il se colore en bleu ou en rose. Il faut avoir soin dans cet essai de filtrer, car le chloroforme, même pur, peut, si on agite, tenir en suspension des parcelles très tenues de ces matières colorantes qui sembleraient le colorer.

Lorsqu'on essaie les chloroformes du commerce, on trouve qu'aucun d'eux ne bout à 60°8; qu'ils cristallisent plus ou moins quand on les refroidit de — 20° à — 40°; qu'ils colorent l'acide chromique, la fuchsine et le dinitrosulfure de fer. Ces résultats sont dus, non pas à des impuretés, car la grande industrie le produit directement à l'état de pureté, mais à ce que l'industrie, s'appuyant sur les travaux de Regnault et Villejean, additionne le chloroforme d'une petite quantité d'alcool qui s'oppose, d'une façon absolue, à son altération par l'air et la lumière ; sinon, il se forme à coup sûr $COCl^2$, dont la moindre trace suffit pour déceler l'altération. C'est cet alcool, plus ou moins hydraté, qui fausse les essais prescrits par le Codex, *Béhal* et *François* (J. de pharmacie, 1897).

Propriétés et applications. — Le chloroforme pur est un liquide mobile, d'odeur éthérée, d'une saveur à la fois piquante et sucrée. Il est doué de propriétés anesthésiques et antiseptiques ; c'est un caustique. Sa densité est de 1,48, son point d'ébullition 60°8. Le chloroforme ne s'enflamme pas spontanément au contact d'une flamme ; mélangé d'alcool, il brûle avec une flamme verte. Il se dissout dans 100 fois son poids d'eau, l'eau prend cependant une saveur sucrée, il est très soluble dans l'alcool et dans l'éther, son maximum de solubilité est situé vers 0°. Il dissout l'iode, le brome, le soufre, le phosphore, les corps gras, les résines, la cire, la plupart des alcaloïdes, le plus grand nombre des matières organiques riches en carbone. Le chloroforme s'altère rapidement en présence d'air et de lumière, l'oxygène est absorbé et il se forme du chlore, de l'acide chlorhydrique, de l'oxychlorure de carbone et du tétrachlorure de carbone.

La principale application du chloroforme est son emploi en chirurgie comme anesthésique. On s'en sert également dans l'industrie comme solvant des corps gras.

C'est en 1847 que le chloroforme fut employé pour la première fois, comme anesthésique, par *Simpson*, en Angleterre, et par *Flourens*, en France. Pour cet usage, on l'administre par les voies respiratoires, mélangé à une certaine quantité d'air. On emploie à cet effet un mouchoir plié en plusieurs doubles et roulé en forme de cône, au fond duquel on verse sur un peu d'ouate quelques grammes de chloroforme qu'on renouvelle quand il est évaporé.

L'idée d'employer des mélanges titrés de chloroforme et d'air, pour les opérations chirurgicales, est due à P. Bert. Ce savant a démontré que l'on pouvait tuer en quelques minutes un animal avec 10 gr. de chloroforme contenus dans 30 litres d'air, tandis que l'on peut en donner sans danger 40 gr. si les vapeurs de ces 40 gr. ne sont absorbées qu'après mélange avec 400 litres d'air. Les différents appareils fondés sur ce principe, sorte de gazomètres, furent cependant abandonnés à cause de leur encombrement. Le Dr Brauer a construit sur ce principe un appareil donnant toute satisfaction.

On obtient ainsi un sommeil profond pendant lequel le sujet est complètement insensible, le pouvoir excito-moteur de la moelle ayant disparu. Le chloroforme anesthésique doit être rigoureusement pur. Au début de son emploi, plusieurs accidents résultèrent de l'usage de produits altérés et contenant en particulier de l'oxychlorure de phosphore, qui est très toxique. Dans le cas de troubles du cœur ou d'extrême faiblesse, il est dangereux de l'administrer. D'après *Morgan*, il a déterminé 35 fois la mort sur 152.260 cas d'anesthésie, c'est-à-dire une fois sur 2.873. La mort a lieu presque toujours par syncope ou par asphyxie. On doit surveiller la respiration du sujet aussi attentivement que le pouls ; on a remarqué, en effet, que le cœur pouvait battre encore, alors que la respiration est arrêtée. La quantité de chloroforme à employer varie de 15 à 100 grammes, suivant la résistance du sujet. La durée de l'opération peut atteindre 2 heures. Une atmosphère renfermant plus de 4 pour 100 de chloroforme, est irrespirable, elle devient mortelle si la proportion de chloroforme atteint 8 pour 100. Dans l'anesthésie chirurgicale, on admet que la mort est à craindre lorsque l'organisme renferme plus de deux grammes de chloroforme inhalé.

Pour *Gréhant et Quinquaud*, la dose anesthésique de chloroforme est de 50 milligrammes pour 100 centimètres cubes de sang, et la dose mortelle serait très voisine de ces nombres. M. *J. Tissot* (Comptes Rendus, 22 janvier 1906) ajoute à ces chiffres la notion du temps employé pour produire l'anesthésie. Plus l'anesthésie est obtenue lentement, plus la dose nécessaire à la produire est faible dans le sang artériel. La proportion de chloroforme s'abaisse à 34 et 35 milligrammes pour 100 centimètres cubes de sang chez les animaux très lentement anesthésiés, alors qu'elle s'élève à 43 et 45 milligrammes, dans le cas d'anesthésie de rapidité moyenne. En ce qui concerne la syncope mortelle, c'est dans le cerveau et non dans le sang qu'il faut chercher la dose mortelle. Pendant l'anesthésie, il y a toujours plus de sang artériel que dans le sang veineux ; au moment de la syncope respiratoire, le chloroforme diminue dans le sang artériel. Il n'y a donc aucun rapport entre sa proportion dans le sang artériel et ses effets ; ceux-ci dépendent de la durée du contact, de la proportion dans le cerveau et de la vitesse de la circulation du sang.

M. Tissot a établi, dans une communication ultérieure à l'Académie des Sciences (5 février 1905), qu'il n'y a pas de rapport direct entre les proportions de chloroforme contenues dans le sang artériel et les effets qu'elles déterminent ; ces effets dépendent, non pas de ces proportions elles-mêmes, mais de la valeur des quantités de chloroforme que les lois de la diffusion permettent au sang artériel de céder aux centres nerveux.

Pour éviter les accidents, il faut donc : 1° donner l'anesthésique avec prudence lorsqu'il se produit une augmentation de la ventilation pulmonaire, surtout au moment de la période d'excitation ; 2° déterminer l'anesthésie lentement ; 3° donner le chloroforme régulièrement goutte à goutte, lorsqu'on l'administre par le procédé de la compresse.

Lorsqu'on veut utiliser le chloroforme pour des opérations prolongées, on injecte préalablement sous la peau 2 centigrammes de chlorhydrate de morphine ; l'inhalation de très petites quantités de chloroforme suffit alors pour déterminer l'insensibilité ou pour la rétablir rapidement si elle venait à cesser dans le cours de l'opération.

Le chloroforme est encore employé à l'extérieur dans les douleurs névralgiques, on l'incorpore dans une pommade ou dans un liniment afin d'atténuer ses propriétés irritantes et vésicantes qui se font, d'ailleurs, bientôt sentir dès que l'action est continuée pendant quelque temps.

Voici la formule d'un mastic dentaire calmant, à base de chloroforme : CHCl³ 7 gr. ; mastic en larmes, 4 gr. ; dissoudre, puis ajouter 2,5 gr. de baume du Pérou. On laisse reposer et on emploie sur du coton.

Une solution de 1 ou 2 p. de menthol dans 20 p. de chloroforme a été proposée par le Dr Wunsche, contre les rhumes à leur début.

On verse quelques gouttes de ce liquide dans le creux de la main, on frotte les deux mains l'une contre l'autre, on les approche du visage et on aspire le médicament par la bouche et par le nez.

En injection sous-cutanée, le chloroforme agit comme la morphine.

A l'intérieur, on l'emploie comme antiseptique du tube digestif, sous forme d'eau chloroformée, à 1 pour 100, à la dose d'une cuillerée à bouche à chaque repas. On l'emploie surtout comme anti-spasmodique. L'ingestion continue de faibles doses de chloroforme, produit des troubles analogues à ceux de l'alcoolisme ; à doses plus élevées, il produit des accidents souvent mortels. La dose toxique dans l'ingestion stomachale, est très variable, on a vu la mort survenir après l'absorption de 4 grammes, tandis qu'un homme a été guéri en 5 jours après en avoir bu 120 gr.

Le chloroforme, comme antiseptique, est surtout actif sur les ferments organisés.

*
* *

Le chloroforme est l'anesthésique le plus fréquemment employé en France pour l'anesthésie totale. On emploie aussi, en dehors de l'éther, le méthylchloroforme, les chlorures de méthylène, d'éthylène, d'éthylidène, d'éthylène chloré, d'isobutyle, l'amylène, etc.

Tétrachlorure de carbone CCl⁴. — Il a été découvert par *Regnault* en faisant agir le chlore sur le chloroforme à la lumière solaire directe ; c'est le terme ultime de l'action du chlore sur les dérivés chlorés du formène ou sur le formène lui-même.

Industriellement, on le prépare par l'action du chlore sur le sulfure de carbone bouillant, additionné de perchlorure d'antimoine ou d'un autre agent chlorurant. On fractionne ensuite le produit obtenu. La portion qui passe au-dessous de 100° est mise en contact avec de la potasse aqueuse bouillante, dans un appareil muni d'un réfrigérent à reflux, afin d'enlever les produits sulfurés et le soufre. On lave ensuite à l'eau et on rectifie.

Le tétrachlorure de carbone est un liquide incolore, très mobile, incombustible, d'odeur éthérée, rappelant celle du chloroforme ; il a des propriétés anesthésiques. Sa densité est de 1,632 à 0° ; son point d'ébullition 78°,1 ; son point de solidification — 30°. Il est insoluble dans l'eau, dans l'alcool et l'éther. C'est un bon dissolvant des corps gras, supérieur au chloroforme ; on l'emploie concurremment avec la benzine sur laquelle il a le grand avantage de ne pas présenter de danger d'inflammabilité. L'incombustibilité du perchlorure de carbone l'a fait proposer pour l'extinction des incendies. Il serait particulièrement précieux pour éteindre le pétrole enflammé contre lequel l'eau n'a pas d'action. Une benzine de sûreté, c'est-à-dire rendue moins combustible, se prépare avec 2 vol. de tétrachlorure.

Un mél. 7 vol. CCl⁴ et 3 vol. C⁶H⁶ est encore susceptible de s'enflammer au contact d'une allumette enflammée, il se dégage HCl, avec flamme fuligineuse. L'inflammabilité n'a lieu qu'à partir de la proportion 9. de CCl⁴ pour 1 vol. de C⁶H⁶, *Brodtmann* (Pharm. Ztg., 1905).

Sous le nom de dégraissantines, *Le Roy* (br. fr., 1900) prépare des liquides pour dégraisser, à base de chlorure de carbone, en mélangeant et distillant ensemble : a) tétrachlorure de carbone 1.000 p ; b) essence de pétrole ou benzol (D = 0,710, ébullition 60° à 100°) 50 à 1.000 ; c) alcool méthylique ou éthylique concentré de 0,50 à 500 ; d) essence de térébenthine rectifiée, récemment de 0,05 à 10 ; e) essence de lavande ou de citronnelle d'Inde de 0,05 à 5. Ceci est la dégraissantine *simplex*. Pour la *quintuplex* : tétrachlorure de carbone en volume 1.000 p. ; chloroforme 50 à 1.500 p. ; essence de pétrole ou benzol 50 à 1.000 ; alcool méthylique ou éthylique 1 à 500 ; essence de térébenthine 0,05 à 10 ; citronnelle ou lavande 0,05 à 5.

Chlorure de benzyle C⁶H⁵.CH²Cl — On le prépare en faisant passer un courant de chlore dans du toluène exposé à la lumière solaire ou porté à l'ébullition, jusqu'à ce que ce dernier ait acquis une augmentation de poids de 37 pour 100. Le produit est lavé avec de l'eau légèrement alcaline et rectifiée. Ce composé bout à 179°. Le chlorure de benzyle donne par oxydation de l'aldéhyde benzoïque ou essence d'amandes amères artificielles. Ce mode de préparation, utilisé dans l'industrie, explique la présence des traces de chlore dans le produit artificiel, ce qui permet au chimiste de le distinguer de l'essence naturelle.

DÉRIVÉS BROMÉS ET IODÉS

Bromoforme CHBr³. — C'est l'analogue du chloroforme, il résulte de l'action du brome sur une solution alcaline d'acétone ou sur une solution alcoolique de potasse. C'est un liquide incolore, à odeur éthérée, de densité 2,13 ; il cristallise un peu au-dessous de 0° et fond ensuite à + 7°,6, il bout à 152°. Il est à peine soluble dans l'eau, soluble dans l'alcool, l'éther et les huiles essentielles.

On l'emploie en thérapeuthique comme calmant, par exemple, dans la mixture suivante, *Berlioz* : 2 gr. bromoforme, alcoolature de racine d'aconit, teinture de drosera, alcool à 90°, glycérine officinale. Enfants, x à xx gouttes ; adultes, xx à xxx gouttes, en trois fois dans les 24 heures.

Iodoforme CHI³.— Il a été découvert par *Serulas;* il se forme toutes les fois que l'on fait agir l'iode en présence d'un alcali ou d'un carbonate alcalin sur un grand nombre de composés organiques tels que l'alcool, l'acétone, la dextrine, la gomme.

Elbs et *Herz* le préparent par électrolyse des iodures en présence d'alcool, d'aldéhyde ou d'acétone. L'opération doit se faire dans un courant d'acide carbonique qui sature l'alcali mis en liberté. La température la plus favorable est comprise entre 60° et 70° ; un excès de carbonate de soude est nuisible. Les meilleures proportions sont : carbonate de potassium 5, iodure de potassium 10, alcool 20, eau 100. La densité de courant ne doit pas dépasser un ampère par décimètre carré. Chaque heure, on recueille l'iodoforme précipité et on rétablit le titre en iode, carbonate et alcool.

Suilliot et *Raynaud* ont breveté un procédé de préparation de l'iodoforme par l'action de l'hypochlorite de soude sur les iodures alcalins en présence d'acétone et d'un alcali caustique. Ce procédé est appliqué à l'usine de la Poterie-Belbeuf en partant des soudes de varechs (Bull. de Rouen, 1889). Les lessives de soude sont désulfurées, filtrées et envoyées dans de grands bacs, d'une contenance de 4.000 litres environ, munis d'agitateurs mécaniques. On ajoute la proportion d'acétone correspondante à leur titre en iode ; puis mettant en marche les agitateurs, on fait couler un filet continu d'hypochlorite de soude en solution. La précipitation de l'iodoforme est si complète que l'on ne peut déceler la moindre trace d'iode dans les eaux mères ; et cependant les soudes de varechs traitées ne contiennent guère que 5 à 6 kg d'iode à la tonne, dissous à l'état d'iodure dans 4.000 l. d'eau.

Otto (br. fr., 1898) obtient l'iodoforme en traitant une solution d'iodure par l'ozone.

Voici, d'après le Journal de pharmacie et de chimie (1877), la préparation de l'iodoforme.

On met dans un matras, carbonate de potassium pur, 2 p. ; eau distillée, 15 p. ; alcool à 84° cent., 5 p. ; iode en poudre, 2 p; et on chauffe au bain-marie jusqu'à décomposition des liqueurs. A ce moment, on ajoute une demi-partie d'iode pulvérisé, et l'on chauffe ensuite en renouvelant l'addition de ce métalloïde jusqu'à coloration brune. On décolore ensuite le liquide, par addition d'une goutte ou deux de potasse caustique ; et par le refroidissement on obtient des cristaux d'iodoforme. On les recueille sur un filtre, on les lave légèrement à l'eau distillée froide ; puis on les sèche sur du papier buvard et on les enferme dans des flacons bien bouchés.

Propriétés et applications. — L'iodoforme est un solide jaune, d'odeur safranée très forte. Il cristallise en tables hexagonales en forme de paillettes. Il fond à 120°, se sublime sans décomposition dès une douce chaleur; il est entraînable par la vapeur d'eau. Distillé à feu nu, il subit une décomposition partielle.

L'iodoforme est insoluble dans l'eau, mais soluble dans les dissolvants organiques, en particulier dans l'alcool et l'éther. 1 p. d'iodoforme se dissout dans 80 p. d'alcool à 90° à la température ordinaire ; dans 12 p. d'alcool bouillant et dans 6 p. d'éther. Le chloroforme, le sulfure de carbone, les huiles fixes et volatiles dissolvent également l'iodoforme.

L'iodoforme pur ne doit pas céder à l'eau de sels fixes. Il doit se dissoudre complètement dans l'alcool bouillant. Calciné fortement, au contact de l'air, il ne doit pas laisser de résidu.

L'iodoforme est un très bon antiseptique. On l'emploie en poudre ou mieux sous forme de gaze et d'ouate iodoformées. Appliqué sur une plaie récente, il calme la douleur, empêche l'infection et hâte la cicatrisation. Les inflammations de la conjonctive, surtout quand elles sont d'origine scrofuleuse et diphtérique, peuvent être traitées par la pommade iodoformée que l'on prépare en malaxant 10 gr. de vaseline et 2 gr. d'iodoforme.

A l'intérieur, l'iodoforme est employée comme vermifuge, comme antipyrétique, et contre l'ulcère de l'estomac ; enfin comme antiseptique interne dans le cas de tuberculose, de cystites, etc. on le prescrit à la dose de 10 à 50 cgr. par jour, en pilules ou dans de l huile de foie de morue anisée.

L'iodoforme est de moins en moins employé, à cause de son prix élevé et de son odeur repoussante. On combat ce dernier inconvénient en le mélangeant avec du tannin ou de petites quantités de musc, de thymol, de naphtaline, d'essence de rose ou de bergamote, etc. La combinaison avec l'hexaméthylène tétramine ou *iodoformine* est inodore.

En précipitant les solutions d'iodoforme par des solutions d'albumines, *Knoll* (1897) a obtenu des combinaisons presque inodores ; l'*iodoformogène*, inodore, insoluble dans l'eau, renferme 10 p. 100 d'iodoforme.

Les gazes iodoformées sont susceptibles de s'altérer à la lumière solaire. Les enveloppes en parchemin huilé, facilitent la décomposition, il faut employer le parchemin paraffiné, ou conserver à l'abri de la lumière dans un flacon noir à bouchon paraffiné, afin d'empêcher toute volatilisation d'iode.

La gaze iodoformée est parfois colorée en jaune, pour masquer les altérations du temps ou les imperfections de la préparation.

L'iodoforme traité par une solution d'acide iodhydrique, d = 1,67, avec addition ménagée de fragments de phosphore, donne le *formène diiodé* CH^4I^2 ou iodure de méthylène, liquide bouillant à 180°, dont la densité considérable est 3,286 à 15°. Cette densité est utilisée par les minéralogistes pour déterminer comparativement les densités des minéraux et des roches,

Diiodoforme C^2I^4.—Nom incorrect de l'*éthylène tétraiodé*. Ce composé a été entrevu en 1883 par *Homalka* et *Stolz*. On l'obtient en traitant une solution aqueuse d'acétylène par l'iode, en présence de potasse. En opérant en milieu alcalin, il ne se forme que du diiodoacétylène ; en solution acide, il se formerait des composés d'addition.

Le diiodoforme est employé comme succédané de l'iodoforme. C'est un aussi bon antiseptique que ce dernier sans avoir l'inconvénient de son odeur, il est moins volatil, peu soluble et ne fond qu'à 192°.

DÉRIVÉS NITRÉS

Nitrométhane $CH^3.NO^2$, Nitréthane $C^2H^5.NO^2$. — Ces dérivés nitrés des carbures sont isomères avec les éthers nitreux. Ce sont des liquides très explosifs, ainsi que plusieurs de leurs dérivés.

Nitrobenzine $C^6H^5.NO^2$. — La nitrobenzine a été découverte, en 1834, par *Mitscherlich*. Il l'obtint en faisant agir, à froid, l'acide nitrique sur la benzine ; dans ces conditions, il se forme surtout de la mononitrobenzine.

La nitrobenzine se prépare industriellement dans des cylindres en fonte ou en grès munis d'un agitateur. Dans 100 kg. de benzène, on fait couler lentement et en agitant, un mélange de 115 kg. d'acide azotique concentré et 180 kg. d'acide sulfurique également concentré. La température s'élève rapidement, et au début, il faut refroidir. La réaction terminée, on sépare les deux couches ; la nitrobenzine est lavée à l'eau ; si l'on veut avoir un produit pur, on distille avec un courant de vapeur d'eau.

Propriétés et applications. — La nitrobenzine est un liquide huileux, doué d'une odeur d'amande amère, d'où son emploi en parfumerie, sous le nom d'*essence de mirbane*, pour la confection des savons communs et masquer leur odeur. Elle cristallise par le froid en aiguilles fondant à + 3°. Sa densité à 15° est 1,186. Elle bout à 209°.

La nitrobenzine est presque insoluble dans l'eau ; elle est soluble dans l'alcool, l'éther, l'acide acétique concentré, l'acide sulfurique.

La vapeur de nitrobenzine détone sous l'influence d'une température élevée, d'où son application dans la fabrication des explosifs. L'explosif français dénommé « Prométhée » est formé d'un comburant solide : bioxyde de manganèse et chlorate de potasse que l'on imprègne d'un liquide combustible : mélange d'huile lourde de pétrole et de nitrobenzine. Cet explosif a l'avantage de faire éclater le roc sans le réduire en poussières.

Par réduction, la nitrobenzine, donne de l'aniline, point de départ d'un grand nombre de matières colorantes artificielles. C'est là l'emploi important de la nitrobenzine.

Dinitrobenzines $C^6H^4(NH^2)^2$. — Il existe deux dinitrobenzines isomères qui se forment dans l'action du mélange azoto-sulfurique sur la nitrobenzine ; ces composés servent dans la préparation de substances explosives et la fabrication des phénylènes diamines qui conduisent aux couleurs azoïques. Le mélange de dinitrobenzène et de nitrate d'ammoniaque, constitue un explosif appelé *bellite* et découvert par le suédois *Carl Lamm*.

Le mélange de benzine chloronitrée, de naphtaline et de nitrate d'ammonium constitue l'explosif appelé roburite.

Trinitrobenzines C⁶H³. (NH²)³. — En traitant le dérivé dinitré par un mélange d'acides sulfurique et nitrique fumants, pendant un très long temps, on obtient également de petites quantités du dérivé 1.2.4.

Le chlorodinitrobenzène mélangé à son poids de cellulose, puis à 4 p. de nitrate d'Am., constitue l'explosif de sûreté de *W. Orsman* (br. an., 1896).

Nitrotoluènes. — Les nitrotoluènes se forment dans les mêmes conditions que les nitrobenzines. Le mononitrotoluène existe toujours dans la nitrobenzine commerciale, en quantités variables suivant la matière colorante que l'on a en vue.

H. Lœsner (br. all., 1895) utilise la propriété du nitrotoluène d'absorber le chlore, pour emmagasiner ce métalloïde. On arrive à dissoudre ainsi 11 pour 100 de chlore à la température ordinaire. Par simple chauffage — ou détente, si on avait utilisé la pression pour faciliter la dissolution — le chlore est remis en liberté.

Il permet d'arriver au nitrostilbène, *Hepp* (Kalle).

Le *trinitrotoluène* est employé comme explosif. Enflammé à l'air libre, il brûle sans explosion, ce n'est qu'avec une amorce au fulminate qu'on peut le faire détonner. Le mélange de nitrotoluène et d'hypoazotide NO² constitue la plus puissante des panclastites de Turpin.

Pour l'obtenir, on dissout l'orthoparadinitrotoluène dans 4 fois son poids d'acide sulfurique concentré et on chauffe ensuite au bain-marie en remuant. Le liquide se trouble et une huile jaune claire vient surnager. En 4 ou 5 heures, la réaction est terminée. On décante, lave à l'eau bouillante, puis avec une solution de carbonate de soude.

Trinitrobutyltoluène C⁶H(C⁴H⁹)(CH³)(NO²)³. — Les premiers essais de préparation artificielle du musc eurent pour base la nitration d'huiles ou de résines.

Actuellement, on connaît un nombre considérable de corps possédant une odeur de musc très prononcée. Ces corps sont tous des benzènes polysubstitués di ou trinitrés, et la propriété odorante paraît due à l'occupation par le groupement NO² des positions symétriques 2,4,6, dans le noyau benzénique. Les deux premiers muscs en date, ou muscs Baur, ont été le trinitrobutyltoluène et le trinitrobutylxylène ; ce sont aussi les deux plus importants comme puissance et qualité de parfum.

En juillet 1888, Baur avait déjà pris un brevet pour la préparation d'un musc artificiel, par nitration de l'essence de résine. En étudiant cette essence il y rencontra deux butyltoluènes que Kelbe avait déjà signalés, et il parvint à reproduire l'un en chauffant un mélange de chlorure ou de bromure d'isobutyle et de toluène, en présence de chlorure d'aluminium. La nitration lui donna ensuite le musc artificiel.

Le trinitrobutyltoluène est un corps cristallisé, blanc jaunâtre, fusible à 96°-97°, à odeur de musc.

LES MUSCS ARTIFICIELS

Historique. — Le 14 janvier 1889, A. Baur prit en France un brevet pour la préparation d'un corps destiné à remplacer le musc naturel. Ce brevet fut cédé presque aussitôt à la Société de Laire et Cie qui le compléta par de nombreux certificats d'addition pris au courant des années qui suivirent.

Le procédé consiste à nitrer *énergiquement* le butyltoluène. Depuis, beaucoup d'autres produits analogues furent décrits et brevetés. Tous ces brevets ont été en France la propriété de la Société de Laire et Cie qui les invoqua toujours victorieusement contre les attaques des contrefacteurs. (Le musc cétonique est encore protégé par un brevet. Les autres sont aujourd'hui expirés).

On peut les diviser en muscs trinitrés et en muscs dinitrés.

Muscs trinitrés.— 1. Dérivés du butyltoluène 1, 3 : trinitrobutyltoluène.

2. Dérivés du butylxylène : 1, 3, 5, trinitro-butyl-xylène.

3. Dérivés du butyl-hydrindène : trinitro-butyl-hydrindène.

4 Dérivés halogénés de la 1re série. L'atome d'H du trinitro-butyl-toluène remplacé par Cl ou Br. Ex : brome trinitro-butyl-toluène.

5. Dérivés de la 1re série par substitution du radical OCH_3, OC_2H_5 à l'H libre du trinitrobutyltoluène. Tel l'éther méthylique du trinitro-butyl-crésol.

Muscs dinitrés — 1. Dérivés du butyl-xylène halogéné. Tel le dinitro-chlorobutyl xylène.

2. Dérivés de l'acétyl-butyl-xylène. Tel le dinitro acétyl-butyl-xylène.

3. Dérivés de l'aldéhyde butyl-toluique et de l'aldéhyde-méthyl-butyltoluique. Tel l'aldéhyde dinitro-méthyl-butyl-toluique.

4. Dérivés du butyltoluène cyané. Tel le dinitro-butyl-toluène-cyané.

5. Dérivés du trinitrobutyltoluène, par substitution du groupement N^3 à un des groupes NO^2. Tel le dinitrobutyltoluène azimide.

Préparation des muscs. — Nous étudierons les deux muscs intéressants au point de vue industriel, c'est-à-dire, le trinitrobutyltoluène (musc Baur) et la dinitrobutyltolylcétone (musc cétonique).

Trinitrobutyltoluène. La préparation de ce produit se fait à partir du toluène. Il faut d'abord préparer le butyltoluène, puis nitrer ce produit.

On obtient le butyltoluène par application de la méthode Friedel et Crafts, au chlorure d'aluminium. On met dans un ballon du toluène et du chlorure d'isobutyle en quantités molécul. On chauffe au reflux avec du chlorure d'Al.

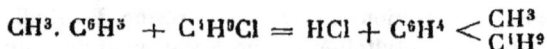

$$CH^3 . C^6H^3 + C^4H^9Cl = HCl + C^6H^4 < \begin{matrix} CH^3 \\ C^4H^9 \end{matrix}$$

Quand tout dégagement d'acide chlorhydrique a cessé, la réaction est terminée. On ajoute un peu de glace au produit, puis on entraîne à la vapeur d'eau. Le produit entraîné est rectifié. Le butyltoluène est compris dans la fraction 170°-200°, qu'on soumet à la nitration. On emploie à cet effet 1 p.

d'acide nitrique de densité 1,5 mélangé à 2 p. d'acide sulfurique à
15 pour 100 d'anhydride. Le nitro-dérivé est versé sur de la glace, lavé et
cristallisé dans l'alcool.

Le trinitro-butyl-toluène se présente sous forme de cristaux jaunâtres à
odeur intense de musc. F = 96°-97°.

Dinitrobutyltolylcétone. — On part du toluène. On le transforme comme
précédemment en butyl-toluène puis on acétyle ce produit. On traite pour
cela 1 partie de butyl-toluène en solution dans 20 parties de sulfure de
carbone en présence de 6 parties de chlorure d'aluminium, par 6 parties
de chlorure d'acétyle. La cétone obtenue est une huile bouillant à 255°-258°.

On nitre à froid (0°) avec de l'acide nitrique fumant et on obtient ainsi
un produit dinitré d'une odeur pénétrante de musc.

Application des muscs. — Dès leur apparition, les muscs artificiels prirent
place à côté du produit naturel. Ils entrent dans la composition d'une foule
de mélanges de parfumerie et on s'en sert beaucoup en savonnerie.

Le pouvoir odorant des muscs artificiels est considérable. On est obligé
dans le commerce de le mélanger avec un diluant inerte qui est le plus
souvent l'acétanilide. On peut les séparer en dissolvant le musc dans l'éther
de pétrole.

Pour se rendre compte des bénéfices que procura à l'inventeur cette
découverte, il suffit de rappeler que le musc artificiel s'est maintenu pendant 15 ans au prix formidable de 20 000 fr. le kg. Le jour où il passa dans
le domaine public, le prix du kg tomba brusquement à 100 fr.

Nitronaphtalines. — Les nitronaphtalines s'obtiennent par l'action
de l'acide nitrique seul ou du mélange d'acide nitrique et d'acide sulfurique
soit sur la naphtaline, soit sur les nitronaphtalines inférieures. Le
meilleur procédé d'après W. Krug et J. Bloman, 1897, consiste à nitrer
la naphtaline au moyen d'un mélange d'acides azotique et sulfurique, savoir
$4 HNO^3 : 1 H^2SO^4$ pour les produits à point de fusion élevé et $3 H NO^3 :
2 H^2SO^4$ pour les dérivés supérieurs.

L'addition de nitronaphtalines à un explosif à base de nitroglycérine le
rend insensible au choc (Nobel), d'autant plus que le degré de nitration de
la naphtaline est moins élevé. Cette propriété est mise à profit pour rendre
moins dangereux le maniement des explosifs à base de nitroglycérine. L'addition de nitronaphtaline à la nitroglycérine empêche celle-ci de se durcir aux
basses températures, mais l'avantage est illusoire, car le mineur ne sait plus
si la dynamite doit être dégelée avant l'usage.

L'explosif dénommé « pierrite », fabriqué sur la demande de l'entreprise
générale du Simplon, a pour composition : chlorate de potasse, 79,7 pour 100;
mononitronaphtaline 10 à 12 ; huile de ricin, 5 à 7 ; acide picrique 1 à 2.
Cet explosif, de composition analogue à la scheddite n° 60, a l'avantage de
ne pas briser le roc, que l'on peut alors employer pour la maçonnerie, et
de dégager peu de fumée.

CHAPITRE XVII

BITUMES, PÉTROLES, GAZ D'ÉCLAIRAGE, GOUDRON DE HOUILLE

BITUMES ET ASPHALTES

Les mélanges de carbures solides, liquides et gazeux, portaient autrefois le nom générique de bitumes. Nous y rapportons les *asphaltes*, le *goudron minéral*, les *pétroles*, les *naphtes* et le *gaz naturel*. Le dernier a été étudié à propos du formène, p. 759.

Bitumes. — On désigne plus particulièrement sous ce nom, des mélanges allant de l'état solide à l'état liquide, de divers carbures d'hydrogènes contenant de l'oxygène et du soufre; seul le bitume de Judée renferme exceptionnellement de l'oxygène, mais le soufre y est constant.

Le bitume se rencontre en Syrie, au Caucase, en Crimée, en Arabie, en Perse, aux îles Ioniennes, en Portugal, en Espagne, au Texas, au Pérou, et surtout dans les Antilles : Cuba, la Barbade, la Trinité. Le seul lac de bitume de la Braie, situé sur la côte occidentale de cette île, contiendrait plus de 3 millions de tonnes.

La production des bitumes aux États-Unis, pour l'année 1903, a dépassé 447.000 tonnes.

Le bitume le plus anciennement connu est le bitume de Judée ou *karabé de Sodome, poix minérale scoriacée*. On le recueille sur les rives de la mer Morte ou lac asphaltite, il monte des profondeurs d'une façon continuelle et plus abondamment pendant les périodes de tremblement de terre. C'est ainsi qu'après les secousses sismiques de 1834 et 1837, on vit chaque fois s'échouer à la côte une masse de bitume d'environ 15 à 20 tonnes.

Le bitume de Judée est une substance noire, solide et dure, à cassure vitreuse, sans odeur ni saveur. Il possède une densité de 1 à 1,06; son point de fusion est au-dessus du point d'ébullition de l'eau. Il est inattaquable par les acides et les alcalis; peu soluble dans l'alcool, mais soluble dans les hydrocarbures et les huiles essentielles.

Le bitume de Judée est employé pour la fabrication des couleurs et des vernis, ainsi qu'en photographie comme matière sensible dans l'héliogravure.

Les divers bitumes de la Trinité sont assez semblables au bitume de Judée. Par la distillation, ils donnent environ 18 pour 100 de produits gazeux ; 37,5 pour 100 d'hydrocarbures liquides, exempts de benzine et de phénols, et il reste un coke brillant et très dur. Ces bitumes laissent de 10 à 47 pour 100 de cendres ferrugineuses et siliceuses ; ils contiennent une forte proportion de soufre qui peut atteindre 10 pour 100.

Les bitumes les plus purs sont connus sous le nom de *glance-pitch* ou gomme asphalte. On les rencontre dans l'Utah *gilsonite*, à Guaracaro, dans les Antilles et au Mexique ; ces bitumes sont presque entièrement solubles dans le sulfure de carbone et servent surtout à la fabrication des vernis et des isolants.

Le bitume de Guaracaro est solide ; sa densité est 1,35. Il se ramollit dans l'eau bouillante ; vers 300°, il devient demi-fluide ; il laisse moins de 10 pour 100 de cendres.

Asphaltes. — On désigne sous ce nom les différentes roches, en particulier, des roches crétacées, imprégnées de bitume.

Les asphaltes plus ou moins mélangés de matières minérales, se trouvent dans l'île de la Trinité, aux États-Unis, en Syrie. On leur fait subir une sorte de raffinage grossier en les chauffant dans des cuves à 160°. On peut leur rattacher les roches et quartz bitumineux, tels les calcaires de Seyssel-Pyrimont, en France, Am. S. *Sadtler*, in J. of Franklin Institute, 1895, a une étude intéressante sur les asphaltes.

Les asphaltes sont principalement employés pour vernis, isolants, imperméabilisation, ciments.

Les vernis à l'asphalte ou vernis japonais, s'obtiennent en dissolvant des asphaltes purs dans un mélange d'essence de térébenthine et d'huile de lin. On s'en sert pour recouvrir les métaux sous le nom de vernis japonais ou vernis japon. Les vernis japons pour la carrosserie ont la formule suivante : gomme dure, 18 à 25 pour 100 ; bitume de Judée, 6 à 20 pour 100 ; huile cuite, 12 à 20 pour 100 ; essence de térébenthine, 40 à 65 pour 100.

Les Égyptiens utilisaient le bitume pour embaumer les momies et connaissaient son emploi pour revêtir le sol et les parois des habitations.

Le bitume entrait dans la composition du feu grégeois. Selon *Scaliger*, il était formé de bitume, de gomme, de poix et de naphte.

Un mélange de kaolin, 50 p. ; asphalte 37 p. 5 ; poils d'animaux 12 p. 5 et d'huile pour fluidifier, constitue un lut pour bateaux, *Moerch*, 1895 (Norwège).

En fondant ensemble du bitume 9 p. et un silicate alcalin 1 p., *Cappeln* (Norwège, 1894) obtient un enduit qui, appliqué à chaud sur le bois, produit un émail indifférent aux liquides corrosifs.

Les isolants à l'asphalte s'obtiennent en ajoutant à l'asphalte des pétroles lourds. Ils sont employés comme diélectriques.

Les asphaltes servent à imperméabiliser en quelque sorte les briques et la maçonnerie dans certaines constructions, comme hydrofuges. Il suffit pour cela de les recouvrir d'asphalte raffiné et fondu. Ils sont d'une application courante pour les fondations maritimes et pour les fondations de machines dans le but spécial d'arrêter les vibrations. Mais c'est principalement comme ciment dans les constructions de réservoirs et de bassins, pour les toitures ou pour les travaux de pavage de trottoirs et de rues, que l'on utilise les asphaltes ; la dernière application fut réalisée à Paris en 1837, et elle prend à elle seule les 19/20 de la production totale. On prépare d'abord un mastic spécial avec un calcaire bitumineux. La masse est réduite en poudre [1] et jetée dans des chaudières circulaires où l'on a fondu au préalable 8 pour 100 d'asphalte raffiné de la Trinité. On chauffe le tout à 150° pendant plusieurs heures, en agitant constamment, puis on coule la masse dans des moules ; on obtient ainsi des blocs de 23 à 27 kg. Pour préparer le mastic, on refond ces blocs avec de l'asphalte raffiné de la Trinité, dans la proportion de 7 kg. d'asphalte pour 100 kg. de mastic à préparer. On ajoute alors peu à peu une certaine quantité de sable ou de cailloux qui peut aller jusqu'à 60 kg., suivant les usages auxquels le mastic est destiné. Ce mélange connu sous le nom de mastic caillouteux, est répandu à chaud, damé avec soin et abandonné au refroidissement. Il est légèrement pliable et entièrement imperméable.

Pour le pavage des rues, il existe deux méthodes absolument différentes : Les calcaires asphaltiques d Europe et les quartz asphaltiques de Californie demandent simplement à être broyés, chauffés à 150°-160° et répandus à chaud sur la surface à couvrir. Il reste à damer fortement l'asphalte au moyen d'instruments chauffés au préalable. C'est ainsi que l on opère à Paris, Londres, Berlin et dans quelques autres grandes villes d'Europe. Le pavage en calcaire asphaltique présente l'inconvénient de se polir par l'usure et de devenir glissant par les temps de pluie ou de brouillard. Quant aux quartz asphaltiques dont on fait usage en Californie, ils présentent l inconvénient de se ramollir un peu trop dans la saison chaude.

Le second procédé, très répandu aux États-Unis, consiste à préparer d'abord un ciment asphaltique au moyen d'un asphalte dur, mais assez pur, auquel on incorpore une certaine quantité de pétrole lourd ou de bitume liquide. On emploie 10 parties de bitume liquide pour 16 parties d'asphalte dur. Ce ciment est mélangé à la température de 165° environ avec 84-90 parties de sable pur et de calcaire pulvérisé. C'est ce mélange que l'on applique à chaud sur la surface à couvrir.

Nous ne pouvons nous étendre longuement sur les avantages particuliers que présentent les diverses compositions asphaltiques, actuellement employées au pavage des rues. Nous nous contenterons de dire que l'asphalte doit être relativement plus riche en pétrolène qu'en asphaltène. Quant aux proportions respectives d'asphalte et de bitume liquide, elles varieront bien entendu avec le climat et le genre de trafic des différentes villes. On avait songé à

---

1. Traduction de Sadtler, d'après *Le Moniteur scientifique*, 1896.

remplacer le bitume liquide par le goudron de houille. Mais le produit ainsi obtenu se désagrège rapidement sous l'action des agents atmosphériques. Dans les États de l'Est, c'est aux résidus de pétrole que l'on donne aujourd'hui la préférence. Sur la côte du Pacifique, on fait usage de goudrons minéraux naturels ou d'asphaltes liquides.

La Société civile des mines de bitume et d'asphalte du Centre, fabrique des pavés d'asphalte comprimé, avec de la poudre chauffée à 120° et soumise à une pression de 600 kg. par centimètre carré. On effectue le pavage sur une fondation de béton. Les interstices sont garnis ensuite avec de la poudre de ciment répandue sur le pavage aussitôt après son exécution.

Le *granit asphalte* ou asphalte armé s'obtient en mélangeant l'asphalte fondu au granit divisé. Sa résistance est la même que le grès de Fontainebleau, et il possède l'avantage de n'être pas glissant.

La distillation de certaines roches bitumineuses sulfurées, donne des produits huileux, employés pour combattre les maladies de peau, l'*ichtyol* provient de la distillation du *stingstein* de Seefeld (Tyrol).

Le *goudron minéral* se différencie des pétroles en ce qu'il renferme de 12 à 15 pour 100 d'eau, si intimement mélangée au goudron qu'il faut chauffer de 120° à 150° pour la chasser. On peut y rattacher l'*asphalte liquide*.

PÉTROLES

État naturel des pétroles. — Les sources de pétrole sont répandues sur toute la surface du globe, mais principalement aux États-Unis, dans le Caucase et en Galicie. D'autres gisements, bien moins productifs jusqu'ici, se rencontrent en Chine, aux Indes, au Japon, en Birmanie, en Tunisie, en Égypte et dans l'Amérique du Sud. L'Allemagne, l'Italie et la Roumanie possèdent aussi quelques régions pétrolifères importantes. En France, il n'y a pas de puits exploité, on a cependant signalé la présence du pétrole dans la Limagne, l'Isère, la Haute-Savoie et le Pas-de-Calais.

Origine et constitution des pétroles. — Quelle est l'origine du pétrole ? Il est impossible de l'assigner avec certitude. Tout ce que l'on peut dire, c'est que le pétrole dérive probablement de matières organiques, matières végétales pour les pétroles de Pensylvanie, peut-être matières animales pour les pétroles canadiens qui renferment S et N. Orton est pour la théorie végétale, Hunt pour la théorie animale, Mendelejeff, 1877, pour une décomposition de carbures par l'eau. La dernière est celle admise par Berthelot et Moissan. Humbold, 1804, a émis l'idée d'une origine volcanique. Engler, Peckham regardent les bitumes, asphaltes et pétroles comme provenant d'une distillation naturelle sous pression, d'éléments organiques, accumulés dans les terrains. En tout cas, la formation du pétrole semble achevée, car il n'existe pas de produits intermédiaires permettant de suivre les transformations successives que la matière'première a pu éprouver.

La constitution des pétroles a été étudiée pour la première fois d'une façon systématique, par Pelouze et Cahours, in Comptes rendus, 1862. Schorlemmer, in J. of the chemical S. ; C. Warren, in Mem. Amer. Ac. ; Beilstein et Kurbatoff, in Berichte ; Mendelejeff et Engler, Markownikoff, Oglobin et C. Mabery l'ont approfondie. Les pétroles renferment surtout les carbures paraffiniques, mais aussi quelques oléfines et quelques carbures aromatiques, avec parfois quelques petites quantités d'oxygène ou de soufre. La quantité d'oxygène est souvent inférieure à 1 pour 100, mais peut atteindre 5 et 6 pour 100 dans l'huile brute du Hanovre. Cet oxygène paraît avoir deux origines, une partie préexisterait dans le pétrole sous forme de composés phénoliques, l'autre proviendrait de l'action oxydante de l'air. La quantité de soufre est toujours minime. Les huiles de Terra di Lavoro, Italie, contiennent 1,30 pour 100 de soufre, Engler. Les composés sulfureux communiquent aux pétroles une odeur nauséabonde.

La nature des carbures qui constituent les huiles de pétrole, est variable avec le pays d'origine. Les pétroles américains sont surtout formés de carbures saturés, tandis que les pétroles russes contiennent surtout des carbures éthyléniques, Schützenberger. Les pétroles d'Allemagne et de Gallicie contiennent des carbures saturés, des carbures éthyléniques et des carbures benzéniques. Krämer a démontré la présence de terpènes et polyterpènes dans les fractions supérieures du pétrole.

Les pétroles sulfureux ont été exploités en 1860 à Oil springs, Canada, et en 1885, à Findlay, Ohio. Ils ont une teinte plus foncée et une densité plus élevée (0,875 à 1,653) que les pétroles ordinaires. C. Mabery en a fait une étude spéciale, in J. of the Franklin Institute, 1895. Leur raffinage donne 2 à 7 pour 100 d'huile de naphte, 43 de pétroles, 20 d'huiles lourdes, 10 de coke.

Pour éliminer les produits sulfurés, Henry (br. fr., 1897) soumet le pétrole raffiné à un traitement à 5 pour 100 de plombite de potasse.

Exploitation du pétrole. — Le pétrole est connu depuis la plus haute antiquité, il paraît même avoir été employé à l'éclairage par les anciens ; Pline, Diodore et Dioscoride mentionnent les sources d'Agrigente dont l'huile, appelée huile de Sicile, étaient brûlée dans des lampes. Le pétrole d'Ormanio, en Italie, paraît avoir servi au même usage.

Dans les temps modernes, on peut dire que l'industrie pétrolifère date à peine d'un demi-siècle. Bien que plusieurs essais isolés, d'éclairage au pétrole, aient déjà été tentés auparavant, ce n'est qu'en 1859, alors du forage du premier puits de pétrole en Pensylvanie, par Drake, que l'essor fut donné.

La découverte de Drake n'a pas été fortuite, elle fut le résultat de plusieurs années de recherches pénibles. Le pétrole était connu depuis longtemps dans l'Amérique du Nord. Les Indiens l'employaient avec succès pour panser leurs blessures et guérir les rhumatismes. Il est mentionné dans un rapport du marquis de Montcalm, en 1757.

Dès 1845, la *Hope Cotton Factory*, de Pittsburg, employait l'huile de pétrole pour le graissage des machines. De 1850 à 1855, la ville de Pittsburg fut éclairée avec du pétrole raffiné, d'après les procédés de James Young, pour les schistes bitumineux. Ces essais déterminèrent la formation d'une société : la *Pensylvania Rock Oil Company*, qui se contenta d'abord de recueillir l'huile suintant naturellement du sol, dans le territoire d'Oil Creck. Sur l'instigation du colonel M.-E.-L. Drake, de New-Haven, les Directeurs de cette Société entreprirent le forage d'un puits sur la limite nord du county Venango, à un mille et demi de la source où depuis des siècles s'approvisionnaient les Indiens. Drake était convaincu qu'il devait atteindre le réservoir alimentant la source naturelle. Ses espérances furent réalisées : le 28 août 1859, après trois mois de travail, la sonde atteignit la nappe pétrolifère à une profondeur de 171 pieds. Une pompe intallée aussitôt amena l'huile à raison de 25 barils par jour. Cet événement détermina un enthousiasme général, et l'on entra dans une période agitée qu'on a appelé la *fièvre de l'huile*. Des fortunes immenses furent réalisées par la vente des terrains dont la valeur passa presque instantanément de 10 dollars l'acre à 8 et 10.000 dollars. Bientôt la découverte de puits jaillissants, 1861, jeta dans la ruine les propriétaires des puits à pompes. La surproduction devint telle à ce moment que, pendant une année, les barils manquèrent et le pétrole s'écoula dans Oil Creck. Les puits jaillissants s'épuisèrent, il fallut revenir ensuite aux pompes.

Jusqu'en 1870, les États-Unis restèrent les seuls grands producteurs de pétrole, mais vers cette époque, la région du Caucase entra en pleine exploitation. Les puits de feu étaient connus de toute antiquité aux environs de Bakou, mais ce n'est qu'après l'introduction du pétrole américain en Russie, vers 1862, que Novositzoff résolut d'exploiter des sources d'huiles qu'il avait découvertes quelque vingt ans plus tôt. La *fièvre de l'huile* envahit la région de Bakou. En 1868, la production du pétrole russe atteignait 12.000 tonnes, quatre ans après, elle avait doublé ; en 1892, elle dépassait 4 millions de tonnes.

En 1896, la production mondiale a dépassé 15 millions de tonnes, dont plus de 8 millions pour les États-Unis et plus de 6 millions pour la Russie. En 1900, la production de la Russie a dépassé celle des États-Unis. La production mondiale a atteint 130 millions de barils (le baril contient 180 litres) ; en 1900, la Russie en a produit 68 millions, les États-Unis 58 millions, l'Inde néerlandaise 3 millions, l'Autriche-Hongrie 2 millions et demi, la Roumanie 2 millions. Le Japon semble un pays d'avenir au point de vue du pétrole, mais il n'a produit en 1900 qu'un million de barils.

En Amérique, la pression du gaz est faible et on extrait le pétrole avec des pompes. Dans le Caucase, les puits sont souvent jaillissants, au moins au début de l'exploitation. Le puits Nobel jaillit à une hauteur de 90 mètres. A Bakou la profondeur moyenne des puits est de 130 mètres. La foudre en tombant sur ces puits détermine souvent des incendies qui prennent des proportions considérables.

Les mines de pétrole du Caucase ont été détruites, en partie, lors de la tourmente révolutionnaire qui agita la Russie au cours de l'hiver 1905-06, après la guerre russo-japonaise.

Les pétroles se rencontrent à l'intérieur du sol, dans des poches souvent hermétiquement fermées. La profondeur des nappes pétrolifères varie de 100 à 1.500 mètres. En général, on rencontre, avec le pétrole, du gaz naturel et de l'eau salée.

Le forage des puits s'effectue à la *corde* ou au balancier, s'il n'excède pas 100 mètres ; au delà de cette profondeur, on fore à la machine. Au fur et à mesure du forage, on descend un tube de tôle de 1,5 à 4 millimètres d'épaisseur, pour éviter les éboulements. Pour un puits peu profond, les frais de forage et de tubage sont estimés à 7.500 francs. Un puits de 130 mètres coûte de 7.500 à 12.500 francs.

A sa sortie du puits, le pétrole est toujours souillé d'impuretés mécaniques, sable, débris de roches, etc. On l'en débarrasse par décantation dans de grands bassins ou citernes.

Le transport du pétrole au port d'embarquement ou à la raffinerie s'effectue par baril de 180 litres, par wagons-citernes de 19.000 litres, par bateau-citerne ou par conduites métalliques. Ces dernières ont pris un développement considérable aux États-Unis. La *National Transit Co*, qui dessert la Pensylvanie, possède à elle seule plus de 1.200 km. de tuyaux, d'un diamètre variant entre 12 et 15 cm. Les pompes de refoulement travaillent à une pression moyenne de 100 at. ; il faut vaincre, en effet, une résistance considérable due à la viscosité de l'huile. Tous les 50 km., on installe un relai de pompes qui viennent soulager l'usine centrale. L'encrassement des conduites se produit assez vite; le nettoyage se fait simplement au moyen d'une brosse cylindrique, en fils d'acier, appelée *chat* ; on l'introduit dans la conduite, elle se déplace sous la seule pression de l'huile et on la recueille ensuite à la sortie dans le réservoir de la station-relai. Le transport des pétroles bruts ou raffinés s'effectue soit dans des fûts en bois ou en fer, soit dans des wagons-citernes, à condition que ces récipients soient bien étanches. Dans l'expédition par canaux, les bateaux ont droit de trématage, c'est-à-dire qu'aux écluses, ils ont le droit de passer les premiers. Les foyers sont interdits à bord de ces bateaux. La *Standard Oil Cy* est presque tout entière la propriété de John Rockefeller, l'homme réputé le plus riche.

Les droits de douane pour les huiles brutes sont de 9 fr. par 100 kg. ou 7 fr. 50 par hectolitre Les huiles brutes ne doivent pas contenir plus de 90 pour 100 d'huile lampante. Les essences et huiles raffinées acquittent un droit de 10 fr. par hectolitre ou 12 fr. 50 par 100 kg. Leur température d'inflammation doit être inférieure à 35°. Les huiles lourdes, résidus de pétrole et autres huiles minérales, paient à l'entrée 9 fr. par 100 kg., la paraffine

30 fr. et la vaseline 28 fr. Les huiles minérales contenant moins de 30 pour 100 de produits lampants sont considérées comme huiles de graissage.

Propriétés des pétroles. — Les pétroles naturels ou bruts sont des produits d'aspect et de composition variables ; ils se présentent à l'état de liquides épais, diversement colorés, depuis le jaune foncé jusqu'au noir, avec une fluorescence verte ou bleue. L'odeur est désagréable, surtout lorsqu'ils contiennent des produits sulfurés. Le pétrole est toxique, qu'il pénètre dans l'organisme par la voie stomacale ou par les voies respiratoires. Dans ce dernier cas, il cause des hallucinations et une sorte d'ivresse suivie de coma. La densité oscille entre 0,765 et 0,970. Les huiles les plus légères proviennent de Pensylvanie, les plus lourdes proviennent du Caucase. Le coefficient de dilatation varie entre 0, 00064 et 0,00094 ; en général, il augmente avec la densité, *H. Sainte-Claire Deville*. Il est très haut ; appliqué aux régulateurs de température, *Grouvelle* et *d'Arquembourg*.

Le pouvoir calorifique des pétroles varie de 9.000 à 10.000 calories, pour des portions passant au-dessus de 280°. Ils fournissent donc, à poids égal, environ une fois et demi plus de chaleur que les houilles de meilleures qualités.

Le pétrole est peu soluble dans l'alcool à 95° qui n'en dissout que 12 pour 100. De nombreux brevets ont été pris, relativement à l'augmentation de la solubilité dans l'alcool. *H. Guttmann* (br. all., 1897) propose l'addition de quelques centièmes de benzine. *Hersfield de Beer* (br. fr., 1897) ajoute 8 à 10 pour 100 de benzine et 4 pour 100 de naphtaline, la solubilité est alors portée à 24 pour 100. La Société Xylolyse emploie dans ce but de l'éther acétyle ou de l'acétol.

Sous l'action de la chaleur, l'huile brute distille. Quand on dépasse la température de 300°, il y a décomposition des carbures à point d'ébullition élevé en carbures, à point d'ébullition moins élevé. En un mot, il se forme des constituants qui n'existent pas tout formés dans l'huile brute. Cette phase de la distillation a été appelée *cracking* par les Américains. Lorsque le chauffage s'effectue sous pression, une partie des constituants devient insoluble dans l'acide sulfurique, *R. Zaloziecki*.

Distillation du pétrole. — Le pétrole brut, tel qu'on le retire de la terre, est soumis à une distillation ou *raffinage* qui donne des produits divers. On recueille ainsi des huiles légères, des huiles lampantes, des huiles lourdes, des huiles à paraffine, et comme résidu dans la cornue, de la vaseline ou du coke, suivant que la distillation est plus ou moins poussée.

Les *huiles légères de pétrole*, donnent elles-mêmes par fractionnement : l'*éther de pétrole*, densité 0,650 à 0,660, point d'ébullition 40° à 70° ; la *gazoline*, densité 0,640 à 0,667, point d'ébullition 70° à 80° ; la *benzine de pétrole*, densité 0,667 à 0,707, point d'ébullition 80° à 100° ; la *ligroïne*, densité 0,707 à 0,722, point d'ébullition 100° à 120°.

Avant l'éther de pétrole, on peut aussi recueillir le *cymogène*, qui bout à 0°

et est condensé par compression ; il sert pour la fabrication de la glace artificielle ; le *rhigolène* qui bout à 18° ; il est employé comme anesthésique dans les opérations chirurgicales.

L'éther, la gazoline et surtout la benzine sont employés dans l'art du teinturier-dégraisseur comme dissolvants des corps gras ; ce sont de bons dissolvants pour les résines, le caoutchouc, pour l'extraction des huiles de graines. Les gazolines servent pour la préparation du gaz d'air.

Par évaporation rapide de l'éther de pétrole au moyen d'un courant d'air, on peut abaisser la température vers — 20°.

L'*essence minérale* est constituée par le mélange des carbures distillants entre 70° et 120° ; on l'utilise pour l'éclairage, dans les lampes à éponges et les lampes à gaz Mill. Elle sert également pour alimenter les moteurs à explosion. Nous donnerons plus loin quelques détails sur chacune de ces applications.

L'*huile lampante*, ou *pétrole* du commerce, est principalement formée des hydrocarbures saturés : nonane, décane et hexadécane ; elle passe à la distillation entre 150° et 280° ; sa densité est voisine de 0,800 ; elle sert pour l'éclairage après avoir subi une épuration chimique.

L'*huile lourde* est formée d'hydrocarbures dont le point d'ébullition est compris entre 300° et 400° ; c'est un liquide visqueux, fluorescent, que l'on emploie au graissage des machines. La densité de l'huile lourde varie entre 0,895 et 0,910.

Les dernières huiles distillées constituent les huiles à paraffines dont on retire ce carbure (voir à Paraffines).

Les huiles lourdes servent à préparer le *gaz d'huile. H. Eisenlohr* a établi que seules les huiles riches en paraffine et exemptes de carbures incomplets donnent de bons résultats. Les huiles de graissage à densité élevée sont impropres à cet usage, à cause de leur teneur en hydrocarbures incomplets.

Les résidus de la distillation du pétrole peuvent remplacer le brai de houille dans la fabrication des briquettes. D'après le Rapport du Congrès international du pétrole 1900, ces briquettes présentent un intérêt pour la marine ; elles résolvent le problème de la fumivorité et laissent moins de cendres que les autres combustibles solides. 100 kgs de ces briquettes ont le pouvoir calorifique de 83 kgs de pétrole brut, 133 kgs de charbon ou 134 kgs d'anthracite. L'économie de poids réalisée est de 23 pour 100 sur le charbon ; de 32 à 35 pour 100 sur l'anthracite ; de 76 pour 100 sur le bois.

Épuration chimique. — Avant d'être livrée au commerce, l'huile d'éclairage est soumise à une épuration chimique, qui consiste en un traitement avec 4 à 10 pour 100 d'acide sulfurique concentré ; puis avec 5 à 10 pour 100 d'une lessive de soude caustique de densité 1,40 ; on termine par un lavage à l'eau.

L'acide sulfurique concentré n'agit pas seulement sur les huiles minérales en éliminant les impuretés (résines, brais, asphaltes) ; mais encore, comme les huiles minérales à point d'ébullition élevé sont composées en majeure partie

de carbures d'hydrogène non saturés, l'acide sulfurique concentré les attaque
et les élimine, ou les polymérise, Engler et Tezioranski, 1895, R. Zaloziecki,
1897.

Après traitement des huiles minérales par l'acide sulfurique, il faut neutraliser. La soude caustique est préférable au bicarbonate de sodium, bien
qu'elle coûte plus cher ; elle saponifie et agit plus énergiquement. Son inconvénient est que la classification des huiles est ensuite difficile. *J. Michler*,
1897, propose de neutraliser avec le silicate de sodium, qui a l'avantage,
par suite d'une mise en liberté de silice, de clarifier l'huile et de faire se
déposer plus rapidement l'émulsion.

Le traitement des pétroles par la chaux au lieu de soude entraîne une
perte, *Stepanow*.

Les lessives acides et alcalines provenant de l'épuration des huiles minérales ont trouvé différents emplois. On les laisse reposer, en les diluant au
besoin, pour faciliter le dépôt des goudrons. La masse goudronneuse peut,
après un long repos, être facilement et presque complètement séparée de
l'acide. Mais le liquide acide n'est jamais complètement exempt des
matières organiques, même après une forte dilution ; néanmoins, leur
proportion est si faible qu'après concentration, l'acide peut être employé
presque toujours directement. On l'utilise, en particulier, pour fabriquer
les sulfates de fer et d'alumine, ainsi que les superphosphates. Pour ce
dernier usage, on peut employer directement les résidus acides, sans séparation des goudrons.

V. Heinrici a proposé de traiter les résidus acides par de la terre d'infu-
soire qui retiendrait les goudrons, ou encore de décomposer l'acide par le
tiers de son poids de coke et de le transformer ainsi en acide sulfureux. Ce
dernier est conduit sur du coke incandescent entre 120° et 165°, il se forme
du soufre qu'on condense et recueille. Il faut rester entre les limites de températures indiquées si on veut que l'acide sulfureux soit entièrement décomposé, sans formation de sulfure de carbone. On peut obtenir ainsi de 11 à
11,5 de soufre pour 100 de liquide traité.

D'après *E. Donath*, les résidus d'acide sulfurique provenant de l'épuration
des huiles minérales ou du goudron de houille, chauffés à 300° avec des
déchets azotés (cuir, corne, laine, etc.), donnent du sulfate d'ammoniaque,
d'après la méthode de Kjeldahl.

La soude de purification se trouve à l'état de créosotate, dans les résidus
de l'épuration.

V. Heinrici propose de traiter le créosotate étendu d'eau par de l'acide
carbonique, jusqu'à ce qu'il se forme dans le liquide des flocons blanchâtres
d'hydrate d'alumine, ce qui indique que tous les phénols ont été séparés de
la soude. La créosote surnage à la surface d'une solution brunâtre qui renferme le carbonate de soude. Cette solution est filtrée, puis on l'évapore à
cristallisation, tout en l'agitant, dans le but d'éviter qu'il ne se forme de
trop gros cristaux. Les cristaux de carbonate de soude doivent être purifiés

par un petit lavage, puis par une seconde cristallisation en les fondant simplement dans leur eau de cristallisation. On obtient ainsi un sel de formule ainsi $CO^3 Na^2, H^2O$.

Avec le créosotate, les lessives de soude qui ont servi à l'épuration des pétroles après traitement par l'acide sulfurique contiennent, à l'état de sels alcalins, tous les *acides du naphte*. Ces acides furent étudiés pour la première fois par *Eycharst* de Bakou ; ils possèdent des propriétés antiseptiques remarquables. *Jacques* et *Sauval* proposèrent d'injecter les bois avec eux, en décomposant leurs savons sodiques dans l'intérieur même du bois ; *Karitochkoff* les transforme d'abord en sel de cuivre. L'injection se fait au moyen d'une solution à 2 pour 100 de sel de cuivre dans la ligroïne, sous une pression de 4 atmosphères. La quantité d'antiseptique nécessaire pour une traverse est de 800 gr., l'opération revient à 0 fr. 50 par traverse.

Voici, à titre d'exemple, le tableau schématique du raffinage du pétrole, des puits de Pechelbron, Alsace, d'après le Directeur P. de Chambrier.

Les résultats finaux sont, en pour cent : Benzine, 4,5. Pétrole, 30. Huile à gaz, 1, 5. Huile de graissage, 42. Paraffine, 2. Coke, 10. Rendus, 10.

Huile brute de pétrole : d = 0,885, par séchage avec distillation partielle, donne :

A. *Benzine brute*, qui, par épuration et distillation, donne à son tour :

    a) Gazoline, d = 0,675.

    b) Benzine, d = 0,700.

    c) Ligroïne, d = 0,725.

    d) Pétrole brut (traité avec *b*').

B. *Huile brute sèche*, qui, par distillation directe, donne à son tour :

    a') Benzine brute (traitée avec A).

    b') Pétrole brut, qui, par deuxième distillation, donne :

        Benzine brute (traitée avec A).

        Pétrole, de d = 0,79—0,80. Pi = 30°.

        Pétrole brillant, de d = 0,80. Pi = 45°.

        Huile lourde. Celle-ci, par distillation, est divisée en : Pétrole de sûreté, de d = 0,83. Pi = 80° ; et huile de graissage pour broches, de d = 0,865.

    c') Huile à gaz.

    d') Huile de graissage brut qui, par distillation, donne :

        Huile lourde (traitée comme plus haut).

        Huiles à vaseline, d = 0,875 ; 0,885 ; 0,895.

        Celles-ci débarrassées de leur paraffine donnent ; des huiles pour broches, d = 0,88 et 0,89, et de l'oléonaphte, d = 0,900.

        Huile à gaz.

        Coke.

    e') Coke.

C. Eau salée.

Ces puits de pétrole ont une profondeur qui varie entre 150 et 350 mètres au-dessous du sol. L'extraction se fait au moyen de pompes qui fournissent en moyenne 50 mètres cubes d'huile lourde par jour.

Les produits obtenus après chaque distillation, subissent une épuration chimique.

* *

Nous verrons successivement les applications des pétroles à l'éclairage, au chauffage, au graissage, aux moteurs ; et les applications variées.

Application des pétroles à l'éclairage. — Les dérivés du pétrole sont employés pour l'éclairage sous forme de gazoline, d'essence, d'huile lampante et d'huile lourde ; chacun de ces produits nécessite des appareils appropriés.

1° *Gazoline*. — La gazoline n'est employée pour l'éclairage que mélangée d'air ; elle constitue alors le *gaz à l'air* ou *gaz aérogène* ou gaz de pétrole. 1 litre de gazoline, dilué dans 1.500 litres d'air, donne un gaz d'une puissance calorifique de 5,070 calories au mètre cube, c'est-à-dire équivalent au gaz d'éclairage. Le pouvoir éclairant du gaz aérogène est faible ; aussi, doit-on le brûler sous forte épaisseur et sous pression élevée. Il convient surtout pour produire l'incandescence dans des becs Auer.

Le système aérogène de *Van Vriesland* qui est assez répandu en Hollande et en Suisse, repose sur l'emploi d'un carburateur mécanique, mû par un minuscule moteur à air chaud, distribuant sous faible pression l'air carburé aux appareils d'utilisation. Les avantages sont : simplicité relative d'installation et de fonctionnement; les inconvénients, prix assez élevé, danger d'explosion, condensation et dépôts dans les canalisations. Pour l'éclairage direct, un litre de gazoline donne 750 litres de gaz. La consommation est de deux litres par bougie.

Parmi les autres appareils employés pour produire le gaz aérogène, nous citerons également le carburateur *Faignot*, le doseur *Guy*, l'appareil *Fischer*. Des installations d'éclairage public système Van Vriesland ont été réalisées à Breukelen (Hollande), à Chaumont en Vexin, Marines, à la gare de Montgeron, Excideuil, Mennecy (France).

2° *Essence de pétrole*. — L'essence de pétrole destinée à l'éclairage a une densité de 0,700 à 0,710 ; son point d'inflammation doit être supérieur à 25°. On l'emploie pour produire l'éclairage direct ou l'incandescence. Dans le premier cas, on utilise des lampes à éponges, dont la lampe *Pigeon* est le type. La mèche pleine, en coton, vient en contact avec une matière poreuse (feutre, éponge, bourre, pierre-ponce, etc.) contenue dans un réservoir et imbibée d'essence. Ces lampes sont de faible intensité, leur consommation est de 6 gr, par bougie-heure. La contenance du réservoir est de 70 à 90 gr, et la durée d'éclairage de quinze heures environ.

On a construit des lampes d'intensité plus grande, comportant une série de mèches formant couronne. La lampe phare est la plus connue.

La lampe Azur et la lampe la Polaire réalisent l'incandescence de manchons Auer avec l'essence.

Ces divers modes d'éclairage nécessitent quelques précautions, par suite même de la grande volatilité des matières employées. Le remplissage notamment est dangereux et doit se faire pendant le jour, loin de toute flamme ou foyer.

3° *Pétrole lampant* ou *pétrole commun*. — Le pétrole du commerce ou huile lampante doit posséder pour l'éclairage une densité comprise entre 0,795 et 0,840 à 15°. Le pétrole d'Amérique est plus léger que le pétrole russe. Le point d'inflammation doit être supérieur à 35° et le produit bien raffiné a son point au-dessus de 40°. Dans ces conditions, l'éclairage au pétrole présente moins de dangers, à condition que l'appareil soit bien construit et que le consommateur soit prudent.

Les déterminations du point-éclair et du point-d'inflammation des pétroles, qui sont si importantes, se font au moyen des appareils *Granier* et *Abel-Pinsky*. On appelle point-éclair la température à laquelle le mélange des vapeurs de pétrole et d'air s'enflamme avec une petite explosion, sans cependant que le liquide sous-jacent s'enflamme.

La température d'inflammation est, en effet, plus élevée que le point-éclair, la différence est de 8 à 10°.

Les pétroles ordinaires rectifiés ont leur point-éclair voisin de 45° (Granier) ou 43° (Abel). Les pétroles dits de luxe (luciline, oriflamme, saxoléine, etc.) ne s'enflamment que vers 55°. Il n'existe pas de relation entre le point d'inflammabilité et la densité.

Au lieu de déterminer le point d'inflammabilité, on peut également mesurer la tension de vapeur au moyen de l'appareil de *Salleron* et *Urbain* qui se compose d'un simple récipient, muni d'un manomètre et d'un thermomètre. On chauffe au bain-marie, la pression lue sur le manomètre est la tension que l'on compare avec un tableau établi au préalable.

L'essai d'une huile lampante comprend, en outre, l'essai photométrique et l'essai chimique.

L'essai photométrique se fait dans une lampe type, permettant de déterminer la consommation et le pouvoir éclairant. Au point de vue chimique, il faut rechercher la présence des produits sulfurés, et aussi la falsification avec l'huile de schiste. La température de l'échauffement sulfurique s'élève, dans ce dernier cas, de 50° environ, au lieu de 5 à 10° dans le cas d'huile normale ; à l'essai sulfurique, la couleur du pétrole ne doit pas brunir, si le raffinage est bon.

Le pouvoir éclairant du pétrole peut augmenter, si l'on ajoute du camphre, de la naphtaline, de la paraffine ou du blanc de baleine. *Baron* (br. fr., 1875) emploie un mélange de 2 p. de paraffine et de 1 p. de blanc de baleine, à raison de un demi gr. du mélange par litre de pétrole. La paraffine a l'inconvénient d'augmenter la rapidité de combustion du pétrole ; le blanc de baleine empêcherait cet inconvénient.

Pour réaliser l'éclairage au pétrole, il faut fournir à ce dernier une quantité d'air suffisant à la combustion des carbures riches. Les nombreux appareils ne diffèrent guère que par la disposition du bec; lorsque l'ascension du liquide se produit par capillarité, au moyen d'une mèche de coton, elle ne peut dépasser 30 centimètres. Les principaux becs sont ou les becs ronds à mèche ronde, ou les becs ronds à mèche plate, ou les becs plats. Parmi les becs ronds, ceux à courant d'air central sont les plus usités. Il existe des becs intensifs à plusieurs mèches, d'autres à flamme renversée, d'autres à disque incandescent.

Les lampes à pétrole ont plusieurs inconvénients. Elles répandent une odeur désagréable lorsqu'on n'emploie pas des pétroles de luxe, et même avec ces derniers lorsque la combustion est bien réglée. Le pétrole suinte aisément à travers le réservoir, la cause en est mal expliquée. Pour empêcher ce suintement, on a proposé d'enduire le récipient d'un mélange à parties égales de gélatine et de glycérine ; une boule de naphtaline contribuerait à diminuer le suintement.

Pour arriver à désodoriser le pétrole, *J. Bragg* (br. États-Unis, 1898) l'émulsionne au moyen d'un savon métallique, puis traite successivement par de l'acide sulfurique qui décompose le savon, par la vapeur d'eau qui entraîne les produits odorants, par de la soude, par une dissolution de chlorure décolorant, et termine par un lavage à l'eau.

Le grand pouvoir calorifique du pétrole qui est de 10.000 à 15.000 calories par kg. et son point d'inflammation relativement élevé (40° à 50°), ont fait songer à l'utiliser pour produire l'incandescence d'un manchon Auer.

Le pétrole lampant étant un mélange d'hydrocarbures, sa vaporisation est en quelque sorte une distillation ; le mélange d'air et de vapeur n'est pas aussi riche à la fin qu'au début, et il en résulte des variations dans l'intensité de l'éclairage.

L'incandescence par le pétrole a été étudiée surtout aux États-Unis et en Russie ; on est arrivé à d'excellents résultats. L'éclairage direct par le pétrole donne la carcel-heure avec une consommation de 30 à 32 grammes, tandis que l'incandescence donne la même intensité avec 4 à 6 grammes d'huile lampante. Le rendement lumineux est donc 6 à 7 fois plus grand, tout en développant environ moitié moins de chaleur. Citons dans cette voie la lampe Petreano qui fonctionne aussi bien avec l'alcool qu'avec le pétrole et dont l'allumage peut se faire avec une simple allumette.

Entretien des lampes à pétrole. — Cet entretien nécessite quelques précautions qu'il ne faut jamais négliger. Le réservoir doit toujours être rempli loin de tout corps incandescent, jamais lorsque la lampe fonctionne, et il doit être rempli complètement, car il faut éviter qu'il puisse s'emmagasiner au-dessus du liquide des vapeurs susceptibles de s'enflammer ou même faire explosion, s'il y a présence d'air. A cet égard, les systèmes qui comportent une toile métallique donnent toujours une plus grande sécurité. La lampe, une fois allumée, on n'élèvera la mèche que progressivement. Le réservoir sera vidé de temps à autre. En effet, les huiles de pétroles sont des mélanges d'hydrocarbures; il s'ensuit que les moins denses s'élèvent les premiers et que les plus denses s'accumulent au fond du réservoir. Pour éteindre la flamme, on doit toujours commencer par la baisser, puis souffler dessus, car il peut arriver qu'en baissant brusquement la mèche encore allumée, on mette le feu aux vapeurs qui se trouvent au-dessus du liquide. Enfin, dans le nettoyage des lampes, il faut éviter de laisser tomber des débris de la mèche dans les prises d'air pour qu'elles ne s'obstruent pas, ce qui donnerait une flamme inégale et fumeuse.

4° *Huiles lourdes.* — On les utilise, après une épuration grossière, pour l'éclairage intensif économique. Elles sont brûlées dans des lampes appropriées, dont les plus connues sont celles de *Wells* et de *Seigle.* Le principe consiste à réduire le liquide en vapeur avant de le brûler et à utiliser la chaleur de la flamme pour produire cette gazéification. L'ascension est réalisée au moyen d'air comprimé.

L'éclairage aux huiles lourdes convient surtout pour l'éclairage d'installations provisoires en plein vent, comme chantiers, expositions, fêtes, etc.

Les deux lampes ci-dessus donnent une consommation horaire de 5,5 kg. pour une densité de 100 carcels.

Application des pétroles au chauffage. — Le pouvoir calorifique élevé du pétrole fait de lui un combustible précieux, plus avantageux que la houille pour l'obtention de hautes températures. Le chauffage industriel au pétrole est surtout répandu en Russie; on utilise à cet effet le résidu de la distillation des huiles brutes ou *mazout.* Ce mode de chauffage épargne beaucoup de travail aux chauffeurs, et les tôles des chaudières se détériorent moins que par l'emploi de la houille. La consommation de mazout en Russie s'élève à 8 millions de tonnes environ, absorbés presque uniquement par les chemins de fer et les bateaux.

Aux États-Unis, le chauffage au pétrole est utilisé d'abord naturellement dans le raffinage du pétrole et ensuite pour les générateurs de vapeur. Il sert aussi en métallurgie pour les fours Martin-Siemens, les fours à réchauffer, les fours à puddler, etc., ainsi que pour la cuisson de la chaux, des briques, de la porcelaine, etc. En Pensylvanie, dans l'Ohio, l'Illinois et l'Indiana, le pétrole brut de Lima fait une concurrence souvent victorieuse au charbon de terre, bien que ce dernier soit d'un prix très minime dans ces États.

En France, le chauffage industriel au pétrole n'est pas pratique en raison des droits de douanes élevés qui pèsent sur cette matière. Cependant, la marine militaire a étudié l'application aux chaudières des torpilleurs.

Les poêles à pétroles peuvent se diviser en deux classes, suivant qu'ils utilisent du naphte ou du kérosène. Les premiers sont dangereux.

Le mazout est une huile lourde, très visqueuse, à point d'inflammation très élevé; sa manipulation et son emmagasinement sont donc presque sans danger. Le pouvoir calorifique du mazout est de 9.000 à 10.500 calories. Sa composition centésimale moyenne est C = 87 pour 100, H = 13 pour 100.

Le chauffage au pétrole est réalisé dans des foyers spéciaux dans lesquels l'huile lourde est injectée au moyen de pulvérisateurs qu'on peut diviser en trois classes :

1º La pulvérisation s'obtient par le chauffage du combustible. Ces appareils sont simples, mais s'encrassent rapidement, car il est difficile d'éliminer les dépôts solides et liquides.

2º La pulvérisation se fait par la vapeur ou l'air sous pression. C'est le procédé employé dans le pulvérisateur *Holden* qui fonctionne sur les locomotives du Great-Eastern. L'air est injecté par le centre; la vapeur et le pétrole forment des jets annulaires concentriques. Le pulvérisateur Delaunay-Belleville est fondé sur le même principe, mais le jet de pétrole est au centre. Le pulvérisateur Guyot se distingue du précédent par une aiguille disposée de telle façon qu'on puisse à tout moment déboucher l'orifice central sans démonter l'appareil ; ce dernier appareil est construit spécialement pour fonctionner avec de l'air sous pression. A bord des navires, ces pulvérisateurs ont l'inconvénient de consommer de l'eau douce. La dépense est de 3 à 8 pour 100 de la production totale de la chaudière. L'emploi de l'air comprimé, seul, est plus avantageux. C'est le cas du foyer *Kermode* et du carburo-brûleur *Robert* (br. fr., 339,442, 1904). Ce dernier peut utiliser tous les combustibles liquides.

3º La pulvérisation peut encore s'obtenir par le refoulement direct du pétrole préalablement chauffé. Ce procédé, très employé en Russie, est le plus économique, il n'exige comme dépense que la pompe à refouler, et il faut toujours une pompe d'alimentation, quel que soit le système.

Dans le chauffage mixte, le charbon incandescent suffit à maintenir la régularité de la flamme du pétrole. Avec une consommation de 45 kg. de charbon et 52 kg. de mazout par heure et par m² de surface de grille, les expériences de pulvérisation, faites dans les ateliers Delaunay-Belleville, ont donné une production de 13 kg. d'eau par kg. de combustible. La production de la vapeur par le meilleur mazout, semble ne pas devoir dépasser 14,6 kg.

Le chauffage au pétrole a été appliqué également au chauffage domestique. Les poêles à pétrole peuvent se diviser en poêles à naphte, qui sont d'un emploi dangereux, et en poêles à kérosène ou pétrole ordinaire, très perfectionnés et très utiles.

Les calorifères au pétrole sont dépourvus d'odeur et peuvent rendre les mêmes services que les poêles mobiles.

Il existe également un grand nombre de systèmes de fourneaux à pétrole pour la cuisine. Les uns utilisent l'essence de pétrole qui est placée dans un réservoir en charge, communiquant par un tuyau avec le fourneau proprement dit. Ils sont dangereux et, de plus, moins économiques que ceux qui utilisent le pétrole ordinaire. Ceux-ci réalisent l'utilisation de l'huile lampante, soit au moyen de mèches (systèmes Besnard, Boisson, Roberts, Rochester, Ristelhueber, Legrand, etc.), soit directement, après transformation en vapeurs et addition d'air ; ces derniers produisent une flamme bleue très chaude.

Nous signalerons encore les applications du chauffage du pétrole dans les laboratoires ne possédant pas le gaz, où il permet l'obtention de températures aussi élevées : four à moufle de *Wiesnegg*, chalumeau des frères Agnellet, éolipyle Debray, lampe forge de H. Ste-Claire Deville, lampe du Dr Urech, brûleur intensif Robert (br. fr., 1904) qui permet d'obtenir la fusion du platine. Nous mentionnerons également la lampe à souder Longuemarre, connue sous le nom l'*inexplosible*.

Solidification du pétrole.

— Dans le but de diminuer les dangers d'explosion et d'inflammation du pétrole et de faciliter son transport, on a proposé un grand nombre de procédés pour le solidifier. Le pétrole solide a été proposé comme combustible plus pratique pour le chauffage des générateurs de vapeur ; son pouvoir calorifique est de deux à trois fois plus élevé que celui de la houille, et il laisse moins de résidus que la houille. Mais nous devons déclarer que nos sentiments personnels sont tout à fait opposés à l'idée de solidifier le pétrole. Nous ne pensons pas qu'elle ait quelque avenir, sauf pour des applications extrêmement restreintes et spéciales. Nous donnerons cependant ici l'exposé de plusieurs des procédés proposés pour obtenir la transformation des pétroles liquides en produits solides.

L'idée de solidifier le pétrole semble due à *Jordery*, 1873, qui avait remarqué que l'huile de pétrole s'émulsionne aisément avec la saponaire ; on obtient un mucilage épais qui redevient limpide après addition de quelques gouttes d'acide phénique.

La plupart des procédés actuels reposent sur l'addition d'un savon ou d'une lessive alcaline.

A. Luedeke, 1895, mélange 6 kg. d'acide gras de suint avec 90 kg. d'huile minérale, chauffe vers 150° et incorpore ensuite 0,900 kg. de lessive de potasse caustique à 40° Bé tout en agitant.

J. de Montlery (br. fr., 1897) emploie : lessive de soude 120 parties, essence de térébenthine 2, résine 68, suif 10, pétrole 9.0. Après avoir fait cuire la masse pendant une heure, on peut y ajouter du brai, du poussier, etc., et fabriquer des briquettes combustibles.

Berutrop et Van Ledden Hulsebach (br. fr., 1898) emploient : résine 45 p., chaux 60 p., eau 30 p., houille 625 p. pour 270 p. de pétrole.

Hoffmann (br. fr., 1899) emploie : pétrole 91, savon 7, stéarine, 2.

Voici encore quelques formules de savon de pétrole : pétrole 60 p., cire 20 p., suif 20 p., lessive de soude à 30° Bé 80 p., eau 50 p. On opère comme pour un savon ordinaire. Ou : pétrole lampant 25 p., acide oléique 50 p., lessive de soude 15 p., lessive de potasse 15 p. Ou, procédé de fabrique Rudnitzky, H. L. Miller de Saint-Pétersbourg : eau 5 p., ammoniaque 0,8 p., acide stéarique 65 p., pétrole 30 p. Ou (br. fr., 354-884) saponine 1, ammoniaque à 2 p. d'eau 10, pétrole 200.

La solidification du pétrole semble un non-sens au point du chauffage ; le combustible liquide est, en effet, d'un maniement idéal, un simple robinet à pointeau suffit pour doser la quantité d'air. Les inconvénients de la grille, l'ouverture des portes, etc., sont supprimés.

Application des pétroles au graissage. — Les huiles minérales, étant neutres, sont des lubrifiants bien supérieurs aux huiles animales ou végétales. Elles n'attaquent pas les métaux et ne donnent pas lieu à la formation de cambouis durs. Leur emploi en France semble ne dater que de 1878, où l'Exposition internationale de Paris les fit connaître.

Les huiles de provenance russe sont représentées par quatre qualités : l'oléonaphte 00, de densité 0,910, employée pour le graissage des cylindres et tiroirs de machines à vapeur ; l'oléonaphte 1, plus claire, de densité 0,905 à 0,907, employée pour le graissage des transmissions et pour les mélanges avec d'autres huiles végétales ou animales ; l'oléonaphte 2, de couleur orange clair, de densité 0,896, employée pour métiers de tissage, broches de filatures, etc. Ces trois premières qualités sont exemptes de goudron, grâce à une épuration soignée. Enfin, l'huile O, qui n'a pas subi d'épuration, sert pour les moteurs des ateliers de chemin de fer.

Le résidu de la distillation du pétrole, ou mazout de couleur noire, est employé pour le graissage du matériel roulant des chemins de fer. Pour cet usage, on lui adjoint généralement une certaine quantité d'huile de colza ou d'huile de résine.

Les huiles américaines présentent sensiblement les mêmes qualités d'huiles ; elles sont surtout appréciées pour le graissage des cylindres, grâce à leur point d'inflammation élevé et à leur grande viscosité.

Essais. — Les huiles de graissage ou lubrifiants forment l'objet de divers examens, dans le but de déterminer leurs propriétés physiques, leurs propriétés chimiques et leur valeur pour le but spécial du graissage. Nous résumerons cet examen d'après l'ouvrage émérite de L. Archbutt et R. M. Deeley (traduction de M. l'Ingénieur G. Richard).

L'une des propriétés physiques les plus importantes des lubrifiants, c'est la viscosité. Diverses méthodes pour la déterminer sont basées sur la vitesse de l'écoulement au travers d'un tube capillaire, dans les conditions données de température et de pression. On compare avec un liquide étalon. Les viscosimètres les plus employés sont ceux de Redwood, en Angleterre, d'Engler et Kunkler, en Europe, et de Saybolt, aux États-Unis. Le viscosimètre en verre de Coleman et Archbutt, est l'un des plus simples pour la pratique.

La densité des huiles, peu importante au point de vue du graissage, est un caractère cependant qui permet de les identifier et d'en apprécier leur pureté. Cette détermination s'effectue avec le picnomètre, la balance densimétrique, ou l'hydromètre ; pour les températures élevées, le tube de Sprengel est préféré.

La détermination de la température d'inflammation comprend les deux mesures : 1° *du point-éclair* ; 2° du point d'inflammation proprement dit, comme nous l'avons vu pour les huiles lampantes.

Le point-éclair ne devrait jamais être inférieur à 175°, surtout dans les filatures où les dangers d'incendie sont nombreux. Ces déterminations se font avec les appareils *Pentsky-Martens, Luchaire*, etc.

La détermination de la volatilité est nécessaire dans le cas d'huiles à cylindre ; ces huiles placées à l'étuve à 100°, pendant 10 heures, ne doivent pas perdre de leur poids. D'après *Hurst*, cette perte ne doit pas dépasser 0,25 à 0,5 pour 100 en 24 heures. L'appareil d'*Archbutt* permet de faire cet essai à la température que subira l'huile dans le cylindre et en présence d'un courant d'air.

La détermination du point de solidification est très importante au point de vue de l'utilisation pratique, en temps froid. L'essai s'effectue simplement dans un mélange réfrigérant. S'il y a de la paraffine, elle cristallise.

Essai chimique. — D'abord on mesure l'acidité. Il ne faut jamais tolérer la moindre trace d'acide minéral dans une huile raffinée. Une faible trace d'acide gras dans les huiles fixes ou les graisses n'est pas nuisible; la proportion d'acide gras ne doit jamais dépasser 4 pour 100. L'essai chimique comporte enfin la recherche de la paraffine, de l'huile de résine et des huiles saponifiables.

Les huiles minérales sont transformées en *graisses consistantes* par l'addition de savon aluminique à la graisse de suint.

Application des pétroles aux moteurs. — Les vapeurs des pétroles, des essences ou des huiles lampantes forment avec l'air des mélanges explosifs qui sont employés pour l'alimentation de moteurs à gaz tonnants Au début, c'est la gazoline, densité 0,625 à 0,660, et l'essence légère, densité 0,660 à 0,670, qui servirent surtout. Aujourd'hui, on utilise également des huiles lampantes et même l'huile de schiste d = 0,850 à 0,900.

Les moteurs à pétrole se sont répandus en France, surtout à partir de 1893, époque à laquelle les droits de douanes, subis par les pétroles du Caucase, furent considérablement réduits. Les applications du moteur à pétrole sont nombreuses pour les usages industriels ou domestiques, mais c'est surtout pour la traction des voitures automobiles et la propulsion des bateaux de plaisance qu'ils sont employés. Pour les moteurs industriels, l'huile lampante est seule utilisée ; pour l'automobilisme, c'est l'essence.

En dehors des organes moteurs proprement dits, les machines à pétrole comportent un *carburateur* destiné à produire le mélange tonnant.

Quel que soit le mode de carburation, le but est d'obtenir un mélange d'air et d'hydrocarbure présentant le maximum d'explosibilité. Avec la gazoline, le résultat est atteint par un mélange de 8,34 litres d'air pour 1 litre de gazoline.

La gazoline, qui est un produit à peu près défini, est facile à entraîner au moyen d'un courant d'air. L'air aspiré par le moteur passe au travers de mèches ou de feutre plongeant dans la gazoline, maintenue à une température sensiblement constante par une dérivation de l'eau de refroidissement du moteur ou des gaz brûlés du cylindre. Les huiles lampantes, au contraire, formées de carbures ayant des points d'ébullition différents, ne donneraient pas ainsi une carburation régulière. Les parties volatiles seraient d'abord entraînées ; le liquide carburateur devenant de moins en moins volatil, il en résulterait un mélange tonnant de plus en plus pauvre, c'est-à-dire une marche très irrégulière. On remédie à cet inconvénient en diminuant l'épaisseur du liquide, en augmentant sa surface et en l'agitant.

Un procédé qui donne de bons résultats, principalement au point de vue des encrassements, consiste, en principe, à pulvériser, à chaque course motrice, la goutte de pétrole sous un jet d'air comprimé, puis à volatiliser les gouttelettes de pétrole, dans un réchauffeur ou volatilisateur, chauffé par les gaz d'échappement, la chaleur même de l'explosion ou par une flamme extérieure.

Les moteurs à pétrole sont généralement à quatre temps. On peut les diviser en trois groupes. Dans les premiers, le mélange tonnant est à la pression ordinaire au moment de l'explosion ; dans les seconds, il est comprimé préalablement ; dans les moteurs du troisième groupe, au lieu de déterminer l'explosion brusque du mélange gazeux, on cherche à en provoquer la combustion graduelle, de façon à avoir une pression constante. Les moteurs de la seconde catégorie sont les plus nombreux.

Le moteur Diesel appartient au second groupe. Il est alimenté avec du pétrole lourd, $d = 0,850$ à $0,900$. Sa consommation est de 250 gr. par cheval effectif.

Les locomotives à gazoline ou à pétrole lampant commencent à se répandre en Angleterre et en Allemagne. Elles se recommandent dans tous les cas où il s'agit de remorquer de faibles charges et d'une façon discontinue : par exemple dans les exploitations de carrières, de forêts et dans les manœuvres de gare des chemins de fer à voie étroite. La locomotive de la Cⁱᵉ Volseley, pour voie de 0,85 m., est de ce genre ; sa puissance est de 20 chevaux, son poids total en charge est de 2,5 tonnes. Les locomotives de la Mandsley Motor Cy sont plus puissantes, elles atteignent jusqu'à 200 chevaux.

Le grand développement qu'a pris dans ces dernières années l'industrie des voitures automobiles est dû, en grande partie, à la mise au point des moteurs à pétrole présentant les qualités requises pour cette application.

Les premières voitures à pétrole faites avec le moteur Daimler datent de 1890 ; elles n'avaient qu'une puissance de 2 chevaux. Aujourd'hui, on fabrique des voitures automobiles dont la puissance dépasse 80 chevaux. Les moteurs utilisés sont à quatre temps et à compression ; ils sont alimentés avec de l'essence pesant de 650 à 710 gr. par litre ; ils possèdent un ou plusieurs cylindres. Les carburateurs sont à distillation ou à pulvérisation.

L'allumage est produit, soit par une étincelle électrique, soit par une tige de platine chauffée au rouge. L'étincelle s'obtient au moyen d'accumulateurs et d'une bobine d'induction, ou par le moyen d'une petite machine magnéto-électrique, mise en mouvement par le moteur.

Applications variées des pétroles. — Le pétrole a reçu un grand nombre d'applications de détails, parmi lesquelles nous citerons : l'emploi des huiles lourdes pour le filage en mer, pour abattre la poussière des routes, comme désincrustant. Le pétrole a été proposé dans l'assouplissage des tissus de soie, *Corron* et *Vignet* (br. fr., nouv. série XX).

Il entre dans la préparation d'encaustiques pour meubles et marbres. Pour nettoyer les objets vernis, Walowski (br. fr., 1895) emploie un mélange de 2 p. huile minérale, 2 p. alcool, 2 p. terre de pipe, 4 p. eau.

En thérapeutique, le pétrole a été proposé comme parasiticide, *Decaisne*, 1865. A l'intérieur, on l'a préconisé comme antispasmodique et vermifuge : huile de Gabian.

Le pétrole léger sert pour le nettoyage des chevelures. Des accidents assez nombreux se sont produits ; il faut donc que cette utilisation soit faite avec les plus grandes précautions.

Par suite de son coefficient élevé de dilatation et de la proportionnalité de cette constante à la température, le pétrole est le liquide employé dans un certain nombre de régulateurs de température.

Le programme du Congrès international du pétrole à l'Exposition de Liège de 1905 donne une idée complète des nombreuses questions qui se rattachent à cette industrie.

GAZ D'ÉCLAIRAGE

Historique. — L'idée de chauffer en vase clos les combustibles solides, et d'utiliser les gaz de leur distillation au chauffage et à l'éclairage, semble revenir à l'ingénieur français Lebon.

Philippe Lebon, dit *d'Hinhersin* pour le distinguer de son frère, était né à Brachay près de Joinville, le 29 mai 1767. Il entra à l'École des Ponts et Chaussées en 1787 avec le numéro 10 et en sortit avec le numéro 1 et le titre de major. Après quelques travaux remarquables sur la machine à vapeur, il fut amené à étudier l'utilisation au chauffage et à l'éclairage du gaz fourni par la distillation du bois en vase clos.

C'est vers 1791 que Philippe Lebon reçut cette inspiration, alors qu'il étudiait les propriétés de la fumée, chez son père à Brachay. Il remarqua que la sciure de bois chauffée dans un tube de verre dégageait de la fumée susceptible de s'enflammer à l'approche d'une bougie allumée. Lebon reprit cette expérience, recueillit le gaz sur l'eau pour le débarrasser des produits goudronneux et obtint un gaz brûlant avec une flamme éclairante.

C'était le premier gaz d'éclairage. Le 28 sept. 1799, il prit un brevet pour de nouveaux moyens d'employer les combustibles plus utilement, soit pour la chaleur, soit pour la lumière, et d'en recueillir les différents produits. L'appareil que Lebon appela *thermolampe* fonctionnait avec du bois ; cependant, dans son brevet, il indique les matières grasses et la houille comme propres à le remplacer. En 1801, il prit un nouveau brevet qui est un véritable mémoire scientifique plein de faits et d'idées.

Le 30 novembre 1799, Lebon proposa au gouvernement de construire un appareil pour le chauffage et l'éclairage publics, mais sa proposition fut refusée. Il loua alors l'hôtel Seignelay, rue Saint-Dominique, et y établit un atelier et des appareils de démonstration. Le public s'y rendit en foule. L'an XI, la forêt de pins à Rouvray, près du Havre, fut concédée à Lebon, à la condition de fabriquer cinq quintaux de goudrons par jour pour la marine. L'usine fut visitée à deux reprises par les princes russes Galitzin et Dolgorowki. Ces derniers lui offrirent de transporter son industrie en Russie, en lui offrant une fortune, mais Lebon refusa. Au moment où le succès allait enfin couronner ses efforts, il mourut d'une façon tragique : Étant venu à Paris pour assister, avec le corps des Ingénieurs des Ponts et Chaussées, au sacre de Napoléon Ier, il fut assassiné le soir même du 2 décembre 1804, aux Champs-Élysées.

Mme Lebon continua l'œuvre de son mari avec une rare énergie, mais sans grand succès. En 1811, la Société d'Encouragement pour l'Industrie Nationale lui décernait un prix de 1 200 fr. en mémoire des travaux de son mari ; et le 4 septembre 1811, le ministre de l'Intérieur, Montalivet, lui accordait une pension viagère de 1.200 fr.

En Angleterre, l'emploi du gaz d'éclairage se répandit plus rapidement. Dès 1792, l'ingénieur *William Murdoch* aurait eu l'idée de distiller la houille au lieu du bois. En 1797, il éclairait sa propriété de Old Gunnoch, puis l'année suivante, les usines de Watt à Soho, près de Birmingham. Samuel Cleeg, ingénieur de la maison Watt, se consacra à la question. C'est à lui qu'on doit le mode d'épuration à la chaux, 1808, et le compteur à gaz, 1815. Mais l'homme qui fit le plus pour répandre le nouveau mode d'éclairage et pour le faire adopter par le grand public, est un Allemand, nommé *Winsor*. Il avait, dès 1801, traduit en allemand et en anglais le mémoire de Lebon, en même temps qu'il tentait, sans succès, de vulgariser l'emploi du thermolampe en Allemagne. Il passa alors en Angleterre, fit connaissance de Murdoch et fonda en 1804 une compagnie au capital de 1.250.000 fr. *pour la lumière et la chaleur.* Après bien des démarches, la charte royale fut accordée, 1810, et le capital de la *Chartered Company Gas* porté à 5 millions de francs. Dès lors, l'industrie du gaz d'éclairage était lancée.

En France, la vulgarisation du gaz de houille marcha lentement. Le premier essai dans cette voie semble dû à un industriel belge : Ryss-Poncelet, qui éclaira vers 1811 le passage Montesquieu. Les fours de production, situés dans les caves, répandaient des odeurs dangereuses ; et sur le rapport de d'Arcet, la police fit enlever ces appareils. Ryss-Poncelet, ruiné, ne put reprendre ces essais ; et ce ne fut que le 1er décembre 1815 que Winsor put obtenir son brevet d'importation en France. La police supprima bientôt l'autorisation et la compagnie Winsor dut se mettre en liquidation. Cependant le 1er janvier 1819, grâce à l'intervention du Préfet de la Seine De Chabrol, 4 lanternes à gaz éclairèrent la place du Carrousel. En 1820, la première usine à gaz était fondée à Paris, sous la direction de Pauwels, dans le but d'éclairer le palais du Luxembourg et le théâtre de l'Odéon. Cinq ans plus tard, plusieurs compagnies se partageaient l'éclairage de Paris. En 1855, elles fusionnèrent en une seule : la *Compagnie parisienne d'éclairage et de chauffage par le gaz*. Cette dernière Compagnie possède actuellement onze usines pouvant produire 1.500.000 mètres cubes de gaz par jour. La consommation annuelle de Paris qui était en 1855 de 40.774.000 mètres cubes s'est accrue rapidement. En 1900, la consommation journalière a atteint 1 million de mètres cubes. La consommation de Paris est égale à celle du reste de la France. Le monopole de la Compagnie parisienne du gaz est expiré en 1906. La question de l'exploitation en régie par la ville n'est pas encore réglée définitivement. Le prix du gaz est actuellement de 20 centimes le mètre cube pour l'emploi domestique et de 15 centimes pour la force motrice.

En Angleterre, la consommation totale est presque quintuple de celle de la France ; Londres, seule, brûle plus de gaz que la France entière. A Londres, le prix du gaz varie, suivant qu'il s'agit de l'une ou l'autre des trois compagnies qui se partagent l'éclairage de la ville, de 0 fr. 1676 à 0 fr. 1565 le mètre cube. Ces chiffres représentent le tarif maximum, mais le prix du mètre cube est souvent descendu à 12, 10 et même 8 centimes.

A Bruxelles, le gaz est exploité en régie depuis 1875 ; le mètre cube coûte de 10 à 15 centimes, suivant l'usage qu'on en fait. Le bénéfice réalisé par la ville a été de 1.300.000 fr. en 1891 ; et de 1.762.000 fr. en 1898. A Liège, la compagnie exploitante possède un monopole, mais le prix du gaz est fixé par la ville. Manchester, Glasgow, Birmingham exploitent en régie. Les prix varient de 8 à 15 centimes le mètre cube. En Suisse, l'exploitation en régie est la règle pour les villes importantes, il en est de même pour Vienne, Dresde, Leipzig, Cologne ; à Berlin, le régime est mixte, mais le réseau municipal n'alimente que les services publics. Les prix varient peu de l'Allemagne à l'Autriche et à la Suisse ; ils restent voisins de 20 centimes pour l'éclairage et 15 centimes pour la force motrice.

Fabrication du gaz d'éclairage. — Le gaz d'éclairage se fabrique par distillation de la houille grasse, du cannel-coal, du boghead, que l'on remplace quelquefois par la tourbe, la résine, les huiles minérales, etc.

Les produits de la distillation de la houille sont : 1° le gaz d'éclairage ; 2° l'eau ammoniacale (V. t. I, p. 587); 3° le goudron ; 4° le coke (V. t. I, p. 681).

Nous ne parlerons donc ici que du gaz d'éclairage et du goudron résiduaire.

· La fabrication du gaz d'éclairage comprend trois phases : la distillation de la houille, 2° l'épuration physique, 3° l'épuration chimique. Nous dirons également quelques mots sur les extractéurs, le gaz de boghead et l'essai du gaz d'éclairage.

Distillation. — Les houilles à longue flamme sont les plus avantageuses pour la fabrication du gaz d'éclairage ; on admet en général qu'une houille qui renferme moins de 28 à 30 pour 100 de matières volatiles est impropre pour cet usage. L'intensité du chauffage et sa durée peuvent modifier la nature et la quantité des produits distillés. *Wright* a obtenu avec la même quantité de charbon, des volumes de gaz allant de 8,25 m³ à 12 m³ en faisant varier la température. La composition centésimale des gaz était différente dans chacun des cas.

La *distillation* s'effectue dans des cornues horizontales, autrefois en fonte, maintenant en terre réfractaire [1]. Ces cornues sont disposées par batteries de 5, 7 ou 9 dans des fours chauffés par un foyer ou par des gaz de gazogène.

Dans le four de *Hasse-Didier*, très employé en Allemagne, les cornues sont inclinées et le chargement se fait au moyen d'un entonnoir mobile. En général, la distillation doit être menée rapidement et à haute température. On facilite ainsi la formation des hydrocarbures gazeux fixes et peu condensables, mais il faut éviter qu'ensuite ces hydrocarbures ne soient décomposés par l'excès de température. Il faut rester entre 800° et 1.300°. La quantité de combustible introduite dans la cornue, dans une seule opération, varie de 110 à 150 kg. La durée de la distillation est, en général, de 4 heures ; c'est dans les deux premières heures que la quantité de gaz produit est la plus grande.

100 kg. de houille donnent par la distillation : 15,80 kilogs ou 30 mètres cubes de gaz ; 5,1 kilogs de goudron ; 6,8 kilogs d'eau ammoniacale ; 65,5 kilogs de coke ; 7,5 kilogs de poussier de coke.

La fabrication du gaz d'éclairage est, jusqu'à un certain point, défectueuse, si l'on songe que les 15 à 18 kilogs de gaz produits renferment 8 à 10 kilogs de carbone seulement, alors que les 100 kilogs de houille grasse contenaient 85 kilogs de carbone total.

Le professeur *Lewes* a montré comment on pourrait améliorer le rendement de la distillation des houilles grasses, en évitant que les hydrocarbures, qui se dégagent tout d'abord, ne soient décomposés sous l'action de la chaleur

---

1. A l'usine de Clichy (de la Cⁱᵉ parisienne), visitée le 29 juillet 1884, les cornues (3 m.) sont chargées de 140 kg. de houille répartis sur toute la longueur ; il y a 15 batteries de 12 couples accouplés 2 à 2 (à 8 cornues chaque). ce qui fait 1440 cornues. Chaque cornue reçoit 6 charges. Leur total doit être de 12.000. Chaque batterie produit 80.000 mc. par jour, 4 seulement marchent l'été ; l'hiver, la production double et même triple.

A l'usine de la Villette, visitée le 9 mai 1889, il y a 2048 cornues réparties en 16 groupes et chauffées soit au charbon, soit avec de l'huile lourde.

venant des parois supérieures de la cornue. Pour empêcher cette décomposition, il faut accélérer la vitesse d'échappement des gaz et entraîner rapidement les hydrocarbures hors de la cornue. Dans ce but, *Lewes* a recours au gaz à l'eau, produit de préférence par un générateur du type Dellwik-Fleischer. Ce gaz, formé à peu près exclusivement d'hydrogène et d'oxyde de carbone, a lui-même le grand avantage de ne pouvoir être décomposé par la chaleur intense ; et le pouvoir éclairant qui lui manque lui est communiqué par les hydrocarbures de la houille. Le gaz à l'eau est injecté dans la cornue, au moyen d'une conduite qui pénètre dans la colonne montante elle-même et vient s'appliquer contre la voûte de la cornue, de manière à ne pas gêner l'opération du chargement du charbon ou de l'extraction du coke. A une certaine distance de la tête de cornue, cette conduite est munie d'ouvertures latérales espacées d'environ 15 centimètres et son extrémité reste ouverte. La proportion de gaz à l'eau envoyé dans la cornue est, généralement, de 25 à 30 pour 100 du gaz fabriqué ; mais elle peut aller, dans certains cas avec du charbon riche en *cannels-coals*, jusqu'à 50 pour 100. Avec le secours du gaz à l'eau Dellwik-Fleischer, on peut obtenir de 370 à 400 mètres cubes de gaz par tonne de charbon. L'intensité du gaz est augmentée d'une bougie ; l'augmentation de la dépense n'est que de un centime par mètre cube.

Des essais sur ce sujet ont été publiés par Albrecht et Schirk Bayer (*J. für Gasbeleuchtung*, 1904, traduit dans le *Moniteur scientifique*, 1905).

A Lyon, on tente la préparation industrielle d'un nouveau gaz d'éclairage, d'après la réaction du Prof. P. Sabatier. On part du gaz à l'eau qu'on transforme en méthane par passage sur du nickel poreux qui agit comme catalytique.

Épuration physique du gaz de houille. — Au sortir des cornues, tous les produits de la distillation se rendent dans un cylindre, appelé barillet, qui court le long des fours et est à moitié rempli d'eau. A la sortie du barillet, le gaz se rend dans une série de tubes en U qui viennent aboutir sur une caisse où la condensation de l'eau ammoniacale et des goudrons se produit en partie. L'épuration physique s'achève au moyen de différents appareils, dont les plus employés sont : l'épurateur *Pelouze* et *Audouin*, les scrubbers du genre *Chevalet* (de Troyes) et le laveur dit *Standard-Kirkham*.

L'épurateur *Pelouze* et *Audouin*, ou épurateur à choc, est le plus ancien en date ; il est fondé sur le fait suivant : Lorsqu'un courant gazeux, animé d'une certaine vitesse et contenant en suspension des particules liquides, vient frapper contre un obstacle, le gaz est dévié de sa direction, tandis que les particules liquides restent collées sur l'obstacle, s'y réunissent sous forme de gouttes et ruissellent jusqu'en bas. L'appareil se compose d'une cloche dont les parois latérales sont formées de quatre plaques de tôle perforées, concentriques et disposées en deux couples. Les épurateurs Pelouze et Audouin doivent fonctionner à une température supérieure à 10°. Sous l'action prolongée du froid, il se produirait sur la cloche des dépôts de naphtaline qui obligeraient à de fréquents nettoyages de l'appareil.

. Le *scrubber rationnel* de *Chevalet* se compose d'une série de cuvettes, en fonte ou en poterie, placées à l'intérieur d'anneaux en fonte. Ces cuvettes sont percées d'un grand nombre de trous munis de rebords ou cheminées. On les superpose pour former un scrubber dont l'efficacité dépend du nombre de ces anneaux. La construction de ces appareils est suffisamment soignée pour tenir le vide, détail important quand on se sert d'extracteurs. Entre chaque cuvette, on dispose des matières poreuses, telles que pierres ponces ou copeaux de bois dur. L'eau de lavage entre par l'anneau supérieur, remplit successivement les cuvettes et mouille la matière de lavage par capillarité. Le lavage peut être continu ou intermittent.

En faisant couler par un des anneaux intermédiaires, celui du milieu, par exemple, de l'eau ammoniacale des barillets, on peut obtenir deux lavages dans le même appareil : le premier à l'eau ammoniacale ou dégrossisseur, et le second à l'eau pure, ou finisseur. Cet appareil, très employé, permet de retenir toute l'ammoniaque et donne du premier coup des solutions pesant 9° Bé.

Laveurs Standard. —'Lorsque la production d'une usine excède 3.000 mètres cubes par jour, le lavage complet du gaz de houille exige un grand nombre de scrubbers, tandis qu'un seul laveur Standard peut répondre aux besoins. L'appareil se compose d'une série de compartiments en fonte, variant en nombre et en grandeur, suivant la puissance de l'appareil. Un arbre traverse horizontalement le centre de ces compartiments et est actionné, soit par une petite machine à vapeur spéciale, soit par une transmission de l'usine, soit par un petit moteur à gaz. Chaque compartiment renferme un certain nombre de disques en tôle mince, boulonnés ensemble et clavetés sur l'arbre. L'eau entre d'un côté de l'appareil et s'écoule en sens inverse du gaz. Après avoir traversé les différentes chambres, l'eau, chargée de produits ammoniacaux, sort par l'autre extrémité. Il faut de 45 à 55 litres d'eau par tonne de charbon distillé. L'arbre fait 5 à 10 révolutions par minute. L'appareil n'est qu'à demi rempli d'eau.

Épuration chimique du gaz de houille. — Elle succède à l'épuration physique et a pour but d'enlever au gaz l'acide sulfurique ainsi que le sulfhydrate et le carbonate d'ammoniaque.

Ce résultat peut être obtenu de différentes façons. Le procédé de *Laming*, 1847, consiste à faire passer le gaz sur un mélange d'oxyde de fer et de sulfate de chaux, divisé par de la sciure de bois. Ce mélange est obtenu en précipitant, par de la chaux éteinte, une dissolution concentrée de sulfate de fer qu'on abandonne ensuite à l'air pour oxyder le protoxyde de fer. Au contact de ce mélange, le sulfhydrate d'ammoniaque s'oxyde à l'état de sulfate d'ammoniaque et l'acide sulfhydrique est retenu par le fer à l'état de sulfure. Le carbonate d'ammoniaque et le sulfate de chaux produisent du carbonate de chaux et du sulfate d'ammoniaque. De temps en temps, on revivifie ce mélange en l'arrosant d'eau et l'abandonnant à l'air. Après un certain nombre de traitements, la masse d'épuration est traitée en vue de l'extraction des cyanures.

Dans les pays où la chaux est abondante, c'est elle qu'on utilise pour l'épuration. Autrefois, ou l'employait sous forme de lait de chaux ; maintenant c'est plutôt sous forme d'hydrate de chaux humide. La régénération est obtenue en désagrégeant mécaniquement la masse et en insufflant de l'air dans l'épurateur. Ce procédé est surtout employé en Angleterre et en Amérique.

La chaux ayant servi à l'épuration contient du sulfhydrate de calcium en quantité telle qu'elle sert directement en tannerie pour l'épilage des peaux.

Le procédé d'épuration à l'ammoniaque, *Claus*, 1897, n'a pas donné les résultats qu'on attendait.

A la sortie des caisses d'épuration, le gaz se rend dans des gazomètres à eau. Ces appareils ont l'inconvénient de permettre au gaz d'absorber de la vapeur d'eau qui se condense ensuite dans les canalisations et peut amener l'hiver des obstructions. On remédie à cet inconvénient en séchant le gaz ou en lui ajoutant de la vapeur d'alcool qui abaisse le point de solidification de l'eau. *Wilson*, 1896, fait passer le gaz sur du carbure de calcium, qui non seulement dessèche le gaz, mais encore donne de l'acétylène qui augmente le pouvoir éclairant.

Extracteurs. — Le gaz doit sortir des cornues à une certaine pression pour vaincre les résistances des différents épurateurs : mais cette pression, outre qu'elle fatigue les cornues, entraîne d'autres conséquences plus graves, telles que fuites par les fissures des cornues, formation plus abondante de graphite, destruction rapide des fours, etc. Pour obvier à cet inconvénient, on produit une aspiration mécanique au moyen d'*extracteurs*. Les extracteurs *Beale* et *Gwynne* fonctionnent comme des ventilateurs, ils sont mus par un moteur. Les extracteurs *Körting* et *Bourdon* fonctionnent comme l'injecteur *Giffard*, au moyen d'un jet de vapeur.

Gaz de boghead. — Le boghead, schiste bitumineux qu'on rencontre surtout en Écosse, produit par la distillation un gaz beaucoup plus éclairant que le gaz de houille. Il faut opérer à haute température, 1.000° environ. La production du gaz est d'environ 300 à 350 mètres cubes pour 100 kg. de boghead. On obtient très peu de goudrons. Le gaz de boghead peut servir comme *gaz portatif*. On le comprime, à cet effet, à 10 atmosphères, environ, dans des réservoirs métalliques. Pendant cette opération, il ne se produit qu'une condensation très minime d'hydrocarbures, et le pouvoir éclairant n'est pas sensiblement diminué. Avec le gaz de houille, au contraire, les carbures éclairants, tels que la benzine, se sépareraient, entraînant conséquemment la perte du pouvoir éclairant.

Le gaz portatif s'obtient également par la distillation des résines, des matières grasses, des résidus de stéarineries, du suint, de l'huile de houille (voir goudron).

Le gaz portatif est livré chez le consommateur au moyen de cylindres de gaz comprimé à 10 atmosphères. On installe chez le consommateur des réser-

voirs en tôle dans lesquels on transvase le gaz jusqu'à ce qu'il y ait atteint
la pression de 7 à 8 atmosphères. Un régulateur placé entre le réservoir et
les brûleurs permet d'abaisser la pression.

Gaz d'huile. — Les goudrons de houilles, ainsi que les huiles lourdes
de schiste et de pétrole, servent à la préparation du gaz d'huile. La gazéification s'effectue dans des cornues en fonte ou en acier, chauffées extérieu-
rement. L'épuration est analogue à celle que subit le gaz de houille ; mais
l'emploi d'aspirateurs est inutile.

Le gaz d'huile est quatre fois plus éclairant que le gaz de houille ; sa
richesse en hydrocabures lourds est, en effet, dix fois plus forte que celle du
gaz de houille. Son pouvoir calorifique est d'environ 10.000 à 12.000 calories.

Le gaz d'huile est employé pour l'éclairage public, en Angleterre et en
Allemagne. En raison de son grand pouvoir éclairant, il n'exige que des
conduits de faible diamètre et des réservoirs de moindre capacité. Comprimé, il constitue le gaz portatif, très employé pour l'éclairage des wagons
de chemins de fer, des phares et des bouées, soit pur, soit carburé par de
l'acétylène.

Essai du gaz d'éclairage. — L'essai du gaz d'éclairage comprend :
la mesure du pouvoir éclairant, la prise de la densité et l'analyse chimique
qui comporte la détermination des goudrons, l'analyse volumétrique, la
détermination du soufre et de l'ammoniaque.

Le pouvoir éclairant du gaz d'éclairage s'obtient au moyen d'un photo-
mètre et d'un compteur à gaz. Il est en moyenne de 103 litres pour une carcel-heure. A Paris, d'après le règlement, 105 litres doivent donner le carcel.
A ce point de vue, le gaz réglementaire de Paris est de 6 pour 100 inférieur
au gaz de Londres et de 6 pour 100 supérieur au gaz de Berlin. Cette constante a beaucoup perdu de son importance depuis le grand développement
pris par l'éclairage par l'incandescence.

La mesure de la densité s'effectue souvent par la méthode de Bunsen,
basée sur la loi de la vitesse d'écoulement des gaz.

Pour déterminer les goudrons, *H. Sainte-Claire Deville* soumet le gaz à
une température de — 22° ; 1.497 litres de gaz d'éclairage déposèrent ainsi
13 cc. d'hydrocarbures liquides, parmi lesquels 3,5 cc. de benzine.

Bunsen fait passer le gaz desséché sur du chlorure de calcium, dans des
flacons laveurs contenant de l'alcool absolu. 3 mètres cubes de gaz d'Heidel-
berg déposèrent ainsi 36 gr. de liquide qui passa à la distillation entre 80°
et 140°.

L'analyse volumétrique du gaz s'effectue surtout avec l'appareil d'*Orsat* et
la burette de *Bunte*. En opérant d'après la méthode de Bunte, on absorbe
successivement l'acide carbonique par la potasse, les carbures non saturés
et la benzine au moyen d'eau de brome, l'oxygène au moyen de pyrogallate
de potasse, et l'oxyde de carbone au moyen d'une solution chlorhydrique de

chlorure de cuivre. Les gaz restant dans la burette sont formés d'hydrogène, de méthane et d'azote.

Bunte dose l'hydrogène par combustion fractionnée sur une spirale de palladium chauffée au rouge sombre. Dans ce but, il ajoute au gaz qui reste une certaine quantité d'air et au moyen d'une seconde burette reliée à la première au moyen d'un tube de verre peu fusible et contenant la spirale de palladium, on aspire le gaz à travers ce tube. Le méthane ne brûle pas dans cette opération, à la condition de ne pas chauffer le palladium au rouge vif.

Le méthane se dose dans une burette à explosion, après addition d'air et passage d'une étincelle d'induction. L'azote se dose par différence.

Le soufre est contenu dans le gaz d'éclairage à l'état de sulfure de carbone, d'hydrogène sulfuré, ou combiné à un carbure ; après l'épuration, le gaz doit en être exempt.

La burette de Bunte permet le dosage titrimétrique de l'hydrogène sulfuré au moyen de solution d'iode, en présence d'empois d'amidon.

Pour doser l'ammoniaque dans le gaz d'éclairage, on fait passer ce dernier sur une quantité titrée d'acide sulfurique, en présence d'un indicateur coloré.

Propriétés et applications du gaz de houille. — Le gaz de houille épuré est incolore, d'une odeur caractéristique et forte. Il est toxique.

Sa densité varie entre 0,300 et 0,450. Grâce à cette faible densité, on l'emploie souvent pour le gonflement des ballons.

Sa température d'inflammation est voisine de 600°. Sa limite inférieure d'inflammabilité est de 8 de gaz pour 100 d'air, tandisque la limite supérieure est de 28 de gaz pour 100 d'air. La vitesse de propagation de la flamme est de 0,45 mètre par seconde pour un mélange à 10 pour 100 de gaz dans l'air ; elle est maximum pour un mélange à 17 pour 100 de gaz et atteint 1,25 mètre par seconde ; au delà elle diminue.

La composition élémentaire du gaz d'éclairage est en moyenne C : 56,8 pour 100, H : 24,6 pour 100, O : 8,6 pour 100. La constitution du gaz varie entre les limites suivantes : méthane, de 72 à 33 pour 100 ; éthylène, de 8 à 4 pour 100 ; hydrogène, de 50 à 3 pour 100 ; oxyde de carbone 13 à 6 pour 100. C'est à la présence de ce composé, qu'est due la toxicité du gaz d'éclairage.

Outre les carbures indiqués plus haut, le gaz d'éclairage contient également de petites quantités de vapeurs de benzine et de naphtaline. Cette dernière occasionne souvent des obstructions dans les conduites. *P. Eitner*, 1896, déclare que le gaz doit contenir une quantité suffisante de vapeur d'un hydrocarbure liquide susceptible de se condenser en même temps que la naphtaline et de la dissoudre ; il propose à cet effet le xylène de naphte comme le moins cher et le mieux approprié. *J. Buet*, 1902, dispose à la suite du condenseur à goudron, un laveur à trois compartiments contenant chacun de l'huile de goudron à point d'ébullition élevé. L'huile d'anthracène, bouillant entre 258 et 400°, convient très bien. Cette substance dissout et retient la naphtaline contenue dans le gaz, mais comme elle peut absorber également 4 pour 100 de son poids de benzine et de toluène, on l'additionne de cette quantité de benzine, avant de la verser dans le laveur. De cette manière, l'huile d'anthracène n'enlève au gaz, ni du benzène, ni du toluène. La quantité de naphtaline, dissoute par l'huile d'anthracène, est en raison directe de la température, le maximum étant à 29° ; l'huile en dissout alors environ 19 pour 100 de son poids. L'huile saturée peut être débarrassée de la naphtaline qu'elle renferme par distillation, et alors elle peut servir à nouveau. On l'a essayé dans les usines à gaz de Dessau.

Applications au chauffage. — La puissance calorifique du gaz de houille est de 4.700 à 7.000 calories par mètre cube.

Cette chaleur de combustion élevée place le gaz de houille au rang des meilleurs combustibles. En effet, tandis qu'un kilogr. de bois ne produit que 6.000 à 7.000 calories, qu'un kilogr. de houille n'en donne que 7.500 à 8.000, un poids correspondant de gaz produit environ 13.000 calories, c'est-à-dire sensiblement le double.

Pour le chauffage industriel à haute température, on ne peut employer le gaz d'éclairage à cause de son prix de revient élevé ; on se sert alors de gaz de *gazogènes*. Mais pour les petites applications, il rend de grands services : nous citerons seulement les fers à souder, à gaufrer, à lisser, les appareils pour le moirage et le grillage des tissus, etc.

Le chauffage au gaz est surtout employé pour les usages domestiques, dans les appartements et à la cuisine. Voici quelques chiffres intéressants à propos de cette dernière application : 1 litre d'eau pour être chauffée de 0° à 100°, n'exige que 32 à 35 litres de gaz, un pot au feu composé de 1 kg. de bœuf, 3 litres d'eau, 0,130 kg. de légumes, cuisant pendant 3 h. 30, consomme 480 litres de gaz ; une grillade, côtelette ou beefsteack, pesant 0,550 kg. emploie en 15 minutes 110 litres de gaz ; un poulet de 1,370 kg. n'exige que 350 à 370 litres de gaz.

Les appareils de chauffage au gaz, pour les appartements, se perfectionnent de plus en plus et sont de plus en plus appréciés. Parmi ces appareils, tous ceux qui envoient les gaz de la combustion dans l'appartement sont à rejeter. Nous signalerons encore les chauffe-bains, les chauffe-fers à repasser, les appareils pour coiffeurs, pour chapeliers, tailleurs, pharmaciens, etc.

Nous terminerons cette énumération, en signalant les divers genres d'appareils de chauffage employés dans les laboratoires de chimie, où ils ont remplacé presque partout les anciens fourneaux au charbon de bois.

A ce dernier point de vue, le brûleur de Mecker constitue un perfectionnement important du brûleur de Bunsen il réalise le mélange intime du gaz et de l'air, au moyen d'un réseau à mailles carrées placé sur l'orifice. Le principe est de brûler la quantité maxima de gaz, dans un volume de flamme minimum. La flamme de ce brûleur est homogène, le cône bleu est beaucoup plus faible que dans le brûleur de Bunsen. Les *mêmes brûleurs* disposés pour utiliser l'air comprimé conduisent à des résultats nouveaux. Avec de l'air comprimé à 100 gr. par centimètre carré, on peut fondre le nickel en creuset (1470°). Avec de l'air à 2 kg., on arrive à des températures voisines de 1700°. Avec de l'air sous une pression de 2 à 3 kg., on peut fondre le platine en masse dans des fours en chaux.

Les mélanges de gaz et d'air sont explosibles, à partir de 1 de gaz et 3 d'air. Avec 1 de gaz et 5 à 6 d'air, la détonation arrive à son maximum. Avec 1 de gaz et 11 d'air, l'explosion est très affaiblie.

Dans une pièce de $3,5 \times 4,5 \times 3,5 = 55,125$ m³, il faudra 4,5 m³ de gaz, pour qu'il en résulte un mélange explosible. Cette quantité est assez vite acquise, un bec papillon pouvant débiter 125 litres à l'heure. L'odeur du gaz est heureusement un indice du danger. Il n'en est pas moins vrai que de nombreuses explosions proviennent de tuyauteries mal faites, de becs restant ouverts, etc. Il faut autant que possible éviter les montages sous plancher, où le gaz peut s'accumuler en assez grande quantité pour devenir dangereux. Il ne faut jamais entrer avec une flamme dans une chambre où il y a la moindre odeur de gaz.

Moteurs à gaz de houille. — L'inventeur du gaz d'éclairage, *Lebon*, avait prévu, outre l'application à l'éclairage et au chauffage, celle des moteurs alimentés par un mélange explosif de gaz et d'air, 1801. On peut considérer que l'idée du moteur à explosion remonte à Huygens vers 1660 et à Jean de Hautefeuille, chapelain à Orléans, vers 1678, qui parlèrent à ce point de vue de la poudre à canon. Denis Papin eut la même idée avant de combiner sa machine à vapeur, 1690. Tolmet Barbe, proposa l'hydrogène. Mais ce n'est qu'en 1860 qu'apparut le *moteur Lenoir*, le premier moteur à gaz industriel. Le moteur à quatre temps, dont le principe est dû à *Beau de Rochas* [1], apparut en 1867 avec le moteur *Otto*. Depuis, ce moteur à quatre temps a reçu de nombreux perfectionnements. Afin d'obtenir une haute puissance, on a multiplié le nombre des cylindres. Le moteur monocylindrique de 600 chevaux *Seraing* est le plus puissant des moteurs à un seul cylindre.

Les moteurs à gaz sont presque tous à quatre temps, le gaz y est comprimé de 2 à 5 kg. et demi. La pression à fin d'explosion atteint jusqu'à 23 kg. La dépense de gaz par cheval-heure est de 500 litres à pleine charge.

Les moteurs qui fonctionnent avec le gaz d'éclairage, ne dépassent guère 15 chevaux de puissance ; à partir de cette puissance, le gaz de ville est beaucoup trop cher et on le remplace par le *gaz pauvre* ou gaz des gazogènes.

Éclairage au gaz. — On peut dire que le gaz de houille a été le premier des gaz employés pour l'éclairage. On l'utilise actuellement soit par combustion directe à l'air ou auto-incandescence, soit, mélangé d'air, dans

1. Ilirch. *Bul. de la S. d'Encourag. pour l'Ind. nat.*, 1891.

des brûleurs spéciaux pour produire l'incandescence de manchons du type Auer.

Dans l'auto-incandescence, la consommation très élevée, au début, diminua peu à peu : le bec bougie donnait la carcel avec 200 litres de gaz ; le bec Manchester avec 150 litres, le bec papillon avec 125 litres, le bengel avec 105 litres. Grâce à l'emploi des becs à récupération, dans lesquels l'air à brûler est d'abord réchauffé au contact des gaz chauds provenant de la combustion, on parvint à produire la carcel-heure avec moins de 50 litres de gaz (lampe Siemens, Venham, etc.).

Avec les becs à gaz carburé, on obtient la carcel avec 40 litres pour les gros foyers, mais il faut y ajouter la dépense de 8 gr. de naphtaline.

Dans l'auto-incandescence, le pouvoir éclairant est d'autant plus grand, que la flamme est plus épaisse et que la pression du gaz est plus faible, toutes choses égales d'ailleurs.

O. *Piequet* (*Bull. de Rouen*, 1897) donne pour un gaz d'éclairage à 0 fr. 25 le mètre cube les prix de revient suivants, relatifs à une intensité de 16 bougies pendant 100 heures, par auto-incandescence : bec papillon, 4 francs ; brûleur Argand, 3 fr. 35 ; système Siemens, 2 francs, avec récupération ; lampe Wenham, 1 fr.75, avec récupération ; brûleur plat de Siemens, 1 fr. 40, avec récupération.

Dans le cas de l'éclairage par auto-incandescence, l'énergie du gaz de houille est très mal utilisée ; 1 pour 100 seulement de cette énergie, est employée à donner les rayons de lumière, et les quatre-vingt-dix-neuf autres centièmes de l'énergie développée sont dispersés sous forme de chaleur.

Dans l'éclairage au gaz par l'incandescence, les choses se passent différemment : c'est l'énergie calorifique que l'on utilise pour produire l'incandescence de certains corps réfractaires. La lumière *Drumond*, le bec *Siemens* sont connus depuis longtemps, mais c'est depuis l'invention d'Auer von Wellsbach, c'est-à-dire depuis 1892, que l'incandescence par le gaz a pu se développer.

Le rayonnement calorifique de ces becs est faible ; il s'élève à 78 calories pour une intensité de 10 bougies-heure ; à intensité égale, le bec Bengel donne 546 calories, le bec papillon 650, le bec bougie 1040.

L'emploi de l'oxyde de cérium, mentionné dans les brevets primitifs d'Auer ne fut démontré efficace qu'en 1891 par *Mackeau*. Le brevet Moller, 1893, indique l'oxyde de thorium contenant des traces d'autres oxydes de métaux rares, (1 à 2 pour 100 d'oxydes d'uranium, cérium, samarium, yttrium, etc.). Les manchons actuels contiennent en général 99 pour 100 de thorium et 1 pour 100 de cérium.

Voici comment *Auer von Welsbach* explique le grand pouvoir émissif du mélange : 99 p. 100 de thorium et 1 pour 100 de cérium, alors que le thorium seul en est presque dépourvu. D'après lui, un corps susceptible d'émettre une lumière intense, lorsqu'il est porté à l'incandescence dans une flamme, est composé d'oxydes infusibles, en mélange moléculaire. L'un des composants doit rester intact dans la flamme, tandis que l'autre y subit des réductions et oxydations successives. Les deux terres étant combinées à un instant donné, il se produit une décomposition dès que l'un des constituants se réduit ou s'oxyde. Les terres étant entourées d'un manteau de flamme, tantôt réductrice, tantôt oxydante, il en résulte une série de combinaisons et de décompositions successives qui peuvent se produire plusieurs millions de fois par seconde. Ces chocs moléculaires engendrent des ondes lumineuses et le corps devient incandescent.

Le nombre des brevets pris pour la fabrication des manchons est très grand. Rappelons seulement parmi les plus typiques :

Le manchon « Daylight » à base de thorium et de zirconium ; il est trempé dans une solution de sel de cérium, additionnée de collodion. Le collodion est ensuite brûlé et laisse une couche d'oxyde finement divisé.

Le manchon « Crown » employé en Allemagne est formé d'une carcasse en fibre de ramie saturée de nitrate de thorium, sur laquelle est déposé, par immersion, un mélange [de 99 pour 100 de thorium et 1 pour 100 de cérium.

Le manchon métallique à incandescence de E. Werbeke, dont la chaîne est formée d'un alliage de 88 pour 100 de platine, 10 pour 100 d'iridium ; la trame de 90 pour 100 de platine, 5 pour 100 d'iridium, 2 pour 100 de rhodium, 3 pour 100 de palladium.

Pour les becs Auer, on obtient les consommations suivantes : Les types BB 0 1 2 3 débitent 40 50 85 115 158 litres de gaz et donnent 32 35 47 75 130 bougies.

Le brûleur Bunsen n'est pas le seul employé pour produire l'incandescence, le dernier progrès réalisé à cet égard est l'emploi de la *surpression*.

Au début, on comprimait le gaz, maintenant on se contente de comprimer l'air ; le brûleur *Bruneau* est dans ce cas, l'air sous pression arrive à l'intérieur du manchon, le gaz à l'extérieur. La lampe *Scott-Snell* permet d'atteindre, sans compresseur mécanique, des pressions de 120 à 600 millimètres d'eau. Son emploi s'est généralisé pour l'éclairage des grands établissements, tels que les gares, etc. Le brûleur spécial s'adapte sur chaque lanterne et supprime ainsi tout appareil distinct, destiné à élever la pression générale de la canalisation.

Au-dessus du réflecteur est disposé un tambour dont le fond est chauffé par la flamme. Il renferme un godet de plus faible dimension, surmonté d'une caisse à eau qui refroidit sa partie supérieure. Le godet porte une tige qui est solidaire d'un diaphragme flexible auquel elle transmet ses mouvements. Quand on ouvre le robinet, le gaz soulève une petite soupape et va remplir le tambour qui est chaud ; il soulève d'abord le godet ; mais par suite de la différence de température entre le fond du tambour et le dessus qui est refroidi par la caisse à eau, il prend un mouvement alternatif assez rapide. Au moment où le godet se soulève, le gaz ouvre une soupape et se rend dans un réservoir annulaire placé au sommet de la lanterne. De là, il va alimenter le bec. La moindre différence de pression amène la chute du godet dans le tambour, et fait passer le gaz de la partie chaude dans la partie froide. Il se contracte immédiatement et sa contraction produit un vide partiel : la soupape s'ouvre de nouveau pour laisser pénétrer une nouvelle provision de gaz et ainsi de suite.

Une soupape de sûreté consistant en un simple disque de caoutchouc percé d'une fente, permettrait à la vapeur d'eau de s'échapper du tambour, au cas où la température atteindrait 100°, ce qui n'a d'ailleurs pas lieu. Si l'appareil de compression venait à cesser de fonctionner, le bec continuerait à brûler comme un bec ordinaire.

Avec ce dispositif on peut obtenir la carcel-heure avec une consommation horaire de 8 litres de gaz.

Dans la lampe *Bouet* de Londres, la chaleur perdue actionne un véritable petit moteur à air chaud qui sert à comprimer le gaz. Le cylindre moteur traverse le réflecteur. Le gaz est comprimé dans un réservoir muni d'un clapet équilibré, qui règle l'amission suivant la pression à obtenir. L'allumage s'effectue à l'aide d'une petite flamme auxiliaire et d'un Bunsen ordinaire qui chauffe le cylindre moteur, pour la mise en marche.

Un autre progrès réalisé dans l'incandescence au gaz est le *bec à manchon renversé*. Sa consommation spécifique est inférieure à celle du bec droit, et grâce à sa forme, il peut remplacer la lampe à incandescence. Deux systèmes principaux ont été imaginés. Dans l'un, on s'est attaché à éviter l'échauffement intempestif de l'éjecteur, de manière à empêcher l'inflammation du jet de gaz ; dans l'autre, au contraire, on utilise la chaleur des produits de la combustion pour obtenir l'échauffement de tout appareil et améliorer le rendement par récupération.

Le bec renversé semble convenir pour l'éclairage des wagons de chemin de fer, etc. Les modèles les plus employés sont le bec Bachner, le bec Bernt-Cervenka de Prague, celui de l'Invertgasglühlichtgesellschaft de Berlin.

Le bec Bernt-Cervenka, connu en France, sous le nom de bec Farkas, donne la carcel hémisphérique avec 23 litres de gaz, tandis que le même bec avec manchon droit dépense 33 lt. 7.

Dans la lampe à gaz renversée d'*A. Bachner*, le manchon n'est pas placé sens dessus-dessous. Le gaz préalablement mélangé à l'air nécessaire, arrive de haut en bas à la partie inférieure d'un tube évasé vers le bas et fermé par une toile métallique ; le manchon repose sur une bague solidaire du tube qu'il entoure. Le mélange gazeux passe entre le tube et le manchon.

La lampe de l'*Invertgasglühlichtgeselltchaft*, comprend un brûleur spécial, formé d'un tube métallique assez long, dans lequel se produit le mélange. Pour éviter l'échauffement de l'éjecteur, l'orifice de sortie est constitué par une substance réfractaire, mauvaise conductrice de la chaleur. Son diamètre est plus grand que celui du tube mélangeur et le protège ainsi contre les produits surchauffés provenant de la combustion.

Pour *l'éclairage intensif*, l'incandescence rivalise avec l'électricité. Pour les modèles français, la surpression du gaz est fixée à 290 millimètres d'eau, cette surpression est donnée au gaz, au moyen d'un ventilateur. Dans la lampe *Lucas* la surpression est produite au moyen d'un jet de vapeur qui entraîne le gaz et l'air d'alimentation. Une cheminée assez haute active la combustion. Comme l'air est chauffé au préalable, on arrive à des intensités de 5 à 600 bougies Hefner avec une dépense de 1,02 à 1,06 litre par bougie.

Une lampe de 600 bougies remplace avantageusement une lampe à arc de 8 ampères. La dépense est inférieure à celle de l'électricité, quoique la durée du manchon n'excède pas 8 jours. L'un des modèles les plus puissants donne 800 bougies pour une consommation de 600 à 700 litres de gaz à l'heure, ce qui fait 8 ou 9 litres de gaz pour le carcel-heure.

La quantité d'air à introduire dans le gaz d'éclairage pour assurer une combustion complète est de 5,35 vol. d'air pour 1 vol. de gaz de houille. Or, les brûleurs à injecteur ne permettent pas d'entraîner plus de 3 1/2 vol. d'air, d'où perte de chaleur et d'intensité lumineuse. On a proposé de mélanger l'air et le gaz, avant son arrivée au brûleur, dans la proportion de 2 vol. d'air pour 1 vol. de gaz, au moyen d'un doseur-mélangeur, tel que cela a lieu pour l'acétylène. Ce serait là une solution.

Le gros inconvénient des manchons du type Auer est leur fragilité ; cependant, on est arrivé à augmenter peu à peu leur résistance par les moyens suivants :

1° Calcination plus parfaite au moyen de gaz comprimé ;

2° Renforcement des têtes de manchon ;

3° Forme et structure des mailles du tissu ;

4° Addition de corps étrangers en petite quantité (uranium, glucinium, silice).

Sissoyeff (*Congrès du gaz*, 1903) par l'emploi de ces moyens, et en particulier, en faisant adhérer sur la tête du manchon une couche de porcelaine, a obtenu des manchons dits *incassables* pouvant supporter la traction de 120 gr. sans se rompre. Quoique le poids du manchon soit le triple de celui des manchons ordinaires, leur pouvoir émissif est le même.

Malgré leur apparente fragilité, les manchons à incandescence peuvent être employés pour l'éclairage des wagons de chemin de fer. La compagnie de l'Est emploie le gaz de houille sous la pression de 7 kg. et un dispositif spécial. La compagnie de l'Ouest a étudié une lanterne à bec renversé de l'ingénieur Mondin.

La Compagnie de l'Ouest l'utilise avec du gaz de houille comprimé, pour l'éclairage de ses wagons. Les premiers essais, 1897, avaient été défectueux. La Cie de l'Est, 1901, avait choisi le gaz d'huile, que la Cie de l'Ouest imita jusqu'en 1903, où elle fit porter ses essais sur du gaz de houille comprimé à la pression de 22 kilogs par la station de compression du Havre. Chaque wagon est muni de deux réservoirs en tôle de 200 à 700 litres. Le tuyautage de distribution traverse un régulateur-détendeur double, système Fournier, qui abaisse la pression du réservoir, 15 kilogs, par exemple, à 180 mm., pression du gaz au brûleur. Les becs employés sont du type Farkas, dit Bébé. Le prix de revient de cet éclairage est inférieur à celui à l'huile.

L'allumage des becs du type Auer se fait soit au moyen d'une veilleuse qui brûle en permanence, soit électriquement, soit par auto-allumage. Dans ce dernier cas, on utilise la propriété que possède le noir de platine de rougir en présence du gaz d'éclairage. La mousse de platine est supportée par un réseau de fils de platine, très fins qui s'échauffent jusqu'au rouge blanc et déterminent l'inflammation du gaz.

GOUDRON DE HOUILLE

Les sous-produits de la fabrication du gaz d'éclairage, sont le *coke*, qui reste dans les cornues (t. I, p. 681); le *goudron* et les *eaux ammoniacales* qui se déposent dans les appareils de condensation. Ces derniers produits sont envoyés dans des citernes où ils se déposent par ordre de densité : le goudron tombe à la partie inférieure, les eaux ammoniacales qui surnagent servent à l'extraction de l'ammoniaque (t. I, p. 587).

Le goudron est d'autant plus riche en produits de haute composition moléculaire, qu'il est préparé à plus haute température. Sa composition moyenne est : benzine, 1,5; naphte, 35; naphtaline, 22; anthracène, 1; phénol, 9; brai, 31,5. Sa densité est voisine de 1,1.

La production du goudron s'est élevée, en 1900, à 430.000 tonnes en Allemagne, et 927.000 tonnes en Angleterre; en France, la production est voisine de 200.000 tonnes, dont 50.000 proviennent des fours à coke.

Le goudron de houille était autrefois un sous-produit encombrant, utilisé seulement comme combustible; depuis la découverte des matières colorantes artificielles, il a pris une importance énorme. Soumis à un traitement approprié, il fournit les carbures et phénols aromatiques qui servent de base, non seulement à la préparation des couleurs d'aniline, mais encore à celles d'un grand nombre de dérivés importants employés en pharmacie, parfumerie, photographie, etc.

Le goudron de houille est utilisé comme combustible, soit directement, soit mélangé à du poussier de charbon sous forme d'agglomérés : briquettes, charbon de Paris. Le goudron est un meilleur combustible que la houille, 10 kg. de goudron équivalant à 12 kg. de charbon de terre. Le goudron sert également à la fabrication du gaz Riche, à celle des asphaltes et pierres artificiels.

La forte teneur du goudron en phénols le fait utiliser, tel quel, comme désinfectant, insecticide, etc. On en imprègne les bois, les métaux, la maçonnerie, pour en assurer la conservation et les rendre imperméables, calfatage des navires. En trempant du carton dans du goudron déshydraté, on obtient des matériaux employés pour la couverture (carton-bitume, carton-pierre, etc). Pour cet usage, on additionne le goudron d'un quart de poix. En faisant dissoudre de l'huile de goudron dans une solution d'un sulforésinate alcalin, *Julius Rütgers* (br. all., 1900) obtient un liquide pour imprégner les bois.

Le vernis de houille se prépare dans un matras de cuivre : goudron, 1 p; huile légère de houille, 2 p. On peut remplacer l'huile légère par de l'essence de térébenthine.

Pour conserver les poteaux en bois, on les enduit de goudron additionné de 0,1 en poids, de phénol.

Le goudronnage des routes, proposé pour la première fois en France par Christophe, à Sainte-Foy-la-Grande, a pour but d'empêcher le nuage de poussière soulevé par les voitures automobiles, il augmente la cohésion de l'empierrement et rend le roulage plus doux. D'après *Mallet* et *Payet* (Congrès du gaz, 1904), l'application du goudron doit se faire par un temps sec et chaud, la route doit être sèche et propre, le goudron doit être à une tempérture d'au moins 70°. Si la route doit être remise un circulation, on sable au préalable. La quantité de goudron employé varie de 1 kg. à 1 kg. 4 par m².

Voici quelques huiles bitumineuses qui ont été créées pour l'arrosage des routes : La *Westrumite* : goudron d'huile minérale et végétale, rendu soluble dans l'eau par saponification ammoniacale. L'*Odocréol* : huile de goudron rendue soluble dans l'eau et s'employant à froid (bons résultats au Bois de Boulogne). La *Pulveranto* : mélange d'eau, de goudron de houille et d'huile minérale, rendu miscible avec l'eau par de l'ammoniaque et du phénol. Employé pour l'arrosage du circuit de l'Auvergne lors des épreuves éliminatoires de la coupe Gordon-Bennett. Dépense de 82.000 fr., résultats imparfaits. La *Rapidite* : huile rendue soluble par la caséine, miscible à l'eau, en séchant, devient solide et imperméable. La *Pulvivore* : huile de schistes d'Autun, soluble dans l'eau. L'*Injectoline*, composée d'hydrocarbures incongelables

L'huile lourde de houille, comme celle de pétrole, est employée pour l'éclairage intensif dans les lampes Walls (voir Pétrole).

Josset (br. fr., 1902) obtient un succédané de la gomme élastique en soumettant à l'action de l'oxygène, à 60°, un mélange de goudron, 100 p. et d'acide borique, 25 p.

Traitement du goudron de houille.

— Le goudron déshydraté par turbinage et chauffage à 90°, est soumis à la distillation fractionnée dans de grandes chaudières de 25 à 30 mètres cubes, chauffées à feu nu.

On obtient quatre fractionnements ; il reste dans la chaudière du brai plus ou moins fluide, suivant la température à laquelle on arrête la distillation. Les quatre fractionnements sont :

1° 3 à 6 pour 100 d'huiles légères, passant au-dessous de 170°, de densité inférieure à 0,940 ;

2° 8 à 10 pour 100 d'huiles moyennes, passant au-dessous de 180°, de densité inférieure à 0,980 ;

3° 8 à 10 pour 100 d'huiles lourdes, passant entre 200 et 270°, de densité 1,04 ;

4° 19 à 20 pour 100 d'huiles à anthracène, passant au-dessus de 270°, de densité 1,08.

Le résidu qui reste dans la chaudière est le *brai* ; on distingue le brai gras et le brai sec, suivant que la distillation est poussée jusqu'à 300° ou 360°.

Le brai gras, solide à la température ordinaire, se ramollit par la chaleur. A la fin de la distillation, on le laisse s'écouler dans des réservoirs en tôle ; puis, dès qu'il est suffisamment refroidi, on en remplit des barils de bois. On s'en sert pour fabriquer l'asphalte artificielle. Soumis à une nouvelle distillation, il donne de l'anthracène, des huiles lourdes et du coke.

Le brai sec ne renferme plus d'huiles lourdes, il sert surtout pour la fabrication des agglomérés et de l'asphalte artificielle.

Des huiles légères, on extrait par fractionnement : la benzine, le toluène et les xylènes. — Des huiles moyennes, on retire surtout les phénols et la naphtaline. — Les huiles lourdes servent à la préparation de la naphtaline et des huiles à créosote, des huiles de graissage. — Enfin, les huiles à anthracène, comme leur nom l'indique, servent à la préparation de ce carbure.

Les fractionnements successifs du goudron de houille peuvent se résumer de la façon suivante :

8 pour 100 eau ammoniacale, benzène, enduit pour le fer.

2 pour 100 benzine brute, d. 0,900 : benzène, toluène, naphte pour dissolution, benzine lourde, pyridine.

4 pour 100 huile légère, d. 0,900-0,950 : benzène, toluène, naphte pour dissolution, benzine lourde, pyridine, phénol brut, naphtaline.

5 pour 100 huile moyenne, d. 0,950-1,000 : phénol brut, naphtaline, créosols, huile créosotée.

23 pour 100 huile lourde, d. 1,000-1,050 : naphtaline, créosols, huile créosotée.

5 pour 100 huile à anthracène, 1,060-1,090 : anthracène, huile.

50 pour 100 brai : enduit pour le fer, goudron revivifié.

5 pour 100, gaz et coke.

*
* *

Le goudron de houille provenant des usines à gaz ne représente que 16.000 tonnes par an en France ; 40.000 tonnes de goudron viennent des fours à coke avec récupération. La distillation de ce goudron donne des huiles légères, des huiles créosotées, des huiles lourdes, de la naphtaline, de l'anthracène, un brai mou.

CHAPITRE XVIII

ESSENCES, RÉSINES

ESSENCES

On a désigné sous le nom d'*essences* ou *huiles essentielles*, les composés odorants qui existent dans certains organes des plantes, dans les fleurs (rose, violette), dans les fruits (citron, genièvre, poivre), dans les feuilles (patchouli), dans les racines (ail, valériane), dans le bois (santal, cèdre), dans les sucs résineux (térébenthine, tolu, copahu), ou même dans la plante entière (lavande, menthe, thym).

Extraction des essences. — L'extraction des essences peut se faire en employant les moyens suivants :

1° L'*expression*, qui s'applique aux produits végétaux très riches : zestes de citron, d'orange, de bergamote, etc. ;

2° La *distillation*, en présence de vapeur d'eau, pour les essences que ni la vapeur d'eau, ni la température élevée ne décomposent : lavande, rose.

3° La *macération*, à chaud, avec des corps gras liquides et solides, naturels ou minéraux, qui accaparent le parfum. Ce moyen donne des produits très délicats.

4° Lorsque la macération est faite à la température ordinaire, elle est nommée *enfleurage*.

5° La *dissolution*, c'est-à-dire l'extraction au moyen de dissolvants volatils, tels que l'éther ordinaire, le sulfure de carbone, le chloroforme, le chlorure de méthyle, l'éther de pétrole. Ce dernier est le plus employé ; il doit être naturellement exempt de son odeur due aux mercaptans. On l'agite à cet effet avec SO^4H^2. *Haller* recommande de l'agiter avec 0,3 à 0,5 pour 100 de chlorure d'aluminium, de distiller ensuite dans un ballon bien sec, de laver avec du carbonate de soude et d'abandonner sur du cuivre métallique pour enlever toute trace de H^2S.

Charabot et Hébert (Bull. de la maison Roure-Bertrand, 1905), ont trouvé qu'en écartant les inflorescences au fur et à mesure de leur formation, le poids d'essence fourni par chaque pied se trouve presque doublé.

Composition des essences. — Les essences ou huiles essentielles sont des mélanges de produits très complexes. Les fonctions de ces produits qui peuvent leur imprimer leur propriété odorante, sont très variées. On trouve les fonctions : alcool, aldéhyde, cétone, phénol, éthers mixtes ou composés des phénols ou des alcools. De plus, la majeure partie des huiles essentielles renferment des carbures terpéniques ; dans le but d'augmenter la finesse de certaines essences, on prépare actuellement des essences privées de ces carbures. On les désigne sous le nom d'essences déterpénées (H. Haensel).

Les hydrocarbures contenus dans les essences sont des terpènes $C^{10}H^{16}$ ou des sesquiterpènes $C^{15}H^{24}$.

Les terpènes les plus connus sont le pinène d et g, dans l'essence de térébenthine française et américaine ; le camphène, dans les essences de gingembre, de lavande, de citronnelle et de valériane ; le limonène, dans les essences d'hespéridées, d'écorces d'oranges, de citrons, de bergamotes ; le sylvestrène, dans les essences de térébenthine russe et suédoise, de fenouil d'eau, d'élémi, d'eucalyptus ; le terpinène, dans l'essence de cardamone.

Parmi les sesquiterpènes, nous citerons : le caryophyllène, dans les essences de girofle, d'œillet, de poivre ; l'humulène, dans les essences de houblon ; le canidène, le cédrène, le santolène.

Les aldéhydes sont nombreuses également : le citral, dans l'essence de citron et de lemon-grass ; le citronellal, dans l'essence de citronnelle ; la benzaldéhyde, dans l'essence d'amandes amères et dans celle de laurier-cerise ; l'aldéhyde cinnamique, dans l'essence de cassis et dans celle de cannelle ; l'aldéhyde cuminique, dans l'essence de cumin ; l'aldéhyde salicylique, dans l'essence de spirée ; la vanilline, dans la vanille, le benjoin, le baume du Pérou ; l'héliotropine ou pipéronal, dans l'essence de spirée ; l'aldéhyde anisique, dans l'essence d'anis.

Les principaux alcools que l'on rencontre dans les huiles essentielles sont : le rhodinol ou géraniol contenus dans les essences de roses, de géranium, de lemon-grass ; le linalol, dans les essences de linaloé, de bergamote, de lavande, de néroli, de jasmin ; le citronellol, dans les essences de bergamote, de néroli, de roses, de citronelle ; le menthol, dans l'essence de menthe poivrée ; l'eucalyptol ou cinéol, dans les essences de semen-contra, d'eucalyptus ; l'alcool cinnamylique, dans le styrax ; les bornéols, les terpinéols, le cédrol, le santalol.

Parmi les cétones, nous citerons : la méthylamylcétone, dans l'essence d'œillet ; la méthylnonylcétone, dans l'essence de rue ; la méthylhepténone, dans l'essence de linaloé, de lemon-grass ; la carvone, dans l'essence de cumin ; la fénone, dans les essences de fenouil et de tuya ; la pulégone, dans l'essence de pouliot ; la menthone, dans l'essence de menthe poivrée ; l'irone, dans la racine d'iris ; l'ionone dans l'essence de violette, la jasmone.

Citons encore comme phénols ou éthers phénoliques : l'anéthol, dans l'essence d'anis, et le safrol ; comme composé azoté, l'anthranilate de méthyle ou orthoamidobenzoate de méthyle.

Les acides et éthers-sels se rencontrent surtout dans les essences de fruits ; on trouve, par exemple, des acétates, des butyrates, des valérianates, des pélargonates, benzoates, cinnamates, salicylates, anthranilates ; enfin, parmi les lactones ou anhydrides internes d'acide-alcool, la coumarine.

Essai des essences. — Il comprend son essai organoleptique ; la détermination de ses constantes physiques ; l'analyse chimique.

L'essai organoleptique se fait toujours par comparaison avec une essence-type, en trempant dans les deux essences une bandelette de papier buvard repliée en deux.

Les constantes physiques que l'on mesure ordinairement sont : la solubilité dans l'alcool, le poids spécifique, le pouvoir rotatoire, l'indice de réfraction, le point de fusion ou de solidification, le fractionnement et le résidu de l'évaporation.

L'analyse chimique comprend le dosage de ou des constituants principaux et la recherche des éléments étrangers.

D'après Haller, les essences ne sont assimilables entre elles que si elles sont extraites des mêmes plantes, cultivées dans les mêmes conditions et soumises aux mêmes variations climatériques. De plus, une essence quelconque ne pourra être considérée comme loyale et marchande que lorsque les résultats fournis par la détermination de ses constantes physiques et par le dosage des éléments actifs, constituants de cette essence, sont corroborés par ses propriétés organoleptiques, et en particulier, par la finesse et la suavité de son parfum.

Comme le fait remarquer justement le Bulletin de la maison *Roure-Bertrand fils* de Grasse, 1906, il serait dangereux d'avoir pour une essence des exigences chimiques trop rigoureuses ; les caractères des essences végétales variant avec les conditions du milieu, du sol, climat, etc.

La composition des essences varie également avec le mode d'extraction, comme *P. Jeancard* et *C. Satie* l'ont montré. Les essences végétales en effet, existent dans les cellules des végétaux à l'état de combinaisons complexes, plus ou moins facilement décomposables. C'est ainsi que l'extraction du parfum de la fleur de jasmin met en liberté de l'acétate de benzyle lorsque l'extraction se fait par le procédé d'enfleurage, et n'en produit guère dans l'extraction par les dissolvants.

On appelle *dominante* d'une essence végétale le composé auquel elle doit surtout son parfum spécial. La dominante des essences d'anis, de bergamote, de carvi, de citron, de jasmin est respectivement l'anéthol, l'acétate de linalyle, le carvone, le citral *Schimmel*, le jasmone *Hesse*.

Propriétés des essences. — Les essences ainsi extraites se présentent sous la forme de produits huileux, très réfringents, ne tachant pas le papier d'une façon permanente. L'essence d'iris est solide ; celles de roses et d'anis ne se solidifient pas facilement.

La densité des essences est plus petite que l'unité, à l'exception cependant des essences d'amandes amères, de cannelle, de girofle, de gaulthéria procumbens, de sassafras. La moins dense est l'essence de bergamote, $d = 0,846$; la plus dense, celle de sassafras, $1,072$. Elles sont généralement incolores, cependant celle d'absinthe est verte, celle de camomille est bleu foncé.

En général, les essences sont peu solubles dans l'eau, mais elles s'incorporent très facilement aux dissolvants usuels.

Les essences, surtout celles d'hespéridées, s'altèrent par le temps, elles s'oxydent au contact de l'air. Aussi, il faut les conserver dans des flacons toujours pleins.

Relativement à la *toxicité* des essences, l'Académie de Médecine a proposé de proscrire absolument la vente des essences suivantes, naturelles ou artificielles : Essences d'absinthe, grande et petite, de genépi, d'hysope, de badiane, d'angusture, de reine-des-prés (aldhéyde salicylique), de wintergreen (salicylate de méthyle), de noyaux et d'amandes amères (aldéhyde benzoïque et acide prussique), de rue.

La seconde catégorie d'essences dont l'abus peut être dangereux, sera l'objet d'une réglementation spéciale. Elle comprend : les essences naturelles ou artificielles de menthe, de sauge, de mélisse, de thym, d'origan, de fenouil, d'anis, de coriandre, de cumin, de baies de genièvre, de muscade, de laurier, d'aloès, de girofle, de balsamite, de calamus, de colombo, de santal, d'arnica, de cardamone, de macis, ainsi que les déchets extractifs et alcaloïdiques des quinquinas, quinine, cinchonine, cinchonidine, quinidine, quinone, quinium.

Sur les propriétés physiologiques et la pharmacothérapie des huiles essentielles. — Le Dr R. Kobert, directeur de l'Institut de pharmacologie et de chimie physiologique de Rostock, a publié une étude que nous résumons [1] :

« Malgré le discrédit où les essences sont tombées aux yeux du corps médical, elles ont continué à remplir dans la pratique un rôle utile dont l'importance n'a fait que croître en ces dernières années. La chimie a bien résolu le problème de séparer les divers constituants des essences et d'étudier leurs propriétés. On ne peut plus aujourd'hui considérer une huile essentielle comme un médicament composé, à dosage incertain et variable, puisqu'on possède les moyens de doser les éléments qui la constituent et que l'on peut étudier l'action physiologique de chacun de ces principes isolés.

Ces essences, au point de vue physiologique, peuvent être classées sous les titres suivants : 1° Parfums proprement dits, destinés à flatter l'odorat ; 2° Aromes agréables au goût ; 3° Stomachiques, digestifs et carminatifs ; 4° Emménagogues et abortifs ; 5° Diurétiques ; 6° Diaphorétiques ; 7° Antisudoridifiques ; 8° Antiseptiques ; 9° Antiseptiques indirects ; 10° Antiparasitaires, anthelmintiques ; 11° Antidotes ; 12° Topiques, rubéfiants, etc. ; 13° Excitants ; 14° Sédatifs et narcotiques ; 15° Expectorants.

1° *Parfums.* — C''est de beaucoup le groupe le plus important. Les médecins auront beau prêcher *mulieres bene olent si nihil olent*, et affirmer que le renouvellement d'air frais est le meilleur moyen de corriger l'odeur de la

---

1. Berichte, 1903. d'après Le Moniteur scientifique du Dr Quesneville.

chambre du malade, ils lutteront en vain contre la coquetterie, la tradition et la mode. Il n'en reste pas moins de leur devoir de signaler les inconvénients de l'abus des parfums pour les gens bien portants et de persuader aux malades dont l'haleine est fétide, que leur cas n'est pas du ressort du parfumeur, mais de la compétence du dentiste ou du spécialiste des affections pulmonaires et des voies respiratoires.

Il est remarquable que l'on ne connaisse pas encore la composition d'un grand nombre de parfums d'origine animale : musc, civette, castoreum, ambre, qui jouent depuis des siècles un grand rôle dans l'art du parfumeur. Les muscs artificiels, dérivés trinitrés du butyltoluène ou du butylxylène n'ont, comme l'on sait, aucune analogie de composition ni d'action physiologique avec le musc naturel. On ne sait pas grand chose non plus des essences à odeur musquée du règne végétal, de l'ambrette (*abelmoschus moschatas*), de la racine de sumbul (*euryanguin sumbul*), bien que cette dernière soit employée officinalement en Russie.

L'expérience séculaire enseigne que la grande majorité des parfums sont sans influence pour l'individu lorsqu'ils sont suffisamment dilués. Trop concentrés, au contraire, ils peuvent provoquer des malaises, étourdissements allant jusqu'à la perte de connaissance, céphalées violentes, etc., surtout chez les nerveux et les sensitifs. Les annales médicales ont enregistré de nombreux cas d'états pathologiques créés ou entretenus par l'abus des parfums.

2° *Aromes agréables au goût.* — Il est impossible de tracer une démarcation nette entre ces essences et les précédentes, bien que sans conteste, l'eau de Cologne flatte plus agréablement l'odorat, tandis que les essences de céleri, de clous de girofle, de cumin, etc., ont plus d'agrément pour le palais.

Pour masquer le goût de médicaments désagréables, on use fréquemment de la menthe. Cette essence provient de localités fort diverses où l'on ne cultive ni la même variété, ni souvent la même plante; elle a des qualités et des propriétés très variables, suivant son origine, et quelquefois irrite assez vivement les muqueuses buccales.

Parmi les médicaments internes dont on a beaucoup cherché à cacher le goût, il faut citer en toute première ligne, l'huile de foie de morue. Ici, ce n'est pas la menthe, mais l'essence de café torréfié qui paraît réussir le mieux.

Pour *désodoriser* l'éther anesthésique, F. Fischer a proposé l'essence de mélèze à raison de 1 goutte pour 10 centimètres cubes d'éther. L'auteur, lui préfère à la même dose, le limonène de l'essence de citron.

3° *Stomachiques, digestifs, carminatifs.* — Pas plus qu'entre les essences agréables à l'odorat et celles qui plaisent au goût, on ne peut établir entre ces dernières et les stomachiques une distinction précise. Faut-il considérer comme un simple aromate les essences de l'écorce d'orange, ou les ranger parmi les stomachiques ? Ces derniers sont le plus souvent associés aux amers dans les nombreuses préparations destinées à stimuler l'appétit, à faciliter la digestion, en augmentant les sécrétions des glandes de l'appareil digestif. Ce ne sont pas les malades seuls qui recourent à ces préparations. Innombrables sont les gens, d'ailleurs bien portants, qui, par habitude ou par goût, boivent des apéritifs, des liqueurs ou des eaux-de-vie à base d'absinthe, d'écorce d'oranges, de gingembre, genièvre, roseau aromatique, girofles, cannelle, écorce d'angusture, anis, fenouil, cumin, coriandre, aneth, angélique, etc.

On connaît les campagnes menées par quelques savants contre ces produits. Toutes ces essences, disent-ils, sont des poisons. Cela peut être vrai pour un grand nombre d'entre elles employées à dose massive et non très diluée, comme c'est le cas général. La démonstration que quelques auteurs ont prétendu donner de la nocivité des essences employées par le fabricant de liqueurs, a manqué quelquefois de rigueur scientifique. C'est ainsi que Boudrau a pensé conclure du nombre de centimètres cubes de solution permanganique nécessaire pour oxyder un même volume de divers essences, à la dose maxima qu'en pourrait supporter l'homme adulte ; essence de romarin, 56,7 cc. ; de fenouil, 33,3 cc. ; de menthe, 28,3 cc., etc., et au bout de l'échelle, cumin, 9,5 cc. ; absinthe, 5,3 cc. ; anis étoilé, 4,9 cc. ; clou de girofle, 3,3 cc. ; essence de cannelle, 3,3 cc. ; de roseau aromatique, 2,6 cc. Ces dernières seraient les plus dangereuses. Cependant, Hildebrand a publié l'observation d'un sujet qui, pour se suicider, avait absorbé environ 150 gr. d'essence de cumin, soit dix fois la dose létale indiquée par Boudrau. Le patient n'en mourut pas et les suites de cette tentative furent des plus anodines. Il y a bien des années que l'auteur expérimente l'essence d'absinthe sur les animaux, sans trouver dans ses observations la preuve cherchée des effets fâcheux que beaucoup de savants attribuent à cette essence. Il avoue cependant, qu'ayant suivi depuis cette époque, il y a plus de vingt ans, les travaux publiés sur la question, il s'est rangé décidément du côté de ceux qui voient dans l'absinthe et l'absinthisme un danger social. Aux États-Unis, on débite couramment pendant l'été, dans les bars et dans les pharmacies. au coin des rues, des boissons glacées, apéritives et désaltérantes, à base de safrol. Il est à souhaiter que cette mode américaine ne s'implante pas chez nous. Le safrol, même très dilué, est un excitant des reins dont on peut faire un bon usage en médecine, mais dont il peut être dangereux d'abuser sous forme de boisson d'agrément, absorbée en quantités quelconques.

4° *Emménagogues et abortifs*. — L'expérience populaire a, depuis des siècles, reconnu que certains aromates agissent sur d'autres organes que l'appareil digestif et ses annexes. C'est ainsi que, dans tous pays, on emploie des plantes à essences pour amener les règles et provoquer l'avortement. En Europe, ce sont la sabine, le pouliot, la rue, l'arnica, l'absinthe.

L'expérience sur des animaux a montré que la plupart de ces huiles essentielles agissent sur le foie en déterminant une sorte de dégénérescence graisseuse analogue à celle des empoisonnements par le phosphore. Cela a été vérifié pour le sabinol, principe actif de l'essence de sommités de sabine, par Hildebrand, pour la pouléone de l'essence de menthe pouliot, par divers

auteurs. Cette dernière essence a causé en Angleterre plusieurs empoisonnements graves, dont quelques-uns mortels. Il faut remarquer que sous le nom
d'essences de pouliot, on trouve dans le commerce des produits d'origine
très différente ; l'essence de pouliot d'Espagne provient de la menthe pouliot, mentha pulegium ; l'américaine, de l'hedeoma pulegioides ; la russe, du
pulegium micranthum, celles des Canaries, du bystrosagon origanifolius.
Quelle que soit la provenance, c'est à la pouléone, qui y est contenue à dose
variable, que cette essence doit ses propriétés abortives L'essence de rue est
composée pour les neuf dixièmes de méthylnonylcétone. Celle-ci a été
reconnue par H. Paschkis et Fr. Obermayer, comme un réducteur énergique
de la pression du sang en même temps qu'un irritant local des muqueuses.
Ces deux propriétés expliqueraient ses effets physiologiques.

Les fleurs d'arnica ont été employées en Allemagne depuis des centaines
d'années, comme le prouvent d'antiques manuscrits, aux mêmes fins que la
rue en France , la menthe-pouliot en Angleterre. On ne sait pas grand chose
sur la composition de leur huile essentielle. Une infusion de 20 grammes de
menthe suffit, d'après une observation récente, pour rendre gravement
malade une jeune fille en provoquant des vomissements de sang et une violente irritation des voies digestives.

Rappelons que l'apiol des semences de persil, administré à la dose de
2 décigrammes en solution dans l'huile grasse, est fort en vogue dans ce
moment comme emménagogue.

5° *Diurétiques*. — Alex. Raphaël a publié une étude résumant les observations recueillies pendant plusieurs annnées à l'Institut de Rostock, sur
les propriétés diurétiques de certaines essences. L'essence de genièvre, soit
entière, soit déterpénée (0,4 gr.), est un diurétique actif ; de même, l'hydrate
de terpine à la dose de 1 gramme. L'essence de térébenthine n'a point d'action sensible. Les essences de feuilles de jaborandis, de semences de persil,
de racine d'angélique et de livèche (oleum radicis levistici), sont à la même
dose de 0,4 gr., à peu près également actives. Il va sans dire que ces diurétiques ne peuvent être administrés sans distinction à tous les malades, ils
agissent, non comme la digitale sur le cœur et le système vasculaire, mais
bien sur le rein dont ils irritent le parenchyme à la façon du calomel. L'expérience a montré que les reins réagissent en fournissant une sécrétion plus
abondante lorsqu'on associe plusieurs diurétiques que lorsqu'on emploie l'un
d'eux isolément, même à la plus forte dose. C'est ainsi que l'auteur a été
amené à réunir les principes actifs des diurétiques classiques, ceux de la
tisane de bois des anciens syphilliographes (bois de sassafras et bois de
gayac, etc.), avec quelques-unes des essences récemment étudiées. Un
mélange à parties égales des essences de genièvre, de livèche, de racine d'angélique, de feuilles de jaborandi, d'apiol, de safrol, de bois de gayac, de terpinéol et de bornéol, capsulé à la dose de 0, 1 gr. par perle, fournit un diurétique d'action très sûre et très efficace.

Rappelons, d'ailleurs, que les antiblennorrhagiques, essence de copahu,

de cubèbes, de feuilles de matico, de santal, de cèdre de l'Atlas, etc.,
jouissent également de propriétés diurétiques en même temps qu'elles sont
bactéricides.

6° *Diaphorétiques.* — Dans toute l'Europe on emploie, depuis des siècles,
les tisanes de fleurs de sureau ou de tilleul comme agents provocateurs de la
transpiration. Beaucoup d'auteurs pensent que c'est surtout à l'eau chaude
ainsi absorbée qu'il faut rapporter l'effet obtenu. Dans tous les cas, il est peu
probable qu'il soit causé par les huiles volatiles qui n'existent qu'en dose
homœopatique dans ces fleurs, 0,38 gr. par kg. de fleur sèche de tilleul,
encore moins dans la fleur de sureau. En Russie, le peuple fait usage, comme
sudorifique, d'une tisane plus agréable et peut-être plus active que les précédentes Elle s'obtient en faisant infuser dans l'eau bouillante des framboises séchées.

7° *Anti-sudorifiques.* — Beaucoup de médecins ordonnent encore contre
les sueurs profuses de la tuberculose pulmonaire, la tisane de sauge froide.
Il n'a été publié aucune expérience sur l'action de cette préparation. Comme
on sait aujourd'hui que l'essence de sauge contient de la thuyone (absin-
thone) et du bornéol, on peut admettre qu'elle relève la pression du sang,
tonifie les vaisseaux et facilite ainsi l'acte respiratoire. L'explication est
d'autant plus vraisemblable que la thuyone et le bornéol, comme la picrotoxine à faible dose et l'acide camphorique, d'ailleurs employés pour le
même objet, sont des excitateurs des centres nerveux, de la moelle, qui
facilitent la respiration et activent la circulation. C'est par là qu'indirectement ils réduisent la sueur des malades chez qui les fonctions sont ralenties,
alors qu'ils agissent plutôt en sens contraire sur les sujets bien portants.

8° *Antiseptiques.* — Les applications de l'essence de térébenthine, dite
ozonée, et du myrthol, comme désinfectants chez les malades atteints de
bronchite putride ou de gangrène pulmonaire, sont connues depuis longtemps. Au lieu de l'essence de térébenthine, souvent mal supportée, l'auteur
emploie depuis longtemps avec succès le limonène.

Comme stérilisant pour la bouche et la gorge, on peut recommander le
salicylate de méthyle, l'essence de Wintergreen ou de betula lenta, qui se
prépare aussi synthétiquement en grandes quantités. Ce composé s'administre avec succès à la dose de plusieurs grammes contre le rhumatisme
articulaire aigu.

Les essais poursuivis par plusieurs auteurs sur le pipéronal (héliotropine),
ont mis en lumière les propriétés antiseptiques et antipyrétiques de ce composé d'odeur très agréable et d'ailleurs inoffensif, même à hautes doses. Après
avoir joui d'une grande vogue comme parfum, il n'y aurait rien de surpre-
nant à voir le pipéronal revenir à la mode, comme médicament.

Le menthol et le thymol sont employés pour les préparations dentifrices
et comme antiseptiques de l'intestin. Nombre d'autres essences, on peut dire
même la plupart d'entre elles, jouissent de propriétés antiseptiques plus ou
moins marquées. On peut ranger dans un groupe spécial celles qui aug-

mentent la quantité des leucocytes, luttant ainsi indirectement contre
l'envahissement des microbes. Les mieux étudiés à ce point de vue, sont
l'essence de térébenthine, la teinture de thuya et l'essence de baume du
Pérou.

9° *Antiparasitaires externes.* — Contre la teigne, on a remplacé le baume
du Pérou et le styrax, devenus de plus en plus rares, par le benzoate de
benzyle, l'un des constituants actifs de ces baumes-résines.

On sait peu de choses sur les essences de divers insecticides, de la poudre de
pyrèthre ou de quelques espèces de chrysanthèmes employés en Europe, ni
des poudres de Blumea densiflora lacera, ou balsamifera dont on fait
usage aux Indes et en Chine. Dans l'essence de Blumea balsamifera, on a
reconnu le bornéol comme constituant quantitatif principal.

Contre les poux de tête et du corps, les paysans de l'Europe centrale
emploient, depuis un temps immémorial, les semences de persil et d'anis.
Leur efficacité est due uniquement aux essences qu'elles contiennent et plus
particulièrement à l'apiol et à l'anéthol.

L'essence de girofles paraît être particulièrement désagréable aux mouches,
moustiques et autres insectes volants qu'on peut ainsi éloigner des chambres
de malades, terrasses ou balcons. Toutefois, quelques personnes se fatiguent
à la longue de cette odeur.

Les vêtements et collections peuvent être efficacement protégés par le
camphre, les essences de camphre, les essences de cajeput, d'amandes
amères.

10° *Anthelmintiques.* — Contre les oxyures, les infusions en lavement de
gousses d'ail, d'oignons, de ciboulettes, d'assa fœtida, sont employées avec
succès. Il n'y a pas lieu d'essayer de leur substituer les solutions des essences
correspondantes.

Pour les lombrics, la santonine est aujourd'hui le remède le plus employé.
Il résulte cependant de plusieurs observations qu'elle n'est pas le seul principe actif du semen-contra. C'est ainsi que Fræhner a constaté que pour
expulser les vers intestinaux du cheval ou du gros bétail, il faut des doses
de 10 à 25 grammes de santonine qui correspondraient, à la teneur moyenne
de 2 pour 100, à 500 et 1.250 grammes de semen-contra. Or, dans la pratique
on obtient l'effet cherché avec des doses cinq fois moindres, de 100 à 250
grammes de semences. D'autre part, Battandier et Grimal ont fait connaître
une variété d'armoise, artemisia herba alba (asso) qui ne contient pas de
santonine, mais assez riche (0,3 °/₀) en huile essentielle, contenant du cinéol,
dont l'effet vermifuge est bien marqué. Il en est de même de l'essence ou de
l'extrait de tanaisie, riches en thuyone.

Il semble qu'il y aurait avantage à adjoindre une de ces essences, ou le
cinéol, qu'on trouve à l'état pur dans le commerce, aux préparations de santonine qui ne se sont pas toujours montrées inoffensives.

Les gâteaux vermifuges de Spinola, très réputés parmi les agriculteurs,
sont composés de tanaisie et de roseau aromatique à parties égales. Nous

n'avons pas encore d'observations directes sur l'effet vermifuge du roseau aromatique.

Aux États-Unis et au Brésil, c'est le thé des Jésuites (chenopadium ambrosioides L. avec ch. anthelminticum et ch. suffroticosum L.) qui fournissait l'anthelmintique populaire. La pharmacopée des États-Unis prescrit aujourd'hui l'huile essentielle des semences de ces plantes. Il n'a été publié encore aucune étude sur les constituants de ces essences.

L'expérimentation physiologique paraît avoir démontré, et la pratique médicale justifié, dans le cas des vermifuges, comme pour les diurétiques, les avantages d'une association de principes sur la drogue ou le principe simple, même très actif. Beaucoup d'anciennes préparations composées de multiples ingrédients n'étaient pas aussi ridicules qu'il a été de mode de le proclamer il y a une dizaine d'années. La littérature des remèdes contre le ténia, le bothriocéphalus et l'anchylostome est particulièrement instructive à cet égard.

L'extrait de rhizoma filicis maris contient un acide auquel sont dues en grande partie ses propriétés vermifuges ; toutefois cet acide administré isolément, même à la dose de plusieurs grammes, est sans efficacité. Ce n'est qu'à l'état de dissolution dans une huile grasse, associé à une huile essentielle, c'est-à-dire sous la forme où il se trouve dans l'extrait, que l'acide filicique développe ses vertus anthelmintiques.

Bœhm a montré que l'essence de tanaisie est riche en butanone. Bien qu'active, celle-ci n'agit sûrement que si on l'associe, en solution dans une huile, avec une autre huile essentielle, térébenthine ou thymol.

11° *Antidotes.* — Les injections de camphre rendent d'excellents services contre les empoisonnements phosphorés faits connus depuis longtemps, mais les auteurs ne s'accordent pas encore sur le mode d'action de cet antidote.

12° *Topiques, rubéfiants, vésicants.* --- Pour ramener la circulation dans les membres engourdis, la médecine traditionnelle fait usage de bains de moutarde ; on emploie avec un égal succès les frictions d'eau-de-vie de genièvre. Un effet analogue s'obtient chez les enfants scrofuleux ou rachitiques au moyen des bains additionnés d'eau-de-vie de roseau aromatique, d'alcoolat d'essence de moutarde, d'eau-de-vie camphrée, d'eau de Cologne. On connaît, d'ailleurs, une foule de préparations rubéfiantes, employées contre le rhumatisme musculaire ou articulaire chronique, contre la pleurésie sèche, la péricardite, etc., à base d'essences de térébenthine, romarin, camphre, etc. Ces préparations sont plus maniables et aussi efficaces que la teinture d'arnica, encore prescrite, bien que plusieurs auteurs aient signalé ses inconvénients contre les brûlures, il est avantageux d'additionner l'onguent oléocalcaire classique d'une dose convenable d'essence de menthe qui contribue à diminuer la douleur.

13° *Excitants.* — Le camphre et le bornéol agissent tous deux en injections sous-cutanées comme excitants du système nerveux central et du cœur

L acétate de bornéol offre des propriétés analogues, mais non le menthol qui, après une courte période d'excitation, produit au contraire un effet déprimant.

14° *Sédatifs et narcotiques*. — Les pommades ou liniments à base d'essence de menthe, sont des sédatifs locaux intéressants.

Les préparations de valériane jouissent de propriétés calmantes reconnues. L'essence de thym et surtout l'essence de cyprès sont efficaces contre les accès de coqueluche. L'essence de racine d'armoise a été préconisée contre l'éclampsie infantile Dans les cas d'asthme suffocant, l'oxycamphre C $^6H^{14}O^2$ peut rendre d'excellents services.

L'auteur a signalé dès 1877, que l'inhalation des vapeurs de térébenthine détermine l'anesthésie profonde. De là, l'idée d'employer comme narcotique chirurgical un mélange de chloroforme et d'essence de thérébentine. Zahradnicky rapporte avoir chloroformé au moyen de ce mélange 421 malades sans avoir observé une seule fois le moindre symptôme alarmant. Il serait assez indiqué de reprendre ses essais en remplaçant l'essence de térébenthine par son isomère le limonène qu'on trouve dans le commerce à l'état pur et dont l'odeur est plus douce et plus agréable.

15° *Expectorants*. — Pour faciliter l'expectoration aux pulmoniques, catharreux, emphysémateux, asthmatiques et autres malades des voies respiratoires, on emploie avec succès l'anéthol associé à l'alcali volatil (liquor ammonii anisatum). Des préparations de ce genre sont fort appréciées en Russie, Suède et Norvège, Danemark.

Dans les sanatoriums où l'on traite des tuberculeux, on injecte dans les salles où se rassemblent les malades, durant les journées pluvieuses et froides, des pulvérisations d'eau contenant en dissolution de petites doses d'essences de pins, sapins, mélèzes, de myrtol, limonène ou autres essences analogues.

On voit que les huiles essentielles fournissent déjà d'intéressantes applications médicales. Beaucoup de leurs constituants n'ont pas encore été suffisamment étudiés au point de vue de leur action physiologique *per os*. Cependant, l'ensemble de ceux connus aujourd'hui, peut se ranger en deux groupes principaux suivant leur action sur le système nerveux central : les narcotiques et les excitants. Aux premiers, se rattachent les hydrocarbures, pinène, limonène et les éthers d'alcool primaires. Les constituants cétoniques comme la thuyone, la tanacétone, etc., sont excitants et agissent comme tels particulièrement sur les reins.

Le reproche qu'on pouvait avec quelque raison adresser aux huiles essentielles d'être des préparations composées, à dosage incertain, doit être écarté depuis que l'on sait isoler les constituants à l'état pur et obtenir par leur mélange des produits constants et d'action toujours égale. Même sans aller jusqu'à la séparation complète des constituants, l'industrie fournit aujourd'hui des essences déterpénées, dont les composés actifs peuvent être dosés avec assez de précision pour qu'on puisse en attendre des effets aussi réguliers que ceux qu'on obtient d'une foule d'autres préparations pharmaceutiques, par exemple des extraits de plantes médicinales. »

Autres applications. — Les applications principales des essences sont dans la parfumerie, dans la distillerie et en thérapeutique.

En thérapeutique, on emploie également les alcoolats ou solutions alcooliques et les eaux distillées. Les applications ont été indiquées plus haut dans le travail sur les propriétés physiologiques et pharmaceutiques. '

Distillerie. — Nous verrons au chapitre des eaux-de-vie, les produits naturels et directs. Mais on fabrique avec les essences toute une série de produits pour lesquels nous donnerons aussi quelques recettes au même chapitre.

.·.

Les *essences de fruits* sont souvent des mélanges d'éthers. L'essence de banane est un mélange à parties égales d'éther butyrique et d'éther amylacétique dissous dans l'alcool, 5 d'alcool pour 1 du mélange. Voici quelques recettes, d'après Piesse, pour :

une essence de fraise : éther nitrique 10 gr., acétate d'amyle 50 gr., formiate d'éthyle 10 gr., butyrate d'éthyle 50 gr., salicylate d'éthyle 10 gr., acétate d'amyle 30 gr., butyrate d'amyle 20 gr., glycérine 20 gr., alcool à 100°, 1 litre.

une essence de framboise : éther nitrique 10 gr., aldéhyde 10 gr., acétate d'amyle 60 gr., formiate d'éthyle 10 gr., benzoate d'éthyle 10 gr., solution alcoolique saturée à froid d'acide tartrique 50 gr., glycérine 40 gr., alcool à 100°, 1 litre.

une essence de melon : éther sébacylique 10 p., éther valérianique 5 p., glycérine 3 p., éther butyrique 4 p , aldéhyde 2 p., éther formique 1 p.

une essence de poire : éther nitrique 50 gr., acétate d'amyle 100 gr., alcool à 100°, 1 litre.

Parfumerie.— On trouvera à la fin du chapitre xx une série de recettes de produits de parfumerie préparés au moyen des essences.

Voici une liste des principaux parfums artificiels présentée d'après leurs fonctions, et avec leur parfum dominant.

I. — *Carbures d'hydrogène.*

Dérivés nitrés : Nitrobenzine, Amandes amères (ess. de mirbane).
Di- et Trinitro-butyltoluène ou xylène, musc.

II. — *Alcools.*

1° Série grasse : Linalol, Géraniol, Citronellol ou rhodinol, rose.
2° Série terpénique : Bornéol et Isobornéol, camphre ; Terpilénol, lilas et syringa (ess. de muguet) : menthol, menthe.
3° Aromatiques : Alcool cinnamique, jacinthe.
4° Phénols : Thymol, thym ; Eugénol, girofle ; Isoeugénol, œillet ; Isoestragol (anéthol), anis ; Safrol et Isosafrol, anis.

III. — *Aldéhydes.*

Citral, citron ; Al. benzylique, amandes amères ; Al. a-toluique, jacinthe ; Al. cinnamique, cannelle ; Al. salicylique, reine des prés ; Al. anisique, aubépine ; Al. méthylprotocatéchique, vanille ; Al. pipéronylique, héliotrope.

Acétophénone ; Irone, iris ; Ionone, violette.

IV. — *Éthers-Sels.*

Éthers du méthyle: Benzoate, odeur balsamique (ess. de niobé; Cinnamate; Salicylate, reine des prés (ess. de wintergreen).

Éthers de l'éthyle : Nitrite, pomme ; Formiate, rhum ; Acétate, cidre ; Butyrate, ananas : Valérianate ; Oenanthylate, essence de cognac ; Pélargonate, coing ; Caprate, vieux vin ; Benzoate ; Cinnamate, odeur aromatique ; Salicylate.

Éthers de l'amyle : Nitrite ; Acétate, poire (jargonelle) ; Butyrate ; Valérianate, pomme.

Divers : Acétate d'acétyle, foin coupé.

Éthers terpéniques : Acétate de bornyle, pin ; Acétate de linalyle, bergamote ; Acétate de géranyle, lavande.

Éthers phénoliques : Éther méthylique du b-naptol, néroli ; Éther éthylique.

DESCRIPTION DES PRINCIPALES ESSENCES

Essence d'Absinthe. Préparée en Algérie, en France, en Espagne, aux États-Unis ; elle renferme de l'absinthol ou thuyone $C^{10}H^{16}O$. On la falsifie surtout avec de l'alcool, de l'essence de térébenthine et du baume de copahu ; elle se résinifie alors rapidement en prenant une coloration jaune.

Essences d'Achillea. Produits divers suivant l'espèce d'achillée ; la plus répandue est l'essence de millefeuille, son odeur rappelle.celle du camphre ; d. 0,85 à 0,92 ; très soluble dans l'alcool, un peu soluble dans l'eau.

Essence d'Ail. Elle renferme entre autre un bisulfure d'allyle et de propyle (Semmler).

Essence d'Amandes amères. Le produit naturel, provenant de la distillation des amandes amères est devenu une rareté ; il est constitué par de l'aldéhyde benzoïque que l'on prépare aujourd'hui artificiellement. L'essence est vénéneuse et le doit en grande partie à l'acide prussique qu'elle renferme. Edm. Bourgoin (S. chim., 1872) distingue l'essence d'amandes amères et la nitrobenzine par la coloration jaune ou rougeâtre donnée avec la potasse caustique.

Essence d'Ambrette, ou musc végétal et Solide à la température ordinaire. elle renferme de l'acide palmitique ; débarrassée de cet acide, elle reste liquide même à 0°.

Essence d'Angélique. Fabriquée en Saxe, au Japon, dans le sud de la France. Elle renferme 75 pour 100 d'un terpène, le *térébengélène*.

Essence d'Anis. Fabriquée à Krasnojé (Russie). 100 kg. de graines donnent 2 k.55 environ d'essence. Huile réfringente incolore. Sa valeur dépend de la proportion d'anéthol qu'elle contient ; elle en tient jusqu'à 90 p. 100. Elle est falsifiée avec de l'essence de fenouil ou de badiane. En dehors de l'anéthol elle renferme du méthylchavicol ; son point de solidification est entre 15° et 19°.

Essence d'Arnica (fleur). Renferme de l'acide laurique, de l'acide palmitique et de la paraffine. Elle se prend en masse par le refroidissement.

Essence d'Aspic ou essence de grande lavande. Fabriquée en Espagne, à Monaco, à Grasse. Composée de camphre, de linalol et d'un peu de bornéol et d'isomères. Est souvent falsifiée par addition d'essence de térébenthine.

Essence d'Aubépine. N'est autre que l'aldéhyde anisique.

Essence de Badiane ou anis étoilé. Fabriquée en Chine et au Tonkin. Elle contient jusqu'à 95 pour 100 d'anéthol et du méthylchavicol. Elle se solidifie entre 14° et 18°. L'essence du Tonkin est la plus pure. Les produits chinois sont très falsifiés.

Essence de Basilic. L'essence de basilic de la Réunion contient environ 60 p. 100 d'estragol ou de méthylchavicol. L'essence allemande diffère de celle de la Réunion par son odeur et sa composition ; elle ne contient que 25 p. 100 de méthylchavicol. L'essence française renferme jusqu'à 60 pour 100 de linalol.

Les indigènes de Sierra-Leone emploient les plantes fraîches de l'*ocimum viride* Willd, dont les feuilles sont très aromatiques, comme protection contre les moustiques. L'infusion des feuilles est employée comme fébrifuge et sudorifique.

Essence de Bergamote. Elle provient du fruit du *Citrus Bergamia Risso*, cultivé seulement en Calabre, centre principal Reggio. On la prépare par expression du zeste. Le mot de bergamote viendrait du turc *Ber-ar ma di* : princesse des poires et non de la ville de Bergame où cette espèce n'est pas cultivée. Elle renferme du limonène, du dipentène, de l'acétate de linalyle qui en est le constituant le plus important, car si l'on saponifie par la potasse, il ne reste plus qu'une faible odeur de linalol ; du linalol gauche, du camphre de bergamote ou bergaptène, l'éther monométhylique d'une dioxycoumarine, dérivée de la phloroglucine. L'essence de bergamote est très estimée en parfumerie à cause de la fixité de son odeur.

Le poids spécifique de l'essence pure oscille entre 0,882 et 0,886 ; tout produit s'écartant de ces limites peut être considéré comme falsifié. L'addition d'essence de térébenthine, de citron, d'orange, diminue le poids, tandis que l'addition d'huile grasse, essence de cèdre, etc., l'élève.

Essence de Bétel. Fabriquée dans l'Inde. Composée surtout de chavicol. Employée en Angleterre et en Allemagne pour traiter la rache et les croûtes teigneuses chez les enfants.

Essence de Bois de rose femelle. Voir *Essence de Linaloé.*

Essence de Bouleau américain. Elle renferme du salicylate de méthyle.

Essence de Bruyère. Sous ce nom, on importe d'Australie une essence d'odeur aromatique agréable, légèrement colorée en vert. On a pu y reconnaître des traces de cuivre. La provenance botanique n'est pas connue.

Essence de Camomille. Fabriquée en Allemagne. D'une teinte bleue lorsqu'elle est fraîche, elle prend peu à peu une nuance plus verdâtre et dès la seconde année devient franchement verte malgré tout ce que l'on peut faire pour sa conservation. Elle renferme environ 18 pour 100 d'acide angélique et de l'alcool butylique normal. L'alcool tiglique ne préexiste pas dans l'essence. Elle est falsifiée surtout avec l'essence de cèdre, parfois avec l'essence de térébenthine, ou celle de citron.

Essence de Camphre. Fabriquée au Japon. A'été employée comme parfum dans la savonnerie, mais son prix assez élevé l'a fait abandonner pour cet usage. On s'en sert encore pour la dorure, la peinture sur porcelaine, etc.

Essence de Cananga. Fabriquée aux Indes hollandaises. Elle est jaune, épaisse et d'odeur résineuse. On la purifie par rectification dans le vide.

Essence de Cannelle. Fabriquée en Chine et à Ceylan. Elle contient surtout de l'aldéhyde cinnamique. Est souvent falsifiée, soit par addition de résines, soit par addition de pétroles lourds ou d'alcool.

L'essence de feuilles contient une forte proportion d'eugénol avec une trace seulement d'aldéhyde cinnamique, tandis que l'essence d'écorces est formée de 60 à 85 pour 100 d'aldéhyde cinnamique avec 4 à 8 pour 100 seulement d'engénol.

Essence de Carvi, Cumin ou Kummel. Elle est formée surtout de carvone $C^{10}H^{14}O$ et de limonène. On recueille les semences de Carvi dans l'Europe centrale et septentrionale.

On falsifie avec de l'essence de térébenthine, de l'alcool.

Essence de Cassies. Renferme l'éther méthylsalicylique, de l'alcool benzylique, une cétone à odeur agréable de violette, du géraniol, du linalol, les aldéhydes cuminique et décylique. Le rendement de la fleur de cassie en essence est de 0,084 pour 100. La maison Schimmel a breveté la fabrication d'essences artificielles de cassies, par des mélanges des constituants ci-dessus reconnus.

Essence de Cédrat. Elle est très rare dans le commerce à l'état pur. Elle renferme du citral et diffère très peu de l'essence de citron.

Essence de Cèdre. Distillée en Europe avec du bois venant de Virginie ou du Mexique, généralement avec les copeaux provenant de la fabrication des crayons. Huile grasse à odeur caractéristique. Elle renferme un alcool solide, le *cédrol* $C^{15}H^{26}O$, environ 15 pour 100.

Essence de Cerisier sauvage. Renferme de l'aldéhyde benzoïque et de l'acide cyanhydrique.

Essence de Citron. Fabriquée surtout en Italie, qui produit chaque année 3 milliards de fruits d'hespéridées : citrons, bergamotes, oranges, mandarines. On l'obtient par expression du zeste ; les résidus ou les fruits avariés sont distillés et donnent ainsi une seconde essence de qualité inférieure à la première. L'essence obtenue par expression, ou essence du zeste, est jaune ; l'essence distillée est blanche et a une odeur de térébenthine qui la distingue. L'essence de citron peut quelquefois se troubler spontanément, dans ce cas, il faut la filtrer et ne jamais la rectifier par une seconde distillation. L'essence de citron renferme de 85 à 90 pour 100 de limonène, du citral, du citronellal ; ces deux derniers composés lui communiquent son odeur agréable. L'essence de Palerme renferme de l'acétate de géranyle.

On la falsifie avec de l'essence de térébenthine, fraude que l'on reconnaît facilement à l'abaissement du pouvoir rotatoire qui, normalement est compris entre + 59° et + 67°. L'addition d'un mélange judicieux d'essence de térébenthine et d'essence d'oranges douces, est plus difficile à reconnaître. L'addition de terpènes de citron peut se constater par dosage du citral, qui diminue.

Le camphre de citron ou citraptène, obtenu par distillation dans le vide, de l'essence de citron, est un mélange d'un sel organique infusible et d'une partie hétérogène fusible (Lautier).

L'essence de citron est employée dans la fabrication des sirops, liqueurs et limonades, ainsi qu'en parfumerie. D'après le Bulletin de la Maison Lautier fils, de Grasse, l'essence de citron, mélangée avec les essences de romarin, de girofle, de carvi, etc., donne des produits d'odeur agréable. Elle entre pour une grande part dans la préparation de l'eau de Cologne. Il faut bien se garder de parfumer les graisses avec cette essence, car elle a une tendance à produire leur rancissement.

L'industrie prépare des essences de citron concentrées, dites sans terpènes, qui sous un faible volume représentent une grande quantité de parfum ; outre leur côté pratique (diminution des frais de transport et d'emballage, appréciable pour les exportations), ces essences possèdent l'avantage de ne pas communiquer à certains produits des traces de térébenthine que l'on retrouve même avec des essences pures, et elles sont d'une conservation plus facile. Les essences de citron solubles, que l'on fabrique depuis quelques années déjà, ont trouvé un accueil très favorable auprès des fabricants de sirops, liqueurs et limonades.

Essence de Citronnelle. Fabriquée à Ceylan. La production s'élève à environ 500.000 kg., elle est absorbée par l'Angleterre et par l'Amérique. Elle est employée en Allemagne pour l'extraction industrielle du géraniol, car elle en renferme de 50 à 60 pour 100. Vu son bas prix, elle est peu falsifiée, sauf par le pétrole et jusqu'à 60 pour 100. Elle se dissout dans 2 à 3 fois son volume d'alcool à 80 pour 100. Son odeur peu agréable la fait surtout employer pour la savonnerie commune. On l'emploie aussi beaucoup à la préparation du géraniol pur.

Civette. La civette d'Abyssinie fond vers 36°-37°. La civette n'est entièrement soluble dans aucun véhicule. L'éther, la benzine, le chloroforme et tous les autres solvants organiques en dissolvent la plus grande partie à froid. La civette est moins soluble dans l'alcool et l'acétone, elle est insoluble dans l'eau. Le résidu insoluble, 3 à 5 pour 100, est formé de débris de poils, poussières, etc. L'odeur spéciale de la civette est due au scatol (Hébert), associé à un composé d'odeur musquée assez fine.

La civette est fréquemment falsifiée avec de la vaseline, des pulpes de bananes ou de l'huile de coco.

Essence de Cognac. S'obtient par distillation des lies de vin fraîches, lavées et exprimées. Employée pour fabriquer des eaux-de-vie dites *cognac* avec des trois-six de betteraves. Dans sa préparation, il faut opérer par entraînement à la vapeur d'eau sans chauffer directement le vase contenant les lies, autrement, il est difficile d'éviter le coup de feu qui ôte à l'essence une partie de sa valeur.

Essence de Copahu. Fabriquée à Culcutta, Woodoil anglais. Elle est surtout employée pour falsifier d'autres essences, en Amérique, en Allemagne et en Turquie, notamment l'essence de roses.

Essence de Coriandre. Fabriquée en Allemagne, en France, en Moravie, au Maroc, en Russie. Cette essence est employée dans la préparation des liqueurs et pour parfumer les chocolats. Elle est souvent fraudée, surtout avec du pétrole.

Essence de Cumin. Renferme du cymène et de l'aldéhyde cuminique. On la prépare avec des fruits qu'on récolte à Malte, au Maroc, en Syrie, aux Indes Orientales.

Essence de Cyprès. Employée en Allemagne contre la coqueluche. On s'en sert pour garnir les ozonateurs des chambres de malades. Elle renferme des traces de furfurol, du camphène et du sylvestrène, du cymène, une cétone et deux alcools terpéniques, dont l'un probablement identique au sabinol de Framm.

Essence d'Estragon. Fabriquée en France et en Saxe ; elle est essentiellement constituée par l'isomère allylique de l'anéthol, le méthylechavicol ou estragol $C^{10}H^{12}O^2$. C'est un liquide réfringent, incolore, bouillant à 215°-216°.

Essence d'Eucalyptus Fabriquée surtout en Australie et en Algérie ; elle renferme 60 à 70 pour 100 d'eucalyptol. Celle provenant de l'Eucalyptus maculata, bout entre 160° et 200°.

La production de l'essence d'Eucalyptus va toujours croissant. La province de Victoria, seule, en exporte environ 250 tonnes. Le Portugal et l'Algérie en produisent quelques milliers de kg. C'est l'eucalyptus, variété globulus, qui fournit la majeure partie de cette essence. Le bulletin de Schimmel, d'oct. 1903, donne les constantes de 109 essences d'eucalyptus collectionnées par Baker et Smith, de Sidney.

Comme antiseptique, l'eucalyptol ou cinéol, l'un des constituants les plus répandus, est aussi le moins actif. Le *bacilus coli communis*, tué en 10 minutes par l'aromadendral; en 40 minutes par le phellandrène ou la pipéritone, composé à odeur de menthe, rencontré dans plusieurs eucalyptus, résiste pendant 1 heure et demie à l'eucalyptol. L'action antiseptique des essences d'eucalyptus est exaltée par l'ozonisation.

La principales indications de l'essence d'eucalyptus sont, d'après les médedins australiens et anglais :

En inhalations, contre la diphtérie, la scarlatine, l'érysipèle, etc. En injections sous-cutanées, contre la septicémie, l'érysipèle, etc. En potions, *per os*, contre la bronchite, la phtisie, la scarlatine. L'infusion des feuilles rend de bons services dans la malaria et le diabète.

L'eucalyptol n'est pas toxique ; des doses journalières de 10 gr. ont pu être supportées pendant longtemps sans troubles notables.

Le goménol renferme 56 pour 100 d'eucalyptol. Ni toxique, ni caustique.

Essence de Fenouil. Fabriquée en Roumanie ou en France, elle contient, à côté de l'anéthol et d'une petite quantité d'un camphre spécial, la Fénone, une assez forte proportion de méthylchavicol, son isomère.

Essence de Gaultheria ou essence de Wintergreen. Formée en majeure partie par l'éther salicylméthylique, Cahours, 1843. Elle est remplacée presque partout, sur le marché, par l'essence artificielle qui, d'ailleurs, vaut autant. La falsification la plus fréquente de l'essence de Gaulthéria naturelle ou artificielle, consiste dans une addition de benzoate de méthyle. Quelquefois, on y ajoute de l'essence de térébenthine ou un sesquiterpène.

Essence de Gayac. Possède une odeur goudronneuse caractéristique. Elle est de consistance butyreuse et contient une substance de nature alcoolique $C^{15}H^{26}O$, fondant à 91°C. On lui donne souvent, mais à tort, le nom d'essence de Champaca.

Essence de Genièvre. La plus estimée par les distillateurs est préparée en Allemagne avec des baies de provenance italienne, qu'on distille avec de l'eau. Les baies se récoltent en Italie, en Hongrie, en Bavière, en Prusse.

Essence de Géranium, de palmarosa, de pelargonium. Fabriquées aux Indes, à la Réunion, dans le midi de la France. L'essence de l'Inde, rusa-oil, contient 68 à 83 pour 100 de géraniol libre; 8,5 à 13,5 et jusqu'à 20 pour 100 d'acétate et caproate de géranyle. Elle contracte à la longue, dans les bidons métalliques, une odeur étrangère, désagréable et persistante; il importe donc de la conserver dans des vases en verre. Les essences d'Espagne renferment 65 pour 100 de géraniol, 35 pour 100 de citronnellol; celles d'Algérie, 80 pour 100 de géraniol et 20 pour 100 de citronnellol; celles de la Réunion, 50 pour 100 de géraniol et 50 pour 100 de citronnellol. Elle est employée en Allemagne pour extraire le géraniol; en Bulgarie, pour frauder l'essence de roses.

Essence de Girofles. Une grande partie de cette essence se distille en Allemagne avec des matières premières provenant de Zanzibar. Elle est très employée dans la savonnerie. L'eugénol forme 90 à 92 centièmes de l'essence de girofle pure. Il existe aussi un sesquiterpène : le caryophyllène et du furfurol. La présence de ce dernier explique que l'essence brunit avec le temps. L'essence sert à la préparation de l'eugénol avec lequel sont fabriquées aujourd'hui de grandes quantités de vanilline.

Essence d'Heracleum spondylium L. Formée pour le tiers au moins d'acétate d'octyle.

Essence de Houblon. — Employée dans la fabrication de la bière. L'essence de houblon d'Espagne ou Origan de Crète, celle de houblon de Smyrne ou Origan de Smyrne renferment, la première, 60 à 85 pour 100 de carvacrol; la seconde, 30 à 60, toutes deux du cymène, la seconde du linalol.

Essence d'Iris. Fabriquée avec la racine sèche d'iris, en Italie. On peut en isoler le parfum par la phénylhydrazine; on obtient alors l'*irone* $C^{13}H^{18}O$, isomérique avec l'ionone, qui a le parfum de la violette.

Essence de Jasmin. Les travaux de A. Hesse ont montré qu'on pouvait tirer partie des fleurs enfleurées et en extraire un supplément de parfum au moyen d'un solvant volatil. Ils ont conduit aussi à la fabrication d'extraits artificiels de jasmin, par le mélange des constituants : acétate de benzyle, alcool benzylique et linalol, éventuellement traces d'éther méthyl-anthranilique et d'indol.

Heine (br. all., 1900) obtient une essence artificielle de jasmin en mélangeant les acétates de benzyle et de linalyle, le linalol, l'éther méthylique, l'acide anthranilique, une acétone liquide appelée jasmone $C^{11}H^{16}O$. Elle est soluble dans l'eau, dérive de l'huile naturelle de jasmone, bout à 257°-258°C, sous une pression de 755mm., a pour densité à 15° 0,945. On peut y ajouter de l'indol. L'acétal éthylique, ou *Jasmal* dérivé du phénylglycol, a l'odeur du jasmin *Verley* (br. fr., 98).

Le jasmin, récolte de juillet-août, donne un rendement dont 0,025 de jasmone pour 100 ; de 0,077 la récolte de septembre-octobre donne un rendement de 0,718 pour 100.

Bibliographie : Sur l'essence de jasmin; *A. Hesse* (Monit. scientif., 1901, p. 191).

Essence de Laurier. Importée d'Amérique : bay-oil. Elle renferme de l'eugénol $C^{10}H^{12}O^2$, du myrcène $C^{10}H^{16}$, du chavicol $C^9H^{10}O$, du méthyleugénol, du méthylchavicol.

L'essence de laurier-cerise renferme de l'acide cyanhydrique, de l'aldéhyde benzoïque.

Essence de Lavande. Fabriquée dans le midi de la France, dans les Alpes, ainsi qu'en Angleterre et en Espagne. Les meilleures sont celles des fleurs récoltées dans les Alpes et qui sont distillées à basse pression, d'après les chimistes de la maison Lauthier fils, de Grasse. L'essence de lavande renferme des éthers, du géraniol, du linalol, etc. La teneur en éthers et particulièrement en acétate de linalyle, ne donne pas sa valeur marchande. Les essences de lavande de la Drôme ou du Vaucluse, par exemple, qui tiennent 30 à 40 pour 100 d'éthers, sont cependant considérées comme inférieures à celles des Alpes qui n'en renferme souvent que 23 ou 24 pour 100. L'acétate de linalyle n'est pas le constituant unique puisque par sa saponification avec de la potasse alcoolique, l'essence ne perd qu'une partie de son parfum.

Elle est souvent fraudée avec des essences de bois de cèdre ou d'aspic. Elle compte parmi les plus aisément solubles dans l'alcool à 70 pour 100 (à 90°). Les essences fabriquées avec les plantes récoltées sur les montagnes les plus hautes, possèdent le parfum le plus fin. Elles contiennent de 30 à 40 pour 100 environ d'acétate de linalyle avec du succinate d'éthyle.

Essence de Lémon-Grass. Importée des Indes anglaises et de Ceylan.

Essence de Limon. Le limon aigre donne aux Indes et aux Antilles l'*oïl of limes* ou essences de citron, qui a une odeur fade, et l'huile de linette dont le parfum dominant est celui du citral.

L'essence de limon doux renferme du linalol et de l'acétate de linalol.

Essence de Linaloé, de bois de Rhodes ou de bois de roses. Elle s'extrait du bois de roses femelle ou de Licari-Kanali, de la Guyane ou du bois de roses ou bois de citron du Mexique.

Le commerce européen en fait usage pour falsifier l'essence de roses. Le principal constituant de cette essence est le linalol gauche, qui en représente les 90 centièmes. L'essence de bois de Rhodes du Mexique a été trouvée souvent falsifiée par addition de corps gras, notamment de beurre de coco. C'est la matière première pour la préparation du linalol. Elle est employée avec succès en savonnerie pour composer différents bouquets. Étant neutre, elle persiste dans le savon et son odeur reste douce.

Essence de Mandarine. Préparée en Algérie, dans le sud de l'Italie et en Sicile, par expression du zeste de la mandarine. Elle renferme des terpènes du d-limonène, du citral, du citronellol. La fluorescence de l'essence de mandarine est due à l'éther méthylique de l'acide méthylanthranilique. On la falsifie le plus souvent avec l'essence d'oranges amères et l'essence de térébenthine ; la première fraude abaisse le pouvoir rotatoire, la seconde l'augmente.

Essence de Mélisse. L'essence du commerce est obtenue en distillant l'herbe avec de l'essence de citron ou de citronnelle. Sa constitution n'est pas encore connue.

Essence de Menthe. On la produit en distillant les parties vertes de la menthe verte, de la menthe poivrée ou de la menthe pouliot. Elles sont maintenant fabriquées un peu partout, en France, en Saxe, en Angleterre, mais pour la grande partie au Japon et aux États-Unis. Les États-Unis produisent à eux seuls plus de 200.000 kg., principalement de l'essence de menthe poivrée. En Angleterre, on cultive la menthe poivrée blanche et la menthe poivrée noire ; c'est la blanche qui fournit l'essence la plus fine.

Le constituant essentiel est le menthol libre. Il peut varier de 25 à 70 pour 100. L'essence américaine est généralement la moins riche ; il est probable qu'elle est privée par extraction d'une partie de son menthol. Le menthol existe en outre sous forme d'éthers, acétate, isovalérate et de menthone. La proportion d'éthers du menthol varie de 3,5 à 14 pour 100. Le menthol n'est d'ailleurs pas le seul facteur de la valeur de cette essence, dit M. Gerber, car l'odeur et le goût sont modifiés par les rapports des autres constituants, dont quelques-uns jouent, sans doute, un rôle fort important puisque l'on voit l'essence de Saxe, par exemple, se tenir toujours à un cours beaucoup plus élevé que celui de l'essence japonaise cependant plus riche en menthol, plus élevé même que celui du menthol pulvérisé pur.

Les essences japonaises ont pour densité 0,895 à 0,905 ; les anglaises, 0,900 à 0,910 ; les américaines, 0,910 à 0,920.

L'essence de menthe est falsifiée avec l'essence de cèdre et de garjum.

L'essence de menthe a été proposée pour éloigner les souris.

Essence de Moutarde. Elle renferme de l'isosulfocyanate d'allyle, de cyanure d'allyle, du sulfure de carbone.

Essence le Myrte. La plus estimée provient de Corse et d'Espagne. Elle renferme un terpène droit, qui paraît être du pinène, du cinéol bouillant à 176° et un camphre. La portion de l'essence qui passe entre 160° et 180°, est employée en thérapeutique sous le nom de *myrtol*, dans les affections de poitrine. Le myrtol possède également des propriétés ténifuges.

Néroli. Voir Essence de fleurs d'orangers.

Essence de Nigelle, ou cumin noir. Son odeur rappelle celle de la fraise des bois. Elle présente une fluorescence bleue très prononcée.

Essence d'Oranges Amères. Voir Essence de fleurs d'orangers et Essence de petit-grain.

Essence de Petit-Grain ou d'Orangette. Provient de la distillation des feuilles et des fruits verts de l'oranger, à l'époque de la taille. On obtient en même temps l'*eau de broute.* Provence et Paraguay.

Le petit-grain est le plus souvent remis dans l'alambic quand on distille la fleur, pour faciliter un mélange plus intime avec le néroli. Quant à l'eau de broute, on en remplit en grande partie les bonbonnes que l'on complète ensuite avec de l'eau de fleurs. Ces fraudes, qui ne sont guère pratiquées que pour augmenter la production, quand elle est insuffisante, sont une des causes de l'avilissement des prix. Autrefois, la fleur valait jusqu'à 2 francs le kg., mais elle est descendue aussi jusqu'à 30 cent.

Opoponax. La résine opoponax proviendrait d'un balsamodendron.

Essences de fleurs d'Orangers. Elles proviennent, soit de l'oranger amer, Citrus Bigaradia Risso : néroli ou essence de bigarade ; soit de l'oranger doux, Citrus Aurantium Risso. La dernière est peu importante ; celle qui provient des fleurs de l'oranger amer, par distillation, s'appelle ordinairement *néroli*, du nom de *Flavia Orsini, duchesse de Néroli*, qui mit à la mode ce parfum vers le xviie siècle.

La culture de l'oranger pour la fabrication de l'essence de néroli, comme pour celle de l'eau de fleurs d'oranger, a lieu uniquement dans le Midi de la France ; le centre principal est le golfe de Juan, puis vient Vallauris. Elle occupe un rang important par sa production et donne naissance à une grande activité au moment de la cueillette des fleurs. Celle-ci est faite par des femmes ou des enfants qui cueillent une à une les fleurs afin de ne pas détériorer les boutons non encore épanouis. Par la distillation, on recueille l'essence ou néroli et l'eau de fleurs d'orangers ; cette dernière renferme une quantité d'essence relativement considérable. Le centre principal de la fabrication est Grasse, qui traite chaque année environ 2 millions de kg. de fleurs.

Le néroli entre dans la composition de l'eau de Cologne à laquelle elle donne sa fraîcheur.

L'essence de fleurs d'orangers renferme du linalol gauche et de l'acétate de linalyle, du géraniol, de l'alcool phényléthilique, de l'acide phénylacétique, de l'éther méthylanthranilique, une cétone rappelant la jasmone.

Par suite de son prix élevé, le néroli est souvent falsifié avec de l'essence de petit-grain, de bergamote, de citron, d'orange, avec des huiles grasses et de l'alcool.

Le néroli synthétique est un mélange des principaux constituants : limonène, linalol, acétate de linalyle, éther méthylique ou éthylique du b-naphtol et anthranilate de méthyle, dont le parfum est rehaussé avec une assez forte proportion d'essence naturelle.

L'essence de fleurs d'orangers doux porte par analogie le nom de *Néroli Portugal*.

Essences d'Oranges. Il y en a deux espèces : l'*essence d'oranges douces* ou *essence de Portugal* que l'on obtient par expression du zeste des fruits du *Citrus Aurantium R.* et l'essence d'*oranges amères*, fournie par les fruits du *Citrus Bigaradia R.* Cette dernière a une odeur et une saveur distinctes ; elle est peu importante au point de vue commercial. Sa composition est sensiblement la même que celle de l'essence d'oranges douces qui renferme 90 pour 100 de limonène droit, le seul carbure présent ; des aldéhydes, entre autres, le citral et l'aldéhyde décylique, du d-terpinol, du d-linalol ou coriandrol, de l'alcool nonylique, de l'acide caprylique à l'état d'éther.

On la falsifie surtout avec de l'essence de térébenthine ou d'aurantiacées et surtout avec les terpènes d'essences d'oranges ou de citrons.

On fabrique des essences d'oranges concentrées et des essences déterpénées. L'essence d'oranges douces sans terpènes possède une densité de 0,893 à 0,895 et un pouvoir rotatoire voisin de + 13°. Elle est plus soluble dans l'alcool à 70°. Ces essences présentent le grand avantage d'une entière solubilité, d'une conservation beaucoup plus facile. La puissance de parfum est telle que 1 kg. de ces essences équivaut généralement à 30 kgs d'essence ordinaire.

Essence d'Origan ou dictame de Crète. Elle renferme du carvacrol et du linalol.

Essence de Panais. Constituée en majeure partie de butyrate d'octyle et d'un peu de propionate ; elle rappelle beaucoup l'essence d'héracleum spondylium.

Essence de Patchouli. Importée des Indes hollandaises, la plante sèche est distillée à Amsterdam. Elle renferme un camphre $C^{13}H^{26}O$ et provient de la distillation des feuilles et des sommités des tiges du *Pogostemon Patchouli*, plante de la famille des Labiées, qui croît à Penang, dans les provinces de Wellesley et de Calcutta. Son nom provient du mot hindou de la plante patch, et du mot anglais loaf ou feuille. Les feuilles sont expédiées en Europe, sous forme de ballots de 100 à 200 kgs, qui malheureusement renferment beaucoup d'autres végétaux.

La plus grande partie de l'essence est extraite en Europe. Le rendement moyen est de 3,5 à 4 pour 100. L'essence de patchouli est un liquide plus ou moins visqueux, coloré du brun rougeâtre au brun verdâtre. Son odeur est très puissante. Elle est peu soluble dans l'alcool. Elle renferme de l'alcool patchoulique et des sesquiterpènes. On la falsifie par des essences ayant un fort pouvoir rotatoire lévogyre et une faible odeur : copahu, cèdre, cubèbe. La découverte de ces fraudes est difficile.

Essence de Persil. Obtenue par distillation à la vapeur des feuilles de persil. Elle contient du pinène et de l'apiol ou camphre de persil. On l'emploie en médecine comme diurétique et fébrifuge.

Thoms y a caractérisé la présence de la myristine qui est le constituant principal. D'ailleurs, l'apiol ne diffère de la myristine que par un groupe méthoxyle en plus.

Essence de Poivre Lowong. Fabriquée à Java. Composition inconnue.

Essence de Psoralea bituminosa L, plante connue aussi sous le nom de *Herba trifolii bituminosa* et fort employée autrefois en médecine contre toute sorte d'affections. Elle est abondante dans l'Italie du Nord, en particulier dans la Riviera, aux environs de Gênes. A la distillation, elle ne fournit qu'une faible quantité (0,048 pour 100) d'une essence demi-concrète à la température ordinaire et dont l'odeur ne rappelle en rien le parfum spécial bitumineux de la plante fraîche.

Essence de Reine-des-Prés, contient de l'aldéhyde salicylique.

Essence de Réséda. 600 kg. de fleurs, récoltées en juin, ont fourni 18 gr., soit 0,003 pour 100 d'huile se concrétant par le froid, de couleur jaune, sans fluorescence, à odeur forte et franche de la fleur. Solide à la température ordinaire.

Essence de Romarin. Fabriquée en Dalmatie et surtout dans les îles de Lesina et Lissa. Elle est souvent fraudée avec de l'essence de térébenthine. On rencontre sur le marché de l'essence de romarin contenant jusqu'à 70-75 pour 100 d'essence de pétrole ou de térébenthine.

Essence de Roses. Fabriquée en Bulgarie, dans le midi de la France, et à Miltitz, près de Leipzig. Il paraît n'exister dans le commerce aucune essence de roses non falsifiée. Les Bulgares additionnent toujours leur produit naturel avec de l'essence de Palmarosa ou géranium de l'Inde qui a été introduite en Europe vers 1827. Il est absolument impossible de se procurer de l'essence de rose pure. En Perse, on la falsifie avec de l'essence de Santal. Son prix est de 1.500 francs le kilog. On ne peut l'essayer avec quelque sûreté qu'au moyen de l'odorat ou du rendement dans un alcoolat ou une pommade.

C'est le géraniol qui joue le rôle principal dans l'essence de rose, comme parfum ; le citronnellol ne donne qu'une odeur faible et fade, et joue le rôle d'un diluant conservateur. D'après Dupont et Guerlain, 1896, l'essence de France contient un éther qui contribue à son parfum et si l'essence turque n'en contient pas, c'est qu'elle est préparée à une trop haute température. 8,000 kilogs de rose ont fourni 4,160 kilogs d'essence se solidifiant entre 6° et 7°, soit un rendement de 0,052 pour 100.

Essence de Rue. Est souvent falsifiée par addition d'essence de térébenthine ou même de pétrole ; elle est composée presque en totalité de méthylnonylcétone. C'est la moins dense des essences : $d = 0,833$ à 0,840. Elle se congèle par le froid en une masse solide, entre $+ 9°$ à $+ 10°$.

Essence de Sabine. Elle a cela de particulier qu'elle possède la composition, les propriétés, le point d'ébullition de l'essence de térébenthine Elle a une action caustique sur l'épiderme ; à l'intérieur, elle jouit de propriétés emménagogues et abortives ; à haute dose, elle est toxique.

Essence de Santal. Elle doit renfermer au moins 90 pour 100 de santalol $C^{15}H^{26}O$. On la fraude surtout avec l'essence de cèdre. L'essence du Santalum Preissianum d'Australie, est solide à la t. ordinaire. Cette essence est employée en médecine et en pharmacie.

Les éthers de l'essence de santal (3 à 4 p. 100) donnent par saponification des principes alcooliques, dont l'ensemble constitue une huile épaisse, incolore, à odeur de santal, distillant de 390° à 320° (82 pour 100 de 303° à 208°), soluble dans 3 parties d'alcool à 70°, renfermant le santalol presque pur. Il est vendu par une maison allemande sous le nom de gonorol comme médicament antiblennorragique. En France, on le vend notamment sous le nom d'arhéol pour le même usage.

L'essence de santal la plus estimée est celle des Indes orientales. Elle est soluble dans l'alcool à 70° centés., dans CS^2. Liquide épais, jaune, elle renferme surtout 85 à 90 pour 100 de santalol $C^{15}H^{26}O$, alcool sesquiterpénique.

L'amyrol (Heine et Cie, br. all., 1900) est probablement le véhicule des propriétés médicinales de l'essence de santal, il pourra être employé en pharmacie ; il le sera en parfumerie comme fixatoire.

Essences de Sapin du Canada. Le rendement en essence, le poids spécifique de l'essence, varient suivant l'origine du pin. Ses constituants sont l'acétate de bornyl gauche, le pinène gauche et les sesquiterpènes habituels.

Essence de Sapin. L'essence des cônes du sapin vrai (*abies pectinata*), distillée dans les Alpes styriennes et tyroliennes, possède une odeur des plus fines, due à de petites quantités d'aldéhydes grasses. L'aldéhyde laurique a pu être caractérisée.

Essence de Sassafras. L'essence de racines est constituée pour les 80 à 90 pour 100 de safrol ; a repris de l'importance comme source de safrol. L'essence de feuilles ne renferme pas de safrol, mais un citral, etc.

L'essence de sassafras, soluble dans l'alcool et CS^2, renferme le safrol en presque totalité. Le safrol ou sikmiol donne par le mélange chromique à froid l'aldéhyde méthylène protocatéchique ou l'aldéhyde pipéronylique ou pipéronal qu'on obtenait avant à partir du poivre. Cet aldéhyde est l'héliotropine.

Essence de Semen-Contra. Renferme de la santonine qui lui communique des propriétés vermifuges.

Essence de Tanaisie. Fabriquée aux États-Unis presque exclusivement.

Essence de Térébenthine. Les essences de térébenthines proviennent de la distillation des sucs résineux, ou *térébenthines*, produits par diverses espèces de conifères : pins, sapins, mélèzes. La résine térébenthine fournit 15 à 25 pour 100 d'essence, et le résidu qui reste dans la cornue est la colophane qui renferme 20 pour 100 d'acide abiétique et 20 pour 100 d'acide sylvique. On rectifie par une nouvelle distillation.

On trouve dans le commerce trois variétés d'essences de térébenthines : l'essence française, l'essence anglaise ou américaine, et l'essence russe ou suédoise. L'essence de térébenthine française se compose à peu près exclusivement d'un terpène $C^{10}H^{16}$ lévogyre, le *térébenthène* ou pinène gauche. L'essence de Bordeaux, pure, a une densité de 0,870 à 16°, elle bout à 156°,5. L'essence américaine est surtout constituée par du térébenthène droit ou *australène*. Sa densité est d'environ 0,880. Les essences russes et suédoises contiennent surtout du térébenthène droit et du sylvestrène ; leur densité est 0,875. L'essence de Venise contient des terpilènes. L'essence suisse provient de la distillation des pommes du *Pinus pumilio*.

L'essence de térébenthine est fréquemment falsifiée par de l'alcool, du pétrole, de la benzine et surtout de l huile de résine. Pour reconnaître ces fraudes, il suffit en général de déterminer les principales constantes de l'essence : densité, pouvoir rotatoire, indice de réfraction, résidu à la distillation. On reconnaît facilement l'addition de benzine, en versant quelques gouttes de l'essence à essayer dans l'alcool à 90°-95° ; il se produit un trouble s'il y a de la benzine.

L'essence pure ne doit pas tacher le papier. Abandonnée à l'évaporation sur une plaque de verre, elle ne doit pas laisser de résidu appréciable.

L'essence de térébenthine est un corps mobile, d'odeur aromatique pénétrante. Elle provoque chez ceux qui la manipulent journellement, des maux de tête et une sorte d'ivresse ; l'urine de ces personnes dégage une forte odeur de violette. Des personnes ayant dormi dans des chambres fraîchement peintes, ont été souvent retrouvées dans un état de prostration complet. L'action prolongée de ces vapeurs provoque l'eczéma professionnel.

Au point de vue médical, l'essence de térébenthine est un révulsif et un stimulant. Des frictions avec une huile contenant le 1/4 ou la 1/2 de son poids, suffisent souvent pour enrayer un rhume à ses débuts. L'essence de térébenthine est employée comme antidote dans le cas d'empoisonnement par le phosphore ou par l'acide phénique. En médecine vétérinaire, l'essence de térébenthine est très employée pour faire tomber les tiques. On utilise un mélange de benzine et d'essence de térébenthine.

L'essence de térébenthine brûle dans l'air, avec une flamme fuligineuse, en dégageant 10,850 calories ; elle a servi à carburer l'alcool.

L'essence de térébenthine est insoluble dans l'eau, elle est miscible à l'alcool, à l'éther et à l'acide acétique. C'est un bon dissolvant du soufre, du phosphore, des corps gras, des résines et du caoutchouc. Les propriétés dissolvantes de l'essence de térébenthine la font employer au détachage des étoffes, à la fabrication des vernis, des peintures à l'huile de lin et des encaustiques.

Enfin, comme application de détail, elle est employée pour faciliter le forage du verre.

Nous verrons les vernis aux résines.

L'essence de térébenthine additionnée de deux fois son poids d'alcali volatil, sert pour enlever les couleurs ou laques qui résistent à la potasse. Il suffit de recouvrir de ce mélange et d'essuyer quelques secondes après avec un tampon d'étoupe.

Un mélange à parties égales d'essence de térébenthine, de colophane et de benzine sert pour imperméabiliser les cuirs à courroie ou à semelles.

L'essence de térébenthine s'oxyde lentement à l'air en jaunissant et en se résinifiant. Il se forme des acides pinnique et sylvique et il y a dégagement constant d'ozone. De là l'emploi de l'essence de térébenthine pour l'oxyde ou encore pour le blanchiment de plusieurs substances. Les os et l'ivoire, par exemple, immergés dans l'essence de térébenthine et exposés au soleil, sont blanchis d'une façon complète et l'odeur des os disparaît. Cloëz, 1874.

L'addition d'un peu d'essence de térébenthine facilite le tannage. Il y a probablement là utilisation simultanée de son action dissolvante des corps gras et de ses propriétés oxydantes.

Les oxydants donnent, avec l'essence de térébenthine, des acides résiniques. Avec l'acide azotique concentré, il se produit une vive effervescence. Le mélange d'acides nitrique et sulfurique détermine l'inflammation.

Sous de nombreuses actions, comme celle de l'acide sulfurique au vingtième, du fluorure de bore au cent-soixantième, des acides, des chlorures, l'essence de térébenthine se polymérise aisément. Avec l'acide sulfurique, elle donne du *térébène* et du *colophène*.

L'essence de térébenthine n'étant pas un composé saturé, peut fixer du chlore, du brome, de l'acide chlorhydrique. L'action de l'acide chlorhydrique est importante, car elle conduit au *camphre artificiel* ou monochlorhydrate de térébenthène solide, qui fond à 131°. Ce corps, découvert par Kundt, en 1803, est différent du camphre naturel qui est une cétone ; il a été proposé comme succédané du camphre dans la préparation du celluloïde. Il a la propriété d'adhérer fortement aux parois des vases.

Chauffé à 240° avec du stéarate de sodium, le camphre artificiel cède de l'acide chlorhydrique et donne un carbure $C^{10}H^{16}$ solide, le *camphène*, qui fond à 45° et bout à 156°. En oxydant le camphène par l'acide chromique, *Berthelot* a obtenu un *camphre*, $C^{10}H^{16}O$, solide et de même pouvoir rotatoire que le camphène employé. On trouvera, à propos du camphre, les différents procédés de fabrication artificielle de ce corps, à partir du camphène.

Le dichlorhydrate de térébenthène $C^{10}H^{16},2HCl$, est isomère avec le *camphre de citron* et en possède les réactions générales. Traité par le potassium, il donne le *citrène*. Traité par la potasse, il donne le *terpilène* $C^{10}H^{16}$, qui existe dans la plupart des essences naturelles, et en présence d'alcool, il donne le *terpinéol* $C^{10}H^{18}O$.

Dans certaines conditions, au contact de l'air humide, par exemple, l'essence de térébenthine peut fixer de l'eau et donner naissance à un produit cristallisé, fondant à 103°, qui est le dihydrate de terpilène ou *terpine*, $C^{10}H^{16},2H^2O$. Elle présente à un haut degré les phénomènes de sursaturation.

La terpine s'obtient également en abandonnant pendant plusieurs semaines un mélange de 8 parties d'essence avec 1 partie d'alcool et 2 parties d'acide azotique étendu (d. 1,25).

La terpine est employée en térapeuthique dans les affections pulmonaires, le catharre bronchique, et les inflammations du canal de l'urèthre. La dose varie de 0,50 gr. jusqu'à 1 et 2 gr. par jour. C'est un puissant modificateur des sécrétions mucopurulentes.

Desséchée dans le vide, la terpine perd une molécule d'eau et donne du monohydrate de terpilène ou *terpinéol* $C^{10}H^{16},H^2O$, alcool terpénique.

Essence de Thé. Prend très rapidement naissance dans la fermentation.

Essence de Thym. Préparée surtout dans le midi de la France, aussi en Allemagne et en Espagne. Sa valeur dépend en première ligne de la quantité de thymol qu'elle contient. Elle renferme aussi du carvacrol. Le commerce l'offre, soit sous forme d'huile rouge, soit à l'état d'essence rectifiée blanche ; mais cette dernière est toujours additionnée d'essence de térébenthine, pour couvrir sans doute les frais de rectification, dit M. Gerber. L'essence pure bout à 176°, le point d'ébullition ne doit pas descendre au-dessous de 170°, On l'emploie comme antiseptique. Duyck (Ac. de méd. de Belgique, 1898) a donné une excellente étude analytique de cette essence. Examinée à l'oléoréfractomètre de Zeiss, l'essence pure donne un résultat négatif.

Essence de Vétiver, provient de l'*Andropogon Muricatus*, Retz, ou chiendent des Indes. Il renferme 0,2 à 0,8 pour 100 d'essence. A Madras, on en tresse des nattes que l'on suspend comme fermetures aux portes et fenêtres et on les arrose, de sorte que l'air en passant au travers, se charge de l'odeur de la plante. La racine est employée pour éloigner les insectes des étoffes de laine.

Essence de Violette, contient le principe odorant de la racine d'iris : l'*irone* $C^{13}H^{20}O$. De 1.000 kgs de fleurs récoltées en mars 1903, on a obtenu 31 gr. d'essence, soit un rendement de 0,0031 pour 100.

L'essence de violette se dissout facilement dans l'alcool, à l'état concentrée ou peu diluée, elle n'a point l'odeur de violette. Ce n'est qu'à une dilution très forte, 1 pour 5.000 ou 1 pour 10.000, que le parfum de la fleur se perçoit, plus ou moins masqué, par une odeur herbacée due aux parties vertes de la corolle. Sur le parfum de la violette, voir Ferd. Tiemann (Bull. S. Chimique, 1893, p. 978).

Essence de Verveine. Provient de la distillation du *Verbena triphylla*.

Essence d'Ylangylang ou de Cananga. Provient de Manille. Pour l'essai de cette essence, c'est surtout l'odorat qui doit guider, comme pour l'essence de roses, d'ailleurs.

Nom de l'Essence	Partie de la plante dont on l'extrait	Nom botanique de la plante	Rendement pour 100	Densité à 15°
Absinthe	Herbe, Fleurs, semences	Artemisia absinthicum	0.02 à 0.04	0.925 à 0.955
Achillée	Id.	Achillea ageratum	—	0.849 à 24°
Achillée	Herbes en fleurs	Achillea coronopifolia	—	0.924
Acore ou de roseau	Rac. allemande fraîche	Acorus calamus	0.8	0.960 à 0.97
—	— sèche		1.5 à 3.50	
Acore	Rac. japonaise		5	0.985 à 1
Acore	Herbe fraîche		0.2	0.864
Acore		Acorus gramineus	5	0.915 à 1.00
Ail	Plante entière fraîche	Allium sativum	0.05 à 0.09	1.016 à 1.057
Ail des ours	Id.	Allium ursinum	0.07	1.013
Ajowan	Fruits	Carum ajowan	3 à 4	0.900 à 930
Amandes amères	Id.	Amygdalus comm.	0.05 à 0.07	1.015 à 1.074
		Prunus armenica ⎫ Prunus persica ⎬ Prunus padus ⎭	0.6 à 1	
Ambrette ou musc végétal	Graines	Abel moschus moschatus	0.1 à 0.25	0.900 à 0.905 à 25°
Ambrosia	Herbe fleurie fraîche	Ambrosia artemisi folia	0.07	0.870
Ammoniaque (Gomme résine)		Dorema ammoniacum	0.25	0.891
Andropogon	Herbe sèche	Andropogon laniger	1.0	0.915 à 0.919
Andropogon	Herbe	Andropogon odoratus	0.36	0.945 à 0.95
Aneth	Fruits	Anethum graveolens	3 à 4	0.895 à 0.915
Aneth des Indes Orientales	Fruits	Anethum Sowa	2 à 3	0.97
Angélique	Herbe fraîche	Angelica off	0.92	0.809 à 0.886
Angélique	Semences	Angelica off	1 à 1.2	0.856 à 0.89
Angélique	Racines fraîches	Id.	0.25 à 0.37	0.857 à 0.87
—	— sèches	Id.	0.35 à 1.00	0.87 à 0.905
Angélique du Japon	Racine sèche	Angelica refracta	0.1	0.915
Augusture	Écorces	Galipea trifoliata	1.5	0.93 à 0.96
		Cusparia trifoliata		0.924 à 20
Anis	Écorce de Madagascar	(Inconnu)	3.5	0.969
Anis	Semences	Pimpinella anisum	1.5 à 6.00	0.98 à 0.99
Aristoloche	Racine sèche	Aristolochia serpentaria	2	0.988
Armoise	Herbe	Artemisia vulg.	0.2	0.907
Armoise des Alpes	Herbe sèche	Artemisia glacialis	0.15 à 0.3	0.969
Armoise	Sommités fleuries	Artemisia Barrelieri	—	0.923
Armoise maritime	Boutons de fleurs	Artemisia marit.	2	0.93 à 0.935
Arnica	Fleurs et racines	Arnica montana	0.01 à 1.0	0.905 à 1 00
Asa fœtida	Gomme résine	Ferula asa fœtida	3.3 à 3.7	0.975 à 0.99
Asaret	Racine sèche	Asarum europeum	1.00	1.05 à 1.07
Asarum canadense	Id.	Asarum canadense	3.5 à 4.5	0 93 à 0.96
Aspic	Herbes en fleurs	Lavandula spica	0.5	0.905 à 0.915
Avocatis	Feuilles sèches	Persea gratissima	0.5	0.900
Aunée	Racine	Inula helenium	1 à 2	
Badiane ou anis étoilé de Chine	Fruits	Illicium verum	5	0.98 à 0.99
Basilic	Herbe	Ocimum basilicum	0.02 à 1.5	0.909 à 0.99
	Essence de la réunion			0.934
Bay	Feuilles sèches	Pimenta acris	2.3 à 2.5	0.965 à 0.985
Bergamote	Zeste frais	Citrus bergamia	—	0.883 à 0 886
Bétel	Feuilles	Piper bétle	0.6 à 0.9	0.958 à 1.044
Benzoin odoriferum	Baies, feuilles	Benzoin odoriferum	0.3 à 5	0.855 à 0.923
	Écorces, rameaux			
Boldo	Feuilles sèches	Peumus Boldus	2.0	0.918 à 0.945
Bouleau	Écorce	Betula lenta	0.6	1.180 à 1.189
Buccu	Feuilles	Barosma serratifolia	1 à 2	0.941 à 27
Cajeput	Feuilles	Melaleuca leucadendron et Melaleuca minor		0.92 à 0.93
Camomille	Sommités fleuries	Matricaria chamomilla	0.13 à 0.24	0.93 à 0.94
Camomille romaine	Id.	Anthemis nobilis	0.8 à 1.00	0.905 à 0.915
Camphre	Bois et racines	Camphora off	4	—
Camphre	Feuilles sèches	Id.	1.85	0.932
Camphre	Bois de Vénézuela	Nectandra ou Ocotea	1.15	1.155
Cananga (Ylang-Ylang)	Fleurs	Cananga odorata	—	0.910 à 0.940
Cannelle blanche	Écorces	Canella alba	0.75 à 1	0.92 à 0.935
Cannelle	Écorces, feuilles, rameaux	Cinnamomum	0.2 à 1.9	1.025 à 1 065
Cardamone	Fruits	Amomum, Cardamomum	2.1 à 8.0	0 074 à 42
Carline	Racine	Carlina acaulis	1.5 à 2	1.033 à 1.036
Carotte	Fruit	Daucus carota	0.8 à 1.6	0.87 à 0.93
Carvi	Semences	Carum Carvi	3.2 à 7	0.895 à 0.915
Casca pretiosa	Écorce	Mespilodaphne pretiosa	1.16	1.118
Cascarille	Écorce	Croton Eluteria	1.5 à 3.0	0.890 à 0.930
Cataire	Herbe	Nepeta cataria		1.011
Cèdre	Bois, feuilles	Juniperus virginiana, etc.	0.2 à 4.5	0.884 à 0.96
Cédrelat	Bois	Cedrelat odorata	0.5	0.931
Cédrat	Zestes frais	Citrus medica		0.871
Céleri	Herbes, semences	Apium graveolens	0.1 à 3.0	0.818 à 0.895
Cerisier sauvage	Écorce	Prunus virginiana	0.2	1.045 à 1.05
Champaca	Fleurs	Michelia champaca	—	0.907 à 0.94
Chanvre	Plante sèche	Cannabis sativa	0.1	0.932

1. Extrait du « Moniteur Scientifique » et du « Bulletin de la Société d'Encouragement pour l'Industrie Nationale ».

Nom de l'Essence	Partie de la plante dont on l'extrait	Nom botanique de la plante	Rendement pour 100	Densité à 15°
Chenopodium	Herbes, semences	Chenopodium ambrosioides	0.25 à 1	0.900 à 0.975
Cirier de la Louisiane	Feuilles	Myrica cerifera	0.02	0.886
Ciltus	Id	Cistus ladaniferus	—	0.925
Citron	Zestes frais	Citrus limonum	—	0.858 à 0.861
Citronelle	Herbe	Andropogon nardus	40 à 80	0.890 à 0.891
Citrus	Zestes frais	Citrus decumana	—	0.860
Cochléaria	Plante fraîche et fleurie	Cochlearia off.	0.008	0.951
Comptonia	Feuilles	Comptonia asplenifolia	0.08	0.926
Copahu	Baume	Copaifera species	40 à 80	0.90 à 0.91
Coriandre	Semences	Coriandrum sativum	0.15 à 1.00	0.87 à 0.88
Costus speciosus	Racine sèche	Aplotaxis Lappa	0.7 à 1	0.982 à 0.987
Cubèbe	Semences	Piper cubeba	10 à 16	0.910 à 0.93
Culilaban	Écorce	Cinnamomum culilavan	3.5 à 4	1.051
Cumin	Fruits	Cuminium cyminum	2.5 à 4	0.89 à 0.93
Cunila	Herbe sèche	Cunila mariana	0.8	0.915
Curcuma	Rhizomes	Curcuma longa	5.2 à 5.4	0.94
Cyprès	Feuilles	Supressus sympervirens	0.6 à 1.2	0.682 à 0.687
Damiana	Feuilles fraiches	Turnera species	0.9 à 1.0	0.94 à 0.99
Dilem ou Dilann	Id.	Pogostemon comosus	0.9	0.962
Elémi	Résine	Canarium spec.?	15 à 30	0.87 à 0.91
Encens ou Oliban	Id.	Ros—ellia species	3 à 6	0.875 à 0.885
Erigeron	Plante fleurie sèche	Erigeron canadensis	0.3	0.855 à 0.89
Estragon	Herbe	Artemisia dracunculus	15 à 30	0.87 à 0.91
Eucalyptus	Feuilles	Eucalyptus divers	0.09 à 4.1	0.85 à 0.935
Eugenia Cheken	Feuilles	Eugenia Cheken	1	0 879
Fenouil	Semences	Foeniculum vulg.	0.75 à 6	0.91 à 0.987
Fenouil d'eau	Fruits	Œnanthe phellandrum	1.1 à 1.6	0.860 à 890
Fenouil de Sicile	Id.	Foeniculum piperitum	2.9	0.931
Galanga	Racine sèche	Alpinia Galanga	0.5 à 1.5	0.915 à 0.925
Galbanum	Gomme résine	Peucedanum galbaniflum	14 à 22	0.91 à 0.94
Gaulthéria	Feuilles	Gaultheria procumbens	0.75	1.177 à 1.187
Gayac	Bois	Inconnu	5 à 6	0.998 à 30
Genièvre	Fruits	Juniperus communis	0.6 à 1.5	0.865 à 0.885
Genièvre de Smyrne	Id.	Juniperus phœnicea	1	0.881
Geranium	Herbe fraiche	Pelargonium species	0.18	0.889 à 0.906
Gingembre	Rhizomes	Zingiber off.	—	0.875 à 0.885
Girofle	Clous, tiges	Eugenia caryophyllata	2 à 3	1.010 à 1.070
Glechoma Hederacea	Herbe sèche	Glecoma hederacea	0 03	0.925
Gurjum	Baume	Dipterocarpus spec.	jusqu'à 70	0.92 à 0.93
Hedychium	Fleurs	Hedychium coronarium	—	0.869

Nom de l'Essence	Partie de la plante dont on l'extrait	Nom botanique de la plante	Rendement pour 100	Densité à 15°
Helichrysum	Herbe fleurie	Helichrysum stoechas	—	0.873
Heracleum	Fruits	Heracleum sphondylium	1 à 3	0.80 à 0.88
Houblon	Fleurs	Humulus Lupulus	0.3 à 1	0.835 à 0.88
Houblon d'Espagne ou de Smyrne	Herbe	Origanum divers	2 à 3	0.94 à 0.98
Hysope	Id.	Hyssopus off.	0.3 à 0.9	0.925 à 0.94
Imperatoire	Racine sèche	Imperatoria osthrutium	0.9	0.877
Indigofera	Herbe fraiche	Indigofera galegoides	0.2	1.046
Iris	Racine sèche	Iris germanica ou pallida	0.10 à 0.20	—
Iva	Herbe fleurie sèche	Achillea moschata	—	0.932
Jaborandi	Feuilles sèches	Pilocarpus pennati folius	0.1	0.875
Kaempferia	Racines	Kaempferia rotunda	0.2	0 945
Kuro moji	Feuilles et jeunes pousses	Lindera cericea	—	0.89 à 0.915
Ladanum	Gomme-résine	Cistus creticus	0.9	1.011
Lautana	Herbe	Lantana camara	—	0.952
Laurier	Bois, feuilles	Laurus mobilis	0.8 à 2.5	0.92 à 0.93
Laurier de Californie	Feuilles	Oreodaphne California	—	0.947
Laurier cerise	Feuilles fraiches	Prunus laurocerasus	0.5	1.054 à 1.066
Lavande	Sommités fleuries, fleurs	Lavendula vera ou dentata	—	0.885 à 0.912
Ledon	Feuilles, Sommités fleuries	Ledum palustre	0.3 à 1 2	0.932 à 0.963
Lemongrass.	Herbe	Andropogon citratus	—	0.895 à 0.905
Limette	Zestes frais	Citratus medica, ou Timetta	—	0.872
Linaloë	Bois	Bursera species	1 à 9	0.87 à 0.895
Livèche	Plante fraiche Semences, racines	Levisticum species	0.1 à 2	0.92 à 1.04
Lycopus	Herbe sèche	Lycopus virginicus	0.75	0.924
Macis	Arilles	Myristica fragrans	4 à 15	0.91 à 0.93
Mandarines	Zestes frais	Citrus madurensis	—	0.834 à 858
Marjolaine	Herbe sèche ou fraiche	Origanum majorana	0.3 à 0.9	0.89 à 0.91
Massoy	Écorce	Massoia aromatica	6.5 à 8	0.877
Mastic	Résine	Pistacia lentiscus	0.9 à 2.5	0.855 à 0.87
Matico	Feuilles sèches et fleurs	Piper angustifolium	1 à 5.5	0.93 à 1.132
Melaleuca	Feuilles	Melaleuca acuminata	—	0.892 à 0.955
Mélisse	Herbe fraiche	Melissa officinalis	0 015 à 0 1	0.89 à 925
Menthe aquatique	Herbe sèche	Mentha aquatica	0.34	0.880
Menthe	Id.	Mentha arvensis	0.22	0.857
Menthe du Canada	Id.	Mentha Canadensis	1.23	0.943
Menthe poivrée	Herbe	Mentha piperita	0.1 à 1.5	0.900 à 0.925
Menthe Pouliot	Id.	Mentha pulegium	—	0.93 à 0.96
Menthe verte	Id.	Mentha viridis	0.3	0.92 à 0.98
Meum Athamanticum	Racines sèches	Meum athamanticum	0.67	1.005
Millefeuille	Herbe fleurie fraiche	Achilea millefolium	0.07 à 0.13	0.905 à 0.925
Michelia ou Champaca	Fleurs	Michelia Longifolia	—	0.883
Monarde	Plante entière	Monarda punctata	3.3	0.93 à 0.94
Moutarde	Graines	Brasica nigra	—	1.015 à 1.030

Nom de l'Essence	Partie de la plante dont on l'extrait	Nom botanique de la plante	Rendement pour 100	Densité à 15°
Muscade	Fruits	Myristica fragrans	8 à 15	0.865 à 0.920
Myrrhe	Résine	Commiform Abyssinica	2.5 à 8.5	0.985 à 1.03
Myrte	Feuilles	Myrtus communis		0.905 à 0.915
Nard celtique	Racines	Valeriana cellica	1.5 à 1.75	0.967
Neroli	Fleurs fraiches d'oranger Id. amères	Citrus bignradia	0.1	0.870 à 885
Neroli	Fleurs fraiches d'oranges douces	Citrus aurantium	0.1	0.87 à 0.89
Nigelle	Semences	Nigelle damascena	0.5	0.906
Nigelle cultivée	Id.	Nigella sativa	0.46	0.875
Noyer	Feuilles	Juglans regia	0.03	—
Oignon	Herbe fraiche avec bulbe	Allium cepa	0.004	1.040
Opopanax	Résine	Balsamodendron Kafal	6 à 10	0.86 à 0.91
Oranges amères	Zestes frais	Citrus bignradia		0.848 à 0.852
Oranges douces	Id.	Citrus Aurantium		0.846 à 0.852
Origan	Herbe sèche	Origanum vulg.	0.24	0.893
Palmarosa	Herbe	Andropogon schoenanthus	1.5	0.988 à 0.896
Paracoto	Écorce	Inconnu		1.018
Paradis	Graines	Amonium meleguela	0.75	0.894
Panais	Semences	Pastinaca sativa	1.5 à 2.5	0.87 à 89
Patchouli	Feuilles sèches	Pogostemors Patchouli	1.5 à 4	0.975 à 0 995
Persil	Plante, racines, semences	Petroselinum sativum	0.02 à 0.08	0.923 à 1.10
Petit Grain	Fruits non mûrs Feuilles en bourgeon	Citrus bignradia		0.887 à 0.900 0.900 à 0.902
Peucedanum	Fruits, racine	Peucedanum	0.2	0.90 à 0.905
Peuplier	Bourgeons	Populus nigra	0.3 à 0.5	1.04 à 1.055
Piment	Fruits	Pimenta off.		0.959
Pimprenelle	Racine sèche	Pimpinella saxifraga		0.865 à 0.875
Pin Pumilio	Feuilles et jeunes pouces	Pinus Pumilio	0.2 à 0.8	0.872 à 0.889
Pin Sylvestre	Aiguilles	Pinus sylvestris	0.13 à 0.8	0.888
Pin vulgaire	Id.	Pinus vulgaris	0.15	0.973
Poivre du Japon	Fruits	Xanthoxylum piperitum	3.16	0.861 à 0.905
Poivre	Id.	Piper	1 à 2 3	0.925 à 0.94
Pouliot d'Amérique	Feuilles sèches	Hedeoma pulegium		0.935
Pygnanthemum	Plante sèche	Pycnanthemum incanum	0.98	0.905 à 0.96
Pyrèthre	Plante fleurie fraiche	Pyrethrum parthenium	0.068	
Pyrèthre	Plante sèche	Id.	0.028	0.885
Pyrèthre indien	Feuilles	Pyrethrum indicum	—	0.931
Quipita	Bois	Inconnu	1	

Nom de l'Essence	Partie de la plante dont on l'extrait	Nom botanique de la plante	Rendement pour 100	Densité à 15°
Réséda	Fleurs, racines	Reseda odorata	0.002 à 0.04	1.01 à 1.09
Romarin	Feuilles	Rosmarinus off.		0.90 à 0.916
Roses	Id.	Rosa damascena	0.02	0 8225 à 30
Rue	Herbe	Ruta graveolens		0.833 à 0.840
Sabine	Rameaux	Juniperus sabina	4 à 5	0.91 à 0.925
Santal	Bois	Santalum divers	1.5 à 5	0.534 à 1.022
Sapin du Canada	Aiguilles et jeunes pousses	Abies Canadensis		0.907
Sapin	Aiguilles, jeunes cônes	Abies pectinata		0.855 à 0.875
Sapin Balsamique	Aiguilles	Abies balsamea		0.894
Sapin de Sibérie	Id.	Abies Siribica		0.91 à 0.92
Sarriette	Herbe	Satureja divers	0.1 à 0.18	0.906 à 0.939
Sassafras	Feuilles, écorces	Sassafras off.	0.028 à 6	0.872 à 1.095
Sauge	Feuilles sèches	Salvia off.	1.5 à 2.5	0.915 à 0.930
Sauge musquée	Feuilles	Salvia slavea	0.15	0.928
Schinus Molle	Poivrier d'Amérique, du Pérou	Schinus molle	5.2	0.850
Serpolet	Herbe sèche	Thymus serpyllum	0.15 à 0.6	0.905 à 0.93
Silaus	Fruits	Silaus pratensis	1 4	0.982
Solidago	Herbe	Solidago divers	0.63	0.859 à 0.963
Storax	Baume	Liquidambar orientalis	0.4 à 1	0.89 à 1.06
Sumbul	Racine sèche	Ferula sumbrul	0.2 à 0.4	0.90 à 0.905
Tanaisie	Herbe fraiche	Tanacetum divers	0.064 à 0.3	0.925 à 0.930
Tetranthera	Fruits	Tetranthera Citrata	5.5	0.895 à 0.98
Térébenthine	Bois et racines	Pinus sylvestris		0.865 à 0.870
Térébenthine d'Amérique	Résine	Pinus Australis		0.855 à 0.870
— d'Autriche	Id.	Pinus laricio		0.866
— Chio	Id.	Pistacia terebenthus	14	0.862 à 0.868
— française	Id.	Pinus pinaster	16	0.855 à 0.875
— de Venise	Id.	Larix europea	13 à 14	0.875
Térébenthine de Venise	Aiguille	Id.	0.22	0.878
Thuya	Feuilles, racines	Tuja occidentalis	0.5 et 27.5	0.915 à 0.979
Thym	Herbe	Tymus camphoratus		0.904
Thym	Herbe	Tymus capilatus		0.901
Thym commun	Plante	Thymus vulgaris	0.3 à 2.6	0.900 à 0.950
Tolu	Baume	Toluifera balsamum	1.5 à 3.0	0.935 à 1.09
Valériane	Racines	Valeriana off.	0.5 à 1.00	0.93 à 0.835
Valériane du Japon	Id.	Id.	6.0 à 6.5	0.99 à 0.996
Valériane du Mexique	Id.	Valeriana mexicana		0.949
Vétiver	Id.	Andropogon muriaticus	0.4 à 0.9	1.02 à 1.03
Winter	Écorce	Drimys Winteri	0.64	0.945
Xanthorrhea	Résine	Xanthorrhoea Hastilis	0.37	0.937
Ylang-Ylang ou Cananga	—			
Zedoaire	Racines	Curcuma Zedoaria	1 à 2	0.99 à 1.01

Bibliographie choisie des essences. — Parmi les sources principales de documents publiés sur les essences, nous citerons les suivants : les *Berichte von Schimmel und Co*, Lepzig, bisannuels depuis 1893, avec une traduction française ; le *Bulletin scientifique et industriel de la Maison Roure-Bertrand fils*, de Grasse. Dans le Bull. de la Soc. d'Encouragement pour l'Ind. Nat., les rapports de M. Haller, 1897, p. 14, 316; 1898, p. 150, 293 ; 1899, p. 849, 997. Dans le Moniteur scientifique, la revue annuelle de M. Gerber, depuis 1896. Dans la Revue Générale des Sciences pures et appliquées, l'étude de J. Rouché, 1897, p. 571, 624 et 653. Dans le Journal de Pharmacie, les études de Duyk, 1896 et 1899. Et les ouvrages suivants : les Huiles Essentielles et leurs principaux constituants, par E. Charabot, J. Dupont et L. Pillet. Paris, 1899. Les Parfums artificiels, par E. Charabot, Paris, 1899.

RÉSINES

Résines. — Ce sont des corps solides, à cassure conchoïdale ; elles sont généralement colorées en jaune ou en brun et plus ou moins transparentes. Ce sont des composés très complexes qui proviennent de l'oxydation des huiles essentielles ; elles existent dans les sucs végétaux où elles se trouvent dissoutes dans les essences. Pour les extraire, on n'a qu'à distiller le suc avec de l'eau qui entraîne l'essence, et la résine reste insoluble. C'est ainsi que nous avons vu qu'on obtient la colophane comme résidu dans la distillation des térébenthines. On peut traiter aussi les sucs végétaux par l'alcool ou un autre dissolvant, c'est ainsi, par exemple, que l'on obtient la résine de jalap. D'après Étard et Vallée (Acad. des Sciences, 1905), les résines seraient des éthers d'acides élevés et de polyterpènes. La gomme laque apparaît comme l'oléate peu stable d'une série peu connue de polyterpènes. Il faut citer les travaux de *A. Tschirch*, de Berne, et de ses élèves, 1897, 1901 (Ann. der Pharmacie).

Division et Espèces. — On divise les résines en *baumes* qui renferment encore des huiles essentielles ou de l'acide cinnamique; *gommes-résines*, mélange de résine et de gomme, *et résines* proprement dites.

Les principaux baumes sont : résine acaroïde, benjoin, liquidambar, baume du Pérou, storax, styrax liquide, baume du Tolu, baume de la Mecque. Les principales gommes-résines sont : asa fœtida, aloès, gomme ammoniaque, bdellium, euphorbe, galbanum, gomme-gutte, myrrhe, oliban ou encens, opoponax, sagapenum, scammonée. Les principales résines sont : résine alouchi, résine autiar, résine de l'arbre à brai, bétuline, résine céradie, colophane ou arcanson, copahu, copal, résine dammar, résine élémi, résine de gaïac, résine de gomart, résine d'icica, jalap, labdanum, laque, mastic, résine de Meynas, résine d'olivier, sandaraque, sangdragon, succin, térébenthines de Venise (du mélèze), de Bordeaux (du pin maritime), d'Alsace (du sapin), de Boston, d'Amérique, de Chypre. Le *galipot* est de la térébenthine séchée à l'air.

La *podophylline* est la résine extraite de la racine d'une berberidée des États-Unis *podophyllum peltatum*. C'est le principe purgatif de cette plante. La podophylline se prend en pilules à la dose de 2 à 3 centigr. par jour, associée à la belladone, à la jusquiame ou au calomel.

Le *jalap* est un mélange de deux résines provenant des tubercules de l'Ipomea purga du Mexique; elle est employée comme purgatif à la dose de 1 à 5 gr. La teinture alcoolique constitue l'eau-de-vie allemande.

Le baume de Canada est une résine précieuse pour l'assemblage des lentilles dans les instruments d'optique, son indice de réfraction est en effet le même que celui du verre. Le baume de Canada est également employé pour réparer les poteries brisées, malheureusement l'action de l'eau tend à détruire l'effet adhésif de cette resine.

Propriétés. — Les résines sont généralement amorphes, à part quelques exceptions. Elles sont insolubles dans l'alcool, au contraire des gommes. L'éther, les essences ainsi que les huiles grasses à chaud, dissolvent les résines. Elles fondent, en général, à basse température. Sous l'influence de la chaleur, elles se décomposent sans distiller, en donnant des carbures d'hydrogène qu'on peut utiliser comme gaz d'éclairage. A l'air, les résines brûlent avec une flamme fuligineuse. Les huiles de résine obtenues par la distillation, servent en peinture et dans la préparation des encres lithographiques.

Les résines sont, en général, des corps faiblement acides au tournesol. Elles donnent, avec les alcalis et les oxydes métalliques, des résinates ou savons de résines.

Applications. — Les résinates alcalins sont employés dans le collage du papier à la mécanique; ils entrent dans la composition des savons économiques dans la proportion de 20 à 30 pour 100.

Les résinates métalliques sont employés dans la conservation du bois et pour obtenir la siccativité des huiles. Les bois imprégnés de résinates alcalins doivent, avant d'être peints, subir un lavage à l'eau acidulée de 4 à 5 pour 100 d'acide acétique. On évite ainsi l'altération des couleurs par l'alcali.

La fusion des résines avec la potasse permet d'obtenir différents composés aromatiques.

Le résinate de soude a été proposé pour le tannage des peaux (*Baron* et *Aubert*, br. fr., 1904).

Les résinates alcalins se combinent dans certaines conditions avec les couleurs d'aniline basiques pour donner des pigments colorés très employés. *Muller Jacob* prépare le savon de résine avec 100 parties de colophane claire, 10 parties de soude caustique en plaque, 33 parties de carbonate de soude cristallisé Co^3Na^2, 10Aq et 1.000 parties d'eau. Il fait bouillir

pendant 1 heure et ajoute encore 1 litre d'eau froide de façon à avoir une
température de 50° environ. Il ajoute à cette solution de savon une dissolution d'un colorant basique telle que : auramine, fuchsine, violet de méthylène, vert brillant, chrysoïdine, safranine, rhodamine, etc., dans la proportion
de 5 à 15 pour 100 du poids de résine employée. Si la solution est trop concentrée ou froide, il se dépose un précipité résineux, ce qu'il faut surtout
éviter. La solution alcaline colorée est alors précipitée par un sel métallique
en agitant constamment. Pour les quantités ci-dessus on emploiera, par
exemple, 55 gr. de sulfate de zinc dans 1 litre d'eau.

Ces colorants à base de résine se présentent en poudre amorphe, insolubles dans l'eau froide ou chaude et résistant bien à l'action des acides et
alcalis étendus. Ils sont plus ou moins solubles dans l'alcool, suivant la
nature du métal employé. Ils se dissolvent dans la benzine, l'éther, le chloroforme, dans la proportion de 1 à 1, en donnant des vernis colorés plus ou
moins épais, laissant après dessiccation une laque dure et brillante, dont la
solidité dépend beaucoup du métal.

Les résinates de plomb, de zinc, de calcium, de magnésie, se conservent
indéfiniment, le sel d'aluminium, au contraire, se décompose rapidement.

On emploie ces laques pour fabriquer des vernis à base d'huile ou de benzine en les additionnant d'une dissolution de caoutchouc ou de gutta pour
leur donner de l'élasticité et de la durée. Voici, par exemple, une formule
qui convient bien pour la décoration des métaux, du papier, des métaux, du
cuir, du verre : on dissout 30 parties du résinate de magnésie coloré dans
80 parties de benzine et 20 p. de chloroforme, on additionne de 150 parties
d'une solution claire à 1 1/2 pour 100 de caoutchouc dans le sulfure de carbone et la benzine.

Ces laques colorées servent également en teinture, dans la coloration des
toiles cirées, celluloïd, linoléum, etc.

Siccativité des huiles. — Les résinates et les oléates métalliques et en particulier les résinates de plomb et de manganèse, sont employés comme siccatifs destinés à activer la solidification de l'huile de lin.

On les a utilisés d'abord sous forme de *siccatifs concentrés* qui s'obtenaient en chauffant à 250°, 260°, jusqu'à consistance d'emplâtre, de l'huile
de lin, avec 10 à 70 pour 100 de litharge, de minium, d'acétate ou de borate
de manganèse. Ensuite, on a préparé des *siccatifs liquides* qui n'étaient
autres que la partie des siccatifs concentrés, susceptibles de se dissoudre
dans l'essence de térébenthine. Aujourd'hui on emploie de préférence des
résinates définis.

Les résinates métalliques se préparent en dissolvant d'abord la résine colophane ou la résine copal pulvérisée finement dans une solution d'alcali
caustique ou carbonaté, puis on précipite le résinate alcalin ainsi obtenu au
moyen d'une dissolution d'un sel de plomb de manganèse ou de zinc. Le
résinate métallique se précipite, on le lave soigneusement et on le sèche
entre 30° et 40°, assez longtemps pour qu'il ne contienne plus que 6 pour 100
d'eau.

On peut se contenter de fondre la résine avec l'oxyde métallique. La colophane convient d'autant mieux qu'elle est plus translucide, ce qu'on obtient en la maintenant en fusion jusqu'à ce que l'acide abiétique soit transformé en anhydride.

Vezès (Société des sciences physiques et naturelles de Bordeaux ; Procès-verbaux des séances, années 1904-1905, p. 33) a fait ressortir les inconvénients de ces deux procédés et a exposé une méthode électrolytique pour leur préparation.

Les résinates métalliques ainsi obtenus sont un mélange d'abiétate et de sylvate. Les plus employés sont : le résinate de plomb, le résinate de manganèse qui s'oxyde facilement à l'air, ou un mélange des deux. Le résinate de plomb renferme 77 parties d'abiétate et 23 parties de sylvate. Celui de manganèse contient 80 parties d'abiétate et 20 de sylvate.

Le siccatif se prépare en ajoutant peu à peu une partie de résinate sec et pulvérisé à 4 parties d'huile de lin à 150°, on étend ensuite à la température ordinaire avec de l'huile, jusqu'à ce que l'on ait une teneur de 2 pour 100 environ. Ces siccatifs solides peuvent servir à préparer des siccatifs liquides très purs en les dissolvant dans l'essence de térébenthine à 100°. On emploie 1 partie 1/2 à 2 parties d'essence de térébenthine par chaque partie de siccatif solide. Les résultats obtenus avec les différents siccatifs solides ou liquides ont été étudiés par *Max Battler* (Dingler's polytech. Journal, 1898).

Comme les composés de plomb et de manganèse ont seuls des propriétés siccatives réelles, et que, d'autre part, ils doivent pouvoir se dissoudre entièrement dans l'huile de lin, et qu'enfin son action dépend de la quantité de métal contenu, l'essai d'un siccatif en est de première importance, *Amsel* (Zeits. für angewandte Chemie, 1897) a donné une méthode dans ce but et en voici les grandes lignes générales : Pour un siccatif solide, on détermine d'abord la solubilité dans le chloroforme et l'alcool, qui est la même pour le savon bien formé que la solubilité dans l'huile de lin, ainsi que *Weger* l'a indiqué le premier (Zeits. für Ang. Chemie, 1896), la matière minérale combinée, la résine libre, l'indice d'acide, l'indice de saponification, le dosage de l'humidité à 90°. Pour un siccatif liquide, on détermine la nature du dissolvant à 160°, c'est généralement l'essence de térébenthine, mais on les additionne souvent d'huile minérale, d'huile de résine ou d'huile de coton ; la matière minérale, le plomb et le manganèse ont seuls de la valeur ; le zinc, la chaux, sont inertes, l'indice d'acide. Pour tout siccatif, on détermine sa valeur siccative en en ajoutant une quantité déterminée à de l'huile de lin, jusqu'à ce qu'on ait une proportion déterminée de résinate ; on étend le vernis ainsi obtenu sur des lames de bois ou de verre et on note le temps nécessaire pour qu'il se forme une pellicule ; pour que cette pellicule sèche, on note en même temps son mode d'adhérence, d'éclat et de transparence. Ces déterminations sont purement empiriques et peuvent varier avec de très nombreux facteurs.

Au lieu de résinates, on peut employer des oléates. On distingue les oléates des résinates en ce que ces derniers, traités par un acide étendu, restent durs, tandis que les premiers deviennent visqueux et huileux.

Les résinates et les oléates métalliques donnent à l'huile une siccativité un peu supérieure à celle obtenue par la siccativitation ordinaire. Leur avantage réside principalement en ce que leur préparation est beaucoup plus simple et qu'ils donnent des vernis beaucoup moins colorés, tandis que les pellicules sont tout aussi brillantes et adhérentes.

L'opération de la siccativité d'une huile est donc devenue très simple puisqu'il suffit de chauffer l'huile de lin à 140°, de lui ajouter par petites portions 1 pour 100 de résinate de manganèse, et de maintenir la température en remuant jusqu'à ce qu'il ne se forme plus de bulles de gaz et que le vernis soit bien limpide.

Vernis. — Les vernis sont des dissolutions de résines ou de gommes-résines. On les distingue en *vernis gras* et en *vernis volatils*, suivant la nature du solvant employé.

Les vernis gras sont, en général, à base d'huile de lin. Les vernis volatils sont à base d'alcool méthylique. éthylique ou amylique, d'essence de térébenthine, de benzine, d'éther, de chloroforme, etc.

Les résines les plus employées pour la fabrication des vernis, sont le copal, l'élémi, la laque, le sandaraque, le mastic.

Les vernis gras se font avec de l'huile de lin, cuite ou crue. Le dernier procédé est employé en Angleterre, il donne des vernis de qualité supérieure, mais seulement après qu'on les a laissés vieillir un certain temps avant de les employer. A. *Tixier* (Monit. scientifique, 1905) admet que les copals prennent une quantité d'huile de lin, proportionnelle à son degré de polymérisation. Il conseille d'employer des huiles partiellement oxydées, avec ou sans polymérisation. On obtiendrait ainsi des vernis de qualité équivalente à celle des vernis anglais, sans avoir l'inconvénient du vieillissement préalable. Cet auteur recommande également l'emploi du terpinéol dans la fabrication des vernis. Ce composé agit comme solvant direct et comme agent de dépolymérisation.

La formule d'un *vernis à finir* pour la carosserie est par exemple 1 p. de copal dur, 1 à 2 p. d'huile cuite et 2 p. d'essence de térébenthine.

Voici quelques formules de vernis volatils ayant des emplois divers.

Pour protéger le cuivre de l'oxydation, on emploie une dissolution de copal dur 1 p. dans 1 p. de sulfure de carbone, 1 p de benzine, 1 p. d'essence de térébenthine et 2 p. d'alcool méthylique.

Pour protéger l'acier de la rouille, sans masquer son éclat métallique, on emploie ; mastic en grains, 30 ; élémi, 125 ; camphre, 15 ; sandaraque, 188 ; alcool à 90°, 1000.

Les vernis à l'alcool deviennent opaques s'ils contiennent de l'eau. On peut les en débarrasser en leur ajoutant quelques fragments de colle de poisson qui absorbe l'eau sans se dissoudre dans le vernis.

Voici une formule de vernis pour cuir. Gomme laque, 8 p. ; alcool 15 p. ;

cire 3 p. ; huile de ricin 2 p. On chauffe jusqu'à fusion et on applique avec un pinceau imbibé d'alcool.

Vernis pour aquarelle : mastic 5 p. ; térébenthine 2 p.; alcool à 95°, 14 p.

Fixatif pour dessins au fusain ; sandaraque 1 p., térébenthine 1 p., alcool à 95° 9 p.

Le *vernis luisant ménagère*, pour meubles, d'*Allègre et Guillot* à Lyon, s'obtient par dissolution de 10 p. de colophane dans 82 p. de benzine, on ajoute 5 p. d'huile de palme, 1 partie d'essence de mirbane, et 1 p. de menthe.

Mentionnons également que la gomme laque en dissolution dans l'ammoniaque a été proposée pour vernir l'aluminium, et que les vernis à la gomme laque, sont utilisés pour donner de l'opacité au verre.

La cire à cacheter les bouteilles est un mélange de résine, de cire jaune, de suif et d'un pigment minéral ; ocre, chromate de plomb, minium, bleu de prusse

La *cire à cacheter* de bureau est un mélange de gomme laque, de térébenthine de Venize et de vermillon. Böttger, 1873, a conseillé l'emploi de la laque en écaille pour préparer des feux de Bengale se conservant bien et ne s'enflammant pas spontanément. Il emploie 1 p. de laque et 4 p. d'un nitrate colorant bien sec. La laque est d'abord réduite en poudre grossière, puis fondue à demi avec le nitrate, le mélange refroidi se laisse pulvériser finement.

Voici la formule d'un ciment pour coller le verre au métal : Eau 10 parties ; résine 9 parties ; soude 5 parties ; silicate de potasse 1 partie. On fait bouillir le tout, puis on prélève 20 parties que l'on mélange avec du plâtre, de façon à obtenir un bon ciment facile à manier.

Pour obtenir du verre dépoli, on peut l'enduire d'une solution de 30 gr. de sandaraque et d'autant de mastic dans 500 gr. d'éther.

Ciment pour bandages de bicyclettes. On fait fondre 57 gr. de gomme laque et autant de gutta-percha, puis, tout en tournant constamment, ajouter environ 6 gr. de minium et autant de soufre fondu préalablement. On doit employer à chaud.

Caoutchouc. — Le caoutchouc provient du suc laiteux qui s'écoule de certaines plantes des pays chauds, en particulier du *Ficus elastica* et de l'*Artocarpus integrifolius*, dans les Indes orientales ; du *Ficus indica*, Amérique du Sud ; du *Siphonia elastica*, Guyane, Brésil, Amérique centrale ; du *Vahea gummifera*, Madagascar.

C'est le bassin de l'Amazone qui fournit le plus de caoutchouc brut, presque la moitié de la production mondiale. L'Afrique vient ensuite, puis les Indes et la Malaisie.

Les caoutchoucs de l'Amazone sont les plus estimés. Il en existe trois qualités dans le commerce. Para fin, entrefin, et sernanby, qui ne diffèrent que par le soin apporté dans la récolte. La perte au lavage qui n'est que de

12 à 20 pour 100 dans le para, atteint 15 à 30 pour 100 pour l'entrefin, et 35 pour 100 pour le sernamby ou tête de nègre.

La qualité du caoutchouc de Madagascar qui était autrefois voisine du para, va toujours en s'amoindrissant.

La qualité du para va d'ailleurs toujours en diminuant. On le falsifie souvent avec de la farine. Au contraire, la qualité du caoutchouc d'Afrique, Congo, Dahomey, Gabon va en s'améliorant.

C'est au navigateur *Lacondamine* et à l'ingénieur *Fresneau*, qu'on doit, les premières notions exactes, sur l'origine et les applications possibles du caoutchouc, 1736. Les Indiens d'ailleurs tiraient déjà parti des propriétés du caoutchouc, avant la découverte du Nouveau-Monde, ils confectionnaient en particulier des balles élastiques, et des bouteilles.

Le nouveau produit resta sans emploi jusqu'à ce que Hérissant et Macquer 1768 eurent découvert sa solubilité dans l'éther, la térébenthine et l'huile de Dippel, ce qui permit de commencer à fabriquer différents tubes pour laboratoires et autres objets. Jusqu'en 1820, la seule application importante du caoutchouc était son emploi pour effacer le crayon. Cette propriété avait été remarquée par Priestley en 1770.

Essai du caoutchouc. — Le caoutchouc en raison de son prix est l'objet de nombreuses falsifications. L'essai d'un caoutchouc comprend la mesure de la densité; qui doit être inférieure à l'unité pour la gomme pure, le dosage du soufre, la détermination du poids des cendres et leur analyse.

Les *factices*, c'est-à-dire les huiles épaissies par la cuisson en présence d'oxydants, sont décelés par une ébullition au reflux dans la soude alcoolique. Il se forme un savon alcalin soluble, tandis que la gomme pure ne perd pas plus de 1 à 3 pour cent de son poids. Les factices ne sont d'ailleurs pas toujours considérés comme une fraude, ils donnent au caoutchouc une plus grande légèreté et de la souplesse.

Le caoutchouc est également soumis à des essais mécaniques, relatifs à la traction et à la compression. Ces derniers essais sont importants dans le cas de tuyaux de caoutchouc pour freins, de fils pour tissus élastiques, etc.

Fabrication. — L'industrie du caoutchouc est moderne ; elle est due surtout à *Nadler*, 1820. mais le progrès le plus important : la vulcanisation, est due à l'américain *Goodyear*, 1839. Depuis, la prospérité de cette industrie est toujours croissante.

La fabrication du caoutchouc comprend plusieurs opérations mécaniques, telles : le déchiquetage, qui a pour but d'éliminer les impuretés, le broyage, et le malaxage, le cylindrage, le calandrage et le moulage. La vulcanisation s'opère dans des chaudières ou au moyen de presses. La teneur en soufre du caoutchouc vulcanisé varie généralement de 2 à 10 pour 100.

Pour un grand nombre d'articles, on n'emploie pas de gomme pure. On l'additionne suivant les cas de factice, de caoutchouc régénéré, ou de matières minérales.

Les factices s'obtiennent par l'action d'oxydants ou mieux de soufre sur les huiles non saturées, telles que les huiles de lin, de colza, de ricin, de coton. L'opération avec le soufre se fait à la température de 130°-150°. En présence de chlorure de soufre, on peut opérer à froid. Ces factices résistent mieux à la pression qu'à l'allongement. Dans les applications du caoutchouc aux chaudières, l'addition de factices est dangereuse, les corps gras sont en effet rapidement saponifiés et détruits par la vapeur d'eau.

L'emploi des factices a beaucoup diminué depuis qu'on sait régénérer le vieux caoutchouc. Les procédés de régénération du caoutchouc reposent sur le traitement des vieux caoutchoucs par la vapeur d'eau à haute tension, ou par certains dissolvants. Ce n'est pas une dévulcanisation, mais simplement le retour à une masse plastique susceptible de se vulcaniser à nouveau. L'addition d'une certaine proportion de ces régénérés à la gomme pure est légitime.

Les matières minérales qu'on ajoute à la gomme pure, comme *fourrures* sont principalement les oxydes de zinc et de plomb, le pentasulfure d'antimoine qui n'est pas, comme on le croit généralement, un agent de vulcanisation, la craie, le spath pesant, le lithopone. Pour donner de la dureté, on emploie la magnésie, la chaux, et le carbonate de magnésie. Le cinabre et le noir de fumée sont surtout employés comme pigments. On peut teindre le caoutchouc au moyen d'orcanette et de couleurs d'aniline.

Dans la construction des câbles électriques, l'addition d'une certaine quantité de paraffine est favorable.

Composition et propriétés. — Le caoutchouc est constitué en majeure partie par un carbure polyterpénique $(C^{10} H^{16})$ ⁿ.

Le caoutchouc, à l'état de latex, est analogue à du lait, il se coagule lentement à l'air, plus rapidement en présence de sel, d'acide étendu, d'alcool, et sous l'influence de la chaleur. Coagulé, le caoutchouc est plus ou moins coloré, il possède une densité de 0,925 à 0,968, il fond vers 200°, mais ne se solidifie plus à nouveau. C'est le corps le plus élastique que l'on connaisse, cette propriété disparaît vers 4°; au-dessous de 0°, le caoutchouc devient rigide, sans être cassant; chauffé à nouveau, il reprend ses propriétés vers + 40°.

Le caoutchouc est soluble dans l'éther anhydre, le chloroforme, le pétrole et surtout la benzine, le sulfure de carbone et l'essence de térébenthine. L'alcool gonfle le caoutchouc sans le dissoudre.

Le fait dominant dans l'étude des propriétés chimiques du caoutchouc, est l'action qu'exerce le soufre sur lui. Le caoutchouc absorbe le soufre sous l'influence de la chaleur (130°-140°) et ses propriétés se modifient, l'élasticité augmente en même temps que la propriété du caoutchouc de se souder à lui-même disparaît. C'est ce qu'on appelle la vulcanisation. Suivant la température et la durée de l'expérience, on obtient des produits différents. Si la vulcanisation est prolongée pendant plusieurs heures à la température de 150°-160°, le caoutchouc perd son élasticité, c'est le *caoutchouc durci* ou *ébonite*. Au lieu du soufre, on peut employer également le chlorure de soufre et les sulfures métalliques pour la vulcanisation.

Au point de vue de l'action des différents produits chimiques sur le caoutchouc, il faut retenir que l'ammoniaque ainsi que les solutions alcalines, sont sans action sur le caoutchouc. Les acides minéraux dilués, sont également sans action ; à l'état concentré, ils attaquent énergiquement le caoutchouc.

En ajoutant au caoutchouc de la colle précipitée de sa solution aqueuse et additionnée d'huile, on empêche le caoutchouc de devenir dur et cassant (Hornung et Hamel, 1897).

Applications. — Elles sont très nombreuses; elles le seraient encore plus si le prix du caoutchouc était moins élevé.

Le caoutchouc existe dans le commerce, en tubes, en feuilles laminées ou sciées ; les *feuilles relevées* sont obtenues en coulant une solution de caoutchouc sur une étoffe talquée, la feuille de caoutchouc est enlevée après l'évaporation du solvant.

Pour les conduits de gaz, il est préférable d'employer un caoutchouc chargé de matières minérales, par exemple, le caoutchouc gris à 52 pour 100 de cendres. Le caoutchouc noir, qui est très pur, absorbe plus facilement les gaz par osmose.

Le caoutchouc en solution sert pour imperméabiliser les tissus, pour faire des pâtes hydrofuges, pour la soudure et le filage du caoutchouc. Les agglomérés et meules d'émeri s'obtiennent au moyen du caoutchouc. La solution de caoutchouc dans la benzine sert pour l'impression à chaud des poudres d'étain, de bronze, etc.

Un mélange de chaux et de caoutchouc, à la température de 200°, constitue un excellent mastic hydrofuge. La glu marine qui ne fond qu'à 120°, est un mélange de gomme laque et d'une dissolution de caoutchouc. Une dissolution de caoutchouc additionnée de liège en poudre, constitue un mastic employé pour les joints sertis, Esnn (br. fr., 1904).

Enfin, on fait avec le caoutchouc un grand nombre d'objets moulés pour les arts et les usages domestiques : pneumatiques, courroies, souliers, éponges, etc. Les éponges sont obtenues en ajoutant à une dissolution de caoutchouc un sel soluble et du soufre. On moule, laisse sécher et vulcanise ; par lavage à l'eau, le sel se dissout.

Caoutchouc durci ou *ébonite.* — C'est un caoutchouc vulcanisé à haute teneur. Suivant la proportion de soufre qui varie de 20 à 35 pour 100, on obtient des produits encore flexibles ou durs et cassants.

L'ébonite est un bon isolant électrique, on l'emploie pour faire des plateaux de machines électriques. Son coefficient de dilatation est de l'ordre de grandeur de celui du mercure. Il est insoluble dans les solvants organiques ; seuls, le sulfure de carbone et les huiles de houille le gonflent légèrement.

Le caoutchouc durci est d'un noir intense, susceptible d'un beau poli, il sert à la fabrication d'un grand nombre d'objets : peignes, boutons, baleine artificielle, cannes, boutons, règles, équerre, etc.

Gutta-Percha — ou gomme de Sumatra, latex desséché de l'*Isonandra gutta* et de diverses sortes de *Palaquium* qui croissent à Bornéo, Singa-

pour, Java et dans tout l'archipel malais. Singapour est le centre principal
pour la vente de la gutta.

Le chirugien anglais, *Montgomerie*, 1832, attira le premier l'attention
sur ce corps. Son importance est devenue considérable depuis que Siemens,
vers 1843, a reconnu que la gutta était éminemment propre à la construction des câbles sous-marins.

La gutta-percha, d'après Payen, serait composée de gutta, 40 à 85 pour
100, carbure terpénique, de formule $C^{10}H^{16}$; d'albane, 19 à 14 pour 100; et
de fluavile, 4 à 6 pour 100. Ces deux dernières substances proviendraient
de l'oxydation de la gutta à l'air. *Jungfleisch* et *Alb. Damoiseau* ont montré
que ce ne sont pas là des principes ; et *Jungfleisch et H. Leroux* (J. de
pharmacie, 1906) en ont isolé la paltreubine $C^{30}H^{50}O$, isomère des amy-
rines ; en conséquence, éthers de l'élémi.

L'extraction de la gutta, en Malaisie, se fait sur l'arbre abattu. Le suc
recueilli par des incisions convenables fournit, dans ces conditions, environ
260 gr. de gutta brute pour un arbre de trente ans. Ce rendement dérisoire
pourrait être augmenté si l'on traitait les feuilles par le toluène : on pourrait
recueillir encore 10 pour 100 en gutta du poids des feuilles. Jungfleisch
(Bul. Soc. d'Encouragement, 1892).

Le traitement industriel de la gutta se fait généralement par des procédés
mécaniques, comme pour le caoutchouc.

Propriétés. — La gutta du commerce est une substance plastique, d'un
gris blanchâtre. La densité varie de 0,975 à 0,980, mais si l'on maintient
quelque temps la gutta dans l'eau chaude, sa densité augmente, elle tombe
au fond par suite du départ des bulles d'air interposées. Le froid ne durcit
pas la gutta, comme cela a lieu pour le caoutchouc.

La gutta-percha se ramollit vers 50° ; à 80° on peut la mouler et la souder
à elle-même. Elle fond entre 100° et 130°, suivant son degré de pureté.

La gutta est un des meilleurs isolants pour l'électricité. Sa résistivité est
de 7×10^{21} unités C.G.S. par cm³, à 0°.

La gutta-percha n'est pas élastique, mais sa résistance à la traction, augmente dès qu'on lui fait subir un allongement. Si on double la longueur de
la gutta en l'étirant, elle peut alors supporter une charge double de celle qui
a servi à l'étirer.

La gutta-percha est partiellement soluble dans l'alcool et l'éther, complètement soluble dans la benzine, le chloroforme, l'essence de térébenthine,
l'éther de pétrole, les huiles de schistes, l'huile de caoutchouc, l'huile d'olive.

Au point de vue chimique, la gutta résiste bien aux alcalis, ainsi qu'à
l'acide fluorhydrique et chlorhydrique, ce dernier l'attaque à la longue. Cette
propriété permet d'utiliser la gutta pour fabriquer des récipients devant
contenir l'acide fluorhydrique. L'acide sulfurique et l'acide nitrique détruisent
la gutta.

Exposée à l'air sec et à la lumière, la gutta s'altère rapidement ; au contraire, dans l'air humide, ou mieux immergée dans l'eau, elle est inalté-

rable. Cette propriété la rend précieuse pour la protection et l'isolement des câbles électriques, souterrains et sous-marins.

Le soufre se combine avec la gutta, mais sans modifier sensiblement son élasticité. Avec 15 pour 100 de soufre, on obtient un produit analogue à la corne ; au delà, on obtient une substance analogue à l'ébonite. Une addition de 5 pour 100 de paraffine rend la gutta-percha moins altérable à l'air. Pour revêtements résistants aux acides et aux alcalis, on emploie des mélanges à parties égales.

Applications. — On fabrique avec la gutta différents objets : fioles, seaux, brocs, robinets, cuvettes pour la photographie, tubes, etc., pour contenir des acides, en particulier l'acide fluorhydrique. Dans l'art dentaire, on emploie la gutta pour obturer les dents carriées. On en fait des moules pour la galvanoplastie en la ramollissant sous l'eau à 50° ; ces moules sont rendus conducteurs au moyen d'une couche de plombagine.

L'application la plus importante de la gutta-percha est son emploi pour isoler les conducteurs électriques, souterrains et sous-marins.

La médecine et la chirurgie font usage d'un grand nombre d'instruments en gutta : sondes, seringues, cornets acoustiques, appareils pour fractures, etc.

Elle sert, en mélange avec de la résine, à confectionner des mastics hydrofuges.

Pour un grand nombre d'applications, on n'emploie pas la gutta pure, mais additionnée de deux parties de caoutchouc, qui lui donnent de l'élasticité. On s'en sert alors pour rendre imperméable, le cuir, les tissus légers.

Pour rendre la gutta plus rigide, on l'additionne de 1 à 20 pour 100 de gomme laque. On arrive au même résultat par immersion rapide dans de l'acide sulfurique concentré et lavage ultérieur à grande eau.

La dissolution de gutta dans le sulfure de carbone constitue une colle très adhésive, d'un emploi courant, par exemple, dans la fabrication des courroies. La traumaticine est une solution à 10 pour 100 de gutta dans le chloroforme.

Balata. — La balata est le suc solidifié d'une plante de la famille des Sapotées, originaire de la Guyane et du Vénézuéla. Il y en a trois sortes : les deux usitées sont la balata rouge de Surinam et la balata du Vénézuéla (Mimusops Balata).

La balata ne se dissout pas à froid dans la benzine comme le caoutchouc ; elle sert spécialement au collage des toiles, à la fabrication des courroies de transmission et des semelles de chaussure par union avec la toile. On l'emploie aussi en raison de son prix peu élevé pour donner de la qualité aux guttas médiocres et elle sert, mélangée à la gutta, pour recouvrir les fils électriques.

Son usage s'est beaucoup répandu depuis quelques années en raison de sa moindre valeur et de ses propriétés adhésives plus grandes que celles des guttas communes. Cette propriété permet d'obtenir des courroies d'excellente qualité. La toile est imprégnée de la solution de balata et séchée à l'air, elle est prête pour confectionner la courroie. On étale la toile sur une table chauffée à la vapeur, elle redevient collante. On plie la toile sur elle-même pour obtenir des courroies à 2, 3, 4, 5, et 6 plis ; on lamine ensuite entre deux rouleaux froids en fonte et on la tend fortement pendant qu'elle se refroidit afin d'éviter l'allongement quand elle sera en service. Ces courroies se conservent intactes dans les locaux humides.

CHAPITRE XIX

ALCOOLS

Généralités sur les Alcools. — Les alcools sont des corps ternaires, formés de carbone, d'hydrogène et d'oxygène. Ce sont des corps neutres. Ils dérivent des carbures par substitution de un ou plusieurs OH à un ou plusieurs H dans une chaîne longue ou dans une chaîne latérale. On les considère comme des hydrates de radicaux : ces radicaux alcooliques ou *alkyles*, étant dérivés des paraffines par soustraction de 1 H, les paraffines étant leurs hydrures.

· L'une de leurs principales propriétés est de s'unir directement aux acides et de les neutraliser pour donner des éthers-sels, avec élimination d'eau. La réaction est analogue à celle des hydrates.

Les alcools en perdant H^2O sur une double molécule, donnent les anhydrides ou éthers-oxydes ; en perdant H^2, ils donnent les aldéhydes ; ils donnent les acides en fixant ensuite O ; ils donnent les amines par substitution de NH^2 à OH :

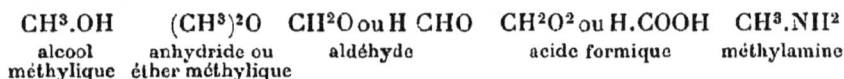

$$CH^3.OH \qquad (CH^3)^2O \qquad CH^2O \text{ ou } H\,CHO \qquad CH^2O^2 \text{ ou } H.COOH \qquad CH^3.NH^2$$

alcool   anhydride ou   aldéhyde   acide formique   méthylamine
méthylique   éther méthylique

L'alcool vinique (alcool éthylique) fut longtemps le seul connu. En 1835 seulement, Dumas et Péligot étendirent cette appellation à l'esprit de bois et en firent une fonction générale. Cannizzaro, en découvrant l'alcool benzylique, 1853, montra que cette fonction peut sortir de la série grasse. Berthelot, 1854, considéra la glycérine (que Chevreul, Dumas et Stas, Pelouze et Gélis avaient étudiée), comme un alcool triatomique. A Wurtz, 1856, est dû le glycol, alcool diatomique ; aux travaux de De Luynes, 1863, l'érythrite, alcool tétratomique.

Suivant qu'il y a un ou plusieurs atomes d'hydrogène remplacé par le radical OH, on a les monoalcools, dialcools, trialcools, etc., appelés aussi alcools monoatomiques, diatomiques, triatomiques, etc.

Il y a lieu de distinguer, de plus, suivant la position du groupement fonctionnel OH, trois séries d'alcools isomères : les alcools primaires normaux, les alcools secondaires et les alcools tertiaires. Puis les alcools à fonction mixte et les phénols.

Les *alcools primaires*, alcools proprement dits, alcools normaux ou alcools d'oxydation, sont caractérisés par le groupement fonctionnel $CH^2.OH$. Ils donnent par oxydation une aldéhyde, puis un acide.

Les *alcools secondaires*, *isoalcools*, donnent par oxydation une cétone au lieu d'aldéhyde et deux acides. Leur groupement fonctionnel est $CH.OH$.

Les *alcools tertiaires* ne donnent, par oxydation, ni aldéhyde, ni cétone, mais des acides. Leur groupement fonctionnel est $C.OH$.

Les phénols sont les alcools des carbures benzéniques; ils feront l'objet d'un chapitre spécial.

Nous classerons les alcools d'après leur atomicité.

I. — ALCOOLS MONOATOMIQUES

1° *Alcools de la série grasse* : $C^nH^{2n+2}O$:

Alcool méthylique	CH^4O	$CH^3.OH$	$H.CH^2OH$
— éthylique	C^2H^6O	$C^2H^5.OH$	$CH^3.CH^2OH$
— propylique	C^3H^8O	$C^3H^7.OH$	$C^3H^5.CH^2OH$
— butylique	$C^4H^{10}O$	$C^4H^9.OH$	$C^3H^7.CH^2OH$
— amylique	$C^5H^{12}O$	$C^5H^{11}.OH$	$C^4H^9.CH^2OH$
— caproïque	$C^5H^{14}O$	$C^6H^{13}OH$	$C^5H^{11}.CH^2OH$
— œnanthylique	$C^7H^{16}O$		
— caprylique	$C^8H^{18}O$		
— cétylique	$C^{16}H^{34}O$		
— cérotique	$C^{25}H^{52}O$		
— myricique	$C^{30}H^{62}O$		

On les nomme alcools éthyliques, parce que l'alcool éthylique en est le type, alcools de fermentation. Tous ces alcools sont des composés saturés ; ils peuvent se modifier par substitution ou par perte, mais non par addition d'autres éléments monovalents.

On les obtient principalement par fermentation, ou en décomposant par l'eau ou par la potasse leurs éthers dont un grand nombre existent dans la nature.

Leurs propriétés physiques suivent la même gradation que la formule, c'est-à-dire qu'à mesure qu'augmente l'exposant du carbone, on voit diminuer la fluidité et la solubilité. Ainsi les trois premiers de ces alcools sont liquides et solubles dans l'eau en toutes proportions, $C^4H^{10}O$ est fort soluble, $C^5H^{12}O$ oléagineux et peu soluble, $C^6H^{14}O$ insoluble dans l'eau, $C^{16}H^{34}O$ solide cristallisé, $C^{30}H^{62}O$ solide cireux.

Le point d'ébullition s'élève de 18° par CH^2 (Kolbe). Ainsi C^2H^4O bout à 66° et $C^{16}H^{34}O$ à 360°.

2° *Alcools de la série acétylique ou oléfiniques* : $C^nH^{2n}O$:

Alcool vinylique	C^2H^4O	$CH = CH^2OH$
— allylique	C^3H^6O	$CH^2 = CH — CH^2 OH$

On leur rattache l'alcool mentholique (menthol) $C^{10}H^{20}O$ dérivé de carbure hydrocyclique.

3° *Alcools acétyléniques :* $C^nH^{2n}-^2O$:

    Alcool propargylique C^3H^4O $CH \equiv C.CH^2OH$.

4° *Alcools camphéniques :*

Alcool campholique (bornéol)	$C^{10}H^{18}O$
Terpilénol	$C^{10}H^{18}O$
Linalol	$C^{10}H^{18}O$
Géraniol	$C^{10}H^{18}O$
Citronellol	$C^{10}H^{20}O$

5° *Alcools de la série benzénique :* $C^nH^{2n}-^6O$. Isomères des phénols :

Alcool benzylique	C^7H^8O	$C^6H^5CH^2OH$
— toluylique	$C^8H^{10}O$	$C^6H^4.CH^3.CH^2OH$
— cumolique	$C^9H^{12}O$	

6° *Alcools de la série cinnamique :* $C^nH^{2n}-^8O$:

    Alcool cinnamique $C^9H^{10}O$ $C^6H^5.CH = CH.CH^2OH$

7° *Divers.*

Alcool cholestérique	$C^{26}H^{11}O$	
Triphénylcarbinol	$(C^6H^5)^3 COH$	

II. — ALCOOLS DIATOMIQUES

Ce sont les glycols. On peut les considérer, soit comme dérivant des paraffines par substitution de $(OH)^2$ à H^2, soit comme des dihydrates des oléfines : alcools éthyléniques. Ils renferment 2 atomes de H remplaçables, et ils diffèrent des alcools monoatomiques en ce qu'ils peuvent passer par deux degrés successifs d'oxydation, en donnant deux acides principaux, l'un monobasique, l'autre bibasique, et par deux états d'éthérification en donnant deux séries d'éthers selon qu'ils se combinent à 1 ou 2 molécules d'un acide. Les glycols ont la propriété remarquable de s'accumuler dans les combinaisons.

1. Série $C^nH^{2n}+^2O^2$:

éthylglycol	$C^2H^4(OH)^2$
propylglycol (iso)	$C^3H^6(OH)^2$
butylglycol	$C^4H^8(OH)^2-$
amylglycol	$C^5H^{10}(OH)^2$

2. Série $C^nH^{2n}O^2$:

acétylglycol	$C^2H^2(OH)^2$

3. Série $C^nH^{2n}-^6O^2$:

saligénine	$C^7H^6(OH)^2$
anisol	$C^8H^8(OH)^2$

III. — AUTRES ALCOOLS POLYATOMIQUES

1° *Alcool triatomique.*

On connaît un alcool qui peut jouer trois fois le rôle d'alcool, et donne, par conséquent, trois séries d'éthers,

glycérine $C^3H^8O^3$ ou $C^3H^5(OH)^3$ ou $\quad CH^2OH.CHOH.CH^2OH$

2° *Alcools tétratomiques :*

érythrite $C^4H^{10}O^4$ ou $C^4H^7(OH)^4$ ou $\quad CH^2OH(CHOH)^2CH^2OH$

3° *Alcools pentatomiques :* $\quad CH^2OH(CHOH)^3CH^2OH$

arabite, xylite $\quad C^5H^{12}O^5$

pinite, quercite $\quad C^6H^{12}O^5$

4° *Alcools hexatomiques :* $\quad CH^2OH(CHOH)^4CH^2OH$

mannite, dulcite, sorbite $\quad C^6H^{14}O^6$

5° *Alcools heptatomiques :* $\quad CH^2OH(CHOH)^5CH^2OH.$

perséite, volémite $\quad C^7H^{16}O^7$

IV. — ALCOOLS A FONCTIONS MIXTES OU MULTIPLES

Les alcools polyatomiques donnent, lorsque leurs OH sont partiellement remplacés par d'autres groupements fonctionnels, des alcools mixtes, qui peuvent être des alcools-aldéhydes comme les sucres, des alcools-acides, comme l'acide glycolique, l'acide lactique ; des alcools-phénols, comme la saligénine ; des alcools-éthers, comme les mono- et di-éthers de la glycérine, l'alcool anisique ; des alcools-alcalis, etc.

* *

Nous étudierons dans ce chapitre plus spécialement l'alcool méthylique, l'alcool éthylique, la glycérine ; et nous dirons quelques mots des alcools propyliques, butyliques, amyliques, octyliques, éthaliques, céryliques, de l'alcool mélissique, de l'alcool allylique, de l'alcool menthoïque, de l'alcool campholique, du terpilénol, des linalols, du géraniol, du citronellol, de l'alcool cinnamique, de l'alcool glycolique ; enfin de l'érythrite, de l'arabite et de la mannite.

Alcool méthylique $CH^3.OH$. — *esprit de bois, méthylène, méthanol* ou *carbinol.* Il a été observé par Boyle, 1661 et isolé par *Taylor* en 1812, dans les produits de la distillation du bois, étudié par Dumas et Péligot, 1835. Berthelot en a réalisé la synthèse en 1857.

Il existe à l'état libre dans les fruits non mûrs de plusieurs *Heracleum*, et à l'état d'éthers dans diverses essences : salicylate de méthyle, dans l'essence de *Gaultheria procumbuns.*

Extraction. — Industriellement, on retire l'alcool méthylique des goudrons provenant de la distillation sèche du bois. La distillation sèche des vinasses de betteraves par la méthode de *Vincent*, donne également de l'alcool méthylique.

Rectification. — Le méthylène brut contient tous les produits volatils qui n'ont pas de caractère acide ; les principaux sont l'acétone, l'alcool allylique, l'ammoniaque et les amines. Lors de la rectification, il est très difficile d'éliminer les deux premiers, en particulier l'acétone dont le point d'ébullition est très voisin de celui de l'alcool méthylique. Le problème de la rectification de l'alcool méthylique est simplifié en France où l'on emploie ces mélanges comme dénaturants pour l'alcool éthylique. Les produits de tête et de queue sont mis de côté pour la dénaturation, le cœur est sensiblement pur (0,1 pour 100 d'acétone), et peut servir pour la préparation des couleurs d'aniline. Dans ce cas, sa teneur en acétone doit être moindre que 0,3 pour 100. Des méthodes chimiques de rectification ont été proposées pour remplacer la distillation, mais elles ne sont pas employées ; on n'ajoute des substances chimiques que pour combiner les huiles aromatiques et les phénols, et pour saponifier les éthers présents. Lors de la distillation de l'esprit de bois, il faut compter sur une perte de 12 pour 100 environ ; le rendement de 88 pour 100 se compose de 60 kilogr. de méthylène pur à 99 pour 100 et d'environ 30 kilogr. d'esprit de bois de dénaturation à 90 pour 100.

Méthylène pur. — Pour le préparer, on recueille les portions provenant de la première distillation, qui ne tiennent pas plus de 7 pour 100 d'acétone. On les dilue dans la proportion de 1 : 2 et on rectifie en présence de 1 à 3 pour 100 de soude, dont le but est de fixer les composés phénoliques encore présents, de résinifier les produits aldéhydiques tels que le furfurol et de saponifier l'acétate d'amyle. On recueille les portions qui tiennent moins de 0,1 pour 100 d'acétone, ce dont on s'assure en dosant l'acétone par la méthode volumétrique de *Messinger* qui transforme ce corps en iodoforme.

Alcool méthylique chimiquement pur. — On l'obtient en transformant d'abord l'alcool en son éther oxalique, qui est un solide cristallisable. On saponifie cet éther par la potasse, et on a de l'oxalate de K et de l'alcool méthylique pur.

Pour doser l'alcool méthylique dans l'esprit de bois brut, on le transforme en iodure de méthyle. Cette réaction généralement employée manque de précision, elle ne pourrait convenir pour le dosage d'un méthylène presque pur.

Pour reconnaître l'alcool méthylique, dans l'alcool éthylique, A. *Trillat* (Journal de pharmacie 1898) condense les produits de l'oxydation de l'alcool avec la diméthylaniline et oxyde la base obtenue. La présence du méthylène est indiquée par une coloration bleue intense due à la formation du benzhydrol tétraméthylé. On trouvera dans le *Moniteur Scientifique* de 1895, par M. Petit, et 1896, par M. Barillot, deux articles sur l'analyse des méthylènes et des alcools dénaturés.

La caractérisation et le dosage des alcools méthylique et éthylique dans leurs mélanges au moyen du réfractomètre à immersion, ont fait l'objet d'une communication de *M. A. E. Leach et H. C. Lythgoe* à l'American chemical Society (1906).

Propriétés. — L'alcool méthylique est un liquide mobile, d'odeur spiritueuse quand il est bien pur. Il provoque l'ivresse, comme l'alcool ordinaire. L'inhalation de ses vapeurs expose à l'hypertrophie du foie. Sa densité à 0° est 0,814. Il bout à 65° ; mais son ébullition est difficile ; on la facilite au moyen de fils de platine. Il brûle à l'air avec une flamme peu éclairante en dégageant 170,6 calories. Il est miscible à l'eau, à l'alcool, à l'éther en toutes proportions. C'est un solvant des corps gras, des essences et des résines, de nombreux composés organiques, tels que matières colorantes.

La chaleur le décompose à partir de 400°. 1 kilog. dégage 5.331 calories. C'est un bon agent de conservation, liquide de *Wickersheimer.*

Les corps hydrogénants, tels que l'acide iodhydrique le transforment en formène.

La combustion de l'alcool méthylique dans l'air ou l'oxygène, donne de l'acide carbonique et de l'eau. En présence de mousse de platine, l'oxydation a lieu à la température ordinaire, avec formation d'acide formique ; chauffé au rouge en présence de platine et surtout de cuivre ou de coke, il se forme de l'aldéhyde formique CH^2O ; c'est le mode habituel de préparation de ce dernier corps.

Certains chlorures métalliques se combinent à l'alcool méthylique en formant une combinaison cristallisée. La combinaison avec le chlorure de calcium $CaCl^2 + 4CH^4O$ n'est pas décomposable à 100°. Cette propriété a été usitée pour purifier l'esprit de bois.

En dehors de ses applications comme dissolvant, ou comme matière première dans la fabrication du chlorure de méthyle, de l'aldéhyde formique, de certaines matières colorantes, et d'autres composés organiques, l'alcool méthylique a été longtemps employé comme combustible ; mais il est remplacé actuellement dans cet emploi par l'alcool éthylique qui développe plus de chaleur et coûte moins cher. Il sert aujourd'hui à dénaturer l'alcool éthylique, sous forme de méthylène-régie ; nous le verrons plus loin.

Alcool éthylique $C^2H^5.OH$. — *alcool ordinaire ou vinique, hydrate d'éthylène, éthanol.* C'est le plus anciennement connu des alcools et le plus important d'entre eux, au point de vue des applications.

Il fut décrit par Arnauld de Villeneuve au xiie siècle. Sa composition fut donnée par de Saussure.

Production. — Il se produit dans la fermentation des jus sucrés fermentescibles, par exemple du raisin, de la betterave, de la carotte, du topinambour, de la canne, des pommes, prunes, etc. ; les sucres fermentescibles se scindent en alcools et en acide carbonique sous l'influence d'un ferment. Les *eaux de vie* proviennent de la distillation des vins, cidres, marcs, lies, fruits.

On obtient l'alcool en grand en distillant soit les jus sucrés fermentés provenant du raisin, de la betterave et de la canne à sucre, soit les moûts obtenus en saccharifiant les grains : orge, maïs, ou les fécules : la pomme de terre, et soumis ensuite à une fermentation. On peut aussi saccharifier de la paille, du bois ou autres substances cellulosiques, alfa, brevet V. Kness, etc.

Dromain soumet les racines de chicorée à la diffusion avant de les torréfier. Les jus sucrés obtenus donnent de l'alcool, et le produit torréfié est plus fin de goût par suite du départ des huiles essentielles.

Les liquides provenant d'une première distillation sont les *flegmes*; ils contiennent des aldéhydes, des alcools, de l'acétal, des acides, des éthers, du furfurol, de la glycérine et quelquefois des bases pyridiques ; enfin si la distillation a été trop poussée, des amides et de l'acroléine. La rectification a pour but de séparer ces différents produits.

Les appareils dont on se sert aujourd'hui pour opérer la distillation des liquides alcooliques, en vue de recueillir l'alcool, sont si perfectionnés qu'ils permettent d'obtenir du premier jet de l'alcool bon goût à 95° centésimaux. Les appareils sont à distillation méthodique, et leur principe, qui repose sur la plus grande volatilité de l'alcool que l'eau, a été mis pour la première fois en pratique par Édouard Adam, de Rouen, puis perfectionné dans les appareils Derome et Cail, Savalle, E. Barbet, Egrot, etc.

Alcool synthétique. — On a vu p. 772 que l'éthylène s'obtient par déshydratation de l'alcool au moyen d'acide sulfurique concentré. Inversement, l'alcool doit pouvoir être reconstitué par l'union de l'éthylène et de l'eau. Ce fait a été reconnu dès 1828 par *Hennell*, au cours d'études sur l'ac de sulfovinique ou acide éthylsulfurique, et de l'éthylène déjà décrit par Faraday en 1825, et étudié par Hennell en 1826. Hennell constata que l'éther éthylsulfurique se dédouble en alcool et en acide sulfurique, lorsqu'on le chauffe avec de l'eau. M. Berthelot, en 1855, alors qu'il était préparateur au collège de France, donna à ces faits toute leur importance, et étudia le premier d'une façon complète la synthèse de l'alcool à partir de l'éthylène. Il indiqua plusieurs méthodes, entre autres, celle très ingénieuse à l'éther iodhydrique. Plus tard, la synthèse de l'éthylène à partir de l'acétylène et celle de l'acétylène à partir des éléments C et H, que Berthelot découvrit, a permis de réaliser la synthèse totale de l'alcool. Ces résultats, disait déjà Berthelot, dès 1855, conduisent à produire expérimentalement l'alcool, sans faire intervenir les fermentations au moyen du gaz d'éclairage. Un procédé industriel fondé sur l'emploi des gaz des hauts-fourneaux, et dont on a beaucoup parlé ces dernières années, n'a pas réussi.

Les gaz des fours à coke renfermant de notables quantités d'éthylène, *P. Fritzche* (Chem. Ind. 1897 et 1898) a étudié les conditions de leur utilisation à la préparation de l'alcool. Ses conclusions sont que le gaz éthylène existe dans la proportion d'environ 1 pour 100 en volume dans les gaz dépouillés auparavant de leur benzène, que l'éthylène est facilement et rapidement absorbé par l'acide sulfurique concentré dans des appareils cylindriques à arbre horizontal analogues à ceux utilisés pour fabriquer les eaux gazeuses, que l'absorption est facilitée par la pression, que si le mélange éthylsulfonique renferme 50 pour 100 d'eau, on peut en retirer par distillation presque toute la quantité d'alcool qu'il contient.

E. Simonsen (Z. für ang. Chemie, 1898), a étudié les conditions de la production de l'alcool avec la cellulose et le bois. Les conditions les plus favorables sont, d'après lui, 1 p. de cellulose, 6 p. d'acide sulfurique à 1/2 pour 100, une pression de 10 atmosphères, une durée de 1 heure et demie ; on obtient dans ces conditions 41 pour 100 de la cellulose d'un sucre réducteur, glucose, qui par fermentation donne de l'alcool.

Avec la sciure de bois, bien que l'inversion en sucre se fasse plus aisément, le rendement est bien inférieur, soit 20 pour 100 de glucose, et sa fermentation produit 6 l. 5 d'alcool absolu par 100 kilogr. de bois.

Alcool Absolu ou Anhydre. — La rectification seule ne suffit pas à obtenir de l'alcool exempt d'eau. Pour absorber les dernières quantités d'eau, il faut ajouter à l'alcool des substances avides d'eau, soit de la chaux vive, de la baryte, de la potasse en plaques ou du carbonate de K sec. On abandonne 24 heures et on distille au bain-marie.

Pour obtenir l'alcool absolu, il faut ordinairement deux rectifications. On peut enlever les dernières traces d'eau en faisant dissoudre un morceau de sodium, puis en rectifiant au bain-marie.

Sommering a constaté que si l'on conserve de l'alcool aqueux dans une vessie animale, il se concentre par dialyse.

Pour vérifier un alcool absolu, il suffit de lui ajouter quelques gouttes d'une solution alcoolique d'alcoolate de baryte : si l'alcool contient la moindre trace d'eau, il se produit un trouble. On peut se servir plus simplement d'un cristal de sulfate de cuivre, anhydre et blanc, qui devient bleu en s'hydratant. Dès que l'alcool contient plus de trois centièmes d'eau, il n'est pas miscible avec la benzine.

L'anthraquinone, traitée par l'alcool absolu en présence de l'amalgame de sodium, donne une magnifique coloration verte ; si l'alcool contient des traces d'eau, il se développe une magnifique coloration rouge (A. Claus, 1877, Berichte).

Essai des alcools. — Le rôle important joué par l'alcool dans l'alimentation et dans l'industrie, a suscité un grand nombre de méthodes d'analyse des alcools.

Un des procédés les plus simples et les plus anciens, est connu sous le nom de preuve de Hollande ou essai à la perle. On agitait l'alcool contenu dans une fiole incomplètement remplie et on on observait les bulles formées à la surface. Ces dernières se forment lorsque l'eau-de-vie titre environ 50°. Tout liquide ne faisant pas la perle était considéré comme inférieur à ce titre. La quantité d'eau ajoutée à l'alcool pour atteindre le point où la perle ne se forme plus, donnait une idée de la concentration du liquide examiné. Ce procédé était naturellement sans précision, aussi bien que celui qui consistait à enflammer l'alcool et à mesurer l'eau résiduelle.

L'essai des alcools comprend actuellement deux parties distinctes : *la dégustation* et l'essai chimique.

En ce qui concerne l'examen dégustatif, il faut mélanger vivement le contenu du verre et aussitôt, c'est-à-dire pendant que le liquide pétille encore un peu, on constatera le parfum, puis ensuite aussi le goût du mélange.

La dégustation doit être faite dans un local particulier, isolé des autres, et dans lequel ne devront pas être exécutés des travaux chimiques. Les verres servant à la dégustation doivent, après l'emploi, être rincés à l'eau pure, puis avec un peu d'esprit de vin de première qualité. L'eau qui servira à diluer l'alcool doit être fraîche et sera amenée, par chauffage, à une température de 25° centigrades; l'eau distillée est inutilisable.

Le meilleur moment pour déguster est le matin, deux heures environ après le petit déjeuner. L'après-midi, surtout après absorption des mets épicés, on est généralement moins bien disposé. On doit absolument éviter de fumer avant la dégustation. Un rhume prononcé rend illusoire toute dégustation. On ne devra faire que quatre, et au plus cinq examens d'alcool consécutivement. S'il y a un plus grand nombre d'échantillons, il est nécessaire de faire une pause d'au moins une heure.

L'examen dégustatif doit être répété deux fois avec chaque alcool, à deux jours consécutifs. Si la deuxième opération diffère sensiblement de la première, une troisième opération sera nécessaire. En règle générale et pour autant que des défectuosités n'auront pas été constatées par l'analyse chimique, le résultat de l'examen dégustatif fera autorité pour la remise du résultat définitif. Afin de ne pas être influencé dans l'examen dégustatif par le résultat de l'examen chimique, on doit commencer par la dégustation.

L'analyse des alcools comprend les déterminations suivantes : dosage de l'alcool, dosage de l'acidité, fixe ou volatile, dosage de l'extrait et des cendres, dosage des aldéhydes et du furfurol, dosage des éthers et des alcools supérieurs.

L'essai le plus important est le dosage de l'alcool.

Alcoométrie. — Lorsqu'il s'agit des alcools rectifiés et d'eaux-de-vie, on peut obtenir directement le titre alcoolique au moyen d'un aéromètre spécial, dû à Gay-Lussac, et connu sous le nom d'*alcoomètre centésimal.* Lorsqu'il s'agit d'une liqueur alcoolique contenant des matières fixes, il est nécessaire de séparer l'alcool par distillation et d'opérer sur le distillat ramené au volume primitif. L'alambic Salleron-Dujardin est employé à cet effet dans les laboratoires officiels.

L'alcoomètre centésimal est un aéromètre qui donne directement le pourcentage d'alcool, en volume, contenu dans un mélange d'alcool et d'eau. Cet appareil a été gradué expérimentalement par Gay-Lussac à la température de 15°. Le zéro correspond à l'eau pure et se trouve à la partie inférieure de la tige; le degré 100 correspond à l'alcool absolu et se trouve à la partie supérieure. Les dix divisions intermédiaires correspondant à 90, 80, 70, etc., ont été obtenues en notant le point d'affleurement de l'appareil dans des mélanges obtenus avec 90, 80, 70, etc., volumes d'alcool absolu, et complétant à 100 volumes avec de l'eau distillée. Toutes les mesures étant faites à 15°C. Les divisions intermédiaires ont été obtenues par interpolation.

Des tables exécutées par Gay-Lussac donnent la correction à faire subir à la mesure, lorsque celle-ci est faite à une température autre que 15°. D'autres tables indiquent la correspondance entre les degrés alcoométriques centésimaux, ceux de Baumé ou de Cartier, et la densité.

Voici les titres de quelques alcools du commerce :

Genièvre	18°,5	Cartier ;	47°, 3	centésimaux ; densité	0,941
Whiskey d'Écosse	19°,1	—	49°,97	—	— 0,937
Eau-de-vie ordinaire	20°	—	53°,4	—	— 0,930
Double cognac	22°,10	—	59°,2	—	— 0,918
Trois-six du commerce	33°	—	85°,1	—	— 0,851
Alcool rectifié	36°	—	90°,2	—	— 0,835

On détermine également l'alcool, d'une façon moins précise, mais assez rapide, au moyen d'appareils nommés *ébullioscopes*. Ces appareils sont fondés sur ce fait, qu'un mélange d'eau et d'alcool bout à une température d'autant plus basse que la richesse alcoolique est plus grande. Ces appareils se composent en principe d'une chaudière surmontée d'un reflux et d'un thermomètre dont l'ampoule est plongée dans la vapeur du liquide porté à l'ébullition. Ce thermomètre porte une graduation empyrique qui donne directement la richesse alcoolique du liquide. Cette méthode rapide est surtout employée pour les vins. D'après Dujardin (Congrès de Liège, 1905), cette méthode doit être abandonnée et remplacée par la distillation à l'alambic d'essais.

Parmi les impuretés fréquemment recherchées dans les alcools, viennent les aldéhydes. Le réactif généralement employé à cet effet, est le bisulfite de rosaniline (réactif de Schiff) qui se colore en violet.

Le chlorhydrate de métaphénylène-diamine, est encore plus sensible, surtout à chaud, il donne une coloration jaune avec fluorescence verte.

Pour caractériser spécialement le furfurol, on emploie l'acétate d'aniline ou mieux, d'après Schiff, l'acétate de xylidine en solution dans l'alcool et l'acide acétique. Il se développe une coloration rose. On peut évaluer par les procédés colorimétriques la proportion d'aldéhyde d'après l'intensité de la coloration.

Le dosage des éthers dans l'alcool s'effectue fréquemment par la méthode de M. Lindet, qui permet d'opérer sur un alcool de titre quelconque. Dans cette méthode, on saponifie les éthers par de l'eau de baryte, à l'ébullition, au réfrigérant à reflux. On précipite l'excès de baryte par un courant de gaz carbonique, on filtre et dans la liqueur filtrée on précipite le baryum par l'acide sulfurique. D'après le poids du sulfate de baryte, on calcule en acide sulfurique la totalité des acides organiques libres et combinés. En retranchant de ce nombre les acides libres déterminés directement par un titrage acidimétrique, on obtient la quantité des acides combinés. .

La détermination des alcools supérieurs dans les alcools est une opération délicate, les méthodes employées présentant peu de sensibilité et d'exactitude. On utilise généralement dans ce but la coloration produite par l'acide sulfurique concentré, mais comme les aldéhydes donnent également une coloration, dans ces conditions, il faut opérer en l'absence de ces derniers.

E. Gossart (Comptes rendus, 1905), a signalé un procédé de recherches des alcools supérieurs dans l'alcool vinique qui se ramène à l'observation des roulements ou plongeons de gouttes de composition connue, tombant de 1 mm. de haut avec un intervalle de 30" sur un ménisque en pente plane.

Dénaturation. — L'alcool destiné aux usages industriels, est exempt de certains droits, à condition d'être dénaturé, c'est-à-dire rendu impropre à servir de boisson.

D'après Lang, 1896, la dénaturation de l'alcool doit répondre aux trois points suivants : bon marché de la matière dénaturante, possibilité de la caractériser aisément, impossibilité de la séparer de l'alcool avec bénéfice.

La dénaturation se fait, soit pour l'alcool à brûler, soit pour l'alcool destiné aux usages industriels. Elle a pour but de permettre la modération de l'impôt sur tout alcool qui n'est pas destiné à être consommé. Les principaux moyens de dénaturation reposent sur l emploi de l'alcool méthylique ou méthylène, des pétroles, des huiles de goudron, des huiles de pyridine, de colorants : vert malachite, phénolphtaléine ; d'acétones. Le dernier dénaturant paraît l'un des meilleurs.

Le dénaturant admis officiellement en France tout récemment, est le suivant : 2,5 pour 100 de méthylène-régie ; 0,5 pour 100 de formol ; 0,5 pour 100 de benzine lourde ; 0,25 pour 100 de pyridine.

Dans le cas où l'esprit de bois serait nuisible à l'usage industriel, on emploie d'autres substances qui doivent être acceptées par la Régie. Par exemple, les alcools dénaturés destinés à la fabrication du chlorure d'éthyle, doivent être des mélanges à poids égaux d'alcool à 96° alcoométriques et d'acide chlorhydrique à 21°Bé. On peut n'ajouter que le tiers d'acide chlorhydrique (Décision ministérielle du 6 mars 1899).

Le méthylène entre également dans la composition du dénaturant employé en Angleterre et en Allemagne, mais dans une proportion beaucoup plus faible.

On a adressé de nombreux reproches au méthylène-régie, relativement à son prix et à son faible pouvoir calorifique. Le prix du méthylène est en effet le triple de celui de l'alcool ; quant à l'abaissement du pouvoir calorifique, provoqué par son addition, il est très sensible.

Nous rappellerons que la question du remplacement du dénaturant actuel a déjà préoccupé le Ministère des Finances, et que parmi les 68 dénaturants proposés, trois ont été étudiés dans son laboratoire : ce sont la formaldéhyde, les huiles d'acétones et les bases pyridiques ; ces dernières sont employées en Allemagne, mais leur odeur est particulièrement désagréable. D'ailleurs, dans ce pays, le mode de dénaturation varie avec l'usage auquel l'alcool est destiné. L'alcool employé à la fabrication des encres et des vernis par exemple, est dénaturé par l'essence de térébenthine et l'huile animale. La dénaturation est différente, suivant qu'il s'agit d'alcool à brûler ou d'alcool pour moteur : l'alcool à brûler contient 2 pour 100 de méthylène et 0,5 pour 100 de bases pyridiques; l'alcool pour moteur au contraire ne tient que 1 pour 100 de méthylène et 0,25 pour 100 de bases pyridiques. L'alcool allemand possède le pouvoir calorifique le plus élevé par suite de sa faible teneur en méthylène.

D'après Arachequesne (Bull. de l'Ass. des chimistes de sucrerie, 1896), la régénération de l'alcool dénaturé par le méthylène-régie, peut s'effectuer au moyen de chlorure de chaux. Duchemin (J. de pharmacie, 1896) la dit également possible pour l'alcool dénaturé par les méthylacétones. A. et P. Buisine (ibid., 1899), ne regardent pas le procédé comme pratique.

Halphen a donné une méthode très sensible pour reconnaître la benzine dans les alcools dénaturés avec ce dénaturant et régénérés. Elle consiste à former des composés diazoïques, qui copulés avec les naphtols donnent des matières colorantes oxyazoïques d'une grande intensité (Sucrerie indigène et coloniale, 1900).

Le Prof. Bruyland, chimiste de l'Administration des accises belges, propose de dénaturer l'alcool en ajoutant à 100 lit. d'alcool à 90°, 2 lit. 1/2 de méthylcétone, 1/3 de lit. d'acétone supérieure et 1 lit. de benzine.

Dans la séance du 20 nov. 1906, le Sénat français a institué :

1° Un prix de 20.000 fr. à la personne qui découvrira, pour l'alcool, un dénaturant plus avantageux que le dénaturant actuel et offrant toutes les garanties contre la fraude ;

2° Un prix de 50.000 fr. à l'inventeur qui découvrira un système d'utilisation de l'alcool pour l'éclairage dans les mêmes conditions que le pétrole.

L'alcool employé dans l'industrie comme dissolvant ne peut pas être additionné de dénaturant. Le droit élevé qu'il paie en France, 270 fr. pour l'hectolitre d'alcool à 95°, met les industriels français en infériorité vis-à-vis des pays comme l'Allemagne où l'alcool pour dissolvant paie 20 fr.

Propriétés physiques. — L'alcool éthylique pur est un liquide mobile incolore, d'une odeur agréable et d'une saveur caustique. Sa densité est 0,794 à 15°. Vers — 80°, il commence à devenir visqueux, il a été solidifié à — 130°. Il bout à 78°,4. Sa chaleur spécifique est 0,6 à 20°. Son coefficient de dilatation est 0,0010414, trois fois celui de l'eau, mais il n'est pas constant.

L'alcool est employé comme liquide thermométrique, principalement pour l'évaluation des basses températures, attendu que son point d'ébullition est peu élevé et que sa dilatation n'est pas constante. Comme sa chaleur spécifique n'est pas constante non plus, on est obligé, pour le graduer, de multiplier les points fixes et de le graduer par comparaison avec un thermomètre étalon. Par contre, son point d'ébullition peu élevé facilite beaucoup le remplissage des tubes thermométriques.

L'alcool absolu est très hygrométrique. Il est miscible à l'eau en toute proportion. Il peut d'ailleurs être isolé de ses mélanges avec l'eau au moyen de corps avides d'eau, la baryte, par exemple, appliquée comme nous l'avons vu à la préparation de l'alcool absolu. Le mélange d'eau et d'alcool se produit avec contraction de volume et dégagement de chaleur. La contraction est maximum pour un mélange de trois molécules d'eau et une molécule d'alcool, soit 52,3 vol. d'alcool et 47,7 vol. d'eau à 15° qui donnent 96,35 vol. d'alcool aqueux au lieu de 100. Le défaut de rapport simple entre les densités successives des mélanges d'alcool et d'eau et le volume correspondant d'alcool et d'eau ayant servi à l'obtenir a conduit Gay-Lussac à construire son *alcoomètre centésimal*.

L'alcool est un dissolvant très employé. La neige se dissout très rapidement dans l'alcool, l'abaissement de température qui en résulte est de 37°.

Les gaz les plus solubles dans l'alcool sont : l'acide carbonique, l'oxygène, l'azote, le protoxyde d'azote, l'hydrogène, le cyanogène, les hydrocarbures.

L'alcool dissout la plupart des composés organiques, liquides ou solides, les acides, les bases, les essences, les résines, les couleurs d'aniline, les parfums, etc. Les corps gras neutres sont peu solubles, à l'exception de l'huile de ricin. Les propriétés dissolvantes de l'alcool ont trouvé de nombreuses applications dans la fabrication des vernis volatils, dans celle des matières colorantes artificielles ; en pharmacie, la préparation des teintures et alcoolats ; en parfumerie, c'est le seul solvant employé.

Le mélange d'alcool et d'éther dissout la nitrocellulose ; cette solution constitue le collodion qui a trouvé des applications nombreuses. L'alcool est également le dissolvant employé pour l'extraction du tanin et des alcaloïdes.

En ce qui concerne les composés inorganiques, l'alcool dissout l'iode (teinture d'iode), le brome ainsi que de petites quantités de phosphore et de soufre. Il dissout, en général, les sels halogénés, la plupart des azotates métalliques, à l'exception de l'azotate de potassium, les acides et les alcalis. Tous les carbonates sont insolubles à l'exception du carbonate de lithium. L'insolubilité des carbonates alcalins dans l'alcool est utilisée pour séparer les alcalis caustiques de leur carbonate : préparation de la potasse dite à l'alcool, et pour séparer des mélanges d'alcool et d'eau, il suffit pour cela d'ajouter du carbonate de potasse cristallisé jusqu'à saturation de la liqueur, l'alcool se rassemble alors à la partie supérieure du liquide. On peut reconnaître ainsi 1 à 2 pour 100 d'alcool. L'anhydride borique est soluble dans l'alcool qui brûle alors avec une flamme verte caractéristique.

Propriétés physiologiques. — L'alcool est un antiseptique puissant, on l'emploie pour la conservation des fruits, des pièces anatomiques, etc. Il intervient efficacement dans les liqueurs dentifrices et dans les gargarismes. C'est le meilleur dentifrice, car il tonifie les gencives.

L'alcool coagule l'albumine et la gélatine, d'où son application au collage des vins, et surtout comme hémostatique dans le traitement des plaies. On l'emploie également en lotions ou frictions, comme révulsif. A l'intérieur, l'alcool éthylique est un tonique et un stimulant du système nerveux, c'est un antithermique et antimicrobien.

Le pouvoir antiseptique des alcools varie avec leur poids moléculaire, l'alcool méthylique étant le plus faible et l'alcool amylique le plus puissant. Les alcools tertiaires semblent ne pas suivre la graduation d'une façon aussi rigoureuse.

A doses massives, l'alcool est un poison.

Alcoolisme. — L'ingestion abusive de boissons alcooliques amène des troubles dans l'économie. Les accidents sont dus surtout aux alcools supérieurs qui existent toujours dans les eaux-de-vie de betteraves, de grains, et de pommes de terre. Il résulte d'expériences de laboratoire que la toxicité augmente avec le poids moléculaire de l'alcool.

Pour tuer un chien de 30 livres, il faut respectivement : 90 grammes d'alcool éthylique, 45 grammes d'alcool propylique, 27 grammes d'alcool butylique et 25 grammes d'alcool amylique. Or, ces alcools se rencontrent toujours, en proportion variable, dans les eaux-de-vie, quelle que soit leur origine. Le furfurol et l'aldéhyde acétique, qui existent également à l'état de traces, sont encore beaucoup plus toxiques. Les eaux-de-vie les plus dangereuses sont celles qui proviennent de la pomme de terre.

Les troubles produits par l'alcoolisme sont divers, suivant la résistance propre de chaque individu et son genre de vie. L'état sédentaire du buveur aggrave les conséquences de l'alcoolisme. Les attaques d'épilepsie sont dues surtout à l'absinthe. Mais les maladies du système nerveux ne sont pas les seules que produisent l'alcoolisme : les maladies du cœur, du foie, des reins, l'ulcère de l'estomac, l'artéro-sclérose, en sont également la conséquence.

L'alcoolisme chronique diminue considérablement la résistance de l'organisme devant les autres maladies, en particulier les maladies épidémiques. Sur 10 alcooliques atteints de choléra, on compte 9 mortalités ; sur 10 abstinents, 8 résistent victorieusement.

Enfin l'alcoolisme étend ses ravages sur la descendance du buveur et est la cause d'une dégénérescence rapide. La plupart des enfants d'alcooliques, meurent avant terme ou en bas-âge ; s'ils vivent, ils sont souvent difformes, sourds-muets, nains, idiots ou épileptiques. Sur 100 enfants d'alcooliques, on en compte 80 qui meurent en bas âge ou portent des marques de dégénérescence.

Malgré ces résultats bien constatés, certains travaux prétendent que l'alcool est un aliment. Cela résulterait, en particulier, des expériences récentes de la *Wesleyan University.*

Propriétés chimiques. — La chaleur décompose l'alcool à partir de 600°, il se forme différents dérivés suivant que la température est plus ou moins élevée. Entre 500° et 600°, il se forme principalement H ; H^2O ; C^2H^4, C^2H^2.

L'hydrogène naissant (HI) transforme l'alcool éthylique en éthane, son carbure saturé correspondant.

L'oxygène libre agit sur l'alcool de diverses façons suivant la température et les corps en présence. A haute température, ou au contact d'un corps incandescent, il y a combustion avec flamme bleuâtre, peu éclairante ; il se produit de l'eau et de l'acide carbonique. La quantité de chaleur dégagée est de 325 calories.

Le mélange de vapeurs d'alcool et d'air ou d'oxygène détone au contact d'une flamme ou d'une étincelle électrique. L'explosion est maximum pour le mélange de 2 vol. de vapeur d'alcool et 3 vol. d'oxygène.

Dès la température ordinaire, l'alcool est oxydé à l'air même, s'il se trouve en présence de platine ou de certains ferments. Il se forme d'abord de l'aldéhyde CH^3CHO, par perte de H^2, puis de l'acide acétique CH^3COOH par fixation de O. Application à la fabrication du vinaigre, sous l'influence du micoderma aceti. La lampe sans flamme de Dœbereiner est une application de l'action du platine. C'est une lampe à alcool dont la mèche est surmontée d'un fil de platine en spirale. Cette dernière étant portée à l'incandescence, les vapeurs d'alcool en s'oxydant maintiennent cette incandescence. En additionnant l'alcool de substances antiseptiques ou de parfums, ces lampes peuvent rendre des services pour désodoriser l'air.

L'alcool est oxydé en aldéhyde, acide acétique et produits secondaires, dès la température ordinaire par un grand nombre d'oxydants directs ou indirects : acide chlorique, acide chromique, chlore, mélange de bichromate de potassium ou de bioxyde de manganèse et d'acide sulfurique, d'acide nitrique, etc. L'acide chromique et l'acide nitrique réagissent avec tant d'énergie que l'alcool peut s'enflammer. L'action de l'acide nitrique conduit aux fulminates.

Les halogènes, chlore et brome, agissent assez semblablement sur l'alcool. Avec le chlore sec, la réaction est violente et peut aller jusqu'à enflammer l'alcool sous l'action de la lumière solaire. En modérant la réaction, on obtient successivement de l'aldéhyde, de l'acétal, de l'éther éthylchlorhydrique, du chloral, terme principal de la substitution $CCl^3.CHO$. C'est d'ailleurs le mode de préparation industriel du chloral. Avec le brome on obtient également du bromal $CBr^3.CHO$. En présence d'un alcali, l'iode précipite de l'iodoforme CHI^3. C'est là un procédé de caractérisation de l'alcool d'une grande sensibilité grâce à l'odeur typique de l'iodoforme. C'est également le procédé de préparation de l'iodoforme officinal.

Les métaux alcalins agissent sur l'alcool en donnant un dégagement d'hydrogène et un éthylate ou alcoolate alcalin. Ces mêmes composés s'obtiennent par combinaison des alcalis et des alcools, sans dégagement d'hydrogène. Avec l'ammoniaque il y a formation d'éthylamine.

Les acides se combinent avec l'alcool avec élimination d'eau en donnant l'éther-sel correspondant.

L'acide sulfurique a une action particulière, à la température ordinaire ou mieux au bain-marie, il y a formation d'éther-sel; à la température de 140°, il se forme de l'éther-oxyde ou éther ordinaire; à 170° il y a production d'éthylène. La préparation de l'éther ordinaire ou sulfurique, repose sur cette réaction.

Distillé avec le chlorure de chaux, l'alcool donne du chloroforme.

L'alcool donne des combinaisons directes et cristallisées avec un certain nombre d'oxydes: chaux; de chlorures: ceux de Ca, de Zn; d'azotates; celui de Mg. Dans ces combinaisons, il semble jouer le rôle d'alcool de cristallisation analogue à l'eau de cristallisation.

Nous avons indiqué, à propos des propriétés physiques et chimiques de l'alcool, ses principales applications qui sont très nombreuses. Nous étudierons d'une façon spéciale son utilisation au chauffage et à l'éclairage et à la force motrice. *Ed. Lamy*, Bull. de la S. d'Amiens, 1901, et *Lindet* (ibid. 1902) ont donné d'intéressants mémoires sur les emplois de l'alcool industriel.

Chauffage par l'alcool. — La combustion de l'alcool absolu dégage 325,5 calories par molécule, soit 7.012 calories par kilogr. ou 5.600 calories par litre d'alcool. L'alcool à 95° ne dégage plus que 6.400 calories au kilogr.; l'alcool à 90°, 5 900 calories. La dénaturation abaisse encore le pouvoir calorifique, car le méthylène employé comme dénaturant à un pouvoir calorifique inférieur à celui de l'alcool de même titre. L'alcool dénaturé à 90° ne fournit plus que 5.870 calories.

L'emploi de la lampe à alcool, comme moyen de chauffage dans les laboratoires, remonte au XVIIIᵉ siècle. Berzélius la perfectionna, et établit un système à double courant d'air. Les réchauds modernes emploient généralement l'alcool à l'état gazeux; ils reposent sur le type classique de la lampe à souder.

D'après M. Lindet, la consommation d'alcool dénaturé pour porter un litre d'eau à l'ébullition, a été de 52 à 59 centimètres cubes pour les réchauds à mèches, et de 42 à 50 centimètres cubes pour les réchauds à gazéification. (Concours de 1901).

En dehors des lampes à alcool, on emploie pour le chauffage domestique des réchauds à réservoir, qui ont occasionné de nombreux accidents, et des réchauds sans réservoir qui nécessitent de fréquents remplissages, mais ne peuvent pas faire explosion. Le système Pigeon, dont le réservoir est garni de matières absorbantes, présente une grande sécurité.

Éclairage par l'alcool. — La flamme de l'alcool est presque incolore et il n'est donc pas possible de l'utiliser directement pour l'éclairage.

La première idée a été de carburer l'alcool pour le rendre éclairant. Cette carburation s'effectue généralement au moyen de benzine, mais ce procédé a des inconvénients : il rend l'alcool plus inflammable, lui communique une odeur désagréable, et donne souvent une flamme fuligineuse. *Hempel* (brev. angl. 1897) employait un mélange de naphtaline et de térébenthine.

Une idée plus pratique et plus récente fut de produire avec la flamme chaude de l'alcool l'incandescence d'une matière solide, soit d'un manchon Auer.

Pour que la flamme de l'alcool produise son maximum d'effet actif, il faut que l'alcool soit transformé en vapeur avant son inflammation et qu'il soit mélangé d'une façon parfaite avec l'air nécessaire à sa combustion. Un mètre cube de vapeur d'alcool à 90° exige environ 11 mètres cubes d'air, pour sa combustion complète. Cette quantité est considérable, si l'on songe qu'un mètre cube de gaz d'éclairage n'exige qu'un volume moitié moindre d'air. On est donc conduit à surchauffer la vapeur, afin que sa vitesse, au sortir de l'éjecteur du bec, soit suffisante pour entraîner la quantité d'air voulue. On admet que cette température doit être d'environ 160°.

Une lampe à alcool par incandescence comprend 3 parties essentielles : un réservoir à alcool, une chambre dans laquelle l'alcool est d'abord gazéifié, puis surchauffé, un brûleur dans lequel se fait le mélange d'air et de vapeurs d'alcool.

Au point de vue du mode de vaporisation, on distingue : les lampes sans pression, à réservoir inférieur et à mèche de coton qui conduit l'alcool dans la chambre par capillarité ; et les lampes à pression dans lesquelles on comprime de l'air dans le réservoir pour faire monter l'alcool dans la chambre ; l'absence de mèche rend ces lampes précieuses pour l'éclairage public. Dans certains systèmes, le réservoir est placé en charge, de sorte que l'alcool s'écoule par sa simple pression.

L'alcool étant dans la chambre, il faut l'y vaporiser. On y arrive par plusieurs moyens : 1° on chauffe la chambre par une petite veilleuse permanente alimentée d'alcool ; ce dispositif a l'inconvénient de consommer plus d'alcool et de nécessiter deux allumages ; 2° on utilise la chaleur de la flamme par l'intermédiaire d'une tige métallique très conductrice. Ce dernier système est le plus économique. En combinant les différentes façons d'alimenter la chambre de gazéification, et de chauffer cette chambre, on obtient six combinaisons différentes de lampes.

Parmi les différents systèmes de lampes à alcool, le plus répandu est celui dans lequel l'alcool est amené à la chambre de gazéification au moyen de mèche, et gazéifié ensuite par conductibilité.

Les lampes Denayrouse et Decamps appartiennent à ce type. Le bec Denayrouse de 60 bougies consomme 77 centimètres cubes d'alcool dénaturé par heure, soit 1,3 c.c. par bougie-heure. La dépense du bec est de 3 centimes par heure, soit environ 0,04 centimes par bougie-heure.

D'une façon générale, la consommation est de 10 à 20 grammes d'alcool par carcel-heure dans les lampes de grande puissance, et de 20 à 30 grammes dans les lampes pour usages domestiques. Au contraire l'éclairage direct, par l'alcool carburé, exige environ 60 à 70 grammes d'alcool par carcel-heure. On peut dire que l'incandescence par l'alcool est en France le mode d'éclairage le plus économique, après l'incandescence par le gaz.

Le principal inconvénient de ces lampes est de ne pas s'allumer instantanément. De plus, l'intensité lumineuse baisse rapidement, par suite de l'appauvrissement en alcool du contenu du réservoir, l'eau s'accumule dans le fond du réservoir. Enfin, elles peuvent donner lieu à des explosions, si on ne veille pas au réglage du débit. Elles peuvent s'emballer par suite du dégagement de chaleur auxquelles elles donnent lieu. Les vapeurs d'alcool s'accumulent dans le réservoir et la pression peut devenir suffisante pour le faire éclater. Dans les lampes qui fonctionnent avec une mèche, ces dernières ont l'inconvénient de se durcir par l'usage, et d'empêcher l'alcool de monter.

Par contre, les dangers d'incendie sont moins à redouter qu'avec les lampes à incandescence par le pétrole. La température de ces dernières est en effet plus élevée, et en cas d'incendie, l'action de l'eau a plus d'effet sur l'alcool que sur le pétrole.

Alcool solidifié. — Le problème de la solidification de l'alcool a fait l'objet de nombreux brevets. Comme pour le pétrole, le résultat est obtenu dans la plupart des cas par adjonction d'un savon.

L'alcool solide allemand s'obtient en ajoutant dans de l'alcool à 60°, une solution de savon à 20 pour 100. Le *fester spiritus alcolia* est une dissolution de savon amygdalin dans de l'alcool chaud ; il renferme 26,5 p. alcool, 18 p. d'eau, et laisse 20 p. de résidu solide. Avec 50 grammes de ce produit, on peut amener 1 litre d'eau à l'ébullition en 10 minutes.

Hempel (br. fr. 1898) ajoute à une partie d'alcool à 90° centésimaux, 12 à 18 parties de savon. *J. Norden* (brev. fr., 1898) ajoute en outre 2 parties de laque. *Engender* (br. fr., 1900) mélange 3 kilogr. d'alcool et 3 kilogr. de lessive de soude, à la température de 60° ; il additionne de 5 kilogr. d'acide stéarique fondu, et introduit le tout dans 95 kilogr. d'alcool à 65°. *Drapier et Dubois* (1901) utilisent une gelée de gélose, découpée en petites tranches, qu'ils traitent par l'alcool, de manière que ce dernier se substitue à l'eau contenue dans la gelée.

Moteurs à alcools. — Les moteurs à alcools sont comme les moteurs à gaz, mais alors que dans ces derniers, il n'y a pas d'avantage sensible à pousser la compression au delà de 2, 5 atmosphères, il est important dans les moteurs à alcool d'augmenter la compression préalable. A l'exposition de Halle-sur-Salle, la compression a été poussée jusqu'à 6 kilogr.

Le problème à résoudre est d'obtenir toujours de la vapeur sèche pouvant se mêler à de l'air sec. Les Allemands emploient de l'air chaud pour empêcher la condensation des vapeurs d'alcool au contact de l'air froid. Les tentatives faites en Allemagne d'abord, puis en France, pour substituer l'alcool, produit national, au pétrole importé, pour l'alimentation des moteurs à explosion, n'ont eu qu'un succès médiocre.

Ringelmann dès 1897, démontrait expérimentalement que les consommations en poids d'essence et d'alcool étaient entre elles sensiblement comme les pouvoirs calorifiques de ces liquides. Dès lors l'avantage restera au pétrole lampant coûtant 30 francs l'hectolitre aussi longtemps que l'alcool coûtera plus de 17 fr. 50 l'hectolitre. D'après Ringelmann, la même puissance est donnée : avec 100 de pétrole lampant ; 175 d'essence de pétrole ou 562 d'alcool dénaturé.

La dénaturation abaisse le pouvoir calorifique de l'alcool. Il ressort des essais faits à l'Exposition de Vienne, que l'alcool dénaturé français donne moins de puissance que les alcools étrangers, en raison de son dénaturant composé surtout de méthylène et de benzine très impure. La consommation par cheval-heure a été de 0,747 gr. pour l'alcool autrichien, de 0,835 gr. pour l'alcool allemand et de 0,932 pour l'alcool français.

Le carburateur du moteur à alcool doit assurer une vaporisation complète de l'alcool afin d'éviter l'introduction de particule liquide dans le moteur, en même temps qu'une dilution et un brassage intime de la vapeur d'alcool avec un volume d'air plus considérable que lorsqu'on emploie l'alcool. En général, pour cette application, on emploie un alcool carburé à 50 ou même 75 pour 100.

*
* *

La consommation d'alcool dénaturé en France s'est élevée en 1904 à 423.561 hectolitres. Sur ce total, l'emploi au chauffage et à l'éclairage entre pour 289.748 hectolitres ; la fabrication des éthers, fulminates et explosifs pour 89.917 hectolitres ; celle des matières plastiques, pour 18.771 hectolitres ; celle des vernis pour 12.433 hectolitres ; celle des produits chimiques et pharmaceutiques, pour 6.905 hectolitres, non compris la fabrication des vinaigres qui a consommé plus de 53.000 hectolitres.

La consommation en 1904 s'est accrue de 48.963 hectolitres sur l'année précédente. L'éclairage et le chauffage à eux seuls accusent une augmentation de 27.712 hectolitres.

Depuis quinze ans, la consommation d'alcool exonéré pour la fabrication des vernis, teintures et couleurs, est restée presque stationnaire, tandis que celle employée à la fabrication des collodions, celluloïds et soies artificielles a décuplé ; il en est de même pour les produits chimiques et pharmaceutiques. Pour la fabrication des éthers ou explosifs la consommation a doublé.

Alcools propyliques C^3H^8O. — Il en existe deux : l'alcool normal, qui accompagne l'alcool éthylique dans la fermentation des jus sucrés (Chancel, 1853), et l'alcool isopropylique qui est le plus simple des alcools secondaires. Sa synthèse est due à Berthelot (1855) ; il ne se forme pas dans les fermentations. L'alcool normal est un liquide d'odeur agréable, qui existe dans les marcs de raisin, ainsi que l'alcool amylique, l'alcool caproïque et l'alcool œnantylique.

Alcools butyliques $C^4H^{10}O$. — Les quatres isomères possibles sont connus : l'alcool primaire normal ; un autre alcool primaire, qui est l'alcool isobutylique ou de fermentation et existe dans l'huile de pommes de terre et dans les eaux-de-vie, principalement celles de grains et de mélasse, en même temps que l'alcool amylique. Il existe aussi à l'état d'éthers angélique et butyrique dans l'essence de camomille romaine ; l'alcool butylique secondaire ; l'alcool butylique tertiaire ou triméthyl-carbinol, qui est le plus simple des alcools tertiaires.

L'alcool isobutylique est un liquide mobile, d'odeur peu agréable, rappelant un peu celle du jasmin sauvage. Il bout à 110°. C'est un bon dégraissant.

Alcools amyliques $C^5H^{12}O$. *Huile de fusel ou de pommes de terre.* — L'alcool amylique a été signalé pour la première fois par *Scheele*, dans les produits de la fermentation alcoolique de la fécule de pommes de terre. *Dumas* l'isola en 1834 ; la caractérisation de sa fonction alcoolique est due à *Cahours*, 1837. Il existe en quantité plus ou moins grande dans les huiles de pommes de terre, de grains, de betteraves, liquides à odeur désagréable que l'on recueille lors de la rectification des flegmes alcooliques. Sa production est d'autant plus abondante que la fermentation a été plus tumultueuse.

L'alcool amylique de fermentation s'obtient par distillation de l'huile de pommes de terre dont il constitue la majeure partie ; on recueille la portion qui passe entre 128° et 132°. C'est un mélange de divers alcools amyliques isomères, dont l'un est lévogyre 13 pour 100, et l'autre est inactif 87 pour 100 ; celui-ci est l'alcool principal. La séparation de ces deux alcools a été effectuée par Pasteur, en utilisant l'inégale solubilité des sulfamylates de baryum correspondants, l'un étant trois fois moins soluble que l'autre.

La théorie prévoit d'ailleurs 8 isomères de l'alcool amylique, sur lesquels 7 sont connus, dont 4 alcools amyliques primaires.

L'alcool amylique du commerce est un liquide incolore, d'odeur forte et aromatique, de densité 0,818. Il est toxique, c'est à sa présence dans les eaux-de-vie qu'on attribue la plus grande partie des phénomènes de l'alcoolisme. Il cristallise à — 20° et bout à 132°. Il est insoluble dans l'eau, mais il est soluble dans l'éther et dans l'alcool.

C'est un corps très toxique, on lui attribue en partie les faits de l'alcoolisme.

L'alcool amylique est un bon solvant des matières organiques. Il est notamment employé pour extraire la paraffine du goudron de houille.

Il brûle difficilement, avec une flamme peu éclairante. Il s'oxyde à l'air, plus rapidement en présence de mousse de platine, en donnant de l'acide valérique.

L'alcool amylique sert à la préparation d'un certain nombre d'éthers qui ont reçu des applications, notamment en parfumerie. Les chlorures, bromures, iodures sont utilisés par les fabricants de couleurs artificielles. L'alcool amylique est employé dans l'essai du lait par la méthode Leffmann-Beam, modifiée par Gerber.

D'après H. Droop-Richmond et F.-R. O'Shaughnessy (J. of S. of chem. Ind, 1899), l'alcool amylique pur ne doit pas distiller plus de 1/5 entre 124° et 127°5, et pas une quantité appréciable au-dessous 124°.

L'alcool amylique a été proposé contre le phylloxera, sous formes d'*aurolates* : composés d'alcool amylique qui dégagent cet alcool sous l'action du bisulfite de soude.

Alcools octyliques $C^8H^{18}O$.

— Il existe 10 alcools en C^8, dont le plus important est l'*alcool caprylique* ou *alcool octylique secondaire*, découvert par *Bouis* en 1851. Il se forme dans la distillation rapide de l'huile de ricin 1 p. additionnée de potasse en plaque 0,5 p. On rectifie plusieurs fois sur la potasse en recueillant ce qui passe entre 178°-180°.

L'alcool caprylique est un liquide incolore, d'odeur aromatique agréable, de densité 0,82. Il bout à 179°. Il est insoluble dans l'eau, soluble dans l'alcool et l'éther.

L'alcool octylique normal primaire existe à l'état d'éther dans certaines essences. Son éther acétique forme la majeure partie de l'essence d'*Heracléum spondylium* ; son éther butyrique existe dans l'essence de fruits verts de *Pastinaca sativa*.

L'alcool octylique normal primaire est doué d'une odeur aromatique, il bout à 192°.

Alcool éthalique $C^{16}H^{34}O$

— ou *alcool cétylique*. Sa découverte est due à *Chevreuil*, 1823, qui le nomma *éthal*, voulant rappeler par ce nom ses analogies avec l'alcool et l'éther. Sa fonction d'alcool a été établie par *Dumas* et *Péligot*, 1836.

Il existe à l'état d'éthers des acides gras, principalement d'éther palmitique, dans le *blanc de baleine* ou *spermaceti*, et également dans les produits glandulaires et sébacés, dont certains palmipèdes enduisent leurs plumes.

Pour obtenir l'alcool éthalique, il suffit de saponifier le blanc de baleine par la potasse alcoolique.

L'éthal cristallise en lamelles blanches nacrées. Il est incolore, inodore, insipide et fond à 49°. Il est insoluble dans l'eau, très soluble dans l'alcool bouillant et l'éther.

L'éthal brûle avec une flamme éclairante. Par oxydation, il donne des acides gras.

Alcool cérylique $C^{25}H^{52}O$

— ou *alcool cérotique* ou *cérique*. Découvert en 1848 par *Brodie*. Il existe à l'état de cérotate de céryle dans la cire de Chine sécrétée par le *Coccus ceriferus*. La cire d'opium contient également du cérotate et du palmitate de céryle.

L'alcool cérotique est une matière blanche, cireuse, qui fond à 79°. Il est insoluble dans l'eau, soluble dans les solvants organiques.

Alcool mélissique $C^{30}H^{62}O$ — ou *alcool myricique*. Découvert par *Brodie*, 1849, qui l'a isolé de la cire d'abeille. L'alcool mélissique existe à l'état libre dans la cire de gomme laque et dans celle de Carnauba. La cire d'abeille et la cire de Carnauba le renferment à l'état de palmitate. On l'obtient par saponification avec de la potasse alcoolique.

L'alcool mélissique est une substance blanche nacrée; il fond à 88°. Il est peu soluble à froid dans la plupart des dissolvants. Avec l'aide de la chaleur, l'alcool, la benzine, le chloroforme, etc., le dissolvent abondamment et le laissent déposer en aiguilles par refroidissement.

Par oxydation avec la chaux sodée à 250°, il donne de l'acide mélissique.

Alcool mentholique $C^{10}H^{20}O$ — ou *menthol*. Le menthol existe à l'état libre et à l'état d'éthers dans les essences de menthe. L'essence de menthe du Japon est la plus riche en menthol; c'est d'elle qu'on l'extrait généralement, par distillation fractionnée ou par cristallisation, en refroidissant l'essence au-dessous de 0°.

Le menthol se présente en aiguilles blanches, analogues à celles du sulfate de magnésium qui a servi à le falsifier. Ces aiguilles ont une saveur fraîche, un peu piquante et une forte odeur de menthe poivrée. Le menthol fond à 42° et bout à 212°. Il est insoluble dans l'eau, mais soluble dans les solvants organiques; le chloroforme dissout le menthol et non le sulfate de magnésium.

Le menthol est un alcool cyclique saturé. Ses applications sont très nombreuses, mais sa production est assez considérable pour maintenir son prix assez bas. Celui-ci a baissé de 162 francs en 1883 à 24 francs le kilog. en 1899.

Le menthol d'abord est très employé en parfumerie, en distillerie et en thérapeutique.

Solution contre les maux de tête : menthol 5, essence de térébenthine 2, alcool 100. En inhalation, contre le coryza : quelques gouttes d'une solution alcoolique concentrée de menthol ou quelques cristaux, dans un bol d'eau bouillante. On recouvre d'un entonnoir renversé, et on respire les vapeurs qui se dégagent par l'orifice de la douille. Gargarisme, solution à 5 pour 100.

Les crayons antimigraines sont à base de menthol et de blanc de baleine.

Alcool campholique $C^{10}H^{18}O$ — ou *bornéol*, ou *camphre de Bornéo*, ou *camphol*. Ce camphre a été découvert par *Pelouze* en 1840, dans le bois du *Dryobalanops camphara*, qui croît à Bornéo et à Sumatra. Il existe également dans les essences de valériane, d'aspic, de lavande d'Espagne, de marjolaine, de romarin, etc., et dans les bois âgés du *Laurus camphora*. Le bornéol naturel est rare. On le prépare indirectement par hydrogénation du camphre, *Berthelot*, ou par hydratation du camphène.

Le bornéol se présente en petits cristaux incolores, d'une odeur de camphre et de poivre, d'une saveur brûlante. Il fond à 198° et bout à 220°. Il est insoluble dans l'eau, soluble dans l'alcool, l'éther et le chloroforme. Les bor-néols naturels présentent un pouvoir rotatoire de 35°, soit $+$, soit $—$. Les bornéols artificiels ont toujours un pouvoir rotatoire plus faible que les bornéols naturels.

Son oxydation par l'acide nitrique donne du camphre ordinaire, puis de l'acide camphorique. Inversement, le camphre chauffé avec de la potasse alcoolique, redonne du bornéol et du camphate de potassium (Berthelot).

Le bornéol est peu employé, mais il peut rendre des services en parfu-merie et en thérapeutique. Il sert pour embaumer les corps des princes de Batta. Il entre dans la composition des encres de Chine parfumées.

Eucalyptol $C^{10}H^{18}O$ ou *cinéol*. — Il est isomère des camphols. Il existe dans les essences de romarin, d'eucalyptus ; on l'extrait de ces dernières. C'est un liquide d'odeur camphrée, cristallisant en masse par le refroidisse-ment. Il fond à $+1°$; bout à 176°. L'eucalyptol fournit, avec l'acide phos-phorique, une combinaison cristallisable. Cette propriété a trouvé son appli-cation pour extraire l'eucalyptol des essences d'eucalyptus.

Terpinélol $C^{18}H^{18}O$ — ou *terpilénol*. Ce composé existe dans plu-sieurs essences naturelles, mais on l'obtient toujours industriellement par déshydratation partielle de la terpine ou hydrate du térébenthène. Il se forme également en partant du limonène, des linalols ou du monoacétate de terpi-lène.

Le terpilénol pur est solide. Il fond à 35° et bout à 218°. Le produit com-mercial est impur, il contient des carbures terpéniques et se présente sous forme d'un liquide visqueux, doué d'une odeur très agréable, rappelant celle du syringa ou du muguet. Sa densité est de 0,936 à 20°. Son activité optique est différente, suivant le corps qui a servi à le préparer.

Le terpilénol ne peut pas se doser exactement par acétylation et saponifi-tion, car l'acétylation n'est jamais totale, *Schimmel*.

Le terpilénol est très apprécié en savonnerie à cause de sa fixité ; on l'em-ploie à la dose de 1 pour 100. Il entre dans la composition d'un grand nombre de bouquets : syringa, lilas, muguet, gardenia. On le mélange surtout avec le linalol et les essences de géranium, de santal ou de cananga. Son parfum s'allie de la façon la plus heureuse avec celui de l'héliotropine. La solution alcoolique de terpilénol constitue la base de l'eau dentifrice de *A. Lenhardston* (br. fr., 1895) : terpilénol 4 p., alcool, 45 p., savon 2 p., glycérine 5 p., essences aromatiques, 2 p., eau 42 p.

Le terpilénol entre dans la fabrication des vernis où il agit, soit comme solvant, soit comme agent dépolarisant. Son emploi donne de beaux pro-duits, amène la suppression des mauvaises odeurs, des dangers d'incendie, diminue les frais généraux et la main-d'œuvre.

Linalols $C^{10}H^{18}O$. — Le linalol existe dans plusieurs essences, générale-ment sous ses deux formes optiques : lévogyre et dextrogyre. Le linalol

droit ou *coriandrol* prédomine dans l'essence de coriandre qui est généralement employée pour sa préparation. Le linalol gauche ou *licaréol* provient
surtout de l'essence du linaloé. L'aurantiol, le lavandol, le nérolol, ne sont
que des mélanges. Le linalol a été également caractérisé dans les essences
d'aspic, de basilic, de bergamote, de lavande, de néroli, d'origan, de thym,
d'ylang-ylang.

Le mode d'obtention le plus économique est la distillation fractionnée.
Pour obtenir du linalol pur, on forme son éther phtalique acide qu'on saponifie ensuite, procédé Haller, modifié par Tiemann.

Le linalol est un liquide d'odeur agréable, bouillant entre 195° et 200°. Sa
densité varie de 0,870 à 0,875.

Il est insoluble dans l'eau, soluble dans l'éther.

C'est un alcool tertiaire. Par oxydation avec le mélange chromo-sulfurique,
le linalol donne du citral. Chauffé sous pression avec son poids d'anhydride
acétique, pendant 5 heures, le linalol se transforme en géraniol, qui est son
isomère.

Le linalol est employé en parfumerie, mais il sert surtout à fabriquer l'acétate de linalyle qui constitue l'essence de bergamote artificielle.

Géraniol $C^{10}H^{18}O$ — ou *rhodinol.* Le géraniol a été isolé de l'essence
de palma rosa en 1871 par *Jacobsen.* Il a été signalé depuis dans les
essences de géranium, de citronnelle, de rose, de lavande, d'aspic, de néroli,
d'ylang-ylang, de lemon-grass. On l'extrait industriellement de l'essence de
citronnelle, ou de celle de palma rosa, par saponification et entraînement à
la vapeur d'eau. L'essence de palma rosa est avantageuse pour cette extraction, car elle ne renferme pas d'autre alcool que le géraniol. Pour avoir un
produit pur, on fractionne et on recueille ce qui passe à 230°. On peut également traiter par le chlorure de calcium qui donne avec le géraniol un composé insoluble dans l'éther, et décomposable par l'eau, (ce qui le différencie
avec le linalol).

Le géraniol est un liquide incolore, d'une odeur agréable rappelant celle
du géranium. Il bout à 230°. Sa densité est de 0,88 à 15°. Il est tout à fait
soluble dans 12 à 15 p. d'alcool à 50°.

C'est un alcool primaire. Le géraniol est assez instable à l'air ; il est fixé
par le citronellol. Chauffé à l'autoclave en présence d'eau, il donne du
linalol. L'oxydation du géraniol conduit au géranial ou citral, qui est
l'aldéhyde correspondante.

Le mélange de géraniol et de citronellol constitue les *essences de roses
artificielles.* On a nommé aussi *rhodinol* le mélange alcoolique extrait de
l'essence de géranium, *Monnet* (br. fr., 1893). Le *réuniol* de Heine est aussi
un mélange de géraniol et de citronellol. Ces mélanges alcooliques sont
intéressants comme succédanés de l'essence de rose, surtout si on les additionne d'un peu d'essence naturelle. On ajoute aussi du géraniol à l'essence
naturelle. Schimmel et Cie distillent le géraniol sur les roses mêmes.

Citronellol $C^{10}H^{20}O$ — *roséol*, de Markowsky et Reformatsky ou *rhodinol*, de Barbier et Bouvault, ou *réuniol* de Hesse. Cet alcool existe, à côté du géraniol, dans les essences de géranium et de rose. *Tiemann* l'identifie avec l'alcool obtenu par hydrogénation du citronellol, aldéhyde de l'essence de citron. *Bouvault et Barbier* au contraire en font un composé distinct qu'ils nomment rhodinol, et dont ils ont exposé la synthèse, à partir du géraniate d'éthyle (C. R., 1904).

Une fois la portion alcoolique des essences extraite au moyen de l'anhydride phtalique et la plus grande quantité possible de géraniol isolée au moyen du chlorure de calcium, on détruit le géraniol qui reste encore et l'on obtient ainsi le citronellol pur.

La proportion de géraniol et de citronellol dans les essences de rose et de géranium est la suivante :

Essence	Alcools	Géraniol	Citronellol
rose de Turquie	20°/₀	15°/₀	5°/₀
géranium d'Afrique	75	60	15
— d'Espagne	70	45	25
— de la Réunion	80	40	40

Le citronellol est liquide. A l'état pur, il possède une agréable odeur de rose, mais son prix est élevé. Ses propriétés physiques diffèrent selon son origine. Nous n'entrerons pas dans les discussions considérables que ces questions soulèvent ; il nous suffit d'avoir posé quelques points pratiques.

Alcool cinnamique $C^9H^{10}O$ — ou *styrone*. Il se trouve à l'état d'éther dans le styrax, le baume du Pérou, l'essence de cannelle de Chine. On l'extrait du styrax, *Simon*, 1839. Il se présente sous la forme de longues aiguilles fusibles à 33° et douées d'une odeur de jacinthe, solubles dans l'eau, très solubles dans l'alcool et l'éther.

L'alcool cinnamique a une odeur douce, rappelant la rose, il sert pour atténuer les parfums violents.

*
* *

L'*alcool benzylique* C^7H^6O est l'isomère du crésol ; constituant de plusieurs essences naturelles ; il possède une odeur fraîche.

L'*alcool cholestérique* est la cholestérine qui forme les calculs biliaires.

Alcool allylique C^3H^5OH — obtenu par Cahours et Hoffmann en traitant la glycérine par l'acide oxalique. C'est un alcool non saturé, qui donne comme aldéhyde, l'acroléine, et dont les éthers existent dans l'essence d'ail et l'essence de moutarde. Liquide incolore, à odeur d'ail, bout à 91°.

Glycol $(CH)^2 (OH)^2$. — C'est le premier alcool diatomique qui ait été connu. Wurtz le découvrit en 1856, et lui donna le nom de glycol, pour rappeler son caractère d'intermédiaire entre l'alcool ordinaire, alcool monoatomique d'un côté, et la glycérine, alcool triatomique, d'autre côté. Liquide incolore, inodore, d'une saveur sucrée, bout à 197°, miscible en toutes proportions avec l'eau et l'alcool, mais très peu soluble dans l'éther. Il dissout le chlorure de sodium, le chlorure mercurique, la potasse, et non les sulfates. Il s'obtient en saponifiant les dibromures, etc., d'éthylène.

Glycérine $C^3H^8O^3$ ou $C^3H^5(OH)^3$ — a été découverte par Schelle, 1779, en 1782, dans la saponification de l'axonge par l'oxyde de plomb. C'est à *Berthelot* que l'on doit la connaissance de sa fonction d'alcool triatomique. Sa synthèse a été réalisée à partir de l'allylène.

La glycérine forme un dixième environ des principaux corps gras ; elle y existe à l'état de glycérides, et principalement à l'état de triglycérides, ou éthers neutres de glycérine et de divers acides gras. La saponification des matières grasses au moyen des alcalis, des oxydes, de l'eau, ou même des acides, met en liberté la glycérine et l'acide gras. On obtient ainsi dans l'industrie la glycérine comme produit résiduaire de la fabrication des bougies stéariques et de celle des savons.

Cette glycérine brute renferme jusqu'à 10 ou 12 pour 100 d'impuretés qui sont d'après *W. Richardson et A. Affé* (S. of chem. Ind., 1898) : acides gras 0,80 pour 100 ; soude anhydre 0,08 ; carbonate de sodium 2,80 ; chlorure de sodium 0,34 ; alumine et silice 0,43. A ces impuretés, il faut ajouter environ 12 pour 100 d'eau.

Propriétés physiques. — La glycérine est un liquide huileux, de consistance sirupeuse, incolore, de saveur sucrée. Elle est très hygrométrique. C'est un bon antiseptique des muqueuses. Sa densité à 15° est 1,264. On a pu la solidifier en la refroidissant au-dessous de 0° ; solide, elle ne fond que vers 17°. Elle distille vers 280° avec décomposition partielle ; sa distillation se fait plus aisément, sous pression réduite.

Elle est miscible à l'eau et à l'alcool en toutes proportions ; elle est peu soluble dans l'éther. Elle est insoluble dans la benzine, aussi tous les ouvriers en benzine et particulièrement dans le dégraissage des gants à la main ont intérêt à s'enduire les mains fréquemment de glycérine, pour empêcher l'absorption par la peau de la benzine.

Le point de congélation de l'eau est abaissé lorsqu'on lui ajoute de la glycérine. Cette propriété est souvent employée, par exemple dans les compteurs à gaz. Avec 10 pour 100 de glycérine, la congélation n'a lieu qu'à —1°,5 ; avec 36 pour 100, — 12°5 ; avec 46 pour 100, — 15° ; avec 58 pour 100, —30° ; avec 70 pour 100, —33°.

Les mélanges de glycérine et d'eau, à 100, 150, 175 de glycérine pour 100 d'eau servent pour bain-marie à point d'ébullition de 102°, 106°, 109°, etc.

Son onctuosité la fait employer au graissage, par exemple, des montres ; comme cosmétique et comme substitut des cérats et des huiles.

Le *glycérolé d'amidon* du Codex contient 14 p. de glycérine et 1 p. d'amidon.

La *brillantine* est un mélange de glycérine et d'alcool. La glycérine sert à préparer des suppositoires : on emploie dans ce but une pâte contenant : glycérine 200, gélatine 16, gélose sèche, 0,05 gr., eau 50 qu'on porte à 110° pour stériliser. Ce mélange se ramollit à 35° et fond complètement à 37°. *O. Bouvier*, 1897.

On se sert utilement de la glycérine pour le moulage du plâtre. En enduisant le moule, d'abord d'une solution de savon, puis de glycérine, le démoulage est plus aisé.

Le grand pouvoir hygrométrique de la glycérine détermine son adjonction à un grand nombre de produits dont on veut empêcher la dessiccation, tels que : l'argile à modeler, le tabac à priser, les couleurs, les cirages, les pâtes dentifrices ; certains aliments, la moutarde ; les encres à copier sans mouillage, les encollages des tisserands. Voici la formule d'une de ces encres : encre ordinaire 775, sucre candi 135, glycérine pure 90. Voici la formule d'une encre condensée pâteuse : pour 1 litre, couleur 30 grammes, dextrine 30 grammes, glycérine 20 grammes.

Pour empêcher la condensation de la vapeur d'eau sur les vitrines, on peut y passer une solution alcoolique de glycérine [1].

Un mélange d'huile pour rouge et de glycérine étendue a été proposé pour éviter le retrait des fibres dans le mercerisage.

L'encollage à la glycérine pour tissus est composé de 5 p. dextrine, 72 p. glycérine, 1 p. sulfate d'aluminium, et 30 p. eau.

La glycérine est souvent employée comme édulcorant, dans la fabrication des vins de liqueur, de l'essence de punch, des limonades, de la bière, du vin. L'amélioration des vins médiocres, trop verts, s'obtient par addition de 1 à 3 pour 100 de glycérine et constitue le *scheelisage*.

Les propriétés dissolvantes de la glycérine sont l'objet d'un très grand nombre d'applications.

La glycérine, en effet, dissout un grand nombre de corps, tels l'iode, le brome, les alcalis, l'iodure ferreux, le chlorure ferrique, le nitrate d'argent, l'acide arsénieux ; un grand nombre de substances organiques, en particulier l'albumine à chaud à 70°.

100 parties de glycérine dissolvent : 60 p. de borate de soude, 50 p. d'arséniate de soude ou de potasse, d'acide tannique, de chlorure de zinc, 35 p. de sulfite de zinc, 30 p. de sulfate de cuivre, 25 p. de sulfate ferreux, 40 p. d'alun, d'iodure de potassium ou de zinc, 20 p. de chlorure de sodium, 10 p. d'acétate de cuivre, 20 p. d'acétate de plomb, 8 p. de tartrate ferreux, 5,5 p. d'émétique, 8 p. de lactate ferreux. Elle a une action dissolvante sur les oléates métalliques, oléate calcaire et sulfate de chaux, d'où son emploi comme anti-incrustant. La glycérine sert comme dissolvant des couleurs.

Marino (br. fr., 1898) utilise ces actions dissolvantes pour préparer des solutions concentrées pour bains électrolytiques. La dissolution d'acide arsénieux dans la glycérine est employée en impression.

---

1. Le procédé a fait l'objet d'un brevet en 1897.

La glycérine additionnée de son volume d'eau dissout l'albumine à 70°. C'est la base des apprêts caséine, glycérine, *Carmichael* (br. angl., 1902). Elle dissout certains alcaloïdes, le sucre, le savon, les gommes. On l'emploie pour dissoudre certaines couleurs d'aniline et pour extraire les principes odorants de certains végétaux.

En médecine, la glycérine est employée comme antiseptique et comme adoucissant. Elle sert au pansement des plaies, engelures, dartres. Pour cet usage on l'emploie souvent à l'état de glycérolé d'amidon. On l'emploie en gargarisme dans les inflammations de la gorge. Elle a été proposée pour conserver les pièces anatomiques ou zoologiques, *Koller*, 1870. On utilise aussi le glycéré de sucrate de chaux contre les brûlures.

A l'intérieur, on emploie beaucoup les potions glycérinées comme reconstituant.

Propriétés chimiques. — La glycérine se décompose sous l'influence de la chaleur, en divers produits, parmi lesquels figure l'acroléine ou aldéhyde allylique, dont l'odeur âcre et irritante est très caractéristique, cas des fritures trop chauffées. Vers 150° la glycérine s'enflamme et brûle avec une flamme peu éclairante. En présence d'air et de noir de platine, la glycérine s'oxyde en donnant de l'aldéhyde glycérique. Une oxydation plus énergique, avec l'acide azotique par exemple, conduit à l'acide glycérique qui possède un groupement acide, et à l'acide tartronique qui possède deux groupements acides.

La production de l'acroléine par les réactifs oxydants, tels que le sulfate acide de potasse à chaud, peut être utilisée pour déceler des traces de glycérine, *Kohn*. On caractérisera l'acroléine dans les parties volatiles recueillies dans l'eau par la propriété générale aux aldéhydes de colorer en rouge une solution de fuchsine décolorée par SO^2 (réaction de Schiff et Caro).

Les acides glycérine éthylsulfurique et méthylsulfurique, dont le mélange constitue l'acide malactique, ont été proposés par *Schmelzer* (br. all., 1895), pour gonfler les peaux. On obtient ces composés en faisant agir quantités équivalentes de glycérine et d'acide sulfurique en présence d'alcool.

La glycérine donne avec les divers acides des éthers ou *glycérides* dont nous étudierons les plus importants au chapitre des éthers.

La glycérine étant un alcool triatomique est susceptible de donner avec les acides monobasiques trois séries d'éthers, selon que sur la molécule de glycérine, 1, 2 ou 3 molécules de l'acide réagissent, et par conséquent selon que la substitution de l'élément acide ou du radical porte sur 1, 2 ou 3 H des OH de la glycérine.

C'est ainsi que la glycérine donne avec l'acide stéarique :

ou une monostéarine $C^3H^5.(OH)^2(O.C^{18}H^{35}O)$
ou une distéarine $C^3H^5(OH)(O.C^{18}H^{35}O)^2$
ou une tristéarine $C^3H^5(O.C^{18}H^{35}O)^3$

Suivant que la substitution du radical acide se fait sur l'OH extrême, ou sur l'OH intermédiaire, ou sur deux OH éloignés ou voisins, on obtient des isomères. Il y a ainsi pour chaque acide deux monoglycérides, deux di; mais il n'y a évidemment qu'un seul tri.

Similairement, la glycérine donne avec l'acide chlorhydrique des chlorhydrines ; avec l'acide acétique des *acétines* ; avec l'acide nitrique des *nitrines* ; la tri est la nitroglycérine ; avec l'acide phosphorique, des *phosphoglycérates* ; avec les acides palmitique, stéarique et oléique des palmitines, stéarines et oléines qui constituent les corps gras. (Voir pour le détail au Chapitre des Éthers).

La glycérine sert à la fabrication de l'essence de moutarde artificielle, sulfocyanure d'allyle. En mélange avec la litharge, elle forme un mastic durcissant rapidement et qui convient bien pour faire les joints des réservoirs devant contenir des liquides volatils, alcool, benzine, pétrole.

Érythrite $C^4H^6(OH)^4$ — alcool tétratomique Découverte par *Stenhouse*, 1845, dans le dédoublement de l'érythrine, son éther diorsellique, principe colorant des lichens, elle a été étudiée à fond par de Luynes. Sa synthèse a été réalisée par Griner.

Arabite $C^5H^7 (OH)^5$ — alcool pentatomique. Découverte par Fischer, dans l'hydrogénation de l'arabinose.

Mannite $C^6H^8 (OH)^6$ — alcool hexatomique. C'est le constituant principal de la manne des frênes ; on l'extrait par simple traitement à l'eau distillée. Il existe d'ailleurs dans un grand nombre de végétaux. Il a été découvert par Proust en 1806.

La manne de Madagascar donne identiquement de la *dulcite*. La *sorbite* est fournie par les baies du sorbier.

ANHYDRIDES D'ALCOOLS OU ÉTHERS-OXYDES

Généralités sur les éthers. — Les *éthers-oxydes* sont les oxydes de radicaux alcooliques ou phénoliques. Ce sont aussi les anhydrides des alcools. Ils y représentent la substitution d'un radical alcoolique ou phénolique à H. Les deux radicaux peuvent être deux radicaux identiques : éthers ordinaires, ou deux radicaux différents : éthers mixtes.

Éther méthylique	$(CH^3)^2O$	$CH^3.O.CH^3$
— éthylique	$(C^2H^5)^2O$	$C^2H^5.O.C^2H^5$
— propylique	$(C^3H^7)^2O$	$C^3H^7.O.C^3H^7$
— butylique	$(C^4H^9)^2O$	$C^4H^9.O.C^4H^9$
— amylique	$(C^5H^{11})^2O$	$C^5H^{11}.O.C^5H^{11}$

On peut les comparer aux oxydes alcalins.

Les éthers-oxydes ordinaires des alcools se préparent en faisant agir

l'acide sulfurique ou un déshydratant sur les alcools, ou l'éther iodhydrique
sur les alcoolates.

Ce sont des corps neutres, très stables, que ni l'eau, ni les alcalis étendus
ne décomposent.

La théorie de l'éthérification a été approfondie par Williamson.

Les éthers-oxydes ordinaires des phénols ne peuvent pas se préparer par
l'action de l'acide sulfurique, elle est impuissante ; on recourt au chlorure
de Zn ou d'Al anhydre.

Les éthers-oxydes mixtes des alcools ou des phénols se préparent en faisant agir un chlorure de radical alcoolique ou phénolique sur un alcoolate ou
un phénolate alcalin.

Éther éthylique $(C^2H^5)^2O$ — *éther ordinaire, oxyde d'éthyle,* impro-
prement appelé aussi *éther sulfurique* de son mode de préparation. Entrevu
par Raymond Lulle, découvert par *Valerius Cordus,* 1540 ; son nom d'éther
est dû à Frobenius.

Préparation. — On le prépare en déshydratant partiellement l'alcool au
moyen d'acide sulfurique. Boullay a indiqué un mode de préparation à la
continue, qui consiste à faire couler un filet mince d'alcool à 90° centésimaux dans un mélange initial de 1 p. d'alcool et 2 p. d'acide sulfurique
concentré. On règle l'écoulement de l'alcool de manière à maintenir le niveau
constant. La température doit être tenue entre 140° et 145° ; au-dessous, il se
produirait de l'acide éthylsulfurique, et au-dessus de l'éthylène par déshydratation complète de l'alcool. Dans l'industrie, on opère dans des chaudières
en tôle doublée de plomb. L'éther produit distille, avec de l'eau, un peu
d'alcool et d'acide sulfurique entraînés et une petite quantité d'acide sulfureux provenant de la réduction de l'acide sulfurique. Les vapeurs d'éther
traversent d'abord une dissolution de carbonate de soude, puis sont condensées dans un réfrigérant. On le purifie par des lavages avec un lait de chaux,
avec de l'eau pure, puis on le rectifie et on le dessèche sur du chlorure de
calcium, et finalement sur un morceau de sodium. L'éther anhydre marque
65°Bé.

La théorie de l'éthérification a été approfondie par Williamson. Vauquelin
et Fourcroy l'avaient attribuée à une action dé-hydratante de SO^4H^2. Mais
comme il se produit de l'eau en même temps que l'éther, $2\ C^2H^5.OH + SO^4H^2$
$= (C^2H^5)^2O + H^2O + SO^4H^2$, et comme une même quantité minime de
SO^4H^2 peut servir à éthérifier une quantité considérable d'alcool, l'explication
n'est pas aussi simple. De Saussure, Gay-Lussac, Mitscherlich, Liebig,
Graham s'efforcèrent de l'éclaircir. Liebig établit le rôle important de l'acide
sulfovinique. Williamson a démontré que l'éthérification résulte de deux
réactions successives : d'abord une formation d'acide sulfovinique et d'eau ;
ensuite, une transformation de celui-ci en éther et régénération de l'acide
sulfurique qui ainsi peut servir indéfiniment : $C^2H^5.OH + SO^4H^2 = H^2O$
$+ C^2H^5.SO^4H$ (acide sulfovinique) ; $C^2H^5.SO^4H + C^2H^5.OH = SO^4H^2 +$
$(C^2H^5)^2O$ (éther).

Propriétés physiques. — L'éther ordinaire est un liquide incolore, très fluide, d'une odeur suave, d'une saveur brûlante. Sa d. = 0,75. Il bout à 34°5 ; sa tension de vapeur est de 442^{mm},4 à 20° (Ramsay et Young). C'est donc un liquide extrêmement volatil. Il se solidifie à — 31°. Sa vaporisation est utilisée pour la production du froid, système E. Carré.

L'éther se mêle difficilement à l'eau à la surface de laquelle il forme couche. 9 vol. d'eau dissolvent 1 d'éther, et 36 d'éther dissolvent 1 d'eau. L'éther est au contraire soluble en toutes proportions dans l'alcool méthylique et dans l'alcool éthylique.

L'éther est un dissolvant pour un grand nombre de corps : l'iode, le brome, le soufre, un peu le phosphore, les chlorures de Ca, de Fe², de Hg², de A, de Pt, et d'une façon générale, les corps riches en C et en H : huiles, graisses, résines, alcaloïdes. Ces propriétés dissolvantes sont d'une application constante dans les laboratoires pour préparer, isoler ou purifier les corps. Un mélange d'alcool et d'éther est le dissolvant des nitrocelluloses : collodion. C'est le dissolvant du fulmi-coton pour la poudre sans fumée française. Le Gouvernement a installé une fabrique d'éther aux environs de Bordeaux. Ce mélange dissout aussi le violet d'aniline qui est insoluble dans l'éther seul ; c'est un moyen de reconnaître des traces d'alcool dans l'éther.

Les vapeurs d'éther sont extrêmement inflammables. Elles donnent avec l'air des mélanges détonants. L'éther ne doit jamais être manié à proximité d'une flamme quelconque. Il a été l'occasion d'un grand nombre d'accidents. Le plus typique est celui survenu dans une pharmacie de Bruxelles. On avait déposé dans un coin de la pharmacie plusieurs bonbonnes d'éther, et sous l'action de la chaleur, le bouton d'une d'elles fut soulevé, les vapeurs d'éther se répandirent dans l'atmosphère et allèrent s'enflammer à un bec de gaz qui était placé à plusieurs mètres de distance. Il en résulta une explosion qui détruisit tout.

Lorsqu'on manipule de l'éther, il ne faut jamais oublier que ses vapeurs s'enflamment à distance et qu'elles donnent avec l'air des mélanges explosifs. Mais comme ce mélange se fait très lentement, il se produit de véritables traînées ou nappes d'éther qui peuvent s'enflammer à une grande distance de la masse même.

L'explosibilité des vapeurs d'éther a été utilisée pour la force motrice. La machine à éther et vapeur d'eau de Du Tremblay fut utilisée sur plusieurs navires, mais l'un d'eux ayant brûlé, les essais ne continuèrent plus. La machine Tissot est à vapeur d'éthernile.

Les vapeurs d'éther, comme celles de l'alcool, peuvent entretenir l'incandescence de la lampe sans flamme, à spirale de platine ; MM. *C. Malignon* et *Trannoy* (Acad. des Sciences, 1906) ont réalisé la lampe sans flamme avec les oxydes de Fe, de Ni, de Co, de Cr, de Cu, de Mn, de Ce, d'Ag, comme substituts du platine.

Propriétés physiologiques. — L'éther, pris à l'intérieur à la dose de 2 à 4 gr., produit une ivresse spéciale.

Les sensations agréables de cette ivresse conduisent rapidement à une habitude, l'*étheromanie*.

L'éther est employé en médecine comme calmant et comme anesthésique. C'est le type de tout un groupe de corps calmants remarquables par l'intensité et la rapidité de leur action. L'éther est particulièrement efficace contre les accidents spasmodiques, mais ce n'est pas à proprement parler un antispasmodique, car son action est toute d'actualité et n'influe pas sur l'état spasmodique. On administre l'éther, soit en applications extérieures contre certaines névralgies, en particulier contre la migraine, soit en inhalations ou en injections sous-cutanées de 1 gr., pour combattre les syncopes, soit par voie stomacale, sirop d'éther, perles d'éther, gouttes d'Hoffmann (p. é. d'éther et d'alcool à 90°) ou d'éther pur sur un morceau de sucre, principalement pour calmer les crises douloureuses causées par les coliques d'estomac, du foie ou du rein.

L'éther est l'un des agents anesthésiques les meilleurs et les plus usités, au moins en Angleterre et aux États-Unis. Dès 1815, Faraday écrivait que l'éther jouit de propriétés stupéfiantes et enivrantes, analogues à celles du protoxyde d'azote. En 1820, *Anglada*, professeur à Montpellier, prescrivait les vapeurs d'éther contre les névralgies ; on se servait d'un flacon de Wolff à deux tubulures et les élèves de son laboratoire se faisaient un jeu de se livrer à ces inhalations éthérées pour se procurer leur ivresse agréable et les rêves qu'elle donne. H. *Wells*, dentiste à Hartford (États-Unis), les utilisa, 1844, pour arracher les dents sans douleur ; il vint à Boston, mais ne trouva pas le succès. Le D^r Ch. Jackson avait observé sur lui-même, 1842, l'insensibilité que procurent les inhalations d'éther. Il invita, 1846, W. Morton à l'employer pour l'enlèvement des dents. Nous arrivons à l'ère des opérations chirurgicales, dont la première fut faite par Warren, le 14 octobre 1846, à l'hôpital de Boston. Les praticiens de Londres, puis ceux de Paris répétèrent ces expériences. Jobert de Lamballe fit la première opération à l'hôpital Saint-Louis, 22 déc. Puis ce fut le tour de Malgaigne. Tous les hôpitaux adoptèrent bientôt l'emploi de l'éther. H. Wells vint alors en Europe pour revendiquer ses droits à la priorité ; mais il fut éconduit à Paris et à Londres, 1857. Il retourna aux États-Unis où il s'ouvrit les veines dans un bain tout en respirant de l'éther. Pendant ce temps, Jackson recevait le prix Montyon et Morton s'enrichissait.

C'est en France que la méthode anesthésique reçut ses principaux perfectionnements. Les physiologistes, les chimistes multiplièrent leurs recherches, pour trouver d'autres anesthésiques qui furent successivement : l'éther chlorhydrique, *Sedillot*, 1847 ; les éthers acétique et oxalique, *Flourens* ; enfin, le chloroforme, *Flourens* et *Simpson*, 1847.

Pour des anesthésies locales, on utilise le froid produit par l'évaporation de l'éther.

On éthérise les plantes pour les forcer à fleurir hâtivement. Le lilas gagne ainsi dix jours d'avance. L'éthérisation dure deux jours.

Éther méthylique (C³H)²O. — Il est gazeux à la température ordinaire, liquide au-dessous de — 24°. Son évaporation est utilisée pour la production du froid de la machine Tellier.

Éther butylique (C⁴H⁹)²O. — Liquide employé dans la parfumerie comme essence de rhum.

Éther amylique (C³H¹¹)²O. — Liquide incolore doué d'une odeur suave, mais insoluble dans l'eau et ne bouillant qu'à — 176°.

Éther glycolique (C²H⁴)O. — Liquide incolore, très soluble dans l'eau, d'une odeur suave. Il bout à 13°5. Il se dilate considérablement entre 0° et 13°, et cette propriété serait susceptible d'application.

*
* *

Acétals. — On peut considérer comme étant des éthers-oxydes d'un glycol hypothétique les composés qui résultent de l'union des aldéhydes avec deux molécules d'alcool et élimination d'eau. Certains de ces éthers-oxydes sont employés comme anesthésiques et hypnotiques, tel le méthylal C²H³(OCH³)², l'acétal C²H⁵(OC²H³)², ou éther éthylène diéthylique.

Par analogie, on nomme *thioacétals* ou mercaptals le résultat de l'union des aldéhydes avec les alcools sulfurés ou mercaptans.

CHAPITRE XX

BOISSONS FERMENTÉES, EAUX-DE-VIE, LIQUEURS, PRODUITS DE PARFUMERIE

L'alcool est le produit principal de la fermentation alcoolique qui produit les boissons fermentées, *Vins*, *Bières*, *Cidres*, etc.

Vins. — Le vin est le produit de la fermentation du jus ou moût de raisin.

Le jus de raisin renferme du sucre de raisins, des matières albuminoïdes, des matières grasses, des matières gommeuses, des matières colorantes, en particulier l'œnoline du vin, des acides tartrique et malique, libres ou combinés à la potasse ; enfin, du sulfate de potassium, du chlorure de sodium et du phosphate de calcium.

Le sucre donne, par fermentation alcoolique, de l'alcool. La fermentation est accompagnée d'un grand dégagement d'acide carbonique, qui a donné lieu à de nombreux accidents.

Le jus fermenté ou vin s'éclaircit peu à peu au repos. Le dépôt ou *lie* comprend du bitartrate de potassium, des matières colorantes et des débris de ferments. On le clarifie définitivement en le soutirant, puis en le *collant* avec du blanc d'œuf, 6 à 8 par hectolitre, ou de la gélatine, 8 à 20 grammes. Parmentier (Ann. de Chimie, t. 52) avait proposé le lait pour les vins blancs.

Le vin contient, outre l'eau et l'alcool, de l'œnoline, de l'acide carbonique, du tannin qui provient de la rafle et des pépins et donne au vin son âpreté, de la glycérine et de l'acide succinique, un peu d'alcool amylique, de l'éther œnanthylique, cause du bouquet, d'après Pelouze et Liebig, des acides acétique et malique et de la crème de tartre qui donnent au vin sa verdeur.

Le moelleux, d'après Müntz (C. R., 1905), serait dû à la présence d'une certaine quantité de pectine.

Villon (B. S. Ch., 1893) a fait des essais de fermentation basse pour le vin ; il a observé que le bouquet est plus fin dans ces conditions.

La fermentation des jus de raisin se produit sous l'influence de ferments spéciaux, ferment alcoolique ou levure du vin. Les levures ordinaires sont mélangées d'un grand nombre de ferments nuisibles à une bonne vinification. Pasteur a démontré que les germes de la fermentation n'existent qu'à la surface des grains, et qu'ils ne sont pas les mêmes sur les différents raisins, en sorte que les bouquets divers sont dans une certaine mesure en rapport avec la nature des ferments. Partant de ces idées, G. *Jacquemin*, 1866, Directeur-Propriétaire de l'Institut La Claire, cultive des levures sélectionnées et pures dont l'emploi permet d'améliorer et de diriger en quelque sorte la fermentation des moûts, et par le choix de la race de levure d'arriver à produire des vins du bouquet désiré.

D'autres moyens d'amélioration sont l'addition de sucre aux moûts faibles, Chaptal, 1800 ; ou aux moûts après le pressage, Pétiot, 1857 ; l'addition de craie, de sucrate de chaux ou de plâtre, ou de tartrate de potassium, Liebig, pour neutraliser une acidité trop forte ; l'addition de 1 à 2 pour 100 d'alcool ou vinage pour donner de la force au vin faible ; l'addition de glycérine ou scheelisage aux vins faits, pour les adoucir.

La loi française du 28 janvier 1903 ne permet d'employer pour le sucrage que 10 kilogr. de sucre par 3 hectolitres de moût en première cuvée ; et en deuxième cuvée 40 kilogr. par 3 hectol. de vendanges récoltées et par membre ou domestique de la famille, avec nécessité de déclarer toute quantité de sucre supérieure à 50 kilogr. La loi française défend aussi le plâtrage et le vinage au delà de 15 pour 100.

La force des vins ou leur générosité est due à leur richesse en alcool. Voici quelques données à ce sujet : Bourgogne 7,25 à 7,75 pour 100 d'alcool en volumes ; Bordeaux 7,5 à 11 ; Anjou 10 ; Champagne mousseux 11,50 ; Frontignan 11,75 ; Grave 12,5 ; Lunel 14 ; Chypre 15 ; Sauterne blanc 15 ; Malaga et Grenache 16 ; Porto 20,25 ; Madère 20,50.

Les fabricants de vins leur ajoutent pour assurer la conservation du plâtre, de l'acide sulfurique.

Vins spéciaux. — Les *vins blancs* peuvent se fabriquer avec des raisins noirs, à condition d'en séparer les pellicules des grains avant la fermentation alcoolique ; la matière colorante n'est, en effet, soluble que dans l'alcool. Les vins blancs renferment une proportion de tannin moindre.

Les *vins de Champagne* ou mousseux sont l'objet d'une fabrication spéciale, ils renferment habituellement 6 à 7 vol. d'acide carbonique dissous et possèdent un arome spécial. Leur teneur en alcool et en sucre varie suivant la demande, d'où les trois qualités de vins de Champagne : le crémant, le mousseux et le grand mousseux. La teinte rosée de certains champagnes est obtenue au moyen de baies de sureau et d'alun. Les vins de Champagne artificiels sont des vins blancs chargés d'acide carbonique.

On nomme *vins de liqueur* les vins qui renferment une proportion très élevée de sucre non fermenté. On les prépare avec des moûts très sucrés, obtenus avec des raisins laissés sur vigne après la maturité jusqu'en décembre ; ou avec des raisins séchés sur des claies ou sur la paille : vins de paille ; ou avec des moûts concentrés : vins cuits. On fait une addition d'alcool, ou mutage, avant, pendant ou après la fermentation.

Le *vin* est le liquide alcoolique obtenu par fermentation spontanée du jus de raisin *frais*. Le vin naturel, fait par le propriétaire avec des raisins mûrs, voilà le seul liquide digne de ce nom. Mais le commerce, pour arriver à fournir des vins à n'importe quel prix, malgré les désastres dus au phylloxera, malgré les droits d'octroi exagérés puisque dans les grandes villes les vins entrent pour un tiers dans les recettes d'octroi, livre le vin aux plus vilains tripotages. Il ne se contente pas de mélanger des vins médiocres avec d'autres vins plus corsés ; il va jusqu'à employer pour ces mélanges des vins qui n'en sont pas, soit qu'ils aient subi quelque maladie, soit que ce soient des vins fabriqués avec des figues, des raisins secs, etc., ou, ce qui est le cas le plus fréquent, des vins surchargés en alcool par addition d'alcool d'industrie. Le vin du commerce est un vin coupé, mélangé, arrangé, type uniforme sans originalité. Reconnaissons que le goût du consommateur y a poussé. Au lieu de se contenter de vins naturels, frais, légers, fruités, même si ces vins ne supportent pas l'eau, le consommateur exige des vins corsés et alcooliques et réclame qu'on lui fournisse toujours le même vin, quelles que soient les années. Pour répondre à ces désirs, le commerçant a ses types de vin qu'il reproduit en mélangeant les vins et en relevant les vins légers au moyen de vins d'Espagne très colorés et très riches en alcool, et suralcoolisés encore la plupart du temps au moyen d'alcool d'industrie venant d'Allemagne. Quoi d'étonnant que l'usage de ces vins rende la digestion mauvaise, cause des malaises et entraîne les mêmes inconvénients que l'usage des mauvais alcools.

Ce n'est pourtant pas faute de bons vins. Le vignoble français est l'une de nos premières richesses nationales, et malgré les fraudes si nombreuses du commerce des vins, on peut se procurer du vin naturel. Je compléterai ici ce qui regarde les vins en donnant quelques détails sur leurs différentes espèces.

Les principales classes de vins sont : les vins ordinaires (depuis 5,5 d'alcool), les vins astringents, les vins classés, les vins alcooliques (jusqu'à 24 pour 100 d'alcool), secs : Madère, ou sucrés : Frontignan, Banyuls, Malaga, Chypre ; enfin les vins mousseux.

Parmi les vins français, les principaux sont ceux du Bordelais, de Bourgogne et de Champagne.

Les vins de Bordeaux sont des vins très délicats ; ils demandent tant de soins incessants et minutieux d'ouillage, de fouettage, de soutirages multipliés, qu'il faut dix ans à un grand vin pour arriver à son complet développement. Les vins bordelais se divisent en vins de Médoc, de Sauternes, de Graves, d'Entredeuxmers et de Saint-Émilion. Les vins du Médoc (rive gauche de la Gironde entre Bordeaux et l'embouchure) se classent en quatre catégories : les grands crûs, tels Château-Laffite à Pauillac, Château-Margaux, Mouton à Pauillac, Léoville à Saint-Julien, Clos d'Estournel à Saint-Estèphe, La Tour-Carnet à Saint-Laurent, Beychevelle à Saint-Julien, Pontet-Canet à Pauillac ; les crûs bourgeois, les crûs artisans et les crûs paysans. Des vins de Sauternes (rive gauche de la Garonne en amont de Bordeaux), Château-Yquem à Sauternes (300 à 1500 francs en primeur), Château-Courtet à Barsac, et autres sont les premiers crûs ; ils sont faits avec des grains qu'on laisse griller et crever au soleil. Aussi le Sauternes est-il un vin moelleux, d'une finesse et d'une saveur indéfinissables. Le pays de Graves fait suite à celui de Sauternes ; ses vins sont secs, frais, parfumés. Entredeuxmers sont les coteaux du pays situé entre la Garonne et la Dordogne. Les vins de côtes de Saint-Émilion sont récoltés sur la rive droite de la Dordogne. Le vin de Saint-Émilion (125 à 600 francs en primeur) gagne considérablement en finesse après six mois de bouteille ; il est dans sa perfection de dix à vingt ans.

Les vins de Bourgogne ont une chaleur, un bouquet et un velouté indéfinissables. Ils sont classés en cuvées hors ligne, premières et secondes cuvées. Parmi les grands crûs rouges, Romanée-Conti à Vosne, Chambertin à Gevrey, Clos-Vougeot, Rugiens à Pomard, Corton à Alose, Thorcy à Nuits, et parmi les blancs : Montrachet à Puligny, Goutte d'or à Meursault. Les vins d'Yonne : Chablis ; ceux du Mâconnais, Moulin-à-Vent à Romanèche-Thorins, Pouilly, Mercurey ont en grande partie les qualités du vin de Bourgogne.

Les vins de Champagne sont des vins mousseux, pétillants, gais. La flûte convient mieux pour les boire que la coupe. La coupe peut être plus artistique, mais c'est « la flûte qui conserve seule son feu, sa souplesse, sa grâce, qui lui fait un vêtement à sa taille, qui lui permet d'épanouir son parfum juste dans la mesure où nous pouvons en respirer toutes les senteurs ».

La France produit encore un grand nombre de variétés d'autres vins excellents, vins d'Anjou, du Maine, d'Auvergne, du Beaujolais, du Jura, de l'Aude, des Pyrénées-Orientales. Les derniers sont des vins légers que l'on boit purs en mangeant. Ceux du Beaujolais se rapprochent des vins de Mâcon. Les vins d'Auvergne sont très colorés, frais et fruités. Chantourgues, Saint-Gervasy, 45 à 75 francs. Les vins blancs du Maine sont doux, fins, quasi liquoreux. Les plus estimés sont ceux des coteaux du Loir (château du Loir), Vouvray du Loir, Mayet, Poncé, Ruillé, L'Homme (80 à 100 francs la pièce de 228 litres).

Les vins blancs de l'Anjou, principalement ceux de la vallée du Layon : Thouarcé, Saint-Aubin-de-Luigné, valent : les têtes de cellier, à 11°-14° d'alcool, 200 à 400 francs ; les autres, 70 à 120 francs. Parmi les vins rouges, le Savennières est réservé à la cour d'Angleterre. Les vins gris du Saumurois (35-70 francs) sont destinés à la fabrication de vins blancs mousseux dits de Saumur qui se vendent 1 à 4 francs la bouteille. Le centre de cette fabrication est Saint-Hilaire-Saint-Florent.

Enfin parmi les vins d'Algérie, quelques-uns sont très estimés.

Vaut-il mieux boire du vin blanc ou du vin rouge ? D'abord la couleur du vin ne dépend que du procédé de fabrication, car le jus de raisin est toujours blanc. La couleur du raisin rouge provient de la peau du grain qu'on a laissé macérer avec le jus dans la cuve. Le vin blanc étant aujourd'hui presque aussi falsifié que le rouge, la vogue extraordinaire dont il a joui quelque temps de la part des médecins n'a plus guère de raison.

« Préférez-vous le bourgogne ou le bordeaux ? On parle d'eux comme des brunes et des blondes, dit M. Ch. Mayet, dans les articles si intéressants qu'il a publiés sur la question des vins dans le journal *Le Temps*, et auxquels j'ai fait quelques emprunts. Après une bouteille de Château-Margaux, une bouteille de Romanée sera éternellement la bienvenue. Si la première, avec sa saveur discrète, son corps velouté, son parfum subtil, révèle un vin d'une distinction parfaite, ravissement du palais et béatitude de l'estomac, la seconde, avec son bouquet exquis et accentué, son excitante et bienfaisante chaleur, son fin goût de raisin frais, trahit un vin de haute origine. A un degré égal, elle est la joie du palais ; elle est aussi une source de gaîté vive, et, pour parler comme une vieille chanson à boire, elle met la bonne humeur au cœur. » Cependant les personnes convalescentes ou impressionnables prendront de préférence du médoc ; le vin de Bourgogne, s'il a plus de bouquet, a en même temps plus d'ardeur et est moins aisément supporté.

La production totale du vin en France a dépassé 67 millions d'hectolitres en 1900, atteignant une valeur de 1.264 millions. Il faut ajouter à ces chiffres 150.000 hectolitres pour la Corse, 250.000 hectolitres pour l'Algérie. La production totale de la France et des colonies a dépassé 73 millions d'hectolitres en 1900, valant près de 1 milliard 400 millions. La récolte de 1900 fut d'ailleurs très bonne, le rendement maximum à l'hectare fut atteint dans le département de Saône-et-Loire, avec 70 hectolitres.

En 1901, la production de la France n'a pas atteint tout à fait 60 millions d'hectolitres. En 1900, la France a exporté plus de 228 millions de francs de vins de toutes sortes. En 1901 ce chiffre a été légèrement dépassé.

Maladies des vins. — Les vins sont sujets à un grand nombre de maladies qui proviennent de germes introduits au cours de leur fabrication et qui nuisent à leur conservation. *Pasteur* les a étudiées tout spécialement, 1863-65, et il a établi qu'il suffit de les chauffer pendant quelques minutes à 55° pour assurer leur conservation ; c'est ce qu'on appelle la *pasteurisation.*

Les principales de ces maladies sont : la fleur et la piqûre ou acidité, dues à la fermentation acétique ; l'amertume, qui s'attaque aux vins vieux ; la graisse, due à la fermentation visqueuse ; la pousse et la tourne, dues à une fermentation accessoire, causée par la chaleur ; la mannite, due à une fermentation mannitique ; la casse, due à une oxydase.

Essai des vins. — La dégustation des vins est un art que l'analyse chimique est impuissante à remplacer.

Un bon dégustateur doit posséder un don particulier de finesse des organes.

L'œil intervient d'abord, la simple couleur d'un vin est un indice sur son âge : les vins nouveaux ne sont pas limpides, tandis que les vieux prennent une teinte dite *pelure d'oignon*, plus ou moins prononcée. Le vin doit être *franc de couleur.*

La dégustation s'opère au moyen d'un verre de cristal et d'une petite tasse d'argent. Le verre est du genre tulipe, renflé dans la partie médiane, étranglé à la partie supérieure, de manière qu'étant rempli à demi, la surface d'évaporation soit très grande et que les vapeurs viennent pour ainsi dire se concentrer dans la partie étroite ; il sert surtout à l'examen du bouquet, tandis que la tasse ne fait connaître que l'arome.

Rappelons les principales expressions qui servent à caractériser les qualités des vins.

Les vins sont dits : *charnus, corsés, délicats, nerveux, soyeux, étoffés, bourrus, grossiers, âpres*, etc., autant d'expressions qui, pour le dégustateur, correspondent à des propriétés diverses.

Les vins diffèrent entre eux par la consistance et par la couleur. Au point de vue de la consistance, on distingue les vins secs des vins de liqueurs, et les vins moelleux qui sont le moyen terme. Au point de vue de la couleur, on a les vins blancs, ambrés, gris, pailletés, rosés, rouges et noirs.

L'essai chimique des vins comprend : le dosage de l'alcool, la détermination de l'extrait sec, des cendres, des sulfates (plâtrage), du sucre, de l'acidité, de la glycérine et du tannin. On tire de ces données des conclusions sur les falsifications possibles. Les principales de ces falsifications sont : le mouillage, le vinage, le sucrage, le scheelisage. La recherche des colorations frauduleuses fait l'objet d'essais spéciaux.

Bières. — La bière était connue des anciens : zythum des Égyptiens, zuthos des Grecs. cerevisia des Gaulois. C'est un liquide alcoolique obtenu par fermentation d'une substance renfermant de l'amidon et du sucre, l'orge le plus souvent, mais parfois aussi le froment, le riz, le maïs, en présence du houblon. La bière constitue une boisson digestive et tonique ; sa teneur en alcool est de 3 à 9 pour 100. Pour boire en mangeant, on préférera une bière peu alcoolique, peu sucrée et légère. Elle est plus facilement supportée par les estomacs nerveux que le vin.

Le houblon donne à la bière son goût amer. On lui substitue trop souvent les écorces de saule ou de pin, le quassia, la petite centaurée, l'absinthe, les feuilles de noyer et même l'acide picrique.

Pour fabriquer la bière, on commence par transformer l'orge en malt ou orge germée, afin que la diastase ainsi produite puisse saccharifier l'amidon et donner naissance au sucre, sur lequel se fera la fermentation alcoolique. Avec le malt séché et concassé, on prépare des moûts ou trempes, soit par infusion, soit par décoction, brassage. On fait cuire les moûts avec le houblon. On refroidit les moûts. Enfin, on les fait fermenter avec ensemencement d'une levure pure, soit en fermentation haute : Grande-Bretagne, Belgique, Nord de la France, Lyon ; soit en fermentation basse : Bavière, Nancy.

Le premier ouvrage qui ait été fait sur la bière est celui de Thaddens-Hagecius, 1585, et le dernier traité complet de la fabrication des bières, par G. Moreau et Lucien Lévy, 1905, traité réellement très complet.

La bière est exposée à plusieurs maladies provenant la plupart de levures étrangères qui évoluent après sa fabrication. Ces maladies affectent le goût : goût de levure, goût de rance, goût amer, goût acide ; ils sont sans remède, et le dernier n'est que pallié par une addition de bicarbonate de sodium. Les bières filantes ont une saveur fade ; on ajoutera un peu de tannin. Les bières plates manquent d'acide carbonique et ne moussent pas, ou bien résultent de troubles de levure, etc. Les bières troubles doivent être clarifiées à nouveau par collage ou filtration au moyen de lichen, de tannin, de gélatine, ichthyocolle, peau de raies ou secret des moines.

Le meilleur procédé pour conserver la bière est celui indiqué par Pasteur. Il consiste à la chauffer entre 50° et 65°. La pasteurisation brunit la bière et adoucit son goût.

L'acide borique, le sulfite de calcium, l'acide salicylique, ont été proposés pour aider la conservation de la bière. Mais leur usage est offensif et plusieurs législations le prohibent.

La bière contient de l'eau, de l'alcool vinique, de l'acide carbonique, une petite quantité d'acide acétique, de l'extrait comprenant des dextrines, des sucres, en particulier du maltose, de la glycérine, des acides organiques, en particulier l'acide lactique, des produits de torréfaction du malt, des produits extractifs du houblon, des substances albuminoïdes, des peptones, des substances minérales, en particulier acide phosphorique et potasse.

La bière est souvent colorée avec du caramel qu'on ajoute au moût. On ajoute parfois en chaudière 50 à 100 gr. de gypse par hectolitre ou 50 gr. de sel. On ajoute du sucre.

On ne peut malheureusement pas pasteuriser en fûts, des fuites se produiraient sous la pression de l'acide carbonique qui se dégage et la poix des fûts goudronnés fondrait.

La bière terminée est expédiée par les grandes brasseries dans des wagons-glacières, dont certains transportent jusqu'à 70 hectol. de bière (à 150 kg. par fût à pression). Parvenue chez le débitant, la bière doit être placée dans une cave fraîche d'où elle est prise au moyen d'une pompe à pression tenue soigneusement propre. Les fûts de fermentation haute sont fermés avec des bondes en bois de sapin souple et poreux. Les fûts de fermentation basse le sont avec des bondes en chêne à armature métallique ou des bondes métalliques à pas de vis.

Bières spéciales. — Passons en revue les principales bières spéciales.

Bières françaises. — Les bières du Nord, bières brunes ou bières blanches, sont toutes à fermentation par le haut. Le type des dernières est la bière blanche de Cambrai, fondée, dit-on, par le roi Gambrinus. D. des bières brunes, 1,008 à 1,015 ; des bières blanches, environ 1,0022. Alcool, 3,07 à 5,40. Extrait sec, 3,6 à 5,8 pour les bières brunes ; 1,50 pour la bière blanche.

Bières allemandes. — Elles sont presque toutes à fermentation basse.

La bière blanche de Berlin est à fermentation haute. Elle se prépare avec 2 p. de malt de froment, 1 p. de malt d'orge. Elle est très mousseuse ; une proportion élevée d'acide lactique la rend aigrelette.

Bières de Munich. — Ce sont des bières à fermentation basse. Les qualités les plus estimées sont : Bock et Salvator ; la Bock pèse 17°-18° Bé, la Salvator 10°-19° Bé : celle-ci est plus brune et plus amère. Densité, 1.0206 et 1,0390. Alcool, 4,25 et 4,10. Extrait, 7,1 à 9,8 et 11,10. La bière de Kulmbach est aussi célèbre, très épaisse et très brune ; alcool, 7,5.

Bières américaines. — Elles sont toutes de fermentations basses, mais par infusion.

Bières anglaises. — Elles sont de deux sortes, les bières pâles ou *pale-ale*, et les bières noires, *stout* et *porter*. Toutes sont à fermentation par le haut. Les bières fortes sont très alcooliques et peuvent se conserver plusieurs années.

Bières belges. — Les *lambrick*, *bière de mars et faro* sont des bières à fermentation spontanée.

Autres bières. — Le saké est une bière de riz, préparée au Japon. Le pomba est une bière de sorgho, préparée dans l'Afrique allemande. Le braga est une bière de sorgho, préparée en Roumanie. Le kwas est une bière russe, préparée avec des déchets de pain.

La consommation de la bière tend à augmenter en France. En 1896, elle a été de 8.992.000 hectolitres ; en 1897, de 9.234.000 hectolitres ; en 1899, de 10.126.000 hectolitres ; en 1903, de 11 millions environ, avec 3.360 brasseries.

La production de la bière est maximum en Allemagne où elle dépasse 67 millions d'hectolitres, avec 18.230 brasseries en 1903.

Les États-Unis viennent ensuite avec 64 millions d'hectolitres. C'est en Bavière et en Belgique que l'on boit le plus de bière, la consommation dépasse 200 litres par tête d'habitant. En France, la consommation atteint en moyenne 12 litres par tête et par an, mais, dans le Nord, à Lille en particulier, la consommation atteint 400 litres par tête et par an.

En Angleterre, la production totale est environ de 59 millions d'hectolitres, avec 5.517 brasseries.

La production mondiale dépasse 235 millions d'hectolitres, et le nombre total des brasseries 42.000.

Cidres. — Le cidre est le liquide alcoolique obtenu par fermentation du jus de pommes. Pour le préparer, on broie les pommes, on les presse, et on met le jus en futaille ouverte, et la première fermentation s'établit en trois ou quatre jours. On met alors la bonde, mais en laissant un auvent pour que le gaz de la seconde fermentation puisse se dégager. Un mois après, on décante, puis on met en bouteilles ; on les laisse trois jours ouvertes, on bouche, on laisse les bouteilles debout. Le cidre est d'autant plus sucré qu'on le met plus tôt en bouteilles avant que sa fermentation ne soit complètement achevée. On le soutire et on le colle, de préférence avec blanc d'œufs, mica, kaolin, tannin, mais on devrait le filtrer pour mieux le clarifier. C'est une boisson hygiénique, mais qui porte un peu sur les nerfs lorsqu'il est aigre. Elle jouit de propriétés lithotriptiques et diurétiques remarquables qu'elle doit à sa forte teneur en acide malique, 0,33 pour 100.

Le moût de pommes renferme du sucre, du tannin, de l'acide, de la pectine. Comme les levures, même les levures sélectionnées par les procédés R. Jacquemin, ne travaillent dans des conditions favorables que si la composition des moûts est appropriée, on ajoute de l'acide tartrique si l'acidité est inférieure à 1 gr. 5 par litre, de la craie si elle est supérieure à 2, du sucre si la récolte est mauvaise. Une t. de 15° à 20° est la plus favorable pour cette fabrication. Au moment du soutirage « entre deux lies », il est avantageux d'ajouter 10 gr. de tannin par hectolitre.

La composition moyenne du cidre est la suivante : densité, 1,0016 (1,001 à 1,042) ; alcool existant, 6,2 (1,1 à 3,9) ; extrait à 100° : 52,67 (22,6 à 52,6) ; sucre, 21 (0 à 60) ; cendres, 4,3 (2,4 à 3.2) ; acidité (en SO^4H^2) : 5,25 (4 à 6,5).

Les moûts provenant de pommes marchandes ont une densité de 0,43, correspondent à 92 gr. de sucre. Ils donnent par fermentation des cidres pur jus, avec au moins 5°5 d'alcool. Le cidre marchand ne doit pas titrer moins de 4°, 4, au-dessous de 4°, on a des petits cidres. La proportion d'acide, tartrique est toujours très faible.

Les fraudes que l'on constate le plus souvent sont le mouillage du cidre achevé, le sucrage exagéré, l'addition d'acide tartrique, d'alun pour clarifier le cidre, de saccharine, d'acide salicylique, de bisulfite, de fluorures pour le conserver, de caramel pour le colorer. Bien des marchés passés en Bretagne stipulent 250 kgs de pommes par barrique de 240 litres.

Les maladies principales sont l'acétification qu'on diminuera par une grande propreté, la mise au frais, une addition de sucre (200 gr. par hect.) ; le noircissement dû à une action diastasique (*Lindet*) sur le tannin qu'on ralentira par l'addition d'acide tartrique ou citrique à 30 gr. par hect., ou par une addition de moût de poires, *Payen*, qui apporte de l'acide et du malotannin ; la graisse, due à une fermentation visqueuse, qu'on réduira par une addition de tannin, 5 gr. par hect.

En France, la production du cidre varie dans des limites très grandes. Une des meilleures récoltes est celle de 1893, avec 31 1/2 millions d'hectolitres ; en 1899, la production a atteint près de 21 millions d'hectolitres ; en 1900, 29 1/2 millions ; en 1901, 12 1/2 millions d'hectolitres. Elle est descendue au-dessous de 5 millions en 1887.

L'exportation du cidre français, à l'étranger, diminue par suite de la concurrence étrangère. A Buenos-Ayres, par exemple, pour 34.000 bouteilles de cidre espagnol importées, on compte 1.000 bouteilles de cidre français. Les cidres allemands, fabriqués en partie avec des pommes françaises, sont traités différemment ; certains ressemblent à nos vins de Saumur et trouvent de grands débouchés aux colonies.

On doit à M. Truelle différents travaux tendant à l'amélioration des méthodes de fabrication française, par la création d'une cidrerie modèle et d'un institut pomologique.

*
* *

On peut préparer soi-même des *boissons économiques fermentées*, à base de gousses de pois verts et de sauge, de seigle germé et de levure de bière, de baies de genièvre, de prunelles, de mûres, de prunes, de figues, de dattes, de raisins secs.

Dans un tonneau de 100 litres, mettre 5 à 6 kilos de la substance, 100 grammes de tartre brut qu'on a dissous au préalable dans un litre d'eau bouillante, et enfin 10 litres d'eau chaude. On agite, puis on laisse reposer 5 jours. On ajoute alors 2 litres d'alcool trois-six, on remplit d'eau et on bouche.

On prépare un vin de raisins secs en versant sur des raisins secs, en plusieurs jours, 4 fois leur poids d'eau à 25°, laisser jusqu'à ce que la fermentation soit terminée, en ayant soin d'agiter la masse de temps à autre. Alors on soutire et on clarifie en fouettant avec du blanc d'œuf.

Autre recette. On verse 12 litres d'eau bouillante dans un petit tonneau, avec raisins secs 1 kilo, sucre brut 500 grammes, son de froment 1 litre, vinaigre 1/2 litre, fleurs sèches de violettes 15 grammes. On laisse la fermentation s'établir, en remuant avec un bâton de temps en temps. On écume, et on met en bouteilles.

Autre recette de boisson économique : genièvre, 15 gr.; coriandre, 6 gr.; fleurs de sureau, 6 gr.; fleurs de violettes, 6 gr.; houblon, 3 gr.; mélasse, 500 gr.; vinaigre, un demi-verre; eau, 12 litres. Laisser infuser trois jours, en agitant deux à trois fois par jour, puis tirer à travers un linge, mettre en bouteilles à la cave, coucher, relever au bout de deux jours. Boire 6 à 8 jours après la préparation.

On peut obtenir une bonne boisson de ménage avec du chiendent et des baies de genièvre. Pour cela, on prend (Dr Saffray) 4 kilos de racine de chiendent, on les hache, on les met dans un baquet où on les arrose de temps à autre avec de l'eau tiède. Au bout de quelques jours, on verra apparaître de petites pousses blanches. Lorsqu'elles ont un centimètre environ, on les met dans un baril avec 1 kilo de baies de genièvre concassées, 2 kilos de sucre brut, et environ 60 gr. de levure. On verse 3 litres d'eau bouillante et on remue ; on verse de nouveau 5 litres d'eau chaude le lendemain et 9 le troisième jour. Il faut laisser se dégager les gaz provenant de la fermentation. Le sixième jour, on soutire dans un baril propre ; on laisse reposer deux jours. Il n'y a plus qu'à boire.

Eaux-de-vie. — C'est le nom qu'on donne aux produits de la distillation des boissons fermentées. Il provient de l'habitude qu'on a de *brûler* le vin depuis plus de douze siècles pour en retirer l'eau de feu ou eau-de-vie.

La distillation à feu nu, dans un alambic, donne un produit de faible degré alcoolique qu'on enrichit par rectifications ou repassés. Mais la grande industrie emploie des appareils distillateurs perfectionnés dont l'idée première est due à Lavoisier, et dont les étapes successives ont été franchies sur les indications d'*Argaut* qui réalisa son chauffe-vin, d'*Ed. Adam*, à Montpellier, 1801 ; de *Jean Bérard*, 1805 ; de Solimani, de *Cellier-Blumenthal*, 1813, avec l'appareil continu que *de Rosne* améliora, 1819 ; de *Dubrunfaut*, avec son appareil à colonnes et à plateaux, de Laugier, de Carl, d'Egrot, de Savalle, de Sorel, de E. Barbet. On lira avec un grand intérêt les recherches rétrospectives de J. Dujardin sur l'art de la distillation dans la période qui a précédé 1855 (Paris, 1900).

Le nom d'*eau-de-vie* est réservé au produit titrant moins de 60 pour 100 d'alcool (de 40 à 60 pour 100) et marquant de 16° à 22° Cartier ; celui d'*esprit*, quand il renferme entre 60 et 70 pour 100 ; de *trois-six*, quand il renferme 85,9 pour 100 ; d'*alcool*, quand il renferme au moins 90 pour 100. L'alcool à 40° Cartier marque 95°9 à l'alcoomètre. L'alcool absolu marque 44°2, Cartier.

On prépare par distillation les eaux-de-vie de vins, de cidre, de marc de raisins, de marc de pommes, de poiré, de prunes, de merises, etc.

Les marcs de Bourgogne rendent en eau-de-vie rectifiée 3 à 5 lit. d'eau-de-vie à 54°, par pièce de 228 l. de vin blanc ou rouge. Les marcs brûlés servent d'engrais. L'industrie s'adresse aussi aux jus fermentés de la betterave, des topinambours, des mélasses, ou des matières amylacées, saccharifiées par le malt ou par les acides, ou par certaines mucédinées, procédé Colette et Boidin.

Voici, à titre d'exemple, les grandes lignes de la fabrication de l'alcool de betteraves. Celles-ci sont débitées par les coupe-racines, sous forme de cossettes. Les cossettes sont soumises à la diffusion. Le jus est mis à la fermentation ; la levure est une levure de vin Jacquemin ; cette fermentation dure de 24 à 30 heures. Le liquide alcoolique impur, en terme d'atelier, le *vin*, est envoyé aux colonnes à distiller ; il traverse d'abord le chauffe-vin, puis le récupérateur, puis l'appareil distillatoire de plateau en plateau, enfin le réfrigérant. Le liquide épuisé ou vinasse s'écoule du récupérateur et sert à l'irrigation agricole ; un hectare en absorbe 10.000 hect. que la culture paye de 200 à 300 francs.

La distillation des différentes matières premières fournit comme premier produit les *flegmes*, qui forment en quelque sorte l'alcool brut et des vinasses ou drêches liquides. Les flegmes renferment une huile essentielle volatile qui varie avec l'origine de chaque flegme et lui donne son odeur spéciale ;

des produits volatils qui passeront à la rectification avant l'alcool et forment les *produits de tête*. Ce sont de l'ammoniaque, de l'aldéhyde (Pe 20°), de l'éther ordinaire ou oxyde d'éthyle (Pe 34°,8), du formiate d'éthyle (Pe 54°), de l'acétate de méthyle (Pe 56°), de l'acétate d'éthyle (Pe 77°) ;

de l'alcool, qui bout à 78° ; c'est le produit de cœur ;

des produits volatils qui distillent à la rectification après l'alcool et forment les *produits de queue* ou fusel des Allemands. La plupart sont insolubles dans l'alcool faible, et se précipitent quand on étend le flegme avec de l'eau. Ce sont les alcools dits supérieurs ou alcool isopropylique (bout à 85°), alcool propylique normal (97°), alcool isobutylique ou de fermentation (108°), alcool butylique normal (116°), alcools amyliques (128°-130°). L'alcool amylique est particulièrement abondant dans le flegme venant de la pomme de terre, mais on le sépare aisément. Ce sont ensuite les éthers éthyliques des acides caproïque (130°), caprylique (166°) et caprique (244°), plus spéciaux au flegme des mélasses. Ce sont enfin du glycol isobutylénique (178°), du furfurol ou aldéhyde pyromucique (162°), des amines à odeur désagréable (155°, 171°, 185°).

D'après   , la toxicité relative de ces divers produits est : 1/2 alcool méthylique, 1 alcool éthylique, 3,5 alcool propylique, 8 alcool isobutylique, 19 alcool amylique, 10 aldéhyde, 83 furfurol, 2,2 acétone. Les alcools d'industries bien rectifiés en renferment moins que les eaux-de-vie naturelles.

Les alcools supérieurs proviennent de fermentations étrangères, Lindet. Le furfurol résulte de la décomposition de la cellulose par la chaleur ou par les acides.

On a essayé de purifier les flegmes par des moyens chimiques. Mais on y a renoncé ; on n'emploie plus que la filtration sur charbon de bois. Puis on rectifie les flegmes en fractionnant les produits. Voici le tableau des opérations de cette rectification tel que l'a dressé M. Lindet.

1 Têtes (Mauvais goûts de tête ou éthers les plus volatils).
2 Moyens goûts de tête.
3 Bons goûts de tête. Vendus immédiatement.
4 Cœurs et extrafins (ou alcools). Vendus immédiatement.
5 Bons goûts de queue. Vendus immédiatement.
6 Moyens goûts de queue.
7 Queues (Mauvais goûts de queue, ou huiles, ou fusels).

2 et 6 sont redistillés et donnent : 1 bis, têtes ; 2 bis, moyens goûts, bons goûts, vendus ; 6 bis, moyens goûts, vendus ; 7 bis, queues.

Les moyens 2 bis et 6 bis sont redistillés avec les produits analogues. Toutes les têtes 1 et 1 bis, et les queues 7 et 7 bis sont redistillées ensemble, et donnent alors des produits qui servent pour les vernis, ou comme alcool à brûler.

1 ter, têtes ; 2 ter. moyens goûts, à redistiller, mauvais goûts ; 7 ter, queues.

Le rendement est de 64 pour 100 de cœurs et bons goûts, 25 moyens goûts, 8 mauvais goûts, avec 3 de perte.

L'alcool à 95°-96°, esprit ou trois-six, juste assez pur pour être marchand, est l'*alcool de Bourse* sur lequel portent les transactions.

Certains appareils perfectionnés donnent dès les premières distillations l'alcool bon goût (90° à 95°), l'alcool mauvais goût (49° à 89°) et des petites eaux au-dessous de 49°.

La composition des eaux-de-vie de vin présente de grandes variations, qui dépendent surtout du mode de distillation. X. Rocques (Comptes rendus 1905) a étudié en particulier l'opération telle qu'elle est conduite dans les Charentes, et dans laquelle les matières volatiles qui forment le bouquet du vin passent entièrement dans les eaux-de-vie. Les acides ne passent qu'en proportion très faible, les aldéhydes en majeure partie, les éthers en proportion très importante et enfin les alcools supérieurs en presque totalité. Le furfurol par exemple, qui n'existe qu'à l'état de traces dans le vin, se retrouve en proportion appréciable dans les eaux-de-vie. Cela tient à ce qu'il se forme pendant la distillation qui a lieu lentement. Quand les vins ou les eaux-de-vie sont pauvres en éthers, ils sont par contre riches en alcools supérieurs.

Analyses d'eaux-de-vie provenant de vins charentais de 1904.

(Résultats en grammes par hectolitre d'alcool à 100°.)

	Maximum.	Minimum.	Moyenne.
Acides..............................	37,7	10,0	18,6
Aldéhydes..........................	33,5	3,8	14,6
Éthers.............................	213,0	65,9	121,0
Alcools supérieurs..................	292,4	115,0	211,4
Furfurol...........................	4,4	0,2	2,4
Total ou *coefficient non alcool*........	475,6	280,1	367,5
Somme alcool supérieur + éthers......	429,0	235,2	333,9
Rapport $\dfrac{\textit{alcools supérieurs}}{\text{éthers}}$...........	4,4	0,7	1,9

Le critérium de pureté, basée sur la somme alcool supér. + éthers, présente un réel intérêt.

Consulter sur la désinfection des alcools, historique, L. Naudin, Soc. Ch., 1881, II, 273; cf. 653, et sur la loi de différenciation des eaux-de-vie, Rocques, 1883, I, 625; 1888, II, 156.

Vieillissement des liquides alcooliques. — A. *Trillat* a présenté au Congrès de Liège, 1905, le résultat de ses recherches sur le vieillissement des eaux-de-vie et du vin.

Chaque fois qu'un alcool s'oxyde sous une influence catalytique ou de contact, il y a production d'aldéhyde et en même temps d'acétals. L'aldéhyde disparaît d'autant plus rapidement que l'alcool est plus étendu. Les acétals se forment plus rapidement en présence d'une très petite quantité de chlorure ferrique ou même en présence de traces d'acide chlorhydrique (Fischer).

Les réactions qui rendent compte des modifications chimiques apportées par le vieillissement dans les eaux-de-vie comprendraient trois phases :

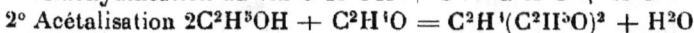

1° Aldéhydification du vin $C^3H^5OH + O = C^2H^4O + H^2O$

2° Acétalisation $2C^2H^5OH + C^2H^4O = C^2H^4(C^2H^5O)^2 + H^2O$

3° Éthérification comprenant l'oxydation plus avancée de l'aldéhyde acétique et son union avec l'alcool ou l'acétal.

Pour le vin, qui représente un mélange complexe, le phénomène du vieillissement est plus compliqué, l'oxydation s'effectuant non seulement sur l'alcool, mais aussi sur les autres constituants.

M. Trillat termine par une étude sur le rôle de l'aldéhyde acétique dans les altérations du vin.

La décoloration par précipitation de la matière colorante, dans les diverses espèces de casse, doit être attribuée à la présence d'aldéhyde. En second lieu, l'aldéhyde peut, sous des influences encore mal définies, fournir un produit extrêmement amer que l'on retrouve dans les vins atteints de la maladie de l'*amertume*. L'auteur a pu produire artificiellement l'amertume d'un vin léger, par une addition de quelques milligrammes d'aldéhyde acétique et de cendres de vin riche en potasse. L'apparition de l'amertume s'est manifestée au bout de quinze jours. Elle est allée en s'accentuant pendant près d'un mois.

Nous rappellerons, parmi les divers procédés de vieillissement du vin, celui de Pictet (br. fr., 754) basé sur l'action du froid, et qui équivaut à un collage énergique déterminant le dépôt du tartre ; celui de Malvezin (br. fr., 1902) qui imite le processus du vieillissement naturel. Le vin est d'abord chauffé à 100° dans l'oxygène comprimé, puis refroidi un peu au-dessous de zéro ; enfin celui de Pozzi-Escot (Congrès de Liège de 1905) dans lequel le vieillissement est produit par l'action oxydante de matières catalytiques, en présence d'air oxygéné ou d'agents oxydants. La substance catalysante peut être constituée par toutes matières actives : en particulier la ponce, la ponce platinée, irridiée ou palladiée.

On peut jusqu'à un certain point considérer comme des tentatives de vieillissement par ces procédés, ceux de Minières (br. fr., 71.779) : adjonction de charbon de bois en morceaux dans les fûts d'eau-de-vie ; d'Aulxerre (br. fr., 76.984) : adjonction de vrillons de chêne ; de Crawford (br. fr., 175.127) : addition de bois quelconque ; de Hasbrouck (br. fr., 202.299) : emploi de fûts carbonisés à l'intérieur ; de M. Bichaut (br. fr., 217.241) qui utilise des copeaux ; de Sinibaldi (br. fr., 267.534) : chauffage de l'alcool avec des copeaux. Dans ces procédés intervenait sans doute une action catalytique inaperçue, bien que très lente, agissant sur le vieillissement.

Cognacs. — Les eaux-de-vie de vins sont incolores ; elles prennent une coloration jaune dans les barils de chêne. C'est en France, principalement dans les Charentes, qu'on produit les eaux-de-vie les meilleures du monde entier, universellement connues sous le nom de *cognacs*, fines champagnes de l'arrondissement de Cognac, petites champagnes des autres terrains crayeux de l'Angoumois, fins bois, bois ordinaires, deuxièmes bois. Les Charentes ont produit en 1901 plus de 2 millions d'hectolitres d'alcool de vin correspondant à 46 millions d'hectolitres de vin.

Dans la distillation, la première triple le degré alcoolique ; on s'arrête à 60°-70° ; on ajoute un peu de sucre et de caramel, et on ramène à 45°-50° par une addition d'eau distillée.

Après les cognacs viennent les *armagnacs*, eaux-de-vie excellentes récoltées dans l'arrondissement de Condom (Gers) et dans les Landes, et dans le Lot-et-Garonne. En troisième lieu, viennent les eaux-de-vie de Montpellier, trois-six à 86°, trois-cinq à 78°, alcools dits preuve de Hollande à 52°.

Les cognacs sont préparés par distillation à l'alambic l'hiver. L'eau-de-vie marque 60° à 68°; par le vieillissement et l'évaporation dans les fûts, le degré descend à 50°-55°.

La destruction des vignobles charentais due au phylloxera amena la fabrication de cognacs artificiels au moyen d'alcools industriels. Aujourd'hui les vignobles charentais sont reconstitués, et fournissent suffisamment pour la fabrication sur place des cognacs indigènes. Mais la fraude n'en continue pas moins, surtout à l'étranger, en Allemagne principalement, au grand détriment de nos viticulteurs charentais. Les cognacs artificiels sont faits en mélangeant des troix-six de Montpellier et des alcools d'industrie, et reçoivent un bouquet ou sauce, par exemple mélasse colorée avec du caramel et une trace d'ammoniaque. Les cognacs artificiels se distinguent des vieux cognacs naturels en ce qu'ils ne donnent pas une coloration franchement noire avec la solution faible de chlorure ferrique.

La formule suivante a été employée pour imiter le cognac : on fait infuser 2 litres de rhum dans 2 litres de kirsch, 10 grammes de vanille et 30 grammes de cachou; on fait d'autre part une décoction de 500 grammes de réglisse additionnée de 50 grammes de cassonade; on ajoute le tout à un hectolitre d'eau-de-vie à 52°.

Un grand nombre de formules ont été indiquées pour cognac artificiel. En voici encore une : on ajoute à 1 hectolitre d'eau-de-vie à 60° 60 grammes de cachou et 10 grammes de baume de tolu. Le lendemain, on décante, et on ajoute 10 grammes d'ammoniaque. — On vend aussi des parfums cognac ou essences cognac qu'il suffit d'ajouter à l'eau-de-vie. On se sert également d'infusions de thé, de tilleul, de réglisse, de sassafras, de raisins, figues et prunes séchées. On imite l'armagnac avec 56 litres d'alcool à 85°, 4 litres d'eau et 2 litres de rhum.

Pour donner aux cognacs jeunes la teinte voulue, on les colore avec du caramel. Pour adoucir la saveur, on ajoute parfois 1 à 2 pour 100 de rhum. Un trop grand nombre d'industriels ont pendant plusieurs années additionné les eaux-de-vie naturelles d'alcools d'industrie; cette pratique avait sa nécessité tant que les vignobles phylloxérés n'étaient pas reconstitués, mais aujourd'hui que la production des vignobles des Charentes est redevenue suffisante, elle a dû disparaître. Malheureusement, la fabrication des cognacs artificiels s'est implantée à l'étranger, surtout en Allemagne, au point que les fabricants allemands revendiquent l'emploi libre du mot cognac. Quant aux producteurs d'autres eaux-de-vie de vins, trop souvent ils les coupent d'alcools d'industrie, ou bien ils sucrent les vendanges pour augmenter le rendement en alcool, ou bien ils ajoutent des alcools d'industrie au vin lui-même avant de le distiller.

Eaux-de-vie spéciales. — *L'eau-de-vie de cidre* : 1 hectolitre de cidre fournit 15 litres d'eau-de-vie à 50° ; 7 à 8 litres d'alcool à 55°.

L'eau-de-vie de marc de raisins a un goût fin lorsqu'elle est bien préparée.

Le *rhum* était autrefois obtenu avec le vésou ou jus de la canne à sucre ; et le tafia avec des mélasses. Aujourd'hui presque tous les rhums ne sont que des tafias. On prépare des rhums artificiels à bas prix ; pour cela, en Allemagne, on distille l'alcool d'industrie avec un peu d'acide sulfurique et de bioxyde de Mn, puis on ajoute des éthers et on colore avec du caramel. On fabrique aussi des rhums artificiels sans distillation, au moyen d'essences. Les rhums vrais ne perdent pas leur odeur par l'action de l'acide sulfurique, soit 3 cmc pour 10 cmc de rhum, action 24 heures.

Le *kirsch* ou kirschenwasser est l'eau-de-vie de merises ; elle est incolore. L'odeur spéciale de noyau est due à la présence d'environ 4 millièmes d'acide prussique. Les principaux centres de production sont la Forêt-Noire, l'Alsace, la Haute-Saône (Fougerolles), 100 kilogr. de cerises donnent 7 à 8 litres d'alcool à 50°-55°. On fabrique des kirschs artificiels avec des eaux distillées de pêcher, de laurier-cerise, de noyaux d'abricots, etc. ; elles sont très dangereuses pour la santé. On en fabrique de meilleures en ajoutant de l'alcool d'industrie bien rectifié au vin de merises.

Le *genièvre* commun est simplement de l'eau-de-vie de grains plus ou moins rectifiée, et plus ou moins aromatisée avec de la coriandre, du carvi et des écorces d'oranges. Le vrai genièvre, gin anglais, schiedam hollandais, du nom de la ville qui est le centre de sa fabrication, est une eau-de-vie de seigle et d'orge aromatisée avec des baies de genévrier, 1 kilogr. par hectolitre.

Le *whiskey* américain est de l'eau-de-vie de grains.

Le *kummel* est une eau-de-vie russe aromatisée avec le cumin.

Les lignes qui précèdent montrent qu'il y a lieu de distinguer les *eaux-de-vie naturelles* et les *eaux-de-vie artificielles*. On y arrive aisément en caractérisant l'alcool amylique pour les additions d'eau-de-vie de pommes de terre ; pour les additions d'alcool de betterave, l'alcool méthylique, l'acide sulfurique en dosant l'acide cyanhydrique dans les kirschs, en caractérisant l'éther butylique dans les rhums artificiels. On a ajouté aux alcools des sels : chlorure de calcium, oxalate de potassium, pour augmenter et diminuer les droits à payer aux octrois, par exemple lorsque le montant de ces droits est tarifé d'après une indication aréométrique.

**

La consommation de l'alcool en France était en 1830 de 1 l. 12 par tête, en 1860 de 2 l. 27, en 1895 de 4 l. 07, en 1899 de 4 litres. Consommation totale en 1900 : 2 millions 600.000 hectolitres. Ces consommations sont calculées en alcool pur à 100°. Les boissons spiritueuses dans lesquelles l'alcool est additionné d'essences diverses, telles que les apéritifs, les amers, les vermouts et principalement l'absinthe, sont encore plus pernicieuses. La consommation de l'absinthe en France a passé de 57.732 hectolitres en 1885, à 129.670 hectolitres en 1892, c'est-à-dire qu'elle a plus que doublée en sept ans. Les conséquences de l'absinthisme sont encore plus redoutables que celles de l'alcoolisme : l'épilepsie des enfants est la suite habituelle de l'absinthisme des parents.

En Norvège, la consommation était en 1833 de 9 l. 50, en Suède elle a passé de 23 litres en 1829 à 3 l. 25 en 1890; 1 l. 65 en 1899.

La consommation de l'absinthe en Savoie, qui était de 78 hectolitres en 1864, est passée à 507 hectolitres en 1903. Cette progression formidable coïncide, bien entendu, avec une diminution notable de la population qui de 275.039 en 1863 est tombée à 254.781 en 1903 et une augmentation du nombre des aliénés.

La consommation par tête d'alcool à 50 pour 100 est : Danemark 15 l. 4, Autriche 11 litres, France 9 l. 2, Allemagne 8 l. 8, Suède 8 l. 6, Belgique 8 l. 6.

La production de l'alcool d'industrie en France a été en 1899 de près de 2 millions et demi d'hectolitres, dont 1 million provenant de la betterave et 660.000 hectolitres des mélasses. Une portion importante s'exporte sous forme de liqueurs.

*\
* *

On peut également fabriquer son *alcool* soi-même si on a à sa disposition des raisins, des cerises, des prunes, des figues ou des dattes. Il suffit de les distiller dans un petit alambic, après avoir laissé fermenter pendant dix à quinze jours à 25° ; on recueille ce qui passe à 79° (qui est le point d'ébullition de l'alcool vinique ou éthylique, en éliminant les produits de tête et les produits de queue qui servent comme alcool à brûler. En redistillant une seconde fois, on obtient des produits plus fins, on peut aussi distiller directement du vin naturel, liquide alcoolique, sans lui faire subir de fermentation. Fabriquer soi-même son eau-de-vie est l'un des meilleurs moyens d'avoir de l'eau-de-vie naturelle. Le soi-disant *cognac* est aujourd'hui additionné d'essences artificielles ou d'alcools d'industrie, et si quelques rares maisons fournissent encore à des prix élevés des cognacs naturels, le plus grand nombre de producteurs le fabriquent de toutes pièces au moyen d'essences, ou en distillant, non pas leurs vins naturels, mais des vins alcoolisés qu'ils font revenir pour cette distillation.

Par la loi du 27 février 1906, les propriétaires qui distillent les vins, marcs, cidres, prunes et cerises provenant de leurs récoltes sont dispensés de toute déclaration préalable et sont affranchis de l'exercice. En outre, par la loi du 17 avril 1906, les *bouilleurs de crûs* sont affranchis du paiement de l'impôt général sur les eaux-de-vie et esprits, produits et consommés sur place dans la limite de 20 litres d'alcool par année.

Liqueurs. — En dehors de leur emploi à faire des eaux-de-vie artificielles ou à viner le vin, les alcools de différentes sources servent surtout à faire des liqueurs : anisette, chartreuse, curaçao, etc., ou des conserves de fruits.

Les liqueurs alcooliques sont fabriquées par deux procédés différents. Ou bien, l'on fait macérer des plantes avec de l'alcool, puis on distille. Ou bien, on dissout des essences colorées ou sauces, dans l'alcool ; les essences étant naturelles ou artificielles.

Outre l'alcool, le liquoriste emploie des eaux aromatiques, des alcools aromatisés ou esprits parfumés, ou alcoolats obtenus par distillation de fleurs, feuilles, fruits avec de l'alcool à 85°, des teintures alcooliques obtenues par macération à chaud, des infusions alcooliques faites à froid, des huiles essentielles, des sirops, des couleurs : cochenille ou orseille pour le rouge, safran pour le jaune, caramel de sucre pour le jaune brun, carmin d'indigo pour le bleu, mélange de Brésil 1, fermambouc 1, alun 0,03, alcool 85° 5 pour le curaçao, mélange de bleu et de jaune pour le vert.

La fabrication de la liqueur se fait dans les *conges* où l'on met successivement l'alcool aromatisé, l'alcool, le sirop, l'eau, le colorant, en remuant chaque fois. On laisse reposer quelques jours. On fait vieillir par un *tranchage*, c'est-à-dire en chauffant à 80° en vase clos. On colle avec du blanc d'œuf ou du lait ; le collage à l'extrait de Saturne est dangereux et prohibé. Enfin, on filtre sur papier ou laine.

Les liqueurs se divisent en : 1° ordinaires (eaux et huiles), 250 cc. d'alcool à 85° et 125 gr. de sucre par litre ; 2° demi-fines, 280 cc. d'alcool et 250 gr. de sucre ; 3° fines (crèmes et élixirs), 437 gr. d'alcool et 437 gr. de sucre ; 4° surfines (crèmes et élixirs), 9 vol. d'alcool et 500 à 562 gr. de sucre.

Voici une série de recettes pour liqueurs surfines, extraites des ouvrages de Fierz, d'Arpin, etc.

Anisette de Bordeaux. — Badianes, 1 kg. 750 ; anis vert, 500 gr. ; fenouil de Florence, 437 gr. ; coriandre, 437 gr. ; bois de sassafras, 450 gr. ; ambrette, 187 gr. ; thé impérial, 190 gr. ; noix muscade, 10 gr. ; alcool à 85°, 40 litres. Faire macérer le tout vingt-quatre heures dans l'alcool, distiller au bain-marie en ajoutant 19 litres d'eau, rectifier en mettant une nouvelle et même quantité d'eau pour rectifier 36 litres de bon produit ; faire fondre à chaud 56 kg. de sucre dans 24 litres d'eau ; après refroidissement, mélanger le tout en ajoutant : infusion d'iris, 50 centilitres ; eau de fleurs d'oranger, 2 litres. Verser ensuite eau commune, quantité suffisante pour compléter 1 Ill. de liqueur. Trancher, coller et, après repos, filtrer. La véritable anisette Marie Brizard, de Bordeaux, donne le résultat suivant pour 1 litre : alcool à 85°, 32 centilitres; sucre, 500 gr. ; eau, 35 centilitres. Sa liqueur marque 20°. La recette de Fierz est la suivante : essence d'anis étoilé, 50 gr. ; essence d'anis, 10 gr. ; essence de coriandre, 2 gr. ; teinture de musc, 2 gr. ; néroli, 1 gr. Alcool à 90°, 37 litres ; alcool de vin à 80°, 6 litres. Sucre 375 gr. par litre.

Crème d'angélique. — Angélique (racines), 1 kg. 250 ; angélique (semences), 1 kg. 25 ; coriandre, 125 gr. ; fenouil, 125 gr. ; alcool à 85°,

30 litres. Opérer comme ci-dessus et ajouter aux 36 l. d'esprit parfumé 56 kg. de sucre raffiné, très blanc, et assez d'eau pour faire 100 litres.

Elixir de Cagliostro. — Girofle, 800 gr. ; cannelle de Chine, 800 gr. muscades, 800 gr. : safran, 200 gr. ; gentiane, 200 gr. ; tormentille, 200 gr. ; aloès succotrin, 2 kg. 400; myrrhe, 1 kg. 200 ; thériaque fine, 2 kg. 400 ; alcool à 85°, 36 litres. Faire macérer pendant quarante-huit heures, distiller lentement pour obtenir 36 litres de bon produit sans rectifier, ajouter 50 kg de sucre blanc fondu à chaud dans la quantité d'eau connue, mélanger et former 100 litres de liqueur en ajoutant 15 centilitres de teinture de musc et 3 litres d'eau de fleurs d'oranger ; trancher et colorer en jaune d'or avec l'infusion de safran et le caramel; coller et filtrer après repos.

Liqueur dite de la Grande-Chartreuse (verte). — Mélisse citronnée sèche, 500 gr. ; hysope fleurie (sommités sèches), 250 gr. ; menthe poivrée sèche, 250 gr.: génépi des Alpes, 250 gr. ; balsamite, 125 gr., thym, 30 gr. ; angélique (semences), 125 gr. ; angélique (racines), 62 gr. ; fleurs d'arnica, 15 gr. ; bourgeons de peuplier-baumier, 15 gr. ; cannelle de Chine, 15 gr. ; macis, 15 gr. ; alcool à 85°, 62 litres. Macérer vingt-quatre heures ; distiller et rectifier pour obtenir 60 litres de bon produit; ajouter une solution de 25 kg. de sucre raffiné blanc dans 24 litres d'eau. Mélanger et compléter à 100 litres avec de l'eau. On colore en vert avec du bleu et une infusion de safran.

Curaçao (ancienne recette). — Écorces de curaçao de Hollande, 5 kg. ; oranges fraîches (zestes), 80 (nombre) ; alcool à 85°, 54 litres. Tremper les écorces dans l'eau froide; faire infuser vingt-quatre heures dans l'alcool et distiller 30 litres de bon produit. Ajouter 56 kg. de sucre dissous et compléter à 100 litres avec de l'eau.

Recette du curaçao de Hollande : Écorces de curaçao, 5 kg. ; oranges fraîches (zestes), 80 (nombre) ; alcool à 85°, 60 litres. On opère comme précédemment, mais on recueille 40 litres d'esprit parfumé, auxquels on ajoute : Infusion de curaçao, 60 centilitres ; couleur alcoolique au Fernambouc, 4 litres; sucre raffiné blanc, 50 kg. ; eau commune, 22 litres. L'analyse du véritable curaçao de Hollande a donné le résultat suivant pour 1 litre : alcool à 85°, 47 centil. ; sucre, 375 gr. ; eau, 28 centil. La liqueur marque 10°.

Eau de la Côte-aux-Noyaux. — Esprit de cannelle de Ceylan, 10 litres ; esprit de girofle, 1 litre ; esprits de noyaux d'abricots, 15 litres ; alcool à 85°. 10 litres ; sucre raffiné, très blanc, 56 kg ; eau commune, 26 litres. Produit, 100 litres.

Eau divine. — Esprit de citrons, 8 litres; esprit d'oranges, 6 litres ; esprit de coriandre, 3 litres; esprit de muscades, 3 litres; eau de fleurs d'oranger 1 litre ; alcool à 85°, 18 litres : sucre, 56 kg. Produit, 100 litres.

Eau-de-vie de Dantzick. — Esprit de cannelle de Ceylan, 3 l. 50 centil. ; esprit de cannelle de Chine, 6 l. 60 centil. ; esprit de coriandre, 6 litres ; esprit de cardamome majeur, 75 centil. ; esprit de cardamome mineur, 75 centil. ; esprit d'ambrette, 50 centil. ; alcool à 85°, 18 litres; sucre, 56 kg. On complète à 100 litres avec de l'eau. Il est d'usage d'ajouter des feuilles d'or ou d'argent.

Crème de framboises. — Esprit de framboises, 26 litres ; alcool à 85°, 20 litres ; sucre et eau, quantité connue. Colorer en rouge à la cochenille et opérer suivant la méthode indiquée.

Crème de génépi des Alpes. — Génépi des Alpes, en fleurs, 2 kg. ; menthe poivrée, en fleurs, 1 kg. ; balsamite, 1 kg. ; racines d'angélique, 500 gr. ; galanga, 125 gr. ; alcool à 85°, 42 litres. Faire macérer pendant vingt-quatre heures ; distiller et rectifier pour obtenir 40 litres de bon produit ; ajouter ensuite 37 kg. 500 de sucre blanc fondu à chaud dans 35 litres d'eau ; mélanger et compléter au besoin les 100 litres de liqueur avec l'eau commune ; trancher, puis colorer en vert clair avec le bleu et l'infusion de safran ; coller et filtrer après repos.

Crème de menthe. — Esprit de menthe, 30 litres ; essence de menthe anglaise, 15 gr. ; alcool à 85°, 54 litres ; sucre, 56 kg. ; eau commune, quantité connue.

Persico. -- Esprit d'amandes amères, 15 litres ; esprit d'aneth, 2 litres ; esprit de cannelle de Chine, 2 litres ; esprit de coriandre, 2 litres ; esprit de fenouil, 1 litre ; eau de fleurs d'oranger, 1 litre ; alcool à 85°, 14 litres ; sucre, 56 kg. ; eau commune, 25 litres. Produit, 100 litres.

Liqueur hygiénique et de dessert, dite de Raspail. — Sommités sèches d'angélique, 1 kg. 650 ; racines d'angélique, 1 kg. ; calamus aromaticus, 440 gr. ; myrrhe, 250 gr. ; cannelle de Chine, 250 gr. ; aloès succotrin, 125 gr. ; clous de girofle, 100 gr. ; muscade, 30 gr. ; safran, 10 gr. ; a.cool à 85°, 30 litres. La véritable recette de cette liqueur est la suivante : alcool à 56°, 1 litre ; racines d'angélique, 30 gr. ; calamus aromaticus, 2 gr. ; myrrhe, 2 gr. ; cannelle, 2 gr. ; aloès, 1 gr. ; clous de girofle, 1 gr. ; vanille, 1 gr. ; camphre, 50 centigr. ; noix muscades, 25 centigr. ; safran, 5 centigr. On laisse digérer plusieurs jours au soleil dans une bouteille bien fermée, puis on filtre. On peut ajouter 500 gr. de sucre.

Vespétro de Montpellier. — Esprit d'ambrette, 1 litre ; esprit d'aneth, 3 litres ; esprit d'anis, 4 litres ; esprit de carvi, 6 litres ; esprit de coriandre, 6 litres ; esprit de daucus, 3 litres ; esprit de fenouil, 3 litres ; alcool à 85°, 10 litres ; sucre, 56 kg. ; eau commune, 26 litres. Produit, 100 litres.

Eau virginale. — Esprit de céleri, 10 litres ; esprit de genièvre, 4 litres ; esprit de daucus, 4 litres ; esprit de cannelle de Chine, 2 litres ; esprit de girofle, 1 litre ; eau de fleurs d'oranger, 1 litre ; eau de roses, 1 litre ; alcool à 85°, 15 litres ; sucre, 56 kg. ; eau commune, 24 litres. Produit, 100 litres.

Marasquin de Zara. — Alcool, première qualité, à 90°, 33 l. 50 ; kirsch à 50°, 10 litres ; eau framboisée, 8 litres ; eau de fleurs d'oranger, 2 litres ; sucre raffiné, 42 kg. ; essence d'amandes amères, 5 gr. ; essence de roses, 2 gr. Total, 100 litres à 35 pour 100 d'alcool.

Crème de brou de noix. — Infusion de brou de noix vieille, 40 litres ; esprit de muscades, 50 centil. ; alcool à 85°, 10 litres ; sucre, 50 kg. ; eau, 16 litres. Colorer en jaune foncé avec le caramel.

Crème de cassis. — Infusion de cassis, première, 42 litres ; esprit de framboises, 5 litres ; alcool à 85°, 6 litres ; sucre, 50 kg. ; eau, 16 litres.

Extrait d'absinthe suisse de Pontarlier. — Grande absinthe sèche et mondée, 2 kg. 500 ; anis vert, 5 kg. ; fenouil de Florence, 5 kg. ; alcool à 85°, 95 litres. Laisser infuser vingt-quatre heures ; ajouter 45 litres d'eau et distiller 95 litres d'esprit parfumé.

Absinthe ordinaire. — Grande absinthe sèche et mondée, 2 kg. 500 ; hysope fleurie sèche, 500 gr. ; mélisse citronnée sèche, 500 gr. ; anis vert pilé, 2 kg. ; alcool à 85°, 16 litres. Laisser infuser vingt-quatre heures ; ajouter 15 litres d'eau et distiller pour recueillir 15 litres de produit, on ajoute 40 litres d'alcool à 85° et 45 litres d'eau. Total, 100 litres à 46°.

Absinthe de première marque. — Pour 1 hectol., 1 k. 5 grande absinthe, 8 anis vert, 4 fenouil ; alcool et eau, pour avoir à la distillation 72°. Après macération, on distille lentement, on met macérer une partie avec 1 p. 5 petite absinthe, 0 p. 100 hysope, 0 p. 200 mélisse. Ce sont les essences qui troublent au contact de l'eau.

Genièvre. — Baies de genièvre, 5 kg. ; houblon, 500 gr. ; alcool à 85°, 32 litres. Écraser les baies dans un mortier et faire macérer pendant vingt-quatre heures. distiller au bain-marie avec 30 litres d'eau pour retirer 30 litres d'esprit parfumé auxquels on ajoute : alcool à 85°, 28 litres ; eau, 42 litres. Produit, 100 litres à 49°.

On l'obtient également par essence : essence de genièvre, 100 gr.? alcool à 85°, 56 litres ; eau, 44 litres. Faire dissoudre d'abord l'essence dans l'alcool et ajouter l'eau. Produit, 100 litres à 49°.

Genièvre brut. — Infusion de genièvre, 6 litres. Compléter avec de l'alcool à 85° et réduire à 46° ; colorer au caramel. Produit, 100 litres.

Eau vulnéraire. — Prendre 1 kg. de feuilles sèches de chaque plante dont les noms suivent : absinthe, angélique, basilic, calament, fenouil, hysope, lavande, marjolaine. mélilot, mélisse, menthe, origan, romarin, rue, sarriette, sauge, serpolet, thym, alcool à 85°, 64 litres. Faire infuser le tout pendant quarante-huit heures, ajouter ensuite 30 litres d'eau et distiller à feu nu, rectifier pour retirer 62 litres d'esprit parfumé, réduire ce produit avec 38 litres d'eau pour former 100 litres d'eau vulnéraire à 50°.

On obtient aussi une eau vulnéraire par la dissolution des essences. Voici la dose à employer pour un hectolitre : essence d'absinthe, 10 gr. ; d'angélique, 2 gr. ; de fenouil amer, 30 gr. ; d'hysope, 6 gr. ; de lavande, 50 gr. ; essence de marjolaine, 15 gr. ; de mélisse, 6 gr. ; de menthe, 10 gr. ; de romarin, 50 gr. ; de sauge, 40 gr. ; de serpolet, 50 gr. ; de thym, 50 gr. Faire dissoudre le tout dans 57 litres d'alcool à 85° et ajouter 43 litres d'eau pour réduire à 50°. L'eau vulnéraire est un remède populaire contre les contusions, les coups à la tête, les chutes, etc. On l'emploie à l'intérieur et à l'extérieur.

Eau des Jacobins de Rouen. — Cannelle de Chine, 60 gr. ; santal citrin, 60 gr. ; rouge, 30 gr. ; anis vert, 10 gr. ; baies de genièvre, 10 gr. ; semences d'angélique, 25 gr. ; galanga, 15 gr.; bois d'aloès, 15 gr. ; girofle, 15 gr. ; macis, 15 gr.; cochenille, 25 gr. ; alcool à 85°, 10 litres.

Eau de mélisse des Carmes. — Mélisse fraîche en fleurs, 3 kg. 500; sommités d'hysope fleurie, 125 gr.; de marjolaine, 125 gr. ; de romarin, 125 gr.; de sauge, 115 gr. ; de thym, 125 gr.; racines d'angélique, 125 gr. ; coriandre, 125 gr.; cannelle de Ceylan, 60 gr.; girofle, 60 gr. ; macis, 15 gr.; muscades, 45 gr.; zestes de citrons frais, 10 (nombre); alcool à 85°, 11 litres.

Élixir de longue vie véritable. — Aloès succotrin, 150 gr.; agaric blanc, 20 gr.; gentiane, 20 gr. : rhubarbe de Chine, 20 gr.; safran gâtinais, 20 gr. ; thériaque de Venise, 40 gr. ; alcool à 85°, 6 litres; eau, 4 litres. Faire infuser les drogues dans 3 litres d'alcool pendant 10 jours, puis tirer au clair; recharger avec les 3 autres litres restants et faire encore infuser pendant 10 jours ; réunir les deux produits avec l'eau et filtrer.

Bénédictine. — Alcool à 90°, 25 l.5 ; cognac à 55 p. 100, 10 litres; alcool aromatisé à 72 p. 100, 16 litres; sucre raffiné, 37 kg. 500; suc d'ananas non sucré, 1 litre ; eau, 10 ; teinture de musc, 5 gr. ; essence de menthe poivrée, 25 gr.; essence de mandarines, 2 gr.; essence de roses, 1 gr.; essence de fleurs d'arnica, 0,5 ; essence de coriandre, 1. On ajoute de la teinture de safran pour obtenir une teinte jaune clair. *L'Alcool aromatisé* s'obtient avec : gentiane, 180 gr. ; macis, 180 gr.; camomille romaine, 75 gr.; calamus aromaticus ou acore vrai, 180 gr.; racines d'angélique, 180 gr. ; clous de girofle, 75 gr.; écorces d'oranges, 90 gr.; alcool à 90°, 14 litres; eau, 11. On distille et recueille 16 litres.

Cherry-Brandy. — Alcool à 90°, 36 litres ; jus de cerises à 15°, 25 litres ; vin de Porto à 20°, 2 litres; sucre cristallisé brun, 32 kg. ; baume des Indes, 15 gr. ; essence d'amandes amères, 10 gr. ; essence de cannelle, 8 gr. ; essence de girofle, 4 gr. ; néroli. On n'ajoute pas de substance colorante à cette liqueur.

Kummel d'Eckau. — 37 litres alcool à 90°; 16 litres alcool aromatisé à 72°; 35 litres sirop de sucre au pair, 12 litres d'eau. Total, 100 litres à 45 pour 100 d'alcool, 350 gr. de sucre par litre. Alcool aromatisé : 13 litres alcool à 90° ; 11 litres, eau; 3 kg., cumin ; 250 gr., fenouil ; 250, coriandre ; 150, cardamome ; 150, écorces de citrons ; 100, écorces d'oranges. On distille 16 litres d'alcool aromatisé.

Parfait amour. — 34 l. 5 alcool à 90° ; 5 litres alcool de vin à 80 p. 100 ; 30 kg. sucre raffiné ; 30 litres eau, couleur rose; essence de cannelle de Ceylan, 25 gr. ; essence de cardamome, 6 gr.; essence de romarin, 6 gr. ; essence d'anis, 6 gr. ; essence de citron, 3 gr. ; essence d'oranges douces, 3 gr.; essence de girofle, 3 gr.; essence de camomille, 3 gr.; essence de lavande, 3 gr.

On fabrique des *vins de liqueurs* artificiels en employant du sirop de raisin, du glucose, des infusions de noix vertes, des coques d'amandes amères torréfiées et des vins de Florence, des esprits de framboise et de goudron, des infusions de brou de noix et de merises.

Vermout de Turin. — Grande absinthe, 125 gr.; gentiane, 60 gr.; racines d'angélique, 60 gr.; chardon bénit, 125 gr.; calamus aromaticus, 125 gr.; aunée, 125 gr.; petite centaurée, 125 gr.; germandrée, 125 gr.; cannelle de Chine, 100 gr.; muscades, 15 gr.; oranges fraîches coupées par tranches, 6 (nombre); vin blanc de Picpoul doux, 95 litres; alcool à 85°, 5 litres. Laisser infuser 5 jours; tirer à clair et coller.

Amer au malaga. — Alcool à 90°, 31 lit.; alcool aromatisé à 60°, 24 lit. rhum de la Jamaïque à 70°, 1 lit.; drack de Goa à 55°, 1 lit.; vin de Malaga, 5 lit.; vin rouge à 10°, 5 lit.; sucre raffiné, 12 kg. 500; eau, 20,50. *L'Alcool aromatisé* s'obtient par macération de : écorces de curaçao, 1.500 gr.; écorces d'oranges, 500 gr.; cannelle, 250 gr.; racines d'angélique, 250 gr.; hysope, 200 gr.; racines de bourdaine, 150 gr.; fèves toka, 100 gr.; clous de girofle, 100 gr.; alcool à 90°, 15 lit.; eau, 9 lit.

Amer au quinquina. — Alcool à 90°, 41 lit.; alcool aromatisé à 60°, 12 lit.; arack de Goa, 1 lit.; vin de Malaga à 15°, 2 lit.; sucre raffiné, 12 kg. 500; eau, 35,5. *L'Alcool aromatisé* s'obtient par digestion à 56° pendant trois jours de : quinquina jaune royal, 1.000 gr.; racines de gentiane, 175 gr.; racines de Galanga, 75 gr.; racines de gingembre, 50 gr.; macis, 25 gr.; alcool à 90°, 8 lit.; eau, 4 lit.

On peut fabriquer soi-même des *liqueurs de ménage* : cassis, cerises à l'eau-de-vie, curaçao, framboises, genièvre, kirsch, noyaux, par simple infusion ou mieux par distillation. Comme il n'est possible de se procurer dans le commerce ces liqueurs naturelles qu'à des prix fort élevés, on ne peut trop engager à cette petite préparation qui est simple, qui fera distraction, qui procurera économie et le plaisir de goûter et de faire goûter à ses amis des produits naturels et agréables.

Voici quelques recettes de préparations de liqueurs de ménage, par infusion :

Cassis. — Pour 1 litre de liqueur, on fait infuser pendant deux semaines, dans un demi-litre de trois-six, 350 gr. de baies de cassis ou d'un mélange de cassis et de framboises; si l'on veut, on peut ajouter un peu de cannelle. On aura soin d'agiter la bouteille plusieurs fois par jour. Au bout de deux semaines, on transvase le liquide dans un litre où l'on a fait dissoudre 200 gr. de sucre et l'on remplit d'eau. On peut filtrer ensuite. Les baies sont pressées de leur côté, et leur jus très riche en alcool est sucré et additionné d'eau.

Cerises à l'eau-de-vie. — Dans un bocal à large ouverture, on met de l'eau-de-vie blanche ou du trois-six étendu de son volume d'eau, et des cerises Après une quinzaine de jours, on ajoute la quantité de sucre nécessaire, 250 gr. par litre. Les cerises qui conviennent le mieux sont les Montmorency, à courte queue, elles ne doivent pas être trop mûres.

Curaçao. — On fait macérer dans de l'eau-de-vie blanche des écorces de mandarines avec un peu de cannelle et un soupçon de girofle. Au bout de deux mois, on ajoute le sucre.

Prunelle. — On écrase les fruits bien mûrs, ainsi que leurs noyaux, et on fait macérer pendant un mois, comme pour le cassis. On sucre, puis on filtre.

Hydromel. — On fait fermenter le miel dans l'eau à 25° ; on emploie 2 à 4 parties de miel pour 70 parties d'eau. La fermentation terminée, on soutire, et lorsque le liquide est clair, on le met en bouteilles.

Toutes ces préparations gagnent en finesse à être distillées, si l'on a un petit alambic. Celles qui suivent ne se préparent que par distillation.

Kirsch. — On fait fermenter le jus de cerises sauvages ou merises broyées, puis on distille au bout de six à huit semaines.

Genièvre. — On distille l'eau-de-vie blanche mélangée de baies de genièvre, à 10 grammes par litre.

La macération des liqueurs de ménage est aidée en les mettant à une douce chaleur. On doit se servir d'eau-de-vie à 42° environ, ou mieux de trois-six à 85°, qui extrait mieux, mais qu'il est indispensable d'étendre ensuite de volume égal d'eau, lorsque l'extraction est terminée. On ne doit jamais employer aucune espèce d'essences, qui sont des toxiques.

L'*anisette*, la *chartreuse*, l'*eau de mélisse* sont fabriquées par les maisons qui en font une spécialité avec un tel degré de supériorité que c'est perdre son temps que de les fabriquer soi-même.

La fabrication des *fruits à l'eau-de-vie* comprend une préparation à l'eau froide, un blanchiment rapide à l'eau bouillante, une confection de six semaines dans l'eau-de-vie à 53° ou 58°, une mise en bocaux avec le jus sucré à 125 ou 250 grammes par litre d'eau-de-vie. On peut aussi confire les fruits, par des façons ou mises en sucre de 24 heures, répétées trois fois pour les fruits à mettre en eau-de-vie à 85° avec 60 gr. de sucre par litre ; jusqu'à sept fois pour les fruits confits au sucre, dans des sirops marquant depuis 12° au pèse-sirop jusqu'à 36°. — Les fruits qui conviennent le mieux sont pour les pêches les tetons de Vénus, pour les prunes la reine-claude et la mirabelle, pour les poires le rousselet, l'Angleterre et le beurré. On confit aussi noix, marrons, Chinois ou petites oranges bigarades, cerises, etc.

Produits de parfumerie. — Nous décrirons ici les parfums, les cosmétiques, les vinaigres et les eaux dentifrices.

Les parfums ont été en pratique dès les temps les plus reculés. L'encens fut prescrit par les lois de Moïse, de Zoroastres, des Védas. L'Égypte fournit longtemps le monde entier ; la stèle des offrandes du Musée de Leyde ne mentionne pas moins de cent espèces d'aromates. Les Juifs employaient la résine oliban ou encens ; le Cantique des cantiques mentionne plusieurs parfums indiens : nard, myrrhe, aloès, cannelle. Les Grecs eurent les parfums en grand honneur ; mais l'abus amena Solon à les interdire et Socrate à les blâmer. Les Romains exagérèrent aussi leur emploi ; on connaît l'épigramme de Martial : male olet qui semper bene olet.

La belle Madeleine répandait des vases de parfums sur les pieds de

Jhesus. Les premiers chrétiens repoussèrent l'emploi des parfums, sur les mêmes principes qui leur faisaient repousser l'emploi des bains. Le goût des parfums ne reparut chez les peuples chrétiens que lorsque les Croisés le rapportèrent d'Orient.

Florence, les villes commerçantes d'Italie, furent le siège principal de cette rénovation. On connaît la sinistre renommée de René le Florentin.

En principe, les parfums sont malsains, et il faut en user délicatement.

La base de leur préparation est dans les essences naturelles ou artificielles, dont nous avons parlé longuement au chapitre XVIII.

Voici quelques recettes que l'on pourra s'amuser à composer soi-même. Les parfums doivent être filtrés et être conservés dans des flacons pleins.

Eau de Cologne dite de Jean-Marie Farina. — Essence de bergamote, 50 gr. ; essence de cédrat, 50 gr. ; essence de citron, 50 gr. ; essence de cannelle de Chine, 20 gr. ; essence de lavande, 20 gr. ; essence de néroli, 20 gr. ; essence de romarin, 20 gr. ; eau de mélisse dite des Carmes, 3 litres ; alcool à 90°, 8 litres. Dissoudre les essences dans l'alcool ; ajouter l'eau de mélisse, et laisser macérer 10 jours. On distille au bain-marie en ajoutant 5 litres d'eau pour 10 litres d'eau de Cologne.

Eau de Cologne. — Essence de bergamote, 10 gr. ; essence d'orange, 10 gr.; essence de citron, 5 gr.; essence de cédrat, 3 gr.; essence de romarin, 1 gr. ; teinture de benjoin, 5 gr. ; alcool à 90°, 1 litre.

Eau de Cologne ordinaire. — Alcool à 85°, 5 litres ; essences de bergamote, 57,5 gr. ; de cédrat, 25 gr. ; de citron, 75 gr. ; de lavande, 15 gr. ; teinture de benjoin, 25 gr. *Teinture de benjoin.* Alcool à 90°, 1 litre ; benjoin pulvérisé, 125 gr. Laisser en contact 8 jours. Teinture d'iris : mêmes proportions.

Eau-de-vie camphrée. — Camphre, 300 gr. ; alcool à 85°, 6 litres ; eau commune, 4 litres ; faire dissoudre le camphre dans l'alcool, ajouter ensuite l'eau et filtrer.

Eau de Botot. — Alcool à 85°, 1 litre ; anis étoilé, 20 gr.; cannelle fine, 15 gr. ; girofle, 15 gr. ; essence de menthe, 8 gr. ; cochenille, 2 gr. Macérer 10 jours. — Autre formule : Anis vert, 300 gr. ; cannelle de Chine, 100 gr. ; girofle, 100 gr. ; essence de menthe, 30 gr. ; cochenille, 30 gr.; crème de tartre, 30 gr. ; alun de Rome, 5 gr. ; alcool à 85°, 10 litres. Cette eau est employée comme dentifrice.

Eau-de-vie de lavande. — Essence de lavande, 150 gr. ; alcool à 85°, 7 litres ; eau, 3 litres. Faire dissoudre l'essence dans l'alcool et ajouter l'eau ; colorer en jaune avec le caramel, et après repos, filtrer. Pour l'eau-de-vie de lavande ambrée, on ajoute 15 gr. de teinture d'ambre musqué.

Vinaigre de Bully. — Eau, 7 litres ; alcool, 4 litres ; essence de bergamote, 30 gr.; essence de citron aux zestes, 30 gr. ; essence de Portugal, 12 gr. ; essence de romarin, 23 gr. ; essence de lavande, 4 gr.; essence de néroli, 4 gr. ; esprit de mélisse citronnée, 50 centilitres. Agiter de temps en temps, et après vingt-quatre heures ajouter : teinture de benjoin, 60 gr. ; teinture de tolu, 60 gr. ; teinture de storax, 60 gr. ; esprit de girofle, 10 centilitres. Agiter de nouveau et ajouter 2 litres vinaigre distillé. Filtrer au bout de douze heures et ajouter 90 gr. acide acétique.

Vinaigre virginal. — Vinaigre, 500 gr. ; alcool, 125 gr. ; benjoin, 30 gr.

Vinaigre des quatre voleurs. — Grande absinthe, 150 gr. ; petite absinthe, 150 gr. ; romarin, 150 gr. ; sauge, 150 gr. ; menthe, 150 gr. ; rue, 150 gr. ; lavande, 150 gr. ; calamus, 20 gr. ; cannelle de Chine, 20 gr. ; girofle, 20 gr. ; muscades, 20 gr. ; ail, 20 gr. ; camphre, 75 gr. ; vinaigre radical (acide acétique), 150 gr. ; vinaigre fort, 10 litres.

Bain parfumé. — Eau de Cologne, 100 gr. ; teinture de camphre, 20 gr. ; benjoin, 50 gr. ; hysope, mauve, tilleul, sauge, lavande, thym et romarin, 300 de chaque. On peut ajouter amidon, tannin, carbonate de sodium, farine d'avoine, vin, savon.

Eau dentifrice. — Alcool, 100, menthol, 10, qq. gouttes dans l'eau.

Parfum de la reine Margot. — Essences de jonquille, 5 gr. ; de néroli, 3 gr. ; de jasmin, 3 gr. ; de marjolaine. 2 ; de musc, 1 ; de romarin, 1 ; de sauge, 1 gr.

Parfum de la femme aimée. — Infusion d'iris, un demi-litre ; d'héliotrope, un demi-litre ; baume du Pérou, 5 gr. ; essences de lavande, 25 gr. ; de rose, 2 gr. ; teinture d'ambre, 2 gr.

Parfum hindou. — Essences de cèdre, 10 gr. ; de nard, 10 gr. ; teintures de benjoin, 5 gr. ; d'ambre, 5 gr. ; de girofle, 1 gr. ; de néroli, 1 gr. ; de rose, 1 gr.

Bouquet des Croisés. — Teinture d'ambrette, 5 gr. ; essences de lavande, 5 gr. ; de romarin, 3 gr. ; de marjolaine, 2 gr. ; de thym, 2 gr. ; de basilic, de serpolet, 2 gr. ; d'hysope, 2 gr.

Bouquet de la belle Paule. — Teinture de tolu, 15 gr. ; essences d'iris, 10 gr. ; de jasmin, 10 gr. ; de violette, 10 gr. ; de rose, 5 gr. ; de verveine, 5 gr.

Pastilles de benjoin. — Benjoin, 15 gr. ; écorce de cascarille, 4 gr. ; charbon, 60 gr. ; nitre, 4 gr.

Lait virginal. — Eau de fleurs d'oranger, 220 gr. ; teinture de benjoin, 8 gr.

CHAPITRE XXI

PHÉNOLS

Généralités. — Les *phénols* sont des alcools dérivant des carbures aromatiques par substitution de OH à H. Les phénols donnent, comme les alcools, des éthers et des amines; mais ils s'en distinguent parce qu'ils donnent, avec les halogènes, des produits de substitution, et avec l'acide nitrique, des dérivés nitrés, et qu'ils ne donnent par oxydation ni aldéhyde, ni acide. Les phénols fonctionnent en même temps, comme des acides, et donnent des phénates avec les alcalis. On les classe selon leur atomicité.

Ils se forment dans la distillation de la houille à l'abri de l'air. On les obtient en fondant avec la potasse les acides sulfonates alcalins des carbures aromatiques; cette méthode générale de préparation est due à Church, Dusart, Wurtz et Kékulé.

1. *Phénols monoatomiques.*

Phénol	$C^6H^5.OH$	
Crésols α, β, γ	$C^7H^7.OH$	$C^6H^4.OH.CH^3$
Xylols α, β	$C^8H^9.OH$	$C^6H^3.OH(CH^3)^2$
Cuménols	$C^9H^{11}.OH$	$C^6H^2.OH(CH^3)^3$
Thymols α, β	$C^{10}H^{13}.OH$	
Naphtols α, β	$C^{10}H^7.OH$	

Les alcools aromatiques sont leurs isomères.

2. *Phénols diatomiques* ou *Diphénols.*

Diphénols du benzène $C^6H^4(OH)^2$

    o = pyrocatéchine

    m = résorcine

    p = hydroquinone

Dicrésols ou diphénols du toluène (6 isomères) $C^6H^3(OH)^2CH^3$.

    Homopyrocatéchine   (méthyl, dioxy 3,4)

    Orcine   (méthyl, dioxy 3,5)

Dioxynaphtalines

3. *Phénols triatomiques* ou *Triphénols*

Triphénols du benzène : $C^6H^3(OH)^3$

    Pyrogallol, Phloroglucine, Oxyhydroquinone.

4. *Autres.*

    Inosite $C^6H^6(OH)^6$

5. *Phénols à fonction complexe.*

Saligénine (alcool phénol)	$C^7H^8O^2$	$C^6H^4(OH)CH^2OH$
Alcool anisique (alcool éther)	$C^8H^{10}O^2$	$C^6H^4.OCH^3.CH^2OH$
Eugénol (phénol éther)	$C^{10}H^{12}O^2$	$C^6H^3.C^2H^2CH^3.OH.OCH^3$
Alcool vanillique (alcool phénol éther)	$C^8H^8O^2$	$C^7H^3.COH.OH.OCH^3$

Nous aurons l'occasion de citer :

aux aldéhydes, des aldéhydes-phénols, comme l'aldéhyde salicylique ; des aldéhydes-diphénols, comme l'aldéhyde protocatéchique ; des aldéhydes-éthers-phénols, comme l'aldéhyde vanillique ;

aux cétones, des dicétones-diphénols, comme l'alizarine ; des dicétones-triphénols, comme la purpurine ;

aux acides, des acides-phénols, comme l'acide salicylique ; des acides-diphénols, comme les acides dioxybenzoïques ; des acides triphénols, comme l'acide gallique.

***

Nous étudierons dans ce chapitre le phénol ou acide phénique, et en même temps, comme nous l'avons fait pour les hydrocarbures, les dérivés, sulfonés et nitrés et les éthers ; l'acide picrique et ses sels, les salols, l'anisol, le phénétol. Nous étudierons ensuite les crésols, le thymol ; entre temps, l'estragol et l'anéthol qui sont des éthers du carvacrol. Puis les naphtols, leurs dérivés nitrés et sulfonés et leurs éthers. Puis les diphénols du benzène, m et p, c'est-à-dire la pyrocatéchine (l'un de ses éthers, le gaïacol), la résorcine et l'hydroquinone ; les ditoluols, homopyrocatéchine (et son éther, le créosol), et l'orcine ; éthers de l'allylpyrocatéchine, l'eugénol et le safrol ; enfin, un triphénol, le pyrogallol.

Phénol C^6H^5OH — *acide phénique, acide carbolique, de* Runge, *alcool phénylique.* — Le phénol a été découvert par *Runge*, en 1834, dans le goudron de houille ; Runge lui donna le nom d'acide carbolique. C'est Laurent qui a démontré qu'il se comporte comme un alcool. On le prépare par la méthode générale.

Le phénol s'extrait industriellement des huiles du goudron qui distillent entre 150° et 200°.

Le phénol pur est cristallisé en longues aiguilles incolores, d'une odeur forte qui rappelle celle du castoréum, et d'une saveur brûlante. Il est très caustique et exerce une action très corrosive sur la peau. Il est très toxique, et de nombreux cas d'empoisonnements, même mortels, se produisent à la suite de son absorption. On a proposé, comme antidote, le sucrate de chaux, mais le meilleur contrepoison est l'huile d'olive ou de ricin ou l'essence de térébenthine.

Le phénol coagule l'albumine et rend les peaux imputrescibles. C'est un antiseptique puissant. La solution à 5 pour 1.000 est excellente dans le cas de brûlures, de contusions. Dans le cas de plaies, il faut craindre l'absorption par les muqueuses, et l'emploi de l'acide phénique est entièrement à prohiber pour le pansement des plaies d'enfants, car il expose à l'intoxication. Sa causticité a, d'ailleurs, réduit son emploi. Il est cependant typique pour pulvérisations contre les furoncles, en solution à 20 pour 1.000. La stérilisation des objets de pansement peut s'obtenir en les soumettant à l'action des vapeurs d'un mélange d'alcool, de phénol et d'éther.

Dans le but d'atténuer la causticité du phénol, on le mélange à d'autres substances, huiles, farines, etc. *Luze* (br. fr., 1897) mélange à chaud le phénol avec de l'acide borique anhydre. Il obtient ainsi une poudre plus commode à employer pour les besoins antiseptiques. L'huile phéniquée à 8 pour 1 a été employée, en Angleterre, contre la gale, mais elle a donné lieu à des accidents mortels. Il entre dans la composition de savons médicamenteux. *Lister* s'en servait pour sa gaze antiseptique qu'il imprégnait à chaud d'un mélange d'acide phéniqué 1, paraffine 7, résine de pin 5.

Le phénol est le principal constituant d'un mélange antiseptique très efficace, le *phénosalyl* : phénol 9, acide lactique 2, acide salicylique 1, menthol, eucalyptol, thymol 0,10, et éventuellement, glycérine et borax. Il est employé en solution aqueuse pour tous les cas de désinfection externe ou même interne. Son emploi semble préférable à celui de l'acide phénique seul. Pour lavages externes, on emploiera la solution à 15 ; pour lavages internes et gargarismes, celle à 5 pour 1.000.

Le phénol cristallisé devient rouge à la lumière. Pour éviter ce rougissement, Reuter l'additionne d'une petite quantité d'acide sulfureux : 0,25 pour 100 de phénol.

La densité du phénol est 1,084 à 0°. Il fond à 42° et bout à 182°. Le phénol commercial fond à 36°. Bibliographie : Acides phéniques du commerce, C. Casthelaz (Bull. S. chimique, 1884, II, p. 574).

Le phénol est soluble dans 15 p. d'eau à 15°. Il est déliquescent; il suffit de quelques parties d'eau pour le liquéfier.

Le phénol est soluble dans l'alcool et dans l'éther, ainsi que dans les alcalis caustiques. Les alcalis carbonatés ne le dissolvent pas. L'acide phénique du commerce ne doit pas renfermer plus de 1/500e d'SO^4H^2. Il se dissout aisément dans l'acide acétique.

Le phénol brûle avec une flamme fuligineuse. Il est neutre au tournesol. Ses sels sont peu stables, sauf les phénates alcalins. Ces derniers traités, dans certaines conditions de température, par un courant de gaz carbonique, donnent les salicylates, Kolbe et Ost. Le *phénate de sodium* est très employé comme antiseptique. C'est la base du phénol Bobœuf, solution à 1 pour 100. Le phénate de Ca est très utilisé en gargarismes, contre les angines ; c'est un bon désinfectant; celui de Hg est employé contre les maladies de la peau. Ceux de Bi sont également employés comme antiseptiques.

Le phénol donne avec le chlorure de Ca une combinaison cristalline ; c'est appliqué à sa préparation et à sa purification.

Les réactions caractéristiques de l'acide phénique sont : la coloration bleu-lilas qu'il donne avec les sels ferriques (sensible au millième); la coloration bleue qu'il donne avec les hypochlorites. Enfin, la coloration bleu-foncé d'érythrophénate de soude, qu'il donne lorsque, additionné de son poids d'aniline, il est mis en présence d'hypochlorite de soude, E. Jacquemin, 1873, Ass. franç. pour l'avancement des sciences ; la coloration rouge qu'il donne avec le nitrate de mercure à l'ébullition, sensible au quarante millième.

Le phénol sert à la fabrication de certaines couleurs artificielles : acide picrique, aurine, coralline, couleurs de benzidine.

Le phénol a été proposé comme substitut du savon dans le dégommage des tissus, le lavage des fibres, la préparation des mordants gras (Neue Augsbaurgerkattunfabrick, 1897 : 9 kg. de phénol et 4.000 litres d'eau pour le dégommage ; 15 litres d'eau de savon à 150 gr. par litre, 300 gr. phénol et 50 litres d'eau pour le savonnage des écheveaux ; 20 gr. phénol par litre, huile soluble, 45 gr. par litre pour mordant gras.

Le phénol est encore utilisé dans l'industrie des peaux, la papeterie et pour la conservation des bois, en mélange à la dose de un dixième avec le goudron.

Le phénol chauffé avec l'acide azotosulfurique donne une masse brune qui a été employée en teinture sous le nom de *phénicienne*.

Le phénol chauffé avec un mélange d'acide sulfurique et d'acide oxalique donne l'*aurine* ou acide pararosolique et la *rosaurine* ou acide rosolique, dont le mélange avec diverses autres substances constitue la *coralline jaune* qui en renferme 20 pour 100. Celle-ci chauffée avec l'ammoniaque fournit la *coralline rouge* ou péonine.

En dissolvant les colorants insolubles dans le phénol, Gassmann (br. fr., 1897) prépare les *colorants phénoliques* que la Soc. chimique des usines de Lyon fabrique et livre au commerce sous le nom de Roséolines, pour les éthers des fluorescéines halogénées ; Carborubines, pour les rhodamines, etc.

Le *phénate de potasse* est presque insoluble dans l'éther anhydre, soluble partiellement dans l'éther hydraté qu'il colore en rouge brun au bout de quelque temps. Cette propriété est appliquée pour reconnaître les traces d'eau dans l'éther anhydre.

Avec l'éther phtalique, il donne la *phénolphtaléine* par élimination d'eau $C^6H^4(CO.C^6H^4OH)^2$, qui est une dioxyphtalophénone.

Dérivés du phénol. — Le phénol donne des produits de substitution avec le chlore, le brome, l'acide sulfurique, l'acide nitreux, l'acide nitrique. Les plus importants sont : le phénol tribromé $C^6H^2Br^3OH$, employé comme antiseptique sous le nom de *bromol*; son insolubilité est appliquée au dosage du phénol. Les dérivés chlorés sont employés comme antiseptiques : o- et p-monochloro-phénol et trichlorophénol. Le trinitrophénol ou *acide picrique* $C^6H^2(NO^2)^3OH$ que nous étudierons à part ; les *sulfophénols*, le *nitrosophénol* $OH.C^6H^4.NO$, identique avec la benzoquinone-oxime.

Le phénoilode diiodé $C^6H^3I^2OI$ a été employé autrefois comme succédané de l'iodoforme. Le tétraïodophénol-phtaléine est aussi un antiseptique, *iodophène* ; de même, $C^6H^4.I.OCH^3$, ou *iodvanisol*.

Ces sulfophénols ou acides oxyphénylsulfureux sont les suivants [1] :

    Acides phénolmonosulfoniques o, m, p. $OH.C^6H^4(SO^3H)$

    Acides phénoldisulfoniques a, b $OH.C^6H^3(SO^3H)^2$

    Acide phénoltrisulfonique $OH.C^6H^2(SO^4H)^3$

    Acide phénoltétrasulfonique $OH.C^6H(SO^3H)^4$

Les sels de potasse du premier conduisent respectivement au pyrogallol, à la résorcine, à l'hydroquinone.

Presque tous les dérivés du phénol donnent avec l'acide sulfonique des dérivés sulfonés.

Les nitrophénols sont les suivants :

    Mononitrophénol o, m, p $OH.C^6H^4(NO^2)$

    Dinitrophénols (6 isomères) $OH.C^6H^3(NO^2)^2$

    Trinitrophénols (4 isomères) $OH.C^6H^2(NO^2)^3$

Les dérivés nitrés peuvent à leur tour donner des produits de substitution plus complexes par chloruration, sulfonation, etc.

Dérivés sulfonés du phénol. — Le plus important est l'acide *o-phénolmonosulfonique* $OH.C^6H^4.SO^3H_{1,2}$, ou acide *o-oxyphénylsulfureux*, ou acide sozolique. C'est un liquide sirupeux, de densité 1,4, qui cristallise en aiguilles à la température de 8° ou 10° ; il distille vers 130° en se décomposant. Il n'est ni caustique, ni toxique. C'est un antiseptique de valeur, connu sous les noms de *aseptol*, de *sulfocarbol*. On l'emploie à la dose de 1 à 10 pour 100 contre les affections cutanées, les maladies des yeux, etc.

Il donne des sels cristallisés, dont un certain nombre, ceux de K, Na, Mg, Pb, Al sont employés comme antiseptiques, *sozols*. L'*hydrargyrol* de Gautrelet ou *astérol* est le phénolsulfonate de mercure ; on l'emploie en solution à 2 ou 4 pour 1.000.

Les sels de K, Na, Pb, Zn, Hg de l'acide para-phénolsulfonique diiodé ou *acide sozoiodolique*, sont aussi employés comme antiseptiques.

Le mélange des acides phénolsulfoniques et crésolsulfoniques est employé sous le nom d'*anticalcium* pour purger le cuir de sa chaux et le gonfler, *J. Hauff* (br. all., 1894). Le déchaulage se fait en trois heures.

Le dérivé diiodé de l'acide $C^6H^2I^2(OH)(SO^3H)_{1,4}$ ou plutôt de son sel de K, est le *sozoïodol*, succédané de l'iodoforme.

L'acide o-phénolmonosulfonique coagule l'albumine. Il tache la peau et les muqueuses. Sa solution à 10 pour 100 a été proposée dans le tannage.

Dérivés nitrés du phénol. — Le phénol donne avec l'acide nitrique trois dérivés nitrés. Le dinitrophénol est l'un des constituants du *brun de phénylène*. Le trinitrophénol symétrique $C^6H^2(NO^2)^3OH_{2,4,6}$ est l'acide picrique.

Tous les dérivés nitrés donnent par réduction des composés aminés.

---

[1]. On peut rapprocher des acides phénolsulfoniques $OH.C^6H^4.SO^3H$ les éthers phénylsulfureux ou acides phénylsulfuriques $C^6H^5.O.SO^3H$, leurs isomères par métamérie. Les acides phénylsulfureux $C^6H^4.SO^3H$ dérivent de la benzine.

Les *égols de Gautrelet E.* (C. R., 1899) : phénégol, créségol, thymégol, sont les orthonitrophénols para-sulfonates de potassium et de mercure. Composés très stables, en poudres rouge brun, solubles dans l'eau, insolubles dans l'alcool. La solution aqueuse est neutre. Ils ne sont pas toxiques, mais sont émétiques. Ce sont des bactéricides puissants, puisqu'à la dose de 4 pour 1.000, ils arrêtent toute culture bactérienne.

Explosifs nitrés. — Presque tous les explosifs sont au fond des explosifs nitrés. Telles sont :

1° Les *poudres noires* usuelles, à base de salpêtre, formées de mélanges des trois constituants : salpêtre, soufre, charbon en proportions très variables. Les anciennes poudres de guerre françaises avaient pour dosage 75-12,5-12,5 ; depuis 1870, il est 75-10-15, en France comme dans la plupart des autres pays.

2° Les poudres à base de nitrates de soude ou de baryte, moins coûteuses, d'une combustion plus lente, mais très hygrométriques et donnant de forts résidus.

3° Les poudres à base de nitrate d'ammoniaque. Les mélanges de ce corps avec les nitrocelluloses, avec la dynamite, avec la dinitrobenzine ou bellite, avec les nitronaphtalines ou explosifs Favier, sont des explosifs dits *de sûreté*, parce qu'ils explosent à t. plus basse et conviennent davantage à l'exploitation des mines de charbon (voir grisou).

4° Les explosifs à base d'éthers nitriques d'alcools : nitroglycérine, nitromannite ou nitrocelluloses.

5° Les explosifs à base de dérivés nitrés de carbures : benzène, toluène, xylène et naphtaline ; ou de phénols : phénol, crésols, xylénols. Le plus important de ces dérivés est l'acide picrique dont les sels, les picrates de potasse et d'ammoniaque, sont également des explosifs puissants.

6° Les explosifs à base de composés diazoïques, obtenus par l'action de l'acide nitrique ou de l'acide nitreux sur les composés organiques, tel le diazobenzol ou son nitrate, et on peut y rattacher les *fulminates*, obtenus en traitant des nitrates métalliques par l'alcool.

7° Les explosifs de *Sprengel* (mélanges avec un corps comburant, comme l'acide nitrique monohydraté et de corps explosifs, acide picrique ou de nitrobenzines) et ceux à base d'acide hyponitrique liquide ou *panclastites* (mélange de l'acide avec du sulfure de carbone, des essences de pétrole, des nitrobenzines ou nitrotoluènes). Ces explosifs détonent par une amorce au fulminate.

En dehors des explosifs nitrés, il ne reste que les poudres aux chlorates ; ce sont des poudres brisantes, attaquant les métaux et d'un maniement très dangereux.

Trinitrophénol symétrique $C^6H^2(AzO^2)^3OH$. — C'est l'*acide picrique, amer d'indigo, amer de Welter*. Découvert en 1788 par *Hausmann* dans l'action de l'acide nitrique sur l'indigo, il a été étudié par Welter, dans l'action sur la soie, par Laurent, 1841, dans l'action sur le phénol. *Dumas* et *Liebig* ont déterminé sa composition. Il se forme dans l'action de l'acide nitrique concentré, de l'acide azotosulfurique sur un grand nombre de composés du carbone : phénol, indigo, aniline, soie, cuir, laine, résine, etc. Il faut avoir soin de mettre d'abord l'acide sulfurique, de façon à n'agir que sur un composé sulfoné ; la réaction est alors moins violente.

La purification de l'acide picrique brut s'obtient en formant le picrate d'ammoniaque, qui cristallise facilement et qu'on décompose ensuite par l'acide sulfurique ou azotique étendu.

L'acide picrique pur cristallise en feuillets ou prismes légèrement colorés en jaune et d'une saveur très amère. Cette saveur a été cause de son addition frauduleuse dans les bières, pour économiser le houblon, sous prétexte de régulariser la fermentation. C'est un antiseptique en solution à 5 p. 1.000, qui a été préconisé dans le traitement des plaies par *J. Cheron* et *E. Curie*, 1833. Il est efficace, en solution saturée, dans le traitement des brûlures du premier degré, pourvu qu'il soit appliqué dès les premiers moments. La solution à 1 pour 100 est préconisée contre l'eczéma.

Il fond à 122°, se sublimant sans décomposition, si l'on opère sur une petite quantité. Il se dissout dans 160 p. d'eau à 5° et dans 81 p. à 20°, dans 26 p. à 77°. Il est assez soluble dans l'alcool, l'éther, la benzine, le toluène, et très peu dans l'essence de pétrole. Il est très soluble dans l'acide nitrique.

Il détone avec une extrême violence sous le choc, sous l'influence d'une brusque élévation de température, ou au moyen d'une capsule de fulminate de mercure. C'est l'acide picrique qui produisit la formidable explosion de Griesheim, Allemagne, le 21 août 1901.

L'emploi de l'acide picrique comme explosif remonterait, d'après *M. de Romocki*, au début du xve siècle. Une poudre à base de picrate aurait été préparée par un alchimiste dans l'action d'un mélange d'eau régale et d'acide sulfurique sur l'huile de goudron. Mais ce n'est qu'en 1871 et 1873 que *Sprengel* breveta l'acide picrique comme explosif brisant (Voir *Chemicals News*, 1890). *Turpin*, 1884, l'employa pour charger les obus. Contenu ainsi dans une enveloppe résistante, l'acide picrique produit des effets plus considérables que ceux de la dynamite, et il a de plus sur cette dernière l'avantage d'être incongelable à basse température, d'être insensible à l'humidité, ainsi qu'aux plus extrêmes variations de la température atmosphérique. Son incongelabilité le rend précieux pour briser la glace sur les fleuves ou dans les ports. Par contre l'acide picrique attaque les parois des métaux en donnant des picrates très instables pouvant détoner au moindre choc et causer de terribles accidents. Le plomb métallique est particulièrement dangereux. L'étain au contraire n'est pas attaqué, c'est pourquoi les obus sont étamés intérieurement ou vernis. On y coule l'acide picrique après l'avoir fondu dans un récipient étamé. C'est à la formation de ces picrates métalliques qu'on attribue l'éclatement prématuré des obus à l'acide picrique.

La mélinite de Turpin est un mélange d'acide picrique 70 p., de fulmicoton 30 p., dissous dans 45 p. d'acétone ou d'éther alcoolisé ; sa densité est 1,6, son point de fusion, 122° 5. La lydite employée en Angleterre a même composition que la mélinite. Il arrive quelquefois que la combustion de cet explosif est incomplète, et que l'éclatement de l'obus ne produit d'autre effet que de répandre une quantité considérable de gaz toxiques, tels que CO (guerre du Transvaal). L'acide picrique est la base de la poudre sans fumée employée dans l'armée allemande.

L'explosif Chimose, pour obus de rupture, est de l'acide picrique ; Pf = 118°-119° ; teneur en azote 18,45, teneur en acide picrique 99,8. La charge du détonateur est également constituée par l'acide picrique.

L'acide picrique est employé comme colorant jaune, pour la teinture de la soie, principalement pour nuancer les rouges et les verts. Il faciliterait le tannage, soit au tannin, soit au chrome.

L'acide picrique précipite en violet le bleu de méthylène, *Swoboda*, 1896. La réaction est caractéristique. Ce précipité est soluble dans l'éther, le chloroforme, l'eau chaude.

L'acide picrique donne par réduction un composé aminé, l'acide picramique, *Girard*, 1853. L'acide picrique chauffé avec 2' p. de cyanure de K donne du picroaminate ou isopurpurate de potassium employé autrefois en teinture sous le nom de *grenat soluble* ou *murexide artificielle*, mais son explosibilité l'a fait abandonner. Ce composé a été également employé en photographie.

Picrates. — L'acide picrique donne avec les bases des sels colorés en jaune, les *picrates*, qui sont doués de propriétés explosives très puissantes, par chauffage. On les prépare plus aisément en présence d'huiles, qu'on épuise ensuite.

Le *picrate de potassium* qui ne se dissout que dans 250 fois son poids d'eau froide ; d'où l'application de l'acide picrique comme réactif caractéristique des sels de potassium. Il est tout à fait insoluble dans l'alcool. Ses propriétés explosives par le choc ou par la chaleur sont appliquées à la préparation de poudres picratées. Elles ont été reconnues dès 1895 par Welter. Le picrate de potassium mélangé avec le chlorate de potassium constitue une poudre brisante employée pour le chargement des torpilles. L'explosion de 23 kilos de cette poudre en 1869 chez Fontaine, place de la Sorbonne, fit de nombreuses victimes.

Les poudres Designolles sont à base de picrate et de nitrate de potassium. Voici leur composition :

Poudres Désignolles	à torpilles	à canons	à mousquets
Picrate de potasse	50 à 55	9 à 16,4	22,9 à 28,6
Nitrate de potasse	50 à 45	11 à 9,2	7,7 à 6,4
Charbon		79,7 à 74,4	69,4 à 65

Ces poudres s'enflamment entre 315° et 380°.

Le *picrate de sodium* est combustible et entre dans les mélanges fusants. Il a été l'occasion d'une explosion terrible à Berlin en 1867.

Le *picrate d'ammoniaque*, au contraire des autres picrates, ne détone pas au contact d'un corps en ignition ; il brûle lentement à l'air comme une matière résineuse. Mélangé avec le salpêtre, il constitue la poudre picrique, plus puissante que la poudre noire et donnant moins de fumée. *Bruyère* (J. de pharmacie, 1870) adopte la proportion : picrate d'ammoniaque 54 p., salpêtre 46 p.

Les flammes éblouissantes produites par l'inflammation de mélanges de picrates d'ammoniaque et de certains nitrates sont employées en pyrotechnie. Voici la composition de quelques feux colorés, d'après Designolles :

	rouge	vert	or	blanc
Picrate d'ammoniaque	54	48	50	51
Nitrate de baryte	—	52	—	26
Nitrate de stronliane	46	—	—	23
Picrate de fer	—	—	50	—

Le picrate d'ammoniaque est la base d'un grand nombre de poudres sans fumée et sans odeur, dont voici des exemples :

1. Picrate d'ammonium 55 p., de sodium 25 p., chlorate d'ammonium 20 p.
2. Picrate d'ammonium 50 à 73 p., bichromate de potassium 20 à 25 p., permanganate de K, 7 p.
3. Picrate d'ammonium 68 p., bichromate de potassium 26 p., permanganate de K, 7 p.

Le premier essai des poudres picratées semble dû à Delavo, 1857, qui employa des mélanges d'acide picrique et de nitrates. En 1859, Babœuf fit aussi des essais au Dépôt central des poudres à Paris; le premier fit éclater le canon de fusil.

L'ordre des sensibilités à la température des divers picrates est le suivant : picrate de plomb, de K, de Ba, Ca, Na, Cu, Zu, Fe et Al. Le picrate de Pb est de beaucoup plus sensible que les autres.

La formation directe des picrates à partir du métal est nulle avec l'étain après six semaines, faible avec Al et Cu, plus marquée pour le bronze. Le fer donne un sel ferreux, puis ferrique, qui détone au choc.

Les acides sulfonés donnent également des dérivés nitrés.

Le sel ammoniacal de l'acide dinitrophénol sulfonique est la *Flavaurine*.

Éthers du phénol. — Les éthers principaux sont :

1º Parmi les éthers-sels formés avec les acides minéraux : l'acide *phénylsulfurique* $C^6H^3.SO^4H$, qui existe à l'état de sel de K dans l'urine, surtout dans celle des herbivores; les éthers phénylphosphoriques ; les éthers phénylcarboniques : le *phénylcarbonate de Na* $C^6H^5.CO^3Na$, qui se transforme par la chaleur sous pression en son isomère, le salicylate $OH.C^6H^4.CO^2Na$. C'est la base de la préparation du salicylate; l'éther phénylsulfhydrique ou *thiophénol* $C^6H^5.HS$.

2° Parmi les éthers formés par les acides organiques :

L'*éther phénylacétique* $C^6H^5.C^2H^3O^2$ ou $C^2H^3O.OC^6H^5$. Liquide huileux, d'une odeur agréable. Il donne par déshydratation la *phénacétéine*, indicateur qui jaunit par les acides et rougit par les alcalis.

L'*éther phénylsalicylique* $C^6H^5.C^7O^3$ ou salicylate de phénol. C'est un corps très important. Sous le nom de *salol*, il est fréquemment employé comme antiseptique interne ou externe. C'est une poudre blanche, insoluble dans l'eau, soluble dans l'alcool, très soluble dans l'éther et le chloroforme, cristallisant facilement. Il fond à 42°, bout à 173°. Il présente sur l'acide phénique le grand avantage de ne pas être caustique, et de n'avoir qu'une réaction acide supportable, et sur l'iodoforme de présenter une odeur agréable. A l'extérieur, on l'emploiera avantageusement pour préserver les plaies de toute infection ; le pansement une fois fait, on évite toute formation de pus, mais il faut avoir soin d'employer une poudre très ténue, sans aucune granulation cristalline. Intérieurement, il est employé à la dose de 2 à 8 gr. comme antirhumatismal, antipyrétique ou antiseptique. A titre d'antiseptique externe, on le mélange avec des corps gras ou des poudres inertes. On emploie souvent aussi des homologues supérieurs, *salonaphtol*, etc.

3° L'éther oxyde ordinaire : l'éther phénylphénylique $C^6H^5.OC^6H^5$. C'est un liquide huileux, d'odeur de géranium, très stable, bouillant à 252°.

4° Parmi les éthers oxydes, mixtes :

L'éther méthylphénylique ou phénate de méthyle $C^6H^5.OCH^3$, dû à Cahours. C'est l'*anisol*, liquide à odeur agréable, bouillant à 152°. Ses dérivés nitrés donnent par réduction les anisidines.

L'éther éthylphénylique ou phénate d'éthyle $C^6H^5.OC^2H^5$. C'est le *phénétol* qui conduit à la phénétidine. C'est un liquide huileux, d'odeur aromatique, bouillant à 172°.

L'*acétylsalol* ou vésipyrine, désinfectant urinaire.

Crésols $C^6H^4(CH^3)OH$ — *crésylols, hydrates de crésyle*, oxytoluènes, méthylphénols. Il existe 3 crésols isomères que l'on rencontre dans les produits de la distillation de la houille et du bois. On ne peut pas les séparer par distillation fractionnée, car leurs points d'ébullition sont trop voisins, 108 pour l'o, 195° pour le m, 198° pour le p. Le *tricrésol* est un mélange des trois crésols.

Le procédé de séparation est fondé sur l'insolubilité relative de l'acide p-crésolsulfonique ou de son sel de sodium dans l'acide sulfurique, l'acide m-crésolsulfonique étant, au contraire, insoluble dans ce réactif, *Raschig* (br. all., 1899).

Les crésols sont des antiseptiques très importants dont la valeur désinfectante est bien supérieure à celle du phénol ; ils sont moins toxiques que ce dernier, mais peu solubles. On les emploie généralement à l'état de mélange et sous forme de dissolution dans les crésolinates alcalins, afin de les rendre miscibles avec l'eau. *Adam* (J. de pharmacie, 1905) propose le dosage sui-

vant : crésol 1, lessive de soude des savonniers (d = 1,332) 1. Cette liqueur
type est ensuite diluée pour l'usage dans 100, 200 ou 400 parties d'eau, suivant l'action qu'on veut obtenir. Ce désinfectant a l'avantage de ne pas attaquer les parties métalliques, il est de ce fait recommandé pour les wagons
de chemins de fer.

On rend également les crésols bruts solubles dans l'eau en les incorporant
à un alcali ou à un savon. On obtient alors les *créolines* ou *lysols* du commerce, très employés comme antiseptiques. *Raschig* emploie : crésol brut
200 p., oléine 100 p., soude caustique à 35 p. 100 25 p., eau 75 p. On remue
jusqu'à ce que le savon formé tout d'abord soit redissous. Le mélange de
lysol, de phénol et d'alcool dénaturé a été proposé pour détruire les lichens
et le puceron lanigère.

Un mélange de créoline 80, naphtol 40, essence de térébenthine 30, sulfure
de carbone 50, est proposé comme insecticide, *malterrine* de Bein et
Gibeaud, 1898.

Le *solvéol* est une dissolution de crésols bruts dans du crésotinate alcalin.
Le *solutol* est une dissolution dans du crésolate alcalin : 15 p. crésylol brut,
45 crésylolates de sodium, 40 eau. Le *sanalol* est une dissolution dans l'acide
oléique ; et la phénoline une dissolution dans l'acide sulfurique (?).

L'o-crésylol donne par fusion avec la potasse l'acide o-oxybenzoïque ou
salicylique.

Dérivés. — Le dernier dérivé iodé du crésol $C^6H^3OH.CH^3$ a été proposé
comme antiseptique sous le nom de *traumatol* par Kraus, 1896 ; il n'est ni
caustique ni toxique, et il est moins cher que l'iodoforme. Le *losophane* est
le triiodo-m-crésol.

Les dinitrocrésols sont employés en teinture et comme explosifs.

Le mélange d'o- et p- dinitrocrésol, à l'état de sels alcalins, constitue le
jaune d'or (sel de K) ou *jaune Victoria*, ou *orange d'aniline*.

Le dinitrocrésol chauffé : 4 p. avec 6 p. d'un sulfure alcalin et 3 p. de
soufre donne une couleur brun foncé de nature inconnue. On précipite le
colorant par HCl. Pour la teinture, on est obligé de dissoudre dans la soude
(Manufacture Lyonnaise de matières colorantes, 1896).

Le sel de K de l'o-dinitrocrésol $C^6H^2.CH^3.OH(NO^2)^2$ est l'insecticide connu
sous le nom d'*antinonine*. On l'emploie en solution à 5 p. 100 pour laver le
bois et la pierre.

Les dinitrocrésols sont la base de plusieurs poudres sans fumée.

Le crésol trinitré est un explosif correspondant à l'acide picrique, il constitue la *crésylite* ; son sel ammoniacal est l'*écrasite*, employée en Autriche
pour le chargement des torpilles.

Thymol $C^{10}H^{11}O$ — ou *acide thymique*. Il a été extrait d'abord
de l'essence de thym, par *Doveri*. Il existe également dans les essences de
monarde, de serpollet et d'ajowan-ptychotis, d'où on l'extrait en traitant
par la soude et décomposant par un acide. On purifie en le faisant cristalliser
dans l'acide acétique cristallisable.

C'est un corps à odeur de thym, fusible à 50°, très peu soluble dans l'eau (1.200 parties à 15° et 900 p. à 100°), soluble dans l'alcool, l'éther, l'acide acétique, le chloroforme. C'est un antiseptique usité. Il sert à préparer, en le traitant par l'iode, le dithymoliodé, *l'aristol* ($C^6H^2OICH^3.C^3H^7)^2$ ou $C^{20}H^{24}(OI)^2$, antiseptique parfois préféré à l'iodoforme, surtout pour le traitement des dermatoses.

En savonnerie, on utilise encore le *thymène*, qui est le résidu de l'extraction du thymol.

Le thymol est isomère du *carvacrol* ou *cymol*, qu'on rencontre également dans les essences. Tous deux sont des méthylpropylphénols $(CH^3)^2CH — C^6H^3.OH$. Le carvacrol iodé ou *iodocrol* est un antiseptique.

$$\overset{|}{C}H^3$$

De même l'o-isobutylcrésol iodé ou *europhène*.

Estragol $C^{10}H^{12}O$ — et *Isoestragol*. Il existe dans les essences d'estragon, de basilic, de cerfeuil. Il n'est intéressant que par son isomère. L'*isoestragol* ou *anéthol* se trouve dans les essences d'anis, de badiane, de fenouil ; on le retire de l'essence d'anis de Russie, d'où son nom de camphre d'anis, par simple refroidissement, avec essorage. On le purifie par cristallisation dans l'éther de pétrole.

L'anéthol fond à 18°, bout à 222°. Il est soluble dans l'alcool.

Il donne par oxydation, d'abord l'aldéhyde anisique ou aubépine, puis l'acide anisique.

Son importance est grande comme matière première pour la préparation de l'aldéhyde anisique. Il est très employé aussi pour la préparation des liqueurs fines ; il compense son prix élevé par un rendement de 10 pour 100 supérieur aux essences d'anis. Enfin, c'est un antiseptique.

L'anéthol est l'isomère de l'éther méthylique du chavicol, lequel est le p-allylphénol. C'est donc la para-méthoxy-propénylbenzène.

Naphtols $C^{10}H^7OH$. — Il y a deux isomères correspondant à la naphtaline, suivant la position de l'OH phénolique. Ils existent tous deux dans le goudron de houille. Ils s'obtiennent par le procédé général : fusion du sulfonate alcalin avec la potasse caustique. On les sépare par distillation à la vapeur d'eau, l'a seul est entraîné.

L'a-naphtol et le b-naphtol se distinguent aisément, par agitation avec partie égale de vanilline dissoute dans 20 fois son poids d'acide sulfurique concentré. L'a-naphtol donne une coloration bleu rouge, très stable ; le b-naphtol, une coloration vert émeraude qui passe au jaune rouge, *Welmont*, 1898. Avec le chlorure de chaux, l'a-naphtol donne une coloration rouge violet, tandis que le b-naphtol donne une coloration jaune.

L'a-naphtol se décèle dans le b-naphtol jusqu'à 1 pour 100 par l'hypobromite de soude. Avec l'a-naphtol, il se produit une coloration violette, avec le b-, une coloration jaune, *Léger*, 1597.

Les deux naphtols se dissolvent d'ailleurs facilement dans l'eau alcoolisée. Ils donnent, plus aisément que les alcools, des éthers avec les acides. Ils donnent des naphtolats alcalins très solubles avec les alcalis caustiques.

Les naphtols traités par un mélange d'acides sulfurique et nitrique, à 100°, se transforment en dinitronaphtols, employés en teinture sous le nom de jaune de Martius ou jaune de Manchester. En sulfonant ces composés, on les rend solubles.

L'*a-naphtol*, découvert par Griess, cristallise en aiguilles brillantes, de densité 1,224 à 4°. Il fond à 96° et bout à 279°. Il est insoluble dans l'eau froide, un peu soluble dans l'eau bouillante, soluble dans l'alcool, l'éther et le chloroforme. L'a-naphtol est entraînable par la vapeur d'eau, ce qui permet de le séparer d'avec son isomère b qui n'a pas cette propriété. Il est toxique. Il est doué des mêmes propriétés antiseptiques que le b-naphtol.

Le *b-naphtol* ou isonaphtol, découvert par *Schœffer*, cristallise en lamelles brillantes, nacrées, de densité 1,217 à 0°. Il fond à 123° et bout à 286°. Il est à peine soluble dans l'eau, 1 millième à froid, 1/75 à l'ébullition. Il est soluble dans l'alcool, l'éther, le chloroforme, la benzine, les alcalis. L'eau alcoolisée à 10 gr. par litre en dissout 0,33 gr. par litre ; l'eau alcoolisée à 50 gr. par litre en dissout 1 pour 1.000.

Il est caractérisé, au point de vue des propriétés chimiques, par la grande facilité avec laquelle il donne les réactions qui comportent une élimination de H^2O. Il s'éthérise donc très aisément. C'est l'un des principaux développeurs usités en teinture et en impression pour la production directe sur fibres des colorants azoïques.

La *microcidine* est une solution à 2 ou 5 pour 100, employée pour la désinfection, de b-naphtol 2 p. et soude caustique 1 p.

Le b-naphtol est très employé comme antiseptique. Bien qu'ayant une réaction un peu acide, c'est l'un des antiseptiques dont l'emploi se recommande davantage, d'abord à cause de son pouvoir spécifique, et ensuite à cause de sa très faible toxicité et de sa très faible solubilité dans l'eau.

Pour préparer une solution antiseptique au b-naphtol, on se servira de préférence d'une solution alcoolique à 5 gr. de b-naphtol pour 200 gr. d'alcool. 20 cmc. de cette solution ajoutés à 1 litre d'eau donnent une solution à 1/2 pour 1.000 qui suffit pour l'antisepsie extérieure ou les irrigations intérieures, nasales, etc., contre le muguet aussi.

En cachets à la dose de 1 dcg. (1 gr. par jour), le b-naphtol est très utile pour l'antisepsie intestinale, dans le cas de diarrhée chronique. Le b-naphtol est aussi employé contre les dermatoses.

Il entre dans le savon antipelliculaire, de Stryzowski : savon vert 100 gr. ; liquéfiez à chaleur douce et ajoutez : alcool 50 gr., glycérine 15 gr. ; filtrez et dissolvez : naphtol-b 5 gr. ; ajoutez $\times$ gouttes essence d'amandes amères. Une application matin et soir, puis après un quart d'heure, lavage à l'eau tiède.

Les deux naphtols donnent un grand nombre de dérivés. Beaucoup d'entre eux sont employés dans la fabrication des matières colorantes. Nous allons en passer une revue rapide.

Parmi ceux de l'a-naphtol, l'*a-naphtol b-monosulfonique* est fort employé pour la production de diverses matières colorantes diazoïques avec le diazo-benzol et ses homologues supérieurs.

Les deux acides *a-naphtol-disulfoniques* sont également fort employés pour la production de diverses matières colorantes diazoïques avec le diazo-benzol, l'acide diazonaphtol sulfonique, etc.

Les dérivés nitrés de l'a-naphtol sont utilisés en teinture. Les sels alcalins ou calciques du dinitro-a-naphtol sont : jaune de Manchester, jaune de Martius, jaune de naphtol, jaune de naphtaline, jaune de naphtylamine. Les sels alcalins de l'acide dinitronaphtol-sulfonique sont : le jaune de naphtol S, jaune acide S, jaune brillant. L'acide libre ou *dinitro-a-naphtol*, en cristaux jaunes, insolubles dans l'eau, est le jaune de naphtol, de Levinstein. Le sel sodique du tétranitro-naphtol est l'héliochrysine $C^{10}H^3(NO^2)^4ONa$.

Le sel de Ca de l'acide b-naphtylsulfurique $(C^{10}H^6)^2Ca(SO^4H)^2$ est l'*abrastol*, soluble, employé pour conserver les vins à la dose de 5 gr. par hectolitre (voir C. R., 1894. Mon. Sc., 1893 et 1895) ; et comme antiseptique, analgésique, antirhumatismal.

L'acide b-naphtol-a-monosulfonique donne la crocéine. Son sel de Ca est l'*asaprol*, employé en médecine comme antiseptique et comme anti-thermique. Sa combinaison avec la quinine, *quinaphtol*, est un antiseptique interne.

Les deux acides b-naphtol disulfoniques R et G sont employés pour la production de nombreuses matières colorantes azoïques.

L'acide naphtol sulfonate sodique 1,2,6 (iconogène) en solution à 5 pour 100 (saturée) est proposé par *M. E. Pinerma Alvarez* (Comptes rendus, 1905, p. 1186) comme nouveau réactif du potassium et pour séparer des groupes de métaux.

Le b-naphtol disulfonate d'Al est l'*aluminol*, antiseptique et astringent.

Le b-naphtol, chauffé pendant quelques heures au bain-marie avec de l'iodure de méthyle ou d'éthyle, en présence d'alcool méthylique ou éthylique, donne soit un *éther méthylique* $C^{10}H^7.O.CH^3$, employé en savonnerie sous le nom de *néroline* ou *yarayara*, pour son odeur forte, et parfois dans des eaux de Cologne communes, soit un éther éthylique, d'utilisation analogue, sous le nom de *bromélia*.

Parmi les éthers des naphtols, citons : l'éther lactique du b-naphtol, ou *lactol*, antiseptique intestinal, ainsi que le carbonate ; l'éther benzoïque du b-naphtol, ou *benzonaphtol*, antiseptique intestinal ; l'éther salicylique du b-naphtol, ou *bétol*, antiseptique et antirhumatismal, mieux toléré que le salol.

Pyrocatéchine C⁶H⁴(OH)²₁.₂. — *o-diphénol*, oxyphénol, o-dioxyben-
zène. Découvert par *Reinsch* dans la distillation de l'extrait de cachou ou
catéchine, d'où son nom. Elle existe à l'état d'éther mono- et di-méthylique,
gaïacol et vératrol dans les goudrons de bois. Industriellement, on l'obtient
par fusion avec la potasse de l'o-phénolsulfonate de potassium.

La pyrocatéchine cristallise en aiguilles fusibles à 104°. Elle bout à 245°.
Ses vapeurs piquent les yeux et provoquent la toux.

Elle est très soluble dans l'eau, l'alcool et l'éther.

La pyrocatéchine est douée de propriétés réductrices, qui la font employer
comme révélateur en photographie, *Eder* et *Toth*, 1880. C'est un révélateur
excellent, soluble, rapide, et ne tachant pas les doigts. Voici une formule
perfectionnée proposée par *C. Poulenc* pour son emploi. Solution A : pyrocatéchine 10, sulfite de sodium 50, eau 500 ; solution B : carbonate de
sodium 150, eau 500 ; oppositeur : acide borique à 2 pour 100 ; accélérateur :
saccharate de calcium à 10 pour 100.

La pyrocatéchine jouit de propriétés antiseptiques et antipyrétiques. Certains de ses dérivés également, tel l'acide pyrocatéchine-acétique, dont le
mélange des sels de sodium et de caféine est le *migrol*, antimigraine.

Gaïacol OH³,C⁶H⁴-OCH³₂. — C'est l'éther monométhylique de la
pyrocatéchine. Il est abondant dans la créosote du goudron de hêtre. On l'obtenait par distillation du bois de gaïac, d'où son nom. C'est à Hlasiwetz qu'on
doit la connaissance de sa constitution (Voir Behal, Bull. Soc. Chimique,
1893, p. 143). On le prépare pur, *Gorap*, en chauffant de la pyrocatéchine,
du méthylsulfate alcalin et de l'alcali : C⁶H⁴(OH)² + SO⁴.CH³. K + KOH
= C₆H⁴(OH)(OCH³) + SO⁴K² + H²O ; W. Kalle le prépare en décomposant par l'acide sulfurique le diazo de l'o-anisidine.

C'est une poudre incolore, cristalline, qui fond à 28°-33°. Il bout à 205°.
Il est soluble dans 60 p. d'eau à 20°. Il est très soluble dans l'alcool, l'éther
et l'acide acétique.

Le gaïacol est un bon antiseptique. On admet qu'il est le principe le plus
actif de la créosote. Il est employé dans le traitement de la phtisie, dose de
1 à 2 gr. par jour.

Le gaïacol est employé aussi comme anesthésique local. Il agit plus lentement que la cocaïne, mais son action est plus durable, et sans suite fâcheuse.
On l'a employé en pommade ou en solution dans l'huile.

Le gaïacol sulfonate de calcium a été proposé comme anesthésique sous le
nom de *gaïacyl*. Il a l'avantage d'être soluble dans l'eau. On prône plutôt
l'éther benzylique du gaïacol, ou *pyrocaïne*, non toxique.

Le gaïacol possède une saveur brûlante et irritante qui le rendent difficile
à supporter par l'estomac ; ses éthers n'ont pas cet inconvénient. Les plus
employés sont le carbonate et le phosphate de gaïacol. Le dernier est connu
dans le commerce sous le nom de *phosote*, il contient 80 pour 100 de créo-

sote et 20 pour 100 d'acide phosphorique. Le tannophosphate est connu sous le nom de *taphosote*; sa composition centésimale est : créosote 76, tannin 5, P_2O_5, 19. Ils sont employés contre la tuberculose. On utilise aussi le benzoate ou benzosol, le cinnamate ou styracol, le monoacétate ou *gayacétine*, le valérate ou géosote, le salicylate, le camphorate ou guacamphol, la gayacol-pipéridine, la *gayaquine* ou gaïacol bisulfonate de quinine, le cacodylate ou cacodyliacol.

Le *gaïaforme* et le *créosoforme* résultent de la combinaison du gaïacol ou de la créosote avec l'aldéhyde formique. Ils ont l'aspect de résines sans odeur ni saveur, insolubles dans l'eau, très peu solubles dans les solvants organiques, solubles dans les alcalis. Combinés au tannin, ils sont utiles contre les dermatoses humides.

L'éther diméthylique de la pyrocatéchine est le *vératrol*, isomère du créosol avec lequel il ne faut pas le confondre.

L'éther monoéthylique est un liquide d'odeur agréable : gaéthol, éthacol, thanatol, homocrésol.

L'éther benzylique du gaïacol $OCH_3.C_6H_4.OCH_2.C_6H_5$, propriétés anesthésiques locales ; c'est la *pyrocaïne*.

Résorcine $C_6H_4(OH)_{2\,1.3}$. — *m-diphénol, m-dioxybenzène.* — Elle

se préparait autrefois par fusion avec la potasse de certaines gommes-résines. Industriellement, d'après la méthode générale, on fond avec la potasse l'un des acides benzène disulfoniques. C'est le plus stable des trois diphénols.

La résorcine cristallise en aiguilles blanches, de saveur sucrée. C'est un bon antiseptique intestinal, non caustique ; c'est aussi un antipyrétique. Il a été proposé contre le mal de mer. C'est un spécifique des affections de gorge. On emploie la solution à 3 pour 100 en badigeonnages contre la coqueluche et celle à 10-20 pour 100 dans les cas de diphtérie.

Elle fond à 110°, et bout à 276°. Elle se sublime avant cette température. Elle est très soluble dans l'eau, l'alcool et l'éther, moins soluble dans la benzine et le chloroforme. 100 gr. de résorcine se dissolvent dans 44 p. d'eau à 30°, ou dans 62 gr. d'alcool à la température de 15°.

La résorcine réduit la liqueur de Fehling et l'azotate d'argent ammoniacal, mais elle n'est pas un révélateur en photographie.

Sa phtaléine est la *fluorescéine*. La belle fluorescence de ce corps est un moyen sûr de caractériser la résorcine. Pour l'obtenir, on chauffe pendant quelques instants avec un peu d'anhydride phtalique et d'acide sulfurique concentré. On laisse refroidir et verse dans l'eau qui prend alors une fluorescence verte. La résorcine-phtaléine ou fluorescéine a comme formule $C_6H_4(CO.C_6H_3(OH)_2)_2$.

Les sels alcalins des fluorescéines substituées constituent les *éosines* qui sont fort nombreuses. Les groupes de substitution peuvent être Cl_2, Br_2, Br_4, I_4, $Cl_2 Br_4$, Cl_2I_4, $Br_2(NO_2)_2$, et parfois en plus CH_3, C_2H_5, C_6H_5, pour

les éosines à l'alcool qui sont les éthers méthylés et éthylés de l'éosine jau
nâtre ou de la phloxine. L'éosine jaunâtre est le sel de soude de la fluorescéine tétrabromée $C^6H^i(CO.C^6HBr^2(ONa)^2O$. ˙

La résorcine donne, avec l'acide nitreux naissant, la dinitrosorésorcine ou
vert de résorcine. Le vert de résorcine donne à son tour avec un
mélange de résorcine et d'acide sulfurique l'azoresorufine, dont le dérivé
bromé est le *bleu de résorcine*.

Un autre bleu de résorcine, la lacmoïde, résulte de l'action à chaud d'un
nitrite sur la résorcine.

La résorcine est un des développeurs les plus usités pour la production des
azo.

Hydroquinone $C^6H^i(OH)^2_{1.4}$. — *paradiphénol*. *Wœlher* l'obtint en
distillant l'acide quinique. Industriellement on fixe H (par l'acide sulfureux)
sur la quinone, d'où son nom.

L'hydroquinone est un corps amorphe. On l'obtient soit en prismes hexa-
gonaux incolores, par cristallisation de ses solvants, l'eau par exemple ; soit
en feuillets monocliniques par sublimation. Sa saveur est moins sucrée que
celle de la résorcine. Elle fond à 170°. Elle jouit de propriétés antiseptiques
et antipyrétiques.

Elle est très soluble dans l'eau bouillante ; à la température ordinaire, elle
se dissout dans 17 fois son poids d'eau. Elle se dissout abondamment dans
l'alcool et l'éther. Elle se sublime, mais la chaleur redonne la quinoné. Par
oxydation, elle donne l'hydroquinone verte. Avec l'acide nitrique, elle donne
de l'acide oxalique.

L'hydroquinone est un réducteur énergique. C'est un corps tellement
avide d'oxygène qu'il réduit les sels d'argent même à froid. Aussi est-ce un
révélateur photographique d'un emploi universel. Mais son action est
limitée par la mise en liberté d'acides et parce qu'il absorbe aussi l'oxygène
de l'air ; on retarde l'absorption de l'O en ajoutant du sulfite de soude et on
neutralise l'acide par un carbonate alcalin.

Voici la formule donnée par M. Reb : eau 1000 ; hydroquinone 8 ; carbonate de K (ou Na) 40 (ou 84) ; sulfite de soude 40.

Les dérivés chlorés et bromés de l'hydroquinone ont les avantages de
l'hydroquinone sans en avoir les inconvénients, car ils agissent avec une
petite quantité d'alcali et on peut remplacer le carbonate de potassium par
celui de sodium. On les emploie sous le nom d'*adurol*.

Elle se combine à la quinone pour donner l'*hydroquinone verte*, à reflets
brillants d'élytres, peu soluble dans l'eau froide, soluble dans l'eau chaude,
l'alcool, l'éther. Elle convient ainsi que les couleurs d'aniline pour reflets
mordorés.

Homopyrocatéchine $CH^3.C^6H^3(OH)^2_{3.4}$. — Découverte par
H. Muller, en partant de la créosote du goudron de hêtre, qui le renferme à

l'état d'éther méthylique, le *créosol*. L'homopyrocatéchine existe également dans le noir de fumée. C'est un liquide sirupeux, cristallisable, bouillant à 252°.

Créosol $CH^3{}_1C^6H^3(OH)_1.OCH^3{}_3$ ou *méthylgaïacol*. Le créosol n'est pas l'éther du gaïacol, mais de son isomère l'homopyrocatéchine ; il existe dans le goudron de hêtre, et forme environ 50 pour 100 de la créosote officinale. Il constitue une huile à odeur faiblement aromatique rappelant celle de la vanille, de densité 1,111 à 0°, bouillant à 222°. Il est soluble dans l'alcool, l'éther, la benzine, le chloroforme et l'acide acétique glacial.

Homocrésol $C^2H^5{}_1.C^6H^3(OH)_1.OCH^3{}_3$ ou *Ethyl-créosol*, existe aussi dans la créosote officinale. C'est un liquide bouillant à 230°, possédant l'odeur de girofle.

La *créosote* s'obtient dans la distillation des goudrons de bois. Elle renferme du gaïacol et du vératrol, du créosol, du phlorol et des crésylols. C'est une substance très caustique, cautérisant vivement les muqueuses et employée fréquemment à l'état pur pour calmer les douleurs de dent. C'est un antiseptique très énergique. C'est également un agent de substitution, à l'état étendu ; on l'emploie contre la phtisie, en addition à l'huile de foies de morue, ou sous forme de pilules, ou en combinaison avec le tannin, *tannosal* ou *créosal*.

M. *Behal* (Bull. Soc. Chimiq., 1894) a caractérisé dans la *créosote* de hêtre et de chêne les monophénols suivants : phénol ordinaire, orthocrésylol, métacrésylol, paracrésylol, ortho-éthylphénol, métaxylenol 1.3.4 et 1.3.5, ainsi que des éthers monométhyliques de diphénols, en particulier du gaïacol.

Voici la composition d'une créosote de hêtre pure passant de 200° à 210° : monophénols 34 pour 100 ; gaïacol 26,48 ; créosol et homologues 32,14 ; perte 2,38. La portion qui passe entre 210°-220° ne renferme pas de gaïacol.

La créosote de chêne passant également entre 200°-210° contient : monophénols 55,00 pour 100 ; gaïacol 14,00 pour 100 ; créosol et homologues 31,00 pour 100, elle est donc moins riche en gaïacol.

Une bonne créosote pour les besoins pharmaceutiques doit être soluble dans la soude, posséder une densité de 1,080 et un point d'ébullition de 200°-210° et avoir une réaction neutre. De cette façon on élimine une partie du créosol et de ses homologues. Si on voulait conserver le créosol, qui d'après le Dʳ Gilbert a une action thérapeutique très marquée, il faudrait prendre la créosote de 200° à 225°, avec une densité d'au moins 1,080, mais dans ce cas on ne saurait dire si la créosote a été dégaïacolée ou non.

Orcine $CH^3{}_1$. $C^6H^3 = (OH)^2{}_{3.5.}$ — La découverte de l'orcine est due à *Robiquet ; de Luynes* (Comptes Rendus, 1863) en a fait l'étude. Elle existe dans les lichens tinctoriaux de Madagascar à l'état d'érythrine, sorte de glucoside qui par hydrolyse donne de l'érythrite et de l'acide orsellique. Ce dernier traité par la chaux perd CO^2 et donne l'orcine.

La synthèse de l'orcine se fait par la méthode générale des phénols, en partant du toluène. C'est un dicrésol, ou diphénol de toluène.

L'orcine cristallise avec une molécule d'eau en prismes se colorant en rouge à l'air, elle possède une saveur sucrée, fond à 56° et bout à 288° ; anhydre, elle fond à 107°. Elle est soluble dans l'eau, l'alcool et l'éther.

Sous l'influence de l'ammoniaque et de l'oxygène de l'air, l'orcine se transforme en *orcéine* qui n'est autre que la matière colorante de l'*orseille*, *cudbear*, *persico* ou *pourpre française* préparée dès le xvie siècle par *Federigo*, et celle du *tournesol*.

L'orcéine se présente en cristaux microscopiques, colorés en violet, peu solubles dans l'eau et l'éther, très solubles dans l'alcool. Elle se colore en rouge par les acides et en bleu-violet par les alcalis, d'où son emploi comme indicateur.

La matière colorante de l'orseille s'est extraite pendant longtemps au moyen de l'urine. Puis on a substitué l'ammoniaque pure qui est le principe agissant dans l'urine. On extrait ainsi environ 6 pour 100 du lichen. *Robiquet*, 1829, le premier isola au préalable le principe incolore, l'*orcine*, au moyen de l'alcool; *Schunck* exécuta cette séparation par l'eau bouillante. *Heeren* (J. der Chemie, xli, 1830) retira du lichen le principe colorable dans son entier au moyen de l'ammoniaque, et lui donna le nom d'érythrine ; la séparation est ainsi réalisée économiquement. *Stenhouse*, 1848, montra que la base de toute fabrication industrielle doit être la séparation préalable de la matière colorante. Il conseilla l'emploi d'un lait de chaux pour précipiter le principe colorable, avec saturation ensuite par l'acide chlorhydrique ou l'acide acétique. Le procédé *Lefranc et Frezon* (br. fr., 1848) exploité par Meissonnier, macère le lichen en présence d'une petite quantité de chlorure d'étain pour faciliter le dépôt du principe colorable, puis on dissout le dépôt dans l'eau ammoniacale. *Guinon, Marnas et Bonnet* (br. fr., 1858) dissolvent les acides colorables dans un alcali ou un sel alcalin, ammoniaque ou chaux, etc., puis les isolent par un acide ; ils obtinrent un produit plus pur : la *pourpre française*, qui résistait mieux à l'action de l'air et des acides faibles.

Dioxynaphtalines. — Elles ont pris une importance immense dans la préparation des matières colorantes artificielles, surtout leurs dérivés sulfonés et amidés. Telle la dioxynaphtaline disulfonée 1,8,3,6 ou *acide chromotropique*, obtenue en fondant avec un alcali à 180°-190° l'oxynaphtaline trisulfonée 1,8,3,6.

Eugénol $C^{10}H^{12}O^2$ **et Isoeugénol.** — *Bonastre* l'a découvert en 1827, dans l'essence de girofle, d'où on l'extrait par une lessive alcaline. On décompose le dérivé alcalin ainsi formé par l'acide chlorhydrique étendu, mais en ayant soin de refroidir de façon à éviter la formation de matières résineuses.

L'eugénol est un liquide soluble dans l'alcool, l'éther, l'acide acétique et les alcalis.

L'eugénol est l'éther méthylique de l'allylpyrocatéchine.

L'eugénol et l'isoeugénol $C^{10}H^{12}O^2$, l'estragol et l'isoestragol ou anéthol $C^{10}H^{12}O$, le safrol et l'isosafrol $C^{10}H^{10}O$, sont des phénols à chaîne latérale C^3H^3, formant deux groupes : celui des phénols à chaîne allylique, et celui des isomères à chaîne propylénique. Les combinaisons à chaîne allylique sont plus répandues dans la nature que les autres, mais ces dernières se transforment plus aisément par oxydation de la chaîne latérale C^3H^3 en aldéhydes, vanillique, anisique, pipéronique. La conversion de ces pétroles en leurs isomères est donc une question importante ; elle s'opère sous l'action des alcalis caustiques, aidée de la chaleur.

L'eugénol jouit de propriétés antiseptiques et anesthésiques. ¡L'essence de girofle, que l'on emploie depuis si longtemps dans la pratique dentaire, doit son action à l'eugénol qu'elle renferme.

L'eugénolacétamide a conservé ces propriétés anesthésiques tout en perdant, en partie, l'action irritante de l'eugénol. L'eugénolcarbinol, également. Le benzoyleugénol et le cynnamyleugénol, sont usités contre la tuberculose.

Mais c'est surtout comme matière première de la préparation de la vanille artificielle que l'eugénol a de l'importance. Pour cela, on commence par convertir l'eugénol en isoeugénol au moyen de la potasse en fusion, par exemple.

L'*isoeugénol* est une huile épaisse, bouillant à 260°, très peu soluble dans l'eau, soluble dans l'alcool, l'éther, les solutions alcalines. Il est employé en parfumerie et en savonnerie sous le nom d'*œillet artificiel*. Parmi ces dérivés, l'acétylisoeugénol et le benzoylisoeugénol sont ceux qui servent davantage à la préparation de la vanilline.

Safrol $C^{10}H^{10}O^2$ et **Isosafrol** — ou *shikinol*. Le safrol, découvert dans l'essence de sassafras, par Grimaux et Ruotte, existe aussi dans l'essence de camphre d'où l'industrie le retire par distillation, après avoir extrait le camphre par refroidissement. Il est très répandu dans la nature.

C'est une huile incolore, de densité à 15° = 1,108 ; 17° = 1,53836. Le safrol bout à 232° sous la pression ordinaire. Il cristallise dans le système monoclinique. Les cristaux fondent à + 11°. Il est soluble dans les solvants organiques.

Le safrol a pour formule brute $C^{10}H^{10}O^2$. De nombreux travaux ont établi que sa constitution était la suivante :

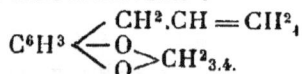

$$C^6H^3 \diagdown\!\!\!\!\!\diagup \begin{matrix} CH^2.CH = CH^2_{\,1} \\ O \\ O \end{matrix} \!\!> CH^2_{\,3.4.}$$

C'est donc un éther méthylénique de l'allylpyrocatéchine.

Le safrol se transforme en isosafrol sous l'influence des alcalis à haute température ; en effet, sa chaîne allylique s'isomérise en chaîne propénylique,

selon le schéma : $$C^6H^3 \diagdown\!\!\!\!\!\diagup \begin{matrix} CH = CH.CH^3_{\,1} \\ O \\ O \end{matrix} \!\!> CH^2_{\,3.4.}$$

Cette transformation, très intéressante au point de vue théorique, l'est davantage au point de vue industriel. En effet, les dérivés propényliques sont oxydés à l'état d'aldéhyde avec des rendements bien supérieurs à ceux donnés par les dérivés allyliques.

Voici une bonne méthode pour transformer le safrol en isosafrol : on chauffe pendant 24 heures au bain-marie 100 gr. de safrol avec une solution de 250 gr. de potasse dans un demi-litre d'alcool à 94°. On ajoute ensuite de l'eau, on chasse l'alcool par distillation, on épuise au moyen de l'éther, on évapore le dissolvant et l'on sèche sur du chlorure de calcium l'isosafrol formé.

L'isosafrol est comme le safrol un liquide incolore et très réfringent. Il bout à 246°-248° à la pression normale. Il n'existe pas à l'état naturel. Il donne par oxydation l'aldéhyde pipéronique.

Application. — Le safrol et l'isosafrol possèdent une odeur forte et tenace ; cette qualité, à défaut de finesse, permet cependant de les employer dans certains parfums à bon marché et surtout en savonnerie.

Ces corps servent de point de départ dans la préparation de l'héliotropine.

Pyrogallol $C^6H^3(OH)^3{}_{1.2.3}$ — ou *acide pyrogallique*, découvert par *Scheele* qui le prit pour de l'acide gallique. Son étude a été faite par *Braconnot*, 1831, qui précisa sa composition, puis par *Pelouze*.

Il se forme dans la distillation de l'acide gallique, d'où son nom. Il existe dans le goudron de houille, à l'état libre et à l'état d'éther diméthylique.

Le pyrogallol cristallise en aiguilles et en lamelles brillantes. Il est toxique, de saveur amère. Il fond à 233°, bout à 294°, avec décomposition partielle. Il se sublime dès 210°.

Il se dissout dans 2,5 p. d'eau à 13°, appliqué à sa séparation d'avec l'acide gallique qui est très peu soluble. Il est soluble dans l'alcool et l'éther, insoluble dans la benzine.

Le pyrogallol est un composé avide d'oxygène. En solution aqueuse, l'absorption a lieu lentement, avec apparition d'une coloration brune ; en solution alcaline, l'absorption est rapide. C'est le principe du dosage de l'oxygène libre dans les mélanges gazeux ; l'idée est due à Chevreul. Le réactif le plus avantageux pour le dosage est une dissolution de 2,5 de pyrogallol dans 100 cc. de potasse caustique d = 1,05.

Le pyrogallol réduit rapidement les sels d'or, d'argent, de cuivre, etc. C'est un révélateur très employé en photographie.

Voici une formule de révélateur, à base d'acide pyrogallique :

A : eau, 1.000 gr. ; métabisulfite de K, 10 ; acide pyrogallique, 75.

B : eau, 1.000 ; sulfite de soude crist., 300 gr.

C : eau, 1.000 ; carbonate de soude crist., 300 gr.

Pour développer, on prendra 1 p. de chaque solution en diluant de 7 p. d'eau. Si l'on veut obtenir des tons noirs, on prendra davantage de solution B ; on en prendra moins si l'on désire un ton plus chaud. Le bain de fixage sera formé avec : eau, 1.000 ; hyposulfite, 250 gr.

Sa manipulation peut déterminer un eczéma spécial qu'on évite en s'enduisant les mains de lanoline. *Kellogg* (br. fr., 1897) l'a proposé pour la teinture des poils, cheveux, plumes.

Par oxydation en présence des acides, il donne la *purpurogalline*.

Il donne avec l'anhydride phtalique une phtaléine, la *galléine*, matière colorante à mordants. Celle-ci, avec l'acide sulfurique, donne la *céruléine* dont le composé bisulfitique est la céruléine S.

Le pyrogallol est un antiseptique employé pour combattre certaines maladies de peau, en pommades à 5 — 20 pour 100, ou en solution alcoolique au 1/500, mais il est toxique. On a employé le pyrogallate de Bi ou *hélicosal*.

Les éthers pyrogalliques donnent par oxydation des matières colorantes.

CHAPITRE XXII

ALDÉHYDES

Généralités. — Les aldéhydes ordinaires sont des corps formés de carbone, d'hydrogène et d'oxygène qui dérivent des alcools par perte de H^2. Leur nom leur vient de celui d'*alcool dehydrogenatum*, donné par Liebig à l aldéhyde ordinaire. Leur groupement caractéristique est CHO. Ils dérivent également des acides par réduction.

$CH^3.CH^2OH$	$CH^3.CHO$	$CH^3.CO.OH$
C^2H^6O	C^2H^1O	$C^2H^4O^2$
alcool éthylique	aldéhyde	acide acétique

Les aldéhydes sont donc intermédiaires entre les alcools et les acides.

On les produit : 1° à partir des alcools en oxydant ceux-ci avec ménagement, e. c. au moyen de l'oxygène fourni par un mélange d'un bioxyde ou d un bichromate et d'acide sulfurique ; 2° à partir des acides en réduisant ceux-ci, e. c. au moyen du formiate de calcium à température élevée. On peut donc produire des aldéhydes dont on ne connaît pas les alcools.

Inversement, les aldéhydes reproduisent l'alcool par hydrogénation, et l'acide par oxydation.

Les aldéhydes ont des propriétés très intéressantes. Leur facilité d'oxydation en fait tout d'abord des réducteurs énergiques, et on les emploie dans l'argenture pour réduire le nitrate d'argent.

Par l'action du chlore, elles donnent des produits de substitution, dont le premier est le chlorure de l'acide correspondant. Aussi peut-on considérer les aldéhydes comme les hydrures des radicaux acides dont les acides sont les hydrates :

$C^2H^4O^2$	C^2H^4O	
$C^2H^3O.OH$	$C^2H^3O.H.$	$C^2H^3O.Cl$
acide acétique :	aldéhyde :	
hydrate d'acétyle.	hydrure d'acétyle.	chlorure d'acétyle.

Les aldéhydes donnent avec le bisulfite de sodium, en solution froide et saturée, des composés cristallisés, solubles dans l'eau, peu solubles dans un excès de bisulfite, décomposés par les acides et les alcalis avec remise en liberté de l'aldéhyde. Telle la combinaison bisulfitique de l'aldéhyde formique. C'est un moyen de purifier les aldéhydes, ou d'extraire les aldéhydes de leurs mélanges, par exemple dans les essences.

Avec la phénylhydrazine, elles donnent des *hydrazones*, peu solubles dans l'eau, *Fischer*. Avec les hydroxylamines, des *oximes*.

Avec le nitroprussiate de sodium, elles donnent une belle coloration rouge avec ou sans acide acétique (Legal).

Les aldéhydes se polymérisent facilement et donnent des *paraldéhydes*, des *métaldéhydes* et des *aldols*.

Les aldéhydes de la série grasse sont des développateurs en présence des sulfites (*Lumière et Seyewetz*, Soc. Chim., 1898).

*
* *

Nous diviserons les aldéhydes en quatre classes principales :

1° *Aldéhydes* proprement dites correspondant aux alcools primaires :

2° *Aldéhydes à fonctions mixtes* correspondant aux alcools polyatomiques ;

3° *Cétones* correspondant aux alcools secondaires ; et

4° *Quinones* correspondant aux alcools polyatomiques.

I. — ALDÉHYDES

1. Série grasse.

Aldéhyde méthylique ou formique	$H.COH$
A. éthylique ou ordinaire	$CH^3.COH$
A. propylique	$C^2H^5.COH$
A. butylique	$C^3H^7.COH$
A. amylique	$C^4H^9.COH$
A. caproïque	$C^5H^{11}.COH$
A. œnanthylique	$C^6H^{13}.COH$
A. caprylique	$C^7H^{15}.COH$

Composés non saturés :

Citral	$C^9H^{15}.COH$

2. Série acrylique.

A. allylique	$CH^2.CH.COH.$

3. Série aromatique.

A. benzoïque ou benzylique	$C^6H^5.COH.$
A. a-toluique	$C^6H^5.CH^2 COH.$
A. cinnamique	$C^6H^5.C^2H^2.COH.$

Place à part doit être donnée à une aldéhyde qui se rattache au noyau furfurane C^4H^4O.

A. pyromucique ou furfurol	$C^4H^3O.COH$

Aldéhyde formique H.CHO — ou *formol, formaline, formaldéhyde, hydrate 'de formyle, méthanal.* L'aldéhyde formique a été signalée pour la première fois par *Hoffmann*, 1868, qui l'obtenait par oxydation ménagée de l'alcool méthylique dans un tube de platine chauffé au rouge sombre. *Tollens*, 1882, puis *Loew* firent l'étude de ce composé. Loew remplaça le platine par le cuivre dans l'oxydation de l'alcool méthylique. *Trillat* rendit cette réaction industrielle, 1887, en juxtaposant avec le cuivre des corps poreux, tels que le charbon de cornue, le coke, la ponce, et en employant un mélange d'alcool et d'air. On obtint ainsi des solutions industrielles à 40 pour 100.

L'aldéhyde formique existe dans les fumées et les dépôts de suie, Trillat (C. R., 1905). 1 kg. de suie en contient de 3 à 4 grammes. Les fumées qui se produisent pendant la combustion, à l'air, du sucre ou de certaines racines sèches sont encore plus riches. Cela explique les propriétés antiseptiques de la fumée, connues d'ailleurs depuis si longtemps, pour la conservation des viandes et pour la désinfection en temps d'épidémie.

La synthèse de la formaldéhyde a été réalisée par Brodie en soumettant l'acide carbonique et l'hydrogène à l'action de l'effluve électrique.

Propriétés. — L'aldéhyde formique est un gaz à la température ordinaire, incolore, doué d'une odeur très irritante pour les muqueuses, qui provoque la toux et le larmoiement. C'est un antiseptique puissant sur les propriétés duquel nous reviendrons plus loin.

Le gaz aldéhyde formique se liquéfie à basse température en un liquide incolore, bouillant à — 21°; la densité de ce liquide est 0,815 à — 20°. Dès la température de — 20°, il se polymérise en un corps solide, blanc, onctueux, soluble dans l'eau et l'alcool; le trioxyméthylène $(CH^2O)^3$ ou *triformol*, ou paraformaldéhyde, employé comme antiseptique intestinal, ainsi que sa combinaison avec l'iodoforme ou *ekaiodoforme*. Sous l'action de la chaleur, ce polymère dégage de l'aldéhyde formique pure.

La concentration des solutions aqueuses peut être poussée jusqu'à une teneur de 52 pour 100; au delà, il y a polymérisation.

L'aldéhyde formique du commerce est une solution aqueuse titrant environ 40 pour 100 de HCHO. Cette solution doit être incolore et présenter une réaction neutre ou faiblement acide. Sa densité est de 1,08 à 15°. L'aldéhyde du commerce est souvent colorée en bleu, par suite de l'attaque des appareils de cuivre qui ont servi à sa préparation. Comme les solutions se décomposent à la lumière, il faut les conserver dans des flacons colorés, dans un endroit frais et sombre.

Caractérisation et dosage de l'aldéhyde formique. — Si on ajoute à une solution aqueuse d'aniline très étendue un volume égal du liquide qu'on suppose contenir de la formaldéhyde, il se forme un précipité blanc floconneux. Cette réaction est sensible au 1/20 000°, mais la réaction n'est plus instantanée pour ces grandes dilutions. L'aldéhyde acétique donne également cette réaction. Un autre procédé consiste à chauffer le liquide à examiner avec un

peu de diméthylaniline et d'acide sulfurique concentré. Le tétraméthyldia-
minodiphénylméthane formé est recueilli, on le traite par l'acide acétique et
une trace de peroxyde de plomb, et il se forme une coloration bleue (tétra-
méthyldiaminobenzhydrol). Lorsqu'il s'agit de rechercher le formol dans des
produits alimentaires, on les décolore et on les filtre au préalable, s'ils sont
liquides ; ou bien on les traite par l'eau bouillante s'ils sont solides.

Lorsqu'il n'y a pas de matières albuminoïdes en présence, le réactif le plus
sensible du formol est une solution alcaline de résorcine à 5 pour 100 ; il se
produit une coloration rouge très intense, qui a lieu d'ailleurs également en
présence du chloroforme.

Le dosage de la formaldéhyde s'effectue, soit pondéralement, par réduction d'un sel d'argent ; soit titrimétriquement avec du chlorhydrate d'hydroxylamine. La quantité d'HCl, mise en liberté par le formol, est équivalente
à la quantité de formol présent.

Propriétés chimiques. — Le formol possède des affinités chimiques très
grandes, il réagit à peu près sur toutes les classes de corps et de manières
souvent différentes. Il a des propriétés réductrices très énergiques et réduit
la plupart des sels des métaux lourds ; avec les sels de cuivre ou d'argent, le
métal est mis en liberté.

Le chlore la décompose en donnant HCl et CO à la lumière diffuse ou
$COCl^2$ à la lumière solaire. Le brome agit de même.

Presque tous les métaux sont attaqués à chaud par la solution de formaldéhyde. La mousse de platine précipitée en présence de formol possède des
propriétés catalytiques beaucoup plus grandes.

L'action de l'ammoniaque est importante ; elle donne avec la formaldéhyde
un corps solide qui est l'hexamétylènetétramine $(CH^2)^6N^4$. Cette propriété
explique l'action désodorisante de la formaldéhyde dans le cas de fermentations ammoniacales. Par hydrogénation, l'hexaméthylène-tétramine conduit
aux amines grasses, *Trillat.*

Le formol se combine aux hydrosulfites, qu'il rend stables ; les hydrosulfites formaldéhydes sont très employés dans l'impression comme rongeants.

Les combinaisons bisulfitées des cétones et autres aldéhydes ont reçu
d'intéressantes applications en impression, en présence de la poudre de zinc,
soit pour fixer l'indigo, *Arthur Pellizza* (S. de Mulhouse, 1900, pli cacheté
du 6 avril 1899), soit pour enlevages sur couleurs azoïques, *Arthur Pellizza
et Louis Zuber* ; l'action rongeante paraît due à l'action de l'acide hydrosulfureux naissant, qui se trouve stabilisé par la présence de l'aldéhyde.

La question de la stabilisation des hydrosulfites, dont l'importance fut prévue par P. Schützenberger et de Lalande, est maintenant résolue de plusieurs façons.

L'anglais *Grossmann* (br. angl., 4 oct. 1898) avait proposé, comme plus
stable, l'emploi des hydrosulfites peu solubles de calcium, etc. ; leur fabrica-

tion a été perfectionnée sur les indications des chimistes lillois, P. Descamps et J. Harding (br. fr., 1902) et leurs applications se sont étendues principalement en teinture pour la fixation de l'indigo sur la laine, en sucrerie pour la conservation et la décoloration des jus sucrés, etc. Un second moyen de stabilisation des hydrosulfites est leur préparation à l'état pur ; les travaux de A. *Bernthsen*, 1900 et sq., et des chimistes de la Badische Anilin- und Soda-Fabrik, ont résolu le problème, d'abord dans le laboratoire, ensuite industriellement, hydrosulfite de sodium pur et *Rongalite* B de la Badische ; ils sont employés dans l'impression du coton en indigo, en colorants sulfurés, etc., pour le démontage des teintures sur coton ou mi-laine, etc. Un troisième moyen, qui se rattache aux travaux de A. Pellizza et L. Zuber, repose sur la stabilisation par combinaison avec les aldéhydes, en particulier la formaldéhyde. L'addition de formaldéhyde pour augmenter la stabilité des enlevages bisulfite + zinc se trouve mentionnée dans un manuel des Farbwerke de Hœchst, 1901. Elle est indiquée dans une formule déposée par C. Kurz de Darnétal pour enlevage sur rouge de paranitraniline, pli cacheté du 30 nov. 1902, à la S. Industrielle de Rouen. Les combinaisons des hydrosulfites et des aldéhydes ont été étudiées, d'une part par L. Descamps et J. Harding, br. fr. du 23 février 1903 et br. all. du 27 fév. 1903; d'autre part, par les chimistes de la Manufacture Émile Zundel, pli cacheté du 15 déc. 1902 à la S. Ind. de Mulhouse, et brevet français du 20 mars 1903 et br. all. du 25 février 1903 des Farbwerke de Hœchst.

Ce sont, d'une part les hyraldites de la maison Cassella et de la Manufacture Lyonnaise de Matières colorantes, et d'autre part les hydrosulfites NF et Z des Farbwerke vormals Meister, Lucius und Brüning de Hœchst. Citons également le rongalite C de la Badische.

Les hydrosulfites-aldéhydes et sulfoxylates-aldéhydes ont principalement leur emploi en impression pour enlevages blancs sur couleurs azoïques, qu'ils permettent de réaliser avec perfection. Pour enlevages colorés, *Jeanmaire* a préconisé l'aniline comme le meilleur solvant du colorant. De nombreuses applications de détail ont été faites ; on en trouvera l'exposé dans le Bulletin de la S. Ind. de Mulhouse. Je signalerai, entre plusieurs fort intéressantes, l'addition d'amines aromatiques aux enlevages colorés, proposée par Jeanmaire, br. all. 17 juin 1904 de la Badische, et préconisée aussi dans des voies diverses par les chimistes de la maison Zundel et par ceux de la maison Prochoroff de Moscou. La méthode de rongeage par les hydrosulfites-aldéhydes avec l'action catalytique, soit de la sétopaline ou de la nitroalizarine, procédé Paul Wilhelm de la manufacture N. N. Konchine à Serpoukhoff; ou de l'anthraquinone, Charles Sunder ; soit de l'écarlate d'induline ajouté à l'enlevage ou même au bain diazo à la dose de 2 décigr. par litre, Badische Anilin- und Soda-Fabrik et qui donne l'une des solutions les plus ingénieuses au rongeage particulièrement délicat des bordeaux de naphtylamine. — Enfin le nouveau mode de fixation d'oxyde de chrome en quantités sur le coton par vaporisage d'une couleur renfermant du bichromate additionné d'hydrosulfite ou de bisulfite aldéhyde, de Marius Richard et Decio Santarini, 1906.

Chauffée avec l'alcool méthylique, la formaldéhyde donne le *méthylal* ou éther méthylène diméthylique $CH^2(OCH^3)^2$, bouillant à 42°, anesthésique local et hypnotique.

L'aldéhyde formique permet d'effectuer des condensations importantes, en particulier elle permet d'obtenir la plupart des dérivés du diphénylméthane et les colorants qui s'y rattachent. En condensant la benzine, le toluène, la naphtaline, avec l'aldéhyde formique en présence d'acide sulfurique concentré, *Bæyer* a fait la synthèse du diphénylméthane, ditolylméthane, dinaphtylméthane. La condensation peut également avoir lieu entre des phénols, des amines, des dérivés nitrés, et des composés à fonctions multiples.

La formaldéhyde peut servir de réactif en analyse. Rappelons qu'elle donne un précipité blanc avec le phénol, un précipité et une coloration rouge-violet avec l'acide pyrogallique, un précipité jaunâtre avec le tannin, un précipité rouge-violet avec la résorcine, un précipité blanc avec l'hydroquinone, une coloration rougeâtre avec le b-naphtol, un précipité blanc avec l'a-naphtol, etc. Les alcaloïdes en général ne donnent lieu à aucune réaction.

Le formol a été proposé comme dénaturant de l'alcool éthylique.

La *formaldoxine*, obtenue par l'action de l'aldéhyde formique et du chlorhydrate d'hydroxylamine est le chlorhydrate de trioximidométhylène. C'est un bon réactif pour déceler de petites quantités de cuivre.

Propriétés coagulatrices. — L'aldéhyde formique coagule instantanément la gélatine et l'albumine, en les rendant insolubles, l'aspect et toutes les autres propriétés ne sont pas modifiées, Trillat. Cette propriété a trouvé de nombreuses applications, notamment pour durcir et conserver les pièces anatomiques, pour fabriquer la soie Vanduara, et durcir les plaques photographiques.

L'application du formol à la conservation des pièces anatomiques a été indiquée d'abord par *Trillat* (br. fr., oct. 1891). *Blum* de Francfort a mis au point cette question, notamment en ce qui concerne les préparations microscopiques. La formaldéhyde n'altère ni la forme ni la couleur des tissus, elle pénètre rapidement jusqu'aux couches profondes, en les durcissant et en les rendant inaltérables.

La caséine traitée par l'aldéhyde formique donne un produit susceptible de remplacer la corne, l'ivoire, le celluloïde, et nommé galalithe. Ce produit a sur le celluloïde l'avantage de ne pas être inflammable.

La formaldéhyde est appliquée pour fixer les couleurs à la gélatine (br. angl., 1898). *Kay* (Com. de Chimie de Mulhouse, 1899) emploie le procédé suivant : on fait couler lentement de la formaldéhyde à 40 pour 100 dans un appareil de vaporisage Mather et Platt. La durée du passage est de 9 à 5 minutes. La dépense n'est que de 8 parties de formaldéhyde à 40 pour 100 pour 100 parties de caséine contenue dans la couleur d'impression.

Pour appliquer un pigment pulvérulent, de la poussière de métal, de bronze, etc., on peut le faire au moyen de gélatine ou d'albumine et insolubiliser ensuite cette dernière au moyen de formaldéhyde liquide ou en vapeurs.

La soie passée dans un bain d'aldéhyde formique à 1 ou 2 pour 100 ne perd plus de son poids lors du dégommage ou de la teinture. On emploie également la formaldéhyde avec avantage, dans l'apprêt de la soie à la gélatine.

Les matières colorantes et extractives du vin naturel sont précipitées par l'aldéhyde formique ; les matières colorantes artificielles, au contraire, ne subissent pas cette influence d'où l'emploi du formol dans l'analyse des vins, *Trillat*.

L'aldéhyde formique à 4 pour 100 est absorbée complètement par la peau fraîche, qui devient insoluble. C'est la base du tannage au formol indiqué d'abord par Trillat, puis par Levenstein (br. fr., 1897) et G. Pullmann (br. fr., 1898). Le procédé indiqué dans le brevet Millar de S. et Ch. E. Miller, emploie une solution au millième de la solution commerciale à 40 pour 100.

Le formol coagule-t-il également les produits d'hydratation des albuminoïdes qui sont coagulables par la chaleur? *Ch. Lepierre* a trouvé dans ses recherches que les protoalbumoses sont insolubilisées à chaud par l'eau chaude, le chlorure de sodium à 10 pour 100 et le carbonate de sodium; que les deutéroalbumoses sont, les premiers termes, insolubilisés, les derniers termes, transformés d'abord en protoalbumoses ; enfin que les peptones suivent le même résultat. Tous ces précipités régénèrent les albumoses ou les peptones si on les chauffe 2 heures à 110° à l'autoclave.

Propriétés antiseptiques. — L'aldéhyde formique est un antiseptique puissant, qui a été préconisé par *Trillat*. Son pouvoir est sensiblement double de celui du sublimé (Trillat) et il est très peu toxique, mais caustique. Une injection sous-cutanée de 0,30 gr. par kg. est bien supportée par le lapin; le cobaye peut supporter une dose double.

Ces propriétés font employer l'aldéhyde formique à la *conservation* du lait, de la viande, des fruits, du vin, du cidre, de la bière, et d'un grand nombre d'autres matières alimentaires. Les albuminoïdes solides étant coagulés par le formol et par suite rendus impropres à l'assimilation, il en résulte que ce procédé n'est pas applicable pour les matières alimentaires solides.

Pour assurer la conservation du lait pendant plus d'un mois, il suffit d'une addition de 3/5000e de formol.

Une dose de un dix-millième suffit pour retarder la coagulation de 24 heures. *Al. Leys* a indiqué (J. de pharm., 1899), comment on pouvait caractériser des doses aussi minimes de formol. Le lait formolé à 1 pour 50.000 tue les jeunes chats en quelques semaines.

La viande immergée dans une solution au 1/500e pendant quelques secondes se conserve ensuite plusieurs jours à la température de 30°.

L'exposition aux vapeurs est d'une plus grande efficacité. En pratique, ce procédé doit être prohibé.

Les propriétés microbicides de l'aldéhyde formique sont excessivement intenses, il suffit d'une dose de 1/50.000 pour ralentir la marche d'une culture et de 1/11.000 pour l'arrêter complètement. Pour tuer les bacilles de la salive, il suffit d'employer une solution au millième.

Le formol entrave complètement les fermentations acides, tandis que les fermentations alcooliques ne sont pas altérées par le formol au 1/20.000. Cette propriété a été proposée en distillerie par Trillat (br. Gaston Boulet, 1897 ou 1898). La dose employée serait 1/5.000.

La solution au 1/2.000 est employée dans les pansements. A la dose de 1 pour 10.000, le formol arrête le développement de la bactéridie charbonneuse ; à la dose de 1 pour 100, surtout en présence d'alcool, il tue en 1 heure les germes pathogènes. Un mélange d'alcool et de formol à 3 pour 100 aseptise complètement les mains. *Ascoli*, de Turin, reproche au formol de momifier la peau et de déterminer la nécrose. *Berlioz* a obtenu des résultats remarquables avec le formol, en inhalations contre le coryza, les maux de gorge et l'enrouement. Une inhalation de 5 minutes suffit pour redonner à la voix sa limpidité. La phtisie est également bien combattue par ce traitement.

On a proposé un grand nombre de formules pour l'emploi du formol, la *camoline*, solution aqueuse à 1,5 pour 100 ; la *holzine*, solution à 60 pour 100 dans l'alcool éthylique ; le *formochlore*, solution de chlorure de calcium dans le formol ; la *formalithe*, terre d'infusoires imprégnée de formol ; les combinaisons avec le bisulfite, la gélatine, l'albumine ou *protogène*, l'acide quinotannique ou *quinoforme* et le *tannoforme*.

La formaldéhyde peut être additionnée d'un sucre et donner des composés antiseptiques plus faciles à employer, *H. Oppermann* et *R. Goende* (br. all., 1897). Le *stéréol* est une solution saturée dans le sucre de lait ; l'*amyloforme*, le *dextroforme*, le *glutol*, sont des composés d'aldéhyde formique et d'amidon qui répondent au même but.

La formaldéhyde acétamide ou *formicine* est employée comme antiseptique, en solution à 2 pour 100.

La combinaison de formol et de tannin dibromé ou *tannobromine* a été proposée contre l'alopécie.

L'*euformol* est constitué par des tablettes antiseptiques formées de formol, de thymol, de menthol, d'acide borique, d'essence d'eucalyptus et d'essence de Gaultheria.

Un mélange de formol et de glycérine a été proposé par *Milch* (br. fr., 1897) en vue d'imprégner les bouchons et de les débarrasser de leur goût tout en conservant leur élasticité. On prépare un papier tue-mouches, en trempant des feuilles de papier non collé dans une solution à 10 p. 100.

L'application la plus importante, qu'a reçue le formol, est celle de la désinfection et de l'assainissement des locaux contaminés, des lettres, colis, malles, provenant de pays envahis par des épidémies.

Les meilleurs résultats sont obtenus avec de la vapeur sèche de formaldéhyde. Les expériences faites dans cette voie par M. Trillat, 1894, sont les premières qui aient eu un certain retentissement. Il résulte de ces recherches que la formaldéhyde est un excellent désinfectant pour les objets de faible épaisseur, mais il manque de pénétration. Le formol a de plus l'avantage de n'être toxique qu'à haute dose et de ne faire explosion dans aucune circonstance.

L'appareil de Trillat pour régénérer les vapeurs d'aldéhydes de ses solutions commerciales est formé par un autoclave en cuivre, doublé d'argent intérieurement. La solution de formol à 40 pour 100 est additionnée d'eau 0,2, et de chlorure de calcium 0,2. Ce dernier a pour but de se combiner avec l'eau. On chauffe ensuite de manière à atteindre 5 atmosphères. Le gaz formaldéhyde est conduit dans la pièce à désinfecter au moyen d'un tube de 4^{mm} de diamètre interne, que l'on fait passer par le trou de la serrure, par exemple.

Brochet, 1896, traite la solution commerciale par un courant d'air chaud dans un autoclave que l'on place également à l'extérieur des locaux à désinfecter. *Walker* (J. de pharm. et de chimie, 1905) chasse l'aldéhyde formique de sa solution aqueuse par la chaux qui se combine à l'eau et facilite le départ du gaz. La chaux est ajoutée en quantité calculée. On ajoute du sulfate d'alumine pour empêcher la condensation du formol. Voici les doses employées. On dissout 9 à 10 kg. de sulfate d'alumine dans 12 à 15 lit. d'eau bouillante et on ajoute 6 ou 7 lit. de formol du commerce. Pour une chambre de 20 à 25 mc., on emploie 250 cmc. de ce mélange avec 500 gr. de chaux. Ce procédé a l'avantage de ne pas nécessiter d'appareil spécial, il est bon marché et est exempt de dangers d'incendie. On a proposé aussi un mélange de permanganate et de sable.

Les conclusions générales de Trillat (1896), sont les suivantes : La formaldéhyde, à l'état de vapeur, est le plus puissant antiseptique gazeux connu. Les procédés employés par l'auteur permettent d'obtenir rapidement la désinfection et cela quelle que soit la grandeur du local, sans aucun danger de détérioration ni d'intoxication. L'application de ces procédés est réduite à son extrême simplicité, puisque la désinfection est obtenue en faisant fonctionner l'appareil en dehors du local à désinfecter, la communication avec l'intérieur ayant lieu par l'orifice d'une serrure sans aucune dégradation.

Les brûleurs *Guasco* sont fondés sur le principe de la lampe sans flamme, mais la plaque de platine est remplacée par de la mousse de platine incorporée à un corps poreux. On brûle dans ces lampes de l'alcool à 80°. il se produit des vapeurs d'aldéhyde formique et pas d'acide formique. Ces brûleurs sont employés pour la désinfection des appartements, mais ils incommodent les personnes délicates.

Le lusoforme est un mélange de savon de potasse et de formol à 40 pour 100. Il contient 20 pour 100 de formol. Sa solution aqueuse à 3 pour 100, pulvérisée dans l'atmosphère, détruit les mauvaises odeurs.

Aldéhyde éthylique ou ordinaire $CH^3.COH$ — ou *acétaldéhyde*.

Découverte en 1821 par Dœbereiner, et étudiée par Liebig. On l'obtient en oxydant l'alcool par un mélange de bioxyde de manganèse et d'acide sulfurique ou en réduisant l'acétate de calcium par du formiate de calcium. Berthelot en a réalisé la synthèse en chauffant de l'éthylène avec de l'acide chromique. Industriellement, on la retire des produits de tête de la rectification des alcools.

C'est un liquide incolore, très faible, d'une odeur forte et un peu suffocante. C'est un stupéfiant énergique, l'inhalation de ses vapeurs détermine des troubles physiologiques profonds. Sa d = 0,8. Soluble en toute proportion dans l'eau, l'alcool et l'éther. Il bout à 21°. La solution à 2 pour 100 est utilisée comme antiseptique.

L'aldéhyde se polymérise facilement. Sous l'action des chlorures de zinc et de cuivre, il donne la *paraldéhyde*, liquide soluble dans 8 p. d'eau, bouillant à 125°, employé comme hypnotique à la dose de 1 à 2 gr., et la *métaldéhyde*, solide cristallisée, insoluble ; ils reproduisent tous les deux par la chaleur l'aldéhyde. Une polymérisation plus stable de l'aldéhyde, conduit à l'aldol et au paraldol. La paraldéhyde sert à préparer avec l'aniline la quinaldine ou méthylquinoléine. L'aldéhyde est un corps réducteur. Il réduit les sels d'argent.

Elle brûle au contact de l'air et d'un corps enflammé en donnant $H^2O +$ CO^2. Ses vapeurs font explosion. Elle a une grande tendance à s'oxyder et à se convertir en acide acétique.

L'aldéhyde donne des combinaisons cristallisées et caractéristiques avec le gaz ammoniac, avec l'acide sulfureux, avec le bisulfite de sodium.

Chauffée avec l'alcool, elle forme de l'acétal $CH^3CH(OC^2H^5)^2$, liquide incolore, d'une odeur éthérée, bouillant à 104°, peu soluble dans l'eau, très soluble dans l'alcool et l'éther. Il se rencontre dans les vins vieux où Dœbereiner l'a découvert en 1833. C'est un hypnotique.

L'action du chlore sur l'aldéhyde est l'une des plus intéressantes à étudier. Il se forme, soit des aldéhydes chlorées dont la plus importante, la trichlorée CCl^3,COH, n'est autre que le chloral, soit du *chlorure d'éthylidène* ou éthylène dichloré $CH^3.CCl^2H$, liquide incolore bouillant à 75°, soit du *chlorure d'acétyle* $CH^3.COCl$.

Chloral $CCl^3.COH$ — ou *aldéhyde trichlorée*. Découvert par Liebig en 1839. Sa composition a été établie par Dumas.

Dans la pratique, on le prépare en faisant agir du chlore sec directement sur l'alcool absolu et refroidi.

C'est un liquide incolore, d'une odeur pénétrante, bouillant à 98°. Ses vapeurs irritent les yeux. Il est soluble dans l'eau et l'alcool. Il forme avec l'eau une combinaison solide, l'*hydrate de chloral*, fusible à 46°, bouillant à 97°. Cette combinaison se transforme au contact de la potasse, en chloroforme, suivant la réaction $CCl^3.COH + KOH = CHCl^3 + HCO^2K$. Cette réaction donne l'explication des propriétés hypnotiques et anesthésiques du chloral qui subit la susdite transformation au contact du sang, toujours alcalin.

C'est en 1869[?] qu'il fut introduit dans la thérapeutique comme calmant. Il fait dormir vite et rapidement, sans nausées, ni maux de tête, mais il est toxique. On l'emploie contre l'insomnie, contre les crises d'aliénation mentale, les douleurs goutteuses et néphrétiques. On doit proscrire ce remède dans le cas d'affections organiques du cœur. On le prend à la dose de 1 à 5 gr., étendu d'eau ou dans une tasse de thé, pour diminuer sa causticité. Comme hypnotique, 2 gr. en deux prises à une demi-heure d'intervalle. Giraldès, 1874, l'a proposé à la dose de 0,30 gr. contre le mal de mer.

On emploie aussi comme hypnotiques et sédatifs le chloral-ammonium, la chloralamide, la chloralimide, le cyanhydrate de chloral ; l'*hypnal*, qui est le monochloral-antipyrine, obtenu en faisant agir le chloral et l'antipyrine en présence d'eau, comme hypnotique et analgésique à la dose de 1 à 2 gr. par jour; le *chloralose* ou glycochloral, qui est un mélange de chloral et de glucose. On emploie aussi l'hydrate de *bromal*, soluble dans l'eau.

Le chloral est aussi un agent antifermentescible très remarquable. Il est employé aussi comme réducteur des sels d'argent.

Aldéhydes butyriques $C^4H^8.O$ — ou *butanals*. Il en existe deux. Le butanal 1 $CH^3CH^2CH^2C.OH$ bout à 74°. Son dérivé chloré, le butyl-choral est employé en médecine comme succédané du chloral ; c'est un corps cristallisé qui fond à 70°.

Aldéhyde allylique $CH^2CH.COH$ — ou *acroléine*. Elle se prépare par la déshydratation de la glycérine. C'est un liquide, bouillant à 52°, d'une odeur âcre et saisissant à la gorge. Cette odeur est celle qui se dégage lorsqu'on chauffe fortement un corps gras.

Citral $C^{10}H^{16}O$ — ou *géranial*. Cette aldéhyde, découverte en 1888, par les chimistes de Schimmel, dans l'essence de Backhousia citriodora, a vu bientôt sa présence caractérisée dans un certain nombre d'essences naturelles, en particulier dans celle de lemon-grass. On l'obtient aussi par oxydation chromosulfurique du géraniol et du linalol, mais le procédé, tout important qu'il est au point de vue théorique, n'a pas encore d'intérêt industriel. Tout le citral est extrait de l'essence de lemon-grass par distillation dans le vide ou par formation de sa combinaison bisulfitique.

C'est un liquide peu soluble dans l'eau, soluble dans l'alcool, l'éther, le chloroforme. Il est très altérable à l'air. On le caractérise assez facilement, ce qui permet indirectement de déceler son alcool, le géraniol, dans les essences. Il a l'odeur du citron, et on en fait usage pour renforcer l'essence de citron en lui ajoutant 7 à 8 pour 100 de citral.

Le citral a une très grande importance pour la préparation de l'ionone, par condensation avec l'acétone.

Aldéhyde benzoïque $C^6H^3.COH$. — Elle se forme dans l'essence d'amandes amères, en même temps que de l'acide cyanhydrique (1 à 4 pour 100), sous l'influence d'un ferment spécial, *l'émulsine* ou *synaptase*, qui amène le dédoublement de *l'amygdaline* au contact de l'eau. On la prépare dans l'industrie, par le procédé Lauth et Grimaux, en oxydant du chlorure de benzyle par le nitrate de plomb ou par le procédé de la Société chimique des Usines du Rhône, en oxydant du toluène sulfoné par le bioxyde de manganèse.

C'est un liquide incolore, très réfringent, d'une odeur agréable d'amandes amères, d'où son application si généralisée comme substitut de l'essence naturelle dans la savonnerie. Elle est soluble dans 40 à 50 p. d'eau froide, et en toute proportion dans l'eau bouillante. Sa d. à $0° = 1,05$.

Par condensation avec l'aldéhyde ordinaire, elle donne l'aldéhyde cinnamique, appliqué à la préparation de celle-ci.

On la falsifie avec la nitrobenzine ; pour la déceler, il suffit d'oxyder l'aldéhyde en acide benzoïque par le permanganate, ou de réduire la nitrobenzine en aniline et de former de la fuchsine. On la distingue de l'essence naturelle en caractérisant les produits chlorés qui existent toujours dans l'essence artificielle et rendent celle-ci un peu inférieure à la première. Mais le produit naturel n'existe plus que comme rareté.

L'aldéhyde benzoïque, exposée à l'air et à la lumière, se convertit en acide benzoïque. C'est ce qui se produit dans les flacons qui la renferment.

L'essence artificielle d'amandes amères trouve emploi en parfumerie et en distillerie. Elle n'a pas le caractère toxique que l'essence naturelle doit à la présence de l'acide cyanhydrique, mais elle est irritante. On s'en sert aussi pour masquer l'odeur de l'eau-de-vie de grains, et en Russie, pour préparer un kirsch artificiel.

Aldéhyde α- toluique C^8H^8O, ou $C^6H^3CH^2COH$ ou — *phénylacétique*. On peut l'obtenir en distillant un mélange de a-toluate et de forniate de calcium, *Cannizaro*. Elle possède l'odeur de la jacinthe.

Aldéhyde cinnamique C^9H^8O, ou $C^6H^5.CH : CH.COH$. — *Essence de cannelle artificielle*. Elle existe dans l'essence de cannelle et dans l'essence de cassia où Dumas et Péligot la découvrirent en 1834. On l'extrait de l'essence de cannelle de Chine qui est la plus riche en aldéhyde cinnamique et la moins coûteuse.

Dans l'industrie, on prépare l'aldéhyde cinnamique par condensation de l'aldéhyde benzylique et de l'aldéhyde ordinaire, en présence de soude ; il y a élimination d'eau. Cette condensation demande pour se faire une durée de huit à dix jours, à la température de 30°.

L'aldéhyde cinnamique est un liquide huileux clair, possédant une odeur agréable de cannelle. Sa densité est 1,05 à 20°.

Par oxydation, elle donne de l'acide cinnamique.

Furfurol C¹H³O.COH. — C'est une aldéhyde très spéciale, qu'on rattache au groupement furfurane C^4H^3O, qu'on peut considérer comme dérivé du benzène par substitution complexe. Le furfurol se trouve dans les produits de la distillation des bois et de la fermentation des liquides alcooliques, Dœbereiner, 1823. C'est un liquide huileux, à odeur de cannelle, soluble dans l'eau, bouillant à 161°, très vénéneux. Il faut le séparer avec soin des alcools commerciaux. Pour l'y caractériser, voir p. 897.

II. — ALDÉHYDES A FONCTION MIXTE

Les aldéhydes qui correspondent aux alcools polyatomiques peuvent avoir plusieurs fois la fonction aldéhyde, ou bien une fonction aldéhyde et une autre fonction : alcool, acide, etc. Par exemple, un alcool diatomique donne deux aldéhydes, une double aldéhyde et une aldéhyde-alcool.

On nomme *aldoses* les alcools-aldéhydes et *cétoses* les alcools-cétones. Aux aldoses et aux cétoses se rattachent les *Sucres* et leurs dérivés.

Dans la série aromatique : Les aldéhydes-phénols sont particulièrement intéressants par leurs applications. Elles sont souvent l'un des produits de dédoublement des glucosides.

Il y a trois aldéhydes oxybenzoïques. La plus importante est l'o ou
aldéhyde salicylique $\quad\quad\quad\quad OH_2 - C^6H^4 - COH_4$.
L'éther méthylique du p est l'
aldéhyde anisique $\quad\quad\quad\quad CH^3O_4 - C^6H^4 - COH_4$.
Il y a également trois aldéhydes dioxybenzoïques. La plus importante est l'
aldéhyde protocatéchique $\quad\quad (OH)^2_{3.4} - C^6H^3 - COH_4$.
Ses éthers mono et diméthylique et méthylénique, sont l'
aldéhyde vanillique ou vanilline $\quad OH.OCH^3 - C^6H^3 -- COH$.
aldéhyde méthylvanillique ou méthylva-
nilline $\quad\quad\quad\quad\quad\quad\quad (OCH^3)^2 - C^6H^3 - COH$.

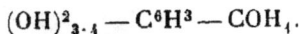

aldéhyde pipéronylique ou pipéronal $\quad CH^2{<}^O_O{>} C^6H^3 - COH$.

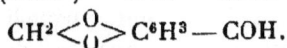

La vanilline est en méta. L'isovanilline est en para.

Aldéhyde salicylique C⁷H⁶O² — ou *aldéhyde orthoxybenzoïque.*
Cette aldéhyde forme la majeure partie de l'essence de reine-des-prés. On la prépare en oxydant la salicine par l'acide chromosulfurique. On l'obtient également en ajoutant peu à peu du chloroforme dans une solution de phénolate de soude à température de 50°, procédé Tiemann et Reimer.

L'aldéhyde salicylique est un liquide huileux, incolore, d'odeur agréable. Sa densité = 1,17. Elle cristallise à — 20° et bout vers 190°. Elle est un peu soluble dans l'eau, très soluble dans l'alcool et l'éther. Elle possède une réaction acide, et sa saveur est brûlante. Avec les sels ferriques, elle donne une coloration violette très intense. C'est une aldéhyde-phénol.

L'aldéhyde salicylique est employée comme succédané de l'essence de reine-des-prés. Elle pourrait servir à la préparation artificielle de la coumarine.

Aldéhyde anisique $C^8H^8O^2$ ou $C^6H^3(CHO)_1 — (OCH^3)_4$. — On l'obtient par oxydation de l'anéthol ou estragol, qui est le constituant principal des essences d'anis. Cette oxydation peut s'effectuer de différentes façons : par l'acide nitrique, *Landolph* ; par le mélange chromique, *Staedeler* ; par l'ozone, *Otto* et *Verley*, ou par la chlorhydrine chromique, *Etard*.

Un autre mode de préparation consiste à méthyler l'aldéhyde para-oxybenzoïque, Tiemann et Herzfeld.

L'aldéhyde anisique est un liquide huileux, incolore, dont l'odeur rappelle celle de l'aubépine. Sa densité est 1,12 ; ce liquide bout à 245°. Il est insoluble dans l'eau. Elle s'oxyde facilement à l'air et donne de l'acide anisique.

C'est la base des extraits à odeur d'aubépine et de foin coupé. La combinaison bisulfitique de l'aldéhyde anisique porte dans le commerce le nom d'*aubépine cristallisée*.

Aldéhyde vanillique $C^8H^8O^3$ — ou *éther méthylique de l'aldéhyde protocatéchique*. La vanille doit son odeur à une aldéhyde-phénol, la *vanilline*, dont Carlès a établi la composition. La vanilline existe également dans le benjoin de Siam et les fleurs du Nigritella suaveolens.

Historique. — La constitution et les propriétés de ce corps furent mises en lumière par les travaux de Tiemann et ses collaborateurs qui en réalisèrent la synthèse.

En 1874, MM. Tiemann et Haarmann obtinrent de la vanilline identique au givre de la vanille naturelle en oxydant au moyen du mélange chromique la coniférine, glucoside contenu dans certains conifères ; la coniférine peut être considérée comme une combinaison avec élimination d'eau, d'alcool coniférylique et de glucose. Sous l'influence d'une diastase, comme l'émulsine, il y a hydrolyse (fixation d'eau) et dédoublement en les deux composants. L'alcool coniférylique libre se comporte vis-à-vis des oxydants comme la coniférine et donne aussi de la vanilline.

Ce procédé très intéressant n'aurait pu suffire aux besoins de l'industrie ; il était trop cher, la coniférine étant d'un prix élevé. Un grand pas fut fait dans la voie du progrès le jour où l'on trouva les rapports de l'eugénol et de l'isoeugénol avec la vanilline. C'est G. de Laire qui, en 1876, introduisit en France la fabrication de la vanilline industrielle, puis par son brevet sur l'oxydation de l'acétyl-eugénol, donna à cette industrie une impulsion qui devait bientôt être féconde en résultats.

Depuis 30 ans, les procédés d'obtention de la vanilline se sont multipliés. On en compte actuellement un si grand nombre que nous ferons une sélection et que nous ne donnerons que ceux qui ont été employés par l'industrie.

Préparation de la vanilline. — Nous diviscrons les produits susceptibles de servir de point de départ à la préparation de la vanilline en phénols et en aldéhydes. Voici les schémas des plus importants :

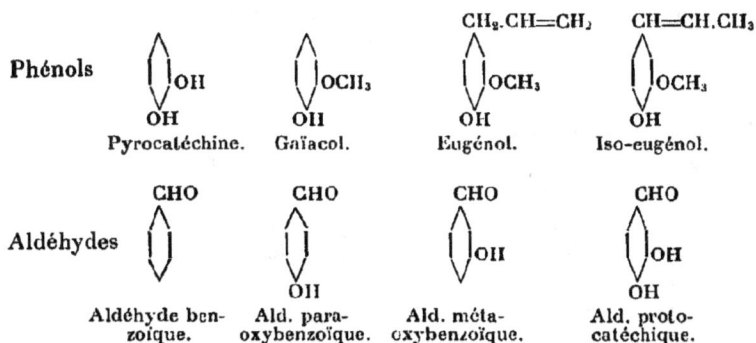

Phénols

Pyrocatéchine.   Gaïacol.   Eugénol.   Iso-eugénol.

Aldéhydes

Aldéhyde ben-   Ald. para-   Ald. méta-   Ald. proto-
zoïque.   oxybenzoïque. oxybenzoïque. catéchique.

Nous n'examinerons ici que les procédés de fabrication, à partir de l'eugénol, de l'isoeugénol et de l'aldéhyde protocatéchique ; l'oxydation de la coniférine n''a plus qu'un intérêt historique.

1re méthode. *Oxydation de l'eugénol et de l'isoeugénol.*

L'eugénol ne diffère de la vanilline que par une chaîne latérale allylique à la place du groupement aldéhydique. Il faut donc pour passer de l'une à l'autre rompre cette chaîne et fixer de l'oxygène. Mais selon la règle générale, l'eugénol, dérivé allylique, s'oxyde très mal, on obtient surtout un polymère et seulement des traces de vanilline. G. de Laire, en France, et Tiemann et Haarmann, en Allemagne, rendirent cette opération pratique industriellement en acétylant l'eugénol.

Préparation de l'acétyl-eugénol. On chauffe pendant plusieurs heures l'eugénol avec un excès d'anhydride acétique. On distille l'anhydride restant, puis l'acide acétique formé. On obtient ainsi l'acétyl-eugénol cristallisable :

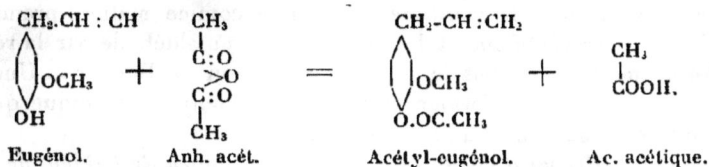

Eugénol.   Anh. acét.   Acétyl-eugénol.   Ac. acétique.

Oxydation de l'acétyl-eugénol. On oxyde au moyen de permanganate de potasse ; on obtient ainsi le dérivé acétylé de la vanilline qu'il suffit de saponifier par la potasse pour obtenir la vanilline.

Cette méthode a été améliorée par les nouveaux brevets pris en France par la Société de Laire ; le procédé consiste à transformer l'eugénol en isoeugénol, à faire ensuite l'acétyl ou le benzoyl-isoeugénol et à oxyder ce nouveau produit. Voici la méthode d'isomérisation de l'eugénol brevetée (Br.

français, n° 209,149) en France par la Société de Laire et Cie. On chauffe 12,5 p. de potasse caustique et 18 p. d'alcool amylique ; on filtre pour séparer le carbonate de potasse insoluble qui préexistait. On ajoute ensuite : 5 p. d'eugénol. On chauffe pendant 16-18 heures au bain de paraffine à 140° et on entraîne à la vapeur d'eau pour enlever l'alcool amylique. L'isoeugénol est mis en liberté en ajoutant de l'acide sulfurique très étendu et refroidissant avec de la glace afin d'éviter la formation de résines. On entraîne ensuite l'isoeugénol par la vapeur d'eau, puis on le rectifie dans le vide.

L'isoeugénol est acétylé dans les mêmes conditions que l'eugénol et l'acétyl-isoeugénol est oxydé au permanganate de potasse. Cette méthode donne d'excellents résultats. C'est celle qui est la plus employée.

Il existe un procédé d'oxydation directe de l'isoeugénol, également breveté par la Société de Laire et Cie. C'est l'oxydation au moyen des peroxydes métalliques.

La Société anglo-française, à Courbevoie, a exploité l'oxydation directe par l'air ozonisé.

Par la méthode générale, oxydation de l'eugénol ou de l'isoeugénol, on substitue le groupement COH à une chaîne grasse ; l'oxydation est plus aisée avec l'isoeugénol. Il faut avoir soin de bloquer, avant l'oxydation, le groupement phénolique libre OH, sinon les rendements sont inférieurs. Appartiennent à cette méthode indiquée par Erlenmeyer, en 1876, le brevet G. de Laire, 1876, qui oxyde l'acétyleugénol ; les brevets Haarmann et Reimer, 1890, G. de Laire, 1890, qui oxydent l'acétylisoeugénol ou le benzoylisoeugénol ; les oxydants proposés sont les permanganates, de Laire ; les péroxydes alcalins, de Laire, Haarmann et Reimer ; l'ozone, Carl, Kolbe, Otto et Verley, etc. On n'est pas seulement passé par l'intermédiaire des éthers acétyliques et benzoyliques de l'isoeugénol ; mais, ont été brevetés les éthers benzyliques, Boehringer, 1891 ; phényliques, Farbwerke de Hœchst, 1892 ; phosporiques et sulfuriques, Einhorn et Fraj, Bayer et Cie ; glycoliques, Majert, 1894 ; éthylcarbonique, Heyden, etc.

On a aussi fabriqué la vanilline en prenant comme matière première le gaïacol ou la pyrocatéchine et les transformant en aldéhyde par la réaction au chloroforme connue sous le nom de « réaction de Reimer ». Une autre méthode consiste à transformer en vanilline l'aldéhyde benzoïque qui n'en diffère que par l'absence d'un groupement phénol.

2e méthode : *Préparation de la vanilline au moyen de l'aldéhyde protocatéchique.*

Pour passer de l'aldéhyde protocatéchique à la vanilline, il suffit de méthyler l'une des fonctions phénoliques en substituant le groupement OCH^3 à un groupement OH. La méthylation s'effectue par les méthodes ordinaires, mais le résultat de la réaction est un mélange des produits suivants, ce qui rend l'opération peu pratique, car l'iso- et la méthylvanilline n'ont pas la la même odeur. La difficulté est donc d'empêcher la méthylation de se porter sur les groupements OII en para. Voir les brevets E. Shering, 1893, et sq. ; S. chimique des Usines du Rhône.

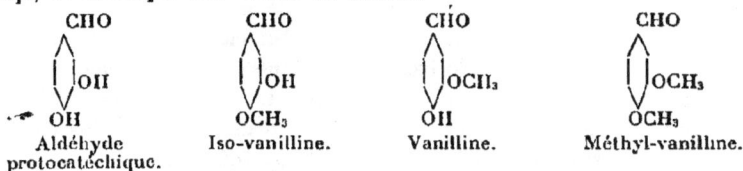

$$CHO \qquad CHO \qquad CHO \qquad CHO$$

OII	OH	OCII$_3$	OCH$_3$
OH	OCH$_3$	OII	OCH$_3$
Aldéhyde protocatéchique.	Iso-vanilline.	Vanilline.	Méthyl-vanilline.

On a cherché à obtenir de meilleurs rendements en vanilline en éthérifiant la fonction phénolique qui doit rester libre par le groupement benzyle. La benzylvanilline ainsi obtenue est facilement transformée en vanilline.

Les premiers brevets sont exposés dans une étude de J. Altschul, in Pharm. Centr. 1895.

Dosage de la vanilline.— La vanilline étant souvent fraudée par l'addition de substances inertes, par exemple, l'acétanilide jusqu'à 27 pour 100, il est bon de savoir la doser. Voici la méthode préconisée par Tiemann et Haarmann.

On prend un poids p. de la vanilline à essayer, on la dissout dans l'éther, puis on ajoute une solution aqueuse de bisulfite alcalin (en excès). On agite vigoureusement pendant une demi-heure. On décante le bisulfite qui contient la vanilline à l'état de combinaison soluble. On met l'éther de côté. On lave à l'éther deux fois. Les éthers de lavage sont réunis au premier solvant décanté.

Par distillation de l'éther, on a les parties non aldéhydiques. On décompose la combinaison bisulfitique par l'acide sulfurique dilué. On reprend par l'éther. On a la vanilline qu'on sèche dans un dessiccateur à acide sulfurique.

Propriétés de la vanilline. — La vanilline a pour formule $C^8H^8O^3$. Sa formule de constitution établie par Tiemann est la suivante :

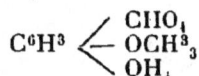

$$C^6H^3 \left\langle \begin{array}{l} CHO_1 \\ OCH^3{}_3 \\ OH_4 \end{array} \right.$$

Ce corps se présente en beaux cristaux blancs, doués d'une odeur de vanille très prononcée. Elle est peu soluble dans l'eau ; 1 gr. demande 90 à 100 gr. d'eau à 14°, et 20 gr. à 75°-80°. Elle est très soluble dans tous les solvants organiques usuels : l'alcool, l'éther, le chloroforme, et aussi le sulfure du carbone. Elle fond à 82°-83° et se sublime à t. plus élevée.

Par réduction, elle donne l'alcool vanillique ; par oxydation, l'acide vanillique.

Sa fonction aldéhydique fait qu'elle se combine aux bisulfites alcalins et à l'hydroxylamine qui donne une oxime fusible à 122°.

Grâce à sa fonction phénolique libre, elle est soluble dans les lessives alcalines et peut donner des dérivés alkylés, tels que la méthylvanilline :

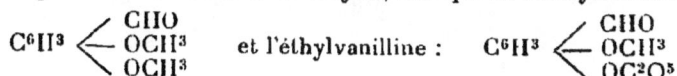

$$C^6H^3 \left\langle \begin{array}{l} CHO \\ OCH^3 \\ OCH^3 \end{array} \right. \qquad \text{et l'éthylvanilline :} \qquad C^6H^3 \left\langle \begin{array}{l} CHO \\ OCH^3 \\ OC^2O^3 \end{array} \right.$$

Applications. — La vanilline possède une odeur franche et très forte de vanille. Elle est très employée dans l'alimentation pour parfumer les chocolats, les bonbons et les crèmes, etc. Ce n'est pas un succédané de la vanille, l'identité de la vanilline et du givre de la vanille est complète.

Grâce aux puissants moyens d'action de l'industrie moderne, le prix de la vanilline a baissé en l'espace de trente ans d'une façon colossale et elle ne se vend plus aujourd'hui qu'environ 40 francs le kilog. Pendant 15 ans, il s'en est vendu des quantités importantes à un prix vingt fois plus élevé ; la succession des prix a été : 8.750 fr., en 1876 ; 5.000, en 1877 ; 3.000, en 1878 ; 2.000, en 1879 ; 1.500, en 1881 ; 875, en 1885 ; 700, en 1895 ; 157, en 1897 ; 115, en 1899.

Aldéhyde pipéronylique $C^8H^6O^3$ — *pipéronal, héliotropine,* éther méthylénique de l'aldéhyde protocatéchique.

C'est un côrps blanc, cristallisé, fusible à 30° ; il bout à 263°. Il est très peu soluble dans l'eau froide, puisqu'il en faut 500 à 600 parties pour dissoudre 1 partie ; mais il se dissout facilement dans les solvants organiques, dans l'alcool à froid, et très soluble dans l'alcool et l'éther à chaud.

Il entre dans la composition d'un très grand nombre de parfums. En particulier, mélangé avec la vanilline, il constitue l'héliotropine commerciale. Pour parfumer les savons, on l'emploie à la dose de 1 pour 100. Ce produit est relativement bon marché si l'on considère la puissance de son parfum. L'industrie le livrait à 3.750 francs le kg. en 1880, à 2.400 francs en 1881 (Schimmel) ; en 1883 à 1200 francs (De Laire et Cie) ; à 750 francs en 1885 ; à 75 francs en 1895 ; à 37, 5 francs en 1899. On le trouve maintenant à 20 francs le kilo.

L'Héliotropine ou pipéronal est une aldéhyde aromatique dont la formule est la suivante :

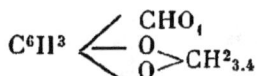

$$C^6II^3 \left\langle \begin{array}{l} CHO_{1} \\ O \\ O \end{array} \right\rangle CH^2{}_{3.4}$$

Elle se prépare par oxydation de l'isosafrol. Comme dans la molécule du safrol il n'existe pas de fonction phénol à l'état libre, l'oxydation directe du safrol ou mieux de l'isosafrol donnera facilement le pipéronal.

Parmi les nombreuses méthodes d'oxydation employées, l'action du mélange chromique semble être la plus généralement utilisée. Voici comment Ciamician et Silber opèrent l'oxydation de l'isosafrol : on fait un mélange de 2 kg. 500 bichromate de potassium, 8 litres d'eau, 0 kg. 800 acide sulfurique, qu'on verse peu à peu et en agitant sur 500 grammes d'isosafrol.

L'aldéhyde fournie est purifiée par les méthodes ordinaires. L'héliotropine dérive du safrol comme la vanilline de l'eugénol.

III. — CÉTONES

Les *cétones*, ou aldéhydes correspondant aux alcools secondaires, se distinguent des aldéhydes ordinaires en ce que leur groupement fonctionnel est CO au lieu de COH, qu'on les produit à partir des acides en décomposant par la chaleur leurs sels de calcium sans avoir besoin d'aider la réduction par la présence de l'acide formique, et que par oxydation elles donnent non pas un seul acide, mais un mélange de deux acides, car elles correspondent à deux radicaux hydrocarburés. Les autres propriétés sont analogues. On les identifie au moyen des composés cristallisés qu'elles donnent avec la semi-carbazide ou *semicarbazone*, avec l'hydroxylamine ou *oximes*, et avec la phénylhydrazine ou *hydrazones*.

Les *sulfones* dérivent par oxydation des sulfoxydes. Les sulfoxydes peuvent être considérés comme des cétones dans lesquelles le C cétonique serait remplacé par S. Tel : $(C^2H^3)^2.SO$, sulfoxyde d'éthyle ; $(C^2H^3)^2 : SO^2$, éthyle-sulfone. On leur rattache le sulfonal.

1. Série grasse.

Cétone éthylique	$CH^3.CO.CH^3$
Cétone propylique	$C^2H^5.CO.C^2H^5$
Cétone butylique	$C^3H^7.CO.C^3H^7$
Cétone amylique	$C^4H^9.CO.C^4H^9$.

2. Série aromatique.

Benzophénone	$C^6H^5.CO.C^6H^5$
Acétophénone	$C^6H^5.CO.CH^3$.
Irone et Ionone	$C^{11}H^{17}.CO.CH^3$.

On peut rattacher aux Cétones les *Camphres*. Les cétones aromatiques donnent par réduction sous l'action du sulfhydrate d'ammoniaque sulfuré, un colorant violet, Willgerodt (Berl. Berich.) qui est un mélange de thionol et de thionoline, Pabst (Mon. sc. 1898).

Acétone C^3H^6O ou $CH^3 — CO — CH^3$.— L'*acétone*, cétone éthylique ou propanone $CH^3.CO.CH^3$, méthylure d'acétyle $C^2H^3O.CH^3$, diméthylure de carbonyle $CO(CH^3)^2$, diméthylcétone, se produit lorsqu'on décompose par la chaleur l'acide acétique : $2C^2H^4O = C^3H^6O + CO^2 + H^2O$; on obtient ainsi l'*esprit pyroacétique* connu depuis plusieurs siècles, sa formule a été établie par Dumas et Liebig, 1832.

Dans l'industrie, on l'obtient en soumettant le pyrolignite de chaux à la distillation sèche dans des chaudières plates, munies d'agitateurs mécaniques. Le produit de la distillation est lavé, puis rectifié. Le lavage a pour but de séparer les huiles d'acétone qui sont insolubles dans l'eau. Les huiles d'acétones sont formées par les homologues supérieurs de l'acétone ordinaire, les huiles légères bouent entre 75° et 130°, les huiles lourdes entre 130° et 250°. On les emploie à la dénaturation de l'alcool, en Suisse, ainsi qu'à l'épuration de l'anthracène brute. Le rendement industriel est de 20 kg. d'acétone pour 100 kg. d'acétate de chaux. A. *Marshall* (Monit. sc., 1905) rapporte que la rectification de l'acétone doit se faire, non sur la soude caustique mais sur de l'acide sulfurique. La conservation de l'acétone est alors de plus longue durée.

Essai de l'acétone. — D'après la méthode allemande, l'acétone doit être incolore et limpide. Elle doit se mélanger à l'eau en toute proportion sans se troubler même après un temps très long. Sa réaction doit être neutre à la phénolphtaléine, elle ne doit pas donner de précipité avec le sublimé. Elle ne doit pas contenir plus de 0,1 pour 100 d'aldéhyde. Par distillation, 95 pour 100 du produit doit passer avant 58°. La détermination iodométrique doit donner au minimum 98 pour 100 d'acétone pure.

Dans la méthode anglaise adoptée par le Département de la Guerre, l'essai le plus important est celui-ci. On ajoute à 100 cmc d'acétone, à la température de 60° F, 1 cmc d'une solution de permanganate à 0,1 pour 100. La décoloration du liquide conservé à l'abri de la lumière, ne doit pas survenir avant une durée de 30 minutes au moins.

Propriétés et Applications. — C'est un liquide transparent, incolore, doué d'une odeur éthérée un peu empyreumatique, très mobile, d à 0° = 0,814. Elle bout à 56°. Son odeur, qui varie d'ailleurs avec les échantillons et rappelle celle de la menthe, est due probablement à une impureté. Elle se mélange en toutes proportions avec l'eau, l'alcool, l'éther : elle ne doit donc pas se troubler lorsqu'on ajoute de l'eau.

L'acétone dissout un grand nombre de substances organiques, d'où un certain nombre d'applications :

L'acétone dissout l'acétylène. 1 litre d'acétone, immobilisé ou non dans une matière poreuse, amiante ou pierre ponce, dissout 25 l. d'acétylène à 15° et à la pression ordinaire et 300 l. (soit 1 kg. de carbure de calcium) sous 12 atm. Cette dissolution devient moins dangereuse, attendu (Berthelot et Vieille, 1897) que le carbure dissous cesse d'être explosif par inflammation interne jusqu'à une pression initiale de 10 kg. à 15°.

L'acétone a été proposée pour extraire le tannin à froid (H. Rau, br. am., 1898).

L'acétone sert à gélatiniser la nitrocellulose dans la préparation du celluloïde, et des poudres sans fumées, en particulier de la cordite, explosif employé dans l'armée anglaise.

L'acétone est combustible, elle brûle avec une flamme bleue.

L'acétone donne par l'action du Cl de l'acétone bichlorée, $C^3H^1Cl^2O$, liquide incolore, d'une odeur extrêmement irritante, et tellement corrosif qu'une goutte en contact avec la peau produit une vive inflammation et une plaie profonde. Elle donne avec les oxydants de l'acide acétique et de l'acide formique par rupture de la chaîne et oxydation des deux radicaux.

L'acétone traitée par l'o-nitrobenzaldéhyde, en présence d'une petite quantité de soude caustique, donne de l'indigo, c'est une très bonne réaction pour caractériser l'acétone.

L'acétone, en présence du sulfite de sodium, peut déterminer l'action développante dans les révélateurs alcalins, et son action remplace ainsi celle des alcalis (Lumière). La meilleure formule serait : pyrogallol 1 gr., sulfite de sodium anhydre 5 gr., acétone 10 c.c., eau 10 c.c.

L'acétone est utilisée à la préparation du chloroforme, par traitement avec l'hypochlorite de chaux. Ce chloroforme serait plus pur que celui obtenu avec l'alcool. Le rendement industriel est de 175 kg. de chloroforme pour 100 kg. d'acétone.

Traitée par les hypoïodites alcalins, l'acétone donne de l'iodoforme plus pur et moins odorant que celui obtenu avec l'alcool.

L'acétone entre dans la fabrication de l'ionone. L'acétone se combine au chloral en présence de soude, il se forme de la *chlorétone* employée en médecine pour provoquer le sommeil à la dose de 0,65 à 1 gr. C'est un composé plus toxique que le chloral.

La *diéthylcétone*, liquide soluble dans l'alcool et l'éther est aussi hypnotique.

Les Farbwerke de Hœchst obtiennent des hydrosulfites stables au moyen d'un traitement à l'acétone ou à l'éthylacétone, en présence d'hydroxydes alcalins.

Sulfonal $(CH^3)^2$ C : $SO^2C^2H^5)^2$— ou diéthyl sulfonediméthylméthane. Lorsqu'on condense l'acétone avec l'éthylmercaptan en présence d'acide chlorhydrique, on obtient le mercaptol $(CH^3)^2C = S.C^2H^3)^2)$. Traité par le permanganate de potasse, le mercaptol donne la sulfone correspondante ou sulfonal.

Le sulfonal cristallise en prismes, inodores et insipides, fusibles à 125° ; il bout à 300° avec décomposition partielle, 1 litre d'eau en dissout environ 0 gr. 5 à froid, et environ 60 gr. à l'ébullition. Il est soluble dans 65 p. d'alcool, 135 p. d'éther, 500 p. d'eau.

C'est un hypnotique à la dose de 1 à 2 gr.; ce serait le meilleur succédané du chloral, il n'agit pas sur le cœur. Le sommeil survient 2 ou 3 heures après son absorption ; il dure de 6 à 8 heures.

Le *trional* est le diéthyl-sulfone-méthyléthylméthane ; et le *tétronal* le diéthylsulfone-diéthylméthane.

Méthyléthylacétone CH^3 — CO — C^2H^5 existe dans les huiles d'acétone provenant de la distillation du pyrolignite de chaux et du suint. Ces dernières sont formées presque exclusivement par ce corps. Ce composé a peu d'odeur mais très mauvais goût, il bout à la même température que l'alcool, d'où son emploi pour la dénaturation, Lang, 1895.

Acétophénone C^8H^8O — ou $C^6 H^5.CO.CH^3$. — On l'obtient par l'action du chlorure d'acétyle sur le benzène en présence du chlorure d'acétyle sur le benzène en présence du chlorure d'aluminium. L'acétophénone cristallise en grandes lames d'une odeur très pénétrante, solubles dans l'alcool, l'éther, le chloroforme, les huiles grasses. Elle fond à 20° et bout à 202°. On l'emploie en parfumerie et en savonnerie.

Sous le nom d'*hypnone*, l'acétophénone est employée pour provoquer le sommeil, mais ce n'est pas un analgésique. La dose est de 10 à 40 centigr.

La trioxyacétophénone ou gallacétophénone est un antiseptique.

Benzophénone $C^6H^5.CO.C^6H^5$ — ou *benzone*. Découverte par Péligot, 1834. Elle forme de gros cristaux transparents, insolubles dans l'eau, très solubles dans l'éther, fusibles à 48°.

La trioxy 2.3.4. benzophénone $C^6H^5.CO.C^6H^2(OH)^3_{2.3.4}$ est le *jaune d'alizarine A* de Graebe et Eichenhorn.

Celle des tétraoxybenzophénones nommée acide euxanthonique fournit par déshydratation l'euxanthome, qui par combinaison avec l'acide glucuronique donne l'acide euxanthinique, principe colorant du jaune indien.

Une pentaoxybenzophénone donne un éther interne la gentiséine, dont l'éther méthylique est la *gentianine* ou gentisine.

La pentaoxybenzophénone $(OH)^3C^6H^2.CO.C^6H^3(OH)^2$ est la *maclurine* du bois jaune, ou acide morintannique.

Irone $C^{13}H^{20}O$. — C'est le principe odorant de l'essence d'iris. MM. Tiemann et G. de Laire, se fondant sur des travaux antérieurs sur les glucosides, avaient pensé que l'iridine-glucoside des racines d'iris contenait le principe odorant de la plante. Cette hypothèse fut infirmée par l'expérience. Plus tard, MM. Tiemann et Krüger montrèrent que le parfum de la racine d'iris était une méthylcétone $CH^3.CO.C^{11}H^{17}$ de formule brute $C^{13}H^{20}O$, absolument indépendante de l'iridine et qu'ils nommèrent *irone*. Ils en établirent les propriétés et la constitution qui est la suivante :

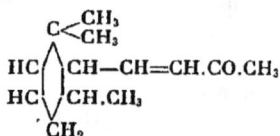

$$\begin{array}{c} C{<}^{CH_3}_{CH_3} \\ HC \overset{\displaystyle\frown}{\underset{\displaystyle\smile}{}} CH{-}CH{=}CH.CO.CH_3 \\ HC CH.CH_3 \\ CH_2 \end{array}$$

L'irone est un liquide qui, à l'état dilué, possède le parfum de la violette. Sa densité est 0,939 à 20°. Il bout à 144° sous 16^{mm}.

Ionone $C^{13}H^{20}O$. — L'ionone est une cétone synthétique qui possède une odeur de violette très intense. C'est la découverte du produit naturel l'irone, son isomère, de constitution très voisine, qui conduisit M. Tiemann et ses collaborateurs à la synthèse de l'ionone. L'irone étant une méthylcétone, ils essayèrent d'en réaliser la synthèse par condensation d'une aldéhyde en C_4, le citral avec l'acétone ordinaire C_3. Ils obtinrent une cétone de la composition prévue, formule brute $C^{13}H^{20}O$, mais ce n'était pas l'irone et elle possédait une odeur sans analogie avec celle de la violette, c'était la *pseudo-ionone*. Ils eurent après plusieurs années de recherches l'intuition de soumettre ce produit à l'action isomérisante des acides dilués : un isomère cyclique prit naissance, qui sentait la violette : c'était l'*ionone*, qui possède à l'état dilué le parfum de la violette. La violette artificielle était découverte.

L'ionone devint rapidement un produit industriel. Tiemann l'avait, dès sa découverte, protégé en France par le brevet 229,683 du 27 avril 1893. La Société de Laire et Cie en eut la licence exclusive pour la France, l'Angleterre et certains autres pays. Elle dut soutenir, pour défendre ses droits, des procès nombreux en France, Angleterre, Belgique, dont le retentissement fut considérable dans les milieux scientifiques et industriels. La validité du brevet Tiemann fut partout affirmée par les tribunaux compétents.

Préparation. — La préparation de l'ionone comporte deux phases : A. Préparation de la pseudo-ionone. B. Isomérisation de la pseudo-ionone.

A. Voici les termes du brevet : « Un mélange de citral et d'acétone soumis, en présence de l'eau, à l'action suffisamment prolongée d'hydrate alcalino-terreux ou d'hydrates alcalins ou l'action d'autres agents alcalins se condense en une cétone de la formule $C^{13}H^{20}O$. Par exemple, on peut arriver à ce corps en agitant pendant plusieurs jours des parties égales de citral et d'acétone avec une solution d'hydrate de baryte et en prenant les produits de cette réaction dans l'éther. On soumet le résidu de la solution éthérée à la distillation fractionnée sous pression réduite et on recueille la fraction distillant à 12^{mm} de pression entre 138° et 155°. On en sépare le citral et l'acétone non transformée par un courant de vapeur d'eau qui entraîne facilement ces deux corps, ainsi que quelques produits volatils résultant de la condensation de l'acétone elle-même. Le produit resté dans la cornue est purifié par la distillation fractionnée dans le vide. Le produit de condensation qui passe entre 143°-145° sous 12^{mm} est une cétone facilement altérable par l'action des alcalins ». La pseudo-ionone ainsi obtenue est une cétone à chaîne ouverte de formule suivante :

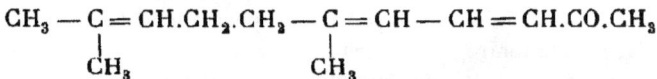

$$CH_3 - C = CH.CH_2.CH_2 - C = CH - CH = CH.CO.CH_3$$
$$\qquad | \qquad\qquad\qquad\qquad |$$
$$\qquad CH_3 \qquad\qquad\qquad\quad CH_3$$

B. Il faut maintenant transformer ce produit en ionone. L'isomérisation s'effectue sous l'influence des acides dilués ou concentrés.

Le brevet Tiemann donne pour cette isomération les proportions suivantes : « On chauffe pendant plusieurs heures au bain d'huile : 20 parties de pseudo-ionone, 100 parties d'eau, 2,5 parties d'acide sulfurique, 100 parties de glycérine. L'ionone brute est extraite au moyen de l'éther, on évapore le dissolvant et on rectifie dans le vide le résidu de l'évaporation pour recueillir la fraction 125°-128° sous 12^{mm}.

Quel que soit, d'ailleurs, le mode opératoire, l'ionone obtenue est un mélange de deux isomères très voisins, qu'on distingue par les lettres α et β. On peut cependant obtenir un mélange plus riche en ionone β en employant pour l'isomérisation de l'acide sulfurique concentré (Br. am., n° 600.429, pris par Ed. de Laire en 1898). Voici le procédé : On fait couler goutte à goutte, en agitant constamment, une partie de pseudo-ionone dans 3,4 parties d'acide sulfurique concentré, bien refroidi, tout en laissant la température s'élever finalement à 30°. Cela fait, on extrait par un solvant quelconque et on opère comme précédemment. La Société de Laire a pris différents certificats d'addition aux brevets ionone et β (iso-) ionone.

Séparation de l'α- et de la β-ionone. — La méthode la plus commode et la plus simple de séparation des deux ionones, est celle dite au bisulfite. Elle a été brevetée par Tiemann par le certificat d'addition du 21 janvier 1899.

On fait bouillir le mélange d'ionones α et β avec un bisulfite alcalin. On obtient une solution des sels alcalins des combinaisons hydrosulfoniques des deux ionones. Cette solution soumise à l'évaporation laisse déposer d'abord les sels alcalins des dérivés hydrosulfoniques de l'α-ionone. De même, si l'on soumet la solution précédente au refroidissement, on obtient la cristallisation des sels alcalins des dérivés hydrosulfoniques de l'α-ionone seulement. On filtre et l'on obtient ainsi, d'une part, une liqueur filtrée claire qu'on décompose en α- et β-ionone en y faisant passer un courant de vapeur d'eau. L'ionone β est mise en liberté de suite et entraînée, tandis que l'ionone-α ne se comporte de même qu'après addition de soude caustique.

D'autre part, la masse de cristaux obtenus est constituée par de l'α-ionone-hydro-sulfonate alcalin pur, à partir duquel il est facile d'obtenir de l'α-ionone pure (excès de lessive alcaline).

Propriétés de la pseudo-ionone et des deux ionones α et β. — La *pseudo-ionone* bout à 143°-145° sous 12^{mm}. Elle se présente sous forme d'une huile légèrement colorée en jaune verdâtre. Son odeur est faible, mais douce. Sa densité à 20° est de 0,898 environ, $n_d = 1,530$.

Dérivés : Pseudo-ionone semicarbazone, F = 142°. Pseudo-ionone p. bromo-phénylhydrazone, F = 102°-104°. Sous l'influence de l'acide iodhydrique, la pseudo-ionone se transforme d'abord en ionone, puis en un carbure l'ionène C^{13}H^{18}. L'ionène oxydé par le permanganate de potasse fournit un acide, l'acide ionirégènetricarbonique, dont l'anhydride fond à 214. Ce produit permet d'identifier la pseudo-ionone et les deux ionones.

Ionones. — La formule de l'ionone est la suivante (d'après Tiemann qui pensa que le produit découvert était unique).

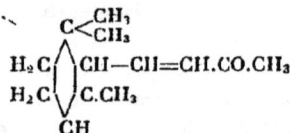

$$H_2C \begin{array}{c} C{<}^{CH_3}_{CH_3} \\ | \quad\quad CH{-}CH{=}CH.CO.CH_3 \\ | \\ C.CH_3 \\ CH \end{array}$$

En réalité, c'est un mélange de deux isomères, l'α- et la β-ionone. On n'a pas déterminé la nature de cette isomérie. Le mélange des deux produits (l'ionone du brevet Tiemann) bout vers 128°, sous 12^{mm}. Sous 15^{mm}, l'α-ionone bout à 125°; la β-ionone, à 131°.

Dérivés : α-ionone semicarbazone, F = 107°-108°; α-ionone p. bromophénylhydrazone, F = 142°-143°; α-ionone oxime, F = 89°-90°. — β-ionone, D_{17}
= 0,946, n_d = 1,521 ; β-ionone semicarbazone, F = 148°-149°; β-ionone p.
bromophénylhydrazone, F = 115°-116°; β-ionone oxime incristallisable.

Applications de l'ionone. — L'ionone commerciale est un mélange de
deux modifications : α et β. L'iso-ionone commerciale est de la β-ionone.

L'ionone est très employée dans toutes les industries se servant des parfums. Elle sert en parfumerie fine pour faire une foule de compositions de
violette et aussi pour renforcer l'odeur de l'essence naturelle et le parfum de
la violette naturelle. D'abord très chère, elle a diminué progressivement,
grâce aux perfectionnements incessants apportés à sa fabrication.

.*.

L'odeur de la modification α est un peu différente. D'ailleurs, on peut les
transformer l'une en l'autre.

La *pseudo-essence de violette* et *l'essence de violette*, de *Fritzsche* et *Cie*
(br. all., 1896), s'obtiennent en condensant le citral et l'acétone en présence
de chlorure de chaux, puis isomérisant par le chlorure ferrique. En remplaçant le citral par l'essence de lemon-grass, on obtient probablement des
mélanges de cétones. La Cour d'appel de Paris, 26 juillet 1901, les ont décla-
rées contrefaçons de la pseudo-ionone et de l'ionone de Tiemann.

L'ianthone de *Durand, Huguenin* et *Barbier* (br. fr., 1898) s'obtient en
condensant le limonal avec la méthylpenténone.

Le commerce a lancé un certain nombre de mélanges fantaisistes à base
d'ionone. Le violethol, mélange d'ionone 10 et d'aldéhyde salicylique 90. Le
florentinol, mélange d'ionone 20 et d'acides gras 80. Les produits portant
les noms de cristaux d'ionone, violette concrète, s'obtiennent en faisant
cristalliser un musc artificiel dans l'ionone ou l'irone.

Camphres C^{10}H^{10}O. — Il existe trois camphres isomériques qui ne diffèrent que par leur action sur la lumière polarisée. Le principal camphre est
le camphre droit; c'est le camphre ordinaire du Japon; il provient du laurier
du Japon. Le camphre gauche existe dans l'essence de matricaire. Le
camphre inactif ou racémique a été signalé dans les essences de labiées :
lavande, marjolaine, romarin, sauge. Par leur fonction, ils se rattachent aux
alcools-cétones. Ce sont les acétones des camphols, et ils en dérivent par
perte de H². Ils se rencontrent, comme on vient de le voir, dans un grand
nombre d'essences naturelles.

On désigne encore sous le nom de camphres, l'alcool campholique ou
camphre de Bornéo, l'anéthol ou camphre d'anis, l'apiol ou camphre de
persil, l'eucalyptol ou camphre d'eucalyptus, le menthol ou camphre de
menthe, les dichlorhydrates des térébenthènes ou camphres de citron, les
chlorhydrates des divers térébenthènes ou camphres artificiels.

Camphre ordinaire. — Le camphre ordinaire a été importé en Europe par les Arabes dès le v⁰ siècle. Il s'obtient en distillant avec de l'eau les éclats du bois et l'écorce du *Laurus camphora* qui en renferment environ 3 pour 100. Cet arbre croît en Chine, au Japon, aux îles de la Sonde et en Floride. La distillation donne des cristaux de camphre imprégnés d'*huile de camphre*, utilisée en parfumerie. En Chine, cette huile sert à l'éclairage. Le raffinage du camphre s'opère en Europe par sublimation.

Camphre artificiel. — En théorie, on peut arriver aux camphres synthétiques de plus d'une façon : à partir des pinènes, à partir des camphols, à partir des acides, etc., dont ils représentent respectivement les oxydes, les acétones, les anhydrides, etc. M. Albin Haller a réalisé la synthèse partielle du camphre des laurinées ou camphre ordinaire à partir de l'acide camphorique. Il a transformé par hydrogénation l'anhydride camphorique en campholide ; il a fixé sur la campholide du cyanure de potassium, ce qui a donné le sel de potassium du mononitrile homocamphorique et l'homocamphorate de calcium, qui en dérive, a donné par distillation une cétone cyclique, qui est le camphre ordinaire si l'on part de l'acide camphorique actif. Comme la synthèse de l'acide camphorique a été obtenue de son côté par Komppa, qui est parti d'une condensation de l'éther oxalique et d'un éther diméthyladipique, la synthèse totale du camphre est un fait acquis, au moyen de l'acide camphorique. Mais le procédé est long et n'a pas pu être utilisé industriellement. M. de Montgolfier a su également remonter de l'acide camphorique au camphre en distillant un mélange de camphorate et de formiate.

On peut produire industriellement le camphre à partir du carbure. Ce n'est pas une synthèse totale, mais ce n'en est pas moins une fabrication artificielle. Le pinène auquel on recourt est celui de l'essence de térébenthine. Lorsque celle-ci est traitée par les acides, il se produit des éthers de bornéols et d'isobornéols, qui donnent aisément les bornéols par saponification. Les bornéols à leur tour donnent par oxydation les camphres correspondants. Pélouze obtint en 1840 le camphre artificiel par oxydation du bornéol ou camphol : Berthelot l'obtint, en 1859, par oxydation du camphène.

Parmi les nombreux procédés brevetés, trois semblent plus particulièrement intéressants, parce qu'ils ont donné ou vont donner lieu à une exploitation industrielle. Celui de l'Ampère électro-chemical Company de Port-Chester, États-Unis, qui reçoit sa force motrice des chutes du Niagara, est exploité avec des vicissitudes variées depuis plusieurs années. Le camphre obtenu semblerait accompagné d'autres produits. Celui de Auguste Béhal est mis en exploitation actuellement par la compagnie l'Oyolithe, dans son usine de Monville-lès-Rouen. Celui de la maison E. Shering, de Berlin, est mis en exploitation actuellement aussi dans une usine spécialement montée à Calais, par M. De Laire.

Parmi les brevets très nombreux pris sur cette question passionnante, comme toutes celles qui ont pour objet la préparation artificielle et synthétique d'un produit naturel, citons ceux de l'Ampère électro-chemical Cy, n° 303 812 du 17 septembre 1900, pour un noúveau procédé de fabrication du camphre ; de la Chemische Fabrik auf Actien, vormals E. Shering, n° 341 513 du 21 mars 1904, pour un procédé de fabrication du camphre en partant de l'isobornéol ; et n° 343 938, du 8 décembre 1904, c'est le procédé au permanganate perfectionné ; de S. Heyden, n° 339 501, du 11 janvier 1904, pour une préparation du bornéol, de l'isobornéol et du camphre ; de Auguste Béhal, Paul Magnier et Charles Tissier, n° 349 896 du 5 mai 1904, pour un procédé de préparation du camphre artificiel ; de la Chemische Fabrik auf Actien, vormals E. Shering, n° 353 065 du 5 avril 1905 pour un procédé de préparation du camphre en partant du bornéol et de l'isobornéol par l'oxydation directe au moyen de l'oxygène ; et n° 353 919, du 3 mai 1905, pour un procédé de préparation du camphre en partant de l'isobornéol ou du bornéol ; de MM. C. F. Boehringer, n° 352 288, du 31 mars 1605, pour un procédé de préparation du camphre par l'isobornéol et le chlore.

Procédé de l'Ampère électro-chemical Company : ce procédé consiste à chauffer, sous pression réduite, à une température inférieure au point d'ébullition du pinène, c'est-à-dire vers 120°-130°, un mélange de 5 p. de pinène exempt d'eau avec une ou plusieurs parties d'acide oxalique anhydre. Ce camphre en formule brute ne diffère du pinène que par un atome d'oxygène en plus. La réaction qui s'effectue entre le pinène et l'acide oxalique est très lente. Le produit final est un mélange de camphre, de bornéol, d'oxalate et de formiate d'alcools terpéniques, de différents produits de polymérisation, et de résines. Le camphre résulte de la décomposition par la chaleur, avec départ d'eau et d'oxyde de carbone, d'éther oxalique formé tout d'abord.

Le mélange huileux obtenu est d'abord lavé jusqu'à ce que tout l'acide soit éliminé, puis distillé dans le vide. Les portions du fractionnement les plus riches en camphre sont distillées à nouveau, jusqu'à ce que le distilla cristallise par refroidissement. Le camphre obtenu est centrifugé ou soumis à une forte pression, pour le débarrasser des produits huileux qui le souillent. On peut également traiter la masse huileuse par un alcali pour saponifier l'oxalate et le formiate et distiller ensuite en présence de vapeur d'eau.

Dans cette opération, les éthers sont saponifiés avec formation de bornéol libre, et de formiate ou oxalate alcalins (de soude, de calcium ou de baryum). En même temps, une partie de l'oxalate se décompose en acide formique qui réagit sur la térébenthine en donnant du bornéol. Les premières parties distillées sont formées principalement de dipentène, que l'on recueille à part. Les dernières portions contiennent du camphre et du bornéol, mélangés avec des quantités importantes d'huiles à point d'ébullition élevé. Le résidu de cornue est formé de sels alcalins et d'un peu d'huile fixe.

Le camphre et le bornéol sont séparés des huiles étrangères, par refroidissement, centrifugeage, lavage à l'eau froide. On traite alors par la quantité nécessaire de mélange sulfochromique, dans le but d'oxyder le bornéol à l'état de camphre. Le camphre obtenu est essoré, lavé, et sublimé sur la chaux. Avec 350 p. d'essence de térébenthine américaine, on obtient 100 p. de camphre.

Le procédé Heyden est voisin de celui de l'Ampère électrochemical Cy, mais au lieu d'acide oxalique, on emploie un acide monophénolique aromatique, par exemple l'acide salicylique. L'éther ainsi formé est, paraît-il, très facilement et entièrement saponifiable par les lessives alcalines. Il se forme du bornéol et de l'isobornéol, que l'on oxyde ensuite.

Procédé de MM. Auguste Béhal, Paul Magnier et Charles Tissier (br. 349 896).— L'invention repose sur cette observation, qu'en chauffant en milieu acétique le chlorhydrate de pinène avec l'acétate de plomb, on peut à volonté obtenir du camphène ou les acétates de bornyle et d'isobornyle.

Le camphène peut être oxydé directement et fournit le camphre. Les acétates de bornyle et d'isobornyle, saponifiés, fournissent les bornéols, qui, oxydés par les divers procédés, fournissent du camphre.

Procédé de la Chemische Fabrik auf Action (vorm. E. Shering) (br. 353 065).— On sait que l'on peut transformer le bornéol et l'isobornéol en camphre au moyen de corps oxydants tels que l'acide chromique, le permanganate, etc. Tous ces procédés présentent cependant l'inconvénient que les produits provenant de la réduction des oxydants, par exemple les sels d'oxyde de chrome, sont mélangés au camphre et rendent son raffinage difficile. Toutefois on arrive à obtenir le camphre très facilement et sans ces mélanges gênants si l'on produit l'oxydation par l'ozone.

Il faut qu'il ne se forme pas de camphre lorsqu'on fait agir de l'ozone sur le camphène, mais seulement du camphénilone et du formaldéhyde, tandis que le camphène se laisse transformer en camphre par d'autres corps oxydants.

L'oxydation du bornéol et de l'isobornéol au moyen d'ozone se produit beaucoup mieux que la même oxydation d'autres alcools, par exemple de la glycérine ; on a immédiatement du camphre presque pur. Les rendements sont presque quantitatifs.

Exemple. — 10 kilogrammes d'iso-bornéol sont dissous dans 40 kilogrammes d'éther de pétrole bouillant à basse température et l'on ajoute 10 kilogrammes d'eau, puis l'on fait arriver l'ozone nécessaire à l'oxydation à la température ordinaire. La réaction une fois terminée, une partie de l'éther de pétrole est distillée et par suite le camphre cristallise.

Propriétés. — Le camphre cristallise en octaèdres translucides ; il est doué d'une saveur forte et brûlante et d'une odeur forte, d'où son emploi pour éloigner les mites et les papillons des étoffes de laine, des fourrures, des collections d'histoire naturelle, etc. Le camphre est plus léger que l'eau sur laquelle il surnage, en prenant un mouvement de giration rapide qu'une trace d'huile fait cesser. Il fond à 178° et bout à 204° sans altération ; mais il se sublime dès

la température ordinaire; un fragment déposé à l'air disparaît peu à peu.
Aussi faut-il prendre de réelles précautions pour ne pas subir en magasin de
pertes importantes. Il se pulvérise difficilement à l'état sec, mais cette opération devient facile si on l'humecte avec un peu d'alcool. *Schmidt* (brev.
amér., 1894) pulvérise le camphre en le dissolvant dans un liquide bouillant
au-dessous de 80°, l'éther de pétrole par exemple, et en effectuant une cristallisation troublée, de la solution décantée.

Le camphre est à peu près insoluble dans l'eau, qui n'en dissout que
1 millième; il est soluble dans l'alcool, l'éther, les huiles, le chloroforme, le
sulfure du carbone.

Le camphre brûle avec une flamme fuligineuse. Il fixe le chlore, le brome
et l'iode; le *bromure de camphre* possède des propriétés hypnotiques et
antithermiques. Il existe deux dérivés nitrés du camphre dont l'un détone
par la chaleur. Par réduction, le camphre donne du camphol ; par hydratation, il donne de l'acide campholique $C^{10}H^{18}O^2$; par oxydation, les acides
camphoriques $C^{10}H^{16}O^4$ (on en connaît 8); par déshydratation, on obtient du
cymène ; Kékulé fait dériver les camphres du cymène.

Le camphre est un composé cétonique. Il ne donne pas de combinaison
bisulfitique, mais donne une oxime avec l'hydroxylamine et une hydrazone
avec la phénylhydrazine.

Le camphre introduit par petits fragments dans l'acide chlorhydrique
concentré se dissout assez facilement, probablement par formation d'un
chlorhydrate. La solution se conserve limpide à une température basse.

Le camphre en solution acétique peut donner sous l'action de l'acide sulfurique des dérivés cristallisables, et très solubles dans l'eau et dans l'alcool,
Reychler (br. fr. 1897).

L'action physiologique du camphre est double : pendant la période d'absorption, c'est un antithermique faible, ralentissant la circulation et amenant
la prostration; il est par ailleurs anaphrodisiaque ; mais pendant la période
d'élimination, succède une période d'excitation, avec augmentation du pouls
et transpiration. Pour obtenir le premier effet, il faut prendre le camphre à
doses faibles et répétées; pour obtenir le second effet, on prend deux fortes
doses à un faible intervalle. La dose journalière ne doit pas dépasser 8 gr.,
car à dose massive, le camphre peut amener des syncopes mortelles.

Mais le camphre est beaucoup plus employé à l'extérieur qu'à l'intérieur.
C'est en effet un sédatif et un résolutif. Il est surtout utile contre les douleurs
névralgiques ou rhumatismales, et s'il se montre tout à fait inefficace dans
certains cas, il est merveilleux pour certains organismes. La pommade camphrée se prépare au dosage de 20 p. 100.

L'alcool camphré est une solution de camphre 1 p., dans l'alcool 7 p.; les
frictions à l'alcool camphré sont très utiles dans les cas de contusions ou de
rhumatismes; il faut éviter de les faire à proximité d'une flamme.

L'eau sédative est formée d'ammoniaque liquide 60 p., d'eau 100 p., de
sel 30 p., d'alcool camphré 10 p.

Le vinaigre des quatre voleurs renferme : vinaigre blanc 1000 p. ; vinaigre radical 15 p. ; camphre 4 p. ; sommités sèches de grande et de petite absinthe, romarin, menthe, rue des jardins, fleurs de lavande, aa 15 p. ; calamus aromaticus 2 p. ; écorce de cannelle, girofle, noix muscade, ail, aa 2 p.

Les grands emplois du camphre sont dans la fabrication du celluloïd que nous verrons aux nitrocelluloses, et dans celle de certaines poudres sans fumée.

V. — QUINONES

Les quinones ont été considérées comme étant les aldéhydes des paradiphénols, mais elles ne donnent pas d'acides par oxydation. Elles dérivent des carbures aromatiques par le remplacement de deux H par $(O^2)''$. Inversement, par hydrogénation, elles redonnent les hydroquinones qui sont les paradiphénols et qui peuvent alors être considérés comme étant leurs dérivés dihydroxylés (OH), d'où leur nom d'hydroquinones. Les quinones et les hydroquinones se combinent à leur tour ensemble pour donner des quinhydrones, généralement colorées. Les quinones donnent les oxyquinones, qui sont des phénols-quinones.

Quinones :

Quinone de la benzine	$C^6H^4.O^2$
Naphtoquinone	$C^{10}H^6.O^2$
Anthraquinone	$C^{14}H^8.O^2 = C^6H^4(CO)^2C^6H^4$

Hydroquinones. — Elles ne possèdent plus la fonction quinone et les H sont venus se fixer sur l'O et non au carbone du noyau. Nous les avons étudiées aux phénols.

Hydroquinone ou p-diphénol	$C^6H^4(OH)^2$
Naphtohydroquinone	$C^{10}H^6(OH)^2$
Anthrahydroquinone	$C^{14}H^8(OH)^2$

Oxyquinones :

Monoxynaphtoquinones	$C^{10}H^5(OH)O^2$
Dioxynaphtoquinones (naphtazarine)	$C^{10}H^5(OH)^2O^2$
Monoxyanthraquinones	$C^{14}H^7(OH)O^2$
Dioxyanthraquinones	$C^{14}H^6(OH)^2O^2$
Trioxyanthraquinones	$C^{14}H^5(OH)^3O^2$
Tétraoxyanthraquinones	$C^{14}H^4(OH)^4O^2$

Il y a deux monoxyanthraquinones isomères : a et b.

Les onze dioxyanthraquinones isomères connus, sont : l'alizarine (1,2) ; l'isoalizarine, la quinizarine (1,4) ; la xanthopurpurine (1,3) ; l'anthrarufine (1,5) ; l'isochrysazine (1,8) ; la dioxyanthraquinone (1,7) ; la chrysazine (1,6) ; l'histazarine (2,3) ; l'acide anthraflavique (2,6) ; l'acide isoanthraflavique (2,7). Les dernières ne sont pas matières colorantes :

Parmi les quatorze trioxyanthraquinones isomères : la *pupurine* (1,2,4) ; l'*anthragallol* (1,2,3) ; la *flavopurpurine* (1,2,6) ; l'*anthrapurpurine* (1,2,7) ; l'*isochrysazine* (1,2,5). Les autres ont une' constitution moins connue. Treize sont des matières colorantes.

La quinalizarine, la rufiopine et l'oxypurpurine sont des tétraoxyanthraquinones. L'acide rufigallique est une héxaoxyanthraquinone.

Quinone $C^6H^4O^2$. — On la prépare par oxydation de l'aniline. Elle cristallise en longues aiguilles jaune d'or, fusibles à 115°, très solubles dans l'eau, l'alcool et l'éther.

La tétrachloroquinone donne des dérivés cristallisés avec les acides gras. Proposé pour la séparation de ceux-ci, *Bouveault* (C. R., 1899).

Naphtoquinone. — Cristaux jaunes, fusibles à 125°. Sa solution éthérée est fluorescente

Anthraquinone $C^6H^4(CO)^2C^6H^4$ — ou *diphénylènedicétone*. C'est la dicétone correspondant à l'anthracène, elle fut découverte par *Laurent*, en 1834, qui l'appela *anthracénuse* ; elle fut surtout étudiée par Graebe et Libermann qui lui donnèrent le nom d'anthraquinone. Aiguilles jaunes, brillantes, fondant à 285°, solubles dans le benzène, insolubles dans l'eau, peu solubles dans l'alcool et l'éther. On la prépare industriellement en oxydant l'anthracène par le mélange sulfochromique.

Elle donne de nombreux dérivés de substitution : chlorés, bromés, sulfonés, nitrés, entre autres, la dibromo anthraquinone a, qui, chauffée avec de la potasse caustique, se transforme en alizarine ; l'acide b-anthraquinone monosulfonique est un produit de la grande industrie chimique que la fusion potassique transforme successivement en *oxyanthraquinone*, puis en *dioxyanthraquinone* ou *alizarine* ; l'acide anthraquinone sulfonique a, que la fusion potassique transforme en *acide anthraflavique*, qui est une dicétone-phénol, isomère de l'alizarine, puis par oxydation, en *flavopurpurine*, qui est une dicétone-triphénol. L'isomère a conduit, par oxydation, d'abord à l'acide isoanthraflavique, puis à l'*anthrapurpurine*. L'isomère g conduit à la chrysazine et à l'anthrarufine ; l'isomère d à l'isochrysazine et à l'isoanthrarufine.

Les deux monoxyanthraquinones isomères a et b se forment en même temps quand on chauffe un mélange de phénol, d'anhydride phtalique et d'acide sulfurique. On les prépare par la fusion potassique des dérivés bromés ou sulfonés des anthraquinones a et b. Elles ne teignent pas. L'acide nitrique les transforme en acide phtalique. Par fusion potassique prolongée, la b donne une dioxy ou alizarine.

Alizarine $C^6H^4(CO)^2C^6H^2(OH)^2_{1,2}$. — C'est la plus importante des onze dioxyanthraquinones. Elle existe à l'état naturel dans la racine de garance rubia tinctoria, d'où son nom de *rouge de garance* ; *Robiquet* et

Colin l'y caractérisèrent, 1826 ; elle y est à l'état de glucoside peu stable : l'acide rubérythrique, *A. Rosenstiehl.*

Sa préparation artificielle, à partir de l'anthracène, est l'une des plus belles synthèses. L'alizarine artificielle a été découverte en 1868 par Graebe et Liebermann, et fabriquée industriellement en 1869 par Caro. Elle fut appliquée à la teinture du coton dès 1871, à celle de la laine en 1878.

La conversion de l'anthracène purifié en alizarine comprend d'abord son oxydation ou production de l'anthraquinone par l'acide chromique, puis la sulfonation de l'anthraquinone ou production de l'un des trois acides sulfoniques, la fusion des sels de sodium de ces derniers avec la soude pour donner l'alizarine, l'anthrapurpurine ou la flavopurpurine. A. G. Perkin a indiqué (1897, J. of the Soc. of dyers) les méthodes d'analyse employées pour contrôler la fabrication.

Avec l'acide a-monosulfoné, on a l'alizarine pour violet ; avec l'a-disulfoné, on a l'acide anthraflavique ; avec le b-disulfoné, on a l'anthrapurpurine sans propriétés tinctoriales. La fusion en présence d'agents oxydants donne la flavopurpurine, l'anthrapurpurine, la purpurine, l'anthragallol. Un grand nombre d'autres procédés ont été proposés.

L'alizarine cristallisée dans l'éther renferme 3 moléc. d'eau, qui se dégagent à 100°. Elle fond vers 289°, mais elle se sublime déjà dès 110°, en donnant de belles aiguilles brillantes, à reflets jaune et rouge. L'alizarine est peu soluble dans l'eau bouillante et surtout dans l'alcool, l'éther, l'acide acétique, l'acide sulfonique concentré, la glycérine, le sulfure de carbone, les alcalis, l'acide borique, les carbonates alcalins, l'alun ammoniacal.

L'alizarine est un composé peu stable. Elle se combine aux alcalis en donnant des alizarates, de solution rouge foncé. Les alizarates alcalino-terreux sont insolubles. Acide faible, elle donne des laques avec les bases ; ces laques sont pourpres avec les sels de chaux et de baryte ; rouges, avec ceux d'alumine ; oranges, avec ceux d'étain ; violets, avec ceux de fer ; bordeaux, avec l'oxyde de chrome. La teinture en rouge turc, en rouge d'Andrinople, en garance, en rouge d'alizarine, repose sur la production de ces laques. On peut employer divers dissolvants. L'alizarine donne, par substitution, des dérivés halogénés, nitrés, sulfonés, méthylés, etc.

Par réduction, elle redonne la méthoxyanthraquinone, puis l'anthracène. C'est cette dernière réaction qui a mis Graebe et Libermann sur la voie de sa synthèse, car jusqu'alors on croyait qu'elle dérivait de la naphtaline. Par oxydation avec l'acide nitrique ordinaire, elle produit l'acide phtalique ; avec l'acide arsénique, elle donne une trioxy, la purpurine ; avec la potasse fondante, elle produit l'acide benzoïque et l'acide protocatéchique.

L'alizarine traitée par l'acide nitreux donne la b-nitroalizarine ou *orangé d'alizarine*, de Strobel. Celle-ci traitée à chaud par un mélange de $SO^4H^2 +$ glycérine, donne le *bleu d'alizarine* WX,R,GW ou dioxyanthraquinone-quinoléine, *Graebe*, qui subit, à la cuve réductrice, les mêmes changements que l'indigo et qu'on solubilise par le bisulfite de soude.

Traitée par le sulfhydrate de Am, la b-nitroalizarine donne le *bleu d'alizarine* S de Prudhomme, la b-amidoalizarine ou *marron d'alizarine*.

L'a-nitroalizarine donne de même l'a-amidoalizarine ou *grenat d'alizarine*.

L'alizarine traitée par SO^4H^2 à 20 pour 100 d'anhydride, donne les acides a- et b-alizarine monosulfonique dont les sels de Na constituent les *alizarines en poudre*, les *alizarines S*, les *carmins d'alizarine*.

L'alizarine, par oxydation, donne une trioxyanthraquinone, la *purpurine*.

D'autres trioxyanthraquinones sont : la *flavopurpurine* ou alizarine GI,X,SGG,RG,SRO, n° 10, marque soluble, 3S; l'*anthrapurpurine* ou alizarine SX,GD,RX,RF,3RF, marque soluble, 2S; l'*anthragallol* ou *brun d'anthracène*; l'acide rufigallique, dont le mélange avec le précédent constitue le *brun d'alizarine*.

L'alizarine, par oxydation spéciale, donne aussi une tétraoxyanthraquinone 1,2,5,8, ou *quinalizarine* qui conduit au *bordeaux d'alizarine* et à l'*alizarine cyanine RG*, qui est à la purpurine ce que le bordeaux est à l'alizarine.

La dinitroanthraquinone 1,5, traitée par l'acide sulfurique, donne une hexaoxyanthraquinone 1,2,4,5,6,8, le *bleu d'anthracène* ou bleu d'alizarine SNG,SWN.

Le bleu d'alizarine WX, solubilisé par le bisulfite de soude, donne le *bleu d'alizarine S*. Traité par l'acide sulfurique à 70 pour 100 de SO^3, il donne le vert d'alizarine, qu'on solubilise aussi par le bisulfite. Le vert d'alizarine, traité par l'acide sulfurique fumant, donne à son tour le *bleu indigo d'alizarine* ou pentaoxyanthraquinone-quinoléine, qu'on solubilise aussi par le bisulfite.

* *

Parmi les isomères de l'alizarine, l'isoalizarine coexiste dans la garance, mais ne possède pas de propriétés tinctoriales; la quinizarine résulte de l'action de l'anhydride phtalique sur l'hydroquinone; la chrysazine résulte de l'action de l'acide nitrique sur la barbaloïne.

Parmi les homologues, la dihydroxyméthylanthraquinone constitue l'*acide chrysophanique* $CH^3C^6H^3 = (CO)^2 = C^6H^2(OH)^2$ ou jaune de rhubarbe. On le rencontre dans cette plante, ainsi que dans le séné et le lichen des murailles, d'où son nom d'acide pariétique. Il fond à 151°. On l'emploie contre certaines affections de la peau, notamment l'herpès, dose : 1 gr. pour 15 gr. de vaseline.

La tétranitrodioxyanthraquinone ou *acide chrysamique*, se forme dans l'oxydation de l'aloès par l'acide nitrique. Elle teint la laine en brun foncé.

Purpurine $C^6H^4(CO)^2C^6H(OH)^3_{1.2.4}$ — ou trioxyanthraquinone 1,2,4, obtenue en oxydant l'alizarine par le mélange bioxyde de manganèse et acide sulfurique, ou en réduisant la pseudopurpurine. Elle coexiste dans la garance, Robiquet et Colin. De Lalande a réalisé sa synthèse, on la produit en oxydant l'alizarine par $MnO^2 + SO^4H^2$, et par réduction, elle donne non pas l'alizarine, mais un isomère, la purpuroxanthine ou la quinizarine.

Elle cristallise dans l'alcool aqueux en longues aiguilles orangées, contenant une molécule d'eau; fusibles à 256°: Elle est soluble dans l'eau, les alcalis en rouge foncé, l'éther, le sulfure de carbone et surtout la benzine et l'acide acétique.

Son acide purpurine carbonique est la pseudopurpurine qui existe dans la garance.

Elle teint le coton mordancé à l'alumine en rouge foncé ou en écarlate, et au chrome, en rouge brun.

*
* *

Parmi les isomères de la purpurine, l'*anthrayallol* résulte de la condensation en présence d'acide sulfurique, soit de l'acide gallique et de l'acide benzoïque, soit du pyrogallol et de l'anhydride phtalique. Insoluble dans l'eau; soluble dans les alcalis en vert. Il teint le coton mordancé à l'alumine, en brun. L'*oxychrysazine*, soluble en bleu dans la potasse. La *flavopurpurine*, aiguilles jaune d'or, fusibles au-dessus de 330°. C'est une matière colorante. L'*anthrapurpurine* ou *flavopurpurine*, se produit en même temps que l'alizarine artificielle et forme la plus grande partie de l'alizarine commerciale, dite à *nuance jaune*. Elle se dissout en violet dans les alcalis. C'est une matière colorante très employée.

Parmi les tétraoxyanthraquinones, l'*oxypurpurine*, qui existe dans la purpurine commerciale, est une faible matière colorante; au contraire, la *rufiopine* teint sur mordant d'alumine en rouge foncé, et la *quinalizarine* ou *bordeaux d'alizarine*, est un bon substitut de la cochenille.

CHAPITRE XXIII

ACIDES

Généralités. — Les acides organiques sont des corps qui donnent, comme les acides minéraux, des sels en s'unissant aux bases et des éthers en s'unissant aux alcools. Ils se trouvent en grand nombre dans la nature ; ils se produisent dans l'oxydation des alcools et des aldéhydes à nombre de C égal, ou dans la transformation des nitriles à nombre de C inférieur, ce qui permet de passer d'un carbure inférieur à l'acide du terme supérieur.

Leur groupement fonctionnel est CO.OH, le *carboxyle*, dont l'H est remplaçable par un métal ou par un radical alcoolique monovalent (sels et éthers-sels). Les acides sont mono-, di-, ou tri- basiques, selon qu'ils renferment 1, 2 ou 3 carboxyles. On peut les considérer aussi comme des hydrates de radicaux acides (les *acyles*) : CHO formyle, C^2H^3O acétyle ou $CH^3.CO$, C^3H^5O butyryle, etc., tandis que les alcools peuvent être considérés comme les hydrates de radicaux alcooliques. Ces radicaux acides sont, dans la série aromatique : le benzoyle ou phényle-carbonyle $C^6H^5.CO$, l'oxybenzoyle $C^6H^4(OH)CO$, qui se rattachent au phényle monovalent ; le salicyle ou phénylène-carbonyle $C^6H^4.CO$, le phtalyle ou phénylène-oxalyle $C^6H^4.C^2O^2$, qui se rattachent au phénylène divalent.

Traités par le chlorure de phosphore, les acides donnent des chlorures d'acide, par substitution de Cl à OH du carboxyle. Exemple : l'acide acétique $C^2O^2H^4$ ou $CH^3.COOH$, ou $C^2H^3O.OH$: hydrate d'acétyle, donne par chloruration $C^2H^3O.Cl$ ou $CH^3.COCl$, chlorure d'acétyle.

Les acides donnent par déshydratation, des anhydrides ou acides anhydres.

I. — ACIDES MONOBASIQUES

1° *Série des acides gras* : $C^nH^{2n}O^2 = C^pH^{2p+1}(CO.OH)$. Série dite à-liphatique :

Acide formique	CH^2O^2	$H.CO^2H$	$CHO.OH$
— acétique	$C^2H^4O^2$	$CH^3.CO^2H$	$C^2H^3O.OH$
— propionique	$C^3H^6O^2$	$C^2H^5.CO^2H$	$C^3H^5O.OH$
— butyrique	$C^4H^8O^2$	$C^3H^7.CO^2H$	
— valérianique	$C^5H^{10}O^2$	$C^4H^9.CO^2H$	
— caproïque	$C^6H^{12}O^2$	$C^5H^{11}.CO^2H$	
— œnanthylique	$C^7H^{14}O^2$	$C^6H^{13}.CO^2H$	
— caprylique	$C^8H^{16}O^2$	$C^7H^{15}.CO^2H$	

Acide pélargonique	$C^9H^{18}O^2$	$C^8H^{17}.CO^2H$
— caprique	$C^{10}H^{20}O^2$	$C^9H^{19}.CO^2H$
— laurique	$C^{11}H^{22}O^2$	$C^{10}H^{21}.CO^2H$
— myristique	$C^{14}H^{28}O^{2f}$	$C^{13}H^{27}.CO^2H$
— palmitique	$C^{16}H^{32}O^2$	$C^{15}H^{31}.CO^2H$
— margarique	$C^{17}H^{34}O^2$	$C^{16}H^{33}CO^2H$
— stéarique	$C^{18}H^{36}O^2$	$C^{17}H^{35}CO^2H$
— arachique	$C^{20}H^{40}O^2$	$C^{19}H^{39}CO^2H$
— cérotique	$C^{27}H^{54}O^2$	$C^{26}H^{53}.CO^2H$
— mélissique	$C^{30}H^{60}O^2$	$C^{29}H^{59}.CO^2H$

Ces acides existent dans la nature à l'état de liberté, de sels ou de glycé-rides, d'où on les extrait par saponification. On les prépare à partir des alcools, en traitant par la potasse hydratée, l'éther cyanhydrique (nitrile) de l'alcool supérieur.

Chauffés, ils donnent des aldéhydes, des acétones et des carbures. Leurs sels de calcium donnent, par distillation sèche, des aldéhydes.

Les acides dont la formule est la plus simple, sont liquides, et se rap-prochent de la nature de l'eau avec laquelle ils se mêlent en toute propor-tion. Mais à mesure que l'équivalent augmente, la solubilité diminue ainsi que la densité, ce qui arrive notamment à partir de l'acide butyrique.

L'alcool est meilleur dissolvant que l'eau. Cependant, à partir de l'acide palmitique, la solubilité diminue. Pour l'éther, ce n'est qu'à partir de l'acide mélissique. Sur la solubilité des acides organiques dans l'alcool et "éther, voir E. Bourgoin (Bull. S. chimique, 1878, I, p. 242).

La fluidité suit la même loi. L'acide formique est aussi fluide que l'eau. L'acide butyrique est déjà oléagineux.

La densité des trois premiers acides gras est supérieure à l'unité, les autres sont moins denses que l'eau, d'autant plus que le poids moléculaire s'élève. L'odeur très forte pour les premiers termes, diminue peu à peu.

Le point de fusion s'élève généralement à mesure que la composition se complique. Mais la loi n'est pas absolue. Ainsi l'acide acétique fond à $+ 17°$ et l'acide butyrique à $0°$.

Les anomalies sont encore plus étranges dans les points de fusion des mélanges. En général, le mélange de deux acides gras fond à une température inférieure à la moyenne des points de fusion, quelquefois même au point de fusion de l'acide le plus fusible. Par exemple : 30 pour 100 d'acide palmitique qui fond à 62°, et 70 p. d'acide myristique qui fond à 53°8, fondent à 46°2 ; 30 p. d'acide myristique qui fond à 53°8, et 70 p. d'acide laurique qui fond à 43°6, fondent à 35°1.

Généralement, pour les acides purs, le point de fusion coïncide avec celui de solidification. Il s'abaisse de plusieurs degrés pour un mélange.

Le point d'ébullition croît avec l'équivalent. On trouve une différence de 15° à 20° pour une différence de CH^2.

Les acides gras se volatilisent avec la vapeur d'eau, jusqu'à l'acide caprique qui est un peu volatil.

Jusqu'à l'acide palmitique, ils distillent sans altération.

2° *Série acrylique* : $C^nH^{2n-2}O^2$.

Ils correspondent aux alcools non saturés.

Acide	acrylique	$C^3H^4O^2$	$C^2H^3.CO^2H$
—	crotonique	$C^4H^6O^2$	$C^3H^5.CO^2H$
—	angélique	$C^5H^8O^2$	$C^4H^7.CO^2H$
—	pyrotérébique	$C^6H^{10}O^2$	$C^5H^9.CO^2H$
—	hypogéique	$C^{16}H^{30}O^2$	$C^{15}H^{29}.CO^2H$
—	campholique	$C^{10}H^{18}O^2$	$C^9H^{17}CO^2H$
—	oléique et élaïdique	$C^{18}H^{34}O^2$	$C^{17}H^{33}CO^2H$

3° *Série* : $C^nH^{2n-4}O^2$.

Acide	camphique	$C^{10}H^{16}O^2$
—	linoléique	$C^{16}H^{28}O^2$

4° *Séries aromatiques.*

Acide	benzoïque	$C^7H^6O^2$	$C^6H^5.COOH$
—	toluique	$C^8H^8O^2$	$CH^3.C^6H^4.COOH$
—	cuminique	$C^{10}H^{12}O^2$	$C^3H^7.C^6H^4.COOH$
—	cinnamique	$C^9H^8O^2$	$C^6H^5.CHCH.COOH$
—	pinique ou sylvique	$C^{20}H^{30}O^2$	

Les acides aromatiques s'obtiennent aisément par oxydation des carbures et de leurs dérivés. Selon que le carboxyle est fixé sur le noyau benzénique ou dans une chaîne latérale de la série grasse ou chaîne longue acyclique, les acides ont des caractères tendant vers les composés aromatiques ou vers les composés de la série grasse.

II. — ACIDES BIBASIQUES

Ces acides dérivent des glycols.

1° *Série oxalique* : $C^nH^{2n-4}O^4$.

Acide	oxalique	$(CO^2H)^2$
—	malonique	$CH^2(CO^2H)^2$
—	succinique	$C^2H^4(CO^2H)^2$
—	pyrotartrique	$C^3H^6(CO^2H)^2$
—	adipique	$C^4H^8(CO^2H)^2$
—	pimélique	$C^5H^{10}(CO^2H)^2$
—	subérique	$C^6H^{12}(CO^2H)^2$
—	sébacique	$C^8H^{16}(CO^2H)^2$
—	rocellique	$C^{16}H^{32}(CO^2H)^2$

2° *Série :* $C^n H^{2n-4}O^4$.

Acide fumarique et maléique	$C^4H^4O^4$
— camphorique	$C^{10}H^{16}O^4$

3° *Séries aromatiques.*

Acides phtaliques　　　　$C^8H^6O^4$　　　$C^6H^4(CO^2H)^2$

III. — ACIDES POLYBASIQUES

1° *Acides tribasiques.*

Acide carballylique	$C^6H^8O^6$
— aconitique	$C^6H^6O^6$

2° *Acides héxabasiques.*

Acide mellique　　　　$C^{12}H^6O^{12}$　　　$C^6(CO^2H)^6$

IV. — ACIDES A FONCTION COMPLEXE

1. *Acides-Alcools.*

1° *Série carbonique :* $C^n H^{2n} O^3$.

Acide carbonique	CH^2O^3
— glycolique	$C^2H^4O^3$
— lactique	$C^3H^6O^3$
— acétonique ou oxybutyrique	$C^4H^8O^3$
— leucique	$C^6H^{12}O^3$

Ces acides-alcools dérivent des glycols. Ils sont tous monobasiques. Ils renferment un oxhydryle alcoolique OH et un carboxyle acide COOH, donnent comme dérivés des sels normaux monobasiques ou bibasiques, des éthers neutres monoalcooliques, des anhydrides, des amides. Par déshydratation, ils donnent deux anhydrides, l'*anhydride* ordinaire par élimination d'une mol. d'eau sur deux mol. d'acide, et la *lactone* ou *olide*, ou anhydride interne par élimination d'une mol. d'eau sur une mol. d'acide.

2° *Série :* $C^n H^{2n-2}O^3$.

Acide oxyglycollique	
— pyruvique ou pyroracémique	$C^3H^4O^3$
— ricinolique	$C^{18}H^{34}O^3$

3° *Série :* $C^n H^{2n-6}O^3$.

Acide pyromucique　　　　$C^5H^4O^3$　　　$C^4H^3O.CO^2H$

4° *Série :* $C^n H^{2n-8}O^3$.

Ce sont les *acides mono-phénols*.

    Acides oxybenzoïques (salicylique, anisique) $C^7H^6O^3$

    —   oxytoluique $C^8H^8O^3$

    —   oxycuminique $C^{10}H^{12}O^3$

5° *Acides-alcools dérivés d'alcools polyatomiques.*

Acides monobasiques-polyalcools :

    Acide   glycérique $C^3H^6O^4$

    —   dioxybutyrique $C^4H^8O^4$

    Acides des sucres : ac. arabonique et xylonique, gluconique, mannonique, galactonique.

    Acides des phénols :

    Acides   dioxybenzoïques $C^7H^6O^4$

    —   orsellique $C^8H^8O^4$

    —   gallique $C^7H^6O^5$

Acides bibasiques et monoalcools :

    Acide   tartronique $C^3H^4O^5$

    —   malique $C^4H^6O^5$

    —   mésoxalique $C^3H^2O^5$

    —   cholestérique $C^8H^{10}O^5$

Acides bibasiques-polyalcools :

    Acide   tartrique $C^4H^6O^6$

    —   quinique $C^7H^{12}O^6$

    —   hémipinique $C^{10}H^{10}O^6$

    Acides des sucres :

    Acides   trioxyglutariques $C^5H^8O^7$

    —   saccharique, ac. mucique $C^6H^{10}O^8$

Acides tribasiques-monoalcools :

    Acide   citrique $C^6H^8O^7$

    —   méconique $C^7H^4O^7$

6° *Autres acides complexes.*

Acides-éthers-phénols :

    Acide digallique (tannin) $C^{14}H^{10}O^9$

Acides-aldéhydes :

    Acide glyoxylique $C^2H^2O^3$

Acides-acétones :

    Acide pyruvique $C^3H^4O^3$

Acides-aminés : glycollamine, alanine, leucine.

    Acide aspartique $C^4H^5O^4N$, ac. glutamique.

Acides-amidés :

    Acide carbamique, ac. oxamique, ac. succinamique, ac. acétamique.

Acides-imides : carbimide, oximide, succinimide.

Nous étudierons successivement : l'acide formique, l'acide acétique, les acides gras proprement dits; l'acide oxalique, l'acide lactique, l'acide tartrique, l'acide citrique, l'acide tannique et leurs principaux sels ; nous dirons aussi, entre temps, quelques mots rapides des acides butyrique, valérianique, linoléique, ricinoléique, benzoïque, cinnamique, phtalique, salicylique, anisique, dioxybenzoïque, orsellique, gallique, malique et mucique.

Acide formique H.COOH. —Découvert par Fischer en 1753. *Dumas et Péligot* ont établi son rapport avec l'alcool méthylique en 1834.

Il existe à l'état libre, dans les fourmis qui servirent d'abord à sa préparation et lui donnèrent son nom. C'est le liquide corrosif du dard des abeilles et des orties.

Préparation. — L'acide formique ou acide méthanique est le plus riche en oxygène des acides organiques. Il en renferme 69,37 pour cent. L'importance industrielle que cet acide et ses sels ont pris dans les derniers temps nous force à nous arrêter quelque peu sur ses modes de formation.

L'acide formique, en formule brute CO^2H^2, peut être considéré comme résultant de l'union de l'oxyde de carbone CO et de l'eau H^2O. Cette réunion synthétique a été réalisée par *Berthelot* ; en chauffant à 100° de l'oxyde de carbone et de la potasse humide, il se produit du formiate de potasse. Cette belle synthèse est la base de la préparation industrielle. Merz et Weith (br. all., 1880). *M. Goldschmidt*, en employant CO sous pression (br. all., 1894) sur la chaux sodée, obtient un rendement théorique sous une pression de 6 à 7 atm. et à une t. de 150° à 170°.

Berthelot a réalisé une autre préparation synthétique, en fixant de l'hydrogène, au moyen de l'amalgame de sodium sur l'acide carbonique. *M. Piequet* (Bull. de Rouen, 1903) observe que les progrès réalisés dans la préparation des hydrures métalliques permet de prévoir à bref délai la réalisation pratique de cette intéressante synthèse. Je crois qu'il y a quelque chose à espérer avec l'hydrure de calcium.

Pendant quelque temps, on a préparé l'acide formique en décomposant l'acide oxalique à chaud en présence de la glycérine; il se produit de l'acide formique et de l'acide carbonique $(CO.OH)^2 = H.COOH + CO^2$. Le procédé est aujourd'hui abandonné.

On a proposé également d'oxyder l'acétylène $C^2H^4 + H^2O + 3O = 2 CO^2H^2$. Mais la marche du procédé est complexe.

L'acide formique, d'ailleurs, se produit dans un grand nombre d'oxydations de substances organiques, en milieu acide.

Propriétés. — L'acide formique est un liquide incolore, fumant légèrement à l'air, d'odeur piquante caractéristique, ressemblant à celle des fourmis. C'est un caustique puissant, produisant sur la peau des éruptions douloureuses. Il cristallise à 9° et bout à 99°. Sa densité est 1,22 (26° Bé), à 100 pour cent. Il est soluble dans l'eau. L'acide à 90, 80, 60, 50, 25 pour cent marque 24°, 22°, 18°, 13°5, 8°5 Bé.

Applications. — Le vieil *élixir de magnanimité* qui était une macération de fourmis dans l'eau-de-vie, a vu sa vogue se renouveler. La chose semble naturelle si l'on considère qu'une fourmi est capable de soulever des charges bien supérieures à son propre poids. Un médecin de Lyon, M. E. Clément, a fait des expériences concluantes avec l'acide formique et les formiates. Ces expériences sont confirmées par celles de M. L. Carrigue et de M. Huchard (C. R., 1904 et 1905). L'absorption journalière de 1 gr. de formiate de soude augmente la force musculaire et accroît la résistance à la fatigue dans des proportions notables.

L'acide formique et les formiates ont pris une position remarquable dans les industries de la teinture et des impressions, et on lira avec grand fruit à ce sujet les études de *M. O. Piequet* (Bull. de la Soc. Ind. de Rouen, 1902 et 1903). L'acide formique est le substitut de l'acide acétique, et les poids moléculaires étant 46 et 60, il en résulte qu'un acide formique à 50 pour cent correspond à un acide acétique à 80 pour cent. Les formiates métalliques sont aussi d'excellents substituts comme mordants des acétates métalliques.

L'acide formique rend les meilleurs services dans la teinture des unions parce qu'il n'a aucune action attendrissante sur la fibre du coton, dans la teinture du coton en noir d'aniline pour la même raison, dans la teinture des laines lorsqu'il y a difficulté d'unisson. En impression, ce serait un excellent agent de dégorgeage pour les couleurs au tannin. Dans le traitement des cotons mercerisés, il donnerait le cri soyeux mieux que l'acide acétique, à moindre prix que l'acide tartrique, avec moins de danger pour la fibre que l'acide sulfurique. D'ailleurs l'acide formique se vend aujourd'hui à un prix qui ne dépasse pas celui de l'acide acétique. Enfin, il représente l'agent réducteur par excellence du bichromate, parce que son action s'exerce lentement et progressivement, et qu'elle est entière. Sans entrer dans le détail d'expériences concluantes, l'on peut dire que l'acide formique est peut-être le meilleur acide que l'on puisse utiliser pour teindre bien uni les couleurs acides tant sur laine pure que sur tissus mélangés laine et coton, et aussi sur cuir, et pour teindre le coton en noir d'aniline. — L'acide formique remplace avantageusement l'acide sulfurique ou acétique, dans la teinture de la demilaine avec des colorants acides. Dans l'avivage de la soie, il supprime le rinçage après avivage et donne des marchandises sans odeur. Dans l'impression sur coton il se recommande pour acidifier des couleurs basiques au tannin.

L'acide formique a été proposé aussi par *M. Lange* dans la distillerie. Dans une solution de sucre à 10 pour cent, l'acide formique excite l'activité de la zymase à la dose optima 0,02 pour cent du volume. L'acide formique agit comme antiseptique. L'alcool obtenu n'est pas plus abondant que dans les moûts à l'acide lactique mais il est plus pur. L'acide formique empêche l'acidité mieux que ne le ferait l'acide fluorhydrique, mais ce dernier donne un rendement supérieur. Pour M. Lange, l'acide formique protégeant l'amylase, assure la fermentation complémentaire et permet de diminuer le malt ; il fait disparaître les infections fortuites. La dose à employer est de 30 à 60 centimètres cubes d'acide formique pur, pour 30 hectolitres de moûts.

Le grand pouvoir réducteur de l'acide formique est utilisé pour l'argenture. Sa décomposition aisée par l'acide sulfurique en $CO + H_2O$, suivant une réaction inverse de sa synthèse, est la base d'un procédé de laboratoire pour la préparation de l'oxyde de carbone pur.

Formiates. — L'acide formique s'unit facilement aux bases pour donner des sels cristallisables, solubles dans l'eau et insolubles dans l'alcool ; ils se décomposent par la chaleur.

On peut poser en principe, dit M. Piequet, que les formiates sont susceptibles de se substituer dans les emplois des acétates et de remplacer dans bon nombre de cas les tartrates. L'infériorité du poids moléculaire de l'acide formique, vis-à-vis de celui de l'acide acétique 60, la propriété qu'ont certains de ces sels, comme le formiate de soude de se présenter anhydres, la facilité avec laquelle ils cristallisent, en font pour le teinturier, pour l'indienneur, pour le viticulteur, pour le tanneur des produits fort intéressants.

Formiate de soude, $HCO_2Na + H_2O$, cristallise en prismes rhomboïdaux obliques, déliquescents.

Le formiate de soude se décompose à 360° en oxyde de carbone et en carbonate, et l'oxyde de carbone se recombine au carbonate pour donner de l'oxalate à 440°, ou à 400° en présence d'un excès de carbonate. On opère sur un mélange de 4 parties de formiate pour 5 parties de carbonate, Goldschmidt (br. fr., 1897). Le formiate de sodium est le produit central de la production de l'acide formique.

Le formiate de soude sert en médecine à la dose de 1 gr. par jour pour augmenter les forces musculaires. Il est très employé en teinture, comme substitut de l'acétate de sodium, 43 gr. 6 pour 100 gr. du dernier.

Le *formiate d'alumine* sert pour imperméabiliser les tissus, et est employé dans la teinture ou l'impression des couleurs d'aniline comme mordant. Il donne avec l'alizarine de très beaux rouges d'impression.

Le *formiate d'ammonium* a sur l'acétate l'avantage de pouvoir se concentrer par la chaleur. Le *formiate de baryum*, le *formiate de calcium* sont intéressants pour préparer les autres formiates. Les *formiates de chrome* sont plus riches en métal que les acétates. Les *formiates de fer* cristallisent aisément et s'obtiennent dans un état de pureté très grand. Le *biformiate de potassium* se substitue au bitartrate, 114 gr. pour cent.

Acide acétique $CH_3.CO_2H$, — *vinaigre distillé, vinaigre radical*, existe à l'état d'acétate alcalin ou calcique dans la sève végétale. Il se produit dans la distillation sèche d'un grand nombre de matières organiques ; ex. le bois, l'amidon ou dans leur oxydation, telle celle de l'alcool.

Préparation. — Celui qui provient de la distillation du bois en vases clos est souvent désigné sous le nom d'*acide pyroligneux* ou *vinaigre de bois*. Il est contenu dans les liquides provenant de cette distillation ; on le transforme en acétate de sodium, puis on décompose l'acétate de soude par l'acide sulfurique pour obtenir l'acide pyroligneux. Celui-ci est coloré en brun, mais on l'obtiendra à l'état de pureté si on prend la précaution de torréfier ou fritter les cristaux d'acétate de sodium à 250°-500° pour les débarrasser des matières goudronneuses.

L'acide acétique étendu, connu sous le nom de *vinaigre*, se prépare en oxydant par voie de fermentation l'alcool des liqueurs alcooliques, vin, bière, cidre ; l'agent de cette fermentation est un ferment spécial, aérobie, le *micoderma aceti* ou *mère de vinaigre*. (Voir Fermentation acétique au chapitre des Fermentations).

Le mycoderma aceti n'agit qu'à la surface du liquide. Il faut éviter une action trop prolongée, car cette action décomposerait l'acide acétique en $CO^2 + H^2O$. Il faut éviter la production des anguillules.

Il y a plusieurs procédés de préparation industrielle du vinaigre. 1° Le procédé orléanais, pour le vinaigre de vin. On verse 100 litres de vinaigre et 10 litres de vin dans un tonneau de 230 litres déjà imprégné de ferment ; on maintient la t. à 30° ; au bout d'un mois on retire tous les huit jours 10 litres de vinaigre, qu'on remplace par 10 litres de vin.

2° Le procédé Pasteur consiste à ensemencer de mycoderma le liquide alcoolique placé dans de larges cuves peu profondes. C'est le procédé le plus rationnel.

3° Le procédé allemand, où le liquide coule goutte à goutte sur des copeaux de hêtre placé dans le compartiment intérieur d'un tonneau. Ce procédé est très expéditif, mais par suite de l'activité de la réaction, la température s'élève et il y a perte d'alcool et de l'arome du vinaigre. Il a été perfectionné par Michaelis (procédé luxembourgeois ou des cuves tournantes), où le tonneau rempli de copeaux de hêtre et à moitié rempli de liquide alcoolique additionné d'une matière nutritive azotée, est renversé toutes les six heures.

On peut aussi oxyder l'alcool par l'oxygène en présence de mousse de platine.

Le *vinaigre radical* s'obtient en distillant l'acétate de cuivre ; on a ainsi de l'acide acétique mêlé d'acétone.

L'*acide acétique cristallisable* s'obtient en décomposant l'acétate de sodium par l'acide sulfurique, et le déshydratant par cristallisations successives. La *Rhenania*, 1901, part de l'acétate de calcium et le décompose par du polysulfate de sodium $NaH^3(SO^4)^2$ qui agit comme de l'acide sulfurique, sans détruire les matières organiques.

L'*anhydride acétique* est le résultat de la déshydratation de l'acide glacial. *Gerhardt* l'obtenait en faisant agir du chlorure d'acétyle sur un acétate ; c'est d'ailleurs le procédé général de préparation des anhydrides. Liquide bouillant à 136° ; décomposable par l'eau. Les *Farbenfabriken* (1901) le préparent en traitant à la température de 20° l'acétate de sodium ou de calcium (4 molécules) par du chlore (1 molécule) et de l'anhydride sulfureux (1,5 molécule).

Dénaturation de l'acide acétique. — Les différents dénaturants admis par le fisc sont : l'acide chlorhydrique fumant 10 pour 100, l'acétate de plomb, 10 pour 100, les résidus d'éther, 5 pour 100 ; le chlorure de phosphore, la décoction de bois de campêche, 15 à 20 pour 100 ; l'acide arsénieux, 0,25 pour 100 et l'ammoniaque 5 pour 100 ; l'aniline, 10 pour 100 ; l'acide sulfurique concentré, 3 pour 100 en vol. ; les huiles essentielles renfermant moins de 6 pour 100 d'alcool vinique ; l'acétate d'amyle 2 pour 100 en vol. ; le fluorure de sodium, l'acide nitrique 3 pour 100.

Pour les acides importés, la douane admet les deux formules suivantes : goudron de bois 1/4 pour 100 ; huiles essentielles provenant de la distillation du pyrolignite de chaux, 5 pour 100.

La dénaturation de l'acide acétique brut, employé en teinture et en impression. s'effectue le plus souvent au moyen du produit impur extrait de la rectification, ou bien au moyen d'un acide minéral (acide chlorhydrique ou acide nitrique. Les difficultés amenées par ces dénaturations dans l'industrie de l'indienneur ont été relevées par M. Émile Blondel (Bulletin de Rouen, 1900).

Essais du vinaigre. — On recherchera la présence des acides minéraux, surtout de l'acide sulfurique qui est aussi nuisible pour les usages culinaires que pour son emploi en parfumerie. Le zinc peut s'y rencontrer si le vinaigre a été contenu dans des récipients galvanisés. L'acétate de zinc formé est un produit très toxique. On peut y rencontrer également de l'acide oxalique, dont la toxicité est très nette.

Propriétés physiques. — L'acide acétique pur ou glacial est un liquide incolore, répandant des vapeurs suffocantes et corrosives. Le vinaigre radical est employé pour ranimer en cas de syncope ; on le conserve dans de petits flacons remplis de cristaux de sulfate de potassium. Sa densité est 1,035 à 15°. Il cristallise à + 17°, et bout à 118°. Il est très corrosif.

L'addition d'eau à l'acide acétique cristallisable abaisse le point de solidification. On le purifie donc par congélations successives en décantant chaque fois la partie liquide. Mais jusqu'à une limite, car inversement la congélation de l'acide acétique dilué donne dans la partie solide de l'eau presque pure. La limite correspond à 37,5 pour 100 d'eau, c'est-à-dire un acide $C^2H^4O^2 + 2H^2O$, Ed. Grimaux (S. Chimique, 1873).

L'acide acétique est un excellent dissolvant. L'acide acétique glacial dissout des quantités notables d'indigo, d'où son emploi pour le dosage de l'indigo, A. Brynliski (Bull. Mulhouse, 1898). — L'acide acétique a été proposé également par M. Squible, 1897, en remplacement de l'alcool, pour préparer les extraits organiques. Il pénètre mieux que l'alcool et extrait plus à fond. Il suffit de percoler avec un acide à 10 pour 100. — L'acide acétique faible dissout l'essence de citron en toutes proportions. L'acide à 96 pour 100 en dissout 10 fois son poids.

Les *vinaigres médicinaux* sont des dissolutions de principes toniques, astringents ou aromatiques préparés par macération. Tel le vinaigre des quatre voleurs : vinaigre blanc, 1000 ; vinaigre radical, 15 ; camphre, 4 ; sommités sèches de fleurs aromatiques, aa 15 ; aromates en poudre, aa 2. Le vinaigre virginal : vinaigre 4 pour 100, alcool 1 litre, benjoin 250 gr. Le vinaigre anglais : acide acétique 100, camphre 10, cochenille 1, essences de cannelle, de girofle, de lavande 1.

Propriétés chimiques. — La vapeur d'acide acétique s'enflamme à l'air et brûle avec une flamme bleue en produisant de l'eau et de l'acide carbonique.

Sous l'influence de la chaleur rouge, l'acide acétique donne de l'acide carbonique, et différents carbures, parmi lesquels du méthane, de l'acétylène et de la benzine, etc.

Les oxydants transforment difficilement l'acide acétique en acide oxalique.

Le chlore donne à la lumière solaire avec l'acide acétique, différents produits de substitution, les acides mono, di et trichloracétiques dont l'étude a joué un grand rôle dans l'histoire de la théorie des substitutions.

L'acide acétique chauffé avec un excès d'alcali donne du méthane et un carbonate : appliqué à la préparation du méthane pur.

L'acide acétique est un acide monobasique très énergique.

Applications. — L'acide acétique sert dans la préparation des acétates (acétates de chaux, pyrolignite d'alumine, de fer, acétate de cuivre), des éthers acétiques et l'acétate d'amyle ou essence de poires, la fabrication des anilines, d'une espèce de fuchsine, la roséine ou acétate de rosaniline, du vert malachite.

Le teinturier l'emploie souvent pour dissoudre des matières colorantes dérivées de la rosaniline, pour corriger son eau calcaire dans les bains de mordançage et de teinture en couleurs d'alizarine ; pour aciduler les bains de teinture, principalement dans la teinture de la soie quand le colorant ne supporte qu'un acide faible, enfin dans les avivages à l'acide après teinture de la soie pour donner plus de fleur à la nuance et plus de craquant à la fibre. En impression, on met souvent à profit la volatilité de ce corps pour fixer les mordants d'alumine, de fer et de chrome dans les couleurs-vapeur. Il sert encore dans les rongeants sur mordants et en teinture.

L'acide acétique concentré est un réactif très employé dans les laboratoires et en photographie.

Le vinaigre est d'un usage constant dans les préparations culinaires.

ACÉTATES

Les acétates sont tous solubles dans l'eau, sauf ceux d'argent et de mercure. On les prépare à partir de l'acide acétique dilué et des oxydes métalliques. Les acétates se reconnaissent aisément à l'odeur de l'acétate d'éthyle qu'ils donnent lorsqu'on les chauffe avec un mélange d'alcool et d'acide sulfurique, et à l'odeur de cacodyle qu'ils donnent lorsqu'on les chauffe avec de l'acide arsénieux.

Acétate d'ammonium $C^2H^3O^2(NH^4)$. — C'est un sudorifique et un bon antispasmodique, à faible dose. Les sels anglais sont formés d'un mélange d'acétate d'ammoniaque et d'acide acétique. Dans les fabriques d'aniline, on en fait absorber dans du café aux ouvriers pour les préserver des accidents de l'anilisme. On l'a proposé contre l'ivresse.

Acétate de potassium $(C^2H^3O^2)K$. — Il est très déliquescent, très soluble dans l'alcool et l'eau. 1 p. se dissout dans la moitié de son poids d'eau vers 0° ; il est quatre fois plus soluble à 100°. L'alcool absolu en dissout le tiers de son poids à froid. Il fond à 292°.

Acétate de sodium $C^2H^3O^2Na$. — C'est le produit industriel. Il cristallise en gros prismes avec 3 molécules d'eau. Ces cristaux effleurissent à l'air sec.

Il est doué d'une saveur amère et piquante. Il est très soluble dans l'eau. 1 p. se dissout à 6° dans 3,9 p. d'eau. La solution saturée à l'ébullition, renferme 0,48 p. d'eau pour 1 p. de sel et bout à 124° 4. La solution saturée présente aisément le phénomène de saturation.

L'acétate de sodium possède une chaleur spécifique très élevée. On l'a employé pour le chauffage des wagons (Ancelin); les chaufferettes restent 6 fois plus longtemps chaudes que celles à l'eau.

C'est un excellent antiseptique pour les viandes et les légumes. *Sacc* (C. R., 1872) recommande la saumure à 1/3.

En médecine, on l'a employé comme fondant, diurétique, purgatif.

Acétate de calcium $CH^3CO^2)^2Ca + 2H^2O$. — Sa saveur est amère. Il se dissout dans cinq fois son poids d'eau à la température de 15° et dans 25 fois son poids d'alcool. On l'obtient dans l'industrie de la distillation du bois, à l'état impur ou pyrolignite de chaux, il sert à préparer l'acétone et l'acétate d'alumine.

Dans les industries tinctoriales, on l'emploie pour corriger les eaux des bains dans les cas où la présence du carbonate est nuisible, par exemple dans le cas de certaines couleurs d'alizarine.

Acétate de zinc $(CH^3CO^2)^2Zn + 3H^2O$. — Il cristallise en lamelles rhomboïdales obliques, il est très soluble dans l'eau.

Il sert à décolorer les extraits tanniques, *Fœlsing*. L'extraction se fait sous pression à 112°. On dilue les jus jusqu'à 3°-4° Bé, puis on ajoute 25 à 50 gr. par hectolitre; on agite 1 à 3 heures par un courant de vapeur à 60°-70°; il faut neutraliser avec du borax très exactement, sinon il se produit un trouble à froid.

L'acétate de zinc est employé en médecine contre les ophtalmies, à l'intérieur on l'a employé dans la période ataxique de. la fièvre typhoïde.

C'est un toxique. Aussi ne faut-il pas conserver du vinaigre dans des récipients en zinc ou en fer galvanisé.

Acétates de fer. — Il y en a deux, l'acétate ferreux et l'acétate ferrique.

L'*acétate ferreux* $(CH^3CO^2)^2Fe + 4H^2O$, cristallise en fines aiguilles vert pâle, très solubles dans l'eau. A l'état d'acétate impur ou pyrolignite de fer, il constitue la liqueur pour noir ou liqueur de fer des teinturiers, employée sur coton et sur soie, pour les brunissures et les noirs : c'est le pied de fer moderne. Sur soie, il est fort employé sur bain de tannin pour soies écrues noires et chargées : il donne un noir bleu spécial. Parfois on s'en sert aussi entre deux bains de cachou. Voici comment on opère : La soie est imprégnée de tannin à 40°-50° C dans un extrait de châtaignier pur, puis manœuvrée dans un pied de fer à 50°-60° C à 8°-10° Bé, enfin aérée. On répète les mêmes opérations de 2 à 15 fois ; la charge peut aller jusqu'à 4 fois le poids de la soie.

Acétate ferrique $(CH^3COO)^6Fe^3$. — Il s'obtient par dissolution de l'oxyde ferrique dans l'acide acétique ou par double décomposition entre l'acétate ferrique et l'acétate de plomb. Il a eu une grande vogue comme mordant pour la teinture de la soie en noir, ainsi que l'acétonitrate obtenu en ajoutant de l'acétate de plomb au nitrosulfate de fer. Il est cher, mais il ménage bien les soies légères.

Acétate d'aluminium. — mordant rouge des teinturiers, se prépare en traitant le sulfate d'alumine ou l'alun d'alumine et de potasse par de l'acétate neutre de plomb.

L'acétate d'aluminium est surtout livré au commerce à l'état liquide, à 10° Bé, avec 2,25 à 2,50 d'oxyde d'alumine *liqueur pour rouge* et provient alors du traitement de l'acide pyroligneux brut ou rectifié par la chaux, puis par une solution d'alun additionnée d'un peu de carbonate de soude. Celui obtenu avec l'acide brut porte le nom de pyrolignite. On le purifie en ajoutant du tannin pour éliminer les matières goudronneuses.

L'acétate neutre $(C^2H^3O^2)^6Al^2$ donne des acétates basiques $(C^2H^3O^2)^4Al^2(OH)^2$, $(C^2H^3O^2)^3Al^2(OH)^3$, $(C^2H^3O^2)^2Al^2(OH)^4$, quand on ajoute à sa solution un carbonate alcalin.

Les expériences de *Liechti* et *Suida* ont montré que plus l'acétate est basique, plus il se précipite aisément sur la fibre à une basse température, pourvu que la solution ne soit pas trop étendue et que l'acétate neutre abandonne moins facilement son alumine que l'acétate basique.

Les sulfoacétates d'aluminium se préparent en décomposant le sulfate d'alumine par une proportion d'acétate de plomb inférieure à celle nécessaire pour transformer tout le sulfate en acétate. Ils conviennent aussi bien au mordançage que les acétates basiques. Le chloroacétate au contraire n'abandonne que fort peu d'alumine.

En outre de son emploi comme mordant, l'acétate d'aluminium est utilisé dans la teinture en noir d'aniline à absorber l'acide chlorhydrique dégagé lors de la formation du noir.

L'acétate d'aluminium sert aussi pour l'imperméabilisation des tissus dans l'industrie des waterproofs, *Andrewes* (br. anglais, 1897) propose dans le même but, un mélange de sulfate d'aluminium 90 à 150, d'acétate de plomb 120, tannin 7 et eau 1.000.

L'acéto-tartrate d'aluminium ou *alsol* est employé comme antiseptique.

Les différents acétates d'aluminium sont les mordants du teinturier en rouge-turc. C'est principalement dans l'impression qu'ils sont le plus souvent mis en usage. On se sert avec plus d'avantage du sulfoacétate $(SO)^1$ $(C^2H^3O^2)^3Al^2(OH)$, pour les couleurs-vapeur ; tandis qu'on se servira préférablement de l'acétate neutre pour l'impression directe avec vaporisage et passage en fixateur. Le vaporisage ou oxydation sert dans ce cas uniquement à éliminer l'acide acétique.

Les produits commerciaux sont très variables en composition, ils renferment souvent du carbonate de soude ou de chaux. On en trouvera un tableau détaillé dans l'excellent traité de teinture de Hummel.

A la place de l'acétate, on se sert parfois en impression du sulfocyanure d'aluminium ou rhodanate d'aluminium qui n'étant pas acide n'agit pas sur les docteurs et n'altère pas les couleurs ; de l'oxalate et du tartrate d'alumine pour certaines couleurs-vapeur, du florure, du bisulfite, enfin du formiate qui semble le meilleur substitut.

Acétates de plomb.

— On connaît plusieurs acétates, dont les plus importants sont l'acétate neutre $(C^2H^3O^2)^2Pb + 3H^2O$ ou *sel de Saturne* et l'*extrait de Saturne*, mélange d'acétates basiques.

L'acétate neutre du plomb s'obtient en dissolvant de la litharge dans l'acide acétique. C'est un corps bleu cristallisé, soluble, à saveur sucrée et styptique, d'où son nom de *sucre de plomb*. Il est soluble dans moitié de son poids d'eau froide. *Grosrenaud* (Bull. de Rouen, 1874) a fait remarquer que 1 lit. d'eau dissout 1 kg. d'acétate de plomb et 1 kg. de nitrate, la solution marque 77° Bé. Il sert à préparer l'acétate d'aluminium, la céruse, les chromates de plomb, jaunes et oranges, voir p. 473, et des laques colorées avec les couleurs benzoïques.

L'acétate basique ou sous-acétate de plomb se prépare en faisant bouillir, jusqu'à dissolution, 12 kg. d'acétate de plomb, 6 kg. 1/4 de litharge avec 35 litres d'eau. On filtre et on étend au degré voulu. L'extrait de Saturne se prépare en faisant bouillir 3 p. d'acétate, 1 p. de litharge dans 9 p. d'eau.

L'acétate basique de plomb précipite les gommes, les tannins et certaines matières colorantes, d'où son emploi pour le dosage du tannin, pour la préparation des laques colorées avec les éosines, etc. Il sert à glacer le papier, les cartons, les cartes de visite; il ne précipite pas les sucres, d'où son emploie pour la défécation. L'acétate basique de plomb sert à charger la soie blanche.

L'acétate de plomb donne avec le bicarbonate de chaux un précipité d'hydrocarbonate de plomb, d'où un moyen d'adoucir l'eau crue. *L'eau blanche* ou *eau de Goulard* s'obtient en versant 8 à 20 gr. d'extrait de Saturne liquide dans 1 litre d'eau de rivière. On l'utilise avec profit dans les cas de contusion ou d'inflammation, pouvu qu'il n'y ait pas plaie. C'est un bon résolvant.

L'acétate de plomb et de thallium (d = 3,6) permet, par sa densité, de séparer le diamant (d = 3,3) de toutes les substances dont la densité est supérieure, celles-ci iront au fond du liquide, tandis que le diamant surnagera.

Acétate de cuivre $(C^2H^3O^2)^2CuH^2O$ — ou *verdet* (anciens cristaux de Vénus) obtenu par action de l'acétate de soude sur le sulfate de cuivre, sert à préparer l'acide acétique pur, et l'acide radical, par chauffage entre 246° et 260°.

Le *vert de gris* est un acétate basique $(C^2H^3O^2)^2Cu,CuO,6H^2O$, que l'on prépare aux environs de Montpellier en abandonnant à l'air des lames de cuivre recouvertes de marc de raisin. Il est utilisé en peinture et en médecine. Il sert à préparer le vert de Schweinfurt. En teinture, on l'emploie pour les noirs.

On l'a employé à combattre le mildew, en solution à 1 pour 100, à raison de 15 hectolit. par hectare.

On a remarqué que les ouvrières employées à la préparation des acétates de cuivre, ne sont jamais chlorotiques.

Acides butyriques C^3H^7COOH. — Il en existe deux. L'acide normal $CH^3.CH^2.CH^2.CO^2H$ a quelque importance, c'est l'acide butyrique de fermentation; il a été découvert par Chevreuil, 1814.

Il se forme dans la fermentation d'un grand nombre d'hydrates de carbone, glucose, etc., sous l'influence du ferment lactique : B. amylobacter ou du B. butylicus. La glucose donne d'abord de l'acide lactique, puis celui-ci de l'acide butyrique, *fermentation butyrique*.

L'acide butyrique est un liquide huileux, incolore, d'odeur désagréable de graisse rance. Il fond à − 2° et bout à 163°. Il est miscible à l'eau, à l'alcool et à l'éther. Il sert à préparer certains éthers pour la parfumerie ou la confiserie : butyrate d'éthyle ou essence d'ananas, butyrate d'amyle ou essence de poires. Associé à l'acide phosphorique, il sert en tannerie sous le nom de *phosphobutyraline*.

Le butyrate de calcium est moins soluble à chaud qu'à froid.

Acide valérianique $C^4H^9.CO^2H$. — Il existe dans la racine de valériane, d'où son nom. On le prépare en oxydant l'alcool amylique par le mélange sulfochromique.

Les *valérianates*, en particulier celui de zinc et d'ammoniaque sont antispasmodiques. Ils ont la curieuse propriété de prendre sur l'eau un mouvement giratoire.

Acide palmitique $C^{15}H^{31}CO^2H$.

— C'est l'*acide margarique* de Chevreul qui le découvrit en 1820. Son éther triglycérique constitue l'huile de palme, d'où son nom et sa préparation. On le rencontre également dans la plupart des corps gras et des cires.

L'acide palmitique cristallise de ses solvants en fines aiguilles incolores, sans odeur. Il est plus léger que l'eau et fond à 62°,5 ; ce point de fusion est celui de la cire d'abeille, d'où son emploi pour frauder celle-ci. Il est entraînable par la vapeur d'eau. Il est insoluble dans l'eau, propriété précieuse pour le séparer de ses impuretés solubles. Il se dissout au contraire dans l'éther et l'alcool (10 fois son poids à 20°).

L'acide palmitique brûle à l'air, il est très employé, soit pur, soit en mélange avec l'acide stéarique, pour fabriquer les bougies.

Les palmitates alcalins sont solubles, ils constituent, en mélange avec les stéarates et surtout les oléates, les *savons* du commerce que nous étudierons plus loin.

Le palmitate d'aluminium est utilisé dans l'apprêt des tissus et pour épaissir les pétroles de graissages et graisses consistantes.

Acide stéarique $C^{17}H^{33}.CO^2H$.

— Découvert en 1811 par Liebig, c'est le plus important des acides gras solides, car il forme à l'état de triglycéride, la majeure partie des différents corps gras ; exemple : le suif de mouton, d'où on le retire par saponification. L'acide stéarique du commerce ou *stéarine* est un mélange d'acides stéarique et palmitique ; il reste comme sous-produit la glycérine. C'est de stéarine que sont composées les bougies stéariques. On pense à le préparer à partir de l'acide oléique.

L'acide stéarique pur cristallise en petites écailles nacrées. Il est moins dense que l'eau avec laquelle il ne se mélange pas. Il fond à 69°,3 et peut se distiller dans le vide sans décomposition. Il est soluble à la température de 15° dans 3 p. de sulfure de carbone, 4,5 p. de benzine, 8 p. d'éther et 40 p. d'alcool. Il est au contraire très soluble dans l'alcool bouillant dont il se sépare par refroidissement. La solution alcoolique présente une réaction faiblement acide.

Les stéarates alcalins sont solubles dans l'eau ; un excès d'eau les dissocie avec formation de stéarates acides peu solubles. Les stéarates alcalins se dissolvent aussi dans l'alcool. Les autres stéarates sont insolubles.

Les stéarates alcalins entrent dans la composition de certains savons, principalement pour savonnages à chaud.

Bougies stéariques. — Les bougies stéariques sont constituées par un mélange d'acides stéarique et palmitique ou *stéarine*. Une mèche de coton imprégnée préalablement d'acide borique pour assurer la combustion complète de la mèche, traverse le cylindre de stéarine et régularise la combustion de cette dernière. Cette industrie a son point de départ dans les recherches de Chevreuil sur les corps gras.

La préparation de la stéarine repose sur la saponification des corps gras, le suif de bœuf surtout, en acides gras et glycérine. Cette saponification s'effectue industriellement, par la chaux, par l'acide sulfurique ou par l'eau sous pression. Dans le premier cas, on obtient un savon calcaire qu'on traite par un acide minéral pour mettre les acides gras en liberté. On obtient ainsi un mélange d'acides palmitique, stéarique et oléique. Les deux premiers seuls sont solides, on les sépare de l'acide oléique par expression à la presse, à froid, puis à chaud. Pour purifier les acides gras, on les distille, *Dubrunfaut*, 1840, dans un courant de vapeur surchauffé à 350° environ, on les lave dans l'eau chaude qui dissout les corps solubles.

La fabrication des bougies s'effectue mécaniquement d'une façon continue. On coule la stéarine dans des moules dont l'axe est traversé par la mèche. Les moules sont placés dans des caisses métalliques qu'on peut chauffer ou refroidir à volonté au moyen de vapeur ou d'air froid. Quand la stéarine s'est solidifiée, les bougies sont sciées mécaniquement, puis polies au moyen de brosses rotatives.

Acide oléique $C^{17}H^{33}.CO^2H$. — Entrevu par Chevreul en 1823; connu à l'état de pureté en 1846, après les recherches de Gottlieb. L'éther triglycérique de l'acide oléique existe dans presque tous les corps gras, naturels, principalement dans les huiles d'olives, les huiles d'amandes et celles de poisson, à côté des triglycérides palmitiques et stéariques. L'acide oléique ou oléine du commerce est un sous-produit de la fabrication des bougies stéariques, et il sert à la fabrication des savons.

On le prépare en saponifiant par la litharge de l'huile d'olives; le savon plombique ainsi obtenu qui est un mélange d'oléate et de margarate de plomb, est épuisé par de l'éther; l'oléate seul se dissout et on le décompose par de l'acide chlorhydrique.

Propriétés et applications. — L'acide oléique est un liquide oléagineux, incolore et inodore, de densité 0,898 à 14°, cristallisable par le froid et fondant alors à 14°. On ne peut le distiller sans décomposition, que sous pression réduite, ou dans un courant de vapeur surchauffée à 250°. Il est insoluble dans l'eau, soluble dans l'alcool et l'éther.

L'acide oléique dissout à chaud les matières colorantes, environ 1/4 de son poids. Cette propriété est utilisée pour la préparation d'encres d'impression et de timbrage; on peut ajouter de l'alcool.

L'acide oléique est employé aussi dans le dégraissage des laines.

L'acide oléique est un composé non saturé, d'où sa facilité d'absorber certains éléments. Il fixe rapidement l'oxygène de l'air, 20 fois son volume à la t. ordinaire, en jaunissant et prenant une odeur désagréable; c'est la cause du *rancissement* des huiles. Chauffé avec l'acide iodhydrique, il fixe H^2 et donne l'acide stéarique, composé saturé correspondant, *Goldschmiedl*. Les oxydants le transforment en acides plus simples. L'acide sulfurique forme de l'acide sulfoléique. L'acide nitreux transforme l'acide oléique en un isomère : l'*acide élaïdique*, plus solide puisqu'il ne fond qu'à 45°. Appliqué à la caractérisation analytique.

Fondu avec de la potasse, l'acide oléique se scinde en acides acétique et palmitique.

Oléates. — L'acide oléique est un acide faible qui n'a pas d'action sur le tournesol. Il forme des sels, *savons*, avec les oxydes métalliques. Les oléates alcalins sont solubles dans l'eau, les autres sont insolubles. L'oléate de potassium est une pâte. Celui de sodium est solide ; il peut cristalliser de sa solution dans l'alcool absolu ; il se dissout dans 10 p. d'eau et 21 p. d'alcool à la température ordinaire. L'éther bouillant n'en dissout que un centième.

Les oléates de manganèse, de plomb, ont été proposés comme siccatifs.

L'oléate acide d'ammonium, préparé avec 65 kg. acide oléique du commerce, 10 kg. ammoniaque à 20 pour 100, à la t. ordinaire est un savon mou entièrement soluble dans la benzine, *Gronewald et Stommel* (br., 1897).

En évaporant une solution d'oléate d'aluminium dans la benzine, on obtient une substance transparente et flexible, que *J. E. Thornton et C. F. S. Rothwell* ont proposée comme substitut du celluloïd (br. amér., 1899).

En traitant un sulfoléate par un excès d'alcali, puis neutralisant à chaud, il se sépare un produit gélatineux, savon en gelée de *J. Strockhausen* (br. all., 1898).

*
* *

L'acide de l'huile de lin ou *acide linoléique* $C^{18}H^{32}O^2$, existe dans les huiles siccatives à l'état de trilinoline glycérique ; c'est à lui que ces huiles et ces éthers gras doivent leur propriété de s'oxyder à l'air en se résinifiant dans l'huile de lin, l'huile de grand soleil, l'huile de chénevis, l'huile de pavots, l'huile de noix.

L'acide de l'huile de ricin ou *acide ricinoléique* $C^{18}H^{34}O^3$ possède une fonction alcool. Fusible à 17°, il est insoluble dans l'eau, soluble dans l'alcool et l'éther. Il représente l'acide oxyoléique.

Nous trouverons leurs applications et celles de leurs dérivés sulfoniques comme mordants gras au chapitre des Corps gras.

Savons. — Les savons sont des mélanges d'oléates, de palmitates, de margarates, de stéarates de potasse ou de soude, avec une certaine quantité d'eau.

Les savons à base de soude sont durs ; les savons de potasse sont mous. Ils sont solubles dans l'eau et dans l'alcool ; les solutions aqueuses laissent séparer le savon lorsqu'on ajoute des solutions concentrées de sel marin ou d'alcali caustique et carbonaté ; elles précipitent par la plupart des dissolutions salines en donnant des savons insolubles de chaux (eaux dures, hydromètre, voir p. 358), d'alumine, d'étain, de plomb (emplâtres), etc.

Les savons se préparent en saponifiant les corps gras, le suif de mouton par les alcalis caustiques : la glycérine se sépare et l'acide gras se combine à l'alcali. Les essais tentés jusqu'à ce jour pour substituer aux alcalis caustiques les carbonates alcalins n'ont pas réussi.

L'alcali caustique (pierre à savon) est employé en solution à 10°, 18° et 25° Bé. On peut préparer ces solutions soi-même en caustifiant le carbonate par la chaux. On fait agir successivement ces solutions sur le corps gras en faisant bouillir pour obtenir une émulsion avec l'eau (empâtage) et en ajoutant une dissolution de sel (salage) après la lessive à 18° et celle à 25° Bé (cuite) pour séparer l'émulsion savonneuse de la lessive : le savon se rassemble en grumeaux à la surface et on soutire la lessive. Après la cuite et le dernier salage, le savon est coulé dans des mises, et lorsqu'il est refroidi, découpé.

Actuellement, un grand nombre ¦de savonniers ne saponifient plus eux-mêmes les corps gras; mais ils achètent directement les acides gras provenant de la fabrication de la glycérine.

A *Marseille*, la soude dont on se sert contient du sulfure de fer qui colore toute la masse. Si après avoir cuit le savon en brassant doucement, on le laisse refroidir au repos, on obtient une couche supérieure blanche qui donne le *savon blanc*, et une couche inférieure colorée.

Si on refroidit en brassant la masse, on a le *savon marbré*, le *savon vert* s'obtient avec des huiles jaunes et un peu d'indigo ; le *savon noir* avec l'huile de chénevis, du sulfate de fer et de la noix de galle. Les savons mous à base de potasse renferment de la glycérine, une certaine quantité de la lessive-mère et souvent des impuretés.

On ajoute quelquefois de la résine (colophane); elle se dissout facilement dans les alcalis en donnant des résinates qui rendent le savon plus mousseux et plus apte à se dissoudre dans les eaux calcaires et salées. Mais ces résinates sont plutôt à éviter en teinture et en apprêt. Enfin, depuis quelque temps, on préconise beaucoup les savons à base d'ammoniaque.

Les corps gras principalement employés pour la fabrication du savon sont l'acide oléique et les huiles d'olive, de sésame et d'arachide, de ricin, de palme, et les suifs.

L'huile d'olive servait auparavant exclusivement dans la fabrication des savons de Marseille. Aujourd'hui, on se sert aussi d'huiles de sésame, et d'arachides, ou de ricin, plantes cultivées dans le midi de la France : elles donnent des savons blancs. Au lieu de l'huile d'olive, on emploie avec avantage l'oléine commerciale ou acide oléique provenant de la saponification des suifs dans la fabrication des bougies stéariques : le savon obtenu est presque exclusivement un trioléate.

L'huile de ricin (ricin, palma-Christi ou castor), retirée des ricins d'Amérique, d'Orient ou d'Afrique, se saponifie à froid et très rapidement par la potasse caustique. Elle est surtout employée pour la préparation des huiles pour rouge-turc.

Les huiles de chènevis, d'œillette, de lin servent à préparer les savons mous.

On emploie encore pour certains savons communs les matières grasses provenant de l'épuration des eaux savonneuses des lavages et des peignages de laine et les graisses de rebut.

Composition et Essais. — Voici la composition moyenne de quelques espèces de savon :

		Acides gras	Alcali	Eau
Savon de Marseille	blanc	50	5	45
—	marbré	64	6	30
—	mou	44	10	46
Savon unicolore		67	7	26
Savon vert		41	9	50

La proportion d'eau régulière est 30 pour 100, mais les savons peuvent contenir jusqu'à 70 pour 100 d'eau, au grand avantage du savonnier.

Les substances que l'on rencontre accidentellement sont : sel, sulfate de soude, silicate de soude, sulfate de baryte, craie, alun, kaolin, silice, fécule, résine, colle.

Il importe à l'industriel de savoir si, lorsqu'il achète 100 kgs de savon, poids nominal, il achète réellement 70 ou 30 kgs de savon pur. L'analyse lui permettra de s'en rendre compte. Au point de vue du prix, l'industriel a surtout à se préoccuper de la quantité d'eau et de matières étrangères que le savon contient. Au point de vue de la perfection du travail, c'est des corps gras libres qui donneraient lieu à des taches, de l'alcali qui pourrait compromettre la solidité des fibres animales, de la solubilité si nécessaire pour les rinçages, de l'odeur, cause parfois de graves ennuis.

L'analyse des savons comprendra le dosage de l'eau, des alcalis libres, des corps gras libres, de la résine, des substances étrangères.

Eau. — 10 gr. de savon, découpé en lames minces, sont tenus à l'étuve à 130°-140° jusqu'à poids constant : il faut avoir soin de percer la croûte qui s'est formée au début. La perte de poids représente l'eau.

Alcali total. — On le dose par voie alcalimétrique sur 10 gr. de savon incinérés, puis repris par l'eau.

Alcali libre. — On fait bouillir 100 gr. de savon avec 150 cc. d'eau salée à 18° Bé ; quand le savon est fondu, on laisse refroidir, on sépare le savon surnageant, et on dose par voie alcalimétrique l'alcali libre, qui reste dissous dans la solution salée et filtrée.

Acides gras. — 100 gr. du savon sont chauffés dans une capsule avec de l'eau distillée ; puis on ajoute peu à peu un excès d'acide sulfurique étendu de 3 fois son volume d'eau. Le savon est décomposé et les acides gras se séparent et forment à la surface une couche huileuse. Après quelques minutes d'ébullition, on laisse refroidir, on perce la croûte, on décante le liquide, on fait bouillir avec de l'eau pour enlever toute trace d'acide, on chauffe à 110°, jusqu'à ce que la fusion soit tranquille, on laisse refroidir, on enlève les acides et on pèse de nouveau. En retranchant de la perte de poids 3 1/4 pour 100 d'eau de combinaison, on a le poids des acides gras anhydres.

Ces acides gras ont les mêmes réactions colorées que les huiles dont ils dérivent.

Corps gras libres et résine. — Dans un appareil à déplacement, on traite 10 gr. par l'éther; on évapore.

Matières étrangères. — Après dissolution dans l'alcool. Le chlorure et le sulfate de sodium, étant solubles dans l'alcool, doivent être recherchés directement. Un bon savon ne doit pas donner plus de 1 pour 100 de résidu à l'alcool bouillant.

J. Pinette propose après avoir dosé l'eau de dissoudre 2 gr. du savon dans l'alcool bouillant. S'il y a un résidu, on l'examine. A la solution on ajoute quelques gouttes de phénolphtaléine : si elle se colore en rouge, c'est qu'il y a de l'alcali libre qu'on dose par SO^4H^2 titré. Le liquide neutralisé est étendu d'eau à 80 cc., placé dans une burette à robinet et bouchon, divisée en 1/2 cc. jusqu'à 200 cc. On ajoute alors 10 cc. d'acide sulfurique et un mélange en parties égales d'éther et d'éther de pétrole jusqu'au haut. On ferme, on secoue, on laisse reposer, on lit la hauteur des couches, on prend 25 cc. de l'éther qu'on évapore dans un tube taré, pour avoir les acides gras. On prend 25 cc. de la solution aqueuse pour avoir par SO^4H^2 l'alcali combiné.

Applications des savons. — Le savon sert dans l'industrie aux blanchisseurs, aux peigneurs, aux teinturiers, aux apprêteurs. Outre les savons industriels, il y a les savons de toilette, les savons à détacher, les savons minéraux, les savons médicamenteux.

On doit le dissoudre dans de l'eau débarrassée des sels calcaires et magnésiens et marquant au plus 2° à 3° hydrotimétriques. On se servira avantageusement des eaux de pluie ou de condensation de vapeur.

Les peigneurs prendront de préférence le savon le plus soluble, soit un savon de potasse à acide oléique, savon qui est facile à préparer soi-même et qui est parmi les moins chers. Les savons difficilement solubles, comme ceux à l'acide stéarique et à l'huile de palme, s'éliminent difficilement au rinçage et ne doivent jamais être employés pour le peignage. Les mêmes considérations sont à envisager, lorsqu'on fait usage de savons pour le dessuintage et les traitements préparatoires des laines et pour le décreusage ou cuite des soies.

Au savon de soude, pour laver la laine brute, *F. Raschig* (br. all., 1895), ajoute du crésol 1/4, ou du crésolate de sodium, qui augmente le pouvoir dissolvant et épurateur du savon. Le peigneur a avantage à ce que son savon contienne un peu d'alcali en excès, c'est le contraire pour l'imprimeur sur coton, car l'alcali souillerait les couleurs d'alizarine.

En teinture, les savons servent par la formation de savons insolubles, à mordancer les fibres textiles végétales : c'est ainsi qu'on fixe sur le coton l'alumine, le plomb, l'étain par un savonnage qui peut précéder ou suivre un mordançage en alun, en acétate d'alumine, en acétate de plomb, en sel d'étain, en stannate de soude. Ils servent en outre couramment, pour faciliter l'unisson dans la teinture des soies : on emploie de préférence dans ce but le savon de cuite (provenant du dégommage des soies), et pour l'avivage des soies.

Enfin on donne un savonnage à la suite de certaines teintures, et en noir d'aniline sur coton pour le rendre inverdissable. Il faut rincer soigneusement en eau pure ; sinon la matière grasse en rancissant développe une odeur désagréable.

Le savon d'alumine est soluble dans l'essence de térébenthine, lorsqu'on l'a privé d'eau par dessiccation. Cette dissolution peut servir de vernis moins brillant que celui à la résine de Dammar, mais plus souple ; il convient non seulement pour les objets métalliques, mais encore pour imperméabiliser les tissus.

Le résultat cherché par l'emploi du savon n'a lieu, d'une façon complète, que lorsque ce dernier est en dissolution dans l'eau. Lorsqu'on utilise des savons palmitique ou stéarique, il faut opérer à chaud, pour faciliter cette dissolution. Au contraire, avec les savons d'acide oléique, on peut atteindre le même résultat à la température ordinaire. Ces considérations doivent amener les industriels à utiliser des savons bien déterminés, donnant leur plein effet actif à la température à laquelle on les emploie.

Les savons des blanchisseurs sont les savons de Marseille, les savons de Paris et les savons mous.

Les savons de Marseille sont préparés avec des huiles végétales. Les savons de Paris ou écossais, sont préparés avec des matières grasses animales ou végétales, principalement du suif. Les savons mous à base de potasse, préférés dans le cas de linge très sale, agissent en effet plus efficacement par suite de leur plus grande alcalinité et de leur plus grande solubilité.

Le bain de savon des teinturiers dégraisseurs se prépare avec 10 kg. de savon en copeaux et 100 litres d'eau très chaude. Ce bain est conservé dans un tonneau ; pour l'usage, on l'additionne de son volume d'eau.

Les *lessives* sont à base de carbonate de soude, avec une proportion variable de savon qui facilite l'action de la lessive. Une addition de savon mou communique au linge un toucher plus doux. L'addition de silicate de soude qui a lieu fréquemment, a l'inconvénient de laisser sur le linge une poussière fine et adhérente de silice.

Décreusage. — Le savon sert à décreuser les soies dans les ateliers de blanchiment et de teinture ou dans les conditions publiques. Le *décreusage des soies* a pour objet d'éliminer le vernis naturel ou grès, soit 17 à 25 pour 100 de la soie brute, et enlève en même temps la charge que la soie a reçu lors de l'ouvraison ; 15 à 25 pour 100, eau de chrysalides, gélatine, colle de poisson, huiles, savons, substances salines, telles que le cristal ou mélange de chlorure et de nitrate de sodium, le tungstate de sodium, etc.

Dans les conditions publiques, le décreusage s'effectue en deux bains de savon bouillant, d'une demi-heure chacun. Ce bain de savon doit renfermer 6 à 7 grammes de savon sec par litre d'eau. Si P est le poids de l'échantillon écru séché à 110°-115°, et P′ le poids de l'échantillon décreusé, également séché, la perte centésimale p sera donnée par la relation : $\dfrac{p}{100} = \dfrac{P - P'}{P}$, d'où p.

Savons de toilette. — Ces savons se préparent à froid, par malaxage avec la matière colorante, ou par *refonte* d'un savon finement divisé et additionné du parfum.

On peut préparer soi-même un savon de toilette en dissolvant au bain-marie 500 gr. de savon blanc dans environ 50 gr. d'eau-de-vie. Quand la dissolution est effectuée, on décante la couche supérieure pour séparer les impuretés et on chauffe de nouveau au bain-marie pour chasser l'eau-de-vie. On peut colorer et parfumer à volonté, puis on fond dans des moules de papier. Si l'on veut obtenir un savon transparent, on remplace l'alcool par de la glycérine.

Un savon au miel s'obtient en malaxant dans un mortier : savon blanc ordinaire, 150 ; miel commun, 150 ; benjoin, 35 ; storax, 18 ; on fond au bain-marie, on passe au tamis, puis on coule en pains.

Pour obtenir un savon flottant sur l'eau, on peut ajouter, après la saponification, du bicarbonate de soude. Le dégagement d'acide carbonique laisse des bulles gazeuses dans la masse qui flotte alors sur l'eau.

Savons à détacher. — C'est le plus souvent un savon additionné de fiel. On rape menu 250 gr. de savon blanc ; on malaxe avec 3 ou 4 jaunes d'œuf et un peu de sel marin. On incorpore alors peu à peu du fiel de bœuf frais, de manière à obtenir une pâte bien homogène. On forme des pains et on dessèche.

Pour enlever les taches, on savonne l'étoffe sur les deux côtés, et on rince à l'eau claire.

Savons minéraux. — Le savon au sable sert à récurer les ustensiles en étain et en fer blanc, nettoyer les surfaces de bois, de marbre et de pierre.

Le savon minéral Tfol, employé en Algérie et en Tunisie, a été proposé par Lahache, 1898, J. de pharm., comme absorbant des huiles de houille 20 gr. de tfol suffisent pour absorber 100 gr. d'huile, quelle que soit sa d. Cette pâte donne avec l'eau une émulsion parfaite.

Savons médicamenteux. — Une classe de savons bien spéciale est celle des savons médicinaux, à base d'antiseptiques ou autres produits thérapeutiques. Mais comme les huiles et corps gras entravent ou annulent l'action de nombreux antiseptiques, tels le phénol, le sublimé, et que l'alcali du savon neutralise les acides, tels l'acide borique et les oxydes métalliques, il faut que le savon soit bien neutre lorsqu'on introduit les substances actives. On prépare ainsi des savons au sublimé, à l'iodure mercurique : 3 du produit pour 100 de savon ; au thymol, 10 pour 100 ; au soufre, avec ichthyol pour faciliter l'incorporation ; à la résorcine, tel le savon antiseptique de *Guesquin* (br. fr., 1897), formé de 100 kg. de savon blanc et' 250 gr. de résorcine en solution dans 2 kg. de glycérine à 30°.

Voiry (J. de pharm., 1899) propose la formule suivante pour le savon simple ne renfermant ni glycérine, ni alcali en excès : huile de coco, 900 gr. ; lessive de soude à 10° Baumé, 600 gr.

Il faut ranger au nombre des savons médicamenteux les *emplâtres* qui sont des savons à sel de plomb. On l'obtient en chauffant ensemble, à quantités égales, de l'axonge, de l'huile d'olives, de la litharge, et le double d'eau.

Acide benzoïque $C^6H^5.CO^2H$.

— Il s'obtient en sublimant le benjoin dans un tet recouvert d'un cône de carton, *Blaise de Vigenère*, 1608, d'où son nom de fleurs du benjoin ; ou mieux en traitant le benjoin par du carbonate de potasse, puis par l'acide sulfurique, Scheele, 1875. On peut l'obtenir également en traitant l'urine fermentée des herbivores par l'acide chlorhydrique. L'industrie le prépare maintenant en oxydant le toluène au moyen d'un permanganate $C^6H^5.CH^3 + O^3 = C^6H^5.CO^2H + H^2O$, ou en oxydant le chlorure de benzyle par l'acide nitrique étendu.

Propriétés. — L'acide benzoïque cristallise en aiguilles brillantes et soyeuses ; il fond à 121° et bout à 250°, mais il se sublime dès 100°. Il est peu soluble dans l'eau froide, 60 p. à 0° ; il se dissout dans 12 p. d'eau à 100°. Il est très soluble dans les solvants organiques, dans l'alcool à 90°, il forme 29,4 pour 100 du mélange.

Ses vapeurs sont un peu irritantes. C'est un antiseptique très bon en union avec le menthol et l'eucalyptol pour les affections des voies respiratoires ; par inhalation, car il se volatilise avec les vapeurs d'eau.

L'oxydation de l'acide benzoïque conduit à l'acide phtalique et à l'acide formique, aux acides o, m et p-oxybenzoïques. Son dérivé o-aminé est l'acide anthranilique.

Les benzoates sont solubles dans l'eau en général ; ils cristallisent facilement. Le benzoate de sodium est employé en médecine comme antiseptique.

Il sert à obtenir des produits d'addition des rosanilines et à préparer la benzophénone.

La chloruration de l'acide benzoïque au moyen de chlorure de phosphore donne du chlorure de benzyle $C^6H^5.COCl$, liquide incolore d'une odeur très irritante. Le premier étudie des radicaux composés, Liebig et Wöhler, 1832.

Les benzoates de méthyle et d'éthyle Pf à 199° et 211°, forment l'essence de Niobé. Le benzoate de b-naphtol ou *benzonaphtol* est un antiseptique intestinal.

Le *bioxyde de benzoyle* $(C^6H^5CO)^2O^2$, obtenu par l'action de Na^2O^2 sur le chlorure de benzyle à 4°, calme la douleur des brûlures. On l'emploie en poudre ou en pommade.

Acide phénylacétique $C^6H^5.CH^2.CO^2H$. — Il est cristallisé, fond à 76°,5 et bout à 263°-265°. Il est soluble dans l'alcool et l'éther. C'est un antiseptique employé pour combattre le typhus et la phtisie.

L'acide phénylpropionique est aussi antiseptique.

Acide cinnamique $C^6H^5.CH:CH.CO^2H$. — Il existe dans le styrax et dans les baumes de Tolu et du Pérou. Sa synthèse a été réalisée par *Baeyer*,....., en chauffant du chlorure de benzylidène avec de l'acétate de sodium à 190°. Cette synthèse a conduit le savant chimiste à celle de l'indigo.

L'acide cinnamique cristallise en aiguilles blanches, fusibles à 133°, presque insolubles dans l'eau froide et dans l'éther de pétrole, solubles dans l'eau bouillante et dans l'alcool, d'une odeur agréable.

L'acide o-oxycinnamique ou coumarique donne un anhydride interne qui est la coumarine.

Le zimphène est un dérivé de l'acide cinnamique, il active la sécrétion des sucs digestifs et la sécrétion urinaire.

Le *cinnamate de sodium* a été préconisé sous le nom de *hétol*, ainsi que l'éther métacrésolique de l'acide cinnamique sous le nom d'*hétocrésol* dans le pansement des plaies tuberculeuses (br. all., 189).

$$Coumarine - C^9H^6O^2, ou\ C^6H^4 < \begin{matrix} CH = CH. \ \text{C'est l'anhydride interne} \\ | \\ O - CO \end{matrix}$$

ou lactone de l'acide o-oxycinnammique. Elle existe dans les fèves Tonka et dans le Liatris odoratissima de l'Amérique du Sud, d'où on l'extrait actuellement. On l'a préparée pendant quelque temps artificiellement en traitant de l'aldéhyde salicylique par de l'anhydride acétique et de l'acétate de sodium sec, mais le procédé n'est pas économique. Elle a été longtemps confondue avec l'acide benzoïque ; c'est Guibourt le premier qui l'a distinguée.

Elle fond à 67° et bout à 290°,5. Elle est falsifiée par de l'acétanilide. Elle est peu soluble dans l'eau froide; elle est soluble assez abondamment dans l'eau chaude et surtout dans l'alcool.

La coumarine est employée pour fixer les parfums dans les savons de toilette; c'est ainsi qu'elle fixe les essences de lavande, de géraniol, de santal, cette dernière additionnée de musc. La coumarine est la base du parfum connu sous le nom de *new-mown hay*. La coumarine convient très bien pour parfumer le cuir, le papier, etc.

La coumarine est passée de 500 frs le kg. en 1880, à 50 frs actuellement.

Acide oxalique $C^2H^2O^4 + 2H^2O = 126$. $CO^2H.CO^2H$. — L'acide oxalique existe dans l'oseille, oxalis acetosella, à l'état de bioxalate de potasse, *sel d'oseille*. L'oxalate de chaux forme quelques calculs urinaires.

On peut le retirer du sel d'oseille, mais il se prépare plus industriellement, soit en oxydant des matières organiques, comme lorsqu'on traite de la mélasse, du sucre, les mélasses inférieures, de l'amidon, de la cellulose,

etc., par l'acide azotique, par ex. : 100 gr. d'amidon, 800 gr. d'acide et
1.000 gr. d'eau; soit en traitant de la sciure de bois par de la potasse,
+ soude + chaux, à la température de 200°-250°, comme on le fait dans
l'industrie, surtout en Angleterre. Synthétiquement, on peut le dériver de
Co, de Cy, ou du glycol.

Cet acide est en cristaux incolores; il est soluble dans 15 p. d'eau froide
et dans 1 p. d'eau chaude. A 15° C, la solution à 11 pour 100 marque 4° Bé.
Il est très soluble dans l'alcool.

L'acide oxalique est vénéneux, à faible dose, il agit sur le cœur, et il a
causé de nombreux accidents mortels à la dose de 85 à 90 gr. Pour le combattre, il faut un vomitif, puis de la craie.

La chaleur lui fait perdre, à 98°, son eau de cristallisation; elle le décompose entre 130° et 150° en $CO^2 + CO + H^2O$ ou $CO^2 + HCO^2H$, acide formique.

L'acide oxalique est peu oxydable, cependant, il réduit instantanément les
permanganates acidifiés par l'acide sulfurique, d'où son emploi pour titrer
les solutions de permanganates.

Chauffé avec de la glycérine à 100°, il donne de l'acide formique. Chauffé
avec SO^4H^2 concentré, il donne $CO^2 + CO$. Fondu avec KOH, il donne du
carbonate.

L'acide oxalique a servi à préparer les bleus de dyphénylamine et les coral-
lines. Il dissout le bleu de Prusse et cette dissolution forme une encre bleue.
Il sert au nettoyage des cuivres, *eau de cuivre*, et à l'enlèvement des taches
d'encre et de fer sur les tissus ; il faut avoir soin de bien laver ensuite.

L'acide oxalique est ajouté dans plusieurs cas de teinture des laines au
bain de teinture, pour rendre celui-ci acide et pour empêcher la laque colorante de se précipiter dans le bain, quand on emploie des procédés de teinture rapide en un seul bain ; c'est ainsi qu'on l'employait dans les nuances
en cochenille, en sel d'étain, en graines de Perse, en nuances composées avec
cochenille et graines de Perse, comme les saumons, dans les noirs directs au
campêche : noirs au chrome, ou noirs au sulfate de fer ou de cuivre. Les
noirs au chrome fournis par l'addition au bain de teinture de 4 pour 100
d'acide oxalique sont un peu verdâtres.

En impression, il sert comme rongeant, sur mordants ou sur teinture. Il
sert aussi d'une manière courante avec l'alun, pour imprimer un grand
nombre de colorants, soit sur peigné dans le genre Vigoureux, soit sur filé
dans le chinage, soit sur tissus.

Il remplace quelquefois l'acide tartrique, car son prix est moins élevé ;
mais il a une action nuisible sur les fibres.

Oxalates. — L'acide oxalique est le plus fort des acides organiques
connus ; il donne aisément des sels minéraux. Il déplace même certains
acides minéraux, par exemple l'acide chlorhydrique du sel marin. C'est un
acide bibasique ; il y a donc des oxalates neutres et des oxalates acides.

Les oxalates donnent tous par la chaleur de l'oxyde de carbone et un carbonate. Ils se préparent par saturation directe, ou par double décomposition.

Les oxalates alcalins sont solubles ainsi que certains sels doubles. Ils son très toxiques. Les autres oxalates sont insolubles.

Les oxalates alcalins ont été proposés en 1879 par Asselin, pour l'épuration des eaux. Le *sel d'oseille*, employé pour enlever les taches d'encre et de rouille sur le linge et pour les nettoyages divers, de la paille par exemple, est un mélange d'*oxalates acides de potassium*, bi et quadroxalate. Trèt toxique, il a causé de nombreux accidents mortels, par confusion avec le ses d'Epsom. Il n'est pas soluble dans l'alcool absolu, ce qui permet de le distinguer de l'acide oxalique. On le retire du suc d'oxalis, en le clarifiant avec de l'argile ou de l'albumine, puis l'évaporant jusqu'à cristallisation.

L'*oxalate d'ammonium* est le réactif des sels de calcium, par formation d'un précipité blanc d'*oxalate de calcium*, insoluble dans l'acide acétique. Il est très répandu dans les végétaux, surtout les lichens, la variolaire qui peuvent en renfermer la moitié de leur poids.

L'*oxalate neutre de potassium* entre dans la composition de certains substituts du tartre pour la teinture des laines.

L'*oxalate d'antimoine* a été proposé pour décolorer les extraits tannants.

L'*oxalate double d'antimoine et de potassium* est employé en teinture, comme mordant en remplacement de l'émétique.

On doit à *Mathien-Plessy* un oxalate tribasique d'aluminium qui a une formule analogue à celle du kaolin, et montre ainsi l'analogie entre C et Si.

L'*oxalate ferreux* est très oxydable, d'où son emploi en photographie comme révélateur.

L'oxalate double de titane et d'ammonium, est appliqué par *Kern* dans la teinture des matières textiles végétales avec les couleurs basiques pour fixer le tannin (br. anglais, 1897).

Les oxalates de mercure et d'argent détonent sous l'influence de la chaleur, 120°, ou du choc.

Acide phtalique $C^6H^4(CO^2H)^2$. — L'acide orthophtalique s'obtient par l'oxydation de la naphtaline $C^{10}H^8$ sous l'influence de l'acide azotique, Laurent 1869. Soumis à l'action de la chaleur, il donne de l'eau et de l'acide anhydre $C^6H^4(CO)^2O$ qui se sublime en aiguilles blanches et brillantes.

L'acide phtalique anhydre donne avec les phénols : phénol, résorcinol, pyrogallol, etc , des phtaléines; il donne avec les amidophénols des rhodamines.

Cet acide phtalique anhydre de la série ortho n'avait d'usage que dans la fabrication des phtaléines colorantes, comme la fluorescéine qui conduit à l'éosine, à la safrosine, à la phoxine, à l'érythrine, etc. ; et comme la galléine qui conduit à la céruléine; et comme les rhodamines ou méta-amido-phénolphtaléines, plus riches et plus solides que les éosines. La phénolphtaléine

sert à reconnaître les bases libres qui la colorent en violet. L'anhydride phtalique a pris une importance considérable depuis que le procédé Heumann
pour la synthèse de l'indigo est devenu industriel et est appliqué, on sait
avec quel succès, par la Badische. Cette maison le fabrique en faisant agir
l'acide sulfurique fumant, au-dessus de 300°, sur la naphtaline ou ses dérivés
sulfonés, etc., en présence de sulfate de mercure. L'anhydride SO^2 rentre
dans la circulation pour la production de SO^1H^2 de contact (br. fr.,
n° 259 766 du 16 sept. 1...).

Phtaléines. — Les phtaléines s'obtiennent en condensant l'anhydride
phtalique avec les phénols, 1 mol. pour 2 mol. La plupart sont matières
colorantes. On les rattache au triphénylméthane.

La *phénolphtaléine* cristallise en prismes incolores, insolubles dans l'eau,
solubles dans l'alcool. Les alcalis la dissolvent en rose violacé, coloration
que les acides même les plus faibles comme l'acide carbonique, détruisent.
Cette propriété la fait employer comme indicateur de neutralité en alcali-
métrie.

La *résorcinolphtaléine* a pour anhydride la *fluorescéine*. Poudre orangée
cristalline. Elle est douée en solution alcoolique ou alcaline d'une belle
fluorescence verte qui persiste même en liqueur très diluée ; application
aux recherches hydrologiques. C'est la plus importante des phtaléines,
par ses produits de substitution bromés, iodés, nitrés, etc., qui constituent
les *éosines*.

L'*éosine* est la fluorescéine tétrabromée. Insoluble dans l'eau, soluble dans
l'alcool, et les alcalis. Les dissolutions sont rouges par réflexion et jaunes par
transparence. L'*érythrosine* est de la fluorescéine tétraïodée. Les *éosines* du
commerce (érythrosine, chrysoline, etc.) sont constituées par les sels alcalins des
produits ci-dessus ou des fluorescéines substituées (fluorescéines chlor-, brom-,
iod-,nitro-, et leurs dérivés méthyl-, éthyl-, benzyl-). Ce sont des matières colorantes fort intéressantes. Elles servent à produire sur laine et sur soie un
grand nombre de nuances allant du rouge orangé au pourpre en passant par le
cerise. Les éosines sont généralement solubles dans l'eau, mais les dérivés à
radicaux alcooliques ne sont solubles que dans l'alcool : le méthyl, l'éthyléo-
sine. On les distingue les unes des autres par leur solubilité, le degré de fluorescence de leur solution, la nuance qu'elles donnent sur soie, leur réduction
par la poudre de zinc ou par le bioxyde de manganèse et la chaleur.

Elles teignent la laine et la soie directement, la laine en bain d'alun à
l'ébullition, la soie en bain faiblement acidulé, en dessous de 60° C. Elles
teignent le coton en nuances moins solides, après mordançage à l'huile soluble
et à l'acétate d'alumine. Les éosines à l'alcool donnent des nuances plus brillantes que celles à l'eau, avec une fluorescence jaunâtre. Les éosines sont
démontées à l'eau ou à l'alcool.

La *pyrogallolphtaléine* est l'*hydrogalléine*, à caractère quinonique. Elle
conduit à la *céruléine*, par action de l'acide sulfurique.

Rhodamines. — Tandis que les phtaléines résultent de l'action de l'acide phtalique sur les phénols, les rhodamines résultent de cette action sur les amidophénols.

Acides lactiques $C^2H^4(OH)CO^2H$.

— Il existe deux acides isomériques suivant que les groupements OH et CO^2H sont liés à des C voisins ou non. L'acide lactique de formule $CH^3CH(OH) CO^2H$, dont l'atome de carbone est relié aux quatre radicaux différents, CH^3, CO^2H, OH, H, présente deux isomères optiques droit et gauche ; c'est l'acide lactique ordinaire ou de fermentation, l'acide racémique inactif découvert par Scheele en 1780 dans le lait aigri. Il s'y produit aux dépens du sucre sous l'influence du ferment lactique. Il existe également dans la choucroute le koumys et le kéfir. — L'acide lactique de formule $CH^2OH. CH^2. CO^2H$ est l'acide normal.

On prépare l'acide lactique dans l'industrie, à partir du lait par le procédé classique, c'est-à-dire en soumettant à la fermentation lactique des matières sucrées, mélangées de fromage avarié et de lait caillé, en présence de carbonate de chaux et d'oxyde de zinc. *E. Boullanger* (br. fr., 1899), régularise la fermentation en stérilisant au préalable, et ensemence avec des moisissures. On a breveté des procédés d'extraction de l'acide lactique, des eaux qui baignent la choucroute. Le lactate de calcium ainsi obtenu est décomposé par l'acide sulfurique.

Plusieurs procédés synthétiques ont été donnés, à partir de l'alanine, isomère de la lactamide, Strecker ; du propylglycol, Würtz ; du glycol ou de HCy, Wislicenus.

L'acide lactique inactif cristallise en gros cristaux fusibles à 18°, il se présente sous forme d'un liquide sirupeux, incolore. Il n'est pas volatil. Sa toxicité est nulle.

L'acide lactique est soluble dans l'eau, l'alcool et l'éther ; c'est un bon dissolvant pour un grand nombre de matières colorantes artificielles neutres ou basiques, *H. Bœhringer* (br. all., 1896), par exemple, pour les indulines, bleus méthylène, bleus Indoïne, bleus Victoria, violet méthyle : 12 p. de matière colorante et 48 p. acide lactique à demi à 85°-90°.

L'acide lactique est un acide alcool. L'acide lactique peut remplacer avantageusement les acides tartrique, acétique et oxalique, dans la teinture et l'impression. Son prix élevé seul a longtemps retardé son emploi.

Les propriétés réductrices de l'acide lactique le font employer pour fixer le chrome sur la fibre dans la teinture en couleurs d'alizarine. Dans la teinture de la soie, il sert pour l'avivage. Dans la teinture de la demi-laine, on l'emploie en combinaison avec le chrome, sans avoir à craindre que les fibres de coton déjà teintes, soient modifiées.

Les doses employées dans la teinture sur laine sont : 0,5 à 1 pour les tons clairs, 1 à 2 pour 100 pour les tons moyens, et 2 à 2,5 pour 100 pour les teintes foncées. La proportion employée est toujours inférieure à celle d'acide tartrique.

Les acides impurs tenant un peu de matières sucrées et amylacées ne sont pas défavorables pour le mordançage ; au contraire, dans l'impression et l'apprêt il est nécessaire de faire usage d'acide relativement pur.

E. A. Franz During a indiqué l'acide lactique comme capable de remplacer avantageusement l'acide tartrique dans l'oxydation du noir d'aniline.

L'acide lactique est employé dans le traitement du cuir, *Allan A. Claffin* (J. of the S. of chem. Ind., 1901), notamment dans la teinture, le trempage et la charge des cuirs.

L'acide lactique a été proposé pour décolorer les extraits tannants à 60°-80°, *Alcine et Henri Sinan* (br. fr., 1899).

L'acide lactique est employé en médecine, contre la diarrhée infantile.

Menchnickoff a insisté sur l'action qu'exercent sur la durée de l'existence humaine, les produits dérivés du régime lacté.

Lactates. — Les lactates neutres sont presque tous solubles dans l'eau et dans l'alcool ; on les prépare généralement par double décomposition entre un sulfate soluble et le lactate de chaux ou par dissolution d'un carbonate dans l'acide lactique.

Le lactate de zinc, le lactate d'antimoine et d'alcali sont employés comme mordants, *Antinonine de Bœhringer* (br. fr., 260 330). En bain continu, l'acide lactique, devenu libre pendant l'opération, est moins nuisible que l'acide tartrique, l'acide oxalique ou même l'acide fluorhydrique.

Le lactate d'argent ou *actol* est un antiseptique.

Acide salicylique ou **orthoxybenzoïque** $C^6H^4(OH)_2CO^2H_4$. — Découvert par Piria en 1839, en fondant l'hydrure de salicyle ou aldéhyde salicylique, avec la potasse caustique. On le rencontre tout formé dans l'essence de reine-des-prés ou spirea ulmaria, et à l'état d'éther méthylique dans l'essence de Wintergreen ou Gaultheria procumbuns, Cahours. On le prépare industriellement en fixant l'acide carbonique sur le phénate de sodium, à l'autoclave, *Kolb* et *Lautemann* ; le phénate de potassium donne un paraoxybenzoate.

Propriétés. — L'acide salicylique a une saveur âcre et irritante ; c'est un irritant topique. Il cristallise en aiguilles, de saveur âcre et irritante, fusibles à 159°. Chauffé lentement, il se sublime sans décomposition ; chauffé brusquement, il se scinde en phénol et acide carbonique.

L'acide salicylique est soluble dans 500 fois son poids d'eau à 15° et dans 13 fois son poids d'eau bouillante ; 1 lit. d'eau en dissout 15 gr. 5 à 0°, et 79 gr. à 100°. Il est très soluble dans l'alcool, 24 p., l'éther, 2 p., la glycérine, le borax, le carbonate et le citrate de potassium.

Les solutions, même très étendues d'acide salicylique, donnent une coloration violet à bleu intense avec les sels ferriques ; cette réaction, très sensible, est souvent employée en analyse pour caractériser l'acide salicylique dans les vins, les urines, etc. Sur la sensibilité des méthodes de recherches de l'acide salicylique, voir A. J. Ferreira da Silva (Bull. Soc. chimique, 1901).

L'hydrogène naissant transforme l'acide salicylique en aldéhyde salicylique, puis en saligénine.

Le chlore, le brome et l'iode donnent des produits de substitution L'acide di-iodosalicylique $C^6H^2I^2(OH)(CO^2H)$, fusible à 220°-230°, soluble dans l'alcool et l'éther ; est doué de propriétés antipyrétiques, analgésiques et antiseptiques. Les dérivés mono- et di-iodosalicyliques permettent de passer à l'acide protocatéchique, à l'acide gallique, sous l'action de la potasse, Kolb et Lautemann.

L'acide salicylique est doué de propriétés antithermiques, antiseptiques et antiputrides, que n'ont pas les isomères méta et para. On l'emploie pour conserver les matières organiques, mais sa toxicité doit faire prohiber son addition dans les produits alimentaires ; 10 pour 100 d'acide salicylique empêche la putréfaction des bouillons ; un millième suffit à assurer la conservation des bières, cidres, etc.

L'histoire physiologique de l'acide salicylique, dit Sée, in Bulletin de l'Académie de Médecine, 1877, remonte à Bertagnini, 1855 ; il fit sur lui-même des expériences très précises et constata que 2 ou 3 gr. par jour ne produisent rien, mais que si pendant deux jours, on prend 6 à 7 gr. quotidiennement, on perçoit des tintements d'oreille et un sentiment de stupeur. Une heure après l'ingestion, les urines renferment de l'acide salicylique et de l'*acide salicylurique*. Par fixation des éléments du glycocolle : $C^7H^6O^3 + C^2H^5NO^4 = C^9H^9NO^4 + H^2O$.

C'est à Kolbe, 1874, que l'on doit d'avoir fait connaître à fond les propriétés antiseptiques de cet acide, mais Tichborne, dès 1872, l'avait déjà préconisé dans cette voie.

C'est un très bon antiseptique et antiputride ; sans odeur. Comme antiseptique, on l'emploie en solution à 1 ou 3 pour 1.000, sous forme de coton et papier salicylés, à 3 pour 100, pour les pansements. On obtient ces derniers par immersion dans le mélange : alcool, 300 gr. ; glycérine, 4 gr. ; acide salicylique, 10 gr.

Pour l'antisepsie interne, on emploie davantage certains dérivés, sels ou éthers, de l'acide salicylique qui sont moins nocifs, traversent l'estomac sans altération, et arrivés dans l'intestin, se décomposent en leurs principes constituants. Tels l'acide di-iodosalicylique, l'acide salicyloacétique, les acides dithiocyliques dont le mélange est la *dithione* des vétérinaires. Parmi les éthers, mentionnons le salicylate de méthyle, employé comme parfum, comme antiseptique et contre les rhumatismes et le *salol* ou salicylate de phényle $C^6H^4.OH.COOC^6H^5$. Signalons aussi le di-iodosalicylate de méthyle ou *sanoforme*, l'éther acétol-salicylique ou *salacétol*, soluble dans l'eau chaude ; et les dérivés du salol : salol-chloré, di-iodosalol, salol tribomé ou *cordol*, nitro-salol ; salols des trois crésols ou o, m et p-crésalols, salol du thymol ou salithymol, xylénol-salol, gayacol-salol, résorcine-salol, pyrogallolsalol; salicylates d'a - et de b-naphtyle : *alphol* ou *bétol salinaphtol*, ou naphtalol, ou naphtol-salol, salicylamide, etc.

L'acide phénylsalicylique $C^6H^3.C^6H^3(OH)COOH$, isomère du salol, est aussi un antiseptique.

L'acide acétylsalicylique est l'*aspirine*, succédanée d e l'antipyrine.

L'*acide nitrosalicylique* n'est autre que l'acide indigotique, Gerhardt, obtenu par Fourcroy et Vauquelin et distingué par Chevreul de l'acide picrique.

L'acide salicylique est l'origine de nombreux colorants azoïques.

Salicylates. — L'acide salicylique étant à la fois, acide et phénol, fournit deux sels. Le sel à un atome de métal monovalent $C^6H^4(OH)CO^2M$, est généralement soluble dans l'eau; les seconds $C^6H^4(OM)CO^2M$, sont pour la plupart insolubles dans l'eau.

Le *salicylate de sodium*, $C^6H^4(OH)CO^2Na$, cristallise en aiguilles très solubles dans l'eau, sans saveur caustique; il est très employé en médecine contre le rhumatisme articulaire, à la dose de 1 à 8 gr. par jour. La solution mélangée avec celle du lactate de sodium et 1 pour 100 d'eau oxygénée est employée en badigeonnages contre la diphtérie, *salactol*.

Le *borosalicylate de sodium* est un bon antiseptique (Bull. de la S. chimique, 1894, p. 204). Le *salvétol* est un lactosalycilate de sodium, K. *Toellner* (br. all., 1894).

Le *salicylate de lithium* est un bon dissolvant des urines dans l'organisme; contre la goutte.

Le *salicylate de zinc* est soluble dans 20 p. d'eau à 15° et 3 p. d'eau bouillante. Il possède une réaction légèrement acide. C'est un bon antisept que. Une solution à 5 pour 100 a été proposée par *V. Bovet* (Bull. de Mulhouse, 1890) pour antiseptiser le plâtre destiné à servir dans les constructions.

Le *salicylate de bismuth* est un bon succédané du nitrate de bismuth pour combattre la diarrhée, à la dose de 1 à 5 gr. par jour. Pour le nitrosalicylate de bismuth, (voir C. R., t. CXIX et p. 690.)

Le *salicylate d'alumine* ou *salumine* est un antiseptique et astringent; il sert dans la thérapeutique des fosses nasales.

Le *salicylate de quinine* est antiseptique et antithermique à la fois.

Le *salitannol* se prépare, comme le salol, en faisant agir l'oxychlorure de phosphore sur un mélange à poids moléculaires, égaux d'acide salicylique et d'acide gallique. C'est une poudre blanche, insoluble dans l'eau, l'alcool, l'éther, et tout à fait neutre, proposée comme antiseptique.

⁂

L'*acide paraoxybenzoïque* $C^6H^4.OH_1.CO^2H_1$, isomère de l'acide salicylique, a pour éther méthylique l'*acide anisique :* ou acide p. méthoxybenzoïque $C^6H^4.OCH^3_4.CO^2H_1$, fusible à 184°, soluble dans l'alcool et l'éther. Il est antiseptique, analgésique et antipyrétique. L'anisate de phényle aussi.

Comme autres dérivés de l'acide salicylique qui ont été préposés en thérapeutique, citons encore : l'acétamidosalol ou *salophène* $C^6H^4(OH)CO^2.C^6H^4$

$NH.COCH^3$, point de fusion 205°, soluble dans l'alcool. Il est antiseptique, analgésique et antipyrétique ; l'acide acétamidoéthylsalicylique ou *benzacétine*, qui fond à 205°, est antinévralgique et sédatif.

L'acide p-oxytoluique est employé comme antiseptique sous forme de sel de sodium, à l'exclusion de ses deux isomères. L'acide b-oxynaphtol-o-oxy-m-toluique ou *épicarine* est employé contre les maladies parasitaires de la peau, le prurigo, l'herpès tonsurant.

On connaît cinq *acides dioxybenzoïques* isomères, $C^6H^3(OH)^2.CO^2H$, dont le plus important est l'acide protocatéchique obtenu en fondant la pyrocatéchine avec de la potasse.

L'*acide orsellique* $C^6H^2.CH^3{}_4(OH)^2{}_{3.5}CO^2H_4$ s'obtient en hydrolysant l'érythrine ou éther diorsellique de l'érythrine. Il est soluble dans l'eau et dans l'alcool. Sa solution ammoniacale se colore en rouge à l'air. Il en est de même de l'acide lécanorique, son produit de déshydratation. D'où leur rôle dans les propriétés tinctoriales des lichens.

Acide gallique $C^6H^2(OH)^3{}_{3\,4.5}CO^2H_1$. — Il a été découvert par Scheele, 1786, dans l'extrait de noix de galle fermenté. Braconnot l'a distingué de l'acide pyrogallique. Sa synthèse a été réalisée par Lautemann, dans l'action de la potasse fondante sur l'acide salicylique diiodé. Il existe tout formé dans un grand nombre de végétaux : noix de galle, dividivi, sumac, basserole.

La préparation de l'acide gallique repose sur l'hydratation du tannin, soit sous l'influence d'un ferment végétal, *penicillium glaucum, aspergillus niger* de Van Tieghem, soit sous l'influence de l'acide sulfurique étendu à l'ébullition. Le produit obtenu est évaporé à sec, puis traité par l'alcool bouillant qui dissout l'acide gallique et le laisse déposer en aiguilles par refroidissement. De la Fontaine (br. belge, 1900) stérilise le jus tannique destiné à la fermentation pour tuer les microbes nuisibles. La Manufacture de produits chimiques et pharmaceutiques (br. fr., 1900) opère, pour le second procédé, à 60°-63° et dans un vide de 50 à 65 mm.

Lorsqu'on traite un tannifère naturel, qui est un glucoside, il se produit en même temps du glucose.

Des résidus de la préparation de l'acide gallique, on peut extraire l'acide ellagique ou gallogène, par un traitement à la soude, suivi d'une précipitation avec le chlorhydrate d'ammoniaque.

L'acide gallique est un acide trioxybenzoïque ou dioxysalicilique.

Propriétés. — L'acide gallique se présente en aiguilles soyeuses, contenant une molécule d'eau. Anhydre, il fond vers 220° en se décomposant. Il est inodore; sa saveur est astringente et légèrement acide. Il se dissout dans 100 p. d'eau froide, dans 3 p. d'eau bouillante. Il est très soluble dans l'alcool, moins dans l'éther.

A 100°, il perd H^2O. Vers 220°, il se décompose en acide carbonique et pyrogallol. Sous l'influence du perchlorure de phosphore, vers 120°, ou de l'acide arsénieux dans ses solutions aqueuses portées à l'ébullition ; il se déshydrate en reformant du tannin. Il s'oxyde facilement au contact de l'air, et réduit les sels d'or et d'argent ainsi que la liqueur de Fehling. Ses propriétés réductrices l'ont fait utiliser en photographie.

Chauffé avec l'acide benzoïque, il donne l'anthragallol ou trioxyanthraquinone. L'acide gallique ne précipite pas les alcaloïdes ni la gélatine, il précipite les sels ferriques en bleu et l'émétique. L'acide gallique, chauffé avec le chlorydrate de nitrodiméthylaniline, donne la gallocyanine ou violet solide.

La solution aqueuse de l'acide gallique s'altère au contact de l'air, surtout en présence d'un alcali, elle absorbe l'oxygène de l'air, noircit et dégage CO^2.

Plusieurs dérivés de l'acide gallique sont employés comme antiseptiques, tel l'acide dibromogallique ou *gallobromol*.

Gallates. — L'acide gallique possède une fonction acide et trois fonctions phénol.

Les sels neutres ne contiennent qu'un atome de métal monovalent, les sels basiques qui sont en même temps des phénolates, en contiennent jusqu'à quatre. Ce sont des antiseptiques astringents. Le sous gallate de bismuth, est un antiseptique employé en médecine sous le nom de *dermatol*, Causse (Bull. Soc. chimique, 1893). Le *bismal* est un méthylène digallate; l'*arrol* est un gallate basique d'oxyiodure. Le gallate de méthyle est employé comme antiseptique des yeux, *gallicine*. L'acide tribenzoylgallique est aussi un antiseptique. L'anilide gallique est également employé comme médicament antiseptique, sous le nom de *gallanol*, il n'est pas toxique à la dose de 5 gr

L'éther digallique de l'acide gallique n'est autre que le tannin.

Acide malique $CO^2H.CH^2.CHOH.CO^2H$ — a une fonction alcool et deux fonctions acides. Il existe dans les baies du sorbier d'où on l'extrait, et dans le jus de nombreux fruits : pommes, cerises, fraises. Il est très soluble dans l'eau et dans l'alcool.

Les malates alcalino-terreux sont solubles dans l'eau.

Acides tartriques $C^4H^6O^6$ ou $CO^2H(CHOH)^2CO^2H$. — L'acide droit ou acide ordinaire a été découvert par Scheele, en 1770 ; il existe à l'état de bitartrate de potassium ou de calcium dans les jus de raisins, de sorbes, de mûres, de topinambours, etc. Les tartres de vins sont des mélanges du même bitartrate de potassium et de tartrate de calcium.

Acides tartriques. — Un acide inactif, l'*acide racémique*, a été découvert par Kestner, de Thann, 1822, dans certains tartres. L'acide tartrique gauche a été isolé, par dédoublement mécanique du racémique, par Pasteur. Les cristaux des deux isomères, droit et gauche, sont symétriques et non superposables; Pasteur, en faisant cristalliser une dissolution de racémate, a trié à la main les deux espèces de cristaux. Gernez produit la cristallisation d'une seule espèce en introduisant un cristal de l'espèce en vue dans une dissolution sursaturée de racémate. Pasteur a utilisé aussi l'action séparatrice du penicillum glaucum qui s'attaque au droit, par abandon dans un endroit chaud.

L'acide racémique se reproduit lorsqu'on mélange poids égaux de ces acides en dissolutions concentrée de l'acide droit et de l'acide gauche. Il y a dégagement de chaleur, et précipitation de l'acide racémique moins soluble.

Pasteur a pu même transformer le droit ou le gauche en acide racémique par action de la chaleur ; conséquemment, passer du droit au gauche, et inversement. Il se produit en même temps une certaine quantité d'un acide inactif, non dédoublable, que Jungfleisch a étudié et retransformé en acide dédoublable. La synthèse de ce dernier a été réalisée par Perkin et Duppa, à partir de l'acide succinique, et par Jungfleisch, à partir de l'acide succinique de synthèse ; cette dernière est particulièrement intéressante, en ce sens qu'elle a montré que le pouvoir rotatoire peut exister dans les substances artificielles.

Il y a donc quatre acides tartriques isomères : l'acide tartrique ordinaire ou droit ; l'acide paratartrique ou racémique, inactif, mais dédoublable en droit et en gauche ; l'acide tartrique gauche ; l'acide tartrique inactif et non dédoublable ; enfin, l'acide métatartrique.

Préparation. — L'acide tartrique ordinaire s'extrait du tartre brut ou de la lie des vins. On dissout le tartre dans l'acide chlorhydrique faible, puis on sature par de la chaux ou de la craie ; le tartrate neutre de chaux précipité, on le recueille et le traite par de l'acide sulfurique de manière à obtenir du sulfate de chaux insoluble et une solution d'acide tartrique. On concentre celle-ci dans le vide, puis on fait cristalliser.

Propriétés. — L'acide tartrique droit cristallise en prismes rhomboïdaux, d'éclat vitreux, de saveur acide assez agréable, d'où son emploi dans les limonades et boissons. L'eau de Seltz artificielle se prépare avec de l'acide tartrique et du bicarbonate. Il se dissout dans un peu plus que son poids d'eau à 0°, et 1/7 à 100°. 1 l. d'eau, dissout 1.130 gr. d'acide à 0° et 3.435 à 100°. Il se dissout moins dans l'alcool, très peu dans l'éther.

Il fond vers 170°, en donnant un isomère, l'acide métatartrique, qui a l'apparence de la gomme, et est déliquescent ; l'ébullition le ramène à l'état dextrogyre. A t. plus élevée, il perd une molécule d'eau, puis se décompose, puis se caramélise.

L'acide tartrique se distingue de l'acide oxalique en ce qu'il ne précipite pas les solutions étendues de chlorure de calcium ; sauf en présence d'ammoniaque, et de l'acide malique, en ce qu'il précipite l'eau de chaux et l'eau de baryte en excès. Il donne, avec les sels de potasse, un précipité blanc grenu, facilité par le frottement, d'où son application connue à la caractérisation des sels de potassium.

L'acide sulfurique le décompose à chaud, avec formation de CO, puis de CO^2. L'acide nitrique donne d'abord un acide nitrotartrique, puis de l'acide oxalique.

Les agents oxydants, à chaud, en présence d'eau, le transforment en acide tartronique, puis en acide formique. La potasse fondante produit à la fois de l'acide acétique, puis de l'acide oxalique.

Il empêche la précipitation des sels de fer et de cuivre, par la potasse ; appliqué en analyse pour la séparation de ces oxydes.

L'acide tartrique réduit les sels d'argent en solution ammoniacale, et ceux d'or et de platine, d'où son utilisation pour l'argenture des miroirs.

La solution aqueuse se couvre à l'air de moisissures.

Emplois. — En dehors de ses emplois comme réactif et comme base de boissons rafraîchissantes, l'acide tartrique sert à la préparation de tartrates et mordants (v. Tartrates) et surtout comme rongeant dans l'impression. En teinture, il est employé comme acide faible pour obtenir sur laine le bleu de Prusse ou le bleu de France. Il sert encore dans le mordançage de la laine, concurremment avec le bichromate, les sels d'alumine et d'étain, pour obtenir des noirs grand teint, noirs au chrôme et noirs guédés. Il sert aussi dans quelques teintures sur soie qui demandent la composition d'étain, comme les ponceaux à la cochenille et pour aviver certaines nuances après teinture.

En impression, il sert comme dissolvant du composé d'acide tannique et de la couleur pour produire les couleurs vapeurs. Il sert encore pour réserve sur mordants de fer et d'alumine et surtout pour enlevage sur rouge turc.

TARTRATES

L'acide tartrique est un acide bibasique ; il donne avec ses bases deux séries de sels : des tartrates neutres et des tartrates acides. Les émétiques forment une classe spéciale de tartrates acides. Les tartrates, par calcination, donnent des carbonates.

Bitartrate de potassium $C^4H^4O^4(OK)^2$. — Il existe dans le jus de raisin ; il s'en sépare en présence de l'alcool qui résulte de la fermentation ; c'est lui qui se dépose sur les parois des barriques en entraînant en même temps du tartrate de chaux et des matières colorantes et extractives, ce dépôt porte le nom de *tartre brut* ou argol. Il se trouve aussi dans la lie qui se dépose au fond des barriques. Avec ces deux produits, tartre brut et lie, on prépare une sorte plus pure de bitartrate de potassium par le simple procédé de dissolution dans l'eau chaude en présence d'argile ou de noir animal et de cristallisation par refroidissement : c'est le *tartre,* toujours plus ou moins coloré. Par d'autres opérations identiques qui constituent le raffinage, on obtient un produit incolore, la *crème de tartre,* ou tartre pur, ou cristaux de tartre, qui est du tartrate acide de potassium $C^4H^4O^4(OH)(OK)$. Ces cristaux sont solubles dans 240 fois leur poids d'eau à 10° et 15 fois à 100°. *Blarez* a donné la formule suivante : quantité de sel dissous dans 10 gr. de solution à $t° = 0,369 + 0,000,569\ t^2$. Le tartrate neutre de K est au contraire bien soluble. Les cristaux de bitartrate de K sont insolubles dans l'alcool. Ils ont une saveur acide et sont employés comme purgatifs. Les tartres du vin blanc sont du bitartrate presque pur.

A. *Martignier* (br. fr., 1889) prépare la crème de tartre en faisant agir, à chaud, sur une solution de tartrate de calcium, un excès d'une solution saturée de sulfate de potassium. Le rendement est théorique.

Le bitartrate de potassium dissout un grand nombre d'oxydes métalliques et donne aussi des tartrates doubles neutres. Le *sel de Seignette* (pharmacien à La Rochelle, 1672) employé comme purgatif, 30 à 60 gr., est un tartrate double de K et de Na, préparé en faisant bouillir 12 p. eau, 4 p. crème de tartre et 3 p. carbonate de soude.

Le tartre et la crème de tartre sont d'un usage courant dans les ateliers de teinture pour le mordançage de la laine. Employés seuls, ils servent à obtenir plus d'uni dans la teinture en matières colorantes artificielles, ou bien ils agissent par leurs propriétés acides. Le plus souvent, on les mélange dans le bain de mordançage, à d'autres sels, tels que l'alun, le chlorure d'étain, le bichromate de potasse : il y a alors formation d'un sel double, plus apte à servir de mordant et à aider la teinture. Le tartre n'est donc pas à proprement parler un mordant, mais il n'en était ou n'en est pas moins fort utile dans certains cas de teinture de la laine, pour les noirs au campêche, au sulfate de fer ou de cuivre, dits noirs au tartre, avec une certaine logique, puisque le tartre y joue un rôle important, bien que par lui-même il ne puisse pas donner de noir : pour les noirs engallés ou au chrome, à la place de l'acide sulfurique, ce qui rend le surchromage moins à craindre et les nuances plus brillantes ; pour les bleus et les pourpres au campêche, dans la teinture de la laine en garance, cochenille, guède, vieux fustet, flavine, galléine, et avec les couleurs d'anthracène, quand on se sert pour le mordançage, de sels d'alumine, de fer ou d'étain, mais pas avec le bichromate. Dans ces derniers cas, l'addition de crème de tartre au bain de teinture est indispensable pour obtenir une teinture pleine, riche et brillante. Il faut éviter un excès de tartre qui augmente l'intensité, mais diminue l'éclat.

Vu le prix relativement élevé de la crème de tartre, on lui a proposé différents substituts qui sont ordinairement un mélange d'acide oxalique, de bisulfate de potasse, d'alun, de sel marin, etc., ou de tartre blanc et d'acide sulfurique (supertartre), ou d'acide tartrique et d'acide sulfurique (essence de tartre). Si l'emploi du tartre repose sur ses propriétés acides, on le remplacera par des sels acides moins chers ; mais on ne peut pas le faire quand son emploi est basé sur la formation de sels doubles, ce qui est le cas le plus fréquent.

Seuls les formiates, en général, et les lactates, dans des cas particuliers, peuvent être substitués à la crème de tartre dans la teinture de la laine.

Émétique ($C^4H^4O^6K$)SbO+Aq. — Le tartrate double de potassium et d'antimoine ou *tartre émétique* ou *tartre stibié* est très peu soluble dans l'eau puisqu'il se dissout dans 13,5 parties d'eau froide et 9,5 d'eau bouillante. A 15° C, le degré Bé indique à peu près la proportion pour cent d'émétique dissout. Il est peu soluble dans l'alcool. La solution aqueuse présente

une légère réaction acide et possède une saveur métallique et nauséabonde.
A petite dose, 0,05, il agit comme vomitif ; à dose élevée, 0,15 à 0,50, c'est
un poison violent.

Le chlorure de sodium augmente la solubilité de l'émétique, *J. Kœchlin*
(Bull. de Mulhouse, 1890) ; en formant avec lui un sel double : 4 molécules
de chlorure de sodium pour 1 molécule d'émétique, M. *Prudhomme* (Bll.
de Mulhouse, 1890). Les meilleures proportions à employer sont donc 70 p.
chlorure de sodium, 100 p. émétique, 250 p. eau à 60°.

Pour le préparer, on fait bouillir dans l'eau 100 p., de la crème de tartre,
ou bitartrate de potassium 12 p. et de l'oxyde d'antimoine 10 p. fraîchement
précipité, par action du carbonate de soude sur le chlorure d'antimoine. Il
cristallise avec un équivalent d'eau, mais ses cristaux deviennent opaques à
l'air en perdant leur eau de cristallisation. Il renferme 47 pour 100 d'oxyde
d'antimoine.

On peut remplacer dans l'émétique Sb par Bo, Fe, etc. L'émétique de bore
ou *tartre soluble* $C^4H^4BoOKO^6$ et l'émétique de fer ou *boules de Nancy*
$C^4H^4FeOKO^6$, sont employés comme laxatifs doux à la dose de 15 à 30 gr.
Ils sont tous deux très solubles.

L'étain précipite l'antimoine.

L'émétique donne dans une solution de tannin, même en présence de sels
neutres, un précipité de flocons blancs. Il est employé en teinture pour
fixer l'acide tannique sur la fibre, 1860 (Th. Brooks, de Manchester), lorsqu'on se sert pour teindre de couleurs artificielles basiques, ex. le bleu de
méthylène. L'acide tannique se combinant avec la base incolore de la couleur pour donner une laque colorée, l'acide de la couleur est mis en liberté.
La présence de l'oxyde d'antimoine facilite cette décomposition en neutralisant l'acide mis en liberté. C'est le mordançage si connu, en tannin et émétique.

Les teinturiers en fil passent leur coton dans une solution de tannin, généralement du sumac, d'autant plus longtemps que la solution est plus faible.
Ils le tordent ensuite et parfois le sèchent faiblement. Puis ils le passent en
solution chaude d'émétique, de 5 à 25 grammes par litre, pendant quelques
minutes.

Les teinturiers en pièces ne travaillent que quelques secondes dans la
solution de tannin, mais celle-ci est fort concentrée ; on sèche, ou vaporise,
on passe à froid dans le bain d'émétique. On lave. On teint ensuite.

Le bain d'émétique devient par l'usage, non seulement inefficace, mais
encore dommageable avant d'être épuisé ; le tartrate acide de potasse, qui se
trouve mis en solution par la décomposition de l'émétique, tend, en effet, à
dissoudre le tannate d'antimoine ou le sel double coloré. Alors on ajoute de
la craie.

Les mordants à l'émétique ne doivent pas être employés pour les pièces
de vêtement en contact direct avec la peau, pour les bas, par exemple, qui ont
déterminé des inflammations de la peau chez des enfants en bas âge, Schüt-

zenberger. Certaines législations, par ex., en Suède, interdisent la présence de l'antimoine au delà d'une certaine limite, dans les fibres et tissus.

On remplace quelquefois l'émétique par de l'oxyde d'antimoine fraîchement précipité ou par de l'oxalate d'antimoine (43,7 pour 100 d'oxyde) ou par de l'oxalate double de potasse et d'antimoine (23,67 pour 100 d'oxyde) qui est moins cher et plus prompt à agir, mais ne convient pas dès qu'on a affaire à des eaux calcaires, ou le fluorure double d'antimoine et de potassium, corps soluble et stable, ou les sels doubles, fluorure d'antimoine et carbonate (R. Kœpp, 1887), sulfate ou chlorure alcalin, le second sel étant ajouté pour rendre le fluorure moins corrosif. Le sel de Haen est le fluorure d'antimoine-sulfate d'ammonium $SbF^3SO^4(AzH^4)^2$, ou enfin le fluosilicate d'antimoine. Le lactate a été aussi proposé (Waite, 1886, Kretzchmer).

Acide saccharique $CO^2H(CHOH)^4CO^2H$. — Découvert par Guérin-Varry. Il se forme dans l'oxydation du sucre, du glucose, de la sorbite, au moyen d'acide azotique. Il a été proposé pour fabriquer des mordants et charger les tissus. L'acide sulfosaccharique est employé à la charge des textiles et du cuir.

Le saccharate de fer sert dans la teinture des peaux comme mordant. Le saccharate d'antimoine est un substitut de l'émétique.

Acide mucique. — C'est l'isomère provenant de la dulcite. Par distillation sèche, il donne de l'acide pyromucique, dont l'aldéhyde est le *furfurol*, Gerhardt.

Acide quinique $C^7H^{12}O^6$. — Produit accessoire de la préparation des alcaloïdes du quinquina. Acide monobasique. Il donne par oxydation la *quinone*, *Woskresensky*, 1838, qui à son tour, par réduction, fournit l'*hydroquinone* $C^6H^6O^2$.

Acide citrique $C^6H^8O^7$ — ou $CO^2H.CH^2 - \overset{\displaystyle OH}{\underset{\displaystyle COH}{C}} - CH^2.CO^2H$, est un acide trois fois acide et une fois alcool. Il a été obtenu à l'état cristallisé par Sheele, en 1784, mais Retzius l'avait déjà distingué du tartre dès 1776. Sa synthèse a été réalisée de diverses manières, MM. Haller et Heldt l'ont effectuée à partir de l'éther acétylacétique.

L'*acide citrique* existe dans les citrons, les oranges, les groseilles, etc. On le retire du jus de citron en le précipitant par la craie à l'état de citrate de chaux que l'on décompose ensuite par l'acide sulfurique étendu. L'acide citrique est mis en liberté et cristallise dans la liqueur.

L'acide citrique se forme dans certaines fermentations aux dépens de matières sucrées et de l'oxygène de l'air, sous l'influence des *citromycès pfefferianus* et *glaber*, ainsi que du *penicillium luteum*. Ces procédés ont été proposés pour la préparation industrielle de l'acide citrique à partir du glucose, *Vehmer* (Comptes rendus, 1893, et Description des brevets, t. 86). On peut obtenir ainsi en acide citrique jusqu'à 50 pour.100 du poids du glucose.

Propriétés. — L'acide citrique cristallise en prismes orthorhombiques, contenant une molécule d'eau, ayant pour densité 1,553. Il est doué d'une saveur fraîche acidulée que l'on utilise pour la préparation des limonades à la dose de 1 gr. Il est très soluble dans l'eau : 1 p. dans 0,75 p. d'eau froide et dans 0,5 p. d'eau bouillante. Il se dissout à froid dans son poids d'alcool à 90°, et dans 50 p. d'éther. La solution aqueuse abandonnée à l'air se couvre de moisissures.

Par la chaleur, il donne l'acide aconitique. Chauffé avec de la potasse fondante, l'acide citrique se dédouble en acide acétique et acide oxalique après fixation d'une molécule d'eau. Les oxydants le décomposent aisément. L'acide citrique réduit les sels d'or.

L'acide citrique sert, en impression, comme rongeant. Il est le plus souvent remplacé par l'acide tartrique. En teinture, il servait autrefois pour la soie, il a été remplacé par l'acide acétique.

Quand on ajoute à une solution d'acide citrique ou à une solution acide d'un citrate du permanganate de potassium, puis de l'ammoniaque et enfin de la teinture d'iode, il se sépare de l'iodoforme qu'il est facile de caractériser par l'odeur et l'aspect cristallin ; à douce chaleur, la réaction est plus rapide. Cette réaction peut être employée pour la recherche de l'acide citrique.

Citrates. — L'acide citrique étant un acide tribasique, donne des sels mono- bi- et trimétalliques. Les citrates alcalins sont très solubles, ainsi que la plupart des citrates neutres des autres métaux.

Le *citrate de chaux* présente cette particularité d'être plus soluble à chaud qu'à froid. Une ébullition prolongée le change en précipité cristallin insoluble dans l'eau froide, mais soluble à chaud en présence d'une trace d'alcali ; donc, l'acide citrique ne trouble pas l'eau de chaux à froid, mais à l'ébullition.

Le *citrate de magnésium* (limonade Rogé) est employé comme purgatif. La limonade au citrate de magnésie, 30 gr., s'altère à l'air en se couvrant de moisissures et il se précipite des modifications moléculaires du citrate.

Le *citrate de fer* et le citrate double de fer et d'ammoniaque, en paillettes grenat, très solubles, sont employés en médecine, comme fortifiants toniques, dans des vins.

Le *citrate d'argent* est utilisé comme antiseptique sous le nom d'*itrol*, et dans la préparation des papiers sensibles.

TANNINS'

On nomme *tannins*[1] toute une série de corps, plus ou moins éloignés les uns des autres au point de vue de leur constitution chimique, qui du reste est souvent peu connue, mais se rapprochant par un certain nombre de caractères communs. Ce sont des acides faibles à saveur astringente, solubles dans l'eau ; ils donnent avec les sels ferriques des combinaisons dont la couleur va du bleu noir au vert olive, précipitent la gélatine de sa solution, et transforment la peau en cuir. Ils précipitent les alcaloïdes et l'émétique.

L'étude des tannins mérite, par leur importance, que nous leur donnions une certaine extension. Nous étudierons successivement les substances tannifères, les tannins, leurs préparations, leurs propriétés générales, les principaux tannins, les applications générales et la fabrication des extraits, les applications au tannage, les applications en teinture, les applications aux encres, la bibliographie des tannins et de leurs applications.

Etat naturel des Tannins et Substances tannifères. — Le tannin est le principe utile des diverses matières tannifères, substances végétales très nombreuses qui jouissent de la propriété de tanner la peau, c'est-à-dire de la rendre imputrescible, et de donner avec les sels de fer des laques noires utilisées pour les teintures et pour les encres. Ces substances sont aujourd'hui au nombre de plus de 500 : écorces, bois, fruits, feuilles, sève durcie, etc ; elles sont employées utilement dès que la teneur en principe tannifère atteint 4 à 5 pour 100. Le tannin y provient de la sève et se dépose en quantité variable, suivant la nature des essences, soit dans les feuilles et les écorces, soit dans le tissu ligneux lui-même. Le tableau suivant donne celles des matières tannifères végétales qui sont le plus importantes pour le teinturier et pour le tanneur.

Il y a dans les matières tannifères, à côté de l'acide tannique spécifique, des matières extractives solubles, des phlobaphènes, des matières colorantes.

On distingue le tannin à froid et le tannin à chaud ou tannin résinoïde qui, dans les extraits liquides, se trouve en partie dissous dans les précédents.

Les matières tannifères renferment encore de l'acide acétique (bois durs), de l'acide malique (fruits et graines) et très fréquemment de l'oxalate de chaux. L'acide gallique s'y trouve à l'état naturel moins souvent qu'on ne le croit ; il s'y forme par dédoublement de l'acide tannique ; il n'a pas d'action sur la peau. Il y a enfin des matières sucrées, des gommes, des corps pectiques.

La composition générale des matières tannifères est très variée ; c'est ainsi que l'écorce de mimosa est riche en tannin et en matières extractives et le

1. L'usage veut qu'on écrive tannin, comme on écrit acide tannique. Le dictionnaire de l'Académie ne donne que tanin.

québracho en tannin. D'ailleurs les données analytiques où l'on ne distingue pas les substances solubles à froid et celles solubles à chaud, le tannin et les matières extractives sont fort sujettes à caution.

Voici deux analyses d'extraits faites au laboratoire de M. Muntz.

Extrait de châtaignier à 20°2 Bé :

Tannin assimilable......................	25,92
Matières organiques extractives	4,30
Matières salines.........................	1,10
Eau....................................	68,68

Extrait de tannin à 21°7 :

Tannin assimilable......................	22,5

TABLEAU DES PRINCIPALES SUBSTANCES TANNIFÈRES

Nom et source principale	Origine	Partie de la source	Teneur en tannin
Algarobilla (sorte de caroubier).			
Prosopis algarobilla, etc.	Amérique du Sud	Gousses	50 %
Cachou			
Acacia catechu	Inde Afrique orientale	Extrait du bois et de l'écorce	45-55
Châtaignier			
Castanea vesca	France	Bois, Écorce Extrait	6
Chêne			
Quercus robur	Europe	Bois	3
Quercus suber (chêne liège)	Afrique	Extrait Écorce	8
Quercus castanea	Amérique		
Quercus tinctoria (Quercitron)	»		
Dividivi			
Caesalpinia coriaria	Amérique centrale Inde, Brésil	Siliques	30-50
Galles de chêne ou Noix de galle ou Galles d'Alep			
Quercus lusitanica	Grèce Asie mineure	Excroissances sur les feuilles	60-70
Galles de Bassora ou Rove			
	Perse	Galles	27-34

Galles des Indes ou Bablah			
Acacia bambola	Indes	Siliques	14-20
Galles de Chine, du Japon			
Rhus senualata	Inde, Chine	Galles	65-70
Rhus javanica	Japon		
Gallons			
Quercus robur	Hongrie	Excroissances sur les glands	45-50
Gallons du Levant ou Vallonées, avelanées			
Quercus aegylops	Grèce	Cupules de glands	25-35
Valonia comata	Asie mineure		
Gambir			
Uncaria Gambir	Malaisie	Extrait de feuilles	36 à 60
Hemlock			
Abies cadanensis	États-Unis	Écorce	14
Kino			
Pterocarpus masurpium	Inde	Suc desséché	30 à 40
Butea frondosa			
Pterocarpus erinaceus	Afrique		
Eucalyptus resinifera (arbre de fer)	Australie		
Mimosa ou Wattle			
Acacia dealbata	Australie	Écorce	18 à 30
A. saligina			
Myrobalans			
Terminalia chebula	Inde	Pulpe du fruit non mûr	30 à 50
Noyers		brou de noix	
Quebracho			
Aspidosperma Quebracho	République Argentine	Bois	15 à 20
Sumac			
Rhus coriaria	Europe	Feuilles sèches	2 à 4
S. des tanneurs)	Sicile		
Rhus cotinus (fustet)	Vénétie		
Rhus typhina	Amérique		6 à 17

Il faut ajouter à cette liste les écorces d'aune, de bouleau, de cornouiller, d'eucalyptus, de frêne, de grenades, de hêtre, de mélèze, de myrte, de peuplier, de pin, de sapin ; les feuilles du mangrove (24 à 30); les écorces de mimosa du sud de l'Afrique; le Drïlo ou Trillo, formé par les écailles de la cupule de vallonnée, 35 à 45 pour 100 de tannin; l'extrait préparé en Alsace, avec déchets de bois moulurés, 35 à 40 pour 100 de tannin, contient beaucoup de débris ligneux ; l'extrait de palmetto, États-Unis, préparé avec les feuilles d'un palmier.

Disons quelques mots des plus importantes de ces matières.

Cachou. — Le cachou est un véritable extrait. Pour le recueillir, on réduit en petits fragments tout le bois des arbres qui le fournissent, et on les fait bouillir avec de l'eau. Dès que la liqueur s'épaissit, on la verse dans des moules en terre ou en feuilles, et on fait sécher au soleil. On le falsifie avec du sang, du sucre, de l'amidon, de la terre, etc. Il renferme 50 pour 100 environ de tannin, acide cachoutannique, et en plus 30 pour 100 de catéchine. Le plus estimé est celui du Pégu ou de Bombay; puis vient celui du Bengale. Pour le cachou jaune, voir Gambir.

Châtaignier. — Le bois vert sur tronc à 75 pour 100 d'humidité renferme 4 pour 100 de tannin; le bois complètement sec de 8 à 9 pour 100. C'est l'extrait qu'on emploie dans la teinture des soies. L'extrait à 20° Bé renferme environ 23 pour 100 et l'extrait sec 62 pour 100 de tannin.

Chêne. — Le principe tannant de l'écorce de chêne est l'acide quercitannique; il n'éprouve que faiblement la décomposition en acide gallique, mais sa proportion est faible : environ 5 pour 100. Il se trouve dans la couche corticale, et c'est au printemps que doit se faire l'écorçage, car la proportion est un tiers plus riche. Le meilleur écorçage se fait à la vapeur, mais il n'est qu'exceptionnel. L'écorce est ensuite triturée ou moulue.

Dividivi. — Les dividivi, au contraire, s'altèrent très rapidement au contact de l'air.

Galles. — Ce sont des excroissances morbides produites sur les jeunes branches, sur les pétioles des feuilles, sur les glands de certains chênes par les piqûres d'insectes, travaillant pour y déposer leurs œufs. Les larves éclosent au sein de ces galles, y subissent leurs transformations, et au bout de quelques mois, devenues insectes ailés, se percent une issue pour prendre leur vol à l'extérieur.

Les Galles de chêne sont dues à la présence des larves d'un diptère, bientôt suivi de l'éclosion des larves d'un parasite du premier insecte, le Cynips ou Diplolepis gallæ tinctoriæ, un héminoptère. Les meilleures galles (noires ou bleues) sont celles recueillies quand l'insecte est parti (galles jaunâtres ou blanches). On ne récolte que celles des pays méridionaux. Les marchés les plus importants sont Smyrne pour l'Asie Mineure, Aleppo pour la Perse.

La rove est une petite galle encroûtée.

Les galles de Chine sont dues à la piqûre de l'Aphis chinensis sur les feuilles du Rhus semialata. De forme irrégulière, elles sont utilisées en Allemagne pour la préparation du tannin. Celles du Japon sont plus petites et plus estimées.

Le principe tannant des galles, ou acide gallotannique (60 pour 100) y est toujours accompagné d'une certaine proportion d'acide gallique, 3 à 4 pour 100.

La décoction de galles se prépare à 10 pour 100.

Gallons. — On distingue les gallons pathologiques ou Knoppern, et les gallons naturels ou Vallonées.

Les Knoppern sont dues à la piqûre du Cynips quercus calicis. Leur forme est très irrégulière : au contraire, les gallons naturels sont semblables de forme.

Les Vallonées sont les cupules des glands de certaines espèces de chênes. Les meilleures sont recueillies en avril avant la maturité du fruit, la qualité moyenne est abattue en septembre, les moins bonnes sont celles qu'on laisse tomber d'elles-mêmes en octobre. Les glands sont ensuite séchés en remuant fréquemment pour éviter la fermentation ; les capsules se détachent et sont envoyées aux marchés de Smyrne ou de Trieste d'où on les exporte en Angleterre, en Autriche, en Italie.

Gambier. — Le cachou et le gambier sont de véritables extraits.

Kino. — Sous le nom commun de Kino, on désigne une série de résines et de gommes qui s'écoulent de certains arbres par les incisions qu'on fait sur leur tronc.

Le Kino d'Amboyne, employé dans la teinture, le tannage, la fabrication des vins, se trouve sous forme de petits pains, à saveur astringente puis sucrée, à solution rouge de sang.

Le Kino du Bengale n'est employé qu'en Afrique.

Le Kino africain est le meilleur, mais on ne le trouve pas régulièrement dans le commerce. C'est le sang de dragon des Portugais.

Il y a aussi le Kino de la Jamaïque, celui de la Colombie et le Kino ou extrait de ratanhia.

Mimosa. — L'écorce de Mimosa ou de Wattle est celle de nombreux acacias australiens. Les arbres poussent de préférence dans des terrains sablonneux ; leur culture ne demande guère de soins, et donne énormément en retour : l'acacia mélanoxylon, par exemple, fournit à 8 ans, 20 à 30 kgs d'écorce sèche. Les écorces de l'acacia decurrens de l'acacia pycnantha sont les plus estimées.

Myrobalans. — Fruits d'arbrisseaux indiens. Le marché est Calcutta. Ils contiennent beaucoup de matières résineuses et d'acide éllagique. Les fruits sont très durs et difficiles à broyer.

Quebracho. — C'est le bois du G. Lorentrii ou G. Colorada qui est importé en France.

Sumac. — Le plus estimé est celui de Sicile : il convient pour les cuirs de luxe ; le sumac d'Amérique, quoique plus riche en tannin, est moins bon pour le tannage, aussi bien que pour la teinture. Le produit varie d'ailleurs en qualité avec la nature du sol, l'époque et la méthode d'effeuillage, etc. On le falsifie fréquemment, soit avec les feuilles de figuier (S. du Tyrol), soit avec celles du Pistacia lentiscus (S. de Toscagne).

Les valeurs de ces différents produits par rapport à l'écorce de chêne sont données dans le tableau suivant :

Noix de Galle.............	2 à 2 fois et demi
Dividivi.................	4 à 4,5
Valonnées................	2 à 3
Myrobalans..............	2 à 2 fois et demi
Sumac...................	1 fois et demi
Terra	4 à 5 fois.

Préparation des Tannins. — Les tannins se préparent par extraction des organes végétaux qui les contiennent.

Pour avoir l'extrait sec de tannin, on traite par de l'éther ordinaire, dans un appareil à déplacement, la partie du végétal réduite en poudre ; la couche inférieure du liquide recueilli est une solution aqueuse concentrée de tannin ; on l'évapore dans une étuve au-dessous de 100°. C'est ainsi que l'on procède pour obtenir l'acide gallotanique.

On extrait encore le tannin : 1° en agitant avec de l'éther pour enlever l'acide gallique qui se trouve souvent en même temps, saturant de chlorure de sodium, puis agitant de nouveau avec de l'éther acétique qui dissout le tannin ; 2° On peut aussi traiter par l'alcool, réduire à basse température, ajouter une grande quantité d'eau froide, précipiter par de petites quantités d'acétate de plomb, filtrer, rejeter les portions en premier et dernier lieu, laver rapidement, mettre en suspension dans l'eau et précipiter par un courant d'hydrogène sulfuré. On filtre, on secoue avec de l'éther pour séparer l'acide gallique, on évapore à basse température ou dans le vide jusqu'à consistance sirupeuse, enfin, on sèche dans le vide en présence d'acide sulfurique [1].

Pour obtenir industriellement le tannin sous forme aciculaire, au lieu de sécher la haute température, ce qui donne un corps très hygroscopique et des produits d'oxydation, on a conseillé de faire tomber la solution sirupeuse sous forme de gouttes dans une enceinte convenablement refroidie et où l'on a fait le vide, *Schering*.

C'est au moyen de l'appareil à déplacement (Méthode de Pelouze) que le tannin est extrait des noix de galle : ce tannin porte le nom d'acide gallotannique et est le seul dont la composition et les propriétés soient bien connues. On extrait aussi les acides querci-, cachou-, mimo-, morin-, café-, quino-, quebracho-, grenado-, quinova-, filico-, ratanhia-tanique, etc. Ils sont souvent plusieurs réunis dans une même matière première. Ce sont des substances amorphes, par conséquent très difficiles à purifier.

Epuisement des matières tannifères ou préparation des bains de tannins dans l'industrie. — Les matières tannifères sont épuisées par l'eau douce ou épurée pour en extraire le tannin à froid. Le procédé, excellent quand il s'agit d'écorces, c'est-à-dire de matériaux ouverts et poreux, est mauvais

---

1. Sur la préparation de l'acide tannique, voir les travaux de Pelouze, Berzélius, Bouillon-Lagrange, Merat-Guillot, Dizé, Deyeux, Proust, Sertuner, Mohr, Coez, Kohlrausch, Bottinger, etc.

pour les myrobalans, les vallonées et toutes les matières qui, formant des masses compactes, ne laissent pas les liquides circuler aisément et dans tous les sens. L'épuisement se fait alors dans des appareils fermés à l'aide de la chaleur.

La chaleur peut aussi être employée pour épuiser les écorces tannifères. On l'emploie, soit sous forme d'eau chaude, soit sous forme d'un jet de vapeur, il faut alors tenir compte de l'eau de condensation. L'emploi de la vapeur épuise plus vite et donne des bains plus forts, il est même indispensable pour certaines écorces comme celle de mimosa ; mais s'il facilite l'extraction des matières extractives, il entraîne une perte de tannin par changement chimique.

On a fait aussi appel, pour épuiser les matières tannifères, à l'acide sulfurique, à l'électricité, etc.

Le mode d'épuisement d'une matière tannifère dépend de la nature de cette matière tannifère, de sa composition, des propriétés des produits qu'elle fournit, de leur quantité. On peut presque dire que chaque espèce réclame un procédé spécial. Mais en thèse générale, les écorces ou les bois préalablement divisés par broyage ou débités en copeaux, sont soumis par macération, décoction ou filtration, à l'action de l'eau froide ou chaude, dans de grandes cuves disposées en batterie, de façon à épuiser aussi complètement que possible les substances par voie méthodique. L'eau doit être autant que possible exempte de sels calcaires.

Extraits. — Depuis quelques années, pour restreindre les frais de transport et accroître la teneur en principes utiles, les matières tannifères sont transformées en *extraits* sur les lieux de production, au lieu de préparer les jus et bains aux lieux de consommation.

L'usage de l'extrait de châtaignier se répand de plus en plus en France. Il est fabriqué avec le bois rapé du castanea vesca. Celui à 20° Baumé renferme 18 pour 100 de tannin.

On emploie aussi en France l'extrait de bois de chêne ou extrait de tannin à 25° Baumé et 18 à 27 pour 100 de tannin ; de chêne vert, de sumac, de gallons de mélèse, les extraits de québracho à 33 ou 60 pour 100 et de hemlock (à 35 pour 100 de tannin), ces derniers importés d'Amérique. On se sert aussi en Angleterre de l'extrait de vallonnées, en Autriche, de celui de faux sapin, en Amérique, de l'extrait d'écorce de chêne, châtaignier à 20 ou 25 pour 100, de l'extrait de bruyère musqué, et en Autriche, d'un fort bon extrait préparé avec de l'écorce de mimosa. Les extraits des écorces de conifères fermentent facilement.

Les extraits tannifères se préparent au centre d'exploitation des écorces et des bois, avec des eaux douces, ou si l'on n'a à sa disposition que de l'eau crue, avec des eaux adoucies. Cette préparation se fait généralement à chaud, soit par un simple lessivage dans un jeu de plusieurs cuves au moyen d'un jet de vapeur, soit par infusion sous pression dans un autoclave ou dans une cuve à reflux. Les appareils dont on se sert dans la préparation des extraits doivent être en cuivre.

Le bois découpé à la varlope, dans le sens transversal à ses fibres, est lessivé comme il est dit ci-dessus. Le jus est ensuite débarrassé des sels de chaux qu'il contient, décoloré et clarifié sur le sable, enfin concentré. Selon que la concentration est poussée plus ou moins loin, on obtient des extraits liquides marquant de 20 à 35° Baumé, ou un dépôt boueux que l'on fait refroidir dans des moules pour avoir des extraits secs.

On débarrasse les extraits des sels de chaux qu'ils contiennent en ajoutant au bain de macération ou de lessivage la quantité voulue d'acide sulfurique ou d'acide oxalique.

La concentration s'effectue par l'emploi combiné de la vapeur et du vide, dans des appareils à triple effet, analogues à ceux des sucreries, ou plus souvent dans l'appareil que je vais décrire. Il consiste en une chaudière tubulaire, chauffée par la vapeur du générateur ou par la vapeur de dégagement et dans laquelle une pompe à air fait le vide. L'appareil comprend de plus un brise-mousses, un tuyau de retour des mousses, un vase de sûreté, des robinets d'air, de vapeur, de purge, un indicateur de vide, etc. Quand il s'agit d'extraits liquides, la chaudière est verticale et les jus sont renfermés dans les tubes autour desquels circule la vapeur. Pour les extraits secs, la chaudière est horizontale ; elle tourne autour de son axe et la vapeur circule dans les tubes qui sont en grand nombre et dans l'enveloppe de la chaudière.

Les extraits tannants bruts renferment, outre l'acide tannique, des particules d'écorce ou de bois en suspension, des résines et des gommes en solution, des corps pectosiques lorsqu'ils proviennent du traitement des écorces, enfin des principes colorants qui donnent trop de couleur au cuir. Pour s'en débarrasser, on laisse déposer les extraits liquides dans une série de réservoirs. On emploie aussi différents procédés de clarification, de décoloration et d'épuration, qui tous, soit qu'ils agissent par voie mécanique ou par voie chimique, présentent malheureusement, à un degré plus ou moins grand, le grave inconvénient d'entraîner une perte notable de tannin, soit chimiquement, soit mécaniquement.

Le procédé de M. Gondolo, par la coagulation de l'albumine du sang, paraît jusqu'ici avoir donné les meilleurs résultats pratiques. En voici la description sommaire.

D'après les procédés Gondolo, la matière tannifère est d'abord mise à macérer à froid, ou le plus souvent à chaud, dans de l'eau additionnée de 6 gr. d'acide sulfurique par litre, cette addition a pour but d'obvier aux sels calcaires. La décoction une fois obtenue, on ajoute la quantité de carbonate de potasse strictement nécessaire pour neutraliser l'acide en excès. Cela fait, on ajoute à la décoction de l'albumine, du sang, de la colle ou du gluten, en ayant soin de maintenir la température en dessous du point de coagulation de la substance ajoutée, puis on élève la température à ce point. Cette coagulation produit l'entraînement des matières colorantes ; on laisse en repos une heure, on filtre et on concentre. L'albumine en se coagulant entraîne avec elle les impuretés et les matières colorantes dont on se débarrasse par décantation ou par filtration.

Quand les principes colorants sont en grande quantité, le procédé est modifié comme il suit : le bain de macération est additionné d'une solution de bisulfite de soude. Il se produit alors, sous l'action de la chaleur, du tannate de soude et de l'acide sulfureux. Le dernier réduit les principes colorants et l'acide sulfurique qui résulte de cette réduction sert à neutraliser l'action des sels de chaux. On introduit ensuite une quantité d'acide sulfurique suffisante pour décomposer le tannate de soude et éliminer le bisulfite non utilisé. Ensuite, le liquide est refroidi à 45° ; on introduit du sang et on élève la température à l'aide d'un serpentin à vapeur, jusqu'au point de coagulation de l'albumine, sans le dépasser, afin que l'albumine ne demeure pas en suspension dans le liquide. On laisse reposer quelque temps, on filtre et on concentre. M. Gondolo à breveté des appareils propres à l'application méthodique de ses procédés.

On reproche aux procédés Gondolo de coûter assez cher, de nécessiter de grands soins et de tacher le cuir par le fer du sang. La Société civile des études sur les extraits tanniques, a proposé de réaliser la décoloration et la séparation simultanée des matières en suspension en filtrant d'abord au filtre-presse sur du feutre épais, puis en turbinant ; ce procédé a l'inconvénient de demander pour la turbine un nettoyage fréquent. Parmi les autres, je citerai celui de M. Vourloud, fondé sur les propriétés du noir animal ; il décolore d'une façon complète, mais au détriment de la richesse en acide tannique ; celui de M. Morand, qui applique la coagulation de la caséine du lait ; de M. Coez (1884, brevet), qui utilise l'alumine en gelée ; de MM. Serrière, Maréchal et Bories, Lœwinstein, Doutreleau et Cie, David, etc., qui reposent sur l'emploi des sels métalliques : protochlorure d'étain (Serrière), hyposulfite d'alumine (Doutreleau), chlorure de baryum (David), bisulfite de soude (Watrigant), hydrosulfite de soude (br., Schutzenberger, 1871), acétate d'alumine (Fœlsing), azotate de plomb (Landini), sels de strontiane (Delvaux), etc.

Tous ces agents de décoloration peuvent se diviser en deux classes. Ou bien, ils agissent en précipitant la matière colorante à l'état de précipité insoluble, mais généralement alors, ils précipitent aussi une partie du tannin et ne produisent qu'une décoloration incomplète. A cette classe appartiennent les sels d'alumine, de plomb, d'antimoine, etc. Ou bien, ils agissent chimiquement sur la matière colorante pour la décolorer. A la seconde classe, appartiennent l'acide sulfureux, l'acide hydrosulfureux et l'hydrogène : les deux premiers sont peu efficaces. L'hydrogène, au contraire, à l'état naissant est employé avec succès. D'ailleurs les tannins se colorent par l'oxydation, principalement en présence des alcalis ; ils seront décolorés par les agents réducteurs.

Dans la préparation des extraits, on a conseillé d'ajouter un peu de borax afin de dissoudre les phlobaphènes. Les matières tannifères renferment des principes solubles et tannants, qui sont en même temps colorés, et une décoloration complète des extraits ne s'obtient qu'avec une grande perte de tannin.

La préparation d'un extrait décoloré nous semble reposer sur le principe suivant : d'abord on n'emploiera que la partie de la matière première qui renferme la plus grande partie du tannin ; c'est ainsi qu'avec les galles de Chine et du Japon on doit séparer par un premier brisage les parties intérieures qui contiennent peu de tannin et beaucoup de substances colorantes ; ensuite on épuise méthodiquement à l'eau froide, puis à l'eau tiède ; on concentre dans le vide et on décolore à l'aide des moyens indiqués plus haut, principalement l'hydrogène à l'état naissant,

Procter et Parker (J. of S. of chemical Industry, 1895) ont trouvé qu'en extrayant les matières tannantes ou les matières tinctoriales au-dessus de 100°, il y a destruction plus ou moins forte de tannin, et que d'ailleurs l'extraction complète peut souvent se faire à fond à des températures inférieures à 100°. Par exemple, vers 90°, pour l'écorce de chêne et les myrobalans, vers 85° pour le Québracho et l'écorce de Mongove, vers 75° pour le mymosa africain, vers 65° pour la vallonée, vers 55° pour les trillo et pour le sumac. D'ailleurs, la couleur des extraits croît en général avec la température d'extraction.

Eitner (Gerber, 1895) a obtenu des résultats analogues en extrayant des tannins deux heures en autoclaves sous des pressions de une, deux, quatre atmosphères, c'est-à-dire à des températures de 100°, 120°, 148°, 143°. Les extractions sous pression donnent généralement des extraits à densité plus forte, mais bien loin d'être plus riches en tannins, ils le sont tous moins, sauf pour le bois de québracho. Certaines matières tannifères subissent d'ailleurs un déchet énorme, par exemple, l'algarobilla, le dividivi, le myrobalan.

Propriétés générales des tannins. — Tous les tannins sont des composés d'hydrogène, d'oxygène et de carbone ; ils renferment dans leur édifice moléculaire le groupe benzine. Mais la structure de l'acide gallotannique est seule connue : c'est l'acide digallique.

On a divisé les tannins en tannins donnant une fleur sur cuir par la formation d'acide ellagique et en tannins n'en donnant pas ; donnant avec l'acétate de fer un précipité noir-bleu (noix de galle, écorce de chêne, de peuplier, de noisetier, mirobalan, dividivi, sumac, vallonées), ou un précipité noir-vert ; fournissant par la distillation sèche du pyrogallol ou de la pyrocatéchine, ou un mélange des deux, écorce de chêne, vallonées ; en tannins physiologiques (pour cuirs), et pathologiques (pour teintures), contenus dans des tissus morbides. Procter classe d'après les produits de décomposition par les acides étendus.

Les tannins sont plus ou moins solubles dans l'eau, l'alcool, l'acétate d'éthyle, très peu solubles dans l'éther anhydre, l'acide sulfurique étendu ; ils sont insolubles dans le sulfure de carbone, la benzine, le chloroforme.

La chaleur les décompose avec formation, soit de pyrocatéchol, soit de pyrogallol et d'autres produits. Bouillis avec l'acide sulfurique étendu, ils cèdent souvent du glucose, de l'acide gallique ou de l'acide ellagique, des anhydrides rouges. Ils se combinent aux alcalis, et ces combinaisons se décomposent en présence de l'air avec formation de substances humiques brunes. Ils précipitent les acétates de plomb, de cuivre, le chlorure stanneux, etc ; et la plupart du temps, le sel entre en entier dans la combinaison. D'autre fois il est réduit à un degré d'oxydation moindre ou à l'état métallique. Les tannins précipitent aussi les alcaloïdes, cinchonine, rosaniline, etc.

Les anhydrides rouges ou produits de déshydratation des tannins sont des corps fort importants à connaître : on les nomme aussi *Phlobaphènes*. Ils se forment sous l'action des acides, ou lorsqu'on verse dans l'eau froide une solution alcoolique ou une solution aqueuse concentrée de tannin. Chaque tannin possède toute une série d'anhydrides rouges, plus ou moins solubles dans l'eau suivant le degré d'hydratation. Ceux qui sont solubles jouissent généralement de la propriété de précipiter la gélatine; les anhydrides les moins déshydratés sont solubles et constituent de véritables principes tannants. Parfois le tannin n'est pas tannant. Mais ces anhydrides ont l'inconvénient d'être en même temps des principes colorants. Ces anhydrides rouges donnent par fusion avec la potasse de l'acide protocatéchonique (acide dihydroxybenzoïque) et soit du phloroglycol pour les phlobaphtènes qui ne ne cèdent pas de glucose aux acides étendus, soit un acide gras pour ceux qui en cèdent. Ils sont solubles quelquefois dans l'eau, souvent dans le sucre, les alcalis, les carbonates alcalins, le borax.

Les tannins, bouillis avec l'acide sulfurique étendu, donnent :

1º des rouges ou anhydrides insolubles, et du glucose. Ces rouges fondus avec de la potasse donnent de l'acide protocatéchonique et

a) du phloroglycol : châtaignier, gambier, kino, cachou, quebracho, ratanhia, fustel, tormentille ;

b) de l'acide acétique : café, écorce de quinquina, fougère mâle.

2º des rouges, de l'acide gallique et de l'acide ellagique mais pas de glucose : écorce de chêne, vallonée.

3º pas de rouges, de l'acide gallique et de l'acide ellagique : noix de galles, myrobalans, sumac, dividivi, écorce de grenade. Ils renferment probablement un mélange de deux tannins qui donnent de l'acide gallique, comme l'acide gallotannique ou de l'acide ellagique, comme l'acide ellagitanique.

Certains de ces tannins fournissent du glucose sous l'influence de l'acide sulfurique étendu, Strecker constata le premier ce dédoublement. Cependant on ne peut en conclure que ce sont tous des glucosides, car le glucose peut n'être que le résultat d'une décomposition intime. Il se produit en trop grande quantité pour provenir d'impuretés comme Knopp et Kawallier l'ont admis. Wurtz, considérant que les différents acides tanniques sont amorphes au contraire de ce qui existe pour les glucosides, les regarde comme des combinaisons de gomme et de dextrine : le glucose proviendrait d'une transformation de cette dernière.

Un point sur lequel il est important d'insister, c'est celui de la fermentation que presque tout acide tannique subit à l'air. Une solution de tannin pur abandonnée à l'air se remplit de filaments appartenants à des mucors aspergillus ou penicillum. Le tannin ne tarde pas à disparaître et il se transforme en acide gallique ou en d'autres produits. Avec une décoction de noix de galle, d'écorce de chêne, en général de substance végétale renfermant des sels et des matières organiques en même temps que l'acide tannique la fermentation détruit tout le tannin en quelques jours. Dans des expériences dues à MM. Collin et Benoist, des extraits de châtaigniers ou de sumac marquant 20° sont tombés en quelques semaines à 10° et même à presque rien quand la température était maintenue à 25°. Cette fermentation est due à des bactéries ou germes vivants, puisqu'elle n'a plus lieu si les solutions de tannin sont stérilisées et conservées à l'abri de l'air, ou si on ne laisse pénétrer dans le ballon qui la renferme que de l'air filtré à travers une couche de ouate, c'est-à-dire de l'air privé de tout germe atmosphérique.

Acides tanniques divers.

— Nous verrons l'acide gallotannique, l'acide quercitannique, l'acide cachoutannique, etc.

Acide gallotannique $C^6H^2(OH)^3CO^2C^6H^2(OH)^2CO^2H$. — C'est le mieux connu de tous les acides tanniques. Il a été découvert par Lewis au siècle dernier et étudié par Pelouze, sa préparation a été donnée p. 1035. Il existe en mélange avec plus ou moins d'acide ellagotannique dans les noix de galles, l'écorce de grenade, le sumac, les myrobalans, les dividivi. Les noix de galles en renferment de 60 à 77 pour 100.

Sa structure est connue grâce aux travaux de Hlasiwetz et de Schiff, c'est de l'acide digallique, c'est-à-dire l'anhydride de l'acide gallique, qui lui, est l'acide trihydroxybenzoïque. Il donne, par ébullition avec un acide étendu, du glucose, de l'acide gallique et de l'acide ellagique : aussi le regarde-t-on généralement comme un glucoside ou comme un gommide. Il absorbe l'oxygène de l'air facilement surtout en présence d'alcalis et se transforme en acide gallique (fermentation gallique attribuée à un ferment végétal, penicillium glaucum ou aspergillus niger, Van Tieghem, et en glucose qui disparaît à son tour par fermentation alcoolique. Il précipite une solution de gélatine, le précipité est soluble dans un excès de la solution. Il précipite les sels ferriques en bleu-noir, l'émétique, les sels de plomb, d'étain ; ne possédant pas au même degré que le tannin de l'écorce de chêne la propriété de transformer la peau en cuir, il ne peut que s'utiliser en teinture ou pour la fabrication de l'encre. Le tannin du commerce est de l'acide gallotannique contenant plus ou moins d'acide gallique, ellagique, etc., et souvent falsifié avec de l'amidon.

Wolf et Schiff ont réalisé sa synthèse en partant de l'acide gallique qu'ils oxydent, le premier par l'azotate d'argent, le second par le perchlorure de phosphore. De son côté, l'acide gallique s'obtient à l'aide du goudron de houille en passant par le phénol, le phénate de soude, l'acide salicylique, l'acide iodosalicylique. Mais ce ne sont là que des tours de force de laboratoire et le problème de la préparation artificielle de l'acide tannique n'est pas encore résolu.

acide gallique : $C^6H^2(OH)^3CO^2H$.

acide digallique ou tannin : $C^6H^2(OH)^3CO^2.C^6H^2(OH^2)CO^2H$.

L'*acide quercitannique* ou tannin de l'écorce de chêne est peut-être le plus important des tannins. Sa constitution est moins bien établie que celle de l'acide gallotannique. Décomposé par la chaleur il fournit de la pyrocatéchine (Trimble). C'est donc un tannin catéchique. Pelouze donna la méthode d'extraction avec son appareil à déplacement.

Acide cachoutannique. — Il ne donne pas non plus de glucose. C'est le premier anhydride de la catéchine. Masse amorphe rougeâtre qu'on obtient en agitant l'extrait obtenu à l'aide de l'eau froide avec de l'éther acétique évaporant l'éther et dissolvant le résidu dans de l'eau froide chargée de sel (Loerve). Il donne un noir vert avec l'acétate ferrique et ne précipite pas l'émétique.

Catéchine. — Le gambier en renferme 30 pour 100 de son poids ; elle existe aussi dans le cachou (acide catouchique) ; elle constitue la majeure partie du résidu après traitement après l'eau froide. Elle ne précipite pas la gélatine ; c'est elle qui forme sur le cuir et dans les fosses lorsqu'on emploie du gambier, un dépôt ou fleur blanche. Ses anhydrides précipitent la gélatine.

Autres. — La Kinoïne (kino), la québracho-catéchine (québracho) sont des composés tout à fait analogues dont les premiers anhydrides jouissent seuls des propriétés tannantes. La kinoïne est probablement un gallate de méthylcatéchine.

L'acide quinotannique (quinquina Hlasiwetz), l'acide morintannique (bois jaune, Chevreul) précipitent la gélatine et les sels ferriques en vert. L'acide cafétannique (Pfaff) ne précipite pas la gélatine ; l'acide mimotannique (écorce de mimosa) est un composé analogue à l'acide cachoutannique.

Dosage du Tannin. — Il existe un grand nombre de méthodes de dosage du tannin qui sont fondées : 1º sur l'absorption du tannin par les matières albuminoïdes, telles que la colle de poisson, la gélatine, la peau fraîche, la poudre de peau, la soie décreusée (*Léo Vignon*, C. R., 1898), etc.

2º sur la précipitation du tannin par les sels métalliques et les alcaloïdes ;

3º sur l'absorption de l'oxygène par le tannin ou sur ses propriétés réductrices.

L'Association des chimistes de l'Industrie du cuir a adopté, aux conférences de Londres de 1897 et de Paris 1900, une méthode générale d'analyse des substances tannifères, qui repose sur l'absorption de la poudre de peau. La concentration de l'infusion, soumise au dosage du tannin, doit tenir de

0,35 à 0,45 de matières assimilables par la peau. Pour se placer dans ces conditions, il faut employer environ : écorce de chêne 30 à 50 gr. ; sumac 20 à 25 gr. ; valonées, myrobalans, écorces de mimosa 15 à 20 gr. ; dividivi et algarobilles 13 à 17 gr. ; extrait liquide 12 à 20 gr. ; extrait solide 8 à 12 gr.

Le tannin donne, avec le formol, des *tannoformes* insolubles. D'après E. Anweng, 1896, un seul constituant du tannin contribue à cette formation, et le formol ne peut donc être la base d'un procédé de dosage du tannin.

La composition générale des matières tannantes est très variée ; c'est ainsi que l'écorce de mimosa est très riche en tannin et en matières extractives, le québracho l'est en tannin et l'écorce de bouleau en matières extractives. D'ailleurs, les données analytiques où l'on ne distingue pas les substances solubles à froid et celles solubles à chaud, le tannin et les matières extractives sont fort sujettes à caution ; c'est le cas pour les chiffres indiqués à la dernière colonne du tableau général des matières tannantes.

Voici quelques résultats d'analyses à titre de renseignements.

L'analyse d'une écorce de chêne de la Moselle, de 12 ans, a donné pour le tannin soluble à froid : 8,24 ; pour le tannin soluble à chaud : 1,76 ; ce qui fait 10 pour 100 de tannin total. Le poids des cendres s'élevait à 6,3 pour 100 ; elles avaient la composition moyenne des cendres d'écorces.

	Tannin assimilable	Matières extractives
Écorces de chêne vert	12,15	8,7
Dividivi Maracaïbo	41	16,1
Valonée de Smyrne	24,6	14,7
Myrobolans	33	16,5
Gambier	54,05	15,6
Extrait de châtaign. 20°	18,2	13,2
Cayota	20,3	27,5

		Matières extraites	Tannin	Tannin dans l'extrait sec
Écorces de	Hongrie	18,60	7,25	38,98
—	France	19-23	8,47-10,74	43-45
—	Italie	17	6,36	37,41
—	faux sapin	19-23	6,81-7,64	32,67-34,78
Valonée		52-58	33-35	60,75-64
Valonée lessivée		26		

Extrait de châtaignier à 20°2 Bé ; tannin assimilable, 25,92 ; matières organiques extractives, 4,30 ; matières salines, 1,10 ; eau, 68,68. — Extrait de tannin à 21°7 Bé ; tannin assimilable, 22,5. — Extrait d'hemloch de Miller, Canada : tannin, 36,2 ; matières extractives, 9,3 ; eau, 54,5. — Extrait de bois de chêne à 25° Baumé : extrait français, 18 à 23 pour 100 de tannin ; extrait hongrois Zupanze, 24 à 25 ; extrait hongrois Mitrowitz, 27 à 28.

Les analyses suivantes sont dues à la Station d'essais de Vienne (1887) et doivent inspirer de la confiance :

	Mat. extraite totale	Partie soluble à froid	Mat. sucrée réductrice °/₀ d'extrait sec total
Écorces de sapin	20	46 à 62	27
— chêne	16	55 à 74	20
— saule	18,5	48	28
— pin d'alep	29,5	64 à 77	17
— aulne	21	72 à 77	
— mimosa	25,57		
— mimosa	31,72	56 à 67	4,5
— mimosa	53.96		
Bois de chêne	8,07	37	13

Applications générales des tannins. — On les emploie pour faire de l'encre ; en médecine, comme astringents ; dans la fabrication de la bière et du vin, pour clarifier les liqueurs ou comme antiseptiques ; enfin, et surtout en teinture, pour fixer certaines couleurs, et dans le tannage.

Le tannin est doué de propriétés antiseptiques et astringentes. Schrœtter a observé que les ouvriers tanneurs étaient, d'une manière générale, à l'abri de la tuberculose. C'est un bon astringent, employé contre la dysenterie à la dose de 5 à 50 centigr. Le tanocol et la tannalbine sont des combinaisons de gélatine et de tannin qui servent aux mêmes usages. Ces préparations sont presque insolubles dans les liquides acides, et par conséquent dans le suc gastrique : solubles, au contraire, dans les liquides alcalins et dans le suc intestinal avec mise en liberté de tannin.

Le tannin est un hémostatique interne employé dans les hémorragies utérines et les hémoptysies.

En condensant le tannin et le *chloral, Eichoff*, 1897, prépare le *captol*, poudre brun foncé, hygroscopique, préconisée en solution aqueuse contre les pellicules et la chute des cheveux.

Le tannin est le contrepoison de la morphine, de la strychnine et de la nicotine.

On emploie aussi comme antiseptiques et astringents des voies intestinales le *salitannol*, produit de condensation des acides salicylique et tanique ; la *tannalbine*, combinaison de tannin et d'albumine ; la *tannone*, produit de condensation du tannin et de l'hexaméthylène-tétramine ; le tannosal ou créosal, composé de tannin et de créosote.

Les désincrustants à base de tannin ont été très employés. *Léo Vignon* (Bull. Soc. chim., 1890) proscrit leur emploi comme étant funeste pour les tôles.

Le tannate acide de protoxyde de fer a été proposé Hatzfeld, 1874, comme agent de conservation des bois et pour donner un plus grand degré de dureté aux bois tendres.

On lui attribue la conservation des bois de chêne, de châtaignier.

Applications des tannins au tannage. — La propriété du tannin de coaguler la gélatine et de la rendre imputrescible, est à la base du tannage. Le tannage a pour but de rendre les peaux imputrescibles en les transformant en cuir. Cette transformation peut d'ailleurs s'obtenir autrement qu'avec le tannin : par l'alun, *mégisserie*, *hongroyage*, et les autres sels d'alumine, voir p. 576, 578 ; par les sels de chrome, *tannage au chrome*, voir p. 474, 726, procédés à un bain ou à deux bains, avec réducteurs divers pour les sels de chrome ; par les huiles, *chamoiserie*, voir ch. XXIV; par les sels de fer, p. 726.

L'ensemble des opérations préliminaires au tannage que subissent les peaux fraîches ou conservées par salage ou par dessiccation porte le nom de *travail de rivière*, parce qu'autrefois les peaux étaient toujours trempées dans l'eau courante avant d'être préparées pour le tannage et que l'atelier se trouvait à côté de la rivière. Leur but est de mettre la peau dans le meilleur état possible pour absorber la matière tannante. La *trempe* (reverdissage pour les peaux sèches) ramollit et nettoie la peau ; l'*épilage* la débarrasse des poils et de l'épiderme ; l'*écharnage*, de la graisse, de la chair, des vaisseaux ; le *dégorgement* ou *purée* fait disparaître la substance épilatoire et les dernières traces de graisse; enfin, le *gonflement* vient ouvrir les pores à l'action du tannin. Un rinçage à l'eau prend place entre chacune de ces opérations. Leur importance est considérable, car le rendement des peaux en cuir dépend en grande partie de la manière dont elles sont menées.

L'épilage est préparé par un travail, soit à l'échauffe (pour les grosses peaux), soit à une matière épilatoire. L'échauffe à froid doit seule être employée, car à chaud, elle est trop dangereuse pour la peau. La matière épilatoire par excellence serait celle qui déchausserait le poil et désagrégerait l'épiderme sans agir sur le derme ; la chaux (*pelanage*) est la plus employée: on utilise aussi la potasse et la soude caustique, leurs carbonates, leurs silicates, leurs sulfhydrates, le sulfure d'arsenic ou orpin pour les petites peaux de mégisserie.

Quant au gonflement, il se fait par trempe dans la jusée ou jus aigri, dans un confit de fiente de chiens, ou de pigeons, de farine aigrie, dans une solution étendue d'acide sulfurique à 1/5.000, etc.

Vient ensuite la *purge de chaux* dont le but est d'éliminer des peaux la chaux laissée par les procédés d'épilage, sauf le procédé par échauffe.

Pour faciliter le travail mécanique du couteau, on fait tremper les peaux dans des bains de produits chimiques qui absorbent la chaux, tels les acides chlorhydrique, sulfurique, carbonique (Nesbit), acétique, lactique, mélange de bisulfate de soude et d'acide borique (borol), le borophénol (acide borique et phénol), le crésol sulfoné (*anticalcium*), les sels ammoniacaux, l'acide crésolique, le sucre, etc. Pour les petites peaux, on utilise des *confits* d'excréments de chien et d'oiseau. Ces derniers, outre leur action absorbante pour la chaux, donnent de la souplesse à la peau. Ces confits agissent, d'après Eitner, comme milieux de culture favorable au développement de certains microorganismes, lesquels agissent par les enzymes qu'elles sécrètent et par les composés ammoniacaux formés. Il résulte des travaux de Wood que seuls les chlorures contenus dans le confit agissent sur la peau, les autres substances servent simplement d'aliment aux bactéries. Ces travaux ont conduit à l'idée d'employer des confits artificiels, ou bouillons bactériens, parmi lesquels nous mentionnerons : la Phosphobutyraline, *A. Wirbel* (br. all., 1881), provenant de la fermentation acide des déchets de betteraves et contenant des butyrates et phosphates d'ammoniaque ; l'*erodin* de *Popp* et *Becker* (br. all., 1900) obtenu par l'évaporation dans le vide d'un bouillon fermenté : 10 gr. de ce produit suffisent pour 1 kg. de peaux en tripe ; le confit artificiel de J. T. Wood à base de gélatine peptonisée par l'acide lactique.

Tannage. — Après la purge de chaux, les peaux sont prêtes pour le tannage proprement dit. Ce dernier traitement a eu également pour effet de gonfler la peau, la rendant ainsi particulièrement pénétrable par les jus tannants.

Le tannage doit empêcher la peau de se putréfier et lui donner une apparence de tissu plus ou moins souple en lui enlevant tout aspect de masse cornée. Le derme seul subit cette transformation, l'épiderme étant enlevé avant le tannage, comme nous l'avons dit.

Cette fixation de la matière tannante sur les fibres est-elle d'ordre purement physique, ou y a-t-il combinaison chimique ? Knapp, Rollet, Müntz, Lietzmann, Reimer, Eitner, Collin et Benoist, etc., ont tâché par leurs recherches d'éclairer cette question. Il semble que le tannin se trouve dans le cuir tanné sous différents états, libre ou combiné à la coriine, dans les espaces interfibreux, à la surface des fibres et à l'intérieur des fibres. Les influences qui agissent sur cette fixation dépendent du gonflement, de l'agitation, de la température et de la concentration du bain de la peau de tannin, de la nature de celui-ci et de la présence d'agents chimiques, tels l'essence de térébenthine, le sel, etc.

Le tannage au tannin ou tannage proprement dit s'effectue, soit avec des écorces, soit avec des extraits, soit par un procédé mixte.

Le *tannage en fosse* s'effectue généralement avec des écorces de chêne. Il donne de très bons cuirs, mais il est long, partant coûteux. Il comprend trois opérations successives : La *basserie*, ou passage dans des jus de tannées plus ou moins fermentés ou jusées, dont le but est d'accentuer le gonflement des peaux ; le *refaisage*, ou passages d'une quinzaine de jours dans des jus frais ; la *mise en fosse*, qui consiste à placer les peaux dans de grandes fosses de maçonneries, en présence de tan pulvérisé, à raison de 18 à 50 kg. d'écorce pour un cuir de 29 kg. en poils. On laisse en contact 2

à 3 mois, ce qui constitue la *première poudre*. On recommence alors l'opération avec du tan frais, ou deuxième poudre. Le tannage en fosse n'est
plus guère employé que pour les cuirs forts, ou cuirs à semelles.

Dans le *tannage aux extraits*, les extraits de chêne, de châtaignier, de
hemlock, etc., employés marquent 25° à 30° Bé : ceux de cachou et de gambier sont aussi employés à l'état solide. Le tannage aux extraits est beaucoup
plus rapide, aussi se généralise-t-il de plus en plus. Il s'exécute avec une ou
plusieurs cuves.

Les peaux sont avantageusement suspendues verticalement à des cadres
mobiles et agitées de temps en temps.

Dans le cas de plusieurs cuves, on réalise un traitement méthodique.

Le *tannage mixte* est une combinaison des deux précédents. On peut faire
usage d'extrait, soit au début, soit à la fin du tannage.

Le tannage aux extraits se fait plus rapidement (8 mois au lieu de 12 pour
les cuirs forts) et donne un rendement plus élevé de 5 pour 100 ; celui-ci
varie d'ailleurs suivant la nature de l'extrait et la quantité que l'on emploie.
D'après M. Gallien, les extraits sont surtout bons en fosse, et principalement
en 2ᵉ et en 3ᵉ fosse, mélangés avec l'écorce de chêne : les jus qui en 3ᵉ fosse
peuvent être portés jusqu'à 3° Baumé, servent ensuite quand les cuirs sont
finis à abreuver en 1ʳᵉ fosse. Nous nous bornerons à remarquer ici que
les extraits de chêne fermentent aisément ; aussi les extraits de châtaignier
sont-ils beaucoup plus employés en France. Pour avoir bonne qualité et belle
couleur, ce qu'il est facile d'obtenir avec les extraits judicieusement
employés, ayez soin que les solutions de vos extraits soient bien claires,
décantez-les si cela est nécessaire, et n'employez les extraits qu'avec réserve
durant les premières phases du tannage.

Le tannage aux jus d'écorce de hemlock se répand de plus en plus en
Angleterre et en Allemagne ; il est rapide, donne un fort rendement et produit un cuir très ferme.

En Autriche, pour la fabrication des cuirs lourds, on emploie l'extrait de
bois de chêne de même que la valonée pour augmenter la force de jus.

* *
*

Des procédés fort nombreux ont été proposés dans chacune de ces trois
catégories. Au fond, c'est la question de rapidité de tannage qui a inspiré
les efforts des inventeurs dans cette industrie.

Autrefois, les peaux après avoir reçu la préparation convenable, étaient
toutes mises en fosses avec de l'écorce moulue et de l'eau et y restaient jusqu'à ce qu'elles fussent tannées. Macbride, en Angleterre (1784) ; Seguin, en
France, pour restreindre la durée du tannage, ont les premiers, substitué à
l'emploi des fosses celui de cuves contenant des jus de plus en plus forts.
C'est le procédé connu sous le nom de procédé à la flotte. Leur cuir man-
quait de fermeté.

Aujourd'hui, on restreint généralement le temps de séjour en fosses en se servant concurremment d'écorce de chênes et d'autres substances tannantes cédant plus facilement leur tannin (sous forme de jus ou d'extraits), et en faisant procéder la mise en fosses d'encuvages plus ou moins prolongés avec les mêmes substances. C'est la base du procédé mixte.

Le tannage aux extraits a eu beaucoup de mal à s'établir en France, mais aujourd'hui, il s'y répand.

Le motif en est qu'il est plus difficile à conduire, mais il a pour lui qu'il réduit les frais de transport des matières tannantes, qu'il permet un meilleur épuisement de ces mêmes matières, qu'au fond son tannin coûte moins cher et qu'enfin il donne un rendement meilleur.

L'emploi de substances minérales pour le tannage, a fait grand bruit il y a cinq ou six ans, mais il ne paraît pas avoir produit les résultats qu'on en attendait. Ces substances sont principalement des sels d'alumine, de fer ou de chrome. Nous avons déjà vu à propos des expériences de Knapp, que la peau absorbe 27 pour 100 de sulfate ou de chlorure d'aluminium et 23 pour 100 d'acétate; il en est de même pour tous les aluns. On sait que le cuir mégissé est du cuir tanné à l'alun. Les sels de fer ont donné lieu à la prise d'un grand nombre de brevets : Darcet, au siècle dernier; Bordier, en 1842 : Belford, en 1855; Knapp, en 1848, pour le sulfate ferrique; De Montara, pour le chlorure ferrique, se sont efforcés de les appliquer au tannage. Ces matières ne sont pas seulement enlevées par l'eau, elles donnent encore un cuir crevassé à cause de la mise en liberté des acides dans le cours des opérations; le cuir de Knapp au savon de fer est le seul qui mérite mention. Plus récemment, on a beaucoup parlé du tannage rapide au bichromate de potasse de Heinzerling, on n'en parle plus aujourd'hui que pour mémoire.

L'emploi de tannins artificiels (acide tannique du commerce ; produits de l'action de l'acide nitrique sur le charbon, de l'acide sulfurique sur les huiles lourdes de goudron, sur le camphre et certaines résines, Fennings, 1848, etc.) n'a pas eu meilleur succès.

Les efforts des chercheurs se sont portés pendant longtemps sur les dispositifs capables d'amener mécaniquement l'accélération du tannage. On a ainsi préconisé : 1º la séparation des peaux par des cloisons (Cox, Nossiter); 2º d'agiter les peaux dans le liquide tannant à l'aide d'un tambour à claire-voie (Brown, Squire, Michel, Kollen et Herzog; ces derniers augmentent l'action des jus en les clarifiant par le froid et par le filtre), ou de cadres à contre-poids (Keasley). Cette agitation des peaux est d'ailleurs assurée aujourd'hui dans beaucoup de tanneries importantes de l'Europe et dans presque toutes celles des États-Unis: 3º de soumettre le liquide à une pression régulière pour faciliter l'endosmose, soit en boursant les peaux et en les plongeant dans le liquide tannant (Drake, Roth, Cov, Turnbull), soit en les étendant sur des chaises (Gibbon, Spilsbury) et en faisant communiquer ces cadres avec les réservoirs du liquide tannant (Sautelet), ou encore de soumettre le liquide à des variations de pression en faisant le vide et en laissant rentrer l'air successivement (Eason, Hamer, Macrum, Poole, Knowlys et

Duesbury, Lanvin, Schraen) ; 4° de soumettre les peaux à des pressions mécaniques pour chasser des pores le liquide épuisé. Jones, entre deux·mises en fosses, place les peaux sur une table percée de trous et les soumet à l'action de lourds rouleaux. Nossiter met chaque semaine sous la presse hydraulique les peaux fixées, d'après son procédé, sur des châssis. Fryer, Watt, Holmes, Mouren, Hamoye font aussi usage de la presse hydraulique pour rendre le tannage plus rapide. Dans le procédé de Herpath, les peaux sont attachées l'une à l'autre, et en se rendant d'une cuve à la suivante, elles passent sous des rouleaux compresseurs ; 5° la circulation continue des jus dans les cuves ou dans les fosses, au moyen de pompes aspirantes et foulantes ou d'une disposition appropriée des cuves (Sterlingue et Bérenger, Ogereau, Bez et Sons).

La chaleur a été conseillée aussi (Getlile 1811, Kleman à 45° en vase fermé), mais on ne l'utilise guère qu'aux États-Unis. La température ne doit pas dépasser celle du corps.

Beaucoup de procédés font appel à plusieurs des influences précitées. Tels celui de Hamer (circulation des jus, vide et compression) et le procédé de tannage économique et accéléré de Knöderer (circulation, vide et chaleur).

Le procédé par acupuncture de Snyder, qui consiste à percer d'une infinité de trous minuscules la surface de la peau afin de favoriser l'entrée des liquides, est trop irrationnel pour être jamais adopté.

On a conseillé depuis fort longtemps déjà d'ajouter aux jus certains produits, la plupart à rôle très complexe, comme l'alun (Newton), l'alun et le tungstate de soude (Fennings), la soude (Loma, Funk), l'acide pyroligneux et le bitartrate de potasse (Ballatschano et Trenk). C'est sur cette adjonction de composés spéciaux, mais particulièrement sur l'emploi des extraits, que les efforts des chercheurs se sont portés de préférence et ont réalisé les plus grands progrès.

Le procédé Monneims (1872) vante l'emploi de l'acide tartrique et du tartrate de potasse pour activer le tannage comme pour faciliter l'épuisement des matières tannantes. Le procédé Ados (1869) recommande comme supérieur l'emploi de l'acide phosphorique qui augmenterait considérablement le pouvoir d'assimilation de la peau et par conséquent le rendement final. Le phosphate acide de chaux serait, d'après Roy (1886), le meilleur produit à employer dans ce but et il jouerait un rôle comparable à celui d'un mordant en teinture. Son emploi est basé sur ce qu'une solution de gélatine précipitée par le tannin en présence de phosphate de chaux entraîne dans la précipitation 20 pour 100 de ce dernier sel.

La fermentation a été longtemps et bien à tort considérée comme indispensable au tannage. Aujourd'hui, il est prouvé, et les recherches de MM. Collin et Benoist ont contribué à ce résultat, que si on ne les empêche pas, des fermentations dues en grande partie à des bactéries, viennent au cours de la période du tannage altérer les éléments de la peau et décomposer le tannin, le tannage est retardé et le cuir mauvais. Si on empêche la fermentation, non seulement il y a économie dans le tannin employé et meilleure qualité de la peau, mais encore on peut réduire notablement la durée du tannage en employant des jus plus forts et en chauffant à 25°.

Parmi les composés qui ont été proposés pour empêcher la fermentation, l'acide phénique, l'acide arsénieux n'agissent qu'à dose élevée ; les sels de mercure et en particulier l'iodure mercurique (Collin et Benoist), à la dose de 0 gr. 1 par litre, fort efficaces contre le développement des bactéries, ont contre eux leur prix élevé et leurs propriétés toxiques ; les ortho-xyphénylsulfites (Bonneville) ne sont pas passés dans la pratique, ils communiquent d'ailleurs au cuir une odeur spéciale ; le sulfure de carbone (Müntz) n'a pas ces divers inconvénients et convient très bien à la dose de un litre par mètre cube.

Enfin, l'électricité a été aussi proposée pour activer le tannage, il y a une quinzaine d'années. Les inventeurs se contentent généralement de faire passer un courant électrique à travers les jus. Ceux qui craignent que l'électricité n'exerce une action décomposante sur les matières tannantes, emploient des courants discontinus au lieu de courants continus.

Rendements. — Quelques données sur les rendements : La peau fraîche ou peau de boucherie donne de son poids (poids vert ou poids de queue) 75 à 90 pour 100 de peau en tripe, c'est-à-dire au sortir du travail de rivière. La moyenne habituelle est de 80 pour 100 (120 pour 100 pour les peaux étrangères). 100 kgr. de cuir vert sans cornes ni crâne donnent donc 80 kgr. de peau en tripe et 90 à 95 kgr de cuir frais de fosse sortant de tannerie (45 à 47,5 kgr. de cuir en croûte séché à fond). Il a fallu pour tanner ces 100 kgr. de peau, 300 kgr. de bonne écorce à 6 à 8 pour 100 de tannin.

Donc, la peau marchande rend son poids de cuir frais et la moitié de son poids de cuir sec ou, ce qui revient au même, 100 kgr. de cuir sec à fond sont fournis par 200 kgr. de peau et 600 kgr. d'écorce (540 kgr. de tan). Pour le cuir fort, la proportion d'écorces employées est plus grande.

Le rendement final est d'ailleurs variable. Pour les peaux fraîches de boucherie, il est de 45 à 50 pour 100 ; pour les cuirs salés, il va de 47 pour les mauvais à 55 pour les bons ; enfin, il atteint pour les cuirs secs 125 pour 100.

En résumé, 100 kgr. de cuir sec à fond renferment 33 à 35 pour 100 de tannin.

De ce que 80 kgr. de peau en tripe donnent 90 à 95 kgr. de cuir frais de fosse avec 300 kgr. d'écorces à 6 ou 8 pour 100, soit 18 à 24 kgr. de tannin ; il faut conclure qu'il y a environ un tiers du tannin employé qui n'est pas fixé par la peau.

⁎
⁎ ⁎

Les cuirs ou peaux tannées sortant des fosses ou des cuves d'extraits sont dits *en croûte*. Ils ont à subir encore les opérations du *corroyage* (de corium, cuir en latin) qui varie avec l'usage auquel le cuir est destiné.

Adoucir les cuirs, les assouplir, leur donner une épaisseur uniforme, les saturer dans certains cas de matières grasses pour les rendre imperméables, enfin, leur donner un bel aspect, tel est le but que se propose généralement le corroyeur. Ce dernier travail dépend de la sorte de peau qui a été tannée et de l'usage auquel elle est destinée ; il est très long pour les cuirs d'œuvre de la cordonnerie, très simples au contraire pour les croupons à courroie.

Les principales opérations du corroyage sont : le foulage, le drayage, le sciage ou refendage, l'étirage, l'épannelage, le rebroussage, le martelage, éventuellement, le graissage, le lissage, le cirage et la teinture, le séchage. Elles se font à la main ou à la machine.

Différentes sortes de cuirs. — Le tannage et le corroyage produisent toute une série de cuirs finis très variés, que des opérations ultérieures viennent encore diversifier. En voici une énumération rapide : les cuirs étirés ou travaillés à l'eau, cuirs à cardes ; les cuirs en suif lissés ou cuirs forts, en blanc ou noircis, cuirs à semelles, etc. ; les cuirs en suif à grain, cuirs à courroie ; les cuirs mis en huile ou cuirs souples, tels les veaux, soit en blanc, soit passés au noir, puis cirés : veaux cirés ; les cuirs vernis, cuirs sciés dont la fleur seule reçoit un vernis d'huile de lin. Les maroquins, cuirs de chèvres tannés, au sumac et teints ; les cuirs de Cordoue, maroquins épais ; le chagrin, cuir très faiblement tanné à l'arrioche ; les cuirs chamoisés ; les cuirs bronzés, sorte de chamoisé ; le cuir pour piano, cuir chamoisé, tanné à l'huile de poisson et à l'écorce de sapin ; le cuir vert de Provence, ou cuir de buffle, tanné aux feuilles de myrte ou de lentisque et corroyé au suif ; le cuir d'Allemagne, ou cuir de cheval hongroyé ; le cuir anglais, pour sellerie, ou cuir de jeunes taureaux, tanné au chêne, corroyé à l'eau, puis retanné au sumac et mis en huile de foie et au suif ; le cuir Procter ou couronne, mi-mégis et mi-chamoisé, le cuir danois, tanné à l'écorce de saule, puis à l'alun ; le cuir de Russie, tanné, puis mis en huile de bouleau et de veau marin, il doit son odeur à l'huile de bouleau ; enfin, les différentes sortes de cuir minéral, cuir de Knapp, cuirs au chrome, cuirs au fer, auxquels on rattachera les cuirs mégis et hongroyés ou cuirs alunés, pour arriver aux cuirs artificiels qui sont des agglomérés, aux peaux houssées et aux fourrures qui ont gardé le poil. Quant au parchemin et au vélin, c'est de la peau dépilée, mais non tannée.

Voici quelques observations sur les cuirs à courroies : les cuirs doivent être en partie solides ; ceux provenant de bœufs francs-comtois conviennent particulièrement. Les croupons tannés sont tendus, puis égalisés, enfin jonctionnés par collage, par couture, par vissage ou par rivetage. Pour le collage, on commence par frotter avec un morceau de carde les surfaces à coller, de façon à les tirer de poil et à les rendre rugueuses. On applique ensuite la colle sur les jonctions des deux bandes à réunir, et après collage, on les maintient quelque temps serrées sous le plateau d'une forte presse ; il est bon qu'il soit chauffé.

La colle dont on se sert est à base de colle de poisson quand les courroies doivent fonctionner à sec ; c'est de la gutta-percha dissoute dans du sulfure de carbone avec addition de raclures de cuir lorsque la courroie fonctionne en humide, et cette colle est tellement efficace, pourvu que la gutta soit bonne (ce qui est rare), que la courroie casse sous la tension avant de se décoller.

⁎
⁎ ⁎

Pour faire toucher du doigt l'importance de l'industrie des cuirs, je ne puis moins faire que de citer une importante brochure de Knöderer :

La tannerie forme comme un vaste monde et fait vivre une foule de professions. Il n'est presque pas d'industrie qui, dans une circonstance ou dans une autre, ne se serve du cuir. Cet élément industriel ne forme pas seulement les matières premières que mettent en œuvre le cordonnier, le sellier, le ceinturonnier, le gantier, le harnacheur, le molletier, le coffretier, le bourrelier, le guêtrier, le fabricant de voitures. Depuis l'usine géante que la vapeur alimente, jusqu'à la fabrication modeste de la balle qui occupe les jeux de l'enfance, presque toutes les professions ont besoin du cuir. Les constructeurs des machines, les ateliers de chemins de fer, les grands moulins, enfin pas une grande usine qui n'emploie du cuir, soit en corde, soit en courroie, pour des sommes énormes. Viennent ensuite les industries plus modestes : l'ébéniste, pour les fauteuils ou les bureaux qui sortent de ses mains habiles ; le mécanicien, pour ses tours ou pour les roues immenses de ses machines ; le relieur, pour ses élégants ouvrages de bibliothèque ; le physicien, pour ses instruments ; le fontainier, pour ses pompes et ses tuyaux ; le casquettier, pour ses visières ; l'armurier, pour ses fourreaux ; le quincaillier, pour ses menus objets ; le mineur, le tailleur de pierres et beaucoup d'autres corps d'états, pour leurs tabliers ; le forgeron, pour ses soufflets ; l'imprimeur et le lithographe, pour divers usages ; en un mot, l'université des arts et celle des métiers ont besoin de cuirs à un état quelconque de fabrication, pour un objet quelconque de leur spécialité. Il y a plus, l'art de l'ornementation en cuir a conquis droit de cité dans le domaine de la mode. Des cadres, des tentures, des moulures, des fleurs en cuir, le disputent par la délicatesse de leur confection aux ouvrages de la sculpture la plus distinguée.

D'un autre côté, ce que les armées et les marines militaires marchandes consomment de cuir, est inimaginable..... Aussi, n'est-il pas de pays où la fabrication des cuirs ne soit répandue. Allez chez n'importe quel peuple civilisé ou sauvage, vous trouverez des peaux préparées..... Ce que l'industrie des cuirs occupe de travailleurs est immense..... Dans les pays les moins industriels de l'Europe, cette industrie est florissante entre toutes..... En France, il n'est pour ainsi dire pas de ville ou bourg qui n'ait sa tannerie ou ses tanneries ».

Bibliographie des tannins et du tannage. — La bibliographie des tannins est donnée tout au long dans : The tannins, du Prof. H. Trimble, de Philadelphie, t. I, 168 p., 1892, et t. II, 172 p., 1894 ; bibliography, in t. I, p. 109-165 et in t. II, p. 135-172. Les articles Tannin et Acide gallique,

Tannins (Examen et dosage) du Dictionnaire méthodique de bibliographie de Jules Garçon, p. 1433 à 1445, renferment nombre d'indications intéressantes jusqu'à 1896.

Les journaux spéciaux les plus intéressants sont : en France, la Halle aux cuirs et le Bulletin du Syndicat ; en Angleterre, The leather trades Review, The leather manufacturer; en Allemagne, Deutsch Gerber-Zeitung, de Günther ; en Autriche, Der Gerber, de Eitner et Gerber-Courier, de Vienne : aux États-Unis, Shoe and Leather Review, de Chicago. — On trouve en outre des mémoires spéciaux dans le Journal of the Society of chemical Industry, particulièrement intéressant ; le Dingler's polytechnisches Journal, le Moniteur scientifique.

Dans la description des Arts et Métiers faite par MM. de l'Académie Royale des Sciences, 1761-1789, les traités De La Lande, de Fougeroux de Boudaroy ; — dans l'Encyclopédie méthodique : les articles de Roland de la Platière ; — le Matériel des Industries du cuir, de Damourette, 1869 ; l'étude sur la maladie du charbon, du D^r Le Roy des Barres, 1890 ; le Manuel de Julia de Fontenelle dans l'Encyclopédie Roret, éd. de 1883 ; The leather manufacture, de J. C. Schultz, 1876 ; le manufacture of leather, de C.J. Davis, 1885 ; les études sur le tannage et les fermentations qui l'accompagnent, de Collin et Benoist, 1885 ; les déchets de tannerie, de Brillié L. et Dupré E., 1890 ; The practical theory of tanning, de J. Nayler, 1892 ; Butt tanning, de Evans, 1892.

Parmi les ouvrages, nous signalerons plus spécialement : la fabrication et le commerce des Cuirs et des Peaux, de C. Vincent, 1872, 1877 et 1879 ; le Traité pratique de la fabrication des Cuirs, de Villon, 1889 ; l'industrie des Peaux et des Cuirs, de F. Jean, 1893 ; a text book of tanning, et Leather industries laboratory book, de Procter, 1898 ; Gerberei Chemie, de Schrœder, 1898 ; la fabrication des extraits tannants, de F. Jean, 1892 ; Handbuch der Chromgerbung, de J. Jettmar, 1900 ; Praxis und Theorie der Leder-Erzeugung, de J. Jettmar, 1901 ; la tannerie, de Louis Meunier et Clément, Nancy, 1903 ; auxquels il faut ajouter les rapports de la classe spéciale aux différentes expositions, en particulier, de celles de Vienne, 1873 ; de Paris, 1878, 1889 ; de Chicago, 1893 ; de Paris, 1900 ; de Saint-Louis, 1905 ; quelques articles d'Encyclopédie, enfin les recueils des brevets.

Applications des tannins en teinture. — L'acide tannique sert en teinture de mordant, proprement dit, de mordant fixateur ou de véritable colorant, ou comme moyen de charge.

Il n'est utilisé que dans la teinture du coton et celle de la soie, mais on en fait dans ces industries un emploi considérable.

Comme mordant proprement dit, il est employé pour fixer sur coton les couleurs artificielles de nature basique, fuchsine, vert malachite, etc. La présence d'un oxyde métallique comme celui d'antimoine, facilite cette fixation. Il ne faut pas oublier qu'un excès d'acide tannique redissout la laque colorée formée. Pour cette utilisation, on prendra les tannins les moins colorés.

Comme mordant fixateur, il sert à fixer l'alumine sur coton pour la teinture en rouge turc, les oxydes de fer, d'étain.

Il joue le rôle d'une véritable matière colorante pour la production de gris ou de noir au fer, ou pour la bruniture. Ici, un tannin coloré sera employé économiquement.

Enfin, il est très employé, en énormes quantités, à l'état de cachou, pour la charge de la soie après teinture.

Application au coton. — Le coton manifeste une grande attraction pour le tannin. La quantité fixée par les fibres dépend de la concentration du liquide.

On réalise cette imprégnation par trempe ou par foulardage. Le premier mode est celui des teinturiers en écheveaux : on laisse tremper le coton bien mouillé douze heures en bain de tannin à 1° Bé au plus, on tord et on fixe le tannin en bain froid de chlorure d'étain (stannique), (d 1,02-1,04), ou en bain chaud d'émétique à 5 à 25 gr. par litre. On ajoute souvent au bain de tannin de l'acide sulfurique, 200 gr. par litre pour précipiter tout le tannin. Quand le tannin est employé comme matière colorante, on passe aussitôt après le bain de tannin en bain de sel de fer. Après la teinture, on redonne un bain de tannin.

La seconde méthode est celle des imprimeurs sur tissus : ils emploient le tannin à la place d'albumine et impriment une couleur mélangée de tannin, etc., ou passent en solution concentrée de tannin, quelques secondes, sèchent, passent en émétique, lavent et teignent.

Application sur soie. — Les tannins concourent à la production de certains noirs sur soie, noirs au cachou, etc., au châtaignier ou à la charge de la soie. La soie prend, en effet, 15 pour 100 de son poids de tannin à froid, et 25 à chaud, sans que ses qualités soient altérées. Cette charge, bien inférieure comme poids aux charges obtenues avec les sels de fer ou d'étain, ne leur en est pas moins préférée lorsqu'on veut conserver un brin inaltéré et gonflé. L'engallage de la soie se fait dans des bains titrant 2° à 5° Bé, au bouillon et aussi décolorés que possible.

Le procédé Durio de Milan, procédé rapide vélocitan, consiste essentiellement à traiter les peaux épilées par des jus 8 fois plus riches qu'à l'ordinaire et maintenus toujours au même titre, soit 8° Bé, dans des tambours tournants. Le tannage ne dure plus que de 2 à 36 heures, et fournit des produits excellents. Le procédé s'est répandu dans tous pays.

Encres. — L'encre ordinaire est formée de tannate et de gallate de fer en suspension dans l'eau gommée.

L'encre obtenue avec la noix de galle est meilleure que celle obtenue avec le tannin à cause de l'acide gallique. Le peroxyde de fer donne de meilleurs résultats que le protoxyde.

Voici une formule d'encre gallique non communicative. Mélanger à froid : extrait de noix de galle, 1.000 p. ; solution de chlorure ferrique (à 10 pour 100 de Fe), 100 p. On laisse reposer quinze jours dans des flacons bouchés et l'on filtre. Cette encre n'est pas très noire en écrivant, aussi on la remonte avec un pigment donnant une laque insoluble avec le gallate de fer, tel le campêche.

On peut également partir de la noix de galle pulvérisée 1 p. qu'on fait infuser dans 14 p. d'eau. On filtre et on ajoute à la liqueur claire 1 p. de gomme arabique, puis autant de sulfate ferreux en solution dans 2 p. d'eau. On abandonne le mélange à l'air en l'agitant de temps en temps, jusqu'à ce qu'il ait pris par oxydation la teinte noire désirée.

L'encre type de l'U. S. Treasury department, répond à la composition 23,4 acide tannique, 7,7 acide gallique, 30 sulfate ferreux, 10 gomme arabique, 25 acide chlorhydrique étendu, 1 acide carbolique, eau pour un litre. Le poids spécifique de cette encre est à peu près 1,036 ; elle renferme 6 pour 100 de fer.

On obtient une encre pour jardin avec tannin 15 gr. ; chlorure ferrique sec, 10 gr. ; acétone, 100. On l'emploie pour écrire sur feuilles de celluloïd.

La teinture du bois en noir peut s'obtenir d'après le même principe, en donnant deux injections successives, la première, très faible, au chlorure ferrique ; la seconde, au tannin.

* *
*

Notons ici qu'en dehors de l'encre commune, au tannate de fer sur laquelle on trouvera d'intéressants détails dans le formulaire industriel de Ghersi, ou dans un traité récent de A. Gouillon, 1906, ainsi qu'une bibliographie dans le Dictionnaire de Jules Garçon, il y a lieu de considérer : les encres de Chine à noir de fumée très fin ; les encres typographiques, à base de noir de fumée, et les encres lithographiques : cire, mastic, térébenthine (voir Villons in Bull. Soc. Chim., 1893) ; les encres à copier, au mouillé ou à sec, rendue, communicatives par une addition de glycérine ; les encres au chromate ; celles au noir d'aniline ; celles pour marquer le linge : nitrate de campêche, d'argent, noir d'aniline ; les encres inattaquables : solution de copal 5 p. ; dans l'essence de lavande 32 p. ; les encres pour écrire sur le bois, sur le verre, sur le zinc, sur la tôle, sur le celluloïd, sur le marbre ; les encres pour autocopies ; les encres pour timbres ; les encres colorées ; les encres sèches, les plus simples étant de simples dissolutions d'une couleur d'aniline, additionnée de gomme, de glycérine, de sucre et d'un antifermentescible. On trouvera de nombreuses recettes dans les sources ci-dessus indiquées.

CHAPITRE XXIV

ÉTHERS-SELS, CORPS GRAS

Généralités. — Les Éthers salins ou *Éthers-sels* (ou Esters) résultent de la combinaison des alcools avec les acides ; éthers simples dans le cas des hydracides, éthers composés dans le cas des oxacides. Il y a toujours élimination d'eau. La réaction est comparable à celle de la formation des sels métalliques.

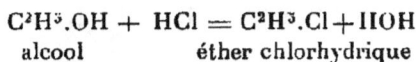

$$C^2H^5.OH + HCl = C^2H^5.Cl + HOH$$
$$\text{alcool} \qquad\qquad \text{éther chlorhydrique}$$

comparable à $\qquad K.OH + HCl = KCl + HOH$

On peut encore considérer les alcools comme provenant de la substitution d'un groupe alcoolique à H de l'acide.

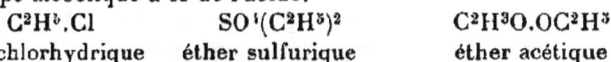

$$C^2H^5.Cl \qquad\qquad SO^4(C^2H^5)^2 \qquad\qquad C^2H^3O.OC^2H^5$$
$$\text{éther chlorhydrique} \quad \text{éther sulfurique} \qquad\qquad \text{éther acétique}$$

Les phénols donnent également des éthers-sels.

Les éthers se distinguent des sels en ce qu'ils n'obéissent pas aux lois de Berthollet, ne donnent pas de doubles décompositions, et dans leurs réactions demandent l'action du temps. Les propriétés de l'alcool et celles de l'acide sont devenues latentes. En se décomposant, ils tendent à fixer les éléments de l'eau, et à donner naissance à deux groupes : l'alcool et ses produits de transformation, l'acide et ses produits de métamorphose.

Par l'action de l'eau, l'alcool et l'acide se reproduisent ; cette régénération est tantôt lente, tantôt rapide ; elle est aidée par la présence des alcalis des acides, etc. On la nomme *saponification* ou *hydrolyse* des éthers, par comparaison avec celle des corps gras : voir à ce titre. Pour éviter que ce dédoublement se produise spontanément, il faut dessécher avec soin les éthers.

Par l'action de l'ammoniaque, ils donnent des amides.

Les éthers se produisent en chauffant directement les alcools et un acide. Dans le cas des acides organiques, l'éthérification est bien plus rapide si l'on effectue la réaction en présence d'une petite quantité d'un acide auxiliaire, HCl ou SO^4H^2, grâce à la quantité de chaleur que dégage cet acide en se combinant avec l'eau mise en liberté. L'éthérification est d'ailleurs limitée par la réaction inverse de l'eau sur l'éther (saponification) ; il y a antagonisme entre les deux réactions, qui dépendent encore des influences de masses, de température, de dissolvants. La limite est en thèse générale atteinte lorsque les 2/3 de l'éther sont produits. L'éthérification a été étudiée par Williamson, Berthelot, Péan de Saint-Gilles, etc. Les éthers peuvent aussi s'obtenir facilement par double décomposition.

Un cas intéressant est celui de la préparation des éthers-sels d'acides gras par saponification des glycérides par les alcools acidifiés ou sodés. La saponification par les alcools sodiques, etc., a donné lieu à de nombreux travaux. Duffy, Bouis, J. Bell, Allen, Kossel et Kriger, Henriquès, Kossel et Obermüller, Issel de Schepper et Geitel, Hehner et Duclaux, Thum.

Les rendements sont très variables en éthers-sels. La saponification par les alcools avec un acide catalyseur donne au contraire des rendements théoriques. Rochleder l'a indiquée le premier. Berthelot, *Ann. de chimie*, 3ᵉ s., t. XLI, l'a généralisé, de Haller, *Ac. des Sciences* 1906 et br. fr., 1905, a fait une étude systématique notamment pour les éthers gras de l'alcool méthylique.

ÉTHERS CHLORHYDRIQUES ET DÉRIVÉS

Chlorure de méthyle $CH^3.Cl$ — ou *Éther méthylchlorhydrique*. Il se produit directement à partir du formène par l'action du Cl. On le prépare en chauffant ensemble 1 p. d'alcool méthylique, 3 p. d'acide sulfurique concentré et 2 p. de chlorure de sodium. Le gaz qui se dégage est lavé, séché et liquéfié dans un tube entouré d'un mélange réfrigérant : glace + chlorure de calcium. Dans l'industrie, on traite par l'acide sulfurique les produits volatils de la distillation sèche des vinasses de betteraves, *Vincent*; puis on décompose par la chaux le sulfate de triméthylamine, on recueille dans l'acide chlorhydrique la triméthylamine et on distille à t. élevée le chlorhydrate de triméthylamine, qui donne alors un mélange d'ammoniaque, de méthylamine et de chlorure de méthyle. Ce mélange, recueilli sur l'eau, abandonne NH^3 et CH^3NH^2.

Le chlorure de méthyle est un gaz incolore, d'odeur agréable. Il se liquéfie à -23° ; la tension de vapeur de ce liquide est de 2,48 atm. à 0° ; 4,11 à 15° ; 6,05 à 30°.

Le gaz est soluble dans son quart de volume d'eau à 15° ; il est très soluble dans l'alcool et l'éther.

Il donne avec l'eau un hydrate, avec le chlore des produits de substitution successive $C^2H^2Cl^2$, $CHCl^3$ chloroforme, CCl^4 perchlorure de carbone.

Le chlorure de méthyle permet d'obtenir économiquement de très basses t. Si on le fait jaillir dans un vase ouvert, il entre en ébullition, puis le bain redevient tranquille et marque alors -23°. Si on active son évaporation par un courant d'air sec, on peut encore abaisser la t. à -65°, en quelques minutes, base du système Douane. Vincent a combiné un appareil médical, avec pulvérisation à jet réglable (J. de pharm., 1879). Le réservoir renferme 300 gr.

Le chlorure de méthyle sert dans l'industrie des matières colorantes, par ex., pour transformer le violet de Paris en vert lumière.

Son pouvoir dissolvant est utilisé pour extraire les parfums.

Son pouvoir réfrigérant est encore utilisé en médecine pour amener l'anesthésie locale, ou comme antinévralgique.

Chlorure d'éthyle $C^2H^5.Cl$. — Liquide incolore, très mobile ; il bout à 12° ; peu soluble dans l'eau, très soluble dans l'alcool.

L'ipsilos du commerce est du chlorure d'éthyle pur. C'est un agent anesthésique local.

Chlorhydrines. — Ce sont les éthers chlorhydriques de la glycérine. La dichlorhydrine et l'épichlorhydrine sont aujourd'hui fabriquées industriellement ; ce sont d'excellents solvants pour les gommes dures, la nitrocellulose, le celluloïd et dérivés, les matières colorantes.

ÉTHERS IODHYDRIQUES

Iodure de méthyle $CH^3.I$. — C'est un liquide incolore, de $d = 3,3$. Cette haute densité est utilisée à séparer le diamant, $d = 3,5$, de toutes les substances moins denses, qui surnagent, tandis que le diamant va au fond. Il est employé comme anesthésique local.

Iodure d'éthyle $C^2H^5.I$ — découvert par Gay-Lussac en 1815. Liquide incolore, bout à 72°, insoluble dans l'eau. C'est un corps très important, au point de vue de la production des éthers d'oxacides, des éthers mixtes, des amines et des radicaux organométalliques.

Iodure d'allyle $C^3H^3.I$ — obtenu par Berthelot et de Luca en traitant à chaud des poids égaux de glycérine et d'iodure de phosphore. Liquide incolore, d'une odeur irritante, bout à 101°. Insoluble dans l'eau, soluble dans l'alcool et dans l'éther, se colore rapidement en brun à l'air et à la lumière. Son importance pratique réside dans le double fait qu'il sert à préparer les éthers salins de l'alcool allylique et qu'il a conduit à la synthèse de plusieurs composés.

ÉTHERS SULFHYDRIQUES

Il y a lieu de considérer des éthers acides et des éthers neutres.

Sulfhydrate d'éthyle $C^2H^5.HS$ — ou *mercaptan*. Liquide incolore, d'une odeur fétide d'oignons pourris, découvert par Zeise en 1833. Son nom lui vient de sa propriété d'absorber le mercure.

Par analogie tous les éthers sulfhydriques acides des alcools portent le nom de *Mercaptans* ou Thioalcools.

Les éthers sulfhydriques neutres portent le nom de Thioéthers. Par fixation d'oxygène, les thioéthers donnent d'abord des sulfoxydes, tel $C^2H^5.SO$, C^2H^5 ; puis les *Sulfones*, telle la di-éthylsulfone $C^2H^5.SO^2.C^2H^5$.

Sulfure d'allyle (C³H⁵)²S. — C'est le constituant de l'essence d'ail. Huile jaune, plus légère que l'eau, bout à 140°, obtenue artificiellement en traitant l'iodure d'allyle par un sulfure alcalin en solution alcoolique.

ÉTHERS SULFUREUX

Sulfite d'éthyle (C²H⁵)²SO³. — Liquide, à odeur de menthe poivrée.

ÉTHERS SULFURIQUES

Sulfate acide d'éthyle C²H³.SO⁴H. — C'est l'acide éthylsulfurique ou acide sulfovinique dont la production a une grande importance pour expliquer la synthèse de l'alcool et la formation de l'éther ordinaire.

Parmi les *éthylsulfates*, celui de sodium a été proposé comme purgatif à la dose de 20 à 25 grammes.

ÉTHERS NITREUX

Azotite d'éthyle C²H⁵.NO². — Liquide jaune pâle, d'une odeur de pomme reinette. Il bout à 17°. Il se dissout dans 48 p. d'eau, et dans l'alcool en toutes proportions. Les vapeurs ont des propriétés antiseptiques remarquables. Il sert en parfumerie. On l'utilise pour préparer les dérivés nitrosés et diazoïques.

Azotite d'amyle C⁵H¹¹.NO². — Employé en parfumerie pour son odeur de pommes.

ÉTHERS NITRIQUES

Nitrate de méthyle CH³.NO³. — Liquide incolore; bout à 66°. Sa vapeur détone au-dessus de 150°. C'est donc un corps très dangereux.

Cette fâcheuse propriété a été la cause d'une explosion formidable dans l'usine Poirrier à Saint-Denis, en 1874, où un ouvrier commit l'imprudence de descendre une lampe marine dans l'intérieur d'une chaudière de préparation : les vapeurs s'enflammèrent et amenèrent l'explosion de 821 kilos de ce corps dangereux.

Nitrate d'éthyle C²H⁵.NO³. — Liquide incolore, d'une odeur éthérée. Il bout à 86°. Il est insoluble dans l'eau. Ses vapeurs détonent ; c'est un corps dangereux. Il sert à préparer les amines.

Nitroglycérine C³H⁵(NO³)³. — Découverte à Paris par Sobrero de Turin 1847, elle fut préparée industriellement à partir de 1862 par le Suédois A. Nobel. On la fabrique en faisant réagir de l'acide azotosulfurique à 1 p. d'acide azotique pour 2 p. d'acide sulfurique, sur de la glycérine pure, de d = 1,262 au moins, soit 3 kilos d'acide azotosulfurique sur 380 gr. de glycérine : le rendement en nitroglycérine est de 200 pour 100, soit 760 gr. L'opérateur règle l'afflux du mélange acide, de la glycérine, de l'eau destinée au refroidissement, de l'air destiné à l'agitation de façon à ce que la t. ne s'élève pas au-dessus de 30°; et s'il se produit des vapeurs nitreuses, il vidange la masse entière dans un grand réservoir rempli d'eau froide. On purifie la nitroglycérine par des lavages répétés à l'eau et à l'eau additionnée d'un peu de bicarbonate alcalin ; on la filtre sur des flanelles, et on l'abandonne un jour ou deux dans une étuve à 50° si on veut l'avoir absolument anhydre lorsqu'elle entre dans la production des poudres sans fumée. La nitroglycérine ne doit donner aucune réaction acide ni alcaline.

On est moins exposé aux élévations de t. si l'on fait agir un liquide sulfoglycérique sur un liquide sulfonitrique.

On conserve encore dans la manufacture Nobel, à Avigliano, un échantillon de la première nitroglycérine obtenue en 1847 par Sobrero. Chaque année, elle est essayée et sa stabilité reste la même.

La nitroglycérine est un liquide huileux, incolore, inodore, d = 1,60, insoluble à l'eau, soluble dans l'alcool méthylique, l'éther, l'alcool éthylique à 50° C. Sa saveur est douceâtre, puis brûlante ; elle est poison violent, et son maniement ou le simple dépôt d'une petite goutte sur la langue, occasionne de violents maux de tête ; l'organisme semble s'y habituer assez vite. Le café noir combat les accidents dus à la nitroglycérine.

Elle est légèrement volatile au-dessous de 100°, et explose à 180°. D'après les recherches de P. Champion, (J. de pharmacie, 1871), elle bout à 185° avec dégagement de vapeurs jaunes ; à 194°, volatilisation lente, à 200° volatilisation rapide, à 217° déflagration violente, à 228° déflagration vive, à 241° détonation difficile, à 257° détonation nette et violente, à 267° détonation plus faible, à 287° détonation faible sans flamme, au rouge sombre volatilisation sans détonation. — Un choc la fait détoner avec violence. Toute quantité notable explose invariablement au-dessus de 180°.

A une t. peu inférieure à 0°, elle se congèle en cristallisant, et perd une partie de ses propriétés explosives. C'est probablement la raison pour laquelle Nobel a pu l'étudier, et la préparer sans inconvénients, dans un pays où la t. moyenne est assez basse. Son inventeur Sobrero avait surtout traité son action physiologique, et ce fut Nobel qui révéla en quelque sorte son pouvoir explosif. Une addition de nitrobenzine abaisse le point de congélation. Nikolyczak (br. fr., 1904) obtient une nitroglycérine ne se congelant pas en hiver, en mélangeant 20 p. de tri- et 30 p. de dinitroglycérine.

Les sulfures sont les décomposants par excellence de la dinitroglycérine. Par la potasse, elle donne du nitrate et la glycérine.

En tant qu'explosif, la nitroglycérine est l'un des plus puissants que nous possédions. Si l'on représente par 1 la valeur de la poudre noire à 62 p. de salpêtre, celle de la nitroglycérine est 3,30. A cette grande vivacité d'action, la nitroglycérine joint les avantages de détoner sous l'eau, de se contenter de trous de mine d'un calibre restreint, parfois de simples fissures dans lesquelles on la verse; elle convient aux roches dures, et il semble que toute résistance exalte sa puissance.

C'est par le moyen d'amorces fulminantes qu'on fait détoner ce produit.

La nitroglycérine, surtout lorsqu'elle est impure et un peu acide, subit une décomposition spontanée, qui peut amener des explosions spontanées. D'autre part, ce produit détone violemment par de fortes secousses ou par de simples chocs. Aussi son maniement et son transport donnèrent-ils lieu à des accidents épouvantables. L'explosion de Quenast, en Belgique, 1868, émut tout particulièrement le public. On déchargeait 2.000 kgs de dinitroglycérine pour une carrière de pierres, lorsque le chargement fit explosion : le camion, sept personnes aux alentours, l'atelier, tout disparut; on ne retrouva que quelques briques, des débris informes et les cadavres des deux chevaux du camion à 50 m. de là contre un wagon renversé. Cet accident, et d'autres analogues, amenèrent la suppression presque entière de la nitroglycérine. A. Nobel s'efforça de la rendre plus maniable, et il y arriva en combinant la *dynamite*.

Dynamite. — Nobel avait commencé par proposer de dissoudre la nitroglycérine dans l'alcool méthylique; cette solution est inoffensive, et il suffit de séparer la nitroglycérine par une addition d'eau pour pouvoir s'en servir; mais ce moyen se montra inefficace, attendu que l'alcool méthylique disparaissait de lui-même par simple évaporation. A. Nobel trouva bientôt, 1867, un autre moyen très simple et parfait; il consiste à incorporer la nitroglycérine à des substances poreuses réduites en poudre qui l'absorbent sans l'agglomérer. Leur proportion la plus habituelle est de 25 pour 100. Les substances absorbantes les plus employées sont le kieselguhr ou terre d'infusoires (coquille de diatomées) rencontrée en Hanovre, la poudre de charbon de bois, la randanite rencontrée en Auvergne, etc. Le kieselguhr est formé presque exclusivement de silice, et il peut absorber, grâce à sa conformation physique toute spéciale, jusqu'à 82 pour 100 de nitroglycérine. La randanite est une roche feldspathique, qui a été utilisée après 1870, mais dont l'emploi est abandonné. Le kieselguhr ne doit pas contenir de sulfate d'alumine, car ce corps décompose la nitroglycérine.

La dynamite ne détone plus que par un choc violent, par détonateur, par ex. l'explosion d'une capsule de fulminate. Sa propriété de détoner sous l'eau la rend très précieuse dans tous les travaux en terrains humides.

Si l'on remplace la substance inerte par une substance douée elle-même de propriétés explosibles, on obtient les dynamites à base active : coton-collodion ou dynamite-gomme.

La dynamite-gélatine est formée de fulmicoton 4 ; nitroglycérine 66,5 ; pulpe de bois 16 ; salpêtre 13 ; eau 0,5.

La *gélignite* n'est qu'une dynamite spéciale; sa composition est : nitroglycérine, 57,9 ; nitrate de soude 28,7 ; coton-collodion 2,1 ; farine de seigle séchée 3 ; farine de bois séchée 8,3.

La Cyanide Gesellschaft a breveté un explosif de sûreté formé de nitroglycérine 93 p. ; cyanamide 4 p. ; coton collodion 3 p.

La poudre Phœnix du Dr Nahnsen contient : nitroglycérine 30 p. ; nitrate de sodium 32 ; farine 38. Sa température d'explosion = 2125°.

On obtient un explosif plus puissant sans être plus sensible aux agents atmosphériques, en remplaçant partiellement le nitrate par un chromate ou un permanganate : nitroglycérine 30 p. ; nitrate de sodium 28 p. 5 ; chromate, bichromate ou permanganate 5 p. ; sciure de bois, cellulose ou farine de céréales 36 p. 5. Sprengstoff-Act-Ges. Carbonit 1897.

Sous le nom de *trinitrine* ou *glonoïne* la nitroglycérine est utilisée en thérapeutique contre l'angine de poitrine, certaines néphrites, les migraines d'origine anémique, l'asthme nerveux. La dose initiale doit être très faible.

Les acides résiduaires de la fabrication de la nitroglycérine sont employés en Europe pour la fabrication des superphosphates. Aux États-Unis, on les régénère, ou plus avantageusement on les utilise pour préparer de l'acide nitrique. Pour éviter les inconvénients que présenterait la présence d'un peu de nitroglycérine, on produit un peu de sulfure qui la décompose.

ÉTHERS PHOSPHORIQUES

Ceux de la glycérine intéressent particulièrement. Les *glycérophosphates* de chaux, de soude, de magnésie et de fer sont employés comme reconstituants du système nerveux et du système osseux. Dose : une cuillerée à café au repas du matin, pendant quinze jours, pour les sels granulés avec sucre.

Le sel Cerebos est un mélange de sel ordinaire très fin et de glycérophosphates.

Les *Lécithines* sont les éthers (acides et alcalis) des acides distéarino-, dimargarino- ou dioléophosphoglycériques de la névrine (alcool-amine). Ils existent dans le sang, le jaune d'œuf, le lait, etc. On les retire des jaunes d'œufs, en les traitant par l'éther, évaporant et épuisant le résidu par l'alcool, Strecker.

ÉTHERS CYANIQUES ET SULFOCYANIQUES

Les éthers cyanhydriques ou cyanures alcooliques ne sont pas connus. On ne connaît que des isomères : les nitriles et les isonitriles ou carbylamines.

Sulfocyanate d'allyle $C^3H^5.CyS$. — Liquide incolore, d'une odeur piquante, bout à 148°. Il existe dans l'essence de moutarde. Ses vapeurs provoquent le larmoiement. Mis en contact avec la peau, il produit des effets vésicants. C'est le principe actif des sinapismes.

L'essence de moutarde naturelle n'existe pas toute formée dans les graînes de moutarde ; elle y prend naissance, comme Bussy l'a démontré, par l'action, en présence d'eau, d'un ferment particulier, la myrosine, sur un glucoside spécial, le myronate de potasse.

ÉTHERS FORMIQUES

Formiate d'éthyle $HCO^2.C^2H^5$. — Liquide incolore, à odeur de noyaux de pêche. Appliqué pour donner à l'alcool l'odeur de rhum. Il est soluble dans neuf parties d'eau.

Formiate d'amyle. — odeur de fruits.

ÉTHERS ACÉTIQUES

Acétate de méthyle $C^2H^3O^2.CH^3$. — Liquide incolore, bout à 58°, odeur agréable.

Acétate d'éthyle $C^2H^3O^2C^2H^5$. — Liquide incolore, bout à 74°, odeur agréable ; il est miscible en toutes proportions avec l'alcool et l'éther. C'est un dissolvant pour le coton-poudre et pour les résines.

Par l'action du chlore, il donne des produits successifs de substitution, dont l'un, l'*éther bichloracétique* $C^2H^3.C^2HCl^2O^2$, est un liquide incolore, bouillant à 120°, d'une odeur de menthe poivrée.

Acétate d'amyle $C^2H^3O^2C^5H^{11}$. — Liquide incolore, bouillant à 138°, presque insoluble dans l'eau. Dissolvant des nitrocelluloses. Il sert à coller le celluloïd. Essence de poires artificielles, composé servant à désodoriser le pétrole.

La lampe à acétate d'amyle est une lampe-étalon.

Acétate de linalyle. — C'est l'essence de bergamote artificielle ou bergamiol du commerce. C'est à lui que l'essence de bergamote naturelle doit en grande partie son parfum. Un mélange à parties égales d'acétate de linalyle et d'acétate de géranyle reproduit assez bien le parfum de la lavande. L'acétate de linalyle bout à 105°-110°.

L'acétate de bornyle constitue l'essence de pin artificielle.

L'acétate de géranyle possède l'odeur de l'essence de lavande.

L'acétate de benzyle existe dans les essences naturelles de jasmin, d'ylang, de cassie, de néroli.

Acétines — ou éthers acétiques de la glycérine. Il y en a trois. La diacétine a été proposée par la Badische Anilin- und Soda-Fabrik, comme dissolvant des indulines, et des autres colorants basiques insolubles dans l'eau (br. all., 37064). Leur emploi est constant en impression. On épaissit dans l'acétine le colorant en présence de tannin.

Voir Bull. Soc. de Mulhouse, 1094, la note de E. Kopp et E. Grand Mougin.

Éthers palmitiques des alcools cétylique, cérique et myricique : *cétine, cérine, myricine.*

Cires. — Les cires sont des corps solides, durs, de toucher gras, d'origine végétale ou animale, constitués par des mélanges d'éthers des acides gras, principalement des éthers des alcools cérylique et mélissique.

La *cire d'abeilles* est un mélange assez complexe, dont les principaux constituants sont : l'acide cérotique, l'acide mélissique et les palmitates de céryle et de mélissyle.

On l'extrait par pression des rayons de miel, puis par fusion dans l'eau chaude ; on obtient les gâteaux de *cire jaune* ou *vierge.*

La cire d'abeilles est jaune, mais devient blanche après exposition à l'air et à la lumière, *cire blanche* ou *vierge.*

Ce blanchiment est analogue à celui des toiles sur prés. Pour le rendre plus rapide, on divise la cire en copaux ou bien on en forme des rubans en coulant la cire fondue dans l'eau froide. Une addition de 1 à 5 pour 100 d'essence de térébenthine empêche la cire de devenir cassante et active encore la rapidité du blanchiment.

Sa densité est de 0,962-0,957. Elle fond entre 62° et 63°. La cire d'abeilles est insoluble dans l'eau, partiellement soluble dans l'alcool bouillant (acide cérotique 12 à 16 pour 100), soluble dans la benzine, le chloroforme, l'essence de térébenthine, et dans les huiles, graisses et essences.

La cire sert surtout à fabriquer les encaustiques pour parquets, le cirage, le cérat, les emplâtres et onguents. Elle était autrefois employée pour fabriquer les bougies et cierges.

Voici une formule d'encaustique : cire, 500 gr. ; savon de Marseille, 125 gr. ; potasse, 100 gr. — Cirage brillant pour cuir. On cuit ensemble : cire jaune, 15 gr. ; huile d'ambre jaune rectifiée, 20 gr. ; essence de térébenthine, 30 gr. ; noir de fumée, en quantité convenable. — Cérat : 1 p. de cire blanche ; 3 p. d'huile d'amandes douces. — Enduit imperméable pour murs : cire ou paraffine, 1 kg. ; Damar, 500 gr. ; essence de térébenthine, 4, 5 litres.

La préparation de l'encaustique à chaud est une cause fréquente d'incendie et de brûlures ; on peut additionner l'essence de térébenthine de la moitié de son volume de tétrachlorure de carbone qui est incombustible. Mais il est encore bien préférable de le préparer à froid, par simple dissolution de la cire dans l'essence minérale.

Cirage pour chaussures jaunes : a essence de térébenthine, 20 gr. ; huile de ricin, 10 gr. ; vaseline, 40 gr. ; cire jaune, 40 gr. *b* Huile de ricin, 10 gr ; curcuma pulvérisé, 15 gr.

Faire dissoudre la cire jaune dans l'essence de térébenthine, ajouter ensuite l'huile de ricin et la vaseline. D'autre part, délayer le curcuma dans l'huile de lin. Ajouter le mélange *b* à celui représenté par *a*, en remuant constamment la mixture. Passer le cirage obtenu sur le cuir en se servant d'un linge propre et sec.

Une solution à 2 pour 100 de cire dans l'alcool a été proposée pour conserver les plumes.

La *cire de Chine* est du cérotate de céryle presque pur.

La *cire de Carnauba*, qui se détache des feuilles d'un palmier très répandu dans l'Amérique du Sud : *corypha cerifera*, renferme outre l'alcool mélissique libre, les éthers palmitique et cérotique de cet alcool ; gris-verdâtre, f. à 80.

Les cires de *myrica*, *d'aucuba*, de *bicuiba*, etc., qui proviennent des baies de certains végétaux, ont une composition voisine de celle de la cire de Carnauba.

A côté de ces cires végétales, mentionnons également le *blanc de baleine* ou spermaceti qui est formé essentiellement de palmitate de cétyle ou cétine. Il existe en mélange avec l'oléine dans l'huile des sinus craniens de plusieurs cétacés. On l'extrait de cette huile par pression à chaud et le purifie par cristallisation dans l'alcool. C'est un corps solide qui bout à 49°. On s'en sert pour fabriquer des bougies diaphanes, dites bougies de blanc de baleine. Comme application de détail, on peut citer les crayons pour écrire sur le verre : blanc de baleine 4, suif 3, cire 2, mat. colorante q. s.

La *cire du suint* de mouton est également formée en majeure partie par cet éther.

Éthers palmitiques de la glycérine.

— Le plus important est la *tripalmitine* ou *margarine*, de Chevreul. Elle existe à l'état naturel dans la plupart des graisses et des huiles. On peut la retirer de l'huile de palme ou d'olive refroidie et comprimée. Ce corps se présente sous la forme de petits cristaux, fusibles à 60°, présentant aisément le phénomène de la surfusion. Elle est à peine soluble dans l'alcool froid, davantage dans l'alcool bouillant ; elle est soluble en toutes proportions dans l'éther bouillant.

La *margarine* comestible ou de Mège-Mouriès, 1869, breveté en 1872, est un mélange de margarine et d'oléine, obtenu en séparant du suif la stéarine. Pour cela, on traite simplement le suif fondu à la presse à 25°. La stéarine reste dans les toiles et il s'écoule de l'*oléomargarine*, 59 à 60 pour 100, qui se fige par le refroidissement. C'est la *graisse de ménage*, vendue sous le nom de *margarine*, après qu'on l'a malaxée, fondue et lavée. Avec elle, Mouriès fabrique un *beurre artificiel*, émulsion de graisse de ménage, par le moyen de la pepsine et addition d'un peu de lait, de colorant et de beurre.

Les recherches de Mège-Mouriès avaient été faites à l'instigation du gouvernement, à la ferme de Vincennes, et le public accueillit avec faveur la margarine, car ce nouveau produit, plus économique que le beurre, est aussi sain s'il est préparé avec soin, par exemple, avec de la graisse de bœuf fraîche.

L'industrie de la margarine a pris un développement très grand. La production en France dépasse 10 millions de kilos dont les neuf dixièmes sont exportés en Hollande, en Suède. La margarine a malheureusement trouvé son principal débouché dans la falsification du beurre vendu comme produit naturel du lait de vache.

La loi française du 16 avril 1897, défend de vendre sous le nom de beurre tout produit qui n'est pas exclusivement fait avec du lait ou de la crème provenant du lait, et aussi de désigner sous le nom de beurre toutes substances alimentaires qui sont préparées pour le même usage. On ne peut que les désigner sous le nom de margarines ou d'oléomargarines, et on ne peut les additionner dans aucun cas de matières colorantes. Il est interdit à quiconque se livre à la fabrication, à la préparation ou à la vente du beurre, de fabriquer ou de détenir de la margarine ou de l'oléomargarine. Les fabriques de celles-ci sont soumises à la déclaration et à la surveillance. La vente et le transport de la margarine sont soumis à des obligations strictes de signalement. Enfin, la quantité de beurre contenue dans la margarine ne peut pas dépasser 10 pour 100. que ce beurre provienne du barattage de lait ou de crème avec l'oléomargarine, ou qu'elle provienne d'une addition de beurre.

Cette loi peut paraître abusive. Autant on doit punir avec sévérité les industriels qui vendent leurs produits sous des étiquettes fausses, autant on doit laisser toute liberté à l'industriel pourvu qu'il vende ses produits en indiquant leur nature exacte. Il semble abusif, par exemple, d'empêcher de colorer la margarine comme l'on veut, puisqu'il n'est pas interdit de colorer le beurre. Les ennemis de la margarine demandaient, il est vrai, encore davantage : ou l'obligation de colorer la margarine en rouge, ou l'interdiction absolue d'en fabriquer et d'en vendre. On a paru oublier un moment que la découverte de Mège-Mouriès, qui eut un prix à l'Académie des Sciences, a rendu comestible un produit animal qui ne l'était pas, et ce, au grand avantage du plus grand nombre.

La margarine rend d'incontestables services. L'essentiel, disait M. Grandeau, dans l'une de ses revues agronomiques du Temps, est qu'elle soit fabriquée convenablement, vendue sous son nom et ne serve pas à falsifier le beurre. Mais c'est un abus antilibéral, dirai-je de mon côté, d'empêcher de la colorer, d'empêcher de l'ajouter au beurre à condition de le déclarer, et de forcer l'avenir à nommer margarines des produits qui peuvent être tout autres. Il faut empêcher toute tromperie sur la matière et sur la qualité d'un produit, mais sans porter atteinte à la liberté de la fabrication.

La margarine bien préparée représente un corps gras, très voisin du beurre naturel, d'après *E. Bertarelli* (Rev. d'Igiene, 1898), son absorption par l'intestin est presque identique, et si elle lui est inférieure par son insipidité, elle reprend avantage par son bas prix et son caractère de stérilisation au point de vue bactériologique.

La loi allemande du 4 juillet 1897 oblige les fabricants de margarine à ajouter à leur margarine un minimum de 10 pour 100 d'huile de sésame, parce que celle-ci donne avec HCl et furfurol (réaction de Baudouin) une coloration rouge. *Raumer* (Z. für ang. Chemie, 1897) a constaté que cette coloration se produit aussi avec le curcuma et un certain nombre de colorants azoïques ; c'est donc un leurre.

Éthers stéariques de la glycérine.

— Le plus important est la tristéarine $C^3H^5(C^{18}H^{35}O^2)^3$. Elle existe dans la plupart des corps gras solides, en particulier dans la graisse de mouton. On l'en extrait en fondant le suif, le filtrant sur linge, le comprimant à 25°, ajoutant au résidu son volume d'éther et laissant refroidir. La stéarine cristallise en petites lamelles friables, d'un blanc éclatant. Elle est peu soluble à froid dans l'alcool et l'éther, mais elle se dissout dans l'éther bouillant en toutes proportions.

Éthers oléiques de la glycérine.

— Le plus important est la trioléine $C^6H^5(C^{18}H^{33}O^2)^3$, ou *oléine* naturelle. Elle forme la partie essentielle des huiles avec la margarine et la stéarine ; elle existe d'ailleurs dans tous les corps gras. Pour l'en extraire, on refroidit de l'huile d'olive à 0°, et on l'exprime ; l'oléine qui est liquide se sépare de la margarine qui est solide. C'est l'oléine brute qu'on purifie par une série de refroidissements et de pressages.

C'est un liquide au-dessus de 10°, $d = 0,90$; insoluble dans l'eau, peu soluble dans l'alcool, très soluble dans l'éther.

Elle s'oxyde et rancit peu à peu à l'air. L'acide sulfurique donne un mélange d'acide sulfooléique et d'acide sulfoglycérique. L'acide nitreux la transforme en isomère solide, l'*élaïdine*, fondant à 32°.

ÉTHERS SALICYLIQUES

Salicylate de méthyle $C^6H^4(OH)CO^2.CH^3$.

— Ce corps très intéressant paraît fort répandu dans le règne végétal puisqu'on l'a rencontré dans les feuilles et fleurs du Gaultheria procumbens, Cahours, 1843, et d'autres Gaultheria ; dans l'écorce du Betula lenta, Procter, 1844 ; dans les racines de nombreux polygala; dans les feuilles de coca, etc.

Le salicylate de méthyle pur est une huile incolore douée d'une odeur agréable, et d'une saveur aromatique et douce ; il distille entre 220 et 223°, Adrian, d. à 15° = 1,185. Il est à peu près insoluble dans l'eau et se dissout dans l'alcool et dans l'éther assez facilement. Son insolubilité dans l'eau permet de le débarrasser aisément de l'alcool méthylique non éthérifié ou ajouté par fraude, puisqu'un simple lavage à l'eau distillée l'en débarrasse. Il ne donne avec l'acide sulfurique aucune élévation de t, et seulement une légère coloration jaune, ce qui le différencie de l'essence naturelle de Gaultheria qui donne une élévation de t. notable et une coloration rose, virant au rouge brun. Sa solution aqueuse colore les sels ferriques en violet.

Le salicylate de méthyle est moitié moins cher que l'essence naturelle ; de plus, son action est moins excitante et caustique sur la peau. Il est facilement absorbé par la peau, et comme il se transforme dans le sang en salicylate de soude, il est employé en badigeonnages, deux par jour, dans les arthrites goutteuses, les névralgies et névrites ; il a également une action analgésique. La dose moyenne est de 4 gr. par jour. Il faut avoir soin de bien envelopper le badigeon.

On falsifie l'éther méthylsalicylique avec le benzoate de méthyle.

L'*éther monosalicylique de la glycérine* ou *glycosal* est une poudre blanche cristalline qui fond à 76°. Elle est soluble à 1 pour 100 dans l'eau froide, très soluble dans l'eau chaude et l'alcool, moins dans l'éther et le chloroforme. C'est un antirhumatismal ne se décomposant que dans l'intestin.

Le salicylate de phenyl ou *salol* et le salicylate de naphtol sont des antiseptiques. Pour le pansement des plaies, il faut avoir soin d'employer le salol en poudre impalpable, les cristaux au contraire causent de la douleur. Pour l'antisepsie interne, on l'emploie à la dose de 1 à 2 grammes par jour.

Le tribromure de salol ou cordol jouit de propriétés narcotiques et hémostatiques. On l'emploie à la dose de 0,5 à 2 gr. pour amener le sommeil. L'effet narcotique du salol est persistant.

Anthranilate de méthyle $C^6H^4_4(NH^2)_2COO.CH^3$.

— En 1899, *Ernest et Hugo Erdmann* au cours de leurs recherches sur les constituants de l'essence de néroli, caractérisèrent dans la portion à point d'ébullition élevé l'acide anthranilique. Voici comment ils furent amenés à cette découverte : en saponifiant par la potasse alcoolique la fraction bouillant au-dessus de 115° sous 10 mm., ils obtinrent un acide brut qui fondait vers 140°. Chauffé avec de l'acide chlorhydrique concentré pendant une heure à 200°, en tube scellé, cet acide se décomposait en anhydride carbonique et aniline. Il était dès lors facile de le déterminer. Après purification, il fut identifié avec l'acide ortho-amido-benzoïque $C^6H^4(COOH)_2NH^2_4$ ou acide anthranilique.

A quel état se trouvait-il dans l'essence de néroli ? Pour isoler la combinaison de l'acide anthranilique il faut procéder de la façon suivante : On distille l'essence dans le vide jusqu'à ce que le point d'ébullition du produit atteigne 115° (sous 12 mm.). A ce moment on arrête la distillation. Le résidu est entraîné à la vapeur d'eau, l'huile entraînée est épuisée à l'éther. La solution éthérée est séchée sur du chlorure de calcium ; on y fait passer un courant de gaz acide chlorhydrique sec. Il se forme des cristaux, on les essore, puis on les lave à l'éther anhydre. On les soumet à l'entraînement par la vapeur d'eau, sur du carbonate de soude. L'huile entraînée se dissout dans un grand excès d'eau et cristallise par refroidissement. Les cristaux ainsi obtenus fondent à 23°-24° et sentent la fleur d'oranger. On les sèche en présence de SO^{4}H^2.

A l'analyse, ils répondent à la formule C^{8}H^{9}NO^2 ou C^{6}H$^4 < {COOCH^3_1 \atop NH^2_2}$: c'est de l'anthranilate de méthyle.

Ce produit n'avait jamais été trouvé dans la nature, avant ces recherches. On ne l'avait pas non plus préparé synthétiquement à l'état de pureté. Par l'action de l'alcool méthylique sur l'acide isatoïque, G. *Schmidt* (Journal für praktische Chemie (2) 36.374) a obtenu comme produit accessoire une substance qu'il décrit comme un liquide jaunâtre et dont la composition empyrique correspond à celle d'un éther méthylique de l'acide anthranilique. Depuis les travaux de Erdmann, on a caractérisé l'anthranilate de méthyle dans plusieurs essences naturelles, entre autres l'essence de fleurs de tubéreuses.

MM. Erdmann produisent artificiellement l'anthranilate de méthyle pur, au moyen de l'acide anthranilique et de l'alcool méthylique et brevetèrent la préparation de l'anthranilate de méthyle pur et son emploi en parfumerie. Ces brevets sont la propriété de la Société « Actien Gesellschaft für Anilin Fabrikation » et MM. de Laire et C° sont les licenciés exclusifs du brevet correspondant français n° 280.142 du 28 juillet 1898 et du 2 janvier 1899.

Préparation de l'acide anthranilique et de son éther méthylique. — Nous allons tout d'abord donner quelques modes de formation de l'acide anthranilique, puis nous exposerons la préparation de l'anthranilate de méthyle.

On obtient de l'acide anthranilique : par action de la potasse concentrée sur l'ortho-nitro-toluène ; par réduction au moyen de l'hydrogène naissant de l'acide ortho-nitro-benzoïque ; et dans l'oxydation de la phtalimide par le brome et la potasse, c'est le procédé industriel.

L'éther méthylique ou l'anthranilate de méthyle se prépare de la façon suivante d'après les termes du brevet : Dans un appareil muni d'un réfrigérant à reflux on dissout un kilog d'acide anthranilique dans 5 litres d'alcool méthylique et on sature la solution avec de l'acide chlorhydrique gazeux parfaitement anhydre. Le mélange s'échauffe de lui-même jusqu'à l'ébullition. On laisse alors reposer pendant quelques heures, puis on chauffe à l'ébullition et on chasse ensuite la plus grande partie de l'alcool méthylique par distillation au bain-marie. Le résidu est rendu alcalin par addition d'une solution de carbonate de soude. L'éther se sépare sous forme d'une huile qui est lavée avec de l'eau et puis distillée dans le vide. L'éthérification peut être effectuée avec le même résultat en employant au lieu d'acide chlorhydrique d'autres acides minéraux, tels que l'acide sulfurique, l'acide phosphorique, ou bien les acides organiques forts.

Propriétés. — L'éther méthylique pur de l'acide anthranilique cristallise en gros cristaux fondant à 24º,5. P^t Eb. $= 127°$ sous 11^{mm} ; $= 130°$-$131°$ sous $12^{mm} 5$; $D_{26} = 1,163$.

Cet éther est facilement soluble dans les acides minéraux dilués, dans l'alcool, l'éther et les autres solvants organiques ; il se dissout aussi dans l'eau.

L'acide chlorhydrique le précipite de sa solution éthérée à l'état de chlorhydrate, fusible à 178º en se décomposant.

Les cristaux de l'éther anthranilique et sa solution éthérée présentent une belle fluorescence bleue. Sans aucun doute, la fluorescence de l'essence de néroli est due à ce produit.

Ses dérivés caractéristiques sont le benzoate : $F = 99°$-$100°$; le chlorhydrate, $F = 178°$; le chloroplatinate.

Emploi. — L'anthranilate de méthyle possède une puissante odeur de fleur d'oranger. On l'emploie avantageusement pour renforcer l'essence de néroli et autres essences naturelles, et pour préparer des parfums artificiels de la série de la fleur d'oranger.

ÉTHERS DIVERS

Butyrate d'éthyle, odeur d'ananas ;
Benzoate de méthyle, essence de Niobé.
Benzoate d'éthyle, odeur tenace ;
Butyrate d'amyle, odeur de pommes-reinette.
Benzoate d'amyle, bout à 261º.
Valérate d'amyle, bout à 188º. Essence de pommes.
Benzoate de benzyle, odeur faible, dissolvant du musc artificiel ; 100 p. dissolvent 25 gr. de musc Baur pur.
Benzoate de b-naphtol, soluble dans l'alcool et le chloroforme, antiseptique intestinal, le *benzonaphtol.*
Cinnamate d'éthyle et de méthyle, parfums pénétrants employés pour vinaigres de toilette et tous produits.
Styracol, éther de l'acide cinnamique et du gaïacol, inodore, insoluble dans l'eau et les acides étendus, n'agit pas dans l'estomac ; antiseptique intestinal : 0 gr. 25, 4 par jour, nourrissons ; 0 gr. 50, 3 par jour, enfants ; 1 gr., 3 ou 4 par jour, adultes.
L'éther métacrésolique de l'acide cinnamique est en cristaux insolubles dans l'eau. Il fond à 65º. Il n'est pas toxique, et ne présente pas d'action inflammatoire lorsqu'il est appliqué sur la peau, aussi l'a-t-on préconisé sous le nom d'*hétocrésol* (br. all., 189) pour le pansement des plaies des tuberculeux.

L'*estoral*, est l'éther borique du menthol mélangé à son poids de lactose, utilisé dans le catarrhe du nez.

Le carbonate de menthol, que l'on produit aisément en faisant agir sur une solution de menthol dans le chloroforme et la pyridine anhydre, une solution chloroformique de phosgène, *Erdmann* (J. für präk. Chemie., 1897) est formé de prismes blancs, fondant à 105°. Comme il n'exerce pas sur les muqueuses la même action caustique que le menthol, on le lui a substitué.

La *nirvanine* est le chlorhydrate de l'éther méthylique de l'acide éthyl-glycocolle-p-amido-o-oxybenzoïque. Soluble dans l'eau. Elle est peu toxique.

CORPS GRAS NATURELS

Ce sont des substances neutres, onctueuses au toucher, et laissant sur le papier des taches non volatiles. On rencontre les corps gras dans les tissus des végétaux et des animaux.

Chevreul a démontré en 1814 que les corps gras naturels sont des mélanges de margarine, de stéarine et d'oléine.

Dans le règne animal, les corps gras sont des matières de réserve; ils sont destinés principalement à fournir de la chaleur par leur combustion. Dans le règne végétal, ils concourent au même but en vue d'aider à la germination; aussi les rencontre-t-on presque exclusivement dans les graines.

La margarine fond à 60°, la stéarine à 64°, et l'oléine à 10°. Selon que l'une ou l'autre de ces combinaisons glycériques prédomine dans le corps gras, la consistance de celui-ci est plus ou moins grande, et on a les graisses, les suifs ou graisses d'herbivores, les beurres ou les huiles.

Préparation et raffinage. — Les corps gras s'obtiennent, soit par fusion : tel le suif et les corps gras solides en général ; soit par expression à froid ou à chaud, telles les huiles d'olives, de ricin, etc. ; enfin quelquefois par digestion avec un dissolvant organique, éther de pétrole, sulfure de carbone, etc. La benzine est le meilleur solvant pour l'extraction de la graisse d'os.

Les corps gras, les huiles en particulier, doivent subir après leur extraction un raffinage qui peut être, soit physique, soit chimique, souvent même l'un et l'autre.

Les procédés d'épuration mécaniques sont : le repos suivi d'une décantation, ou mieux la filtration dans des filtres-presses ou des filtres Philippe, enfin l'épuration au moyen de l'appareil centrifuge.

L'épuration chimique consiste en traitements à l'acide sulfurique et à la soude.

Le blanchiment des huiles se fait par exposition au soleil, par l'acide sulfureux, ou par les oxydants : ozone, peroxyde d'hydrogène, chlore, permanganate de potassium, bichromate de potassium, peroxyde de manganèse et acide sulfurique.

Le procédé de blanchiment *Gourjon* (br. fr., 1897) repose sur l'emploi d'un mélange de 60 p. de terre à foulon, 14 p. de noir animal, 6 p. de carbonate de sodium pour 1600 d'huile.

Principaux corps gras naturels. — Nous les diviserons, d'après le traité magistral de J. Lewkowitsch, en Glycérides liquides, Glycérides solides et Cires.

A. — HUILES ET CORPS GRAS LIQUIDES (Glycérides).

Ils peuvent être d'origine végétale ou d'origine animale.

I. — *Huiles végétales*.

a) Huiles végétales siccatives :

Huile de lin. — Elle provient principalement de Russie, des Indes, des États-Unis, du Canada et de la République Argentine. Sa densité à 15° est de 0,931 à 0,934. Toutes les huiles qui servent à la frauder, ont un poids spécifique plus faible, sauf l'huile de bois. Elle se solidifie vers — 25° et fond à — 20°-18°. On la falsifie avec les huiles moins siccatives, avec les huiles de coton, de colza, de poisson, la résine et les huiles minérales. L'essai de Livache, fondé sur l'augmentation de poids à l'air, en présence du plomb divisé (Comptes Rendus de l'Académie des Sciences, CII, p. 1167), qui permet de déterminer la vitesse d'absorption de l'oxygène, est une indication très utile de sa siccativité. On étale sur des verres de montre une légère couche de plomb en poudre, et on dépose sur cette couche, à l'aide d'une baguette quelconque, des gouttes d'huile espacées les unes des autres. On pèse le verre de montre, on l'abandonne pendant quatre jours, sous une cloche, en présence d'acide sulfurique, à la lumière du soleil. On pèse de nouveau. L'augmentation de poids correspond à l'huile oxydée. On prépare facilement le plomb en poudre en précipitant par une lame de zinc ou de fer une dissolution d'azotate de plomb au dixième, acidulée d'acide azotique. Le précipité est lavé à l'eau, à l'alcool, à l'éther, puis desséché en présence d'acide sulfurique.

Huile de bois. — Provient de la Chine et du Japon (Jani, Kiri, Tung-Yu). Elle constitue un bon vernis naturel pour le bois, notamment pour les bateaux. L'huile extraite à froid a des propriétés émétiques et purgatives, utilisée en thérapeutique. Dans les pays d'origine, elle sert aussi à l'éclairage.

Huile de chénevis, du cannabis sativa. — On l'identifie facilement par son indice d'iode élevé. Elle sert à la fabrication de savons mous, caractérisés par une couleur verte. L'huile de qualité inférieure sert à la fabrication des vernis bon marché.

Huile de noix. — La première qualité est à peine colorée. Elle est comestible. Elle est très siccative et est préférée à toute autre pour les peintures blanches qui, en outre, se gercent moins facilement que celles à l'huile de lin.

Huile d'œillette ou de pavot. — Les qualités fines sont comestibles. Elles servent à la préparation des couleurs pour artistes. La *wax oil* est une dissolution de gomme mastic et de cire du Japon dans l'huile de pavots. Les qualités inférieures servent à la fabrication de savons mous.

Huile de tournesol. — Huile jaune pâle, d'odeur agréable. On la prépare surtout dans le sud de la Russie où l'huile exprimée à froid est utilisée pour la cuisine et pour la préparation de la margarine. L'huile exprimée à chaud est employée en savonnerie et pour préparer des vernis gras.

Huile de pignon. — Préparée avec les graines des Pinus sylvestris, P. picea et P. abies, elle sèche facilement et entre dans la composition des vernis.

b) Huiles végétales mi-siccatives. Elles appartiennent à deux groupes, celui des huiles de coton et celui des huiles de crucifères.

Huile de caméline. — Préparée avec les graines d'une crucifère : camelina sativa. Elle sert quelquefois à l'alimentation, mais principalement pour la savonnerie. En hiver, elle peut remplacer l'huile de lin dans la préparation des savons mous; son savon de potasse n'est liquide que vers 20°.

Huile de soja. — Préparée avec les graines du soja hispida, au Japon, en Chine et en Mandchourie. Elle est comestible dans ces pays, où elle fait l'objet d'une importante industrie. Abandonnée à l'air, elle sèche lentement avec formation d'une pellicule.

Huile de courge. — Exprimée à froid, elle est comestible en Autriche, Hongrie et Russie. L'huile fine surpasserait celle d'olive comme saveur.

Huile de maïs. — Provient des germes du maïs. C'était anciennement un produit secondaire de la distillerie. Bien raffinée, elle est comestible. Elle sert à fabriquer la margarine. On ne peut l'employer en teinture, mais elle est employée en savonnerie et pour l'éclairage.

Huile de faines. — Exprimée à froid, elle est comestible; exprimée à chaud, elle sert à l'éclairage. On l'emploie pour falsifier l'huile d'amandes. L'indice d'iode est le meilleur moyen pour rechercher cette fraude.

Huile de coton. — Préparée avec les graines de divers cotonniers, en particulier, du gossypium herbaceum, États-Unis, Égypte. La qualité comestible n'est pas vendue sous son propre nom à cause de préjugés populaires. Elle est la base de la margarine végétale ou margarine de coton. Les qualités inférieures servent à l'éclairage ; l'huile soufflée sert au graissage, tandis que l'huile non oxydée est trop siccative pour cet usage.

Huile de sésame. — Préparée aux Indes, en Chine et au Japon, avec les semences de sesamum orientale et sesamum indicum. Elle sert pour l'alimentation, la savonnerie et l'éclairage. On la fraude avec l'huile de colza.

Huile de croton. — Elle est de couleur jaune ambrée, ou orange, brunissant avec le temps. Elle est douée de propriétés purgatives énergiques. On la fraude souvent avec l'huile de ricin qui lui ressemble beaucoup; cette fraude augmente la densité et abaisse l'indice d'iode.

Huile de ravison. — Elle sèche plus vite que l'huile de colza, et de ce fait, ne convient pas au graissage ; son addition à l'huile de colza doit être regardée comme une aldutération.

Huile de moutarde blanche. — Sert pour l'éclairage et le graissage.

Huiles de colza. — Provient du brassica campestris ; les huiles de navette et de rabette proviennent des variétés Napus et Rapa. Pour les déterminations analytiques, il est bon d'indiquer la variété, car les constantes changent. L'huile exprimée à froid, est comestible aux Indes. On en consomme beaucoup pour le graissage, pour préparer des savons mous et pour l'éclairage des chemins de fer.

c) Huiles végétales non siccatives :

Huiles d'amandes. — Les amandes amères donnent un meilleur rendement que les amandes douces. L'analyse chimique ne permet pas de différencier les huiles obtenues. On les fraude avec les huiles de noyaux de pêches ou d'abricots. Les huiles d'amandes douces servent principalement en pharmacie.

Huile de glands. — Provient du fruit du Quercus agrifolia ; par un long repos, elle abandonne de la stéarine. D. = 0,9162. Pt. de solidification, 10°.

Huile d'arachides. — Provient des semences de l'Arachio hypogea : États-Unis, Afrique occidentale, Indes, Sud de l'Europe. Exprimée à froid, c'est une huile comestible, de saveur agréable. Les qualités inférieures servent pour l'éclairage et en savonnerie pour faire les savons mous. Les principaux adultérants de l'huile d'arachide sont : les huiles de pavots, de colza, de sésame, de coton.

Huile de noisette. — Elle ressemble beaucoup à l'huile d'amandes ; elle sert en parfumerie et comme lubréfiant pour l'horlogerie et les mécanismes délicats. On la fraude avec l'huile d'olive.

Huiles d'olive. — L'huile la plus fine, ou vierge, provient de l'expression à la presse hydraulique des pulpes séparées des noyaux. Les tourteaux précédents, traités par l'eau chaude, donnent encore une huile comestible, mais d'une qualité inférieure. Les résidus fermentés sont épuisés par le sulfure de carbone ou l'éther de pétrole et livrent les huiles de ressences, les huiles d'enfer et les huiles tournantes riches en acides libres et utilisées pour le graissage, les apprêts et jadis pour la teinture et l'impression. Les falsifications se font avec les huiles d'arachide, de sésame, de coton, de colza, de ricin, de lard, les huiles de poisson, de pignons-d'Inde et les huiles minérales.

Huile de noyaux d'olive. — Exprimée à froid, elle est jaune d'or ; exprimée à chaud, elle est verdâtre ; extraite par les solvants, elle est vert foncé, par suite de la présence de chlorophylle.

Huile de ben. — En Orient, elle sert à la préparation de cosmétiques et pour l'enfleurage ; elle rancit difficilement. Elle sert comme huile d'horlogerie.

Huile de ricin. — Provient des Indes, de Java, des États-Unis et des côtes méditerranéennes. L'huile exprimée à froid, sert en pharmacie ; elle ne contient pas de ricine, alcaloïde toxique. Les autres qualités sont très employées industriellement, notamment, pour préparer les huiles solubles des teinturiers et imprimeurs.

II. — *Huiles animales.*

a) Huiles de poissons :

Huiles de sardines. — L'huile de sardine ou du Japon, s'extrait du Clupea sardinus, par traitement à l'eau chaude, puis expression. Cette dernière possède une odeur nauséabonde. Il ne faut pas la confondre avec l'huile de foies de morue du Japon.

Huiles de foies. — La plus connue est l'huile de foies de morue. Sa composition est complexe : le cholestérol est l'un des constituants caractéristiques ; on y rencontre également des bases alcaloïdiques. C'est un ancien et bon remède des affections des voies respiratoires. On la fraude surtout avec les huiles de poissons et de cétacés.

Huiles de cétacés. — Ces huiles servent surtout pour l'éclairage et comme adultérants des huiles de foies et de poissons. La recherche de ces fraudes est difficile; l'odorat est souvent un bon guide. Les principales sont : les huiles de baleine, de dauphin, de lamentin, de marsouin, de tortues.

b) Huiles d'animaux :

Huiles de pieds. — L'huile de pieds de mouton et l'huile de pieds de bœuf sont les plus employées pour lubréfier les mécanismes délicats. Elles se ressemblent beaucoup. L'huile de pieds de cheval est souvent vendue sous le nom d'huile de pieds de mouton.

Huiles d'œufs. — On la prépare avec les jaunes d'œufs durs, soit par expression, soit par dissolution. C'est une huile de couleur jaune.

B. — Huiles et corps gras solides (Glycérides).

I. — *Graisses végétales.*

Huile d'illipé ou de Mahwah. — Préparée avec les graines de Bassia latifolia, Indes. On l'a souvent confondue avec le beurre de Mowrah.

Huile de Mowrah. — Obtenue avec les graines de Bassia longifolia ; sert en savonnerie et pour la préparation des cuirs.

Huile de palme. — Provient de la pulpe des fruits du palmier Elœis guineensis et E. melanococca. Fraîchement préparée, elle est consommée en Afrique, même par les Européens. Elle possède alors une odeur agréable de violette. Le mode de préparation employé sur les lieux d'origine, est rudimentaire, aussi l'huile fermente et nous arrive toujours riche en acides libres. Elle sert surtout en savonnerie.

Beurre de Cé. — Provient des graines du Bassia Parkii. Pour la stéarinerie.

Beurre de cacao. — Provient des graines du cacaoyer, Theobroma cacao, qui en renferment de 37 à 50 pour 100. On l'obtient par expression des amandes torréfiées. Il est d'une couleur jaunâtre; blanchit par le temps ; il est légèrement cassant à la température ordinaire. Il possède une odeur agréable de chocolat. On l'emploie en parfumerie et en pharmacie.

Suif végétal de la Chine. — Provient des graines de l'arbre à suif, Stillingia sebifera (Chine et Indo-Chine), dont on retire aussi l'huile de Stillingia.

Huile de palmiste. — C'est l'huile de noyaux de fruits du palmier ; elle est blanche et d'odeur agréable, à l'état frais. L'huile comestible sert souvent à frauder le beurre et le beurre de cacao. On en fait aussi du beurre végétal. Les huiles inférieures servent en savonnerie.

Huile et beurre de coco. — Elle sert principalement pour la fabrication des savons et des bougies.

Cire du Japon. — Provient des baies du Rhus succedanea, R. acuminatea et R. sylvestris. Sert pour frauder la cire d'abeille, pour le travail des cuirs, la préparation d'encaustique, etc.

II. — *Graisses animales, généralement non siccatives.*

Graisse de cheval. — Elle est blanc jaunâtre, de consistance butyreuse. Par le repos, elle se sépare en deux couches, l'une solide, l'autre liquide. Elle est comestible et remplace le saindoux ; on l'emploie pour frauder les graisses plus chères.

Graisse d'oie. — Elle est formé d'oléine, de palmitine, de stéarine et de petites quantités de glycérides à acides volatils. Elle remplace le beurre dans certains pays.

Graisse humaine. — Chevreul, Heintz, l'ont étudiée. Elle se transforme en adipocire, pf $62^{\circ}5$.

Saindoux (lard des États-Unis). — C'est la graisse extraite des porcs ; il y a de nombreuses catégories marchandes. Il est constitué par les glycérides des acides laurique, myristique, palmitique, stéarique et oléique, avec un peu d'acide linolique. La proportion d'acides gras solides est d'environ 41 pour 100 ; celle des liquides, 53 ; l'acide stéarique, 6 à 25 ; l'acide oléique, 50. Le saindoux frais est neutre. Il rancit à l'air.

Les falsifications sont nombreuses : graisse de bœuf, stéarine de bœuf, huile de coton, stéarine d'huile de coton, huile d'arachide, de sésame, de maïs, de palme, etc. La stéarine donne de la consistance. Certains saindoux composés aux États-Unis ne renferment que de la stéarine de bœuf et de l'huile de coton.

Par pression, on en extrait la stéarine de saindoux, employée pour bougies, et aussi aux États-Unis, pour fabriquer l'oléomargarine et l'huile de saindoux ou l'huile de lard.

Graisse de moelle de bœuf. — Employée pour pommades et en pharmacie.

Suif d'os. — On l'extrait des os par l'eau chaude, par la vapeur ou par dissolvants : éther de pétrole. Le rendement est de 4 à 5 pour 100 pour une proportion de 8 à 10 pour 100. Sert en savonnerie.

Suif de bœuf. — On l'extrait par l'eau chaude. Suif en branches, regraisses, etc. Il consiste presque entièrement en glycérides des acides palmitique, stéarine et oléique : 13, 65 et 25 pour 100 environ. On l'évalue par sa couleur et le point de solidification de ses acides gras. Les suifs titrant moins de 44° ne sont plus employés pour bougies, mais pour savons.

L'huile de suif est principalement usitée en mélange avec les huiles minérales pour le graissage.

Suif de mouton. — Plus dur et plus exposé à rancir que celui de bœuf ; il est donc inférieur pour margarines et pour savons frais.

Beurre de vache. — Le beurre normal renferme : 87, corps gras ; 0,5, caséine ; 0,3, sucre de lait ; 0,3, cendres ; 11,7, eau. Mais la proportion de corps gras peut monter à 95 et celle d'eau à 35. Les corps gras sont : surtout des triglycérides d'acides palmitique, stéarique, oléique, un peu d'acides butyrique, caproïque, caprylique et caprique ; du cholestérol et des lactochromes. La couleur jaune disparaît à la lumière en même temps que le beurre rancit.

Les falsifications sont nombreuses : on lui ajoute du lait, de l'amidon, de l'oléomargarine, parfois des huiles de noix de palme, de noix de coco, du suif, de la stéarine de coton. On le colore avec le curcuma, l'annatto, le jus de carottes, le safran, le jaune d'aniline, le jaune de Martius, le jaune Victoria, le méthylorange. On lui ajoute du conservateur : acide borique, acide salicylique, formaline, glucose, fluorures, etc. On régénère le beurre rance en le fondant, le soufflant, le refroidissant rapidement. Voir margarine, p. 1079.

C. — CIRES.

a) Cires liquides :

Huile de cachalot ou de spermaceti, contenu dans les sinus frontaux du cachalot. Elle sert comme lubrifiant pour les parties animées de grandes vitesses : broches de filatures, etc.

b) Cires végétales solides :

Cire de Carnauba, Cire des abeilles, Blanc de baleine. — On les a étudiées à propos des Éthers-sels, p. 1081.

c) Cires animales solides :

Suint et graisse de laine. — Sa composition est incomplètement connue ; elle contient des glycérides et des alcools, en particulier cholestérique et isocholestérique.

Lanoline. — La graisse de laine pure a une composition variable. Anhydre, elle est jaunâtre, semi-transparente. Elle n'est pas soluble dans l'eau, mais elle s'y mélange aisément et en absorbe jusqu'à 80 pour 100. Elle ne se saponifie que par les alcoolates alcalins.

La *lanoline* est de la graisse de laine saponifiée et mélangée avec 25 pour 100 d'eau.

La suintine retirée des eaux de lavage de la laine représente de la lanoline impure. Elle revient à 0,16 centimes le kilogr. Elle convient pour graisser les pieds, pour maintenir leur souplesse aux chaussures, pour imperméabiliser des vêtements tout en les laissant poreux. Pour cette application, A. *Berthier*, 1898, emploie une solution à 2 pour 1.000 dans l'essence de pétrole.

Voici comment C. Schmidt (br. all., 1896) extrait de la graisse de laine ses principaux constituants par l'emploi des dissolvants et de la saponification.

Il traite la graisse brute par l'ammoniaque liquide, la partie insoluble par l'acétone, la liqueur mère acétonique par une lessive caustique, l'insoluble de l'extraction acétonique par la potasse alcoolique. Ces divers traitements éliminent successivement tous les acides gras et il reste la lanoglycérine ou partie alcoolique de cette graisse.

La graisse de laine, L. *Darmstaedter et Y. Lifschütz* (Ber., 1898) se sépare par dissolvant en graisse molle, 85 à 90 parties, et cire de laine.

Propriétés et applications générales. — Les corps gras sont tous moins lourds que l'eau ; en les fondant avec de l'eau chaude, comme ils sont insolubles dans l'eau, ils viennent à la surface ; c'est un moyen de les extraire et de les purifier. Ils ne sont pas volatils.

Les corps gras sont employés pour enlever les taches d'encre de Chine sur les tissus. On laisse quelque temps en contact, puis on savonne. La S. A. de Mouture et de Produits chimiques à Anvers a breveté l'emploi des huiles pour décolorer les extraits tannants (br. fr. 1897).

Les corps gras se décomposent sous l'action de la chaleur en donnant de l'acroléine ou aldéhyde allylique, et des gaz inflammables : gaz d'huile, gaz de suint, qui brûlent aussi avec une flamme éclairante.

Les corps gras sont très employés à l'éclairage, soit directement : huile de colza et de navette, soit sous forme de gaz d'huile provenant de la distillation des résidus de graissage ou de suint, etc. Nous avons parlé du gaz d'huile à propos du gaz d'éclairage.

Les huiles exposées à l'air s'altèrent plus ou moins rapidement en absorbant de l'oxygène ; les unes s'épaississent et se résinifient ; ce sont les huiles *siccatives* : lin, noix, œillette, chènevis, cameline. Les autres fermentent et rancissent : ce sont les huiles grasses : olives, colza, navette, amandes douces, arachides, coton, ricin, palmes. Les huiles non siccatives donnent avec les vapeurs nitreuses de l'élaïdine. On accentue la propriété des huiles siccatives en les chauffant avec des oxydes de plomb ou de manganèse.

Les corps gras se dédoublent en acides gras et glycérine, sous l'influence de l'eau surchauffée, des oxydes métalliques ou de l'acide sulfurique concentré ou encore des alcools. Cette opération est nommée *saponification*. Lorsque la saponification a lieu au moyen d'un oxyde métallique, l'acide gras se combine avec ce dernier pour donner un sel, ou *savon*. Les savons alcalins sont solubles dans l'eau, les autres insolubles. Voir p. 1020.

L'eau est l'agent actif de la saponification. La chaleur, les acides, les bases sont les moyens qui permettent de la réaliser en un temps moindre ; le réactif de Twitchell produit une émulsion meilleure; les ferments sont des moyens encore bien meilleurs, tels la stripsine du pancréas, le cytoplasma de la graine de ricin.

*⁎
⁎ ⁎*

Voici quelques indications bibliographiques touchant ce dernier moyen.

Mémoires : Uerber fermentative Fettspaltung, de W. Connstein, E. Hoyer et H. Wartenberg, in Berichte, 1902, p. 3989.

The hydrolysis of fats in virto by means of steapsin, de J. Lewkowitsch et J.-R. Macleod in Proceedings of the Royal Society of London, 11 may 1903, t. 72, p. 31. Les travaux remarquables de M. Nicloux ont pour bases les résultats consignés dans plusieurs communications à l'Académie des Sciences sur un procédé d'isolement des substances cytoplasmiques, t. CXXXVIII, p. 1112 ; sur le pouvoir saponifiant de la graine de ricin, p. 1288. Cette action n'est pas due à un ferment soluble, p. 1352. Mécanisme d'action du cytoplasma ou lipaséidine dans la graine en voie de germination et réalisation synthétique *in vitro* de ce mécanisme, t. CXXXIX, p. 143. Sur la sponification de l'huile de coprah par le cytoplasma, de Ed. Urbain, L. Saugon et A. Feige, in Bull. de la S. Chimique, 1904, p. 1194. Sur l'origine de l'acide carbonique dans la graine en germination, de Ed. Urbain, t. CXXXIX, p. 606. De l'influence des produits de dédoublement des matières albuminoïdes sur la saponification des huiles, par le cytoplasma, de MM. Ed. Urbain, L. Perruchon et J. Lançon, p. 641. Sur les propriétés hydrolysantes de la graine de ricin, de Ed. Urbain et L. Saugon, in Comptes Rendus, t. CXXXVIII, p. 1291. Sur l'action enzymatique de la lipase : H. E. Armstrong et Emrod, in Proc. of. Roy. soc., 1906.

Brevets : de M. Nicloux, n° 335 902 du 14 octobre 1903, avec un certificat d'addition du 11 avril 1904, pour : saponification diastasique des huiles et graisses n'apportant pas d'impuretés appréciables dans le milieu de saponification. — de M. Nicloux, n° 349 213, du 19 décembre 1903, pour saponification des corps gras par les graines de ricin ou autres, et par le cytoplasma agissant dès l'origine par l'addition d'un milieu neutre. — de MM. Maurice Nicloux et Édouard Urbain, n° 349 942, du 26 mai 1904, pour un procédé de traitement des huiles ou corps gras en vue de leur saponification par la graine de ricin ou le cytoplasma des graines oléagineuses. — de M. Édouard Urbain, n° 350 179, du 15 septembre 1904, pour les produits activant la saponification par fermentation.

⁎⁎

Les huiles siccatives servent principalement à la préparation des vernis et des couleurs ; les huiles grasses à l'éclairage, après épuration à l'acide sulfurique, 2 ou 3 pour 100, repos et lavage, ou pour les usages alimentaires, ou enfin à la préparation des savons. Quant aux graisses, elles servent à l'alimentation, à la fabrication des savons et à celle des bougies.

Les huiles, principalement les huiles siccatives, ont la curieuse propriété, lorsqu'on les traite par une faible proportion de protochlorure de soufre, de se transformer en une matière sulfurée solide ayant à peu près l'élasticité du caoutchouc et possédant une transparence parfaite. Si au moment du mélange, on ajoute un liquide volatil, soluble dans l'huile, tel que le sulfure de carbone, le pétrole, la benzine, en même temps que l'huile se solidifie, le liquide volatil reste emprisonné dans la masse solidifiée ; la proportion ainsi occluse peut atteindre 70 pour 100. La masse solide ne s'allume que difficilement ; elle perd aisément une partie du liquide volatil, à moins que la proportion de chlorure de soufre ne dépasse pas 10 pour 100 (Mercier, 1877, J. de pharmacie).

En traitant les huiles par leur dixième de soufre, une heure 1/2 à 150° environ, puis l'huile sulfurée par leur dixième de chlorure de soufre, on obtient une gelée qu'on laisse durcir à l'air, et qui a été proposée comme substitut de caoutchouc (J. Altschul, br. all., 1895).

A. Lidoff (J. de la S. physico-chimique russe, 1897) a étudié les huiles nitrées, c'est-à-dire saturées de composés oxygénés de l'azote. Ces huiles nitrées sont plus lourdes, plus facilement volatiles et se dissolvent un peu dans l'eau. Par réduction, elles fournissent des substances élastiques, etc.

***

En dehors de la grande utilisation des corps gras à la fabrication des savons, p. 1020, nous verrons ici avec plus de détails leurs applications au graissage, à l'imperméabilisation et à la lubrification, à la chamoiserie, à l'alimentation, en pharmacie et en parfumerie, aux industries textiles et tinctoriales, à la peinture et aux vernis gras.

Applications au graissage. — Une application importante des corps gras est celle du graissage. Dans cet usage, le corps gras agit, soit pour imperméabiliser, soit pour lubrifier. L'imperméabilisation s'entend de celle des cuirs ; graissage des cuirs tannés, fabrication des cuirs huilés ou chamoiserie ; graissage des tissus et fabrication des toiles cirées ; fabrication des onguents et pommades ; graissage des surfaces poreuses : peinture à l'huile. La lubrification s'entend du graissage des surfaces mises en contact.

Graissage des cuirs. — On graisse les cuirs avec du suif fondu, avec un mélange d'huile de poisson et de suif, ou avec du dégras. Cette opération constitue la mise en suif ou en huile. Le cuir est chauffé au-dessus d'un brasier durant quelques instants par deux ouvriers ; il est déposé sur une table, et les deux ouvriers trempent vivement dans la graisse liquide un tampon qu'ils promènent ensuite à la surface du cuir. Lorsque le graissage n'est qu'une des opérations du corroyage et non pas un procédé spécial de tannage, comme en chamoiserie, il se fait avantageusement en plein air. Le cuir est ensuite séché dans une étuve.

La mise en huile conserve la souplesse du cuir. Mais ce n'est pas un simple apprêt. L'huile est une véritable matière tannante, et le cuir est ainsi doublement tanné.

Les huiles dont on se sert habituellement sont celles de phoque, de foies de morue, de baleine, de crocodile, d'alligator ; elles sont données ici par ordre de valeur croissante, mais on leur préfère le dégras provenant des chamoiseries.

Dégras. — Les dégras varient extrêmement en composition : des échantillons d'origine différente ont donné à l'analyse :

	Échantillons	Autres
Eau................	15,39 à 28,90	11 à 39 %
Débris de peau.......	0,09 à 1,59	
Acides gras	15 à 19	0,5 à 10,58
Huile	66,93 à 84,87	56,61 à 87,36
Matière résinoïde.....	3,12 à 16,15	
Matière minérale	0,25 à 1,21	
Cendres............		0,80

Le corroyeur ne devrait les acheter que sur analyses, car à supposer qu'il eût acheté des six derniers dégras à 100 fr., l'huile lui reviendrait de 114 à 178 fr. Il aurait eu tout intérêt à n'acheter que le dégras renfermant 87,36 d'huile pour 100 et revenant à 114 fr.

Les *dégras* sont en général formés d'huile de poisson et servent à l'assouplissement des cuirs forts après avoir servi pour le chamoisage. Les huiles de foie de poisson sont avantageusement employés pour assouplir et nourrir les cuirs, à condition qu'ils ne renferment pas plus de 15 pour 100 d'acide libre et 4 pour 100 de matières non saponifiables.

Voici d'après les analyses de F. Simond, la composition de deux dégras. Produit allemand : eau 16 pour 100, graisse de suint 20, huile de vaseline 10, résine 10, huile de poisson 44. Produit français : eau 18 pour 100, graisse de suint 35, huile de vaseline 10, moelle véritable sans eau 25, huile de poisson, de palmes 13. La *corroïne* est un substitut du dégras, sa formule est, d'après *Eitner* : graisse de laine 60, huile minérale légère 30, eau 8. *Velvril et Cⁱᵉ* (br. fr., 1897) laque le cuir au moyen d'une dissolution dans l'acétone de nitrooléine, nitroricinoléine, nitrocellulose en mélange ; puis on volatilise l'acétone en chauffant vers 38°. L'analyse des graisses pour cuirs a été étudiée par Fahrion (Dinglers, pol. J., 1895).

Les huiles qui servent à la fabrication des dégras sont les différentes huiles de poisson, principalement les huiles de baleine et de foie de morue, mais aussi celles de cuisson de sardines, de poissons d'Afrique, du Japon, (sardines de Menhaden). Le principal marché est Bergen. La proportion d'acides gras qu'elles contiennent s'augmente par le chamoisage, l'huile devient acide, sa densité s'élève de 0,927 — 0,930 à 0,949 — 0,955, elle s'oxyde et se résinifie en partie. Le dégras qui a le plus de corps est celui qui renferme le plus de matière résinoïde. Ce n'est donc ni la quantité d'eau, ni celle d'acides gras libres, mais celle d'huile oxydée constituant la matière résinoïde qui forme la partie active du dégras, qui facilite l'émulsion avec l'eau et maintient l'homogénéité du mélange et augmente le pouvoir d'assimilation.

Les fabricants de dégras ont donc tout intérêt à choisir les huiles les plus aptes à fournir cette matière résinoïde, c'est-à-dire les plus facilement oydables. L'analyse donne comme rapport d'oxydabilité : huile de baleine du Nord 8,266 p. 100 ; huile du Japon 8,194 ; huile de foie de morue 6,383 ; huile de Menhaden 5,454 ; huile de Spermaceti 1,629. C'est donc à juste titre que les chamoiseurs et les fabricants de dégras corroyeurs préfèrent l'huile de baleine du Nord.

Les matières organiques (débris de peau, membranes détachées par le foulon) contenues dans un dégras ne doivent pas dépasser 5 p. 100. Le dégras contient parfois des traces de fer provenant de la presse hydraulique et très ennuyeuses à cause des taches qu'elles produisent sur le cuir, un peu de carbonate de soude ou d'acide sulfurique indiquant son mode d'extraction. On l'additionne aussi de suif, de résine, d'acide oléique, etc.

On tend à substituer au dégras véritable des dégras dits artificiels dont les uns, résultant de l'émulsion de la matière grasse avec l'eau au moyen d'alcalis ou de substances alcalines (borax, verre soluble, savon) ne valent absolument rien et dont les autres résultant d'une émulsion faite avec des acides organiques, gras, résinoïdes, et connus sous les noms de dégras de laine, graisse émulsionnée et oxydée, dégras artificiel ne valent pas grand' chose, car ils ont un défaut, celui de ne pas être oxydés : leur oxydation a lieu plus tard à l'intérieur du cuir et au détriment de sa qualité.

On a proposé aussi divers mélanges, comme ceux de dégras et de cire de paraffine qui donne du corps ; d'huiles de poisson et de cheval, de suif et de glycérine ; d'huiles de lin, de goudron, de pieds de bœuf et de suif. On a proposé aussi l'emploi des résidus gras et huileux obtenus dans la fabrication des savons, des dépôts des réservoirs d'huile, de la vaseline.

Chamoiserie. — C'est le tannage à l'huile. Le cuir chamoisé est un cuir mou, doux et élastique, qui ne perd pas son tannage à l'eau, qui peut par conséquent se laver, d'où le nom de cuir qui se lave que les Anglais et les Allemands lui donnent. Il ne présente pas de différence du côté de la chair ou du côté du grain, car pour obtenir le plus de souplesse possible et faciliter en même temps la pénétration de la graisse, on enlève la fleur : cependant les peaux pour gants chamoisés fins conservent la fleur, qui se porte à l'intérieur. Le cuir chamoisé se prépare avec les peaux de cerfs, de daims, de rennes, de chevreuils, d'agneaux, de moutons (chair des peaux de moutons dédoublées), de chèvres, de chevreaux et pour les articles de bufletterie avec les peaux de bœufs, de vaches, quelquefois de veaux. Ces peaux sont traitées jusqu'après épilage, exactement de la même façon que dans la mégisserie ; aussi beaucoup de chamoiseurs font-ils préparer leurs peaux par les mégissiers et les reçoivent-ils d'eux sous le nom de merluches.

Le pelanage est mené de façon à éliminer toute la coriine. L'épilage se fait avec un couteau particulier de façon à effleurer en même temps la peau : parfois l'effleurage se fait après l'épilage. La peau est ensuite dégorgée et gonflée dans un confit de son, puis tordue avec soin. Elle est alors frottée d'huile sur fleur, puis foulée au foulon des chamoiseurs : ce foulage dure

3 heures. Pour que la peau s'imprègne complètement de graisse, on la retire de temps en temps du foulon, on l'expose à l'air (évente) de façon à ce qu'elle perde peu à peu son eau, ou la huile, et on la foule de nouveau, et cela jusqu'à ce qu'à sa surface extérieure paraisse sèche et qu'elle répande l'odeur de la moutarde. On les dispose ensuite en tas conique dans une chambre chauffée en les aérant et renversant les tas de temps à autre : la majeure partie de l'huile s'oxyde et entre en combinaison ; le surplus est enlevé par torsion ou autrement et porte le nom de moëllon. Le cuir dégraissé est séché, puis hardé ou étiré.

La théorie du tannage par l'huile n'est pas bien connue. Il y a certainement combinaison de l'huile avec les fibres, car le cuir chamoisé est plus résistant à l'eau bouillante que le cuir ordinaire. Dans tous les cas, l'huile modifiée qu'on parvient à fixer sur les fibrilles de la peau par des foulonnages alternés avec des expositions à l'air, empêche l'adhérence des fibres cutanées et donne au cuir une souplesse qu'on ne saurait obtenir par le tannage à l'écorce.

L'huile employée est celle de poisson, huile d'alligator, de crocodile, de baleine, de foie de morue, de phoque, de requin. L'excès d'huile est enlevé par un travail sur chevalet au couteau rond, par simple tordage ou par pression à la presse ou aux laminoirs. Sacher a appliqué avec succès le sulfure de carbone. L'huile qui reste encore après la pression est enlevée (Angleterre, Allemagne) au moyen de la potasse ou du carbonate de potasse, rarement de l'acide sulfurique.

La matière grasse ainsi extraite porte le nom de moëllon : elle laisse déposer le *dégras*, dont les corroyeurs font un grand usage. Certaines fabriques de cuir chamoisé n'ont en vue que la préparation du dégras et font subir dans ce but une série de traitements successifs aux peaux de veaux qu'elles travaillent.

Les peaux chamoisées d'agneau et de mouton servent à fabriquer les gants de castor, de daim et de chamois.

*
* *

Les corps gras n'étant pas mouillés par l'eau, forment la base d'un grand nombre de compositions destinées à rendre imperméables les tissus, les bois, les murs, etc. Ces préparations ont reçu des noms divers : mastics, luts, hydrofuges, etc., suivant les usages auxquels on les destine.

Voici quelques formules : *Enduit hydrofuge* pour constructions : huile de lin 30, savon de cuivre et de fer 16, cire 16 ; ou plus simplement : cire 1, huile à la litharge 3. *Mastic des fontainiers* : suif 1, résine 3, cire 1, brique pilée 4. *Luts gras* : suif 1, cire 1, on étend avec un fer chaud ; ou encore : huile de lin cuite 1, argile bien sèche q. s. *Cirage*, d'après Ragon : il est formé de 1 p. de suif, de 9 p. de résine de pin, de 6 p. de carbonate de soude et de 6 p. d'eau. On fond ensemble en mélangeant intimement le suif et la résine grossièrement pulvérisée, puis on ajoute l'eau et le carbonate de soude et l'on maintient en ébullition une demi-heure en remuant constamment. On peut ajouter à la pâte ainsi obtenue diverses couleurs.

**

Les corps gras employés comme *lubrifiants* sont, soit des graisses, soit des huiles. La graisse la plus employée est le suif. Les huiles employées au graissage des machines sont : les huiles de colza, d'olive, de ricin, de palme, de coco, de suif, de lard, de pieds de bœuf, de cétacés, de spermaceti. Les lubrifiants plastiques sont des émulsions de graisses ou d'huiles, avec assez d'alcali pour neutraliser les acides et former des savons. Ces lubrifiants plastiques sont employés pour les faibles vitesses, plus fréquemment que les graisses pures et même les lubrifiants solides.

Voici la formule de quelques-uns de ces lubréfiants, nommés aussi graisses consistantes. Graisse pour wagon de chemin de fer : suif 18 à 22, huile de palme 12, huile de colza 2 à 1, cristaux de soude 5, eau 63 à 60 (le premier dosage convient pour l hiver, le second convient l'été). Lys (br. fr., 1899) emploie : huile d'amandes douces 100, résine 3, qu'il chauffe avec un excès de bicarbonate de soude 2 h. à 110°. Ces graisses se font encore avec addition directe de savon de soude ou de chaux. La *graisse de résine* obtenue par mélange d'huile de résine, d'huile minérale et de chaux, est employée pour le graissage des wagonnets de mines et des chariots. On ne doit pas l'employer pour les portes de bronze à cause de sa rapidité d'oxydation. Nous renvoyons pour plus de détails au Traité : Du graissage et des lubrifiants, par L. Archbutt, chimiste de la Compagnie de Midland Ry et R. Mountford Deeley, inspecteur du matériel et de la traction du Midland Ry, dont M. G. Richard nous a donné une excellente traduction.

Corps gras alimentaires. — Les corps gras comestibles : beurre, graisse, huiles, sont nombreux ; ce sont des aliments comburants, mais l'on ignore quel est leur mode exact d'assimilation dans l'organisme. D'après les uns, les corps gras seraient résorbés à l'état d'émulsion dans l'intestin grêle ; d'après les autres, ils seraient dédoublés en acides gras et glycérine, éléments qui se recombineraient ensuite à l'état de graisse.

Le Beurre est un mélange de margarine et d'oléine ; en été, c'est l'oléine qui domine (50 pour 100), en hiver c'est la margarine (65 pour 100).

Les huiles comestibles sont encore plus riches en oléines, 70 à 75 pour 100.

Les graisses au contraire contiennent surtout de la stéarine et de la margarine, d'autant plus que leur consistance est plus ferme. Le suif de mouton contient 80 pour 100 de stéarine et de margarine, le suif de bœuf 70, la graisse de porc 38.

Les graisses animales, beurre et margarine, sont souvent colorées en jaune. Autrefois on employait la gaude et le rocou ; aujourd'hui c'est presque toujours un colorant azoïque. *J. Geisler* (J. of am. chem. S. 1898) recommande la terre à foulon comme le meilleur moyen de déceler le colorant.

Les graisses alimentaires sont au saindoux ce que la margarine est au beurre. On se sert pour les fabriquer de graisse de bœuf ou de mouton, de suif comestible ou de presse, de stéarine de lard, de graisse de coco, d'huile de sésame, d'arachide, de coton, mais surtout d'huile de coton et de suif comestible avec de la graisse de porc.

Le beurre de coco est un mélange de laurine et d'oléine, sous le nom de *végétaline,* il constitue un corps gras alimentaire, qui est digéré intégralement (préparé par Roca, Tassy et de Roux).

Applications en pharmacie. — Les corps gras sont la base de différentes préparations pharmaceutiques, d'usage interne ou externe.

Pour l'usage externe, les *pommades* ont pour base l'axonge ou un mélange de corps gras. Les onguents sont formés de corps gras et de résines. Les *cérats* sont à base de cire et d'huile. Les *liniments* sont également à base d'huile. Les *émulsions* sont généralement obtenues en divisant et suspendant des matières huileuses dans l'eau au moyen d'un mucilage de gomme ou de jaune d'œuf.

A l'intérieur, les huiles sont employées dans les phlegmasies, principalement celles qui siègent aux poumons.

L'huile de foie de morue et l'huile d'olive sont très employées contre la phtisie. L'huile de foie de morue, émulsionnée avec une décoction de carragaheen, de la gomme et de la glycérine, constitue l'*émulsion Scott.* Elle renferme : huile 42, glycérine 16, hypophosphite de calcium 1, gomme 8. Le *tritol* de E. Diétérich est une émulsion d'huile, 100, avec de l'extrait de malt diastasique, 25.

L'huile a rendu des services dans le traitement de la peste.

A haute dose, les huiles agissent comme des laxatifs. Les propriétés particulièrement purgatives de l'huile de ricin ont été attribuées à la triricinoléine, Meyer, 1891.

Voici quelques formules de préparations huileuses pour l'usage interne :

Looch blanc : amandes douces mondées 30, amandes amères 2, sucre blanc 30, gomme adragante pulvérisée 0,5, eau de fleur d'oranger 10, eau commune 120. — *Électuaire huileux,* contre la toux : huile d'amandes douces 60, sirop de violette 30, sirop de capillaire 30, sucre candi pulvérisé, quantité suffisante ; dose, une cuillerée à café toutes les demi-heures. — *Crème pectorale :* beurre de cacao 100, huiles d'amandes douces 10, sirop de coquelicot 40, eau de fleur d'oranger 20.

Applications en parfumerie. — Les corps gras reçoivent de nombreux usages en parfumerie pour l'extraction des parfums par la méthode dite d'enfleurage.

L'infusion de fleurs de violettes, durant 8 jours dans l'huile d'amandes, est employée pour la chevelure et pour la préparation de pommades cosmétiques.

Voici quelques recettes pour ces derniers :

Fard blanc gras : cire 25, vaseline 250, lanoline 125, sous-nitrate de bis-muth 200, talc 50, spermaceti 15. — Pommade à la rose : graisse 500, huile d'œillette 100, cire ou spermaceti 50, essence de géranium 5, essence de rose 1, essence de cannelle de Chine 0,25. — Pommade cold-cream : blanc de baleine 40, cire 40, huile d'amandes douces 600. — Pommade de con-combres : axonge 1.000, suif de veau 250, benjoin 5, suc de concombre 50. — Pommade hongroise pour les moustaches : cire 50, savon d'huile 15, gomme arabique 17, eau de rose 5, essence de bergamote 5, essence de thym 1. — Brillantine : alcool 200-100, glycérine 100-200, huile de ricin 0 à 20, essence 2. — Cérat simple : huile d'amandes douces 300, cire blanche 100. — Pâte de savon : savon blanc de Marseille en poudre 250, glycérine 100, iris 15. — Gelée de glycérine : glycérine 60, savon doux 15, huile d'amandes 500, essence de thym 5, essence de girofle 4, essence de bergamote 2.

Applications dans les industries textiles et tinctoriales. —

Les huiles sont employées comme mordants gras de teinture sous deux formes, à l'état d'huiles tournantes et à l'état d'huiles solubles, dans la teinture du coton en rouge d'Andrinople et en matières colorantes artificielles de nature basique. L'usage des huiles solubles tend d'ailleurs de plus en plus à se substituer entièrement à celui des huiles tournantes.

L'*huile tournante ou émulsive* est une huile d'olive lampante qui est devenue acide par le temps et qui est devenue susceptible de s'émulsionner avec les lessives alcalines, c'est-à-dire de donner un liquide blanc laiteux où l'huile existe à l'état de division extrême. Cette facilité de faire émulsion peut d'ailleurs être facilement communiquée à n'importe quelle huile en la mélangeant avec 5 à 15 pour 100 d'acide oléique, oléine, huiles pour rouge turc.

Les huiles solubles sont préparées depuis 1876 en faisant agir l'acide sulfu-rique sur les huiles d'olive, et surtout de ricin ou castor, etc. A 10 kgs d'huile, on ajoute peu à peu, en remuant énergiquement, 2 kgs à 2 kgs et demi d'acide sulfurique concentré et en refroidissant. L'opération terminée, on con-tinue à agiter pendant plusieurs heures (12 à 24) ; on ajoute alors de l'eau, ou remue vivement, on laisse reposer, on soutire l'eau acide et on recommence le lavage jusqu'à ce que l'eau ne soit guère plus acide. Pour faciliter la sépa-ration de l'huile et de l'eau, on ajoute à cette dernière du sel qui augmente sa densité. L'huile est ensuite additionnée d'une solution d'ammoniaque ou de soude pour la rendre liquide, mais préférablement d'ammoniaque. Le sulfoléate ou sulforicinate ainsi obtenu renferme des acides gras plus ou moins modifiés et constitue l'huile double à 90 pour 100 de matière grasse. On l'étend de son volume d'eau pour avoir l'huile simple à 50 pour 100.

L'huile soluble de ricin est supérieure à celle d'olive, parce qu'elle est mieux émulsionnée et elle contient des composés moins saturés. Ces huiles renferment des acides gras sulfonès et polymérisés : les sulfonés jaunissent les tons à l'alizarine, les polymérisés les bleuissent.

Le sulforicinolate d'ammoniaque a pour formule $C^{18}H^{33}O^2.OH.SO^4(NH^4)^2$. Pour déterminer la richesse en huile d'une huile soluble, on en chauffe 50 cc. avec 10 cc. d'acide chlorhydrique et 40. cc. d'eau dans une éprouvette graduée : l'huile remonte à la surface ; on laisse refroidir et on lit le volume qu'elle occupe.

Pour s'assurer que les huiles solubles ne renferment pas trace de fer, on procédera comme il suit. On ajoute à 50 cc. de l'huile 50 cc. d'acide sulfurique étendu à volume égal et additionné de quelques gouttes d'une solution de prussiate jaune ; on agite ; on introduit 25 cc. d'éther et on agite. A la séparation des deux couches, on trouvera du bleu de Prusse s'il y a du fer.

Pour la teinture en rouge turc on passe le coton en solution d'huile soluble à 50 pour 100, on sèche, on vaporise. La proportion d'huile fixée fait varier l'intensité de la teinture subséquente.

Pour la teinture en couleurs basiques, on imprègne le coton de la solution alcaline de l'huile soluble, on passe ensuite en sel d'alumine, on lave et on teint. La teinture est rendue plus solide en séchant et en vaporisant ensuite.

Ce sont les acides gras modifiés qui jouent ici le rôle de mordants ; le sel d'alumine sert à les fixer, comme le sel d'antimoine fixe l'acide tannique. Le coton mordancé à l'huile donne des teintures plus brillantes, mais moins solides au savon que celui mordancé au tannin.

Les acides sulforiniques, et les huiles solubles reçoivent d'ailleurs des applications de plus en plus nombreuses dans le traitement des fibres textiles, huiles d'ensimage, etc.

L'acide sulforicinique est soluble dans l'éther, le chloroforme, le sulfure de carbone, la benzine et les essences. Il constitue un bon dissolvant du phénol ordinaire, 40 pour 100 ; du naphtol 10 pour 100 ; de la créosote 10 pour 100 ; du salol 15 pour 100. Ces solutions donnent avec l'eau des émulsions complètes. L'antiseptique de Vallace est un mélange de 100 p. d'acide sulforicinique et de 20 p. de phénol. Le savon liquide est formé de sulforicinate de soude ou d'ammoniaque tenant 0,5 pour 100 d'acide sulfophénique.

Applications à la peinture et aux vernis gras. — L'huile de lin est la principale des huiles employées à ces usages ; cependant, l'huile d'œillette sert également pour le broyage et le malaxage des couleurs. Les huiles de bois de Chine et du Japon sont également utilisées, mais pas à l'intérieur à cause de leur odeur. Ces huiles forment en séchant une couche élastique et résistante qui convient bien pour la protection des constructions, notamment les parties métalliques.

La principale application des huiles siccatives est son emploi dans la peinture à l'huile et dans la fabrication des vernis gras.

La cuisson à l'air surtout en présence d'essence de térébenthine ou mieux encore de certains oxydes métalliques, litharge ou minium, peroxyde ou borate de manganèse, active cette siccativité. Voir des *détails* p. 878.

L'huile de lin crue renferme de 0,8 à 1,3 pour 100 de matières insaponifiables et l'huile cuite deux fois autant environ 1,3 à 2,3. Une proportion plus grande doit faire supposer une falsification par des huiles minérales.

Le vernissage des ballons à l'intérieur et à l'extérieur se fait avec un vernis à base d'huile de lin siccative.

La peinture vernissée de Delbeke (B. Soc. d'Encouragement, 1900), pour cheminées et corps chauds, est formée d'huile siccative 3, oxyde Sb et argile 4, essence de pétrole (125°) 2,5.

Le linoléum est également à base d'huile de lin. Voir plus loin.

Le *taffetas gommé* s'obtient en recouvrant un taffetas léger d'une couche d'huile de lin qui s'oxyde en formant sur le tissus un vernis transparent imperméable. Les objets de chirurgie et divers objets dits *en gomme*, sont formés au moyen de mèches de coton imprégnées d'huile siccative, qu'on oxyde à l'air en façonnant.

Linoléum et toiles cirées. — Le *linoléum* est obtenu en broyant à chaud du liège en poudre et de l'huile de lin déjà solidifiée. La masse ainsi obtenue est ensuite étendue sur un tissu.

Il existait en France, en 1892, seize usines s'occupant de l'industrie des toiles cirées et linoléums ; la plupart se sont transformées par suite de l'infériorité des droits douaniers.

L'importation des toiles cirées et linoléums, en France, a presque doublée depuis 1889, et elle se tient maintenant stationnaire aux alentours de 4 millions de kgs. En 1904, on a importé : 2.426.000 kgs de toiles et linoléums sur lin et jute ; 66.000 kgs de toiles d'emballage sur coton ; 1.496.000 kgs de toiles cirées sur coton, dont les 5/6 venant d'Angleterre. La valeur du kg. en francs, est la suivante : 1,75 pour les toiles cirées et linoléums ; 1,80 pour les toiles d'emballage ; 2,50 pour les toiles cirées sur coton.

L'Angleterre importe les toiles de luxe pour carrosserie, etc. ; son importation en linoléums aurait diminué, tandis que l'Allemagne s'est mise à importer des quantités de linoléums, en particulier des linoléums du genre dit incrusté, que l'on fabrique au moyen de machines construites par la maison Krupp d'Essen.

Il existe peu de documents techniques sur la fabrication du linoléum. Un mémoire très intéressant, mais un peu ancien déjà, a paru en 1886 dans le Journal of the Society of chemical Industry, p. 75 et suiv. ; il est de M. Walter F. Reid. Sa lecture fut suivie d'une discussion où intervint M. F. Walton, l'inventeur même du linoléum en 1862. On en trouvera la substance traduite dans le fascicule 53, p. 138 et suiv., de l'Encyclopédie Universelle, publiée sous la direction de Jules Garçon. Un autre mémoire a été publié par le même journal, en 1904, p. 1.197, par le docteur Harry Ingle, sur l'examen du linoléum et la composition du liège. Je donnerai ici quelques très courtes indications sur cette fabrication, renvoyant pour le surplus à ces deux documents et aux manuels spéciaux.

Les articles qui ressortissent de cette industrie sont les suivants :

1º *Toiles cirées et linoléums de jute.* — Les toiles de jute cirées sont fabriquées en enduisant les deux côtés d'un tissu de jute avec des enduits composés d'huile de lin, de blanc de Meudon et d'ocre. Le garnissage du tissu s'obtient par l'application de plusieurs couches de ces enduits. Il intervient alors une impression imitant des carreaux de faïence, des tapis de laine, etc. Enfin on applique une couche de vernis qui donne à l'ensemble la solidité nécessaire. Ce genre s'emploie pour teintures murales et tapis de planchers ou de carreaux. La proportion des matières premières qui entrent dans cette fabrication est pour 109 environ : 25 de tissu, 35 d'huile, 30 de craie et 10 de couleurs.

Les linoléums de jute sont fabriqués en appliquant sur un tissu de jute, d'un côté une couche d'une *pâte* formée de liège moulu et d'huile de lin parfaitement oxydée, et de l'autre côté un enduit composé de craie, d'ocre et d'huile. Une impression vient ensuite donner l'illusion d'un carrelage ou d'un tapis. Le linoléum de jute s'emploie pour tentures murales et pour tapis, en très grand quantité, soit uni, soit imprimé. La proportion des matières premières qui entrent dans sa fabrication est la même, sauf qu'une partie de la craie est remplacée par du liège moulu. L'épaisseur de la pâte de liège peut atteindre 10 millimètres. Un genre spécial porte le nom de *linoléum incrusté.* C'est un linoléum dont la couche de pâte est formée de morceaux de pâte divers colorés, découpés à l'emporte-pièce, puis juxtaposés de façon à obtenir une pâte homogène. Le linoléum incrusté, en dehors des effets artistiques parfois du plus bel aspect, auxquels il se prête, offre le grand avantage que le dessin, existant dans toute l'épaisseur, ne disparaît pas à l'usure ; mais il coûte évidemment plus cher.

2º *Toiles cirées pour emballages.* — Les toiles cirées pour emballages sont fabriquées sur *tissus de coton ou de jute,* qu'on enduit avec un composé de résine ou goudron et d'huile de lin. Elles servent à l'emballage de toute marchandise qu'on veut protéger contre l'humidité. La proportion des matières premières est ici : 40 tissu, 35 résine, 25 huile,

3º *Autres toiles cirées.* — Les *toiles cirées pour tables* sont établies sur *tissu de coton* que l'on enduit avec plusieurs couches à base de noir de fumée, craie, kaolin en forte proportion d'huile : 35 tissu, 40 huile, 15 noir de fumée, 5 craie, 5 couleurs. On imprime ensuite un dessin, puis on recouvre d'un vernis protecteur.

Toutes les autres toiles cirées pour ameublements, carrosseries, etc., imitations de cuirs vernis ou mats sont comprises sous le nom de *toiles-cuir.* On les obtient en enduisant un *tissu de coton* de qualité très variable avec un enduit formé de noir de fumée et d'une forte proportion d'huile de lin ; on répète plusieurs fois cette enduction, puis on finit par un enduit de la couleur désirée, et enfin par un vernis protecteur contre l'usure. On donne parfois un gaufrage à la machine.

La fabrication de ces trois articles comporte en plus l'emploi d'essence de pétrole ou d'un autre agent comme dissolvant des enduits, vernis, huile de lin épaisse, aux doses respectives de 10, 15 et 20 kilogrammes par 100 kilo-grammes de toile cirée obtenue. Cette essence disparaît complètement à la fabrication, par évaporation au séchage. Ces séchages sont particulièrement longs et prolongés, sauf pour le genre dit : toiles cirées pour emballages. L'essence de pétrole coûte 40 francs les 100 kilogrammes, en France, et juste la moitié à l'étranger.

Comme le liège renferme du tannin, il en résulte que, si l'on pose des objets en fer sur du linoléum mouillé, on est exposé à voir se produire des taches noires indélébiles.

Quant aux enduits, on leur ajoute souvent une quantité variable de gou-dron, de résine ou de gomme ; environ un dixième. Le point important dans la préparation de l'enduit est qu'après séchage, l'enduit ne soit ni trop dur, ni trop mou ; trop dur, le linoléum risquerait de présenter des cassures lors-qu'on le roulerait ; trop mou, le linoléum prendrait la marque de tous les objets lourds qu'on lui imposerait, pieds de chaises, etc., et il garderait ces ces marques. Il y a là un juste milieu que la pratique de l'atelier fait acquérir.

CHAPITRE XXV

AMINES, AMIDES, AZINES, COMPOSÉS AZOÏQUES

I. — AMINES

Généralités. — Les *amines*, ammoniaques composés, alcalis organiques artificiels, sont des combinaisons basiques, analogues à l'ammoniaque ou aux alcalis minéraux puisqu'elles sont susceptibles de neutraliser les acides et de donner des sels.

On peut les considérer comme résultant de la substitution des radicaux alcooliques à H de l'ammoniaque, et elles sont dites primaires, secondaires, tertiaires, selon que cette substitution porte sur 1,2 ou 3 H. On peut les considérer encore comme résultant de la substitution de NH^2 à H d'un carbure ou à OH d'un alcool. Le groupement fonctionnel est $CH^2.NH^2$. On obtient aussi des amines quaternaires, qui sont de vrais oxydes d'ammoniums alcooliques.

Les amines se produisent en faisant agir les iodures alcooliques sur l'ammoniaque ou sur les amines primaires ou secondaires. Leur théorie a été donnée par Wurtz en 1849, et complétée par W. Hofmann en 1850. Quelques-unes existent à l'état naturel.

L'acide nitreux donne avec les amines primaires l'alcool ou le phénol, N et H^2O ou des *diazo*; avec les amines secondaires et tertiaires, des *nitrosamines* ou des bases nitrosées.

La théorie des amines s'étend aux Phosphines, aux Stibines, aux Arsines.

1. MONOAMINES

1° *Série grasse :*

Méthylamine	$CH^3.NH^2$
Éthylamine	$C^2H^5.NH^2$
Propylamine	$C^3H^7.NH^2$
Butylamine	$C^4H^9.NH^2$
Amylamine	

Voici la série des amines primaire, secondaire, tertiaire et quaternaire du radical CH^3 :

Méthylamine	$CH^3.NH^2$
Diméthylamine	$(CH^3)^2NH$
Triméthylamine	$(CH^3)^3N$
Oxyde de tétraméthylammonium	$(CH^3)^4(OH)N$

2° *Série acétylique* :

Acétylamine... allylamine...

3° *Série aromatique* :

1. Amines primaires

Phénylamine ou Aniline	$C^6H^3.NH^2$
Toluidines	$C^6H^4(CH^3)NH^2$
Xylidines	$C^6H^3(CH^3)^2NH^2$
Naphtylamines	$C^{10}H^7.NH^2$

On les prépare en réduisant les dérivés nitrés des carbures aromatiques par le sulfure d'ammoniaque (Zinin) ou H naissant : acide acétique + fer (Béchamp).

Ces amines donnent par l'action des agents chlorurants ou oxydants de nouvelles bases.

Avec l'acide sulfurique, elles donnent des acides sulfonés. comme l'acide sulfanilique. Avec l'acide nitreux, elles donnent des composés *diazoïques* qui se décomposent par la chaleur en phénol correspondant et azote libre. Avec l'acide nitrique, elles donnent des amines nitrées. Avec les acides organiques, leurs anhydrides, ou les chlorures d'acide, elles donnent des anilides qui sont des amides substituées.

2. Amines secondaires

Méthylaniline	$NH(CH^3)C^6H^5$
Éthylaniline	$NH(C^2H^5)C^6H^5$
Diphénylamine	$NH(C^6H^5)^2$

Avec l'acide nitreux, elles donnent des dérivés nitrosés ou nitrosamines ; celles-ci à leur tour, par réduction, donnent des hydrazines substituées.

3. Amines tertiaires

| Triphénylamine | $N(C^6H^5)^3$ |
| Diméthylaniline | $N(CH^3)^2C^6H^5$ |

Elles donnent avec l'acide nitreux des bases nitrosées.

2. POLYAMINES

A. *Diamines* de la série grasse :

| Méthylène-diamine | $CH^2(NH^2)^2$ |
| Éthylène-diamine | $C^2H^4(NH^2)^2$ |

Diamines de la série aromatique :

Phénylène-diamines o, m, p	$C^6H^4(NH^2)^2$
Toluylène-diamine	$C^6H^3(CH^5)(NH^2)^2$
Diaminodiphényle (benzidine)	$(C^6H^4)^2(NH^2)^2$

B. *Triamines* de la série grasse :

Diéthylène-triamine $C^4H^7(NH^2)^3$

Triamines aromatiques :

Triaminobenzines $C^6H^3(NH^2)^3$

Triaminotriphénylméthane $CH\equiv(C^6H^4.NH^2)^3$

Nous y rattachons les bases dérivées du triphénylméthane $CH(C^6H^5)^3$ ou du triphénylcarbinol $COH(C^6H^5)^3$.

Paraleucaniline $CH(C^6H^4.NH^2)^3$

Pararosaniline $COH(C^6H^4.NH^2)^3$

Leucaniline $CH(C^6H^3.NH^2)^2C^6H^3(CH^3)NH^2$

Rosaniline $COH(C^6H^4.NH^2)^2C^6H^3(CH^3)NH^2$

Méthylrosaniline..., Phénylrosaniline..., Triphénylrosaniline..

auxquelles se rapportent toutes les matières colorantes dites dérivées du triphénylméthane, couleurs de rosanilines, phtaléines, etc.

3. AMINES COMPLEXES

Une molécule d'alcool polyatomique, reproduisant plusieurs fois la réaction d'un alcool monoatomique, il en résulte qu'elle peut éprouver une ou plusieurs substitutions et conduire à des fonctions moins ou plus complexes. Ces fonctions deviennent encore plus complexes si l'alcool lui-même est déjà un alcool complexe, alcool-acide, alcool-éther, etc.

Aux alcools diatomiques correspondent des *Amines-alcools*, comme l'oxyéthylène-amine, la choline ; ou des *Diamines* (que nous venons de voir aux polyamines).

Aux alcools-acides : acide glycolique, acide lactique, correspondent des amines-acides :

dans la série grasse :

Acide aminoformique (acide carbamique) NH^2CO^2H

Acide aminoacétique (glycollamine ou glycocolle) $CH^2(NH^2)CO^2H$

Acide aminolactique ou alanine $(CH^2)^2(NH^2)CO^2H$

Acide aminoleucique ou leucine

dans la série aromatique :

Acides aminobenzoïques $C^6H^4(NH^2)CO^2H$

Acides aminooxybenzoïques $C^6H^3(OH)(NH^2)CO^2H$

Aux phénols correspondent les *Amino-phénols* que l'on obtient généralement en réduisant les dérivés nitrés des phénols :

Aminophénols $C^6H^4(OH)(NH^2)$

Diaminophénols $C^6H^3(OH)(NH^2)^2$

Aminonaphtols $C^{10}H^6(OH)(NH^2)$

On les obtient par réduction des dérivés nitrés correspondants.

Aux alcools triatomiques peuvent correspondre des composés aminés qui soient en même temps alcools, acides, éthers. Ainsi, l'acide aspartique est une monamine diacide.

Ptomaïnes. — Les ptomaïnes sont des bases alcaloïdiques, souvent très vénéneuses, sécrétées par les microbes de la putréfaction. Ces ptomaïnes sont différentes des toxines qui ne possèdent que rarement une réaction alcaline. Elles furent découvertes simultanément, vers 1873, par Selmi et A. Gautier. Le nom de ptomaïne (de πτῶμα corps mort) donné par Selmi, vient de ce que ces corps furent découverts dans des cadavres en putréfaction. Elles se retirent de l'extrait aqueux des tissus putréfiés, après filtration et séparation des graisses et des substances protéiques.

Nitrosamines. — Les nitrosamines dérivent des amines aromatiques par introduction dans leur molécule d'un groupement NO.

On distingue plusieurs espèces de nitrosamines, suivant que l'amine à laquelle elles se rattachent est primaire, secondaire ou tertiaire, et aussi suivant la position du groupement NO dans la molécule.

Nitrosamines primaires à l'azote ou *Isodiazoïques.* — Ces composés sont isomères avec les hydrates de diazoïques. Leur formule est $R - N < ^H_{NO}$ NO y est relié à l'azote. On ne les obtient pas directement dans l'action de l'acide nitreux sur une amine primaire, mais par transposition moléculaire de l'hydrate de diazo en le chauffant en présence d'alcali. Ce sont des corps stables, qui ne donnent pas de matières colorantes azoïques.

Nitrosamines dans le noyau. — Le groupement NO y est toujours en para par rapport au groupement NH^2. On les prépare indirectement à partir d'un para-nitrosophénol. A ce groupe appartient la p.-nitrosoaniline $NO_4.C^6H^4.NH^2$.

Nitrosamines secondaires. — Elles sont aussi de deux sortes, suivant que NO est lié à l'azote ou dans le noyau.

Les nitrosamines secondaires reliées à l'azote, s'obtiennent directement dans le traitement d'une amine secondaire par l'acide nitreux. Leur formule est $^R_R > N - NO$. Ce sont des corps neutres. Chauffées dans certaines conditions, elles se transforment en la nitrosamine secondaire para-nitrosée dans le noyau, de formule $^R_H > N - R' - NO$, R' étant un résidu phénolique divalent, tel que C^6H^4. Celles-ci sont des solides cristallisables, donnant des sel avec les acides. Comme exemples, citons la méthylaniline — para. — nitrosées $C^6H^4 < ^{NH(CH^3)}_{NO_4}$ qui provient de la transposition moléculaire de la méthyl-aniline nitrosamine $^{C^6H^5}_{CH^3} > N. NO$.

Nitrosamines tertiaires. — Elles n'existent que dans le noyau. Elles se forment directement dans l'action de l'acide nitreux, sur les amines tertiaires. Le groupement NO est toujours en para du groupement amino-substitué, telle la para-nitrosodiméthylaniline $NO_4.C^6H^4.N(CH^3)^2$. Elles donnent des sels solubles dans l'eau.

L'action de l'acide nitreux sur les amines est souvent utilisée pour séparer un mélange d'amines primaire, secondaire et tertiaire.

L'amine primaire donne un dérivé diazoïque, soluble dans l'eau ; l'amine secondaire donne le dérivé nitrosé à l'N, insoluble dans l'eau, soluble dans l'éther ; l'amine tertiaire donne le para-nitrosé, insoluble dans l'eau et dans l'éther.

*
* *

Nous étudierons dans ce chapitre : les méthylamines, les arsines, l'aniline, les toluidines et xylidines ; les a- et b- naphtylamines ; — les diphénylamines et les anilines substituées ; les rosanilines ; les phénylènes-diamines et les toluylènes-diamines ; les diaminodiphényles : benzidine, dianisidine ; et les diaminoditolyles ; — les aminophénols, les amido-résorcines, les amino-naphtols et dérivés ; — le glycocolle ou acide aminoacétique ; l'alanine ; les acides amino-benzoïques et amino-oxybenzoïques.

Méthylamines. — Gaz incolores ou liquides très fluides, à odeur ammoniacale, très inflammables. Il se produit un grande quantité de triméthylamine $N(CH^3)^3$ dans la distillation des vinasses de betterave. Il s'en forme dans la distillation du bois (Soc. chim., 1873). Elle sert à préparer le chlorure de méthyle par le procédé Vincent. Il s'en produit dans la fermentation des matières animales, saumures de poissons, etc.

L'*héxaméthylène-tétramine* se combine avec l'iodoforme, *iodoformine*, produit inodore ; avec le tannin, *tannone*.

Arsines. — Parmi les arsines comparables aux amines, la diméthylarsine $AsH(CH^3)^2$ ou *cacodyle*, qu'on obtient en distillant mélange égal d'acétate de K et d'acide arsénieux, est un liquide d'une odeur épouvantable, d'où son nom de cacodyle (qui sent mauvais) ; inflammable, très vénéneux, fumant à l'air ; liquide fumant de Cadet, 1760. Il donne par oxydation l'*acide caco-dylique* $As(CH^3)^2O.OH$, arsicodyle Leprince, qui n'est plus vénéneux bien qu'il renferme 54,3 pour 100 de son poids d'arsenic.

Le *cacodylate de soude* a été introduit en thérapeutique par A. Gautier. Il renferme 47 pour 100 de As ; est soluble dans l'eau et n'est pas toxique. Le mode d'administration qui paraît préférable est l'injection sous-cutanée. L'organisme peut tolérer aisément la dose de 5 centigrammes par jour, mais il ne faut pas oublier qu'il peut se réduire en cacodyle et donner des accidents, surtout si on l'administre par voie gastrique et si on laisse l'arsenic s'accumuler. Il faut suspendre les injections au moindre signe d'intolérance. Ces injections constituent l'un des meilleurs reconstituants.

Le méthylarsinate de soude est employé aux mêmes usages que le cacodylate, sous le nom d'*arrhénal*, mais il est plus toxique.

Aniline $C^6H^5.NH^2$ — *phénylamine* de Hoffmann, ou *aminobenzol* de Griess, a été découverte en 1826 par Unverdorben dans les produits de la distillation de l'indigo (anil en portugais), et en 1834, par Runge, dans ceux de la houille (cyanol; benzidam de Zinin). Il se prépare en réduisant le nitrobenzène par H naissant (Zinin), provenant, suivant le procédé Béchamp, 1854, d'un mélange d'acide acétique et de fer. La réaction doit être conduite avec ménagement. Aujourd'hui, on remplace l'acide acétique par l'acide chlorhydrique.

Dans cette préparation, si le nitrobenzène a été obtenu avec du benzène pur à 90 pour 100, ce qui passe à 180° 182°, est connue comme *aniline pure, aniline pour bleu*. La queue est ajoutée à la toluidine brute. — Avec du benzène à 50 pour 100, on obtient de l'aniline brute, *aniline pour rouge*, entre 180° et 200°; elle renferme 10 à 20 pour 100 d'aniline, 25 à 40 de paratoluidine, 30 à 40 de pseutoluidine, etc. On les prépare par distillation fractionnée en recueillant à 182° l'aniline, à 198° la toluidine, à 214° la xylidine. — Aujourd'hui, ou préfère faire la séparation sur les carbures mêmes. Si l'on part d'une benzine commerciale, on y fait varier la proportion du toluène, suivant qu'on veut l'aniline pour rouge ou pour noir.

En dehors de l'aniline pour bleu qui sert à la fabrication des bleus d'aniline, de l'aniline pour rouge qui sert à préparer les fuchsines et les safranines, pour ces dernières, on emploie aussi un mélange d'aniline et d'o-toluidine, l'*échappé de fuchsine*, l'*aniline pour noir* qui sert aussi à la teinture en noir d'aniline.

On obtient l'aniline chimiquement pure en formant l'acétanilide et décomposant celle-ci par la soude.

Propriétés. — L'aniline pure est un liquide huileux, incolore, d'une odeur forte, d'une saveur brûlante. Sa d = 1,031. Son point d'ébullition est 182°.

Elle est peu soluble dans l'eau : 3,5 gr. d'aniline pour 100 d'eau à 50°, et 5 gr. à 100°; 3 gr. vers 12°. L'eau se dissout également dans l'aniline; l'aniline dissout 4 p. d'eau à 160°, 6 p. à 32°, 8 p. à 65°, 10 p. à 85°. Elle se dissout dans l'alcool, l'éther, les essences, l'acétone.

Elle dissout le soufre, le phosphore, le camphre, les résines, l'indigotine, les graisses; application à l'enlèvement des taches d'huile provenant du tissage.

Elle brunit sous l'action combinée de l'air et de la lumière quand elle est impure, et finit par se résinifier.

Ses vapeurs sont toxiques; elles produisent l'*anilisme chronique*. Ou, en cas de crise aiguë, à la suite d'absorption par les voies respiratoires ou par la peau, et en coïncidence, avec de fortes chaleurs, elles produisent des nausées, la cyanose, la prostration. Il faut réagir contre le sommeil par le café additionné d'acétate d'ammoniaque.

Propriétés chimiques. — L'aniline est une base solidifiable. Elle n'a pas d'action sur le tournesol. Les sels, le chlorhydrate, le sulfate, l'acétate se forment directement. Ils sont employés dans la formation des couleurs d'aniline. Le chlorhydrate porte dans le commerce le nom de *sel d'aniline*.

Pour doser l'aniline dans les sels, on la déplace par la potasse ou la soude décinormale en solution dans l'alcool à 95°, *N. Nenchoutkine*, 1897.

L'aniline déplace les oxydes de Al, Zn, Fe de leurs sels.

L'oxygène libre la brunit et la résinifie.

Les corps oxydants donnent un certain nombre de réactions dont plusieurs sont caractéristiques, entre autres les trois suivantes : elle donne avec un azotate et de l'acide sulfurique, une coloration rouge ; avec l'acide sulfurique et une très petite quantité de bichromate de potasse à une douce chaleur, une magnifique coloration bleue; avec le chlorure de chaux, une coloration violette.

L'oxydation d'un mélange d'aniline et de p.toluidine donne la *rosaniline* que nous verrons plus loin.

Le permanganate de potassium, en solution neutre, donne la nitrobenzine par réaction inverse à celle de sa formation.

Sous l'action oxydante de l'hypochlorite de chaux, l'aniline prend une belle coloration rouge-violet et se transforme en *mauvéine*, Runge.

En 1834, Perkin modifia le procédé de préparation en remplaçant l'hypochlorite de chaux par une solution de bichromate de potasse, et en partant d'un mélange d'aniline et d'un peu de paratoluidine, *violet de Perkin*. La constitution de ce composé n'est pas encore fixée. Elle doit se rapprocher de celle de la rosaniline. La mauvéine se fixe directement sur la soie en présence d'acide tartrique.

Noir d'aniline. — Un autre produit d'oxydation de l'aniline est le noir d'aniline, qui est de la plus haute importance.

La possibilité d'obtenir des matières tinctoriales noires avec l'aniline, a été signalée d'abord par Fritsche comme un procédé de laboratoire pour reconnaître cette base. L'addition d'un cristal de chromate de potasse à une solution acide de sulfate d'aniline, détermine l'apparition d'une série de colorations passant successivement du vert au bleu, du bleu foncé, au noir, au violet. Ce fait resta longtemps sans être utilisé, et le violet, le rouge, etc., étaient déjà produits lorsque Wilm, puis Grace Calvert, utilisèrent l'action d'un mélange de chlorate de potasse et de sel acide d'aniline qu'ils imprimaient sur tissu, pour produire au moyen de l'aérage la coloration des fibres en un bleu très sensible à l'action de l'air, qui obtint une certaine vogue sous le nom d'azurite.

En 1863, Lightfoot d'Accrington réussit à transformer l'aniline en un bain noir par la simple addition de sels solubles de cuivre à la préparation de Wilm et de Calvert. Ce fut le premier pas fait dans la production pratique du noir industriel.

On l'obtient en ajoutant au sel d'aniline un mélange de chlorate de potasse et de sulfure de cuivre, *Ch. Lauth*, ou mieux, un sel de vanadium. Le vanadium détermine l'oxydation de l'aniline à l'état de noir d'aniline, à des doses catalytiques. Le noir se forme aussi sous l'influence de l'ozone ou de l'eau oxygénée. Lorsqu'on se sert de chlorate alcalin, le noir se produit aussitôt qu'on ajoute une goutte d'un acide, ou lorsqu'on se trouve en présence d'une très petite quantité d'un sel métallique à chlorate très instable. M. Rosensthiel a prouvé que le noir se forme sous l'action d'un composé oxygéné inférieur du chlore, comme l'acide hypochloreux, ce composé provenant de la décomposition du chlorate métallique instable.

Lorsqu'on oxyde l'aniline, on obtient successivement trois composés disdincts : 1° L'*éméraldine*, qui est bleue et dont les sels sont verts. C'est le composé le moins stable. Il bleuit en présence des acides et des alcalins. 2° La *nigraline*, dont les sels sont verts foncés. Elle verdit aussi par les acides, principalement par les acides sulfureux et sulfurique. Elle est le constituant principal du noir d'aniline ordinaire ou verdissable. 3° Le noir d'aniline *inverdissable*, qui est le terme ultime de l'oxydation. Il est insoluble, résiste aux acides, sauf à l'acide sulfurique concentré ; il est détruit par le chlorure stanneux.

Pour obtenir le noir d'aniline en impression, Muller emploie le précipité obtenu en chauffant à 60°, une dissolution dans 500 p. d'eau, de 40 p. de chlorydrate d'aniline, 30 p. de sulfate de cuivre, 20 p. de chlorate de potassium, 10 p. de chlorydrate d'ammonium.

On peut aussi le précipiter en mélangeant 8 p. de sel d'aniline dissoutes dans 5 p. d'eau et 5 p. de ferrocyanure de potassium dissoutes dans 10 p. d'eau.

Le noir d'aniline se produit en teinture, soit en bain plein, à froid ou à chaud, soit par oxydation.

La teinture en noir d'aniline repose sur l'oxydation d'un sel d'aniline par les chlorates ou les bichromates, soit seuls, soit en présence de sels métalliques, fer, cuivre, vanadium. On peut opérer directement en un seul bain ou *bain plein*, monté avec sel d'aniline, bichromate de potassium et acide sulfurique ou chlorhydrique, soit à froid, soit vers 50°-60°. A froid, il faut forcer les doses d'aniline et d'oxydant, employer des bains concentrés et prolonger la teinture, mais le noir dégorge. A chaud, le noir n'est solide au frottement (noir *indégorgeable*) que si l'on opère en bain assez long, et la fibre risque d'être attaquée si le bain est trop acide. Par cette méthode de teinture directe, l'opération peut durer de 1 à 3 heures, selon la concentration du bain, son degré d'acidité et la température. Le noir se développe d'autant plus rapidement que le bain est plus acide et la température plus élevée.

Il est important, dit Prud'homme [1], de n'élever la température que progressivement, sans quoi le noir au lieu de se déposer sur la fibre se trouverait précipité dans le bain. Les noirs ainsi obtenus sont en général susceptibles de verdir sous les influences acides, parce que, semble-t-il, ils renferment une forte proportion de nigraniline. On peut, il est vrai, obtenir directement des noirs inverdissables en employant des bains suffisamment acides et en teignant à froid pendant 45 minutes, puis élevant graduellement la température jusqu'à l'ébullition que l'on maintient au moins 15 minutes ; mais par ce procédé on risque d'altérer assez fortement la fibre. Le noir est moins

1. in *Teinture et Impression*, chez Gauthier-Villars et fils, 1894.

bon marché qu'en teignant à froid : il exige un volume d'eau plus considérable.

On obtiendra avec moins de danger des noirs inverdissables, soit en soumettant un noir verdissable à une oxydation complémentaire à haute température, soit en produisant le noir par une imprégnation suivie d'un développement à l'étendage à chaud ou au vaporisage (noir par oxydation). Pour obtenir un noir inverdissable, c'est-à-dire le véritable noir d'aniline, il est indispensable de pousser l'oxydation de l'aniline le plus loin possible. Le noir d'aniline ordinaire est, en effet, d'autant plus sensible aux acides qu'il a été préparé à une température plus basse ; il l'est également si la dose d'aniline employée est faible, ou si l'aniline est pure. Les anilines lourdes (anilines pour noir) conviennent bien mieux que l'aniline pure, parce qu'elles renferment en même temps de l'ortho et de la para-toluidine et de l'o-xylidine. Les meilleurs noirs sont ceux de pseudotoluidine avec paratoluidine ou xylidine (M. Rosensthiel).

Le noir Monnet repose sur l'oxydation d'un mélange de m-phénylène-diamine et d'aniline.

Lorsqu'on procède par voie d'oxydation complémentaire, on se sert ordinairement d'une solution acide de bichromate de potassium à 1 gr. par litre et à une température d'environ 80°. On peut se servir aussi de sel ferrique, ou d'un mélange des deux, ou de chlorate d'alumine, ou d'un hypochlorite.

Les procédés par imprégnation et *oxydation* n'ont pas seulement l'avantage de conduire plus aisément au noir inverdissable ; ils ont aussi celui, lorsque l'imprégnation et l'oxydation sont faites lentement, de donner un noir indégorgeable, ne déchargeant pas sur le blanc, mais il faut bien veiller à ce que la fibre ne soit pas attaquée par les vapeurs acides.

Un défaut fréquent que présentent les noirs d'aniline, lorsque le bain est trop acide, que le bouillon est trop prolongé, que l'aniline est en trop faible quantité, c'est d'avoir un reflet rougeâtre. Pour y obvier, on a conseillé d'ajouter au mélange oxydant un peu d'indigo ou de passer ensuite en un bain de violet d'aniline pour lequel le noir d'aniline semble avoir quelque affinité. L'indigo est ajouté au bain de mordançage sous forme particulière d'amidon bleui.

Pour empêcher l'attendrissement des fibres par les vapeurs d'acide chlorhydrique qui se dégagent au cours de l'oxydation, on a proposé d'émettre des vapeurs ammoniacales dans la chambre d'oxydation. On a proposé aussi d'ajouter au bain d'imprégnation de l'amidon ; il empêche, en effet, cette oxydation de pénétrer trop vivement à l'intérieur de la fibre, mais il suffit de peu de chose pour que cet effet ne se réalise pas. Le plus habituellement, on ajoute au bain de l'acétate d'aluminium additionné d'acide acétique. L'acide acétique libre n'attaque pas la fibre ; il rendrait le noir moins verdissable.

Voici quelques recettes spéciales :

Noir d'aniline à froid : 1 heure à froid avec la moitié des ingrédients, 1 h. 30 minutes avec l'autre moitié.

Eau 800 à 1000 p. 100. Acide chlorhydrique 16 à 20. Acide sulfurique 20. Aniline 8 à 10. Bichromate de potasse 14 à 20. Couperose verte 10.

On fixe ensuite avec la solution suivante : 1 heure à 75°, en mettant 5 pour 100 d'eau.

Eau 60 litres. Couperose verte 20 kgr. Acide sulfurique 15 à 20 kgr. Bichromate de potassium 5 kgr. Il ne reste qu'à laver, savonner et sécher.

Noir d'aniline à chaud : On opérera sur 25 kgr. à 50 kgr. au plus. Entrer à froid avec la moitié des ingrédients (1 heure), puis 1 heure avec l'autre moitié jusqu'à ce que les cotons se teignent en noir olivâtre, chauffer lentement jusqu'à 60° et y rester jusqu'à ce que le noir soit plein.

Aniline 8 à 10 pour 100. Acide chlorhydrique à 21° Bé, 30 à 40. Acide sulfurique 3. Bichromate de potassium 10 à 14. Eau 1600.

Il faut éviter que le bain ne soit trop concentré, afin que la réaction sur l'aniline ne se produise pas. On y mettra successivement l'aniline, puis les acides étendus de 5 fois leur poids d'eau, puis le bichromate dissous à l'avance. Un bain trop acide, une température trop forte rougissent le noir ; dans le cas contraire le noir est bleuâtre et verdit facilement.

Après teinture, laver soigneusement, savonner au bouillon à 10 gr. par litre, puis rincer.

On pourrait employer de l'acide chlorhydrique seul, mais le mélange : acide chlorhydrique 24 pour 100, et acide sulfurique 4 à 6 pour 100, fournit un noir plus noir.

Noir d'aniline au vanadium. — On emploie pour 1 litre : sel d'aniline 100 gr. Chlorate de soude, 34 gr. Vanadate d'ammonium (à l'état de chlorure vanadeux), 0,006. Sel ammoniacal 30 gr. Eau q. s.

Noir d'aniline rendu inverdissable par le bichromate (procédé Kœchlin). — On prépare deux solutions ; la première avec : Sulfate ferreux 20 kilog. Bichromate de potassium 5 kilog. Acide sulfurique 15 à 18 litres. Eau, 60 à 70 litres ; la seconde avec : Bichromate 3 à 4 kilog. Acide sulfurique 1 kilog. Eau 10 litres.

Pour l'emploi, on monte le bain avec : Eau 500 litres. Solution 1 : 5 litres. Solution 2 : 2 litres. On y passera les cotons teints en noir, 45 minutes à 80°. Laver, savonner bouillant ; laver, sécher. On a ainsi des noirs rendus réellement inverdissables.

Noir d'aniline par oxydation et vaporisage (procédé Bobœuf). On prépare deux solutions séparées.

L'une avec : Aniline 6 kg. Acide chlorhydrique 9 kg. Acide sulfurique 12. Eau 200. L'autre qui est l'oxydant, avec : bichromate de sodium 12, eau 200.

Dans une petite terrine, on met 2 litres de chacune de ces solutions et l'on y passe vivement 1 kg. de coton. Le noir se développe en une à deux minutes ; il est noir bronze.

On passe ensuite kilo par kilo la partie qu'on a à teindre, puis on essore, et l'on passe en vapeur à 1/4 d'atmosphère, pendant 20 minutes. Par cette opération le noir-bronze devient noir-noir et pratiquement inverdissable. On lave et l'on savonne à 10 gr. par litre.

Voici encore le procédé de Hœchst. Chlorate de potasse 250 gr. Sulfate de cuivre 150 gr. Chlorhydrate d'ammoniaque 340. Eau 3 litres. Chaque substance est dissoute à part et les solutions sont réunies. Puis on ajoute à froid par chaque litre : aniline 84 cc. Acide chlorhydrique à 23° Bé 66 cc.

Dans l'impression, la nature des épaississants exerce, dit Witz, (B. de Mulhouse, 1870), une grande influence sur la génération du noir d'aniline ; les amidons grillés *foncés*, et surtout la dextrine et la gomme, donnent des noirs beaucoup moins actifs que les épaississages à l'empois d'amidon grillé pâle ; ces matières ne peuvent donc être employées lorsqu'on se sert seulement du sulfure de cuivre qui est un oxydant trop faible. Mais, si l'on veut épaissir les couleurs à la gomme ou à la dextrine, ce qui peut être utile dans certains cas d'impressions délicates, on parvient, en prenant environ vingt fois plus de vanadium, à réaliser le noir en trois jours d'oxydation, comme avec la pâte d'amidon... On est obligé d'ajouter provisoirement un colorant puisqu'il ne se produit de noir que plus tard. Il conseille de donner la préférence au violet de méthylaniline (violet de Paris, par exemple, n° 145) : il suffit d'en employer deux ou trois dix-millièmes du poids total pour pouvoir suivre l'impression des dessins plus ou moins légers obtenus à plusieurs rouleaux. Le plus grand avantage de ce colorant violet est de servir aussi, dans la préparation même, de réactif indiquant l'état d'acidité du sel d'aniline que l'on épaissit, et de cette manière, de permettre la correction voulue pour la neutralisation de l'acide qui existe toujours en excès plus ou moins grand dans les sels du commerce. On peut ajouter et incorporer à la solution du sel d'aniline de l'aniline rectifiée, par petites quantités à la fois, jusqu'à ce que la nuance bleuie du violet soit revenue au beau violet rouge ; amenée à ce point, on peut être sûr d'obtenir avec cette préparation une couleur qui se conserve parfaitement et qui n'attaque pas les râcles d'acier pendant l'impression... Le changement de nuance du violet dans la couleur épaissie, avertit aussi des modifications d'acidité ou des décompositions amenées à la longue par la chaleur ou par diverses autres causes d'altération ; il estime qu'un excès d'aniline libre de 0 gr. 5 à 1 gr. par l. de couleur pour le rouleau, convient parfaitement quand la température n'est pas trop élevée ; comme d'autre part, l'excès d'acide retenu par le chlorhydrate d'aniline cristallisé varie ordinairement de 1 à 3 pour 100, il est facile de prévoir à l'avance dans quelles limites l'addition d'aniline peut être faite.

Dans la pratique, il vaut mieux remplacer l'addition d'aniline par celle d'ammoniaque ordinaire, à la densité de 21° ou 22° que l'on peut employer simplement *à volume égal*, car à cette concentration l'équivalent de neutralisation est à peu près le même pour les deux liquides...

Le sel ammoniac, que l'on a depuis longtemps considéré comme indispensable dans les noirs d'aniline au cuivre, peut être supprimé sans aucun inconvénient lorsqu'on agit avec le vanadium, du moins lorsque l'humidité des ateliers d'aérage est convenablement réglée... Le sulfure de cuivre peut donc être supprimé définitivement, et avec lui disparaîtront les accidents qui provenaient de sa trop facile transformation en sel de cuivre soluble, en attaquant alors les lames d'acier et hâtant la décomposition des couleurs, aussi bien que les ennuis de sa préparation et de sa conservation.

.*.

Traitée par les chlorures d'acide ou les anhydrides, l'aniline donne des composés amidés nommés *anilides*. L'acétanilide $CH^3.CO.NHC^6H^3$, employée autrefois comme antipyrétique, *antifébrine*, est la plus simple. Ces corps seront étudiés avec les amides ; ce sont en effet des amides substitués.

.*.

L'acide nitreux donne avec l'aniline et des sels des composés azoïques on leurs produits de décomposition, suivant les conditions de température et de milieu dans lesquelles on opère.

Quand on opère au voisinage de 0°, il se forme un sel de diazoïque, il se décompose en phénol et azote libre sous l'influence d'une élévation de température. Ce sont ces derniers produits qu'on obtient directement lorsqu'on fait agir l'acide nitreux sur l'aniline sans avoir soin de refroidir (voir Composés azoïques).

Si on fait réagir l'acide nitreux sur un excès de solution alcoolique et froide d'aniline, il se forme le diazoamidobenzol de Griess. Si l'on chauffe ce dernier ou si l'on opère la réaction sans refroidir, il se forme l'amidoazobenzol.

Parmi ces réactions, celle qui conduit au sel de diazobenzol est importante pour la formation des colorants azoïques par copulation de ce diazo avec les amines ou les phénols.

L'action indirecte de l'acide nitreux sur l'aniline conduit à la paranitrosoaniline $NO_1C^6H^1_1NH^2$ qui, par hydrogénation, conduit à la paraphénylène diamine.

.*.

L'acide sulfurique donne avec l'aniline des anilines mono- ou disulfonées. L'acide aniline p-sulfonique est le plus important, c'est l'*acide sulfanilique*. Il donne avec l'acide nitreux un diazo qui sert à préparer les orangés Poiriers, l orangé I avec l'a-naphtol, l'orangé II avec le b-naphtol, l'orangé III avec la diméthylamine, l'orangé IV avec la diphéthylamine.

L'acide p-sulfanilique, chauffé à 170° avec le p- et l'o-amidophénol, donne des colorants Vidal, 1897, qui, chauffés avec du soufre, donnent d'autres colorants substantifs.

L'acide nitrique donne avec l'aniline des dérivés nitrés. Ces corps s'obtiennent régulièrement par réduction ménagée des nitrobenzènes correspondants. Si l'on fait agir sur l'aniline un mélange d'acide nitrique et d'acide sulfurique, on obtient directement les trois mononitranilines : l'o-, la m- et la p-, $NO^2.C^6H^4.NH^2$. On les sépare facilement en traitant par l'eau, l'o reste en émulsion et la para se sépare spontanément. L'o- fond à 71°5, la m- à 114° et la p- à 147°.

La paranitraniline, diazotée et copulée avec le b-naphtol, donne le rouge français ; avec l'acide naphtionique, elle donne le substitut d'orseille.

Le *rouge de paranitraniline* ou *rouge français* s'obtient par diazotation de la paranitraniline et copulation avec le b-naphtol, c'est une des couleurs les plus solides obtenues par diazotation. Son importance a été reconnue pour la première fois par les Farbwerke in Hœchst.

Ce rouge est de nuance trop jaune. On a cherché à le bleuir en remplaçant la p-nitraline par l'o-nitrophénétidine, Farbwerke in Hœchst, ou mieux par la p- et la m-nitro-o-anisidine, *Produits chimiques de Thann et Mulhouse*. On y est arrivé aisément en préparant de la p-nitraniline pure ou des préparations de naphtol bleuissantes : acides naphtolsulfoniques.

Ce rouge est peu solide à la lumière. *H. Kœchlin* (br. fr.,267929) le fixe par un passage en acide nitrique étendu, avec bichromate de potasse ou sulfate de cuivre. *H. Green* (br. an., 1896) le fixe sur fibre mercerisée. Il est rendu également plus fixe en se servant de la préparation de b-naphtol à l'oxyde d'antimoine.

Les documents utiles à consulter sur la production du rouge de paranitraniline, sont les suivants ; in J. of S. of dyers, 1898. Rochmer W. in Färber-Zeitung, 1895-96. Les circulaires des Farbwerke in Hœchst, de la Manufacture lyonnaise de matières colorantes.

La m- et l'o-nitraniline donnent des orangés jaunâtres sur p-naphtol et diazotation, mais les couleurs sont peu employées.

Le métanitraniline est employée en impression pour produire un bel orangé très vif et solide, sur tissu préparé en b-naphtol.

On connaît également les dérivés di et trinitrés. La trinitroaniline $(NO^2)^3{}_{2.4.6}$ $C^6H^2.NH^2$ n'est autre que la picramine. On l'obtient en traitant par NH^3 l'éther éthylique du trinitrophénol ou acide picrique. Inversement, l'acide nitrique fumant donne, avec l'aniline, de l'acide picrique.

L'aniline, chauffée avec un mélange de chloroforme et de potasse, donne une aniline, la carbylamine, isomère de l'éther phénylique, de l'acide cyanhydrique, à odeur repoussante caractéristique.

Toluidines $NH^2.C^6H^4.CH^3$.

— En nitrant le toluène, réduisant ensuite le nitrotoluène comme pour l'aniline, on obtient la toluidine. Avec le toluène à 90 pour 100, on a un mélange de trois isomères : l'orthotoluidine, la paratoluidine et la métatoluidine; celle-ci en très petite quantité. On les sépare par voie chimique. L'oxalate d'o- est soluble dans l'éther; celui de para est insoluble. Les toluidines coexistent presque toujours avec l'aniline du commerce. Elles y jouent un rôle parfois nécessaire pour la préparation de certaines couleurs d'aniline, comme la fuchsine, puisque le radical totyle entre dans la molécule intégrante de sa base, la rosaniline.

Propriétés. — L'orthotoluidine est un liquide huileux incolore, de densité 1,003 à 20°, 2 ; bouillant à 202°. Elle donne avec les sels de fer une coloration bleue, *bleu de toluidine*. La m-toluidine bout à 197° ; sa densité est de 0,988 à 25°. La p-toluidine est cristallisée en tables incolores, ayant pour densité 1,046 ; elle fond à 45° et bout à 198°. Elle domine dans la toluidine du commerce ; elle existe dans les goudrons de houille. Elle est très soluble dans l'alcool et l'éther et se dissout dans 285 p. d'eau. Elle ne donne pas de coloration avec le chlorure de chaux ni les sels ferriques, ainsi que le fait l'orthotoluidine. La solution de p-toluidine dans l'acide sulfurique, additionnée d'une goutte d'acide azotique, prend une coloration bleue passant au violet ou rouge, puis au brun.

Les toluidines conduisent aux nitrotoluidines et aux azotoluidines.

La m-nitro-o-toluidine (ou o-méthyl-p-nitraniline), nitrotoluidine orange du commerce, fournit des orangés vifs sur p-naphtol et diazotation. Ils se produisent absolument comme le rouge de p-nitraniline, en remplaçant 280 p. de p-nitraniline par 304 de nitrotoluidine et ils ont la même solidité. Mais ils présentent l'inconvénient grave de se sublimer un peu.

Les *benzylamines* $C^6H^5CH^2NH^2$ sont isomères avec les toluidines, mais leur caractère basique est beaucoup plus prononcé ; elles se rapprochent des amines grasses, le groupe NH^2 n'étant pas relié directement au noyau.

Xylidines $NH^2C^6H^3(CH^3)^2$. — Il existe six xylidines qu'on prépare en réduisant les six xylènes mononitrés. Ils existent dans les queues d'aniline.

La xylidine du commerce est un mélange de 75 pour 100 de méta et 25 pour 100 de para avec une petite quantité d'ortho qu'on sépare par voie chimique. Elles sont à la base de matières colorantes, telles le ponceau de xylidine.

Naphtylamines $C^{10}H^7.NH^2$. — Il en existe deux qui correspondent aux naphtols a et b. On les obtient facilement en traitant ces derniers par le chlorure de zinc ammoniacal ou mieux en réduisant les nitronaphtalines a et b, comme on le fait pour les nitrobenzènes. Dans l'industrie, le dernier procédé sert à préparer la a-naphtylamine, tandis que la b-naphtylamine s'obtient par l'action prolongée à 160° de l'ammoniaque sur le b-naphtol.

A-Naphtylamine. — Elle se présente en aiguilles facilement sublimables, d'odeur fétide assez forte. Elle fond à 50° et bout à 300°. Elle est peu soluble dans l'eau, très soluble dans l'alcool, l'éther. Elle rougit sous l'influence de l'air ou de la lumière. Elle donne avec les acides des sels cristallisés.

Les oxydants précipitent de ses sels, un précipité amorphe bleu d'azur, passant au pourpre de naphtaméine ou oxynaphtylamine (Schiff).

L'acide chromique, à l'ébullition, la transforme en naphtoquinone α $O.C^{10}H^6.O$.

La solution alcoolique de naphtylamine α, additionnée de fort peu d'alcool chargé de vapeurs nitreuses, devient jaune ; une addition d'acide chlorhydrique donne une coloration rouge de chlorhydrate d'amino-azo-a-naphtaline.

L'acide nitrique agit sur l'a-naphtylamine en donnant des dérivés nitrés.

La naphtylamine donne par oxydation une rosanaphtylamine qui est l'homologue supérieure de la rosaniline, et qui est la base du rose de Magdala, du bleu Victoria nouveau.

L'acide sulfurique donne des a-naphtylamines sulfonées qui sont au nombre de 7. La plus importante est la para, habituellement désignée sous le nom d'acide naphtionique.

L'acide naphtionique entre dans la fabrication d'un grand nombre de matières azoïques : tels le rouge Congo, la benzopurpurine 4B, la rocelline, l'azorubine S, le grenat de naphtylamine.

L'acide naphtionique est employé avec succès dans les affections de la vessie, à la dose de 3 gr. par jour pour 6 cachets. L'acide apparaît dans les urines moins de 15 minutes après son ingestion.

B-Naphtylamine. — Elle cristallise en lamelles nacrées inodores, fondant à 112° et bouillant à 294°. Son absence d'odeur et la non-coloration du chlorure ferrique permettent de la distinguer facilement de son isomère a. Elle se combine aux acides en donnant des sels cristallisés.

Elle donne des dérivés nitrés et sulfonés avec les acides nitriques et sulfuriques. Les acides b-naphtylamines sulfoniques servent à la préparation de certaines matières colorantes, tels que la benzopurpurine B, le bleu noir B. L'acide naphtylamine disulfonique 2,7,8, après diazotation et copulation avec l'acide naphtodisulfonique 2,7,8 fournit un des noirs de naphtol.

La naphtylamine B en solution dans l'acide acétique cristallisable est un réactif plus sensible que l'aniline pour déceler le furfurol; elle donne avec lui une coloration bleu-rouge, sensible au cent-millième.

Le permanganate de K la transforme en acide phtalique.

Le chlorhydrate de tétrahydro-b-naphtylamine est la *thermine*, substance mydriatique.

Diphénylamine $(C^6H^3)^2NH$. — Cette amine secondaire a été découverte par W. Hofmann, en 1884, dans les produits de décomposition par la chaleur des bleus et rouge d'aniline.

Elle se forme lorsqu'on chauffe un sel d'aniline avec de l'aniline (*Ch. Girard et De Laire*, 1866).

Propriétés. — La diphénylamine est cristallisée en lamelles incolores, d'odeur agréable, de densité 1,159. Elle fond à 54° et bout à 302°. Elle est insoluble dans l'eau, soluble dans 2 p. d'alcool et dans le pétrole léger. Elle donne des sels peu stables, l'eau les dissocie.

Les oxydants, tels que l'acide sulfurique, l'acide nitrique, l'acide oxalique la transforment en une matière colorante bleue ou bleu de diphénylamine.

Les dérivés nitrés de la diphénylamine sont utilisés en teinture, la tétranitro sous le nom de citronine et le sel ammoniacal de l'hexanitro sous celui d'Aurantia, Jaune impérial, Orange Blackley.

Avec les chlorures alcooliques, elle donne des dérivés alcooliques : méthyl,

éthyl, amyl, benzyl qui, oxydés par l'acide oxalique donnent les bleus méthyl, éthyl de diphénylamine qu'on prépare par action de l'acide oxalique et de l'azotate de cuivre sur la méthyldiphénylamine, C. Girard, ou en chauffant les chlorures alcooliques avec le bleu de diphénylamine.

Le sulfate de diphénylamine est un réactif de l'acide nitrique et de l'acide nitreux avec lesquels il donne une coloration bleu. C'est le moyen de caractériser la présence de NO^2 dans les soies artificielles à base de nitro-cellulose.

De la diphénylamine dérive la thiodiphénylamine ou *thionine* $(C^6H^4)^2NHS$, qui conduit à la base des matières colorantes thionées, violet de Lauth, bleu de méthylène et d'éthylène.

La p. amino p. oxydiphénylamine, est employée pour la teinture des fourrures ; Farbwerke in Hœchst (br. fr. 338915).

Anilines substituées ou composées. — Elles représentent le produit de la substitution des H de l'aniline par des radicaux. Ce sont des amines secondaires et tertiaires mixtes.

Le chlorhydrate d'aniline, chauffé avec l'alcool méthylique, en autoclave, donne, suivant les conditions, les différentes anilines substituées : la méthylaniline $C^6H^5.NHCH^3$, la diméthylaniline $C^6H^5.N(CH^3)^2$. On a similairement les éthylanilines, les phénylanilines, etc.

La monométhylaniline est la base de la préparation de l'exalgine. Sa production doit être évitée en fabrication de couleurs artificielles.

La diméthylaniline est très importante, car elle sert à fabriquer le violet de Paris et le vert malachite.

Cette diméthylaniline, par action de l'acide nitreux, donne la *p-nitrosodiméthylaniline* $NO.C^6H^4.N(CH^3)^2$, qui à son tour donne par sulfuration et oxydation le *bleu de méthylène*. La nitrosodiéthylaniline donne semblablement le bleu d'éthylène.

La nitrosodiméthylaniline fixe l'hydrogène naissant en donnant la para-aminodiméthylaniline ou diméthylparaphénylène-diamine, qui sert dans la préparation de diverses matières colorantes : indamines, indophénols et nigrisine.

Le *vert de Paris*, 1867, Rosenstiehl et Poirrier, dérivait, par oxydation, de la dibenzylaniline.

Les anilides et les carbylamines ont parfois été considérées aussi comme des anilines substituées.

Dérivés aminés du triphénylméthane. — Il existe des dérivés mono-, di- et tri- aminés ; les deux derniers sont très importants par les matières colorantes qui s'y rapportent. Ces matières colorantes sont les sels des carbinols correspondants, voir ch. XXXI.

Les dérivés aminés du triphénylméthane, ainsi que leurs sels, sont toujours incolores ; ce sont des leucobases ou leucodérivés qui donnent, par oxydation, les carbinols ou bases colorantes. Ces derniers ne sont colorés qu'à l'état de sels. Exemples :

La formule du triphénylméthane est $CH(C^6H^5)^3$; le carbinol qui lui correspond est $COH(C^6H^5)^3$, triphénylcarbinol.

Au diaminotriphénylméthane (leucobase) $C^6H^5—CH=(C^6H^4NH^2)^2$, correspond un carbinol incolore $C^6H^5—COH=(C^6H^4.NH^2)^2$, qui donne des sels colorés. Son dérivé méthylé $C^6H^5—COH=(C^6H^4.N(CH^3)^2)^2$ a pour chlorhydrate le vert malachite.

Le triaminotriphénylméthane ou paraleucaniline $CH\equiv(C^6H^4NH^2)^3$ est incolore. Le carbinol qui lui correspond ou triaminotriphénylcarbinol $COH\equiv(C^6H^4NH^2)^3$, est la pararosaniline, incolore aussi. Le chlorure de pararosaniline $COH\equiv(C^6H^4NH^2)^3HCl$ est rouge. L'hexaméthylpararosaniline $COH\equiv(C^6H^4N(CH^3)^2)^3$, est le violet cristallisé de Hoffmann.

La fuchsine est le chlorure de la rosaniline, $COH(C^6H^4NH^2)^2C^6H^3(CH^3)NH^2$, laquelle est l'homologue supérieure de la pararosaniline.

Rosanilines.

— Les rosanilines sont les dérivés du triaminotriphénylcarbinol. La pararosaniline est la plus simple : $COH\equiv(C^6H^5—NH^2)^3$. La rosaniline contient un CH^3 dans un des noyaux benzène.

On les obtient en oxydant par le bichlorure d'étain, l'azotate de mercure, l'acide arsénique ou la nitrobenzine, l'aniline pour rouge du commerce qui est un mélange d'aniline 2 p. et de o- et p- de toluidines 1 p. Le mode d'oxydation pour la nitrobenzine est dû à *Coupier*, il a l'avantage de ne pas donner de produits toxiques comme dans le procédé à l'acide arsénique, mais il est moins économique.

La préparation de la fuchsine par oxydation de l'aniline au moyen de l'acide arsénique a amené, aux premiers temps de cette industrie, des accidents très graves. Non seulement les ouvriers qui chargeaient ou déchargeaient les cornues, ceux occupés à la manipulation des gâteaux arséniés furent la victime de ces accidents, mais encore les personnes qui faisaient usage d'eaux de puits situés dans le voisinage de l'usine furent parfois très malades ; quelques-unes même succombèrent. Ce fut le cas dans le voisinage de l'usine de Pierre-Bénite près Lyon, où les eaux de puits furent contaminées jusqu'à renfermer 2 cg. d'arsenic par litre, soit que les eaux résiduaires, qui étaient dirigées dans une mare, se fussent infiltrées jusqu'à la nappe souterraine qui alimentait les puits, soit que les eaux pluviales aient amené une sorte de lessivage pour les résidus solides enfouis dans le sol. Les mêmes faits furent constatés pour une usine située près de Bâle.

D'ailleurs, les fuchsines arsenicales ne peuvent plus servir à la coloration des bonbons et des liqueurs, ni à la teinture des tissus destinés aux pays du Nord, Suède, Danemarck.

En même temps que la rosaniline, il se produit dans l'oxydation de l'aniline commerciale, de la mauvaniline, base du marron d'aniline ; de la *violaniline*, base de l'induline et de la nigrosine ; de la *mauvéine*, base du violet Perkin ; de la *chrysaniline* et de la *chrysotoluidine* dont le chlorhydrate constitue la phosphine.

La pararosaniline existe en petite quantité dans la fuchsine industrielle. Elle présente des propriétés complètement analogues à celles de la rosaniline, et placée dans des conditions similaires, elle donne naissance à des composés similaires.

La pararosaniline est une base qui se combine avec 1, 2 ou 3 molécules d'acide. Les mono-acides sont les plus stables ; ils sont colorés en rouge et sont un peu solubles dans l'eau. Les triacides sont jaunâtres ; en solution aqueuse très étendue, ils se dissocient et passent au rouge. Le monochlorhydrate de pararosaniline existe dans la fuchsine, il est plus soluble que le sel correspondant de rosaniline et donne en teinture des rouges moins violacés que ce dernier.

La pararosaniline donne, par oxydation à l'acide nitreux, l'*aurine* ou trioxytriphénylcarbinol, base salifiable à laquelle correspond l'acide rosolique.

La rosaniline, obtenue par dédoublement d'un de ses sels par la potasse, se présente en cristaux incolores contenant 4 molécules d'eau.

Elle est peu soluble dans l'eau et dans l'éther à froid, plus soluble dans l'alcool. La solution incolore dans l'éther, teint la soie en cramoisi.

Au contact de l'air, elle se colore en rose, puis en rouge-brun avec le temps.

Par réduction, la rosaniline donne une leucobase incolore : la leucaniline $CH(C^6H^4NH^2)^2 C^6H^3 . CH^3 . NH^2$, dont les sels sont également incolores, comme l'indigo bleu donne l'indigo blanc. L'acide azoteux la change en dérivé diazoïque, lequel se transforme, à l'ébullition, en acide rosalique.

La rosaniline est une base salifiable dont tous les sels sont cristallisés et colorés en vert, avec reflets dorés. Leurs solutions sont rouges. Le monochlorhydrate et l'acétate de rosaniline constituent les *fuchsines*, ou *magenta*, ou *rouges d'aniline*.

Constitution de la rosaniline et de ses sels. — Hoffmann, dans un travail remarquable, considéra la rosaniline comme une triamine secondaire $(C^6H^4H)^3N^3.H^2O$, qui, par réduction, donne une nouvelle base, la leucaniline dont les sels sont incolores. Rosentiehl, 1868, démontra que l'O faisait partie constitutive de la molécule, et que celle-ci doit se formuler $C^{20}H^{21}N^3O$; il démontra également l'existence de rosanilines homologues. C'est aux frères E. et O. Fischer qu'on doit la connaissance de la structure réelle des rosanilines. Dans un travail magistral, 1876, ils prouvèrent que la leucaniline est une triamine primaire $C^{20}H^{13}(NH^2)^3$ du carbure $C^{20}H^{18}$; que la pararosaniline de Rosenstiehl résulte de l'oxydation des deux molécules d'aniline et de une de toluidine et qu'elle est l'homologue inférieur de la rosaniline ordinaire, que la paraleucaniline conduit à un carbure déjà connu, le triphénylméthane $C^{19}H^{16}$, et ils remontèrent inversement de celui-ci à la pararosaniline. Celle-ci est la triparaamidotriphénylcarbinol $C(C^6H^4NH^2)^3OH$. Les trois NH^2 y sont en para par rapport au carbone méthanique, Il y a 52 rosanilines possibles, tant isomères qu'homologues.

Pour Hoffmann, le groupement des noyaux aromatiques, au lieu de se faire par le carbone méthanique, se faisait par les azotes.

La constitution des sels de rosaniline ou fuchsines, reste encore indécise. Pour les Fischer, comme pour Nietzki, dont les idées diffèrent peu, il y a une anhydrisation aux dépens de OH et de H de NH^2 dans la salification de la rosaniline et l'azote imidique devient pentatomique. Mais pour Nietzki, les dérivés du triphénylméthane, qui ont de grandes analogies avec ceux de la quinone-imide, doivent se formuler avec un noyau octovalent, le chromophore étant $= C = C^6H^4 = R =$ où R est un groupe imide salifiable (ou O). Rosenstiehl a émis une opinion toute différente ; pour lui, les fuchsines sont des éthers simples ou composés de la rosaniline, et il n'y aurait pas de groupe imidé. La question n'est pas tranchée, car des arguments nombreux semblent militer pour et contre.

Puisque certains dérivés du triphénylméthane sont colorants et d'autres incolores, quelles sont les conditions pour qu'un dérivé soit colorant ? Rosenstiehl a donné le principe : il faut que dans le méthane phénylé, l'un au moins des phényles soit substitué en para par un groupe salifiable NH^2, OH, NO^2 par rapport au carbone méthanique qui, de son côté, doit être uni à un radical de fonction chimique opposée ; la coloration dépend de l'intensité de cette opposition.

Fuchsines. — Extraits d'une note sur les rouges d'aniline par Ch. Lauth et P. Depouilly.

Le rouge d'aniline fut obtenu en 1858, pour la première fois, par M. Hofmann, de Londres, en traitant l'aniline par le bichlorure decarbone.

Antérieurement déjà, beaucoup de travaux avaient démontré la possibilité d'obtenir une couleur rouge avec l'aniline. Berzélius, dans son « Livre de Chimie », Gerhardt, dans sa « Chimie organique », citent beaucoup d'expériences desquelles il résulte clairement que l'aniline soumise à des agents d'oxydation peut se transformer en une belle couleur rouge.

La fabrication industrielle du violet d'aniline, réussie pour la première fois par M. Perkin, en Angleterre, avaient porté tous les chimistes à rechercher d'autres couleurs dans l'aniline devenue un produit commercial et vendue à des prix que l'industrie pouvait facilement aborder.

Quand Hofmann eut montré que l'aniline traitée par le bichlorure de carbone donnait naissance à une belle matière colorante, le problème était résolu : il ne s'agissait plus que de rendre son procédé plus pratique et plus économique.

M. Verguin y arriva en traitant l'aniline par d'autres chlorures anhydres, produits plus commerciaux et dont l'emploi est plus facile. Le procédé de M. Verguin est celui de Hofmann.

Cette identité est bien positive. Conditions de température, propriétés chimiques des corps mis en présence, tout est pareil dans le travail de Hofmann et dans le procédé Verguin, à tel point, dit M. Émile Kopp, dans son remarquable travail sur les dérivés colorés de l'aniline, qu'on n'a qu'à remplacer le bichlorure de carbone de Hofmann par le bichlorure d'étain pour avoir le procédé Verguin.

La beauté de la couleur rouge obtenue par ces procédés, la richesse des étoffes teintes ou imprimées avec la fuchsine, la perspective de bénéfices considérables à retirer de cette industrie nouvelle, toutes ces causes réunies firent qu'en peu de temps l'aniline se trouva entre toutes les mains, que chacun chercha à en tirer le parti le plus avantageux et à obtenir par des moyens différents de ceux que M. Verguin avait trouvés et que MM. Renard frères avaient brevetés, un résultat aussi brillant.

Bientôt on apprit que la mine était riche à exploiter et que M. Verguin n'en avait trouvé qu'un petit filon. En effet, M. Gerber-Keller, de Mulhouse, partant d'un point de vue différent de celui qui avait fait découvrir la fuchsine à Hoffmann, trouvait qu'avec la plupart des sels à oxacides on obtenait une matière colorante rouge, d'une richesse au moins égale à celle de M. Verguin.

MM. Depoully et Ch. Lauth, traitant l'aniline par l'acide nitrique, arrivaient à un résultat analogue. Enfin, MM. Girard et de Laire, suivant la voie tracée, obtenaient avec l'acide arsénique un produit du même genre.

MM. Renard frères se trouvaient donc en face d'une concurrence qui pouvait devenir dangereuse pour eux, car les procédés de M. Verguin présentent, comme travail industriel, des difficultés assez grandes, et comme résultats, des produits moins avantageux.

Jugeant que les procédés de M. Gerber étaient une simple modification des leurs et pouvaient être considérés comme leur propriété, MM. Renard se crurent autorisés à prendre, comme addition à leur brevet, le brevet de M. Gerber. Le 19 décembre 1859, ils prirent une addition par laquelle ils brevetaient un grand nombre des corps indiqués dans le brevet que M. Gerber avait pris à la date du 29 octobre 1859. Ceci fait, et se considérant comme les inventeurs réels du rouge d'aniline, MM. Renard attaquèrent le brevet Gerber ». Par une interprétation fâcheuse de la loi sur les brevets, et sur des rapports d'experts ignorants, (la communication d'Hoffmann à l'Académie était pourtant une antériorité), le tribunal attribua le monopole du produit à la maison Renard frères et Franc (puis la Fuchsine, puis la maison Poirrier). Les inventeurs français furent obligés d'aller s'établir en Suisse. Les tribunaux anglais jugèrent différemment dans le grand procès Medlock-Nicholson.

Le monochlorhydrate de rosaniline est le plus stable. Il cristallise en lames rhombiques insolubles dans l'éther ; l'eau en dissout 2,5 gr. par litre à la température de 15° et 12,5 gr. à l'ébullition. L'alcool ordinaire et l'alcool amylique sont de bons solvants. La solubilité de la fuchsine dans l'alcool amylique permet de caractériser sa présence dans le vin. L'acétate est plus soluble que le monochlorhydrate.

Les fuchsines sont décolorées par le bisulfite de soude, mais la liqueur redevient rouge au contact des aldéhydes, cette réaction est caractéristique de la fonction aldéhyde.

La fuchsine et la rosaniline pures ne semblent pas avoir d'action toxique bien prononcée, mais il n'en est plus de même pour les fuchsines préparées avec l'acide arsénique.

Les fuchsines à l'eau comprennent au moins une trentaine de colorants.

Les fuchsines à l'acide ou S sont des fuchsines sulfoconjuguées, la trisulfo est la rubine S.

En traitant par un mélange de formaldéhyde ou de bisulfite de soude les colorants basiques : fuchsine, safranine, indulines, thionine, violet de Lauth, M. Prudhomme, 1897, les transforme en colorants acides de nuance différente.

La fuchsine est très employée en teinture, principalement sur coton, sur jute, bien qu'elle donne aussi de beaux rouges avec les fibres animales, mais ces teintes ne sont pas solides à la lumière solaire.

Les violets et les bleus dérivent des rosanilines par substitution de radicaux alcooliques ou benzéniques aux H des groupes NH^2. Les dérivés méthylés ou éthylés conduisent aux violets d'aniline, les dérivés phénylés aux bleus d'aniline.

Pour teindre le marbre avec les couleurs d'aniline, on peut se servir de dissolutions alcooliques. *Froment* (br. fr., 1896) fixe la couleur en passant le marbre à l'huile.

Un vernis à la fuchsine donnant une fluorescence verte est le suivant : fuchsine diamant 150, shellac 250, alcool 1 litre. On voit que ce vernis est une simple dissolution alcoolique très concentrée de la fuchsine, déposant une couche épaisse de ce corps, qui donne une couche solide à reflets mordorés, laquelle se trouve protégée par la gomme-laque. On peut se servir, au lieu de fuchsine, d'un certain nombre d'autres colorants cristallisant avec reflets cuivrés, tels que le violet de méthyle 4 B, ou faire des mélanges.

Rosanilines substituées. — Les rosanilines et les pararosanilines, traitées par les iodures alcooliques, donnent des méthyl-, des éthyl-, etc., rosanilines. On les obtient aujourd'hui en condensant les anilines substituées. On obtient également des phénylrosanilines, en chauffant un sel de rosaniline avec de l'aniline.

Le chlorhydrate de la diméthylrosaniline est le *bleu de méthyldiphénylamine*. Le diméthylchlorhydrate de la triméthylrosaniline constitue le *vert lumière*. Les chlorhydrates de tétra, penta et hexaméthylrosaniline constituent les *violets méthyle*. La penta est le *violet de Paris*. L'hexa est le *violet crist*.

Les triméthyl et triéthylrosanilines constituent les *violets Hofmann*, les *violets à l'iode*, les *verts à l'iode*. L'hexaéthylpararosaniline est le violet d'éthyle.

Les sels de monophénylrosaniline sont rouge violet, *violet impérial R*. Les sels de diphénylrosaniline sont violet bleu, *violet impérial B*. Les sels de triphénylrosaniline sont bleus.

Le chlorhydrate est le *bleu de Lyon* Ch. Girard et de Laire 1860. Ils sont peu solubles. Leurs sels sulfoconjugués *bleus solubles* de Nicholson. Les phénylrosanilines plus ou moins substituées donnent les *bleus Victoria*.

Phénylènes-diamines — *diaminobenzènes* $C^6H^4(NH^2)^2$. On les obtient par réduction des dinitrobenzènes o, m et para.

Les diamines aromatiques s'altèrent aisément à la lumière. *P. Monnet* (br. fr. 1895) les conserve en les agglomérant sous forme de cylindres ou de briquettes avec du savon blanc sec, e. c. 10 p. paraphénylènediamine pulvérisée et 90 p. savon blanc sec en poudre. On malaxe le tout avec un peu d'alcool et on comprime dans des moules. Ces agglomérés peuvent servir directement pour marquer le linge ou teindre les cheveux.

L'*orthophénylènediamine* a été obtenue d'abord par Griess. Elle cristallise en tables minces, fusibles à 102°, bouillant à 258°. Elle est soluble dans l'eau bouillante, dans l'alcool, l'éther et le chloroforme. Ses sels sont cristallisés.

La solution de son chlorhydrate se colore en rouge intense avec le perchlorure de fer.

Elle donne des dérivés halogénés et nitrés. Elle présente une grande facilité à donner des produits de condensation. Avec l'acide nitreux, elle se déshydrate en donnant l'aziminobenzol $C^6H^4 < {NH \atop N^2} > N$.

La *métaphénylènediamine* constitue une huile qui peut cristalliser, elle fond alors à 63° ; point d'ébullition 287°. Elle est soluble dans l'eau, l'alcool et l'éther. C'est une base forte, le chlorhydrate est cristallisé, il se dissout dans l'eau.

Par action de l'acide nitreux elle donne du triaminoazobenzol $NH^2.C^6H^4$—N=N—$C^6H^3(NH^2)^2$ dont le chlorhydrate est la vésuvine ou brun de Bismarck, brun de phénylène, brun de Manchester, très employé pour teindre le coton et le cuir.

La *paraphénylène diamine* est cristallisée, elle se sublime, fond à 147° et bout à 267°. Elle est peu soluble dans l'eau, dans l'alcool et l'éther.

Elle donne des sels cristallisés. Le chlorhydrate est très soluble dans l'eau, peu soluble dans l'alcool, presque insoluble dans l'acide chlorhydrique. L'oxalate, le sulfate et le sulfite sont peu solubles dans l'eau.

La p. phénylènediamine chauffée à 180° avec l'acide chlorhydrique à 10 pour 100 donne de l'hydroquinone ; chauffée avec le mélange oxydant $MnO^2 + SO^4H^2$, elle donne la quinone $C^6H^4O^2$; abandonnée à l'air, sa solution aqueuse ou chlorhydrique, se colore en rouge, puis en brun.

Le chlorhydrate de paraphénylènediamine a été employé comme teinture pour cheveux, exempte de sel métallique, *Erdmann*, 1896, Bertram (br. fr., 1898), Onimus et Willedieu (br. fr., 1898). On fait suivre son application d'un traitement à l'eau oxygénée. D'un emploi facile, donnant des colorations franches, produisant un effet rapide, ne provoquant pas d'intoxication générale, elle s'est grandement vulgarisée, mais elle n'en doit pas moins être rejetée, car elle détermine souvent des accidents effroyables, inflammations de la peau parfois se généralisant et à poussée aiguë, érysipèles, méningites.

Lumière et Seyewetz l'ont proposée comme révélateur en mélange avec l'hydroquinone.

La p-phénylènediamine en solution aqueuse, *Dupouy*, 1897, donne à froid, en présence d'une goutte d'eau oxygénée, une coloration violet foncé avec le lait cru ; la coloration est moins intense avec les laits mouillés, écrémés ou cuits.

Avec le chlore sa solution acétique donne la quinone dichlorimide C^6II^4 $(NCl)^2$. Ce dernier composé traité par les phénols ou amines aromatiques donne les indophénols, les indoanilines et les indoamines.

Par oxydation en présence de 1 mol. d'aniline, elle donne l'indamine ; en présence de deux mol. d'aniline, la phénolsafranine. Par oxydation, en présence de H^2S, elle donne la thionine.

La paraphénylènediamine traitée par l'acide nitreux, donne des dérivés diazoïques.

Toluylènediamines $CH^3.C^6H^3 = (NH^2)^2$.

— Il en existe six ; la toluylènediamine 1.2.4 est la plus importante, elle fond à 99° et bout à 280°. Elle conduit par oxydation avec la p. aminodiméthylaniline au bleu de toluylène.

La *1.2-naphtylène-diamine* ou ses dérivés sulfonés servent à teindre les fourrures, A. G. für Anilin-fabr. (br. fr. 342714).

Diaminodiphényles $NH^2.C^6H^4.C^6H^4NH^2$.

— Il en existe 5 dont la plus importante est la *benzidine* ou *diparadiaminodiphényle*, découverte par Zinin, 1845. On l'obtient au moyen de l'hydrazobenzol ou diphénylhydrazine symétrique, qui, sous l'influence de l'acide chlorhydrique, subit la transformation benzidinique $C^6H^3.NH.NHC^6H^5 = NH^2.C^6H^4.C^6H^4.NH^2$. L'iminodiphényle est le carbazol $(C^6H^4)^2NH$ dont le dérivé p. diamidé conduit au jaune de carbazol.

La benzidine est cristallisée ; elle fond à 122° et bout vers 400°. Elle est très peu soluble dans l'eau froide, plus soluble dans l'eau chaude, davantage dans l'éther.

Oxydée par le mélange $MnO^2 + SO^4H^2$, elle se transforme en quinone.

Le chlorhydrate de benzidine donne par diazotation avec un nitrite alcalin le dichlorure de tétrazodiphényle $ClNNC^6H^4.C^6H^4.NNCl$. Celui-ci donne avec les phénols, les amines aromatiques et leurs dérivés, les couleurs de benzidine qui sont des composés tétrazoïques, et dont le rouge Congo est le type. Il est obtenu par copulation avec l'acide naphtionique. La chrysamine

G ou flavophénine est obtenue avec le salicylate de soude. Le jaune Congo est obtenu par copulation avec le phénol et l'acide sulfanilique.

Les couleurs de benzidine forment une gamme complète, elles teignent les fibres végétales sans mordançage préalable. Elles sont tétrazoïques ou bisdiazoïques.

Le diaminoxydiphényle obtenu par réduction de l'acétate d'oxyazobenzol a été proposé par Precht, 1897, comme révélateur. On emploie la solution à 1/15, et sans alcali ; mais il faut laver le cliché avec le plus grand soin. On le connaît sous le nom de *diphénol*.

La *dianisidine* ou *dimétoxybenzidine* $NH^2(OCH^3)C^6H^3$. $C^6H^3(OCH^3)NH^2$ s'obtient à partir de l'o-aminophénol.

La dianisidine a donné un moment de grandes espérances pour l'obtention de bleus solides par diazotation, sur fond de naphtol. Ces bleus sont verdis par l'emploi du sulfate de cuivre, *Farbenfabriken in Elberfeld* pour les benzoazurines, Bloch et Schwartz pour les bleus de dianisidine ; et Elberfeld et Hœchst introduisirent en même temps, 1893, le bleu de dianisidine dans le commerce. Il est encore très employé aux États-Unis, bien qu'il soit très sensible à la sueur et aux acides organiques.

La m-nitro-orthoanisidine est une poudre jaune, fondant à 139°-140°. Elle donne, par diazotation et développement au b-naphtol, suivant le procédé employé pour le *rouge de paranitraniline* (340 gr. de nitroanisidine au lieu de 280 gr. de nitraniline) des rouges fort bleuâtres, qui semblent plus solides au savon que les rouges de p-nitraniline.

La p-nitroorthoanisidine fournit des jaunes par le même procédé, et ce sont les premiers jaunes produits sur b-naphtol et diazotation.

Diaminoditolyles $NH^2C^6H^3(CH^3)C^6H^3(CH^3)NH^2$. — La plus importante est la tolidine qui correspond à la benzidine. Par diazotation et copulation avec l'acide naphtionique, elle fournit la benzopurpurine 4 B, analogue au rouge Congo, mais plus résistante à l'action des acides. Les couleurs de tolidine teignent sans mordants.

Aminophénols $NH^2.C^6H^4.OH$. — Il existe trois aminophénols, o , m. et p., qu'on obtient par réduction des phénols nitrés.

L'o-*aminophénol* cristallise en aiguilles fusibles à 170° et sublimables. L'eau en dissout environ 2 pour 100 en poids à 0°, Il est plus soluble dans l'alcool, très soluble dans l'éther. Abandonné à l'air ou à la lumière, il brunit en s'oxydant. Il donne des sels bien cristallisés.

Son éther méthylique $CH^3O_1.C^6H^4.NH^2_2$ constitue l'orthoanisidine employée dans la fabrication de diverses matières colorantes azoïques.

L'*acide picramique* est un dinitro-o-aminophénol ; il s'obtient dans la réduction partielle de l'acide picrique ou trinitrophénol, par le sulfure d'ammonium. L'acide picramique mélangé d'azotate de potasse forme un explosif qui a été breveté par Turpin. Les picramates de K, Na, Ca sont colorés en

rouge vif, on les a employés en teinture. Ils virent au jaune verdâtre sous
l'action des acides les plus faibles, d'où leur emploi comme indicateurs.

L'o-amidophénol en solution à 0,5 à 2 gr. par litre a été breveté pour la
teinture des cheveux et poils par l'A. Gesellschaft f. Anilin F. (br. fr. 98).

Le *m-aminophénol* s'obtient industriellement en chauffant la résorcine
avec du chlorure d'ammonium et de l'ammoniaque. Il cristallise en prismes
fusibles à 120°. Il est soluble dans l'eau.

Les oxydants le colorent en brun, d'où son emploi dans la teinture des
cheveux.

Le m-aminophénol et surtout le diméthyl- et le diéthyl- m-aminophénol
servent à la fabrication des rhodamines, couleurs rouges obtenues en condensant ces corps avec l'anhydride phtalique. La rhodamine du commerce est
la tétraéthyldimétadiaminophénolphtaléine, Elle se présente en cristaux
verts dont la poudre est violette ; elle est soluble dans l'eau et l'alcool en
bleu violet avec fluorescence quand la liqueur est diluée. Elle tire sur soie
et sur laine ou sur coton mordancé.

Le m-diméthylaminophénol condensé avec la monorésorcine phtaléine en
présence de chlorure de zinc, donne les rhodols ou rhodaminols, dont les sels
alcalins teignent en rouge avec fluorescence verte.

Le m-diméthylaminophénol, condensé avec l'anhydride succinique donne la
rhodamine S, qui teint en rouge le coton sans mordant.

Le m-amino- o-oxybenzylalcool est employé à l'état de chlorhydrate,
comme développateur en photographie. Il est vendu sous le nom d'*édinol*. Il
est très soluble. On l'emploie à la dose de 1 p. pour 8 p. de sulfate de soude,
8 p. de potasse et 90 d'eau. La potasse agit comme accélérateur ; le bicarbonate de sodium comme retardateur.

Le *paraminophénol* cristallise en lamelles sublimables, fusibles vers 184°
avec décomposition. Il se dissout dans l'eau et l'alcool. Sa solution aqueuse
s'oxyde à l'air en passant au rouge brun, d'où son emploi pour la teinture
des cheveux et des poils. C'est un révélateur employé en photographie. Il
s'oxyde plus vite que l'hydroquinone et l'iconogène, il est donc plus énergique que ces derniers révélateurs. La formule est : Eau, 1000; sulfite de
soude, 100; carbonate, 40; p. aminophénol, 8 (Lumière).

Le sulfate de méthyl-p.-aminophénol ou *métol* est un révélateur photographique très employé. Il sert également dans les teintures pour cheveux.
Mais il peut provoquer une dermatose spéciale avec asphyxie locale. Chez
les photographes il peut provoquer un eczéma spécial.

Le p-aminophénol et le p-acétaminophénol possèdent des propriétés
antiseptiques, mais ils sont toxiques. Si dans leurs molécules on remplace
le groupement phénolique par un groupement alcoolique, les propriétés
toxiques s'atténuent, tandis que les vertus antipyrétiques se maintiennent.

Phénétidine. — Le dérivé éthoxy du p-aminophénol est la *phénétidine*
$C^2H^5O.C^6H^4.NH^2$.

L'orthonitrophénétidine est vendue par les Farbwerke de Hœchst, sous le
nom de *Blauroth*, pour produire des roses fort vifs.

L'amide acétique de la phénétidine ou para-acétophénétidine $OC^2H^5.C^6H^4.NHCOCH^3$ constitue la *phénacétine* employée comme antipyrétique. La phénacétine est parfois falsifiée avec du p-chloroacétanilide, qui est toxique.

La combinaison de phénétidine et de glycocolle ou *phénocolle* est employée comme antithermique et analgésique.

Le paramidophénol, par l'action du soufre, donne la thionoline, *Bernthsen* (Ber.)

Les aminophénols ou leurs dérivés donnent par action du chlorure de soufre des colorants bleu noir de nature basique, solubles dans les acides et susceptibles d'être sulfonés. *Casella* (br. all. 1897). C'est peut-être le noir immédiat.

En fondant à 180°-200° le p-amidophénol ou le p-phénylènediamine avec du sulfure de sodium et du soufre, Vidal obtient le noir Vidal.

On peut le solubiliser par le bisulfite de sodium. La réaction étendue aux p-diamines acétylées donne les thiocatéchines.

Révélateurs par ordre de pouvoir réducteur décroissant, A. et L. Lumière et Seyewetz (S. fr. de phot. 1906) : Métaquinone, Métolhydroquinone, Paraminophénol, Paraphénylènediamine, Hydramine, Ac. pyrogallique, Hydroquinone. Pyrocatéchine, Métol, Iconogène, Edinol, Adurol, Glycine.

Diaminophénols $OH.C^6H^3(NH^2)^2$. — Ils s'obtiennent par réduction des divers dinitrophénols. Ce sont des corps peu stables. Le chlorhydrate de diaminophénol 2.4.1, jouit de propriétés révélatrices. On peut l'améliorer sans alcalis, il suffit d'ajouter du sulfite de sodium au bain de développement. Il est vendu dans le commerce sous le nom d'*amidol*. Pour le développement des plaques au gélatinobromure, on emploie : eau 1000 gr., sulfite de sodium cristallisé 200, amidol 20. On conserve dans des flacons bouchés. *Baligny* propose pour le développement des positifs sur papier, le bain : eau 150, sulfite de sodium anhydre 2, diamidophénol 1, solution de bromure de potassium à 10 pour 100 5 cc, bisulfite de sodium liquide 10 cc.

Le diaminophénol sert également pour la teinture des cheveux (Lumière). On fait une solution de 10 gr. de diaminophénol, 5 gr. de sulfite de soude, 90 gr. d'eau et 10 gr. d'alcool. Ces proportions sont variables.

Le *triaminophénol*, obtenu par réduction de l'acide picrique, est un réducteur énergique, employé comme révélateur en photographie.

Diaminorésorcine $C^6H^2(NH^2)^2(OH)^2$. — C'est un révélateur énergique. La meilleure formule est la suivante : chlorhydrate de diaminorésorcine 1, sulfate de sodium anhydre 3, eau 100 (Lumière).

L'adrénaline, principe actif des glandes suprarénales, a été étudiée par Pauly, qui lui attribue la formule de constitution $C^6H^3(OH)^2_{1,2}.CH_3$ $(OH)-CH^2-NH.CH^3$. Ce serait donc une méthylamino-acéto-pyrocatéchol. Sa propriété physiologique si remarquable, découverte par

Bates, d'augmenter la pression artérielle serait due, d'après Dakin, à la position en ortho l'un par rapport à l'autre des deux OH dans le groupement catéchol. On s'est efforcé d'arriver à sa synthèse en partant du pyrocatéchol, et des corps très voisins ont été préparés par *T. B. Aldrich*, (J. of amer. chem. Society 1905), en partant du catéchol et par *Dakin* (Royal Society, 1905), par réduction du méthylaminoacétopyrocatéchol ; par les chimistes de *Hœchst* (Brevet allemand 157300).

Les composés sulfonés des aminophénols fournissent des applications intéressantes.

L'eugatol est un mélange de sels de sodium de l'acide o-aminophénylsulfoné et de l'acide p-diphénylaminosulfoné. Il est préconisé pour teintures capillaires. Il ne produirait pas de dermatoses, l'acide pyrogallique, la phénylènediamine, le métol, le p-aminophénol, la p-aminodiphénylamine, le p-aminophényltoluèneamine, la 1-2 naphtylènediamine, sont d'un emploi critique.

Aminonaphtols $NH^2.C^{10}H^6OH$. — Obtenus par réduction des nitro-naphtols, ils servent dans la fabrication des couleurs azoïques.

L'acide 2 amino α naphtol 4 sulfonique, donne un dérivé oxy-imine qui teint la soie en noir violet. La formule de ce composé est $SO^3H.C^{10}H^3\!<^O_{NH}$.

Le dérivé sulfoné de l'amino-1-naphtol-b, constitue *l'iconogène*, très employé en photographie comme révélateur. Le dérivé disulfo est employé au même usage sous le nom de *diogène*.

En acétylant certains acides aminonaphtolsulfoniques, on arrive aux colorants acétylés de la Société chimique (br. fr., 1898), ce sont surtout les dérivés des acides naphtacétoldisulfo qui sont intéressants. Ces acides sont d'ailleurs très solubles dans l'eau ; ils fournissent avec les diazo et les tétrazo toute une série de matières colorantes, les colorants acétylés (le nom de naphtacétol désigne l'amidonaphtolacétyl).

Glycocolle $NH^2.CH^2.CO^2H$ — ou acide aminoacétique. Découvert par Braconnot, en 1820, dans le produit de l'action de l'acide sulfurique à chaud sur la gélatine.

Le glycocolle se présente en gros cristaux de saveur sucrée, d'où son nom de sucre de gélatine. Sous l'influence de la chaleur, il fond vers 232°. Il est soluble dans l'eau, très peu dans l'alcool à 90°. La solution aqueuse de glycocolle donne une coloration rouge avec le chlorure ferrique ; cette coloration disparaît sous l'action des acides et reparaît par addition d'ammoniaque. Avec les sels cuivriques, on obtient une coloration bleue.

Le glycocolle s'unit aux acides pour donner des sels cristallisés. Avec les bases, il se forme également des combinaisons salines. Le *glycocolate de mercure* est employé en médecine.

Le méthylglycocolle $CH^3.NH.CH^2.CO^2H$, obtenue par Liebig en 1847, dans le dédoublement de la créatine de la viande, est la *sarcosine*.

La *bétaïne*, qui existe dans différentes plantes, notamment dans la betterave et les mélasses, est l'anhydride interne de l'acide triméthylaminoacétique.

Alanine $CH^3.CH(NH^2).COH^2$ — ou *lactamine*. C'est l'amine qui correspond à l'acide lactique. Elle cristallise en mamelons, solubles dans l'eau et possédant une saveur très sucrée. Elle fond vers 195° en se sublimant.

Acide o-aminobenzoïque ou anthranilique $C^6H^4(NH^2)CO^2H_2$. — Découvert par Fritzsche en 1841, dans l'action de la potasse bouillante sur l'indigo, en présence de bioxyde de manganèse. Il cristallise en aiguilles de saveur sucrée, fusibles à 145°, solubles dans l'eau et l'alcool. Il donne des sels à la fois avec les acides et avec les bases. Il donne de nombreux colorants azoïques. Les éthers méthyliques et éthyliques sont employés comme essence de néroli artificielle.

Acides aminooxybenzoïques $(NH^2)OH.C^6H^3.CO^2H$. — Plusieurs éthers de ces acides sont doués de propriétés anesthésiques.

L'acide p-aminosalicylique diazoté entre dans la fabrication du noir diamant.

L'éther méthylique de l'acide p-amino-o-oxybenzoïque ou p-aminosalicylique se combine à l'éther méthyldiéthylglycocollique en donnant un dérivé amidé dont le chlorhydrate est employé en médecine sous le nom de *nirnavine* comme anesthésique local.

L'éther méthylique de l'acide p-amino-m-oxybenzoïque $(NH^2)_1OH_3.C^6H^3.CO^2CH^3$ constitue l'*orthoforme* de *Einhord*. Il se présente en lamelles fusibles à 121°, peu solubles dans l'eau. Son chlorure est bien soluble. C'est un bon anesthésique local, mais il est toxique (V. Journal de pharmacie, 1899). L'*orthoforme nouveau* est un isomère moins toxique, en poudre plus fine, et moins coûteux. C'est l'éther méthylique de l'acide m-amino-3-p-oxybenzoïque.

II. — AMIDES ET NITRILES

Les *amides* sont des corps neutres ou acides qui résultent de la déshydratation des sels ammoniacaux. En enlevant 1 molécule d'eau, on a les *amides*; 2 molécules, on a les *nitriles* qui sont aux amides ce que celles-ci sont aux sels ammoniacaux.

Les amides peuvent être considérées, soit comme résultant de la substitution d'un radical acide à H de l'ammoniaque, et l'on a des amides primaires, secondaires ou tertiaires, selon que cette substitution se fait à 1, 2 ou 3 H; soit de la substitution de NH^2 (amidogène) à OH dans le groupement fonc-

tionnel CO.OH d'un acide. Le groupement fonctionnel des amides est donc
CO.NH². Les imides sont les amides des sels acides.

L'hydrolyse des amides redonne les sels ammoniacaux.

Les *nitriles* sont les amides des amides. Ils ont la formule des éthers
cyanhydriques ou cyanures alcooliques (inconnus comme éthers-sels). Leur
groupement fonctionnel est — CN. Ils sont isomériques également avec les
carbylamines ou isonitriles formiques des amines (groupement CN —). Les
nitriles sont rebelles à toute oxydation, les carbylamines sont des corps très
oxydables.

On obtient les amides en déshydratant les sels ammoniacaux par l'action
de la chaleur, et on obtient les nitriles par l'action de l'acide phosphorique.
L'hydratation par KOH des nitriles donne l'acide du radical alcoolique supérieur.

La théorie des amides s'étend aux diverses amines, même aux hydrazines.

Lutz (Ac. des Sciences, 1905) a étudié le degré d'assimilabilité des sels
ammoniacaux, des amines, des amides et des nitriles, par les plantes. Les
amines occupent le second rang, et les nitriles le troisième.

I. — AMIDES DES ACIDES MONOBASIQUES

1° *Série grasse :*

Formamide	H.CONH²
Acétamide	CH³.CONH²
Propionamide,... Butylamide	
Formonitrile (acide cyanhydrique)	H.CN
Acétonitrile	CH³.CN
Amide primaire	CH³.CONH²
Amide secondaire	(CH³)CONHR
Amide tertiaire	(CH³)CONR²

2° *Série aromatique :*

Benzamide	C⁶H⁴.CONH²
Acide hippurique ou benzamide gly-cocollique	C⁶H⁵.CONH.CH²CO²H
Benzonitrile	C⁶H⁵.CN

Un groupe d'amides spéciales résultent de l'action des monoamines sur
les acides : *anilides* etc. ; elles représentent la substitution d'un radical acide
à H de l'amine ; ce sont donc des amides substituées. Formanilide HCONH
(C⁶H⁵), acétanilide CH³CONH(C⁶H⁵), gallanilide.

II. — AMIDES DES ACIDES POLYBASIQUES

Les acides polybasiques fournissent deux amides : une amide acide et une
diamide, selon qu'on les fait dériver du sel ammoniacal acide ou du sel neutre.

Diamides :

    carbamide (urée) $CO(NH^2)^2$

        L'acide urique est une uréide.

    oxamide $(CO.NH^2)^2$

    succinamide $(CO.NH^2)^2C^2H^4$

Amides acides :

    Acide carbamique (ou aminoformique) $(CONH^2)OH$

       —   oxamique $(CONH^2)CO^2H$

       —   succinamique $(CONH^2)CO^1H.C^2H^4$

Dinitriles :

    oxalonitrile (cyanogène) $(CN)^2$

    nitrile succinique $(CN)^2C^2H^4$

Nitriles acides ou *Imides* (groupement NH) :

    Carbimide (acide isocyanique) $CO.NH$

    Imide oxalique $(CO)^2NH$

    Succinimide $(CO)^2NH.C^2H^4$

    Sulfimide benzoïque (saccharine) $C^6H^4 < \genfrac{}{}{0pt}{}{SO}{CO^2} > NH$

* *

Les amides de l'acide carbonique sont particulièrement intéressantes. Au carbonate acide $COOH.ONH^4$ se rattachent l'acide carbamique $CO.OH.NH^2$, et l'acide isocyanique $C.OH.N$. Au carbonate neutre $COONH^4.ONH^4$ se rattachent la carbamide $CO(NH^2)^2$ et son nitrile-amide, la cyanamide $CN.(NH^2)$, qu'on peut dériver aussi du carbamate, ou de l'isocyanate d'ammoniaque.

III. — AMIDES A FONCTION COMPLEXE

Amides-alcools :

    Glycollamide $CH^2OH.CONH^2$

Amides-acides. — Ils comprennent les nitriles et les imides

    Taurine... acide glycocholique... acide taurocholique.

Amides-alcalis :

    Asparagine.

Amides complexes :

    Indigo. Matières albuminoïdes.

* *

Nous étudierons plus spécialement la formamide, l'acétamide, l'acétonitrile, l'acétanilide, les benzamides, la saccharine, les anilides, la carbamide ou urée, l'oxamide, la cyanamide ; l'acide carbamique, l'acide cyanhydrique, le cyanogène, l'acide isocyanique ont été décrits au chapitre XV, p. 716, 715, 723 et 724.

Formamide H.CONH². — C'est le plus simple des amides. Liquide épais, distillant vers 90°, soluble dans l'eau et l'alcool. Elle donne avec le chloral de la *chloralamide*, employée en médecine comme soporifique.

La phényl-formamide ou *formanilide* H.CONHC⁶H⁵ se prépare en chauffant ensemble de l'éther formique et du chlorhydrate d'aniline. Elle cristallise en longs prismes incolores. Point de fusion, 46°. W. A. *Meisel* a reconnu ses propriétés anesthésiques ; elle rend de bons services dans l'anesthésie de la bouche, du pharynx, du larynx, mais elle a l'inconvénient de provoquer parfois de la cyanose. On emploie la solution aqueuse à 2 p. 100.

Acétamide CH³.CONH². — Cristaux incolores, déliquescents à l'air, fusibles à 83°, bouillant à 222°, solubles dans l'eau, l'alcool et l'éther. Obtenu en 1847 par Dumas, Malagutti et Leblanc.

Acétanilide. — La *phénylacétamide* ou *acétanilide* CH³.CONH.C⁶H⁵ est une poudre blanche fondant à 112°, distillant vers 260°. Elle est peu soluble dans l'eau, soluble dans l'eau bouillante, l'alcool, la benzine, l'éther et les huiles essentielles.

Bouillie avec une solution alcoolique de potasse et du chloroforme, elle donne naissance à de la carbylamine, caractérisée par son odeur forte et repoussante. Cette réaction permet de la différencier des phénétidines.

Elle est employée comme antithermique, antifébrine et comme analgésique à la dose de 25 cg. par jour. L'action apyrétique commence généralement une heure après l'administration du médicament et persiste plusieurs heures après. Cette propriété a été constatée à la suite d'une administration par erreur au lieu de naphtaline. Ce fut l'un des premiers antipyrétiques synthétiques. Mais c'est un médicament insoluble et d'un emploi dangereux, produisant la destruction de l'hémoglobine et amenant de la cyanose. — On s'en sert aussi pour diluer le musc artificiel et les parfums solides, et falsifier la vanilline, et pour préparer la p-phénylènediamine. Comme antipyrétiques, on a utilisé de nombreux dérivés de l'acétanilide, telle la p. bromo-acétanilide ou *antisepsine*, l'iodoacétanilide ou iodo-antifébrine, pour l'anesthésie locale, on emploie l'eugénol-acétamide.

L'exalgine est de la méthylacétanilide ; soluble dans l'eau alcoolisée. Toxique. Dose, 15 à 30 cg. par jour. L'exalgine à la dose de 0 gr.50 a entraîné des accidents d'urticaire intenses. Les meilleures proportions pour l'exalgine seraient les suivantes, d'après *Schull*. (Soc. de thér. 1899).

Pour mélange analgésique : exalgine 0 gr. 10, phénacétine 0 gr. 25, antipyrine 0 gr. 40.2 cachets semblables par jour.

Pour mélange antithermique : exalgine 0 gr. 10, phénacétine 0 gr. 25, sulfate de quinine 0gr. 25. 2 cachets semblables par jour.

Phénacétine. — La p-oxyméthylacétanilide, sous le nom d'*acétanisi-*

dine ou *méthacétine*, et surtout la p-oxyéthylacétanilide, sous le nom de *phénacétine* sont employés aussi comme antipyrétique. La phénacétine est l'acétamide de la phénétidine (Voir p. 1128, aux Aminophénols) (CH^3CONH) ($C^6H^4.OC^2H^5{}_{1..4}$) ; elle fond à 134°5 et n'est pas toxique ; elle est peu soluble dans l'eau. On l'emploie à la dose de 0 gr. 50 à 2 gr. comme antipyrétique et à la dose de 0 gr. 60 à 1 gr. comme analgésique. Il est préférable de donner le médicament en une seule dose. La phénacétine a sur l'antifébrine et sur l'antipyrine l'avantage de ne produire ni cyanose ni éruption.

La condensation d'un mélange de phénétidine et de phénacétine avec de l'oxychlorure de phosphore donne *l'holocaïne*, base cristallisée, dont le chlorhydrate soluble dans l'eau est employé comme succédané de la cocaïne (Journal de Pharmacie, 1899).

La phénacétine a sur l'antifébrine ou acétanilide, l'avantage d'être intoxique, mais elle a l'inconvénient d'être peu soluble. On lui substitue un dérivé plus soluble : le phénocolle.

Le phénocolle est la phénacétine correspondant à l'acide amidoacétique ; il est très soluble dans l'eau bouillante et dans l'alcool ; on l'emploie dans les névralgies et dans le rhumatisme aigu à la dose de 1 à 5 gr. par jour ; 1 à 2 gr. contre la coqueluche. Il est assez stable ; les alcalis, les carbonates alcalins et les acides étendus ne le dédoublent en phénétidine et glycocolle qu'au bout d'un certain temps d'ébullition ; les acides ou alcalis concentrés le décomposent plus vite. Il donne des sels doubles avec les acides organiques. Le salicylate de phénocolle est très soluble ; on l'emploie sous le nom de *salocolle*. La lactophénine, la triphénine, la sédatine, le saliphène, l'apolysine, sont des dérivés employés comme antipyrétiques ; ils correspondent aux lactyl, propionyl, valéryl, salicyl, citryl-paraphénétidine.

Le *citrophène* est une combinaison d'acide citrique et de phénétidine ; il fond à 181°. Il est antipyrétique, antinévralgique et sédatif, plus utilisé que la phénacétine. On emploie aussi la p-phénétidine de l'acide méthylglycolique ou kyrofine, l'acétophone phénétidine ou *malarine*, l'acéto-p-phénétidine sulfonate de sodium ou *phésine* qui est très soluble ; *l'eupyrine* qui est la vanilline-éthyl-carbonate-p-phénétidine antipyrétique doux pour enfants.

On emploie aussi comme antipyrétiques la diacétanilide, la benzanilide pour enfants, la *bromamide* ou bromhydrate de tribromaniline, les acéto et p-toluïde.

Formonitrile HCN. — Voir p. 716.

Acétonitrile $CH^3.CN$. — Découvert en 1835 par Dumas et Péligot. Liquide épais, d'odeur agréable ; bout à 81°5. Il existe dans les parties les plus volatiles du goudron de houille.

C'est le cyanure de méthyle. Son dérivé nitré CH^2NO^2CN est *l'acide fulminique* ; nous avons étudié les fulminates p. 725.

Carbylamines. — Sont les isomères des éthers de l'acide cyanhydrique. Elles possèdent une odeur nauséabonde. En particulier, la phénylcarbylamine $C^6H^5.N \equiv C$, isomère du benzonitrile. Elle bout à 64°. Elle provoque des maux de tête et des vomissements.

Benzamides $C^6H^5.CONH^2$. — Corps solide à la température ordinaire. Fond à 130°; bout à 288°. Insoluble dans l'eau froide, il se dissout dans l'eau chaude, l'alcool, l'éther et la benzine.

Benzonitrile $C^6H^5.CN$. — Découvert par Fehling. Liquide incolore, d'odeur forte ressemblant à celle des amandes amères ; solidifié par le froid, il fond ensuite à 17°. Insoluble dans l'eau, il se dissout dans l'alcool et l'éther.

Parmi les benzamides complexes, citons l'acide benzoylaminoacétique ou *hippurique* : $C^6H^5.CONH (CH^2CO^2H)$, qui existe dans l'urine fraîche des herbivores.

L'*acide méthylène-hippurique* s'obtient par action de l'acide hippurique sur la formaldéhyde polymérisée, en présence d'acide sulfurique concentré. Il fond à 151°. C'est l'*hippol* employé dans les maladies infectieuses des voies urinaires, à la dose de 6 gr. par jour. L'acide p-amidobenzoylsulfonique donne avec l'antipyrine la sulfopyrine succédané de ce produit.

Saccharine. — La saccharine de Fahlberg (Fahlberg, List, und Co, Salbke-Westerhüsen a Elbe), est la sulfimide benzoïque ou l'imide o-sulfobenzoïque, $C^6H^4 < \overset{CO}{\underset{SO^2}{}} > NH$. Elle se produit dans la déshydratation de l'o-sulfamide benzoïque $C^6H^4 < \overset{CO^2H}{\underset{SO^2NH^2}{}}$.

La saccharine s'obtient à partir du toluène que l'on convertit successivement en dérivé sulfoné, chlorure sulfoné, amido-sulfoné, qu'on déshydrate ensuite.

Elle se présente en petites aiguilles blanches, fusibles à 210°, peu solubles dans l'eau froide, soluble dans l'eau bouillante à raison de 7 à 8 gr. par litre. L'alcool et l'éther le dissolvent facilement. 100 cm³ d'eau dissolvent 0,43 gr. de saccharine à la température de 25°.

La saccharine est douée d'un pouvoir sucrant 300 fois plus considérable que le sucre de canne. Elle n'est pas toxique, mais comme elle n'est pas assimilable, elle ne peut pas remplacer le sucre au point de vue alimentaire. Elle est utile pour édulcorer les aliments des diabétiques, ainsi que pour masquer l'amertume de certains médicaments, la quinine, la morphine par exemple ; avec lesquelles elle donne des sortes de sels bien moins amers.

Ses propriétés antifermentescibles peuvent être utilisées avantageusement à la conservation des fruits, des sirops, des confitures et des boissons alimentaires. On la rencontre surtout dans les glucoses, les laits concentrés.

Une solution de saccharine à 3 p. 1000 empêche complètement l'altération du bouillon. Cette solution à 3 p. 1000 est plus active que la solution d'acide phénique à 15 p. 1000 ou d'acide salicylique à 1 p. 1000, et elle n'est pas toxique comme ces derniers antiseptiques.

L'addition de saccharine dans les produits alimentaires est défendue par la loi en France, en Belgique, en Allemagne.

Pour caractériser la saccharine, on peut la prendre par l'éther en présence d'acide sulfurique, évaporer et goûter le résidu. Mais la meilleure méthode semble celle proposée par Schmidt. On la transforme en acide salicylique par fusion avec les alcalis caustiques, puis on caractérise l'acide salicylique par sa coloration violette avec le perchlorure de fer. Proctor (Chemical Society ; 1905) a étudié les différents modes de dosage.

Les *saccharéines* de *P. Monnet et J. Kœtschet*, 1897, sont le résultat de la condensation des phénols et de la saccharine. Celle de la résorcine se dissout en jaune avec une fluorescence verte dans les alcalis. Les dérivés halogénés, bromés sont analogues aux éosines. (S. chimique des Usines du Rhône, 1896).

En chauffant et condensant la saccharine avec les m-amidophénols. on obtient les sulforhodaminés.

La *p-amido benzoylsulfonimide* a aussi une saveur sucrée, mais plus franche que la saccharine et elle ne laisse pas d'arrière-goût.

La méthylbenzène sulfimide, qu'on obtient en saponifiant la toluène-cyansulfàmide, possède des propriétés sucrantes fort remarquables, puisqu'elle peut remplacer 500 fois son poids de sucre ordinaire. C'est la *sugarine* de *E. Savigny* (br. angl., 1897).

Carbamide ou Urée CO(NH²)². — C'est l'amide de l'acide carbonique. Elle fut découverte en 1773 par Rouelle, dans l'urine. C'est l'un des produits ultimes de la transformation des matières azotées dans l'organisme. Elle est plus abondante dans l'urine des carnivores. L'urine de l'homme en renferme 12 pour 1000 ; soit 30 gr. par jour.

L'urée se retire de l'urine fraîche ; on concentre et traite par l'acide nitrique ; il se précipite du nitrate d'urée qu'on traite par la baryte qui met en liberté l'urée et on purifie celle-ci par l'alcool. On la prépare industriellement en dirigeant du gaz ammoniac sec dans l'éther diphényl-carbonique fondu au bain-marie.

Sa synthèse a été réalisée par Wöhler, voir p. 724.

L'urée se présente en prismes droits, incolores, striés, de saveur fraîche, inodores, fusibles à 132°. Elle se dissout dans son poids d'eau à la température ordinaire. Elle est soluble dans l'alcool et l'éther.

La chaleur décompose l'urée à partir de 150°. Il se dégage de l'ammoniaque et il se forme du biuret ou amide allophanique (CO.NH²)²NH ; puis de l'acide cyanurique. L'urée chauffé en présence d'eau sous pression s'hydrate à l'état de carbonate d'ammoniaque. Cette réaction s'effectue dès la température ordinaire sous l'influence de certains ferments, tels le microccus urea, Van Tieghem ; et c'est ainsi que l'azote animal éliminé rentre dans le monde végétal.

Les oxydants, tels le chlore et le brome, les hypobromites, transforment la solution aqueuse d'urée en acide carbonique et azote. C'est la base des méthodes de dosage volumétriques de l'urée, dans les analyses d'urine. Le mélange gazeux dégagé dans l'uréomètre est traité par la potasse qui absorbe CO^2 ; l'azote restant est mesuré directement, et donne, par un calcul simple, la teneur en urée.

L'urée est une base faible qui se combine aux acides pour donner des sels.

Urées composées, Uréides.

— Les atomes d'H de l'urée sont remplaçables par des radicaux alcooliques, d'où un grand nombre d'*urées composées* (alkylurées de Wurtz) ; ce sont des corps peu stables.

Au contraire, si l'on remplace les atomes d'H par des radicaux acides, on obtient des corps plus stables, les *uréides*, corps tantôt neutres, tantôt acides, tantôt basiques, dont plusieurs existent dans l'économie animale. Tel :

L'*alloxane*, uréide mésoxalique, obtenue par l'action de l'acide nitrique sur l'acide urique. L'alloxane $C^4H^2N^2O^4$ donne par réduction de l'alloxanthine $(C^4H^2)^2N^4O^7$, qui, traitée par l'ammoniaque, donne la *murexide*, la première matière colorante artificielle qui ait été préparée, Liebig et Wœhler. C'est un corps à reflets verts par réflexion, rouges par transmission. Soluble dans l'eau avec une coloration rouge rose. Il donne une laque avec le nitrate de mercure, br. Dollfus-Mieg, 1856.

L'*allantoïne*, diuréide glyoxylique.

L'*acide urique*, diuréide tartronique, découvert par Scheele. Il existe dans l'urine des animaux carnivores, l'urine de l'homme en renferme 0,40 pour 1000, il est très abondant dans les excréments des oiseaux ; il constitue presque exclusivement l'urine solide des serpents. Le guano, constitué par des excréments d'oiseaux de mer, contient beaucoup d'urate d'ammonium. L'acide urique, les urates de sodium ou d'ammonium sont la base de calculs urinaires.

La synthèse de l'acide urique a été faite en chauffant à 230° un mélange d'urée et de glycocolle.

C'est un corps blanc, cristallin, inodore et sans saveur. Il est soluble dans 15.000 fois son poids d'eau froide et dans 1.800 fois son poids d'eau bouillante. C'est un acide bibasique ; il forme des urates généralement insolubles. Les urates alcalins sont seuls un peu solubles. Par oxydation, l'acide urique fournit l'*alloxane*, l'*allantoïne*.

La *créatine*, diuréide méthylglycocollique. Sa synthèse a été réalisée par *Volhand*, en combinant la cyanamide et la sarcosine ou méthylglycocolle.

L'urée chauffée longtemps à 160° avec la phénétidine, perd de l'ammoniaque en donnant de la phénétolurée. Ce composé cristallise en aiguilles fusibles à

173°, peu soluble dans l'eau, de saveur très sucrée. On l'emploie pour édulcorer sous le nom de *dulcine* ou *sucrol*.

La *guanidine* CN^3H^5 correspond au remplacement dans l'urée de O par NH. On l'obtient en chauffant à 160° le sulfocyanate d'ammonium. S'y rattache la créatine, qui est une guanidine bisubstituée. C'est l'imidourée $NHC (NH^2)^2$. C'est aussi l'amidine carbonique.

Les oxyphénylguanidines, qu'on prépare par action d'un amidophénol sur un carbodiimide, *B. Seifert* (br. am. 1898), sont des anesthésiques. Leurs chlorhydrates sont solubles dans l'eau et dans l'alcool.

Les uréides se rattachent aussi à la purine et dérivés.

Cyanamide $N:C\text{-}NH^2$.

— Découvert par Bineau en 1838. Masse cristalline, fusible à 40°, très soluble dans l'eau, l'alcool et l'éther.

Le cyanamide donne des sels avec les métaux.

Le cyanamide calcique, préparé au four électrique à partir du carbure de calcium et de l'azote de l'air, est employé comme engrais azoté.

Acide carbamique $OH.CO.NH^2$

— ou acide aminoformique. C'est le plus simple des acides-amines ; on peut le considérer aussi comme le premier amide de l'acide carbonique hydraté ; le second est l'acide cyanique. L'acide carbamique n'a pas été isolé, mais on a préparé le carbamate d'ammoniaque ou carbonate anhydre d'ammoniaque et un certain nombre d'*éthers carbamiques* (qui sont les anciens *uréthanes* de Dumas).

Par perte d'eau, ils donnent les éthers cyaniques. Le carbamate d'éthyle $CONH^2.OC^2H^3$ est l'*uréthane*, bon hypnotique à la dose de 2 à 4 gr. Il correspond dans l'urée, au remplacement d'un des deux groupements NH^2 par OC^2H^5. Parmi les uréthanes substituées, la phényluréthane $CO(NH.C^6H^5)OC^2H^5$ est employée comme antipyrétique, et plus souvent comme hypnotique, sous le nom d'*euphorine*. Comme hypnotique, on emploie aussi le chloral-uréthane ou *uraline*, et l'alcoolate de chloral-uréthane ou *somnal*. Comme antipyrétiques on emploie aussi la *neurodine* qui est l'acétyl-p-oxyphényluréthane, la *thermodine* qui est l'acétyl-p-éthoxyphényluréthane ; l'hédonal qui est le carbamate du méthyl propylcarbinol.

L'acide phénylcarbamique est isomère de l'acide anthranilique.

La thiocarbamide $CS (NH^2)^2$ est dissolvant de l'or.

Carbimide $CO. NH$.

— C'est l'acide isocyanique, étudié p. 724.

L'isocyanate d'éthyle obtenu par Wurtz donne avec la potasse non pas les réactions d'un éther, mais de l'éthylamine ; ce fut la première amine ; Avec l'ammoniaque on a l'éthylurée.

Oxamide $(CO.NH^2)^2$.

— La première amide connue, Dumas 1830. Obtenu par Bauhofen 1817, elle forme une poudre cristalline incolore, insoluble dans l'eau froide, l'alcool et l'éther. L'action de la chaleur la sublime avec décomposition partielle en eau et cyanogène.

On connaît une monooxamide de formule $NH^2CO.COOH$.

Oximide ou oxalimide $\begin{array}{c} CO \\ | \\ CO \end{array} > NH$, cristallise en prismes brillants solubles

dans l'eau froide et davantage dans l'eau chaude. Avec l'ammoniaque concentrée, il redonne l'oxamide.

Oxalonitrile (Cy)². — C'est le cyanogène (étudié p. 715).

Phtalamide C⁶H⁴ (CONH²)² cristallise en prismes fusibles à 149°.

La **gallanilide** ou gallanol est un antiseptique, très peu soluble à l'eau, non toxique. Sa poudre est employée contre l'eczéma, sa pommade vaselinée à 1 ou 3 pour 30 de vaseline contre le psoriasis. Elle ne rougit pas la peau et ne tache pas le linge.

III. — AZINES

Les azines sont des bases tertiaires aromatiques spéciales dans lesquelles on admet qu'un atome d'azote trivalent forme l'un des chaînons de la chaîne fermée. Suivant le nombre d'atomes d'azote, on aura des mono, des di, des triazines, etc. On les rapporte aux différents noyaux ou carbures aromatiques : benzène, naphtalène, anthracène, etc. Elles se produisent dans la distillation des os (huiles de Dippel), des schistes, de la houille, du bois, des *alcaloïdes naturels*.

Azines benzéniques ou *bases pyridiques*.

Pyridine	C^5H^5N	$HC \begin{array}{cc} CH & CH \\ < & > N \\ CH & CH \end{array}$
Picolines	C^6H^7N	$C^5H^4(CH^3)N$
Lutidines	C^7H^9N	$C^5H^3(CH^3)^2N$
Collidines	$C^8H^{11}N$	$C^5H^4.C^2H^5N$
Parvoline	$C^9H^{13}N$	

Les bases pyridiques sont isomères de l'aniline et de ses homologues, mais elles s'en distinguent, en dehors de leur caractère de bases tertiaires, parce qu'elles donnent avec les iodures alcooliques des combinaisons cristallisées et, par oxydation, des acides carbopyridiques, qui correspondent aux acides aromatiques. On leur rattache plusieurs alcaloïdes naturels, la nicotine, etc.

Azines de la naphtaline ou *quinoléines*.

Quinoléines	C^9H^7N
Lépidines	$C^{10}H^9N$
Dispolines ou cryptidines	$C^{11}H^{11}N$

On leur rattache les alcaloïdes des quinquinas et des strychnées.

Azines de l'anthracène ou acridiques.

Acridine	$C^{13}H^9N$	$C^6H^4 < \begin{array}{c} CH \\ | \\ N \end{array} > C^6H^4$

Diazines du benzène ou pyridiques.

        o-diazine ou pyridazine   · $C^4H^4N^2,_{1.2}$

        m-diazine ou pyrimidine $C^4H^4N^2,_{1.3}$

        p-diazine ou pyrazine ou aldine $C^4H^4N^2,_{1.4}$

Diazines du naphtalène ou d-quinoléiques

        p- ou quinoxalines $C^8H^6N^2$

Diazines de l'anthracène ou acridiques

$$\text{phénazines (p) } C^{12}H^8N^2 \text{ ou } (C^6H^4)^2N^2 \text{ ou } C^6H^4 < \genfrac{}{}{0pt}{}{N}{\underset{N}{|}} > C^6H^4$$

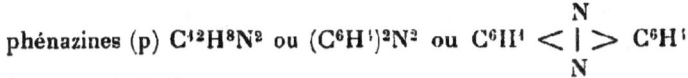

Méthylphénazine, naphtophénazine, indulines, eurhodines, safranines.

Les *Thiazines* sont des azines dans lesquelles un des N est remplacé par

$$\text{S; la principale est la phénothiazine ou thiodiphénylamine } C^6H^4 < \genfrac{}{}{0pt}{}{NH}{\underset{S}{}} > C^6H^4,$$

à laquelle se rattachent le violet de Lauth et le bleu de méthylène.

Nous rapprocherons des azines, les *azols* ou *pyrrols*, bases complexes aromatiques qui dérivent d'un noyau pentagonal dans lequel l'un des chaînons est formé par les groupements NH.

  Pyrrols :

        Azol ou pyrrol, C^4H^4NH ou
$$\genfrac{}{}{0pt}{}{CH{=}CH}{\underset{CH{=}CH}{|}} > NH$$

        Méthyl pyrrol $C^4H^3(CH^3)NH.$

        Phényl pyrrol $C^4H^3(C^6H^5)NH$

        carbazol ou dibenzopyrrol
$$\genfrac{}{}{0pt}{}{C^6H^4}{\underset{C^6H^4}{|}} > NH$$

Phénopyrrol : indol $(C^6H^4)(C^2H^2)(NH)$

L'indigo bleu $C^{16}H^{10}N^2O^2$ se rattache à l'indol : $(C^6H^4)^2(CO)^2C^2(NH)^2$.

Diazols. Les diazols sont aux azols ce que les azines sont aux carbures.

        a-diazol ou pyrazol $C^3H^3(N)_2(NH)_1$

        b-diazol ou glyoxaline $C^3H^3(N)_3(NH)_1$

Les pyrazols, en fixant 2 ou 4 H, donnent de la pyrazoline ou de la pyrazine. De la pyrazoline dérive la pyrazolone, par substitution de CO à CH^2. L'antipyrine est une pyrazolone substituée.

La purine se rattache à la glyoxaline-pyrimidine.

Pyridine C^5H^5N. — Elle fut découverte en 1851, par *Anderson*, dans l'huile animale de Dippel, obtenue par distillation sèche des os. Elle existe également dans les produits de la distillation de la houille, du bois, de certains alcaloïdes. Ramsay a réalisé sa synthèse en 1876 en condensant, au rouge, l'acide cyanhydrique avec l'acétylène. On prépare la pyridine en oxydant la quinoléïne par le permanganate.

La pyridine est isomère avec l'aniline, mais c'est une base tertiaire ne possédant pas d'H remplaçable. Pour séparer ces deux bases dans le goudron de houille, on traite par l'acide nitrique ; l'aniline donne de la nitrobenzine ; la pyridine reste inattaquée.

Les pyridines du commerce contiennent toujours de l'ammoniaque. L. Barthe (Bull. soc. chimique, 1905) emploie les cristaux de phosphate de magnésie en excès pour éliminer l'ammoniaque.

La pyridine est un liquide très mobile, d = 1,002 ; son odeur est très désagréable, ce qui la fait utiliser pour dénaturer l'alcool en Allemagne. Elle bout à 114°,8. Elle bleuit le tournesol, et donne des sels avec les principaux acides. La pyridine précipite les sels de fer et de zinc, etc ; le précipité est soluble dans un excès de réactif.

L'hydrogène naissant se fixe facilement sur la pyridine ; l'hexahydropyridine, constitue la *pipéridine*, qui s'obtient aussi en distillant la pipérine du poivre.

Quinoléïnes C^9H^7N.

— Il en existe deux, qui correspondent aux deux naphtols a et b. La quinoléïne ordinaire est l'a-quinoléïne.

La quinoléïne se prépare au moyen des huiles lourdes de goudron, *Runge* (1843) ; ou plutôt en chauffant ensemble du nitrobenzène, de l'aniline, de la glycérine et de l'acide sulfurique (Skraup).

C'est un liquide incolore, d'odeur désagréable, très réfringent : d = 1,095, et brunissant rapidement à l'air ; elle bout vers 239°. L'alcool et l'éther la dissolvent facilement. Elle possède des propriétés antiseptiques, ainsi que plusieurs de ses sels dérivés du salicylate, tartrate, sulfocyanate, par ex. : l'acéto-o-amidoquinoléïne ; l'o-éthoxy-ana-mono-benzoylamidoquinoléïne, ou analgène ou *chinalgène*, employé contre les névralgies ; le sel de sodium de l'acide méthoxyhydroquinoléïne-carbonique ou *thermifugine*.

La quinoléine est une base faible, qui se combine aux iodures et bromures alcooliques. Les iodures ainsi formés traités par la potasse, dans certaines conditions, donnent des couleurs bleues, les *cyanines*.

L'hydrogène naissant se fixe sur la quinoléine de l'hexahydrure qui correspond à la pipéridine, le dérivé méthylé est la *kaïroline*, employée comme fébrifuge, à l'état de sulfate ou de chlorhydrate.

Les *oxyquinoléines* sont les phénols des quinoléines. On les obtient par fusion avec la potasse de leurs dérivés sulfonés, ou bien en remplaçant l'aniline par l'amino-phénol et la nitrobenzine par le nitrophénol. Le *quinonosol* ou oxyquinoléine sulfonate de potassium, $C^9H^6N.OSO^3K$, est un bon antiseptique.

La quinoléine possède des propriétés antiseptiques et antipyrétiques, ainsi qu'un grand nombre de ses sels et composés, le sulfocyanate qui est un antiseptique puissant, le tartrate fébrifuge, le salicylate, la quinoléine iodoforme, la quinoléine résorcine ; l'acide méta-iodo-orthoxyquinoléine-ana-sulfurique peu soluble dans l'eau et l'alcool, à peine soluble dans l'éther et les huiles grasses, succédané de l'iodoforme très remarqué sous le nom de *lorétine*, et dont les sels de Ca, de Bi sont également utilisés ; la lorénite est l'acide ortho, de la para, l'oxy-quinoléine sulfonate de potassium ou *quinosol* employé en gynécologie ; l'o-hydroxy-quinoléine-sulfanine ou *quinaseptol* ; l'hydroxyquinaseptol ou diaphtérine, soluble dans l'eau.

Le *vioforme*, ou oxyquinoléine chlorofodée, poudre gris jaunâtre, sans odeur, est employé comme succédané de l'iodoforme, dans la préparation de la quinoléine.

Des hydrooxyquinoléines, les dérivés méthylés sont : la *thalline* et la *kaïrine* ; très employés comme antithermiques à l'état de sulfates ou de lactates.

Parmi les homologues de la quinoléine, il faut citer : la *méthylquinoléine* ou *quinaldine*, qui donne avec l'acide phtalique une quinolphtaléine. Le sel sodique de l'acide sulfoné constitue le *jaune de quinoléine*, qui teint la laine et la soie en jaune pur et résistant. La *phénylméthylquinoléine* a pour dérivé aminé la *flavaniline* ; on l'obtient en chauffant l'acétanilide avec du chlorure de zinc, *O. Fisher et Rudolph. Les anthraquinoléines* $C^{17}H^{17}N$; L'anthraquinoléine quinone qui est une matière colorante jaune.

Acridine $C^{13}H^9N$. — C'est l'azine correspondant à l'anthracène. Elle existe dans les huiles vertes de goudron. Elle se forme par condensation de l'aniline et de l'aldéhyde salicylique en présence de chlorure de zinc fondu.

La diamino-tétraméthyl-acridine constitue l'orangé d'acridine. La diamino-phénylacridine constitue la *chrysaniline*, qui forme la majeure partie de la *phosphine*. La chrysaniline donne avec les acides des sels rouges à fluorescence jaune verte.

Diazines benzéniques. Pyrazine $C^4H^4N^2$. — La pyrazine est la paradiazine, la plus importante des trois diazines pyridiques ou benzéniques. On l'obtient en traitant l'amino-aldéhyde par le chlorure mercurique.

La pyzarine fond à 55° et bout à 115° sous la pression de 730 mm. Elle possède une odeur rappelant celle de l'héliotrope ou du fenouil.

Son dérivé hexahydrogéné est la *pipérazine*, ou diethylène-diamine $(NH^2)^2$ $(CH^2 CH^2)^2$ qui cristallise en aiguilles fusibles à 105°, solubles dans l'eau. Elle donne avec l'acide urique une combinaison soluble dans 50 p. d'eau ; cette propriété la fait employer contre la diathèse urique, dans les affections goutteuses à la place du carbonate de lithium. Le tartrate de la diméthylpipérazine est employé au même usage sous le nom de *lycétol* ; il est soluble dans l'eau. Contre la diathèse urique, on emploie la *lyxidine*, qui est l'éthylène-éthényldiamine ou méthylglyoxalidine ; l'*urotropine*, qui est l'hexaméthylène tétramine, $(CH^2)^6N^4$, soluble, se sublimant à 100°, ainsi que son salicylate, ou *saliformine*, qui est également soluble dans l'eau,

Quinoxalines, ou paradiazines quinoléiques. — Le *lutéol*, employé comme indicateur des alcalis, jaune en présence de ces derniers et incolore en présence d'acides, est la chloroxyquinoxaline diphénylée.

Phénazines, ou diazines de l'anthracène. — La plus simple ou phénazine ordinaire, cristalise en aiguilles jaunes fusibles à 171°, insolubles dans l'eau. Elle se dissout dans l'acide sulfurique en une liqueur rouge sang.

A la phénazine se rattachent, les *Indulines*, les *Eurhodines*, et les *Safranines*, matières colorantes importantes.

A la phénazine correspond la *Thiodiphénylamine* $C^6II^4 < {}^{N\ H}_{S} > C^6H^4$.

Le dérivé tétraméthylé de l'amidothio-diméthylamine est le *bleu de méthylène* $N(CH^3)^2C^6H^4 < {}^{NH}_{S} > C^6H^4N(CH^3)^2$.

Pyrrol C^4H^4NH. — Découvert par Runge, en 1834, dans le goudron de houille.

C'est un liquide incolore, légèrement éthéré, insoluble dans l'eau, soluble dans l'alcool et dans l'éther. Il se combine aux acides étendus ; les sels sont décomposés par la chaleur en rouge de pyrrol avec dégagement d'ammoniaque.

L'hydrogène et les halogènes se fixent sur le pyrrol. Le tétraïodopyrrol C^4I^4NH est un bon antiseptique employé sous le nom de *iodol* ; il est inodore et non toxique.

Indol ($C^6H^4)C^2H^2NH$. — Découvert par Bayer et Knopp en 1865, dans la réduction par le zinc, des composés indigotiques. Il résulte de la soudure par deux C d'un noyau benzène et d'un noyau pyrrol. Sa constitution permet d'expliquer celle de l'indigotine, principe colorant de l'indigo. L'indigo peut, en effet, s'obtenir en oxydant l'indol par l'ozone, de même qu'on l'obtient en réduisant l'isatine (produit d'oxydation de l'indigo) par la poudre de zinc.

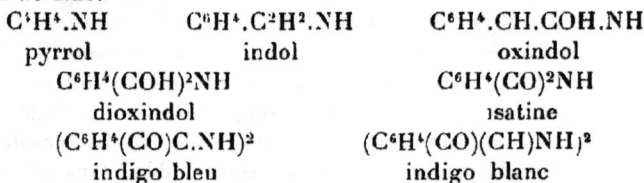

$C^4H^4.NH$	$C^6H^4.C^2H^2.NH$	$C^6H^4.CH.COH.NH$
pyrrol	indol	oxindol
$C^6H^4(COH)^2NH$		$C^6H^4(CO)^2NH$
dioxindol		isatine
$(C^6H^4(CO)C.NH)^2$		$(C^6H^4(CO)(CH)NH)^2$
indigo bleu		indigo blanc

On sait passer successivement de l'indigo à l'indol, de celui-ci à l'indigo. Nous verrons la synthèse de l'indigo au chapitre XXXI.

Dérivés de substitution de l'indigo. Les indigos bromés ont une nuance rougeâtre ; les indigos chlorés sont remarquables par leur résistance au chlorure de chaux.

On est arrivé à remplacer le groupe NH par d'autres groupes ou éléments. Par exemple, par $CONH^2$ c'est le *carbindigo* de Gabriel et Colmann, matière colorante rouge.

La substitution la plus intéressante est celle de NH par S. Elle conduit au rouge de *thioindigo*, de Friedlander de Vienne, préparé par la maison Kalle et Cie de Biebrich. C'est un corps d'un beau rouge violacé, qui s'emploie en teinture et en impression de la même manière que l'indigo, et qu'on peut mélanger à ce dernier pour obtenir des bleus violets. Ses propriétés, sa préparation à partir de l'acide thiosalicylique, ses applications, sont en tous points semblables à celles de l'indigo. Ses teintures sont très solides à la lumière.

Indigotine $(C^6H^4 < ^{CO}_{NH} > C)^2$.— C'est le principal constituant de l'indigo du commerce. Son étude et sa première synthèse sont dues à Bayer.

L'indigotine existe dans les feuilles des indigotiers ou indigoferae, plantes cultivées aux Indes, en Chine et en Amérique. Les indigotiers cultivés de préférence sont l'indigotier bâtard ou anil et l'indigotier franc ou des teinturiers. L'indigo a fait son apparition en Europe au commencement du xvie siècle. Son emploi éprouva pendant longtemps une vive opposition de la part des producteurs de pastel. L'indigo existe dans un très grand nombre de plantes.

Préparation. L'indigo existerait dans les plantes à l'état d'indican, glucoside particulier, qui se dédoublerait en indiglucine soluble, en indigotine et en indirubine insolubles : l'indigotine étant la matière colorante bleue de l'indigo. Pour préparer ce dernier, les plantes sont séchées, puis battues, et les feuilles détachées sont mises à macérer dans l'eau. Le jus qu'on retire ainsi est jaune ; on l'agite à l'air et il se forme un dépôt bleu, dont la composition varie beaucoup, mais qui renferme en général 50 pour cent de matière colorante ou indigotine, 7 pour cent de rouge d'indigo, ou indirubine qui teint les fibres végétales en violet, 5 pour cent d'eau et le reste de matières minérales ou de matières extractives.

Pour purifier l'indigo, on l'épuise successivement par l'eau bouillante, par l'alcool bouillant, par l'eau aiguisée d'acide chlorhydrique, on peut finir par le sublimer. Ces traitements successifs ont pour but de le séparer des matières qui accompagnent l'indigotine c'est-à-dire de la gélatine, du brun d'indigo, du rouge d'indigo et des matières minérales.

Essai des indigos. — On commencera par l'examen physique, qui peut donner des indications utiles.

On donnera la préférence aux indigos légers, poreux, chauds, à pâte unie, lisse et bien exempt de matières étrangères; enfin, pour le montage des cuves, on devra surtout rechercher les indigos violet-rouge qui· en teinture donnent des nuances plus riches et plus belles que les indigos bleu.

L'indigo en vertu de sa porosité absorbe l'humidité de la langue ; on nomme indigo chaud celui qui fait disparaître presque immédiatement la couche d'humidité déposée dans cet essai sur leur cassure fraîche.

Pour juger de la nuance d'un indigo, la meilleure méthode est de faire ce qu'on appelle un pastel. On broie un peu d'indigo avec de l'eau de façon à avoir une pâte épaisse, et on juge de la nuance par comparaison ; on préférera l'indigo qui présente les reflets les plus cuivrés.

On dosera ensuite l'eau, les cendres et l'indigotine.

L'eau se dose en desséchant 5 gr. à 100°. Sa proportion varie en général de 3 à 6 %.

Les matières minérales se dosent en calcinant 5 gr. jusqu'à cendres blanches. Elles varient de 5 à 25 pour cent.

Le dosage de l'indigotine est le plus important. Il existe un nombre de procédés considérables. Ils sont basés sur la détermination de la richesse absolue en matière colorante ; sur une détermination colorimétrique ex. colorimètre Salleron ; sur une teinture d'épreuve au moyen de l'acide sulfindigotique (Chevreul) ; sur la décoloration de l'indigo au moyen de liqueurs titrées de bichromate de potasse (Schlumberger), de permanganate de potasse, d'hydrosulfite de soude (Müller) ; ce dernier est le plus exact, mais demande un outillage spécial.

Pour reconnaître qu'un tissu est teint par l'indigo, autrefois on se contentait de la tache jaune par l'acide nitrique. Aujourd'hui, il faut dissoudre l'indigo, le précipiter, le redissoudre à nouveau dans l'aniline, le faire cristalliser et l'essayer.

Propriétés. — L'indigotine ou indigo bleu est un corps solide bleu à reflets pourpres, inodore, insipide, insoluble dans l'eau, très peu soluble dans l'alcool, même bouillant, soluble dans la térébenthine, l'aniline, le pétrole, la vaseline, la stéarine, elle se sublime en aiguilles orthorhombiques, dichroïtiques, d'un rouge cuivrique par réflexion ou par frottement.

L'acide sulfurique concentré dissout l'indigo avec une coloration vert-jaunâtre qui passe au bleu à la longue ou rapidement à chaud. Il se produit des acides sulfoniques qui sont presque les seuls dérivés de substitution directe de l'indigotine que l'on connaisse.

A la distillation sèche, surtout en présence de potasse, l'indigo donne de l'aniline.

Les oxydants la transforment en isatine ou en produits dérivés. La plupart d'entre eux la décolorent.

Les réducteurs la transforment en indigo blanc $C^{16}H^{12}N^2O^2$, insoluble dans l'eau, soluble dans les alcalis avec une coloration jaune. Cette solution s'oxyde à l'air avec la plus grande facilité, en régénérant l'indigo bleu.

Applications. — L'indigo sert à la teinture de la laine et du coton pour couleurs solides. Remarquons qu'il est beaucoup moins solide comme couleur pigmentaire qu'une fois fixé par les fibres.

L'application de l'indigo repose sur sa transformation sous l'action des agents réducteurs, en indigo blanc soluble dans les alcalis et sur le retour de l'indigo blanc à l'état d'indigo bleu insoluble par simple oxydation à l'air. Une méthode de teinture générale pour toutes les fibres consiste donc à plonger la fibre dans une solution alcaline d'indigo blanc, puis à l'exposer à l'air. C'est la teinture à la cuve, qui donne des couleurs très solides. D'après la nature des corps réducteurs la cuve est dite cuve à la couperose, cuve au zinc, cuve à l'hydrosulfite, cuve par fermentation, cuve électrolytique. Une autre méthode de teindre en bleu, applicable seulement aux fibres animales et donnant un bleu beaucoup moins solide, repose sur l'emploi de l'acide sulfindigotique ou *Extrait d'indigo*. Elle consiste à tremper simplement la fibre dans le bain d'extrait d'indigo.

L'indigo nécessaire au montage des cuves est broyé à l'état humide au moyen de meules en pierre ou d'un broyeur à boulets. L'indigo qui sert à la préparation du carmin d'indigo est broyé à sec. La teinture se fait à froid. On emploie la cuve à la couperose, la cuve au zinc, et la cuve à l'hydrosulfite, et la cuve Collin et Benoit, mais surtout la cuve à la couperose, parce qu'elle n'est pas coûteuse et facile à conduire.

L'indigo n'est pas seulement employé pour la teinture du coton en bleu, mais encore pour la teinture en vert en donnant sur un pied de cuve une teinture en jaune de chrome ou en bois jaune.

Nous étudierons successivement le montage des cuves et leur emploi.

Cuve au zinc. — Le montage de la cuve se fait en introduisant dans une certaine quantité d'eau de l'indigo, du zinc en poudre et de la chaux récemment éteinte. En présence de la chaux et de l'indigo, le zinc décompose l'eau et l'hydrogène dégagé réduit l'indigo en indigo blanc (1866 Stahschmidt, 1867 Cohen).

Les proportions à employer sont :

Eau		4000	900	450	200
Indigo	1	40	8	4	2
Zinc	250 gr.	20	4	2	1
Chaux éteinte 6 k.		20	4	2	1

La cuve est prête à servir au bout de douze heures. Elle a l'avantage de donner 7 fois moins de dépôt que la cuve à la couperose, de pouvoir par conséquent servir plus longtemps et d'utiliser mieux l'indigo. Elle a l'inconvénient d'être souvent trouble et mousseuse : à cause du dégagement constant de l'hydrogène, il faut la pallier vigoureusement avant de s'en servir.

Cuve Collin et Benoist. — Elle est basée sur la réduction de l'indigo par voie de fermentation artificielle.

Le desmobacterium ou ferment butyrique est cultivé à part. On l'ensemence ensuite dans la cuve en ajoutant comme matières fermentescibles du glucose et de l'amidon soluble en présence, comme alcali susceptible de dissoudre l'indigo réduit, d'un mélange de chaux et de carbonate de soude ; la chaux n'a pas d'autre effet que de caustifier la soude. Enfin, l'oxydation après teinture se fait à la vapeur.

Cette cuve peut être montée et conduite avec régularité, elle s'applique à toutes les fibres.

Pour la teinture du fil, on commence par bien le débouillir à l'eau, pour le mouiller entièrement, puis on le plonge dans la cuve la plus faible. On laisse le coton pendant 5 à 7 minutes, en le lissant avec précaution pour ne pas soulever le dépôt, puis on le tord au-dessus de la cuve, et enfin on le *déverdit* en le laissant exposé à l'air pendant une heure. On le passe ainsi successivement dans chaque série de cuves ; et après la corseuse, on le lave à l'eau acidulée à 1° Bé pour enlever l'indigo adhérant mécaniquement aux fibres et les sels de chaux. On lui donne un reflet cuivré en le passant à la finisseuse, puis sans laver on le sèche à 60°, parfois après un passage au bain chaud de savon. Généralement il y a un jeu ou batterie de 8 à 10 cuves, de force croissante, et qui portent le nom de déblanchisseuses petite et forte, ou n° 1 et n° 2 ; secondes, n° 1 et n° 2, sous-corseuses n° 1 et n° 2, corseuses n° 1 et n° 2 et finisseuse. Ces cuves sont cimentées ou en bois, elles ont 70 cm. à 1 m. de large pour 1 m. 80 à 2 m. de profondeur et elles s'élèvent au-dessus du sol à environ 0, 70 cm.

Chaque passe comprend 5 à 7 kgs de coton ; on mettra d'autant moins de coton qu'on voudra obtenir des bleus plus foncés. Tous les 4 jours on remonte la blanchisseuse qui devient alors finisseuse, et on épuise ainsi successivement les cuves.

Pour diminuer le prix de revenu, on donne un pied au cachou, au rocou, au bistre de manganèse ou au noir d'aniline : ce dernier a l'inconvénient de tirer aisément au vert.

On avive (remonte) les bleus de cuve, au campêche, au violet de Paris ou au bleu de méthylène qui est le meilleur. Le campêche donne un reflet cuivré, qui disparaît au premier lavage.

Le coton brut se teint de la même façon, mais en se mettant dans des paniers d'osier. Quant aux tissus de coton, ils se teignent sur cadre ou à la cuve continue.

Pyrazol $C^3H^3(N)_2NH$. — Découvert par Buchner. Il existe deux pyrazols isomères a et b.

Le *mydrol*, substance mydriatique, est l'iodure de méthyl-phényl-pyrazoline.

Antipyrine $C^{11}H^{12}N^2O$ ou $(CH^3)^2{}_{2\text{-}3} C^6H^5 (C^2HN^2.CO)$, — Le diméthyl$_{2\text{-}3}$ 1-phényl-isopyrazolone est *l'antipyrine ou analgésine de von Knorr,* 1883.

On fabrique l'antipyrine en faisant agir d'abord l'éther acétylacétique sur la méthylphénylhydrazine ; il se produit le 1-phényl-3 méthyl-5 pyrazolone, qu'on méthyle ensuite par l'éther iodhydrique ; il s'élimine de l'eau et de l'alcool et il reste de l'antipyrine ; c'est la 1-phényl-2-3-diméthyl-5 pyrazolone. Elle a porté des noms très variés : diméthyloxyquinizine, anodynine, méthazine, parodyne, phénazone, phénylone, pyrazoline, sédatine. Elle est cristallisée en lamelles incolores et inodores, fusibles 113°. Elle se dissout dans son poids d'eau ; l'alcool, la benzine, le toluène et le chloroforme la dissolvent également bien, l'éther moins bien.

L'antipyrine produit directement de nombreuses combinaisons avec les phénols, plusieurs aldéhydes, etc.

L'antipyrine possède des propriétés antipyrétiques et analgésiques **très marquées**. Elles furent reconnues par Guttmann en 1884. Elle jouit également de propriétés antiseptiques. La dose varie de 1/2 à 4 grammes, en potion ou cachets. On l'emploie principalement dans les migraines, les névralgies, les rhumatismes. L'antipyrine n'est pas toujours très bien supportée ; elle peut produire des éruptions, d'ailleurs sans gravité : son emploi doit être proscrit dans le cas de maladies des reins.

On emploie aussi le benzoate, le salicylate ou *salipyrine* et le phénylglycocollate ou *tussol*, le b-résorcylate sous le nom de *résalgine* ou résorcylalgine ; le méthylène diantipyrine ou *formopyrine* ; le chloralantipyrine ou *hypnal*, la *sulfopyrine* qui est le sel d'antipyrine de l'acide-amido-benzoylsulfonique. Le meilleur réactif de l'antipyrine est le chlorure ferrique, qui donne une coloration rouge intense encore sensible au cent-millième. L'antipyrine C. Schuyten, 1896, en solution à 1 pour 100 dans de l'acide acétique au dixième, donne avec les nitrites une coloration verte sensible à 1/20000 de nitrite.

Le 1 phényl-2,5 diméthyl-3 pyrazolone ou *isoantipyrine* a les mêmes propriétés, mais il est toxique.

La paratolyl 2-3 diméthyl-1-5-pyrazolone ou *tolypyrine* est plus active que l'antipyrine mais elle n'est soluble que dans 10 p. d'eau. On l'emploie de même que son salicylate, le *tolysal*. La diméthylaminodiméthylphénylpyrazolone ou *pyramidon* est trois fois plus active que l'antipyrine, fond à 108°, se dissout dans 10 fois son poids d'eau, et est plus aisément supportée.

On emploie encore comme antipyrétiques l'iodopyrine, la naphtopyrine ; comme antipyrétique et hypnotique l'*hypnal* ou chloral hydrantipyrine ; contre l'anémie la *ferropyrine*. Certains sels de ces bases sont également employés en médecine, notamment les salicylates et benzoates. Le *citrovanille* est le citrate de pyramidon, additionné d'un peu de vanille.

L'antipyrine est devenu l'un des spécifiques de la migraine. La *migrainine*, si usitée par les Allemandes, est un mélange d'antipyrine 0,9 ; de caféine 0,1 ; et d'acide citrique. On substitue à l'antipyrine la salipyrine ou la sulfopyrine.

Comme anesthésique local, en insufflations dans les affections du nez, du larynx, du pharynx, son action est faible. Elle est un bon agent hémostatique.

Glyoxaline $C^3H^3(N)_3(NH)$. — Isomère du pyrazol. Parmi ses dérivés alkylés, citons : la diméthylglyoxaline, base à odeur vireuse, dont les propriétés physiologiques sont semblables à celles de l'atropine ; la méthylhydroglyoxaline ou *lysidine*, dont l'urate est soluble dans 6 p. d'eau, à 18°, est employé pour combattre la goutte.

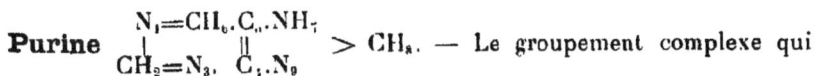

Purine $\begin{matrix} N_1 = CH_6 . C_n . NH_7 \\ | \quad\quad || \\ CH_2 = N_3 . \ C_1 . N_9 \end{matrix} > CH_8.$ — Le groupement complexe qui

figure la purine peut être considéré comme formé par la réunion, avec deux

C communs, d'un noyau hexagonal métadiazine ou pyrimidine, et d'un noyau pentagonal glyoxaline ou imidazol. Il a été isolé par E. Fischer, en réduisant la 2-6 diodopurine préparée à partir de l'acide urique.

Ce groupement conduit à de nombreux dérivés de substitution, dont certains se rencontrent dans la nature, tels l'acide urique, la xanthine, la caféine.

Parmi ces dérivés, citons :

l'adénine qui est *l'aminopurine 6*, découverte par *Rossel*, 1886 dans le pancréas et la rate de bœuf, et qu'on rencontre dans tous les tissus animaux et végétaux contenant des nucléines ;

l'amino-6-oxypurine qui est *la guanine*, découverte par *Unger* dans le guano, et qu'on rencontre abondamment dans les principales glandes et dans le tissu musculaire des mammifères. Sa synthèse, ainsi que celle de l'adénine, ont été réalisées à partir de la 2.6.8. trichloropurine dérivée de l'acide urique ;

la xanthine qui est *la dioxypurine 2-6* découverte par Marcet 1817, dans un calcul urinaire. Elle est très répandue dans l'économie animale ; elle existe dans les glandes des mammifères, dans le guano, le thé, les lupins et l'orge germée. Fischer a réalisé sa synthèse à partir de l'acide urique qui est une trioxypurine. Elle se prépare généralement en traitant la guanine par l'acide nitreux. Oxydée par l'action du chlore ou de l'acide nitrique, la xanthine se dédouble en alloxane et en urée ;

la théophylline, qui est *la 1-3 diméthylxanthine* existe dans les feuilles de thé. C'est un alcaloïde isomère avec la *théobromine;* alcaloïde du cacao ; qui est la *3-7 diméthylxanthine*, découverte par Woskrenssky en 1841.

la caféine, qui est la *triméthylxanthine* ou *méthylthéobromine*. (Voir aux alcaloïdes). Elle a été découverte presque simultanément, en 1820, par *Runge*, par *Pelletier* et *Caventou* et par *Robiquet*.

Sa synthèse a été réalisée par Strecker à partir de la théobromine. On a pu la réaliser aussi à partir de la diméthylurée symétrique, ce qui montre les analogies qui existent entre la purine et les uréides.

L'industrie utilise un certain nombre de procédés synthétiques pour préparer la caféine à partir de l'acide urique. Les principaux modes de synthèse se réalisent à partir de l'acide 3 méthylurique ; 1-3 et 3-7 diméthylurique ; 1-3-7 triméthylurique ; 1-3-7-9 tétraméthylurique.

La fabrication artificielle de la caféine s'effectue à partir de l'acide urique extrait du guano, qu'on transforme d'abord soit en acide tétraméthylurique, soit en acide 3-7 diméthylurique.

l'acide urique, enfin, qui est la *2-6-8 trioxypurine*.

IV. — COMPOSÉS AZOIQUES

La fonction azoïque est caractérisée par la présence dans la molécule du corps composé de deux atomes d'azote soudés ensemble : —N=N—, ou =N—N=. Selon que ce groupement N^2 existe une, deux ou trois fois, on a les composés *diazoïques* et *azoïques* (diazo et diazoamido; azo, amidoazo et oxyazo; azoxy et hydrazo; hydrazines; isodiazo; diazo gras); *tétrazoïques* (ou *disazoïques*), hexazoïques (ou trisazoïques).

Le groupement fonctionnel des composés azoïques (N^2) peut être considéré comme dérivant du diimidogène ou du diamidogène;

1° — soit, d'après Kékulé, du diimidogène théorique : HN=NH, et nous avons dans le groupement deux valences libres : —N=N—, les deux atomes de N étant réunis par une double liaison.

Les *composés diazoïques* sont compris dans la formule générale R—N=N—X, où R est un radical hydrocarboné aromatique (qui peut être substitué).

1. Si X est un radical ou un élément monoatomique tel que $OH, NO^3, NH^2, SO^1H, Cl, Br, I$, reste acide, etc., qui peuvent être substitués; on a les *diazoïques* proprement dits. Le groupe (R—N=N—) fonctionne donc lui-même comme un radical; tel le chlorure de diazobenzène $(C^6H^5$—N=N—)Cl.

On peut avec Blomstrand considérer les diazoïques comme des sels de diazoniums C^6H^5—N$\ll^N_X$.

2. Si X est lui-même un radical aromatique, les deux N sont ainsi reliés tous deux à un noyau aromatique, et l'on a les *azoïques* proprement dits. Leurs propriétés sont différentes de celles des diazoïques de la première classe. Lorsque X est identique à R, on a les composés symétriques représentant deux molécules partielles identiques $(R—N)^2$; ce sont les anciens monoazoïques [1]; tel le benzène-azo-benzène C^6H^5—N=N—C^6H^5.

3. Si X est un radical hydrocarburé de la série grasse, ainsi que R, on a les diazoïques gras. Ils sont représentés par une formule générale de forme hétérocyclique, où les 2 N sont saturés par combinaison avec un groupe divalent R" qui peut être simple ou complexe. Tel le diazométhane $H^2C <^N_N\|$ qu'on rattache à l'acide azothydrique $HN <^N_N\|$.

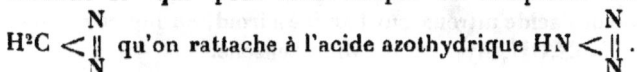

1. On avait cru au début que les composés azoïques correspondant à la formule R—N=N—R, pouvaient se formuler R—N, d'où la distinction des composés azoïques en mono et di; mais l'on sait maintenant qu'ils contiennent aussi deux atomes de N, et doivent se formuler R—N=N—R. Il n'y a donc plus lieu de faire cette distinction, et nous supprimons absolument le terme monoazo.

Les composés azoïques sont dits simples ou mixtes, suivant que les deux radicaux R et X appartiennent tous deux à la série aromatique ou à la série grasse, ou bien à l'une et à l'autre. Ils sont dits symétriques, si les deux radicaux sont les mêmes. Pour les nommer, on énonce successivement chacun des radicaux en intercalant les mots azo; exemple, benzolazotoluol $C^6H^3.N{=}N.C^6H^4.CH^3$. Pour les composés symétriques, on se contente d'énoncer le radical une seule fois ; exemple azo-benzène.

2° — soit du diamidogène $H^2N{-}NH^2$ de Curtius, ou hydrazine ; et nous avons dans le groupement quatre valences libres ${=}N{-}N{=}$, les deux atomes de N étant ici réunis par une simple liaison.

Les *hydrazines* sont comprises dans la formule générale $H^2N{-}NH^2$, où les H peuvent être en partie ou en totalité remplacés par des radicaux semblables ou différents; telle la phénylhydrazine $C^6H^5.HN{=}NH^2$.

Les différents composés azoïques sont en quelque sorte des termes intermédiaires entre les dérivés nitrés des hydrocarbures et les amines. Ils se produisent dans la réduction ménagée des nitrocarbures aromatiques ou dans l'oxydation en circonstances spéciales des amines aromatiques.

L'action de l'hydrogène sur les carbures nitrés donne successivement :

à partir de	$C^6H^5.NO^2$	nitrobenzène
l'azoxy	$C^6H^5.N{-}N.C^6H^5$	azoxybenzène
	$\underset{O}{\vee}$	
l'azo	$C^6H^5.N{=}N.C^6H^5$	azobenzène
l'hydrazo	$C^6H^5.N{-}N.C^6H^5$	hydrazobenzène
	$\underset{H\ \ H}{\vert\ \ \vert}$	
jusqu'à l'amine	$C^6H^5.NH^2$	aniline

ou des produits de substitution, les aminoazo, etc.

Tableau des Composés Azoïques

I. Composés ayant un seul groupement $-N{=}N-$.

1ère classe. **Diazoïques aromatiques**. N est relié au groupement X par un élément autre que le C.

Diazo, dans l'action de l'acide nitreux sur l'amine à froid, en liqueur acide.
Ex.: $C^6H^5.N{=}N.OH$, hydrate de diazobenzène.

Diazoamino, lorsque X *est un groupe amido substitué* (s'il est substitué en un carbure aromatique on a un isomère d'un amidoazo), dans l'action de l'acide nitreux sur les amines en excès à froid, ou d'un sel de diazo sur l'amine.
Ex. : $C^6H^5.N{=}N.NHC^6H^5$, diazoaminobenzène.

$2^{\text{ème}}$ classe : **Azoïques.** N est relié au groupement X par l'élément C, et X *est lui-même un reste hydrocarburé aromatique,* semblable à R (azo symétriques) ou différent de R (azo dissymétriques), simple ou substitué.

Azo. Dans l'action d'un réducteur faible sur un carbure nitré, ou d'un oxydant modéré sur l'amine.

Ex. : $C^6H^5.N = N.C^6H^5$ (benzène)-azobenzène.

Amidoazo, X a *une substitution par* NH^2, ce qui lui donne la fonction amine. Dans l'action de l'acide nitreux sur l'amine en excès à chaud.

Ex. : $C^6H^3.N = N.C^6H^4NH^2$ aminoazobenzène

$(C^6H^4.NH^2)N = N.C^6H^3.(NH^2)^2$, triaminoazobenzène.

Oxyazo (isomères des Azoxy), X a *une substitution par OH*, ce qui lui donne la fonction phénol.

Ex. : $C^6H^5.N = N.C^6H^4OH$, oxyazobenzène.

2e classe *bis*. *Produits de l'addition de O ou de H* :

Azoxy, les deux N sont en groupement —N—N—. Dans l'action d'un

$$\underset{O}{\smile}$$

réducteur sur le carbure nitré, en liqueur alcaline.

Ex. : $C^6H^5.N—N.C^6H^5$, azoxybenzène.

$$\underset{O}{\smile}$$

Hydrazo, les deux N sont en groupement —N—N—. Dans l'action des

$$\underset{H\ H}{\mid\ \mid}$$

réducteurs en milieu alcalin sur le carbure nitré, ou sur le diazo.

Ex. : $C^6H^5.NH.NH.C^6H^5$, hydrazobenzène.

Ce sont des hydrazines symétriques. L'hydrazobenzol est la diphénylhydrazine sym. Les hydrazo sont donc une subdivision du groupe des hydrazines ; elles peuvent subir des transpositions isomériques. (L'action d'un réducteur normal sur le carbure nitré conduirait à l'amine).

Hydrazines : Les quatre H de $H^2N—NH^2$ sont substituables. Dans l'action d'un réducteur sur un sel de diazo (hydr. primaires); dans l'action d'un réducteur sur un azo (hydr. secondaires asymétriques ou hydrazo), dans l'action d'une hydrazine sur un sel de diazo, dans l'action d'une hydroxylamine sur un sel de diazo, dans l'action d'un réducteur sur une nitrosamine (hydr. secondaires asymétriques).

Ex. : $C^6H^5.HN.NH^2$, phénylhydrazine ;

$(C^6H^5NH)^2$ diphénylhydrazine.

2e classe *ter* : **Isodiazoïques ou Nitrosamines** primaires à l'azote

Les deux N sont en groupement $ON—NH^2$; ou $ON—N = \dfrac{R}{R}$. Isomères des

J. G. — II.   73 hydrates de diazo. Dans l'action indirecte de l'acide nitreux sur les amines secondaires ou dans la transposition des hydrates de diazo.

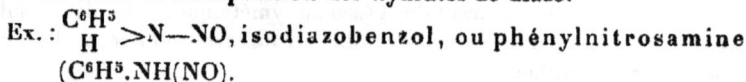

Ex. : $\dfrac{C^6H^5}{H}$ >N—NO, isodiazobenzol, ou phénylnitrosamine ($C^6H^5.NH(NO)$).

Bases nitrosées, ou nitrosamines dans le noyau. Dans l'action indirecte de l'acide nitreux sur l'amine.

Ex. : $(ON)—C^6H^4.NH^2$, p-nitrosoaniline.

3e classe : **Diazoïques gras**. X est un reste alcoolique gras (diazo mixte) ; si R l'est aussi, diazo gras, R et X peuvent être un seul radical bivalent.

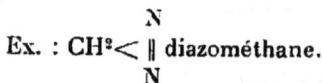

Ex. : $CH^2 <\begin{matrix} N \\ \| \\ N \end{matrix}$ diazométhane.

II. — Composés **Tétrazo** ou disazo, ayant deux groupements —N=N—. Ils s'obtiennent par une seconde diazotation. Dans l'action d'un sel de diazo en excès sur l'amine, dans l'action de l'acide nitreux sur un sel d'hydrazine (soit sur la benzidine).

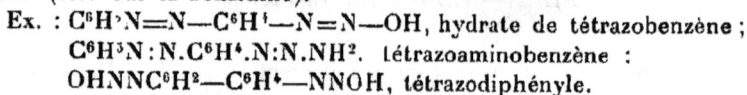

Ex. : $C^6H^5N=N—C^6H^4—N=N—OH$, hydrate de tétrazobenzène ;
$C^6H^5N:N.C^6H^4.N:N.NH^2$, tétrazoaminobenzène :
$OHNNC^6H^2—C^6H^4—NNOH$, tétrazodiphényle.

*
* *

En résumé, on voit que l'action de l'acide nitreux sur les composés aromatiques, donne sur les amines primaires simples ou complexes, les *diazo* ; $C^6H^5.NH^2$, la phénylamine donne l'hydrate de diazobenzol ; $C^6H^4.OH.NH^2$ l'amidophénol donne l'hydrate de diazophénol. (Avec les amines secondaires, l'acide nitreux donne des nitrosamines à l'azote ; et avec les amines tertiaires, des nitrosamines dans le noyau ou bases nitrosées en para) ; sur les polyamines, les polyazo.

Diazoïques. Griess les a découverts en 1862.

On les produit par diazotation, c'est-à-dire en faisant agir à froid, l'acide nitreux, naissant en solution acide, sur une amine simple ou complexe, c'est-à-dire sur un corps aromatique quelconque possédant la fonction amine primaire, c'est-à-dire renfermant un ou plusieurs groupements NH^2 : amines, diamines, sulfoamines, aminophénols, acides aminés, etc. La réaction est d'une netteté extrême ; elle se fait quasi instantanément, avec des rendements quasi théoriques. A froid, il se forme un sel de diazo et de l'eau. A chaud, il se formerait le phénol.

Le diazo résulte de l'union de 1 molécule d'amine aromatique primaire et

1 molécule d'acide nitreux avec élimination d'eau. Lorsque l'acide et l'amine réagissent à l'état de sels, sans excès d'acide, on obtient un *diazoamido* par union de 2 molécules d'amine et 1 molécule d'acide.

On les produit encore en réduisant le nitrate d'une amine aromatique par Zn+HCl.

On les énonce comme on le fait pour les sels, la base étant désignée sous le nom de diazo suivi du résidu de l'amine ou même du carbure.

Ce sont des corps peu stables et détonant sous l'action de la chaleur.

L'anhydride de diazobenzol fait explosion dès 0°. Les composés diazoïques si instables et si inflammables sont rendus plus stables si on les conserve en présence d'un acide minéral en excès et de sels, sulfate de sodium ou d'aluminium. (Farbwerke de Hœchst (br. all, 1894). La fabrique de Thann (br. all. 1895), prépare des sels diazoïques stables en faisant réagir sur les sulfates de diazo les sels alcalins de l'acide nitrobenzène sulfonique. Pour rendre plus stables les diazodérivés aromatiques, les Farbwerke de Hœchst, 1896, ajoutent à leur solution, nn sel d'aluminium, de zinc ou d'étain; on neutralise l'excès d'acide pour déterminer la séparation de la combinaison dou.le. On opère vers 0° C de préférence. L. Cassella and Co. (br. all., 1867) stabilise les diazo en les incorporant à du sulfate de sodium. Ou diazote l'amine en solution sulfurique et on transforme l'acide libre en bisulfate. Le composé est soluble, inexplosif au choc, inaltérable par la chaleur. C'est le nitrazol C. — La Manufacture Lyonnaise de Matières colorantes prépare des sels *diazoïques solides et stables*, en diazotant les bases aromatiques, et x. la p-nitraniline, en solution sulfurique concentrée et en absorbant l'excès d'acide au moyen de sulfate neutre de sodium. — La Compagnie française de couleurs d'aniline Ruch et Cie (br. fr. 1897) stabilise les diazo en les précipitant par un sel métallique comme le chlorure de zinc ou d'étain. On sèche à 40°. Ces composés sont inexplosifs.

Bases faibles, ils donnent des sels plus stables ou des hydrates. Ils peuvent également jouer le rôle d'acides et se combiner avec des bases. Les sels de leurs hydroxydes R—N=N—OM se transforment par la chaleur en isomères qui sont les isodiazo R—N$<^{NO}_M$. Les hydrates des isodiazo sont les nitrosamines primaires.

Les sels sont généralement cristallisés. Ils sont solubles dans l'eau et peu solubles dans l'alcool.

Les composés diazoïques donnent avec le bisulfite de Na, en fixant H, les *hydrazines*.

Avec les phénols et les amines, ils donnent des réactions colorées très sensibles, (composés azoïques), d'abord des diazo, puis des azophénols ou des azoamines, qui sont les matières colorantes azoïques. Celles-ci représentent donc le résultat de la copulation d'un sel d'un diazo quelconque sur un phénol ou une amine ou leurs dérivés. Par ex. le diazo de l'acide sulfanilique et la diméthylaniline donnent l'orangé III.

Les composés diazoïques ne se préparent pas seulement par l'action de l'acide nitreux sur les amines ; son action sur les nitrosophénols donne des diazophénols, la réduction des nitrates d'amines par le zinc, l'oxydation des hydrazines donnent des diazo.

La *diazotation* d'une amine a pour but la transformation des groupes NH^2 en $-N=N-$. Elle se fait à 4° pour les amines primaires ; elle est plus stable si l'amine renferme des substitutions en halogènes, $OH, SO^2H, COOH$. La diazotation des amines secondaires et tertiaires donne des dérivés nitrosés, de couleur jaune à rouge, très instables, conduisant aux hydrazines. La diazotation des diamines est très irrégulière.

Nous donnerons quelques détails sur les principaux composés diazoïques, en suivant l'ordre donné plus haut.

Sels de diazobenzène : $C^6H^5N : NX$, X est un radical acide.

L'*hydrate de diazobenzène* auquel on a donné le nom par abréviation de diazobenzène, $C^6H^5-N=N-OH$, a été préparé par Griess en faisant agir l'acide nitreux en excès sur l'aniline à froid. Mais ce sont les sels qui représentent ses formes maniables.

Le *chlorure de diazobenzène* $C^6H^5.N : N. Cl$ s'obtient en traitant le chlorhydrate d'aniline par l'acide nitreux, à basse température. Il cristallise en aiguilles incolores. Il fixe facilement deux atomes d'halogène ou d'hydrogène ; dans ce dernier cas, il se forme du chlorhydrate de phénylhydrazine.

Les amines primaires et secondaires se combinent aux sels de diazobenzène en donnant des dérivés du diazoamidobenzol $C^6H^5-N=N-NH. C^6H^5$ lesquels se transforment en dérivé azoamido, qui constituent des matières colorantes. Les amines tertiaires donnent des dérivés de l'aminoazobenzène C^6H^5.

Les phénols donnent des combinaisons par réaction de 1 mol. avec 1 ou 2 molécules du sel de diazobenzène, soit les azophénols ou oxyazobenzènes et les disazophénols ou oxydisazobenzènes. Les sels du diazobenzène chauffés en solutions donnent à l'ébullition le phénol.

Le *nitrate de diazobenzol* $C^6H^5 N : N.NO^3$. peut cristalliser de sa solution aqueuse. Il constitue alors un explosif plus dangereux que l'iodure d'azote ou que le fulminate de mercure.

On connaît des dérivés de substitution du diazobenzène : dérivés halogénés, nitrés, sels, éthers et dérivés sulfonés, que l'on prépare en diazotant les acides sulfonés de l'amine.

L'ammoniaque, en agissant sur le composé halogéné d'un sel halogéné du diazobenzol, soit le perbromure donne le diazoiminobenzol ou éther phénylique de l'acide azothydrique. $C^6H^5-N{<}\genfrac{}{}{0pt}{}{N}{\genfrac{}{}{0pt}{}{\parallel}{N}}$

On a préparé de même les diazo des diverses benzines substituées, diazotoluols correspondant aux trois toluïdines isomères, diazonaphtalines a et b.

On a préparé de même les diazoalcools, les diazophénols, les diazoacides, les diazoamines.

Les *diazophénols* ou composés oxyazoïques sont les produits de la diazotation des aminophénols. L'azotate de p-diazophénol est très explosible $C^6H^4(OH)N{=}N{-}NO^3$.

Les dérivés diazoamido ou les composés diazoaminés ont pour origine ou l'action d'une amine primaire sur un sel d'un diazo ou l'action incomplète de l'acide nitreux sur une amine primaire en excès. Par transposition moléculaire, aisée en présence de la base, ils donnent les dérivés p-amino-azo.

Ils sont cristallins, jaunes, insolubles dans l'eau, détonent par la chaleur. En liqueur acide, l'acide nitreux les convertit en sels de diazo.

Le *diazoamidobenzène* $C^6H^5N{:}N.NH.C^6H^5$ de Griess, cristaux jaunes, fusibles à 96°; solubles dans l'éther et la benzine. Il fait explosion lorsqu'on le chauffe au-dessus de 150°. Il se transpose facilement en amino-azobenzol $C^6H^5N{:}N.C^6H^4NH^2$, qui est doué d'une réaction nettement alcaline.

Azoïques. — Ce sont des composés intermédiaires entre les dérivés nitrés et les aminés. En conséquence, on les produit en réduisant avec ménagement en milieu alcalin, les dérivés nitrés ou même les azoxycomposés, par ex. par un amalgame alcalin ; ou en oxydant avec ménagement les amines en milieu alcalin, par ex. par le permanganate alcalin, ou en oxydant l'hydrazocomposé ; dans le cas de la réduction d'un nitrocarbure, il se produit d'abord l'azoxy composé.

C'est Mitscherlich, 1834, qui a préparé le premier composé azoïque, l'azobenzol. Zinin en 1845 prépara l'azooxybenzol; Gerhardt et Laurent, 1849 la benzidine; Hoffmann 1863 l'hydrazobenzol. — Le premier colorant azoïque : l'amidoazobenzol fut découvert par Griess, 1862. En 1876, Witt découvre la chrysoïdine, puis Roussin, les orangés acides ; Caro les rouges solides. Vinrent ensuite les ponceaux de Hœchst, 1877, les écarlates de Biebrich de Nietzki et les crocéines (1879-81), enfin les noirs-naphtols, 1885. Les matières colorantes substantives, c'est-à-dire teignant sans mordant, datent de 1884.

Les composés azoïques sont généralement colorés du jaune au rouge. Ils sont peu solubles dans l'eau, solubles dans l'alcool.

Ils sont beaucoup plus stables que les diazoïques. Ils donnent des produits de substitution halogénés, nitrés, sulfonés. Les oxydants les transforment en azoxy, les réducteurs en hydrazo ou même en amines.

Leur propriété caractéristique est de donner la réaction de Liebermann, soit des colorations allant du rouge au bleu avec un mélange de phénol et de SO^4H^2 concentré.

Les plus importants de ces composés sont :

a) AZOCARBURES, ne sont pas matières colorantes.

Le *benzène-azobenzène* ou *azobenzol* $C^6H^5.N{=}N.C^6H^5$ dû à Mitscherlich, 1834. Griess l'étudia en 1860. Il donne avec le sulfure d'ammonium une hydrazine, l'hydrazobenzène $\dfrac{C^6H^5}{H}{>}N{-}N{<}\dfrac{C^6H^5}{H}$; et avec l'acide chromique un composé azoxyque, caractérisé par le groupement $-N{-}N{-}$, l'azoxybenzène $C^6H^5{-}N{-}N{-}C^6H^5$.

$$\underset{O}{\smile}$$

L'azobenzol est l'un des termes intermédiaires de la préparation de la benzidine. Les dérivés halogénés se produisent en faisant agir un sel de diazobenzol sur une aniline halogénée. Les dérivés nitrés se produisent directement ; de même ses dérivés sulfonés.

On connaît de même des azotoluols, des azoxylols, des azonaphtalines.

b) Azophénols. Les premiers azophénols ou oxyazo composés furent préparés par Griess en 1866. On les obtient surtout par copulation d'un sel diazo avec un phénol iodé (Kékulé et Hidegh) Corps cristallisés, rouges à jaunes, insolubles. Plusieurs sont matières colorantes. Le *p. oxyazobenzol* $C^6H^5.N.N_4C^6H^4OH_4$ ou p. azophénol. Le p. sulfonate de sodium forme la tropéoline.

Le pouvoir colorant se magnifie par l'introduction de groupes salifiables NH^2 ou OH, d'un groupe sulfonique, et d'un reste de naphtaline.

La *benzorésorcine* ou dioxyazobenzol asymétrique $C^6H^5N{=}N.C^6H^3(OH)^2_{1.3}$. Son dérivé *p. sulfonique* forme, à l'état de sel de sodium, la *tropéoline O*, *chrysoïne* ou jaune de résorcine.

Les *benzolazonaphtols* a et b produits de la copulation du chlorure de de diazobenzol et des naphtols sont les bases de matières colorantes importantes : la tropéoline 000 n° 1 ou brun acide ; sel de sodium de l'acide benzolazo-a-naphtol-p. monosulfonique, la tropéoline 000 n° 2 ou mandarine ou orangé II ; *sel de sodium* de l'acide correspondant ; l'orangé G qui est le sel de sodium de l'acide benzolazo-b-naphtol disulfoné.

Les différents ponceaux sont leurs homologues supérieurs obtenus par copulation d'une diazo-xylidine ou d'une cumidine avec les acides b-naphtoldisulfoniques R et G.

L'*a-naphtaline-azo-a-naphtol* : l'*azorubine* S est le sel de sodium de son dérivé disulfonique.

L'*a-naphtaline-azo-b-naphtol* : la *roccelline* ou rouge solide, le bordeaux B, le ponceau cristallisé 6R, la crocéine 3 BX, qui sont des disulfonates de sodium.

Les dioxynaphtalines produisent également des matières colorantes.

c) Oxy-Azo-Acides : L'*acide Benzolazosalicylique*, produit de la copulation du diazobenzol avec l'acide salicylique ; ses dérivés nitrés sont colorants. Les sels de sodium constituent les *jaunes d'alizarine* R, et GG.

d) Amino-Azo ou Azoamines. Ils résultent de la copulation d'un sel de diazo avec une amine. Ils se produisent en faisant agir l'acide nitreux sur l'amine à chaud ; ou en réduisant un dérivé nitré d'un azo. Ils se produisent aussi par transposition des composés diazoamido. En se combinant aux m-diamines, ils redonnent les diamidoazo. Ce sont des matières colorantes fort employées.

Le *Benzol-azo para amino benzol* ou amidoazobenzol découvert en 1866, avec par Griess et Martius dans l'action de l'acide nitreux sur l'aniline. Son oxalate est le *jaune d'aniline*. Il sert à fabriquer les couleurs tétrazoïques et les indulines. Le sel de sodium de l'un de ses dérivés disulfonés est le *jaune solide ou jaune acide*.

Au *diméthyl amino-azobenzol*, se rattache l'*orangé* III ou *tropéoline* D.

Au diaminoazo-benzol ou phénolazométaphénylènediamine, se rattache la *chrysoïdine* de Witt, 1876, qui est un monochlorydrate.

A la *benzolazo-a-naphtylamine*, le *substitut d'orseille* V, qui est leur dérivé nitro-mono-sulfonate de sodium.

Aux *amino-azonaphtalines*, les *noirs azoïques*, *noirs naphtol*, *noirs de naphtylamine*.

Au phényl-amino-azo-benzol se rattachent plusieurs matières colorantes, tels l'*orange* IV ou *tropéoline* 00, dont le *jaune indien* est le dérivé nitré, et le *jaune de métanile*.

Au triaminoazobenzol $(NH^2)C^6H^4—N\!=\!N—C^6H^3(NH^2)^2$ se rattache le brun de phénylène ou de Manchester.

Les *azoxycomposés* se forment dans la réduction incomplète des dérivés nitrés des carbures aromatiques, ou par oxydation ménagée des azoïques : ce sont des corps cristallisés généralement jaunes ou rouges.

L'*azoxybenzène* $C^6H^5\overset{O}{\overset{\frown}{N}}—N.C^6H^5$, découvert par Zinin en 1845 en traitant la nitrobenzine par la potasse alcoolique. Aiguilles jaunes fusibles à 36°, solubles dans l'alcool et l'éther. Sous l'influence de l'acide sulfurique il se transforme en oxyazobenzène para $C^6H^5-N\!=\!N-C^6H^4OH$. Par hydrogénation, il conduit à l'hydrazobenzol $C^6H^5—HN\!=\!NH-C^6H^5$.

On a de même les azoxytoluols, les azoxynaphtalines, les azoxyphénols, les acides azoxybenzoïques, etc.

Hydrazines. — Les *hydrazines* représentent aussi la substitution de radicaux alcooliques ou phénoliques aux H de la diamide ou hydrazine de Curtius N^2H^4. Les hydrazines aromatiques sont les plus importantes ; on les obtient par réduction des diazoïques.

Par oxydation ménagée, elles donnent des tétrazones (qui représentent les azo des hydrazines). Par oxydation, elles donnent les azo.

Leur réaction caractéristique est de donner avec les aldéhydes et les cétones des *hydrazones* peu solubles. Les hydrazones des glucoses sont les *osazones*.

Par condensation avec certaines aldéhydes et acétones, les hydrazines conduisent aux pyrazols et dérivés, aux pyrazolines, etc.

Les principales sont l'hydrazine, la phénylhydrazine.

Hydrazine H^2N-NH^2. — Obtenue par Curtius en décomposant son sulfate par la soude. C'est un gaz très irritant (voir p. 586).

Phénylhydrazine C^6H^5.HN-NH^2. — S'obtient en réduisant le chlorure de diazobenzène par le chlorure d'étain. C'est un corps cristallisant en tables, peu soluble dans l'eau, soluble dans l'alcool et dans l'éther.

C'est le réactif des aldéhydes et des cétones, et des principaux sucres.

Plusieurs dérivés de la phénylhydrazine jouissent de propriétés antipyrétiques et antirhumatisantes, telles l'*hydracétine* ou *pyrodine*, qui est l'acéthylphénylhydrazine C^6H^5.NH.$NHCOCH^3$; l'*antithermine*, qui est la phénylhydrazone de l'acide lévulique ; l'*agathine*, qui est la salicyl-a-méthyl-phénylhydrazone ; la *méthylphénylhydrazine* C^6H^5.NH $NHCH^3$ a servi à von Knorr à préparer l'antipyrine, que nous verrons plus loin aux pyrrols.

La *diphénylhydrazine* symétrique est l'*hydrazobenzène* $(C^6H^5$.$NH_)^2$. Elle s'obtient par réduction ménagée de la nitrobenzine. Elle se transforme isomériquement sous l'action des acides en benzidine, ou paradiaminodiphényle. C'est le mode de préparation industrielle de cette base. Avec l'acide chlorhydrique sec, la transposition est moins complète, il se forme de l'o-aminodiphénylamine. Elle se distingue de l'isomère asymétrique, parce que celle-ci donne avec l'acide sulfurique concentré une coloration bleue intense.

Naphtylhydrazine $C^{10}H^7$.NH.NH^2. — Se condense sous l'influence du chlorure d'étain ou de zinc en donnant les naphtindols.

Le dérivé de la métatolylhydrazine et de l'acide carbonique CH^3-C^6H^4-NH-NH-CO-NH^2 est proposé comme hypnotique sous le nom de *marétine*, par les Farbenfabriken Bæyer. Poudre blanche, cristallisée, fondant à 183°5, peu soluble dans l'eau froide et l'alcool.

Hydrazides. — Ce sont les amides des hydrazines. Leur groupement fonctionnel est-$CONH$.NH^2 (au lieu de-$CONH^2$), tel l'hydrazide formique H.CO.NH.NH^2.

Les hydrazides les plus intéressantes sont celles qui correspondent aux amides carboniques ; soit :

à la Diamide carbonique, ou Carbamide ou Urée : $CO(NH^2)^2$,

Dihydrazide carbonique, ou Diamido-urée $CO(NH$.$NH^2)^2$

Semicarbazide ou Amido-urée CO.$NH(NH^2)^2$

Bisdihydrazide carbonique ou Diurée $CO(NH)^2(NH)^2CO$

à l'Amidonitrile carbonique, ou Cyanamide : $CN(NH^2)$

les composés : $CN(NH$.$NH^2)$ et $CN(NH)^2NH^2$ ou $C(NH)^4$?

au Dinitrile, il n'en existe pas.

à l'Acide amido-carbonique ou Acide carbamique : OH.CO.NH^2

Acide Hydrazide carbonique : OH.$CO(NH$.$NH^2)$

Acide Hydrazide dicarbonique : $(OH.CONH)^2$

à l'Imide carbonique, Carbimide ou Acide isocyanique : $CO.NH$

Hydrazi-dicarbonamide : $CONH.NH^2$

Hydrazimide carbonique $(NH.CO.NH)^2$

Hydrazimide dicarbonique ou urazol $NH.(CONH)^2$

à l'Amide carbonique, qui est la Carbamide : $CO(NH^2)^2$

Hydrazide carbamique, ou semicarbazide ou amido-urée : $CONH(NH^2)^2$

Bishydrazide dicarbamique $(NH.CO.NH^2)^2$

à l'Imide carbamique, ou Cyanamide : $CN.NH^2$

les composés $(CN.NH.NH)^2$ et $CN(NH)^2NH^2$

L'hydrazide carbamique $NH^2-CO-NH-NH^2$, semicarbazide ou amido-urée, donne avec les aldéhydes des semicarbazones.

Les *azides* $R.CO.N^3$ résultent de l'action de l'acide nitreux sur les hydrazides primaires et représentent les combinaisons des radicaux d'acides organiques avec l'acide azothydrique.

La dihydrazide carbonique et la semicarbazide, par action de l'acide nitreux, donnent respectivement la carbazide $CO(N^3)^2$ ou carbodiazide ou azoture de CO, et l'azide carbamique $CO(N^3)NH^2$.

*
* *

Les *composés tétrazoïques* sont ceux qui renferment deux fois le groupe azo $—N{=}N—$. On les appelle aussi corps azoïques secondaires ou corps disazoïques. On les obtient en diazotant à nouveau un amidoazo.

Nous citerons, parmi les disazophénols ou oxyazo composés :

Le tétrazobenzène $C^6H^5N;N—C^6H^4—N{=}N.OH$ ou p-diazoazobenzol obtenu en azotant le p-aminoazobenzol est le plus simple des composés tétrazo. Il sert à préparer l'écarlate de Biebrich par copulation avec le b-naphtol, des crocéines, etc.

Le *benzolazobenzolazo-b-naphtol* $C^6H^5N:NC^6H^4.N:N.C^{10}H^6.OH$. Plusieurs de ses dérivés sulfoniques constituent à l'état de sel de sodium, des matières colorantes importantes, tels : l'*écarlate de Biebrich*, plusieurs *crocéines* ; l'*indoïne* et l'*azophosphine* s'y rattachent également.

Le *tétrazodiphényle* $OH.N:N.C^6H^4—C^6H^4NNOH$ obtenu en faisant agir l'acide nitreux sur le nitrate de benzidine, Griess 1866, il détone fortement par la chaleur. Ses sels, chlorure, nitrate, sont l'origine de matières colorantes fort importantes, le rouge Congo par copulation avec l'acide naphtionique, la chrysamine G par copulation avec l'acide salicylique.

L'acide *tétrazodiphénylsalicylique*. Le sel de sodium est la *chrysamine G*.

Parmi les disazoamines, qui résultent de l'action de 1 mol. d'acide nitreux sur 3 mol. d'amine primaire :

Le *diphényltétrazoanaphtylamine* $(C^6H^4.N:N.C^{10}H^6.NH^2)^2$ auquel se rattachent entre autres le *rouge Congo* qui est le sel de sodium de son dérivé disulfoné, la *benzopurpurine* LB du tétrazoditolyle ; un nombre considérable de colorants tétrazo se rattachent à la copulation d'un tétrazo d'une amine avec l'un des nombreux acides naphtylamine sulfoné. Le chlorhydrate de *phénylène disazométaphénylènediamine* est le principal constituant du *brun de phénylène*, ou *brun Bismark*.

Les *tétrazoditolyles*, dérivant des tolidines, sont générateurs de nombreuses matières colorantes telles : la benzopurpurine 4B par copulation avec l'acide naphtylamine sulfonique 1,4.

Il faut encore citer le *triazobenzol* $C^6H^5.N \underset{N}{\overset{N}{\bigg\langle}} \underset{}{|||}$ ou diazobenzolimide,

ou éther phénylique de l'acide azothydrique, huile jaunâtre avec odeur suffocante, propriétés antipyrétiques.

Et parmi les diazo de la série grasse, le *diazométhane* $CH^2 \underset{N}{\overset{N}{\bigg\langle}} ||$, gaz

jaune très toxique, très irritant, agent de méthylation remarquable ; l'*acide*

diazoacétique $CH.CO^2H \underset{N}{\overset{N}{\bigg\langle}} ||$, le premier diazo gras connu, *Curtius*, 1882.

(Addition aux généralités sur les Amides, p. 1132).

Le groupement fonctionnel est pour les amides $CO.NH^2$; pour les nitriles (CN) ; pour les nitriles acides $COOH(CN)$; pour les imides NH ; pour les amidines CNH.

Les nitriles acides et les imides sont des composés isomères. Les formules p. 1133 sont celles des imides. On connaît l'oxalimide ; on ne connaît pas l'oxalonitrile acide (acide cyanoformique), mais on a des éthers.

Les *amidines* sont des dérivés des amides, dans lesquels O est remplacé par NH. Elles dérivent des amides par l'action de HCl ;

$R - C < NH^2$ devient $R - C <^{NH^2}_{NH}$. La guanidine est l'amidine carboïque ou imido-urée, $NH:C(NH^2)^2$.

CHAPITRE XXVI

GLUCOSES ET GLUCOSIDES, SACCHAROSES (SUCRES)

Hydrates de carbone. — On désigne sous le nom d'*hydrates de carbone* des composés ternaires formés de carbone, d'hydrogène et d'oxygène, et renfermant ces deux derniers éléments dans les proportions de l'eau H^2O : $C^n(H^2O)^p$. Ils comprennent les sucres, les amidons, les celluloses. On les classe en trois groupes :

1° le groupe du glucose : $C^6H^{12}O^6$.

2° le groupe du saccharose : $C^{12}H^{22}O^{11}$.

3° le groupe de l'amidon et de la cellulose : $(C^6H^{10}O^5)$. n

Les nombreux travaux de Fischer sur les sucres ont établi leur constitution. Ce sont des alcools-aldéhydes ou aldoses et des alcools-cétones ou cétoses. Leur propriété caractéristique est de donner avec 2 molécules de phénylhydrazine des osazones très peu solubles.

Fischer a classé les hydrates de carbone ou sucres, d'après leur nombre d'atomes de carbone, en

bioses en C^2 : aldéhyde glycolique. *trioses* en C^3. *tétroses* en C^4.

pentoses en C^5. La théorie en indique huit. On connaît l'arabinose, la xylose.

hexoses en C^6. La théorie indique seize aldoses qui ont été préparées presque toutes synthétiquement par Fischer et Tafel, et des cétoses. Les principaux sont le glucose, le galactose, le mannose, le sorbose et parmi les cétoses la lévulose d.

heptoses en C^7.

hexobioses en C^{12} ou *saccharoses* $C^{12}H^{22}O^{11}$. Ce sont le lactose, le sucre de canne ou sucre ordinaire, le maltose.

hexotrioses en C^{18}. Tel le raffinose.

Les saccharoses ne sont pas directement fermentescibles, sauf le maltose. L'action des acides les dédouble en deux molécules d'hexoses fermentescibles. Ils réduisent la liqueur de Fehling, sauf le sucre de canne.

J. Walther de Saint-Pétersbourg a réalisé la synthèse d'hydrates de carbone par électrolyse de solutions aqueuses saturées d'acide carbonique.

Nous allons étudier successivement le glucose et les glucosides, le sucre ordinaire, le lactose, le maltose.

GLUCOSES

Glucose $C^6H^{12}O^6$, *dextrose* ou *sucre de raisins*, ou sucre de fécule.

Il existe un grand nombre d'hexoses isomères, qui diffèrent de l'alcool en C^6 par une molécule d'hydrogène en moins. Suivant la position du carbone qui a perdu H^2, le glucose est de fonction aldéhydique ou acétonique. Le plus important est le *glucose* d ou dextrose. C'est lui qui constitue la matière sucrée des fruits et les efflorescences blanches à la surface des fruits secs, prunes, figues, raisins. Il existe dans le miel. C'est lui qui forme le sucre d'amidon ou de fécule, obtenu en saccharifiant de l'amidon par la chaleur, par les acides ou par les ferments. On l'obtient encore comme sucre de chiffons, sucre de bois. C'est enfin le sucre du diabète ou glycosurie.

Dans le règne végétal, il prend naissance dans les feuilles aussitôt après l'apparition de la chlorophylle. Il se forme ensuite du saccharose, et celui-ci s'unissant à du glucose donnerait les glucosides amylacés et cellulosiques.

La synthèse du glucose a été effectuée par *E. Fischer*, à partir de la glycérine, 1899, en passant par l'acrose ou i fructose ; *Kirschoff*, 1811, avait été le premier à le préparer artificiellement en traitant l'amidon par l'acide sulfurique ; et Braconnot, 1819, en traitant la cellulose.

Propriétés. — Le glucose constitue une masse cristalline, de saveur sucrée, fondant à 86°, et perdant son eau de cristallisation $2H^2O$ à 100°. Il cristallise de sa solution dans l'alcool méthylique et ne fond alors qu'à 146°.

Le glucose est dextrogyre et présente le phénomène de la multirotation. Une solution fraîche de glucose dévie environ deux fois plus qu'une solution préparée depuis longtemps ou portée à l'ébullition.

Le glucose est soluble dans l'eau, 1 p. dans 1,2 partie d'eau à 17° ; il est donc trois fois moins soluble dans l'eau que le sucre ordinaire, peu soluble dans l'alcool absolu, froid, plus soluble dans l'alcool faible, très soluble dans l'alcool étendu à chaud, appliqué à l'extraire de l'urine diabétique, ainsi qu'à le séparer dans le miel du sucre cristallisable ; insoluble dans l'éther.

Sous l'action de la chaleur à 170°, il perd les éléments d'une molécule d'eau et le produit transformé ou *glucosane* est à peine sucré. A 200°, il perd encore de l'eau et donne du caramel.

Préparation. — La glucose s'extrait de l'amidon des grains, du maïs en particulier. Dans ce but on fait subir à ce dernier les opérations suivantes : 1° *Trempage*, pour dissoudre les gommes et faciliter le broyage ; 2° *élimination des germes* ; 3° tamisage pour retenir le son. La séparation de l'amidon et du gluten s'effectue au moyen de classeurs par densité : l'amidon de beaucoup le plus dense se dépose d'abord, le gluten est entraîné dans des citernes où il se dépose. L'amidon est ensuite saccharifié par l'acide sulfurique ou chlorhydrique, d'abord à la pression ordinaire, puis sous 2 ou 3 kgs. jusqu'à ce qu'une prise d'essai ne donne plus de coloration bleue avec l'iode. On neutralise ensuite l'acide par du carbonate de sodium ou de la craie, on décolore au noir, on évapore au quadruple effet et on cuit dans le vide.

Le *sirop de glucose* est constitué par la liqueur évaporée jusqu'à 27° Bé. Si l'on pousse l'évaporation à 32° Bé et qu'on laisse cristalliser par refroidissement, on a le *glucose granulé*. A 40°-41°, on a par refroidissement le *glucose en masse* qui est moins pur que le granulé. Celui de fécule est constitué par 60-70 pour 100 de glucose, 20 d'eau, 6-20 de dextrine, une petite quantité de sulfate de calcium.

C'est un alcool-aldéhyde. Avec les acides organiques il donne des glucosides. Avec l'acide chlorhydrique, des produits ulmiques ; avec l'acide nitrique, un mélange d'acide oxalique et d'acide saccharique. Avec les bases, des glucosates assez instables. Avec le chlorure de sodium, une combinaison cristalline.

Applications. — La saveur sucrée du glucose le fait employer couramment à titre de substitut du sucre de canne ou du miel ; dans la confection des confitures, du pain d'épice, des sirops, liqueurs et bonbons à bas prix. Il est employé pour le sucrage des vins et de la bière, et pour frauder le miel et la cassonade.

On utilise souvent son hygroscopicité pour conserver à certains produits un degré d'humidité convenable. Les cigares, par exemple, et les autres variétés de tabac en sont souvent imprégnés pour éviter qu'ils ne se dessèchent et ne deviennent trop cassants. Cette même propriété le fait entrer dans la préparation d'apprêts hygrométriques.

Certaines préparations pharmaceutiques destinées à être expédiées aux colonies contiennent du glucose, par ex. pour éviter la cristallisation des sirops sous l'influence de la chaleur.

Le *glucose* peut servir, comme le sucre ordinaire, à fabriquer des couleurs de caramel pour le commerce des liquides : rhum, bière et vinaigre. Pour cela, *Aszmusz*, 1866, le chauffe avec un alcali caustique ou carbonaté, soit glucose 120, carbonate de soude 4, eau 8 ; on fait bouillir et lorsque la couleur est obtenue, on fait couler en filet mince de l'eau chaude 40 p.

Le glucose peut subir aussi les fermentations lactique, butyrique, visqueuse.

En sa qualité d'aldéhyde, le glucose est un réducteur assez énergique. Pour les sels cuivriques, l'action réductrice est surtout manifeste en milieu alcalin. On emploie donc, aussi bien pour la caractérisation que pour le dosage du glucose, des solutions cuproalcalines, obtenues en dissolvant du tartrate cuivrique dans la potasse, *Barreswil*, ou en ajoutant à du sulfate cuivrique du sel de Seignette et de la soude, *Fehling* (500 gr. de soude à 20° Bé, 200 gr. sel de Seignette) ; après dissolution au bain-marie, 36 gr. 46 sulfate de cuivre dans 140 gr. d'eau ; après refroidissement, on complète à 1 l. à 15°. C'est la formule de Ch. Violette, 10 cc. = 0 gr. 256 de glucose. La liqueur de Fehling est réduite à l'ébullition, en donnant un précipité rouge d'oxydule de cuivre ; cette réaction est très employée en analyse pour caractériser le glucose dans ses solutions, dans l'urine des diabétiques. Il réduit les sels d'or et d'argent appliqué dans l'argenture.

L'action réductrice du glucose est employée pour monter les cuves d'indigo.

Sous l'influence de la levûre de bière, le glucose subit la fermentation alcoolique et se dédouble en alcool et acide carbonique. Cette réaction est la base de la fabrication des boissons fermentées, vin, bière, cidre, et celle de l'alcool industriel.

Les nombreux emplois du glucose dans la préparation des produits alimentaires le rendent important ; vérifier s'il ne contient pas d'arsenic ; cet élément toxique peut être apporté par l'acide sulfurique qui a servi à la saccharification de l'amidon. Avec certains glucoses blancs servant à fabriquer des confitures, on peut ingérer jusqu'à 5,25 milligramme d'arsenic par kilog de confiture. Si le glucose employé est très coloré, la dose peut s'élever à 5,47 milligrammes, *J. Cloüet* (Bull. de Rouen, 1877).

Glucoses isomères. — Parmi les isomères du glucose, citons :

le *mannose*, qui se forme dans l'oxydation ménagée de la mannite ;

le *galactose*, qui existe dans le liquide cérébral et se forme en traitant le sucre de lait, les gommes et les corps pectiques par un acide ;

le *sorbose*, qui provient des baies du sorbier des oiseaux ;

le *fructose* ou *lévulose*, ou sucre de fruits, qui existe dans le jus des fruits et le miel, à côté du glucose. C'est le sucre incristallisable.

Le *sucre interverti* est un mélange équimoléculaire de glucose et de lévulose, qui se forme lorsqu'on fait agir à l'ébullition prolongée, un acide étendu ou certains ferments comme l'invertine, sur le sucre de canne. Dans la nature, on le trouve sans le saccharose dans les fruits où la graine est mêlée à la pulpe et avec le saccharose dans les fruits où la graine est séparée. C'est un sucre fermentescible. Il réduit les liqueurs cupropotassiques, les sels d'argent. Il est très employé dans la fabrication des vins mousseux et dans le *gallisage* du vin. Il est également employé dans la pâtisserie.

GLUCOSIDES

On nomme *Glucosides* les composés que le glucose forme avec les alcools, les aldéhydes et les acides en perdant de l'eau. Les phénols donnent également des glucosides, mais plus rarement. Un grand nombre se trouvent dans la nature. Plusieurs ont été préparés synthétiquement.

Les principaux glucosides sont :

parmi les glucosides d'alcools :

le glucoside saligénique ou *salicine* $C^{13}H^{18}O^7$
le glucoside hydroquinonique ou *arbutine* $C^{12}H^{16}O^2$
le glucoside coniférylique ou *coniférine* $C^{16}H^{22}O^8$

parmi les glucosides d'aldéhydes :

les glucosides d'aldoses, qui sont les *sucres* . $C^{12}H^{22}O^{11}$

parmi les glucosides d'acides (et d'alcools ou d'aldéhydes) :

le glucoside saligénique-benzoïque ou *populine* $C^{20}H^{22}O^8$

le glucoside phloroglucine-phlorétique ou *phloridzine* $C^{21}H^{24}O^{10}$

le glucoside benzyl-cyanhydrique ou *amygdaline* $C^{20}H^{27}NO^{11}$

parmi les polyglucosides :

par déshydratation, les *dextrines* et gommes $(C^6H^{10}O^5)^n$

— les *matières amylacées* et amidons $(C^6H^{10}O^5)^n$

— les *celluloses* $(C^{12}H^{20}O^{10})^n$

Salicine. — Se trouve dans l'écorce de saule. Elle se dédouble sous l'action de l'émulsion d'un ferment soluble en glucose et saligénine. Son oxydation par le mélange sulfochromique donne l'aldéhyde salicylique ou essence de reine des prés. La salicine ne précipite que par l'acétate de plomb neutre ou basique. L'acide sulfurique colore la salicine en rouge foncé, cette coloration disparaît par une addition d'eau. C'est un moyen de reconnaître l'addition frauduleuse de salicine dans la quinine.

Arbutine. — L'arbutine et son homologue, la méthylarbutine, existent dans les feuilles de l'arbutus uva ursi. L'arbutine se présente en fines aiguilles fusibles à 187°. Elle donne une coloration bleu foncé avec le chlorure ferrique. .

Coniférine. — Se trouve dans la sève des conifères. Elle forme des aiguilles efflorescentes fusibles à 185°. Elle se dédouble en glucose et alcool coniférylique dont l'aldéhyde constitue la vaniline.

Populine. — Existe dans l'écorce du peuplier. C'est l'éther benzoïque de la salicine (Schiff). Elle cristallise en aiguilles incolores, peu solubles dans l'eau de savon, fusibles à 180°.

Phloridzine. — Dans l'écorce du poirier, pommier, etc. Saveur amère. Introduite dans l'organisme, elle occasionne le diabète et l'albuminurie.

Amygdaline. — Se trouve dans les amandes amères. On l'en extrait en épuisant les tourteaux par l'alcool bouillant qui fait coaguler l'émulsine et dissout l'amygdaline. L'action de l'émulsine, ferment soluble, donne du glucose, de l'aldéhyde benzoïque et de l'acide cyanhydrique. Cette transformation s'effectue dans l'organisme végétal et dans l'organisme animal à la suite d'absorption d'amandes et elle peut occasionner de réels empoisonnements.

Saponine. — Se trouve dans beaucoup de végétaux, principalement dans la saponaire. Elle émulsionne les corps gras. La saponine ne cristallise pas, elle est vénéneuse, à l'état sec, elle provoque l'éternuement.

Parmi les autres glucosides, citons encore :

l'*Hespéridine*, des écorces d'oranges et de citron, fines aiguilles fusibles à 251° ;

la *Quercitrine*, du quercus tinctoria, cristallisée en paillettes jaunes ;

la *Rosaginine*, des feuilles de laurier-rose, poison dangereux provoquant la paralysie musculaire ;

la *Digitaline*, la *Strophantine* et la *Solanine*, que nous reverrons avec les alcaloïdes ;

la *Convallarine*, glucoside du muguet, qui est un puissant tonique du cœur ;

la *Glycyrrhizine*, principe sucré de la racine de réglisse, donnant des sels cristallisés avec l'ammoniaque et les alcalis. On l'emploie pour préparer des boissons rafraîchissantes. Il faut éviter de l'associer avec des acides, comme l'acide citrique, qui provoquent un dédoublement et lui font perdre sa saveur sucrée ;

l'*Acide mironique* est le glucoside de la graine de moutarde noire et du raifort dans lesquels il existe à l'état de sel de potassium. Sous l'influence d'un ferment spécial, la myrosine ou myronate se dédouble en glucose, essence de moutarde (isosulfocyanate d'allyle) et bisulfate de potassium ;

la *Sinalbine*, glucoside de la moutarde blanche, en cristaux lévogyres, fusibles à 140°. Elle se dédouble sous l'influence de la myrosine, en glucose, bisulfate de sinapine et essence de moutarde blanche (isosulfocyanate d'o-oxybenzoyle), l'hélicine.

Enfin, les *Ampélosides*, glucosides extraits de feuilles de vigne de grands crus. Ils sont préparés par Jacquemin. Direct. de l'Instit. de La Claire, depuis 1898, et sont recommandés pour l'amélioration des vins. La dose est de 100 gr. par hectolitre, ajoutés au moment de la fermentation. Les *malosides* sont les glucosides extraits des feuilles de pommier. Jacquemin les recommande pour l'amélioration des cidres.

Les polyglucosides, sous l'action de la chaleur seule ou des acides, donnent successivement des acides bruns plus ou moins solubles, puis des corps noirs, les principes *ulmiques* ; ensuite des composés analogues aux tourbes, aux lignites, enfin du carbone.

SACCHAROSE

Sucre ordinaire, Saccharose, ou *sucre de canne*. — Le mot sucre vient du sanscrit *scharkara* doux. Le saccharose existe tout formé dans de nombreux végétaux : canne à sucre, sève de l'érable, du palmier ou dattier, du sorgho, racines de la betterave, de la carotte, du navet, du topinambour. On l'en retire par simple concentration des jus jusqu'à cristallisation.

Le saccharose apparaît dans les végétaux comme un produit transitoire entre le glucose et l'amidon. C'est une forme de voyage de l'amidon, Strohmer. C'est ainsi que dans la racine de betterave, il s'accumule la première année, mais passe ensuite dans la tige, et de là, dans la graine à l'état d'amidon.

La synthèse du sucre a été réalisée par *H. Slosse*, 1898, en faisant agir pendant 5 heures l'effluve électrique sur un mélange gazeux de 1 volume d'oxyde de carbone sec et pur et de 2 volumes d'hydrogène.

Historique. — Le sucre de canne semble avoir eu l'Inde et la Chine pour berceau, il passa ensuite en Égypte, puis aux îles du Cap Vert et aux Açores (1420), enfin il arriva aux Antilles. Le sucre des Antilles prit un tel développement dans le xviii⁰ siècle, qu'il ruina le sucre des Indes.

Le sucre se vendait au Moyen-Age au poids de l'or. Les Croisés à leur retour d'Asie l'avaient fait connaître en France. Le sucre ne devint l'objet d'un trafic important qu'à partir du xviii⁰ siècle. En 1789, la partie française de l'île de Saint-Dominique possédait 723 sucreries, produisant 240 millions de livres de sucre brut.

Les premières recherches sur le sucre de betterave furent effectuées en 1705, par Olivier de Serres, et vers 1747, par Margraff, de Berlin. Son extraction du sucre fut entreprise au commencement du xix⁰ siècle, par *Achard*. Le blocus continental et les encouragements de Napoléon I⁰ʳ favorisèrent la naissance de cette industrie. Elle fut, d'ailleurs, encouragée aussi par tous les souverains d'Europe. Napoléon I⁰ʳ avait institué, par décret du 15 janvier 1812, cinq écoles de chimie sucrière, à Paris, Wachenheim, Douai, Strasbourg et Castelnaudary. Les élèves de ces écoles furent gratifiés après trois mois d'étude, d'une prime de 1.000 fr. Les fabricants furent exempts de tous droits pendant une période de quatre ans. Napoléon I⁰ʳ fit construire quatre fabriques impériales qui devaient fabriquer 2 millions de kilogr. de sucre brut, avec la récolte 1812-1813. Après la chute de Napoléon I⁰ʳ, le sucre des colonies arriva à vil prix et l'industrie du sucre de betterave fut ruinée. Grâce au courage d'industriels, tels que Mathieu de Dombasle, dans l'Est, et de Crespel Delisse, à Arras, elle sut se relever. En 1825, on comptait en France une centaine de sucreries, produisant environ 2 millions de kilogr., soit environ le vingt-cinquième de la consommation. Depuis lors, la production du sucre de betterave n'a cessé de s'accroître en France; en 1829, elle était de 4.000 tonnes; en 1901, elle fut voisine de 900 000 tonnes.

On trouvera dans l'excellent ouvrage de M. Jules Hélot : Le sucre de betterave, en France, de 1800 à 1900, de nombreux renseignements intéressants, concernant l'historique et le développement de cette industrie d'origine bien française.

La consommation du sucre qui n'était en France, en 1842, que de 3 k. 29 par tête d'habitant, a atteint 14 k. 98 en 1899. La même année, cette consommation par tête atteignait, aux États-Unis, 30 k. 13; en Angleterre, 40 k. 09, en Allemagne, 13 k. 78.

La production mondiale a été estimée à près de 8 millions de tonnes, pendant la campagne 1899-1900, comprenant environ 5 1/2 millions de sucre de betterave et 2 1/2 millions de sucre de canne. Dans ces chiffres, les colonies françaises entrent pour 100.000 tonnes, et la France, pour 805.000 tonnes.

Depuis cette époque, la consommation en France s'est accrue par suite de la réduction des taxes et de la suppression des primes à l'exportation. Ces primes à l'exportation avaient été adoptées en France, en 1897, pour répondre aux « primes de guerre » de l'Allemagne et de l'Autriche, et faciliter la vente de nos sucres à l'étranger. Malheureusement, cette disposition favorisait le consommateur étranger et non le consommateur français. Le sucre indigène coûtait, par exemple, trois ou quatre fois moins cher en Angleterre qu'en France.

La suppression de cet état de choses irrationnel, ne pouvait résulter que d'une entente internationale. Une première conférence se réunit à Bruxelles, en juin 1898, mais échoua. Une seconde conférence, réunie en 1902, aboutit à une entente entre la France, l'Angleterre et l'Allemagne (Convention de Bruxelles du 5 mars 1902). Les pays ci-dessus ont pris l'engagement d'abolir les primes directes ou indirectes de ne pas surtaxer à la douane de plus de 6 fr. par 100 kilog. les raffinés provenant des nations signataires, mais de frapper les sucres des États non adhérents, de taxes au moins égales aux primes dont ils jouiraient. C'est le cas pour la Russie, par exemple. Cette convention est en vigueur depuis le 1er sept. 1903. En France, la taxe n'est plus que de 25 fr. par 100 kg. de raffinés (26 fr. 75 pour les candis). Le droit de fabrication est supprimé ; le droit de raffinage est abaissé de 4 à 2 fr. par 100 kg. Ces dispositions favorisent la consommation intérieure puisqu'elles ont permis d'abaisser le prix du sucre à la moitié environ de sa valeur antérieure.

La consommation intérieure a diminué depuis sept. 1905 ; elle est en plus-value en 1906 (45.000 au lieu de 40.000 tonnes). L'exportation est plus active, 19.800 tonnes dans les 5 mois du 1er sept. 1905 au 31 janv. 1906, au lieu de 122.000 tonnes pendant la période correspondante.

Le Syndicat des fabricants de sucre offre un prix de 100.000 fr. pour un nouvel emploi industriel du sucre. La nouvelle application ne doit pas avoir pour objet la fabrication d'un produit alimentaire (pour l'homme ou les animaux). La consommation devra être d'au moins 100.000 tonnes par an.

Extraction. — Le saccharose s'extrait principalement de la canne ou de la betterave. Cette industrie comprend deux parties distinctes, exécutées généralement dans des usines séparées : 1° la fabrication du sucre ; 2° le raffinage.

Sucre de canne. — On commence par extraire le jus sucré par pression entre des cylindres, ou par la diffusion. Le jus ainsi obtenu est le vesou. Pour prévenir son altération par les matières azotées qu'il renferme, il est chauffé à 60°, avec addition de quelques millièmes de chaux éteinte. On décolore ensuite au moyen de noir animal, puis on concentre les jus à 45° Bé dans des chaudières à double fond où l'on raréfie l'air pour faciliter l'évaporation. Par le refroidissement, la *cristallisation* s'effectue. On obtient ainsi du sucre brut ou *cassonade*. Les égouts provenant de cette première cristallisation sont soumis à de nouvelles cuites. Les sirops qui se refusent à toute cristallisation constituent les *mélasses* ; elles servent à la fabrication du rhum.

Le sucre colonial arrive généralement sous forme de cassonade et il est raffiné en France.

La culture de la canne à sucre et les procédés d'extraction se perfectionnent rapidement. A la Trinidad, par la sélection des graines, on a porté la teneur en sucre à 20 pour 100 et on espère pouvoir dépasser ce chiffre encore considérablement.

Sucre de betterave. — Les betteraves à sucre dérivent, soit de variétés créées dès la fin du XVIIe siècle, par Vilmorin et l'abbé Commerell, soit de la betterave blanche piriforme de Silésie.

La betterave Vilmorin constitue la race la plus riche, mais la plus appropriée à la fabrication du sucre est la Klein-Wanzleben, variété de la betterave de Silésie. Cette espèce contient 10 à 15 pour 100 de son poids de sucre, et on en retire 6 à 10 : elle renferme, en outre, 85 eau ; 2,5 albumine ; 2,5 tissu ligneux.

La France, qui au début de la culture de la betterave, était un pays grand producteur de graines, a été supplantée par l'Allemagne dans cette voie. Des tarifs protecteurs tendent à faire renaître cette culture en France. En 1895, on a produit 620.000 kg. de graines, représentant 10,3 pour 100 de l'approvisionnement total. En 1898, la France a produit 13,5 pour 100 de la semence nécessaire.

Les diverses opérations qui se succèdent pour l'extraction du sucre de betterave sont, dans leur essence, les mêmes que pour le traitement des cannes à sucre.

Les betteraves découpées en lames minces ou *cossettes*, sont épuisées méthodiquement par de l'eau à 65°, dans des appareils appelés diffuseurs. Les jus obtenus, par *diffusion* (75 à 80 pour 100), sont plus limpides que ceux obtenus autrefois par compression. Pour l'empêcher de s'altérer, on le soumet de suite à la *défécation* en le chauffant d'abord à 60°, puis à 95°, avec 2 à 3 kg. de chaux par hectol. de jus. La défécation a le triple objet de saturer les acides présents, précipiter les matières protéiques et former avec le sucre du sucrate de calcium, moins altérable que le sucre lui-même.

La solution claire du sucrate de chaux est soumise dans une chaudière à l'action d'un courant de gaz carbonique qui précipite la chaux à l'état de carbonate et remet le sucre en liberté.

Le jus est ensuite décoloré par filtration sur du noir animal ou le bisulfite, *Melseus*, ou par l'action des hydrosulfites. On a proposé aussi l'aluminium en poudre, ou mieux, un alliage d'aluminium à 5 pour 100 d'étain. *J. de Grobert* dose 1 gr. par hectol. au moment de la concentration. Dans le même but, L. Battut a proposé l'emploi de l'électricité (2° Congrès de chimie appliqué I, 136-231).

Les jus décolorés sont concentrés dans des appareils à évaporer dans le vide, dits *à triple effet* ; ces appareils comprennent trois chaudières dans lesquelles les jus passent successivement et subissent une ébullition sous des pressions progressivement abaissées, 650^{mm}, 380^{mm}, 110^{mm} de mercure.

Les jus concentrés à 25° Bé ou sirops, sont filtrés ensuite pour obtenir la cristallisation. On a des sucres de premier, deuxième et troisième jet, de moins en moins purs. Les sucres de premier jet sont maintenant suffisamment blancs pour pouvoir être livrés directement à la consommation. Les autres, ainsi que les *sucres brutes* ou *cassonades*, sont envoyés au *raffinage*.

Raffinage. — Dans la raffinerie, les sucres sont mis en solution ou *fonte*, avec 30 pour 100 d'eau. Les jus sont clarifiés avec 5 pour 100 de noir animal fin et 0,5 pour 100 de sang de bœuf. Les jus sont concentrés à 42° Bé à une t. de 65°, puis alors versés dans des formes coniques où ils cristallisent à 30° et les sirops sont réchauffés à 80° sous forme de *pains*.

Les pains subissent, après égouttage ou mieux essorage, l'opération du *clairçage* ou terrage, qui consiste à verser sur la partie supérieure du pain un sirop de sucre saturé ou une bouillie d'argile ; ce sirop ne peut plus dissoudre de sucre et entraîne les matières étrangères.

Putzeys (br. fr., 1895) a proposé de supprimer le raffinage et de faire seulement une dissolution saturée qu'on turbine et comprime en lingots ou plaquettes dans une presse spéciale.

Traitement des mélasses. — Les sucres incristallisables, désignés sous le nom de mélasses, contiennent encore 48 à 50 pour 100 de saccharose. On a proposé différents moyens pour en extraire le sucre, par osmose ou en formant du saccharate de barryum ou de strontium cristallisable, *Scheibler*. G. Kassner (Dinglers, polyt. J., 1895) a même proposé l'oxyde de plomb.

Les mélasses servent surtout à la fabrication de l'alcool, avec fabrication simultanée de sels de potassium, à l'alimentation du bétail, à la fabrication de gaz industriel.

Propriétés. — Le saccharose est un corps solide, blanc, cristallisé, de densité 1,6. Il est inodore, sa saveur est sucrée, il fond à 160°. Le sucre répand des lueurs lorsqu'on le fragmente dans l'obscurité, ou lorsqu'on le frotte sur lui-même.

Le sucre en poudre paraît posséder un pouvoir sucrant plus considérable que le sucre en morceaux. Cela provient de ce que, à poids égal, il n'occupe pas le même volume. Le Dr Grimbert a montré que le sucre en poudre occupe un volume double de celui qu'occupe le sucre en morceaux. Voilà donc la vraie cause de ce fait paradoxal au premier abord.

Le sucre est soluble dans la moitié de son poids d'eau froide, d'après Berthelot, Scheibler, H. Courtoine ; le tiers d'après Maumené, et en toute proportion dans l'eau bouillante. Cette dissolution est dextrogyre, ($\alpha = 175°,8$) caractère employé au dosage du saccharose.

Les poids de sucre dans 100 parties de dissolution saturée aux diverses températures sont successivement de 64, 18 pour 100 à 0°; 65, 58 à 10°; 67,09 à 20°; 68,70 à 30°; 70,42 à 40°; 72,25 à 60°; 74,18 à 60°; 76,22 à 70°; 78,36 à 80°; 80,61 à 90°; 82,97 à 100°. Ces solutions ont pour densités (mesurées à $+ 17°,5$) 1,315; 1,324; 1,333; 1,343; 1,351; 1,365; 1,378; 1,391; 1,405; 1,420; 1,436.

La chaux est soluble dans les solutions sucrées. (Voir Bull. Soc. chimique, 1900, p. 740). Le bioxyde de plomb est dans le même cas.

La solution saturée à froid de sucre dans l'eau, constitue le *sirop simple.* Le sucre est insoluble dans l'alcool froid et dans l'éther, il se dissout dans 80 p. d'alcool absolu bouillant, il est plus soluble dans l'*alcool ordinaire.*

Une solution de sucre dans la moitié de son poids d'eau, marquant 37° Bé, abandonné à la cristallisation, à une température de 30° à 50°, laisse déposer les cristaux durs et volumineux de *sucre candi* (sel indien). Pour faciliter la cristallisation, on tend des fils ou l'on met des brindilles dans les cristallisoirs; on vend dans le commerce des sucres candi, jaune et brun. Dans la Flandre française on fabrique aussi un candi noir, connu sous le nom de sucre de Boerhaave. Le candi blanc est fabriqué avec du sucre raffiné; il sert surtout dans la fabrication du vin de Champagne. On l'emploie pour cet usage sous forme de solution dans le vin et l'eau-de-vie, c'est alors la *liqueur.* Le candi blanc est employé toutes les fois qu'on veut obtenir un sirop clair sans clarification. En Belgique et en Allemagne, on emploie souvent le candi jaune pour sucrer le thé et le café.

Le sucre fond au voisinage de 160°-161° en un liquide épais, transparent et se prenant en une masse qui reste amorphe au moins pendant quelque temps (sucre d'orge), mais peu à peu il repasse à l'état cristallisé. On propose différents moyens pour empêcher la cristallisation de se produire dans les sucreries. L'addition de glucose ou de glycérine est très souvent employée dans ce but. Si le sucre est maintenu longtemps à 160°, il se dédouble en glucose et lévulose et ne cristallise plus. Si l'action de la chaleur est trop poussée, les hexoses se décomposent à leur tour, en prenant une coloration de plus en plus brune, et formant le caramel, souvent employé pour colorer les eaux-de-vie, et les vins blancs liquoreux. Ces derniers prennent alors une teinte analogue à celle qu'ils auraient eu en vieillissant dans des fûts de bois. On décèle aisément cette coloration artificielle dans les eaux-de-vie, soit en agitant avec un sixième de blanc d'œuf; l'albumine d'œuf entraîne la matière colorante de l'eau-de-vie jaunie par le bois; soit en ajoutant une dissolution fraîche de sulfate de fer qui donne une coloration vert-noir dans le même cas. Il ne se produit rien dans le cas d'une addition de caramel. Pour reconnaître les bières colorées au caramel, on leur ajoute du tannin qui, par l'agitation, absorbe la coloration naturelle et pas celle due au caramel.

Soumis à la distillation sèche, le sucre donne de nombreux produits qui distillent à partir de 200°. Il se forme en particulier de l'acide acétique, de l'acétone, du furfurol, de l'aldéhyde formique et de l'acroléine. Il reste un charbon poreux très pur, connu sous le nom de *charbon de sucre.*

La présence de traces d'aldéhyde formique dans les produits de la décomposition sèche du sucre démontrée par *Trillat,* 1905 (Comptes Rendus, et Ann. de l'Institut Pasteur), permet d'expliquer le pouvoir désinfectant des fumées qui se dégagent pendant cette combustion.

Les acides minéraux étendus produisent lentement à froid, rapidement à chaud, l'interversion du sucre, c'est-à-dire son dédoublement en un mélange de d-glucose, l-lévulose, *sucre interverti.* L'acide sulfurique est de tous les acides celui qui agit le mieux et le plus rapidement. Avec 1 pour 100 d'acide, un chauffage de cinq minutes suffit pour produire le dédoublement. L'acide sulfurique et l'acide chlorhydrique étendus, par une ébullition prolongée, décomposent le sucre en acides glucique et apoglucique.

L'acide sulfurique concentré est réduit par le sucre; il se forme du charbon et il se dégage de l'acide sulfureux. Le sucre fulminant est soluble dans l'alcool et l'éther. On l'a proposé en solution pour imperméabiliser la surface des grains de poudre.

L'acide nitrique concentré transforme le sucre en acide oxalique. Un mélange d'acide nitrique et d'acide sulfurique le convertit à froid en saccharose tétranitrique. Ce composé est explosif, il forme la base de la *vixorite* ou sucre fulminant de Schönbein.

Les alcalis et certains oxydes métalliques se combinent au saccharose en donnant des sucrates ou saccharates cristallisables.

Les sucrates de baryte et de strontium sont insolubles et ont été proposés pour l'extraction du sucre des mélasses.

Le sucrate de chaux est soluble. La solution transparente à froid se trouble à chaud en s'épaississant. Par le refroidissement l'empois se liquéfie à nouveau. L'acide carbonique le décompose et précipite la chaux. C'est le principe de la carbonatation après la défécation, en sucrerie. Le saccharate de chaux a été indiqué par Royer pour conserver les œufs (br. fr. 1897).

L'acétate de plomb, certains chlorures, en particulier le chlorure de sodium, donnent avec le saccharose des combinaisons cristallines. Rappelons que la précipitation des sels de fer, de chrome ou de cuivre, n'a plus lieu en présence de saccharose, ce qui peut donner lieu à des erreurs grossières en analyse.

Le saccharose ne précipite pas la liqueur de Fehling. Il ne fermente pas directement. Cependant la levûre de bière sécrète une diastase, l'*invertine,* qui transforme le saccharose en sucre interverti. C'est la raison du sucrage des vendanges, dans les années froides où le raisin mûrit mal, afin d'augmenter la teneur alcoolique du vin. Les ferments lactique et butyrique agissent sur le saccharose.

Le microccocus gelatinosus de Binz agit facilement sur le sucre de canne, en déterminant la fermentation visqueuse.

Essai des sucres. — L'essai du sucre commercial comporte principalement le dosage du glucose et celui du saccharose. On utilise pour ce dosage la propriété que possède le glucose de réduire la liqueur de Fehling, alors que le saccharose n'a pas d'action. On dose le glucose par ce moyen, dans la solution de sucre, puis on répète ce même dosage, après inversion du sucre de canne par un acide. La différence des deux dosages donne l'équivalent en glucose, du saccharose. Un simple calcul permet de transformer le sucre interverti en saccharose.

Applications. — Le sucre est à la fois un condiment et un aliment. Il est à la base de la fabrication des sucreries diverses, sucre d'orge, sucre de pomme, bonbons et dragées, chocolat, etc. Il est également à la base de la confiserie et de la préparation des sirops et liqueurs. Ces dernières ont été étudiées à propos des alcools (Voir p. 937). Il joue aussi un rôle important en pâtisserie.

Comme autre application du sucre, citons celle du sucrage des vins qui constitue un débouché important, enfin quelques applications de détail ; pour la charge des cuirs, pour la fabrication d'encres sèches, ou extraits d'encre. Voici les doses pour 1 l. d'encre : couleur d'aniline 5 à 15 gr., sucre 10 gr. Pour avoir une encre communicative, il faudrait 10 à 25 gr. de couleur et 30 gr. de sucre.

Aliment et condiment. — Le sucre qui a été longtemps considéré comme un médicament ou comme un condiment de luxe, tend de plus en plus à être considéré comme un réel aliment. C'est en effet le plus riche des aliments ternaires. A ce point de vue il est supérieur aux graisses alimentaires, *A. Chauveau* (Comptes Rendus, 1898).

Dans l'estomac, le sucre se transforme en sucre interverti, et sous cette forme il est directement assimilable. D'après les expériences du physiologiste anglais Waughan Hunley, on peut augmenter la production de travail, dans une proportion de 8 à 40 pour 100, en ajoutant du sucre à la nourriture. L'absorption de 50 grammes de sucre dans l'après-midi supprimerait la prédisposition à la fatigue vers cinq heures.

Pendant les grandes manœuvres de 1898, les Allemands expérimentèrent le sucre comme aliment. Les hommes qui reçurent progressivement de sept à douze morceaux de sucre augmentèrent notablement de poids, tandis que le poids des autres restait stationnaire. Dans les marches, les soldats qui avaient du sucre calmaient leur soif en l'absorbant.

Depuis quelques années, on tend à introduire le sucre dans la nourriture du bétail. On emploie à cet effet les mélasses ou même le sucre blanc, que l'on mêle à la boisson, aux fourrages, son, tourteaux, drèches, même à des substances sans valeur alimentaire, telle que la tourbe. Ce régime a donné des résultats remarquables aussi bien pour les animaux à l'engrais que pour les animaux de traits ; pour le cheval, la dose rationnelle serait de 1/22 de la ration totale ; malheureusement le prix du sucre est encore trop élevé pour permettre la généralisation de cet emploi.

L'emploi du sucre comme condiment pour édulcorer les diverses boissons est maintenant très répandu Il constitue un des débouchés les plus importants pour l'industrie du sucre. La diminution des taxes élevées qui pèsent sur le café et le thé, en favorisant l'usage de ces boissons hygiéniques, développerait cette forme de consommation du sucre. Cette réforme est très demandée par les producteurs de sucre, pour augmenter la consommation, par analogie avec ce qui se produit dans les pays où les véhicules du sucre sont à bas prix et où la consommation du sucre par tête est en augmentation.

La conservation des fruits, soit sous forme de fruits glacés ou confits, soit sous forme de confitures, consomme de grandes quantités de sucre.

Dans le midi, à Clermont par exemple où la confiserie des fruits constitue une industrie importante, le fruit confit destiné au glaçage est d'abord séché à l'étuve, puis on prépare un sirop de sucre généralement cuit au *grand cassé*, degré de cuisson qui précède la formation du caramel. Les fruits sont alors pris un à un et plongés rapidement dans le sirop refroidi jusqu'à 36° environ. Les fruits sont ensuite mis à égoutter et à sécher sur des clayons ou des plaques métalliques. Les fruits à surface lisse comme la cerise ou le raisin, ne retiennent pas facilement le sucre ; dans ce cas, on procède à une nouvelle immersion après un séchage de cinq ou six heures. Pour plonger les fruits dans le sirop de sucre, le mieux est de les piquer avec une brochette de bois.

Confitures et gelées. — Le sucre coopère en même temps que la cuisson, à la conservation des fruits sous forme de marmelades ou confitures et de gelées ou jus.

Il existe un grand nombre de recettes de confitures, mais quelle que soit la façon d'y procéder, que l'on fasse crever les fruits en présence de sucre ou non ; que l'on presse le jus à la presse, au nouet, ou qu'on le fasse passer simplement sur tamis ; que l'on prépare ou non, à l'avance, un sirop de sucre, il y a des principes qui dominent cette fabrication, et pourvu qu'ils soient sauvegardés, peu importe la façon de procéder.

1° La cuisson doit être, comme température et comme durée, suffisante pour assurer la conservation des fruits, mais en même temps elle doit être minimum en ce qui regarde la conservation du parfum des fruits. Une cuisson de 10 minutes au bouillon suffit pour les jus destinés aux gelées. Pour certaines confitures, abricots, prunes, une cuisson prolongée est indispensable.

2° La quantité de sucre doit être minimum, pour assurer la conservation : un quart du poids du jus, un demi de celui des confitures est suffisant avec cuisson. Pour les gelées de groseilles préparées à froid, où la cuisson ne joue pas son rôle protecteur, on met poids égal de sucre et de jus.

3° La coagulation de la conserve dépend de la quantité d'eau en présence et de la quantité de pectine. Elle doit pouvoir se faire en peu de jours. Si donc, lors de la préparation, on ajoute de l'eau, il faudra de ce fait prolonger la cuisson pour l'éliminer. D'autre part, la quantité de pectine est d'autant plus abondante que le fruit est plus mûr. La transformation de la pectine en gelée, c'est-à-dire en acide pectique gélatineux, est aidée par une trace d'alcali.

D'après des recherches faites par le Comité des Fabricants de sucre allemands, 1904, la cristallisation des sirops de sucre n'a plus lieu, lorsque le sucre qui y est contenu est moitié à l'état de sucre interverti et moitié à l'état de sucre cristalisable. Donc, pour les confitures, on commencera par cuire avec la moitié du sucre nécessaire, et on ajoutera l'autre moitié après cuisson.

Sirops. — Le sirop simple est une simple dissolution concentrée de sucre. Les sirops composés sont des sirops simples aromatisés. Voici une série de recettes.

Sirop simple du codex : sucre 1,700 ; eau distillée 1 litre. Chauffer jusqu'à l'ébullition et passer au premier bouillon. — Préparation à froid : sucre 1,800 ; eau 1000. Ce sirop marque 30° Bé (d = 1-26) à chaud, ou 35° Bé (d = 1,32) à 15°. Il renferme 1.000 parties de sucre pour 530 parties d'eau.

Sirop de gomme : sucre raffiné, 50 kgr ; gomme arabique blanche 6 kgr. ; eau pure 29 kgr ; 4 blancs d'œufs. Le sirop doit peser 32° Bé. — Le codex indique : gomme arabique blanche, 500 ; eau froide, 500 ; sirop simple bouillant 4.000 gr.

Sirop de violettes : sucre, 50 kgr. ; fleurs de violettes, 5 kgr. 250 ; eau 26 litres.

Sirop d'orgeat : sucre, 50 kgs. ; amandes douces, 3 kgr. 125 ; amandes amères. 3 kgr. 125 ; gomme adragante, 50 kgr. ; eau de fleurs d'oranger 60 cent. ; eau pure 28 litres 150.

Sirop de groseilles ou de framboises : sucre raffiné blanc 50 kgr. ; conserve de groseilles ou de framboises (1er qualité) 26 litres. Le sirop doit peser 32° Bé.

Sirop de mûres : sucre raffiné blanc, 50 kgr. ; mûres non en parfaite maturité, 50 kgr. Le sirop doit marquer 31° Bé.

Sirop de grenadine : acide citrique, 15 gr. ; eau, 15 gr. ; sirop de coquelicots, 38 gr. ; sirop de sucre, 920 gr. ; teinture de vanille 40 gouttes. Mêler et filtrer.

Sirop de punch au kirsch ; sucre, 50 kgr. : kirsch à 55°, 25 litres ; esprit de vin à 85°, 4 litres ; esprit de noyaux, 4 litres ; esprit de citron concentré, 10 centilitres ; acide citrique, 60 gr.

Sirop indien : sucre, 2 kgr., eau 4 litres ; acide citrique, 50 gr. ; essence de citron, 6 gr., alcool à 56°, 6 gr. — 30 gr. dans un verre d'eau gazeuse.

Les sirops sont très sujets à s'altérer. Les principales causes sont la fermentation ; si le sirop est insuffisamment cuit ou si l'on enferme les sirops dans des bouteilles avant qu'il ne soit refroidi. ou si les bouteilles sont insuffisamment égouttées ; la cristallisation du sucre, si le sirop est trop cuit.

La fermentation rend le sirop louche, puis trouble et mousseux. Il se produit de l'acide carbonique dont la pression peut finir par faire sauter le bouchon et briser les bouteilles. Le sirop devient acide, de saveur vineuse, et sa fluidité plus grande.

Une autre altération très commune des sirops, est celle qui se traduit par la présence de moisissure à la surface. La cause en est une rentrée d'air souillé de poussière dans le goulot ; lorsque le sirop a été trop cuit, et qu'il est acide, il se produit un dépôt assez considérable, non cristallisé de sucre inverti qui s'est déposé.

Pour conserver les sirops, le mieux est de les stériliser par la chaleur, après leur fabrication.

Les sirops, en dehors de leur application comme moyen de conservation des fruits pour la préparation des boissons aromatisées, sont très employés dans le formulaire pharmaceutique.

Lactose $C^{12}H^{22}O^{11},H^2O$. — ou sucre de lait. Il s'extrait du petit lait par simple évaporation. C'est une poudre cristallisée, soluble dans 6 p. d'eau froide qui, par les acides étendus, donne du galactose et du glucose, qui réduit la liqueur de Fehling. Placé dans des conditions spéciales, il peut subir la fermentation alcoolique (Koumys, Képhir) ; abandonné à l'air, il subit la fermentation lactique (lait aigre).

Il entre dans les aliments des enfants : lait maternisé.

Le nitrolactose est un explosif violent.

Deleau (S. de Rouen), l'a proposé dans les poudres dentrifices, car il dissout le calcaire.

Maltose. — Se produit dans l'action de la diastase du malt, sur l'amidon vers 63°. Il cristallise avec une molécule d'eau qu'il perd à 100°. Il est très soluble dans l'alcool, insoluble dans l'éther. L'action des acides étendus à chaud le transforme en glucose. Il réduit la liqueur de Fœhling. Il fermente directement, c'est lui qui intervient dans la fabrication de la bière.

CHAPITRE XXVII

POLYGLUCOSIDES :

DEXTRINES ET GOMMES
AMIDONS, CELLULOSES

Les dextrines $(C^6H^{10}O^5)^n$, les gommes $(C^6H^{10}O^5)^n$, les amidons $(C^6H^{10}O^5)^n$, les celluloses $(C^{12}H^{20}O^{10})^n$ peuvent être considérées comme des polyglucosides par déshydratation. Nous les étudierons dans cet ordre.

DEXTRINES

La *dextrine* $(C^6H^{10}O^5)^n$ a reçu son nom de Biot (1833) à cause de son pouvoir rotatoire dextrogyre élevé. Elle avait été observée par Vauquelin et Bouillon-Lagrange qui la confondirent avec la gomme. C'est à Payen et Persoz que l'on doit son étude (1838) et sa préparation à partir de l'amidon.

Préparation. — La dextrine résulte de l'hydrolyse de l'amidon, sous l'influence de la chaleur, des acides ou de la diastase.

· Le procédé de préparation, le plus ordinairement employé, est celui de Payen. Il consiste à mélanger intimement 1.000 kg. de fécule avec 300 kg. d'eau dans laquelle on a ajouté préalablement 2 kg. d'acide azotique à 36° ou 40°.

La masse est séchée à l'air, puis étendue en couches minces dans une étuve à 100°-115°, pendant une heure à une heure et demie. La réaction est terminée quand une prise d'essai, se dissout dans l'eau et donne avec l'iode une coloration rouge, au lieu de la coloration bleue que donne l'amidon.

On peut remplacer dans cette préparation, l'acide nitrique par l'acide chlorhydrique. On obtient alors une dextrine plus blanche qui porte le nom de gommeline. La *maltodextrine* s'obtient en chauffant l'amidon 1 p. avec 3 p. d'eau et autant d'acide sulfurique.

Pour avoir de la dextrine pure, on la dissout dans l'eau, puis on la précipite avec de l'alcool concentré. Musculus distingue plusieurs espèces de dextrines, d'après la manière dont elles se comportent avec l'iode. Cet auteur a obtenu la synthèse de la dextrine à partir du glucose, en abandonnant une partie de glucose, en présence d'acide sulfurique, 1,5 p. et d'alcool, 40 p. Ce composé synthétique est isomère avec la dextrine ordinaire, mais son pouvoir rotatoire est moins élevé. Cette dextrine n'est pas hydrolysée par la diastase, et réduit peu la liqueur de Fehling.

La lessive sulfitique des fabriques de papiers, sert à la préparation d'une espèce de dextrine. C. Ekman (br. angl. 1893). La lessive sulfitique rendue alcaline, est concentrée, puis décolorée s'il y a lieu par l'alun. En la traitant ensuite par le chlorure de sodium, il se sépare à la surface une espèce de dextrine.

La dextrine blanche du commerce, contient environ 73 °/₀ de dextrine pure ; la dextrine brune 64 °/₀ ; la gommeline 59 °/₀. Les dextrines commerciales contiennent presque toujours de l'amidon inaltéré, la proportion ne doit pas dépasser 30 °/₀ pour les usages d'apprêt. Elles renferment en outre un peu de dextrose et laissent une faible proportion de cendres, environ 1 °/₀.

Les dextrines du commerce, sont obtenues en soumettant la matière amylacée, principalement la fécule de pommes de terre, soit à l'action des acides soit à l'action de la chaleur.

L'amidon de maïs grillé aux 2/3 constitue la british gum.

La fécule torréfiée, porte souvent le nom de leïocome.

La *gomme universelle*, présentée à l'industrie sous différentes formes, est une dextrine complètement soluble dans l'eau froide et indéfiniment soluble dans l'eau chaude ; elle se prépare en faisant agir un acide fixe sur de l'amidon qui est soumis après neutralisation avec ou sans pression, à une température de 200°, soit à l'état de bouillie, soit à l'état sec.

Siemens et Halske ont également fabriqué des dextrines en soumettant l'amidon à l'action de l'ozone (Bull. Soc. Mulhouse, 1893).

La *Vosgeline* s'obtient en traitant les fécules par les hypochlorites (br. fr. 1898).

Propriétés. — La dextrine se présente sous la forme d'une poudre plus ou moins jaunâtre. Elle est hygrométrique. Elle est soluble dans l'eau, en donnant un liquide aglutinant analogue à de l'eau gommeuse. Elle est peu soluble dans l'alcool faible, et insoluble dans l'alcool concentré ; cette propriété est employée pour séparer la dextrine du glucose, ce dernier étant soluble dans l'alcool.

Le sous-acétate de plomb ne précipite pas les solutions de dextrines. Le sulfate de cuivre donne un trouble surtout par la chaleur. Ces deux réactions permettent de distinguer la gomme de la dextrine.

La dextrine est dextrogyre ; elle possède le pouvoir rotatoire élevé de + 138°,7 en lumière sodée.

On doit à M. Lindet un procédé de dosage du dextrose et de la dextrine dans les glucoses commerciaux (*Bull. Soc. chim. 1901*) qui se ramène à un dosage colorimétrique et à un dosage polarimétrique.

La dextrine ordinaire colore l'iode en rouge fauve (érytrodextrine). Certaines variétés de dextrines, nommées *achroodextrines* ne colorent pas l'eau iodée.

La solution d'acétate de plomb ammoniacal, précipite la dextrine de ses solutions en s'y combinant. Il en est de même pour la solution de baryte dans l'alcool méthylique.

L'acide nitrique étendu transforme la dextrine en acide oxalique, sans production d'acide mucique (différence avec les gommes). Si l'on dissout la dextrine dans de l'acide nitrique fumant, et que l'on ajoute de l'acide sulfurique dans cette solution, il se produit un précipité de dextrine tétranitrée (Berthelot).

L'acide sulfurique étendu, détermine une hydrolyse plus complète de la dextrine en glucose.

Les acides organiques tels que l'acide acétique ou l'acide butyrique, se combinent à la dextrine sous l'influence de la chaleur, en donnant des composés neutres, sortes d'éthers.

La dextrine, au contact du suc gastrique, se transforme en acides lactique et paralactique.

Applications. — Les nombreux usages de la dextrine, se rattachent en grande partie à la propriété qu'elle possède de donner une masse gommeuse avec l'eau, masse plus ou moins épaisse suivant la quantité d'eau employée. La dextrine sert pour préparer des colles, qui remplacent celles à la gomme arabique comme épaississant en impression et comme matière d'aprêt, pour l'encollage des chaînes des tissus et pour vernir le papier. On l'a proposée au vernissage des tableaux peints à l'huile.

La première idée d'appliquer l'amidon grillé à l'apprêt des tissus, daterait de 1821. A la suite d'un incendie survenu dans une féculerie anglaise, un ouvrier indienneur qui avait pris part à l'extinction remarqua que ses vêtements étaient devenus rigides et que des grains de fécule grillée étaient devenus solubles dans l'eau. La préparation de la fécule grillée fut longtemps tenue secrète en Angleterre. En France, le premier essai de torréfaction de l'amidon fut faite par Vauquelin et Bouillon-Lagrange.

Les dextrines britishgum, gommeline, leiogomme, etc., qui servent dans l'apprêt des tissus, ou comme épaississants des couleurs d'impression, ont le gros inconvénient de s'altérer sous l'influence du froid. La consistance change, il se produit une pâte compacte, qui s'imprime très imparfaitement, surtout quand il s'agit de fond. Jules Meyer (*Bull. Soc. Ind. de Mulhouse*, 1888) a proposé de remédier à cet inconvénient, en cuisant ces gommes artificielles sous pression, en présence de chaux caustique, 1,5 % environ. On obtient après ce traitement des solutions qui se conservent plusieurs semaines sans se modifier sensiblement.

Une modification de l'amidon, connue sous le nom d'amidon soluble, remplace la dextrine avec avantage, pour ses applications comme apprêts ou épaississants. (Voir amidon).

La dextrine est employée comme épaississant dans la fabrication des confitures et des sucreries qu'elle empêche de devenir opaques par cristallisation.

La dose de dextrine à ajouter est de 250 gr. par kgr. de sucre.

Colles de dextrine. — La dextrine délayée dans deux à trois fois son poids d'eau à 60°-70°, constitue une bonne colle pour le papier. On l'emploie en grandes quantités pour le gommage des timbres, des enveloppes, étiquettes, etc.

Voici quelques autres formules :

Colle liquide très adhésive : dextrine blanche 2,5 p. ; eau à 65°, 4,5 p. On laisse refroidir et abandonne au repos un mois. *Higgins* (br.fr. 1897).

Colle de dextrine en poudre : On sature une solution de dextrine par du borax, 8 de borax pour 45 de dextrine (*Higgins*, 1897).

Colle hydrofuge à froid : dextrine 2, silicate 1, eau 1. *Blanc* (br. f. 1898).

La dextrine a été proposée par *Velpeau* pour la réduction des fractures. Les bandages au moment d'être appliqués sont immergés dans le mélange : eau 40 gr. ; dextrine 100 gr. ; eau-de-vie camphrée 100 cmc.

La dextrine est souvent employée pour falsifier une foule de produits qui ont une consistance analogue. On s'en sert pour diluer certaines couleurs d'aniline et ramener leur pouvoir tinctorial à des types connus.

Pour reconnaître la dextrine dans les extraits tannants. *Pannetier* recommande la méthode suivante : On dissout 2 gr. de substance dans 50 gr. d'eau distillée froide et on ajoute 5 gr. de sous-acétate de plomb en solution pour précipiter le tannin, les gommes, les alcaloïdes et les matières colorantes. La liqueur filtrée est débarrassée du plomb par l'acide sulfurique ou l'hydrogène sulfuré. On filtre, concentre la liqueur au cinquième de son volume et on lui ajoute un égal volume d'alcool à 96 pour 100. S'il y a de la dextrine, elle précipite entraînant une petite quantité d'alcaloïde.

GOMMES

Les gommes sont des exsudats végétaux, de composition isomérique avec celle de la dextrine. On en rapprochera les mucilages et les matières pectiques.

Les gommes sont, d'après *R. Greig Smith.* (Soc. of. chemical Industry, 1904) des produits de l'activité microbienne. On peut déterminer la formation de gomme, chez des arbres qui n'en produisent pas habituellement, en provoquant une infection soit à l'aide d'une culture pure de bactéries, soit à l'aide de sève fraîche provenant d'une plante contaminée. Dans les milieux ordinaires, les bactéries gommogènes se multiplient, sans fournir beaucoup de gommes. Une addition de tannin facilite beaucoup cette production.

Les gommes ont été considérées par Frémy, comme des sels de potasse et de chaux de l'acide gummique. Ces gummates sont solubles. Chauffés à 150°, ils se transforment en métagummates insolubles dans l'eau froide ; une ébullition prolongée avec l'eau les solubilise à nouveau.

Au point de vue de la constitution chimique, les gommes se comportent comme des mélanges d'arabine et de galactane unis l'un et l'autre à la chaux et à la potasse. Par hydrolyse, ces deux principes se transforment en sucres, l'arabinose $C^5H^{10}O^5$ et le galactose $C^6H^{12}O^6$.

L'*arabine*, que l'on peut isoler en acidulant fortement une dissolution aqueuse concentrée, et filtrée de gomme, et en versant la liqueur dans de l'alcool concentré, se présente en écailles vitreuses. Elle est très soluble dans l'eau qu'elle rend visqueuse.

Extraction. — La récolte des gommes se fait généralement par des moyens primitifs, variables avec la nature de la gomme et le pays d'origine. Les gommes sont souvent purifiées, par dissolution dans l'eau et décantation ou filtration.

Pour la décoloration, on a proposé d'agiter la solution gommeuse avec de l'hydroxyde d'aluminium qu'on sépare par filtration sur une toile. On peut également filtrer à plusieurs reprises sur une couche d'alumine précipitée.

Il existe un grand nombre de gommes, les principales sont :

1° gommes entièrement solubles dans l'eau : la gomme arabique, la gomme du Sénégal, exsudats d'acacias ;

2° gommes partiellement solubles : les gommes de France ou de pays, exsudats de pruniers, de cerisiers ; elles ne sont que partiellement solubles à cause de la présence de métagummates ;

3° gommes donnant des gelées : la gomme de Bassora, la gomme adragante, la gomme de l'Inde, ces dernières sont à peu près insolubles et se rapprochent des mucilages.

Essai des gommes. Les gommes sont souvent additionnées de dextrine, de gélatine ou de gomme-résine bdelium. La dextrine se reconnaît à l'odeur ou mieux avec la liqueur de Fehling ; les dextrines du commerce renferment toujours en effet des sucres réducteurs.

Les solutions de gommes pures donnent un précipité gélatineux avec le chlorure ferrique, qui ne se redissout plus dans l'eau ; s'il y a de la dextrine l'eau se trouble.

Pour reconnaître la gélatine, on utilise le tannin qui précipite seulement la gélatine, tandis que la gomme reste en solution.

La gomme bdelium est reconnaissable à son aspect onctueux et au dégagement d'ammoniaque qu'elle donne lorsqu'on la chauffe au petit tube.

D'après les travaux de From une bonne solution de gomme doit avoir une densité de 1,35 ; une viscosité d'au moins 2,0 à la température de 20° (avec l'appareil d'Engler) ; un pouvoir rotatoire négatif d'au moins 2°, 30 au tube de 10 centimètres ; 30 cc de cette solution doivent nécessiter l'emploi de 2, 1 cc d'alcali $\frac{N}{10}$ pour la neutralisation ; enfin la solution de gomme doit épaissir l'acétate de plomb et ne pas réduire ou très peu la liqueur de Fehling.

Propriétés. — Les gommes sont des substances incristallisables, incolores, à cassure vitreuse, inodores et de saveur fade. Les gommes proprement dites sont solubles dans l'eau ; c'est la différence avec les mucilages qui ne font que s'y gonfler et les résines qui y sont insolubles. Les solutions de gommes dans l'eau ont une consistance agglutinante qui les font employer comme colle liquide. Les gommes sont insolubles ou peu solubles dans l'alcool, qui détermine un précipité dans leur solution aqueuse.

Traités par l'acide azotique, les gommes et les mucilages donnent de l'acide oxalique et de l'acide mucique. Les gommes seules donnent en même temps par ce traitement de l'acide tartrique et de l'acide saccharique. Dédoublées par un acide, elles donnent du galactose. L'acétate basique de plomb détermine un précipité dans les solutions aqueuses de gomme, différence avec la dextrine. La solution de gomme de cerise ne précipite pas dans ces conditions.

Les gommes sont précipitées par les sels de fer, de cuivre et d'étain.

Applications. — Les applications des gommes, sont nombreuses, dans l'industrie, en médecine, en confiserie et en parfumerie.

Les gommes du Sénégal et d'Arabie trouvent un emploi considérable, pour la fabrication de la colle liquide, le lustrage des tissus, l'apprêt des mousselines, l'épaississage des couleurs et mordants, la fabrication des couleurs d'aquarelles et à la gouache, du cirage.

Les gommes d'Arabie et du Sénégal ne suffisant pour les besoins des indienneurs, on emploie également depuis une vingtaine d'années, les gommes de l'Inde, du Cap, et d'Australie. Elles sont blanches mais se reconnaissent à leur peu de solubilité dans l'eau même à chaud. Pour les rendre plus solubles J. Meyer (Soc. Ind. Mulhouse, 1888) les soumet à l'action de l'eau, sous la pression d'une atmosphère pendant 30 minutes.

Voici la manière d'opérer : *Eau de gomme à 200 gr. par kg. de dissolution*, 20 kgr. gomme de l'Inde préalablement broyés grossièrement, 65 kgr. eau. Après 30 minutes de cuisson, on complète à 100 kgr., avec de l'eau. La gomme de l'Inde ainsi préparée, évaporée à siccité vers 45°-50°, reprend ses propriétés primitives, et redevient presque insoluble dans l'eau.

La gomme adragante donne du corps au tissu sans amener de raideur, elle ne ternit pas les couleurs. La gomme adragante demande à être cuite pendant quelques heures, après avoir trempé dans l'eau au moins 24 heures à froid. On peut également opérer sous la pression de 4 à 5 atmosphères, avec avantage. L'opération s'effectue alors en 15 à 20 minutes.

La consommation toujours croissante de ces gommes, a fait naître le besoin d'un succédané et la dextrine remplace aujourd'hui, dans bien des cas, ces gommes exotiques.

Le pouvoir adhésif des colles de gomme arabique n'est pas très élevé, mais on peut l'augmenter d'une façon notable par une faible addition de sulfate d'alumine. On obtient ainsi une colle qui peut servir pour faire adhérer bois sur bois, papier sur métal, et réparer la porcelaine et la faïence. Les proportions à employer sont les suivantes : 2 gr. de sulfate d'aluminium dissous dans 20 gr. d'eau, pour 250 gr. de solution saturée de gomme arabique.

Les gommes sont impropres à l'alimentation. Dans le Soudan, les indigènes n'y ont recours que dans les temps de disette. Après quelques jours de ce régime, les malheureux qui s'y soumettent, ne tardent pas à tomber dans le marasme et à périr d'inanition.

Le salep, tiré du bulbe de l'orchis mâle, joue cependant dans tout l'Orient un rôle important comme aliment. En Europe on le conseille aux phtisiques et aux convalescents, sous forme de bouillie ou de gelée, sucrée et aromatisée. Mais le salep, outre la gomme, contient de l'amidon, une substance protéique et des phosphates qui expliquent sa valeur alimentaire.

En thérapeutique, les gommes et les mucilages sont souvent employés comme adoucissant à l'intérieur et à l'extérieur.

La gomme arabique est prescrite contre les affections inflammatoires des voies respiratoires et digestives. La gomme agit comme isolant, gênant les phénomènes d'exosmose, empêchant l'action irritante des poisons âcres. On l'administre sous forme de sirops, de dissolutions, de pastilles, de pâtes (pâtes de guimauves et de jujube, boule de gomme). A l'extérieur, on l'emploie en solution un peu concentrée pour protéger les plaies superficielles, ou mieux sous forme de taffetas gommés.

Fort, 1865, a proposé un sparadrap, n'ayant pas l'odeur désagréable de la résine, plus plastique et moins sujet à se dessécher, obtenu avec un mélange de gomme arabique 5 p., d'eau 18 p., additionné de glycérine jusqu'à consistance sirupeuse.

Les gommes font encore l'objet d'un grand nombre d'applications de détails.

Landsmann (Bull. Soc. d'Encouragement pour l'Industrie Nat., 1898) emploie la gomme pour enduire le marbre avant de le peindre. Il a obtenu ainsi des imitations parfaites de différents fruits.

L'addition de 5 à 8 % de gomme pulvérisée, au soufre destiné au soufrage de la vigne, facilite l'adhérence sur les feuilles.

Les parfumeurs préparent, avec le mucilage des pépins de coing ou des graines de psyllium, des dissolutions visqueuses aromatisées, qui servent au lissage des cheveux.

Mucilages. — On désigne sous ce nom des matières gommeuses qui existent en abondance, dans les semences du lin, et du coing, dans les feuilles, les fleurs et la racine de guimauve, dans les fleurs de bouillon blanc, dans le lichen, dans le bulbe de l'orchis mascula (salep), dans la gomme de Bassora sécrétée par un cactus, la gomme adragante des astragales, etc. Les mucilages renferment fréquemment une partie soluble dans l'eau.

Les goemons servent à la préparation de la *fucose* ; elle s'obtient par un traitement à 50° avec une solution d'acide à 20 %. On l'emploie pour imperméabiliser. *L'alguose* se retire aussi des goemons, par un traitement en chaux, suivi d'un lavage alcalin avec 20 à 30 % de carbonate de soude, ou bien par l'eau sous pression. Laureau (br. fr. 98).

Les mucilages sont employés comme adoucissants et émollients : pâtes de guimauve, de jujube. Le mucilage de carragaheen ou mousse perlée (fucus crispus) sert à la préparation des cataplasmes *Lelièvre*, 1794. Voilà comment on les prépare. Sur une feuille de ouate, on répand une infusion concentrée de carragaheen ; on recouvre d'une autre feuille d'ouate, on frappe avec une brosse de façon que la gelée pénètre également dans toute la ouate. On sèche à l'étuve, à chaleur modérée, et l'on n'a plus qu'à conserver à l'abri de l'humidité. Pour l'usage, il suffit de placer le cataplasme dans une assiette et de l'arroser d'eau bouillante ; au bout d'un quart d'heure, la ouate est gonflée et prête pour l'emploi. Ce cataplasme d'un emploi commode, ne subit aucune altération et n'exerce aucune irritation sur la peau. Son aspect à l'état sec est celui d'une feuille de carton épais.

L'agar-agar ou colle du Japon, se retire des fucus et des algues marines. Elle permet de solidifier 500 fois son poids d'eau.

L'algine est la matière mucilagineuse, retirée des algues rouges ou laminaires par ébullition avec une solution de carbonate de soude. L'algine soluble est un alginate alcalin.

L'algine ressemble à la gélatine et à la gomme arabique. On la distingue facilement de la gélatine et des albumines par une addition de tannin, qui ne détermine pas de précipité, et par l'absence de coagulation sous l'influence de la chaleur. Les acides précipitent l'acide alginique de ses solutions, caractère qui permet de la différencier d'avec la gomme arabique.

Les solutions d'algine sont très visqueuses, 14 fois plus que l'amidon, et 37 fois plus que la gomme. Cette propriété l'a fait utiliser comme épaississant dans l'impression et comme matière d'apprêt. Les alginates alcalins peuvent servir de sels à bouser, pour fixer les mordants d'alumine et de fer sur les tissus de coton.

L'algine a été proposée comme désincrustant, pour émulsionner les huiles, et clarifier les vins et liqueurs alcooliques.

L'alginate d'aluminium ou solution ammoniacale, peut servir à l'imperméabilisation des tissus, du cuir. etc. Après l'imprégnation, en effet, l'ammoniaque se dégage et l'alginate insoluble reste dans les pores.

Principes pectiques et pectine. — La pectine existe dans le suc des fruits mûrs. C'est un principe analogue à l'arabine de la gomme, mais sa constitution interne doit être celle d'une lactone, au lieu d'être une aldéhyde car sous l'influence des alcalis étendus, il se précipite un acide gélatineux ; l'acide pectique. La pectine a été isolée par Braconnot.

Pour retirer la pectine du suc des fruits mûrs, on sépare d'abord la chaux par l'acide oxalique, puis l'albumine par le tannin, et on précipite facilement la pectine par l'alcool absolu.

La pectine se dissout dans l'eau en formant une dissolution épaisse.

La transformation de la pectine en acide pectique gélatineux s'effectue au contact d'une trace d'alcali, ou sous l'influence de la pectase, ferment végétal contenu dans les fruits, sous l'influence d'une trace de chaux. L'acide pectique est soluble dans les alcalis faibles et reprécipite en gelée par l'acide chlorhydrique. Ces considérations trouvent des applications dans la fabrication des gelées de fruits et des vins fins. M. Müntz a en effet montré (Compte Rendus 1905) que le moelleux des vins doit être attribué à la présence de pectine.

L'acide pectique se transforme par une longue ébullition dans l'eau et l'HCl en produits solubles : acides méta et para-pectique.

Les propriétés des principes pectiques sont également utiles à connaître pour l'industrie du blanchiment. La matière jaune qui adhère à la cellulose dans les fils bruts de lin renferme de 15 à 36 % de ces principes.

On les élimine par le lavage en soude. Les hypochlorites n'ont d'action que sur la matière colorante grise qui s'est développée dans le rouissage.

AMIDONS

La matière amylacée ou amidon $(C^6H^{10}O^5)^n$ est une substance très répandue dans le règne végétal. Elle existe dans les organes les plus divers des plantes. Parmi ceux où elle abonde citons en particulier :

1° Les semences des légumineuses (fèves, haricots, pois, lentilles, lupin) et des céréales (blé, orge, seigle, avoine, maïs, millet, riz).

2° Les tubercules de la pomme de terre (fécule), de la patate, des ignames, de l'arow-root, etc.

3° Les racines de manioc (tapioca), de jalap, de rhubarbe, de carotte, de guimauve, de réglisse ; les rhizomes ou tiges souterraines d'iris, de canna.

Les bulbes des lis, des tulipes et autres liliacées. La partie médullaire des tiges des palmiers (sagou).

4° Les fruits du châtaignier, du marronier d'Inde, du sarrazin,

L'amidon s'extrait principalement des céréales, et de la pomme de terre. On désigne plus spécialement sous le nom de fécule, la matière amylacée de la pomme de terre.

C'est pendant les années de disette 1812-1813, que le gouvernement français recommanda aux amidonniers d'employer la pomme de terre à leur fabrication. Tous suivirent ce conseil. En 1818, quelques fabricants revinrent au blé. En 1822, on comptait à Paris quinze féculiers et six amidonniers. Actuellement la France tire de l'étranger la plus grande partie de l'amidon qu'elle consomme, principalement de Belgique. Ce pays est le plus grand producteur d'amidon.

Voici quelques données sur la richesse en amidon de diverses plantes. Graines de céréales : riz 85 %, ; maïs 80%/ ; blé 70 à 75 %/ ; avoine 60 ; graines de légumineuses : pois 50 %/ : lentilles 32 ; pommes de terre 32 : manioc 13 à 14 %/.

Extraction. — L'amidon s'extrait des céréales, tandis que la fécule se retire de la pomme de terre. Cette dernière est d'une préparation plus simple, car on n'a pas, dans ce cas, à s'occuper de la séparation du gluten, matière azotée contenue dans les céréales.

Les pommes de terre qui servent à la fabrication de la fécule sont bien lavées, puis mises dans une trémie, dans laquelle tournent des râpes cylindriques. Les grains d'amidon mis en liberté, sont entraînés au travers d'un tamis, par un courant d'eau. La pulpe au contraire reste dans la trémie. Les eaux contenant les grains d'amidon, sont envoyées dans des bassins de décantation, où l'amidon se dépose. L'eau décantée, on recueille l'amidon que l'on sèche lentement dans le vide.

La fécule humide qui contient encore 33 %/ d'eau, porte le nom de *fécule verte*. Avec de bonnes pommes de terre, on peut compter sur un rendement de 21 p. 100 d'amidon avec des tubercules frais et de 83 p. 100 avec des tubercules séchés à 100°.

L'extraction de l'amidon des céréales, du blé par ex., peut s'effectuer par deux procédés : 1° par lavage : 2° par fermentation.

Dans le premier procédé on forme une pâte ferme avec la farine, et l'on pétrit cette pâte sous un courant d'eau. Les grains d'amidon sont entraînés au travers d'un tamis, tandis que la masse élastique du gluten reste sur ce dernier. Ce procédé permet d'obtenir 50 kgs d'amidon, dit amidon en aiguilles et 25 kgr. de gluten frais, avec 100 kgr. de bonne farine de froment. La teneur moyenne du froment en amidon est de 63 à 64 pour 100.

La méthode par fermentation n'est plus guère employée, que dans le cas de farines avariées. Elle est d'ailleurs irrationnelle, puisqu'elle ne permet pas de tirer parti du gluten. Dans ce procédé, le froment non égrugé ou égrugé, est abandonné à la fermentation putride, avec des *eaux sûres* provenant d'opérations antérieures. La petite quantité de matière sucrée 1 à 2 %/ environ subit la fermentation alcoolique, puis lactique ; tandis que les matières protéiques et le gluten, 10 à 12 %/ environ, subissent la fermentation ammoniacale. Ce procédé est long et insalubre.

L'amidon s'extrait avec quelques variantes, du riz, des marrons d'Inde, ces derniers donnent un rendement de 15 à 17 %.

La purification de l'amidon s'effectue de diverses manières. *Siemens* et *Halske* (br. all. 1895) délayent dans ce but l'amidon dans l'eau froide, et versent dans cette bouillie claire une solution de permanganate, jusqu'à ce que ce dernier cesse de s'oxyder, les impuretés seules sont détruites. On fait suivre d'un traitement à l'acide chlorhydrique faible.

La fécule et l'amidon ainsi traités donnent un empois bien plus limpide et plus transparent, se rapprochant de la fécule (Bull. Soc. Ind. de Mulhouse, Schmerber 1896).

Verley (br. fr. 330 904) opère la purification des amidons et fécules au moyen d'hypochlorites alcalins (1, 5 à 4, 5 % du poids de l'amidon). L'hypochlorite employé titre 45 vol. de chlore actif, la bouillie d'amidon doit marquer 12° Bé.

Frichot a breveté l'emploi de l'ozone pour stériliser, blanchir et désodoriser les farines, et celui de l'eau oxygénée pour les grains.

Constitution de l'amidon. — D'après MM. Maquenne et E. Roux (Comptes rendus, 1905) la fécule de pomme de terre serait constituée par un mélange d'environ 80 pour 100 d'*amylocellulose* et de 20 pour 100 d'une matière pectiniforme, l'*amylopectine*. La première est un peu soluble dans l'eau à 100° et ne fournit pas d'empois, elle colore l'iode en bleu, et se transforme entièrement en maltose sous l'action du malt à basse température. La seconde est un corps mucilagineux qui donne à l'amidon la faculté de fournir un empois et ne colore jamais l'iode, même en présence d'eau. L'amylocellulose, dans l'état où elle se trouve dans le grain d'amidon, est momentanément soluble dans l'eau tiède mais elle ne tarde pas à se séparer de l'empois sous une forme insoluble, c'est ce changement d'état qui constitue la *rétrogradation*. Toute influence tendant à dissoudre l'amylopectine favorise la rétrogradation, c'est-à-dire la précipitation de l'amylocellulose.

L'amylocellulose séparée de l'amylopectine, est insoluble dans l'eau à 40° ou 50°. Elle n'est soluble que dans l'eau surchauffée à 150°; par le refroidissement, il se dépose des grains d'amidon artificiel, qui ne diffère de l'amidon naturel que par l'absence d'amylocellulose.

L'amylocellulose est un produit complexe, formé par un mélange de substances qui représentent les états successifs de condensation de la matière amylacée et que caractérise une résistance variable à la désagrégation Traitée par l'eau bouillante, elle redevient colorable en bleu par l'iode, en régénérant une petite quantité d'amidon qu'on peut enlever par le malt.

D'après les recherches de E. Roux, Bull. Soc. chimique 1905, la rétrogradation de l'empois de fécule est un phénomène réversible entre 0° et 150°. A cette dernière température, la dégradation est complète. Elle peut rétrograder à nouveau et reproduire ainsi l'amylocellulose. Il y a formation partielle d'amylodextrine, de dextrine amorphe et de glucose pour lesquels la réversibilité n'a plus lieu. Dans la dégradation des amylocelluloses il se forme également des amidons artificiels présentant l'aspect microscopique des amidons naturels, donnant la coloration bleue avec l'iode mais ne formant pas de gelée avec l'eau bouillante et se dissolvant dans la potasse sans se gonfler.

L'amylocellulose est soluble dans la potasse, ainsi que l'a montré M. Maquenne (*Comptes rendus*, t. CXXXVII, p. 88). M. E. Demousy vient de démontrer que l'amidon peut se combiner aux bases minérales, comme les sucres (*Comptes rendus*, 1906, p. 933). Les essais ont porté sur de l'amidon de riz déminéralisé par l'acide chlorhydrique faible, puis lavé à fond. Avec la soude caustique, l'ammoniaque, la chaux et la baryte, il y a une absorption très nette, les combinaisons formées sont détruites par l'eau, Demoussy conclut que l'amidon offre tous les caractères d'un acide faible, comparable à l'acide carbonique.

Propriétés. — *Formes et grandeur*. — L'amidon est formé de petits grains qui, examinés au microscope, présentent des formes ovales, rondes ou angulaires suivant leur origine. Les grains d'amidon sont formés de couches excentriques autour d'un noyau : le hile. Les couches internes sont les plus riches en eau.

Voici quelques indications au sujet de cet examen microscopique, qui permet de determiner avec certitude l'origine des diverses matières amylacées.

1° Le hile et les couches concentriques sont visibles : pomme de terre, arrow-root.

2° Le hile est rayonné, les anneaux concentriques sont invisibles en partie : maïs, pois, fève.

3° Le hile est invisible dans la plupart des grains, et les anneaux concentriques sont presque invisibles : froment, orge, riz, châtaigne.

4° Les grains sont tronqués à une extrémité : sagou, tapioca.

5° Les grains sont angulaires : riz, arrow-root, avoine.

Voici les diamètres en millièmes de millimètres des principales variétés d'amidon : pomme de terre 185 ; grosses fèves 75 ; sagou 70; blé 50 ; sorgho 30 ; lentilles 67 ; haricots 36 ; patates 45 ; maïs 30 ; millet 10 ; grains de betterave 4 ; riz, 3 à 7 ; graine de chenopodium quinoa, 2.

L'amidon est très hygroscopique, la fécule du commerce contient environ 18 pour 100 d'eau, cette teneur peut atteindre 30 pour 100. Cette humidité ne s'en va qu'en partie dans le vide; elle disparaît complètement à 100°. La densité de la fécule sèche est de 1,85 ; l'amidon séché simplement à l'air libre, par conséquent encore humide, a une densité plus faible, 1, 50 environ. La fécule d'arrow-root sèche, a une densité de 1.565. La densité du grain d'amidon, va en augmentant du centre à la périphérie.

L'amidon est insoluble dans l'alcool et dans l'éther ainsi que dans l'eau froide. Cependant, lorsqu'on broie l'amidon dans l'eau froide et qu'on filtre, on constate la présence dans la liqueur filtrée d'*amidon soluble* ou *granulose*, précipitable par l'alcool. La partie insoluble porte le le nom d'*amidon cellulose*.

Chauffé en présence de l'eau, vers 70°, l'amidon se gonfle sans se dissoudre en donnant une masse plastique opaline, connue sous le nom d'*empois d'amidon*. L'amidon absorbe dans cet état de 25 à 30 fois son volume d'eau. Il est translucide et dévie fortement la lumière polarisée $\alpha_D = +$ 206°6. En présence d'une trace d'iode, il donne une coloration bleue caractéristique, qui disparaît au-dessus de 65° C, mais qui se produit à nouveau après refroidissement. L'amidon donne la même coloration. L'iodure d'amidon est de l'amidon teint par l'iode. La température de formation de l'empois est variable avec l'origine de la matière amylacée. D'après Lippmann, cette température est de 50° à 55° pour l'amidon de gruau, de 65° à 67° pour l'amidon de blé ; de 58° à 63° pour la fécule de pomme de terre et de riz ; de 55° à 63° pour celui de maïs.

Les substances minérales ainsi que les oxydants ont une grande influence sur la vicosité des empois de fécule. Pour étudier la dernière action, voici le mode de préparation indiqué par J. Wolf (Académie des Sciences, 1905) ;

25 grammes de fécule, aussi pure que possible, sont traités à froid par 50 centimètres cubes d'une solution de permanganate de potasse, à 1 p. 1000, renfermant de 10 à 15 p. 100 d'acide chlorhydrique. Au bout de 1 heure et demie à 2 heures, le liquide est devenu incolore. On lave la fécule à l'eau distillée et on la sèche à 30°. On obtient le même produit en employant comme oxydant un chromate, ou un bichromate, ou le chlore.

La fécule ainsi traitée conserve en apparence toutes ses propriétés. Ni son poids, ni son aspect microscopique n'ont varié d'une façon appréciable. Elle fournit avec l'eau distillée des empois qui, à 5 p. 100, sont à peine moins visqueux que ceux qu'on obtient avec la fécule primitive. Les deux formes de fécule donnent aussi les mêmes produits lorsqu'on les traite par le malt ou les acides ; les empois de fécule ainsi traitée peuvent également subir la coagulation diastasique et la rétrogradation.

Toutefois, le nouveau produit présente une particularité curieuse ; ses empois se liquéfient instantanément vers 70° lorsqu'on les met en contact avec une quantité minime d'une substance à caractère basique, telle que : ammoniaque, oxyde des métaux alcalins et alcalino-terreux, carbonates de ces métaux et même phosphates secondaires (alcalins à l'hélianthine. Le même effet peut être obtenu en préparant l'empois avec de l'eau ordinaire qui agit par ses carbonates alcalino-terreux Par contre, les acides, les sels neutres, les phosphates acides n'ont aucune action sur ces empois.

Les empois liquéfiés, abandonnés à eux-mêmes à la température ordinaire, reprennent peu à peu et très lentement l'état gélatineux. La gelée formée se redissout très facilement à chaud, même un mois après sa formation, en donnant une solution limpide.

Sur la liquéfaction par les phosphates, voir Bodin, C.R., 8 oct. 1906.

Action de la chaleur. — Sous l'influence de la chaleur, l'amidon subit d'importantes transformations ; maintenu longtemps à 100°, l'amidon ordinaire se convertit en amidon soluble (Maschke); à partir de 160°, il se forme de la dextrine. Au-dessus de 210°, l'amidon s'altère profondément et charbonne. La fécule torréfiée à 210° constitue le léiocome. Si l'on fait agir la chaleur sur l'amidon en présence d'eau, ces réactions se produisent successivement dès la température de 100°.

Oxydants. — Les oxydants agissent différemment sur l'amidon : avec l'acide nitrique étendu, on obtient successivement de l'acide saccharique, puis de l'acide tartrique, enfin et surtout de l'acide oxalique. La potasse en fusion oxyde également l'amidon à l'état d'acide oxalique.

L'acide nitrique fumant, dissout en abondance l'amidon étendu par l'eau, cette solution précipite en abondance une matière blanche floconneuse, qui après lavage constitue la *xyloïdine* de Braconnot, ou le *pyroxam* $(C^6H^9O^4—NO^3)^n$. Ce corps est explosif, il est insoluble dans l'eau, l'alcool et l'éther. Traité par le chlorure ferreux, il donne de l'amidon soluble, en même temps qu'il se dégage des vapeurs nitreuses.

La xyloïdine est insoluble dans l'eau, ce qui permet de la séparer de sa solution dans l'acide nitrique. Elle brûle en explosant vers 180°, et détone faiblement par le choc. Elle est très hygroscopique et très difficile à purifier complètement, par conséquent très exposée à se décomposer spontanément. Mais en nitrant à nouveau l'amidon nitré par l'acide azotosulfurique, la Société de la dynamite Nobel a réussi à préparer des mono, di et trinitro-amidons, insolubles dans l'eau et l'alcool, solubles dans l'éther, la nitroglycérine, dont on augmente la stabilité en les imprégnant d'aniline, et qu'elle utilise pour la préparation d'explosifs.

Le mélange d'acide sulfurique et de bioxyde de manganèse, donne de l'acide formique avec dégagement de gaz carbonique. En opérant de même avec l'oxyde de manganèse et l'acide chlorhydrique, on obtient en même temps un peu de chloral.

Action des alcalis. — L'amidon s'unit aux bases solubles. Les alcalis facilitent la formation de l'empois qui se forme, en leur présence, dès la température ordinaire. On peut neutraliser cet empois par l'addition d'acide et l'employer pour l'apprêt des textiles ou comme épaississant des couleurs d'impression. L'avantage de cet apprêt est de résister aux lavages à l'eau. Quand il est bien neutralisé, il n'agit pas sur les couleurs et résiste bien aux moisissures. Ces matières d'apprêt ont reçu différents noms. Voici la formule de l'*apparatine* :

Amidon ou fécule 16 p. ; eau 76 p. ; soude caustique à 25°, 8 p. ; on mélange d'abord l'eau et l'amidon, puis on ajoute la soude peu à peu, en remuant énergiquement. On obtient alors une gelée analogue à la gomme adragante, qui convient très bien pour tous les tissus, après qu'elle a été bien neutralisée.

Les tissus préparés à l'apparatine, lavés deux ou trois fois, ne perdent pas leur apprêt.

A chaud, l'amidon donne avec les alcalis de l'amidon soluble, puis de la dextrine. Les apprêts à la soude caustique préparés à chaud sont moins bons que les précédents.

Acides. — Les acides étendus et chauds transforment l'amidon en glucose en passant probablement par une formation intermédiaire de dextrine (Musculus). Cette opération constitue la saccharification, première phase de la fabrication de l'alcool industriel. Pour ce travail, on emploie les acides chlorhydrique ou sulfurique à 1 pour 100.

L'acide oxalique agit plus faiblement.

La saccharification de l'amidon s'obtient également au moyen de la diastase de l'orge germé ou *malt*. Il se forme alors principalement du maltose et de la dextrine, et très peu de glucose. Ce mode de saccharification est employé dans la fabrication de la bière et dans un certain nombre de distilleries.

La fabrication industrielle du glucose s'effectue surtout avec l'amidon de maïs qui est le moins cher.

L'invertine et la ptyaline agissent sur l'amidon comme la diastase. La levure de bière ne détermine pas de fermentation. Le bacille amylobacter transforme la fécule en dextrine, sans production de glucose ou maltose.

Les acides concentrés agissent énergiquement sur l'amidon ; nous avons vu à propos de l'action des oxydants que l'acide nitrique étendu transforme l'amidon en acide oxalique tandis que le même acide concentré donne de l'amidon nitré ou xyloïdine.

L'acide sulfurique concentré, trituré lentement avec l'amidon, en évitant l'échauffement, donne un acide sulfoconjugué. Si l'on traite ce mélange par l'alcool, la liqueur dépose de l'amidon soluble (Béchamp).

L'acide sulfurique dilué, par une action prolongée, donne lieu à un phénomène curieux de réversion, le glucose formé dans une première phase, diminue rapidement en régénérant des composés dextriniformes, nommés d'abord *gallisine*. Ces composés sont plus difficilement hydrolisables que la dextrine, aussi bien par les acides que par les ferments.

L'acide chlorhydrique agit d'une façon analogue ; avec l'acide oxalique la réversion est faible.

L'action de l'acide sulfureux sur l'amidon, donne de l'amidon soluble ou du glucose suivant les conditions dans lesquelles on opère.

Alex. Classen (br. all. 1899) utilise l'action de l'acide sulfureux pour saccharifier les matières amylacées. Son procédé consiste à chauffer à 80° en vase clos, un mélange d'amidon et d'acide sulfureux aqueux. Le produit de la réaction est traité par l'oxygène, pour transformer l'acide sulfureux en acide sulfurique. Un chauffage de 1 heure à la température de 110° à 120°, suffit pour achever la saccharification.

Les acides organiques ou mieux leurs anhydrides chauffés vers 160°, avec l'amidon, transforment ce dernier en éthers appelés amylides. Avec l'acide acétique on obtient l'amidon triacétique : $[C^6H^7O^2(C^2H^3O^2)^3]^n$. Il paraît exister des composés analogues dans les végétaux.

L'amidon soluble, amylodextrine, ou amiduline, se forme lorsqu'on traite l'amidon par les acides ou les enzymes dans certaines conditions.

L'ébullition de l'amidon avec le chlorure de zinc, ou la potasse caustique (*W. Wroblewski* 1897), avec les peroxydes alcalins (*W. Syniewski* 1897), donne également de l'amidon soluble.

Lorsque l'on emploie les acides, *Augèle* conseille d'employer une teneur de 0,5 à 1 p. d'acide anhydre pour 100 p. de fécule sèche. On abandonne à la température de 40°C et on termine le traitement aussitôt que la masse se dissout dans l'eau chaude sans formation d'empois. La masse est alors versée dans un excès d'alcool qui précipite l'amidon soluble.

L'amidon rendu soluble par l'action d'un alcali caustique peut être obtenu à l'état sec, en neutralisant par un acide, précipitant l'amidon par le sulfate de magnésium, décantant, lavant et séchant à basse température. Kantorowicz (br. all. 1895).

L'amidon soluble est blanc, pulvérulent, soluble dans l'eau à partir de 50°. Il a un pouvoir rotatoire dextrogyre considérable $= + 206°$. Il ne réduit pas la liqueur de Felhing, il est coloré en bleu par l'iode et remplace avantageusement l'empois d'amidon dans tous les titrages volumétriques à l'hyposulfite. L'amidon soluble soumis à une dessiccation prolongée redevient insoluble. Sous l'influence de la diastase, l'amidon soluble se dédouble beaucoup plus rapidement que l'amidon ordinaire. Le tannin le précipite.

L'amidon soluble préparé industriellement par l'action de l'acide sulfureux sur l'amidon, à l'autoclave, constitue un bon succédané des gommes naturelles, il est supérieur aux dextrines commerciales.

Il en existe quatre modifications.

Le type dit *tragantine* est une poudre d'une blancheur éclatante, neutre, sans goût, sans odeur, en partie soluble dans l'eau froide, très soluble dans l'eau chaude ; étendue au pinceau à une densité de 15° à 20° Bé, elle prend un beau luisant et a un pouvoir adhésif et collant prononcé. La tragantine translucide est complètement soluble dans l'eau froide.

Le chlorure de zinc liquéfie l'amidon à froid (Bechamp). La plupart des sels halogénés agissent de même ainsi que le tartrate de potasse, le nitrate et l'acétate de soude, le nitrate de calcium. On emploie souvent dans l'industrie le chlorure de calcium et celui de magnésium, à cet effet, en vue de l'apprêt des cotons. La solution dans le chlorure de calcium constitue une colle très employée pour la fabrication des sacs en papiers, le collage des étiquettes sur les colis, etc.

L'amidon donne avec la glycérine une sorte d'empois ou glycérolé d'amidon, excipient très employé en parfumerie.

Chauffé dans la glycérine vers 190°, l'amidon devient soluble dans ce liquide, ainsi que dans l'eau et dans l'alcool absolu (*Zulkowski* de Prague). Par la dessiccation, il se forme une masse blanche insoluble dans l'eau, d'où la nécessité de mettre les divers glycérolés dans des vases bien fermés.

Le tannin et les décoctions de matières astringentes concentrées, dissolvant l'amidon, sous l'influence de la chaleur, la solution se reprend en masse quand la température s'abaisse au-dessous de 50°. L'acide acétique empêche la précipitation du tannate d'amidon.

Applications. — L'amidon est l'une des substances les plus importantes du règne végétal, par son abondance et par ses applications. L'amidon est avant tout un aliment, c'est le constituant de tous les féculents : céréales, pommes de terre, etc. La matière amylacée est consommée, en quantités énormes dans l'industrie des apprêts, colles et épaississants, soit directement, soit après avoir été transformée en amidon soluble ou en dextrine. L'amidon est encore à la base de la fabrication du glucose et de l'alcool industriel. Enfin, l'amidon est très employé en pharmacie et en parfumerie.

Applications à l'alimentation. — L'une des principales applications de la matière amylacée est certainement son emploi comme matière alimentaire. L'amidon est en effet le constituant principal des aliments dits farineux, en particulier du pain.

Le pain est l'objet d'une grande consommation chez les peuples d'origine latine, chez ces derniers ainsi qu'en Angleterre, c'est la farine de froment qui est employée à cet usage. Les Germains et les Slaves emploient principalement la farine de seigle, les Américains celle de maïs. La valeur alimentaire du pain, que l'on peut considérer jusqu'à un certain point comme un aliment complet, est due à la présence de matières albuminoïdes (gluten) dans la farine des céréales.

Voici la composition moyenne du froment : amidon 63-64 %; dextrine 1, 5 à 2 %, eau 12; gluten et mat. albuminoïde 10-12; mat. minérales 2, 5; cellulose 2,5-3; mat. grasses 1,75.

Les farines sont également consommées sous forme de bouillie et de pâtes : (vermicelle, macaroni, nouilles, etc.), enfin elles sont la base des pâtisseries diverses.

A côté des farines des céréales, on trouve également dans le commerce, diverses fécules alimentaires qui sont très employées.

La fécule de cassave, de manioc ou moussache, après avoir été grillée sur des plaques chaudes pour la priver de son acide cyanhydrique, s'agglomère en petites masses irrégulières connues sous le nom de tapioca. Cette fécule est souvent imitée ou fraudée avec la fécule *verte* de pomme de terre.

La moelle de plusieurs espèces de palmiers, contient en abondance une matière amylacée connue sous le nom de *sagou*.

L'*arrow-root* est la fécule qu'on retire des racines du Maranta arrundinacea, originaire des Antilles et qui a été transportée aux Indes.

Le *sano* de la Sanogesellschaft de Berlin serait de la farine d'orge dextrinée par la chaleur et ayant subi une saccharification incomplète (Aufrecht, 1898).

Le *nutrol* est un mélange d'extrait de malt et d'amidon.

Application comme matière d'apprêt et épaississant. — L'amidon et les farines sont employés pour l'encollage et pour l'apprêt des tissus. Généralement on laisse fermenter la farine avec de l'eau plusieurs mois avant de l'employer, puis on neutralise les acides; il semble se développer ainsi de la dextrine. L'amidon de riz sert pour les apprêts à froid, celui de maïs pour les empois à chaud.

L'amidon de riz ne pénètre pas l'intérieur du tissu comme l'amidon de froment, mais lui donne un lustre à la surface recherché dans certains cas.

L'amidon de froment donne l'empois qui s'altère le moins vite et empèse le plus uniformément et le plus solidement. La fécule de pomme de terre donne l'empois le plus épais. Les empois de pomme de terre et de riz ont un toucher plus rude que celui de froment. L'amidon de froment est le seul employé pour l'empesage du linge ; on lui donne également la préférence pour fabriquer la colle des relieurs. L'amidon qui sert à l'empesage du linge est azuré avec 1/4 % de bleu de prusse.

Voici une formule d'encollage pour fils à tisser : Eau 100 litres, fécule 10 kilogr., sulfate de cuivre pulvérisé 40 gr., borate de soude pulvérisé 90 gr. On dissout dans 5 litres d'eau environ le sulfate de cuivre et le borate ; on délaye la fécule, en ajoutant la quantité d'eau indiquée, on fait bouillir ensuite le tout pendant quelques minutes au moyen de la vapeur d'eau, dans une chaudière munie d'un barboteur ou d'un auto-clave.

Application au collage. — L'empois d'amidon sert pour coller le papier, les cartonnages, les cuirs. Il est avantageux en ce sens qu'après séchage il n'est plus soluble dans l'eau froide.

L'addition d'un peu de gélatine à l'empois d'amidon augmente sa puissance adhésive ; un peu de térébenthine augmente son élasticité. Dans le collage du papier peint sur les murs, on ajoute à l'empois un peu d'un savon neutre de résine.

L'empois d'amidon, obtenu avec la soude caustique, est souvent employé comme colle, ainsi que la solution dans le chlorure de calcium ou de magnésium.

La gomme d'Ekmann (br. all. 141.753) est de l'amidon modifié, dans un état voisin de la dextrine. Pour l'obtenir, on fait agir sur deux parties d'amidon une partie d'acide sulfurique à 80 % de monohydrate, en évitant tout dégagement de température et en agitant constamment. Au bout d'un certain temps, on reprend par un peu d'eau, on neutralise par du carbonate de chaux, on filtre, puis on évapore la solution dans le vide à la consistance désirée. Cette colle se trouve dans le commerce en solution à 21°-25° Bé.

La gomme d'Ekmann à l'état solide est une masse cassante, vitreuse, sans odeur, ni saveur, neutre et non hygroscopique. Elle sert beaucoup dans l'apprêt des soies et demi-soies et comme épaississant des couleurs d'impression.

W. Jacoby (br. all. 1897) obtient un enduit lessivable à base d'amidon de la manière suivante : On enduit d'abord de nitrate de calcium ou baryum, puis on enduit de couleurs épaissies avec une solution d'*amidon* dans une lessive alcaline. L'amidon est précipité ; on termine par une couche d'eau alunée.

Applications médicales. — Les emplois pharmaceutiques de l'amidon sont nombreux. A l'extérieur, il sert à calmer certaines inflammations de la peau, sous forme de poudre, de cataplasmes, de glycérolé. On l'ordonne en lavement, à la dose de 7 gr. par litre, contre la diarrhée. A l'intérieur, c'est un aliment dont l'action émolliente sur le tube digestif est recherchée dans certains cas. Le salep, nous l'avons vu plus haut, est souvent recommandé aux convalescents.

Le glycérolé d'amidon est un empois fait avec la glycérine, 1 pour 10. On lui incorpore souvent de l'oxyde de zinc ; c'est alors une crème très efficace contre les rougeurs du visage.

Les bains d'amidon sont indiqués pour adoucir certaines inflammations de la peau. La quantité d'amidon employé est de *500 gr.* pour un bain.

**

Les parfumeurs consomment de grandes quantités d'amidon, principalement pour la préparation des *poudres de riz.* L'amidon de riz seul est trop léger et n'adhère pas à la peau. On l'additionne de fleur d'amidon de froment pour cet usage. Voici une recette : Poudre de riz 125, talc 75, amidon 40, sous-nitrate de bismuth q. s. La racine d'iris pulvérisée et tamisée est également employée par les parfumeurs à cause de son odeur agréable, pour absorber la sueur. L'amidon entre dans la composition de certaines pâtes dentifrices.

Le glycérolé d'amidon est la base d'un grand nombre de crèmes pour le visage.

CELLULOSES

Les celluloses ou matières cellulosiques ($C^{12}H^{20}O^{10}$)^n sont le principal constituant des tissus végétaux. Les parois des jeunes cellules, la moelle de sureau, le duvet du coton, représentent de la cellulose presque pure. Les fibres ligneuses du bois, au contraire, contiennent, en outre de la cellulose, des matières incrustantes d'origine minérale, destinées à lui donner plus de rigidité, des principes pectiques, des substances minérales, des matières azotées et des matières colorantes diverses [1].

La cellulose est caractérisée par son insolubilité dans la plupart des solvants ordinaires. On l'obtiendra donc pure en traitant les substances qui la renferment à l'état déjà presque pure, telle la moelle de sureau, le coton, le vieux linge, le papier, successivement par la potasse étendue, par le chlore, l'acide acétique, l'alcool, l'eau.

Propriétés. — La cellulose pure est une matière douce au toucher, solide, blanche, légèrement translucide, de densité 1, 25 à 1, 45. Le bois

1. On connaît une cellulose animale ou tunicine.

cependant, grâce aux nombreuses bulles d'air qu'il renferme dans ses pores, flotte sur l'eau.

Dissolvants. — Elle est insoluble dans les dissolvants neutres, l'eau, l'alcool, l'éther, les essences ; elle est insoluble également dans les alcalis et les acides étendus à la température ordinaire. Elle se dissout dans la solution d'oxyde de cuivre ammoniacale ou réactif de Schweizer, en donnant une liqueur épaisse, d'où elle reprécipite par l'addition d'eau, d'acides ou de sels minéraux ; c'est là un moyen de purification de la cellulose, des matières qui l'accompagnent et qui sont insolubles dans ce réactif. C'est aussi sur cette propriété que repose la fabrication de la soie artificielle par le procédé Lehner.

La solution de cellulose dans le réactif de Schweizer peut être utilisée pour souder ensemble des feuilles de papier non collé ; une pression, après imprégnation de la cellulose suffira. Böttger, 1874, propose de l'appliquer à la fabrication des sacs en soudant les bords de deux feuilles de papier non collé, puis en parcheminant l'ensemble dans l'acide sulfurique étendu à un demi-volume d'eau.

La solution concentrée de cellulose dans les liqueurs alcalines a été proposée pour améliorer l'aspect et le toucher des fils et tissus de coton, B. Prud'homme (br. fr., 1905).

La cellulose se dissout également dans le chlorure de zinc. Cette solution a été proposée comme épaississant pour l'impression des tissus, Mamby (br. fr., 1895) ; pour imperméabiliser et pour l'obtention des filaments de lampes électriques à incandescence.

La dissolution de la cellulose dans le réactif de Schweitzer ou le chlorure de zinc est plus rapide, si on la soumet d'abord à l'action de l'acide sulfurique à 3 %. Frémery et Urbain (br. fr., 1899). — La dissolution de la cellulose dans le chlorure de zinc en solution chlorhydrique se fait rapidement à froid. En solution aqueuse, elle se fait lentement à 100°.

La fibre vulcanique est un carton obtenu par soudure, sous forte pression d'un grand nombre de feuilles de papier trempées dans le chlorure zincique. Il existe deux sortes de fibres vulcaniques, l'une flexible, l'autre dure. La première peut remplacer le caoutchouc et le cuir dans diverses applications ; la seconde peut être tournée, sciée, forée, etc., c'est un bon isolant électrique. On en fait des roues dentées, qui assurent un travail régulier et silencieux.

La cellulose se dissout dans l'acide sulfophosphorique (acide phosphorique à 33 % additionné du quart d'acide sulfurique monohydraté).

R. Langhau utilise cette solution pour préparer une soie artificielle, qui n'a pas besoin d'être dénitrée. Mais la cellulose est exposée à se glucoser sous l'action de l'acide.

Action de la chaleur. — La chaleur décompose la cellulose. En vase clos, il se produit, à partir de 100°, de l'eau, de l'acide pyroligneux, de l'esprit de bois, de l'acétone, des gaz inflammables, du goudron, et il reste du charbon de bois. La carbonisation du bois ou sa distillation en vase clos est la base de la préparation d'un certain nombre de produits industriels très importants : esprit de bois, voir p. 891 ; acide pyroligneux, voir p. 1011 ; gaz du bois, voir p. 689.

Les rendements des bois en produits distillés, varient avec l'essence de l'arbre et aussi avec les conditions du chauffage ; la carbonisation rapide donne toujours un excédent, 3 ou 4 %, sur le distillatum obtenu par carbonisation lente.

On obtient en moyenne 45 à 52 % de produits distillés, dont la moitié de gaz combustibles ; le goudron représente 5 à 10 % du poids de bois mis en œuvre. Le résidu de charbon qui reste dans la cornue représente environ 24 % de ce poids.

Le *goudron de bois brut* contient en moyenne 20 % de vinaigre de bois et d'esprit de bois ; 5 % d'huile de goudron légère ; 10 % d'huile de goudron lourde, servant à préparer la créosote et le gaïacol ; 60 % de brai et de charbon de bois. Le brai de goudron sert surtout à la préparation de briquettes et d'agglomérés.

Chauffée à l'air ou dans l'oxygène, la cellulose brûle avec une flamme éclairante, en dégageant 680 calories. C'est la base du chauffage au bois. Les bois de chauffage contenant toujours de 25 à 30 % d'humidité, ont un pouvoir calorifique, inférieur d'environ 25 % à celui de la cellulose pure.

Le mode de combustion des bois est variable avec leur texture. Les bois tendres et légers brûlent rapidement, donnant une grande flamme ; on les emploie pour obtenir une température élevée, par exemple, dans les fabriques de porcelaine, les verreries. Les bois durs au contraire dégagent peu de gaz, et brûlent lentement avec peu de flammes, ils sont plus avantageux pour le chauffage domestique.

Quand il s'agit de chauffer de l'eau dans une chaudière, les bois qui conviennent à cet usage, peuvent être rangés dans l'ordre suivant : Sycomore, 100. Pin sylvestre, 89. Hêtre, 87. Frêne, 87. Charme, 85. Chêne rouvre, 75. Mélèze, 72. Orme, 72. Chêne blanc, 70. Bouleau, 68. Sapin, 63. Acacia, 59. Aune, 46, Saule, 40.

Action des oxydants. — Nous venons de voir l'action de l'oxygène libre aidée de la chaleur.

Les agents oxydants transforment la cellulose en acide oxalique : c'est le cas avec l'acide nitrique ordinaire à froid, le mélange bioxyde de Mn + acide sulfurique, la potasse en fusion. Cette dernière réaction, due à Gay-Lussac, est la base d'un procédé industriel de fabrication de l'acide oxalique à partir de la sciure de bois.

Oxycellulose. — Les dissolutions concentrées de chlore et d'hypochlorites alcalins, attaquent la cellulose avec production d'oxycellulose. Sous l'influence d'une ébullition prolongée, la combustion peut être complète. H. Sᵗᵉ Claire Deville a proposé l'emploi de l'acide hypochloreux pour détruire les filtres.

Dans les opérations du blanchiment, par le chlore et les hypochlorites, cette action a une grande importance, elle peut donner lieu à des accidents de fabrication, lorsque l'action des chlorures décolorants est trop poussée.

C'est G. Witz qui a montré que la cellulose des tissus se transforme en oxycellulose, pendant les opérations du blanchiment. Cette substance joue un rôle en teinture, elle attire en effet les matières colorantes basiques, et repousse les matières colorantes acides ainsi que les matières colorantes tétrazoïques. L'oxycellulose n'est ramenée à l'état de cellulose, ni par le stannite de soude, ni par l'hydrosulfite, ni par l'hydroxylamine.

Les solutions aqueuses de potasse, agissant à froid sur l'oxycellulose, régénèrent de la cellulose et dissolvent de la cellulose soluble précipitable par l'acide chlorhydrique et les chlorures alcalino-terreux. *Leo Vignon* (Comptes rendus 1903, p. 969).

Ce composé est très peu soluble dans l'eau froide, davantage dans l'eau bouillante (0 gr. 4 par litre), insoluble dans les divers solvants organiques. La cellulose soluble diffère de la cellulose ordinaire par une plus faible chaleur de combustion ; elle réduit la liqueur de Fehling, et colore en rose, à la longue, le réactif de Schiff.

L'étude de l'action spéciale de l'acide nitrique sera faite plus loin.

Action des acides. — Les acides étendus sont sans action à froid.

Les acides concentrés à froid, ou étendus à chaud, agissent sur la cellulose en lui incorporant une molécule d'eau : il se forme de l'*hydrocellulose* $C^{12}H^{21}O^{11}$, *Aimé Girard*. L'action à froid demande quelques heures, à chaud quelques minutes. Le procédé le plus employé repose sur l'action d'un mélange d'une solution à 3 pour 100 d'acide chlorhydrique ou sulfurique ; on laisse agir quelques minutes, puis on essore, on lave, on sèche.

L'hydrocellulose est une poudre blanche, très friable, elle est employée pour la préparation d'un fulmicoton spécial, utilisé en photographie.

Lorsque l'action des acides concentrés à froid ou étendus à chaud se fait sentir énergiquement, la cellulose soumise à cette action, subit peu à peu une transformation de dédoublement en dextrine, puis en glucose par hydratation.

L'acide nitrique, nombre d'anhydrides organiques donnent de véritables éthers cellulosiques.

Action de l'acide sulfurique à froid. — La cellulose imbibée d'acide sulfurique concentré, puis lavée à l'eau pour éliminer toutes traces d'acide, devient comme l'amidon capable de bleuir l'iode, d'où le nom d'amyboïde donné à cette substance. Ce caractère est utilisé par les micrographes pour reconnaître la cellulose dans les tissus qu'ils examinent.

Le papier trempé dans l'acide sulfurique additionné de son demi-volume d'eau, puis lavé à l'eau et séché, constitue le *papier parcheminé* ou *parchemin végétal* de *Mercer* (mél. nitrosulfurique) translucide, très employé dans le commerce à cause de son imperméabilité, pour envelopper certains produits alimentaires. Ce papier parchemin est utilisé également comme membrane de dialyseur.

Pour rendre le papier parchemin imperméable aux graisses et résistant aux acides étendus, *Herzheim* (br. all., 1895) le traite par une dissolution de pyroxyline dans un solvant volatil.

Pour rendre la couche plus adhérente, il est bon de faire précéder d'un traitement à la liqueur cupro-ammoniacale.

On a proposé également dans le même but, un traitement par une solution alcoolique de résine.

L'acide sulfurique concentré à froid transforme lentement la cellulose en dextrine, puis en glucose. On traitera dans ce but 10 p. d'ouate ou de charpie par 14 p. d'acide sulfurique concentré, que l'on malaxe dans un mortier. La substance brunit et se liquéfie peu à peu. Si l'on étend d'eau avec précaution et chauffe ensuite, on transformera la dextrine, d'abord formée en glucose, ou mannose, SO^4H^2 étendu, *sucre de chiffons*.

Ce fait a permis de distinguer la glucocellulose et la mannocellulose ordinaire, c'est la mieux connue.

La conversion de la cellulose en glucose peut s'effectuer également par l'action de l'acide sulfureux en vase clos, entre 120°-160°, *Eisen et Tomlinson* (br. fr. 1904). Les proportions indiquées sont : sciure de bois 100 p., eau 30 p., SO^2 3 p.

Le noir sulfureux de Coucher, 1897, s'obtient en traitant des matières cellulosiques par l'acide sulfurique.

Éthers de la cellulose. — Les plus importants sont ceux qui sont obtenus avec l'acide nitrique (nitro-cellulose), voir plus loin.

Les acides organiques (Berthelot) ou mieux leurs anhydrides (Schützenberger), chauffés avec de la cellulose, donnent naissance à des composés neutres ou *cellulosides*, qui sont des éthers.

Pour obtenir le tétracétate de cellulose, la cellulose de coton hydratée par les procédés au chlorure de zinc, à la liqueur cuprammonique, ou aux alcalis en présence de CS^2, est malaxée avec une solution d'acétate de zinc, puis traité par le chlorure d'acétyle sans laisser la température s'élever au-dessus de 30°, on lave à l'eau. C. Cross et E. Bevan, 1895.

L'acétate de cellulose *Cross et Bevan* est insoluble dans l'alcool, l'éther, l'acétone, soluble dans le chloroforme et la nitrobenzine. Il n'est pas explosif, supporte sans décomposition une température élevée.

C'est un excellent isolant électrique, supérieur même au caoutchouc et à la gutta. Pour les fils électriques, il est deux fois plus efficace que le fil de soie. *A.-Elektricitäts-G.*

L'emploi des dérivés acétylés de la cellulose comme épaississant, a été breveté par la Société anonyme des produits Boyer (br. fr. 341007).

Le tétracétate de cellulose a été proposé pa C. O. Weber, pour la préparation de pellicules (J. of S. of Dyers, 1899).

Les *acétates de cellulose* ont fait l'objet d'une étude d'ensemble de

J. G. — II.

Fr. Beltzer (*Revue de chimie*, 1906, p. 421). Les acétates de cellulose ont été préparés par de nombreux expérimentateurs : Schützenberger et Naudin, Franchimont, Cross et Bevan en partant de la cellulose régénérée du xantate. Leur acétylcellulose est soluble dans les solvants : chloroforme, éther formique, nitrobenzine, pyridine, phénolacétone, mais insoluble dans l'alcool, l'éther, l'acétate d'éthyle, ce qui a nui à sa vulgarisation.

Depuis, un grand nombre de brevets ont été pris : Wohl, Stahmer, G. H. Demmersmark de Sydowsane, Farbenfabriken d'Elberfeld, G. W. Miles d'Altdamm, Little, Walker et Mock, Ladsberg, Balston et Briggs.

Les acétates de cellulose semblent constituer les plus parfaits des vernis isolants ou diélectriques, pour isoler les bobines d'induction.

La solution donne un excellent vernis incolore pour métaux. On en a préparé des soies artificielles ininflammables et imperméables. On les emploie en quantités comme matière plastique, et pour pellicules en photographie et en cinématographie.

Nitrocelluloses. — Nous avons vu que l'acide nitrique étendu donne, avec la cellulose à chaud, de l'acide oxalique. Mais l'acide nitrique concentré donne de véritables éthers nitriques de la cellulose, qui ont été étudiés, entre autres par *Eder* et par *Vieille*. Ce dernier considère :

la dinitrocellulose à   6,76 d'azote : $C^{12}H^{18}(NO^3)^2O^8$
la tri   —   à 9,15   —   : $C^{12}H^{17}(NO^3)^3O^7$
la tétra   —   à 11,11   —   : $C^{12}H^{16}(NO^3)^4O^6$
la penta   —   à 12,75   — ˙ : $C^{12}H^{15}(NO^3)^5O^5$
l'hexa   —   à 14,14   —   : $C^{12}H^{14}(NO^3)^6O^4$

La cellulose la plus nitrée est insoluble dans l'alcool éthéré ; c'est le fulmicoton. Les celluloses moins nitrées sont solubles.

D'après *C. Hoïtsema* (Z. f. ang. Chemie, 1898), le dérivé trinitré renfermerait 14 % d'azote, et les dérivés supérieurs sont problématiques. *A. G. Green* et *A. G. Perkin* (Chemic. S. 1907) admettent également qu'il n'existe pas de dérivés supérieurs aux dérivés trisubstitués. La molécule de cellulose non polymérisée ne renferme en effet que 3 (OH) et 2 O internes; $C^6H^{10}O^5$, ou CH. (OH). CH. CH. (OH). CH(OH). CH. CH². (O²).

La nitrocellulose est à la base de la préparation du collodion, des poudres pyroxylées, de la soie Chardonnet. Ces applications seront étudiées plus loin.

Voici quelques applications de détail :

Les tissus pégamoïd, cuir russe, Kératol, corrioïde, Victoria leather, viscoïd, pantasole sont des tissus de coton recouverts d'un enduit souple de nitrocellulose.

La nitration de la cellulose et du coton, ou des substances similaires, se fait généralement en employant un mélange d'acide nitrique et d'acide sulfurique. Selon la force et les proportions des acides employés, on passe de produits renfermant encore une certaine quantité de cellulose non altérée aux produits fortement nitrés.

Ces produits ne sont pas à proprement parler des dérivés nitrés, mais de véritables éthers nitriques (*A. Béchamp*), comme toutes leurs réactions le montrent. En particulier, les réducteurs, le chlorure ferreux, ne substituent pas seulement H à O, comme c'est le cas pour les dérivés nitrés, mais ils donnent lieu à un dégagement de NO^2 et régénèrent la cellulose.

La nitrocellulose en solution dans l'acétate d'amyle a été proposée pour rendre le verre opaque, les ampoules des lampes électriques à incandescence par exemple. Il est bon d'ajouter à la dissolution de cellulose, un peu de kaolin, du silicate d'alumine, du gypse dans la proportion de 5 à 15 %. Pour colorer, il suffit d'ajouter une couleur d'aniline ou de remplacer le kaolin par une terre minérale. On peut ainsi décorer le verre.

L'aspect soyeux de la nitrocellulose a conduit divers inventeurs à l'employer pour donner aux fibres végétales l'apparence de la soie. P. Jenny (br. all. 1897) emploie dans ce but une solution de nitrocellulose dans l'alcool additionnée de sulfure alcalin. Heberlein et Cie (br. fr. 1897) utilise une solution dans la soude caustique à 5° Bé.

Les dissolutions de nitrocellulose, rendues inflammables par l'addition d'un sel soluble dans l'alcool, servent à préparer les bandes transparentes ou pellicules employées dans la photographie, dans les cinématographes, etc.

La *celluloïdine*, masse plastique employée pour fabriquer des bourres de fusil, est un mélange de cellulose avec une dissolution alcoolique éthérée de nitrocellulose, L. Marga (br. all. 1895).

La nitrocellulose, au moins certaines modifications, sont solubles en totalité dans les nitrodérivés de la linoléine ou de la ricinoléine. 9 p. de nitrocellulose et 1 p. d'huile nitrée donnent un produit qui, après refroidissement, a la consistance de l'ébonite. W. *Reid*, 1895.

Action des alcalis. — Les alcalis étendus à froid sont sans action. La cellulose est attaquée par les alcalis concentrés, à froid ou étendus à chaud, il se forme de l'*alcali-cellulose* qu'un simple lavage à l'eau suffit pour dissocier en ses éléments. Le produit régénéré est de l'hydrate de cellulose *viscoïd*. L'action des alcalis sur la cellulose avait été remarquée par Mercer, voir t. I, p. 421. On l'utilise au mercerisage, c'est-à-dire à l'obtention d'effets crépés ou soyeux sur coton. Les fils mercerisés ont une résistance plus grande à la rupture et une affinité beaucoup plus grande pour les matières colorantes.

L'alcali-cellulose se combine au sulfure de carbone à la température ordinaire, en donnant du *xanthate de cellulose*. Ce produit soluble dans l'eau en lui donnant une grande viscosité, a reçu de ses inventeurs, Cross, Bevan et Beadle, le nom de *viscose*.

La viscose est très employée comme agent d'agglomération, pour fabriquer des pellicules, du papier, et surtout pour la production de fils imitant la soie. On prépare aussi avec la viscose une peinture dite au *fibrol*, qui a l'avantage d'adhérer sur le ciment. On peut la vernir ou la recouvrir de peinture à l'huile. On lira avec intérêt le rapport de M. Ch. Bardy sur ce sujet (in Bull. de la Soc. d'Encouragement pour l'Industrie nationale. 1900, p. 320).

On a vu que la potasse caustique transforme à 250° la cellulose en acide oxalique.

La viscose épaissie au kaolin peut être imprimée sur tissu et fixée par vaporisage, d'où des effets de damassé intéressants.

.·.

Les matières cellulosiques qui forment la plus grande partie du monde végétal, sont l'objet d'applications multiples.

Bois. — C'est la cellulose brute, telle que la nature nous la fournit le plus abondamment. Le bois est le combustible le plus répandu (voir p. 1199), en même temps qu'une matière précieuse pour les constructions diverses.

Distillé à l'air libre, dans le procédé des *meules*, le bois fournit le charbon de bois ; distillé en vase clos, il fournit en outre les différents produits de la distillation du bois : acide acétique, alcool méthylique, aldéhyde, acétone, creosote, etc.

La sciure ou farine de bois est employée dans nombre d'industries : fabrication d'explosifs, de certaines espèces de linoleum, des caoutchoucs (comme charge), dans le séchage des plumes, dans la fabrication des stucs, pour le montage des piles électriques à liquides immobilisés ; dans la fabrication d'alcools, d'acide pyroligneux, d'acide oxalique, du noir sulfureux de Coucher, du cachou de Laval, d'agglomérés pour le chauffage.

Elle est employée en boulangerie comme fleurage économique, à la place des fleurages de pommes de terre, de maïs, de blé, de bois, de corozzo, pour enfourner le pain. On en a trouvé des additions frauduleuses dans le son, et même dans la farine. On l'y caractérise au moyen de la phloroglucine en solution phosphorique ; les particules de sciure de bois se colorent en rouge vif carminé, tandis que les matières amylacées restent incolores, G. A. Le Roy (Bull. Soc. de Rouen 1899).

Le *Ruberoïd* est un feutre de paille et de lin, imbibé d'un produit spécial, dont la composition reste secrète. Il est imperméable à l'air et à l'eau, inattaquable par les acides et les alcalis, mauvais conducteur de la chaleur, et particulièrement antiseptique. Il en résulte qu'il s'applique avantageusement aux couvertures inclinées comme aux terrasses, aux revêtements des fondations et parois exposés à l'humidité, aux locaux que l'on veut isoler et préserver des changements de température, etc. (Bull. Soc. d'Encouragement pour l'Ind. nationale, 1905, p. 693).

Conservation des bois. — Les bois exposés à l'air et à l'humidité sont sujets à s'altérer, sous l'influence de microorganismes ou d'insectes. C'est vers le milieu du xviiie siècle que les premiers essais de conservation des bois eurent lieu. Ils consistaient dans l'immersion des bois dans une solution saline. Au début du xixe siècle, Sir H. Davy proposa l'emploi d'une solution de bichlorure de mercure pour empêcher la pourriture sèche. On a essayé successivement l'acide arsénieux, le chlorure de zinc, le sulfate et le chlorure de manganèse, le sel marin, les sulfates de fer et de cuivre.

L'idée d'employer la pression pour forcer la pénétration des liquides antiseptiques dans les pores du bois revient à Bréhant, 1831. L'imprégnation est ainsi plus complète.

Le procédé Blythe, appliqué par la Compagnie des chemins de fer du Nord, consiste à soumettre les traverses à l'action de la vapeur surchauffée à plus de 200°; cette vapeur a barboté dans un réservoir à créosote. Ensuite, on fait écouler l'eau provenant de la condensation de cette vapeur, et on introduit dans le récipient d'injection la créosote, sous pression de vapeur.

Le procédé du docteur Boucherie s'applique à l'injection par le sulfate de cuivre; il est employé pour les poteaux télégraphiques et téléphoniques.

Dans le procédé Hermann Liebau, de Magdebourg, l'imprégnation extérieure sous pression est remplacée par l'injection du liquide antiseptique dans un petit canal foré au centre de la partie qui doit être enfoncée dans le sol. L'injection se fait après le placement du poteau.

Le procédé Podou et Bretonneau est fondé sur l'action du courant électrique. Aujourd'hui le bain employé est formé d'une dissolution de sulfate de magnésie à 20 °/₀ à une température de 30° à 35°.

En 1875, Rüttgers commença à appliquer sur une grande échelle son nouveau procédé qui consistait à mélanger du chlorure de zinc à la créosote.

La durée des traverses, injectées par les procédés actuels, en France, paraît être d'environ 18 ans pour les traverses en chêne préparé à la créosote; d'environ 8 à 10 ans pour les traverses en hêtre également préparé à la créosote; d'environ 12 ans pour celles en pin des Landes créosoté et de 8 à 12 ans pour celles en pin des Landes préparé au sulfate de cuivre.

Les traverses de pin sont injectées à Saint-Mariens, dans les chantiers du réseau de l'État, par un mélange de créosote et de chlorure de zinc. Les traverses sont d'abord soumises à un étuvage de trente à cinquante minutes à 110°, puis à un vide de 60 millimètres durant quarante minutes, et enfin on introduit dans les cylindres où elles sont placées le mélange de créosote et de chlorure de zinc préalablement porté à une température qui doit atteindre 80° à 90°. Une fois le liquide introduit, la pression est portée à 6 kilogrammes pendant vingt à vingt-cinq minutes. La durée totale des opérations varie entre trois heures et demie et quatre heures.

MM. Devaux et Bouygues, *Soc. des sciences de Bordeaux*, 1905, ont montré qu'il est fort difficile d'obtenir dans l'intérieur des traverses une température dépassant de 55° à 60°, le niveau 65° à 70° étant l'extrême maximum par eux atteint. Elle ne dépasse 60° que dans des conditions tout à fait exceptionnelles, que l'on ne réalise pas dans la pratique. Très souvent elle se maintient aux environs de 50°. L'une des conséquences les plus graves est celle qui concerne la stérilisation. Celle-ci est très probable dans toutes les régions qui sont pénétrées par le liquide antiseptique, mais il en est d'autres, le cœur en particulier, où l'antiseptique n'arrive pas. La chaleur n'y pénétrant aussi que d'une manière insuffisante, on peut assurer que la stérilisation de ces régions n'est pas assurée. S'il y existe des spores, ces spores ne seront certainement pas tuées. Les filaments mycéliens eux-mêmes, quoique plus délicats, résisteront très souvent dans ces régions infectées, parce que la température n'aura pu s'y élever assez haut.

Applications des celluloses et des nitrocelluloses. — Après avoir rappelé les propriétés générales des celluloses, bases de la matière ligneuse et des fibres textiles végétales : coton, lin, jute, chanvre, ramie, et avoir indiqué plus en détail quelques-unes de leurs applications, telles celles des bois de chauffage et de construction, avec la question annexe de la conservation des bois, celle de la distillation des bois; enfin celles des dérivés immédiats de la cellulose et leurs applications de détail, nous étudierons plus longuement ici la question du papier, celle du collodion, celle du celluloïd, celle des explosifs à base de nitrocelluloses, celle des soies artificielles à base de cellulose ou de nitrocelluloses.

Papier. — Le papier est de la cellulose plus ou moins pure. On emploie à sa fabrication tous les textiles d'origine végétale, sous forme de chiffons, et même le ligneux : paille, bois.

La pulpe de bois, traitée par le bisulfite de soude, donne de la cellulose connue sous le nom de *pâte de bois* ou cellulose bisulfitique. Ce produit sert à la fabrication du papier et de produits divers : cellulithe, woodite ou fibre de bois, pergamine.

La cellulose sulfitique, saturée longtemps dans une effilocheuse, donne naissance à une masse visqueuse avec laquelle on peut préparer directement un succédané du papier parchemin, qui a pour lui l'avantage du bon marché. Les variétés, très minces, transparentes, sont connues sous le nom de *pergamine*. Pour différencier ce produit du papier parchemin, on le soumet à la mastication, il donne alors une masse fibreuse au lieu d'une pâte.

La cellulose sulfitique, longtemps triturée pour détruire les fibres textiles et obtenir une bouillie homogène, donne, après évaporation de l'eau, des blocs de cellulose amorphe, qui sont employés, sous le nom de cellulithe, à la confection de différents objets.

L'énorme développement pris par l'industrie de la cellulose bisulfitique, s'explique d'abord par la consommation toujours croissante du papier, et aussi par l'emploi de cette substance pour fabriquer des objets en carton comprimé.

En 1895, la France et l'Angleterre ont fabriqué plus de 400.000.000 de kgr. de pâtes chimiques avec des bois apportés de Scandinavie. Un pin fournit en moyenne 150 kgr. de pâte mécanique. Un journal à grand tirage absorbe donc à lui seul une centaine d'arbres. Les forêts seront bien vite épuisées à ce compte. La consommation du papier a atteint en 1895 1 milliard 1/2 de kgr.

Le carton comprimé possède les qualités des bois les plus durs, sans risquer de se fendre comme eux. On en fait des roues de wagons, aux États-Unis. Ces roues qui sont munies, bien entendu, d'un bandage en acier, sont fabriquées avec du carton de paille de seigle. Les feuilles de ce carton sont collées les unes sur les autres avec de la colle de farine, et soumises à plusieurs reprises à une pression de 500 atmosphères.

A Philadelphie, on fait usage de bouteilles en papier, imperméabilisées dans un bain de paraffine à 100°. Ces bouteilles ne servent qu'une fois ; il n'y a donc pas d'infection à craindre.

L'Ironmougers Rope works, de Wolverhampton, fabrique des câbles en papier pour transmissions, avec trois torons, et trempés dans une composition d'huile cuite. Ces câbles se polissent par l'adhérence aux poulies et ne s'usent pas ; ils sont moins résistants que les câbles faits avec le chanvre de manille ; mais comme on se tient généralement assez loin de la limite de rupture, cela n'a pas d'inconvénient.

Le carton pâte ou papier mâché est très employé pour le moulage des décors légers. Recouvert d'un enduit minéral, il forme le carton-pierre.

C'est surtout aux États-Unis que les usages de la pâte à papier se sont développés, outre les emplois déjà cités, on en fait des planchers, des cloisons, des toitures, voire même des maisons entières. Le linge et même les vêtements complets en papier sont en usage aux États-Unis. L'armée japonaise a depuis longtemps adopté les chemises et les caleçons de papier pour ses soldats.

La fabrication des papiers peints pour teinture, constitue également un important débouché de l'industrie du papier.

Les propriétés électriques du papier, le font employer pour l'isolement des conducteurs électriques.

Les solutions sulfitiques résiduelles de la préparation de la cellulose, à partir du bois, constituent un produit encombrant, que l'on a cherché à utiliser de diverses manières. Comme ces liquides contiennent une importante quantité de matières organiques, plusieurs fabriques les utilisent comme combustible après concentration préalable jusqu'à consistance sirupeuse.

On brûle les solutions sirupeuses d'après deux systèmes : ou bien on concentre, sous pression réduite, la solution jusqu'à 50 % de résidu sec, on la mélange à de la sciure de bois et on emploie le produit obtenu comme combustible ; ou bien on fait couler la solution sur les soles, en sens inverse des gaz chauds, elle se concentre ainsi et arrive dans le foyer où elle est brûlée.

On a préconisé ces solutions comme engrais et pour l'arrosage ; mais elles contiennent trop peu de potasse et d'azote pour avoir de la valeur et leur consistance visqueuse peut être nuisible.

Ces eaux résiduelles peuvent servir à la fabrication d'un enduit imperméable pour futs de pétrole. *K. Blœsch* (br. russe 1898) les concentre et pendant l'ébulition ajoute 15 p. de gélatine et 25 p. de chaux ou de ciment pour 71 p. de lessive.

Mitscherlich prépare des extraits riches en tannin au moyen des résidus de cellulose des fabriques de papier. Ces extraits ont une odeur prononcée d'acide acétique, parce qu'on en ajoute pour les clarifier. Eitner les a essayés et déclare que ces extraits ne peuvent pas rendre de service en tannerie, parce que les 24 à 25 °/₀ de substances qui sont absorbées par la peau ne lui communiquent pas cependant les qualités du cuir.

Essai du papier. — L'analyse du papier a pour but de rechercher se qualités physiques et mécaniques. Ces dernières doivent varier suivant l'usage que l'on veut faire du papier.

L'évaluation des matières minérales se fait par incinération et pesée des cendres. Il est souvent utile de faire l'analyse complète des cendres.

L'examen au microscope permet de déterminer la nature des fibres qui constituent le papier.

Parmi les essais mécaniques, citons : l'essai de résistance à la traction avec le dynamomètre de Schoffer et l'essai de résistance ou froissement, avec les appareils de Pfull et de Schoffer ; l'effort qu'il faut produire sur un c² de papier pour le perforer avec l'appareil de Persoz.

Collodion. — Le collodion est une dissolution de cellulose nitrée au maximum dans l'éther ou mieux dans un mélange de 3 p. d'éther pour 1 p. d'alcool. En pratique, on emploie ordinairement pour dissoudre 1 gr. de coton-poudre soluble, un mélange de 18 °/₀ d'éther et de 3 °/₀ d'alcool.

Le collodion est un liquide sirupeux, facilement coloré, qui a été d'abord employé en photographie, par Archer et Fry, 1851. Sensibilisé avec du chlorure ou du bromure d'argent, le collodion permet d'obtenir à la surface du verre une pellicule transparente homogène, donnant des clichés négatifs d'une grande finesse.

Le collodion a été proposé pour brillanter le coton ; il forme un bon glaçage pour recouvrir les dessins.

Le collodion est un vernis assez employé ; il sert à conserver la forme des manchons à incandescence par le gaz. Pour cet usage, J. Blasko de Lery (br. all. 1896) préfère une dissolution de nitrocellulose dans l'acide acétique, qui n'entraîne pas de déformation lors de la combustion. Le collodion acétique possède de plus l'avantage, qu'on peut y ajouter les terres rares en solution aqueuse. La proportion nécessaire de terre est réduite au tiers ou au quart. Les proportions employées par l'auteur sont ; nitrocellulose 100 p., acide acétique crist. 1200, nitrates ou acétates des terres de monazite 30.

Le collodion est aussi employé comme colle pour le papier. En médecine, c'est un isolant fréquemment employé pour les plaies, coupures, piqûres de seringues à injections ; il est bon de bien désinfecter la plaie et d'employer du collodion antiseptisé.

Si au collodion on ajoute 3 à 4 p. 100 d'huile de ricin, on obtient un liquide visqueux, se desséchant lentement, et que l'on utilise en en tapissant les parois intérieures d'un ballon de verre et l'y laissant sécher, pour faire des ballons employés pour des combustions ou détonations ; on les sépare du verre en versant peu à peu de l'eau acidulée entre le verre et le collodion riciné (*ex* Traité de chimie de Troost).

Le pyrocollodion est la base de la poudre de guerre de la marine russe. Elle est douée de propriétés balistiques fort remarquables ; elle explose en espace clos sans laisser de trace de résidu solide. $V_{1000} = 81,5$. Elle brûle régulièrement et avec une vitesse relativement faible, deux conditions pour obtenir de grandes vitesses initiales.

Celluloïd. — Le celluloïd a été découvert en Amérique, par les frères Hyatt ; le premier brevet date de juillet 1869. C'est une matière complexe à base de nitrocellulose et de camphre.

On peut remplacer la nitrocellulose par la nitronaphtaline. (Soc. Neumann Marx et Desveaux br. fr. 1900) et le camphre par l'acétanilide surtout si le celluloïd est coloré ultérieurement.

Le celluloïd est une substance solide, dure, inodore, incassable, transparente lorsqu'elle sort des appareils et assez analogue à la corne blonde ; sa densité est voisine de 1,5, il est élastique. Il se ramollit à 80°, et peut alors se mouler ou se laminer en feuilles d'un demi-millimètre d'épaisseur, peut s'estamper, servir à faire des mosaïques ou recevoir des incrustations. Il peut se coller sur un grand nombre de corps ; le bois, le marbre, la pierre, etc.

Il brûle avec une flamme fuligineuse en répandant une forte odeur de camphre ; chauffé graduellement, il se décompose brusquement vers 135°-140°. On a beaucoup cherché, pour rendre le celluloïd moins inflammable ; le meilleur procédé semble consister en une addition de matière minérale, le blanc de zinc par exemple. On a proposé également l'acétate d'aluminium, le chlorure d'étain, le sulfate de magnésium. *W. C. Parkin* (br. angl. 1903) emploie les chlorures de Mg, Al ou Ca en solution dans l'alcool.

Le celluloïd est insoluble dans l'eau ; il s'y gonfle faiblement après une faible immersion. Cette propriété est précieuse, on sait que les succédanés du celluloïd, à base de caséine, n'ont pas la même résistance, dans ces conditions.

Il est peu ou pas attaqué par les acides étendus. L'acide sulfurique concentré le dissout à froid. L'acide acétique cristallisable agit de même. Cette dernière action est utilisée pour souder le celluloïde à lui-même. On mouille les bords à souder avec cet acide et on les rapproche en pressant. On peut écrire sur le celluloïde avec de l'acide acétique, additionné ou non de couleurs ; on obtient des traits mats sur celluloïde poli. Le mélange alcool-éther dissout aussi le celluloïd, on obtient ainsi une colle qui sert pour le souder à lui-même.

Le celluloïd se travaille très facilement au tour ou à la scie ; il peut prendre un très beau poli. On en fait quantité d'objets connus sous le nom d'articles de Paris, imitant l'ivoire, la corne, l'ambre, l'écaille, le jais, l'ébonite, le corail, etc.

Parmi les différents objets fabriqués en celluloïd, citons les peignes, les dentiers artificiels, les clichés d'imprimerie et tampons, les cols ou manchettes, les imitations de mosaïques, les ballons d'enfants, les plumes à écrire, les pellicules, etc.

Le celluloïd additionné d'huile peut servir de vernis hydrofuge, *Bussy* et *Philippe* (br. fr. 189).

Il sert à la fabrication des laques très élastiques et très adhérentes qui ne donnent aucun brillant aux objets mats, sans cependant altérer le brillant des surfaces polies. Ces laques sont des solutions de celluloïde dans les solvants suivants, seuls ou en mélange.

Acide acétique et acétate d'amyle. Alcool amylique et alcool éthylique. Acétate d'amyle et alcool. Éther acétique et acide acétique.

Voici quelques formules :

a) celluloïd 1 p., acétate d'amyle 3 p., acétine 3 p., éther 3 p.

b) celluloïd 1 p., alcool 10 p., camphre 1 p.

c) celluloïd 1 p., acétate d'amyle 5 p., acétone 5 p.

Les tissus imitant le cuir, connus sous le nom de *pégamoïde*, sont obtenus en recouvrant le coton, la toile ou le papier d'un enduit formé probablement de celluloïd rendu pâteux par de l'huile de ricin. Le pégamoïde est imperméable à l'eau, il se gaufre mieux que le cuir, coûte moins cher et se raye moins facilement. Le papier pégamoïde a été proposé pour imiter les vitraux, les paravents et pour la reliure d'art.

EXPLOSIFS A BASE DE NITROCELLULOSE

Fulmicotons. — C'est en 1846 que Schœnbein de Bâle découvrit le fulmicoton, et la transformation du coton en un explosif puissant, par un simple traitement à l'acide nitrique parut si extraordinaire que la communication de Schœnbein donna lieu à des discussions sans fin. Cependant Braconnot avait déjà découvert la xyloïdine depuis 1823, et Pelouze dès 1838 avait constaté que l'immersion du papier dans l'acide nitrique concentré le rend explosif et il avait même entrepris des essais sur cet explosif avec un capitaine d'artillerie, mais les essais avaient été interrompus par la mort de l'officier.

Pour préparer le fulmicoton, il suffit de tremper du coton cardé dans de l'acide nitrique concentré; on refroidit après une demi-heure d'immersion, on lave le produit à grande eau, on le fait sécher à l'air. On se sert plus avantageusement d'un mélange d'acide nitrique : 1 p. de d $=$ 1,5, et d'acide sulfurique : 3 p. de d $=$ 1.84; une immersion de quinze minutes suffit. Les procédés de préparation sont d'ailleurs innombrables. Dans les fabriques, on opère toujours en présence d'un très grand excès d'acide, 176 fois le poids du coton dans les fabriques françaises et allemandes.

Le fulmicoton ou coton-poudre, pyroxyline, a conservé l'aspect du coton, même examiné au microscope, sauf parfois une teinte un peu jaunâtre et un toucher un peu plus rude. Mais il est devenu une substance explosible d'une puissance 4 à 5 fois supérieure à celle de la poudre. Son inflammabilité est extrême et sa rapidité de combustion tellement rapide qu'il brûle au-dessus de la poudre noire commune sans lui communiquer la flamme. Il brûle d'ailleurs sans laisser de résidu solide, en donnant de l'acide carbonique, de l'oxyde de carbone, du bioxyde d'azote, de la vapeur d'eau. La température à laquelle il prend aussi feu varie avec son mode de préparation, mais est fréquemment inférieure à 100°. Il détone aussi par le choc et par les fulmi-cotons qui produisent l'effet mécanique maximum. Il est très exposé à se décomposer de lui-même, et donne ainsi lieu à des explosions spontanées.

Le fulmicoton est insoluble dans l'eau ; il n'est pas altéré par ce liquide, et on a proposé, pour le conserver sans danger, de l'immerger simplement dans l'eau : il suffit ensuite de le sécher pour lui rendre ses propriétés. Il est insoluble également dans l'alcool.

Si on l'imbibe d'un liquide combustible, alcool, éther, benzine CS^2, on constate que si on l'enflamme, il brûle paisiblement comme de la neige qui fond, Bleckrode, 1872.

Il est soluble dans l'éther à 56°, dans le mélange alcool-éther, dans l'éther acétique. La propriété qu'a la nitrocellulose de se dissoudre dans l'éther acétique et non dans le chloroforme, permet de séparer la nitrocellulose du camphre, des corps gras, des vernis dans le celluloïd, le pégamoïd, etc.

L'acide sulfurique concentré le décompose lentement, même à froid ; les solutions alcalines caustiques également, mais d'une façon presque instantanée vers 70°. Le chlorure ferreux, les sulfhydrates alcalins reprécipitent le coton, et ce n'est pas un minime sujet d'étonnement que de voir le coton prendre si vite, et reperdre avec une telle rapidité des propriétés aussi extra-ordinaires.

Le fulmicoton est principalement employé pour charger des obus ou des torpilles, ou comme base des poudres sans fumée.

D'après un rapport officiel (voir E. Jungfleisch), « les charges de fulmico-ton et de poudre de guerre qui impriment la même vitesse à la balle dans les fusils d'infanterie sont dans le rapport de 1 à 2,86, ce qui indique une action presque trois fois plus énergique pour le coton-poudre. Mais tandis que ces armes peuvent supporter des charges de 300 grammes de poudre de guerre, elles éclatent très rapidement à la charge de 7 grammes de fulmicoton ; tandis que chargées avec 2,86 de ce dernier, elles éclatent avant d'avoir tiré 500 coups, chargées avec 8 grammes de poudre de guerre, elles peuvent supporter jusqu'à 30.000 coups... Toutes les commissions françaises ont été unanimes pour repousser l'usage du fulmicoton, à cause de la rapidité avec laquelle il met les armes hors de service. »

Le fulmicoton peut brûler sans détoner, même en masse assez grande. Il se dissout dans l'acétone, etc., et si l'on évapore la dissolution, on obtient une masse cornée absolument amorphe et compacte, fulmicoton colloïdal, qui ne détone plus dans les conditions ordinaires. Si l'on réduit cette masse en poudre, elle recouvre ses propriétés détonantes ; de même si l'on verse dans l'eau la dissolution acétonique de fulmicoton. Pour obtenir un effet balistique suffisant avec le fulmicoton colloïdal, on le met sous forme de grains perforés, des fils en cordes, ou bien on lui incorpore de la nitroglycérine, de l'urée (Hudson Maxim) etc., qui active sa combustion.

Les nitrocelluloses donnent par combustion de l'oxyde de carbone. On fournit l'oxygène qui leur manque en leur adjoignant du nitrate de baryte, la poudre donne un peu de fumée ou de la nitroglycérine, la *poudre* est *sans fumée*. L'addition de celle-ci donne une matière colloïdale, très aisée à préparer, développant une vitesse initiale énorme sous une pression faible. La nitroglycérine se trouve simplement absorbée par le fulmicoton et elle se reprend par pression ou se perd par volatilisation ; une trop grande proportion de nitroglycérine corrode le métal.

Les explosions sans cause présumable de fulmicoton sont attribuées par *Will et Lenze* (Ber. 1898) à la présence de sucres nitrés moins stables que le fumilcoton ou la nitrocellulose. Il est bon de traiter par l'alcool qui les dissout.

La *nitrohydrocellulose*, un peu plus sensible au choc que le fulmicoton, sert à préparer les cordeaux détonants de l'artillerie française.

Le capitaine allemand *E. Schultze* a combiné de nitrer des petits grains de bois dur découpés à l'emporte-pièce ; les grains sont purifiés par traitements multipliés à la vapeur, à la soude caustique, à l'eau bouillante, au chlorure de chaux ; puis on les traite par 50 p. pour 1 de bois d'un mélange de 28 p. 5 d'acide nitrique, d = 1,48 et 71 p. 5 d'acide sulfurique d = 1,84 ; deux heures à froid. Après lavage, neutralisation; les grains de nitrocellulose sont imprégnés d'une solution de nitre à 11,8 pour 100 d'eau. Médiocre poudre de guerre, la *poudre Schultze* est assez en faveur chez les Anglais comme poudre de chasse.

La poudre blanche de Lannoy ou *lithofracteur* est formée de nitrocellulose 22, nitrate de sodium 65, soufre 13 parties.

La *poudre de Bautzen* de F. Krantz, bonne poudre de mine, est formée à parties égales de nitrocellulose de bois et de nitre.

La *nitrocellulose gélatinisée* est obtenue par la nitration du coton par un mélange à parties égales de chlorure de zinc, d'acide acétique et d'acide azotique fumant. Après trois ou quatre jours d'attente, on obtient une masse homogène que l'on lave jusqu'à disparition de la réaction acide.

Poudres sans fumée. — On peut les diviser d'après Guttmann en trois classes, suivant qu'il entre dans leur préparation, soit des nitrocelluloses seules, solubles ou insolubles; soit un mélange de nitrocelluloses avec de la nitroglycérine; soit un mélange avec le dérivé nitré d'un carburé aromatique ou d'un composé analogue.

1. La poudre française B, de Vieille, la poudre sans fumée allemande, celles de V. Förster, de Valsrode, de Westeren, etc. sont des nitrocelluloses.

On les obtient par dissolution dans un solvant organique et transformation ultérieure en lamelles ou en grains.

2. A la seconde classe, se rattache la *ballistite* de Nobel composée de parties égales de nitroglycérine et de coton poudre soluble, avec addition de 1 à 2 % d'aniline ou de diphénylamine ; l'*ambérite* : trinitrocellulose 44 p., dinitro-cellulose 12 p. ; nitroglycérine 40 p., avec addition de gomme-laque en solution et de paraffine ; la cordite.

3. Sous la troisième classe se rangent l'indurite, la rifléite à base de nitro-cellulose et de nitrobenzine, la poudre Du Pont (États-Unis), la plastoménite.

La poudre de chasse vendue en France sous le nom de poudre pyroxylée, est formée de coton poudre soluble 28 p., coton poudre insoluble 37 p., azotate de potasse 6 p., azotate de baryum 29 p.

Dans la fabrication des poudres sans fumée, le coton-poudre est plus employé que la nitrocellulose de bois, parce qu'elle donne une poudre plus tenace.

Voici la composition de quelques poudres sans fumée ; poudre de Waltham Abbey : fulmicoton ; de Schultze : nitrocellulose de bois et salpêtre ; poudres E, C. nos 1, 2, 3 : nitrocellulose, salpêtre et camphre ; poudre française J (de chasse) : nitrocellulose et bichromate d'ammoniaque ; poudre Walsrode : nitrocellulose dissoute dans l'éther acétique ; ballistite de chasse ; nitrocellulose et nitroglycérine ; cannonnite : nitrocellulose, salpêtre et résine ; poudre von Förster : nitrocellulose et dinitrotoluène ; rifléite : nitrocellulose et nitrobenzène ; ambérite : nitrocellulose, nitrate de baryte et résine ; Hudson Maxim : fulmicoton et nitroglycérine ; Hiram S. Maxim : fulmicoton, nitroglycérine et huile de castor ou trinitrocellulose 80, gélatine pyroxyline 19, 5 ; urée 0, 5 ; Cooppal : nitrocellulose, salpêtre, paraffine et dissolvant acétone.

Les poudres sans fumée de la société Aktiengesellschaft Dynamit Nobel contiennent : nitrocellulose 70 à 99 parties, hydrocarbure nitré 30 à 1 partie. Le mélange fait à sec est comprimé à 1000-2000 atmosphères, et les plaques ainsi formées sont ensuite granulées, polies, graphitées, séchées et triées.

Par exemple on mélange de une à trente parties de di ou de trinitro-dérivé de la benzine, du toluène ou du xylène, avec 99 à 70 parties d'amidon ou de dextrine nitrées ? L'opération s'exécute dans un tambour à boulets ou dans un moulin, en présence d'un peu d'eau.

Les poudres japonaises seraient composées : la poudre sans fumée pour artillerie de campagne, de 40 % de coton nitré à collodion tenant 11 % d'azote et de 60 % de coton nitré à 13, 4 % d'azote ; la poudre sans fumée pour artillerie de montagne n'en diffère que par une plus forte teneur en coton nitré à collodion ; la poudre pour armes portatives d'un mélange de nitro-cellulose soluble et de nitro-cellulose insoluble

La *gélatine-explosive* est un mélange de nitro-glycérine et de nitrocellulose jusqu'à obtention d'une masse visqueuse; il en est de même de la *dynamite-gomme*, de la poudre *Nobel*. La dynamite gélatinée est un mélange analogue, additionné de salpêtre en poudre.

La pyroxiline camphrée, *D. Spill*, 1869, s'obtient en gélatinant la pyroxiline au moyen d'alcool camphré. Elle détone à 75°.

La poudre *Maxim-Schüpphaus* renferme 90 p. pyroxyline riche en azote, 9 nitro-glycérine et 0, 5 p. urée. C'est une poudre plastique ayant l'aspect de la corne. On la façonne en cylindres allongés percés de trous. La vitesse initiale est très grande, la pression est faible et l'action corrosive des produits de la combustion sur les métaux réduits à un minimum.

Pour retarder la combustion des explosifs nitrés W. *Volnay*, 1897, réduit les grains de trinitrocellulose à leur surface par des solutions de sulfites ou de sulfures alcalins. *Von Förster*, 1883, gélatinise la surface par immersion dans l'acétate d'éthyle, la nitrobenzine.

R. Schüpphaus a donné en 1895 (*in J. of the S. of. chemical industry*), un bon historique de la poudre sans fumée. La pyroxyline ou fulmicoton est par elle-même trop brisante pour être utilisée à l'état simple. Le général autrichien von Lenk tâcha de diminuer sa vitesse de combustion en se servant de cordes faites en coton nitré. L'anglais Fr. Abel prépare le fulmicoton à l'état de pulpe et le comprime. On essaya en France l'acide picrique. On tenta de durcir les grains de fulmicoton ou de les gélatiniser à la surface au moyen de dissolvants.

Albert Sy (ibid. 1903) a traité la question de l'essai des poudres à la nitrocellulose.

SOIES ARTIFICIELLES

L'idée de produire artificiellement un tissu imitant la soie naturelle est déjà ancienne. Réaumur, dans son ouvrage : Mémoire pour servir à l'histoire des insectes, vol. I, p. 154 (1734), paraît être le premier qui se soit occupé de cette question. Son idée fut reprise en 1855 par Andermas de Lausane puis successivement par Crookes, Welston, Swan, Swinburne, Wyne et Powell. Mais c'est au comte Hilaire de Chardonnet (1885) qu'on doit la première tentative industrielle, suivie d'un plein succès.

Actuellement, la demande de soie artificielle qui avait baissée vers 1901. est considérable. Le prix du kg qui valait 20 fr. en 1902 atteignait 40 fr. en 1905. Aussi existe-t-il un grand nombre de procédés de fabrication de la soie artificielle. On connaît notamment : La soie au collodion de Chardonnet. La soie artificielle obtenue à l'aide du viscoïde. La soie obtenue à l'aide des éthers organiques de la cellulose et notamment de l'acétate de cellulose. Les soies obtenues à l'aide d'une solution de cellulose dans le chlorure de zinc, ou dans les acides sulfurique et phosphorique. La soie obtenue avec une sólution de cellulose acide dans la lessive de soude. La soie parisienne obtenue par dissolution de la cellulose dans une solution ammoniacale d'hydrate de cuivre, enfin différentes soies artificielles ne renfermant ni cellulose ni dérivés de la cellulose, et obtenues à l'aide de compositions plastiques par ex. la soie Millar ou Vanduara à base de gélatine bichromatée insolubilisée par le formol.

Pour les indications bibliographiques relatives à ce sujet, nous renvoyons à l'article très documenté de M. R. Bernard (Moniteur scientifique 1905, p. 321) auquel nous avons d'ailleurs beaucoup emprunté ; et à la série remarquable des études publiées par M. P. Hoffmann en 1905 et 1906, dans l'Industrie textile, sur les fibres artificielles. J'en ai donné un résumé dans mes Notes de Chimie (Bull. de la S. d'Encour., sept. 1906)

I. — Soie artificielle de Chardonnet

La nitro-cellulose est la matière première principale de la fabrication de la soie de Chardonnet. Cet auteur l'obtient en trempant 1 p. de coton dans 9 p. d'un mélange d'acide sulfurique commercial (85 p.) et d'acide nitrique de densité 1,52 (15 p.). La nitration est terminée au bout de 5 à 6 heures. Il retire alors la nitro-cellulose du mélange acide, l'exprime et lave à grande eau pour éliminer toutes traces d'acide ; finalement la nitro-cellulose est essorée entre les plateaux d'une presse hydraulique. Chardonnet a observé qu'en poussant l'essorage jusqu'à ce que la nitro-cellulose ne renferme plus que 36 % d'eau, on obtenait ainsi un hydrate de nitrocellulose bien défini, d'une solubilité dans le mélange éthéro-alcoolique au moins égale à celle de la nitrocellulose sèche. Il a remarqué de plus, que les collodions obtenus à partir de cet hydrate de nitro-cellulose étaient, très rapidement solidifiables, et susceptibles d'être filés directement à l'air, sans nécessiter le passage du fil dans un bain précipitant.

Pour sa transformation en soie artificielle, la nitrocellulose doit être tout d'abord amenée à l'état de collodion, c'est-à-dire dissoute dans un dissolvant approprié. Dans son premier brevet de 1885, Chardonnet employait comme solvant un mélange de parties égales d'alcool à 60 % et d'éther à 40 %.

Le collodion ainsi obtenu était d'une filature facile, mais d'un prix de revient élevé en raison des droits sur l'alcool et l'éther. Chardonnet a employé ensuite l'éther alcoolique comme solvant. Le collodion concentré ainsi obtenu, présente malheureusement l'inconvénient de ne pouvoir être filé que sous la pression élevée de 60 atmosphères, en raison de sa grande viscosité. Lehner prépare son collodion en dissolvant la cellulose dans l'oxyde de cuivre ammoniacale en solution aqueuse, nitrant, dissolvant la nitro-cellulose formée dans l'esprit de bois, ajoutant à cette solution une solution d'acétate de soude ou de sels ammoniacaux dans l'alcool étendu, et ajoutant au collodion de l'aldéhyde, de l'acide éthylsulfurique ou du chlorure d'aluminium. Bonnaud a proposé d'ajouter au collodion une solution de résine copal dans l'huile de ricin. Sénéchal de la Grange préconise l'emploi d'une solution renfermant pour 100 p. de nitro-cellulose dissoute dans 500 litres d'éther alcoolique, 15 p. de solution à 25 °/₀ de caoutchouc et 7 p. de chlorure stanneux. Duquesnoy propose comme dissolvant de la nitrocellulose, un mélange d'acétone, d'acide acétique et d'alcool amylique. Du Vivier emploie pour la fabrication de la soie artificielle dite « soie de France » un collodion obtenu en dissolvant la trinitocellulose dans l'acide acétique cristallisable et additionnant la solution ainsi obtenue d'une solution de colle de poisson dans l'acide nitrique cristallisé et d'une solution de gutta dans le sulfure de carbone ou l'huile de ricin.

Bronnert a signalé, en 1895, un nouveau procédé de préparation des collodions, basé sur la solubilité de la tétranitro-cellulose dans les solutions alcooliques de certains sels tels que le chlorure de calcium, l'acétate d'ammonium et le sulfocyanure d'ammonium.

Le collodion préparé par un procédé quelconque est filtré au filtre-presse, puis abandonné au repos dans de grands réservoirs. Au bout d'une dizaine de jours on le décante avec soin, il est prêt à être filé. A cet effet, il est amené à l'appareil de filature où il est soumis à une pression variable suivant sa concentration qui le force à traverser une série de tubes capillaires en verre, de 0,10 mm. à 0,20 mm. d'ouverture. Suivant la composition du collodion qui a servi à l'obtenir, ce fil visqueux est, soit immédiatement séché, dans un courant d'air à une température de 45° ou d'un jet de vapeur, soit coagulé au préalable dans l'eau ou l'acide azotique, ou à l'aide de liquide organique tel que la térébenthine, le pétrole, la benzine, l'essence de sureau, soit par des solutions de différents sels.

On procède ensuite à la dénitrification du fil, afin de le rendre ininflammable. On le traite à cet effet par un réducteur. Les sulfhydrates sont les réducteurs les plus employés, en particulier ceux de sodium, de magnésium et d'ammonium, ce dernier dénitrifie bien, également à chaud. Le sulfhydrate de calcium a l'inconvénient de donner un fil dur et cassant. Le fil dénitrifié perd beaucoup de son élasticité et de sa résistance.

La soie dénitrifiée a une couleur jaunâtre. On la blanchit dans un bain de chlorure de chaux. Après lavage et séchage, elle est prête pour la teinture, qui s'effectue comme pour le coton. Cependant les colorants basiques prennent sans mordants.

Ces procédés sont dangereux et coûteux, cependant ils continuent à être exploités par de nombreuses usines, notamment par la fabrique de soie artificielle Chardonnet de Besançon, les Vereinigten Kunstseidefabriken de Francfort ; la fabrique de soie artificielle de Tubize (Belgique), la Société anonyme de Droogenbosch Ruysbrock près Bruxelles, la fabrique de soie artificielle de Sarvat, Hongrie, et leurs nombreuses succursales :

II. — Soie artificielle obtenue a l'aide du viscoïde

Nous avons indiqué, à propos des propriétés chimiques de la cellulose, comment on obtient la viscose, en traitant l'alcali-cellulose par le sulfure de carbone.

Pour purifier le thio-carbonate de cellulose sodique ainsi obtenu, Cross, Bevan et Beadle, le traitent soit par l'acide sulfureux qui agit comme décolorant, soit par un excès d'acide acétique, formique, lactique et salicylique. Ils déterminent dans ce dernier cas la précipitation du thiocarbonate sodique qu'ils séparent par filtration et soumettent à un lavage à l'alcool ou au chlorure de sodium en solution. Ils dissolvent ensuite dans l'eau le thiocarbonate ainsi purifié.

La coagulation du fil de viscose est déterminé à la sortie des filières, soit à l'aide d'une solution de chlorure d'ammonium à 17-20 % (Stearn), d'un sel de fer, de zinc ou de manganèse ; puis par une solution légèrement acidulée ; soit par l'acide sulfurique étendu, suivi d'un lavage au sulfure de sodium, sulfite ou bisulfite pour dissoudre le soufre précipité sur la fibre.

La soie au viscoïde est notamment fabriquée par les Kunstseide und Acetatwerken de Sidowsane près Stettin et par la S. française du viscose de Paris. Elle est connue sous le nom de lustra-cellulose (Cross) et de Stearnsfil (Stearn).

III. — Soie artificielle obtenue a partir de l'acétate de cellulose

L'acétate de cellulose s'obtient en traitant la cellulose, ou mieux l'hydrocellulose, par l'anhydride acétique vers 70°. L'acétyl-cellulose ainsi obtenue est soluble dans l'éther et le chloroforme.

Les Farbenfabriken Fr. Baeyer et Cⁱᵉ (Elberfeld) l'obtiennent en chauffant à 45° un mélange de cellulose, d'anhydride acétique, d'acide acétique et d'acide sulfurique. L'acétyl-cellulose ainsi obtenue est soluble dans l'alcool et dans la pyridine. Un grand nombre de brevets ont été pris sur cette question.

La fabrication de la soie à l'acétate de cellulose est sensiblement la même que celle de la soie au collodion. Au sortir des filières, le fil est coagulé par passage dans un bain d'eau, puis il est séché. Il a l'aspect brillant et soyeux, et n'est pas combustible.

Le rendement en soie, qui, dans les procédés à la nitrocellulose, est à peine égal au poids de cellulose employée, double sensiblement avec l'acétyl-cellulose. Par contre, cette soie est moins souple et moins résistante sous l'action des acides ou des alcalis. On peut donner de la souplesse, en additionnant la solution d'acétate de cellulose, d'huile ou de phénol. Pour lui donner plus de résistance, on peut la recouvrir d'une mince couche de nitrocellulose.

La soie à l'acétate de cellulose ne se teint pas directement. On l'obtient colorée en ajoutant des matières colorantes à la solution à filer. On l'emploie beaucoup en Amérique comme isolant. A ce point de vue elle donne de meilleurs résultats que la soie naturelle.

IV. — Soie artificielle obtenue a partir de cellulose dissoute
dans le chlorure de zinc

La solution de cellulose dans le chlorure de zinc en solution aqueuse ne s'effectue qu'à haute température, elle est susceptible d'être filée, mais le fil ainsi obtenu est trop faible pour être employé comme substitut de la soie naturelle. On l'emploie pour l'obtention des fils de lampes à incandescence.

V. — Soie artificielle obtenue a l'aide d'une solution de cellulose dans les acides sulfurique et phosphorique

Langhaus a breveté la préparation d'une nouvelle solution susceptible d'être transformée en soie artificielle. Il dissout la cellulose dans un mélange d'acide sulfurique concentré et d'acide phosphorique et traite la liqueur sirupeuse ainsi obtenue, soit par les éthers glycériques ou éthyliques des acides sulfurique ou nitrique, soit par de l'alcool.

La soie obtenue à l'aide de cette solution n'est malheureusement pas de bonne qualité.

VI. — Soie artificielle obtenue au moyen d'une solution de cellulose acide dans la lessive de soude

Cette soie est obtenue par les Vereinigten Kunstseidefabriken de Francfort, en filant une solution de cellulose acide dans la lessive de soude et en précipitant le fil au sortir des filières à l'aide d'une solution acide. La formule employée est la suivante : 10 p. de coton sont mélangées avec 100 p. d'acide sulfurique de densité 1,55, la masse est projetée dans l'eau et la cellulose acide précipitée est lavée puis dissoute dans 100 p. de lessive de soude de densité 1,12.

VII. — Soie artificielle parisienne

C'est la soie obtenue au moyen d'une solution de cellulose dans la liqueur cuproammoniacale de Schweitzer. Weston, dès 1884 a employé cette solution pour la fabrication des fils de lampes à incandescence, mais c'est Despeissis qui a, le premier, songé, en 1890, à l'appliquer à la fabrication de la soie artificielle. Son brevet tomba en nullité par suite du non-payement des annuités et c'est à Fremery et Urban qu'on doit le premier procédé pratique de fabrication de soie parisienne ou soie de Pauly.

Cette soie est fabriquée actuellement par les Vereinigten Glanzstofffabriken A.-G. d'Aix la Chapelle, dans l'usine d'Oberbruch près Elberfeld, dirigée par Fremery et Urban, et dans l'usine de Niedermorschweiler près Mulhouse, dirigée par le Dr Bronnert, ainsi que par la Compagnie de la soie parisienne de Givet.

Bronnert mercerise la cellulose avant de la dissoudre dans la liqueur de Schweizer ; 7 à 8 kg. de cellulose hydratée, blanchie au chlorure de chaux, lavée et essorée, sont malaxés avec 100 litres de liqueur de Schweitzer. Sous l'action de cette liqueur, la cellulose subit d'abord une contraction longitudinale qui peut atteindre 40 à 60 % et une augmentation de diamètre égale à six fois son diamètre primitif, puis elle se dissout graduellement.

On juge que la solution ainsi obtenue est terminée lorsqu'en versant 4 à 5 centimètres cubes dans un flacon bouché à l'émeri et en retournant ce flacon, elle s'écoule en formant un fil continu. On la filtre au filtre-presse et la laisse déposer quelques jours dans de grands réservoirs.

La filature de cette solution s'effectue sous une pression de 2 à 4 atmosphères, dans des capillaires de 0,20 mm. de diamètre. Le fil encore fluide, ainsi obtenu, est immédiatement coagulé par passage dans un bain d'acide sulfurique renfermant de 30 à 40 % de monohydrate, puis enroulé sur des bobines de verre. Thiel coagule lentement d'abord au moyen d'eau chaude, d'éther acétique ou de benzine par exemple, puis achève dans un second bain qui précipite complètement. La coagulation achevée, les fils sont lavés à l'eau et au savon, puis séchés. La teinture s'effectue comme pour le coton. Weil donne à ces fils un aspect perlé en leur faisant traverser une solution de gélatine.

*
* *

Essais des soies artificielles. — La caractérisation et la différenciation des diverses soies artificielles est une question toute à l'ordre du jour. Les problèmes qui se rapportent à leur analyse restent donc des actualités et nous croyons utile de citer à ce sujet, à titre documentaire, quelques indications extraites d'un très intéressant article sur l'analyse des fibres textiles. *Saget* (Industrie textile, 1906).

Vues au microscope, les soies artificielles présentent à peu près le même aspect que la soie naturelle : c'est un fil régulier sans structure présentant souvent quelques bulles d'air interne et individuelles ; la section est irrégulière et anguleuse. Les soies artificielles ont moins de souplesse au toucher que la soie naturelle ; et à l'oreille, elles ne font pas entendre le cri spécial à la soie. Elles sont moins résistantes mais ont plus d'élasticité ; elles augmentent généralement jusqu'à 15 p. 100 de leur longueur avant de se rompre.

Les soies artificielles, quelles qu'elles soient, se gonflent dans l'eau ; mais par contre, elles se contractent dans l'alcool ou la glycérine.

La soie de Chardonnet renferme toujours de petites quantités d'azote nitrique, environ 0,2 p. 100, que l'on peut facilement mettre en évidence, en traitant un échantillon par une solution de diphénylamine dans l'acide sulfurique : la soie Chardonnet se colore très faiblement en bleu. C'est la présence de petites quantités d'azote dans la fibre Chardonnet qui la rend facilement combustible. Pour annihiler cette influence de l'azote, on y ajoute du phosphate d'ammoniaque, que l'on peut d'ailleurs retrouver à l'analyse chimique.

La soie Chardonnet ou au collodion, se dissout dans l'acide sulfurique concentré, dans l'acide chromique à froid. L'acide chlorhydrique concentré est sans action à froid, mais il détruit la fibre à chaud. Par l'acide acétique concentré elle se gonfle légèrement. La soie Chardonnet se gonfle également dans les alcalis concentrés, mais ne s'y dissout pas ; dans le réactif de Schweizer elle se gonfle, puis se dissout. Par l'iode et l'acide sulfurique on a une coloration bleu pur ; par les réactifs de Vétillard, on obtient une coloration rouge devenant bleue après lavage ; par le chlorure de zinc iodé, une couleur bleu violacé. La soie Chardonnet se dissout à froid dans le réactif de Millon.

Les *soies* obtenues par dissolution de la cellulose dans l'oxyde de cuivre ammoniacal, ou dans le chlorure de zinc, et la *soie viscose*, ne renferment aucune trace d'azote ; elles sont peu combustibles. Avec l'acide sulfurique concentré, elles deviennent transparentes et se dissolvent lentement ; elles se dissolvent rapidement dans l'acide chromique à froid. Les acides chlorhydrique et nitrique sont sans action à froid, mais détruisent complètement la fibre à chaud. Par les alcalis caustiques, les soies à la cellulose pure se gonflent, mais elles ne se dissolvent pas et se colorent en jaune ; elles se gonflent lentement, mais sans se dissoudre, dans le réactif de Millon ; avec l'iode et l'acide sulfurique, elles se colorent en bleu pur, tandis que les réactifs de Vétillard ne donnent aucune coloration ; le chlorure de zinc iodé les colore en gris bleuté.

La *soie à la gélatine*, préparée en partant d'une solution de gélatine dans l'acide acétique et coagulation de la gélatine par une solution de tannin, par calcination, se comporte comme la soie naturelle, en laissant dégager une odeur cornée et des vapeurs alcalines (tandis que les soies de cellulose brûlent sans odeur et dégagent des vapeurs acides).

La soie à la gélatine se dissout rapidement dans les acides et dans les alcalis caustiques. Elle ne se dissout pas dans la liqueur de Fehling, mais elle se colore en violet ; traitée par l'iode et l'acide sulfurique, elle donne une coloration jaune plus ou moins brune, tandis que par les réactifs de Vétillard on obtient une coloration rouge disparaissant après lavage ; le chlorure de zinc iodé donne une coloration jaune.

L'ouvrage du Dr *Carl Suvern* [1], contient un intéressant chapitre sur l'action des réactifs suivants : Soude concentrée et soude à 40 p. 100 ; solution de chlorure de zinc ; solution alcaline de sulfate de cuivre glycérinée ; solution ammoniacale d'oxyde de cuivre ; solution ammoniacale d'oxyde de nickel ; acide nitrique concentré ; acide chromique ; réactif de Millon ; solution d'iode dans l'iodure de potassium ; sulfate de diphénylamine ; sulfate de brucine.

1° *Potasse caustique concentrée*. — Elle dissout la soie brute chinoise à basse température, la soie tussah à l'ébullition seulement. Les soies artificielles résistent bien au contraire, surtout la soie de Lehner et celles de Pauly. On n'observe avec ces dernières qu'un léger gonflement avec une coloration jaunâtre plus ou moins intense.

2° *Potasse à 40 pour 100*, c'est-à-dire 396,6 grammes de KOH par litre. — Elle attaque énergiquement la soie grège de Chine, à la température de 65°, à 85° la solution est complète ; la soie tussah gonfle à partir de 75° et se dissout complètement à 120°. Avec les soies artificielles, on observe un gonflement dès la température ordinaire, ils se colorent plus ou moins en jaune, mais ne se dissolvent pas, même à 200°. La soie artificielle de Pauly résiste mieux que les autres échantillons de soie Chardonnet ou Lehner.

1. *Die Kunstliche Seide*, Berlin, J. Springer, 1900.

3° *Chlorure de zinc en solution aqueuse à 600 grammes par litre.* — Ce réactif donne une solution claire avec la soie de Chine, après chauffage à 120°; pour la soie tussah, la dissolution n'est complète qu'à 135°. Les soies artificielles résistent mieux. La soie Chardonnet (Besançon) est complètement dissoute à 140°; la soie Chardonnet (Spreitenbach) à 145°, la soie Lehner à 140°, la soie Pauly à 180°.

4° *Solution alcaline de sulfate de cuivre glycérinée,* obtenue en dissolvant 10 grammes de sulfate de cuivre dans 100 centimètres cubes d'eau, ajoutant ensuite 5 grammes de glycérine pure et assez de potasse caustique à 40 p. 100 (10 centimètres cubes environ) pour redissoudre le précipité d'oxyde qui se forme tout d'abord. Ce réactif dissout la soie grège de Chine à la température ordinaire, en moins d'une demi-heure; il n'attaque que très faiblement la soie tussah, et pas du tout les soies artificielles.

5° *Solution ammoniacale d'oxyde de cuivre,* obtenue en dissolvant dans de l'ammoniaque concentrée de l'oxyde de cuivre fraîchement précipité, lavé et essoré. Ce réactif dissout en partie la soie grège de Chine, en laissant un résidu gélatineux ne présentant aucune structure fibreuse au microscope. La soie tussah n'est pas attaquée, il en est de même pour les soies artificielles.

6° *Solution ammoniacale d'oxyde de nickel,* obtenue comme précédemment avec de l'oxyde de nickel précipité. La soie grège de Chine se dissout dans ce réactif, dès la température ordinaire, en donnant une solution bleue. La dissolution est complète à la température de l'ébullition. La coloration bleue qui disparaît par la chaleur reparaît quand on ajoute de l'acide chlorhydrique sans rendre acide cependant. Si on acidifie fortement, la liqueur passe au violet clair, en même temps que la soie dissoute se sépare en flocons blancs. La soie tussah et les soies articificielles ne sont pas attaquées par ce réactif, même à l'ébullition.

7° *Liqueur de Fehling.* — a) 69,29 de sulfate de cuivre cristallisé dans 1 litre d'eau.

b) 173 grammes de tartrate de soude et de potasse + 400 centigrammes d'eau + 100 centimètres cubes de soude contenant 51,6 grammes de NaOH.

On prend un volume égal de chaque solution et on double le volume obtenu avec de l'eau. Ce réactif dissout facilement la soie grège de Chine à l'ébullition, plus difficilement la soie tussah. Au contraire les soies artificielles ne sont pas modifiées du tout.

8° *Acide nitrique concentré.* — Il attaque à froid la soie grège de Chine, et plus rapidement encore la soie tussah. Les soies artificielles ne se dissolvent que lentement à froid, mais rapidement et complètement à chaud.

9° *Acide chromique à 20 pour 100.* — Les différents échantillons se dissolvent complètement à chaud, c'est la soie tussah qui résiste le plus longtemps.

10° *Réactif de Millon,* donne une coloration violette avec les soies naturelles, avec les soies artificielles il ne se produit aucune modification, même à l'ébullition.

11° *Solution d'iode, dans l'iodure de potassium*, donne une coloration brune avec les soies naturelles, intense dans le cas de la soie grège de Chine, faible avec la soie tussah. Avec les soies artificielles, à l'exception de la soie Pauly, il se produit une coloration brune qui passe au bleu intense.

12° *Sulfate de diphénylamine*, donne une coloration brune, faible pour la soie grège, intense pour la soie tussah. Les soies Chardonnet et Lehner, donnent une coloration bleue intense. La soie Pauly ne donne rien, ce qui indique par conséquent qu'elle ne contient pas de composés nitrés.

13° *Sulfate de brucine*, donne des indications de même ordre que le réactif précédent, c'est-à-dire coloration rouge avec les trois soies artificielles citées plus haut et rien avec la soie Pauly. Les soies naturelles donnent une faible coloration brune.

En dehors de ces réactions, les auteurs ont encore étudié la *saveur*, c'est-à-dire l'impression obtenue lorsque l'on roule, entre les dents et la langue, quelques fils tordus ensemble. Les différentes soies artificielles paraissent molles, tandis que la soie brute de Chine et le tussah paraissent dures et rugueuses.

La *détermination de l'humidité* d'après la perte de poids à 99°, est plus élevée dans le cas de la soie artificielle, 10 à 12 p. 100 en moyenne. La soie naturelle ne perd que 8 pour 100 environ.

Après dessiccation à 99°, les soies artificielles absorbent un peu plus l'humidité que les soies naturelles.

La *perte de poids à 200°* est beaucoup plus élevée pour les soies artificielles, sauf pour celle de Pauly toutefois, qui n'atteint que 11,65 p. 100 alors que les soies naturelles perdent 11, 13 et 11, 21 p. 100.

La *détermination des cendres* ne donne pas d'indication. La quantité de cendres reste inférieure à 2 p. 100 dans tous les cas.

Le *dosage de l'azote*, au contraire, donne un renseignement de premier ordre : alors que les soies naturelles contiennent près de 17 pour 100 d'azote, les soies artificielles n'en contiennent que de très petites quantités. La soie Chardonnet, 0,15 p. 100 (Besançon) et 0,05 p. 100 (Spreitenbach). La soie artificielle, procédé de Lehner 0,07 p. 100, celle de Pauly 0,13 p. 100.

Fibres artificielles. — En dehors des soies artificielles, ce sont les cotons mercerisés et les genres qui s'y rattachent, les fils et tissus collodionnés, le crin végétal, le mohair artificiel, les cotons artificiels, le lin de mûrier, la laine chlorée, les fils de pâte de bois ; enfin les genres fantaisie, créés par l'application des effets chimiques d'épaillage, de découpage, de crépage.

Dans la transformation des fibres déjà existantes, comme dans la fabrication de fibres nouvelles, l'action des alcalis et des acides sur les matières cellulosiques occupe la place la plus importante.

Le *mercerisage*, (voir p. 416-421) qui résulte d'un traitement par la soude caustique, a permis d'obtenir les effets de similisoyage les plus curieux.

Observé par Persoz, étudié et utilisé par Mercer, brevet de 1851 ; il servit d'abord pour le gaufrage des tulles et mousselines de coton, brevets Garnier et Depoully de 1883 et 1884. L'idée du similisoyage déjà indiquée par Aubert 1882, fut reprise par H. Arthur Lowe, brevet français de 1890 (brevet anglais de 1889 et 1890) ; mais elle ne fut industralisée qu'en 1896 par Thomas et Prévost et Mommer et Cie. Le succès de leur *coton similisé* ou *simili-soie* donna l'essor à une envolée prodigieuse de brevets variés et d'inventions pratiques appliquées au domaine des articles fantaisie de l'industrie textile.

1° *Cotons mercerisés.* — L'article principal est le coton brillanté sous l'influence de la soude caustique. Le *similisage* ou similisoyage s'effectue également pour toute autre fibre végétale, lin, ramie. phormium, jute ; mais pour la ramie en particulier, il est accompagné d'un durcissement exagéré de la fibre, qu'on doit combattre par un adoucissage en bains d'huile émulsionnée. La lessive caustique employée est à 30° ou 35° Baumé ; on la fait agir cinq à six minutes, et en empêchant le retrait par une tension appropriée, on obtient le brillant soyeux. On a proposé d'ajouter à la soude caustique, pour compléter son action, une solution d'oxyde de cuivre ammoniacale (Reichmann et Lagervist), qui dissout la surface de la fibre même ; une solution de peroxyde de sodium ; du sulfate de carbone, dont l'action est fort rapide, mais durcit la fibre et nécessite un chevillage ; le sulfure de sodium (Schneider), dont l'action soyeuse est moindre. La substitution à l'action mercerisante de la soude de celle, soit des acides minéraux, soit du chlorure de zinc est également inférieure. Il faut noter qu'un flambage des tissus, et même des écheveaux, doit toujours être soigné. Le maximum d'effet de brillantage s'obtient en employant une soude aussi pure que possible, en faisant le premier lavage avec une quantité d'eau faible, le second à l'eau très chaude : en aidant ensuite une demi-heure et rinçant à fond ; enfin en séchant à l'état tendu. On a essayé d'obtenir le similisoyage en mercerisant sans tension si l'on ajoute, au bain alcalin, de l'alcool (Pinelli), de la benzine, du savon (Ahnert), de la glycérine (Bayer), du silicate de soude (Hœchst), de la glucose (Ducat), du naphtol, une solution sodique de laine ou de soie, ou de gélatine (Ungand), du collodion, une solution éthéro-alcoolique de soude (S. anonyme de blanchiments, etc. de Villefranche), des essences, des hydrocarbures, etc. L'alcool donne peu de brillant, mais beaucoup de douceur ; la solution alcaline de soie donne un brillant prononcé, ainsi que la glucose, etc. Mais l'emploi des machines à merceriser sous tension permet seul d'obtenir le maximum de brillant, et donne le résultat avec une très grande régularité : il y a de très nombreuses . de ces machines aujourd'hui, aussi bien pour le traitement des filés que pour celui des tissus (voir P. Hoffmann, in l'Industrie textile, n° de février 1906 ; Gardner, Die mercerisation der Baumwolle ; Fr. Beltzer, in Moniteur Scientifique, octobre 1904).

Le commerce ne demande pas seulement que le coton brillanté possède

un brillant soyeux ; il réclame de plus le craquant de la soie. Pour cela, le
meilleur procédé courant consiste à passer le coton mercerisé en bain de
savon de 4 grammes par litre, et 1 demi gramme d'amidon de riz de 50° à
90°, pendant dix à quinze minutes, cheviller' ou tordre ; puis passer, à froid,
en bain d'acide acétique, 10 grammes et acide tartrique ou borique, à 3
grammes par litre, et tordre, et sans rincer, sécher à 70°-80°.

Le mercerisage, c'est-à-dire l'action d'une lessive de soude caustique sur
les fibres végétales pour en modifier l'aspect général ou localisé, n'est pas
seulement employé pour brillanter le coton et obtenir les simili-soies. Il est
encore appliqué pour obtenir le gaufrage par places des étoffes légères de
coton ; le mercerisage de la laine, dix minutes au-dessous de 10°, avec une
lessive à 42° Baumé, remplacé aujourd'hui par le chlorage ; le mercerisage
des tissus soie et coton. procédé au glucose préconisé en 1899 par la
Badische Anilin- und Soda-Fabrik, et qui produit le décreusage de la soie
en même temps que le mercerisage du coton (formule, soude caustique à
40° Baumé, 7 parties ; glucose sec, 3 parties dissoutes dans 2 parties eau) ;
la lanification du jute, introduite à Roubaix en 1878 par M. H. Vassart, par
traitement avec une soude à 25°-30° Baumé, et qui donne un jute ressemblant à de la laine grossière, très employée dans le centre Roubaix-
Tourcoing pour la fabrication des tapis et des étoffes d'ameublement ; Knab,
1900, a proposé un traitement avec une soude à 36°-40° Baumé, à la température de 50°-75° ; la cotonisation du lin, qui est sans valeur pratique, actuellement, pour raison de prix comparatif ; le mercerisage de la ramie verte,
avec traitement ultérieur en huile ; il donne des fils et tissus doués d'un
brillant supérieur à celui du coton mercerisé ; — l'apprêt lin du fil de coton,
utile pour obtenir certains genres de fil à coudre ; formule de Marot et
Bonnet, soude caustique à 26° Bé, 4 dixièmes ; solution de sulfate de cuivre
à 150 grammes par litre, 4 parties ; ammoniaque, 2 parties ; eau, 2 parties ;
— le traitement crispé des tissus laine et coton, par retrait du coton et bouil-
lonné de la laine. Ce furent d'abord des tissus bosselés de Depouilly frères,
1880 ; puis le procédé d'une maison alsacienne, enfin le traitement crispé qui
eut une si grande vogue dans la fabrique roubaisienne vers 1897-1898. Le
même effet ou des effets analogues s'obtiennent sur tissus soie et coton ; sur
fils de coton autour desquels on a mouliné un fil de laine ou de soie, qui
prend, par le retrait du coton, une frisure d'aspect très flatteur ; sur tissus
à poils, à trame laine ou mohair, genre dit zibeline ; ce sont les fourrures
artificielles du procédé Hannart, le découpage chimique d'étoffes de laine et
de soie, par impression d'une solution à 50 degrés Baumé, épaissie de soude
caustique, le crêpage, le moiré et le gaufrage d'étoffes de coton et de lin, par
impression de bandes de soude épaissie, Kurrer et Engels, ou par impression
de bandes de réserve, puis passage en soude, J. Heilmann ; moiré des brevets P. Dosne, Keittinger, Du Closel et Blanc, avec mouvement de va-et-
vient du tissu pendant l'impression ; — enfin des effets fantaisie divers, de
damassés, etc., en imprimant de la soude, Du Closel et Blanc ; de la viscose,
de l'oxycellulose, C. Kurz.

2° *Fils et tissus collodionnés.* — Les fils et tissus d'Argenteuil sont des fibres de coton enrobées d'une couche de collodion. Cette intéressante industrie, brevetée en 1893 par H. Jacob, et perfectionnée par Boursier et Ginier, permettait le brillantage de fils très fins en les faisant passer dans un bain assez épais de collodion; puis dans des tubes très étroits de verre, elle donnait un brillant et une force très grands ; mais elle a disparu devant l'apparition des soies artificielles.

A la même méthode, on peut rattacher le brevet de M. Krais, n° 551844 du 27 février 1905 pour apprêt pour tissus, qui a fait l'objet d'une cession le 6 décembre 1906 à The Bradford Dayers Association Lt. Il a pour but l'emploi de solution de cellulose nitrée dans le formiate d'amyle, pour fixer sur les tissus l'apprêt lustré produit mécaniquement, connu généralement sous le nom d' « apprêt Schreiner ». Une solution à 5 pour 100 convient très bien et peut être appliquée aux tissus par tout moyen usuel, par ex., sous forme de pluie. La solution est de préférence appliquée deux fois de suite sur le tissu, le dissolvant étant évaporé après chaque application. Toutefois l'enduit résultant ne doit pas former une pellicule continue, ni rendre le tissu imperméable; il doit être- juste suffisant pour fixer l'apprêt lustré produit mécaniquement.

3° *Soies artificielles.* — Elles se divisent en deux classes, suivant que la base de leur fabrication est la cellulose ou d'autres substances.

1° Les procédés *à base de cellulose* comprennent :

a) Procédés *au collodion*, ou à base de cellulose nitrée (brevets Chardonnet, Cadoret, Du Vivier, Lehner, société de Droogenbosch, Richter, etc.). On donne à cette soie le nom de *soie Chardonnet.*

b) Procédés à base de cellulose dissoute dans des sels ou des oxydes métalliques (brevets Bronnert, Wynne et Powel, Frémery et Urban, Duplessis R. Linkmeyer etc.). On nomme cette soie *Glanzstoff* ou *soie parisienne.*

c) Procédé à la *viscose* ou xanthogénate de cellulose (brevets Stearn, Cross et Bevau; von Donnersmark, etc.). Cette soie est désignée sous le nom de *lustreo cellulose.*

d) Autres procédés reposant, soit sur la formation d'éthers organiques de cellulose (brevets Bayer d'Elberfeld (acétate), etc.. soit sur l'emploi de solutions acides de cette matière.

2° Procédés n employant pas la cellulose. Ce sont les procédés à base de gélatine insolub lisée par les sels minéraux, le formol, etc. (Brevets Bernstein, Jannin, M'llar); et les procédés à base de matières pâteuses et plastiques de compositions diverses. On donne le nom de *soie Vanduara* à la soie Millar.

Les seuls procédés véritablement importants sont ceux au collodion, à la cellulose dissoute dans les sels ou oxydes métalliques, et à la viscose.

Voici la liste des principales usines qui fabriquent actuellement la soie artificielle. Il faut noter ici que le passage des premiers brevets de Chardonnet dans le domaine public au bout de leurs quinze années est de nature à augmenter le nombre de ces usines. Les usines qui travaillent par le collodion, type Chardonnet, sont : la Société anonyme de la soie Chardonnet de Besançon, et ses filiales russe, hongroise, italienne. etc. La Compagnie de la soie de Beaulieu, Paris. La Société anonyme de la soie artificielle Valette, Lyon. La Société anonyme pour l'exploitation des textiles lyonnais. La Fabrique de soie artificielle, Tubize. La Société anonyme de Droogenbosch, Ruysbroek, près Bruxelles. La fabrique de soie artificielle, Savar (Hongrie).

Les Vereinigte-Kunsteide Fabriken, Francfort ; Kelsterbach s. M ; Robingen près d'Augsburg ; Glattbrugg et Spreitenbach près Zurich ; Padoue, Italie. La Société lyonnaise de la soie artificielle, États-Unis.

Les usines qui travaillant par le procédé *Glanzstoff* sont : la Société « la soie artificielle parisienne » ou soie de Givet, Paris. La soie artificielle d'Izieux, près Lyon, de MM. Gillet et fils. Les Vereinigte Glanzstoffabriken à Aix-la-Chapelle.

Les usines qui travaillent d'après le procédé à la viscose sont : la Société française de la viscose, Paris, usine à Arc-la-Bataille ; la Société ardéchoise pour la fabrication de la viscose, Vals-les-Bains. La Société italienne et suisse de la soie de viscose, Lyon. La Société générale de la soie de viscose, Bruxelles. Elles ont pour sociétés mères, la Continental viscose Cᵒ, et le Viscose syndicate, à Londres.

I. *Procédé au collodion.* — Ce procédé repose sur la fabrication de celluloses fortement nitrées qui sont ensuite dissoutes dans un solvant approprié, de manière à former des liquides suffisamment visqueux que l'on file ensuite.

Un pareil mode de fabrication est coûteux et présente de nombreux dangers d'incendie et d'explosion. Malgré ces inconvénients, on peut voir, d'après la liste précédente, que beaucoup d'usines l'emploient actuellement. Ceci est dû à ce que le collodion a seul donné jusqu'à présent des résultats vraiment pratiques au point de vue de la finesse du fil.

La soie obtenue par le procédé Chardonnet est très brillante et assez souple mais relativement peu elastique ; elle n'a pas la solidité de la soie naturelle ; elle ne titre que 0,15 p. 100 d'azote (contre 16 à 17 pour les soies naturelles). Ses caractères chimiques en diffèrent d'ailleurs beaucoup ; elle brûle à peu près comme le coton. En présence du chlore très dilué elle blanchit ; mais l'acide sulfureux la jaunit.

La préparation de la soie Chardonnet comprend cinq opérations :

1º *La préparation de la cellulose.*

2º *La nitration*, pour laquelle le mélange le plus convenable, d'après Chardonnet, est formé de 15 parties d'acide nitrique de densité 1,52 ; et de 85 parties d'acide sulfurique concentré. On trempe 1 partie en poids de coton, dans 9 parties de mélange ; au bout de cinq à six heures la nitration est terminée.

3° *La dissolution ou fabrication du collodion.* — La cellulose nitrée ainsi obtenue est ensuite dissoute dans un mélange d'éther et d'alcool, de manière que 100 litres de collodion renferment : Éther rectifié à 65° 36 litres ; alcool à 95° 64 litres ; cellulose nitrée 5 kilogrammes.

Dans le but de réduire le prix de revient, on emploie, depuis quelques années, des collodions contenant jusqu'à 20 p. 100 de matières sèches, très visqueux et ne se filant que sous une forte pression.

On a encore proposé un grand nombre d'autres procédés pour la dissolution de la nitrocellulose. Turgard (br. fr. 344845) emploie une solution de 100 grammes de nitrocellulose dans 2 400 centimètres cubes d'alcool à 90-95 p. 100 et 600 centimètres cubes d'acide acétique glacial, additionnée de 3 grammes d'albumine et 7,5 grammes d'huile de ricin. On peut également employer des mélanges d'éther acétique et d'alcool méthylique ou éthylique, ou bien d'éther ordinaire et d'éther acétique, etc.

4° *La filature* qui s'effectue sous des pressions variables pouvant atteindre jusqu'à 60 kilogs, tout d'abord, les fils visqueux sortant des becs, passaient dans de l'eau qui les solidifiait sous forme de brins brillants ; actuellement, on préfère les sécher immédiatement au sortir de l'appareil, à l'aide d'un fort courant d'air à la température de 45°, ou bien à l'aide d'un jet de vapeur.

Ce traitement convient pour la nitrocellulose à 36 p. 100 d'eau ; mais, dans le cas des autres nitrocelluloses, on doit coaguler le fil, soit par l'eau, soit par l'acide nitrique dilué, ou par un liquide d'origine organique (pétroles, benzine, essence de térébenthine, alcool amylique, ou par des solutions de sels minéraux.

5° La dénitration, qui a pour but de diminuer la faculté d'inflammation et d'augmenter le brillant, consiste à traiter le fil de nitrocellulose par des solutions d'une substance réductrice quelconque, qui la ramène à l'état de cellulose pure (ou mieux d'hydrocellulose). Les réducteurs couramment employés et qui donnent le meilleur résultat, sont les sulfhydrates, notamment le sulfhydrate d'ammoniaque. Le sulfhydrate de calcium, anciennement recommandé, rend le fil dur et cassant. Malheureusement, la dénitration fait perdre au fil une partie de sa solidité et de son élasticité, surtout quand il est mouillé.

Après la dénitration, le fil est brillant et presque transparent ; mais il est légèrement jaunâtre. On le blanchit par un passage dans un bain très faible de chlore ; après quoi, on le rince et on le sèche.

II. *Soie parisienne ou Glanzstoff.* — Ce genre de soie, analogue au précédent comme brillant (qui est cependant un peu moindre), s'en différencie au point de vue chimique, en ce qu'il se compose uniquement de cellulose pure, tandis que le précédent est une oxycellulose dont les propriétés tinctoriales ne sont pas les mêmes.

Sa fabrication repose sur la solution de cellulose mercerisée, soit dans la solution d'oxyde de cuivre ammoniacale (brevets Pauly, Frémery, Urban,

Bronnert, Bronnert-Frémery-Urban), soit dans le chlorure de zinc concentré (brevet Bronnert).

Le procédé employé comprend quatre opérations : 1° La préparation de la cellulose mercerisée ; 2° La préparation de l'oxyde de cuivre ammoniacal ; 3° La préparation des solutions de cellulose, au moyen de l'oxyde de cuivre ammoniacal. C'est le plus employé, procédé R. Linkmeyer (br. J. Foltzer). Les Farbwerke de Hœchst emploient la soude caustique comme coagulant, E. Thicle emploie l'éther, S. Pissarey emploie des sels de bases organiques (aniline pyridine). Enfin on a essayé d'utiliser les sulfocyanates pour dissoudre la cellulose, au moyen du chlorure de zinc, qui ne paraît pas être utilisé dans la pratique ; 4° La filature.

III. *Lustrocellulose ou soie de viscose.* — La viscose découverte par Cross et Bevan, se prépare en mercerisant d'abord de la cellulose. Sur le dérivé obtenu on fait réagir du sulfure de carbone, et il se produit du thiocarbonate ou xanthate de cellulose. Le composé est soluble dans l'eau en toute proportion, ainsi que dans les alcalis caustiques ; il est précipité de ses solutions par l'alcool, les acides faibles, le sel, etc. La solution presque incolore est *très visqueuse*. Chauffé ou traité soit par les acides ou par les sels ammoniacaux, il se décompose en donnant naissance à une hydrocellulose, qu'on a nommé *viscoïd*.

C'est sur cette réaction qu'est basée la fabrication de la soie à la viscose ; elle comprend cinq parties : 1° La préparation de la cellulose mercerisée ; 2° La préparation du xanthate de cellulose ; 3° La purification du xanthate, qui s'effectue le mieux par précipitation du dissolvant à l'aide d'un acide organique faible, du bicarbonate et du sulfite de soude, etc. ; 4° La préparation de la viscose, c'est-à-dire sa coagulation par la chaleur, seule, ou avec l'air d'une solution de soude caustique. Le produit coagulé par l'application de la chaleur est réduit en poudre grossière, lavé avec de l'eau salée et dissous dans la soude ; 5° *La filature* dans des appareils identiques aux précédents, et coagulation par le chlorydrate d'ammoniaque à 17-20 p. 100, ou par l'acide sulfurique étendu ; ou par une solution de sels de zinc ou de manganèse d'abord, et par l'acide étendu, ensuite.

Le fil de cellulose, ainsi régénéré du thiocarbonate, diffère de la cellulose primitive ; son eau hygroscopique (l'eau de conditionnement est de 3 à 4 p. 100) plus élevée, soit environ 9 à 10,5 p. 100 ; son affinité est plus grande pour les colorants et les bases métalliques ou mordants ; sa résistance, sans atteindre celle de la soie naturelle, est néanmoins plus grande que celle des soies précédentes. On s'en rendra compte par le tableau suivant, où la première colonne donne la charge de rupture pour le fil sec, la seconde pour le fil à l'état humide.

Soies naturelles.	Charge de rupture.	
	La soie écrue sèche = 100	La soie écrue humide = 100.
Soie écrue..	100	»
Soie grège non décreusée	»	100
Soie écrue française..................................	94,5	88
— décreusée et assouplie.................	48	30
— teinte en rouge et chargée..............	37,5	33,5
— teinte en noir bleu et chargée à 110 p. 100.	23	17
— teinte en noir et chargée à 110 p. 100....	14,5	15,5
— teinte en noir et chargée à 500 p. 100.....	4	»

Soies artificielles.	Charge de rupture	
	La soie écrue = 100.	La soie écrue humide = 100.
Soies au collodion.. { Chardonnet écrue....................	27,5	3,6
Lehnert écrue......................	32	9,2
Strenhlebert écrues................	30	8
Glanzstoff..	36	6,9
Soie à la viscose	21	7,3
— (nouveau procédé)	40,5	»
Fil de coton.......................................	21,5	40

On voit par les chiffres de ce tableau de combien de précautions on doit s'entourer, lorsqu'on manipule les soies artificielles dans des bains quelconques.

La soie artificielle s'emploie en quantité en Amérique. L'importation de 1902 a été d'environ 2 147 80 livres, valant 459 233 dollars, en 1903 de 366 547 livres valant 788 399 dollars et en 1904 de 538 602 livres valant 1 125 565 dollars.

D'après les chiffres donnés au Congrès de Turin, la production totale de la soie artificielle aurait été en 1905 de 2 millions à 2 millions et demi de kilogs contre 1 400 000 en 1904.

4° *Dérivés des soies artificielles.* — Les principaux dérivés des soies artificielles sont le crin végétal, le mohair artificiel et le coton artificiel.

Le *crin végétal* a été fabriqué en partant, pour la soie artificielle, du collodion, de la viscose ou de la solution cuproammoniacale de cellulose ; on les file à l'aide de becs capillaires dont l'ouverture atteint la grosseur du crin. Les fils ainsi obtenus ont le grand inconvénient d'avoir peu de solidité et d'être très cassants. Les Vereinigte Kunstseide-fabriken sont arrivées à obtenir un crin moins cassant en filant des fils légèrement plus gros que ceux de la soie artificielle, et en les réunissant par deux ou plusieurs, avant qu'ils ne se figent, en un seul fil de la grosseur du crin.

Si les fils ou pellicules, débarrassés par l'acide sulfurique, de leur cuivre et de leur ammoniaque sont enroulés sur un cylindre rigide, puis tournent quelque temps dans une lessive de soude concentrée, lavés à l'eau légèrement acétique et enfin séchés sous tension, ils prennent l'aspect du verre, sont transparents, et posséderaient beaucoup plus de solidité et d'élasticité.

Le *mohair artificiel* a été plus récemment mis sur le marché, comme substitut du mohair dans la fabrication des tissus alpaga, des rubans, des tresses, etc. La fabrication consiste très vraisemblablement, d'après l'examen microscopique, dans la filature de soie artificielle, coupée en morceaux de longueur égale (6 à 8 centimètres), à la manière des autres textiles, laine ou coton. Les fibres obtenues offrent l'aspect du mohair blanc, mais le toucher est plus sec et plus dur.

Des *cotons artificiels*, ou tout au moins des imitations assez grossières des cotons naturels, ont été récemment introduits dans la fabrication des tissus et particulièrement des tissus d'ameublement, comme substituts du coton naturel. Mais ils n'ont ni la souplesse, ni l'aspect du coton ; et leur résistance à l'eau, et surtout à l'eau chaude, est minime. Ils proviennent d'un traitement de cellulose pure, obtenu à partir de la pâte de bois, par un mélange de chlorure de zinc et d'acides minéraux ; la pâte épaisse est alors réduite en fils.

5° *Lin de mûrier.* — Ce fut vers 1870 que G.-B. Marasi tenta, le premier, d'extraire des branches du mûrier une fibre textile, mais le résultat financier ne répondit pas à ses efforts. Plus récemment les tentatives de G. Scott à Brescia eurent un même sort. Enfin le docteur Pasqualis à Vittorio près Venetum et son fils, donnèrent à cette industrie des bases rationnelles. La substance qui incruste et soude fortement les fibres dans l'écorce du mûrier est une substance pectique, insoluble dans les acides minéraux étendus, et dans les acides organiques concentrés, mais les alcalis même étendus la modifient complètement et permettent le détachement des fibres. M. Tortelli, (Laboratorio delle Gabelle, 1897, p. 59-106) a donné une étude complète des propriétés physiques et chimiques de cette nouvelle fibre.

6° *Laine chlorée.* — La laine est susceptible de recevoir, comme le coton, un brillant soyeux et du craquant, mais par des procédés très différents ; ils reviennent tous à un traitement de la matière, par la solution d'un halogène (chlore ou brome).

La proportion entre le poids de la laine et le chlore mis en présence est un des points importants de l'opération. Cette proportion varie sensiblement de 2 à 5 p. 100 du poids de la laine en chlore gazeux sec (correspondant à 20 à 50 grammes de chlorure de chaux par kilogramme de laine).

Un autre point non moins important est la nécessité de mettre en contact, aussi rapidement que possible, toute la masse de laine soumise en traitement, avec la quantité de chlore qui lui est affectée ; c'est ce qu'on est encore loin d'obtenir régulièrement dans la pratique industrielle.

Les principaux procédés de chlorage de la laine sont :

a) Le procédé au chlorure de chaux ; le bain employé est à 10-15 grammes par litre ; la laine y prend un ton jaune, qu'on peut faire disparaître en la passant 20 à 30 minutes, à 50 degrés, dans un bain contenant 10 p. 100 de bisulfite de soude à 36 degrés Bé. et rinçant ensuite. Si l'on veut alors donner le toucher craquant de la soie, on savonne à 60 degrés environ dans un bain contenant 5 grammes de savon blanc par litre de bain.

b) Le procédé au chlore, qui peut se faire de deux façons : soit en envoyant le chlore gazeux sur la laine humide (Brevet des Farbwerke de Hœchst) soit en employant de l'eau de chlore contenant de 1 à 3 litres de chlore gazeux à la température ordinaire.

c) Le procédé au brome (brevet Kœth) qui est analogue et donne les mêmes résultats.

d) Le procédé *Cload*, repose sur les mêmes bases que le procédé au chlorure de chaux, il n'en diffère que par le mode de réduction et a l'avantage de ne pas colorer la laine (Brevets Cload et Cⁱᵉ, à Langensalze, Thuringe). La laine jaunie est trempée dans un bain réducteur composé de : chlorure stanneux (sel d'étain) 500 grammes ; acide chlorhydrique à 22° Bé, 4 litres ; eau 800 litres, et porté à la température de 40°-50°.

e) Le procédé *Stobbe* effectue le chlorage de la laine dans un bain de chlorure de soude, et traite ensuite par l'acide sulfurique en solution aqueuse, ou finit par un soufrage.

Jusqu'à présent, on ne s'est guère servi du chlorage de la laine que pour obtenir, à l'impression des nuances plus foncées et coûtant moins, vu l'affinité de la laine ainsi traitée pour les colorants ; voir communication de M. Léo Vignon à l'Académie, 1906, sur le chlorage de la laine.

7° *Fils de pâte de bois.* — La pâte de bois sert à la fabrication des soies artificielles, à celle des cotons artificiels, etc. On l'utilise encore dans la production directe de fils grossiers destinés à des fabrications spéciales telles que tentures et tissus d'ameublement, sacs, toiles d'emballage, etc.

Il existe deux sortes de fils de pâte de bois :

La *xyloline* (du procédé Claviez), à peu près abandonnée, produite en découpant de minces bandelettes de papier de bois ; celles-ci, à leur tour, étaient passées dans une machine spéciale qui leur donnait de la torsion en les gommant légèrement.

La *silvaline* (du procédé Kellner et Turk et du procédé Kron). Ce genre de fils, au lieu d'être préparé à l'aide du papier de bois, est formé en faisant passer directement la pâte de bois sur une toile métallique cannelée, formant ainsi immédiatement des lamelles ou rubans très minces qui, de la toile cannelée, vont directement sur la machine à donner la torsion pour être aussitôt transformées en fils.

Les fils de pâte de bois peuvent être obtenus en différents numéros ; mais on fait plutôt des gros numéros que des fins. Leur résistance dynamométrique à l'état sec, comparée au jute et au coton, est : jute = 100 ; coton = 135 ; silvaline = 35 40 et 55 au maximum.

L'emploi des fils de pâte de bois, qui à l'état sec, ont une résistance passable, sera toujours limité, parce qu'à l'état humide, ces fils n'ont plus aucune résistance. On a cherché à remédier à cet état de choses en rendant le fil imperméable, mais on n'y a pas encore réussi. Il est d'ailleurs rare qu'on fabrique des tissus rien qu'avec ce genre de fils ; ces derniers peuvent être employés comme chaîne et comme trame, mais principalement comme trame. On peut aussi intercaler ou retordre ces fils avec d'autres, ainsi on a fait des essuie-mains en intercalant des fils de pâte de bois avec des fils de chanvre ; et, paraît-il, ils donnent à l'usage des résultats satisfaisants. Ces tissus mixtes peuvent très bien être lavés, teints et imprimés ; le fil de pâte de bois reprend en séchant sa résistance primitive.

8° *Effets à jours sur tissus et broderies chimiques*. — Les différents procédés de production artificielle d'étoffes à jours ressortent du domaine de l'épaillage chimique. Ils s'appliquent avant tout aux tissus mixtes, laine et coton ou soie et coton. Ces articles, presque tous de fabrication roubaisienne, peuvent être produits en réservant dans la fabrication des étoffes mixtes des dessins, sujets, etc., en coton ; le tout est ensuite teint en couleurs résistantes aux acides, sans tenir compte du coton, puis soumis à l'épaillage chimique. Le coton est détruit, et il ne reste que le fond en laine ou en soie. Grâce à cette méthode, on obtient des tissus à jour d'une finesse telle qu'il leur serait impossible de supporter les opérations du dégorgeage et de la teinture.

Un autre procédé consiste à imprimer un tissu de couleur laine et coton avec une réserve chimique convenablement choisie, par exemple (amidon et kaolin), puis on plaque le tout en chlorure d'aluminium pour lui faire subir l'épaillage chimique. On réalise ainsi des dessins pleins sur fonds à jours, les parties imprimées ayant seules résisté à l'action du réactif.

On peut aussi pratiquer l'opération inverse, c'est-à-dire imprimer sur le tissu mélangé du chlorure d'aluminium épaissi et, après dessiccation passer la pièce à l'étuve à carboniser.

L'épaillage est aussi appliqué aux broderies de laine ou de soie qu'on exécute sur tissu de coton. Les sujets sont disposés de manière à être tous reliés entre eux et à pouvoir se soutenir après que le fond végétal a disparu.

On fait encore subir l'épaillage à des articles tissés avec des fils mélangés, par exemple à des tricots de bourre de soie, laine et coton, destinés à la confection de gilets à porter sous les vêtements. Ces tricots, une fois épaillés, ont beaucoup plus de douceur et de souplesse qu'auparavant, les mailles se trouvant moins serrées.

On a essayé de produire des effets de découpage chimique sur des étoffes unies de laine, en y imprimant par endroits une lessive de soude caustique concentrée et épaissie ; après séchage à température relativement élevée, on vaporise sous pression pendant un assez long temps, puis on lave à fond et l'on neutralise ensuite en bain acide. Les endroits imprimés sont découpés assez nettement, surtout si les motifs sont suffisamment larges. Après rinçage, les lisières des découpages se trouvent d'elles-même rebordées par un très léger ourlet formé par la fusion des fibres sur les bords, sous l'influence de l'alcali.

Ce même procédé peut également être appliqué aux étoffes de coton, mais en sens inverse, c'est-à-dire par l'action d'un acide ou d'un produit dégageant un acide par élévation de température (chlorure d'aluminium, de magnésium ou de zinc). La grande difficulté consiste à maintenir le tissu découpé sans qu'il s'effiloche, attendu qu'il ne s'y forme pas de bourrelet comme dans les étoffes de laine.

9° *Effets de crépage.* — Ce genre de crépage peut être obtenu de plusieurs façons :

Pour les tissus pure soie, laine-soie ou soie-coton, on imprime en bandes l'étoffe avec une solution de chlorure de zinc à 35°-40° Bé, épaissie avec de la dextrine ou de la gomme. On la suspend ensuite quelques heures dans une étuve chauffée à 25°-30°, jusqu'à ce que l'effet voulu de rétrécissement et de crépage soit obtenu.

Pour les étoffes de coton, ou bien on imprime directement la soude caustique à 35°-40° Bé sur les étoffes sans épaississant ; immédiatement après l'impression ou, si le tissu est assez épais, après vaporisage, ou bien, on imprime une solution de gomme (à 300 grammes environ par kilogramme de bain), additionnée ou non de glycérine (50 à 100 grammes par kilogramme de bain). Après séchage, on foularde à froid dans la soude caustique à 30° Bé ; celle-ci ne pénètre pas les endroits imprimés, tandis qu'aux endroits non imprimés, l'étoffe se rétrécit et forme des bouillonnés. Au sortir de la soude caustique, le tissu reçoit un passage à l'air sur un rouleau et glisse sur la paroi inclinée d'un plancher où il se dispose en plis.

CHAPITRE XXVIII

ALCALOIDES NATURELS

Généralités. — On désigne sous le nom d'alcaloïdes naturels des composés basiques qui existent dans les végétaux. Leur constitution est encore peu connue ; en général, ils contiennent tous de l'azote, et semblent se rattacher au type ammoniaque ; certains d'entre eux dérivent nettement de la pyridine ou de la quinoléine.

L'existence de composés basiques, dans les tissus végétaux, a été reconnue par *Sertuener* en 1817, qui isola la *morphine* de l'opium. Cette découverte avait été préparée par les travaux de *Beyle*, de *Berthollet*, de *Derosne* 1802, et de *Seguin*, 1804, sur la même question. En 1806, Vauquelin avait isolé la *daphnine* en lui attribuant des propriétés alcalines.

Cette observation fondamentale sur la nature chimique de ces composés étant faite, la découverte d'autres alcaloïdes ne se fit pas attendre. Les alcaloïdes de l'aconit, de la ciguë, de la belladone, furent isolés par Brandès ; l'émétine de l'ipéca, par *Pelletier*. La strychnine et la brucine de la noix vomique par *Caventou* et *Pelletier* 1819. L'année suivante, ces savants découvrent la quinine du quinquina et peu après la vératrine des colchicacées. Puis, apparurent successivement : la delphine, *Lassaigne* ; la caféine, *Runge* ; l'atropine, *Mein* ; l'aconitine, *Geiger* et *Hesse* ; la conicine, *Giesecke* ; la nicotine, *Possell* et *Reimann*, 1829 ; les bases pyridiques et quinoléiques, *Hoffmann*.

Origine. — Les alcaloïdes n'existent en quantité appréciable que dans un nombre relativement peu élevé de plantes, appartenant généralement à la famille des *Dicotylédones*. On les rencontre surtout dans les racines, les fruits, les écorces, les graines. Ils s'y trouvent à l'état de sels solubles ou insolubles, en combinaison avec les différents acides végétaux. Les plantes à alcaloïdes appartiennent généralement aux familles suivantes : Papavéracées, Rubiacées, Apocinées, Solanées, Renonculacées, Berbéridées, Loganiacées. La plante contient souvent plusieurs alcaloïdes. Les plantes tropicales à alcaloïdes n'en produisent souvent plus dans nos serres.

Le Dr. Feldhaus (Arch. d. Pharm., 1905) a montré que la majeure partie des alcaloïdes du datura stramonium se trouvent souvent dans les cellules du parenchyme, au voisinage des points végétatifs : Ce sont le pistil et la graine arrivés à maturité qui en renferment le plus.

Extraction des alcaloïdes. — Le procédé général d'extraction des alcaloïdes consiste à traiter la matière première, par un acide étendu d'acide chlorhydrique, acetique ou tartrique, de manière à obtenir l'alcaloïde à l'état de sel soluble. La liqueur filtrée est ensuite additionnée de chaux en poudre, pour mettre la base organique en liberté. On épuise alors par le chloroforme ou l'éther qui sont de bons dissolvants des alcaloïdes.

Si l'alcaloïde existe déjà dans la plante à l'état de sel soluble, il suffit de traiter par l'eau et d'isoler l'alcaloïde au moyen de carbonate de soude. On le purifie par dissolution dans l'alcool.

Propriétés physiques. — Les alcaloïdes ont une saveur âcre et amère, une odeur ammoniacale. Ils sont généralement solides et cristallisables ; ils ne sont pas alors distillables sans décomposition et ils contiennent outre C, H, et N, de l'oxygène. Au contraire ceux qui sont liquides, nicotine, conicine. etc., sont volatils et ne contiennent pas d'oxygène. Ils sont peu solubles dans l'eau, mais très solubles dans l'alcool bouillant, plusieurs solubles également dans l'éther, le chloroforme, le sulfure de carbone, la benzine, les huiles grasses.

Les alcaloïdes ont une action sur la lumière polarisée ; tous sont lévogyres, sauf la cinchonine et la quinidine qui devient à droite.

Propriétés chimiques. — Les alcaloïdes sont des bases tertiaires, bleuissant le tournesol qui s'unissent aux acides et donnent des sels par union directe sans élimination d'eau. Les sulfates, nitrates, acétates et chlorhydrates sont solubles ; les oxalates, gallates et tannates sont insolubles. C'est la cause de l'emploi du tannin et du thé comme contrepoison des alcaloïdes.

La lumière altère les alcaloïdes et facilite l'oxydation à l'air.

La chaleur amène des transformations isomériques dès la température de 120°-130° ; au delà, ou en présence d'alcali caustique, il y a dégagement d'ammoniaque, avec production d'amines, de méthylamine, triméthylamine, et de bases pyridiques et quinoléiques.

Le chlore et le brome donnent des produits de substitution. L'iode donne des iodobases peu solubles dans l'eau, souvent cristallisables et caractéristiques.

Les oxydants comme l'acide azotique étendu, l'acide chromique, le permanganate de potasse transforment les alcaloïdes en termes plus simples, avec formation d'acides pyridines carboniques.

Eu égard à l'action du tannin et de l'iode sur les alcaloïdes, les produits qui renferment du tannin ou de l'iode sont contre-indiqués dans les ordonnances médicales à base d'alcaloïdes.

Réactions. — Les *réactifs généraux* qui permettent de caractériser les alcaloïdes, soit en donnant des précipités, soit en déterminant des colorations sont les suivants :

le *tannin* donne des précipités peu solubles, se dissolvant dans un excès de réactif.

Les chlorures de platine, d'or, de mercure, donnent des précipités insolubles de chloroplatinates, chloro-aurates, du chloromercurates, de l'alcaloïde. Analogie avec l'ammoniaque.

Les iodures doubles de potassium et de mercure, de potassium et de cadmium, ou de bismuth, sont des réactifs assez employés.

Les acides phosphomolybdique, phospho-tungstique, phospho-antimonique, donnent des précipités insolubles. Le précipité jaune obtenu avec l'acide phosphomolybdique, abandonne l'alcaloïde lorsqu'on le traite ensuite par la baryte.

L'acide picrique donne des précipités insolubles (Popott) ; seul le picrate de strychnine est caractéristique au microscope, *E. Pozzi-Escot* (C. R., 1901).

Comme réactifs spéciaux : Le perchlorure de fer donne avec la morphine une coloration bleu foncé, disparaissant en présence d'acide libre. Le chromate de K, donne avec la cocaïne un précipité jaune citron. Le vanadate d'ammonium pour la narcotine, coloration rouge. L'acide chlorhydrique puis l'ammoniaque, pour la quinine, coloration verte. Le ferrocyanure de K, pour la cinchonine, précipité floconneux. L'acide sulfurique et le péroxyde de plomb pour la strychine, coloration rouge. L'acide nitrique concentré pour la brucine, coloration rouge. Le brome pour la digitaline en présence de SO^4H^2, coloration rouge pourpre.

Propriétés physiologiques des alcaloïdes et applications en thérapeutique. — Les alcaloïdes sont tous des poisons, d'une violence souvent considérable ; à dose très faible, ils produisent des effets spéciaux qui sont très employés en médecine.

On déterminera l'intensité de ces propriétés par un essai chimique, ou lorsque celui-ci ne peut pas donner d'indications suffisamment nettes par un essai physiologique sur un animal : lapin, grenouille, chien pour l'extrait de chanvre indien, l'aconit, la digitale ; coq pour l'ergot de seigle.

On peut rattacher les actions physiologiques exercées par les alcaloïdes aux principaux types suivants :

Narcotiques. — Telle la morphine et les autres alcaloïdes de l'opium. Ils agissent sur le cerveau et sur la moëlle allongée, produisent à dose faible une ivresse spéciale, et à dose plus forte, de la somnolence, la stupeur, l'insensibilité, la paralysie, le coma, la mort.

Narcotico-âcres. — Telles la nicotine et les autres alcaloïdes des tabacs, l'aconitine. A l'action narcotique, analogue à la précédente, se joint une action irritante localisée, mais moins intense que l'influence narcotique.

Vireuses. — Telle l'atropine. Irritation du tube digestif, dilatation énorme de la pupille, périodes alternantes de délire gai ou furieux et de prostration.

Tétaniques. — Telle la strychnine. Elles agissent principalement sur la moelle épinière. Action déprimante sur les nerfs sensitifs, actions excitantes sur les nerfs moteurs. Accès d'épouvantables convulsions suivis de coma.

. *Paralysants.* — Telle la curarine. Action paralysante sur les nerfs moteurs; abolition de l'action musculaire.

Régulateurs. — Telle la digitaline. Action sur les muscles par excellence sur ceux du cœur.

Toniques. — Telles la caféine, la cocaïne, la quinine soutiennent les forces musculaires. Quelques-uns jouissent en même temps de propriétés anesthésiques, sauf la caféine.

Le Journal de pharmacie, 1877, a reproduit les tableaux suivants qui indiquent les doses maxima des alcaloïdes susceptibles d'être ordonnées en 24 heures : Aconitine, 1/4 mg à 2 mg ; ésérine, id ; curarine, id ; daturine 1/2 à 3 mg ; nicotine, id ; atropine, 1 à 4 mg ; hyosciamine, 2 à 5 mg ; digitaline, 2 à 10 mg ; vératrine, sulfate de strychnine, 1 à 3 cg ; morphine et sels, conicine ou cicutine, 2 à 10 cg ; narcéine, 3 à 15 cg ; santonine, 5 à 30 cg ; caféine, 20 à 50 cg.

Classification. — Elle peut être physiologique, végétale ou chimique· Nous venons de voir une classification d'après l'action physiologique. On peut aussi ranger les alcaloïdes, d'après les familles de plantes qui leur donnent naissance; s'y rattachent étroitement leurs propriétés thérapeutiques. Quoique leur constitution soit encore peu connue, on peut aussi les grouper suivant la nature des alcaloïdes artificiels ou des hydrocarbures auxquels ils se rattachent. On obtient ainsi dix groupes principaux : 1° groupe de la pyridine, conines droites gauches et inactives, conhydrine et conicéine, bases de la ciguë ; nicotine, spartéine, trigonelline, pipérin. Pilocarpine et jaborine du jaborandi, la cytisine, chrysanthémine, Atropines, hyocyamine, scopolamines, pseudo-hyoscyamine, mandragorine, qui proviennent des solanées. Alcaloïdes de la coca : cocaïne, benzoyl et cinnamylecgonines, cinnamylcocaïnes, truxillines, tropacocaïnes, hygrines. Alcaloïdes de la racine de grenadier : pelletiérine et dérivés ; 2° groupe de la quinoléine. Alcaloïdes des quinquinas : quinine, quinidine, cinchonine, cinchonidine, hydrocinchonine, etc. Les Alcaloïdes des strychnées : strychnine et brucine, alcaloïdes du curare ; 3° Groupe de l'isoquinoléine. Alcaloïdes de de l'*hydrastis Canadensis* , hydrastine, canadine et berbérine. Alcaloides des berbéridées, du *Corydalis bulbosa.* Papavérine, narcotine, narcéine. hydrocotarnine, gnoscopine et oxy-narcotine qui proviennent de l'opium ; 4° Alcaloïdes du groupe du phénanthrène. Morphine, codéine, thébaïne et les autres alcaloïdes de l'opium ; 5° alcaloïdes du groupe de la purine. Caféine, théophylline, théobromine ; 6° alcaloïdes de constitution inconnue. Elles comprennent la muscarine des cryptogames ; les alcaloïdes des conifères, des colchicacées, de la cévadille ; cévadine et vératrine, de l'ellébore blanc, des apocynées, des légumineuses, des rutacées, des papavéracées, des renonculacées.

*
* *

Nous allons étudier successivement les principaux alcaloïdes de l'opium, des tabacs, de la belladone, des strychnées, des ombellifères, des quinquinas.

Nous donnerons ensuite un tableau alphabétique de tous les principaux alcaloïdes.

Alcaloïdes de l'opium.

— L'*opium* est le latex ou suc épaissi du pavot blanc, papaver somniferum. Il est tiré d'Orient et de l'Inde. L'opium de bonne qualité renferme les alcaloïdes suivants : morphine, 10 à 15 pour 100 ; narcotine 6 ; papavérine 1 ; codéine, 0,3 ; thébaïne 0,15 ; narcéine 0,02.

L'opium le plus estimé est celui de Smyrne, avec 10 à 15 pour 100 de morphine. Celui de Constantinople en renferme 7 à 11 pour 100. Celui d'Egypte qui est le moins estimé, 2 à 5 pour 100 et autant de narcotine. L'opium de l'Inde renferme 2,5 à 5 pour 100 de morphine et 4 à 6 de narcotine ; l'opium de Perse contient peu de morphine, et beaucoup de narcotine.

Parmi ces alcaloïdes, les uns sont des soporifiques modérateurs des réflexes ; par intensité d'action, la morphine, la narcéine, la codéine ; les autres des convulsivants : thébaïne, papavérine, narcotine, la narcéine, la morphine, la codéine ne viennent qu'ensuite, à ce point de vue. C'est la cause pour laquelle les effets thérapeutiques de l'opium sont moins sûrs que ceux de la morphine. Au point de vue de leurs effets toxiques, ils se rangent : thébaïne, codéine, papavérine, narcéine, morphine, narcotine.

La valeur de l'opium dépend de sa richesse en morphine.

L'eau enlève à l'opium un peu moins de 50 pour 100 de substance soluble. L'extrait aqueux d'opium est donc deux fois plus riche en morphine que l'opium.

L'opium est un des médicaments les plus précieux. A petite dose, il agit comme calmant et soporifique ; à dose plus forte, il excite les sens et plonge dans une ivresse spéciale ; à dose élevée, c'est un poison narcotique, qui amène, une demi-heure après l'ingestion, de la stupeur dont l'intensité peut aller jusqu'au coma et à la *mort*.

En cas d'empoisonnement par l'opium et d'une façon générale par les narcotiques, on cherchera tout d'abord à éliminer le poison en faisant vomir ; on luttera contre l'effet des portions entrées dans l'organisme, en faisant prendre une solution de tannin ou une solution d'iode dans l'iodure de potassium à 0,3 gr. par litre d'eau. Pour combattre les effets physiologiques, on fera prendre du café et on soumettra le malade à des frictions énergiques. En thérapeutique, les préparations opiacées sont prescrites souvent à doses minimes, pour combattre les insomnies, pour calmer les douleurs, pour diminuer l'exaltation de la sensibilité qui accompagne souvent certaines maladies chroniques. Elles rendent de très grands services dans les névroses ; dans les maladies aiguës ou chroniques, soit de l'appareil respiratoire, soit de l'appareil digestif. Il ne faut jamais oublier dans leur emploi que l'enfance y est particulièrement sensible, et nécessite une grande circonspection; en second lieu que leur emploi continu coupe l'appétit, occasionne la constipation et peut même mener jusqu'au marasme.

Les préparations opiacées sont encore utilisées en association avec des remèdes qui seraient difficilement supportés autrement.

Les principales préparations opiacées employées en thérapeutique sont : l'extrait d'opium, le sirop diacode, les pilules de cynoglosse, la poudre de Dower, de diascordium, l'élixir parégorique, les gouttes noires des Quakers, le laudanum de Rousseau et celui de Sydenham.

L'extrait d'opium est la préparation la plus souvent prescrite, sous forme de pilules de 1, 3 et 5 centigr. et sous forme de *sirop d'opium* à 2 grammes d'extrait pour un litre de sirop de sucre ; le sirop est très employé dans les potions à la dose de 20 grammes qui correspondent à 4 centigrammes d'extrait. La teinture thébaïque, 10 gr. d'extrait dissous dans 120 gr. d'alcool à 60° est moins souvent employée.

Le *sirop diacode* renferme 50 centigr. d'extrait par litre de sirop de sucre. Il est très employé aussi dans les potions calmantes à la dose de 20 gr. qui correspondent à 1 centigr. d'extrait.

Les *pilules de cynoglosse* à l'extrait d'opium renferment en outre des semences de jusquiame, de la myhrre, de l'oliban, du safran, du castoréum, du sirop de miel. Une pilule de 20 centigr. contient 2 centigr. d'extrait.

La *poudre de Dower* est une poudre complexe : d'opium 1 p., d'ipéca 1 p., de nitrate de potassium 4 p., de sulfate de potassium 4 p. ; 50 centigr. renferment 5 centigr. d'opium. C'est la dose journalière ordonnée comme calmant ou comme diaphorétique. On l'associera à la magnésie calcinée pour combattre les douleurs stomachales.

Le *diascordium* est un mélange complexe. C'est un remède excellent contre la diarrhée, et il devrait être employé plus souvent qu'il ne l'est, dans ce but, seul ou associé au sous-nitrate de bismuth. La dose moyenne est de 5 gr. qui correspondent à 3 centigr. d'extrait.

Les *gouttes noires des quakers* sont une décoction d'opium, avec un peu de noix muscade et de safran. La goutte représente la moitié de son poids d'opium ou le quart d'extrait. Dose : 2 à 6 gouttes contre les névralgies de l'estomac.

L'élixir parégorique se prépare en faisant digérer pendant 8 jours dans 650 gr. d'alcool à 60°, 3 gr. d'extrait d'opium sec, 3 gr. d'huile d'anis et 2 gr. de camphre ; la dose journalière est d'une vingtaine de gouttes.

Le *laudanum de Sydenham*, se prépare avec opium 200 gr., safran 100 gr., cannelle 15 gr., girofle 15 gr., vin de grenache 1600 gr., 20 gouttes pèsent 1 gr. et équivalent à 5 centigr. d'extrait. Cette préparation opiacée est très employée à l'intérieur à la dose de 10 à 20 gouttes, contre la diarrhée ou pour calmer les névralgies de l'estomac. Elle très employée aussi à l'extérieur pour recouvrir les cataplasmes.

Le *laudanum de Rousseau* préparé avec opium 200 gr., miel blanc 600 gr., levure de bière 40 gr., alcool à 60° 200 gr., eau 3.000 gr., jusqu'à réduction à 800 gr. est aussi très employé en potions à la dose de 5 à 10 gouttes. 4 gr. correspondent à 1 gr. d'opium.

Alcaloïdes des tabacs. — Le principal de ces alcaloïdes est la nicotine. Sa proportion est très variable. D'après Schlœsing, 100 parties de tabac sec renferment 7,96 ; 7,34 ; 6,58 ; 6, 59 ; 4, 94 ; 3, 21 ; 6, 87 ; 2, 20 ; 2, 00 de nicotine, pour les tabacs provenant du Lot, du Lot-et-Garonne, du Nord, de l'Ille-et-Vilaine, du Pas-de-Calais, de l'Alsace, de Virginie, de Maryland, de la Havane. Les tabacs les plus riches en nicotine servent à la fabrication des tabacs en poudre.

Les jus de tabacs sont employés contre les parasites (Voir Nicotine).

Alcaloïdes des solanées vireuses. — La belladone, atropa belladonna, donne l'atropine ; les jusquiames, hyoscyamus niger, donnent l'hyoscyamine ; la stramoine ou datura stramonium donne la daturine.

L'action de ces quatre végétaux est analogue ; l'intensité seule est différente. La stramoine est la plus active, puis vient la belladone ; la jusquiame est la moins active. On les emploie comme calmants, antinévralgiques et antispasmodiques, et pour obtenir la dilatation de la pupille.

La teinture de belladone préparée avec 100 gr. de feuilles pour 500 gr. d'alcool à 60°, et le sirop de belladone à 75 gr. de teinture pour 925 gr. de sirop de sucre sont prescrits dans les toux d'irritation, la coqueluche, les angines, et pour prévenir la scarlatine. La dose est de 5 décigr. pour la teinture. Elle doit être diminuée de moitié avec la stramoine et doublée avec la jusquiame. La pommade à la belladone, 3 gr. extrait pour 24 gr. d'axonge, est un fondant utile contre les adénites, les lymphagites, les tumeurs blanches, les engorgements, et les spasmes et névralgies.

Le *baume tranquille*, si employé en frictions pour combattre les douleurs rhumatismales, est à base de belladone. Voici sa composition : Feuilles de belladone 200 ; feuilles de jusquiame 200 ; morelle 200 ; nicotine, 200 ; pavot, 200 ; stramonium, 200 ; huile essentielle d'absinthe, d'hysope, de marjolaine, de menthe, de rue, de sauge, de thym, de romarin, 50 centigr. de chacune de ces essences ; huiles d'olive 5000.

Les feuilles sèches de stramoine forment la base des cigarettes antiasthmatiques.

Alcaloïdes des strychnées. — Certaines graines de strychnées comme la fève de Saint-Ignace et la noix vomique ; des écorces, comme celle de fausse angusture ; des racines, comme le bois de couleuvre, enfin l'apas tienté, poison préparé par les indigènes de Bornéo avec une écorce de strychnée renferment deux alcaloïdes, la *strychnine* et la *brucine*, alliés à l'acide igasurique et découverts par Pelletier et Caventou 1819, et parfois un troisième l'igasurine, découverte par Desnoix, 1854. La noix vomique contient les trois alcaloïdes, l'écorce de fausse augusture contient surtout de la brucine, la fève de Saint-Ignace n'en renferme que très peu.

Ces alcaloïdes sont des poisons tétaniques extrêmement violents et sans contrepoison. Ils sont pourtant utilisés dans les paralysies, les gastralgies par atonie, les ophtalmies graves, et contre le delirium tremens.

La teinture alcoolique de noix vomique, préparée avec $1°/_0$ de noix vomique et 8 p. d'alcool à 88° est parfois employée à la dose de 5 dcg. par potion. Dans les cas de gastralgie et d'anémie stomachale, on recourt fréquemment aux *gouttes amères de Baumé*, préparées en faisant digérer au bain-marie pendant une quinzaine de jours 500 gr. de fève de St Ignace avec 5 gr. de carbonate de potasse et 1 gr. de suie dans 1.000 gr. d'alcool à 60°. Exprimez et filtrez. 1 à 8 gouttes au plus avant le repas.

Alcaloïdes des ombellifères. — Le principal est la cicutine ou conicine, qu'on retire de la grande ciguë.

Alcaloïdes des quinquinas. — Les quinquinas sont les écorces d'arbres qui croissent dans les Cordillères des Andes ; elles furent introduites en Europe en 1640 sous le nom de poudre de la comtesse parce que la comtesse del Cinchon, femme du vice-roi du Pérou, avait été guérie par elles de la fièvre. Leurs propriétés fébrifuges sont dues à plusieurs alcaloïdes dont les deux principaux, la quinine et la cinchonine, ont été découverts en 1820 par Pelletier et Caventon. On distingue les quinquinas gris, avec une forte proportion de cinchonine et peu de quinine. Les quinquinas jaunes riches en quinine ; les quinquinas rouges renfermant une proportion encore forte de quinine et de cinchonine. Ce sont là les quinquinas à proprement parler officinaux. Les quinquinas blancs renferment très peu de cinchonine, et les quinquinas faux ne renferment ni quinine, ni cinchonine. 1 kg. d'écorce de quinquina gris, rouge ou jaune, fournit 6 gr. à 32 gr. de sulfate de quinine et 12 gr. à 6 gr. de cinchonine.

Outre la quinine et la cinchonine, les écorces de quinquinas renferment encore, combinées avec de l'acide quinique et de l'acide quinotannique, deux autres alcaloïdes naturels, la quinidine et la cinchonidine. Ces quatre alcaloïdes sont cristallisables ; ils peuvent se transformer en formes incristallisables qui sont la quinicine et la cinchonicine. On connaît donc deux groupes d'alcaloïdes naturels :

1° la quinine, la quinidine, la quinicine $C^{20}H^{21}N^2O^2$.

2° la cinchonine, la cinchonidine, la cinchonicine $C^{19}H^{22}N^2O$.

Ces deux groupes sont étroitement reliés ensemble, car la quinine est la méthylcinchonine.

Les quinquinas et son principal alcaloïde, la quinine et ses sels, sont le remède spécifique des fièvres intermittentes simples, ils sont bons également dans les cas de fièvres pernicieuses, à condition d'un emploi rapide. Ils sont utiles, contre le rhumatisme aigu, l'influenza etc. Les préparations de quinquinas sont en outre d'excellents toniques.

Les meilleures préparations de quinquina sont : la poudre, l'extrait mou, l'extrait alcoolique ou quinium et le vin. Il ne faut pas acheter d'extrait fluide et il est prudent de préparer soi-même son vin avec l'extrait mou.

La *poudre de quinquina* doit être préparée de préférence avec le quinquina jaune royal. C'est un fébrifuge excellent à la dose de 4 gr. à 12 gr. par jour, délayée dans du vin vieux. Comme tonique, la dose est de 2 décigr. à 2 gr.

L'*extrait mou de quinquina* jaune est deux fois plus actif que le gris ; il coûte d'ailleurs le double. Dose 5 décigr. à 1 gr. comme tonique. Il servira à préparer le vin, 10 gr. pour un litre.

L'extrait alcoolique de quina à la chaux titré ou *quinium* de Labarraque renferme le tiers de son poids des sulfates de quinine et de cinchonine. On l'emploie en pilules à la dose de 1, 5 gr. contre les accès de fièvre ; une cuillerée à café dans un peu d'eau comme tonique ou sous forme de vin contenant 4, 5 gr. de quinium pour 1000 gr. C'est une excellente préparation à la dose de 100 gr. comme fébrifuge ou 30 gr. comme reconstituant.

Le *vin de quinquina* se prépare en faisant macérer 50 gr. de quinquina gris ou 25 gr. de caligaya rouge ou jaune dans 100 gr. d'alcool à 60° et 1000 de vin rouge, on prend aussi 10 gr. d'extrait mou jaune. C'est un excellent tonique à la dose de 50 à 150 gr. par jour.

Tableau alphabétique des principaux alcaloïdes [1]

Aconitine. — $C^{33}H^{43}NO^3$. Retiré de l'aconit napel par *Groves* et *Duquesnel*. Les alcaloïdes de l'aconit ont été étudiés par Dunstan et Henry (Chemical S., 1905). Poison narcotico-âcre elle provoque également la suffocation et les vomissements. Utilisé à la dose de 0,1 à 0,5 milligrammes pour combattre les maux d'yeux et d'oreilles, les névralgies faciales, la céphalalgie ; elle facilite les fonctions de la peau. L'alcoolature d'aconit est fréquemment indiquée dans les cas d'angine, de grippe, de catarrhes, de bronchites, de coqueluche, de rhumatismes, de fièvres éruptives. Les racines et les feuilles de l'aconit napel, plante des montagnes, sont utilisées surtout en alcoolature, préparé par macération des feuilles dans poids égal d'alcool à 90° : 1 gr. par potion, ou des racines, dans poids égal d'alcool à 40° : 1 à 5 gr. par jour.

Aricine ou *cinchovaline.* — Découvert en 1829, dans le quinquina blanc d'Arica par *Pelletier* et *Corriol*, puis dans celui de Joën par *Mancini*.

Atropine. — Extrait de la racine sèche de belladone, atropa belladonna,

---

1. Nous y faisons figurer quelques substances, qui ne sont pas des alcaloïdes proprement dits, mais qui s'en rapprochent par leurs propriétés physiologiques.

et de la pomme épineuse ou datura stramonium, *daturine*, par épuisement
à l'alcool. Elle se présente en aiguilles solubles dans 300 p. d'eau froide,
très soluble dans l'alcool. La dose de 1 cg. détermine tous les accidents
graves des solanées vireuses. Elle est très toxique.

On l'emploie en médecine à l'état de sulfate neutre pour dilater la pupille
et résoudre les contractions spasmodiques des sphincters. La dose est de
1 mmgr. soit cinq à sept gouttes d'une solution de 20 cgr. dans 32 cc. d'eau.
On l'a également proposée contre les névralgies, le tétanos, l'épilepsie, les
rhumatismes articulaires et les fièvres éruptives. On l'emploiera avec grande
réserve en injections sous-cutanées (1 pour 100 d'eau). A l'extérieur, elle
rend de vrais services, sous forme de collyres, de pommades. Son agent
antagoniste est l'opium.

L'atropine donne par l'hydration de la *tropine* et de l'acide tropique. Les
tropines sont des alcalis-alcools.

On emploie aussi en collyres l'*homatropine* et la *mydrine* mélange d'homatropine et d'éphédrine.

Berbérine. — Le bois de *boscinum fenestratum* en renferme de 1,5 à 3,5
pour 100. La berbérine se présente en aiguilles jaunes brillantes qu'on
purifie par cristallisation dans l'eau. Elle est soluble dans la benzine et le
chloroforme. On l'emploie en médecine comme antipyrétique.

Brucine. — Elle existe dans la fausse augusture et la noix vomique, à
côté de la strychnine. La brucine se présente en cristaux efflorescents solubles
dans 500 p. d'eau bouillante, ou 850 p. d'eau froide. Elle est soluble dans
l'alcool, insoluble dans l'éther et les huiles grasses. Elle donne avec l'acide
azotique une coloration rouge caractéristique. Elle est cinq fois moins active
que la strychnine et est utilisée dans les mêmes cas ; paralysie saturnine,
paraplégie et hémiplégies consécutives à des attaques d'apoplexie.

Caféine ou théine. — Isolée du café, par Pelletier et Caventon, en 1821.
Elle est contenue dans les grains (0,9 pour 100) et les feuilles (1,2 pour 100).
Le thé de Chine en renferme 2 pour 100. La noix de kola en renferme
aussi 2,3 °/₀ environ. De même que les feuilles de coca, le mathé ou thé
du Paraguay en contient 0,5 à 1 p. 100 ; les semences de Paullinia sorbilis,
plus de 3 p. 100. Le café de la Grande-Comore (*Coffea Humblotiana*) ne
renferme pas trace de caféine. Les cafés sans caféine proviennent de
Madagascar ou d'îles voisines G. *Bertrand* (Comptes rendus, 1905).

La caféine est employée à la dose de 20 à 25 cg. contre la fatigue de la
marche, à la dose de 20 à 50 cg. comme diurétique pour combattre la
migraine, et à la dose de 1 gr. comme tonique du cœur; on a cru son
emploi inoffensif, mais elle ne s'élimine que lentement. D'après K. Zenetz
(1899), elle pourrait déterminer la mort subite par arrêt du cœur en systole.

Le *café* préparé par infusion ou à la vapeur (cafetière russe) contient
encore une partie de la caféine; le café turc, préparé par décoction, n'en
contient plus car la caféine s'est volatilisée. Ceci explique la différence de
ces deux préparations, au point de vue de l'action diurétique.

La caféine cristallise en longues aiguilles incolores et légères, perdant leur eau de cristallisation à 100°, fusibles à 178°, puis sublimant sans altération. Elle est peu soluble dans l'eau froide, plus soluble dans l'eau bouillante, dans l'alcool, très soluble dans l'éther. Elle se rattache à la série urique. Elle se volatilise en partie lors de la torréfaction du café, mais il en reste encore une quantité suffisante pour que l'usage du café soit un excitant et un diurétique, à interdire aux estomacs nerveux et que son abus soit nuisible. Les mangeurs de grains de café altèrent leur santé.

La caféine se mélange aussi à l'antipyrine en parties égales contre la migraine : *migrainine*. On emploiera des cachets de 5 cg. de chaque produit.

Comme hypnotiques, on emploie aussi l'éthoxycaféine et le chloral caféine, et pour l'anesthésie locale, la méthoxycaféine, en injections sous-cutanées.

Le kola, la coca sont surtout employés comme toniques, dans des vins simples ou composés avec le quinquina. Voir celui-ci.

Cicutine ou Conicine. — Alcaloïde de la grande ciguë, conium maculatum ; elle existe principalement dans les fruits. On l'extrait de ces derniers, en les distillant avec de la soude, après broyage. Sa synthèse a été réalisée par Schiff, 1872, par distillation sèche du butyraldéhyde-ammoniaque, ou en partant de l'apicoline. Ladenburg. C'est l'a-propylpipéridine. C'est un liquide incolore, oléagineux, à réaction nettement alcaline, d'odeur nauséabonde ; peu soluble dans l'eau, soluble dans l'alcool, l'éther, les huiles ; abandonné à l'air, il brunit et se résinifie. Il est mortel à la dose de 10 centigr. (Christison), 50 centigr. (Orfila). On sait que la ciguë était employée dans l'antiquité : c'est le poison de la mort de Socrate. Il agit principalement sur le système respiratoire et le cœur qu'il paralyse ; c'est un poison narcotique et la mort arrive par asphyxie.

Le bromhydrate de conicine est en aiguilles prismatiques incolores, d'une faible saveur et très solubles. Dujardin-Baumetz l'a recommandé dans le cas de toux convulsive, bronchite spasmodique, coqueluche, névralgies convulsives, laryngite, à la dose de 5 à 10 milligrammes par jour.

La *conhydrine* est de l'hydrate de conicine.

Cinchonine. — C'est, avec la quinine, le principal alcaloïde des écorces de quinquina. Un kg. d'écorce donne en moyenne de 5 à 10 gr. de sulfate de cinchonine, suivant l'espèce. La cinchonine cristallise en prismes, de saveur amère, fondant à 260°. Elle est insoluble dans l'éther et est lévogyre, deux propriétés qui la font distinguer facilement de la quinine. Elle n'est soluble que dans 2.500 p. d'eau bouillante, 30 p. d'alcool bouillant, 40 p. de chloroforme.

Le sulfate de cinchonine est employé comme fébrifuge. Il faut augmenter d'un tiers la dose correspondant au sulfate de quinine. Le sulfate a sur celui de quinine l'avantage de ne pas déterminer de bourdonnements d'oreilles, et d'être plus soluble dans l'eau.

Cinchonidine ou *h-cinchonine* (Schwabe). — Est isomérique avec la cinchonine. Elle se retire de la quinoïdine du commerce qui est le résidu de la préparation du sulfate de quinine. Le sulfate de cinchonidine a la même action que le sulfate de quinine. Le bromhydrate de cinchonidine est employé en injection hypodermique. A la dose de 20 centigrammes, deux fois par jour, il agit autant que 1 à 2 gr. de sulfate de quinine.

Cocaïne. — C'est une méthyl-benzoyl-ecgonine, s'extrait de l'*erythroxylon coca* (*Lossen*) dont les indigènes ont l'habitude de mâcher les feuilles pour s'aider à supporter la fatigue de la marche. Elle cristallise en prismes solubles dans l'eau et l'éther. C'est un anesthésique local dont l'effet dure de 5 à 6 minutes, très précieux pour les petites opérations chirurgicales. On l'emploie en solution à 1 pour 100, soit en lotionnant la partie à insensibiliser ou mieux en faisant une injection sous-cutanée. Dans ce cas, la dose est de 1 à 5 centigrammes. Les affections du cœur ou des voies respiratoires contrecommandent son emploi.

Voici d'après M. Magitot les conditions dans lesquelles doit se faire l'administration de la cocaïne :

1° La dose de cocaïne doit être proportionnelle à l'étendue de la surface à analgésier ; elle ne dépassera dans aucun cas 8 à 10 centigrammes, dose réservée aux grandes surfaces opératoires ; 2° elle ne devra jamais être employée chez les cardiaques, dans les maladies chroniques des voies respiratoires et chez les névropathes : 3° on devra éviter son introduction dans les veines ; 4° l'injection de cocaïne doit toujours être faite sur un sujet couché, sauf à le relever ensuite s'il s'agit d'une opération sur la tête ou dans la bouche ; 5° la cocaïne devra être d'une pureté absolue, certains alcaloïdes auxquels elle peut être mélangée étant d'une nature particulièrement toxique ; 6° l'introduction de la cocaïne devra être fractionnée de manière qu'une injection partielle faible sera suivie d'une suspension de quelques minutes pendant lesquelles on observera s'il se produit des effets toxiques ; cette première injection servira d'épreuve ; 7° ainsi employée d'une façon graduée et méthodique, la cocaïne présente sur le chloroforme, l'éther, etc., de grands avantages, et la durée de l'effet anesthésique est suffisante pour permettre presque toujours les opérations de la chirurgie ordinaire,

La cocaïne entre dans la composition de pommade contre les brûlures et le prurit ; de sirops de dentition, de poudre contre le coryza. Voici cette dernière : chlorhydrate de cocaïne 1 gr., camphre 4 gr., sous-nitrate de bismuth 30 gr.

La cocaïne peut être administrée à l'intérieur contre les gastralgies à doses assez élevées, 15 à 30 centigrammes par jour en deux fois.

La cocaïne donne les *ecgonines*, qui sont des alcalis alcools-acides.

Codéine. Découverte par Robiquet, 1832. C'est un éther méthylique de la morphine, *Grimaux*. Elle cristallise en gros octaèdres, fusible à 150°, solubles dans 80 p. d'eau à 15°, solubles dans l'alcool, l'éther, l'ammoniaque, mais à peine dans la potasse. La codéine possède les propriétés calmantes de la morphine, mais leur intensité est ici cinq fois moindre.

Employée contre la coqueluche, la gastralgie. Le sirop de codéïne renferme 20 cgr. de codéine pour 100 p. de sirop de sucre. C'est la potion calmante préconisée pour les enfants.

Colchicine. — C'est le principe toxique du colchique d'automne. Il abonde surtout dans les graines. La colchicine cristallise en fines aiguilles de saveur très amère, assez solubles dans l'eau, plus solubles dans l'alcool et l'éther.

C'est un poison drastrique, produisant une irritation du tube digestif, avec vomissements et évacuations alvines. A faibles doses, il agit comme diurétique, et est très employé de ce fait contre la goutte et les rhumatismes. D'après *Houdé* les doses maximum sont 4 milligrammes le premier jour, 3 le deuxième, 2 le troisième, 1 le quatrième et suspendre pendant 6 jours.

Curarine. — Principe actif du curare, poison sagittaire redoutable, employé par les naturels des vallées de l'Orénoque et de l'Amazone, pour leurs armes. Il abolit les nerfs moteurs. La curarine a été obtenue à l'état cristallisé par Preyer. On l'emploie contre le tétanos, en injection hypodermique.

Daturine. — C'est l'alcaloïde de la stramoine. Elle est trois fois plus active que l'atropine.

Digitaline. — Isolé de la digitale à l'état amorphe par Homolle et Guemma 1851. Nativelle l'a obtenue cristallisée. Elle existe principalement dans les graines de la digitale pourprée. On la retire des feuilles sèches. La digitaline cristallisée s'emploie à la dose de 1/10 à 3/10 de milligramme. Elle agit comme régulateur des mouvements du cœur et comme diurétique.

Quand on emploie la digitale, ou la donne surtout sous forme de poudre, 5 à 30 cg. en un jour, puis on attend l'élimination une quinzaine de jours avant d'en reprendre l'emploi. A haute dose, c'est un éméto-cathartique ; à faible dose un cathartique.

C'est une substance incolore, inodore, d'une saveur très amère, mais lente à se prononcer, par suite de son peu de solubilité dans l'eau. Elle est soluble dans l'alcool et le chloroforme.

La digitaline n'est pas un alcaloïde proprement dit, car elle ne renferme pas d'azote. C'est un glucoside.

Duboisine. — Alcaloïde du Duboisia myoporoïde. Propriétés voisines de celles de l'atropine. Utilisé dans les affections de l'œil.

Emétine. — C'est le principe actif de la racine d'ipécacuanha, préparé à l'état de pureté par *Pelletier* et *Magendie* en 1817.

L'émétine est une poudre jaunâtre, de saveur légèrement amère, peu soluble dans l'eau froide et l'éther ; davantage dans l'eau bouillante, très soluble dans l'alcool.

L'émétine à haute dose est un vomitif, à dose faible un vomiturif, à dose très faible un altérant des voies pulmonaires.

L'émétine administrée à la dose de quelques centigrammes, produit de violents vomissements. On ne l'emploie guère en thérapeutique, mais on utilise fréquemment la racine d'ipécacuanha pulvérisée, qui est très recommandable, à la dose de 1 gr. en trois prises à un quart d'heure d'intervalle ; on la mélange à l'émétique, soit 1 gr. d'ipéca et 5 cg. d'émétique.

L'émétine n'est pas un alcaloïde proprement dit.

Ecgonine. — Cristaux blancs, très peu solubles dans l'eau, solubles dans l'alcool ; employée comme mydriatique, ainsi que la propine, la scopoïne, l'eucaïne b, le mydrol, la thermine.

La méthyl-benzoyl-ecgonine est la *cocaïne*, anesthésique local. L'anesthésie est plus persistante avec l'eucaïne b ; l'eucaïne est un peu irritante.

Elatérine. — Principe actif du concombre purgatif, il est purgatif à la dose de 1 à 5 milligr. C'est un drastique.

Ergotinine. — C'est le principe actif de l'ergot de seigle, isolé par Tanret. (Compte rendus 1875). Sa formule est $C^{35}H^{40}N^4O^6$, *G. Bargeret* et *F.H.Carr*, 1906. Il agit sur les muscles constricteurs de l'utérus ; c'est un excellent hémostatique à la dose de 1/4 à 1/2 milligramme. Des doses plus fortes peuvent déterminer des vomissements.

Pour reconnaître le seigle ergoté dans la farine de seigle, on la lave à l'alcool bouillant et on ajoute quelques gouttes de SO^4H^2, lequel se colore en rouge brun plus ou moins foncé, s'il y a de l'ergot de seigle.

Erythrophéine — Extrait en 1876 de l'écorce d'un grand arbre, qui croit sur la côte occidentale d'Afrique : l'*Erythropheum guineense*.

C'est un poison violent, il agit sur le cœur. C'est le médicament de choix pour traiter l'hyperesthésie dentaire.

Esérine. — Alcaloïde retiré de la fève de Calabar qui contracte la pupille, à l'opposé de l'atropine. C'est un poison violent, l'antagoniste de la strychnine ; il déprime les fonctions du système nerveux et paralyse le cœur. On l'emploie contre le tétanos, les convulsions, la chorée, l'atonie du canal intestinal, à la dose de 1/2 à 2 milligrammes, et surtout en collyre dans les maladies des yeux.

Fumarine. — Alcaloïde du fumeterre, cristallise en prismes.

Hachischine. — Principe actif du chanvre indien, ou *hachisch* que le Orientaux mélangent au tabac pour se procurer une ivresse spéciale.

L'hachischine est la matière résineuse obtenue en épuisant les touffes de hachisch par l'alcool à 36° bouillant et précipitant par l'eau, la liqueur filtrée. La plante femelle non fructifiée possède seule une action thérapeutique.

La hachischine absorbée par la voie stomacale à la dose de 5 à 10 centigrammes produit des hallucinations agréables, avec éclats de rire. La durée de l'influence est de 3 à 4 heures.

L'extrait alcoolique de chanvre indien est employé contre l'insomnie, les rhumatismes, les diverses névroses ; il est bon spécifique de la migraine à la dose de 15 mmgr. Il entre dans la composition du *Bromidia* américain ; mélange de bromure, de chloral, d'extrait de jusquiame et d'extrait de chanvre indien.

Hordénine. — Alcaloïde découvert par E. Léger (CR. 1906) extrait des touraillons d'orge. A dose faible, le sulfate d'hordénine provoque une excitation du système pneumogastrique, un ralentissement du cœur, une augmentation d'amplitude des pulsations. Avec une forte dose, le système pneumogastrique est supprimé, le cœur s'accélère, les pulsations diminuent d'amplitude.

Hydrastine. — Alcaloïde retiré de l'hydrastis canadensis.

Hyoscyamine. — C'est l'alcaloïde de la jusquiame, Hyoscyamus niger, dont il a été retiré par Brandès. Il existe surtout dans les graines.

L'hyoscyamine cristallise en houpes étoilées ; elle est soluble dans l'eau.

Son action sur l'économie est semblable à celle de l'atropine, mais elle est moitié moins active. Il ne faut pourtant pas dépasser 5 mmgr.. On l'emploie contre les névralgies et les névroses spasmodiques en pilules ou granules d'un demi-mmgr. ou injections hypodermiques. On l'emploie également ment en collyre pour obtenir la dilatation des pupilles.

Morphine. — C'est un alcali tertiaire, cristallisable, découvert par Sertuerner, en 1803. Elle est de saveur amère, mais sans odeur, peu soluble dans l'eau et dans l'alcool, insoluble dans l'éther ; elle se dissout dans 467 parties d'eau bouillante ou dans 40 parties d'alcool ordinaire à froid. Elle se dissout dans la baryte.

Les sels de morphine sont solubles dans l'eau. Le chlorhydrate $C^{17}H^{19}NO^3;HCl + 3 H^2O$ est surtout employé en thérapeutique ; il est soluble dans 20 parties d'eau froide et 1 partie d'eau bouillante ; 100 parties du chlorhydrate équivalent à 80 parties de morphine cristallisée. C'est la forme la plus employée comme calmant, surtout en injection sous-cutanée, à la dose de 1 à 3 centigrammes contre les névralgies. Son usage prolongé produit un *morphinisme* analogue à l'alcoolisme.

Le *sirop de morphine* contient 5 cgr. de sel pour 100 gr. de sirop blanc. On le prescrit dans les potions à la dose de 20 à 30 gr. de sirop.

Les *gouttes blanches* de Gallard sont une simple dissolution d'un sel de morphine dans l'eau distillée de laurier-cerise, à la proportion de 2 pour 100. La dose est de 1 à 2 gouttes contre les gastralgies.

L. Knorr a construit d'imagination sur le plan entrevu de la morphine

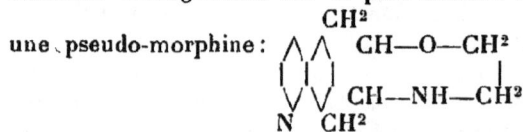

$$
\text{une pseudo-morphine :} \quad
\begin{array}{c}
CH^2 \\
CH—O—CH^2 \\
CH—NH—CH^2 \\
N \quad CH^2
\end{array}
$$

dérivé naphtalique azoté ou naphtalane-morpholine qui exerce la même action physiologique.

L'éther diacétique de la morphine est une poudre blanche, inodore, légèrement amère, à réaction alcaline, fusible à 173°, insoluble dans l'eau, soluble dans l'eau acidulée. Sous le nom d'*héroïne*, elle a été préconisée à la dose de 0 gr. 01 répétée trois ou quatre fois par jour, à la place du phosphate de codéine, pour combattre la toux, G. Wesenberg.

Le chlorhydrate d'éthylmorphine est préconisé comme calmant sous le nom de *dionine*. dans les maladies de poitrine, à la dose de 0 gr. 015 répétée plusieurs fois par jour. En injections sous-cutanées, elle remplace avantageusement la morphine, surtout parce qu'elle est soluble.

Le chlorhydrate de diacétylmorphine ou *héroïne* est employé au même usage que la morphine. Elle est deux fois plus toxique que la morphine (Pouchet), mais aurait l'avantage de ne produire ni constipation, ni nausées. La dose est de 1 à 2 centigrammes par jour en deux ou quatre fois. Dans l'asthme, 1 centigramme suffit.

La morphine possède la fonction phénol et donne avec les alcalis des morphinophénates.

L'*apomorphine* est un produit résultant de la déshydratation. La méthylmorphine est la *codéine*.

Napelline. — Alcaloïde extrait de plusieurs aconits, utilisé contre les névralgies.

Narcéine. — Découverte par Pelletier dans l'opium. Elle se présente en aiguilles soyeuses peu solubles dans l'eau froide, plus dans l'eau bouillante et dans l'alcool. La narcéine est un narcotique. Elle a l'avantage de provoquer le sommeil sans déterminer de maux de tête.

Narcotine. — Ou sel de Derosne, qui la retira de l'opium en 1803. Elle forme des cristaux brillants et incolores. Elle est insoluble dans l'eau, un peu soluble dans l'alcool froid, plus soluble dans l'alcool bouillant et l'éther. Elle ne possède pas une réaction alcaline, mais donne cependant des sels cristallisés. Avec l'acide sulfurique nitreux, la narcotine se colore en rouge.

Sous l'influence des oxydants, la narcotine se dédouble en *cotarnine*. Woehler.

Nicotine. — C'est le principal alcaloïde du tabac qui en renferme depuis 2 p. 100, Maryland et Havane, jusqu'à 6, Virginie et départements du Nord, et 8 dans le Lot. Le nom de nicotine vient de Jean Nicot qui apporta les graines de Virginie.

La nicotine pure est un liquide incolore, d'odeur pénétrante caractéristique, brunissant rapidement à l'air. Elle bout vers 240° ; elle est soluble dans l'eau, l'éther et l'alcool.

La nicotine est un poison terrible, très dangereux à manier à cause des vapeurs qu'elle répand à la température ordinaire. Elle est caustique et irritante et détruit les tissus animaux avec lesquels elle est mise en contact à l'état de pureté. Elle agit surtout sur les centres nerveux, et comme elle est très soluble, son action est très rapide et cause les plus grands troubles, aussi bien dans les fonctions respiratoires que circulatoires, et amène de terribles convulsions et la paralysie finale.

La nicotine n'est plus guère employée en thérapeutique. C'est un insecticide utilisé en horticulture, *jus de tabac*, contre les pucerons du rosier, et surtout dans l'élevage, contre la gale des moutons. (Voir J. de Pharmacie, 1906, t. II, p. 302).

L'extrait concentré de nicotine que vendent les manufactures nationales de tabac en France est sous deux formes : le noir en tonneaux et le blanc inodore en bidons. Son prix est de 2 fr. le litre. On l'étend de 5 fois son volume d'eau pour les emplois en horticulture, de 20 fois pour combattre les maladies parasitaires des bestiaux, de 100 fois pour l'arrosage des terres.

La Société générale pour la fabrication des matières plastiques (br. fr. 349, 815) emploie la nicotine pour transformer le chlorhydrate de térébenthine en camphène. Le mélange est chauffé pendant 15 h. à 210°.

On attribue à la nicotine l'influence fâcheuse qu'a l'usage du tabac sur un grand nombre d'organismes.

Les sels de nicotine sont très solubles, mais peu cristallisables.

Le *salicylate de nicotine* est en cristaux incolores, fondant à 118°, soluble dans l'eau. Il est utilisé en pommade à 1 pour 1000, sous le nom d'*endermol*, comme spécifique de la gale.

Jaborine. — Du Jaborandi, provoque les sueurs et la salivation, à la dose de 2 à 3 grammes.

Papavérine. — Découverte par Merck en 1848. Elle cristallise en aiguilles blanches, insolubles dans l'eau, peu solubles dans l'alcool et l'éther froids, plus solubles à chaud dans ces véhicules. Elle se colore en bleu foncé en présence d'acide sulfurique concentré.

Pelletiérine. — S'extrait de la racine de grenadier. C'est un tœnifuge employé surtout à l'état de tannate ; dose 0,5 gr.

Pilocarpine. — Extraite du Jaborandi ou feuilles du pilocarpus pinnatus. Elle contracte la pupille; c'est l'antagoniste de l'atropine. Elle provoque la salivation et la sueur dans les névralgies, utile dans les bronchites, dans les maladies d'yeux, pour tromper la soif des glycosuriques et contre l'alopécie en lotion : eau de cologne 200, glycérine 25 gr., teinture de cantharides 10 gr., nitrate ou chlorhydrate de pilocarpine 1 gr.

La dose est de 2 à 4 gr. de Jaborandi ou de 1 à 2 cgr. de pilocarpine à prendre le plus loin possible des repas. Sur la constitution et la synthèse de la pilocarpine, voir : *E. Hardy et Calmel*, Bull. Soc. Chim., 1887, p. 219.

Picrotoxine. — Principe actif de la coque du Levant. Contre l'épilepsie.

Quinine. — Découverte en 1820 par Pelletier et Caventou. C'est une poudre blanche, cristallisable, fondant à 177°, sans odeur, mais d'une saveur très amère. Elle est soluble dans 400 parties d'eau bouillante et 350 d'eau froide, plus soluble dans l'éther et surtout dans l'alcool : 2 p. d'alcool froid. Elle se dissout aussi dans les huiles grasses et les essences. C'est une base diacide qui donne des sels avec deux molécules d'acide monobasique ou une molécule d'acide dibasique. Ces sels sont cristallisés, et leurs solutions étendues sont fluorescentes.

Le *sulfate basique* de quinine $(C^{20}H^{24}N^2O^2)SO^4H^2 + 7H^2O$ est le plus important. Il cristallise en longues aiguilles avec 7 molécules d'eau. Sa saveur est très amère. Il se dissout difficilement dans l'eau froide et dans 30 p. d'eau bouillante.

Il est très employé comme fébrifuge, surtout dans les fièvres intermittentes, au lieu du quinquina, car son action est plus sûre et plus rapide. Dans les cas bénins, 10 à 40 centigrammes suffisent pour enrayer la fièvre. Dans le cas des fièvres pernicieuses, qui règnent dans les pays tropicaux, il faut élever la dose à 1, 2 et 3 grammes; en cas de séjour dans ces pays, on prend préventivement 1 gr. par jour. En injections hypodermiques, la dose est de 10 à 15 cgr.

Le sulfate de quinine est également employé contre les rhumatismes, la goutte, la fièvre typhoïde, la grippe, le coryza, à la dose de 2 à 4 décigr. répétée plusieurs fois. Pour combattre sa saveur amère, *Bouilhon* a recommandé de mâcher un morceau de réglisse.

Contre la migraine, la grippe, on emploie le sulfate de quinine associé à l'antipyrine, à la phénacétine, etc. : 1 gr. sulfate de quinine et 1 gr. antipyrine en 4 cachets par jour.

La quinine est très utile en lotion capillaire : 5 gr. pour 1 litre ; c'est aussi un antiseptique ; il empêche les moisissures des gommes.

Le sulfate de quinine détermine à faibles doses (15 à 30 centigr.) des phénomènes d'excitation ; il active la circulation et la respiration. A doses élevées, il produit des troubles de la vue et de l'ouïe avec céphalalgie. A doses très élevées, il peut causer la surdité, troubler la vue et faire tomber le malade dans un coma qui peut devenir mortel ; en cas de rétablissement, les malades restent parfois aveugles et sourds.

En raison de son prix élevé et de sa grande consommation, le sulfate de quinine est souvent falsifié avec du sucre, de l'amidon, du sulfate de chaux, du sulfate de quinidine, de l'acide stéarique, de la salicine.

D'autres sels de quinine, en particulier le chlorhydrate et le bromhydrate qui sont plus solubles, agissent dans le même sens et aux mêmes doses. Le formate de quinine inaltérable à l'air, soluble dans 20 p. d'eau ; renferme 87,56 p. 100 de quinine.

L'éther éthylcarbonique de la quinine ou *euquinine* a une action moitié moindre que celle de la quinine, avec l'avantage d'être moins amer et mieux supporté par l'estomac et de ne pas provoquer de bourdonnements d'oreilles. Utile dans la thérapeutique infantile.

L'éther carbonique neutre ou *aristoquinine* remplace parfois la quinine ; de même l'éther salicylique ou *saloquinine*. La *theumatine* est du salicylate de quinine.

Quinidine ou *pseudoquinine*. — Isomère de la quinine, se trouve dans les eaux-mères du sulfate de quinine et dans la quinidine du commerce. C'est aussi un fébrifuge, mais beaucoup moins actif.

Sarracénine. — Alcaloïde extrait de la sarracéine, nymphéacée de l'Amérique du Nord, serait d'après M. Hétet identique avec la vératrine.

La scopolamine. — Alcaloïde extrait du *scopolia japonica* appelé encore belladone du Japon, se présente en petits cristaux prismatiques, fusibles à 59°, solubles dans l'eau, très solubles dans l'alcool et l'éther. Cet alcaloïde est doué de propriétés anesthésiques remarquables. On l'emploie en injections, associé généralement avec de la morphine dans la solution suivante : bromhydrate de scopolamine 0,0012 ; chlorydrate de morphine 0, 012 ; eau 1 centimètre cube.

On fait trois injections : la première quatre heures, la seconde deux heures, la troisième une heure avant l'opération.

L'anesthésie est complète avec persistance des fonctions intellectuelles. La scopolamine semble agir uniquement sur les libres sensitives. Le réveil se fait d'une façon absolument comparable à celui du sommeil physiologique.

Les vomissements produits par le chloroforme, les vertiges et malaises de la cocaïne sont ainsi évités.

Solanine. — Base faible découverte par Desfosses en 1821, dans les plantes de la famille des Solanées. Elle existe dans les baies de la morelle, de la douce amère, et surtout dans les rameaux étiolés de la pomme de terre. Les épluchures de tubercules germés en contiennent 0,5 pour 100, celles de tubercules jeunes, 0,4 pour 100 seulement La pomme de terre est donc dans l'obscurité, un appareil de synthèse de la solanine. Elle cristallise en aiguilles fines possédant une saveur amère. Elle est peu soluble dans l'alcool froid, dans l'éther et l'eau. Elle est très altérable par la chaleur, c'est ce qui permet de manger les pommes de terre cuites.

Strychnine. — $C^{21}H^{22}N^2O^2$ s'extrait de la noix vomique, qui peut fournir 2 millièmes de son poids, d'azotate de strychnine ou de la fève de Saint-Ignace. Elle cristallise en octaèdres, fusibles à 284°. Elle est incolore et de saveur très amère. Elle se dissout dans 2.500 p. d'eau bouillante. Elle est soluble dans l'alcool ordinaire, mais presque insoluble dans l'alcool absolu.

La strychnine brute contient toujours de la brucine. On la purifie par cristallisation dans l'alcool bouillant.

La strychnine pure ne donne pas avec NO^3H la coloration rouge que donne la brucine.

La strychnine est le type des poissons tétaniques : c'est l'un des poisons les plus terribles que l'on connaisse, elle agit sur la moëlle détermine des contractions, puis la rigidité ; la dose de 0,05 gr. est mortelle. On l'emploie contre les scoliques de plomb et la paralysie.

Parmi les sels de strychnine, le chlorydrate est plus soluble que le sulfate. Ce dernier est doué d'une amertume extrême.

Les symptômes de l'empoisonnement commencent à se montrer au bout de quinze minutes, à la suite de l'ingestion stomachale. Dégout, vertiges, raideur des muscles, en particulier de ceux de la mâchoire, tremblement de tout le corps, secousses, convulsions violentes, accès tétaniques de 1 à 2 minutes.

L'upas tienté agit dès l'espace de 1 à 5 minutes lorsque la flèche empoisonnée a causé une plaie.

Il paraîtrait que la strychnine n'a pas d'effet sur les singes, mais elle agit sur les autres animaux, et on s'en sert pour tuer les fauves dans les colonies, les bêtes puantes dans nos pays

Il semble étonnant qu'un produit aussi dangereux ait pu trouver des applications courantes en médecine. C'est pourtant le cas, mais il ne faut jamais dans son emploi dépasser la dose de 2 milligrames.

Spartéine —Alcaloïde retiré du genêt narcotique. Cardiaque à la dose de 5 à 10 cg., moins actif que la digitaline. Les injections de sulfate sont utiles contre les syncopes des morphinomanes.

Strophantine. — du strophantus kombé. Propriétés voisines de la digitaline. Nuisible dans les néphrites. C'est un glucoside.

Stypticine — ou chlorhydrate de cotarnine, c'est une poudre jaune, de saveur amère, possédant des propriétés hémostatiques. On l'emploie sous forme de ouate ou de gaze à la stypticine. C'est l'hémostatique de choix après les extractions dentaires.

Subcutine — ou sulphophénate d'anesthésine $C^6H^1(NH^2) CO^2C^2H^3$. C'est un anesthésique local d'une inocuité parfaite, en solution à 1 0/0. On la combine à la cocaïne, la tropacocaïne ou la stovaïne.

Thébaïne — ou para morphine de Pelletier. C'est le plus toxique des alcaloïdes de l'opium. Il cristallise en lamelles nacrées de saveur âcre. Il est insoluble dans l'eau, soluble dans l'alcool et l'éther.

Théine — ou caféine.

Thébromine — (*aliment des dieux*) alcaloïde découverte par Woskresenky en 1841 dans le cacao. Sa composition est voisine de celle de la caféine. C'est un diurétique puissant. On l'emploie contre les hydropisies cardiaques, et dans les cas d'albuminurie.

La *diutérine* est une combinaison de théobromine iodé et de salicylate de soude. L'*agurine* est un mélange de théobromine iodée et d'acétate de soude. La *théophylline* est une diméthylxantine isomère de la théobromine.

Vératrine. — Alcaloïde de la cévadille, veratrum subordilla, et de l'ellebore blanc, veratrum album, cristallise en prismes rhomboïdaux (Merck), d'une saveur âcre qui s'effleurissent à l'air et fondent à 115°. Elle est soluble dans l'alcool et dans l'éther, insoluble dans l'eau bouillante. Sa saveur est d'une âcreté excessive, et elle est douée de propriétés purgatives énergiques ; la dose est de 1 cgr. à 3 cgr. par jour. La moindre trace portée sur la muqueuse nasale détermine des éternuements violents. C'est un poison dangereux.

On l'a conseillée aussi dans le rhumatisme articulaire aigu et la pneumonie.

On l'emploie également en pommade contre l'hydropisie et les douleurs rhumatismales ou névralgiques : vératrine 0,1 gr. ; rouge 15 gr.

Yohimbine — alcaloïde retiré du Johimhéhé. Aphrodisiaque.

CHAPITRE XXIX

ALBUMINES
ET MATIÈRES ALBUMINOÏDES

Propriétés des matières albuminoïdes. — Les matières albuminoïdes se rencontrent dans les tissus animaux et dans les graines végétales. Elles sont formées de carbone, d'oxygène et d'azote, avec une petite proportion d'autres éléments, en particulier du soufre, quelquefois du phosphore. Ce sont des composés très complexes à poids moléculaire très élevé, possédant la fonction amide (*Berthelot*), 1862.

Les matières albuminoïdes sont en général amorphes, solubles dans les sucs animaux, le sang, le lait, les alcalis étendus, etc. ; certains coagulent par la chaleur vers 75°, ou à froid par les acides, sauf dans le cas des albumines d'œufs, de sang, de graines, les acides acétique, phosphorique, lactique. Elles sont solubles ou insolubles dans l'eau, insolubles dans l'alcool et l'éther, solubles dans l'acide chlorhydrique chaud et concentré, solubles dans les solutions alcalines étendues, d'où l'acide acétique les reprécipite, solubles dans la glycérine à 80°.

Les matières albuminoïdes précipitent avec les sels de plomb, de mercure, de platine, de même que par l'alcool, le tannin. C'est la base de leur application dans le mordançage du coton, dans l'impression, et pour coller le vin. C'est aussi la raison pour quoi l'eau albumineuse est le contrepoison des sels métalliques, en particulier de ceux de mercure et de cuivre ; et pourquoi le lait est indiqué contre le saturnisme, l'hydrargyrisme, etc., et leur réaction caractéristique est de donner une coloration rouge à l'ébullition avec le réactif de Millon (solution de mercure dans l'acide nitrique concentré). Toutes les albumines sont lévogyres.

L'*eau albumineuse* se prépare en délayant un blanc d'œuf dans un litre d'eau.

La chaleur les décompose, et en même temps qu'il se produit une odeur désagréable, il se produit de l'ammoniaque, de l'acide carbonique, des amines aromatiques, des hydrocarbures, etc.

Les alcalis et les acides énergiques donnent avec les matières albuminoïdes deux séries de composés, *Schutzenberger*. Les composés les plus simples sont l'ammoniaque, les acides acétique, carbonique, oxalique, éventuellement l'acide sulfureux ; leurs proportions correspondant à la décomposition de l'urée, de l'oxamide et de la taurine. Les composés les plus complexes,

en passant à 100° par la phase intermédiaire de production de gluco-
protéines à formule générale $C^nH^{2n}N^2O^5$, sont à 200° dans la décomposition
par la baryte, des amines grasses ou aromatiques, telles que la leucine, la tyrosine, et des amines acides bibasiques, telles que les acides aspartique et gluta-
mique. 1 molécule d'eau peut, en fixant de l'eau, donner 2 mol. d'urée,
1 mol. de taurine, 3 mol. d'acide aspartique. Schützenberger en a déduit
que les matières albuminoïdes sont des uréides complexes, à acides amidés ;
elles se différencient par la proportion même de ces derniers.

MM. *Hugounenq et A. Morel* (Comptes Rendus, 1906) ont établi que les
albumines s'hydrolysent par les alcalis comme par les acides, sauf quelques
particularités, telles que l'arginine qui est stable en milieu acide. Les leu-
céines et gluco-protéines de P. Schützenberger ne sont autre chose, d'après
eux, que des mélanges d'acides amidés. Ces deux dénominations doivent
donc disparaître de la science.

Les matières albuminoïdes abandonnées à elles-mêmes au contact de l'air
subissent la fermentation putride.

Toutes les matières albuminoïdes, sous l'action des ferments solubles, se
transforment par déshydratation en parapeptones, puis en peptones. Les
parapeptones ou syntonines sont des gelées insolubles dans l'eau pure,
solubles en présence d'acide ou d'alcali, incoagulables par la chaleur. Les
peptones ou *albuminoses* représentent le résultat ultime de l'action combinée
du ferment gastrique en présence d'acides sur les matières albuminoïdes ;
ce sont des corps solubles, directement assimilables par l'organisme. Aussi
les donne-t-on comme reconstituants, mais elles sont désagréablement odo-
rantes, s'altèrent aisément et provoquent la diarrhée.

Les ferments qui produisent cette transformation existent dans
la salive, le suc gastrique (*pepsine*), le suc pancréatique, la bile.

* *

Réactifs des matières albuminoïdes :

Un certain nombre de réactifs déterminent leur précipitation. Ce sont :
l'alcool fort, l'acide nitrique (sauf peptones et gélatine), l'acide orthophos-
phorique (sauf l'albumine de l'œuf), les acides acétiques et trichloracétiques
précipitent les caséines, globulines et mucines. Les sels des métaux lourds
donnent des albuminates métalliques insolubles.

Parmi les réactifs donnant une coloration, le réactif de Millon est un des
plus connus. C'est une solution de mercure dans l'acide azotique légèrement
nitreux, donnant une coloration rouge due à la tyrosine avec toutes les
matières albuminoïdes.

* *

Les albumines proprement dites se divisent en :

Albumines vraies solubles dans l'eau, coagulées par la chaleur et les acides
forts ; *globulines*, insolubles dans l'eau, mais se dissolvant dans le sel ordi-

naire, coagulées par la chaleur et les acides faibles ; *caséines* ou *nucléo-albumines*, insolubles dans l'eau, solubles dans les alcalis dilués, coagulées par la présure et les acides faibles.

Les principales matières albuminoïdes sont : l'albumine d'œufs ou blanc d'œuf, l'albumine du sang, la fibrine, l'osséine et la gélatine, l'albumine du lait ou caséine, le gluten ou caséine végétale, la filbroïne, la kératine, la séricine.

Avant de les étudier, nous parlerons un peu des matières premières d'où on les extrait : la viande, le sang, l'œuf, le lait.

Viande ou chair musculaire. — La viande fraîche des mammifères et des oiseaux contient de l'eau, 71 à 77 pour 100, des matières albuminoïdes solubles et insolubles dans l'eau, un peu de graisse, de créatine, de glycogène, d'acide lactique et des matières minérales, 10 à 15 pour 100.

Les parties solubles de la viande, représentent environ 7,5 pour 100 de son poids, dont 2 pour 100 environ d'albumine : myosine, myoglobuline, myoalbumine ; des matières extractives : créatine, sarcine, taurine, inosite, glycogène, acide inosique, acide lactique et sels minéraux, enfin 1 à 2 pour 100 de gélatine, formée par l'action de l'eau sur l'osséine.

Les parties de la viande insolubles dans l'eau bouillante sont formées principalement des parties contractiles des muscles. Elles représentent environ 15 pour 100 de la viande et constituent le *bouilli.* Il est formé de plasma musculaire coagulé ou *myosine*, soluble dans l'acide chlorhydrique à 2 millièmes, en se transformant en syntonine, et dans les solutions salines à 5 pour 100 ; des *sarco-éléments* insolubles ; du sarcolemme, des tendons et du tissu conjonctif ; des vaisseaux, nerfs, graisses, etc. ; des matières minérales insolubles.

Un kilogramme de viande désossée donne environ 2,5 litres de bouillon ordinaire. Par les matières extractives qu'il contient, le bouillon agit comme un excitant ; il active les sécrétions gastrique et pancréatique.

Au point de vue alimentaire, il est de beaucoup préférable de recourir à la purée de viande crue ou à la marmelade musculaire, ou simplement à la viande hachée. On recourra de préférence à la viande de mouton ou de cheval plutôt qu'à celle de bœuf.

La marmelade de viande peut s'obtenir avec : viande hachée, 200 ; sucre, 40 ; sel ordinaire, 3 ; chlorure de potassium, 1 ; poivre, 0,4.

Une purée de viande crue s'obtient en raclant menue 100 gr. de viande, qu'on délaye dans un peu de bouillon et passe au tamis de crin. On peut mélanger à une purée de légumes : pois, lentilles, pommes de terre au bain marie à 50° ; ou encore à des confitures, à de la crème, à du sucre en poudre, etc.

La viande crue peut être desséchée à l'étuve à 80°, réduite alors en poudre. La poudre de viande ainsi obtenue est un produit de suralimentation important, avec les œufs et le lait, dans le cas de consomption tuberculeuse. Le grog à la poudre de viande se prépare avec 2 cuillerées à bouche de poudre de viande, 3 cuillerées de sirop de punch, et quantité de lait suffisante pour obtenir un liquide pas trop épais.

Le suc de viande desséché à froid constitue le *zomol*.

Le sang de bœuf défibriné et séché à 60° est employé contre la chlorose et l'anémie; doses 0,5 à 10 grammes.

L'albumine du sang a été proposée pour l'alimentation par *Cosineru*, 1892. *Finkler*, 1898, proposa avec plus de succès, le *tropon*, mélange de poudre de viande et de farine, additionné ou non de phosphates.

Les *peptones* alimentaires résultent de l'action de la peptone sur la viande en milieu acide. La peptone liquide ainsi obtenue est additionnée de 50 gr. alcool et 50 gr. glycérine par litre pour en assurer la conservation. Aujourd'hui on préfère la dessécher dans le vide. On l'absorbe à l'état pur, ou sous forme de vin, de sirop, d'élixir, etc.

Certaines préparations peptoniques s'obtiennent par une digestion partielle de la viande au moyen de la pepsine, telles les peptones Denayer et de Witte; ou au moyen de la pancréatine, telle la peptone Merck; ou au moyen de la papaïne, telle la peptone Abels.

Les extraits de viande sont des bouillons concentrés, renfermant les matières solubles de la viande. *Proust*, 1821, le premier, indique un moyen de les préparer. La composition de l'extrait de viande est assez voisine de celle de la viande fraîche.

Un bon extrait de viande doit être dépourvu d'un excès de graisse et de gélatine, de façon à être moins exposé à rancir et à moisir; il doit céder à l'alcool les 80 %. C'est en 1847 que Liebig commença à appeler l'attention sur la possibilité de préparer les extraits avec des viandes d'Amérique qui ne coûtent presque rien. Ses idées ne furent réalisées qu'en 1863 par Giebert.

Voici d'après Stutzer la composition des extraits Liebig (et Bovril), eau 17,12, (44,42); substances organiques, 59,54, (37,26); sels 22,74 (18,32) les substances organiques contenant : albumoses solubles 20,5 (10,81); albumine insoluble 0,75, (6,31), matières extractives 38,29, (20,32).

Les extraits de viande ne peuvent remplacer la viande, car on n'en peut absorber que 5 à 10 gr. par jour; au delà ils déterminent des troubles de la digestion, diarrhée.

Parmi les différents aliments concentrés préparés avec des matières albuminoïdes des muscles et du sang, nous citerons seulement : la *roborine* de l'abattoir de Berlin formé d'hémoglobine, la *somatose*, la *sanose* qui est un mélange d'albumose et de caséine, Chemische Fabrik, anciennement Schering, Berlin.

Les différents *albumoses* proposés pour remplacer les peptones s'obtiennent en faisant agir la vapeur d'eau surchauffée sur la viande, et séparant la gélatine et les matières collagènes. Ces albumoses peuvent s'ajouter aux extraits de viande (*Bovril*).

Les albumoses se préparent par l'action des acides CO^2, SO^2, $C^2O^4H^2$, etc., sur la viande, Farbenfabriken in Elberfeld.

La *Somatose* est un ensemble d'albumoses extraits de la viande fraîche. Poudre gris jaunâtre, inodore, presque insipide, entièrement soluble dans l'eau. Elle contiendrait les éléments digestifs et assimilables de la chair musculaire : albumine et sels nutritifs, Son inaltérabilité est absolue. Elle n'a pas de goût. On l'emploie comme tonique, de 2 à 15 gr. par jour. On la dissout en la tamisant en poudre fine, au-dessus d'un liquide alimentaire.

La *somatose* fait en Allemagne une concurrence sérieuse aux extraits de viande. Elle contient environ 80 pour 100 de substances albuminoïdes, l'absorption ne se fait pas normalement, dès qu'on dépasse 10 gr. Elle pourrait être employée comme stomachique et comme léger purgatif.

Sang. — Le sang abandonné à lui-même se coagule et se sépare en deux parties : le *sérum*, liquide jaunâtre, qui renferme l'albumine du sang (167 pour 1000) de l'eau, etc., (189 °/$_{oo}$), des substances minérales, de la créatine, de la cholestérine, de l'urée ; et le *caillot*, qui renferme la fibrine (2 pour 1000) et des globules (131 pour 1000). Les globules du sang sont circulaires chez l'homme, et leur diamètre est de 1/120 de millimètre.

Le principe actif des globules, qui dans les poumons va fixer l'oxygène de l'air pour le transporter dans l'organisme est l'*hémoglobine* ; il forme les huit dixièmes de leur résidu sec. C'est un corps cristallisant en cristaux rouges, de forme prismatique pour l'homme. Il renferme du fer, et constitue l'un des reconstituants les plus puissants ; on l'administre en solution ou en cachets.

On le prépare en traitant les globules rouges par l'eau ou l'éther.

L'hémoglobine ne fixe pas seulement l'O, mais encore l'oxyde de carbone, l'acide carbonique, etc. La combinaison de l'hémoglobine avec l'acide carbonique est moins stable que celle avec l'oxygène, en sorte que l'asphyxie par l'acide carbonique ne se produit complète que dans une atmosphère très pauvre en oxygène. Au contraire, la combinaison de l'hémoglobine avec l'oxyde de carbone est beaucoup plus stable ; elle empêche l'absorption de l'oxygène, produit une asphyxie mortelle à dose très réduite, ou si l'asphyxie n'est pas mortelle, des troubles graves persistant très longtemps.

La combinaison avec l'oxyde de carbone peut servir de base au dosage soit de l'hémoglobine, soit de l'oxyde de carbone, N. Gréhant (voir p. 765).

Les combinaisons de l'hémoglobine soit avec l'oxygène, soit avec l'oxyde de carbone possèdent des spectres d'absorption absolument caractéristiques.

L'hémoglobine se dédouble facilement, sous l'action des acides et des alcalis, en *hématine* ou hématosine, qui est la matière colorante rouge du sang, et globuline, qui est la matière albuminoïde. Le chlorhydrate d'hématine ou *hémine*, obtenu par l'action du sel et de l'acide acétique concentré sur l'hémoglobine, même sur celle du sang desséché depuis longtemps, cristallise en paillettes rhomboïdales violet gris à reflets métalliques ; ces cristaux caractéristiques servent à déceler des traces de sang dans les expertises. médicales. La médecine légale a donc à sa disposition les moyens d'investigation suivants pouvant caractériser le sang des divers animaux, et pouvant le caractériser : la forme et le diamètre des globules sanguins, la forme des cristaux de l'hémoglobine, les bandes d'absorption des combinaisons de l'hémoglobine avec les différents gaz, la forme des cristaux d'hémine.

L'hydrogénation de l'hématine, comme celle de la bilirubine, donne l'*urobiline*, la matière colorante jaune de l'urine.

Le sang frais est un reconstituant puissant, par ses globules. La poudre de sang desséchée est un engrais puissant; elle sert aussi de matière première azotée pour la fabrication des cyanures.

Œuf. — Le blanc compose ses 60 centièmes; et le jaune ses 40 centièmes.

La composition du blanc est pour 60 parties : eau 51,6; albumine d'œufs 7,56; sel 0,42; matières membraneuses, grasses et sucrées 0,42. Le blanc sert à préparer l'eau albumineuse, l'albumine d'œufs ; et en pâtisserie.

La composition du jaune est pour 40 parties : eau 20,6: vitelline, isomère de l'albumine 6,28; margarine, oléine, lécithine, névrine, acides gras 11,4; cholestérine 0,146; acide phosphoglycérique 0,48; sels 0,56; autres matières organiques 0,48. Les jaunes d'œufs sont très employés en pâtisserie et surtout pour la mégisserie.

Lait. — La composition chimique du lait de vache est la suivante : eau 86 pour 100, albuminoïdes 5, corps gras 4 ; lactose 5, 5 ; sels 0,4. Ces produits paraissent être fabriqués par la glande mammaire et non empruntés au sang. La quantité de beurre contenue dans le lait, diminue lorsque l'alimentation est riche en graisse, et augmente lorsque cette alimentation est constituée uniquement de viandes dégraissées. La richesse du lait en lactose augmente par une alimentation riche en amidon ou en sucre de canne.

Le diamètre des globules en suspension dans le lait est de 1/100 à 1/500 et même 1/1000 de milimètre. Le nombre de ces globules dépasse 1 million par millimètre cube de lait. Il peut atteindre 5 millions.

Lorsqu'on abandonne le lait à lui-même, les globules se séparent et se rassemblent à la partie supérieure, en formant la crème, qui après séparation et barattage constitue le beurre. Le lait écrémé contient encore la caséine et d'autres albumines, le sucre de lait, les matières minérales.

Le lait frais est alcalin et c'est, sans doute, grâce à ce fait que la caséine reste en solution. Dès qu'on acidule le lait, la caséine précipite. Abandonné à l'air, le lait subit la fermentation lactique, le lactose se transforme en acide lactique, et dès que l'acalinité naturelle est saturée par l'acide qui prend naissance, la coagulation de la caséine se produit.

La coagulation du lait fait monter à la partie supérieure du bloc coagulé, F. *Bordas* et de *Raczkowski* (C. R., 1901), presque toute la crème, tandis que le centre et la base contiennent la lactose, la caséine et les sels.

La présure détermine également la coagulation du lait. La chaleur, au contraire, ne produit pas la coagulation, sauf après un chauffage prolongé.

B. Bardach, 1897, a fait voir que la rapidité de la coagulation croît avec la température ; à 100°, il se coagule en 12 heures ; à 150°, en 3 minutes. Il y a, d'après Cazeneuve et Haddon, action de l'acide formique provenant d'une altération de la lactose, et, d'après B. Bardach, altération aussi de la caséine.

Le lait caillé forme les fromages maigres à base de caséine.

Lait aigri. — Il a l'avantage que le coagulum produit à l'avance fatigue moins l'estomac et se trouve bien mieux assimilé par suite de sa division qui peut être extrême. Mais il faut le préparer soi-même pour éviter la fermentation lactique. Tels sont le *Képhir* des Cosaques (millet du prophète), le *Leben* d'Égypte, le *Koumis* des arabes, le *Yogourth* des Bulgares ferment de Metchnikoff).

* *
*

Le lait est l'aliment le plus parfait, par la variété des principes qui le constituent.

En dehors de sa destination naturelle, le lait constitue un auxiliaire précieux dans les maladies et les convalesences et certaines consomptions. Dans les maladies de l'estomac et des reins, la *diète lactée* rend de grands services, ou mieux le régime mi-lacté.

Dans l'albuminurie, le régime lacté exclusif diminue la quantité d'albumine contenue dans l'urine.

On conseille avec juste raison, l'ébullition ou la pasteurisation préalable du lait, pour éviter les dangers d'une infection microbienne, en particulier de la tuberculose. Malheureusement la chaleur détermine la coagulation en même temps qu'une décomposition partielle de la caséine diminuant la digestibilité du lait. D'après M. le docteur Jensen, chef de l'Établissement fédéral suisse, de l'Industrie laitière, l'ébullition du lait pendant un court instant, modifie la composition du lait, plus profondément qu'un chauffage plus long à la t..de 80°.

Les bacilles de la tuberculose seraient détruits par un chauffage de 5 minutes à 65°, et un tel chauffage n'altérerait pas les propriétés du lait.

D'après le même auteur, la pasteurisation détruit les ferments lactiques qui protègent le lait contre les fermentations nuisibles, et on n'a plus la ressource d'interroger l'acidité du lait pour se renseigner sur son degré de fraîcheur. Pour cette raison, il est donc bon de ne pasteuriser le lait qu'au moment de sa consommation, c'est-à-dire dans la famille.

Un grand nombre de moyens ont été proposés pour assurer la conservation du lait, parmi lesquels : La stérilisation par la chaleur. La pulvérisation sous une pression élevée (Gaulin, S. d'encourag., 1901), de façon à empêcher le barattage au transport. La conservation sous une atmosphère d'oxygène ou d'acide carbonique. La concentration dans le vide, lait concentré et poudre de lait. L'emploi de certains antiseptiques : borax, carbonate de soude, formol, fluorures alcalins, salicylate. Ce dernier moyen est à combattre.

MM. *H.-C. Shermann, A.-W. Hahn et A.-J. Mettler* ont présenté à l'American chemical Society un travail sur l'action exercée par plusieurs composés : fluorure de sodium, salicylate de sodium, acide borique, borax, eau oxygénée pour la conservation du lait. Ils ont comparé les proportions de lactose détruite et transformée en acide lactique, en présence de ces composés, au bout de quatre jours, de quatre semaines, de huit semaines, à une température de 20° à 25°. Ils donnent les conclusions suivantes :

Le lait maintenu entre 20° et 25°, sans préservatif, montre un accroissement rapide de l'acidité et une diminution du lactose pendant les trois ou six premiers jours; après quoi, la fermentation continue plus ou moins rapidement sans que la destruction du lactose ou la formation d'acide cessent même au bout de quatre semaines. L'eau oxygénée, le fluorure, le salicylate de sodium et un mélange à parties égales d'acide borique et de borax, diminuent notablement le développement de l'acidité dans le lait, à la dose d'un millième. Tandis que la marche de la fermentation est irrégulière en présence de fluorure ou de salicylate, il n'en est plus de même en présence du préservatif au bore ou de l'eau oxygénée.

Laits condensés. — On les obtient en privant le lait de tout ou partie de son eau. Appert, vers 1827, obtint un produit pâteux en évaporant du lait à moitié de son volume. Martin de Lignac, vers 1830, évapore au cinquième après addition de 75 gr. de sucre par litre. Horsford et Dalsin, 1849 (E.-U.) effectuent l'évaporation dans le vide. Gael Borden établit la première usine dans l'État de New-York, en 1856. On compte maintenant, aux États-Unis, environ 50 *condenseries* de lait. En France, il en existe quatre : M. Genorain à Maintenon, la Cie des laits purs à Neufchatel, la Société bretonne de stérilisation du lait à Rennes, l'Union laitière du Jura. Nous achetons encore environ 4 millions de kilogr. à l'étranger. Dans l'Aubriac, cette industrie remplacerait avec grand bénéfice, celle des fromages si peu rémunératrice.

Le procédé de fabrication généralément suivi consiste à chauffer le lait au bain-marie à 94°, après l'avoir additionné de 12 kilogr. de sucre par hectolitre. Puis on cuit dans le vide. Le point difficile est de cuire sans dépôt. On met en boîte métallique. Lorsque l'on n'ajoute pas de sucre, on stérilise à l'autoclave à 120°.

La machine *Just-Hatmaker* permet d'obtenir directement une pellicule de lait concentré, par passage du lait entre deux cylindres horizontaux chauffés intérieurement par la vapeur.

La poudre de lait est déjà consommée en quantités considérables pour fabriquer les chocolats au lait, et dans la boulangerie, pour les pains viennois, croissants, etc. 35 à 40 gr. pour une tasse.

Falsifications et analyse du lait. — Les altérations frauduleuses que peut subir le lait sont nombreuses. Les plus répandues résultent du *mouillage* et de l'*écrémage* qui tous deux appauvrissent le lait en matière grasse. Certains industriels qui pratiquent l'écrémage rétablissent la richesse en ajoutant une émulsion d'huile, par ex. du beurre de coco.

Le lait est couramment coloré à Paris, surtout avec le rocou, le safran, le curcuma, les fleurs du souci. *M. A. Leys*, in J. de pharmacie, 1896.

Dans un rapport qu'il a présenté au Congrès international de laiterie, tenu à Paris en octobre 1905, M. le docteur Henri de Rothschild estime que le lait doit être livré au consommateur : 1° pur et intégral, tel qu'il a été recueilli au pis de la vache, non écrémé, non additionné d'eau ou de lait écrémé; 2° suffisamment frais pour ne pas tourner à l'ébullition; 3° indemne de tout microorganisme pathogène.

Ce même Congrès a adopté le vœu suivant :

« Le Congrès, estimant qu'un lait sain, normal, doit être livré au public, émet le vœu qu'une législation soit d'urgence élaborée et votée, tendant à rendre plus efficace la répression des fraudes du lait, à soumettre à une réglementation et à une surveillance sérieuse les producteurs, convoyeurs, détenteurs et marchands laitiers; à faire fixer par une commission compétente les méthodes d'analyse, les compositions moyennes des laits d'une même région, à assurer le transport hygiénique du lait et, autant que possible, à fixer l'origine des laits livrés; enfin, à créer le monopole le plus sévère des laits et la vérification constante de la production, de l'expédition et de la vente du lait pur, depuis la production jusqu'à la consommation. »

Le lait normal doit contenir 3 p. 100 de matières grasses et 12 p. 100 d'extrait sec. Le commerce du lait écrémé devrait être localisé dans des locaux spéciaux (proposition de loi Delory).

On a souvent à rechercher le formol dans le lait, auquel il est ajouté, pour assurer sa conservation, au grand détriment de la santé du consommateur. *Manget et Marion* (Comptes rendus, 1902) ont donné un procédé de recherches, fondé sur l'emploi du diamidophénol ou amidol et perfectionné par E. Nicolas.

Bordas et Toutplain (Académie des Sciences, 1906) ont constaté que le lait exposé dans une atmosphère contenant 1/100.000 d'aldéhyde formique donnait déjà nettement, après quelques minutes, la réaction de l'aldéhyde formique.

On doit à ces derniers auteurs (*ibid.*, 1905) une méthode rapide d'analyse du lait, fondée sur l'emploi d'appareils à centrifuger.

Albumine d'œufs. — Ovalbumine, ou albumine du blanc d'œuf.

On l'obtient à peu près pure en battant les blancs d'œufs avec de l'eau et dialysant ; l'albumine, qui est le type des *colloïdes* de Graham, reste à l'intérieur du dialyseur, tandis que les sels minéraux traversent la membrane.

Hofmeister 1890, a obtenu de l'albumine cristallisée en la soumettant à la cristallisation fractionnée avec une solution de sulfate d'ammoniaque. *Hopkins et Pinkus* ont rendu la méthode pratique.

Bondzynski et Zoja, ont séparé diverses variétés d'albumines cristallisées, par fractionnement. La méthode cryoscopique appliquée à ces produits a donné pour l'albumine un poids moléculaire très élevé.

L'albumine de blancs d'œuf sèche du commerce est en masses transparentes, cornées ou en poudre jaunâtre. Elle ne présente ni odeur, ni saveur. Elle se dissout dans l'eau en donnant une solution trouble, neutre, insoluble dans l'alcool, et qui se trouble à chaud en présence d'acide nitrique. Elle peut renfermer comme impuretés de la gomme, de la dextrine, de la gélatine, de la fibrine.

La coagulation de l'albumine s'effectue à partir de et 60°, se termine vers 71°. L'albumine coagulée est insoluble dans l'eau et les acides. L'albumine séchée à basse t. perd la propriété de se coaguler par la chaleur, mais la recouvre si l'on fait passer un courant d'acide carbonique.

L'albumine additionnée de formol perd la faculté de se coaguler par la chaleur, Blum.

L'alcool concentré, le phénol, le chloral, le tannin et un grand nombre de sels métalliques, etc., coagulent également l'albumine ; les acides acétique et tartrique retardent ce phénomène.

Ces phénomènes de coagulation sont la raison de l'emploi de l'eau albuminée, dans les empoisonnements par le sublimé corrosif, et les sels de plomb.

Le tannate d'albumine est rendu résistant à l'action du suc gastrique et ne se dissocie plus dans les derniers replis de l'intestin, si on le traite par le formol *Farbenfabriken in Elberfeld* (br. all., 1897).

Les combinaisons de l'albumine avec les halogènes ont été nommées *Alliacides* par *Blum*. La *chloralbacids* est proposée pour remplacer l'acide chlorhydrique dans les affections de l'estomac où il y a pénurie d'acide. On emploie comme toniques les *iodalbumines* : thyroïodine de iodothyrine de Baumann, iodosponine de Harnarck, proléiques iodés artificiels iodocaséines, etc.

Si l'on bat de l'albumine avec une petite quantité d'alcali caustique, elle devient précipitable par l'acide acétique comme l'est la caséine.

L'albumine donne avec la chaux un lut très résistant.

L'albumine coagulée redevient soluble si on la fait bouillir avec un peu d'alcali, ou même par une ébullition prolongée.

Béchamp a montré que l'albumine traitée par des agents oxydants faibles, tels que les permanganates, donne $CO_2 +$ urée. C'est la base de la formation de l'urée dans l'organisme.

Les applications de l'albumine d'œufs sont identiques à celles de l'albumine du sang.

Albumine du sang. — Sérum albumine, ou sérine.

Elle ressemble beaucoup à l'ovalbumine. Pour la préparer, on traite le sérum du sang par un excès de sulfate de magnésie, la sérum-globuline est filtrée, et on additionne la liqueur filtrée d'acide acétique qui précipite l'albumine du sang. Pour purifier celle-ci, on la redissout dans l'eau et on dialyse.

L'albumine du sang a été obtenue cristallisée par Hofmeister, 1889 ; *Gurber et* Melle *Grugewska* (1890).

On emploie l'albumine d'œufs et l'albumine du sang aux mêmes usages industriels, mais cette dernière doit subir une décoloration au préalable. La décoloration de l'albumine du sang a principalement son importance lorsqu'on l'emploie pour fixer des couleurs vives en impression. On a proposé pour cette décoloration l'essence de térébenthine, l'eau oxygénée, un mélange de chlorate de soude et de ferricyanure de potassium.

On peut encore décolorer le sang défibriné, en triturant le coagulum par de l'alcool à 93° contenant 10 gr. par litre d'acide oxalique, à la température de 50°. L'hématine se dissout dans l'alcool qui se colore en rouge.

Comme application de détail, la coagulation de l'albumine sert à la production *d'encres colorées pour marquer le linge.* Il suffit, Wegler 1874, de battre un blanc d'œuf avec son volume d'eau, de tamiser sur un linge fin, d'y ajouter une couleur finement pulvérisée : cinabre ou vermillon pour l'encre rouge. etc. On écrit sur le linge avec une plume ordinaire, et quand l'écriture est sèche, on passe un fer chaud sur elle ; l'albumine est coagulée, et l'écriture fixée dans le tissu d'une manière assez solide pour résister au savonnage. C'est au fond une impression réalisée en miniature.

L'*éburine* est un aggloméré de poudre d'ivoire ou d'os au moyen d'albumine blanche et de gomme adragante.

Les albumines d'œufs et de sang servent à préparer un grand nombre de combinaisons employées soit comme antiseptiques : *iodoformogène*, combinaison d'albumine et d'iodoforme renfermant 10 % du dernier ; *protogène*, combinaison avec le formol ; la *tannalbine* astringent antiseptique intestinal combinaison avec le tannin ; le *protargol* combinaison de matière protéique et d'argent à 8 pour 100, employée en solution à 2 ou 10 pour 100 dans les blépharites et les conjonctivites, l'*argyrol*, etc.

Les différents médicaments argentiques, ont un pouvoir antiseptique variable. Voici d'après Marshall et Macleod Neave, leur classification : 1° Pouvoir bactéricide puissant : nitrate d'argent, 63,6 % d'Ag ; fluorure 81,7 % ; actol 51.5 ; itrol 60,8 ; argentamine 6,4 ; argentol 31,2 ; albargine 13,4 ; argonine 3,8 ; ichthargan 27,1 ; largine 9,4 ; novargan 7,9, et protargol 7,4 p. 100 d'Ag. — 2° Nargol 9,6 % d'Ag., un peu moins bactéricide. — 3° Argyrol et collargol pratiquement sans action ; ils contiennent respectivement 51,5 et 86,6 % d'argent. — On voit donc que la proportion d'argent n'est nullement en rapport avec l'action bactéricide.

Le D[r] von Ottingen (Versammlung deutscher Naturforscher und Aerzte, 1906) a fait au contraire l'éloge du collargol-Credé, de la fabrik von Heyden, comme antiseptique militaire, dans la guerre Russo-Japonaise.

* *

Les albumines d'œufs et de sang sont employées comme matières d'apprêt et d'imperméabilisation. En gaufrant après imprégnation en solution aqueuse d'albumine à 2 gr. par litre. Heilmann 1896, obtint un gaufrage résistant au lavage.

Le *vernis de Chine* ou chio-liao est à base de sang défibriné 3 p., chaux 4 p., alun petite quantité. Ce vernis rend le bois ou le carton absolument imperméable à l'eau.

L'albuminate d'ammoniaque rend le papier plus brillant et plus résistant.
Les albumines servent encore à animaliser le coton pour faciliter la teinture avec les matières colorantes basiques.

Pour coller le papier sur le fer, on étend une couche d'acide chlorhydrique étendu sur ce dernier, et une couche d'albumine sur le papier. On
applique ; l'albumine se coagule et détermine une adhérence parfaite.

La coagulation de l'albumine par la chaleur trouve les principales applications dans l'impression du coton pour faire les couleurs et dans la clarification des jus sucrés. Sa coagulation par le tannin et l'alcool est la base du
collage ou clarification des vins ; elle est aussi la base du procédé spécial
Gondolo pour décolorer les extraits tanniques.

Les substances qui produisent la coagulation de l'albumine du sang,
peuvent servir comme hémostatiques, eau blanche, alcool, chlorure ferrique
au dixième, alun au quinzième, tannin, sang-dragon, ferropyrine au cinquième.

Fibrine. — Isomère de l'albumine du sang, elle y coexiste à l'état de
fibrinogène, et s'en sépare dans le caillot avec les globules. On l'isole de
ceux-ci par simple lavage. On peut également l'extraire du sang frais en le
battant avec un petit balai : on la purifie par lavages à l'eau, à l'éther.

C'est une matière blanche, insoluble dans l'alcool et dans l'eau, soluble à
tiède dans les solutions alcalines. L'ébullition prolongée avec l'eau tend à
lui faire prendre les propriétés de l'albumine du sang.

Osséine. — C'est la matière albuminoïde des os. On l'isole en traitant
ces derniers par l'acide chlorhydrique qui dissout les parties minérales :
phosphate et carbonate de calcium.

L'osséine a reçu le nom de *collagène*, à cause de sa propriété de se transformer en gélatine soluble sous l'action de l'eau surchauffée, plus facilement
en présence d'acide. L'osséine des cartilages donne par le même traitement
une gélatine spéciale, la *chondrine*.

L'osséine est insoluble dans l'eau, elle diffère des albumines vraies en ce
qu'elle ne contient pas de soufre. L'osséine convient mieux que la gélatine
dans l'alimentation.

Gélatine. — La gélatine résulte de l'action de l'eau bouillante sur l'osséine.

La préparation de la gélatine s'effectue en traitant les débris de peau, de
tendons, d'os en autoclave par l'eau sous pression. Le bouillon obtenu est
concentré et on coule en plaques qui se solidifient par le refroidissement. Il
est préférable de traiter d'abord les os par l'acide chlorhydrique qui dissout
les substances minérales et laisse l'osséine seule.

La gélatine est une substance solide, translucide, sans odeur si elle est
pure. Quelques gouttes de solution alcoolique de salicylate de méthyle

ajoutées aux pâtes de gélatine avant leur complet refroidissement suffisent pour masquer l'odeur désagréable des gélatines impures.

Elle ramollit et se gonfle dans l'eau froide ; elle se dissout dans cinq fois son poids d'eau à 90°.

Elle est insoluble dans l'alcool qui la précipite de ses solutions aqueuses, d'où l'emploi pour le collage des vins. Le tannin précipite également la gélatine, propriété qui est la base du tannage.

L'acide sulfurique étendu donne par l'ébullition du glycocolle ou sucre de gélatine $CO^2H.CH^2NH^2$.

L'acide chromique rend la gélatine insoluble dans l'eau après exposition des rayons solaires. Cette gélatine bichromatée est très employée en photographie pour les plaques photographiques. C'est le principe du tannage au chrome. *Eder*, 1878, *Lumière* et *Seyewetz* ont étudié le mécanisme de cette réaction, il y a formation d'oxyde de chrome qui augmente avec la durée de l'exposition. Bull. Société chimique 1905, p. 1032-1040.

La gélatine chromatée est un excellent ciment pour le verre. Dans ce but, on additionne de 1 p. de bichromate potassique une solution de 5 parties de gélatine dans 100 parties d'eau. La gélatine bichromatée peut servir également pour la fabrication des baches imperméables. Il faut insoler pour insolubiliser.

La gélatine s'insolubilise si on la chauffe plusieurs heures à 150° ou si on la traite par des aldéhydes, l'aldéhyde acétique à 35° ou l'acroléine par exemple, E. *Beckmann* (br. all. 1895).La gélatine insolubilisée par l'aldéhyde formique peut servir à la fabrication de statuettes. En ajoutant des couleurs appropriées, on peut imiter la nacre, l'écaille, l'ambre, le corail.

On a breveté récemment un procédé de fabrication de cuir artificiel qui repose sur l'insolubilisation par le formol d'un mélange de glycérine et de gélatine.

La gélatine insolubisée par le formol sert à préparer la soie Vauduara et des pellicules sensibles ; celle insolubilisée par les sels de chrome, de fer, par le formol ou par le tannin au mordançage du coton ; voir M. Saget, in l'Ind. Textile, 1906.

La gélatine absorbe un grand nombre de substances minérales, alun ordinaire, alun de chrome, sulfates de Ni, Co, Zn. Cu. Elle gonfle beaucoup par les deux derniers corps, E. *Mills* et W. *Sawers* (J. of chem. Ind., 1895).

On distingue plusieurs qualités de gélatine qui diffèrent par leur origine :

La colle de peau est la gélatine provenant des colles-matières autres que les os · nerfs, cuirs, peaux de toutes sortes. La colle de poisson ou ichtyocolle est une gélatine pure (90 % de gélatine), préparée avec la vessie natatoire de l'esturgeon.

La grenétine ou colle blanche diaphane est une gélatine relativement pure, préparée avec des peaux de jeunes animaux, des cartilages de veau non desséchés. Elle est employée concurremment avec la colle de poisson pour les usages culinaires et domestiques; préparation des gelées alimentaires, collage du vin, ainsi que dans l'apprêt des tissus blancs.

La décoloration des gélatines s'effectue avec de l'acide sulfureux ou du chlore.

Les diverses gélatines ont reçu les emplois les plus variés. Les principaux usages sont la préparation des colles, comme matière d'apprêt des tissus, des gazes, des fleurs artificielles, pour le collage des vins et des bières, en photographie comme substance plastique par insolubilisation, soie Vanduara, autocopiste, enveloppes des capsules.

Colles. — Le principal emploi de la gélatine est comme matière adhésive. Il existe un grand nombre de colles à base de gélatine, la principale est la colle forte ou colle d'os. Elle est très employée en ébénisterie et menuiserie. C'est le meilleur adhésif pour coller le bois sur le bois, sur le papier ou le cuir. On doit l'employer à chaud, ce qui est un inconvénient, aussi s'est-on efforcé de rendre la gélatine soluble dans l'eau froide.

Les procédés de préparation de la colle forte liquide consistent à faire agir un acide minéral faible ou un sel hygroscopique sur la solution de gélatine. On a proposé l'acide azotique, les acides formique, citrique, tartrique, le sulfate et l'azotate de zinc, l'azotate de calcium, les chlorures alcalins ou alcalino-terreux, 2 °/₀, ou l'éther.

A la gélatine, gonflée par l'eau, puis fondue, *Martens* (br. all., 1896) ajoute 10 pour 100 de salicylate de sodium et de l'essence de girofles. On a, par dilution, une colle liquide à froid.

La colle liquide, dite de Russie, légèrement consistante à la température ordinaire contient : gélatine sèche avec traces de sulfate de plomb 40 pour 100 ; AzO³H, 1,5 ; eau 58,5.

La colle forte liquide sert à la confection des fausses perles.

La dissolution de colle forte dans la gélatine sert à la préparation des rouleaux d'imprimerie et des moules flexibles.

Parmi les autres colles ayant des emplois spéciaux, mentionnons la *colle au baquet*, préparée avec de vieux gants, des peaux de lapins, des rognures de gantiers et de fourreurs ; elle sert dans la peinture à la détrempe.

La colle des doreurs est une colle de peau en feuilles, préparée avec des peaux de lapin, en présence de sulfate de zinc et d'alun.

La colle à bouche contient environ 10 pour 100 de sucre blanc ajouté à la solution, avant le moulage.

La colle de chair de poisson, se prépare par l'action d'un mélange d'acide chlorhydrique et sulfurique sur la chair de poisson. Elle sert pour clarifier la bière et le vin. En Orient, on fixe les pierres précieuses avec une solution alcoolique de cette colle et de gomme. Les perles artificielles préparées avec la solution d'écailles dans l'ammoniaque sont également fixées avec cette colle.

Voici quelques recettes de colles.

Colle Balland de Toul : 35 parties de colle forte sont mises à macérer dans

100 parties d'acide acétique du commerce, la dissolution se fait spontané-ment. La colle ainsi obtenue est cohérente et ne se putréfie pas.

Ciment perfectionné, pour coller le bois, la pierre et autres matières : Colle forte 40 kgs, eau 40 kgs, ciment en poudre 666 kgs, mat. col. en poudre 666 kgs, résine en dissolution 666 kgs. La colle est dissoute dans son poids d'eau, la résine est dissoute dans un liquide volatil dans la proportion de 1 litre 250 d'alcool pour 1 k. 500 de résine. On mélange le tout. Pour s'en servir, on le chauffe en y ajoutant un peu d'eau si c'est nécessaire.

Ciment pour recoller la porcelaine et le verre (Pelouze). — On ajoute à une dissolution concentrée de colle de poisson dans l'eau, un peu d'alcool et de la gomme ammoniaque ou de la résine, de manière à former une pâte liquide.

Autre recette : Dissoudre à chaud 100 gr. de gélatine dans 160 gr. d'acide acétique crist. ; et additionner de 5 gr. de bichromate d'ammonium en poudre, conserver à l'abri de la lumière.

En colorant par du noir de fumée un mélange de gélatine et de bichro-mate, on peut obtenir une colle absolument solide, qui peut être employée à marquer les toisons de mouton, les balles de marchandises, etc. Potter (br. fr., 1897) donne la composition suivante : colle de peau, 1 kg. 350 ; bichro-mate, 15 à 30 gr. ; noir de fumée, 1 kg. 350 ; essence de térébenthine, un quart de litre.

Procédé pour le collage des courroies. — Prendre un litre de lait, chauffer ; quand il est à l'ébullition, y verser quelques gouttes de vinaigre, séparer au tamis de soie fin le caséum précipité, puis dissoudre dans le liquide ainsi obtenu, de la colle de Givet en quantité aussi forte que possible. Au moment de l'emploi, ajouter à la colle, préparée comme il vient d'être dit, de l'éther en quantité suffisante pour rendre la colle bien liquide et l'appliquer très chaude au moyen d'un pinceau, sur les deux bouts de la courroie, que l'on maintient, réunis entre deux planchettes au moyen d'un serre-joints ; les deux bouts à réunir doivent être rabotés en biseau sur une longueur égale à la largeur, en laissant un peu de velu au cuir qui doit être parfaitement débarrassé de toute matière grasse (Bul. de Rouen, 1874).

Applications à l'imperméabilisation des tissus. — On rend les tissus imperméables en les plongeant dans une solution aqueuse bouillante de géla-tine, de savon et d'alun, à parties égales.

Kœnigs, 1897, imprègne les fibres animales ou végétales de colle, puis après séchage, détermine l'insolubilisation de la colle, au moyen d'alun, de chaux ou de tannin.

Schiffer (br. fr., 1897) rend le papier imperméable en le recouvrant de couches successives de colle et de bichromate, et l'exposant aux rayons solaires. Au lieu de bichromate, on a proposé de plonger le papier recouvert de gélatine dans une solution de formol à 10 pour 100.

La gélatine joue également un rôle important dans la lithographie, la chromolithographie, l'émaillage, la photolithographie, les différents procédés d'auto-et de polycopie.

On obtient une pâte à polycopie avec : gélatine nᵒ 1, 100, sucre 110, eau 350, glycérine 30°, 600.

Vernis pour cylindres de filature. On prend : 1 litre vinaigre, 30 gr. gélatine, 30 gr. colle de poissons, 30 gr. gomme arabique. On chauffe à 50° au moins, 70° au plus, pendant quatre heures, et on passe au tamis de soie très fin. Chauffer légèrement avant l'emploi.

Les Farbwerke (br. angl. 1899) préparent une substance analogue ou celluloïde, en ajoutant 5 p. de gélatine à une dissolution de 2. p. de nitro-cellulose dans 16 p. d'acide acétique. Lorsque la gélatine est bien gonflée, on ajoute 8 p. d'alcool à 96°.

Pour préparer de la gélatine qui puisse servir à faire des moulages, sans être sujette ensuite à se rétrécir, prendre 340 à 350 gr. de gélatine et la laisser gonfler pendant quelques heures dans de l'eau, puis on la liquéfie en la mettant chauffer. Si l'on veut obtenir un moulage élastique, ajouter un quart en poids de mélasse. Pour rendre la gélatine insoluble, on peut l'additionner d'un peu d'alun de chrome, ou encore frotter la surface du moule d'une solution saturée de bichromate de potasse et exposer à la lumière.

Caséines. — La caséine est l'un des principes immédiats du lait, qui en renferme des quantités variables suivant l'origine : lait de femme 0, 34 pour 100, lait de vache 3 pour 100, lait de brebis 4 pour 100.

On l'extrait du lait, après écrémage en le coagulant par un acide. On lave, on la dissout dans le carbonate de sodium pour la séparer des restes de corps gras ; on la précipite de nouveau par un acide ; on la lave de nouveau à l'eau, à l'alcool, à l'éther.

La caséine est insoluble dans l'eau pure, elle coagule mais elle est soluble dans les acides minéraux ou la présure et même par l'acide acétique qui ne coagule pas l'albumine ; elle se redissout dans le carbonate de sodium, l'ammoniaque et les alcalis en général ; elle se combine aux acides et aux alcalis ; avec les alcalis, elle donne des sortes de sels.

La caséine Benoît soluble à l'état sec (br. fr., 1895) s'obtient en dissolvant la caséine par 6 à 8 p. de potasse caustique ou parties équivalentes de carbonate, de borate ou phosphate alcalin.

La dissolution de la caséine dans l'ammoniaque a reçu de nombreuses applications, comme matière d'apprêt pour rendre les papiers ou tissus imperméables à l'eau, en insolubilisant ensuite de nouveau la caséine par l'action du formol *Scheufelin* (br. fr., 1897), ou comme épaississant et fixateur pour la métallisation des tissus, papiers et cuirs, en les enduisant d'un mélange de caséinate d'ammoniaque, d'eau, de poudre métallique et de gomme laque *Schlumberger* (br. fr., 1897).

La caséine précipitée par l'acide chlorhydrique, puis séchée, sert à la fabrication de différentes *colles*. Il y a deux sortes de colles à la caséine :

l'une est l'épaississant employé dans l'impression des tissus pour la fixation mécanique de certaines matières colorantes telles que le carmin de cochenille, ou de poudres métalliques, comme par exemple l'argentine ou étain pulvérisé ; l'autre qui est un véritable ciment, sèrt à l'imperméabilisation des tissus, etc., on peut s'en servir à réunir entre eux différents objets.

L'épaississant à la caséine s'obtient en dissolvant la caséine en poudre, ou lactarine, dans de l'eau ammoniacale ; les meilleures proportions sont les suivantes : Caséine en poudre 200 gr. Eau froide 1 litre. Ammoniaque liquide 40 gr.

On délaye la caséine dans l'eau, et on ajoute peu à peu l'ammoniaque ; la caséine se dissout aussitôt en formant une colle bien homogène, que l'on peut délayer suivant les besoins dans de l'eau ordinaire, et qui se conserve si l'on y mélange un antiseptique quelconque, tel que l'arsénite de soude, le phénol, le sublimé, etc.

Cette colle est instantanée à condition de lui faire subir l'action d'une chaleur de 80° à 100° soit au moyen d'un fer chaud, soit par un passage à l'étuve. Le caséate de chaux convient encore mieux comme épaississant des couleurs parce qu'il est presque entièrement coagulable par la chaleur et que le coagulum ne se dissout plus dans les alcalis. Les caséates de K et de Na ne présentent pas cette propriété et ne peuvent donc pas servir.

S. *Wallach et C*ⁱᵉ (br. all., 1897) emploie le mélange de caséine de formol à l'état de combinaison ammoniacale ou bisulfitique, pour fixer les couleurs à base d'alumine.

Ernest Schlumberger (S. de Mulhouse, 1871) a proposé la dissolution de caséate de magnésie dans l'eau de baryte ; dans ces conditions, on obtient par la chaleur un coagulum insoluble dans les liqueurs alcalines.

Rosenstiehl (B. de Mulhouse, 1899) attribue l'infériorité de la caséine par rapport à l'albumine à la différence de concentration des épaississants employés. Pour obtenir une solution suffisamment concentrée de caséine sans qu'elle soit trop épaisse, il la fait fermenter partiellement, puis il fait suivre le traitement d'un passage au chlorure de baryum.

Mastic à la caséine : On le prépare avec : caséine 100 parties, chaux éteinte 8 parties, verre soluble 20 à 35 parties. En malaxant ces substances, on obtient une colle épaisse, homogène, facile à étendre au pinceau. Après en avoir enduit les surfaces que l'on veut coller, on laisse sécher la composition avant de présenter les morceaux à jointer. On rapproche alors les surfaces enduites et on provoque l'adhérence au moyen d'une forte pression et d'une température de 100° C. environ.

Colle au fromage pour bois. 4 kgs de caséine en poudre (lactarine). 16 litres d'eau à froid. 300 grammes de chaux, éteinte dans 8 litres d'eau à chaud. Broyer pendant une heure et demie à deux heures, puis ajouter 60 gr. ammoniaque liquide. La masse doit être employée promptement avant qu'elle ne se solidifie.

Quand les planches sont réunies ensemble par la colle, on les met sous presse pendant 12 heures, plus ou moins suivant la saison, pour augmenter l'adhérence.

La dissolution de caséine dans un carbonate alcalin peut servir à agglomérer des matières inertes : déchets de cuir, de papier, etc. Le produit aggloméré est nommé caséite, *Marcillat* et *Séjournel* (br. fr., 1897). Les fils de caséine sont préparés à l'aide de la solution alcaline ou alcétonique, *Todtenhaupt*, *Timpe* (br. all., 1905).

F. Salkowski et *W. Majert* préparent directement les sels de la caséine à l'état solide (br. all. 1895) en faisant passer sur la caséine sèche du gaz H Cl ou NH^3 sec, ou en faisant passer ces gaz sur la caséine après l'avoir mise en suspension dans un liquide qui ne soit un dissolvant ni pour elle ni pour ses combinaisons, alcool, éther, benzine, ligroïne. Ces composés sont des poudres blanches, stables à l'air et solubles dans l'eau sans résidu.

Les caséates métalliques peuvent se préparer en ajoutant une solution concentrée du sel métallique à la caséine en suspension dans l'alcool. On abandonne plusieurs heures à douce température (Chemische Fabrik Pfersee, br. all , 1897).

*
* *

La caséine, en dehors de son usage alimentaire, sous forme de fromages maigres, frais et secs, a reçu de nombreuses applications qui ont donné naissance à l'industrie de la *caséinerie*. Les usages de la caséine varient suivant le mode de coagulation du lait écrémé qui s'effectue par la présure ; application à la galalithe ; par les acides, application à la fabrication des colles ; ou spontanément :

Le résidu de cette fabrication est le sérum du lait ou petit-lait, qui sert à l'alimentation des porcs, ou à l'extraction du lactose (voir p. 1178).

La caséine coagulée par la présure et destinée à la fabrication de la *galalithe* de l'autrichien Zirn, est dissoute dans l'ammoniaque ou la soude, et reprécipitée par l'acide sulfurique. Après dessiccation, la caséine est traitée par le formol et soumise à une forte pression ; elle constitue alors la galalithe, employée comme succédané du celluloïde pour la fabrication d'articles de Paris, tels que peignes, porte-plumes, etc. La galalithe est d'un prix un peu plus élevé que le celluloïde, mais elle a sur lui l'avantage de n'être pas inflammable ; par contre, elle résiste moins bien à l'action de l'eau. Cette industrie consomme déjà plus de 200.000 kgs de caséine dans l'usine de Levallois-Perret.

Le procédé de fabrication de la galalithe avec le formol, est celui de la Vereinigten Gummiwaren-fabrik, de Harbourg, Vienne, mais il existe un autre procédé qui consiste à traiter la caséine par l'acide acétique et la glycérine. La masse est ensuite séchée et durcie par la compression.

Le *lactoforme*, la *lactite*, sont des produits analogues à la galalithe.

La caséine peut fournir une corne artificielle, P. Hansen (br. danois, 1897). Pour cela, à 70 parties de caséinate alcalin, on ajoute 28 parties de cendre d'os, de kaolin ou de gypse, etc., et 2 parties de stéarine, cire, paraffine, etc.

On moule le tout dans des formes que l'on chauffe à 90° sous une pression élevée.

En ajoutant à la caséine du borax, à 160°, puis du chlorure de baryum à 90°, puis malaxant avec une couleur, et séchant à 80°, Schœnfeld obtient une masse plastique qui se laisse tourner et limer (br. all., 1895).

G. *Miethig* prépare des tablettes où l'écriture peut être effacée en étendant sur une base solide constituée par une plaque de métal, de pierre naturelle ou artificielle, de verre, etc., une couche de glue préparée avec : solution de copal ou de résine de dammar 2 à 5 p. Caséine 10 p. Chaux éteinte 10 à 15 p.

Sur cette couche on fixe, par pression, une feuille de papier parchemin préalablement trempée dans une pâte composée de : Caséine 1 part. Chaux éteinte 1 à 2. Eau, quant. suffisante.

On obtient une adhérence parfaite et, après dessiccation, la surface du papier parchemin reçoit l'écriture à l'encre ou au crayon et peut ensuite se laver à l'eau sans qu'il reste aucune trace des inscriptions reçues.

L'acide nitrique agit sur la caséine en donnant de la nitro-caséine, *Armand Dollfus* (S. de Mulhouse, 1884), jaune rouge qui contient de l'acide xantho-protéique. La nitro-caséine traitée par les matières grasses, dans des conditions spéciales, donne un caoutchouc factice.

La caséine est la base d'un grand nombre de préparations destinées à l'alimentation. La *nutrose*, poudre blanche soluble dans l'eau, des Farbwerke de Hoechst, contient caséine 100 gr. ; hydrate de soude 2, 3 gr. ; chlorure de calcium 3 gr. Le mélange est bien trituré, bouilli dans l'alcool, puis desséché. *Liebrecht* (br. all., 1895). La *caséone* et le *globon* de Kornfeld sont des combinaisons sodiques de caséine ; l'*eukasine* de *Salkowski* est une combinaison ammoniacale (br. all., 1897). Le *sanatogène* de la firme *Bauer* et Cie Berlin, renferme 95 pour 100 de caséine et 5 pour 100 de glycérophosphate de chaux (br. all., 1897). L'*eukasine* est un produit analogue. Le *plasmon* est obtenu en précipitant le lait débeurré par un peu d'acide acétique. La caséine précipitée est lavée, puis redissout dans une solution faible de CO^3Na^2. La caséine reprend l'état qu'elle possédait dans le lait. On sèche à l'étuve dans l'acide carbonique. Le plasmon se dissout entièrement dans une quantité suffisante d'eau tiède en donnant une liqueur opaline.

Applications diverses :

La caséine encore humide a été proposée par *E. Léger* (J. de pharmacie, 1899) pour préparer des émulsions huileuses, en particulier d'huile de foie de morue. P. Hewit (br. am., 1894) emploie la caséine pour clarifier les solutions de colle gélatine. Il emploie une dissolution de caséine dans de l'eau de chaux ou dans les alcalis, à 5 pour 100 de caséine. En ajoutant 1 de cette solution pour 1000 de gélatine, puis coagulant en chauffant à 70°-80°, la caséine en se séparant entraîne les impuretés, pourvu qu'on ait neutralisé la masse. La caséine mélangée à la chaux ou à d'autres bases peut servir de peinture.

La poudre de caséine convient très bien pour le collage des boissons alcooliques.

Gluten. — Le gluten est une caséine végétale qui se rencontre dans la farine des graminées. On l'en extrait facilement en malaxant la pâte consistante sous un filet d'eau et au-dessus d'un tamis. Les cellules de matière amylacée sont entraînées, tandis que le gluten reste aggloméré en une masse élastique; après dessiccation, le gluten devient dur et prend un aspect corné. C'est le résidu de la fabrication de l'amidon qui constitue une nourriture très appréciée par les animaux. Purifié, c'est un excellent aliment pour l'homme. Le gluten est insoluble dans l'eau, soluble dans les alcalis. Le gluten se gonfle sans se dissoudre dans l'acide chlorhydrique.

Le gluten a des propriétés variables avec son origine; il semble être un mélange de diverses matières albuminoïdes, gliadine, gluténine, albumines solubles dans l'alcool à 75 centièmes, des caséines coagulables par l'acide acétique et des globulines solubles dans l'eau salée à 10 p. 100.

D'après E. Fleurent, les différentes farines contiennent en gluten, en gliadine et en gluténine :

		Gluten p. 100 de farine	Gliadine p. 100	Gluténine de gluten
Farine de	froment	12	75	25
—	maïs	10,63	47,50	52,50
—	orge	13,82	15.60	84,40
—	riz	7,86	14,31	85,70
—	sarrasin	7,26	13,08	86,92
—	seigle	8,26	8,17	92,83

La caséine des légumineuses ou *légumine* est absolument identique à la caséine du lait.

C'est l'excès de gluténine dans les farines autres que celle de froment qui rend impossible l'extraction du gluten par les procédés ordinaires de malaxage, et pour qu'un gluten soit extractible, il doit exister un rapport minimum et maximum entre les quantités de gliadine et de gluténine qu'il peut contenir.

C'est le blé Oulka de Bessarabie qui a donné la proportion la plus forte de gluten : 10,10 pour 100 (à 60 p. 100 d'extraction), et la proportion la plus forte de gliadine : 6,96 pour 100 du poids du blé.

Pour qu'une farine pure de froment ait la meilleure valeur boulangère, E. Fleurent a posé la règle, que le gluten de cette farine doit se rapprocher le plus possible du rapport : $\dfrac{\text{gluténine}}{\text{gliadine}} = \dfrac{25}{75}$.

Si la proportion de gliadine est plus considérable ou moindre, le pain est compact à la cuisson, et devient indigeste. Quant à la quantité d'eau qu'une farine retient à la panification, c'est-à-dire le rendement en pain, ne dépend que de la teneur totale en gluten, et non de sa composition en gluténine et en gliadine. Si la farine est trop riche en gliadine, on peut corriger ce défaut au point de vue de la panification en ajoutant 2 à 3 pour 100 de farine de féverolles (comme le font nombre de boulangers, sans qu'ils se rendent compte du motif) ou 8 à 12 pour 100 de farine de riz.

C'est à la gliadine qu'il faut attribuer les propriétés agglutinatives du gluten, et c'est l'ensemble de la gliadine et de la gluténine qui constitue le gluten. Veut-on extraire le gluten en soumettant un pâton de farine à l'action de l'eau contenant une petite quantité de matières salines en dissolution, la gliadine se transforme en une masse molle que les particules de gliadine pulvérulente, jouant ici le rôle de matière inerte, empêchent de filer entre les doigts.

Voici comment Fleurent conseille d'opérer pour obtenir la gliadine pure : on commence par épuiser la farine par des lavages successifs à la benzine, pour extraire la matière grasse; on abandonne ensuite la farine à l'air pour enlever par évaporation le réactif en excès, puis le produit est mis en digestion pendant quelques jours avec un excès d'alcool à 70°. On sépare l'alcool par filtration et on évapore la solution à sec, dans le vide, sur le chlorure de calcium. Dans ces conditions, on obtient la gliadine pure, à peine colorée en jaune clair, sous la forme de feuillets gélatineux.

La gliadine est soluble dans l'alcool à 70° contenant 3 p. 1000 de potasse caustique, tandis que la gluténine est insoluble et la légère émulsion qu'elle forme avec ce dissolvant se détruit par le passage d'un courant d'acide carbonique.

La gliadine s'émulsionne dans l'eau, mais l'addition d'une trace de sel alcalin ou alcalino-terreux suffit à détruire l'émulsion, et la gliadine se précipite en se soudant à elle-même.

E. Fleurent (Bull. de la Soc. d'Enc., 1898) a fait une étude spéciale de la composition des matières albuminoïdes extraites du grain des céréales et des graines des légumineuses. En modifiant la méthode d'analyse par l'alcool et les solutions caustiques faibles, employée en 1872 par *Ritthausen*, en 1893, par *Osborne* et *Woorhees*, il a isolé à l'état de pureté les deux principes albuminoïdes qui entrent presque exclusivement dans le gluten :

La *gluténine* dont le gluten des bonnes farines de froment renferme 18 à 34 pour 100, matière pulvérulente sèche, inerte (gluten-caséine de Ritthausen, zymon de Taddei, fibrine végétale de Dumas et Cahours et de Liebig, gluténine de Osborne et Woorhees).

La *gliadine* dont les bonnes farines de froment renferment 82 à 66 pour 100, matière visqueuse et fluente à laquelle il faut attribuer les propriétés agglutinantes du gluten (gliadine de Taddei, gluten-fibrine de Ritthausen, gélatine végétale de Dumas et Cahours).

Le gluten contient en outre une petite quantité de conglutine.

Le gluten, la gliadine, la gluténine, la conglutine ont la même composition élémentaire.

Le gluten est employé parfois comme épaississant des couleurs dans l'impression des tissus. Voir l'étude de Ern. Schlumberger, Bull. de Mulhouse, 1871.

Le gluten sert dans la fabrication des pâtes d'Italie au moyen des blés tendres, qui contiennent peu de matières azotées. On emploie 30 kgs. farine ordinaire de blés tendres ; 10 de gluten frais ; 5 à 6 d'eau bouillante.

Fibroïne. — La fibroïne constitue la partie principale de la soie (50 pour 100). Elle reste comme résidu lorsqu'on traite la soie successivement par une lessive de soude froide à 5 pour 100, par l'acide chlorhydrique au vingtième, l'alcool et l'éther.

La fibroïne se présente en fibres blanches soyeuses moins résistantes que la soie. Elle se dissout dans les acides et les alcalis concentrés ; dans une solution d'oxyde de nikel ammoniacal, *Schlossberger* ; dans le chlorure de zinc, *Persoz* ; l'acide chlorhydrique concentré, *Spiller* ; la solution sodique d'oxyde de cuivre, additionnée de glycérine, *Lowe*.

Kératine. — C'est la substance cornée. Elle est insoluble dans les acides et les alcalis délués ; ainsi que dans l'alcool et l'éther le suc gastrique est sans action sur elle. Pour l'isoler, on traite successivement par tous les agents précédents qui laissent la kératine comme résidu. Toutes les kératines renferment de 2 à 5 % de soufre. Chauffées dans l'autoclave avec de l'eau, à 150-200°, elles donnent de la *Kératinose* soluble.

Séricine. — La séricine se retire de la soie par un traitement à la vapeur d'eau sous pression.

Elle est soluble dans l'eau bouillante, et se prend en gelée par le refroidissement :

L'alcool, le tannin, l'acétate basique de plomb, et la plupart des sels des métaux lourds précipitent la sérine de sa solution aqueuse.

Spindler (br. fr., 1897) ajoute au bain de blanchiment des soies de l'alcool ou de l'acétol, dans lequel la séricine est insoluble.

CHAPITRE XXX

FERMENTS

On désigne sous le nom de *fermentations*, les décompositions chimiques spéciales, qu'éprouvent un grand nombre de composés organiques qui se modifient dès la température ordinaire en deux ou plusieurs autres sous l'influence d'autres matières organiques appelées *ferments*. Ces derniers semblent ne fournir que leur activité propre et pouvoir agir indéfiniment ; la présence de l'eau est indispensable.

L'étude des ferments a permis de les partager en deux groupes : les ferments figurés ou organisés et les ferments solubles.

Les *ferments figurés* sont des cellules vivantes qui vivent et se multiplient pendant la fermentation. par exemple la levure dans la fermentation alcoolique. Les poisons tuent les ferments figurés. Leur action chimique est donc corrélative d'un phénomène physiologique, ainsi que Cagniard de Latour l'avait soupçonné et que Pasteur l'a démontré.

Les ferments *solubles* appelés encore *zymases* (Béchamp), *diastases* (Payen et Persoz) ou *enzymes* (Kuhne), sont des composés organiques azotés, qui provoquent la fermentation sans subir eux-mêmes de décomposition, par exemple la diastase sur l'amidon. Les poisons ne les tuent pas. Ils agissent comme des corps catalytiques.

Béchamp et ses partisans admettent que les ferments figurés sécrètent tous un ferment soluble qui serait le vrai agent de la fermentation. Les travaux récents de *E. Buchner* qui a isolé de la levure une diastase capable de produire la fermentation alcoolique, semblent donner raison à cette théorie.

Lorsque l'on est en présence d'un ferment figuré, la fermentation étant étroitement liée au développement de la cellule vivante, toute substance toxique pour cette dernière entravera la fermentation ; au contraire, lorsque la fermentation est produite par une diastase, les antiseptiques n'ont plus d'action, ou du moins cette action n'est plus comparable à celle qu'ils exercent sur les ferments figurés.

Origine, développement et nutrition des ferments. — Les ferments figurés existent à l'état de germes dans l'air. *Pasteur* a démontré que si on stérilise par l'ébullition un liquide fermentescible, et que si on supprime toute possibilité de contact avec l'air, ou si l'on ne laisse arriver que de l'air privé de ses germes par filtration, ou dont les germes ont été détruits par la chaleur, il n'y a plus fermentation, même des liquides les plus altérables.

Lorsque les germes renfermés dans l'air peuvent agir librement, les germes qui se développent sont ceux auxquels conviennent le mieux la nature du milieu, la température et les différents éléments qui peuvent être présents.

Les substances qui peuvent servir d'aliments aux ferments sont de natures diverses. Certains même peuvent se développer dans un milieu purement minéral. Voici par exemple la formule du milieu de Laurent : phosphate de K, 0,75 ; sulfate de Mg, 0,10 ; sulfate d'ammoniaque 5 gr., eau 1000.

Les levures vivent mieux aux dépens des hydrates de carbone. Mais la plupart des ferments préfèrent les matières albuminoïdes qui se transforment en indol.

Les ferments sont dits *aérobies* ou *anaérobies* suivant que le *développement* s'effectue en présence de l'oxygène de l'air ou non.

⁂

Fermentations. — Chaque ferment développe une fermentation spéciale que l'on désigne par le nom de l'un des principaux produits auxquels elle donne naissance.

On distingue les fermentations alcoolique, acétique, lactique, glucosique, butyrique, mannitique, gallique, ammoniacale, forménique, citrique, putride.

Dans toute fermentation, il faut distinguer le ferment et les conditions de son développement, la matière fermentescible et les circonstances où elle se modifie sous l'influence des ferments, les produits en lesquels elle se transforme.

Action des agents physiques sur les ferments figurés. — Les températures les plus favorables pour la prolifération des ferments figurés sont : soit entre 12°-15°, soit entre 35°-40°, suivant les espèces.

Les ferments figurés sont tous détruits par un séjour prolongé dans une enceinte à 115°.

Pour les espèces pathogènes, la température de 100°, est suffisante. Sur cette action de la chaleur sont fondées les différentes méthodes de stérilisation. Dans le cas du vin ou de la bière, cette opération se nomme la *pasteurisation*, du nom de son promoteur.

Le froid au contraire est sans action sur les ferments qui résistent aux très basses températures, — 100° par exemple. La glace des glaciers renferme de nombreuses espèces vivantes. Les pressions élevées supérieures à 1.000 kgs par centimètre carré sont également sans action.

La lumière solaire exerce une action destructrice sur les ferments figurés ; c'est l'une des causes de la grande salubrité des habitations exposées au midi.

Action des agents chimiques. — Certains agents chimiques ont une action énergique sur les ferments ; suivant leur puissance ou la dose ajoutée, la fermentation est arrêtée momentanément ou définitivement. L'étude de ces phénomènes forme la base de l'antisepsie et de la désinfection.

D'une manière générale, tous les oxydants énergiques sont des antiseptiques ; ils brûlent la matière organique constituant les cellules. Leur action est favorisée par la chaleur.

Un certain nombre de dérivés de la benzine sont également doués de propriétés antiseptiques. Parmi les dérivés disubstitués, les dérivés en position para sont des antiseptiques plus énergiques que les dérivés ortho ou méta, *Carnelley et Frew.*

Voici, classés d'après leur valeur respective, les antiseptiques les plus communément employés. Sublimé corrosif 1, formol 2, chlorure de chaux à 98, 3, SO² 4, essence de moutarde 9, thymol 13, acide salicylique 14, phénol 16 ; borax 18, essence d'eucalyptus 20.

Fermentation alcoolique. — C'est le type des fermentations ; c'est elle qui donne les boissons fermentées, vins, bières, etc.

Elle se produit par l'action de la levure de bière ou des différentes levures du genre saccharomyces sur les dissolutions de sucres fermentescibles, en particulier le glucose. Elle pourrait se produire également par l'action de ferments du genre mucor. Le saccharomyces cerevisiae est le ferment de la levure de bière haute ; le S. Ollipoïdes est celui du jus de raisin, les S. apiculatus et pastorianus sont ceux des sucs de fruits.

Fabroni 1787 constata le premier que la levure de bière était une substance azotée. Cagniard de Latour, 1837, constata au microscope sa forme de petits globules, sa nature organisée et son mode de bourgeonnement. Pasteur démontra qu'elle était bien formée de cellules végétales, vivant au détriment du glucose.

C'est le glucose qui est la matière fermentescible et non le saccharose ; celui-ci doit être au préalable converti en glucose. Le glucose se transforme en alcool et en acide carbonique. Comme Lavoisier l'a constaté, et d'après l'équation posée par Gay-Lussac, 1815, et confirmée par Dubrunfaut, 1830, $C^6H^{12}O^6 = 2 C^2H^5.OH + 2 CO^2$, Pasteur 1857, a démontré que 94 parties seulement pour 100 du glucose éprouvent la décomposition en alcool et acide carbonique ; le reste concourt, avec les matières de nutrition du ferment, à la production de petites quantités de glycérine, d'acide succinique, et à l'élaboration de matières cellulosiques et de matières grasses qui sont fixées par la levure pour former de nouveaux globules.

La température la plus convenable est entre 25° et 30°. On a cru longtemps que la présence de l'oxygène de l'air est nécessaire ; on sait aujourd'hui que c'est le contraire. Les ferments alcooliques ne se développent en décomposant tout le glucose que si l'oxygène de l'air leur fait défaut. La fermentation alcoolique est un phénomène chimique susceptible d'être régularisé et mesuré, comme l'a démontré Dumas. Les acides étendus et les carbonates alcalins et alcalino-terreux sont sans action ; le bitartrate de K la favorise ; les alcalis étendus la retardent ; les alcalis et les acides concentrés, l'acétate de K l'empêchent. L'accroissement de la proportion d'alcool dans le liquide fermentescible la ralentit. La présence de matières albuminoïdes azotées, et principalement de l'azote ammoniaçal est utile à la nutrition du ferment.

Dans les branches multiples de l'industrie des fermentations, il y a plusieurs façons de lutter contre les infections. La vie des ferments est l'analogue de la vie des autres êtres ; comme en pathologie animale, on recourra donc, soit à l'antisepsie, soit à l'asepsie.

1° L'antisepsie, c'est l'emploi des antiseptiques : entre autres, ont été préconisés : l'acide fluorhydrique et les fluorures (Jean Effront, 1890 (Voir le *Moniteur scientifique*, années 1890 à 1894); l'aldéhyde formique (Trillat, in *Bulletin* de l'Assemblée des chimistes de sucrerie et de distillerie, année 1895) ; tout récemment le sulfate de cuivre. M. Pozzi-Escot a insisté sur l'innocuité relative de ce sel pour les saccharomyces et son action très nocive au contraire sur certains ferments qu'on rencontre dans les moûts industriels, et plus particulièrement pour les ferments lactique et butyrique (brevet français 307 950 et note de M. Pozzi-Escot, in *Bulletin* de l'Ass. des chimistes de sucrerie, 1905).

Quelques détails sur cette action du sulfate de cuivre, puisque c'est l'antiseptique le plus nouveau. M. Pozzi-Escot a reconnu qu'il suffit d'ajouter aux moûts acides de distilleries de mélasses, des doses de sels de cuivre ne dépassant pas 100 milligrammes par litre et souvent même inférieures, pour obtenir des fermentations très pures et très actives. Le sel de cuivre a sur d'autres antiseptiques l'avantage de ne pas agir sur les appareils de distillation en les détériorant. La propriété de ses applications appartient à l'Institut de recherches de M. Jacquemin, à Malzéville-Nancy; la plus importante est la purification du malt utilisé en distillerie.

2° L'asepsie, c'est la stérilisation des moûts, par la chaleur surtout. S'y trouvent reliées la préparation des levures pures et la sélection des levures, qui ont inspiré des travaux magistraux et bien connus.

3° Un troisième moyen de lutte a son origine dans une remarque de *Jean Effront*, qui a fait l'objet d'une communication à l'Académie des Sciences, séance du 22 juin 1903. L'acide abiétique, ou la colophane, a la propriété très curieuse de pouvoir servir de préservatif contre les infections dans les fermentations. Si on ensemence un milieu nutritif, soit un moût de grains, avec un ferment isolé, ferment lactique, ferment butyrique ou levure de bière, et qu'on additionne le moût de 1 pour 1000 d'acide abiétique, il ne se manifeste aucune action de ce dernier sur le développement du ferment. Mais si on ensemence le même milieu, en présence de la même addition, non plus avec un seul ferment, mais avec deux ferments, la lutte entre les deux ferments se trouve aidée victorieusement, en faveur de celui des deux qui se trouve en excès, par la présence de l'acide abiétique. C'est-à-dire que si l'on ensemence avec une forte dose de levure et une faible d'acide lactique, on obtient, dans les moûts additionnés d'acide abiétique, une reproduction très abondante de la levure, sans que les ferments lactiques se développent J. *Effront* (br. fr., 324124).

J. Effront, dans une note très intéressante sur l'emploi de la colophane en distillerie (S. d. Enc. pour l'Ind. nat., 1905) remarque que, pour que la lutte des levures contre les ferments secondaires soit efficace, il faut que les cellules qui se trouvent en concurrence soient très rapprochées l'une de l'autre. C'est seulement dans ces conditions en effet que les produits sécrétés par les levures peuvent atteindre avec succès les ferments étrangers. La colophane en se précipitant à un état de division extrêmement fin, se dépose inégalement sur les levures et les ferments. Ces derniers présentant, grâce à leur forme de bâtonnets, une surface relativement plus grande, se trouvent plus chargés que les premières : cette circonstance augmente leur poids et les rapproche des cellules de levure, qui peuvent alors les combattre efficacement.

Les résultats heureux obtenus au laboratoire ont été suivis par la pratique de l'industrie. Le procédé est excessivement simple : dans le moût à fermenter, on introduit les levures, ensuite une solution alcaline de colophane à raison de 20-30 grammes par hectolitre de moût. L'avantage de ce travail est surtout frappant dans les distilleries de mélasse.

Dans le travail ordinaire de mélasse, en vue de combattre les fermentations secondaires, on a recours aux moyens suivants : 1° stérilisation des moûts par la chaleur ; 2° addition de 1 gr. 75 à 2 gr. SO^4H par litre de moût ; 3° emploi de grandes quantités de levains ou de levures. Ces moyens, sans aboutir toujours à des résultats certains, sont très dispendieux. La stérilisation demande beaucoup de vapeur ; l'emploi de l'acide sulfurique présente aussi de grands désavantages : outre les frais qu'il occasionne, il déprécie les salins, vu que SO^4K^2 a une valeur beaucoup moindre que CO^3K^2 ; en outre il incruste les triples effets et détériore le matériel de distillerie.

En travaillant avec la colophane, on simplifie beaucoup le travail : plus de stérilisation, on se contente d'une simple dilution à l'eau froide ; au lieu d'ajouter de l'acide sulfurique en excès, on ne fait que neutraliser la mélasse ; d'autre part, on réduit de 50 p. 100 la quantité de levure employée. Bref, on fait une économie de combustible, d'acide, de levure, et on obtient une plus grande plus-value de salins, vu que la richesse de ces derniers en CO^3K^2 est de 8-10 p. 100 plus grande. Le rendement en alcool est plus régulier et le produit obtenu, grâce à l'absence de l'acide sulfurique, est beaucoup plus pur.

Le procédé aux résines ne date que de 1903, et il s'est répandu, grâce à sa simplicité, avec une rapidité vraiment étonnante. En France, 90 p. 100 de l'alcool de mélasse ont été produits avec ce procédé ».

Voici quelques données sur l'action de quelques *antiseptiques* par rapport aux levures.

Doses °/₀ qui gênent la fermentation.		Doses °/₀ qui arrêtent la fermentation.
Acide butyrique	0,05	0,10
» acétique	0,50	1
» lactique	1,50	4,50
HCl	0,10	0,50
SO^4H^2	0,20	0,70
PO^4H^3	0,40	7,30

Les alcools, et surtout les aldéhydes ont une action antiseptique marquée sur la levure. Le sous-nitrate de Bi à la dose de 0 gr. 1 par litre empêche le développement des bactéries sans nuire à la levure. Le sulfure de carbone a aussi une action marquée. L'acide sulfureux à 1 gr. 25 par litre tue la levure en 15 minutes ; le bisulfite de Na à 1, 6 gr. par litre, l'acide borique a 1 °/₀, arrêtent la fermentation alcoolique.

Dans les distilleries où l'on travaille avec la betterave, les principales fermentations vicieuses qui peuvent se produire sont : les fermentations lactique, butyrique et nitreuse, enfin acétique.

La fermentation lactique est caractérisée par la diminution du dégagement gazeux et l'accroissement de l'acidité. On l'évite facilement par la propreté du matériel et la bonne température du pied de cuve. Pour l'arrêter, il faut augmenter l'acidité.

La fermentation butyrique présente les mêmes caractères que la fermentation lactique, mais de plus le moût devient noirâtre et prend une odeur butyreuse. Une trop grande acidité organique du moût facilite cette infection. Si c'est là la vraie cause, il faut diluer avec de l'eau ou ajouter de la craie. Si la cause est autre, on relève l'acidité sulfurique. —

La fermentation nitrique est caractérisée par un dégagement de vapeurs nitreuses, dû sans doute à la réduction des nitrates sous l'influence d'une action microbienne, car elle cède à l'action des antiseptiques. Pour l'éviter, il suffit d'éloigner les causes d'enrichissement du moût en nitrates. Une addition de 8, 5 gr. d'HFl par hectolitre, en plusieurs fois, coupe court aux fermentations nitreuses, enfin acétique.

Lorsqu'on travaille avec des mélasses, les accidents possibles sont la fermentation visqueuse, qu'on évite en soignant le dénitrage ou ébullition de la mélasse avec l'acide sulfurique, la fermentation boueuse dans laquelle la fermentation se ralentit, le moût se couvre d'une boue noirâtre formée de levures mortes. On évite cet accident en soignant le dénitrage en augmentant l'acidité, en insufflant de l'air ; l'addition d'acide fluorhydrique est impuissante dans ce cas. La fermentation peut languir pour une foule d'autres raisons.

On combat les infections des levures alcooliques en les lavant avec un poison de bactéries ou en ajoutant celui-ci au moût ; acide fluorhydrique (ne peut servir au lavage, car il nuirait à la levure), acide chlorhydrique, acide sulfurique (aussi efficace pour les lavages des levures, que la purification des cultures).

M. Jacquemin, directeur de l'Institut La Claire, prépare depuis 1886, des levures pures et sélectionnées, ne contenant aucune levure sauvage, ni microbe nocif, qui sont employées à la fermentation rationnelle des vendanges. On les ajoute immédiatement après le foulage : 1 kilog. de levure pure active suffit pour 8 à 10 hectolitres de vendange et détermine une fermentation rapide.

Il est préférable, surtout par les temps froids, de préparer un levain deux ou trois jours avant les vendanges ; l'effet de la levure est alors augmenté : 1 kg suffisant pour 10 à 25 hectolitres de vendanges. L'emploi de ces ferments scientifiques est à recommander dans les années froides, pour les vins de deuxième cuvée, pour les vins restés doux et pour tous les liquides fermentés, cidres, hydromel, vins d'oranges, de bananes, etc.. Dans chaque fermentation, il faut prendre la levure appropriée. Pour les vins rouges, la levure de romanée est celle dont l'emploi est le plus général.

Dans la fabrication de l'alcool, on peut réaliser un système continu et obtenir 1 hectolitre d'alcool rectifié avec 142 à 147 kgs de sucre.

Les levures de vin pures et sélectionnées de Jacquemin, en particulier le saccharomices ellipsoïdes sont employées en thérapeutique contre la furonculose et dans toutes les maladies provenant de troubles de la nutrition, ou d'infection microbienne.

On peut communiquer des bouquets particuliers en changeant la levure *A. Rommier, Jacquemin.*

Fermentation acétique. — Elle transforme l'alcool éthylique en vinaigre. Dans l'industrie, elle s'effectue sous l'influence du *micoderma aceti* de Pasteur. Dans les ménages, c'est la bactérie du sorbose ou *bacterium xylinum* de Brown, qui est utilisée sous le nom de mère du vinaigre (G. Bertrand et Sezerac, C. R. 1901).

Fermentation lactique. — Elle se produit sous l'action du ferment lactique. Elle transforme le glucose, le lactose, etc., en acide lactique $C^6H^{12}O^6 = 2C^3H^6O^3$. Elle ne marche bien qu'en milieu neutre (en milieu acide, c'est le ferment alcoolique qui tend à prendre le dessus, et en présence de matières azotées propres au développement du ferment. Pour neutraliser l'acidité due à l'acide lactique formé, on ajoute de la craie ou un carbonate alcalin. Le ferment lactique, f. bulgare de Metchnikoff est très utile pour combattre les fermentations nuisibles de l'intestin. Voir aussi laits aigris.

Fermentation panaire. — Le levain renferme surtout du saccharomyces minor.

Fermentation butyrique. — Elle se produit sous l'action du *Bacillus amylobacter*, ferment anaérobie ; l'oxygène et l'air libre le tuent.

Elle transforme le lactate de chaux en acide butyrique : $2C^3H^6O^3 = C^4H^8O^2 + 2CO^2 + 2H^2$.

Elle se développe aisément au contact de la caséine du fromage.

Fermentation citrique. — Elle se produit sous l'action du *citromyces pfefferianus*, ou d'une moisissure le mucor puriformis.

Fermentation gallique. — Elle se produit sous l'action du *penicillum glaucum* ou de l'*aspergillus* niger. Elle transforme l'acide tannique en acide gallique : $C^{14}H^{10}O^9 + 2H^2O = 2C^7H^6O^4$.

Fermentation ammoniacale. — Elle se produit sous l'action du micococcus ureae, Van Tieghem. Elle transforme l'urée en carbonate d'ammoniaque $CO(NH^2)^2 + 2H^2O = CO^3(NH^4)^2$. C'est la base de l'extraction industrielle de l'ammoniaque des eaux-vannes. C'est l'explication de la migration de l'azote organique à l'azote minéral ou végétal.

Fermentation visqueuse et manittique. — Elle se produit sous l'action d'un ferment végétal. Elle transforme le glucose en une gomme *soluble dans l'eau*, ou manitte et en CO^2 : C'est l'explication de la maladie des vins blancs.

Fermentation putride. — Elle est due à un grand nombre de microorganismes, *Pasteur*; vibrions anaréobies, qui transforment la matière azotée en composés plus simples, et bactéries qui ramènent ces composés à l'état simplifié de H^2O, CO^2 et NH^3.

Un assez grand nombre de microorganismes interviennent dans la putréfaction. Les ferments se succèdent les uns aux autres, et agissent par leurs diastases pour disloquer les molécules de l'albumine, etc.

Gautier et Etard 1881, Nencki ont étudié les produits de la putréfaction, qui sont, d'abord des protéoses et peptones, puis des tyrosine, leucine et butalanine, puis des acides amidés, etc.

L'albumine qui est une longue chaîne de glycocolle substitué se dédouble successivement en protéoses, peptones etc. Les matières grasses par la lipase en acides gras, et glycérine, avec CO^2. Les lécithines par hydrolyse en acides glycérophosphoriques, en amides et en choline qui conduit à la névrine et à la triméthylanine. Les sucres par fermentation alcoolique en CO^2 + alcool, puis acide acétique ; ou par fermentation lactique et butyrique. Les amidons par mucédinées en sucres ; les cellusoses par la cytase en acide butyrique. Les matières albuminoïdes, par peptonisation en liqueur acide, puis liquéfaction par la trypsine en liqueur alcaline, enfin action des ferments, en acides amidés : glycocolle, alanine, leucine ; puis dislocation en CO^2 et amines : lysine, tyrosine ; indol, scatol, guanine, créatine, xanthine, dont les noyaux existent dans l'albumine et qui conduisent à la cadavérine, aux phénols, à l'acide urique ; à l'urée, et donc à $CO^2 + NH^3$.

Fermentation nitrique. — Elle se développe sous l'action des ferments nitreux et nitrique, *Schlœsing et Müntz*, le dernier la nitromonade de Winogradsky, qui transforment les matières organiques azotées et les composés ammoniacaux, en nitrites puis en nitrates. La présence de bases alcalines est indispensable.

Liste des principaux ferments figurés. — En tête, viennent les levures ou saccharomyces. Elles se reproduisent par bourgeonnement ou par sporulation à l'intérieur de la cellule-asque.

On distingue les *levures de brasserie*, S. cerevisiae, levures hautes qui nagent à la surface des moûts ; et les levures basses dont les cellules sont trop petites pour être soulevées par l'acide carbonique de la fermentation. Elles fermentent respectivement à haute et à basse température. Les différentes bières doivent leur goût à des levures différentes. Les levures pour distillerie de grains. Le s. anomalus qui se trouve sur les raisins pourris ; le s. minor qui existe dans le levain de boulanger ; les *levures de vin*, en particulier le s. ellipsoïdeus, le s. pastorianus.

Les levures pour distillerie de mélasses et de betteraves, les levures de cidre, en particulier le s. mali Duclauxi, le s. mali Risleri.

Les levures diverses, telle le s. Rouxii étudié par Calmette ; c'est la levure chinoise, qui saccharifie et fait fermenter, qui peut servir à doser le glucose ou le sacchorose dans leur mélange, car il ne fait fermenter que le glucose ; la levure Pombé de la bière de Sorgho ; les levures de lait ; les mycoderma vini et cerevisiae, ou fleurs du vin ou de la bière.

Après les levures, les bactéries acétiques. On en connaît six, dont la principale est le bactérium aceti.

Les ferments butyriques découverts par Pasteur sont des bacilles mobiles appelés ferment Pasteur. Il y a en outre le bacille amylobacter de Trécul, le clostridium butyricum de Prazmonski, le bacille d'Omeliansky qui donne en même temps de l'acide acétique, et les bacilles de l'amertume et de la pousse des vins.

Enfin, les ferments lactiques. Beaucoup de ferments pathogènes en sont.

A côté des ferments figurés, il est peut-être utile de signaler quelles sont les classes principales de microbes.

Aux champignons se rattachent des myxomycètes comme le physare leucope ou fleur de tan ; des comycètes, comme les mucors, comme les peronospora de la vigne (mildew) et de la pomme de terre ; des basidomycètes, comme les urédinées de la rouille, le fusarium de l'orge ; des ascomycètes, comme l'amylomyces qui sert en Chine à faire l'alcool de riz ; l'aspergillus niger, l'aspergillus orizæ qui sert à faire au Japon le saké ; le penicillum glaucum. — Les citromyces pour l'acide citrique et les lactomyces pour l'acide lactique ; l'oïdium tackerii de la vigne ; l'eurotiopsis Gayoni qui se développe sur l'empois ; le claviceps pourpre ou ergot de seigle ; le liotrytis cinerea cause de la casse des vins ; et toutes les levures.

Aux algues, se rattachent l'euglene vividis qui joue un rôle si important dans la putréfaction des matières azotées; le protococcus qui forme la poussière verte sur la terre humide ; et les diversés bactériacées, amylogènes, etc.

Le streptococcus de l'érysipèle, etc, les bactéries, les bacilles, les vibrions ; le micrococcus ureae, découvert par Pasteur en 1860 ; les bactéries de la putréfaction ; bactériumaceti, et cinq autres qui oxydent l'alcool en acide acétique.

Enfin, les ferments nitreux et nitrique, et les ferments butyriques.

Il ne faut pas croire que tous les êtres inférieurs sont nuisibles, et il ne faut pas pousser la peur du microbe au delà des limites permises. Des expériences de Max Schottelius, prof. à Fribourg, ont montré que la croissance de poussins stérilisés à fond devient à peu près nulle.

Ferments solubles. — *Diastases* ou *enzymes*. Le premier travail sur les ferments solubles est dû à *Kirchkoff*, 1814, mais c'est à *Payen et Persoz*, 1833, qu'on doit la découverte et l'étude du premier ferment soluble l'*amylase*.

Les ferments solubles sont des albuminoïdes se rapprochant des nucléines, comme constitution. Ils sont formés d'oxygène, d'hydrogène et d'azote, avec de petites quantités de soufre et de phosphore.

La désignation des diastases se fait généralement, d'après Duclaux, en ajoutant la terminaison *ase*, au corps qu'elle est capable de transformer. C'est ainsi que la diastase qui détermine l'inversion du sucre de canne sera nommée *sucrase*.

Les réactions que l'on peut produire au moyen des diastases sont simples en général. Elles ont pour but principal de rendre les substances alimentaires assimilables par les êtres organisés. Leur caractéristique est d'agir à dose infinitésimale. On a préparé par exemple des présures pouvant coaguler 600.000 fois leur poids de lait. Ils ont une action presque indéfinie, ne sont presque pas influencés par les antiseptiques et ne sont pas dialysables.

Le mode général de préparation des diastases consiste à les entraîner dans une combinaison insoluble que l'on précipite au sein de la liqueur qui les renferme. Ce mode de préparation montre immédiatement que l'on n'a pu jusqu'ici obtenir de diastase à l'état pur.

Action des agents physiques. — D'une manière générale chaque diastase produit toujours le même travail si elle est placée dans des conditions identiques. Les actions physiques qui ont le plus d'influence sur l'activité de la diastase, sont celles de la chaleur et la lumière. Pour chaque diastase, il y a une température optima pour laquelle la quantité de matière transformée est maxima. Cette quantité de matière transformée est d'ailleurs proportionnelle à la durée de l'action diastasique, ou à la quantité de ferment soluble.

Les diastases, surtout à l'état sec, sont peu sensibles à l'action de la chaleur, beaucoup moins que les ferments figurés. La pepsine desséchée, par exemple, supporte très bien une température de 150°, sans perdre de son activité.

La lumière exerce une action importante sur les diastases, en ce sens qu'elle semble faciliter l'action oxydante de l'air.

Utilité des diastases ou enzymes. — Elles servent pour préparer des substances et pour reconnaître les différences stereochimiques.

C'est ainsi que parmi les glucosides artificiels des pentoses, des hexoses et des heptoses, seuls les glucosides du sucre de raisin et de la galactose sont attaqués par l'émulsine ou par les enzymes de la levure.

Action des agents chimiques. — Un facteur dont l'action sur la diastase est au moins aussi importante que la température, est la réaction chimique du milieu dans lequel elle se trouve. Suivant les diastases, le milieu doit être neutre, acide ou basique.

Les sels, les antiseptiques, les matières colorantes, exercent également une influence. C'est ainsi par exemple que l'action de la pepsine sur la fibrine est arrêtée par la matière colorante du vin et la fuchsine, tandis que le ponceau de xylidine, les dérivés sulfoconjugués des rosanilines, les azoïques, n'ont pas d'action.

L'oxygène agit sur la diastase d'une façon nocive ; cette action est surtout rapide à la lumière solaire.

L'étude des diastases est souvent rendue difficile par la coexistence, dans le milieu, de ferments figurés. Suivant la nature de ces derniers, l'action diastasique est favorisée ou retardée. L'action saccharifiante de la salive, qu'on a attribuée à l'action d'une diastase la *ptyaline*, serait simplement due à l'action de microbes spéciaux toujours présents dans le liquide salivaire.

Pour séparer les ferments solubles des ferments figurés, on a recours soit à la filtration sur porcelaine qui retient les cellules, soit aux antiseptiques qui les tuent; mais ces procédés ne sont pas d'une application générale, car certaines diastases sont retenus par les filtres, ou résistent mal aux antiseptiques.

Un fait remarquable dans l'histoire des ferments solubles est la découverte du rôle joué par certains éléments minéraux. Les pepsines sont toujours accompagnées du phosphate de chaux ; le fer semble jouer dans le sang un rôle fondamental dans les phénomènes chimiques qui s'y passent ; enfin le manganèse est un élément constant dans les ferments oxydants nommés oxydase.

Il faut rapprocher de ces ferments les *ferments métalliques*, A. Robin (C. R., 1904), constitués par des solutions colloïdales de certains métaux.

Le platine colloïdal est une véritable oxydase, à la teneur de 1 gr. pour 300.000 lt. d'eau, il détermine facilement la décomposition de H_2O^2, il bleuit le gaïac et rougit l'aloïne. Son pouvoir est augmenté par l'addition de faibles proportions d'alcalis, il est diminué lorsque les proportions sont élevées. — On pourra en rapprocher aussi l'influence si considérable que jouent les sels métalliques, à une extrême dilution dans le domaine de la biologie tant animale que végétale.

On divise les diastases en groupes différents suivant la nature des corps qu'elles transforment. On distinguera les diastases qui agissent sur les hydrates de carbone, celles qui agissent sur les albumines, celles qui dédoublent les glucosides, ou qui agissent d'une manière analogue sur d'autres composés, enfin les diastases pathogènes ou toxines.

Les diastases sont classées en

1° D. coagulantes ou décoagulantes, pour les matières albuminoïdes : présure, plasmase, caséase, fibrinase (du sang), pepsine (en milieu acide), thrypsine (en milieu alcalin) ;

pour les matières ternaires, pectase, cytase (de la cellulose), diastase (de l'amidon) ;

2° D. hydrolysantes : uréase, amylase, inulase, tréhalase, sucrase, maltase, lactase ; émulsine, myrosine ; (des glycosides), lipase (des corps gras).

3° D. oxydantes : laccase, tyrosinase.

4° D. réductrices : philothion ou hydrogénase.

5° *Zymases*.

1° Ferments solubles agissant sur les hydrates de carbone :

L'*amylase* ou diastase se trouve dans l'orge germée ou malt ; elle transforme l'amidon en maltose.

Pour préparer la diastase, on laisse germer l'orge de manière que la gemmule atteigne la longueur du grain. On arrête alors la germination au moyen d'un courant d'air sec à 50° et lorsque la dessiccation est terminée, on sépare les radicelles du grain. On a ainsi le malt, que l'on broye grossièrement, et délaye dans 2 p. d'eau à 35°. Après une heure de contact, on sépare le liquide et on l'additionne d'alcool qui précipite la diastase. — En brasserie, on chauffe entre 60° et 70°, de l'orge avec la macération de malt.

L'agent saccharifiant de la diastase a été isolé à l'état impur en 1833 par Payen et Persoz. O'Sullivan donna plus tard le premier procédé pratique d'obtention : C. Lintner l'obtient en extrayant le malt par l'alcool. Presque tous les agents employés pour sa précipitation à l'état pur diminuent sa valeur.

La *maltase* dédouble le maltose en deux molécules de glucose ; elle est sécrétée par l'*aspergillus niger*, vivant aux dépens du maltose.

Le malt réussit en thérapeutique dans les cas de dyspepsie. Il est utile aussi pour l'alimentation de la femme au cours des grossesses, et de l'enfant, après le sevrage, ou pour celles des personnes anémiées.

La *tréhalase* se forme dans les mêmes conditions, mais elle est détruite entre 53° et 63°, tandis que la maltose n'est atteinte qu'à partir de 65°.

La diastase qui invertit le sucre de canne est nommée invertine ou sucrase. C'est un produit de sécrétion des cellules animales ou végétales qui peuvent assimiler le sucre de canne. M. Berthelot l'a préparée en 1860 à partir de la levure.

L'*inulase* transforme l'inuline en inulose.

L'*urase* du Micrococcus urée, transforme l'urée en carbonate d'ammoniaque.

L'*alcoolase* de Büchner (Berichte, 1897) décompose la lévulose et la glucose en alcool et acide carbonique. C'est le seul ferment de décomposition qui soit connu.

La *lipase* est le ferment soluble qui se trouve dans les celluloses graisseuses et qui est capable de dédoubler les corps gras en acide et en glycérine Hanriot (Revue de chimie pure et appliquée, 1899) qui l'a le premier envisagé l'a trouvée dans le sang de tous les vertébrés, et en particulier dans celui de l'anguille. Elle préexisterait dans le plasma.

Le *koji* est une diastase très employée au Japon pour la préparation d'une bière de riz appelée *saké*. On obtient le koji en traitant le riz décortiqué par la vapeur et l'ensemençant après refroidissement, avec les spores de l'Eurotium orizae.

Le *tiby* est une matière végétale gélatineuse, ayant la forme de grains irréguliers ; elle est susceptible de provoquer la fermentation alcoolique dans les liquides sucrés. On s'en sert à Paris pour préparer une boisson économique, dont la saveur rappelle celle du cidre, en faisant fermenter une solution sucrée avec 20 gr. par litre de carbonate.

2° Ferments solubles qui agissent sur les glucosides.

L'*émulsine* des amandes amères dédouble l'amygdaline en aldéhyde benzoïque.

La *myrosine*, contenue dans l'essence de moutarde et diverses crucifères, dédouble le mironate de potassium, en essence de moutarde, glucose et bisulfate de K.

3° Les ferments qui agissent sur les albuminoïdes sont *liquéfiants* ou *coagulants*.

Parmi les ferments liquéfiants ou décoagulants, citons :

La *pepsine* du suc gastrique, qui transforme la fibrine, l'albumine ou la caséine en peptones solubles. 20 gr. de pepsine transforment 1 kg. de fibrine. Cette action ne se produit qu'en présence de 1 à 2 millièmes d'HCl ou d'un autre acide (digestion stomacale). La pepsine perd son action en solution aqueuse vers 68°, *V. Harlay* (J. de pharmacie, 1899), et en solution physiologique vers 55°-60°, *Ad. Mayer.*

La pepsine provient de la membrane stomacale de divers animaux, notamment du porc. Les membranes sont lavées, hachées, mises à digérer dans de l'eau acidulée à 3 à 4 °/₀ d HCl., à la t. de 40°-49° c. On agite de temps en temps et abandonne ainsi 48 h. Le liquide très altérable est stérilisé par SO^2 puis après repos, on décante, et précipite la pepsine par le sel marin à la températ. de 35°.

La préparation de la pancréatine est analogue, mais on part de pancréas de porc.

La peptone de viande s'obtient en la faisant macérer avec des pancréas de bœufs.

On prépare également la cardine avec les cœurs de taureaux, la medulline avec leur moelle épinière, la testine, l'ovarine, la musculine, la tyroïdine, enfin la cérébrine. Ces produits forment la base de l'opothérapie moderne. — Voici en résumé, le traitement des différents organes utilisés. On se rend compte tout d'abord que l'organe est sain ; il est bien lavé à l'eau boriquée, puis haché. On en met 1 kgr en contact pendant six mois avec un mélange de 1 lt. de solution aqueuse saturée de borax, un lt. de glycérine et 1 lt. d'alcool absolu, en agitant plusieurs fois par jour. On filtre sur une pierre poreuse (durée 15 jours). On exprime aseptiquement le non filtré, on passe au filtre poreux, et on ajoute au premier filtrat.

Outre son rôle dans la digestion stomacale et son utilisation pour la préparation des peptones, la pepsine est fréquemment employée en thérapeutique, où elle a été introduite par L. Corvisart. Elle facilite les digestions; à la dose de 0, 20 cgr., avec addition de 10 cgr. de pancréatine, s'il y a lieu afin de faciliter aussi la digestion intestinale. L'élixir tridigestif réunit les trois ferments : pepsine, pancréatine et maltase.

La pancréatine ou tripsine du suc pancréatique transforme de même la fibrine en peptones, mais en milieu neutre, 10 gr. transforment 500 gr. de fibrine. Elle agit de plus en saccharifiant les matières amylacées et en émulsionnant et dédoublant les corps gras dans l'intestin.

La papaïne extraite du Carica papaya, a la même action que la pepsine.

Les ferments coagulants sont :

La présure du suc gastrique des animaux, des ruminants en particulier, coagule la caséine du lait.

Soxhlet, 1878, a préconisé l'emploi de présure liquide. Il la prépare avec 100 gr. de caillette de veau desséchée depuis au moins trois mois, 1 l. d'eau, 50 gr. de sel et 40 gr. d'acide borique. On laisse la dissolution se faire pendant cinq jours, en agitant fréquemment, on ajoute 50 gr. de sel et on filtre : le filtre ne laisse guère passer qu'un litre en deux jours ; le liquide filtré peut coaguler 18.000 fois son poids de lait. On peut la ramener au titre 1/10000 en ajoutant à 800 cc. 200 cc. solution saturée d'acide borique et 10 p. 100 de sel. L'acide borique passe dans le petit lait.

La plasmase des globules blancs coagule le fibrinogène du sang en fibrine.

La peclase, contenue dans les végétaux, en particulier les racines de carottes et de betteraves, coagule la pectine en présence des sels de calcium.

La laccase détermine l'oxydation du latex de l'arbre à laque.

Le philothion transforme le soufre en hydrogène sulfuré.

4° Toxines ou toxalbumines. — On nomme ainsi certains composés azotés qui se produisent chez les animaux et les végétaux, soit pendant la vie normale, soit dans la vie pathologique.

Les premières recherches faites sur ces composés, sont d'après A. Gautier, celles de Lucien Bonaparte, sur le venin de vipère (1843) qui amenèrent la découverte de l'*échidnine*, principe actif de ce venin ; celles des Américains Weir Mitchell et T. Reichardt sur les venins de serpents ; celles de Norris Wolffenden (J. of Physiologie, 1886) sur les venins de vipère et de cobra. Depuis on a trouvé que le sang d'un certain nombre de reptiles et de sauriens, contiennent également des toxines très dangereuses. C'est ainsi que les injections hypodermiques de sang de couleuvre, de salamandre et même de hérisson, sont mortelles à des doses à peine trois fois plus fortes que celles du venin de vipère. H. et A. Mosso ont isolé l'*ichtyotoxine* du sang d'anguilles.

Les champignons et surtout les microbes, produisent également des toxines, qu'il ne faut pas confondre avec les ptomaïnes. Ces derniers composés, découverts par A. Gautier, se rattachent aux alcaloïdes, nous en avons dit un mot aux azines. Enfin certains végétaux fabriquent également des matières protéiques très toxiques.

Les toxines se rangent entre les substances albuminoïdes et les alcaloïdes, certains d'entre eux ont en effet une réaction faiblement alcaline et donnent des sels définis avec les acides, comme les alcaloïdes. D'autre part, ils donnent généralement la réaction du biuret et celles de Millon. Un certain nombre sont précipités par le sulfate de magnésie (réaction des globulines) ou par le sulfate d'ammoniaque en excès (réaction des sérines et des albumoses).

Les toxines sont insolubles dans l'éther et le chloroforme, et l'alcool qui les précipite ; elles sont généralement solubles dans l'eau et la glycérine.

Leurs solutions dans l'eau s'altèrent rapidement, la glycérine ajoutée en petite quantité assure leur conservation. La chaleur les décompose à 50°, 75° ou 100°, en faisant disparaître leur toxicité.

L'action exercée par les toxines sur l'organisme, est de même ordre que celle exercée par les diastases : c'est pourquoi nous plaçons leur étude à la suite de celle des diastases. Cette action est indépendante de leur masse, et l'injection sous-cutanée de 1 milligramme de tétanotoxine, suffit pour déterminer la mort d'un cheval vigoureux.

L'introduction de ces toxines dans l'organisme, détermine une réaction de la part de ce dernier, qui produit alors des toxines antagonistes ou antitoxines. Ces phénomènes forment le fondement de la sérothérapie.

Si l'on accoutume peu à peu un animal à la toxine tétanique, le sang de cet animal renferme une antitoxine, qui permet à l'animal de supporter des doses de virus tétanique qui seraient mortelles pour un animal non accoutumé. Bien mieux, le sérum du sang de cet animal, injecté à un autre non accoutumé, l'immunise même contre le virus tétanique. La puissance de l'antitoxine du tétanos est considérable : d'après Vaillard, il suffit de un quintillonième de centimètre cube de sérum d'un animal vacciné contre le tétanos, pour immuniser une souris contre le virus.

Parmi les toxines végétales nous citerons :

La *ricine*, qui s'extrait des graines de ricin par l'eau tiède, est plus toxique lorsqu'on l'introduit dans le sang par injection hypodermique que lorsqu'on l'absorbe par la voie stomacale.

L'*abrine*, s'extrait des graines de l'*abrus précatorius* ou jequirily. La dose de 1 milligr. en injection sous-cutanée tue un lapin en 24 h. Absorbé par la voie stomacale, il faudrait une dose au moins centuple, pour déterminer la mort.

Parmi les toxines des sangs venimeux rappelons l'*ichtyotoxine* du sang d'anguille, qui absorbée par l'estomac, n'est pas toxique, tandis qu'en injection hypodermique, 2 milligr. tuent instantanément un lapin de un kg. Les toxines du venin de vipère sont au nombre de trois, dont deux très toxiques : l'*échidnase* et l'*échidnotoxine*. La troisième est l'*échidnovaccin*, elle est peu toxique, elle possède à l'exclusion des deux premières la propriété de traverser le biscuit de porcelaine et est douée de propriétés immunisantes.

Les bactéries pathogènes sécrètent des toxines dont les mieux étudiées sont :

La *tuberculine* isolée par Koch, dans la culture filtrée du bacille tuberculeux. Cette toxine n'a malheureusement pas de propriété vaccinante, comme on l'avait cru tout d'abord. Injectée sous la peau, elle détermine une réaction fébrile très nette, chez les sujets déjà tuberculisés. Cette propriété la fait employer comme réactif de la tuberculose des animaux. La tuberculine est très toxique, un chauffage à 100° ne la décompose nullement.

Les toxalbumines du tétanos de Briegel et Frankel, celles du choléra, du charbon, de la diphtérie, qui ont des propriétés immunisantes. La toxine de la diphtérie qui est très toxique en injection sous-cutanée. peut être ingérée sans dangers par les cobayes et les pigeons.

MM. Charrin et Lévy-Frankel (C. R., 1907) ont montré que l'action des sérums antitoxiques est rapide mais de peu de durée, tandis que celle des toxines est lente et se prolonge.

Applications générales des fermentations et des moyens de les empêcher.

— La découverte des ferments et l'étude des conditions dans lesquelles ils se développent a été la source de nombreuses applications. Les ferments jouent en effet un rôle considérable utile ou nuisible dans la chimie des produits végétaux et animaux et dans la vie des êtres vivants. En appliquant les résultats exposés plus haut à propos de l'action des agents physiques et chimiques, nous sommes en mesure, soit de favoriser et de diriger les ferments utiles, soit au contraire de lutter efficacement contre ceux dont l'action est néfaste. Et ces résultats heureux ont été obtenus aussi bien dans la pratique des diverses industries reposant sur la fermentation que dans la pratique journalière de médecine et de la chirurgie, et de l'hygiène tant privée que publique.

La fabrication des boissons fermentées, vin, bière, vinaigre, etc., s'est complètement transformée et est entrée dans une voie rationnelle. Grâce à l'emploi des levures pures, sélectionnées, et à la stricte observation des conditions favorables au développement du ferment, le rendement et la qualité ont été grandement améliorés.

A ce propos, nous rappellerons les résultats obtenus par M. J. Jaquemin à l'Institut La Claire, dont nous avons parlé plus haut.

Nous avons vu, dans l'étude des agents physiques et chimiques, que les ferments pour agir ont besoin de la présence d'un certain nombre de conditions déterminées, d'une température ni trop élevée ni trop basse et de l'absence ou de l'annihilation des ferments contraires. On empêchera donc l'action des ferments ou ce qui revient au même on assurera, on conservera les matières fermentescibles en les desséchant, en abaissant leur température ; en faisant agir la chaleur ; en stérilisant puis en mettant à l'abri de l'air ; enfin en les détruisant par des antiseptiques.

Généralement, plusieurs de ces moyens sont combinés ensemble pour assurer la conservation.

La conservation des matières alimentaires est une application directe de nos connaissances sur le développement des microorganismes. Elle comporte deux types de procédés : les uns ont pour but d'empêcher les germes, de venir en contact avec la matière alimentaire qui en a été préalablement privée ; les autres, au contraire, ont pour but de rendre la matière alimentaire impropre à servir de milieu de culture. Les premiers reposent sur la stérilisation et l'asepsie ; les seconds sur l'antisepsie.

Au premier mode appartient le procédé Appert, dans lequel, les aliments à conserver sont introduits dans des boîtes de fer blanc, complètement remplies, afin d'empêcher l'accès de l'air et soudées hermétiquement. Les boîtes sont alors chauffées au-dessus de 100° dans un bain d'eau salée de manière à stériliser le contenu, c'est-à-dire à détruire tous les ferments qui s'y trouvent. La stérilisation du lait et des autres liquides reposent sur les mêmes principes, tel le pasteurisage du vin et des bières.

Les méthodes de conservation par antisepsie sont moins facilement applicables aux produits alimentaires, à cause de la toxicité que présentent la plupart des substances antiseptiques vis-à-vis de l'organisme. Parmi les substances employées citons seulement le borax et l'acide borique, le formol, les salicylates, l'anhydrique sulfureux, et les sulfites.

Le sel marin est employé au salage des viandes et des légumes verts.

Le fumage ou boucanage de la viande, au moyen de fumée de bois résineux exerce une double action ; il prive la viande de son eau, ensuite il imprègne des substances empyreumatiques du goudron de bois, de créosote et surtout d'aldéhyde formique, toujours présent dans ces fumées comme l'a montré récemment M. Trillat.

Comme autres moyens de conservation citons :

La *dessiccation*, employée pour les fruits, les plantes et les liquides : lait concentré, extrait de viande. Elle entraîne la privation d'eau, créant ainsi un état défavorable à la prolifération des germes.

L'action du froid est précieuse pour la conservation du poisson et des viandes que l'on enferme dans des glacières à cet effet (Bateaux et wagons frigorifiques). Les microbes de la putréfaction, en effet, quoique non tués à la température de 0°, ne se développent plus aux basses températures pourvu que l'air soit suffisamment sec. En même temps, il est bon de stériliser l'air. Ce sont là les trois conditions de la conservation des denrées alimentaires, de la viande entre + 2° et + 4°, vers 75° hygrométriques, en atmosphère stérilisée. (Voir J. Louerdo, S. d'Enc., 1907).

Le vinaigre fort est employé pour certains condiments, il entrave la putréfaction de la viande, au moins pendant quelques jours : *viande marinée*. L'acide lactique est le conservateur de la choucroute.

L'alcool est employé pour les fruits. On conserve ainsi le raisin dans des locaux chargés de vapeurs d'alcool ; le sucre aussi : fruits confits, confitures.

Dans le cas où l'on veut soustraire les matières alimentaires à l'action des germes de l'air, avec ou sans chauffage préalable, on procède à un enrobage au moyen d'une substance imperméable formant enduit. C'est ainsi que pour conserver les œufs on a proposé de les enduire de vernis spéciaux (Cormier), de gomme arabique, d'albumine, de plâtre gâché, de galipot, d'eau de chaux, de gutta, de glycéroborate de chaux. Cette dernière substance a l'avantage de former une membrane protectrice, lorsque l'œuf vient à se briser; le silicate alcalin paraît l'un des procédés qui conserve le mieux.

Pour les viandes, on emploie les graisses, l'huile, le beurre ou le suif; pour les fruits, un sirop de sucre (glaçage).

CHAPITRE XXXI

MATIÈRES COLORANTES
PRODUITS PHARMACEUTIQUES

Généralités sur la série aromatique. — On a nommé *Corps aromatiques* tous les composés cycliques du carbone qui dérivent de la benzine, etc.; de même les composés acycliques de la série grasse dérivent du méthane.

Rappelons les principales caractéristiques des corps aromatiques. Ce sont d'avoir pour hydrocarbure fondamental la benzine ; et de donner de nombreux dérivés par substitution (avec nombreux cas d'isomérie). Aux divers carbures aromatiques correspondent entre autres les phénols qui sont des alcools spéciaux possédant nettement le caractère acide ; et des dérivés nitrés qui donnent par action de l'hydrogène naissant des amines ou des amides qui à leur tour donnent par l'action de l'acide nitreux des dérivés diazoïques. Enfin, tous les corps aromatiques reviennent, comme produit obtenu de leur décomposition, au noyau fondamental : la benzine.

Nous avons déjà étudié les carbures aromatiques p. 756, 786, les alcools aromatiques p. 890, les phénols p. 946 et leurs éthers ; les acides aromatiques p. 1005, 1006 et les aldéhydes aromatiques h. 970 et 981, les acétones p. 987 et 990; les quinones p. 998; les amines aromatiques p. 1105, 1108 etc. ; les corps amidés p. 1132; les azines et pyrrols p. 1140; les corps azoïques, p. 1151. Nous renvoyons à ces divers endroits pour l'étude développée des fonctions et l'étude détaillée des composés.

Nous aurions voulu dans ce chapitre d'abord représenter le tableau des principaux corps aromatiques non plus par fonctions, ce qui a été fait aux divers endroits indiqués, mais par substitution à partir du carbure fondamental : benzène C^6H^6, et à partir de ses dérivés importants ; et donner ainsi quelques séries de substitution; ensuite présenter un exposé résumé des grandes applications auxquelles l'ensemble des corps aromatiques a donné lieu, c'est à dire les applications de ces corps comme colorants, comme explosifs, comme produits pharmaceutiques, comme produits photographiques ; et à ce propos esquisser succinctement l'ensemble de ces applications et le résultat des nombreuses recherches entreprises pour relier chacune d'elles à la constitution moléculaire des corps. Il y aurait lieu de développer davantage ce qui concerne les colorants, parce que c'est la classe qui a donné lieu au plus grand nombre d'applications et de travaux.

Mais la réalisation de ce plan prendrait à elle seule plusieurs volumes ; nous nous bornerons à donner : 1° un tableau d'ensemble des matières colorantes pré. senté surtout au point de vue bibliographique, et un exposé de leurs principales applications ; 2° un tableau d'ensemble des produits pharmaceutiques.

MATIÈRES COLORANTES

Nous verrons ici les matières colorantes naturelles, et les produits synthétiques qui correspondent à des produits naturels: orcine, alizarine, indigo, lutéoline ; puis nous passerons en revue les autres matières colorantes artificielles. Cette dernière revue portera successivement sur les principaux colorants : dérivés du diphénylméthane[1] ; dérivés du triphényl-méthane[2] ; oxycétones, xanthones, flavones[3] ; dérivés de l'anthracène ou oxyquinoniques[1] ; nitrosés ou quinone-oximes[5] ; aziniques et dérivés de la quinone imide[6] ; colorants du groupe de l'indigo ; nitrés[7] ; azoïques[8] ; soufrés[9] et divers[10]. Les colorants azoïques se divisent en aminoazo, oxyazo, carboxyleazo, azoxy, hydraziniques : en tétrazo : en polyazo. Les colorants aziniques et dérivés de la quinone-imide se subdivisent en dérivés de la quinoléine et de l'acridine ; phénazines : safranines, indulines ; indamines et indophénols ; — thiazines ; oxazines ; colorants thiazoliques ; colorants du groupe de l'indigo. Les dérivés du triphénylméthane se subdivisent en rosanilines et dérivés, acide rosolique et dérivés, phtaléines.

MATIÈRES COLORANTES NATURELLES

Les principales matières colorantes naturelles sont en général d'origine végétale. Ce sont pour les rouges : l'alizarine de la garance, l'hématéine des bois de campêche, la brésiléine des bois rouges, la santaline du santal, la carmine de la cochenille, la carthamine du carthame ; pour les jaunes : la moréine du bois jaune, la fustine du fustet, la quercétine du quercitron, la lutéoline de la gaude, les matières colorantes du curcuma (curcumine), des graines de Perse (rhamnine), de l'épine-vinette, du safran ; pour les bleus : l'indigotine des indigotiers et du pastel, les matières colorantes du tournesol ; pour les orangés : la bixine du rocou ; pour les violets : l'orcéine de l'orseille ; et pour les brunes : la catéchine et l'acide cachoutannique des cachous.

Un nombre très petit de matières colorantes naturelles ont conservé leur emploi : campêche, indigotine, et dans certains cas bois rouges et jaunes, cochenille, cachous.

Synthèses de matières colorantes. — Les colorants naturels qui ont été préparés synthétiquement à ce jour sont les suivants: l'orseille, l'acide morintannique, le jaune indien, la fisétine, la lutéoline, l'alizarine, l'indigotine.

Orseille. — On sait que l'ammoniaque et l'oxygène en agissant sur l'orcine donnent l'orseille. L'orcine naturelle provient du dédoublement de l'érythrine et de l'acide orsellique. On a obtenu cette orcine qui est un ditoluol en traitant le chlorotoluène mono-sulfonique $C^6H^3CH_4{}^3(OH)^2$ par la potasse caustique. On peut donc avoir synthétiquement l'orseille et tous les colorants dérivés. Voir p. 964.

Colorants jaunes naturels. — Les travaux de Kostanecki les rattachent à l'oxycétone, la xanthone et la flavone, l'acide morintannique serait une pentaoxybenzophénone. La catéchine se rattacherait aussi à la benzophénone. Le jaune indien ou purée est le sel de chaux de l'acide euxanthique. La chrysine est l'éther méthylique de la flavone. La fisétine est une tétrocyflavone. La rhamnétine est l'éther monométhylique de la guercétine. La lutéoline est une tétraoxyflavone.

Alizarine artificielle. — L'alizarine est le colorant principal de la garance ; elle y existe dans la racine dans la proportion de 1 pour 100. Sa synthèse a fait descendre le prix de 80 fr. à 12 fr. le kilo ; ce fut le grand triomphe de la chimie organique vers 1870. L'alizarine est l'o-dioxyanthraquinine. Graebe et Liebermann 1869 avaient tenté une synthèse par l'emploi du brome pour l'oxydation de l'anthracène, mais le procédé ne devint industriel que par l'emploi des dérivés sulfoconjugués breveté par Caro. Voir sur la synthèse de l'alizarine et de ses matières colorantes un exposé très complet de M. Vassart in l'Industrie textile. 1905. p. 13 et 48.

Indigotine. — Le problème de l'indigo artificiel offrait de bien autres difficultés que celui de l'alizarine artificielle. Au point de vue commercial, l'indigo naturel contient jusqu'à 70 et 80 pour 100 d'indigotine, ce qui met le colorant à 15 fr. le kilo. Les méthodes de culture des indigotiers sont susceptibles d'amélioration, et le prix de revient peut-être a baissé. Enfin tandis que Graebe et Libermann ont eu la singulière fortune de retomber d'emblée, dans les subtitutions qu'il ont tentées, sur celle des dia dioxyanthraquinones qui seule est matière colorante, les Baeyer de Munich et autres n'obtenaient pendant longtemps dans les substitutions de leurs matieres premières que des rendements inférieurs. Cette lutte a été éloquemment retracée par Brunck, Directeur de la Badische, dans une conférence à la Soc. chimique allemande (Voir Revue de Chimie de Jaubert) et résumée par M. Vassart avec éloquence (Industrie textile, 1903, p. 291 à qui nous faisons quelques emprunts.

Lire également les rapports présentés par MM. E. Nœlting et Albert Scheurer à la Soc. Industrielle de Mulhouse en 1898.

Commencés dès 1855, les travaux scientifiques de A. von Bœyer pour cette synthèse ont été poursuivis sans relâche jusqu'en 1884 ; la première synthèse réalisée en 1870 en collaboration avec son élève Emmerling, la production industrielle fut poursuivie à partir de 1880 par la Badische et atteinte pratiquement en 1897, grâce au mode de préparation de l'acide indoxylique de Bœyer 1882, trouvé par Hermann en 1890 à partir de l'acide anthranilique.

On est arrivé à l'indigotine en partant de l'indol 1877, de l'isatine, de l'acide orthonitrophénylacétique (Baeyer 1878), de l'acide cinnamique (Baeyer 1880) que Caro prépare à partir du toluène bichloré, de l'acide

orthonitrophénylpropiolique, etc. qui a donné momentanément le bleu propiolique (1880). Ces synthèses sont restées des synthèses de laboratoire.
La formule de constitution de l'indigotine la plus généralement admise la
représente comme possédant deux noyaux phénylène et formée de deux
groupes symétriques $C^6H^7 < \frac{CO}{NH} > C=C < \frac{CO}{NH} > C^6H^4$. Elle figure bien
les produits qu'on obtient dans la décomposition de l'indigotine, l'aniline
$C^6H^5NH^2$, l'acide anthranilique $C^6H^4 < \frac{NH^2}{CO^2H}$, l'indol $C^6H^4 < \frac{CH^2}{N} >.CH$.

Dans les procédés qui sont passés dans la pratique industrielle pour préparer l'indigotine artificielle ; ou bien on part de l'aniline qu'on transforme
par l'action de l'acide chloracétique en phényglycocolle, sur lequel on fait
agir l'amidure de sodium qui donne l'indoxyle, qui par oxydation à l'air se
transforme en indigotine, Gold und Silber Scheide-anstalt.

Ou bien on part de l'aldéhyde benzoïque orthonitrée (Bayer 1882); la synthèse a été rendue pratique par la découverte de l'indigo de Kalle 1893,
combinaison bisulfitique de l'acétone orthonitrophényllactique et la découverte du procédé de préparation de l'orthonitrobenzaldéhyde à partir de l'oni-
trotoluène, brevet de la S. des usines du Rhône 1898, puis la condense avec
l'acétone et donne l'indigotine. Mais l'industrie ne fournit encore que le
quart des 20.000 tonnes de toluène qui seraient nécessaires pour que le procédé primât les autres.

Ou bien on part de l'aniline dont on prépare la thiocarbanilide par action
de CS^2, qu'on transforme en nitrile, puis en thioamide que l'acide sulfurique transforme en anilidoisatine procédé Sandmeyer 1899, exploité par la
maison Geigy de Bâle. La série de réactions est longue.

Ou bien on part du phénylglycocolle orthocarboxylé, procédé Heumann
1894, modifié par Sapper et Dorp, et exploité par la Badische Anilin und
Soda-Fabrik. On le traite par la potasse, et le produit obtenu traité par
nn courant d'air donne l'acide indoxylique vendu sous le nom d'*indophore*
$C^6H^4 < \frac{C.OH}{NH} > C-CO.OH$.

L'acide indoxylique donne par oyxdation *l'indigotine*.

Actuellement pour préparer le phénylglycocolle, on part de la naphtaline
dont la fourniture est plus assurée que celle de la benzine et on la transforme en anhydride phtalique puis successivement en phtalimide, acide
phtalamique, acide anthranilique, qu'il suffit de traiter par l'acide mono-
chloracétique pour avoir l'acide phénylglycocolle orthocarboxylé.

L'oxydation économique de la naphtaline a été obtenue par E. Sapper,
chimiste à la Badische, au moyen de l'acide sulfurique. L'oxydation des
40.000 tonnes d'acide sulfureux résultant put être réalisée presque sans
frais, grâce à l'amélioration du procédé de contact de Winkler, et après
sept ans d'efforts (1891 à 1897) et une dépense dont le total pour les
installations dépassa 22 millions de francs, la Badische fabrique une quantité

d'indigo qui répond au rapport de milliers d'hectares, et le Gouvernement des Indes cherche énergiquement à relever le rendement des cultures d'indigo, qui arriveront probablement à disparaître peu à peu.

* *

Quelques synthèses semblent prochaines. La cochenille serait une méthyldioxynaphtoquinone et pourrait être reproduite en partant de la naphtaline. L'hématoxyline du campêche semble dériver de la brésiline du bois rouge par substition de OH à H, et les deux substances donnent par oxydation les matières colorantes, l'hématéine et la brésiléine, qui sembleraient dériver de la flavone ou phényl-phéno-g-pyrone. La première synthèse industrielle réalisée en 1880 à partir de l'acide orthonitrophénylpropiolique (production directe du bleu propiolique sur tissu) ; puis à partir de l o-nitrobenzaldéhyde (Baeyer et Drensen, sel de Kalle).

MATIÈRES COLORANTES ARTIFICIELLES

Historique. — (Voir la Pratique du Teinturier, par Jules Garçon, t. I, p. 2 à 8) ; Dictionnaire méthodique de bibliographie, par Jules Garçon, article : Teinture et Impression (Histoire) ; articles de M. Vassart. L'Industrie Textile, 1903, p. 52, 91 ; 170 et 210 (essor de l'industrie des couleurs artificielles en Allemagne) ; et 1904, p. 13.

C'est en 1856, au cours de recherches sur la synthèse de la quinine, que W. H. Perkin découvrit la mauvéine ou violet d'aniline, la première des matières colorantes dérivées du goudron. En 1858, A. W. Hofmann trouvait le rouge d'aniline ou magenta, dont la fabrication industrielle fut assurée dès l'année suivante sous le nom de fuchsine par Verguin, dans l'usine Renard frères de Lyon. Les découvertes se multiplièrent dès lors en France, en Angleterre, en Allemagne, en Suisse (voir p. 1123). Et les productions naturelles tendent à disparaître ; déjà, la garance a été complètement remplacée par l'alizarine artificielle ; quant à la consommation relative des bois tinctoriaux, elle va en diminuant ; enfin les fabricants d'indigo eux-mêmes en sont à compter avec la concurrence des indigos artificiels.

L'industrie des matières colorantes artificielles s'est développé en Allemagne à ce point qu'en 1904 l'exportation a atteint la valeur énorme de plus de 110 millions de francs.

Les dividendes distribués par les fabriques Allemandes ont été 22,62 en 1983 ; 20,34 en 1904.

En milliers de fr.		Allemagne Imp.	Exp.	France Imp.	Exp.
Couleurs dérivées de l'aniline	1896	4.590	78,945	5,716	2,034
	1904	5,295	110,741	6,616	0,802
Alizarines................	1896	87,500	14,632		
	1904	77,500	18,548		
Indigos..................	1896	26,917	10,281		
	1904	1,687	27,290		

On peut dire aujourd'hui que si le charbon n'a pas encore été transformé en diamant, par contre le chimiste retire de la houille et de son goudron des centaines de produits d'une très grande valeur. On compte à ce jour plus d'un millier de couleurs artificielles dérivées de cette source.

La part qu'elles ont dans les relations commerciales des peuples n'est pas petite et elles exercent sur ces relations une influence très notable. Hofman la prévoyait lorsque dans ses remarquables rapports sur l'Exposition de Londres de 1862, il saluait l'avenir où l'Europe enverrait ses rouges artificiels au Mexique, la patrie de la cochenille; ses bleus artificiels à l'Inde, la patrie de l'indigo; où les Indes et l'Amérique, au lieu de nous expédier eurs bois tinctoriaux, recevraient nos produits artificiels.

Faisons remarquer ici que dans l'industrie des matières colorantes, le rôle de la matière première est prédominant au point de vue des découvertes. Toute nouvelle matière première possédant une fonction susceptible de produire les réactions génératrices des matières colorantes permettra d'obtenir presque à coup sûr et d'une façon mécanique, comme le fait remarquer Lemoult dans la belle étude citée plus loin, toute une série de colorants nouveaux. Les difficultés se présenteront plutôt dans le nombre même presque démesuré des composés de la série, et dans la séparation et l'utilisation des isomères. On utilise ainsi les diverses naphtylamines, naphtols, oxynaphtalines, leurs dérivés mono-sulfonés ou disulfonés, leurs produits amidés sulfonés, tel l'acide chromotropique : les acides H, S, R, G, D ; l'acide H est l'acide amidonaphtoldisulfo 1.8.3.6 qui par ses places libres se prête à une foule de combinaisons les plus variées ; les aldéhydes orthosulfonés, qui se prêtent à la production de colorants solides aux alcalis, etc. etc. etc.

Relations entre la coloration et la constitution. — (M.H. Vassart, in L'Industrie Textile, 1903, p. 331) Graebe, Witt, Libermann G. Krus s'adonnèrent à cette question. Witt, dès 1875, posait en règle que la nature d'une matière colorante est déterminée par la présence simultanée de deux radicaux ou groupes d'atomes, l'un le radical *salifiant* ou auxochrome : (OH),(NH²); l'autre le *chromophore* contenant N et O. Les composés contenant l'un ou l'autre de ces groupements sont susceptibles d'engendrer des couleurs, d'où leur nom de *chromogène*.

Ainsi les chromogènes nitrés, tels que la nitrobenzine dont le chromophore est NO^2, sont des composés colorés, mais sans affinité pour les fibres; pour qu'ils puissent teindre, il faut la présence de groupes auxochromes, OH par ex. ; on a alors les nitrophénols, tel l'acide picrique. Les principaux auxochromes sont les groupements nitrés, azoxy, azo, hydrazo, quinonique, quinone-imide, quinone-oxime : $NO^2, N^2O, N^2, N^2H^2, (CO)^2, (CO)(NH), (CO)(NOH)$.

Les colorants nitrés sont jaunes ; la coloration devient plus foncée à mesure que le nombre des auxochromes s'accumule dans la molécule, et en général lorsque le poids moléculaire augmente.

Pour les colorants azoïques, les noyaux naphtaléniques ont plus d'influence sur la coloration que les noyaux benzéniques. Quand il y a plusieurs groupements azoïques, la nuance passe du rouge au violet, au brun, au bleu, puis au vert. La coloration est encore modifiée par l'éthérification des oxhydryles phénoliques ou par l'introduction de groupes indifférents, ce qui rend les colorations moins sensibles aux alcalis. La coloration dépend encore de la position relative des chromophores par rapport au noyau aromatique; c'est ainsi que le même composé peut être bleu ou rouge suivant que les deux groupes $N=N$ sont en para, ou en méta, dans le noyau benzène.

Les noms des colorants sont souvent suivis de suffixes R, O, Y, G, B, V, qui indiquent des marques rouge, orangé, jaune, vert, bleu, violet.

Nous donnerons des détails plus circonstanciés sur quelques matières colorantes plus importantes. Mais notre exposé sera incomplet à ce point de de vue pour les spécialistes, qui doivent recourir aux ouvrages classiques de Lefèvre, Sisley et Seyewetz, Schultz, Lehne, Friedlaender.

Colorants dérivés du diphénylméthane. — Ce sont les *auramines* et les *pyronines*. Ces colorants renferment deux C^6H^4 réunis par un méthane CH^2. On les prépare avantageusement en condensant des amines tertiaires avec du phosgène $COCl^2$, du thiophosgène $CSCl^2$, du formol COH^2.

L'*auramine* O est la chlorhydrine de l'amido-tétra-méthyl-p-amido-diphényle méthane (Kern et Caro, 1884). Elle teint le coton en jaune pur solide aux acides. Elle s'applique directement sur laine et sur soie.

Les *pyronines* sont des dérivés du di et du triphénylméthane dont les noyaux aromatiques ont, en outre de la liaison du carbone central, une liaison d'oxygène, à laquelle se rattacherait la fluorescence magnifique de leurs solutions. Ce sont des fluorescéines.

La pyronine G, rouge breveté ou rouge Casan, résulte de la condensation par l'aldéhyde formique de deux molécules de diméthyl-méta-amino-phénol.

La pyronine B, plus bleue, dérive du diéthylaminophénol. Les rosamines ou rosindamines peuvent être considérés comme des pyronines phénylées. Les benzéines ou rosaminols sont aux rosamines ce que l'acide rosolique est à la rosaniline.

Colorants dérivés du triphénylméthane. — Les matières colorantes artificielles, qui furent tout d'abord découvertes et qui sont à proprement parler les couleurs d'aniline, dérivent de la rosaniline et ont été ensuite rattachées au groupement du triphénylméthane. Hypothèses de Rosenstiehl, Fischer, Nietzki. On sait aujourd'hui qu'à chaque colorant correspond un dérivé par réduction, une leucobase incolore qui par oxydation engendre un carbinol lequel en se combinant avec un acide fournit un colorant. Les leuco sont formés de deux ou trois noyaux phényl ou naphtyl oudés à un carbone central, et ayant en para des groupements amino

substitués ; les colorants sont verts ou verts bleuâtres pour deux amino ; bleus ou violets pour trois. Elles ont un éclat très vif et un pouvoir colorant énorme. (Voir p. 1119).

Nous les verrons dans l'ordre des couleurs, rouge, vert, bleu, violet, brun.

Ces matières colorantes se solubilisent par sulfonation, à l'aide de l'acide, sulfurique fumant, à l'instar de l'indigo ; Nicholson indiqua ce procédé en 1862 pour le bleu d'aniline, mais il est général. La solubilisation est d'autant plus prononcée que le nombre des groupes SO^3H fixés, 1 ou 2 ou 3, est plus grand. Les couleurs ainsi solubilisées teignent la laine et la soie en bain acide ; le bleu alcalin seul teint le coton. C'est la position ortho du groupe sulfo qui entraîne la solidité aux alcalis (Suais de St Denis, Sandmeyer de Bâle, 1897).

*
* *

Les colorants dérivés du triphénylméthane se subdivisent en 1° Rosanilines (Cf p. 1127), fuchsines, fuchsines acides, parafuchsine, violets Hofmann, violets de Paris, violets acides, violet alcalin ; bleu de Lyon, bleu alcalin de Nicholson, bleus patentés, bleus cyanol, bleus Victoria ; vert à l'aldéhyde, vert méthyle, vert éthyle, vert à l'iode, vert malachite, vert Victoria, vert brillant, verts acides.

2° Couleurs de l'acide rosolique : (Cf. p. 950) : coralline jaune, aurine, violet au chrome, bleu au chrome. La péonine serait un rosolate de rosaniline.

3° Phtaléines : (Cf. p. 1030), éosines, érythiosines, phloxine, cyanosine, galléine, céruléine. Rhodamines.

La première matière colorante artificielle a été le violet d'aniline ou mauvéine de W. H. Perkin, 1856. Puis vinrent le rouge d'aniline ou magenta A.-W. Hoffmann, 1858, dont la fabrication industrielle fut assurée dès l'année suivante par Verguin dans l'usine Renard frères de Lyon, sous le nom de fuchsine, par l'oxydation de ce qu'on appelait alors l'aniline et qui était formée de phénylamine et de ses homologues.

Les procédés de préparation des colorants du triphénylméthane se sont depuis multipliés et perfectionnés. On y arrive : 1° par oxydation des amines et variantes ; 2° par condensation des aldéhydes aromatiques avec les amines (2 molécules), et production de leuco qu'il faut oxyder ; et 3° par condensation des hydrols aromatiques avec une molécule d'amine aromatique, obtention directe du colorant.

Parmi ces colorants, dit M. Lemoult, il faut accorder une mention spéciale à ceux qui sont solides aux alcalis et dont la recherche a été la cause principale de la plupart des travaux faits dans cette série pendant ces dernières années : le premier en date est le bleu patenté de Meister et Lucius (1888) ; la cause de sa résistance aux alcalis a été découverte par M. Suais et par M. Sandmeyer séparément, elle réside dans la présence d'un groupe SO^3H en ortho du carbone central.

Matières colorantes rouges (Cf p. 1123). Ce sont les diverses fuchsines : fuchsine, magenta, azaléine, fuchsine acide. Les couleurs connues sous le nom de cerise, cardinal, amaranthe, marron, grenadine sont des sous-produits de la fabrication.

La fuchsine du commerce, outre les deux sels de rosaniline et de pararosaniline qui la constituent, renferme de l'eau, parfois jusqu'à 6,5 pour cent d'acide arsénieux, quelquefois de la phosphine, de la chrysaniline comme impuretés de fabrication, souvent des substances falsificatrices : sucre, amidon, sulfate de soude.

En teinture, la fuchsine donne des nuances brillantes, mais malheureusement sans solidité à la lumière, au lavage, au savon, au foulage. Elle est très employée pour la coloration des plumes, des vernis, des encres, etc. Sur cuir, elle donne une coloration assez fixe, car le tannate de rosaniline est insoluble. Elle teint directement les fibres animales, mais elle ne teint le coton que sur mordant de tannin et émétique, ou d'huile soluble et acétate d'alumine. Elle s'allie très avantageusement aux matières colorantes du bois, qui lui donnent quelque solidité. Sur coton, on l'emploie pour bordeaux en l'unissant au violet neutre.

Comme la fuchsine se fixe très rapidement sur la laine, il est bon de n'ajouter le colorant au bain de teinture que par petites portions. 1 gr. de fuchsine suffit pour teindre plus de 2 kilos de laine, ou 2 mètres carrés de tissu de soie en rose vif et le résidu peut encore teindre 2 m. en rose.

La fuchsine acide est employée pour la teinture de la laine en bain acide au bisulfate de soude et pour celle de la soie en bain de savon coupé. Elle sert dans la coloration artificielle des vins. En teinture, elle s'unit bien à toutes les couleurs acides, carmin d'indigo, jaune acide, violet acide, etc., mais les teintures obtenues ne résistent ni au foulage, ni aux alcalis. Elle n'a que la moitié du pouvoir tinctorial de la fuchsine ordinaire.

Matières colorantes vertes. — Ce sont des dérivés du diamino, ou du triamino triphénylméthane méthylé ou éthylé, les dérivés éthylés sont plus jaunes que les autres. Le vert brillant donne un vert jaune, le vert malachite et le vert Victoria 3B donnent un vert bleuâtre. La forme commerciale est souvent un sel double de zinc.

Les verts d'aniline basiques, vert malachite, vert brillant, vert méthyle, teignent le jute, la laine, la soie, le cuir directement, le coton sur mordant tannin et émétique ou huile soluble et alun : les couleurs ne sont pas très solides au frottement, au foulage, à la lumière.

Pour la laine, on obtient de meilleurs résultats en la mordançant au soufre avec l'hyposulfite de soude.

Les verts acides, vert acide, vert Helvétie, vert Guinée, vert solide teignent la laine et la soie en bain acide (acide sulfurique : 2 à 3 %). On leur allie toutes les autres couleurs acides pour obtenir des teintes composées.

Le vert à l'aldéhyde n'était applicable qu'à la laine et à la soie, et se préparait au moment même de l'emploi en faisant agir l'aldéhyde sur une solution de fuchsine dans l'acide sulfurique concentré, puis en traitant par une solution bouillante d'hyposulfite de soude. — Le vert alcalin s'appliquait comme le bleu alcalin.

Matières colorantes bleues. — Les matières colorantes bleues sont les sels des rosanilines triphénylées ; généralement un mélange des sels de la rosaniline et de la pararosaniline.

Le bleu de rosaniline est délivré selon son degré de pureté, sous l'une des indications suivantes : direct, purifié, lumière ; avec la marque R, B, 2B, 3B, 4B, 5B, 6B selon sa nuance rouge, violette ou bleue ; la dernière se rapportant à la nuance la plus bleue.

Le bleu de rosaniline donne sur laine et sur soie un bleu à nuance verdâtre : bleus opales, de Lyon, nuit, lumière ; violette : bleu Humboldt, de Hofmann, bleu gentiane, bleu impérial ; ou rouge : bleu de Parme, bleu dahlia. Il ne peut pas servir à la teinture du coton. Il est utilisé aussi dans le bleutage du linge. En teinture, il n'est guère employé que pour certains articles de laine foulés, car on a de la difficulté à obtenir l'unisson. La couleur est dissoute dans l'alcool méthylique, et on teint en bain d'alun et d'acide sulfurique.

Le bleu alcalin est souvent impur. Il est fort employé pour obtenir sur laine et sur soie, pas sur coton, des teintures bleues : le procédé suivi est tout particulier. La teinture se fait en bain alcalin pour bien dissoudre la couleur ; celle-ci est absorbée par la fibre, et on l'y précipite en le passant en bain d'acide sulfurique qui mettant l'acide coloré en liberté développe aussitôt la couleur : on y entre la fibre dès qu'elle a pris dans le bain de teinture une légère teinte bleue. Le bain de teinture est rendu alcalin au moyen de carbonate de soude, d'ammoniaque ou mieux de borax : il faut éviter qu'il ne soit trop alcalin, ce qui nuirait au brillant de la teinture. On l'alcalinisera jusqu'à légère coloration bleue. Le bain peut resservir.

Le bleu coton ne sert que pour le coton et la soie. Il a peu de résistance à la lumière et au lavage. Il donne un bleu verdâtre pur : bleu soluble, d'eau, de nuit, de Chine, ou un bleu rougeâtre : bleu serge, bleu marin. Le coton doit être mordancé. Le bain de teinture peut resservir.

Le bleu de diphénylamine a servi pour nuances lumières sur soie en solution méthylique à 2 %. Le bleu de phényle, après avoir eu beaucoup de vogue pour la soie, a disparu depuis 1872. Le bleu soluble de diphénylamine s'emploie d'après le même procédé que le bleu alcalin, le sel sodique pour la laine, l'ammoniacal pour la soie, le calcique pour le coton. Le bleu bavarois DSF s'emploie pour soie, le bleu méthyl pour coton après mordançage.

Les bleus de méthyldiphénylamine et analogues donnent des bleus verdâtres fort beaux sur soie.

Les bleus Victoria s'appliquent comme la fuchsine sur coton, laine et soie. On a une nuance bleue pure avec le bleu Victoria B, verdâtre avec le bleu Victoria 4R, violacée avec le bleu nuit. Le bleu Victoria B, Caro et Kern

4883, est le chlorhydrate de tétraphényltétraméthyl-amino-naphtyldiphényl-carbinol.

Matières colorantes violettes. — Sels des dérivés méthylés ou éthylés des rosanilines, ou des monophényl-, tolyl-, ou benzylrosanilines, elles sont intermédiaires entre les matières colorantes rouges et les matières colorantes bleues. Elles teignent la laine et la soie directement, et le coton après mordançage au tannin et à l'émétique. Les violets basiques s'appliquent comme la fuchsine, les violets acides comme la fuchsine S. Ils ne résistent pas à la lumière.

Le violet Hofmann donne des nuances rouges, le violet de Paris des nuances bleues, ainsi que le violet cristallisé et le violet éthyle. Le violet de Paris sert dans la teinture du coton pour aviver les couleurs d'alizarine sur mordants de fer; il est aussi employé pour l'azurage du blanc.

Les violets de rosaniline donnent des violets moins brillants que les violets de méthyle, mais plus résistants à la lumière et au foulage. Ils s'appliquent sur coton mordancé au tannin et à l'émétique en bain d'alun, sur laine en bain acide, sur soie en bain de savon coupé.

Matières colorantes dérivées du phénol. — Voir p. 950.

Le nom de *para aurine* est réservé par Seyewetz et Sisley à l'acide rosolique en C^{19} correspondant à la paraaurine en C^{19}, et le nom d'*aurine* à l'acide rosolique en C^{20}, correspondant à la rosaniline ordinaire en C^{20}, le nom de *coralline* au produit brut de la réaction des acides sulfurique et oxalique sur le phénol impur du commerce, contenant des crésols, et le nom de *coralline-péonine* ou *péonine* au produit brut obtenu en traitant la coralline par l'ammoniaque.

Phtaléines. — Elles résultent de la condensation de l'anhydride phtalique avec les phénols. Voir p. 1030.

C'est Bayer qui les découvrit, 1871, et démontra leur constitution, en les rattachant à la phtalophénone. On démontre facilement que les phtaléines se rattachent au triphénylméthane ; elles ont également une étroite parenté avec l'anthracène.

Le brome donne avec la fluorescéine des dérivés de substitution di ou tétrabromés. Le sel alcalin de dibromo fluorescéine est l'orangé d'éosine ou éosine 3G et le sel de tétrabromofluorescéine est l'éosine. Avec l'iode on obtient des dérivés di et tétra-iodés.

La *phloxine* est le sel de sodium de la tétrabromo-dichlorofluorescéine et la *phloxine* TA est le sel de sodium de la tétrabromo-tétra chloro-fluorescéine.

A ces dérivés correspondent, par remplacement du brome par l'iode les *roses Bengale* NT et B et la *pyroxine* J.

Parmi les éthers des phtaléines citons : la *primerose* ou éosine à l'alcool, la *mandarine* à l'alcool, la cyanosine B. Parmi les autres dérivés moins importants rappelons : la *chrysoline*, les *auréosines*, les *rubéosines*, la *safrosine*, l'*aurotine*, la *lutécienne*, et le *saumon*.

La *galléine* du commerce n'est pas la phtaléine du pyrogallol, comme on pourrait le croire d'après sa formation, mais son produit d'oxydation, d'où son caractère quinonique. La *céruléine* résulte de l'action de l'acide sulfurique à chaud sur la galléine.

Les *rhodamines Cérésole*, 1887, s'obtiennent par condensation de l'anhydride phtalique avec le m. amidophénol vu ses éthers alkylés. La *rhodamine* B est la tétraéthylrhodamine.

Les *anisolines* sont les éthers des rhodamines qui possèdent un groupe CO²H.

Oxycétones, xanthones, flavones. — Le chromophore est ici

CO ou carbonyle. Cette classe comprend surtout des colorants naturels dont on connaît la constitution, mais dont on n'est arrivé à réaliser la synthèse que pour un très petit nombre de corps. Les dérivés hydroxylés des cétones aromatiques fonctionnent comme colorants à mordants s'ils ont les deux OH en position ortho.

Citons le jaune d'alizarine C ou gallacétophénone de la Badische 1889. J. d'al. A, W; jaune pour laine ; — le jaune indien; la galloflavine de la Badische 1886; — la chrysine, la fisétine, la lutéoline, la rhamnétine; voir p. 1296.

La brésiléine et l'hématéine se rapprocheraient aussi des dérivés des flavones, Perkin.

Colorants oxyquinoniques (couleurs d'anthracène). — Ce

sont des colorants formant avec les oxydes métalliques des laques insolubles et résistantes sur la fibre. La couleur des laques varie avec la nature de l'oxyde métallique. C'est la classe des grands colorants artificiels les plus solides de tous à la lumière. Le chromofore est (CO)².

Les oxyquinones de la série benzénique ont un pouvoir colorant trop faible pour être appliqué. Des oxyquinones de la série naphtalique, la dioxynaphtoquinone ou naphtazarine est seule utilisée. De même, les monooxyanthraquinones ne sont pas des colorants. Des dix dioxyanthraquinones, une seule, est un riche colorant ; c'est l'alizarine (alizarine pour violet). Des quatorze trioxyanthraquinones possibles, la flavopurprine et l'anthrapurpurine sont deux riches colorants et leur mélange constitue l'alizarine pour rouge.

Comme tétraoxyanthraquinone, on a le bordeaux d'alizarine. Comme hexa, on a le bleu d'anthracène.

A ces colorants, il faut ajouter la binitroalizarine ou orangé d'alizarine de Strœbel 1875 fabriquée par Rosenstiehl, 1877 ; les carmin, marron et grenat d'alizarine, les rouges d'alizarine S, les bleus d'alizarine W et S, de Prudhome le vert d'alizarine S, le brun d'anthracène, la purpurine, l'alizarine-cyanine G et R, le bleu indigo d'alizarine, le bleu d'alizarine SNG. Voir pour leur filiation, M. Vassart *in* l'Industrie Textile, 1905, p. 48.

Le *Noir d'alizarine* de Roussin 1861 est une combinaison bisulfitique de la dioxynaphtoquinone ou naphtazarine ; son nom est impropre.

Parmi les dérivés nitrés et amidés, les principaux colorants sont : le *brun d'alizarine* ou nitroalizarine de la Badische (Perkin 1877) ; l'*orangé d'alizarine*, B.-nitroalizarine (Rosenstiehl 1876) ; l'orangé d'alizarine G de Hœchst 1889, ou B-nitroflavopurpurine ;

qui donnent par réduction : le grenat d'alizarine R de Hœchst (Perkin 1877) ou a-amido-alizarine ou alizarine Cardinal des Farbenfabriken d'Elberfeld.

Le marron d'alizarine est un mélange d'amidoalizarine et d'amido-purpurine (Bohn 1885).

L'indigo d'alizarine S en pâte, de la Badische, est le dinitro 1, 3, 3, 7, tétraoxyanthraquinone disulfoné (Laubmann, 1892).

Les teintures obtenues avec les couleurs d'anthracène sur mordants ne sont solides, d'après Kostanecki, que quand les oxyquinones renferment au moins un OH en ortho par rapport à l'un des groupes cétoniques ; et même, d'une façon générale, deux OH en ortho paraissent nécessaires. Sinon, les laques peuvent être insolubles et colorées, mais elles ne se fixent pas sur la fibre.

Colorants nitrosés ou Quinone-oximes. — Ils s'obtiennent par l'action de l'acide nitreux ou du sulfate de nitrosyle sur les phénols. Le chromophore renferme un groupe quinone C=O et un groupe oxime =N—OH, Kostanecki, 1887.

Cette série comprend peu de colorants industriels. Les quinones-oximes ont, en général, la coloration jaune des oximes. Cependant les ortho peuvent donner avec les mordants de fer, de chrome, etc., des laques colorées et adhérentes à la fibre ; et plusieurs de ces colorants s'emploient pour la teinture de la soie, de la laine, du coton. Ce sont des colorants polygénétiques, tels le *vert d'Alsace* dinitrosorésorcine (*Fitz*, 1875), qui teint en vert foncé les mordants de fer ; la *dioxine* ; le *vert de naphtol*. B, qui teint directement la laine en bain acide ; *gambine R et G* ou vert d'Alsace J et I, naphtoquinone-oximes.

Ce sont les travaux de Kostanecki, 1887 sur les colorants tirant sur mordants, qui ont éclairé sur la fonction tinctogène des quinone-oximes. Il n'y a que les o-quinone-oximes et les o-dioximes qui possèdent la propriété de former des laques solubles et solides avec les oxydes métalliques. Il en résulte que la dinitrosorésorcine, le b-nitroso-a-naphtol, l'a-nitroso-b-naphtol, le benzène tétroxime, l'a-nitroso-b-naphtylamine, l'onitroso-p-oxyquinoléine sont des colorants à mordants, puisqu'elles représentent des o-quinone oximes, tandis que le p-nitrosophénol, l'a-nitroso-a-naphtol, la p-naphtaline dioxime, la p-nitroso-orthoxy-quinoléine ne sont pas des colorants.

Colorants aziniques et dérivés de la quinone-imide. — Ils comprennent les dérivés de la quinoléine et de l'acridine ; les Azines : safranines et indulines ; les Indamines et Indophénols ; les Thioindamines ou Thiazines et Thioindophénols ; les Oxazines ; les dérivés thiazoliques, les colorants indigotiques. -

Voir Nietszki pour les formules de constitution

a) Colorants de la quinoléine et de l'acridine. — Les acridines diffèrent des pyronines en ce que la liaison O est remplacée par un groupement NH. Elles ont des solutions fluorescentes. Citons parmi ces colorants : cyanine ou bleu de quinoléine, jaune de quinoléine, rouge de quinoléine, jaune d'acridine, orangés d'acridine, benzoflavine, phosphine. Ces colorants sont peu employés ; la phosphine sert dans la teinture du cuir.

b) Phénazines. — Ce sont les dérivés amidés ou hydroxylés de la phénazine dérivant de l'anthracène. Ils ont un ou deux N dans la chaîne, à la place d'un ou deux C.

Comme azines aminées (eurhodines) et hydroxylées, il n'y a dans le commerce que le violet neutre et le rouge de toluène (Witt).

Safranines, ou aminoazines (Nietzki), ou aminoindulines (Jaubert). — La plus simple est la phénosafranine de Williams Thomas et Dower, 1878. Les autres en dérivent par substitution, violet neutre solide B, rose de Magdala, bleu indoïne, indazine.

Les safranines résultent de l'action de la nitrosodiméthylaniline et homologues sur les amines aromatiques et les phénols ou par oxydation de mélanges de paradiamine et de deux diamines, ou par action des azoïques sur les amines. S'y rattachent les rosindulines, les azocarmins, les rhodulines (Baeyer 1896) ou safranines asymétriquement alcoylées.

Indulines. — Ce sont les dérivés anilidés des safranines. On les prépare, O. Fischer et Hepp, en faisant réagir les amines sur les safranines, Perkin en oxydant les amines ou en traitant celles-ci par des dérivés nitrés, aminés ou nitrosés.

Citons les diverses marques d'indulines, le bleu solide R, le bleu de paraphénylène, les bleus de Bâle, le bleu solide Coupier, la nigrosine, la nigrisine, la cinéréine, la flaviruduline.

Les indulines sont peu solubles. Aussi n'est-il pas facile de les fixer sur tissu par la seule action de l'eau et de la vapeur d'eau pendant le vaporisage. On a proposé l'acide lévulique (Farbwerke Höchst), les acétines (Badische Anilin und Sodafabrik), l'acide éthyltartrique, la glycérine, le lévulylglycéride et l'acétyllévulglycéride (Ch. Gassmann, 1897).

c) Indamines et Indophénols. — On remplace H de NH dans les formules : $O = C^6H^4 = NH$ ou $C^6H^4(NH)^2$ par un radical aromatique aminé ou hydroxylé, soit en oxydant un mélange de p-phénylène diamine et d'aniline, Nietzki 1893, soit en faisant réagir la nitrosodiméthylaniline sur une monamine ou un phénol. Les réducteurs transforment les indophénols en leuco solubles dans les alcalis et se régénérant par oxydation.

L'indophénol du naphtol *Horace Kœchlin et O. N. Witt,* 1881, est le seul colorant employé industriellement ; à l'état réduit, il teint comme l'indigo ; il résiste bien aux alcalis, mais mal aux acides.

d) Thioindamines et Thioindophénols, ou Thiazines et Thiazones.

Ils se distinguent des indamines ou indophénols par un atome S, qui relie les deux noyaux aromatiques en ortho par rapport à la diphénylamine

Bernthsen. Tels sont : le violet de Lauth, 1898, le bleu méthylène (Caro), le thiocarmin, le bleu de thionine, les bleus brillants d'alizarine.

Le *Bleu de méthylène* (*Caro*) est très employé pour la teinture du coton sur mordant de tannin et émétique, car il donne des teintures très solides, particulièrement au savon. Sur laine, il peut se teindre en bain de carbonate de soude, mais les teintures ne résistent pas à la lumière.

Par les réactions très sensibles qu'il donne avec les agents réducteurs, il est d'un grand secours en bactériologie et c'est grâce à son aide qu'on a pu découvrir les microbes de la phtisie et du choléra.

e) *Oxazines et oxazones*, dérivent des précédentes par remplacement de N par O. Tels sont les gallocyanines, le bleu de gallanine, le bleu de célestine, le bleu gallanilique, l'indigo gallanilique, les coréines, les phénocyanines, les bleus de meldola, de nil, la muscarine, l'oxynaphtine.

f) *Colorants thiazoliques*. — Cette classe comprend : thioflavine, primuline (qui est le point de départ de plusieurs autres colorants jaunes et bruns, et des couleurs ingrains développées sur la fibre de A. G. Green, 1887 ; jaune chloramine, jaune de thiazol de Bayer 1889, nitrophénine de Clayton Cy 1893 ; benzobruns, géranines, érika.

Colorants du groupe de l'indigo.

— Indigotine, indigos sulfonés, indigopurpurine, indoïne, indirubine (voir p. 1145).

Parmi les produits synthétiques se rattachant à l'indigotine, il faut citer : l'*indophénine*, $C^{12}H^7NO^5$ qui donne une cuve bleue comme l'indigo ; l'*indoïne* $C^{32}H^{20}N^4O^5$; l'*indigopurpurine*, l'*indirubine* ; le *rouge d'indigo*, isomère de l'indigo découvert par *Bœyer*, et les homologues de l'indigotine ; diméthyl, diéthyltolumétaxylylindigotine ; le *bleu propiolique* ; le sel d'indigo de Kalle qui est la combinaison bisulfitique de l'o-nitrylophényllactocétone, l'indophore.

Colorants nitrés.

— Tous les dérivés nitrés des phénols et des amines sont des colorants à caractère acide, et d'autant plus riches en couleur que le nombre des NO^2 est plus grand. Beaucoup ont des propriétés explosives et déflagrent sur une plaque rougie. Généralement, ils possèdent une grande toxicité que la sulfonation élimine. Ils donnent des amines par réduction. Ces colorants sont peu solides à la lumière : encore moins aux lavages et aux alcalis.

Ils sont peu solubles dans l'eau. Leurs sels alcalins sont solubles.

Plusieurs se subliment aisément, d'où des mécomptes en teinture et impossibilité de les utiliser pour l'impression. Les principaux sont l'acide picrique et le jaune de naphtol.

L'*acide picrique* est le trinitrophénol : C^6H^2 (OH) $(NO^2)^3$. C'est le premier colorant artificiel connu ; il fut signalé en 1778 par Woulfe 1788, Haussmann 1799, Welter. Guinon de Lyon l'introduisit en 1840 dans la teinture sur soie. Il sert encore sur soie pour nuancer des verts ou des rouges. Il est volatil.

Le *nitro-naphtol* convient pour teindre les fourrures (Farbwerke in Hœchst, br. fr. 338916).

Le *jaune de naphtol*, de Martius, de Manchester, d'or, dû à Martius, 1864, est le sel sodique, parfois calcique, du dinitro-a-naphtol : $C^{10}H^7(ONa)$, $NO^2)^2_{2,4}$. Il sert dans la fabrication des vernis à l'alcool. — Le *jaune de naphtol* S ou Citronine A, dû à Caro, 1879 est le sel potassique ou sodique du même, 2.4dinitro-a-naphtol 7 sulfoné : $C^{10}H^4$ $(OK)(NO^2)^2$ (SO^3K). Il teint la laine et la soie en bain acide.

Le *jaune d'or micado* (Léonhardt), de Bender, 1886, est le sel sodique de l'acide nitro-stilbène disulfonique. Il donne sur coton, en bain de sel marin, des jaunes directs solides.

Le rouge de nitrosamine est un diazo nitré qui colore la soie en jaune NO^2. C^6H^4. $N{=}N (ONa)$.

Colorants azoxyques. — Ce sont des colorants directs pour le coton, donnant des jaunes solides ; ils teignent la soie en bain acide et sont sans importance pour la laine. Le chromophore est : —N—N—.
$$\underset{O}{\underset{\diagdown\diagup}{}}$$

Les principaux sont la curcumine S et les orangés et bruns mikado. La *curcumine* S ou jaune soleil, Bender 1885 (Leonhardt), et Walter 1883, (Geigy) est le sel sodique de l'acide azoxystilbène disulfonique[1]. L'azoxystil-bène s'obtient par réduction ménagée du p–nitrotoluène–o–sulfoné avec la soude caustique.

Les *colorants mikado*, Bender (Leonhardt), 1888, s'obtiennent dans la même réduction, opérée en présence de substances oxydables, amine ou résorcine, b-naphtol, pour *l'orangé mikado*, oxydiphénylamine pour les *bruns mikado*, etc.

L'orangé mikado est employé pour la teinture des cotons, des mi-cotons et des mi-soie.

Le *jaune direct* de Hepp 1892 br. fr. 226635 (Kalle) est le sel sodique du dinitrosostilbènedisulfonique. Par réduction, il donne *l'orangé direct*.

Colorants azoïques. — Cette classe de colorants est de toutes la plus nombreuse ; les transactions dont elles sont l'objet sont au moins aussi grandes que celles suivies pour l'ensemble des autres colorants ; elle s'enrichit d'ailleurs à chaque instant. Elle comprend des colorants de toutes nuances. Le chromophore est N^2 ou —N$=$N—.

Bien entendu, les composés azoïques peuvent être colorés sans être des colorants ; ils n'ont la propriété colorante que s'ils renferment un ou plusieurs groupements auxochromes, à caractère soit acide, soit basique, tels que SO^3H, OH, NH^2. La condition est nécessaire, mais pas suffisante. Quant aux composés azoïques qui ne sont pas colorants parce qu'ils ne renferment ni

1. Le stilbène est le diphényléthylène symétrique $(C^6H^5)^2C^2H^2$.

auxochrome, ni groupement salifiable, ils peuvent être colorés; en tout cas ils servent d'intermédiaires pour la préparation de colorants.

Les colorants azoïques se divisent en azoïques (correspondant aux composés diazoïques et aux composés azoïques[1]), voir p. 1152 et suiv.; tétrazoïques, polysazoïques, selon qu'ils renferment 1, 2 ou plusieurs chromophores N^2. Il faut noter soigneusement que les composés diazoïques[1] ne sont pas employés comme colorants directs à cause de leur instabilité ; on les copule comme nous le verrons plus loin, et on obtient alors les colorants azoïques, voir p. 1155-6, et pp. 1157-9.

Le plus grand nombre des colorants azoïques n'est pas toxique. Cependant, le brun Bismarck, la chrysamine le sont un peu ; l'orangé II, le jaune de métanile, le noir naphtol seraient dangereux.

On peut les désigner en mentionnant en premier lieu le corps aminé qui est diazoté et en second lieu le composé aminé ou phénolique que l'on copule avec le diazo.

Les matières colorantes azoïques sont presque toutes des composés sulfonés et plus ou moins solubles dans l'eau. Les alcalis caustiques ne précipitent pas ces solutions, mais changent la coloration. L'acide chlorhydrique précipite les matières qui n'ont qu'un groupe SO^3H de sulfonation, ainsi que les couleurs de benzidine. Ces matières colorantes donnent des colorations caractéristiques, principalement quand il s'agit de tétrazo, avec l'acide sulfurique concentré. Elles sont réduites et décolorées par la poudre de zinc et l'acide chlorhydrique ou le sulfhydrate d'ammoniaque ; leur base peut être alors caractérisée, et elle redonne d'ailleurs par diazotation le colorant.

Dans les colorants azoïques, ceux qui ne renferment pas d'autre groupement aromatique que des noyaux benzéniques sont des colorants jaunes à jaune orangé, rarement bruns ; ceux qui renferment le noyau naphtalique, sont des colorants rouges ; lorsque la molécule renferme plusieurs noyaux naphtaliques, le colorant bleuit, et passe du violet au bleu.

Nous avons dit que la propriété colorante apparaît par l'introduction dans la molécule azoïque de groupements conférant un caractère acide ou basique. Si ces groupements auxochromes et ces groupes salifiables sont introduits séparément, ils n'engendrent qu'une matière colorante ayant peu d'affinité pour les fibres. Tel est le cas pour l'azobenzène sulfo $C^6H^3.N{=}N.C^6H^4SO^3H$; et pour l'aminoazobenzène $C^6H^5.N{=}N.C^6H^4NH^2$.

L'affinité colorante est au contraire considérablement augmentée, si le groupement auxochrome est introduit dans un dérivé azoïque renfermant déjà un groupe salifiable ; c'est le cas pour l'aminoazobenzène sulfo $C^6H^5.N{=}N.C^6H^3{<}^{SO^3H}_{NH^2}$ qui est une matière colorante énergique.

---

1. Rappelons que les composés azoïques proprement dits se préparent par réduction ménagée des composés nitrés et les composés diazoïques par action de l'acide nitreux sur les sels d'amines, etc.

La position relative du groupe chromophore dans le composé azoïque joue un rôle important sur la qualité de la coloration. Il existe donc une relation étroite entre ces groupements et le chromophore.

M. Nœlting a présenté le développement de l'Industrie des matières colorantes azoïques dans les termes suivants à la Société suisse de Chimie, 24 février 1906. « Le premier colorant azoïque fut l'aminoazobenzène, découvert en 1862 par Griess ; vu son instabilité aux acides, il n'eut pas d'application industrielle, et ce ne fut qu'en 1878 que, sous forme d'acide sulfonique, il s'introduisit largement dans l'industrie. Le brun Bismarck suivit en 1863. Puis il y eut un long intervalle stérile jusqu'à ce que parut en 1876 la chrysoïdine de Witt. En cette même année viennent les premiers Orangés acides, trouvés simultanément en partie par Witt, en partie par Roussin (pharmacien au Val-de-Grâce), de la maison Poirrier. Vinrent ensuite les rouges solides de la Badische, les ponceaux de Hoechst (1877), les écarlates de Biebrich, (de Nietzki) et les Crocéines (1879-81), enfin, vers 1885, les noirs-naphtols. Le domaine des colorants azoïques acides ne fait depuis ce temps qu'augmenter continuellement en étendue et en importance. En 1884, furent trouvées les matières substantives pour coton, dérivées de la benzidine et de ses analogues, qui ont révolutionné la teinture des fibres végétales. Dans cette voie, on continue aussi à travailler continuellement, et chaque année apporte son contingent de nouveautés intéressantes :

« Les azoïques acides, si importants comme colorants directs pour la soie et la laine, sont impropres à la teinture du coton mordancé et ne montrent pas non plus sur laine la solidité des couleurs d'alizarine fixées au moyen des mordants métalliques. A partir de 1883-84 commencèrent les essais de préparation de colorants à mordants, dont le jaune d'alizarine de Nietzki (métanitraniline-azo-salicylique) fut le premier représentant adopté largement par l'industrie. L'acide salicylique et l'acide aminosalicylique ont depuis ce temps acquis une importance énorme dans la manufacture des azoïques. Les chromotropes, en 1890, inaugurèrent la série des matières colorantes développées par un chromatage après teinture, et à partir de 1896-98 environ, les matières colorantes chromatables dérivées des ortho-aminophénols, forment le sujet d'études approfondies qui se sont poursuivies jusqu'à ce jour d'une façon ininterrompue de la part de toutes les fabriques de matières colorantes.

« Les caractéristiques des matières colorantes azoïques à mordants, conformément aux règles établies depuis longtemps, par Kostanecki, sont qu'un colorant azoïque tire sur les mordants métalliques quand il contient un hydroxyle et un carboxyle en ortho (dérivés de l'acide salicylique, du 1-2 et du 2-3 naphtolcarbonique, etc.); quand il contient deux ou trois hydroxyles en ortho ou en péri (dérivés de la pyrocatéchine, du pyrogallol, de la 1.2-,2.3- ou 1.8- dioxynaphtaline, etc.); quand il contient un OH et un NO en ortho. Ceci se rapporte aussi bien à la teinture sur coton que sur laine et qu'à l'impression.

« Les couleurs azoïques qui changent de teinte et deviennent plus solides par un traitement ultérieur à l'acide chromique, montrent un des signes caractéristiques suivants : Ce sont : 1° des dérivés paraazoïques de l'a-naphtol ; 2° des dérivés orthoazoïques des acides a-naphtolsulfoniques ; 3° des dérivés de la 1.8- dioxynaphtaline et de ses acides sulfoniques ; 4° enfin, et c'est la chose la plus importante, des dérivés par copulation des dérivés diazoïques des o-amino-phénols simples ou substitués et de leurs acides sulfoniques, ainsi que des diaminophénols avec les phénols et parfois aussi avec les amines ».

Les colorants azoïques se préparent par action de l'acide nitreux (mélange d'un nitrite et d'un acide, $NO^2Na + HCl$) sur un composé aminé, et par action ultérieure du diazo ainsi obtenu sur un composé aminé ou oxyphénolique. Leur préparation donc comprend deux phases : la *diazotation* ou formation d'un composé diazoïque, et le développement ou *copulation* avec le composé aminé ou phénolique. Le composé diazo s'obtient en faisant agir l'acide nitreux sur le sel, généralement le chlorhydrate, d'une amine. Le diazo est généralement un corps très instable, et remarquable par sa faculté à donner des colorants, qui sont des colorants azoïques, lorsqu'on fait réagir ce diazo (copulation) soit sur les composés alcalins des phénols, soit sur les amines en solution acide. L'instabilité du diazo nécessite que les opérations de la diazotation et de la copulation s'effectuent à froid et rapidement. Elles sont d'ailleurs très simples et le rendement est presque théorique ; elles sont générales, et l'on comprend, dit M. Lemoult, tout l'intérêt qu'il y a à rechercher des matières premières aminées ou hydroxylées, puisque la possession de l'une assure celle de toute une série de colorants nouveaux.

Lorsque l'amine génératrice renferme un groupement Cl, OH, NH^2 ou SO^3H, le composé diazo est beaucoup plus stable, et la diazotation peut se faire sans précautions spéciales.

On a ces colorants plus solubles et moins sensibles à l'action des acides ou des alcalis, c'est-à-dire répondant mieux aux desiderata des teinturiers, en *sulfonant* les colorants azoïques. Ce sont les marques S. Cette sulfonation se fait rarement par voie directe, plutôt dans le colorant primitif, ou dans l'amine avant sa diazotation. On sulfone l'amine, telles l'acide sulfanilique, l'acide naphtionique ; on diazote l'acide sulfoné et on fait réagir ce diazo sur une amine ou un phénol ; on obtient ainsi l'orangé III, IV. On peut sulfoner d'abord le phénol, et le faire réagir sur un chlorure de diazo ; on obtient ainsi l'écarlate de xylidine. Il y a donc deux voies pratiques de sulfonation ; ou bien on fait agir un diazo sulfo-conjugué sur un phénol ou une amine, ou bien un diazo non sulfo-conjugué sur un phénol ou une amine sulfo-conjugués.

On aura une idée de la variété et de l'infinité des colorants azoïques en se figurant que par copulation le chlorure de diazobenzène a fourni avec le chlorhydrate de diméthylaniline le jaune de beurre ; avec la résorcine le Soudan G de Bœyer, 1875, qui sert à colorer les laques et les vernis ; avec l'a-naphtolmonosulfonique de Schœffer, l'écarlate de cochenille R ; avec l'a-naphtolmonosulfonique (1.5), l'écarlate de cochenille G ; avec l'a-naphtolmonosulfonique NW, l'azococcine G ; avec le b-naphtolate de sodium, le Soudan Y ou Orangé G ; avec le b-naphtolmonosulfonate de Na de Schœffer, orangé de crocéine de Griess, 1878, etc. etc., utile pour la teinture de la laine et pour laques.

De même, le diazo de l'acide sulfanilique a fourni avec le phénol, la tropéoline A ou Y ; avec la résorcine, la tropéoline O ou chrysoïne ; avec l'a-naphtol, l'orangé I de Poirrier ou tropéoline 000 ; avec le b-naphtol, l'orangé 2 de Poirrier ; avec la dioxynaphtaline monosulfonée S, l'azofuchsine G.

De même, on utilise les diazo de l'o-amidophénétol, qui fournit avec le sel R, la coccinine G.

Le diazo de l'éthyldiméthyldiamidobenzène a fourni avec le sel R, le ponceau 3R.

Le diazotoluène a fourni : avec l'a-naphtolmonosulfonate de Na 1.5., l'écarlate de cochenille 2 R ; avec le b-naphtomonosulfonate de Schœffer, l'écarlate GI ; avec le sel G ou R, l'écarlate I ou RI.

Le diazo de l'éther méthylique et éthylique de l'amido p-crésol a fourni avec le sel R la coccinine B et R.

Le diazo de l'o-toluidine a fourni : avec la dioxynaphtaline monosulfonée S l'azofuchsine G sulfonée, elle a donné avec le b-naphtol, l'orangé R.

Le diazoxylène a donné avec le b-naphtol monosulfaté de Schœffer, l'écarlate R.

Le diazo de la xylidine brute a donné avec le sel R le ponceau de xylidine. Celui de la p-xylidine a donné avec le sel G le ponceau de Hoechst, et avec le sel R l'écarlate G. — Celui de la m-xylidine avec le sel R l'écarlate palatin. Le même diazo sulfoné donne avec le b-naphtol l'orangé R.

Le diazo de la τ-cumidine avec le sel R le ponceau de cumidine.

Le diazo de l'a-naphtylamine a fourni avec le sel R le bordeaux B, avec l'a-naphtol disulfonate de Schœlkopf la rubine ; avec le b-naphtol-disulfonique le ponceau crist. ; avec le b-naphtol disulfonique de la Badische le rouge palatin. Le diazo de la b-naphtylamine sulfonée 2.5. donne avec l'a-naphtol-monosulfonique 1.4 la pyrotine RRO.

Le diazo de l'o-anisidine donne avec le b-naphtol-monosulfonate de sodium S le ponceau d'anisidine ; avec l'a-naphtol-monosulfonate de sodium NW l'azoéosine. Le même diazo de l'amine sulfonée donne avec le b-naphtol le ponceau 3 G.

Le diazo de l'acide naphtionique donne avec l'a-naphtol le brun de naphtylamine ; avec le b-naphtol la roccelline ; le rouge solide B (nitro de l'acide naphtionique + b-naphtol) ; avec le sel R le rouge solide D ; avec l'a-naphtol monosulfonate de sodium 1,4 l'azorubine S ; avec le b-naphtol monosulfonate de sodium 2.8 la crocéine 3BX ; avec le b-naphtol monosulfonate de Schœffer le rouge solide D.

.*. ,

I. — Les colorants azoïques n'ayant qu'un groupement N^2, se divisent en quatre groupes : les aminoazo, les oxyazo, les amino-oxyazo et les carboxyl-azo.

Colorants amino-azoïques. — Ils ont un ou plusieurs NH^2 qui leur donne le caractère basique.

On les obtient en faisant réagir une amine en excès sur un composé diazoïque, ou en faisant réagir une nitrosamine sur une amine primaire.

Il se produit un composé diazoaminé intermédiaire qui n'est pas ordinairement un colorant, quoiqu'il puisse être coloré, mais qui se transforme aisément en aminoazoïque colorant par un excès d'amine.

Cependant, on peut citer quelques colorants diazoaminés, la nitrophénine, sel de soude de la p-nitraniline-azo-déhydrothiotoluidine-sulfonique, et le jaune Clayton ou jaune thiazol, br. fr. 198186 (br. anglais, n° 24870 de 1893).

Il y a peu de colorants amino-azoïques nettement basiques. Ceux-ci teignent la laine et la soie en bain faiblement acide, le coton sur mordant tannin-antimoine.

L'introduction de $SO^2 OH$ donne aux colorants aminoazoïques un caractère acide, et les couleurs ainsi sulfonées conviennent à la teinture de la laine et de la soie en bain acide et nullement à celle du coton.

Les couleurs sulfonées possèdent en général une meilleure résistance à la lumière.

La plupart des colorants aminoazoïques ont la propriété très importante de pouvoir être diazotés à nouveau et le diazo ainsi formé de pouvoir être copulé à nouveau avec des amines ou des phénols. On obtient ainsi des colorants tétrazoïques, etc.. Ces réactions peuvent s'opérer sur les fibres elles-mêmes.

On peut distinguer les colorants azoïques monoaminés comme le jaune d'aniline, diaminés comme les chrysoïdines, triaminés comme le brun Bismarck, aminosulfonés. Ces derniers sont des couleurs acides, jaunes oranges, rouges à bordeaux, que l'on prépare en faisant agir soit un diazo sur une amine sulfonée, soit un diazo sulfoné à mesure que le poids moléculaire augmente, sur une amine non sulfonée ou sulfonée, soit SO^4H^2 sur un aminoazo.

Le *jaune d'aniline* (diazobenzène+aniline) (Mène 1861 et Griess 1862) est le chlorhydrate ou le sulfate d'aminoazobenzène. Il est trop fugace pour pouvoir être utilisé en teinture et trop volatil pour l'être en impression. Il sert à la fabrication d'un vernis jaune à l'alcool et surtout comme matière première pour la fabrication des tétrazo, du jaune acide G, des écarlates de crocéine, des safranines et des indulines.

La *chrysoïdine* (diazobenzène + m-phénylène diamine) (de Caro, 1875) est le sulfate du diaminoazobenzène. C'est un colorant utilisable pour jaunes bruns sur coton mordancé, mais elle est peu solide à l'eau et à la lumière. Elle sert plutôt en mélange avec des colorants basiques. On obtient également une chrysoïdine avec la m-toluylène diamine.

Le *brun Bismarck* (acide nitreux + m-phénylène diamine) (dû à Martius, 1863) est du chlorhydrate de triamino-azobenzène. C'est un brun basique qui teint le coton mordancé en tannin et antimoine ou fer. Il est employé dans la teinture des velours coton, dans celle des cuirs, des peaux, des papiers. Il sert beaucoup aussi pour nuancer, ou en mélange avec des colorants basiques ; brun havane avec la grenadine, brun de Manchester. Vésuvine, brun de phénylène, brun d'aniline, brun pour cuir.

Le *jaune solide G* est du jaune d'aniline disulfoné (Koeschler, 1897). Il teint la laine et la soie en bain acide.

La *lutéoline* (diazo de la m-xylidine sulfonée + diphénylamine).

Comme diazoamino, on ne connaît guère que la nitrophénine, et le jaune de thiazol.

Colorants oxyazoïques.

— Ils ont un ou plusieurs OH phénoliques qui leur donnent le caractère acide souvent renforcé par un ou plusieurs sulfoxyles.

Ce sont des colorants acides ; donc ils ne conviennent qu'à la soie et surtout à la laine. Plusieurs sont remarquables par la richesse de leurs nuances, leur facilité d'application et leur bon marché. Dans leur préparation, la copulation du corps diazoïque se fait avec un phénol ou un dérivé phénolique, et c'est l'introduction de l'OH phénolique qui leur imprime leur caractère acide. On peut aussi copuler un oxydiazo avec une amine ou un phénol.

Ce sont des corps facilement réduits par Sn+HCl. Ceux qui ne sont pas sulfonés sont en général insolubles ou peu solubles dans l'eau. Ils peuvent être solubilisés en formant la combinaison bisulfitique. Leur couleur va du jaune au rouge brun.

On peut les former sur la fibre même du coton en traitant successivement le coton par l'amine primaire, diazotant celle-ci, puis développant le diazo par une amine ou un phénol. On peut même simplifier et éviter la diazotation en employant les nitrosamines.

La liste des colorants oxyazoïques est extrêmement fournie. C'est la maison Poirrier qui a ouvert cette série par la découverte des orangés 1876 ; elle avait fait une riche trouvaille, dit M. Vassart, mais elle a laissé à la maison Meister, Lucius und Brüning la bonne fortune de trouver les ponceaux 1878 dans un filon tout contigu. Il faut citer aussi les bordeaux, les écarlates, les rouges solides, les crocéines, les azofuchsines.

L'*orangé III* (diazo de l'acide p-sulfanilique + diméthylaniline) de Roussin 1876 (Poirrier), hélianthine, *orangé de diméthylaniline*. C'est une poudre soluble dans l'eau et dans les alcalis en jaune orange, dans les acides en rouge fuchsine. Il teint la laine et la soie en bain acide. Il n'est plus employé que comme indicateur en volumétrie.

L'*orangé IV* (diazo de l'acide p-sulfanilique + diphénylamine) de Roussin, 1876 (Poirrier), tropéoline 00; *orangé de diphénylamine*. Il sert dans la teinture de la laine pour les couleurs mode et les nuançages.

Il donne par action de l'acide nitrique d'abord la *citronine*, puis le *jaune indien*, Knecht, 1880, jaune azo; *azoflavine*. Utile pour la teinture directe de la laine et de la soie. *P. Juillard* (S. chimique de Paris, 1905) a étudié ses différents dérivés nitrés. Appl. à la prép. de l'écarlate de Biebrich.

Le *jaune métanile* (diazo de l'acide m-sulfanilique + diphénylamine) de Heppe, 1880 (Oehler), sert dans la teinture de la laine, en bain acide; dans la teinture des papiers et pour la fabrication des laques.

Le *jaune brillant S* résulte de la sulfonation de l'orangé IV. Le *jaune métanile S* résulte de la sulfonation du jaune de métanile.

Les *substituts d'orseille* V, G 3VN, extra ou rouge d'Apollon (diazo de la p-nitraniline + a-naphtionate de soude, ou b-naphtylamine sulfonique de Brœmer, ou a-naphtylamine sulfonique. L, acide a-naphtylamine disulfonique).

Le *violet pour laine S* (diazo de la dinitraniline + acide diéthyl m-sulfanilique de Rohner).

Si l'on copule le diazo de la p-nitraniline avec le b-naphtol, on a le *rouge de p-nitraniline* (décrit p. 1116).

La méthode de développement a été perfectionnée 1897 par l'emploi du *rouge de nitrosamine* (Badische), Schraube et Schmidt 1893, obtenu en traitant par la soude concentrée le diazo de la p-nitraniline; par l'emploi des couleurs benzonitrol des Farbenfabriken d'Elberfeld, qui ne demandent plus que l'emploi de deux bains, celui de fond ou de teinture, et celui de développement ou diazo de p-nitraniline; et par l'emploi du p-nitrazol de la Manufacture Lyonnaise de matières colorantes ou diazo-p-nitraniline. L'opération de la diazotation est ainsi supprimée, comme opération distincte.

Colorants amino-oxyazoïques. — Ces colorants azoïques renfermant en même temps le groupement NH² et le groupement OH sont peu nombreux. Citons seulement la *phosphine nouvelle G* (diazo du diméthylamino benzyl + résorcine) employée pour la teinture du cuir; et l'*orangé au tannin R* (diazo du même b-naphtol) employé pour l'impression du coton.

Colorants carboxyle-azoïques. — L'introduction d'un groupement COOH dans les colorants azoïques leur imprime la propriété de teindre sur mordants, sur mordants de Cr principalement, surtout quand le carboxyle occupe la position ortho par rapport à un OH phénolique.

Ces colorants sont principalement utilisés dans la teinture de la laine pour teintures solides au foulon, dans l'impression du coton. Ils s'emploient comme les couleurs d'alizarine, d'où le nom faux que plusieurs portent.

L'acide salicylique a fourni des colorants azoïques, particulièrement intéressants, car ils ont la propriété de teindre les mordants métalliques en
nuances solides.

Ils comprennent des jaunes et des bruns : jaune MG de Poirrier,
jaune foulon : jaunes d'alizarine JJ et R, jaunes diamant, bruns au chrome.

Chromotropes : Ces derniers forment une série à part car ils teignent
aussi la laine non mordancée en bain acide, et les teintures ainsi obtenues
lorsqu'on les traite ensuite par des sels métalliques, Cr, Al, Fe, donnent
d'autres teintures de nuances différentes, d'où le nom de chromotropes, et
de solidité généralement augmentée.

Les *chromotropes* s'obtiennent en faisant réagir les diazo de l'aniline (pour
le chromotrope 2R), de la p-toluidine (2B), de la b-naphtylamine (6B), de
l'acide naphtionique (8B), de l'a-naphtylamine (10B), sur l'acide chromotropique ou péridioxynaphtaline disulfonée $C^{10}H^4 (OH)_{1.8} (SO^3H)_{3.6}$.

*
* *

Les diazo de la safranine conduisent aux *bleus Indoïnes* qui ont pris une
grande importance dans la teinture du coton tanné. Les indoïnes dérivent
de la combinaison des safranines diazotées avec les naphtols. Elles se trouvent
dans le commerce à l'état de pâtes noirâtres ou de poudres légèrement
bronzées, renfermant souvent un peu de bleu méthylène servant à les ani-
mer. Les indoïnes, dit L. d'Andiran, ont à la fois les propriétés des couleurs basiques et celles des couleurs substantives sans avoir leurs inconvénients qui sont pour les couleurs basiques : la fugacité, et pour les couleurs
substantives : le dégorgeage sur les blancs.

Ch. Gasmann a donné un historique très intéressant des dérivés azoïques
des safranines (in Moniteur scientifique, 1898). « Aux safranines azobétanaphtol se rattachent le bleu indoïne de la Badische, les couleurs diazines de
Kalle et Cⁱᵉ, bleu diazine BR ou safranine azobétanaphtol, noir diazine ou
safranine azophénol, vert diazine ou safranineazodiméthylaniline ; le naphtin-
done de Cassella (br. all. 1895) qui repose sur une copulation de diazo et de
b-naphtol en solution d'acide acétique ; le bleu Janus des Farbwerke de Höchst
(br. all. 1895) dont la préparation repose sur l'introduction du β-naphtol en
poudre dans une solution chlorhydrique de diazo ; le bleu indigène des Farbenfabriken d'Elberfeld (br. all.) dont la préparation repose sur une copulation
de diazosafranine avec β-naphtol iodé, en présence de carbonate de soude
ou d'ammoniaque ; le bleu indol de l'Actien Gesellschaft für Anilin-Fabrikation ; le bleu solide B pour coton de K. Oehler ; le bleu madras B de la
Société anonyme de Sᵗ Denis. « D'après Gasmann, ces différentes copulations
sont de simples tours de main. »

Colorants tétrazoïques. — On peut réaliser une molécule à deux
groupements N=N de trois manières: Ou bien en fixant 2 molécules diazoïques sur un composé diaminé, dihydroxylé (résorcine) ou aminohydroxylé

Ou bien en diazotant et copulant un aminoazoïque ; les amidoazo intermédiaires ont une grande importance pour la préparation de colorants à poids moléculaires élevés pour la teinture de la laine en couleurs foncées ; tels ceux de l'a-naphtylamine ; Ou bien en diazotant avec 2 molécules d'acide nitreux un composé diaminé, puis faisant la copulation du tétrazo obtenu : couleurs de benzidine ou directes.

a) *Dérivés d'aminoazo*, par une seconde diazotation successive. Citons d'une façon générale des rouges pour draps, des écarlates, en particulier l'écarlate de Biebrich, des bordeaux, le bleu diamine 6G, des noirs dont la série est très importante : noir jais R, noir Victoria, noir diamant, noir naphtylamine D, noirs naphtol B, 3 B, 6 B ; noir bleu 12 B.

Les rouges pour drap : G. et B. de Bayer et de Oehler (diazo de l'amidoazo-benzène + a-naphtol monosulfate de sodium NW ; diazo de l'amidoazo-toluène + a-naphtol monosulfonate de sodium NW, b-naphtol monosulfonate S, ou sel R). Les marques G et B (Oehler, Bayer) donnent sur laine chromée des nuances solides au foulon et assez solides à la lumière.

Les *écarlates* : double brillant de Kalle ; de crocéine 3 B et 7 B de Bæyer ; de Biebrich B ; pour coton R, crocéines B, 3 B (diazo de l'acide amidoazo-benzène monosulfo + b-naphtol. ; de l'amidoazotoluène + anaphtoldisulfonate de Schœllkopf et b-naphtol monosulfonate de Bæyer ; diazo de l'amidoazo-benzène disulfo + b-naphtol, etc.

Les crocéines sont peu solides à la lumière; l'écarlate de Biebrich et celui de crocéine sont très solides. Les marques BR et 2 BR de l'écarlate de Biebrich, B et 2B de l'écarlate de crocéine sont de simples mélanges avec l'orangé II.

Les bordeaux G, BX, NBX, et rouge orseille A (diazotoluène-monosulfonique et de l'amido-azoxylène, b-naphtol monosulfonate de Schœffer, de l'amido-azoxylène-disulfonique + b naphtol, de l'amido-azoxylène + sel R).

Le bleu diamine 6G (diazo de b-naphtylamine disulfonate+o-amidonaphtoléther, rediazotation + b-naphtol. Il est fugace à la lumière.

Le noir jais B (diazo de l'amido-disulfo-benzène+naphtylamine, rediazotation,+ phénylanaphtylamine).

Le noir Victoria B (diazo de l'acide sulfanilique + anaphtylamine, rediazotation, + dioxynaphtaline sulfonique 1. 8, 4.

Le noir diamant (diazo de la naphtylamine-azo-salicylate + a-naphtol monosulfate NW). Il donne sur chrome des teintures très solides au foulon et à la lumière.

Le noir anthracite B (diazo de la disulfo-a-naphtylamine B sur l'a-naphtylamine, rediazotation, + diphényle métaphénylène diamine).

Le *noir phénylène* est isomère.

Le noir naphtylamine D (diazo de l'anaphtylamine disulfo + anaphtylamine ; rediazoter + anaphtylamine). Très employé dans la teinture en pièces pour réserver des effets de coton. La marque 4B est un mélange de D et de noir naphtol 12 B.

Les noirs naphtols B, 3 B et 6 B sont des isomères (diazo de la g-disulfo-b-naphtylamine ou de l'adisulfonaphtylamine B, ou de la disulfo-a-naphtylamine de Dahl, + anaphtylamine, rediazoter, + sel R). Ils sont plus solides à la lumière que le noir naphtylamine O, qui l'est déjà plus que le noir anthracite.

Noir naphtol 2 B (diazo de la p-nitraniline + acide g-amidonaphtoldisulfonate, rediazoter, + chlorure de diazobenzène). Très employé dans la teinture en pièces pour réserver des effets de coton.

Le noir azoïque (diazo de la b-naphtylamine sulfo 2,8 + a-naphtylamine, rediazoter, + sel R).

b) *tétrazo dérivés des diamines*, par une seule diazotation dans les deux NH^2 à la fois ou par une seule copulation dans les deux membres diazotés du composé. C'est une question de calcul des quantités soit de l'acide nitreux, soit du développeur nécessaire.

Un grand nombre sont des colorants directs pour le coton, en bain alcalin, Roussin 1880, Carl Bœttiger 1884, pour les couleurs de benzidine.

Bon nombre sont d'une sensibilité extrême aux influences alcalines : jaune brillant non éthérifié ; ou aux influences acides : rouge Congo. Les colorants obtenus avec le phénol, la résorcine, l'acide naphtionique sont les plus sensibles ; ceux obtenus avec les b-naphtylamines sulfonées et avec l'acide salicylique sont moins sensibles ; ceux obtenus avec les naphtols et les amidonaphtols résistent aux acides.

Les moins intéressants des colorants tétrazo dérivés des diamines sont ceux qui se rattachent aux phénylènediamines et aux naphtylènediamines. Les plus importants et les plus nombreux sont les *couleurs de benzidine* ou *benzos, les couleurs Congo, couleurs de tolylène, couleurs de Hesse*, et les couleurs diamines, qui sont les *couleurs substantives directes* pour le coton. Les colorants tétrazo qui teignent le mieux le coton sont mauvais pour la laine et inversement. A ce groupe des couleurs directes, appartiennent, en plus des groupes que nous venons de citer, les couleurs Chicago, Colombie, Zambèse, Janus, lanacyle, Nyanza, chromanile, diaminéral, diaminogène, Pluton, Crumpsall, dianil, nitrazol, naphtindones, azonoirs, oxamines, Soudan, etc.

Les principales diamines employées sont : la benzidine (benzidine bisdiazotée ou tétrazodiphényle), la tolidine, l'o-dianisidine, le diamidostilbène disulfoné, les m-et p-phénylène diamine, la m-toluylène diamine sulfonée, la naphtylène diamine, la mononitrobenzidine, l'éthoxybenzidine, l'acide diamidophénique, la benzidinesulfone disulfonique, le diaminocarbazol, l'acétylparaphénylène diamine, ou diamino-diphényl-amide, la m-azooxyaniline, la m-azooxyorthotoluidine. Les diamines qui ont les deux NH^2 dans deux noyaux benzéniques ou naphtaléniques sont les plus importantes pour la production des colorants tétrazo.

Les principaux agents, phénols ou amines, utilisés pour la copulation ou le développement sont :

Développeurs

A.	b-naphtol ;
B.	chlorhydrate d'éthyl-b-naphtylamine ;
C (ou parfois D).	chlorhydrate de métaphénylène diamine ;
D.	dioxynaphtaline S ;
E.	solution du développeur C dans CO^3Na^2 (diamine liquide) ;
F (parfois C).	résorcine ;
G ou AD.	chlorhydrate de la p-amidodiphénylamine ;
H.	chlorhydrate de toluylènediamine ;
AN.	amidonaphtolsulfoné G ;
N.	naphtylamine éther (méthylée ou éthylée).
mixte	N+AD
	phénol, acide sulfanilique ; acide salicylique, acide crésotique, a et b-naphtylamine ; et les mêmes sulfonés.

C'est le développeur qui a la plus grande influence sur la couleur du tétrazo. Le phénol, l'acide sulfanilique, l'acide salicylique, l'acide crésotique donnent des orangés et des jaunes dans les couleurs diamines ; la résorcine, les sulfonaphtylamines[1] des rouges et des orangés ; les naphtols, leurs sulfonés des bleus et des violets ; les dioxynaphtalines sulfonées ; les amido-naphtols sulfonés, des bleus et des noirs. Les mélanges des développeurs donnent des nuances intermédiaires. — Avec la primuline, les couleurs développées sont : par le phénol jaune ; la résorcine orangé ; b-naphtol rouge ; anaphtol marron ; anaphtylamine violet ; b-naphtylamine brun.

Les couleurs de benzidine sont des composés tétrazoïques, résultant de l'action de l'azo de la benzidine ; chlorure de tétrazodiphényle sur les phénols, les amines ou leur dérivés, seuls ou mélangés. Aux couleurs de benzidine se rattachent celles de tolidine, de dianisidine, de stilbidine.

La première couleur benzidinique fut découverte par Griess en 1882 et brevetée en 1884 ; elle n'a pas eu d'application. Deux mois après, Böttger prit un brevet pour le rouge Congo que l'Act. Ges. für Anilin-Fabrikation de Berlin se mit à préparer. En juin 1884, Fr. Bayer breveta la Chrysamine ; en août 1885, vint l'azobleu ; en novembre 1885, la benzoazurine ; en décembre, c'était le tour du Congo Corinthe par la Société de Berlin. En mars 1886, des Benzopurpurines par la maison Bayer, des couleurs dites de Hesse par la maison Leonhardt, en octobre, du rouge Diamine, puis des benzobruns, etc.

Citons parmi ces colorants : dérivés de la benzidine ; les rouges Congo, la chrysamine G, l'écarlate diamine B, le noir diamine RO, BII, le rouge solide

---

1. La b-naphtylamine sulfonée 2, 8, fait exception et donne des jaunes peu solides.

diamine F ; le bleu diamine BX, le rouge d'anthracène ; dérivés de la tolidine : les benzopurpurines B et 4 B ; les rosazurines G et B, les rouges
diamine B et 3 B, les orangés de toluylène G et R ; dérivés de l'o-anisidine :
les benzoazurines G et 3 G, les bleus purs diamine A, FF ; dérivés du diamidostilbène : le jaune brillant, la chrysophénine G, le pourpre de Hesse N ;
dérivés de la m-toluylène diamine : le brun de toluylène RR ; dérivés de
l'éthoxybenzidine : les bleus diamine 3 R et B ; le noir diamine BO, le jaune
diamine N ; dérivés de la benzidine sulfonedisulfonique : la sulfoneazurine ;
dérivés du diaminocarbazol : le jaune de carbazol ; dérivés de la m-azooxyaniline : le jaune foulon, le rouge Saint-Denis n° 4 ; dérivés de la m-azooxyo-
toluidine : le rouge Saint-Denis n° 2 ; les importantes séries de noirs Colum-
bia, noirs diamine, noirs anthracène, noirs diazotables.

Le tétrazodiphényle donne : le *rouge Congo*, avec 2 mol. d'acide naphtionique ; la *chrysamine G* si employée, avec 2 mol. de salicylate de soude ;
le brun toluylène G, employé pour les mi-soie, avec 2 mol. d'acide m-
toluylène diamine-sulfonique ; le noir diamine RO, employé sur coton pour
pied sous noir d'aniline et sous indigo, avec 2 mol. g-amidonaphtolsulfonate
de sodium, etc., etc., etc. Nous renvoyons pour l'exposé au Tabellarische de
Schultz, à celui de Lehne, ou à l'exposé de H. Vassart *in* L'Industrie Textile,
1904, pp. 331 et 368.

*
* *

Aux colorants polyazoïques appartiennent le brun Bismarck, le benzogris
R, le benzobleu noir G, les bruns Congo G et R, le bronze diamine G.

« Avant de quitter cette famille de colorants, mentionnons encore des
produits qui teignent directement le coton et qui, ayant un ou plusieurs
groupes amidoaromatiques, sont ensuite diazotés sur fibre à la façon ordinaire et traités par une solution de b-naphtol ou de m-phénylènediamine ;
il se produit alors des colorants sur la fibre elle-même et la nuance se trouve
parfois considérablement renforcée et poussée vers le noir. Parmi ces produits (noirs par diazotation ou noirs diazotables), citons les bruns et noirs
Zambèze et le bleu indigo Zambèze de l'Aktiengesellschaft, le noir diamine
BII et le diaminogène de Cassella » (Lemoult).

Quels rapports existe-t-il entre la propriété qu'ont les couleurs de benzidine de teindre directement le coton et leur structure moléculaire ? On n'a
pas encore donné l'explication scientifique satisfaisante, mais des remarques
très intéressantes sont à faire. Un colorant tétrazo n'est un bon colorant
substantif que si les deux groupes azoïques sont disposés symétriquement.
Ces deux groupes azoïques sont presque toujours en position para par
rapport à la liaison des deux noyaux benzéniques. Les positions ortho
doivent rester libres, sinon la substitution des deux positions méta par
rapport aux groupes azoïques enlève presque entièrement la propriété de
teindre directement. La substitution d'une seule position méta diminue

cette propriété ; elle est de nouveau rehaussée si la position ortho par rapport au groupe azoïque est occupée par CH^3. Toutes les bases paradiamines dans lesquelles les deux positions ortho par rapport à la liaison des deux noyaux benzéniques sont substitués par le même atome ou groupe diatomique donnent des colorants substantifs. Les substitutions en ortho par rapport aux groupes azoïques n'enlèvent pas la propriété de teindre directement le coton.

Colorants hydraziniques. — Le chromophore est $=N—NH—$, et résulte de la condensation avec élimination d'eau, d'une hydrazine et d'un groupement cétonique. Les hydrazines simples ont en général un faible pouvoir colorant ; le pouvoir augmente dans les hydrazines doubles. Les corps cétoniques utilisés sont l'aldéhyde benzoïque nitrée, l'aldéhyde cinnamique ; la phénantrènequinone, la rétènequinone, l'acide nitrotartrique, l'acide dioxytartrique, l'isatine.

La tartrazine (acide divaytartrique + phénylhydrazine monosulfonate de sodium) est, dans le groupe des pyrazolones, le seul colorant vraiment industriel. C'est une matière colorante précieuse pour la teinture de la laine ; elle a remplacé, le jaune de naphtol S, qui avait supplanté l'acide picrique : elle s'est substituée avantageusement au bois jaune et fait une terrible concurrence à la gaude dont elle a la solidité sur laine.

Colorants sulfurés. — Cachou du Laval, thiocatéchines, noirs Vidal, noirs solides. Cette famille s'est développée depuis une dizaine d'années dans la série des colorants noirs pour coton non mordancé. Ils proviennent de l'action à des températures plus ou moins élevées, du soufre ou des sulfures alcalins sur les composés organiques les plus divers ; mais il semble qu'il faut toujours que ces composés possèdent un groupement OH ou NH^2. Bois, écorce (cachou de Laval, de Croissant et Bretonnière, 1873), pyrocatéchine, quinone (noir Vidal), p-amidophénol, p-phénylène-diamine (noir de Saint-Denis, 1894) ; dinitrooxydiphénylamine (noir immèdiat) ; dinitronaphtalines (noirs solides), couleurs thiogènes de Hoecht, noir kryogène de la Badische, p-diamines acétylées (thiocatéchines de Saint-Denis 1895, colorants jaunes). Solubilisés par le bisulfite de soude (cachou de Laval S, noir Vidal S, thiocatéchines S).

Les colorants sulfurés ont comme principales propriétés générales : Une insolubilité complète dans l'eau, et dans les acides étendus ; une solubilité faible dans les alcalis étendus et les carbonates alcalins ; une grande solubilité dans les solutions de sulfures alcalins ; une affinité très marquée pour le coton non mordancé, surtout en bain de sulfure alcalin, avec obtention par teinture de nuances diverses influencées surtout par les solutions oxydantes ou celles de sels métalliques comme les sels de cuivre ou les bichromates.

Le noir Vidal se prépare avec 150 p. sulfure de sodium, 33 p. 5 de soufre, 70 p. d'eau, 50 p. de paraamidophénol. Il ne renferme plus, *Pabst* (Mon.

Sc. 1898), ni thionol, ni thionoline, produits intermédiaires de la réduction.

Tous les dérivés di ou trisubstitués de la benzine ou de la naphtaline qui ont deux fonctions amidées ou une fonction amidée et une fonction hydroxylée situées en para donnent, d'après M. Vidal, des colorants substantifs noirs lorsqu'on fait agir le soufre en présence d'ammoniaque.

Colorants non sériés. — Le *noir d'aniline* a été vu à propos de l'aniline, p. 1110. La *canarine* comme persulfocyanogène.

APPLICATION DES MATIÈRES COLORANTES

Les méthodes qui président à l'application des matières colorantes dépendent avant tout de la nature de la matière colorante. Mais elles dépendent aussi d'autres facteurs, qui sont : la nature de la matière à colorer, l'état dans lequel on la colore, et le mode suivant lequel on fixe le colorant, c'est-à-dire mode de teinture et mode d'impression.

1° **Mode de teinture.**

A. Des méthodes de teinture par rapport à la nature de la matière colorante.

La nature de la matière colorante exerce une influence très grande sur la méthode à employer pour la fixer. Les bleus se font sur laine tout à fait différemment, selon que l'on emploie les bleus d'aniline, ou les bleus d'alizarine, ou l'indigo.

Suivant leur mode d'application par voie tinctoriale, les matières colorantes peuvent se classer en deux grandes classes : colorants teignant sans mordant ou *colorants substantifs*, et colorants teignant sur mordant ou *colorants polygénétiques*. Suivant leur origine, elles peuvent se classer encore en minérales, végétales et artificielles. Suivant leur mode de formation, elles peuvent se classer en couleurs ordinaires, et en couleurs formées directement sur la matière à colorer, telles la plupart des couleurs minérales, des laques colorées, des couleurs azoïques.

Le teinturier a rarement l'occasion de se placer au même point de vue que le chimiste pour utiliser les connaissances acquises sur l'édifice moléculaire des colorants. Mais il a le plus grand intérêt pratique à bien connaître leurs propriétés, car ce sont la base de toutes leurs applications. Il en résulte que la meilleure classification des colorants pour le teinturier est celle qui répartit les colorants d'après leurs fonctions chimiques, attendu que la façon dont les colorants s'appliquent dépend d'abord de cette fonction, et que d'ailleurs le teinturier a grand intérêt à connaître tous les colorants qui appartiennent à une même subdivision parce que, s'appliquant suivant une même méthode, ils peuvent s'employer en mélange.

Voici le tableau de la classification des colorants par fonctions et par méthodes d'application.

Premier groupe : *matières colorantes acides* : (le principe colorant possède la fonction acide).

a. Matières colorantes acides proprement dites, telles que les marques S. (le principe colorant renferme le sulfoxyle (1).

a¹. Matières colorantes substantives (2).

b. Matières colorantes faiblement acides (le principe colorant renferme l'hydroxyle phénolique).

b¹. Matières colorantes polygénétiques, c'est-à-dire donnant naissance à des couleurs différentes suivant le mordant employé (3).

Ou naturelles, telle l'hématéine du campèche ;

ou artificielles, telle l'alizarine.

b². Matières colorantes monogénétiques, donnant une seule teinture, telles les éosines (4).

Deuxième groupe : *matières colorantes basiques* (le principe colorant possède la fonction basique (5), telle la fuchsine).

Troisième groupe : *matières colorantes neutres* : colorants de l'indigo (6) ; noir d'aniline (7) ; colorants sulfurés (8).

Annexe : colorants formés directement sur les fibres (9).

On distingue d'une façon très nette les colorants à caractère basique des colorants à caractère acide, parce que les colorants basiques précipitent avec le réactif au tannin et avec le réactif à l'acide picrique, solutions d'acide tannique à 50 pour 1000 et d'acide picrique à 20 pour 1000, avec addition d'acétate de sodium 50 pour 1000 d'eau.

Les colorants acides ne se prêtent pas à la teinture du coton, ou autres fibres végétales ; car même sur coton mordancé les teintures disparaissent par un simple lavage.

Elles sont très employées pour la teinture des fibres animales, laine et soie, sans mordant en bain acide ; l'acide du bain de teinture sert à mettre en liberté l'acide colorant de la combinaison saline qui constitue la matière colorante. Ce sont toutes les marques dites acides, ou solubles, ou S ; les bleus patentés ; les indulines solubles ; les couleurs azoïques solubles ; les noirs de naphtol.

Les matières colorantes substantives proprement dites, couleurs benzo, couleurs diamine, ou directes, sont des colorants solubles à l'eau, qui teignent les fibres animales et les fibres végétales en bain neutre et se fixent directement sans mordant, 1 heure auprès du bouillon, sous forme de sels alcalins, 2 à 4 pour 100 du coton. Les produits auxiliaires, sel, carbonate de sodium, sulfate, phosphate, borate ou silicate, qu'on ajoute au bain de teinture, n'ont d'autre rôle que faire mieux tirer le bain et mieux se fixer le colorant. Ce sont les rouges Congo, les benzopurpurines, les rouges diamine, les noirs diamine. Les bains ne sont pas épuisés ; on peut reponchonner avec les 3/5 de la quantité du colorant et le 1/4 des produits auxiliaires. — Ces colorants peuvent jouer le rôle de véritable mordant à l'égard d'autres couleurs, principalement des couleurs basiques. Ils conviennent spécialement à la teinture du coton et des tissus mélangés soie et coton.

Les matières colorantes faiblement acides ou phénoliques, lorsqu'elles sont polygénétiques, exigent pour teindre, aussi bien les fibres animales que les fibres végétales, l'intervention de mordants salins ou basiques. La couleur obtenue varie le plus souvent avec la nature du mordant employé. Ce sont toutes les couleurs dites d'alizarine ou d'anthracène, tous les colorants azoïques à groupe carboxylique, toutes les couleurs quinone-oximes, toutes les galléines.

L'intervention des mordants est également nécessaire pour fixer la plupart des principes colorants qui se rencontrent dans les matières tinctoriales végétales. C'est le cas pour l'hématéine du campêche, la brésiléine du bois rouge, la maclurine du bois jaune, la lutéoline de la gaude.

Il y a cependant exception pour l'orseille et le curcuma sur laine, le cachou sur laine et coton qui se fixent sans mordant.

Les matières colorantes faiblement acides, lorsqu'elles sont monogétiques, c'est-à-dire lorsqu'elles donnent en teinture une seule couleur, teignent la laine et la soie sans mordant, en bain aluné ou très faiblement acidulé pour corriger l'eau ; elles teignent le coton sur mordant basique. Ce sont les éosines, les violamines.

Les matières colorantes basiques teignent la laine et la soie sans mordant, en bain neutre ou faiblement acidulé. Elles teignent le coton, pour lequel leur affinité s'accentue, soit après animalisation ou mercerisage, soit sur mordant acide : acide tannique qu'on fixe par un sel d'antimoine, ou acide oléique qu'on fixe par un sel d'alumine. Ce sont tous les dérivés du triphénylméthane non solubilisés par sulfoconjugaison, fuchsines, bleus d'aniline, verts d'aniline, violets d'aniline, indulines, indamines, safranines, auramines, thioflavines.

Les colorants neutres s'appliquent suivant des méthodes toutes spéciales.

Les colorants de l'indigo sont transformés en leucobases insolubles, dont on imprègne les fibres et qu'on retransforme ensuite par oxydation en colorants insolubles. Les noirs d'aniline sont produits sur la fibre par oxydations successives. Les colorants sulfurés sont solubilisés par du sulfure de sodium de façon à éviter les placages et aussi à préserver le colorant de l'action oxydante de l'air.

On peut regarder les matières colorantes minérales, les colorants de l'indigo, les noirs d'aniline, et même les teintures sur mordants ou laques colorées comme des couleurs formées directement sur la fibre. Mais on réserve plutôt cette appellation aux couleurs azoïques développées sur la fibre; couleurs diazoïques ou couleurs tétrazoïques. La méthode d'application comprend la fixation de l'amine, sa diazotation, sa copulation avec une amine ou un phénol, et pour le cas des tétrazo une deuxième diazotation et une deuxième copulation.

B. Des méthodes de teinture par rapport à la nature de la fibre ou de la matière à teindre, coton, laine, soie, lin, jute, ramie, plumes, peaux et cuirs, papier, bois, paille, tissus mélangés. (Voir La Pratique du Teinturier de Jules Garçon, t. I, p. 11 à 31.)

C. Des méthodes de teinture par rapport aux différents états de la matière à teindre.

En ce qui concerne les fibres textiles, elles peuvent être teintes avant ou après filature, avant ou après tissage. Ce ne sont pas seulement les appareils de teinture qui varient avec ces différents états, mais encore la succession des opérations, la nature des traitements préalables, les proportions de drogues à employer, la durée et la température, suivant que l'on a à teindre du coton en brut, en poils, en mèches, en rubans, en bobines, en canettes, en chaînes, en écheveaux, en pièces ; la laine en toison, en plaques, en peigné, en rubans, en bobines, en écheveaux, en pièces, écrues ou dégraissées, blanchies ou non ; la soie en bourres, en écheveaux, en pièces.

Teintures ombrées [1]. — Un genre d'articles fantaisie extrêmement intéressants, tant par l'aspect agréable qu'ils produisent, que par le succès commercial qu'ils ont obtenu, se rattache aux effets de teinture en ombré et à ceux en camaïeu. Le problème de réaliser, soit par teinture, soit par impression, l'application de nuances différentes fondues (arcs-en-ciel), ou de gammes de nuances dégradées, a excité depuis longtemps l'attention des industriels en textiles. L'une des plus anciennes indications provient des brevets Jourdain et Cie, teinturiers à Cambrai (certificats d'addition des 5 avril et juin 1845). L'idée première qui les guidait était de déposer le colorant goutte par goutte sur un tissu ; la goutte s'étend et se dégrade d'elle-même par la capillarité propre aux tissus. Mais le phénomène purement physique de la capillarité n'était pas susceptible d'être réglé, et les effets obtenus dépendaient un peu du hasard.

D'autres procédés anciens : Jeffray (1791), C. Kœchlin (1832), Chapuis (1843), etc., reposaient sur l'impression de bandes juxtaposées de même couleur, dégradées ou de couleurs différentes.

Tous ces procédés sont abandonnés à l'heure actuelle. Aujourd'hui on réalise la teinture ombrée par quatre procédés :

1° Par immersion progressive de l'étoffe dans le bain ;

1. D'après M. P. Hoffmann, in *l'Ind. textile*, 1906.

2° Par élévation lente du niveau du liquide dans la cuve où l'étoffe est disposée en largeur ;

3° Par pulvérisation des liquides colorants (tinctographie), qui est la méthode la plus suivie et donnant les résultats les plus féconds. Elle ne date guère que d'une quinzaine d'années. Sauf erreurs, les premiers appareils industriels furent inventés par Bentley et Jackson ; puis, vers 1870, le puissant projecteur Welter s'est révélé le plus propre à ce genre.

4° Enfin par progression de l'étoffe dans un bain se chargeant et se déchargeant progressivement de colorants, *Farbwerke Hœchst* (br. fr. 1906).

La première application connue des procédés de teinture par pulvérisation l'a été à la teinture en uni ; elle résulte d'une communication faite en 1889 par M. J. Persoz à la Société industrielle de Mulhouse, sur un pli cacheté déposé par lui en 1875. L'innovation apportée consistait à foularder d'abord l'étoffe dans une solution assez concentrée de bichromate puis à y pulvériser la solution de chlorhydrate d'aniline, à l'aide d'un projecteur.

Depuis ce temps un assez grand nombre de brevets ont été pris pour l'impression par pulvérisation des liquides colorants. Entre autres le brevet Delbrouck, pour teindre par pulvérisation le duvet des étoffes tirées à poil en nuance différente de celle du fond ; le brevet Errani, pour le même objet ; l'appareil Delacroix ; le brevet Wench et Stock ; la machine Cadgène, pour l'emploi de laquelle la Zurick-Stückfarberei a pris un brevet ; le brevet Duverger ; le brevet Varloud et le brevet Burdick. Les deux derniers sont caractérisés par l'application de patrons en forme de caches, interposés entre l'appareil projecteur et l'étoffe pour faire réserve non colorée. L'un des brevets les plus récents est celui des Farbwerke vormals Meister, Lucius und Brüning, de Hoechst, du 24 juin 1905.

L'un des plus importants de ces brevets est celui de MM. Hannart frères, de Roubaix. Les dégradations obtenues par ce procédé sont : des teintures ombrées d'une lisière à l'autre ; des teintures ombrées par le centre se dégradant aux lisières ; des teintures ombrés par les lisières, se dégradant jusqu'au centre ; des teintures ombrées doubles, se dégradant deux fois sur la largeur.

Quand à la teinture en camaïeu, elle comprend trois parties principales : les doubles teintes sur tissus mixtes de fibres de nature différente ; les doubles teintes sur tissus mixtes de fibres différentes ou non, travaillées avant tissage ; et enfin les doubles teintes sur tissus mixtes de fibres dont la nature a été changée par un procédé chimique.

**

En dehors du procédé d'application du colorant choisi, le teinturier et l'imprimeur veulent encore savoir le prix de revient, la valeur à l'usage, le plus ou moin de facilité à l'unisson, le degré des diverses résistances, enfin les caractères par lesquels ils peuvent soit reconnaître ce colorant, soit estimer son pouvoir colorant.

Je dirai quelques mots de l'évaluation des résistances et de l'évaluation des pouvoirs colorants.

Résistances. — Les couleurs une fois produites sur les fibres doivent conserver leur intensité et leur éclat, mais leur solidité n'est jamais absolue : il n'y a pas de couleur qui résiste en même temps à l'action affaiblissante de la lumière, comme à l'air, au lavage, aux acides, aux alcalis, aux savonnages, au foulage, au décreusage, au soufrage, enfin au frottement. Il faut donc spécifier nettement avant tout dans quelles circonstances spéciales la matière teinte sera placée et choisir les colorants qui répondent le mieux à cette adaptation (voir La pratique du teinturier, de Jules Garçon, t. I, p. 57 à 79).

Les essais de résistances se font par des expériences comparatives avec des échantillons-témoins. La solidité à la lumière se détermine en exposant 14 jours pour les cotons, 28 jours pour la laine, au soleil du midi, sous une lame de verre. La solidité aux acides, en soumettant à l'action de l'acide sulfurique bouillant à 5 millièmes. La solidité au chlore en soumettant une heure à une solution de chlorure de chaux à 2 dixièmes de degré Baumé, puis à l'acide sulfurique à 7 dixièmes. La solidité au savon en traitant un quart d'heure à 75° par une eau de savon à 2 gr. par litre.

Pouvoirs colorants. — L'examen des matières colorantes comprend d'abord la détermination de leur nature et de leur fonction, ensuite celle de leur pureté, enfin celle de leur valeur tinctoriale.

On détermine la nature d'une matière colorante : 1° par voie chimique, en se basant sur les différents caractères de leur solution dans l'eau, dans l'alcool, dans l'acide sulfurique concentré (coloration des colorants azoïques). On peut traiter des traces sur papier filtré ; 2° par voie de teinture, d'après la nuance obtenue sans ou avec mordant : 3° par analyse capillaire, *Fr. Goppelsrœder* ; 4° par analyse des spectres d'absorption, *K. Vierordt, H. Vogel, Formanek.*

On détermine la fonction d'une matière colorante, par essais de teinture sur divers mordants pour savoir si la matière colorante est mono ou polygénétique ; si elle est acide ou basique, par essais de solubilisation dans l'eau et dans l'alcool (les basiques sont solubles dans l'eau, les faiblement acides difficilement solubles dans l'eau ; les nitro, les sulfo, les acides solubles dans l'eau. Un mélange d'acide sulfurique et d'éther dissout dans la partie éthérée les couleurs acides et pas les basiques. Une solution faible de soude caustique précipite à chaud les basiques, sauf les safranines) ; par essais de précipitation, avec le tannin qui précipite les basiques ; par réduction en leucobases incolores sous l'action à chaud de la poudre de zinc et acide acétique ; les azo reprennent la couleur à l'air, les basiques non.

On détermine la pureté d'une matière colorante au moyen des essais de caractérisation et des essais de teinture par comparaison avec des étalons. Les mélanges se caractérisent aisément au papier filtre ou par analyse capillaire. Les additions de produits minéraux ou organiques sont l'objet d'une caractérisation analytique directe : chlorure de sodium provenant du mode de précipitation de la couleur, sulfate de soude ajouté aux colorants azoïques, carbonates alcalins ajoutés aux bleus alcalins et aux phtaléines, dextrines ajoutées pour amener le produit au type commercial, sucres, fécules.

On détermine la valeur tinctoriale ou pouvoir colorant :

1° Soit directement, ou par voie pondérale comme pour l'indigo.

Ou par décoloration à l'hydrosulfite ; ou par précipitation à l'aide soit d'un colorant de fonction opposée soit d'un produit approprié ;

Ou par l'intermédiaire d'un colorimètre ;

2° Mais le plus souvent, par un essai de teinture, réalisé dans des conditions comparables de volume du bain, de température, de durée, de dosages par rapport et au bain et à la fibre.

Bibliographie de la chimie et de l'application des matières colorantes. — Les ouvrages qui traitent de la chimie et de l'application des matières colorantes sont extrêmement nombreux. Ce traité ne peut en citer que quelques-uns, ceux qui sont d'une consultation plus aisée aux lecteurs français. Les publications spéciales de Jules Garçon donnent le relevé intégral de toutes.

En effet, le groupe des industries tinctoriales a vu se créer pour lui un répertoire analytique universel, qui constitue un outil bibliographique tel qu'aucun autre groupe d'industries ne possède. C'est l' **Encyclopédie universelle ou répertoire analytique des industries tinctoriales**. Son but est de donner les *extraits textuels* de tous les documents publiés en quelque langue que ce soit, concernant les propriétés des fibres textiles, les blanchiments, les teintures, les impressions et les apprêts de toutes matières. Parmi les principes qui président à l'élaboration de cette œuvre gigantesque qui servira de type pour l'établissement des répertoires des autres groupes industriels (et leur nécessité s'impose de plus en plus devant la multiplicité des documents utiles qui se publient maintenant en tous points [1] du globe), relevons les suivants :

Les extraits ne doivent rien laisser passer de ce qui peut servir dans une

---

1. La *Bibliographie universelle* ; services qu'elle peut rendre ; elle devient indispensable ; direction à suivre pour son établissement ; répertoires spéciaux concernant les industries chimiques (communication à la Société d'Encouragement pour l'Industrie nationale). — Les sources bibliographiques des sciences chimiques ; Paris, in-8, 27 p., 1899. — Introductions au Dictionnaire méthodique de bibliographie, technologie et chimie ; à l'Encyclopédie universelle des Industries tinctoriales et des industries annexes ; au Répertoire analytique universel des industries minières et métallurgiques, sur la bibliographie des Sciences et Industries chimiques, in 33° session de l'Association française pour l'avancement des sciences, 1904, pp. 478 à 488.

recherche d'antériorité, rien non plus de ce qui peut offrir une utilité quelconque à titre de recette ou de détail dans la pratique journalière d'un atelier industriel.

— Les tables doivent permettre au chercheur, quel que soit l'objet de sa recherche, de trouver aussitôt tout ce qui a été fait sur la question qu'il étudie. Les tables de matières de cette œuvre, qui en forment la partie la plus importante, puisque ce sont elles qui donnent le moyen d'en tirer les bénéfices attendus, sont incomparablement supérieures à tout ce qui a été fait jusqu'ici et nous prétendons qu'on ne pourra rien faire de mieux. 1° Ces tables ne se bornent pas à une mention unique par document présenté : mais tout sujet spécial, tout produit cité, tout détail susceptible d'application qui est relevé dans le document et dans son extrait, donnent lieu à autant de mentions différentes. 2° Ces mentions ne figurent pas seulement à un des titres de matières de la table ; elles sont répétées sous tous les titres auxquels elles peuvent se rapporter, de sorte que l'industriel trouve immédiatement l'indication des documents utiles pour lui, quel que soit le titre qu'il pense à consulter de prime abord. 3° Le libellé de chaque mention de ces tables est conçu de façon à fournir déjà un renseignement implicite sur la portée des documents extraits.

Le répertoire comprend deux divisions :

1° Période rétrospective : origines jusqu'à fin 1900.

Introduction. Principe du dépouillement ; plan général ; liste des publications dépouillées ; dictionnaire technique français, allemand, anglais ; tables chronologiques pour la correspondance des volumes et des années.

Première partie : *Ouvrages*. Liste analytique des ouvrages par noms alphabétiques d'auteurs ; liste analytique des ouvrages anonymes ; publication des fabriques.

Deuxième partie : *Relevé analytique des publications périodiques* ; académies nationales, sociétés savantes et sociétés industrielles ; journaux spéciaux, revues scientifiques et revues techniques.

Troisième partie : *Relevé analytique des brevets d'invention.* — Brevets français, allemands, américains, anglais, belges, espagnols, italiens, suisses, divers.

Quatrième partie : *Table générale des noms propres et des matières.* — Le relevé analytique de chaque publication périodique forme un fascicule distinct et est accompagné d'une table alphabétique des noms propres et d'une table analytique des matières. Ces tables reçoivent le plus grand développement possible de façon à faciliter les recherches, à multiplier les références et à porter le coefficient d'utilité à son maximum.

Ont paru les volumes rétrospectifs renfermant les extraits textuels du *Bulletin de la société d'encouragement pour l'Industrie nationale*, du *Bulletin de la Société industrielle de Mulhouse*, du *Bulletin de la Société industrielle de Rouen* ; des *Bulletins des diverses sociétés françaises* ; du *Journal of the Society of Dyers of Bradford* ; du *Journal of the Society of chemical industry of London* ; des *Annali del Laboratorio chimico centrale di Roma.*

Le répertoire avait été précédé par une œuvre de bibliographie pure, *Dictionnaire méthodique de bibliographie des Industries tinctoriales et des Industries annexes, Technologie et Chimie,* de Jules GARÇON, 3 vol. (1900-1901).

Ce dictionnaire correspond dans la période active de préparation (1893 à 1897) au dépouillement de plus de 12.000 volumes, il comprend environ 358 titres de matières dont un grand nombre présentent de l'intérêt pour tous les chimistes. Mais sa portée, quoique plus générale, est moins grande puisqu'il ne renferme que des titres de documents ; il s'arrête d'ailleurs à 1896.

Donnons maintenant une revue rapide de ceux des ouvrages de choix ou d'actualité qui sont le plus aisément à la portée des lecteurs français.

Bien que datant de 1866, le « Traité des matières colorantes » de *P. Schützenberger* est encore fort utile à consulter pour ce qui concerne les matières colorantes naturelles. Citons les articles de *Gardner,* dans Dyer et deux petits traités de *V. Thomas* dans la collection Léauté.

Sur les matières colorantes artificielles, nous avons des études et des travaux de première valeur. Comme études, entre autres, la série de celles que M. Henri Vassart, Directeur de l'Institut technique roubaisien, publie dans l'Industrie textile depuis 1904 et l'étude de M. P. Lemoult, professeur à la Faculté des sciences de Lille, insérée dans le rapport de M. A. Haller sur les Industries chimiques à l'exposition de 1900. Comme ouvrages, nous en avons des plus recommandables, parmi lesquels il faut citer spécialement : les « Fortschritte der Theerfarben-fabrikation, deutsche Reischs-Patente, de *P. Friedlaender,* » seit 1877 ; le « Tabellarische Uebersicht der Künstlichen organischen Farbstoffe », de *G. Schultz,* 4e éd. en 1902, œuvre de chevet de tous ceux qui ont à employer les matières colorantes artificielles ; le « Tabellarische Uebersicht über die Künstlichen organischen Farbstoffe und ihre Anwendung in Färberei und Zeugdruck » de *A. Lehne,* avec éch. et suppléments ; le « Dictionary of the coaltar colours», de *G. Hurst* ; « Die Chemie der organischer Farbstoffe » de *R. Nietzki,* traduit en anglais et en français ; le « Traité des matières colorantes organiques artificielles » de *Léon Lefèvre,* 1896 ; la « Chimie des matières colorantes organiques, de *A. Seyewetz* et *P. Sisley,* 1896 ; la « Spectral analystischer Nachweiss der organischer Farbstoffe » de *Formànek,* 2e éd. en 1906 ; et pour la série des dérivés de la naphtaline, l'ouvrage classique de *F. Réverdin* et *E. Noelting,* — auxquels il faut ajouter tant et de si beaux formulaires et Traités généraux d'application de leurs produits des diverses Fabriques de matières colorantes artificielles, en particulier ceux qui sont des chefs-d'œuvre d'exécution matérielle et de source de renseignements pratiques, tant pour la teinture que pour l'impression des genres les plus variés et qui sont supérieurs à tous les traités et auxquels il faut s'adresser surtout : de la *Badische Anilin- und Soda-Fabrick*, de *l'Aktiengesellschaft für Anilin-Fabrikation*, des *Farbenfabriken vormals Fr. Bayer und Co d'Elberfeld*, des *Farbwerke, vormals Meister, Lucius und Bruning*, de *Hœchst a. M.* ; de *L. Cassella und Co*, de *Franc de fort a. M.* ; de la *Manufacture lyonnaise de matières colorantes*, auxquels nous ajouterons celui de la Société anonyme de matières colorantes de Saint-Denis, de la maison *Geigy de Bâle*, de la *Société pour l'Industrie chimique à Bâle*, etc.

L'appréciation des couleurs repose sur l'optique physiologique. M. *Jules Garçon* en a fait ressortir toute l'importance dans les études qu'il a publiées en 1891 dans l'Industrie textile (voir aussi Bulletin de la S. d'Enc. pour l'Industrie, 1904, p. 1014).

On lira les œuvres de *Grégoire*, de *M Chevreul*, *H. Helmholtz*, de *O. N. Rood*, de *J. C. Maxwell*, de *Ch. Henry*, de *E. Guichard*, de *A. Rosenstiehl*, de *Albert Scheurer*, de *Ch. Lacouture*, de *Rob. Steinheil*, de *Jean d'Udine*, etc.

Les propriétés des fibres sont exposées dans les ouvrages généraux de *Zipser*, de *H. Lecomte*, de *Merrit Matthevs* ; de *J. Persoz*, de *Vétillard*, pour leur caractérisation, — et dans ceux de *Bowmann* pour le coton et pour la laine ; de *Alcan* pour la laine ; de *Cross et Bevan* pour la cellulose ; de *Michotte* pour la ramie ; de *E. Pfühl* pour le jute ; de *H. Silbermann* pour la soie ; de *C. Suvern* pour les soies artificielles, 2ᵉ éd. en 1907

Un grand nombre d'ouvrages généraux traitent des propriétés des fibres textiles, de leur blanchiment, de leur teinture, des couleurs et des produits employés dans leurs divers traitements. Tels sont le « Traité de la teinture et de l'impression des matières colorantes artificielles », de *J. Dépierre* ; « La Pratique du teinturier », de *Jules Garçon* ; Le « Manual of dyeing fabrics » de *J.J. Hummel*, traduit en allemand et en français, etc. ; le manuel Roret avec ses suppléments, par *A.M. Villon* et *V. Thomas* ; « Die Praxis der Färberei » de *J. Herzfeld* ; le « Handbuch der Färberei », de *A. Ganswindt* ; « A manual of dyeing » de *Ed. Knecht, Ch. Rawson et R. Loewenthal*, traduit en allemand ; le « traité général » de *Ch. Guignet, F. Dommer* et *E. Grandmougin* ; le « Lehrbuch der Farbenchemie » de *G. von Georgievics* ; la « grande Industrie tinctoriale » de *J.G. Beltzer*, « la Chimie des teinturiers » de *O. Piequet*, 3ᵉ éd. en 1907. Pour l'art du teinturier-dégraisseur, le manuel de *F. Gouillon*. Pour la teinture en coton le manuscrit de *F.-D. Gonfréville* (voir Bulletin de la S. Ind. de Rouen), les traités de *Renard, A. Lefèvre, V.-H. Soxhlet, A. Ganswindt*. Pour la teinture des laines, les traités de *Grison, A. Delmart* (G. Ziernfuss), *W.-H. Gardner*. Pour la teinture des soies, les traités de *Moyret, Hurst, C.-H. Steinbeck*. Pour la teinture en noir d'aniline, l'ouvrage de *E. Nœlting*, 2ᵉ éd. en 1905, dont M. *O. Piequet* nous donne, en 1907, une traduction française.

Le blanchiment a inspiré les études de *Albert Scheurer* publiées dans le

Bulletin de la Société Industrielle de Mulhouse ; les traités de *L. Tailfer*, en particulier, pour le blanchiment du lin ; le blanchissage est l'objet de l'excellent traité de *L. Vérefel*.

Le « Traité théorique et pratique de l'impression des tissus » de *Jean Persoz*, 4 vol. et 1 atlas, quoique datant de 1846, est encore consulté avec fruit ; ainsi que les ouvrages de *Kurrer*, de *Crookes*, etc. « The printing of cotton fabrics, de *A. Sansone*, est de 1887 ; traduit en français ; en allemand. Le « Praktisches Handbuch des Zeugdrucks, de *E. Lauber*, est de 1896. « La gravure sur rouleaux », de *Berthoud Eugène*, est un ouvrage de choix.

Pour les apprêts, questions toujours si hérissées de difficultés, le « Traité des Apprêts » de *J. Dépierre* ; 2ᵉ édition en 1903 ; « Die Appretur » de *H. Grothe* ; « Die Appretur », de *N. Reiser* ; et pour le sujet spécial des imperméabilisations : *S. Mierzinski*, « Herstellung wasserdichter Stoffe » 1897 ; traduit en anglais ; et pour le sujet spécial du mercerisage : *P. Gardner*, Die Mercerisation », 1890 ; traduit en anglais.

Les appareils de teinture ont été traités plus spécialement par *G. Meissner*, « Die maschinen... », 1883, 1885 ; par *Jules Garçon*, « Le matériel de teinture », 1894, par *J. Zipfser*, « Apparate », 1894 ; par *Ullman*, « Die Apparate-färberei », 1906 ; par *F. Trey*, « Anlage von Bleicherei und Färberei-Lokalitäten », 1889.

Il faut consulter aussi les publications périodiques et avant tout celles qui concernent les brevets d'invention, au premier rang desquelles je mets les « Abridgments of specifications » du Patent office de Londres, classes 15 et 42.

En dehors des publications périodiques générales : Comptes rendus de l'Académie des sciences ; Bulletin des Sociétés Industrielles de Mulhouse, de Rouen ; de la S. chimique de Paris ; Berichte de la Deutsche chemische Gesellschaft de Berlin ; Journal de la Chemical Society de Londres ; Proceedings de la Royal Society de Londres ; Journal of Society of chemical Industry ; Moniteur scientifique du docteur Quesneville ; Les revues spéciales aux questions de teinture et d'impression sont, en dehors des études qu'on rencontre dans l'Industrie textile, Textile manufacturer, Oesterreich's Wollen- und Leinen-Industrie, etc. ; *Journal of Society of Dyers and colourists of Bradford*, Deutsche Färber-Zeitung, Zeitschrift für Farben-Chemie, Leipziger Färber und Zeugdrucker-Zeitung, Textil colorist.

Revue générale des matières colorantes et des industries qui s'y rattachent ; de *Leon Lefèvre* à Paris, *The dyer and calico-printer* de Londres, *Färber-Zeitung* de *A. Lehne* à Berlin.

Telle serait à peu près la composition d'une bibliothèque choisie pour l'industriel spécialisé dans le groupe des industries tinctoriales et annexes, blanchiments, teintures, impressions, apprêts.

2° Mode d'impression.

L'impression est une teinture locale, et pour localiser la fixation du colorant, on épaissit sa dissolution au moyen d'épaississants appropriés.

La méthode la plus employée en impression consiste à fixer le colorant au moyen d'un vaporisage. Ce sont les couleurs-vapeur.

C'est ainsi qu'on fixe sur tissu soit une laque insoluble ou une couleur insoluble, soit un colorant à mordant, soit' un colorant basique, en imprimant une couleur d'impression renfermant le colorant et l'épaississant (pour les colorants tout formés : couleurs minérales, laques et couleurs directes) ; ou le colorant, l'épaississant et le mordant pour les colorants à caractère phénolique ; ou le colorant, l'épaississant et de l'acide tannique pour les colorants basiques. Les couleurs d'impression mères se coupent ou se mélangent.

D'autres méthodes d'impression consistent à imprimer des composés qui par passage du tissu dans des bains ultérieurs donnent lieu à la naissance du colorant. C'est le cas pour l'indigo, le noir d'aniline, les couleurs ingrain ou couleurs azoïques produites directement.

D'autres méthodes consistent à imprimer le mordant et à passer en teinture ou inversement.

On varie les effets en imprimant des enlevages ou *rongeants* et des *réserves* sur les mordants ou sur les teintures pour obtenir ou des blancs, ou des rentrures en couleurs. On combine l'impression à la teinture. Enfin on combine les diverses méthodes entre elles.

Les trois genres principaux sont par ordre de complexité et de perfection artistique, la chemise, la robe, le meuble.

Les couleurs à l'albumine sont des couleurs-vapeur, qui ne renferment qu'un colorant tout formé et de l'albumine comme épaississant. Les réserves sont des agents qui ont pour but d'empêcher, par action mécanique ou par action chimique, la fixation des mordants ou des colorants. Les *enlevages* ont pour but de ronger, détruire par places les mordants ou les colorants.

Comme réserves sous bleu indigo, on emploie la terre de pipe, le sulfate de plomb qui agissent mécaniquement ; ou l'alun, le sulfate de zinc qui décomposent l'indigo blanc. Comme réserves sous noir d'aniline, on imprime sur le tissu préparé un corps réducteur, ou un corps alcalin, sel d'étain, sulfocyanure, acétate, qui empêchent le noir de se développer. Comme réserves sous le rouge-turc, on emploie le soufre ; sous les colorants basiques, l'émétique ; sous les azoïques produits directement, le sel d'étain qu'on imprime sur le tissu préparé en b-naphtol.

Comme rongeants sur indigo, on emploie l'acide chromique en imprimant du bichromate et passant ensuite en acide sulfurique, ou encore un chlorate, un bromate ou du glucose avec vaporisage. Sur rouge-turc, un acide, puis passage en cuve décolorante (chlore) ou de la soude caustique et vaporisage. Sur colorants basiques, de la soude caustique et vaporisant. Sur les couleurs azoïques, l'acétate d'étain, le mélange Zn + bisulfite, l'hydrosulfite-formaldéhyde de C. Kurz. Sur mordants de fer, d'alumine, de chrome, l'acide citrique.

Des genres spéciaux sont l'imitation de vigoureux par impression à l'aide d'un rouleau giclé ou chiné (br. L. Hirsch), ou impressions croisées sur bandes mercerisées qui prennent mieux le colorant ;

Les impressions métalliques sur étoffes, aux poudres de bronze ou d'aluminium avec fixage soit à l'albumine : eau d'adragante à 65 0/00, 15 l. ; eau d'albumine à 1 : 1, 36 l. ; poudre 21 kgs ; soit à la colle de caoutchouc : caoutchouc 2, huile de camphre 4 ; puis naphte 2, vernis copal 1. Le procédé Ostersetzer vient ensuite rayer les impressions unies et donner l'aspect tissé. La poudre de mica s'applique sur vernis gras ;

Les impressions en creux ou en relief sur velours et tissus à poils par frappage, c'est-à-dire impression de couleurs à l'albumine, de soude caustique pour effets de mercerisage sur tissus de coton, de bisulfate de soude (pr. Kayser), de métal (br. Richard), de couleurs au chlorate d'aniline et à l'acide nitrique (br. Hommey) sur tissus de laine.

On obtient des nuances pastel en mélangeant à des colorants neutres un peu de craie blanche très pure, qu'on fixe avec un peu de dextrine et de glycérine.

Applications diverses des matières colorantes. — Les matières colorantes artificielles sont principalement utilisées pour la teinture des fils et des étoffes, et ce sont les teinturiers qui en font la plus grande consommation. Elles ne servent pas seulement à revêtir de couleurs riches et économiques les diverses fibres textiles qui forment nos vêtements, mais encore les peaux destinées à la fabrication des objets de maroquinerie, les plumes qui prennent grâce à elles les colorations les plus délicates ; l'ivoire, les os, le marbre, la corne, la nacre, etc., sur lesquels on obtient avec leur concours les effets les plus curieux. Elles sont employées pour colorer les savons, les vernis, les cires, les paraffines. On en fait des encres de couleur dont la formule est très simple. Une encre ordinaire à base de couleur d'aniline renfermera pour 100 parties d'eau, 3 parties et demie de gomme et 2 parties de la matière colorante artificielle : violet ou vert d'aniline, éosine. etc. Pour une encre à tampon, on ajoutera de la glycérine et de l'alcool.

Les matières colorantes artificielles qui conviennent le mieux à la teinture des bois sont celles qui sont solubles dans les hydrocarbures, car ces solutions ne ternissent pas les bois et ne nécessitent pas un nouveau polissage après teinture ; Jinghans (br. all. 1896).

A l'état de laques, c'est-à-dire de composés insolubles résultant de l'action de certaines bases métalliques, on en consomme une grande quantité dans la fabrication du papier : ces laques ont aussi leur importance pour l'impression et la peinture.

Les matières colorantes employées pour colorer les matières alimentaires, confiserie, bonbons, etc., ne sont pas toujours exemptes de dangers. La législation sur ce point varie, dans les différents pays ; aux États-Unis, certains États prohibent leur emploi, d'autres l'admettent.

Le bleu de méthylène sert pour rendre la couleur verte aux végétaux en conserve. *W. Reuss* emploie pour 1 kg. de pois, 2 cc. d'une solution à 3 pour 100 et 10 cc. d'NH³.

Il serait plus rationnel d'utiliser la chlorophyle dans ce but. *A. Guillemare* et *F. Lecourt* (Comptes rendus, 1877 et Bull. de la Soc. d'Encouragement à l'Inst. Nat., 1880, p. 413).

L'altérabilité des matières colorantes de rosaniline sous l'influence de la lumière, a été appliquée à la photographie en couleurs par E. Vallot. Son mélange comprenait les trois solutions colorées suivantes en bleu, jaune et rouge : A) alcool 50 cc., bleu Victoria 0 gr. 2; B) alcool 50 cc., curcuma 10 grammes; C) alcool 50 cc., pourpre d'aniline 0 gr. 2. Les épreuves obtenues ainsi s'altéraient à la lumière.

MM. Auguste et Louis Lumière ont fait des recherches dans le même sens, employant la cyanine, le curcuma et le rouge de quinoléine; le mélange était plus sensible et l'image obtenue encore plus instable.

Plus récemment, *M. Carl Vorel*, à Gratz, et le *D*ᵣ *R. Neuhauss*, à Gross Lichterfeld, ont imaginé presque simultanément, mais à l'insu l'un de l'autre, deux méthodes analogues.

M. Carl Vorel a découvert que certaines huiles volatiles ont la propriété d'accroître considérablement la sensibilité, à la lumière, des matières colorantes organiques, et divers essais comparatifs exécutés à l'aide de l'anisaldéhyde, de l'anisol et de l'anéthol, lui ont fait définitivement choisir cette dernière substance comme accélérateur.

La formule la plus perfectionnée qu'indique Neuhauss est formée de gélatine tendre 10 grammes; eau distillée 10 cc.; solution de bleu méthylène BB à 0 gr. 10 de bleu pour 50 cc. d'eau, 6 cc.; solution d'auramine à 0 gr. 10 pour 50 cc. d'alcool, 75 gr. 5; solution d'érythrosine à 0 gr. 25 pour 50 cc. d'eau, 3 cc.

On exalte la sensibilité photogénique des papiers photographiques aux rayons moins réfrangibles, par immersion des matières colorantes convenables, soit la chlorophyle pour le rouge, la rhodamine et le rose Bengale pour le jaune, l'érythrosine et l'éosine pour le vert, l'auramine pour le bleu pâle; *A.-G. für Anilin-Fabr.* (br. all., 1897).

Ces matières colorantes sont des colorants d'une puissance, hors ligne. En effet, 1 gramme de fuchsine suffit à teindre 2 kgs de laine; ce même gramme suffit à colorer 20.000 mètres cubes d'eau de façon que la coloration puisse être perçue sur un litre de liquide: en sorte que 20 gr. de fuchsine, c'est-à-dire le même poids que deux pièces de 10 centimes suffiraient à colorer en un rose tendre toute l'eau qui se dépense à Paris en un jour. On a utilisé cette précieuse propriété dans plusieurs cas particuliers : par exemple, on s'en est servi pour déterminer les communications souterraines que l'on supposait à plusieurs cours d'eau. On pourrait citer plusieurs exemples de cette utilisation.

Voici d'après M. Trillat le classement de quelques couleurs par ordre d'intensité décroissante : fluorescéine , vert malachite, bleu méthylène, violet de Paris, safranine, fuschine neutre, congo, auramine. On a pu reconnaître de la fluorescéine à la dose de 1 gr. pour 2000 mc. d'eau.

Une autre application de détail appartient aux Chinois. Leur penchant pour les couleurs brillantes les amène à teindre le sable des allées de leurs jardins avec des couleurs artificielles. Les jardins se parent ainsi de longs rubans verts, jaunes, violets d'un effet cuivreux. Dans le même ordre d'idées, on a teint des oiseaux, pigeons et tourterelles, au moyen de couleurs artificielles ; l'effet obtenu est original.

Enfin, elles rendent les plus grands services au chimiste travaillant dans son laboratoire et certaines de leurs réactions sont utilisées journellement pour les titrages (réactifs indicateurs).

Il est une dernière application des matières colorantes artificielles qui est peut-être la plus importante, bien qu'elle ne donne lieu qu'à une consommation très restreinte de ces produits, ce qui explique pourquoi on y pense si rarement : je veux parler de l'application à la bactériologie. Si les savants ont pu agrandir leur domaine dans le champ de l'infiniment petit, ils le doivent en partie aux couleurs artificielles. Il ne leur suffit pas, en effet, pour découvrir et caractériser les microbes, de posséder un microscope grossissant quatorze cent fois : il leur faut en outre, dans le milieu même où leur œil va pénétrer, isoler chacun des éléments spéciaux pour le différencier et le reconnaître. Ce problème délicat est résolu grâce aux matières colorantes artificielles. On teint les microbes dans le milieu où on les étudie, et cette teinture permet de les voir et de les spécifier. C'est ainsi que le bleu de de méthylène a fourni au Dr Koch le moyen de découvrir et d'isoler le bacille Virgule. Avec le même produit, on identifie les bacilles de la tuberculose, du choléra, de la fièvre typhoïde ; ce dernier encore avec la tropéoline ; avec la fluorescéine, celui du charbon ; avec la safranine, le microcoque de la pneumonie, etc.

La technologie des matières colorantes artificielles déjà si considérable ne fera qu'augmenter avec le temps, et leurs applications se multiplieront encore lorsque certains problèmes de solidité, de prix de revient, etc. seront résolus.

Applications médicales. — Certaines couleurs de la benzidine jouissent de propriétés curatives dans les affections à trypanosomes. Cette propriété fut remarquée d'abord par Ehrlich et Shiga 1904, dans le trypanroth à propos du mal de Caderas, M. Nicolle et F. Mesnil (Rev. génér. des Mat. col. 1906) ont montré que parmi les centaines de couleurs de benzidine connues, celles qui possèdent un noyau naphtalène dans les chaînes latérales avec dans ces chaînes au moins un NH^2 et deux SO^{3}H, sont seules très efficaces.

Le bleu de méthylène possède des propriétés anesthésiques et antiseptiques. L'auramine, la chrysoïdine, l'acide chrysophanique, la dihydroxy-méthylanthraquinone, sont doués également de propriétés antiseptiques et employés dans le traitement des maladies de peau.

La teinture alcoolique de tournesol serait un bon fébrifuge pour les enfants, dose 1 à 10 grammes.

Encres. — Les encres de couleurs se font avec les matières colorantes telles le violet et le vert de méthyle, l'éosine, l'orangé Poirrier, etc. On prend par exemple : colorant 6 à 15 p., eau 1000 p., sucre 20 p. On peut ajouter une goutte d'essence de patchouli. Pour les encres à tampons, on ajoute un peu de glycérine et d'alcool. Voici une formule d'encre pour machines à écrire : huile ricin 120, ac. phénique 30, huile de cassia 30, violet d'aniline 30.

L'encre rouge au carmin s'obtient avec : carmin de cochenille 2 parties, carbonate d'ammon. 2 parties, alcali volatil 20 parties, solution de gomme arabique 15 parties, eau distillée 65. Conserver en flacons bien bouchés. On l'emploie avec plumes d'oie, les plumes métalliques la décomposant et se ternissant.

Parmi les nombreuses recettes d'encre à base de noir d'aniline pour marquer le linge, voici quelques formules : huile d'aniline 950 gr. SO^4H^2 75 gr. ; eau 1000; chlorate de Ba 250 gr. Ajouter ensuite 10 gr. de chlorure de Vd par litre de liqueur filtrée. On laisse le mélange s'épaissir dans une bouteille non fermée et on écrit avec; on laisse un jour avant de laver. La formule de Grawitz (br. fr. 1898) ne comporte pas de sel de vanadium : chlorhydrate d'aniline 1350; aniline 200 cc.; eau 5 l.; chlorate de sodium 400; eau 3 l. Le mélange refroidi est additionné de Cu^2S, récent précipité par action de AmS en excès sur SO^4Cu.

PRODUITS PHARMACEUTIQUES

La médecine a bénéficié, à un degré aussi considérable que les industries tinctoriales, des découvertes merveilleuses que la chimie synthétique ne cesse de produire chaque jour. Nous nous bornerons ici à donner une liste analytique des principaux de ces produits utilisés comme *antiseptiques*, *antipyrétiques*, *antirhumatisants et antiuriques*, *anesthésiques*, *hypnotiques et toniques* [1].

La fabrication des produits thérapeutiques a pris une si grande extension en Allemagne, que des maisons puissantes se sont attachées des équipes de chimistes spécialisés dans la recherche de nouveaux médicaments, et de médecins, de vétérinaires spécialisés dans l'essai de ces nouveaux produits.

---

1. On lira avec intérêt le mémoire sur le même sujet de V. Coblentz (*J. of S of chemical Industry*, 1898).

Telles les Farbwerke de Hœchst qui n'ont pas hésité à acquérir une cavalerie de 60 chevaux pour la production industrielle du sérum antidiphtérique. La fabrication des ferments thérapeutiques : pepsine, pancréatine, papayane, diastase et ferments dérivés; trypsine ou caséase, amylopsine, stéapsine ; celle de sérums végétaux : semniase de Bourquelot ; ou animaux : thyroïdine, rénines, supradine, ovarine, cérébrine, nucléine, spermine, musculine; extraits opothérapiques de Brown-Séquard, 1891, d'Armand Gautier, etc.; celle de peptones nutritifs, somatose, etc., sont devenues de véritables industries En 1904, l'Allemagne a exporté 26 millions de francs de produits thérapeutiques, et le dividende moyen de ses Sociétés de fabrication a été 8,39 pour 100.

La fabrication artificielle de produits thérapeutiques partit dé la Kairine de O. Fischer 1882, et de l'application de l'acétanilide. On se mit à étudier les relations qui existent eutre la constitution des corps et leurs propriétés physiologiques ; et on expérimenta systématiquement tous ceux dont la fonction chimique ou la constitution s'approchait de celles de composés dont les propriétés étaient connues. On peut citer dans cette voie l'étude des antipyrines, des salols, des dérivés de la purine, de ceux de la phénétidine, de ceux de la cocaïne et comme modèle de synthèse celle de l'adrénaline.

On est arrivé ainsi non seulement à imiter des produits naturels, mais bien mieux à leur donner des substituts supérieurs en qualités. C'est ainsi que la cocaïne, puissant anesthésique local, mais irritant et toxique, a pour substituts l'holocaïne, l'orthoforme, l'eucaïne B ; l'atropine a été remplacée avec avantage par l'homatropine, l'euphtalmine, le mydrol ; le carbonate de lithium, qui fut si longtemps le médicament classique des affections goutteuses, est remplacé par l'urotropine et aussi par la pipérazine ou leur mélange (uréol), ou la lysidine, ou le lycétol. L'essence de santal cède la place à l'arhéol, l'opium aux alcaloïdes purs. L'acétanilide voyait souvent son emploi accompagné d'accidents ; en introduisant dans sa molécule un groupement éthoxyle, on a obtenu la phénacétine, dont l'emploi est plus inoffensif, mais qui avait encore l'inconvénient d'être peu soluble ; cet inconvénient n'existe plus avec le phénocolle.

D'une façon générale approximativement, dans la série aromatique, les dérivés hydroxylés sont antiseptiques, les dérivés amidés sont antipyrétiques, les composés dont H de NH^2 est remplacé par un radical gras sont hypnotiques.

Dans la série grasse, les dérivés aliphatiques sont hypnotiques ; les aldéhydes sont anesthésiques.

Les relations qui existent entre la constitution chimique des corps et leurs propriétés physiologiques ont été étudiées par..... (Royal S. of London), par P. Ehrlich et H. Becchold (Z. für physiol. Chemie, 1906).

Le pouvoir désinfectant semble augmenté dans le phénol par l'introduction d'un halogène, d'un radical alcoolique, d'un groupe CH^2, $CHOH$, CHO CH^3, $CHOC^2H^5$ ou par l'union de deux mol. de phénol ; il semble diminué par l'introduction d'un groupe CO, SO^2, $COOH$.

*
* *

La liste des principaux produits organiques employés en thérapeutique donnera une vue d'ensemble de ces groupes merveilleux. L'étude plus détaillée en a été donnée au cours du traité.

Antiseptiques. —

dérivant d'hydrocarbures : *iodoforme* et combinaisons : iodoformine, iodoformogène. Diiodoforme.

aldéhydes et dérivés : *Formol* et ses formules ; Triformol. *Acétaldéhyde, aldéhyde salicylique.*

phénols : *Phénol* ou acide carbolique, phénates, dérivés chlorés ou bromés : *Bromol*; ou sulfonés : *Aseptol, Crésols,* et dérivés iodés. *Thymol* et dérivés iodés. *Anéthol.* — *Pyrocatéchine* et *Gayacol* et ses éthers. *Résorcine. Hydroquinone. Eugénol* et ses éthers.— *Pyrogallol.* — *Naphtols* et composé sodé : *Microcidine* ; ou dérivés sulfonés : *Asaprol, abrastol, alunnol.*

acides et éthers : *Acide cacodylique* et sels. *Acide salicylique* et sels; et éthers : *Salols* et dérivés. *Acide anisique. Acide gallique* et sels. *Acide tannique* et sels.

Amines et dérivés : *Diphénylamine. Bleu de méthylène. Tétraïodopyrrol, Quinoléine,* sels et dérivés.

Combinaisons du nitrate d'argent avec les albuminoïdes, protargol, argyrol.

Antipyrétiques.

amines : acétanilide et dérivés bromés, iodés, méthylés. *Exalgine, Diacétanilide, Benzanilide.* — Dérivés de la phénétidine : *Phénacétine.* Dérivés hydraziniques : *Antithermine.* Dérivés de la pyrazolone : *Antipyrine* ou analgésine et dérivés. Dérivés de la quinoléine. Uréthanes. Dérivés de l'acide salicylique, aspirine.

Hypnotiques.

éthers : *Méthylal. Acétal.*

aldéhydes et dérivés : *Paraaldéhyde* et *Métaaldéhyde. Chloral* et dérivés. *Bromal. Acétophénone.* — Sulfones : *Sulfonal.* Uréthanes : *Somnal.*

Antirhumatisants et Antiuriques.

amines : *Pipérazine. Urotropine. Saliformine.*

Anesthésiques.

POUR L'ANESTHÉSIE TOTALE : *Amylène.* Chlorures et bromures de carbures ; méthylène, éthylène. *Chloroforme. Éther.*

POUR L'ANESTHÉSIE LOCALE, par réfrigération et affaiblissement consécutif de la sensibilité nerveuse : *chlorure de méthyle.*

par action physiologique directe : Acétonechloroforme (seul dans la série grasse), *Formanilide orthoforme, Cocaïnes,* et substituts *eucaïnes,* holocaïnes, etc.

Toniques. — *Glycérophosphates.* Sels organiques de fer. Combinaisons d'albumines, de caséine, d'hémoglobine.

PRODUITS PHOTOGRAPHIQUES

Les principaux révélateurs organiques, dont les propriétés ont été données, pour la majeure partie, lors de l'étude de leurs fonctions respectives, sont : le diamidophénol 1, 2, 4, c'est l'*amidol* du commerce ; ou mieux le chlorhydrate ; la diaminorésorcine 1, 2, 3, 4 (chlorhydrate) ; le paraminophénol ; la p-oxyphénylglycine ou glycine ; l'hydramine, combinaison d'hydroquinone et de p-phénylènediamine ; l'*hydroquinone*, p-diphénol ; l'*iconogène*, qui est l'a-amino-b-naphtol-sulfonate de sodium ; le *métol*, sulfate de méthyl-paraminophénol ; la *métoquinone*, combinaison de méthyl p-aminophénol et de quinone (les bases libres de ces derniers p-aminophénol et m-phénylène diamine sont également des révélateurs) ; la pyrocatéchine, o-diphénol ; et le pyrogallol ou triphénol 1, 2, 3.

Lumière frères (1891) ont montré que pour qu'une substance de la série aromatique soit un développateur de l'image latente en photographie, il faut et il suffit qu'il y ait dans le noyau benzénique au moins 2 OII, ou 2 NH^2, ou 1 OH et 1 NII^2, cette condition nécessaire n'est suffisante sûrement que dans la p-série et généralement dans l'o-série. Les groupements, pyrogallol, pyrocatéchine, hydraziniques et hydroxylamiques n'impriment de propriétés développatrices qu'à condition d'être fixés directement sur un noyau benzénique.

Le diaminophénol fonctionne sans alcali. Formule pour développement de durée normale : eau 1000, sulfate de soude anhydre 30, chlorhydrate de diaminophénol 5 ; ou pour développement lent. Formule pour l'hydroquinone : eau 1000, hydroquinone 10, sulfate 40, carbonate anhydre 55. Comme modérateur du développement, le bromure est très efficace avec la diaminorésorcine. Comme accélérateur, l'hyposulfite ne sert que pour le révélateur au fer, guère encore en usage. Comme renforçateurs, les sels de mercure et d'argent. Comme affaiblisseurs, les persulfates, les sels de cérium, le prussiate rouge, le bichromate, etc.

D'après l'Agenda Lumière de 1907, les révélateurs les plus recommandables sont :

Le diaminophénol qui agit sans addition d'alcali et donne des clichés très harmonieux ; la diaminorésorcine qui, aux propriétés précédentes joint une grande sensibilité aux bromures alcalins, d'où une grande élasticité dans la marche du développement ; la métoquinone fonctionne avec ou sans alcali et se conserve bien en solution diluée ou concentrée ; de plus son activité peut varier à volonté ; le paramidophénol se conserve bien en solution, il ne tache pas les doigts, sa grande activité le désigne pour le développement des instantanés : l'acide pyrogallique-acétone, est le révélateur simple par excellence, à cause de sa souplesse d'action, il est désigné pour le développement des clichés dont on ignore le temps de pose ; l'hydramine très sensible au bromure, convient pour les clichés trop posés, elle ne salit pas les doigts ; l'hydroquinone est le révélateur des plaques pour positifs à tons chauds, elle ne salit pas les doigts ; la paraphénylène diamine, servira dans le cas d'images à grains fins.

CHAPITRE XXXII [1]

MÉTAUX

ALLIAGES ET CARBURES MÉTALLIQUES

MÉTAUX

Définition et caractères. — L'introduction à la chimie, p. xxv, a établi une distinction dans les corps simples, en métaux et en métalloïdes, d'après leurs propriétés physiques et chimiques. Au point de vue chimique, les métaux sont les corps simples qui forment avec l'oxygène un ou plusieurs oxydes basiques.

Les métaux ont un éclat particulier appelé éclat métallique ; ils sont bons conducteurs de la chaleur et de l'électricité. En poussière ils n'ont plus d'éclat ; le platine ou l'or pulvérulents sont des poudres noires, le cuivre une poudre rouge terne, et la conductibilité disparaît à cause des intervalles restés entre les grains de métal. Soumis à une compression assez forte, ils reprennent leurs propriétés.

Les métaux ont une odeur qui, d'après Grühn, serait due à un produit de transformation gazeux.

État naturel. 1° Certains métaux qui se combinent difficilement avec l'oxygène et les métalloïdes se trouvent dans leurs minerais à l'état natif. Le platine est toujours à l'état natif, l'or le plus souvent, l'argent assez fréquemment, le mercure et le cuivre quelquefois ; le fer natif est une rareté. 2° La plupart des métaux usuels se trouvent combinés avec le soufre, l'arsenic, parfois avec le chlore : sulfo-arséniures d'argent, sulfure de mercure, de plomb, de cuivre, de zinc, d'où l'on extrait ces métaux ; chlorures de potassium, sodium, etc. 3° Beaucoup de métaux s'extraient des oxydes ou des sels oxydés, surtout des carbonates et des silicates : oxydes d'étain, de fer, carbonates de fer, de zinc, de manganèse, carbonate de calcium, silicate de zinc, etc.

Propriétés physiques des métaux. — Les propriétés physiques des métaux sont à la base de leurs applications dans l'industrie ; aussi con-

1. J'exprime tous mes remerciements à M. l'Ingénieur Paul Regnault qui a bien voulu rédiger ce chapitre.

vient-il de les examiner en détail. Tous les métaux sont solides à la température ordinaire, excepté le mercure qui est liquide. Ils sont opaques, sauf le cas où l'on peut les réduire en feuilles extrêmement minces ; exemple : une feuille d'or collée sur une vitre laisse passer une lumière verte. La couleur des métaux est en général le blanc plus ou moins pur ; l'or est jaune, et le cuivre est rouge. Mais la couleur réelle est masquée par la grande proportion de lumière réfléchie par la surface du métal. Si l'on fait subir à la lumière plusieurs réflexions successives, la lumière diffusée arrive à dominer et la teinte change ; après dix réflexions, l'argent est jaune, l'or rouge, le zinc bleu indigo, le fer violet.

Le *poids spécifique* des métaux est plus grand que celui de l'eau excepté pour le potassium, le sodium, le lithium. Souvent la densité augmente par le laminage ou le martelage ; ainsi le platine fondu a pour densité 21,15 ; le platine martelé 21,5.

Fusion. Les métaux usuels sont fusibles aux températures de nos fourneaux. Le platine exige la température du chalumeau à oxygène et hydrogène, quelques métaux ne fondent qu'à l'arc électrique tantale. Un grand nombre de métaux peuvent être moulés à l'état fondu.

Ebullition. Beaucoup de métaux peuvent se volatiliser : l'or, le plomb, le zinc. On utilise cette propriété pour obtenir le mercure, le zinc, le potassium, le sodium.

Cristallisation. L'or, l'argent, le cuivre natif sont cristallisés dans le système cubique. On obtient la cristallisation de certains métaux par fusion et décantation : antimoine, bismuth, par sublimation (zinc, cadmium), ou par décomposition lente d'un sel par le courant électrique (plomb).

Conductibilité. La conductibilité pour la chaleur est inégale. Les meilleurs conducteurs sont préférables pour la confection des vases contenant les liquides à chauffer. C'est pourquoi on préfère le cuivre au fer pour la construction des alambics, bien que le cuivre soit plus coûteux.

Les métaux sont bons conducteurs de l'électricité mais à des degrés différents. Les métaux en limaille ne sont plus conducteurs. Toutefois la limaille de fer devient conductrice de l'électricité sous l'action des vibrations électriques produites par une bobine d'induction, même à grande distance. Un léger choc suffit pour détruire cette conductibilité. C'est le principe de la télégraphie sans fil.

Ductilité. Certains métaux peuvent être réduits par le laminage en feuilles extrêmement minces ou étirés à la filière en fils très fins.

L'or a ces propriétés au plus haut degré.

Malléabilité. Ténacité. Mais les propriétés les plus précieuses au point de vue industriel sont : la ténacité ou résistance et la malléabilité. On appelle résistance la propriété de pouvoir subir sans se rompre ou se déformer des efforts assez considérables.

La malléabilité est la propriété qu'ont les métaux de pouvoir être déformés sans se rompre.

A ce point de vue, on peut distinguer : 1° Les métaux doux (mous ou résistants) qui se déforment sensiblement avant de rompre ; 2° Les métaux durs qui offrent une grande résistance et une malléabilité modérée ; 3° Les métaux aigres pour lesquels la malléabilité disparaît et qui se brisent sans déformation sensible. Ils peuvent être résistants comme l'acier trempé ou être rompus sans effort comme l'antimoine.

La résistance et la malléabilité dépendent non seulement du métal examiné, mais souvent du travail auquel il a été soumis. Toutefois, ce travail a peu d'influence sur les métaux qu'on obtient purs comme le cuivre ou l'or ; il en a beaucoup quand le métal est en réalité combiné ou mélangé à de très faibles proportions de matières étrangères comme le fer. Pour bien étudier les résistances et les malléabilités comparées des divers métaux, on cherche à avoir des résultats qu'on puisse traduire par des chiffres. La résistance se définit par le quotient de l'effort nécessaire pour rompre un barreau par la section de celui-ci. On mesure la malléabilité d'une façon indirecte par la déformation obtenue par un effort déterminé. Ces chiffres varient selon la nature de l'effort, et la malléabilité est beaucoup moins bien définie que la résistance.

Si, après avoir essayé un barreau, on rapproche les deux fragments, on constate que le barreau s'est allongé. On marque en général près des têtes du barreau deux repères à une distance connue et on mesure leur distance après l'essai. Le rapport de l'augmentation de longueur à la longueur primitive est ce qu'on appelle l'*allongement*. Ce rapport augmente pour un même métal si l'on prend des barreaux plus courts. La section du barreau a diminué ; le rapport de la section primitive à la section minima après rupture est appelé *striction*. Elle peut servir de mesure à la malléabilité.

Si l'on examine attentivement l'essai d'un barreau, on peut voir d'abord que le barreau s'allonge très peu, puis il se met à s'allonger rapidement pour d'assez faibles accroissements de la charge. La charge, par unité de section pour laquelle se produit ce changement brusque, s'appelle en pratique *limite élastique*. Selon la théorie de la résistance des matériaux, on devrait appeler limite élastique la charge au moment où commencent à se produire des allongements permanents, ou la charge pour laquelle cesse la proportionnalité entre l'allongement et la charge. Mais si l'on mesure les allongements avec beaucoup de précision, on voit apparaître des allongements permanents pour des charges très faibles et on voit que la loi de proportionnalité n'est pas tout à fait exacte tout en étant très approchée de la réalité.

La façon dont se rompt un barreau prouve que sous l'influence de la déformation produite par la traction, il se produit dans le métal un changement d'état physique.

S'il n'en était pas ainsi, dès que l'effort est suffisant pour produire un allongement sensible, comme la section tend plutôt à diminuer, la déformation devrait se continuer sous la même force jusqu'à la rupture. C'est ce qu'on observe avec les fils de cuivre pur. On peut donc conclure qu'en général la déformation amène un changement dans l'état moléculaire, changement qu'on appelle *écrouissage*, qui se traduit par une augmentation de résistance et une diminution de la malléabilité. C'est pour cela que pour obtenir les barreaux il ne faut pas se servir des machines à cisailler ou à poinçonner car ce genre de travail écrouit le métal.

L'écrouissage disparaît en général par le *recuit*. Cette opération consiste en un chauffage de la pièce suivi d'un refroidissement lent. L'écrouissage diminue de plus en plus si la température du recuit est plus élevée jusqu'à une certaine température à partir de laquelle le recuit est complet. Si l'on chauffe trop le métal, souvent il perd à la fois sa résistance et sa malléabilité, on dit que le métal est *brûlé*.

La *trempe*, c'est-à-dire le refroidissement brusque après chauffage à une certaine température conserve au métal dans une certaine mesure la structure moléculaire qu'il avait à cette température et permet souvent de modifier beaucoup la résistance et la malléabilité surtout pour les métaux contenant de petites quantités d'impuretés comme les aciers. Le recuit détruit les effets de la trempe.

Les essais de traction ne suffisent pas pour renseigner complètement sur les qualités d'un métal. On fait en outre différents essais qui ne donnent pas des résultats aussi nettement comparables entre eux, mais qui fournissent néanmoins des renseignements précieux. Ce sont : les essais à la *flexion*, les essais de *pliage*, de *poinçonnage* ou de *cisaillement*, les essais de *dureté*. Pour ces derniers la méthode la plus précise est celle de Brinnel qui emploie la pénétration d'une bille d'acier très dure dans une surface plane. On mesure le rapport de la charge à la surface du cercle d'empreinte.

Enfin, on fait des essais au choc. On fait tomber un mouton d'un poids déterminé et d'une certaine hauteur sur une barre de section donnée, appuyée sur deux supports ou encastrée par une extrémité. On mesure la flexion et on répète les chocs soit en gardant la même hauteur, soit en l'augmentant progressivement. On peut aussi essayer des barres entaillées. Une autre méthode consiste à mesurer le choc nécessaire pour amener la rupture, en donnant un choc plus violent qu'il n'est nécessaire, et en mesurant la force vive résiduelle (mouton pendule de Charpy).

En Amérique, on emploie les essais au choc par traction. L'éprouvette est suspendue à une traverse mobile et chargée d'un poids à la partie inférieure. On laisse tomber le système d'une certaine hauteur, la traverse étant arrêtée par deux butoirs. On peut réaliser aussi l'essai au choc par compression.

Il est intéressant de connaître la variation de la résistance avec la température. Pour le cuivre la résistance diminue régulièrement quand la température s'élève. En général, la résistance diminue d'abord très peu, puis, à partir d'une certaine température, la résistance diminue très rapidement. L'allongement, après être resté à peu près constant, augmente d'abord, puis il diminue et devient presque nul quand la résistance est très faible.

Changements d'état. Les changements d'état des métaux sont très importants pour leur emploi. On constate des variations brusques dans les propriétés magnétiques, dans la chaleur spécifique, etc. Mais le moyen le plus commode et le plus employé est l'étude de la courbe de refroidissement. Les changements d'état sont accompagnés d'un dégagement ou d'une absorbtion de chaleur. Les changements qui se produisent par le refroidissement sont accompagnés d'un dégagement de chaleur que met en évidence la courbe de refroidissement. C'est ainsi que le fer se présente sous trois états allotropiques, les changements d'état s'effectuant à 900° et à 750°. La structure est modifiée à certaines températures; ces changements sont quelquefois permanents, certains métaux sont brûlés, c'est-à-dire prennent une structure cristalline à gros grains et perdent toute résistance en choc, leur résistance et leur allongement à la traction sont diminués. Les changements non permanents peuvent se démontrer au moyen de la trempe.

La *dureté* varie aussi beaucoup d'un métal à l'autre. Elle est importante à connaître s'il s'agit de les limer ou de les tourner. On emploie pour la mesurer une pointe fixée à l'extrémité d'un fléau oscillant sur un couteau. On charge la pointe avec un poids et on voit quand elle entame le métal.

Études micrographiques. Ce genre d'étude, inauguré et étudié par Osmond, et H. Le Chatelier, a pris une très grande importance. Pour étudier un métal, on commence par le polir complètement, puis on attaque légèrement la surface par des réactifs appropriés ou par des poudres très fines. On distingue les structures homogènes dites granitiques ou polyédriques si la surface est divisée en cristaux, cristallitiques s'il n'y a pas de cristaux; et les structures hétérogènes ou porphyriques où l'on voit des cristaux englobés dans une pâte; on y voit souvent des cristaux négatifs, si les parties cristallines sont plus attaquables que la pâte; on y voit des inclusions. L'effet d'un bon travail sur un métal est d'effacer les formes cristallines et d'amener la formation de grains réguliers de faibles dimensions, arrondis ou allongés dans le sens du laminage. La structure feutrée facilite l'allongement. L'écrouissage donne des fissures irrégulières et courbe les plans lamellaires. Le recuit rend la structure régulière mais un recuit à trop haute température forme de grands cristaux, le métal est brûlé. L'étude micrographique a donné d'utiles indications sur les effets du travail et a permis de donner des règles à suivre dans le travail des métaux et surtout des alliages, pour le contrôle de la fabrication et la recherche des défauts, l'étude des différences de composition, en particulier celles provenant des phénomènes de liquation. Voir de M. Henry le Chatelier, la technique et les applications de la métallographie microscopique, *in* Revue de Métallurgie, 1905, p. 528, et sept. 1906.

Propriétés chimiques. — *Action de l'oxygène ou de l'air secs.* L'air agit de même que l'oxygène, mais avec une intensité moindre. Les métaux alcalins (potassium, sodium) seuls s'oxydent dans l'air sec à la température ordinaire. Tous s'oxydent à une température plus ou moins élevée sauf l'or, le platine et l'iridium. Le mercure s'oxyde à 350°, le cuivre au rouge sombre. L'oxydation dégage de la chaleur et parfois de la lumière ; le zinc brûle avec une flamme éclatante. Matignon a déterminé la chaleur de combustion des métaux avec un atome d'oxygène ; ces chaleurs sont : Mg 145,5, Li, La 145, St, AL, 131,2, Na 100 K 98,2, Mn 90, Zn 84,8, Sn 70,7, Cd 66,3, Fe 65, 9, W 65,7, Lo 64,5, Ni 61, 5, Pb 50,8, Th 42,8 La 43,8 Hg 21,5 Ag 7,0.

Action de l'oxygène ou de l'air humide. L'oxygène humide agit vivement à la température ordinaire sur tous les métaux qui décomposent l'eau à froid (métaux alcalins et alcalino-terreux). Sous l'action de l'air humide et d'un acide, même très dilué et faible, les métaux s'attaquent à la température ordinaire, sauf les métaux précieux. Le cuivre mouillé par l'acide acétique très étendu absorbe l'oxygène de l'air et forme de l'acétate de cuivre. Le fer du couteau qui a coupé un fruit s'oxyde très rapidement. L'air ordinaire qui contient de l'eau et de l'acide carbonique, agit comme l'oxygène humide en présence d'un acide. Le fer, le plomb, le cuivre, le zinc perdent leur éclat à l'air. Souvent l'altération est superficielle ; mais si l'oxyde formé est poreux (comme la rouille du fer exposé à l'air) l'altération d'abord lente devient rapide. Pour la formation de la rouille le fer décompose l'eau en présence de l'acide carbonique et forme de l'hydrogène et du carbonate ferreux ; en présence de l'air humide, le carbonate ferreux se change en hydrate ferrique et acide carbonique et l'hydrogène forme, avec l'azote, de l'ammoniaque. Pour préserver le fer de la rouille, on le recouvre d'un corps gras ou d'une peinture ou bien encore d'un émail. On le recouvre encore d'un métal moins oxydable comme l'étain (fer blanc), le zinc (fer galvanisé), le nickel (nickelage), le cuivre. Le choix du métal protecteur n'est pas indifférent ; le fer étamé est rapidement attaqué en tous les points où le fer se trouve mis à nu tandis que le fer galvanisé ne présente pas cette attaque. La fonte se protège par une couche de cuivre déposée par un courant électrique. On le recouvre enfin de papier paraffiné.

Action du soufre sec. Il agit à une température élevée sur presque tous les métaux avec un grand dégagement de chaleur et de lumière. Le cuivre en tournure brûle dans un ballon où l'on fait bouillir du soufre. L'aluminium, l'or et le platine ne sont pas attaquables par le soufre.

Action du soufre et de l'eau. L'eau favorise l'attaque du métal par le soufre. En mouillant un mélange de soufre et de limaille de fer, il se forme du sulfure de fer et le dégagement de chaleur accélérant la réaction, celle-ci devient bientôt très rapide et provoque la vaporisation brusque de l'eau. C'est l'expérience dite du volcan de Lemery.

Le *chlore* attaque tous les métaux en dégageant de la chaleur et de la lumière. Le *phosphore*, l'*arsenic* se combinent à la plupart des métaux. L'*antimoine*, bien que se classant dans les métaux, agit absolument comme l'arsenic.

Enfin les métaux peuvent former entre eux des combinaisons définies que nous examinerons à propos des alliages.

Les métaux donnent à la flamme des teintes qui sont souvent caractéristiques : le chrome donne une teinte rouge, l'uranium une couleur jaune vif, le tungstène rouge jaunâtre, le molybdène vert jaunâtre, le platine rouge jaune, l'argent orangé, le magnésium et l'antimoine donnent un vif éclat d'un bleu éblouissant.

Classification. — Mendelejeff a remarqué que les propriétés physiques et chimiques des corps simples sont en relation avec leurs poids atomiques et se reproduisent périodiquement pour une certaine augmentation de ces poids. Si on place sur une ligne horizontale les corps dont les poids atomiques vont en croissant on voit que deux corps voisins sont très différents et ne peuvent se placer dans un même groupe naturel. Mais au bout d'intervalles réguliers on retrouve une série de corps qui se rapprochent des premiers, et si on les inscrit au-dessous des premiers on forme un tableau où les familles naturelles forment des colonnes. Quelques métaux très analogues ont des poids atomiques très voisins comme le fer, le cobalt, le nickel ; il forment le passage entre deux lignes horizontales voisines. Il faut dans le tableau ainsi formé, laisser des vides où se placeraient des corps simples inconnus. Le Gallium, découvert par Lecoq de Boisbaudran et le Germanium découvert par Winckler sont venus prendre deux places vides.

D'après l'ensemble des propriétés chimiques et l'isomorphisme de leurs sels on peut classer les métaux en 11 groupes :

1er Groupe. Métaux alcalins : Potassium, Sodium, Lithium, Thallium, Cœsium, Rubidium. Les métaux sont monovalents. Ils décomposent l'eau à froid.

2e Groupe. Métaux alcalins-terreux : Baryum, Strontrium, Calcium. Ces métaux sont divalents et leurs carbonates sont isomorphes. Ils décomposent l'eau à froid.

3e Groupe. Métaux magnésiens : Magnésium, Zinc et Cadmium, métaux divalents donnant des carbonates isomorphes des carbonates alcalinoterreux.

4e Groupe. Aluminium, Glucinium, Gallium, Indium et métaux des terres rares. Ces métaux sont tétravalents et leurs oxydes sont isomorphes du sesquioxyde de fer.

5e Groupe. Fer, Manganèse, Chrome, Nickel, Cobalt, Vanadium, Uranium. Métaux divalents et tétravalents formant des protoxydes et des sesquioxydes. Ils ne décomposent pas l'eau à la température ordinaire mais ils l'attaquent en présence des acides.

6e Groupe. Tungstène, Molybdène. Ce sont des métaux hexavalents qui décomposent l'eau à 100° en présence des alcalis car ils forment des oxydes acides. On y ajoute l'Osmium qui forme l'acide osmique OsO^4.

7e Groupe : Germanium, Tantale, Titane, Zirconium, Thorium, Étain. Ces métaux sont tétravalents et forment des oxydes acides analogues à l'acide silicique. Ils décomposent l'eau à 100° en présence des alcalis.

8ᵉ Groupe : Antimoine, Bismuth, Niobium. Les deux premiers métaux ont été étudiés dans la première partie de cet ouvrage. Ils se rapprochent de l'arsenic et par suite de la famille de l'azote.

9ᵉ Groupe : Cuivre, Plomb, Métaux divalents ne décomposant pas l'eau à 100° en présence des acides, ou en présence des bases.

10ᵉ Groupe : Mercure, Palladium, Rhodium, Ruthénium. Ces métaux s'oxydent à chaud et leurs oxydes se décomposent par la chaleur.

11ᵉ Groupe : Argent, Or, Platine, Iridium. Ces métaux forment le groupe des métaux précieux qui ne s'oxydent à aucune température.

ALLIAGES

Pour les préparer on fond le métal le moins fusible et on ajoute le métal le plus fusible. Parfois on ajoute un alliage intermédiaire de composition connue de façon à arriver à la proportion voulue ; par exemple on fabrique les bronzes manganésés au moyen du cupro-manganèse, etc.

La plupart des métaux forment des mélanges liquides homogènes tant qu'on maintient la température assez élevée pour que l'alliage reste à l'état liquide, cela quelles que soient les proportions des métaux alliés. Il n'en est plus de même si l'on se rapproche de la température de solidification.

Propriétés physiques. — Les alliages sont de véritables métaux possédant des propriétés différentes de celles des éléments qui les constituent.

La couleur des alliages est souvent différente de celle des métaux constitués. Le cuivre rouge allié au zinc ou à l'aluminium donne des alliages de couleur jaune d'or. La densité est différente de celle qu'on calculerait en supposant un simple mélange de métaux ; elle est généralement plus élevée, mais parfois aussi plus faible comme dans les alliages d'argent et de cuivre.

Les alliages présentent de grandes différences pour leur fusibilité. Si on détermine les points de fusion d'alliages de deux métaux en diverses proportions, on peut construire une courbe de fusibilité en portant comme ordonnées les températures et comme abscisses la proportion de l'un des métaux. Cette courbe est parfois presque droite, alliages d'or et d'argent, d'antimoine et de bismuth.

Mais bien plus fréquemment elle se compose de deux courbes avec un point anguleux. En général le point anguleux est tourné vers le bas et correspond à un maximum de fusibilité. Ce maximum qui correspond à un alliage appelé *eutectique* est parfois inférieur au point de fusion du métal le plus fusible. Pour comprendre la nature de l'alliage eutectique, on peut comparer l'alliage à une dissolution de sel marin dans l'eau. Le point de congélation est abaissé et pour 25 % de sel il est à — 21°. Si la congélation se produit on obtient un enchevêtrement de cristaux des deux corps. Si la proportion de sel est inférieure il se forme des cristaux de glace et le liquide restant se rapproche de la proportion où le point de congélation est le plus abaissé. Dans ce cas simple l'alliage se composera de cristaux du métal en excès sur les proportions de l'alliage eutectique et d'un magma d'alliage eutectique solidifié en cristaux de chacun des corps. Si on fait refroidir lentement l'alliage on pourra isoler les premiers cristaux, c'est le phénomène de la *ségrégation*. Le métal qui n'est pas en excès sur l'alliage eutectique se concentre dans la partie restée liquide. Cette structure cristalline fait comprendre que de très faibles proportions d'un métal étranger puissent rendre un métal très cassant; ainsi le bismuth pour l'or et le cuivre. Les courbes de fusibilité des alliages de cuivre-argent, zinc-aluminium, plomb-étain, plomb-antimoine, zinc-étain présentent cet aspect. Pour les alliages argent-cadmium, le point anguleux est tourné vers le haut, mais ne correspond pas à un minimum de fusibilité.

Mais d'autres fois on a trois et même quatre arcs de courbe distincts présentant des points anguleux, des maxima relatifs de températures de fusion et des minima relatifs. Les maxima montrent l'existence de combinaisons définies; les minima correspondent à des alliages eutectiques de l'un des métaux avec une des combinaisons ou de deux combinaisons définies. En général, les alliages sont plus fusibles que le moins fusible des métaux. Il y a deux exceptions, l'une peu marquée pour les alliages d'aluminium-or; l'autre pour les alliages d'aluminium-antimoine. Le composé antimoine-aluminium est à peine fusible à 1100°, tandis que les deux métaux fondent à environ 600°.

En faisant refroidir un alliage de deux métaux, si la courbe de fusibilité des alliages présente des maxima relatifs, il commence par se former des cristaux de l'alliage le moins fusible, puis des alliages correspondant aux maxima des températures de fusion; enfin ces cristaux se réuniront par la solidification des alliages eutectiques. C'est le phénomène de *liquation*. Inversement, si l'on réchauffe un tel alliage, on pourra faire couler l'alliage eutectique, puis successivement divers alliages dont les points de fusion correspondent à des minima relatifs. Il pourra, à la fin, rester une éponge formée par le métal le moins fusible.

Dans les alliages des métaux avec le mercure, les composés définis formés sont moins fusibles que le mercure lui-même et on peut les isoler par filtration à travers une peau de chamois (amalgames d'or, de potassium, etc.).

La conductibilité électrique des alliages présente de grandes variations. Pour certains alliages comme ceux d'étain-zinc et d'étain-plomb, elle est intermédiaire entre les conductibilités des composants et se déduit par le calcul des proportions de ces derniers. Le plus souvent, les alliages sont moins bons conducteurs. La courbe représentant la variation de la conductibilité avec la composition présente un point anguleux vers le bas correspondant à l'alliage eutectique. Pour d'autres courbes, on a des points anguleux vers le haut correspondant à des maxima de conductibilité pour des combinaisons définies.

Pour la malléabilité, on trouve de grandes différences et on ne peut rien dire de général. Il est très rare que les séries complètes des alliages de deux métaux soient malléables. Dans ce cas, la *résistance* passe par un maximum. En général, la résistance varie de façon à donner deux maxima entre lesquels les alliages sont cassants et inutilisables. Il en est ainsi pour les alliages du cuivre avec le zinc, l'étain et l'aluminium. La ténacité et la malléabilité peuvent être modifiées par l'écrouissage, la trempe et le recuit. Il arrive que la trempe diminue la résistance et augmente la malléabilité (aciers au nickel, bronzes) ; toutefois, l'inverse est plus fréquent.

La structure, étudiée au microscope, est homogène pour les alliages eutectiques et les combinaisons définies ; elle est porphyrique dans les autres cas. Elle est modifiable par le travail auquel on soumet l'alliage comme pour les métaux simples. Les alliages peuvent être brûlés (laiton).

Quand deux métaux sont mis en présence à l'état fondus, puis refroidis lentement,

1° ou ils se séparent par le refroidissement, $Zn + Pb$;

2° ou ils restent mélangés mécaniquement, $Cu + Cr$, $Cu + Tu$;

3° ou ils se dissolvent l'un dans l'autre et donnent des solutions solides, alliages $Bi + Sb$, $Ag + Au$;

4° ou l'un des métaux peut se présenter sous diverses formes allotropiques, alliages de l'or ;

5° ou les métaux donnent naissance à une combinaison qui se dissout dans l'un des métaux initiaux ou dans un constituant formé par eux ; $Sb + Sn$ se dissout dans l'antimoine ;

6° ou les métaux donnent naissance à des combinaisons définies qui ne se dissolvent pas ; c'est un cas fréquent : Cu^3Sn, $AlCu$, Al^2Cu, etc.

Ces combinaisons peuvent être multiples pour deux métaux. Mais ce qui domine la chimie des alliages, c'est la solution solide avec variations de composition.

La constitution joue le rôle prépondérant dans les propriétés mécaniques des alliages. Les méthodes qui permettent d'arriver à la connaissance de cette constitution sont : l'étude des chaleurs spécifiques, des forces électromotrices de dissolution, des chaleurs de formation (toujours extrêmement faibles et presque de l'ordre des erreurs qu'on peut commettre) et des densités ; plus utilement celle des dilatations (pour les aciers, travaux de H. Le Châtelier, Charpy et Grewet) ; l'étude du magnétisme, de la thermoélectricité, de la résistance électrique, de la composition chimique ; mais surtout l'étude des courbes de fusibilité avec l'établissement de diagrammes entiers, et de celles de refroidissement, menée d'une façon continue de manière à ne laisser échapper aucun point de transformation à dégagement de chaleur, et enfin la métallographie microscopique, de toutes les méthodes la plus importante et la plus rapide (d'après L. Guillet, S. d'Encouragement, 1906. Voir aussi son *Traité des Alliages*).

Les alliages seront étudiés en même temps que le métal le plus important.

Propriétés chimiques. — La chaleur décompose les alliages qui contiennent un métal volatil. Ainsi les amalgames d'or et d'argent laissent un dépôt d'or ou d'argent si on les chauffe, le mercure se volatilisant. De même dans les alliages de zinc, plomb et argent, on peut volatiliser le zinc. Les alliages sont en général moins oxydables que les métaux qui les constituent. Ainsi le laiton et le bronze sont moins oxydables que le cuivre, les aciers au nickel moins oxydables que les aciers ordinaires. Cependant, si les oxydes des métaux composants peuvent former une combinaison, l'altération à l'air est plus rapide que si les métaux étaient isolés. Les alliages d'étain et de plomb, ceux d'antimoine et de potassium brûlent avec incandescence si on les chauffe légèrement. L'alliage antimoine-aluminium se décompose rapidement par l'humidité de l'air. L'alliage Sb Zn³ décompose l'eau à 100°.

MÉTALLURGIE

Métallurgie. — La métallurgie est l'art d'extraire les métaux de leurs minerais. On peut donc dire que la métallurgie entière est une application de la chimie. On appelle minerai toute substance naturelle contenant un métal en proportion assez forte pour que son extraction puisse être rémunératrice. Les minerais ont en général une composition chimique très complexe. Ils peuvent contenir un ou plusieurs corps utiles (minerais simples ou multiples); en outre, ces corps sont mélangés de matières étrangères nommées gangues.

Les gangues les plus ordinaires sont la silice, l'argile, le carbonate de chaux, l'oxyde et le carbonate de fer.

Le métal à extraire peut se trouver dans le minerai à l'état natif (or, platine), mais en général il est engagé dans une combinaison. On peut ranger les minerais en deux grandes classes : minerais oxydés (comprenant les oxydes, les carbonates et les silicates); et minerais sulfurés (ceux-ci sont souvent mélangés d'arséniures et d'antimoniures).

Le traitement métallurgique se fait le plus souvent à température élevée, c'est-à-dire par voie sèche. Il se fait parfois, mais rarement, par voie humide. Nous allons examiner d'abord les principes chimiques sur lesquels est basée l'extraction des métaux par la voie sèche.

Réactions par voie sèche. Oxydes. — Les oxydes sont en général infusibles, indécomposables par la chaleur, réductibles par le charbon, les gaz carburés et l'hydrogène, à des températures variant du rouge sombre à celle de l'arc électrique. Au point de vue de la facilité de la réduction de leurs oxydes, les métaux usuels se rangent dans l'ordre suivant, les premiers étant les plus difficiles à réduire : 1° Magnésium, aluminium ; 2° chrôme, manganèse; 3° nickel, fer, zinc; 4° étain, cuivre, arsenic, antimoine, plomb; 5° métaux précieux. Ceux du premier groupe se réduisent avec l'arc électrique ; ceux du deuxième et du troisième groupe se réduisent par le carbone, mais ne se réduisent qu'incomplètement par l'oxyde de carbone; ceux du quatrième se réduisent aisément par l'oxyde de carbone et les gaz carburés. La facilité de la décomposition ne dépend pas seulement de la composition chimique, mais aussi de la porosité ; les oxydes les plus poreux sont les plus aisément réduits. C'est pourquoi les minerais les plus oxydés sont les plus faciles à réduire, le départ assez aisé d'une première portion de l'oxygène les rendant poreux.

Les carbonates des métaux usuels sont décomposables par la chaleur et perdent au rouge leur acide carbonique. On les ramène donc à l'état d'oxydes.

Les silicates sont plus difficiles à réduire que les oxydes. Il faut ajouter, de plus, une base libre qui sature la silice. La chaux peut jouer ce rôle pour tous les oxydes métalliques usuels et est employée dans la métallurgie du fer ; on emploie souvent l'oxyde de fer pour les métaux plus réductibles.

Les oxydes peuvent être réduits par le soufre ou les sulfures. On emploie cette propriété dans le traitement du sulfure de plomb. Les silicates des métaux qui ont une assez grande affinité pour le soufre sont décomposés par une fusion avec les sulfures.

La réduction d'un mélange de plusieurs oxydes ne donne pas un métal pur ; on peut cependant réduire le plomb sans réduire le fer qui l'accompagne.

Les sulfures sont en général fusibles (la blende ou sulfure de zinc ne l'est pas). La chaleur ne les décompose pas. Au point de vue de l'affinité pour le soufre, les métaux dont les sulfures s'emploient couramment en métallurgie se rangent dans l'ordre suivant : cuivre, fer, zinc, antimoine et plomb. Chaque métal décompose les sulfures des métaux qui se trouvent après lui. On emploie le fer pour précipiter le plomb et l'antimoine.

Tous les sulfures s'oxydent quand on les chauffe à l'air (grillage) ; il se forme un oxyde, de l'acide sulfureux et un peu de sulfate. Pour certains métaux, on peut griller de façon à avoir un sulfate ; mais cette opération n'est pas avantageuse.

Pour extraire un métal d'un sulfure, on ramène par grillage le sulfure à l'état d'oxyde ; quelquefois on fait un grillage partiel et on fait agir l'oxyde formé sur le sulfure ; on a un métal et il se dégage de l'acide sulfureux (rôtissage). Parfois on décompose le sulfure par le fer (précipitation).

Les sulfures sont mélangés à des gangues terreuses et à des gangues métalliques. Les premières sont les mêmes que pour les oxydes ; les gangues métalliques sont surtout la pyrite et le mispickel, parfois des sulfures métalliques accompagnant le minerai principal. Dans ce cas on cherche souvent à séparer par une préparation mécanique les divers sulfures. Mais on ne peut pas toujours y arriver. Les minerais complexes soumis aux réactions indiquées ci-dessus donnent des produits complexes.

Une méthode fréquemment employée consiste à griller incomplètement le minerai, puis à le fondre. Les métaux les plus oxydables passent dans la scorie en se combinant à la silice et à l'oxygène ; ceux qui ont le plus d'affinité pour le soufre forment un sulfure complexe appelé matte, où se concentre le métal à extraire. On peut séparer ainsi le plomb du fer, concentrer le cuivre en présence du fer dans des mattes de plus en plus riches, séparer le cuivre et le plomb du zinc, à condition que la proportion de celui-ci ne soit pas trop forte, car sa présence rend les produits pâteux, ce qui s'oppose à une bonne séparation.

Comme nous l'avons vu, les sulfures contiennent souvent de l'arsenic et de l'antimoine combinés. Ces corps se comportent à peu près comme le soufre, mais sont beaucoup plus difficiles à éliminer et les minerais qui en contiennent sont appelés impurs.

Les traitements métallurgiques que nous avons examinés se réduisent à des calcinations, grillages, fusions, réductions en général avec fusions, et on emploie quelquefois le rôtissage. Nous allons étudier sommairement dans quels genres d'appareils on réalise ces diverses opérations.

Appareils employés dans l'extraction des métaux par voie sèche. — Avant le traitement métallurgique, on enrichit en général les minerais par l'opération qu'on appelle la préparation mécanique. On profite des différences de densité entre les gangues et les matières utiles pour séparer ces dernières de la plus grande partie des stériles. On se sert également des propriétés magnétiques des minerais pour les enrichir (*triage magnétique*). Ces triages exigent un broyage préalable. On a donc souvent des minerais menus. On est souvent aussi obligé de broyer le minerai pour pouvoir éliminer complètement le soufre par grillage. Le minerai menu est difficile à traiter dans certains fours; aussi y a-t-il souvent avantage à les agglomérer. On peut parfois les agglomérer en les chauffant soit seuls, soit avec des laitiers pulvérisés. On peut les agglomérer à froid avec l'argile ou avec la chaux; le deuxième procédé est plus coûteux, mais il a l'avantage de mélanger au minerai une substance en général utile au traitement, tandis que l'argile est souvent nuisible. On peut parfois agglomérer par une calcination après mélange avec des charbons menus gras. On forme une sorte de coke qui englobe le minerai et est utile au traitement.

Un procédé d'enrichissement récent et original est celui du *flottage* dans des solutions d'acide sulfurique ou de bisulfate de soude entre 1 et 10 °/₀. On sépare ainsi les sulfures de leurs gangues par l'adhérence des bulles de gaz, *Potter* de Melbourne (br. anglais, 1901).

La calcination se fait presque toujours dans les fours à cuivre. Ceux-ci sont des fours plus ou moins élevés dans lesquels on charge par le gueulard la matière à traiter mélangée avec le charbon. On extrait le minerai calciné par en bas de façon que le feu se tienne à peu près au tiers de la hauteur et que les charges puissent arriver en bas froides, en restituant au courant gazeux la chaleur que sans cela elles emporteraient. On réalise ainsi une grande économie de combustible. Quand le minerai contient une certaine proportion de menus, on charge le menu au centre et le gros à la périphérie de façon que les gaz chauds enveloppent le menu où les gaz circulent mal et en élèvent la température.

Pour le grillage, on peut, comme nous l'avons vu, le vouloir complet ou incomplet. On le veut complet pour la blende où le soufre gênerait le traitement ultérieur, et pour la pyrite de fer qui sert à préparer l'acide sulfurique et qu'on traite ensuite pour obtenir de la fonte. Il faut pour ce dernier usage que le soufre soit en proportion aussi faible que possible. On préfère des grillages incomplets pour le cuivre, ou l'on cherche généralement une concentration dans des mattes. Pour le plomb, le grillage est incomplet, car on ne peut élever beaucoup la température, la galène étant aisément fusible. On la traite du reste souvent par rôtissage. La blende doit se griller à 700° pour que la désulfuration soit complète; pour la pyrite, le grillage est complet entre 400° et 500°. On grille complètement aussi des minerais d'or et d'argent.

Pour un grillage incomplet, on peut se contenter de mettre les minerais en tas si le soufre est en proportion suffisante. On grille un peu plus complètement en entourant le tas avec des murs (grillage en stalles). Pour griller aussi complètement que possible, on distingue deux cas principaux : 1° Il faut chauffer le minerai au moyen d'un foyer spécial ; 2° la chaleur dégagée par la combustion du soufre est suffisante. Dans le premier cas, on emploie souvent un grand four à réverbère ; on grille très bien, mais on a beaucoup de main-d'œuvre. Pour économiser celle-ci, on se sert de fours à râbles ou palettes mécaniques, de fours à sole tournante ou de fours cylindriques rotatifs. Dans le cas où l'on desire utiliser les gaz du grillage, on est forcé de griller dans des moufles, ce qui exige beaucoup de combustible. Dans le second cas, on emploie de petits fours à cuve si on n'a pas à traiter une forte proportion de menus, des fours coulants ou des fours à tablettes si l'on veut griller des menus.

Il nous reste à parler d'un grillage particulier appelé grillage chlorurant, qui consiste à griller après avoir mélangé avec du sel marin. On l'emploie dans le traitement des minerais argentifères. On opère dans des fours à réverbère assez petits ou dans des fours à moufle.

Dans la fusion on a à s'occuper de la composition des scories ou laitiers qui sont des silicates acides ou basiques selon les minerais qu'on a à fondre. Les scories sont des silicates contenant surtout des oxydes de fer et les laitiers des silicates contenant des bases terreuses (chaux et alumine). Les scories peuvent être riches, c'est-à-dire contenir encore suffisamment de métal pour être traitées avantageusement, ou pauvres.

Les opérations comportant la fusion des minerais peuvent se faire dans trois types de fours, les fours à cuve, les fours à réverbère et les fours à creusets. Les premiers sont les plus économiques comme consommation de combustible, mais exigent du coke, tandis que dans les fours à réverbère on brûle du charbon. De plus, le four à cuve est toujours réducteur et le four à réverbère peut être à volonté oxydant ou un peu réducteur. Les fours à creusets, dépensant beaucoup de charbon, ont été employés pour les fusions à température élevée, mais actuellement les fours électriques les remplacent avec avantage.

L'emploi industriel de l'oxygène au lieu de l'air pour les chauffages métallurgiques économiserait le chauffage de l'azote de l'air.

L'emploi des fours à récupération de chaleur a amené une économie énorme.

Comme moyens productifs du chauffage, en dehors de la combustion du charbon et de l'électricité, on recourt dans certains cas soit à la combustion de l'hydrogène (pour le groupe du Pt), soit à celle de l'aluminium (aluminothermie).

Les opérations de fusion avec réduction se font dans divers appareils selon la facilité de la réduction. Pour la facilité de la réduction des oxydes, les métaux peuvent se diviser en cinq groupes :

1º Métaux alcalins et alcalins terreux : potassium, sodium, aluminium.

Les oxydes de ces métaux sont irréductibles par le charbon. Cependant les carbonates des métaux alcalins se réduisent par le charbon. Les oxydes terreux ne se réduisent qu'avec l'arc électrique.

2º Métaux réfractaires : titane, molybdène, tungstène, chrome, manganèse.

Les oxydes de ces métaux sont très difficilement réduits par le charbon ; ils sont peu fusibles et tendent à se combiner au carbone. On les obtient au four à creuset sous forme de fontes. On obtient les deux derniers alliés au fer et au carbone au four à cuve. La fabrication de ces métaux est devenue pratique depuis l'emploi du four électrique. On peut les obtenir aussi en décomposant leurs oxydes par l'aluminium.

3º Métaux moyennement réductibles : fer, cobalt, nickel, zinc.

Les oxydes de ces métaux se réduisent à des températures assez élevées et leur réduction complète exige un excès de charbon.

4º Métaux facilement réductibles : cuivre, étain, plomb, antimoine.

Ces métaux ne réduisent pas l'acide carbonique, ni les vapeurs d'eau, et les oxydes se réduisent aisément par l'oxyde de carbone et l'hydrogène. En pratique, on les réduit par le charbon sans excès de ce dernier et à des températures peu élevées.

5º Classe. Métaux inoxydables ou dont les oxydes se décomposent par la chaleur seule : mercure, or, argent, platine.

Ces métaux sont à l'état de sulfures ou à l'état natif, mais les minerais n'en contiennent que de faibles proportions. On a pour leur extraction des difficultés spéciales.

La réduction se fait en pratique au four à cuve, au four à réverbère ou au four à creusets ou à moufle. Ce dernier est employé pour le nickel et pour le zinc.

Pour terminer l'étude de la voie sèche, il nous reste à parler du four électrique auquel nous avons fait plusieurs fois allusion et dont les applications deviennent de plus en plus importantes. Il y a deux types de traitements électriques par voie sèche. Le premier est celui où l'on réduit l'oxyde métallique par le charbon à la température de l'arc voltaïque. C'est ainsi qu'on prépare les carbures de calcium et les métaux réfractaires. Le deuxième type

est celui de l'électrolyse avec fusion du composé à électrolyser. On traite
ainsi les chlorures et les fluorures. Voir Électrosidérurgie.

Principe des opérations métallurgiques par voie humide. — Dans les
procédés de voie humide on traite le minerai de façon à avoir le métal à
extraire en solution sous forme de sel. On l'isole ainsi de sa gangue et des
impuretés. On précipite ensuite le métal en général par un autre métal, quelquefois par électrolyse. La voie humide est employée pour le cuivre et l'or.

Affinage des métaux. — Les métaux obtenus ainsi sont impurs. Pour les
avoir plus purs, on les affine en oxydant les impuretés au moyen de l'air;
puis, comme on a dépassé le point exact où le métal serait pur et qu'on a
oxydé une portion du métal, on le raffine en réduisant l'oxyde formé soit
avec du charbon (cuivre), soit avec un autre métal (manganèse pour l'acier)
ou un métalloïde (silicium, phosphore) dont l'excès peut rester allié au
métal sans altérer d'une manière fâcheuse ses qualités.

L'affinage se fait le plus souvent au four à réverbère (four à puddler pour
le fer, four de coupellation pour l'argent, etc.). On emploie parfois des
fours à voûte ou à *sole* mobile pour faciliter la main-d'œuvre; des fours à
sole tournante ou des fours cylindriques rotatifs s'emploient pour remplacer
par une opération mécanique les brassages à la main. Un autre procédé, qui
a été d'abord appliqué pour l'acier et dont l'usage s'est étendu ensuite à des
mattes d'autres métaux, consiste à souffler de l'air dans le métal ou la matte
liquéfiée. La chaleur dégagée par l'oxydation des impuretés maintient le
métal liquide (convertisseur Bessemer pour l'acier, Manhès pour le cuivre).

On emploie parfois le raffinage par électrolyse. C'est le procédé qui
donne le métal le plus pur, mais il est souvent trop coûteux. On l'emploie
pour le cuivre qui conduit mieux l'électricité quand il est absolument pur,
et qui acquiert alors une plus grande valeur.

.·.

Pour toutes les questions générales de métallurgie, consulter la *Revue de
métallurgie* de M. Henry Le Châtelier, qui est parfaitement comprise; les
traités généraux de Ledebuhr, Le Verrier, etc. Pour les statistiques
annuelles, *The mineral industry.* Voir dans la *Revue de métallurgie*, 1906,
l'exposé des contributions françaises aux progrès de la métallurgie, par
M. F. Osmond, et celui de la situation de la grosse métallurgie en France,
par MM. Saladin et Charpy.

POTASSIUM. K (de kalium) = 39.

État naturel. — Le principal gîte des sels de potassium est la célèbre mine
de Stassfurt. On y trouve surtout la carrnallite, chlorure double de potassium et de magnésium (KCL, $Mg\ Cl^2 + H^2O$) et la kaïnite, sulfate double de
potassium et de magnésium ($H^{12}K^2MgS^2O^{14}$) et la polyhalite sulfate de

potass.um, de calcium et de magnésium ($2\,Ca\ SO^4 + K^2SO^4 + MgSO^4 + H^2O$). On a indiqué dans la première partie les sources d'où l'on extrait des sels de potassium (Eaux mères des marais salants, cendres de bois, etc.).

Historique. — Le potassium a été isolé pour la première fois en 1807 par Davy, Lavoisier avait prouvé que les terres ou chaux parmi lesquelles se trouvait la potasse n'étaient pas des corps simples, mais des oxydes métalliques. Davy décomposa à l'institution royale de Londres la potasse et la soude par le courant de la pile, isola le potassium et le sodium et fixa définitivement la constitution de la potasse et de la soude. Davy opéra de la façon suivante : Un morceau de potasse humecté d'un peu d'eau communiquait par sa face supérieure avec un fil de platine aboutissant au pôle négatif d'une forte pile. La face inférieure reposait sur une lame de platine communiquant avec le pôle positif. Son frère raconte : « quand il vit les petits globules de potassium percer la croûte de potasse et s'enflammer au contact de l'eau et de l'air, il ne put contenir sa joie ; il se promenait dans sa chambre en sautant comme saisi d'un délire extatique et il lui fallut quelque temps pour se remettre et continuer ses recherches «.

Si on fait la même expérience en mettant un peu de mercure dans une cavité creusée à la partie supérieure du fragment de potasse, le potassium au lieu de brûler se combine avec le mercure en donnant un amalgame. En 1803, Gay-Lussac et Thénard répétèrent l'expérience de Davy en employant la pile colossale que Napoléon avait fait établir à l'École Polytechnique. Ne pouvant obtenir par cette méthode que très peu de métal, ils en cherchèrent une autre et réussirent à préparer le potassium en décomposant le carbonate de potassium par le fer à la température du rouge blanc. La même année. Curaudeau réussit à décomposer le carbonate de potassium par le charbon.

Préparation. — En 1825, Brunner rendit cette préparation industrielle en chauffant dans une bouteille en fer un mélange de charbon et de carbonate de potassium impur obtenu en calcinant le tartre brut du commerce (bitartrate de potassium mélangé de tartrate de chaux). Les vapeurs métalliques se condensaient dans un tube de fer refroidi par un courant d'eau et tombaient ensuite dans un récipient contenant de l'huile de naphte employée pour conserver le potassium. Il se dégage de l'oxyde de carbone $CO^3K^2 + 2C = 2\,K + 3CO$. Donny et Mareska ont augmenté le rendement de l'opération en modifiant le récipient. Celui-ci est formé par deux plaques de tôle formant une sorte de boîte aplatie. Les deux parties sont maintenues ensemble par des étriers à vis. Quand une boîte est pleine, on la remplace par une autre. Ce procédé ne réussit pas si on remplace le tartre brut par du bitartrate de potassium pur. La présence du carbonate de calcium est indispensable pour empêcher le carbonate de potassium de se séparer par fusion du charbon comme l'a montré H. Ste-Claire-Deville.

Propriétés physiques. — Le potassium est un corps mou comme la cire à la température ordinaire. Au-dessous de 0° il devient dur et cassant. Sa densité à 15° est 0,865 ; il fond à 62°5 et on le distille à 719°.

Fraîchement coupé le métal est blanc et éclatant comme l'argent. On peut lui conserver cet éclat en le fondant dans un tube de verre traversé par un courant d'hydrogène que l'on ferme ensuite à la lampe.

Propriétés chimiques. — Le potassium ne s'oxyde pas à froid dans l'air absolument sec. A l'air humide il s'oxyde rapidement et se couvre d'une couche blanche d'oxyde hydraté. A une température élevée, le métal brûle en donnant un mélange de protoxyde et de bioxyde. On est obligé de le conserver dans un liquide dépourvu d'oxygène comme l'huile de naphte.

Le potassium décompose l'eau à froid en donnant de l'hydrogène et de la potasse et dégageant 47 c. 8 : $K+H^2O = H+KOH$. En jetant un morceau de potassium sur l'eau, le métal flotte en tournoyant ; la chaleur produite par la réaction suffit pour enflammer l'hydrogène dégagé et volatiliser un peu de potassium qui donne à la flamme une couleur pourpre. Quand le métal est entièrement oxydé et que la flamme disparaît, l'eau touche le globule de potasse incandescent et se combine avec la potasse ; il se produit une vaporisation brusque qui jette de tous côtés des fragments de potasse et des gouttelettes de liquide.

On a proposé l'emploi du potassium pour une sorte de feu grégeois ou de composition incendiaire s'enflammant au contact de l'eau. Il suffit de briser sur la surface de l'eau un vase contenant de l'huile de naphte ou de la benzine avec un morceau de potassium pour que celui-ci en décomposant l'eau et en enflammant l'hydrogène allume le liquide combustible qui demeure à la surface de l'eau.

Le potassium réduit un grand nombre d'oxydes (acides borique, silicique, etc.) de chlorures (chlorures de magnésium, aluminium, etc.), de chlorures (chlorures de magnésium, aluminium, etc.) de bromures et d'iodures. Ces propriétés ont reçu de nombreuses applications dans les laboratoires.

Le potassium se combine à l'oxyde de carbone en donnant un composé $K^6C^6O^6$ qui détone aisément. Ça diminue beaucoup le rendement en potassium dans la préparation du métal.

Il se combine avec beaucoup de métaux en donnant des composés définis. Avec le sodium, il forme plusieurs alliages très fusibles dont un KNa^5 est liquide à 0°. Il se combine au gaz ammoniac liquéfié en donnant le potassammonium $KAzH^3$ solide. Celui-ci est décomposé par l'oxyde de carbone à basse température donnant le potassium carbonyle KCO qui détone par la chaleur. Le potassium forme avec l'hydrogène un alliage K^2H qui a l'aspect de l'amalgame d'argent ; il est cassant et peut être fondu dans le vide sans se décomposer. Avec le mercure, il forme l'alliage $Hg^{12}K$ cristallisé. Le potassium forme avec le silicium une combinaison qui décompose l'eau en dégageant de l'hydrogène silicié. Les alliages avec l'arsenic et l'antimoine sont cristallins et donnent avec l'eau de l'hydrogène arsenié et de l'hydrogène antimonié. Le potassium s'allie aussi au bismuth, au plomb, à l'étain, au fer.

Usages. — Le potassium est un réducteur très énergique et cette propriété est souvent appliquée dans les laboratoires. Dans l'industrie le sodium qui a les mêmes propriétés possède le double avantage de coûter moins cher à poids égal et d'avoir un poids atomique moins élevé. Aussi le potassium n'a-t-il pas eu d'emploi industriel.

SODIUM. Na = 23.

Historique. — Le sodium a été isolé pour la première fois comme le potassium par Davy. Gay-Lussac et Thénard l'ont préparé par la même méthode que le potassium ; la méthode de Brunner a été appliquée, mais avec peu de succès.

Le chlorure de sodium se retire des mines de sel gemme et des marais salants.

État naturel et préparation. — En 1854, H. Ste Claire Deville a fait connaître les conditions dans lesquelles on obtient en décomposant le carbonate de sodium par le charbon un rendement presque égal au rendement théorique. On chauffe dans une cornue en fer un mélange de 100 kg. de carbonate de sodium désséché, 45 kg. de houille et 15 kg, de craie. Celle-ci est indispensable ; sans elle, le carbonate de sodium fondrait. le charbon se séparerait et viendrait à la surface. La craie empêche la fusion et maintient parfaitement intime le mélange du carbonate alcalin et du charbon.

La méthode de Castner remplaça en 1887 celle de Ste Claire-Deville Elle consiste à réduire la soude caustique par du carbure de fer obtenu en chauffant du peroxyde de fer avec du goudron mélangés en proportion telles qu'on ait 70 de fer et 30 de carbone. On a la réaction $4\,NaOH + FeC^2 = Na^2 CO^3 + Fe + 2\,H^2 + CO + 2\,Na$. La réaction se fait à 800° au lieu de se faire au rouge vif, ce qui permet de faire servir à un grand nombre d'opérations les bouteilles de fer. Il en résulte une économie dans la préparation industrielle.

Actuellement presque tout le sodium est préparé par l'électrolyse de la sonde caustique entre deux électrodes Cu et Ni. Il n'y a pas de sous-produits. C'est le procédé électrolytique Castner.

L'électrolyse directe du chlorure de sodium nécessite 800°, t. à laquelle le sodium se volatilise sensiblement. Les procédés Acker et Ashcroft tournent la difficulté par l'emploi d'une cathode de plomb, et de l'alliage Pb + Na.

Propriétés physiques. — Le sodium est solide, mou comme la cire à la température ordinaire ; comme le potassium, il devient cassant au-dessous de 0°. Fraîchement coupé, il est blanc et brillant comme l'argent, mais se ternit bien vite à l'air. Sa densité est 0,97° ; il fond à 96°5 et se distille au rouge.

Propriétés chimiques. — Le sodium est très analogue comme propriétés chimiques au potassium. L'action de l'air sec et de l'air humide est la même. Comme le potassium, le sodium décompose l'eau à froid avec dégagement d'hydrogène ; mais la chaleur dégagée est insuffisante pour enflammer ce gaz et il n'y a pas d'explosion du globule de soude à la fin.

Le sodium forme avec l'hydrogène un alliage Na^2H plus fusible et plus brillant que le métal. Il est mou à la température ordinaire et devient cassant et facile à pulvériser un peu avant sa fusion. Il peut être fondu dans le vide sans se décomposer. Avec le mercure, le sodium forme un amalgame Hg^6Na qui cristallise en aiguilles prismatiques enchevêtrées. Avec l'ammoniaque liquéfiée, il forme le sodammonium analogue au potassammonium ; il est décomposé à basse température par l'oxyde de carbone en donnant le sodium carbonyle qui détone par la chaleur. Ce dernier ne se forme pas par l'action de l'oxyde de carbone sur le métal.

Gay-Lussac et Thénard ont préparé l'alliage de sodium et d'arsenic en ajoutant petit à petit du sodium à de l'arsenic chauffé au rouge sombre jusqu'à ce que le mélange devienne fluide. Le creuset doit rester couvert et la combinaison est très vive. L'alliage a une texture cristalline d'un blanc d'argent. Il est très oxydable et décompose l'eau en dégageant de l'hydrogène arsenié ; cette action se produit à l'air humide. Cet alliage sert à la préparation des arsines tertiaires.

Comme le potassium, le sodium s'allie à l'antimoine, au bismuth, au plomb, à l'étain et au fer. Ces alliages sont analogues à ceux du potassium.

Usages du sodium. — Le sodium est un réducteur très énergique et cette propriété a reçu de nombreuses applications. Il sert à la préparation du bore et du silicium. Il réduit aussi les chlorures et a longtemps servi à la préparation du magnésium et de l'aluminium qu'on prépare maintenant par les courants électriques.

On a essayé le sodium pour empêcher les soufflures dans l'acier. Ces essais n'ont pas été poursuivis, car l'aluminium donne à ce point de vue d'excellents résultats, coûte moins cher et est d'un maniement beaucoup plus commode.

Le sodium a un pouvoir conducteur électrique très grand. On a pensé à l'utiliser pour conducteur de grande section en le coulant dans des tubes de fer.

Sa production est d'environ 6.000 tonnes. Les dix septièmes sont utilisés pour la fabrication des cyanures et pour celle du péroxyde de sodium.

LITHIUM. $Li = 7$.

Le lithium se trouve dans le mica lépidolithe de Bohème qui contient, 5 à 6 % de Li^2O et surtout dans l'amblygonite de Montebras (Creuse) qui est un fluophosphate d'alumine et de lithine. En lessivant ce dernier minerai calciné avec son poids de plâtre, on obtient une solution de sulfate de lithium.

Le lithium a été isolé par Davy comme le potassium. La lithine a été découverte en 1807 par Arvedson ; Bunsen et Mathœssen ont préparé le lithium en décomposant par un courant électrique le chlorure de lithium fondu.

Le lithium est le plus léger de tous les métaux ; sa densité est 0,59. Il est solide et fond à 180°. Il forme un seul oxyde. Les sels de lithium se rapprochent de ceux du magnésium ; le carbonate est insoluble dans l'eau et soluble dans l'eau chargée d'acide carbonique. Il donne avec l'azote un composé jaune $Li^3 Az$, avec le carbone un carbure $Li^2 C^2$. Il se combine aussi à l'hydrogène.

Les sels de lithium donnent à la flamme du bec de Bunsen une couleur rouge qui fournit un spectre caractéristique.

Le lithium métallique n'a, jusqu'à présent, aucun usage. Les sels de lithine sont employés en médecine et se trouvent dans plusieurs rouges eaux minérales. On les emploie quelquefois en pyrotechnie pour des feux d'un plus bel effet que les feux au strontium.

THALLIUM. Tl = 204

W. Crookes en examinant au spectroscope en mars 1861 des dépôts formés dans les chambres de plomb de fabriques d'acide sulfurique, constata une raie verte qui n'appartenait au spectre d'aucun corps connu. Il supposa l'existence d'un corps simple qu'il nomma thallium d'un mot grec qui signifie vert, et qu'il croyait analogue au sélénium. En avril 1861 Lamy constatait la même raie verte avec les dépôts de l'usine Kuhlmann à Loos près de Lille. Il isola le thallium à l'état métallique en décomposant le chlorure par le courant électrique et annonça sa découverte le 6 mai 1862 à la Société impériale de Lille, et constata que c'était un vrai métal. Le zinc métallique précipite le thallium de la solution de sulfate sous forme de paillettes cristallines.

Le thallium a la couleur et la malléabilité du plomb. Sa densité est 11,9 ; il fond à 204°.

Il s'altère facilement à l'air et donne un oxyde soluble. Le carbonate, le sulfate et les phosphates de thallium sont solubles comme les sels alcalins. L'acide sulfhydrique, l'acide chlorhydrique et l'iodure de potassium donnent dans les solutions de sels de thallium des précipités comme dans les sels de plomb.

Le thallium forme deux séries de sels : les sels thalleux où l'atome de thallium est monovalent et les sels thalliques où il est trivalent. Kuhlmann fils a étudié les sels organiques et Ed. Willm les composés traitomiques.

Le thallium n'a jusqu'ici aucun usage industriel.

CÉSIUM. Cs = 133. — RUBIDIUM. Rb = 85.

Le césium et le rubidium ont été découverts en 1860 par Kirchhoff et Bunsen au moyen de l'analyse spectrale. Le césium (du latin cœsius bleu) donne deux raies bleues et le rubidium deux belles raies rouges.

MAGNÉSIUM. Mg=24.

Etat naturel. — Le chlorure de magnésium se trouve en dissolution dans les eaux de la mer ; il se trouve associé aux sels de potasse dans les mines de Stassfurt. Le sulfate de magnésium se trouve dans un grand nombre d'eaux minérales (Sedlitz, Epsom). Le carbonate de magnésium ou giobertite forme des gisements abondants dans l'île d'Eubée. Associé au carbonate de calcium, le carbonate de magnésium forme la dolomie, qui est extrêmement répandue. Les roches basiques contiennent du silicate de magnésium ; le talc, la stéatite ou pierre de lard sont formées par le silicate de magnésium presque pur, la magnésite ou pierre à détacher, la serpentine, l'écume de mer sont des silicates de magnésium hydratés.

Historique et préparation. — Le magnésium a été isolé en 1829 par Bussy en décomposant le chlorure de magnésium par le sodium. En 1843, Bunsen prépara le magnésium par l'électrolyse du chlorure de magnésium fondu. On le prépare industriellement par l'électrolyse du chlorure double de magnésium et de potassium fondu.

Propriétés. — Le magnésium est blanc et brillant comme l'argent. Il est très léger ; sa densité est 1,75. Il est malléable, mais sa faible tenacité empêche de l'étirer en fil. Pour l'obtenir sous cette forme, on le comprime dans un moule en acier chauffé percé d'un trou du diamètre du fil à obtenir. Il fond vers 420° et distille comme le zinc vers 1000°:

Le magnésium est inaltérable à l'air sec à la température ordinaire ; il s'oxyde à l'air humide et forme de l'hydrate de magnésie. Chauffé au contact de l'air, il s'enflamme et brûle en donnant de la magnésie avec production d'une lumière blanche éblouissante, très riche en rayons violets et ultra-violets. C'est pourquoi on emploie le magnésium dans la pyrotechnie et pour photographier les endroits obscurs.

Le magnésium décompose l'eau en présence des acides faibles comme l'acide carbonique. Il se combine à l'azote au rouge sombre. Le magnésium réduit l'acide carbonique, l'oxyde de carbone, les acides borique et silicique, l'oxyde de zinc, etc. Il réduit aussi les chlorures de tous les métaux, sauf des métaux alcalins et alcalino-terreux. Ces propriétés réductrices ont trouvé autrefois des applications en métallurgie.

Usages. — Le principal usage du magnésium est l'éclairage. Un fil de 0 mm. 33 donne en brûlant autant de lumière que 74 bougies. Pour entretenir cette lumière pendant une minute, on brûle 9 décimètres de longueur de fil. soit 12 centigrammes. On se sert de lampes au magnésium pour des projecteurs dans la marine et dans l'armée. Les lampes au magnésium servent à photographier les grottes et les endroits obscurs, ou à photographier la nuit.

Le magnésium en poudre, mélangé à des substances oxydantes comme le salpêtre, forme des poudres éclairs employées pour la photographie et pour la pyrotechnie. On ajoute aux poudres éclairs pour la photographie des matières incombustibles qui les rendent non explosives, soit autant de silice ou d'acide borique, ou d'un mélange des deux que de magnésium (Schwartz) (br. all., 1897). On emploie aussi un mélange de 30 Mg et 25 Ba O² avec 15 de collodion pour la lumière photographique. Pour les feux de Bengale blancs, on recommande un mélange de 1 partie de gomme laque et 6 parties d'azotate de baryum avec 2,5 °/₀ de magnésium en poudre ; pour feux rouges un mélange de 1 gomme laque et 5 azotate de strontium, avec 2,5 °/₀ de magnésium en poudre. Pour éclairer la campagne dans les guerres on introduit dans des compositions fusante une forte proportion de magnésium en poudre. La fusée peut éclairer le terrain pendant un moment, sur un espace de 5 km.

Le magnésium peut former des alliages avec les métaux. Le *magnalium* est un alliage de magnésium et d'aluminium préparé pour la première fois en 1890. On fond séparément les deux métaux et on verse l'aluminium liquide sur le magnésium à 550°. L'alliage employé contient 7,5 à 10 °/₀ de magnésium. Il est inaltérable à l'air et résiste mieux que l'aluminium aux alcalis. Il se moule aisément et on peut obtenir des pièces compliquées et homogènes. On en fait des pièces d'horlogerie, d'instruments d'optique et de photographie.

BARYUM. Ba = 137.

Le baryum a été signalé en 1774 par Scheele ; puis isolé par Davy en 1808 dans l'électrolyse de la baryte. Bunsen l'a obtenu par l'électrolyse du chlorure de baryum fondu.

Les minerais du baryum sont le sulfate de baryum ou barytine, qu'on trouve comme gangue dans un grand nombre de filons métalliques, et le carbonate de baryte ou withérite, qui est moins fréquent mais plus facile à traiter. Ces minerais sont remarquables par leur densité.

Le métal a l'éclat de l'argent, il s'altère au contact de l'air et décompose l'eau à froid. En traitant au four électrique le carbonate de baryte par le charbon, on obtient du carbure de baryum analogue au carbure de calcium.

STRONTIUM. St = 87,5.

Le strontium est tout à fait l'analogue du baryum.

Ses minerais sont la célestine ou sulfate, et la withérite ou carbonate.

C'est un métal jaune, de densité 2,5. Il décompose l'eau à froid et s'oxyde à l'air.

Les sels de strontium colorent les flammes en rouge ; on les emploie en pyrotechnie. On emploie la strontiane comme la baryte pour le traitement des jus sucrés.

CALCIUM. Ca = 40.

Le calcium est analogue au baryum et au strontiane, mais beaucoup plus répandu dans la nature. Les composés du calcium forment une grande partie de la croûte terrestre. Le carbonate entre dans un grand nombre de roches sédimentaires (marbres, calcaires, marne) et les roches ignées renferment du silicate de calcium. On exploite dans des carrières le carbonate de calcium et le sulfate hydraté (gypse ou pierre à plâtre).

Davy a isolé le métal en 1808, Bunsen et Matthiessen l'ont obtenu par électrolyse du chlorure de calcium foudu.

Le calcium est un métal blanc jaunâtre, de densité 1,61, doué d'un grand éclat. Il s'altère lentement à l'air sec, rapidement à l'air humide et brûle avec une flamme blanche très brillante.

On a proposé de l'employer pour décarburer les métaux. Ce métal forme en effet avec le carbone une combinaison qu'on prépare industriellement en chauffant au four électrique un mélange de chaux et de charbon. Le carbure de calcium sera étudié avec les carbures métalliques.

Le calcium est employé comme absorbant général des gaz, et en particulier de l'azote. En copeaux il est utilisé pour déshydrater l'alcool Elektricitäts-Werke (br. fr. 1905); une première distillation avec 5 p. 100 donne l'alcool à 99, 5; une seconde avec 2 °/₀ donne l'alcool absolu.

ZINC. $Zn = 65$.

Le zinc se rapproche du magnésium par ses propriétes chimiques. Bien que non isolé à l'état métallique, il a été employé dans l'antiquité et au Moyen-Age à l'état d'alliage avec le cuivre. L'orichalque des anciens est notre laiton.

On obtenait ces alliages en réduisant la calamine par le charbon en présence d'une certaine quantité de cuivre en fusion.

Au xııe siècle, il fut importé de la Chine et des Indes; on le nommait *étain des Indes*. Le mot zinc qu'on trouve pour la première fois dans les écrits de Paracelse, rappelle cette croyance, car il dérive du terme germanique zinn (étain). C'est à la fin du xviııe siècle qu'on parvint à le préparer au moyen de la calamine de Moresnet (mines de la Vieille Montagne).

État naturel. — Le zinc se trouve dans la nature principalement à l'état de 1° *minerais oxydés* : Carbonate ou smithsonite ($ZnCo^3$), carbonate hydraté ou zinconise ($H^{10}Zn^8C^3O^{19}$) souvent appelé dans l'industrie calamine, silicate hydraté ($H^2Zn^2SiO^4$) ou calamine (gîte de Moresnet), anhydre (Zn^2SiO^4) ou willémite, oxyde de zinc (ZnO) ou zincite qu'on trouve associé avec la franklinite de Franklin Furnace (New-Jersey) qui est un spinelle de zinc et manganèse répondant à la formule ($FeZnMn$) ($FeMn)^2O^4$. Les minerais hydratés et carbonatés sont en général calcinés sur le carreau de la mine.

2° *Minerais sulfurés* : Blende ZnS souvent mélangée de pyrite et de galène (PbS). On y rencontre du cadmium, du manganèse, du gallium, de l'indium et du thallium. On sépare la galène par la préparation mécanique et on grille la blende de façon à avoir un oxyde et de l'acide sulfureux. Il est difficile d'obtenir une séparation complète et le zinc produit par la suite contient un peu de plomb. On a proposé de la griller de façon a obtenir des sulfates, ce qui permet d'isoler par lixiviation le sulfate de plomb insoluble du sulfate de zinc soluble. Mais pour extraire le zinc du sulfate de zinc on n'a que des procédés très coûteux.

Extraction. — L'oxyde de zinc obtenu est mélangé à de la houille sèche et chauffé dans des cornues (fours belges) ou des moufles (fours silésiens). Le zinc est réduit et distillé ; il se dégage de l'oxyde de carbone.

Les centres principaux de production sont le pays entre Liège et Aix-la-Chapelle et la Silésie. Ce fait s'explique par la forte consommation de charbon exigée ; il est donc préférable de transporter le minerai plutôt que le charbon.

En Silésie, on ne traite guère que des minerais extraits dans le district même ; mais en Belgique et dans la Prusse rhénane on traite des minerais venus de divers pays.

Il existe des mines de zinc importantes en France (Gard et Lot), en Sardaigne, en Espagne, en Grèce et en Tunisie.

Le zinc brut obtenu est purifié par une nouvelle distillation. De petites quantités de cadmium dans le zinc le rendent impropre au laminage. On l'obtient exempt de cadmium en mélangeant les minerais cadmifères à des minerais purs de façon à abaisser la teneur en cadmium. En distillant le zinc obtenu, si la proportion de cadmium n'est pas trop forte, ce métal passe en entier dans les premiers produits de la distillation. On extrait du zinc des *cadmies* de haut-fourneau. Les minerais de fer et surtout de manganèse contiennent souvent un peu d'oxyde de zinc. Celui-ci se réduit dans le haut fourneau et le zinc distille. Mais dans les parties supérieures la vapeur de zinc rencontre un mélange d'acide carbonique et d'oxyde de carbone et le zinc s'oxyde en réduisant l'acide carbonique : $Zn + CO^2 = ZnO + CO$.

L'oxyde de zinc infusible se dépose sur les parois en concrétions et en poussières contenant jusqu'à 95 % d'oxyde de zinc. C'est ce qu'on appelle les cadmies.

Propriétés physiques. — Le zinc est d'un blanc légèrement bleuâtre, à texture cristalline. Il est cassant à la température ordinaire, il devient ductile et malléable entre 100° et 130°, on peut alors le laminer en feuilles minces. Au-dessus de 130°, il redevient cassant, à 200°, on peut le piler dans un mortier : c'est par ce procédé qu'on obtient la poudre de zinc. Le zinc pur fond vers 410° et entre en ébullition à 932°. La densité du zinc fondu est de 6,87 ; elle s'élève à 7,20 par le martelage. Sa résistance à la rupture est de 12kg. par mm².

Propriétés chimiques. — Le zinc est inaltérable à froid et dans l'air sec ; dans l'air humide, il se couvre d'une pellicule d'hydrocarbonate de zinc imperméable qui protège le métal de toute altération ultérieure, de là son emploi pour les toitures et gouttières.

Chauffé à 930°, le zinc en vapeur s'enflamme et brûle avec une flamme très brillante: cet éclat fait employer la poudre de zinc en pyrotechnie pour produire des étoiles blanches brillantes. Il donne de l'oxyde de zinc infusible qui se répand dans l'air en flocons blancs. C'est ainsi qu'on prépare l'oxyde de zinc employé dans l'industrie sous le nom de blanc de zinc et blanc de neige.

Le zinc pur décompose l'eau au-dessus de 100°. En présence des acides il décompose très lentement l'eau parce que l'hydrogène dégagé forme une couche adhérente qui empêche le contact avec le liquide. Mis en contact avec le cuivre, le zinc pur s'attaque par les acides étendus en dégageant de l'hydrogène et développant un courant électrique. On emploie le zinc pour produire l'hydrogène dans les laboratoires et pour former le pôle négatif des piles hydro-électriques (télégraphes, téléphones, etc.)

Le zinc impur du commerce s'attaque rapidement dans les acides étendus en laissant un résidu insoluble. Son emploi serait impossible pour les piles car il se dissoudrait en circuit ouvert. On emploie pour cet usage le zinc amalgamé qui, comme le zinc pur, ne s'attaque presque pas en circuit ouvert. L'amalgamation s'obtient en plongeant la plaque dans une solution d'un sel mercurique, tel que le nitrate additionné de son volume d'acide chlorhydrique. On obtient une amalgation superficielle qu'il faut renouveler après un certain temps. On fait du zinc amalgamé dans la masse en chauffant en vase clos jusqu'à fusion 9 parties de zinc pour 4 de mercure. Cette opération double le prix du zinc mais rend l'usure nulle en circuit ouvert et diminue beaucoup l'usure en circuit fermé.

Les dissolutions alcalines dissolvent le zinc à l'ébullition en formant de l'oxyde qui se combine à l'alcali. Le zinc en présence d'un acide ou d'un alcali est donc un réducteur. C'est pourquoi le zinc en poudre est employé dans l'industrie de la teinture. Il est aussi employé comme réducteur en chimie organique. Il a été indiqué comme agent de décoloration et d'épuration des jus sucrés et pour empêcher en même temps leur oxydation, soit seul (Manoury br. fr. 1897), soit en présence d'un alcali, chaux ou potasse (Rouson, br. fr. 1897).

Le zinc précipite de leurs solutions les métaux moins oxydables comme le cuivre, le plomb, le mercure, l'argent et l'or. Dans l'extraction de l'or, on emploie le zinc réduit en copeaux pour précipiter l'or de la solution de cyanure dans le procédé de M. Arthur Forrest.

Usages. — En dehors des usages déjà indiqués, le zinc s'emploie dans la construction pour les couvertures, dans les arts décoratifs à l'état de moulage, dans la métallurgie pour la désargentation du plomb, pour la galvanisation du fer. Enfin il entre dans la composition d'un grand nombre d'alliages usuels.

Le zinc pur s'emploie à l'état de zinc laminé ou de zinc moulé. En effet, il se travaille mal au tour ou aux outils, il graisse la lime.

Le zinc laminé en feuilles de 0^{mm}, 87 sert pour la couverture des toits, la charge des murs est quatre fois moindre que si la couverture était en ardoise. L'inconvénient de ces toitures est la facilité plus grande pour l'incendie, auquel elles fournissent un aliment de plus. On emploie aussi le zinc laminé pour faire des gouttières, des bassins, des baignoires. etc. On ne peut pas l'employer pour la fabrication des ustensiles de cuisine, car avec le sel marin et les acides, il forme des sels nuisibles.

Les moulages de zinc servent surtout dans l'industrie des bronzes imitation. En général, pour le moulage du zinc on emploie des moules en fonte ou en bronze. Pour les pièces de grandes dimensions, on moule parfois en sable, mais la qualité du métal est altérée. Il y a deux modes de moulage: l'un dit : *au renversé*, de Miroy frères (S. d'Enc. pour l'Ind. nat., 1856), où l'on emploie un moule sans noyau. On emplit de zinc la cavité du moule, puis on le renverse. Le moule est recouvert d'une couche continue de zinc solide qui se détache facilement; le centre resté liquide est recueilli à part. Dans le deuxième procédé (Lambin, Saguet et Fouchet) employé pour des objets qui offrent des parties évidées à jour, on place dans le moule un noyau en bronze convenablement façonné. Le zinc remplit l'espace entre le moule et le noyau. Pour qu'une pièce vienne bien il faut que le moule soit chauffé et que le zinc fondu soit porté à une température voisine du rouge. Les pièces trop difficiles ou de trop grandes dimensions se font en fragments détachés que l'on réunit ensuite au moyen d'une soudure d'étain et de plomb. Quand on pense que les pièces seront trop fragiles on arme intérieurement les divers fragments avec des fils de fer très forts qu'on place d'avance dans les moules et qui adhèrent complètement avec le zinc. Les extrémités sont ensuite taraudées de façon à recevoir les écrous qui assurent la rigidité de l'assemblage.

Les pièces moulées sont ensuite ébarbées, soudées, ciselées, ensuite cuivrées, et patinées ou bronzées. Le cuivrage ou plus exactement le laitonnage se fait par électrolyse d'un bain renfermant pour 300 litres d'eau, 10 kg de sulfate de cuivre, 4 kg de sulfate de zinc, 10 kg de cyanure de potassium et 3 litres d'ammoniaque. Au bout d'une heure et demie les pièces sont couvertes d'une couche métallique brillante d'un jaune de laiton. On lave par immersion dans l'eau froide puis dans l'eau bouillante, on sèche à la sciure de bois et on porte à l'étuve. On procède au bronzage, au patinage qui diffère selon la variété de bronze que l'on veut imiter. On emploie des réactifs chimiques agissant sur le laiton, des vernis avec de la plombagine, de la sanguine, de la poudre de bronze, etc.

Le zinc est employé pour la désargentation du plomb. Il s'empare de l'argent du plomb d'œuvre pour former un alliage de zinc plomb argent qui forme une écume à la surface du bain métallique. On met environ dix fois le poids de l'argent dans une boîte en fer percée de trous qu'on maintient au fond du bain en même temps qu'on remue le plomb fondu avec un agitateur à palettes. On répète trois fois l'opération. L'alliage est distillé pour en retirer la plus grande partie du zinc et on le coupelle ensuite.

Les réservoirs de zinc s'attaquent de place en place sous l'influence du courant électrique qui prend naissance entre les parties non homogènes. Les matières azotées et l'ammoniaque accélèrent la réaction (Bull. Soc. chimique 1875, I, p. 535) [1].

Galvanisation. — On emploie le zinc pour galvaniser le fer. On le protège ainsi contre la rouille ; le fer galvanisé offre sur le fer étamé cet avantage que le fer n'est pas attaqué même aux points où on le mettrait à nu accidentellement car l'oxydation se porte sur le zinc qui est bientôt protégé par une couche d'hydrocarbonate. Dans le fer étamé au contraire les parties où le fer se trouve mis à nu sont attaquées plus rapidement que du fer ordinaire placé dans les mêmes conditions. De plus le zinc étant bien moins cher que l'étain, le fer galvanisé est moins cher que le fer étamé.

Il existe plusieurs procédés que nous allons étudier pour recouvrir le fer d'une couche de zinc. On peut le faire par électrolyse ; le bain le plus employé est une solution de zinc dans la potasse obtenu en mélangeant une solution de sulfate de zinc avec un excès de potasse. On peut aussi précipiter du zinc et du cuivre c'est-à-dire laitonner le fer, l'acier, le cuivre en employant une solution de 2 g de sulfate de cuivre, 14 g de sulfate de zinc et 20 g de cyanure de potassium dans 461 d'eau. On prend pour anode une plaque de laiton. Le zincage électrolytique est bien moins solide que la galvanisation obtenue par les autres procédés.

Pour la galvanisation électrique, on a proposé une solution de sulfate de zinc, 900 ; eau, 3785 ; sulfate d'alumine, 120.

Le deuxième procédé consiste à plonger le fer après un décapage complet dans un bain de zinc fondu recouvert de suif. On fait ainsi des tôles galvanisées et ondulées ou non qui servent à faire des toitures, des cloisons, des maisons démontables, etc. Le fil de fer ainsi galvanisé est employé pour les lignes télégraphiques aériennes, les clôtures, etc.

Un troisième procédé inventé par Shérard utilise le gris de zinc. On appelle ainsi une poussière qui se condense dans les cols des cornues où l'on distille le zinc et qui se compose de zinc métallique et d'un peu d'oxyde. On place les pièces à galvaniser avec du gris de zinc dans un four rotatif chauffé entre 250 et 300°. La galvanisation ainsi obtenue est plus solide que par le zinc fondu. On l'emploie pour les clous, etc., et on peut l'appliquer au cuivre, au laiton et à l'aluminium. Voir une étude de A. Sang, dans l'Electroch-Industry, 1907.

Alliages de zinc. — Le zinc entre dans la composition d'un grand nombre d'alliages auxquels on a donné des noms variés. Avec le cuivre il donne le *laiton* ; en outre on remplace généralement dans

1. Bibliographie : Iron Age, oct. 1904 et Bull. Soc. d'Encouragement pour l'Ind. Nat., 1905, p. 152.

les *bronzes* une partie de l'étain qui est un métal coûteux par le zinc. Il entre dans la composition du maillechort, alliage de cuivre, zinc, nickel, et du tiers argent, alliage de cuivre, zinc, nickel et argent. Nous étudierons ces alliages à propos du cuivre. Enfin il entre dans la composition d'un grand nombre de métaux antifriction, où il remplace aussi l'étain.

Les alliages de zinc et de cuivre où le zinc domine sont peu usités. Un alliage blanc gris de 80 Zn et de 20 Cu est employé pour fabriquer des boutons d'uniforme. Des alliages de zinc et de cuivre servent aussi pour les soudures; ceux à forte proportion de zinc (50 Cu, 50 Zn et 25 Cu, 75 Zn) sont des soudures tendres.

Les bons métaux antifriction ne contiennent pas de zinc. Le zinc donne plus de résistance à l'alliage que l'étain, mais il donne de mauvais frottements; on corrige ce défaut au moyen du plomb. Outre le zinc et l'étain on ajoute de l'antimoine et du cuivre. Citons diverses compositions d'antifriction : pour moulins 40 Zn 15 Sn 42 Sb; métal pour roues dentées 10 Zn 50 Pb 10 Sb; antifriction 54,5 Zn 36,5 Sn 9 Sb; antifriction bon marché : 88 Zn 2 Sn 2 Sb 8 Cu, ou 85 Zn, 15 Sb, 5 Cu, métal Salger 85 Zn, 9,9 Sn, 1,15 Pb, 1 Cu; métal Jenton 80 Zn, 14,5 Sn, 5,5 Cu.

On emploie pour les caractères d'imprimerie un alliage de zinc, étain, cuivre et plomb Zn 89-93 Sn 4-3 Cu 4-2 Pb 3-2, d'après Ehrhardt, et aussi un alliage de 33 Zn et 59 Sn d'après Johnson.

Dans la construction des piles thermo-électriques on emploie un alliage à parties égales de zinc et d'antimoine. L'alliage de Cooke $Sb\ Zn^3$ décompose l'eau à 100°.

CADMIUM Cd = 112.

Le cadmium a été découvert en 1817 par Stromeyer et étudié par Hermann. Il se trouve à l'état de sulfure dans un grand nombre de blendes. Dans le traitement des minerais de zinc cadmifères on a vu que le cadmium se trouvait dans les premiers produits de la distillation d'où l'on isole le cadmium.

Propriétés. — Le cadmium est un métal blanc dont l'éclat est analogue à celui de l'étain. Il est plus malléable et plus ductile que l'étain et le zinc; il graisse les limes et laisse une trace grise quand on le frotte sur le papier. Sa densité est 8,2 et par écrouissage peut s'élever à 8,6. Il fond à 320° et bout vers 830°; sa vapeur est orangée. Sa densité de vapeur est 3,94.

Le cadmium chauffé à l'air brûle en donnant un oxyde jaune brun. La vapeur du cadmium décompose l'eau au rouge en dégageant de l'hydrogène. L'oxyde de cadmium est réduit facilement par l'hydrogène, contrairement à l'oxyde de zinc.

Usages. — Les propriétés physiques du cadmium montrent que ce métal ne peut être employé pur. Il forme avec l'or, le cuivre, le platine et le zinc des alliages cassants et inutilisables; les alliages avec le plomb, l'étain et l'argent sont ductiles et malléables. On recouvre au moyen d'un courant électrique les parties brillantes des machines avec un alliage de cadmium et d'argent qui est inaltérable à l'air et garde un beau poli. Les alliages de cadmium et d'argent servent aussi comme types pour les titrages volumétriques des alliages d'argent. Le cadmium ajouté dans la proportion de 1 à 3,5 pour 100 aux laitons ou aux bronzes fait obtenir des alliages présentant la même résistance à chaud qu'à froid. Prescott ajoute à un alliage de magnésium et d'aluminium 2 à 12 %, de cadmium. Enfin on ajoute du cadmium aux alliages de plomb, étain, et bismuth pour augmenter la fusibilité. L'alliage de Wood qui fond à 65° se compose de 2 Cd, 2 Pb, 2 Sn, et 7 Bi. On obtient un alliage fondant à 63° avec 3 Cd, 8 Pb, 4 Sn, et 15 Bi. Ces alliages servent à prendre des moulages délicats et à faire des clichés pour l'impression. On peut les employer comme bains de trempe.

Le cadmium est déposé par électrolyse sur le fer pour le préserver de la rouille. On emploie une solution de carbonate fraîchement précipité dans le cyanure de potassium. Le dépôt se fait le mieux à la température de 40° et sous une tension de 4 à 5 volts, en employant une anode en cadmium.

$$\text{ALUMINIUM} \quad Al = 27.$$

L'aluminium a été isolé par Wöhler en 1827 en décomposant le chlorure d'aluminium par le potassium; il obtenait une poudre métallique grise. En 1854 H. Sainte-Claire Deville le prépara industriellement.

Les minerais employés pour la préparation de l'aluminium sont le corindon ou alumine cristallisée aux États-Unis; la beauxite ou alumine hydratée très exploitée en France et la cryolithe, fluorure double d'aluminium et de sodium qu'on extrait d'un filon du Groëland.

Préparation. La méthode de Sainte Claire Deville qui a été employée jusqu'en 1887 consiste à réduire le chlorure double d'aluminium et de sodium à la température du rouge blanc. On ajoute de la cryolithe comme fondant. Le chlorure double d'aluminium et de sodium se prépare en faisant agir un courant de chlore gazeux sur un mélange d'alumine, de sel marin et de goudron. L'aluminium qui en 1855 coûtait 3.000 frs le kilog, n'en valait plus que 300 en 1857 après les travaux de Sainte Claire Deville. En 1887 il était descendu grâce aux perfectionnements apportés dans les appareils à 80 fr.. Depuis qu'on l'obtient par des procédés électriques son prix a baissé jusqu'à 4 fr. et ses emplois sont devenus plus nombreux.

Pour obtenir l'aluminium pur on décompose par électrolyse le fluorure double d'aluminium et de sodium fondu. Au fur et à mesure de la décomposition du fluorure on alimente le bain au moyen d'alumine pure. Celle-ci s'extrait de la beauxite en calcinant le minerai avec du carbonate de soude. Une lixiviation donne une solution d'aluminate de sodium d'où l'on précipite l'alumine au moyen d'un courant d'acide carbonique. Pour diminuer la température de fusion, Hall ajoute des chlorures alcalins ; Minet dans le même but opère sur un mélange de 1 de fluorure d'aluminium et de sodium et 2 de fluorure de sodium. Le procédé Hall (br. amér. 1889) est expiré. Le brevet Bradley n'expire qu'en 1909.

On obtient des alliages de cuivre et d'aluminium en traitant au four électrique un mélange de cuivre, d'alumine et de charbon (Procédé Cowles). Il n'y a pas électrolyse mais dissociation de l'alumine, car on peut employer dans cette opération les courants alternatifs.

La production d'aluminium a atteint 9000 t. en 1905.

Propriétés physiques. — L'aluminium est le plus léger des métaux usuels ; sa densité est 2, 56 et s'élève à 2, 7 par le laminage. C'est ce qui le fait utiliser, soit pur, soit allié à de faibles proportions d'autres métaux, le pour les équipements militaires, dans la construction des voitures, des chalands et des canots démontables, etc. L'aluminium est blanc légèrement bleuâtre ; de petites quantités de fer ou de silicium le rendent plus bleu, l'étain et le bismuth le rendent blanc argent. Sa dureté est assez faible, à peu près égale à celle de l'argent. La résistance à la rupture du métal laminé et recuit est 10 kg. avec 20 % d'allongement, il est très ductile et très malléable, aussi est-on souvent obligé de l'allier à d'autres métaux. Sa sonorité est très grande et il remplace souvent le bronze pour les timbres. Il est bon conducteur (résistance spécifique 2, 503) et on l'emploie parfois à la place du cuivre pour les transmissions électriques. La mission Monteil au Soudan a employé pour la télégraphie militaire du fil d'aluminium à 6 % de cuivre. Hopfel l'a proposé pour fils de bobines. L'aluminium fond à 625° et n'est pas sensiblement volatil aux plus hautes températures de nos fourneaux.

L'aluminium est susceptible d'un beau poli et prend un éclat comparable à celui de l'argent. Le meilleur procédé de polissage consiste à plonger le métal dans un bain de soude caustique concentré, puis dans un mélange de deux parties d'acide nitrique et d'une d'acide sulfurique concentré, puis dans l'acide nitrique pur et dans l'acide acétique étendu. On lave ensuite à l'eau et on sèche à la sciure de bois puis on polit à l'hématite ou avec un linge enduit de vaseline.

Propriétés chimiques. — L'aluminium n'est pas attaqué à froid par l'air sec, ni par l'eau privée d'air. À l'air humide le métal se couvre d'une couche d'alumine très mince mais continue et imperméable. Il en est de même à chaud, et on peut fondre l'aluminium au contact de l'air sans qu'il y ait une oxydation sensible. L'hydrogène sulfuré n'a aucune action sur l'aluminium. C'est ce qui fait employer l'aluminium battu en feuilles au lieu d'argent dans les papiers de tenture et cuirs argentés.

Les acides azotique et sulfurique étendus ou concentrés attaquent superficiellement l'aluminium, mais il se recouvre immédiatement d'une couche
de bioxyde d'azote ou d'hydrogène qui protège le métal. Watson Smith, après
avoir étudié l'action de différents composés acides, alcalins ou salins sur
l'aluminium, a proposé l'emploi de vases de ce métal pour le transport
de l'acide azotique. L'acide chlorhydrique étendu attaque lentement l'aluminium ; concentré il l'attaque énergiquement avec un dégagement tumul-
tueux d'hydrogène. Les solutions alcalines attaquent rapidement l'aluminium. Il se produit un dégagement d'hydrogène et une solution d'aluminate.

L'action du sel marin a une grande importance car on a essayé l'aluminium
pour les ustensiles de cuisine. Les solutions de sel attaquent le métal en présence de l'air et il se forme de l'alumine Mais la couche d'oxyde formée ne
préserve pas le métal contre l'action ultérieure. Les solutions de carbonates,
de sulfates, de borates et de silicates alcalins oxydent l'aluminium. L'aluminium pour les ustensiles de cuisine est donc peu pratique car l'action des
liquides salés et des lessives alcalines ne tarde pas à les mettre hors de service ; toutefois l'emploi n'en est pas dangereux, car les sels d'aluminium
sont sans inconvénient pour la santé.

On a dû aussi renoncer à l'emploi de l'aluminium pour les coques d'embarcations destinées à la navigation marine, l'eau de mer en présence de l'air
attaquant rapidement le métal surtout s'il est allié à de faibles proportions
d'un autre métal. Les fils de transmission électrique en aluminium sont aussi
très rapidement attaqués dans les districts industriels où l'air contient de
faibles proportions d'acide sulfureux.

L'aluminium ne décompose pas les azotates mais il précipite rapidement
de leur solution chlorhydrique les métaux plus électro-négatifs que lui-même.
Les solutions de sulfates et les solutions alcalines des divers métaux attaquent
l'aluminium, ce qui cause des difficultés pour recouvrir l'aluminium
de cuivre, d'argent ou d'or. Pour le cuivrage il faut recourir à une solution
de nitrate de cuivre. Pour dorer ou argenter il faut d'abord cuivrer ou
comme l'ont indiqué Creswick et Show (1904) étamer dans une solution de
chlorure d'étain avec de l'alun ammoniacal. Cependant Nauhardt (br. all. 98)
a indiqué qu'on pouvait argenter l'aluminium par galvanoplastic dans un
bain froid de parties égales de nitrate d'argent et de phosphate d'ammonium.

L'aluminium forme un seul oxyde : l'alumine ; 18 gr. d'aluminium dégagent
en se transformant en alumine 131, 2 calories. L'aluminium est un réducteur puissant car 112, 5 de métal se combinent à 100 d'oxygène et équivalent
par suite à 140 de silicium ou à 350 de manganèse. On l'emploie dans les
aciers pour éviter les soufflures et pour réduire l'oxyde de fer. Le mélange
de limaille d'aluminium et d'un oxyde métallique peut être enflammé au
moyen d'une cartouche formée d'un mélange d'aluminium et de bioxyde de
barium. La température obtenue peut atteindre 3.000 degrés et suffit pour

la fusion de l'alumine produite. On peut utiliser la haute température obtenue pour braser, pour souder, pour chauffer des rivets, etc. Cette méthode de réduction des oxydes métalliques est la seule qui permette d'obtenir les métaux exempts de carbone et de silicium et on l'emploie pour obtenir le chrôme, le manganèse, le tungstène, le titane, l'uranium, le vanadium, le glucinium etc. L'aluminium est employé aussi dans la préparation des métalloïdes. Il réduit le métaphosphate de sodium, l'acide borique, le fluosilicate de potassium. On obtient ainsi le phosphore, les borures d'aluminium, le silicium.

La haute température produite par la combustion de l'aluminium en donnant un oxyde difficilement fusible permet de l'utiliser pour l'éclair photographique. On a indiqué plusieurs formules ; citons celles de Weiss (br. fr. 98) 4 Al et 6 perchlorate de potassium, de Villon 10 Al, chlorate de potassium 25, salpêtre 5, sulfure d'antimoine 4 ; de Demôle, 1 Al, 2 permanganate de potassium.

L'aluminium forme des alliages avec la plupart des métaux. Les alliages avec le sodium, le borium décomposent l'eau à la température ordinaire et donnent de l'hydrogène. Ils peuvent se combiner au carbone et dégagent en décomposant l'eau des carbures d'hydrogène. Le carbure d'aluminium décompose l'eau en dégageant du méthane.

Usages. — Nous avons examiné en étudiant les propriétés physiques et chimiques de l'aluminium les principaux usages de ce métal. Nous examinerons les détails de l'emploi de l'aluminium pur dans la fabrication des objets en aluminium et dans la métallurgie du fer ; et aussi les alliages de l'aluminium.

L'aluminium peut se mouler au sable. On débarrasse les pièces du sable qui y adhère au moyen de brosses en fil de fer. Le travail de l'aluminium avec les outils demande quelques précautions car il graisse les outils. Pour empêcher le burin de glisser on se sert d'essence de térébenthine mélangée d'un quart de son poids d'acide stéarique ou d'huile d'olive additionnée de rhum.

La soudure de l'aluminium présente des difficultés, car les soudures ordinaires ne font pas adhérence. Christofle constata que le zinc et l'étain mouillent l'aluminium mais la soudure au zinc est cassante, celle à l'étain se désagrège rapidement. Mourey a résolu le problème par l'emploi d'un alliage de zinc avec l'aluminium et un peu de cuivre rouge : Zn 80 à 94, Cu 4 à 2 Al 16 à 1. Cette soudure exige une température élevée aussi en a-t-on cherché d'autres et un grand nombre de formules ont été proposées depuis: Neild Barnes et Campbell 1897 Zn 80, Ag 15, Al 5; Richer et Lalas 1899 Z n 383, Sn 334, Pb 183 ; Nicolaï et Börner en 1902 Al 1, Zn 5, Cd 5, P b 1/2; Galget et Rain en 1902 Zn 810 à 330, Sn 190 à 670; Neild et Campbell (1902), Sb 5, Al 5, Zn 90, Trezel et Compte de Monby (1904) Zn 100, Bi 2, Ni 1. La baguette est argentée pour souder l'aluminium pur et nickelée pour souder les alliages. — Une soudure récente paraît avoir encore mieux résolu la question.

L'aluminium tend à se substituer au laiton et aux autres métaux là où une diminution de poids est importante comme dans les montures des instruments d'optique, les loquets et les ornements métalliques des wagons. Il tend à remplacer le bois dans les machines de filature surtout pour les bobines.

On tend à remplacer le papier d'étain par le papier d'aluminium autorisé par le Congrès d'hygiène de 1900. Les feuilles d'aluminium de 1/100 millim. d'épaisseur coûteraient 8 fr. le kg. avec un minimum de 30 mq. au kg.

Dans la métallurgie du fer l'aluminium est employé pour les moulages à la dose de 1/2 à 1 kg. par tonne de fonte ; il facilite la fusion et donne au métal un grain plus serré L'addition d'aluminium dans l'acier au moment de la coulée calme le bouillonnement et active le refroidissement. Les moulages sont exempts de soufflures. On place dans les moules de petites barres d'aluminium aux points où l'on a lieu de craindre des soufflures. Pour l'acier Martin on ajoute de 56 à 140 gr. par tonne, et pour l'acier Bessemer on va jusqu'à 170 gr. L'aluminium introduit dans le fer à haute température provoque un changement d'état moléculaire pendant lequel il se dégage de la chaleur, le carbone dissous dans le fer est changé en graphite. Le protoxyde de fer est réduit avec formation d'alumine. Si on ajoute 1 à 3 % d'aluminium à l'acier la résistance et la limite élastique sont augmentées. On recommande aussi l'aluminium dans le moulage du cuivre pour éviter les soufflures et réduire le sous-oxyde de cuivre dissous dans le métal. Mais il ne peut entrer dans les métaux dont la résistance aux efforts extérieurs doit être grande.

L'Al donne un amalgame avec le mercure. Des masques respiratoires à treillis de fil d'Al sont employés dans les mines de mercure pour arrêter les vapeurs de ce métal.

Alliages d'aluminium. — L'aluminium forme deux classes d'alliages, les uns légers où l'aluminium domine, les autres où la proportion d'aluminium est faible. Nous allons étudier les premiers et dire quelques mots des seconds qu'on étudiera avec le métal dominant.

L'aluminium est trop tendre et trop malléable pour beaucoup d'usages. On le durcit sans augmenter beaucoup sa densité en l'alliant à de faibles proportions d'autres métaux. Ce sont les alliages légers. En général ces alliages résistent moins bien que l'aluminium pur aux actions chimiques. Les premiers employés furent les alliages avec 2 à 3 % de cuivre. Ces alliages laminés ont été employés pour des fils électriques et télégraphiques pour la construction de chalands et d'embarcations démontables qui servent aux transports sur le Niger, le Congo, l'Oubanghi ; une embarcation de ce genre a été employée par la mission Marchand. On a essayé l'emploi de ces alliages pour la construction des torpilleurs ; mais l'eau de mer les attaque trop rapidement et on y a renoncé. Le wolframinium ou alliage avec le tungstène possède une plus grande résistance à la traction ; l'alliage avec 1 à 5 % de cobalt augmente la dureté (Pearson). On a essayé l'alliage avec le chrôme. L'alliage 80 d'aluminium et 20 de nickel sert à faire des fils pour la passementerie. L'alliage de Bourbouze 90 d'aluminium et 10 d'étain a la même fusibilité que le métal pur et une densité de 2, 58. Il est plus facile à travailler. L'alliage avec le magnésium appelé magnalium par L. Moch est plus résistant que l'aluminium aux actions chimiques et est presque aussi blanc que l'argent ; avec 10 % Mg. sa résistance est comme celle du zinc ; 15 % comme celle du laiton, 25 % celle du bronze.

Avec l'antimoine, l'aluminium forme un composé dont le point de fusion est supérieur à celui de l'acier doux. On l'obtient sous forme d'une masse gris foncé bien homogène à cassure cristalline. Il n'est pas altéré par l'air sec à la température ordinaire : à haute température l'antimoine se volatilise lentement et l'aluminium s'oxyde à l'air. A froid l'air humide altère l'alliage ; il se délite en formant une poudre noirâtre qui contient de l'alumine et il se dégage de l'hydrogène antimonié. L'eau froide donne un dégagement lent et régulier d'hydrogène antimonié. A chaud l'attaque est beaucoup plus vive. Avec un alcali caustique il se forme un aluminate et l'hydrogène antimonié est mélangé d'hydrogène. L'acide chlorhydrique attaque l'alliage en donnant le même dégagement. L'alliage sert à former des alliages complexes comme l'aluminium nickel antimoine.

Parmi les nombreux alliages complexes proposés citons celui Prescott composé de 70 à 90 d'aluminium 18 à 5 de magnésium et 12 à 2 de cadmium qui sert à faire des cloches et des ornements car il se moule bien, celui de Kneppel composé de 5 à 7 parties d'aluminium 1 de zinc et 2 d'alliage de Babbit (96 d'étain, 8 d'antimoine et 4 cuivre).

Outre ces alliages légers on emploie des alliages où l'aluminium n'est plus le métal dominant. Citons le bronze d'aluminium formé de 90 de cuivre et 10 d'aluminium. On ajoute de l'aluminium dans les laitons, dans le maillechort. Nous étudierons ces alliages avec le cuivre. L'addition d'aluminium à un alliage de cuivre et de manganèse rend celui-ci magnétique. Les propriétés magnétiques s'accentuent quand la proportion d'aluminium augmente jusqu'à 14 %. Alliage type 26 Mn 14 Al 60 Cu.

Glucinium ou Béryllium Gl = 9, 1.

La glucine a été découverte en 1798 par Vauquelin dans l'émeraude de Limoges qui est un silicate double d'aluminium et de glucinium. Woehler, en 1828, a isolé le métal, en réduisant le chlorure de glucinium par le potassium. On le prépare maintenant par l'électrolyse.

Le glucinium est un métal blanc de densité 2, 1. Il est plus léger que l'aluminium, plus résistant que le fer et meilleur conducteur que le cuivre. Bien qu'il soit jusqu'à présent resté sans usage, il lui est sans doute réservé un grand avenir.

GALLIUM Ga = 70.

Il a été découvert en 1875 par Lecoq de Boisbaudran. Cette découverte a produit une grande sensation dans le monde savant parce qu'elle fut le résultat d'une théorie préconçue. Parmi les conclusions des essais de classification se trouvait la probabilité d'existence d'éléments inconnus qui venaient remplir les places laissées vides dans les séries naturelles. Lecoq de Boisbaudran fut assez heureux pour découvrir dans une blende au moyen de l'analyse spectrale un nouvel élément qu'il nomma gallium. Il l'isola ensuite et constata qu'il correspondait à l'ékaluminium hypothétique de Mendelejeff.

On obtient le gallium métallique par l'électrolyse d'une solution d'oxyde de gallium dans la potasse.

C'est un métal blanc bleuâtre fondant à 30°, 5 et restant aisément à l'état de surfusion. La densité à 24° est 5, 95.

Il est caractérisé au spectroscope par deux belles raies violettes. Il ne s'oxyde pas à l'air au-dessous du rouge. Il donne avec l'oxygène un sesquioxyde dont le sulfate forme des aluns isomorphes avec l'alun ordinaire. Ce métal est resté jusqu'à présent à l'état de curiosité.

INDIUM In = 113, 4.

Ce métal a été découvert par Richter en 1863 dans la blende de Freiberg. On l'obtient en le précipitant de son sulfate par le zinc pur.

C'est un métal blanc, plus mou et plus malléable que le plomb. Sa densité est 7, 4 et il fond à 176°. Il est caractérisé au spectroscope par une raie intense dans le bleu foncé et une raie pâle dans le violet. Il forme un sesquioxyde analogue à l'alumine et formant un alun ammoniacal. Ce métal est sans emploi pratique jusqu'à présent.

Métaux des terres rares. — Ces métaux entrent dans la composition de silicates que l'on trouve dans les syénites et les gneiss de la Scandinavie ou des deux Amériques. Les principaux de ces silicates sont la cérite, la gadolinite, la monazite. Ces métaux se trouvent aussi à l'état de tantalates et niobates (pyrochlore, samarskite).

Dans ces minéraux complexes *Gadolin* trouva en 1794 l'Yttria d'où Wœhler tira l'yttrium (1828). *Berzélius* trouva en 1803 le cérium, *Mosander* le lanthane (1839), le didyme (1842), l'erbium et le terbium (1843). Mais la liste des métaux de ces minéraux était loin d'être close et depuis *Lecoq de Boisbaudran* trouva le samarium, *De la Fontaine* le décipium et le philippium (1878), *de Marignac* le gadolinium, *Nilson* le scandium et *Auer de Welsbach* découvrit que le didyme se composait de deux métaux, le néodyme et le praséodyme (Laboratoire à Treibach, Carinthie).

Ces métaux ne sont pas tous complètement étudiés, plusieurs n'ont pas été isolés en quantités suffisantes à l'état métallique. D'après *Muthmann* et *Weiss* le cérium et le lanthane sont plus durs que l'étain, le néodyme et le praséodyme plus durs que le zinc, le samarium est le plus dur de tous. Les densités sont ; Cérium 7,04; Lanthone 6,15; Néodyme 6,95 ; Praséodyme 6,47 ; Samarium 7,7 à 7,8. Les points de fusion sont : Cérium 623, Lanthane 817, Néodyme 840, Praséodyme 940.

Les oxydes de tous ces métaux se forment avec un fort dégagement de chaleur. Un alliage de tous ces métaux qu'on obtient facilement en réduisant au four électrique le mélange d'oxydes qu'on tire directement des minerais est un réducteur puissant et pourrait être utilisé.

Le *cérium* forme deux oxydes. Les sels de peroxyde de cérium donnent un affaiblissement qui agit d'une façon uniforme sur les différentes parties de l'image photographique. L'oxyde de cérium entre avec ceux de zirconium et de thorium dans la composition des manchons des becs à incandescence (becs Auer) : l'oxyde de Th sert de support, *Foix* (C. R., 1907). Un briquet 7 p. Ce et 3 p. Fe donne des flammes de 10 à 15 cm. .

Fer Fe = 28.

Historique. — Le fer est le métal le plus utile et le plus employé ; comme a dit *Fourcroy*, il est l'âme de tous les arts, la source de presque tous les biens et la perfection de son travail est partout le terme de l'intelligence. L'agriculture emploie le fer pour tous ses instruments et il n'est pas une seule des industries humaines qui ne fasse usage d'outils en fer.

Le fer a été employé dès les temps préhistoriques. Les Égytiens l'ont employé très anciennement, car on retrouve au Sinaï des scories bien antérieures à Moïse. On a trouvé du fer recouvert de bronze dans les fouilles de Ninive. Aux Indes, en Chine et au Japon, l'usage du fer remonte à une très haute antiquité. Les Hindous ont les premiers obtenu l'acier fondu (acier wootz) et les artisans japonais ont su donner aux lames de sabre des qualités telles que nos meilleurs aciers n'en approchent pas. Homère parle du fer dans son épopée, mais son œuvre prouve que l'usage de ce métal était très rare, car les armes étaient encore en bronze. Les Grecs ont exploité des mines de fer au mont Taygète; ce fer très estimé a dû être le principal objet d'échange des habitants de la région et par suite est devenu l'étalon de la valeur des objets, de sorte que les lois de Sparte ont pu imposer l'usage d'une monnaie de fer.

Dans toute l'antiquité et au moyen âge jusqu'au xiv° siècle on a extrait le fer directement des minerais sans passer par la fonte qui était inconnue des Romains comme le prouvent les fouilles de Pompéi. On employait sans doute un procédé analogue à celui qui est décrit dans toutes les chimies sous le nom de méthode catalane. Cette méthode a été employée jusqu'en

1850 environ, mais elle est maintenant tout à fait abandonnée. Au point de vue chimique, elle était caractérisée par la formation d'une scorie qui était un silicate de fer et d'aluminium très fusible, en outre elle permettait d'obtenir du fer de bonne qualité avec des minerais impurs tels que le fer des marais qui, traités au haut-fourneau, auraient donné des fontes très phosphoreuses. Nous n'insisterons pas davantage sur cette méthode historique.

Avant de clore cet aperçu historique et d'étudier successivement la fonte, puis le fer et l'acier, notons qu'on trouve du fer natif. Le fer forme un certain nombre d'aérolithes; il est allié au carbone, au nickel et au phosphore, parfois à d'autres métaux. On a trouvé du fer natif d'origine terrestre et contenant du carbone dans le basalte de Ovifack (Groëland). On suppose que l'homme utilisa le fer des aérolithes avant d'extraire le métal de ses minerais. Pallas rapporte que des tribus sibériennes fabriquaient des couteaux par cette méthode et Améric Vespuce dit avoir observé chez les indigènes de la Plata un usage analogue.

Fer. — Avant d'étudier les fers et aciers de l'industrie et leur métallurgie, nous étudierons les propriétés et les rares usages du fer pur. Celui-ci s'obtient à l'état compact en électrolysant une solution de chlorure de fer mêlée de chlorure d'ammonium. Sa densité est moins grande que celle des fers du commerce et le métal plus dur que le fer de Suède. En électrolysant les sels de protoxyde purs le fer obtenu est très friable et peut se réduire en poudre dans un mortier pour les usages médicaux. Sa densité est 8. 14, plus grande que celle du fer de Suède. Il sert à aciérer les planches de cuivre.

On obtient du fer pur en cristaux cubiques en réduisant le protochlorure de fer par l'hydrogène et du fer pulvérulent en réduisant le sesquioxyde de fer au-dessous de 900°. S'il est réduit au-dessous du rouge sombre (entre 525 et 600) le fer projeté dans l'air s'enflamme (fer pyrophorique) spontanément. Il décompose l'eau lentement à 15° et rapidement à 100°. Réduit au-dessus du rouge il ne possède plus ces propriétés et est employé en médecine comme tonique et astringent.

Le fer déposé en électrolysant un mélange de sels de fer et d'ammonium, absorbe jusqu'à 260 fois son volume d'hydrogène ; il le dégage lentement à la température ordinaire et rapidement à 100°. Le fer électrolytique chauffé pour chasser H n'est plus attaqué par les acides.

Le fer est inaltérable à l'air sec à la température ordinaire. A l'air humide il se rouille en formant du sesquioxyde. Nous avons étudié dans les propriétés des métaux comment se formait la rouille. Voir in J. of the Chem. Soc. 1905, pp. 1548 et s 9. Au rouge vif le fer brûle en formant de l'oxyde magnétique Fe^3O^4. Une barre de fer chauffée progressivement s'oxyde superficiellement en prenant des colorations diverses qui indiquent la température obtenue : jaune 225°, orange 245°, rouge 265°, violet 277°, indigo 288, bleu 293, vert 322, gris d'oxyde 400 ;puis il devient lumineux:

rouge naissant 525°, rouge sombre 700°, cerise naissant 800°, cerise 900, cerise clair 1000°, orangé foncé 1100, orangé clair 1200, blanc 1300.

Le fer est préservé de la rouille si on le recouvre d'une couche continue d'oxyde magnétique (procédé de Lavoisier), ou bien de zinc ou d'étain (fer galvanisé ou étamé), ou bien d'une peinture à base d'oxyde de fer ou de céruse, ou encore d'un corps gras. Il se conserve bien dans de l'eau additionnée de carbonate de sodium ; la grenaille de fer peut remplacer celle de plomb dans les laboratoires pour le lavage des verres, en la conservant ainsi. On peut aussi protéger le fer et la fonte en l'émaillant ; sur l'émaillage, voir Mon. Sc., 1906 ; et Amer. céramic. Soc., VIII.

Action de l'eau et des acides. — Au rouge le fer décompose l'eau en formant de l'oxyde magnétique ; c'est un procédé de préparation de l'hydrogène. L'acide chlorydrique, étendu ou concentré, attaque le fer en dégageant de l'hydrogène ; l'acide sulfurique étendu l'attaque à froid ; concentré il ne l'attaque qu'à chaud en dégageant de l'acide sulfureux au lieu d'hydrogène. L'acide azotique étendu ou ordinaire l'attaque vivement ; mais le fer n'est pas attaqué par l'acide monohydraté. Après immersion dans cet acide il n'est plus attaqué par l'acide ordinaire ; on l'appelle fer passif. La passivité disparaît si on touche le fer dans l'acide avec un morceau de fer non passif.

Action des métalloïdes. — Le fer se combine à tous les métalloïdes sauf à l'azote. Le carbone jusqu'à une teneur de 3 0/0 forme dans le fer une dissolution solide ; il s'y diffuse comme les sels dans une solution aqueuse. C'est ainsi qu'on cémente le fer. Dans le fer carburé ou acier refroidi lentement on voit au microscope du fer pur à l'état de ferrite et du carbure de fer, ou cémentite ($Fe\ C^3$) moins attaquable par les acides. Si on dissout le fer carburé dans un acide, il se dégage des carbures d'hydrogène. Avec l'acide azotique il se forme des composés colorés. La teinte renseigne sur la proportion de carbone combiné. Si l'acier est trempé la structure se modifie et l'analyse micrographique permet de reconnaître en outre de la ferrite et de la cémentite, trois éléments distincts appelés troostite, marteusite et perlite ou austénite. Si on dissout l'acier trempé dans un acide, une partie du carbone reste à l'état de graphite ; il était donc à l'état de dissolution (carbone de trempe).

Le phosphore se combine au fer ; et le rend cassant à froid. Le soufre est également combiné et rend le fer rouverin c'est-à-dire cassant à chaud. L'arsenic au contraire se trouve à l'état libre et son influence est peu nuisible. Le silicium forme avec le fer les siliciures $Fe^2\ Si$ et $Fe\ Si$; il forme comme le carbone mais jusqu'à 15 0/0 une solution solide ; jusqu'à 3 0/0 il a peu d'effet sur la ductilité du métal. Au-dessus de cette proportion le silicium diminue rapidement la ductilité qui devient nulle pour 4 0/0 Si. A partir de 5 0/0 la dureté augmente beaucoup et il devient difficile de travailler les barres sans les briser. Le bore peut agir comme le carbone mais son action est plus faible.

L'influence de la présence de l'azote dans les fers et aciers a été traitée par H. Braune dans la Revue de Métallurgie, 1905, p. 497, cf. 898.

Le fer peut se combiner avec Co. Le fer carbonyle $Fe(CO)''$ est un liquide jaune bouillant à 103°.

Action des métaux. — Parmi les métaux qu'on introduit dans les aciers, l'aluminium, le nickel, le cuivre, le titone et l'étain entrent en solution dans le fer. Le manganèse entre en solution dans le fer et dans le carbure de fer avec lequel le carbure de manganèse est isomorphe. Le chrôme, le tungstène le molybdène, le vanadium s'y trouvent en combinaisons bien définies. Mais en l'absence de carbone aucun des corps ne donne au fer la propriété de durcir par la trempe, et les études faites ont montré que les alliages de fer et des métaux exempts de carbone sont sans intérêt pour l'industrie.

L'argent et le platine s'allient au fer et de petites proportions le rendent peu attaquable aux acides. Ces alliages ont été employés pour imiter l'acier damassé.

Le fer pur est très ductile et très maléable, plus blanc que le fer ordinaire. Sa température de fusion entre 1500 et 2000 ne peut être précisée car le fer passe par toutes les consistances intermédiaires entre l'état solide et l'état liquide, ce qui fait que le fer se soude à lui-même sans l'interposition d'un alliage. Le platine, le palladium, le potassium et le sodium ont cette même propriété. La densité du fer de Suède forgé ou étiré en fil varie de 7,9 à 7,75. Elle diminue par l'écrouissage. Le fer est le métal le plus magnétique.

États allotropiques. — La propriété la plus remarquable du fer est celle que les études d'Osmond ont démontrée, d'offrir trois états allotropiques distincts, peut-être quatre. L'élévation de température provoque le passage de l'un des états à l'autre et la transformation est réversible. A 750° se produit un changement d'état, le fer absorbe de la chaleur, se contracte et perd ses propriétés magnétiques; à 900° se produit un second changement d'état. Il semble se produire une troisième transformation au-dessus de 1280°.

Le carbone a pour effet d'abaisser le point de transformation du fer de 900° à 700° pour 0,9 0/0 C ; le point de transformation se relève pour les teneurs supérieures. Les différents métaux qu'on ajoute dans les aciers spéciaux modifient la position des points de transformation. La trempe à une certaine température a pour effet de conserver une partie du métal à l'état qu'il avait pris à cette température. On s'explique ainsi les effets de la trempe et du recuit et les différents traitements qu'on doit faire subir aux aciers spéciaux selon leur composition. On voit quelle est l'importance au point de vue industriel des faits démontrés par Osmond.

L'action des divers éléments sur le fer carburé offre un grand intérêt pour les aciers. Le silicium précipite le carbone à l'état de graphite. Si on ajoute du titane ou de l'étain jusqu'à 10 0/0 le carbone reste combiné, le titane est en solution, l'étain forme une combinaison visible au microscope.

Fonte. — La fonte est produite par la réduction d'un oxyde de fer dans un four à cuve de grande dimension (haut fourneau). Comme la température à laquelle est soumise le fer réduit est très élevée, celui-ci se combine au carbone et forme la fonte. La gangue qui accompagne le minerai forme un silicate multiple qui coule également du haut fourneau (laitier).

Minerais de fer. — Examinons d'abord quels sont les minerais de fer. On trouve dans la nature : 1° l'oxyde magnétique (magnétite (Fe³ O⁴) qui se présente en octaèdres ou en masses compactes d'un gris d'acier ; il possède des propriétés magnétiques très prononcées et quelquefois forme des aimants naturels. On le trouve en masses importantes en Suède, dans l'Oural etc. C'est le minerai le plus riche. 2° le peroxyde de fer (Fe² O³) appelé oligiste s'il est cristallisé (Ile d'Elbe) et hématite quand il est en masses compactes (Bilbao etc.). Il est exempt de phosphore et contient un peu de manganèse. 3° le peroxyde de fer hydraté appelé limonite quand on le trouve en masses terreuses, fer en grain, fer pisolithique, fer oolithique (Lorraine et Luxembourg) quand on le trouve en grains plus ou moins gros. Il contient du manganèse et souvent du phosphore. 4° le carbonate de fer ou sidérose qui mêlé à de la houille forme les gites dit *black hand* dans le terrain houillier. (Angleterre etc.). 5° le silicate de fer ou chamoisite qui est quelquefois employé comme minerai. 6° la pyrite qui après avoir servi à la fabrication de l'acide sulfurique est employée comme minerai de fer si elle ne contient pas de cuivre.

Fabrication de la fonte. — Le carbonate est d'abord calciné pour chasser l'acide carbonique ; on calcine parfois la limonite pour en chasser l'eau. Les pyrites grillées qui sont en menus très fins sont au préalable en général agglomérées avec de la chaux ou de l'argile. On traite aussi comme minerai au haut fourneau les anciennes scories de fer obtenues par la méthode catalane et dont on rencontre en Europe des amas considérables. On mélange au minerai des scories des fours de réchauffage de l'acier.

Nous n'insisterons pas sur la forme et la construction des hauts fourneaux. La partie inférieure exige des briques très réfractaires. On a trouvé avantage à diminuer l'épaisseur des parois et à les refroidir systématiquement au moyen de plaques de fonte dans lesquelles se trouve un serpentin parcouru par un courant d'eau et qu'on encastre dans la maçonnerie. On a essayé dans certaines usines de faire le creuset en briques d'acier refroidies. La maçonnerie est étayée par des piliers et des anneaux en fonte ou en fer à I. Les tuyères sont à double enveloppe et à circulation d'eau ; elles se font en cuivre ou en bronze ; on a avantage à les faire en bronze d'aluminium. L'air soufflé est toujours chauffé ; mais, pour sa température, il faut considérer le combustible employé ; celui-ci peut être le coke ou l'anthracite ou le charbon de bois. Dans ce dernier cas, on n'a pas avantage à chauffer l'air au-dessus de 250° et l'on emploie des appareils à tuyaux en fonte chauffés par les gaz qui sortent du gueulard. Pour les autres, on a avantage à chauffer l'air le plus possible, ce qui augmente la production et diminue la quantité de coke brûlé par tonne de fonte. On chauffe jusqu'à 800° au moyen des appareils Whitwell ou Cowper en briques réfractaires qui utilisent le principe de la récupération. Les gaz chauds passent dans des chambres à empilages et parois en briques ; quand ces briques sont assez chauffées, on ferme le passage des gaz et on fait circuler en sens inverse l'air à réchauffer qui prend la chaleur que les gaz ont cédée aux briques. Le chauffage du vent a pour effet d'élever la température dans l'ouvrage et aux tuyères et de diminuer la zone où se produit la réduction du minerai. Plus on élève la température de l'air soufflé, plus on abaisse celle des gaz qui sortent au gueulard et moins on dépense de combustible par tonne de fonte. On dépense à présent 1.000 kg. de coke par tonne de fonte grise de moulage ; avec de l'air chauffé à 200°, on en dépensait 1.300 et, avec de l'air froid, 1.800. On dépense 1.000 kg. de charbon de bois. Sur les qualités d'un bon coke métallurgique, voir Weill (Rev. de Métallurgie, 1905, p. 557).

Le dessèchement de l'air des hauts fourneaux a été réalisé par Gayley au moyen de machines frigoriques (Bull. de la Soc. d'Encouragement pour l'Industrie nationale, 1904). Steinhart emploie un simple réfrigérent à circulation d'eau (*The Engineer*, 1906, p. 401). Sur le procédé Gayley, voir Am. Inst. of mining enginiers, 1905 ; et Revue de métallurgie, 1904 et 1905.

Les réactions qui se produisent dans les hauts fourneaux ont été étudiées pour la première fois par Ebelmen. La réduction de l'oxyde de fer est faite par l'oxyde de carbone et est terminée avant que le mélange de minerai et de coke soit arrivé dans l'ouvrage. On n'arrive pas à réduire la teneur en oxyde de carbone des gaz du gueulard à moins de 23 %, car cette réduction de l'oxyde de fer ne se produit pas en présence d'un mélange à volumes égaux d'acide carbonique et d'oxyde de carbone, car le fer pulvérulent réduit l'acide carbonique en donnant de l'oxyde de carbone. On a toujours au moins 28 % d'oxyde de carbone dans les gaz du gueulard. Dans l ouvrage, le fer chauffé se combine au carbone, au silicium et au phosphore s'il en existe. Le laitier se forme. La composition de ce dernier change selon le combustible employé. C'est un bisilicate dans le cas du charbon de bois et un monosilicate dans le cas du coke ou de l'anthracite. Cette composition basique du laitier est nécessaire pour que le soufre contenu dans le coke ou dans l'anthracite passe en grande partie dans le laitier au lieu de passer dans la fonte. Pour arriver à la composition voulue pour le laitier on ajoute un fondant, en général du calcaire (castine), parfois des schistes siliceux (erbue) pour les minerais calcaires ou de la beauxite pour des minerais à gangue siliceuse et calcaire. Le laitier du fourneau au charbon de bois est beaucoup plus fusible que celui du fourneau au coke, et la température à atteindre est bien moins élevée dans le premier cas. Aussi la sillice n'est-elle pas réduite et les fontes au bois sont exemptes de silicium ; on peut aussi employer dans ce cas comme castine un calcaire phosphaté, sans que le phosphore passe dans la fonte. Il n'en serait pas de même avec un fourneau au coke.

On augmente le plus possible les dimensions des hauts fourneaux pour accroître la production journalière ; la hauteur est limitée par la friabilité du combustible. On ne dépasse pas 15 à 16 mètres pour les fourneaux à charbon de bois ; en Europe, on ne dépasse guère 22 mètres pour les fourneaux au coke et on produit environ 100 tonnes par jour (140 au maximum). Aux États-Unis, les hauts fourneaux ont jusqu'à 28 mètres de haut. Les pressions du vent sont beaucoup plus élevées et on arrive à produire 350 tonnes par jour ; d'après G. Rivière (Soc. des Ingénieurs civils, 1905), on arriverait à 500 et même 800 tonnes par jour. Cette production aussi élevée nécessite l'emploi d'appareils mécaniques pour le chargement du fourneau. Les parcs à charbon et minerai sont desservis par des ponts roulants et des excavateurs qui enlèvent d'un seul coup cinq tonnes de minerais. Des élévateurs mécaniques les montent au gueulard et les distribuent dans l'appareil de chargement. Un homme suffit pour le chargement du haut fourneau et la manœuvre de l'élévateur. L'appareil Langhlin économise la main-d'œuvre pour la coulée qui se fait dans des moules métalliques mobiles où la fonte se refroidit et est transportée ensuite automatiquement dans les wagons. Le prix des transports de matières et des manipulations est le principal facteur dans le prix de revient de la fonte. Il est aisé de comprendre qu'à moins de conditions spéciales de transport des minerais, les hauts fourneaux des régions minières ont un énorme avantage sur ceux des régions houillères, puisqu'on brûle seulement une tonne de coke et qu'on emploie environ deux tonnes de minerai pour une tonne de fonte.

L'utilisation de produits accessoires a aussi une grande importance. Dans les hauts fourneaux à anthracite, on épure les gaz et on recueille des goudrons et des sels ammoniacaux. Depuis qu'on emploie l'air chaud, il se forme au gueulard des dépôts d'oxyde de zinc appelés cadmies d'où l'on retire du zinc. Les poussières entraînées par les gaz contiennent quelquefois des produits utilisables ; le dépôt complet de celles-ci va probablement se répandre avec l'utilisation directe des gaz du haut fourneau dans les moteurs. Certains minerais contiennent du plomb et de l'argent. Le plomb traverse les parois du creuset et se solidifie dans les fondations. On peut le recueillir à la démolition du fourneau. On ménage parfois un réseau de petites galeries sous le creuset, ce qui permet de recueillir au fur et à mesure le plomb et l'argent.

On emploie une partie des gaz du fourneau pour chauffer le vent, le reste pour chauffer des générateurs à vapeur qui actionnent la machine soufflante. Depuis quelques années, on est arrivé à employer les gaz du haut fourneau directement dans des moteurs à gaz, ce qui donne pour la même quantité de gaz une puissance beaucoup plus considérable. Ainsi un haut fourneau sera un producteur d'énergie utilisable pour d'autres industries. Pour l'épuration des gaz des hauts-fourneaux, voir Stahl und Eisen, 1906, p. 27. La vapeur d'eau serait un bon épurateur *Ed. C. Jones.*

Les acrochages des hauts-fourneaux ont été traités dans la Revue de Métallurgie, 1904, p. 627.

Le laitier, dont le volume est cinq à six fois celui de la fonte, constitue pour les hauts fourneaux un embarras considérable. Aussi l'utilisation des laitiers a une grande importance. On les emploie pour les empierrements des routes, le ballastage des voies ferrées et comme pierre artificielle. En soufflant de l'air dans le laitier fondu, on produit la laine de scorie qu'on emploie dans la construction pour empêcher la transmission de la chaleur et du son. Elle empêche aussi l'invasion d'un bâtiment par les rongeurs, par l'action irritante qu'elle exerce sur la peau. En traitant le laitier au four électrique avec du charbon, on obtient la carbolite qui, par l'action de l'eau, dégage des gaz aussi éclairants que l'acétylène. Mais l'utilisation la plus sérieuse est la fabrication du ciment de laitier. Le laitier granulé (on granule le laitier en le faisant couler à sa sortie du fourneau dans une cuve à eau) est séché et mélangé à de la chaux éteinte ; quelquefois on mélange aussi de l'argile ; on calcine ensuite le mélange et on le broie. Le ciment obtenu est gris clair ; sa prise est lente et varie de 6 à 17 heures. Il ne résiste pas dans l'eau de mer, qui le réduit en poudre par l'action du sulfate de magnésium.

Historique. — Il semble assez difficile d'expliquer comment, en partant du procédé direct d'extraction du fer, on est arrivé à inventer et à adopter le procédé indirect qui consiste à faire d'abord de la fonte. Ceci ne s'est pas fait brusquement, mais par gradation, simplement en augmentant peu à peu la hauteur du fourneau dans le but de traiter dans une seule opération plus de minerai. En augmentant la hauteur, on a élevé la température et, par suite, une partie du fer se combinait au charbon et donnait de la fonte. On obtenait de la fonte et une loupe de fer et, en reconnaissant que le travail de la loupe était bien plus coûteux et difficile que celui de la fonte, on a fini par chercher à obtenir de la fonte au lieu de fer et on y est arrivé en augmentant les dimensions du fourneau. En 1760, on employait encore en Allemagne deux types de fourneaux. Dans l'un, appelé stuckhofen, on obtenait directement du fer et un peu de fonte. Dans l'autre, on obtenait de la fonte et, après la coulée, on retirait un laitier pâteux contenant des grains de fer qu'on séparait en broyant et lavant la masse sous le bocard. On voyait donc les divers termes de la transition.

En Angleterre, on voit dans l'église de Burwash une plaque funéraire en fonte datant de la fin du xive siècle, qui est probablement la plus ancienne pièce de fonte qui nous soit parvenue ; en 1543, on fondait en Angleterre des canons en fonte sous la direction de Ralph Hogg et d'un Français, Pierre Baude. En 1709, à Colebrook Dale, *John Darby* et *John Thomas* réussissent à obtenir de la fonte au moyen du charbon de terre, mais cette fonte qui convient au moulage est impropre à la fabrication du fer. En 1735, *Abraham Darby* arrivait à obtenir de la fonte propre à la fabrication du fer au moyen du haut fourneau au coke. En 1760, on remplaça les soufflets par des cylindres à piston. C'est en 1828 que *Neilson* préconisa l'emploi de l'air chaud ; il eut de la peine à faire adopter son idée, car on avait observé que les fourneaux produisaient moins de fonte et dépensaient plus de coke en été qu'en hiver, ce qu'on attribuait à la température de l'air, alors que c'était dû à l'augmentation de l'humidité. En effet, la vapeur d'eau soufflée se décompose en passant sur le charbon incandescent et donne de l'oxyde de carbone et de l'hydrogène libre en absorbant une grande quantité de chaleur. Depuis quelques années, on cherche à dessécher complètement l'air avant son passage dans les appareils de chauffage en le refroidissant de façon à congeler la vapeur d'eau. Les avantages de ce procédé sont encore très discutés.

C'est en 1814 que *Berthier*, en France, attira l'attention sur les gaz combustibles qui s'échappent du gueulard, et proposa de les utiliser à cuire de la chaux ou des briques, et *Aubertot* prit un brevet pour leur emploi à la cémentation. C'est en 1845 seulement qu'on les employa au chauffage de l'air.

Propriétés et usages de la fonte. — La fonte contient environ 95 % de fer allié au carbone (2,50 à 5), au silicium 0,1 à 4,5), au manganèse (0,1 à 2,5), au phosphore (0,04 à 2,5) et à un peu de soufre, 0,5 au maximum, et qu'on cherche à réduire au minimum. La fonte se classe d'après l'aspect de sa cassure fraîche en fonte grise, truitée ou blanche L'aspect de la fonte grise est dû à de petits grains de graphite disséminés dans la masse, tandis que le carbone de la fonte blanche est combiné. La fonte grise est à grains plus ou moins fins; la fonte blanche a une texture rayonnée ou rubanée, quelquefois spéculaire. La fonte blanche diffère en composition de la fonte grise surtout par sa faible teneur en silicium (0,1 à 1,5 au lieu de 3 à 4,5 dans les fontes grises). La proportion de carbone est un peu moins élevée (2,5 à 3,5 et 3 à 4,5 dans les fontes grises); pour la même teneur en carbone, la proportion de graphite est en raison de la proportion de silicium, car ce corps précipite le carbone dissous dans le fer. On peut changer une fonte blanche en fonte grise en y ajoutant du ferro-silicium. Les fontes résistent mieux que le fer à l'action de l'air humide et des acides.

La fonte blanche (densité de 7,44 à 7,84) prend l'état pâteux à 1150°; elle est très dure et très fragile et sert exclusivement à la fabrication du fer et de l'acier. La fonte grise (densité de 6,79 à 7,05) fond à 1220° et se moule très bien; en se solidifiant, son volume diminue d'environ 3 %, ses dimensions de 1 %. Les fontes grises sont employées en moulage pour les machines, les conduites d'eau et de gaz, etc. Elles se travaillent bien au tour et à la lime; leur résistance à la traction est de 12 kg. 5 et à la compression 75 kg. Au choc la fonte se brise aisément. La résistance de la fonte augmente quand on se rapproche de la fonte blanche. On emploie pour les ustensiles de cuisine en fonte de la fonte presque blanche pour avoir moins d'épaisseur. Le phosphore augmente la résistance; d'après T. West, 0,10 de phosphore ajouté à la fonte Bessemer augmente sa résistance de 25 à 75 %; il donne de la fluidité et facilite le moulage. On emploie des fontes à 3 % de phosphore pour les chaudières où l'on fait des attaques par l'acide sulfurique à cause de la résistance du phosphure de fer aux acides. Les fontes grises qui ne contiennent pas trop de silicium peuvent être changées en fonte blanche par un refroidissement brusque. Le refroidissement est produit en coulant la fonte dans un moule en fer ou en fonte assez épais. C'est ainsi qu'on fabrique les cylindres de laminoirs ; la composition indiquée pour cette fabrication est : C 3, Si 1,10, Mn 0,20.

Le moulage de la fonte se fait en général au sable ; il se fait souvent dès la sortie du haut fourneau. On coule ainsi les tuyaux. Pour les pièces de machine, on emploie la fonte en deuxième fusion. Celle-ci se fait le plus souvent dans un four à cuve (cubilot) soufflé ; c'est le procédé le plus économique ; on dépense de 10 à 15 kg. de coke pour 100 kg. de fonte ; on ajoute de la castine de 15 à 20 °/₀ du poids du coke pour scorifier les cendres ; le déchet de métal est de 3 à 10 °/₀. On emploie parfois le four à réverbère où l'on dépense 50 à 90 kg. de houille pour 100 kg. de fonte, surtout pour obtenir de grosses pièces qui exigent plus de fonte qu'on en peut emmagasiner dans un cubilot. Pour de petites pièces (bijoux en fer de Berlin), on fond la fonte dans des creusets en terre réfractaire ou en graphite ; souvent on chauffe dans un four à creuset ordinaire. Le four Piat est un four mobile à creuset qui permet de couler sans cesser de chauffer le métal ; son emploi évite des pertes et est plus économique.

Le moulage se fait aussi par des procédés mécaniques, tel à l'usine de Guise. Voir une étude de Guillet (Génie civil, 1906).

On cuivre la fonte par galvanoplastie ; c'est ainsi que sont faits les candélabres à Paris. Pour boucher les fentes qui se produisent sur les pièces de fonte, on peut employer un mastic composé de limaille de fer et de silicate de soude. Après nettoyage, on badigeonne la fente avec du silicate de soude et on applique le mastic, puis on laisse sécher. La tournure de fonte entre dans la composition du mastic de fonte qui forme des joints qui résistent très bien à l'eau et à la vapeur ; ce mastic se compose de 70 de tournure de fonte, 10 de sel ammoniac et 20 de fleur de soufre.

Production d'alliages au haut fourneau. — Le carbone entre comme élément constituant dans ces alliages. Ce sont des alliages de fer et manganèse, appelés spiegels quand la teneur en Mn est inférieure à 25 0/0 et ferromanganèse si la teneur dépasse ce chiffre, des ferro-silicium, des silicospiegel et des ferro-chromes. Les spiegels contiennent de 4 à 5 0/0 de carbone, les ferro-manganèse de 6 à 7 0/0. La fabrication de ces alliages exige une consommation de coke beaucoup plus élevée que celle de la fonte, et la production en Europe est concentrée presque complètement dans le pays de Galles. On a avantage à garnir le creuset d'un mélange de coke et de goudron.

Les ferro-silicium contiennent peu de carbone : 1,5 pour le ferro-silicium à 10 0/0 0,65 pour celui à 17 0/0. Les silico-spiegels sont les plus difficiles à obtenir ; ils contiennent 20 0/0 de Mn et 10 à 15 Si ; le carbone atteint 1,10 pour 10 0/0 Si et 1,45 pour 15 0/0.

Les ferro-chrômes sont obtenus à diverses teneurs jusqu'à 65 0/0 de Cr. Le carbone augmente avec la proportion de chrôme jusqu'à 8,50 0/0 pour le ferro-chrôme à 40 0/0 et 11,80 pour celui à 65. On ajoute comme fondant de la fluorine (fluorure de calcium). Tous ces produits sont employés dans la fabrication des aciers.

Fer et acier. — *Définition.* — La distinction entre le fer et l'acier est devenue difficile à établir, le public et les métallurgistes n'ayant pas la même définition. Jusqu'au xviiie siècle on n'avait à l'état fondu que la fonte : on distinguait le fer et l'acier par ce fait que l'acier durcissait par la trempe. Les premiers aciers obtenus par fusion durcissaient par la trempe. Mais depuis on a obtenu à l'état de fusion toute la gamme des combinaisons de fer et de carbone de 0,1 à 2 0/0 de C, et les métallurgistes ont dénommé acier tous ces métaux obtenus par fusion ; le durcissement obtenu par la trempe n'étant que graduel et augmentant avec la proportion de carbone ne peut en effet établir une séparation nette entre ces métaux. Puis la dénomination d'acier s'est étendue à des composés où le fer n'entre plus que pour 1/3 ou 1/2 et dont les propriétés deviennent très différentes de celles des anciens aciers.

Historique. — La méthode catalane permettait d'obtenir directement des minerais manganésés et non phosphoreux du fer carburé prenant la trempe. C'est à la connaissance de ce procédé que les Romains ont dû leurs victoires sur les Gaulois dont les épées en fer ordinaire se tordaient rapidement durant le combat. Lorsque le haut fourneau commença à être employé, on affina la fonte avec du charbon de bois dans des foyers soufflés appelés fineries ou renardières. Avec certaines fontes on pouvait obtenir des produits prenant la trempe. On les rendait homogènes en les corroyant, c'est-à-dire en faisant avec des barres coupées en morceaux, des paquets qu'on soudait et étirait en barres et refaisant la même opération plusieurs fois. L'acier obtenu était nommé acier naturel. On découvrit aussi que le fer chauffé dans du charbon de bois en poudre devenait de l'acier. On employa aussi un procédé consistant à immerger le fer dans un bain de fonte. (Vanoccio Beringuccio le décrit en 1540). Réaumur en 1722 découvrit le rôle du carbone dans le metal prenant la trempe et imagina la fonte malléable. *Henri Cort* en 1784 imagina d'affiner la fonte sur la tôle d'un four à réverbère, ce qui permet d'employer la houille comme combustible ; c'est le procédé du puddlage. On peut en ménageant l'affinage produire de l'acier dit puddlé. En 1770, *Benjamin Huntsmann* parvint à fondre l'acier au creuset et établit là renommée des aciers de Sheffield. Il fondait l'acier naturel ou l'acier cémenté. *David Mushet* en 1800 fit l'acier fondu en fondant au creuset du fer avec du charbon ; c'est le procédé que les Hindous emploient depuis plusieurs siècles pour faire l'acier Wootz qui servait à faire les sabres damassés. En 1839, *Vickers* réalisa un procédé indiqué par Réaumur qui consiste à fondre de la fonte et des riblons de fer. En 1855, Bessemer imagina le procédé de soufflage de l'air dans la fonte liquide qui permit pour la première fois d'obtenir l'acier fondu en grandes masses.

Fabrication du fer. — Les procédés employés pour obtenir le fer sont maintenant au nombre de deux : affinage au bas foyer avec le charbon de bois et affinage sur la sole d'un four à reverbère chauffé à la houille ou *puddlage*. On facilite l'affinage en ajoutant des oxydes de fer (oxyde des battitures. On fait parfois précéder le puddlage par une fusion dans un foyer soufflé, le combustible étant du coke; on élimine ainsi le silicium; c'est ce qu'on appelle le *mazéage*. Pour le puddlage on remplace le travail manuel pénible par le travail mécanique, soit en manœuvrant mécaniquement le crochet du puddleur, soit en remplaçant le réverbère par un four à sole tournante ou par un four rotatif (Dansk). Les gaz chauds sortant du four servent à chauffer des chaudières. Le fer ainsi obtenu est mélangé de scories qu'on expulse par un cinglage au martinet ou au marteau pilon, puis on le lamine en barres qui servent à faire des paquets que l'on soude et qu'on lamine pour avoir les fers du commerce.

Fabrication de l'acier. — Pour obtenir l'acier qu'on peut appeler *soudé*, selon la dénomination allemande, on a plusieurs méthodes qu'on peut classer en deux groupes : 1° celles où l'on décarbure la fonte; 2° celles où l'on carbure le fer. Pour la première, on peut décarburer la fonte, le morceau de fonte traité demeurant toujours solide. C'est ce qu'on appelle la *fonte malléable*. On chauffe les objets dans des pots en fonte en les recouvrant d'oxyde de fer. Dans ces conditions le carbone se diffuse et vient réduire l'oxyde et on obtient un objet malléable et qui garde la forme donnée par le moulage. On peut décarburer la fonte liquide, le produit final étant pâteux, c'est l'acier naturel ou puddlé. Le second groupe de méthodes comprend comme procédé encore employé la carburation du fer ou de l'acier doux les barres restant solides. C'est la *cémentation*. Elle se fait au moyen de produits charbonneux solides (charbon de bois, noir animal, débris de cuir calciné) ou par des gaz carburés. Il faut dépasser le deuxième point de transformation allotropique du fer. La température la plus favorable d'après les essais de Guillet est 850°; si on chauffe davantage la pièce résiste moins au choc. Parmi les gaz carburés on constate que l'oxyde de carbone est presque sans action. Les matières solides qui ont une action sont celles qui par le chauffage donnent avec l'azote interposé des cyanures; dans le charbon de bois c'est le carbonate de potassium. La cémentation commence par la superficie, puis gagne peu à peu à l'intérieur. Les métaux qui forment avec le fer et le carbone des carbures doubles activent la cémentation (manganèse, chrome, tungstène, molybdène, vanadium) ceux qui restent en solution dans l'acier là retardent (Silicium, nickel, titane, aluminium, étain). La cémentation permet d'obtenir à la surface des objets une très grande dureté, l'intérieur restant plus doux. La pièce cémentée résiste mieux au choc qu'une pièce homogène de même dureté.

Aciers fondus. — Pour les aciers fondus, les procédés chimiques sont au

nombre de trois : 1° affinage direct de, la fonte au moyen de l'air; 2° affinage de la fonte au moyen d'oxyde; 3° fusion de la fonte avec du fer. On
obtient l'acier dans trois sortes d'appareils; dans les appareils *Bessemer* où
la fonte affinée reste liquide grâce à la chaleur dégagée par la combustion
des corps que l'on élimine, sans qu'on ait recours à une source de chaleur
extérieure; 2° dans les fours *Martin-Siémens* qui sont des fours à réverbère
chauffés au gaz en employant le système de récupération de la chaleur
emportée par les gaz brûlés sortant du four; 3° dans des creusets en général
chauffés dans un four à gaz. La première méthode se fait exclusivement dans
les appareils *Bessemer*. La fonte s'affine lentement dans le four Martin,
mais l'opération serait beaucoup.trop longue.

Sur l'historique des fours Siemens, voir la Revue de métallurgie, n° de
mars 1907.

Dans le procédé *Bessemer* la fonte fondue est versée dans une cornue à
tourillons pouvant s'incliner à volonté. Le fond de la cornue est percé de
tuyaux qui par un tourillon communiquent à une machine soufflante à
forte pression. La forme joue un rôle pour empêcher les projections de
scorie et de métal fondu. La garniture de la cornue ou convertisseur est en
briques siliceuses dans le procédé Bessemer proprement dit. Pour que la
chaleur dégagée par la réaction soit suffisante pour maintenir le bain
liquide, il faut traiter des fontes siliceuses, c'est-à-dire grises contenant 3 à 4
C et 2 à 3 Si avec 1 à 2, 5 Mn. Elles doivent être exemptes de phosphore
car celui-ci ne s'élimine pas. L'opération du soufflage dure de 15 à 30
minutes; on fait de 25 à 30 opérations par 24 heures. En général on dépasse
le point d'affinage et une partie du fer est oxydée, tandis qu'il ne reste pas
assez de carbone. Pour réduire l'oxyde interposé et recarburer le métal, on
ajoute du spiegel ou du ferro-manganèse fondu. On a parfois employé un
perchage; on s'est aussi adressé au ferro-silicium ou au silico spiegel; on a
aussi projeté sur l'acier à mesure qu'on le coulait dans la poche de la
poudre de charbon de bois ou de coke. *Thomas* et *Gilchrist* en 1878 ont
réussi à éliminer le phosphore au convertisseur, ce qui a permis l'exploitation en grand du gîte de fer oolithique de Lorraine. On remplace la silice
du garnissage par une garniture basique faite avec de la dolomie ou de la
magnésie. On ajoute sur le bain de fonte une charge de chaux et on souffle
un peu plus longtemps; il faut que le carbone soit totalement éliminé. La
fonte dite Thomas contient 3 à 4 C 0,5 à 1,5 Si 1,5 à 2,5 Ph et 2 à 2,5 Mn.
L'acier obtenu est meilleur marché que celui obtenu au convertisseur acide,
car en supposant les fontes du même prix, la scorie obtenue au convertisseur basique et pulvérisée en poudre très fine est vendue aux agriculteurs
comme engrais et son prix de vente est à déduire du prix de revient de
l'acier. Cette scorie contient 20 °/₀ de phosphore environ, 40 °/₀ de chaux et
12,50 de protoxyde de fer. Les premiers convertisseurs traitaient 3 tonnes
de fonte, aujourd'hui ils traitent de 12 à 15 tonnes par opération. On peut
traiter de la fonte coulée directement du haut fourneau, mais il faut obtenir

une composition régulière. On y arrive avec le mélangeur *Jones*, poche oscillante dans laquelle on coule la fonte d'un ou plusieurs hauts-fourneaux. Les produits des diverses coulées se mélangent et le soufre s'élimine par suite de la formation d'un sulfure de manganèse qui se scorifie à la surface.

L'acier obtenu ne convient pas pour les moulages. *Robert* en employant de petits convertisseurs d'une tonne avec soufflage latéral au lieu du soufflage par le fond a obtenu des aciers propres au moulage. *Walrand Legénisel* est parvenu à ne traiter que 250 kg. de fonte en ajoutant avant le soufflage du ferro-silicium qui réchauffe le métal. On peut mouler des aciers très doux contenant moins de 0,20 C, 0,03 Si et 0, 20 Mn. Les aciers moulés présentent une texture à gros grains qu'on améliore par un recuit fait à la température de forgeage du métal de même dureté.

Wibough a proposé de souffler de l'air chaud pour éviter l'emploi de ferro-silicium, mais il est difficile de conserver les tuyères.

L'acier obtenu au four Martin a été longtemps beaucoup plus cher que l'acier Bessemer à cause de la consommation de combustible. Celle-ci a été diminuée de 500 à 250 kilog. en augmentant la capacité du four de 5 à 25 tonnes et même 50, en rapprochant les gazogènes et augmentant la capacité des chambres de récupération, ce qui permet d'augmenter la rapidité de l'opération. En compensation du prix plus élevé, le four donne des aciers de meilleure qualité et on est davantage le maître d'arrêter l'opération au point voulu; de plus il permet d'utiliser toutes les chûtes de fer laminé, les riblons, les ferrailles, etc Le four a d'abord été construit en briques de silice. Actuellement la voûte est toujours en briques de silice, mais la sole est tantôt en briques de silice, tantôt en magnésie ou dolomie (four basique), tantôt en fer chrômé. Le four basique permet de déphosphorer en ajoutant de la chaux; la sole en fer chrômé est adoptée quand on veut affiner avec du minerai (*ore process*), car les briques de silice seraient rapidement attaquées par la scorie. On peut aussi éliminer le soufre au four basique en ajoutant à la chaux du fluorure de calcium. *Talbot* a modifié le four Martin de façon à rendre l'opération continue; on charge d'un côté les matières à introduire dans l'acier et de l'autre, on coule la quantité correspondante de laitier et de scorie; cette dernière contient alors moins de fer. Afin de pouvoir augmenter encore la production d'un four, on a imaginé des appareils de chargement mécanique (Wellmann, br. all. 1897, Eck, br. américain) desservis par un mécanicien et un aide qui chargent une tonne de matière par minute. On fait au four Martin à la fin de l'opération les mêmes additions qu'au convertisseur; mais on peut se dispenser de les fondre d'avance.

La fusion de l'acier au creuset est beaucoup plus coûteuse et on ne l'emploie plus que pour des aciers spéciaux qu'on n'a pas besoin d'obtenir en grande masse et dont la fabrication ne sera pas continue. Les creusets sont faits avec un mélange de terre réfractaire et de poudre de coke.

L'application du four électrique en métallurgie a déjà donné d'importants résultats. M. L. Guillet (Génie civil, 1907) les a exposés ; voir aussi les communications de Girod, de Stassano (S. des Ing. civils, 1907), de Pitaval, de Sacconay (Soc. de l'Ind. minérale, 1907).

Propriétés et usages de l'acier. — Les aciers obtenus par ces procédés peuvent présenter n'importe quelle teneur en carbone de 0,1 à 0,80 %. Les aciers doux ont les mêmes propriétés que le fer ; les aciers durs sont plus résistants ; leur allongement est moindre et ils sont plus fragiles. Par la trempe la résistance est augmentée l'allongement diminue ; le recuit détruit en partie les effets de la trempe, totalement si le recuit est fait au-dessus du point de transformation de l'acier. Le magnétisme rémanent augmente avec la teneur en carbone. Si on chauffe l'acier à une température très élevée il prend une texture à grains grossiers, perd sa résistance et son allongement. Il est brûlé ; il se brûle à une température d'autant moins élevée que la teneur en carbone est plus forte. Les aciers peuvent être moulés ou bien forgés ou laminés. Les lingots d'acier présentent des bulles ou soufflures qui contiennent surtout de l'oxyde de carbone et de l'hydrogène. On évite les soufflures dans les moulages en ajoutant à l'acier avant la coulée un peu d'aluminium. Les aciers moulés tendent à remplacer la fonte pour beaucoup d'applications surtout dans la construction des dynamos car ils sont plus magnétiques. Ils tendent à remplacer le fer forgé pour des pièces d'une exécution très difficile. Pour la forge l'acier tend à se substituer au fer, car l'acier sans soufflures rouille moins vite que le fer forgé. Les aciers au-dessous de 0, 1 % de carbone remplacent le fer de Suède, leur résistance est de 35 à 40 kgs., leur allongement 28 à 32 ; ceux de 0,15 à 0,10 (extra doux) prennent par la trempe la structure du fer à nerf, leur résistance varie de 40 à 45 kgs. et l'allongement de 28 à 26 ; ils servent pour les tire-fonds, boulons, pour les pièces estampées, pour les fils de fer, notamment les fils télégraphiques dont la résistance spécifique est de 9, 665 microhms cm. Après recuit les aciers doux et très doux de 0,30 à 0,15 de carbone sont peu sensibles à la trempe ; leur résistance varie de 60 à 45 kg., l'allongement de 20 à 26 ; on les emploie pour les tôles de toutes sortes pour navires et chaudières, pour le fer blanc, les cornières, poutres pour la construction, pour les bandages de voitures, les ressorts de lit, les pièces d'armes etc. ; l'acier demi dur contenant de 0,35 à 0,30 de carbone dont la résistance est de 0,60 à 0,65 kgs. l'allongement de 20 à 18 sert pour les rails, les bandages, les essieux ; les aciers durs et très durs contenant de 0,70 à 0,35 C. dont la résistance varie de 80 à 65 kgs. et l'allongement de 9 à 18 servent pour les ressorts de voitures, les glissières et les pièces de machine soumises au frottement, pour les fils à grande résistance, pour les socs de charrue, les pelles bêches, outils de mine, la coutellerie etc. Les aciers extra durs contenant de 0,65 à 0,80 C dont la résistance est entre 80 et 100 kgs. l'allongement de 5 à 9 servent à faire les outils tranchants, les scies, les limes-fraises, forets etc. La densité des aciers varie de 7,4 à 7,90.

Nous avons étudié à propos du zinc les procédés de galvanisation du fer et les usages du zinc galvanisé ; nous étudierons à propos de l'étain la fabrication du fer blanc ou fer étamé.

La fabrication du fer émaillé a pris un grand développement depuis quelque temps. L'émail préserve le fer de la rouille et empêche le métal de donner une saveur désagréable aux aliments. L'émail est un borosilicate de plomb qu'on colore souvent au moyen d'oxydes métalliques, en bleu par le colbat, en brun par le manganèse etc. L'émail en poudre est distribué au tamis puis fondu au four. Dans le procédé *Bertrand* on commence par recouvrir le fer d'une couche d'oxyde magnétique, puis on émaille.

L'acier Bessemer est employé exclusivement pour les rails et les aciers ordinaires. L'acier Martin ou l'acier au creuset pour la fabrication des canons, obus, blindages, pour les bandages, ressorts, outils, etc.

Le décapage chimique du fer et de l'acier sert pour préparer les métaux à recevoir une couche protectrice, soit de peinture, soit de métal électrolytique ou autre, ou bien pour enlever la couche d'oxyde du recuit, qui, très dure, nuirait au passage à la filière dans la fabrication des fils. Le décapage chimique dissout inutilement une partie du fer métallique, l'oxyde étant poreux : il rend le métal fragile et lui enlève son élasticité, il se forme un réel hydrure. Il faut empêcher cette action de l'hydrogène, par exemple par l'emploi du mélange SO^4H^2, NO^3 K. L'SO^4H^2 attaque moins que HCl, surtout si on introduit de l'acide arsénieux.

Les altérations du fer soumis au décapage sont moindres lorsque le fer contient certains éléments étrangers ; le silicium en particulier peut les atténuer considérablement, tandis que le carbone au contraire les facilite. Ainsi l'acier est plus sensible que le fer tendre. Quant à la fonte grise qui contient 1 à 2 p. 100 de silicium, elle est à peine altérée par un bain de plusieurs jours dans l'eau acidulée. La présence de l'arsenic diminue ces altérations. Voir Soc. of chemical Industry, 1906 et Burgest (Am. electr. S. 1907).

Le décapage au jet de sable est coûteux et souvent impossible à cause de la forme des pièces.

Aciers spéciaux. — Pour les obus et les blindages on n'emploie plus les aciers ordinaires au carbone mais des aciers spéciaux, dont il nous reste à parler. Dans les aciers spéciaux on introduit en outre du fer et du carbone des proportions variables d'un ou plusieurs autres métaux. Les propriétés de ces aciers varient beaucoup avec les proportions de carbone et celles des autres éléments ; on désigne en général ces aciers en ajoutant le nom de l'autre métal acier chrômé, acier au nickel etc. Au point de vue pratique on peut les diviser en trois catégories : 1° aciers normaux qui durcissent par la trempe et s'adoucissent par le recuit. 2° aciers indifférents à la trempe. 3° aciers s'adoucissant par la trempe.

Dans la première catégorie se trouvent tous les aciers au *silicium* employés. La proportion de Si ne peut atteindre 4 % sans rendre le métal fragile même quand la proportion de carbone est de 0,1. Les aciers doux au

Si sont employés pour les tôles de construction de dynamos à cause de leur hystérésis particulièrement faible. Les aciers durs au silicium (1 à 2,5 Si et 0,3 à 0,7 C, sont employés pour les ressorts. Les aciers au *manganèse* tant que la proportion de ce métal n'atteint pas 5 %, rentrent dans cette catégorie. Le manganèse facilite le forgeage. Les aciers *chrômés* fabriqués pour la première fois par Holtzer et étudiés par Brustlein servent à la fabrication des obus de rupture. Ils contiennent moins de 10 %, Cr car si la proportion de Cr dépasse ce chiffre le métal offre une très grande fragilité. La résistance de l'acier est augmentée, son allongement diminue ; l'acier devient très dur par la trempe. Les aciers au *tungstène* quand la proportion de ce métal n'atteint pas 5 % sont analogues aux aciers chrômés. On les emploie pour les outils. Les aciers au tungstène trempés sont ceux qui présentent le plus de magnétisme rémanent. On les emploie pour faire les aimants. Les aciers au *nickel* s'obtiennent en ajoutant du nickel pur dans le four Martin. Ils sont impropres au moulage ils retassent beaucoup. Quand la teneur en nickel est moindre que 10 % leurs propriétés sont semblables à celles des aciers ordinaires ; la limite élastique et la résistance à la rupture sont augmentées la résistance au choc n'est pas diminuée. Ils résistent mieux à un chauffage prolongé et à l'action de l'air humide ou de l'eau de mer. Ils conviennent très bien à la fabrication de pièces cémentées pour les automobiles, pour les blindages cémentés sur une face, etc. On emploie souvent pour les blindages des aciers au *chrôme nickel* contenant de 3 à 6 % de ces deux métaux, le nickel étant en proportion double du chrôme, le carbone variant de 0,3 à 0,5. Les aciers au *vanadium* ont été obtenus pour la première fois par Choubley à Firminy. Le vanadium s'oxyde facilement et passe dans les scories ; on introduit le vanadium sous forme de ferrovanadium contenant aussi peu de carbone ou d'aluminium que possible ; ceux contenant du carbone s'obtiennent au four électrique ; les autres s'obtiennent par l'aluminothermie. La proportion du vanadium dans les aciers varie de 0,3 à 0,8 % au maximum. Au delà le vanadium ne reste pas dans le fer et forme un carbure qui rend l'acier très fragile. Les aciers au vanadium durcissent très bien par la trempe, la charge de rupture et la limite élastique sont augmentées dans de grandes proportions par le vanadium. La dureté n'est pas diminuée par le recuit. Le recuit durcit même l'acier vanadié non trempé. Les outils en acier vanadié trempé ont · une très grande puissance de coupe et peuvent sans danger de perdre leur tranchant s'échauffer au rouge sombre. Les aciers à l'*aluminium* ou fer mitis sont employés pour les moulages. L'aluminium n'a pas d'effet sur la limite élastique ou sur la charge de rupture tant que sa proportion est faible. Une proportion un peu forte fait diminuer celles-ci.

Dans les aciers indifférents à la trempe on peut citer l'acier *cuivreux* de Schneider contenant très peu de carbone et de 2 à 4 %/° Cu. Pour 5 %, Cu le métal devient rouverin et si la proportion de Cu dépasse 10 % il se liquate. Cet acier se recommande pour les blindages, les âmes de canons etc. Les aciers au *molybdène* et ceux à forte teneur en *tungstène* constituent les aciers rapides brevetés par la Bethlehem Steel Co en 1900. Ils contiennent de 0,5 à 0,7 de carbone et 15 °/₀ à 20 °/₀ de tungstène et de chrôme ensemble, le tungstène étant en proportion double du chrôme. Le molybdène agit comme le tungstène mais il en faut quatre fois moins pour arriver à la même dureté. Ces aciers s'adoucissent entre 700° et 800° et durcissent par un recuit entre 940 et 1000°. Ils ne sont pas modifiés par un recuit à moins de 700°.

Les aciers à 2-3 Cr et 4-6 Ni et toutes teneur en carbone sont durcis sans la trempe et restent dans cette catégorie. On peut cémenter les aciers à faible teneur en carbone et offrant cette composition, et on a le même résultat qu'en cémentant et trempant les aciers au chrôme nickel des blindages (1 °/₀ Cr et 2-3 Ni).

Les aciers à fortes teneurs en *manganèse* fabriqués pour la première fois par *Hadfield* sont les premiers aciers qu'on ait obtenus rentrant dans la dernière catégorie. Ils ont la propriété de ne plus être magnétiques à moins que leur température ne soit abaissée au-dessous de 0. Ces aciers sont très durs et très résistants ; ils servent à faire des outils, des fleurets de mine, des roues de wagon, des essieux et des socles de dynamo. La composition habituelle est de 1 à 2, 50 de carbone 13 à 14 °/₀ de manganèse. Ils sont adoucis par un recuit à basse température et durcis par un recuit vers le rouge sombre, d'après les essais de Werth. Dans la même classe doivent être rangés les aciers au *nickel* où la proportion de ce métal dépasse 10 °/₀. Il faut qu'ils contiennent du manganèse pour pouvoir se forger et se laminer.

On y ajoute souvent du chrome. La dureté de ces aciers augmente avec la proportion de nickel jusqu'à 15 à 21 Ni, puis diminue si la proportion de Ni augmente. Ces aciers présentent la propriété de perdre leur magnétisme si on les chauffe à une certaine température (pour certains 580°), et de ne le reprendre qu'à une température beaucoup plus basse, au-dessous de 0° pour certains et même au-dessous du degré d'ébullition de l'air liquide (acier à 22 Ni et 3 Cr). Le carbone dans ces aciers augmente la limite élastique et diminue l'allongement. Le chrôme entre 0,5 et 2,20 relève la limite élastique sans diminuer l'allongement. Les aciers à basse limite élastique (33 kg. à 60 kg.) et à résistance relativement peu élevée (73 à 88 kgs.) ont des allongements tres considérables (73 à 32 °/₀). Ces allongements ont ceci de particulier, c'est que le barreau tout entier s'allonge et pas particulièrement l'endroit où le barreau se casse. Pour les aciers à haute résistance la limite élastique peut aller jusqu'à 107 kgs, et la résistance jusqu'à 123 kgs. L'écrouissage relève la limite élastique et la résistance, et diminue l'allongement qui est localisé. Les aciers à basse limite élastique s'adoucissent par la trempe. Les aciers à haute limite élastique durcissent si on les chauffe à une température entre le rouge sombre et le rouge cerise et s'adoucissent par un recuit entre 300° et 400°. Ces faits expliquent que *Werth* a pu obtenir des aciers dont on durcit une face par un chauffage au rouge, tandis que l'autre est adoucie par un recuit entre 300° et 400°. Le procédé de Dion qui consiste à cémenter un des côtés et à le recuire ensuite sans le tremper s'explique aisément. La trempe n'ajouterait rien au durcissement produit par l'augmentation du carbone.

Les aciers à plus de 27 $^0/_0$ de nickel sont réversibles, c'est-à-dire qu'en refroidissant ils reprennent leur magnétisme à la température à laquelle ils l'avaient perdu par le chauffage. Ils sont presque inoxydables et s'adoucissent par la trempe; les allongements sont considérables jusqu'à 95 $^0/_0$. Ils peuvent s'étirer et se tréfiler et acquièrent de l'élasticité. Certains des aciers en nickel amenés à la température ordinaire après avoir été chauffés s'allongent. Ils se contractent si on les réchauffe. L'acier à 35,7 Ni dit invar a un coefficient de dilatation de $0\mu,877$. C'est la plus petite dilatation qu'on ait observée, elle est quatorze fois moindre que celle de l'acier ou du nickel. Cet alliage aura une grande importance pour les instruments de géodesie, de précision et l'horlogerie. L'acier à 16 $^0/_0$ dit platinite a la même dilatation que le platine et le verre et est employé à la place du platine pour la fabrication des lampes à incandescence et pour celle du verre armé.

Pour donner une idée des avantages de l'acier sur le fer et des aciers spéciaux, une plaque d'acier ordinaire de 200 $^m/_m$ équivaut pour la résistance au projectile à une plaque en fer de 280 $^m/_m$, une d'acier chrôme nickel de même épaisseur équivaut à 330 $^m/_m$ de fer et celle en acier spécial cémenté à 416 $^m/_m$ de fer.

*
* *

Sur les aciers à Si, Mn, Cr, Tg, Mo, Sn, Ti, Vd, voir Guillet, in *Revue de métallurgie* et in *Étude industrielle des alliages*. Sur les aciers à outils et les aciers rapides, voir Fr. W. Taylor, in *Am. Inst of mechanical engineers*, Trans., XXVIII (traduit in *Revue de métallurgie*, 1907). Sur la trempe des aciers, voir H. Le Châtelier, in *Revue de métallurgie*, 1904; Ch. Rosambert, *ibidem*, 1907.

Trempe. — Remarques générales de M. *Ch. Rosambert* : Pour les aciers au carbone, il faut chauffer au delà du point de transformation du carbone, puis refroidir brusquement si l'on veut faire complètement cette transformation ; refroidir moins brusquement si l'on veut qu'un peu de la transformation inverse se produise.

Les bains sont nombreux : bain d'eau bouillie et additionnée d'un peu de sel ou d'un acide qui augmente sa capacité calorifique si l'on veut une trempe vive, ou bien de chaux, soude, alcool ou huiles, corps gras, pour une trempe adoucie ; bain d'huile minérale : petrole ; de suif frais ; bains de métaux fondus, plomb recouvert de borax, étain, etc. ; courant d'air ; pour les aciers à coupe rapide, trempe combinée d'abord à l'eau puis à l'huile.

L'acier trempé est une solution solide de carbone dans le fer, et cette solution solide a durci parce qu'elle est le siège d'une pression osmotique.

De nombreux fours électriques ont été proposés pour donner le recuit. A signaler, le four électrique *Kœrting* à bain de sel. $BaCl^2$ donne $>950°$; 2 p. $BaCl^2$ et 1 p. KCl donne 670°.

.*.

Classification résumée des aciers. — Ch. Rosambert les classe en : 1° aciers soudés, soit d'affinage, soit de puddlage; bruts, cémentés, corroyés ; 2° aciers fondus, au creuset, au convertisseur Bessemer ou Thomas, au Martin-Siemens, au four électrique.

Les aciers fondus au creuset sont : 1° des aciers au carbone, renfermant de 0,5 à 1,5 C, moins de 0,5 Mn et 0,4 Si, avec le moins possible d'impuretés, S, Ph, Cu, As, Sb, Sn, Zn ; Rm 60-100 kg, A 20 à 5 %, striction 40 à 10 % ; ou 2° des alliages au Cr, Tg, Mo, Va, Ti, Ni ; à haute teneur : aciers à outils à coupe rapide ; ou à moindre teneur : aciers spéciaux pour travail de matière dures.

Les aciers Martin-Siemens se font sur sole acide, avec matières premières sans Ph ; ils sont d'une grande résistance à l'usure ; ou sur sole basique, aciers purs, d'une grande ténacité.

Les aciers électro se font à l'un des fours Heroult, Stassano, Keller, Kjellin. Le four le mieux approprié serait le Kjellin.

Le Comité des forges de France a donné une classification unifiée des fers et aciers spéciaux.

Aciers à outils. — D'après M. Fréd. W. Taylor, on distingue l'acier ordinaire au carbone, l'acier indien ou Wootz au creuset, l'acier au Tg, dit Mushet auto-trempant ou trempant à l'air, R. Mushet de la Titanic Steel Cy, 1860-70.

Un acier à 18,91 de Tg ; 5,47 de Cr ; 0,67 de C ; 0,11 de Mn ; 0,29 Va ; 0,043 Si, avance de 30,25 par minute sur acier mi-dur. Une quantité notable de tungstène a le curieux effet de donner à l'outil refroidi lentement à l'air depuis la température de forgeage à peu près la même dureté qu'aux outils au carbone trempés à l'eau, en employant un fort jet d'eau, *W. Taylor*.

L'acier rapide White-Taylor (Br. am., 1899), renferme 0,5 ou plus de Cr combiné à 1,25 ou plus de Tg, Mo. Son traitement thermique (Br, 1901) consiste à chauffer lentement à 815°, rapidement jusque près de la fusion, refroidir à 860°, puis à froid ; réchauffer à 640°, refroidir à l'air. Le mélange doit être fondu à point. Le lingot Fe, Tg, et Cr, doit être fondu avec soin, et coulé sans oxydation. Le Vd doit être ajouté pendant la fusion, 0,15 à 0,35 % ; joue le rôle d'épurateur pendant la coulée.

La dureté des outils en acier au carbone trempé dépend du carbone qui existe sous deux états : carbone de trempe ou cémentite, ou C dur : carbone d'adoucissement ou perlite, ou C. doux. La transformation de la variété dure en douce exige du temps. Le point critique de transformation est 760° ; le point critique supérieur est vers 860° ; l'inférieur entre 200 à 315° pour aciers au carbone.

Les outils à grande vitesse ont la dureté à froid et au rouge. Voir les recherches du prof. Carpentier.

La structure métallographique ne serait pas en relation avec les propriétés utiles des aciers rapides, W. Taylor.

Production des fontes, fers et aciers.

— La production de fonte et d'acier va en augmentant chaque année dans tous les pays, celle du fer diminue. En France, la production de la fonte est passée de 472.000 tonnes dont 280.000 t. au charbon de bois en 1848, à 2.472.000 t. dont 6.500 t. au bois en 1896 et 2.534.000 t. en 1898. On employait en moulages 360.000 t. de fonte en 1888 et 549.000 t. en 1898. En 1878, on fabriquait 813.000 t. de fer et 340.000 t. d'acier; en 1888, 634.000 t. de fer et 592.000 t. d'acier: en 1898, 551.000 t. de fer et 592.000 d'acier. Cet accroissement est dû surtout à l'emploi de la déphosphoration et à l'exploitation du minerai de fer de Lorraine; 60 % de la fonte française est produite dans le département de Meurthe-et-Moselle.

Voici la production en France pour 1906 :

Fontes.

Fontes de moulage au coke	667.350
— — bois	2.304
Fontes d'affinage au coke	681.183
— — bois	4.520
Fontes Bessemer	157.324
Fontes Thomas	1.530.761
Fontes spéciales	33.108
	3.076.550

Fers et aciers soudés ouvrés.

Fers et aciers marchands par puddlage	263.084
— — — affinage	2.804
— — — réchauffage	368.949
Tôles par puddlage	34.081
— — affinage	475
— — réchauffage	42.210
	711.603

Aciers fondus

Rails	282.848
Aciers marchands	634.782
Tôles	273.765
Pièces de forge	37.123
Moulages	26.441
	1.254.959

En 1898, l'Allemagne produisait 7.402.000 t., la Belgique, 1.162.000 t. de fer et d'acier, l'Angleterre, 4.450.000 t. d'acier et 8.900.000 t. de fonte. Les

États-Unis les plus puissants producteurs du monde faisaient 11.936.000 t. de fonte et 8.932.000 t. d'acier. En 1905, les États-Unis ont produit 22.990.000 t. de fonte, 10.960.000 t. d'acier Bessemer, 8.980.000 t. d'acier sur sole, 3.380.000 de rails. On trouvera de bonnes statistiques dans l'Iron and Steil Institute et surtout The mineral Industry.

MANGANÈSE Mn = 55.

État naturel. — Les minerais de manganèse sont des oxydes et le carbonate (Mn CO^3 dialogite). Les oxydes qu'on rencontre sont : la pyrolusite MnO^2, la braunite et la haussmannite (Mn^{3}O^4), l'acerdèse (H^{2}Mn^{2}O^4). Le carbonate de manganèse est souvent mélangé de carbonates de fer, de chaux et de magnésie qui sont isomorphes. Les gisements du Caucase sont de beaucoup les plus importants.

Le manganèse a été employé par les anciens pour colorer le verre; cependant on ne distinguait pas au moyen âge les minerais de manganèse des minerais de fer, et c'est en 1740 seulement que *Pott* montra la différence entre ces deux minerais. Kam en 1770 soupçonna l'existence d'un nouveau métal que *Scheele* reconnut en 1744 et *Gahn* isola le manganèse quelques années après.

Pour obtenir le manganèse pur on réduit par le charbon l'oxyde de manganèse Mn^{3}O^4 obtenu par calcination d'un oxyde ou d'un carbonate de manganèse. Cette réduction se fait au rouge blanc. On le fait maintenant au four électrique. On peut obtenir également le métal pur en réduisant l'oxyde par l'aluminium (aluminothermie).

Propriétés. — Le manganèse est un métal d'un gris blanchâtre dont la densité est environ 7,2. Il est magnétique et devient comme le fer non magnétique au-dessus d'une certaine température. Il décompose l'eau à 100°.

On obtient au four électrique un carbure de manganèse Mn^{3}C qui décompose l'eau en dégageant des volumes égaux d'hydrogène et de méthane. Ce carbure est isomorphe de la cémentite et est mélangé à celle-ci dans les aciers et les fontes manganésées. Le silicium se combine aussi au manganèse (Mn^{3}Si).

Le manganèse joue un rôle important dans la vie animale et végétale, Maumené 1884, Bertrand (C. R., 1904).

Le manganèse pur n'a pas d'usage. Pour réduire les oxydes de fer et recarburer le métal dans la fabrication de l'acier, on emploie le plus souvent des fontes manganésées appelées spiegel ou des ferro-manganèse obtenus au haut fourneau comme nous l'avons vu. Le four électrique et l'aluminothermie permettent d'employer des ferro-manganèse sans carbone, de façon à ne pas carburer les aciers. Nous avons étudié le rôle du manganèse et ses usages dans les aciers.

Le cupro-manganèse obtenu par Manhès permet de fabriquer des bronzes ou laiton manganésés et d'autres alliages de cuivre et de manganèse. La manganine 84 Cu 12 Mn 4 Ni est employée pour les rhéostats ; sa résistance spécifique est 47 microhms Cm et le coefficient de température —0,00004 ce qui permet de négliger l'influence de la température du rhéostat. L'alliage le plus résistant au passage du courant électrique est formé de 68,6 Cu 30 Mn et 1, 3 Fe dont la résistance spécifique est 108 michroms C. m. Le cupro-manganèse à 30 °/₀ Mn a pour coefficient de température 0,00004 et une résistance spécifique de 100,6. L'argentan au manganèse 80 Cu 15 Mn et 5 Zn est blanc, facile à travailler et peut prendre un beau poli.

Les alliages de manganèse avec le cuivre et l'étain sont magnétiques, tandis que les aciers manganésés ne le sont pas. Le plus magnétique de ces alliages est celui à 48 Cu 22 Sn et 30 Mn. Les alliages de manganèse et d'antimoine sont également magnétiques.

Chrôme Cr = 52, 5.

Ce fut *Vauquelin* en 1797 qui le premier parvint à isoler le chrôme dans le plomb rouge de Sibérie ou Crocoïse (chromate de plomb). Il lui donna le nom de chrôme, d'un mot grec qui signifie couleur, sur le conseil de Fourcroy et d'Hauy parce que toutes ses combinaisons sont colorées.

État naturel et préparation. — Le minerai du chrôme est le fer chrômé ou chrômate de fer ($Cr^2 Fe O^4$) qu'on trouve en poches dans les serpentines (Oural). En le réduisant par le charbon soit au haut fourneau, soit au four électrique, on obtient des ferro-chrômes qui, outre le fer et le chrôme contiennent du carbone et du manganèse. Ils présentent des cristallisations rayonnées, faciles à reconnaitre et une grande friabilité. On l'obtient pur en réduisant l'oxyde de chrôme par le charbon du four électrique et en fondant le métal carburé ainsi obtenu au four électrique dans un creuset en chaux vive brasqué avec un oxyde double de chrome et de calcium qu'on obtient facilement au four électrique. On obtient aussi du chrôme par l'aluminothermie.

Le métal pur est d'un gris blanc, se laisse limer et polir, tandis que le métal carburé raye le verre. Sa densité est 6,92 et son point de fusion plus élevé que celui du platine. Le métal ne s'oxyde pas à l'air à la température ordinaire. Chauffé au chalumeau oxhydrique, il brûle avec éclat en donnant du sesquioxyde fondu. Il se dissout dans dans l'acide chlorhydrique. D'après W. Hittorf, le chrôme existe sous deux états allotropiques; le chrôme actif qui se dissout dans les acides et le chrôme inactif qui est insoluble.

Le chrôme chauffé avec le charbon au feu de forge forme le carbure $C Cr^4$; à la température du four électrique, il forme le carbure $C^2 Cr^3$ cristallisé; ce carbure dans les aciers forme avec le carbure de fer les composés définis $C Fe^3 C^2 Cr^3$ et $C Fe^3 3 C^2 Cr^3$.

Usages. — Nous avons examiné les usages du chrome pour les aciers chromés. L'addition de chrome dans des bronzes donne des bronzes chromés employés ·pour les fils télégraphiques et téléphoniques, ayant une assez grande ténacité tout en conservant une forte conductibilité. On obtient des bronzes chromés ayant 97 $^o/_0$ de la conductibilité du cuivre et dont la résistance est 44 kilogs, d'autres ayant 34 $^o/_0$ de la conductibilité du cuivre et résistant à 75 kgs. L'addition de chrôme dans l'aluminium donne de la résistance au métal. Avec le nickel, le chrome jusqu'à 10 $^o/_0$ forme des alliages où peut entrer le carbone et qui sont analogues aux aciers au nickel.

NICKEL Ni = 59.

Le **Nickel** a été connu des Chinois depuis une haute antiquité ; mais il n'a été isolé et connu en Europe pour la première fois par Cronstedt, qu'en 1751. Le nickel s'est extrait d'abord de minerais de nickel arsenié et antimonié, et d'arséniosulfure de nickel. Il a été longtemps rare ; mais en 1867, Garnier découvrit à la Nouvelle-Calédonie un silicate hydraté de nickel et de magnésium (nouméite ou garniérite) contenant 11 $^o/_0$ de nickel ce qui rendit le nickel commun et permit son emploi en grand. Depuis, la découverte de gîtes considérables de pyrites magnétiques et de chalcopyrites contenant 2 à 3 $^o/_0$ de nickel à Sudbury (Canada) a fait que l'extraction des minerais de nickel s'est partagée entre la Nouvelle-Calédonie et le Canada ; on extrait encore du nickel des speiss des fabriques de cobalt.

Le traitement des minerais de nickel se compose de deux opérations distinctes : la concentration du nickel à l'état de sulfure (matte) ou d'arséniure (speiss) et la séparation du nickel du produit de la fonte de concentration. La fonte de concentration pour matte est employée avec les minerais de Nouvelle-Calédonie et ceux du Canada. Les premiers sont traités au four à cuve avec du plâtre ; le sulfate de calcium réduit à l'état de sulfure donne avec l'oxyde de nickel du sulfure de nickel et avec l'oxyde de fer du sulfure de fer qui forment la matte et de la chaux qui se combine à la silice et donne un laitier. Les minerais du Canada sont grillés partiellement puis fondus pour matte au four à cuve. Dans la matte se concentrent le cuivre et le nickel. On sépare le fer par voie sèche en grillant la matte, puis en la fondant dans un four à reverbère avec du quartz, du sulfate de baryte et du charbon ; depuis quelques années on emploie le convertisseur Bessemer ; on souffle de l'air dans la matte fondue : le soufre s'oxyde ainsi que le fer et celui-ci se scorifie ; le nickel et le cuivre se concentrent ; la chaleur de combustion suffit pour maintenir la masse liquide. On peut ainsi avoir une matte contenant seulement 1 à 2 de fer et 15 à 20 $^o/_0$ de soufre ; le reste est du nickel, du cuivre et parfois du cobalt. On emploie la concentration pour speiss pour le traitement des minerais arseniés de nickel et cuivre. Le nickel se concentre dans le speiss et en général on forme en même temps une matte où se concentre le cuivre.

La séparation du nickel des mattes concentrées s'opère en général par voie humide. On grille la matte de façon à avoir des sulfates puis on chauffe de façon à décomposer les sulfates de fer qui se décomposent à la température la plus basse. En reprenant par l'eau le produit du grillage, la solution contient le nickel et le cobalt avec la plus grande partie du cuivre. On traite le résidu par les acides et on obtient le reste du cuivre et du nickel. En traitant le produit du grillage par l'acide chlorhydrique, on dissout en premier le cuivre, ensuite le nickel et le cobalt. Pour les speiss il faut éliminer l'arsenic qui est nuisible à la qualité du nickel et de ses alliages. On peut calciner le speiss grillé avec un mélange d'azotate et de carbonate de sodium et en lavant, l'arsenic se dissout à l'état d'arseniate de sodium, puis on traite le résidu par l'acide sulfurique ; on peut aussi (Wohler) fondre le speiss grillé avec du sulfure de sodium et enlever l'arsenic à l'état de sulfosel. De la solution de nickel on précipite par la craie le fer, puis le cuivre, et on précipite ensuite l'oxyde de nickel par un lait de chaux. Dans le cas où l'on a du cobalt en quantité notable on précipite le nickel seul au moyen de bisulfate de potasse de la solution sulfurique rendue acide. Le précipité est un sulfate de nickel et de potassium peu soluble dans les acides ; le cobalt reste dans la solution. L'oxyde de nickel desséché et déshydraté est lavé avec de l'eau contenant un peu d'acide chlorhydrique pour enlever le sulfate de calcium. On forme ensuite avec de la farine d'orge ou des mélasses, des rondelles d'oxyde que l'on chauffe dans des creusets avec de la poudre de charbon. On a ainsi du nickel pur.

Propriétés. — Le nickel pur a une couleur blanc un peu jaunâtre et un éclat analogue à celui de l'argent. Il est assez dur, très ductile et peut prendre un beau poli ; sa résistance est très grande 110 kgs. De petites quantités d'arsenic l'empêchent de se forger. Il est magnétique à la température ordinaire et perd cette propriété à 250°.

Les propriétés chimiques sont très analogues à celles du fer, mais il est moins oxydable et plus résistant aux actions chimiques ; aussi est-il employé pour la confection de creusets, spatules etc., pour les laboratoires ; on l'emploie à cause de sa belle couleur, de sa résistance aux acides organiques, et de l'innocuité de ses sels, pour la confection d'ustensiles de cuisine. Ces propriétés l'on fait adopter en Suisse et en France pour des monnaies divisionnaires. Le nickel pur est difficilement fusible ; il peut se combiner au carbone et donner une fonte comme le fer ; cette propriété est utilisée pour couler des plaques servant d'anodes dans le nickelage.

Le nickel pulvérulent se combine directement à l'oxyde de carbone en formant le nickel carbonyle qui est un liquide très volatil bouillant à 46° et se solidifiant à —25°. Ce corps se décompose facilement à 60° en nickel et oxyde de carbone. On emploie un procédé basé sur cette propriété pour l'extraction du nickel.

Le nickel fondu est dépourvu de malléabilité en raison de sa texture cristalline et de sa porosité, ce qui d'après Fleitmann peut être attribué à une absorption d'oxyde de carbone. On évite cet inconvénient en ajoutant 0,1 °/₀ de manganèse ou de magnésium. Au rouge blanc le nickel peut se souder au fer ou à l'acier. De l'acier doux plaqué de nickel d'un seul ou des deux côtés peut se laminer dans les numéros les plus minces sans que les métaux se séparent ; ces tôles plaquées peuvent remplacer le nickel pour les ustensiles de cuisine et servent à faire les réflecteurs des locomotives.

·En raison de sa couleur et de sa résistance aux actions chimiques le nickel est employé pour recouvrir et protéger d'autres métaux, surtout le fer. Le nickelage se fait aisément par le courant électrique dans un bain de sulfate de nickel ou de sulfate de nickel et d'ammonium auquel on ajoute du chlorure de sodium ou d'un chlorure quelconque. Cette addition est nécessaire pour obtenir un dépôt bien adhérent. On recouvre les clichés d'une couche de 2 à 3 dixièmes de millimètre pour les rendre plus résistants ; ces clichés se prêtent surtout bien aux impressions en couleur (timbres postes, billets de banque etc).

Pour nickeler, poncer à l'eau sulfurique, rincer, sécher, maintenir dans l'eau avec 1 p. chlorure de zinc et 2 p. solution aqueuse saturée de sulfate de nickel ammoniacal, en maintenant au contact avec une lamelle de zinc, 201 à l'ébullition, laver, sécher, frotter à la laine.

En électrolysant des fontes ou fers nickelés dans une solution de nitrate de sodium avec un courant de faible tension ne dépassant pas 2 volts, le nickel seul se dissout d'après Roeder (br. all. 1898).

Nous avons déjà examiné à propos du fer les emplois du nickel pour les aciers spéciaux. Le nickel est employé dans des alliages avec le cuivre et le zinc formant le packfong des Chinois appelé maillechort ou argentan dont nous étudierons les usages au chapitre du cuivre. Avec le zinc, l'argent et le cuivre il forme le tiers argent. L'alliage de Christofle et Bouilhet composé de poids égaux de nickel et de cuivre est un métal blanc employé pour la fabrication d'articles de Paris, de pièces de carrosserie et de sellerie, d'instruments de chirurgie. L'alliage 75 Cu et 25 Ni est employé pour les monnaies de billon allemandes et belges ; la fabrication de ces pièces et de celles en nickel exige des machines d'une grande puissance : l'usure des pièces en circulation est très faible et la netteté de l'empreinte se conserve très longtemps. Leur inconvénient est la confusion possible avec les pièces d'argent. On emploie en joaillerie un alliage appelé roséine qui est composé de 40 Ni 30 Al 10 Sn et 10 Ag. L'alliage nickel aluminium (20 Ni, 80 Al) sert à faire des fils pour la passementerie.

COBALT Co = 59.

Le **cobalt** présente au point de vue chimique une très grande analogie avec le nickel et est souvent associé à lui dans les gîtes métalliques. Depuis une très haute antiquité on a su colorer en bleu au moyen de composés de cobalt ; Brandt en 1733 isola et décrivit pour la première fois le cobalt métallique.

Les principaux minerais de cobalt sont l'arséniure (smaltine) et le sulfo-arséniure de cobalt (cobaltine). Avant 1884, le cobalt était produit presque exclusivement en Allemagne ; les producteurs s'étaient syndiqués. La découverte et l'exploitation de minerais de cobalt en Nouvelle-Calédonie ont permis à la clientèle française de ne plus avoir recours à l'étranger pour les produits industriels à base de cobalt.

On obtient le cobalt pur par la réduction de l'oxalate de cobalt dans un creuset de chaux au four électrique, ou par la réduction de l'oxyde pur par l'aluminium. Il est alors ductile et malléable ; mais fondu par les procédés ordinaires il est poreux et cristallin, et ne peut être ni martelé ni laminé, ce que Fleitmann attribue au même motif que pour le nickel, l'absorption d'oxyde de carbone. On le rend malléable par une addition de 0,1 de magnésium. Le cobalt possède une couleur blanc d'argent un peu rougeâtre ; il a un éclat plus vif que le nickel et se laisse bien polir. Sa densité est 8,5 ; il ne fond qu'à une température très élevée 1500 à 1800°. Au rouge blanc le cobalt peut se souder au fer où à l'acier et donner par le laminage des tôles doublées de cobalt. Le cobalt ne se combine pas avec l'oxyde de carbone comme le fait le nickel.

Le cobalt d'après les essais de Guillet n'a pas d'action sur les aciers, si on ajoute à ceux-ci entre 0 et 30 % de cobalt. Allié en petite proportion à l'aluminium il augmente la résistance de ce dernier. Au moyen d'un courant électrique on peut déposer une couche adhérente et continue de cobalt. Le procédé est semblable à celui du nickelage.

Le cobalt entre dans la composition d'un grand nombre de colorants ; smalt, bleu d'azur, bleu de cobalt, cœruleum, vert Rinmann, jaune, violet et bronze de cobalt. Il est employé pour colorer en bleu les porcelaines et l'émail (poêles et ustensiles en fer ou fonte émaillés).

Vanadium Va = 51, 3.

Le vanadium, découvert par *Del Rio* en 1802 dans le minerai de plomb de Zimapan (Mexique) et plus nettement par *Sefström*, en 1830, dans le minerai de fer de Taberg en Smaland, fut appelé ainsi du nom d'une déesse scandinave par Sefström. Ce métal est répandu dans un grand nombre de minerais, mais en petites quantités. Le vanadate de plomb et la patronite du Pérou (silicosulfure sont les seuls minerais qui présentent une teneur assez importante en vanadium. Le vanadium se trouve avec le titane dans les bauxites et les argiles; Dieulafait l'a expliqué en montrant que ces roches provenaient de la désagrégation par les eaux météoriques des feldspaths de la formation primordiale, où se rencontrent le titane et le vanadium. Le vanadium se rencontre aussi fréquemment avec l'uranium.

Au début de la production, au moyen du vanadium, du noir d'aniline dans les impressions sur coton (1876), les sels de vanadium furent préparés exclusivement à Joachimstahl et à Alderley Edge (Chestershire). Les résidus du traitement de la pechblende de Joachimstahl tenaient 1 % de vanadium ; on traitait à Alderley Lodge des résidus d'une exploitation de grès cuprifères tenant aussi environ 1 % de vanadium. Puis, en 1882, Osmond et G. Witz trouvèrent plus de 3 % de vanadium dans les scories d'affinage basique des convertisseurs Thomas et Gilchrist; ils évaluaient à 60,000 kilogs par an la quantité de vanadium ainsi concentrée dans les scories de l'usine du Creusot; pendant quelques années, leur procédé servit à préparer tout le vanadium du commerce. La découverte de gisements plus riches ont transformé encore cette industrie. Aujourd'hui on extrait le vanadium principalement des vanadates et chlorovanadates de plomb qu'on trouve au Mexique, au Pérou, au Chili et en Espagne; on en extrait aussi des cendres de houilles et anthracites vanadifères. Le minerai d'Espagne est traité en France par l'usine de Genest près Laval. On a trouvé à Kapunda (Australie du Sud) un filon de cuivre contenant 4 à 13 $^0/_0$ de vanadium.

Le vanadium métallique a été obtenu par Roscoë en réduisant le chlorure par l'hydrogène. On l'obtient au four électrique. On a longtemps pris pour le vanadium le sous-oxyde ou vanadyle Va O ou l'azoture Va Az. Le vanadium est un métal blanc cristallin de densité 5, 5 qui se combine facilement à l'oxygène, au chlore, et à l'azote. Il est soluble dans les acides minéraux sauf dans l'acide chlorhydrique. Une solution de soude à chaud ou à froid est sans action sur le métal; mais si l'on introduit le vanadium en poudre dans la soude caustique en fusion, il se forme du vanadate et il se dégage de l'hydrogène. En outre du vanadyle, le vanadium forme avec l'oxygène, l'anhydride vanadique Va^2 O^5, analogue à l'anhydride phosphorique et qui forme trois acides analogues aux acides phosphoriques.

Applications. — Berzélius a donné une formule d'encre : infusion de noix de galle et vanadate d'ammoniaque. Cette encre a été perfectionnée par Boettyer, en remplaçant le tannin par l'acide pyrogallique. Helouis a donné récemment une formule d'encre indélébile où entre le vanadium ; c'est une extension de la recette pour teinture en noir d aniline. Aucun réactif ne fait disparaître cette encre; les acides minéraux la colorent en rouge.

Dans les industries tinctoriales, le vanadium sert principalement à la production du noir d'aniline. Celui-ci est produit par l'oxydation de l'aniline au moyen du chlorate de potasse ou d'un autre agent oxydant (bichromate ou permanganate). Si on se sert de chlorate de potasse, l'oxydation se produit aussitôt qu'on ajoute une goutte d'acide ou une petite quantité d'un sel métallique à chlorate très instable (sel de fer, cuivre, manganèse, cerium, etc.). Le vanadium est le plus actif des métaux exerçant une influence favorable sur le développement du noir d'aniline dans ces conditions. (G. Witz, Soc. Ind., Mulhouse, 1876). Son action est de 50 à 100 fois celle du cuivre comme l'a montré John Lightfoot, d'Accrington, l'inventeur même du noir d'aniline. Après les travaux de Roscoë, environ 100 onces d'acide vanadique, formant la quantité la plus considérable qu'on eût produite, furent répartis en 1870 entre divers fabricants de produits chimiques en Angleterre. Lighfoot fut ainsi mis à même de remplacer le cuivre par le vanadium.

Robert Pinkney en cherchant à améliorer une encre à marquer à base d'aniline arrive au même résultat sans avoir connaissance des expériences de Lighfoot. L'application du vanadium à l'encre d'aniline dite jétoline, se fit sur une grande échelle après avoir été brevetée. (Blackwood et Cie, Londres, 16 octobre 1871). Antony Guyard (*Soc. chimique*, 1876) a publié un travail important sur les composés du vanadium entrepris à la suite des brevets pris par Pinkney. Pour la teinture on emploie les proportions suivantes : sel d'aniline, 100 gr. ; chlorate de soude, 34 gr. ; chlorure vanadeux, 0 gr. 006 ; sel ammoniaque, 30 gr. et eau. Le noir d'aniline est peu employé en teinture ; Hélouis le conseille pour colorer les bois.

Le noir d'aniline au vanadium est surtout employé pour les impressions sur coton. C'est en 1876, aux environs de Rouen, qu'on employa pour la première fois le vanadium à la place du sulfure de cuivre. La proportion de vanadium qui entre dans la pâte est extrêmement réduite ; d'après G. Witz, la proportion n'est guère que quelques cent millièmes du poids du sel d'aniline. On ne peut dépasser ces faibles doses sous peine de décomposer la couleur épaisse. Avec une proportion de 1/250 000 l'oxydation est encore marquée d'une manière sensible au bout de quelques jours. Les quantités de vanadium à ajouter varient en général en raison inverse de la concentration des couleurs, c'est-à-dire de la proportion d'aniline qu'elles contiennent, ainsi que de la chaleur plus ou moins considérable des chambres d'oxydation et du temps consacré à l'oxydation. En pratique, dit Witz, on peut adopter environ 1/50.000 du poids de chlorhydrate d'aniline pour les couleurs à 80 gr. de ce sel par litre, aussi bien pour les impressions à la planche qu'au rouleau. Pour avoir une idée de l'extrême division du vanadium dans les impressions, 1 gr. de vanadium dans 770 litres de couleur suffit à couvrir 12.300 à 13.800 m² de calicot. La couche de couleur épaissie à l'amidon représente environ 1/17 de $^{m}/_{m}$. La couche de vanadium est donc inférieure à 1/70.000.000 de $^{m}/_{m}$. On voit que le poids de vanadium ainsi employé est assez restreint.

Comme applications moins importantes du vanadium dans les industries tinctoriales, notons ici que les enlevages sur bleu d'indigo au moyen de chlorate d'aluminium s'obtiennent plus rapidement si l'on ajoute un peu de chlorure de vanadium (F. Storck et E. Pfeiffer, S. I. de Mulhouse, 1885) ; G. Witz (S. I. de Rouen, 1883), arrive à déceler un trillonième de vanadium dans l'eau chlorhydrique par le développement du noir d'aniline ou chlorate ; Engel l'a proposé pour le titrage de l'indigotine (S. I. de Mulhouse, 1895).

Les sels de vanadium ont en outre quelques emplois particuliers. En photographie on les emploie comme révélateurs ; en thérapeutique sous le nom de vanadiol comme destructeur des microbes pathogènes ; il pourrait augmenter l'appétit des porcs à l'engrais. L'acide vanadique peut remplacer le platine dans les procédés de contact pour la fabrication de l'anhydride sulfurique (br. all. E. de Haën). On les emploie dans les couleurs grand feu, pour les tons d'or vert par exemple comme Sainte Claire Deville l'a proposé en verrerie pour obtenir de nouvelles colorations.

On obtient au four électrique des ferro-vanadium qui servent à la fabrication des aciers vanadiés, que nous avons étudiés à propos du fer. On ne peut dépasser dans les aciers la proportion de 0, 7 $^0/_0$ de vanadium sans rendre le métal beaucoup trop fragile. C'est surtout en France et en Suède que le Vd est utilisé dans l'aciérie.

Le vanadium s'est montré défectueux, comme le niobium dans la fabrication des filaments de lampes à incandescence.

URANIUM Ur = 240.

L'uranium a été signalé en 1789 par *Klaproth* comme existant dans les minerais de Joachimstahl en Bohême. Il fut isolé en 1841 par *Péligot*. Le principal minerai d'uranium est la pechblende ou pechurane répondant à la formule U^3O^4 qu'on trouve à Joachimstahl. On trouve l'uranite, sesquioxyde d'uranium combiné au phosphate de calcium et appelé aussi autunite et la chalcolite où le calcium est remplacé par le cuivre; on a trouvé récemment en Californie un vanadate d'uranium appelé carnotite.

L'uranium a le poids atomique le plus élevé de tous les éléments connus. C'est un métal de la couleur du nickel de densité 18. Il fait feu en donnant des étincelles brillantes si on le frappe avec de l'acier ; il brûle à 170°. Il forme deux séries de sels, les sels uraneux non fluorescents et les sels uraniques très fluorescents. L'oxyde d'urane sert à colorer le verre et la porcelaine en jaune ou en vert ; c'est avec lui qu'on obtient les verres à fluorescence jaune verdâtre. Les sels sont aussi phosphorescents.

L'uranium est utilisé pour durcir l'acier à l'usine Krupp d'Essen.

*
* *

En 1896, *Becquerel* reconnut que le sulfate double d'uranium et de potassium qui est légèrement phosphorescent émet des rayons analogues à ceux émis par l'ampoule de Crookes. Ces rayons rendent fluorescents le sulfure de zinc, le platinocyanure de baryum, impressionnent les plaques photographiques.

Ces actions se produisent à travers des corps opaques des lames métalliques par exemple. Ces radiations ne se réfléchissent pas, ne se réfractent pas et ne se polarisent pas. Elles agissent sur la peau et la brûlent comme les rayons Röntgen. Il reconnut que tous les sels d'urane, phosphorescents ou non phosphorescents émettaient ces rayons et que l'uranium métallique était plus actif que les sels. Le 12 avril 1898, *M.* et *Mme Curie* reconnaissaient la propriété qu'ont les rayons Becquerel de rendre l'air conducteur de l'électricité et par suite de décharger les corps électrisés ; en se basant sur cette propriété, ils indiquaient une méthode simple et sensible de mesurer la radioactivité des divers corps.

Cette méthode permit bientôt de reconnaître l'existence de corps beaucoup plus radioactifs que l'uranium : le POLONIUM, le RADIUM et l'ACTINIUM. En février 1898, dans un mémoire présenté à la Société de physique de Berlin

G C *Schmidt* annonçait que les sels et les minerais de thorium présentaient les mêmes phénomènes de radioactivité que l'uranium. M. et Mme Curie en possession d'une méthode précise de mesure de la radioactivité l'appliquaient à différents corps, constataient sans avoir eu connaissance des travaux de Schmidt, la radioactivité des sels et minerais de thorium, celle de tous les sels d'uranium, et constataient que les minerais d'uranium, la pechblende et la chalcolite étaient plus radioactifs que l'uranium ; ils en concluaient la présence dans les minerais d'un corps plus radioactif qu'ils cherchèrent dans les résidus du traitement de la pechblende de Joachimsthal. Ils découvraient en 1898 un élément nouveau le POLONIUM dont les propriétés chimiques sont voisines de celles du bismuth, et quelque temps après, avec la collaboration de M. Bémont, le RADIUM qui par les propriétés chimiques de ses sels se rapproche du baryum, et dont le poids atomique est 225. En 1899, *Debierne* reconnaissait dans la pechblende un troisième élément radio actif, l'ACTINIUM voisin du thorium. Aucun de ces éléments n'a été isolé à l'état métallique.

De ces éléments, le radium est de beaucoup le plus actif. D'après les travaux de *Giesel* en Allemagne, de *Crookes* en Angleterre, de *Debierne* et *Becquerel* en France, la radioactivité de l'uranium serait due à la présence de traces d'actinium.

Le radium seul possède la propriété d'être lumineux dans l'obscurité. En s'éclairant avec un peu de radium, la lumière est assez vive pour qu'on puisse lire. Les sels de radium sont obtenus mélangés à des sels de baryum, surtout à l'état de chlorure. Ils fournissent un rayonnement au moins cent mille fois plus considérable que celui de l'uranium. Les rayons émis diminuent la distance à laquelle se produisent les étincelles électriques, quel que soit le métal des pôles. La poussière des corps radioactifs rend tous les objets du laboratoire radioactifs, l'air devient conducteur et on ne peut plus faire de mesure électrique précise, les appareils n'étant plus isolés. Les sels radifères jouissent en outre de propriétés chimiques intéressantes. Ils transforment par leurs radiations l'oxygène en ozone, le platinocyanure de baryum en un corps brun moins fluorescent, sans doute par oxydation. La porcelaine et le verre se colorent en brun ou en violet dans la masse même sans doute par une oxydation, la coloration violette étant due à l'oxydation des sels de manganèse du verre. Le papier est altéré et noirci. Mais le plus remarquable est que toutes ces actions sont produites sans que le sel radium subisse aucun changement appréciable ni dans son poids, ni dans ses propriétés. On a cherché si les échantillons de minerais d'urane trouvés par *Champeaux* et déposés depuis un siècle au muséum étaient radioactifs; ils l'étaient autant que des minerais récemment extraits. Il semble que le radium soit une source d'énergie sans rien emprunter aux sources extérieures. Il paraît être lui-même producteur d'une force indéfinie. Ceci paraît renverser toutes nos connaissances mécaniques, physiques et chimiques.

Le sel de radium agit sur la rétine lorsqu'on l'applique sur la tempe. On voit une lueur, les yeux étant fermés. Ceci permettra de diagnostiquer la paralysie du nerf optique. On a essayé de traiter des plaies et des tumeurs par les rayons du radium ; les résultats ne sont pas encore bien certains.

Dans tous les minerais où l'on a trouvé le radium, il existe de l'uranium; mais il y a des minerais d'uraninm d'où le radium est absent. Merckwald a indiqué un moyen d'obtenir une substance plus active que le mélange de sels de baryum et de radium. On traite une solution de chlorure de baryum et de radium par un amalgame de sodium et l'on obtient un amalgame de baryum très riche en radium. En trempant des lames de métal dans la solution des chlorures, on les rend radioactives. On a proposé de rendre lumineux au moyen d'un mélange de sulfure de zinc et de sels de radium des cadrans d'horloge ou de montre, de boussoles, etc. L'extrême rareté des minerais de radium, la faible teneur de ces minerais et les prix extrêmement élevés qui résultent de cette rareté ont empêché l'emploi industriel du radium. D'après Ramsay, le *radium* se transformerait en *hélium*, en émettant de la lumière et produisant la radio-activité.

Le procédé de recherche le plus simple pour caractériser le radium dans les minerais est celui de la plaque photographique. Il n'y a qu'à pulvériser le minerai que l'on croit radioactif, le mettre dans un godet et le placer pendant vingt-quatre heures au-dessus d'une plaque photographique, bien entourée de papier noir. En comparant les traces laisssées par une parcelle d'uranium-métal avec celles laissées par le minerai supposé radioactif, il est facile de savoir si ce dernier renferme ou non du radium.

Tungstène W ou Tu = 184.

Le **tungstène** fut soupçonné par *Bergmann* en 1773 et trouvé par les frères d'*Elhuyart* en 1781.

Le principal minerai de tungstène est le wolfram (tungstate de fer et de manganèse ($Fe\ Mn\ Wo^4$) qui se trouve dans les filons des granulites accompagnant souvent l'étain; on trouve aussi la scheelite ou tungstate de calcium. On a trouvé des gîtes de wolfram dans le Portugal.

Le tungstène s'est préparé en réduisant dans un creuset l'acide tungstique; on chauffait à la plus haute température des fours, aussi aujourd'hui on l'obtient exclusivement au four électrique. Le plus souvent on réduit directement le wolfram, ce qui donne un ferrotungstène contenant du carbone, du silicium et du manganèse. On l'obtient aussi par l'aluminothermie.

Le tungstène est un métal blanc d'étain très peu fusible, de densité 17,2. Le chlore l'attaque et forme les chlorures WCl^4 et WCl^5. L'acide tungstique anhydre WO^3 est soluble dans les alcalis, insoluble dans l'eau et l'acide chlorhydrique; il est jaune. Il forme avec l'acide phosphorique et la silice des acides complexes.

Usages. Les ferrotungstènes servent à la fabrication des aciers au tungstène qui forment d'excellents outils. Ils peuvent servir à la fabrication des aciers rapides. Les aciers au tungstène sont les meilleurs pour la fabrication des aimants permanents. Ils servent aussi en Europe pour plaques de blindage et projectiles.

Les sels de tungstène sont employés pour donner des couleurs jaunes sur la porcelaine. Le tungstate de calcium, préparé en mélangeant des poids égaux de chlorure de calcium, de sel commun et de tungstate de soude est employé pour les écrans fluorescents. On tamise le tungstate de calcium au-dessus de l'écran recouvert d'une couche de colle ordinaire.

Le tungstate de soude a été proposé pour la charge de la laine ; pour l'imperméabilisation des tissus par formation de tungstates insolubles en présence d'acides gras, *Hepburn* (br. all. 1900).

La t. de fusion du tungstène, d'après Waidner et Burgess, serait de 3200°. Ses composés étant plus stables que ceux de l'osmium, on tend à le substituer pour les lampes électriques à incandescence, *Kuzel*, etc. Voir Bainvillle (S. des électriciens, février 1907). La production du métal pur en poudre fine est légèrement différente d'un brevet à l'autre ; les uns préconisent l'emploi de combinaisons azotées ou hydrogénées, les autres partent de l'acide tungstique : c'est l'un des points capitaux et non des moins délicats de cette fabrication. L'agglomération de cette poudre métallique se fait avec des composés organiques : sucre, gomme, etc. ; auxquels on adjoint même, s'il s'agit de faire des fils très fins une petite quantité de charbon en poudre impalpable. Le fil obtenu par filage de cette pâte est séché, puis calciné en vase clos, et l'on aboutit à un filament de carbure de tungstène, avec un peu de carbone libre.

Différents procédés sont indiqués dans les brevets pour se débarasser de ce carbone. La vapeur d'eau, mélangée avec un grand excès d'H; ainsi que les vapeurs ammoniacales et l'azote ont été préconisés dans ce but. Le filament est alors soumis à une incandescence très vive dans le vide. Les qualités des lampes au tungstène sont très séduisantes. D'après les essais publiés jusqu'ici, leur consommation serait de 1,2 watt par bougie-heure dans la direction du maximum.

D'après le Bureau of Standards, la t. de fonctionnement des lampes serait : lampe au C (3,5 w.) 1800°-1820° ; au tantale, 2000° ; au tungstène 2300°.

Le tungstène n'est plus un métal rare, sa production a atteint près de 4000 tonnes en 1905, dont la moitié venait d'Australie.

MOLYBDÈNE Mo = 96.

Le **molybdène** a été entrevu par *Bergmann* en 1778 et constaté par *Hielm* en 1782.

Le principal minerai est le sulfure ou molybdénite qu'on trouve en filons dans les granites ou les syénites. On rencontre aussi le molybdate de plomb.

Aux États-Unis se trouvent d'importants gisements de molybdénite et c'est le pays où l'on emploie le plus le molybdène métallique. L'Australie exploite aussi d'importants filons de ce minerai et en expédie en France où on le traite dans l'Isère ; l'exportation de l'Australie a été de 70 tonnes en 1906.

Par grillage de la molybdénite, on obtient l'acide molybdique MoO^3 qui, traité au four électrique par le charbon ou réduit par l'aluminium donne le molybdène métallique.

Le molybdène est un métal très dur, de densité 9,01, difficilement fusible. Le point de fusion est entre 1800 et 2000. A la température de fusion, il se combine avec le charbon pour former un carbure CMo^2 plus fusible que le métal qui peut comme le carbure de fer, dissoudre du charbon qui se dépose sous forme de graphite en refroidissant.

Usages. Le molybdène métallique entre dans la composition d'aciers spéciaux et surtout d'aciers rapides. Il produit le même effet qu'une proportion quatre fois plus forte de tungstène.

Le molybdate d'ammonium qu'on obtient en saturant l'acide molybdique par l'ammoniaque a pour formule $Mo^7O^{2i} (AzH^i)^6 + 4 H^2 O$ est soluble dans l'acide azotique étendu. Cette solution donne avec un phosphate en solution neutre ou azotique un précipité jaune de phosphomolybdate d'ammonium ($20 MoO^3, 2 PO^i (AzH^i)^3 + 12 H^i O$) caractéristique et qui sert au dosage de l'acide phosphorique et du phosphore. Les sels de molybdène donnent sur la porcelaine des couleurs jaunes de grand feu. Le molybdate de sodium est employé dans l'impression ; il produit sur le tissu un molybdate de baryum blanc.

Osmium Os $= 190$.

L'osmium découvert par Tennant en 1803 est un des métaux de la mine de platine. Il s'y trouve à l'état d'osmiure d'iridium qui forme des paillettes brillantes, très dures, inattaquables à presque tous les réactifs. Pour en séparer l'osmium, on fond le minerai avec huit fois son poids de zinc pur dans un creuset en charbon de cornue, puis on fait distiller le zinc. On retrouve l'osmium sous forme d'une éponge facile à réduire en poudre. On le mélange alors à 3 parties de bioxyde de barium et une partie d'azotate de baryum desséché et on chauffe au rouge. En traitant ensuite par l'eau régale à l'ébullition, l'acide osmique se volatilise. On le recueille dans de l'ammoniaque, puis on précipite le métal par le sulfure d'ammonium à l'ébullition. Le sulfure d'osmium décomposé par la chaleur dans un creuset en charbon donne de l'osmium métallique compact. Ou l'obtient pulvérulent en faisant passer des vapeurs d'acide osmique mélangées à de l'hydrogène dans un tube de porcelaine chauffé au rouge.

Propriétés et usages. — L'osmium est le plus lourd des métaux ; sa densité est de 22,447. Il ne peut fondre qu'à la température de l'arc électrique dans un creuset de charbon en présence d'un gaz inerte. Cette infusibilité a donné l'idée de l'employer comme filament de lampes à incandescence. Les lampes à filaments d'osmium ne consomment que 1,6 watt par bougie. Mais l'osmium se volatilise dans le vide de l'ampoule sous l'influence du courant électrique et rend opaques les parois. Auer de Welsbach (br. fr. 1899) a proposé de les régénérer en faisant passer des gaz oxydants dans l'ampoule chauffée au-dessous du rouge ; l'osmium en fil n'est pas oxydé, mais l'osmium pulvérulent se change en acide osmique qui se volatilise.

L'osmium chauffé au rouge vif dans un courant d'air se change en anhydride osmique $Os\,O^4$ qui se volatilise, Il faut éviter de le respirer, même en petites quantités, car il est très toxique et attaque les yeux et les organes respiratoires. Il est facilement réduit par les matières organiques et on l'emploie pour colorer certaines préparations histologiques.

GERMANIUM Ge $=72,4$.

Le germanium a été trouvé en 1886 par *Winckler* dans l'argyrodite de Freiberg. Il se rapproche du zirconium et du thorium et s'en distingue par l'insolubilité de son sulfure qui est blanc. Il est rare et n'a reçu encore aucune application. Il se trouve combler une des lacunes des séries de Mendeleieff.

TANTALE Ta $= 182$

Le **tantale** a été découvert par *Hatchett* et *Ekeberg* en 1802. Il se trouve dans les roches granitiques associé en général au niobium. Le minéral auquel on a donné les noms de Columbite, Niobite et Baierine de formule $Fe\,(NbTa)^2\,O^6$ contient de 22 à 30 °/₀ d'acide tantalique, 48 à 56 d'acide niobique, le reste étant de l'oxyde ferreux et manganeux. On rencontre aussi la tantalite et la tapiolite qui sont des formes différentes d'acide tantalique, le fer remplaçant une partie du tantale $(FeTa^2O^6)$. On trouve la baierine en Bavière, à Chanteloube (Haute-Vienne), etc. Le tantale se rapproche par ses propriétés chimiques du titane et aussi de l'étain et du silicium. Il forme notamment des fluotantalates analogues au fluotitanates et fluosilicates.

Pour obtenir le tantale métallique, on réduit par le sodium le fluotantalate de potasse. On obtient une poudre métallique qui contient encore de l'oxygène et de l'hydrogène. On obtient le tantale métallique pur en fondant cette poudre dans le vide au moyen de l'arc électrique, car le tantale ne fond qu'au-dessus de 2250°. Mais longtemps avant d'atteindre cette température, il commence à se ramollir.

Le tantale n'a été isolé à l'état de pureté que dernièrement par le chimiste Bolton de la maison Siemens et Halske de Berlin.

On l'emploie concurremment avec l'iridium pour la fabrication de plumes à réservoir.

Le métal pulvérulent a une densité d'environ 11, le métal fondu et étiré a une densité de 16,8. Le tantale est de couleur plus sombre que le platine. Il est plus dur que l'acier ; on peut le marteler et l'étirer en fils très fins. Sa résistance à la traction est 95 kilogs par millimètre carré. La résistance électrique d'un fil de tantale de 1 mètre de long et de 1 millimètre de section est de 0,165 ohms à 15°.

Le coefficient de température est positif et a la valeur 0,30 entre 0 et 100°.

Le coefficient de dilatation linéaire est 0,000.007.9. La chaleur spécifique du tantale est 0, 0365. Le métal fondu résiste aux alcalis et à tous les acides, sauf l'acide fluorhydrique.

Usage. Le tantale a été utilisé tout récemment comme filament de lampe à incandescence. La première lampe à filament de tantale est due au Dr O. *Feurbin* et date du 28 décembre 1902. La maison Siemens et Halske en livre au commerce. Le filament de ces lampes est très long ; pour une lampe 110 volts, on emploie 650 millimètres d'un fil de tantale de 0 m. 05 de diamètre. On ne dépense que 1 w,5 par bougie heure, soit moitié moins d'énergie électrique qu'avec les lampes à filament de charbon. Ce filament. dure assez longtemps et résiste mieux que ceux en charbon aux chocs et aux variations accidentelles de voltage. 1 kg. de tantale suffit pour 46.000 lampes.

Dans les lampes, la résistance du fil est 0,83 ohms pour 1 mètre de long et 1 millimètre carré de section. Le prix de la lampe à tantale est tombé de 7 frs à 3 fr. 25 (1906).

Les plumes de tantale de Siemens et Halske sont plus dures que l'acier et plus souples que l'or.

L'offre est venue répondre rapidement aux demandes de tantale, avec le succès de la lampe Siemens et Halske. Auparavant, la production était insuffisante pour fournir les collections de minéraux. Aujourd'hui, l'Australie seule a fourni plus de 70 tonnes en 1905, et les gîtes se multiplient, les minerais purs et riches restent seuls marchands.

TITANE Ti = 50.

Le titane a été découvert par Grégor et Klaproth de 1791 à 1794. Il se trouve dans la nature sous forme d'acide titanique Ti O^2 qui cristallise sous trois formes incompatibles : rutile, anatase et brookite. Certaines variétés de fer oligiste contiennent du titane et de l'ilménite ou fer titané; ils sont difficiles à traiter au haut fourneau.

Il est difficile d'obtenir le titane pur ; il se combine directement à l'azote de l'air et donne un azoture de titane. On le prépare au four électrique à une température très élevée. Au point de vue chimique, le titane se rapproche de l'étain et du silicium. Le titane métallique s'obtient aussi par l'aluminothermie.

On a essayé le titane dans les aciers. Il produit un effet analogue à l'aluminium ; en petites quantités, il empêche les soufflures en quantités plus importantes, il diminue la résistance. L'acide titanique a été essayé comme mordant en teinturerie et comme liqueur pour tanner les peaux.

ZIRCONIUM Zr = 90.

Le zirconium a été découvert en 1824 par *Berzélius* dans le zircon ou silicate de zirconium qui est assez répandu dans certaines syénites.

L'oxyde de zirconium entre dans la composition des manchons pour becs à incandescence dont les premiers furent brevetés par Auer. Il y sert surtout de support pour les oxydes de thorium et de cérium qui jouent le principal rôle dans le phénomène de l'incandescence. Voici par exemple une formule de fabrication brevetée par Laughans (br. fr. 1899). On imprègne un tissu formé en manchon d'une solution de sels dosés de façon que par la cuisson on obtienne une combinaison analogue au verre où les éléments : acides silice et zircone soient chacun dans la proportion de 1 molécule pour 4 de thorium, soit 5,443 g. de nitrate basique de thorium ; 0,690 de nitrate basique de zirconium, 0,612 de silicate de sodium à 48 °/₀ d'eau, 0,138 de nitrate cérique. On a ainsi un manchon squelette qu'on trempe dans une solution contenant 6 gr. 804 de nitrate basique de thorium, 0,172 de nitrate basique de zirconium, 0,153 de silicate de soude cristallisé et 0,687 de nitrate cérique.

On fabrique également des lampes électriques à incandescence à filaments de zirconium. La dépense est de 2 w. par bougies. Leur durée est de 700 à 1000 heures. Ces lampes ne supportent pas une tension aux bornes supérieure à 37-41 volts. Elles sont d'un prix inférieur à celui des lampes à tantale ou à osmium (J. f. Gasbeleuchtung u. Wasserversorgung, 1905, p. 203).

THORIUM. Tho=233.

Le thorium découvert par Berzélius en 1829 appartient à la série des métaux rares qu'ont fournis les minéraux appelés boréens qu'on a rencontré d'abord presque exclusivement dans les syénites et les gneiss de Scandinavie. Les minerais de thorium sont la thorite ou orangite silicate hydraté de thorium renfermant parfois de l'hélium et la monazite ou phosphate de thorium. On a trouvé des minerais de thorium au Brésil, aux Etats-Unis et dans les îles Carolines du Nord, en Scandinavie, en Russie, en France à St-Christophe près du Puy.

Le seul emploi des composés du thorium est dans l'industrie des manchons de becs à incandescence. Nous avons vu au zirconium la fabrication de manchon où ce métal est employé avec le thorium et le cérium. En voici une où le zirconium n'entre pas : nitrate de thorium 300—500, nitrate de cérium 2—3, nitrate de cobalt 0,5, nitrate d'ammoniaque 1, nitrate d'aluminium 0,5, nitrate de plomb 1, tartre 1 ; on ajoute une certaine quantité d'une solution de sépia ou de nacre dans l'acide azotique.

ETAIN. Sn=118

L'étain est avec le cuivre le premier des métaux que l'homme a su extraire de ses minerais ; partout l'usage du bronze pour les divers outils et ustensiles a précédé celui du fer. Le minerai d'étain (oxyde d'étain ou cassitérite) est, en effet, facile à reconnaître et à isoler à cause de sa forte densité ; il se réduit aisément à une température peu élevée. Les mines d'étain les plus importantes se trouvent en Malaisie et aux îles de la Sonde et en Angleterre dans les Cornouailles. On en trouve également en Espagne, en Saxe, en Bohême, au Mexique, au Pérou, au Chili, en Australie et en Tasmanie. En France, il existe quelques gîtes à très faibles teneurs qui ont été exploités par les Gaulois (Montebras, etc.) et quelques-uns au moyen-âge, mais qui ne sont plus l'objet d'une exploitation. Les minerais d'étain se trouvent en filons dans les granits ou biens en alluvions ; ceux-ci donnent de l'étain plus pur.

Pour extraire l'étain, on fond la cassitérite dans un four à cuve soufflé et on purifie l'étain brut par liquation et par perchage.

La pâte d'étain qui sert dans les arts décoratifs et pour argenter le papier. se prépare par la voie électrolytique.

Propriétés. — L'étain est le plus fusible des métaux usuels ; il fond à 230° et peut être coulé sur une feuille de papier sans la carboniser, Cependant pour que les lingots et objets coulés en étain ne soient pas cassants à froid, il faut que l'étain soit chauffé au delà de sa température de fusion jusqu'au moment où une pellicule d'oxyde formée sur le bain métallique donne à sa surface les couleurs de l'arc-en-ciel. Il est alors malléable à froid et peut être laminé en feuilles très minces et complètement imperméables, qu'on emploie pour envelopper des denrées alimentaires : thé, chocolat, etc. L'étain pour être ainsi laminé ne doit pas tenir plus de 3 % d'impuretés, moins de 0,5 de plomb, et pas de tungstène. Il est avec le plomb le seul métal qui ne s'écrouisse pas par ce travail. Refroidi à —40° il devient très cassant et ne reprend sa malléabilité que si on le chauffe au-dessus de 35°. L'étain a une odeur particulière ; sa ténacité est faible, sa résistance à la rupture n'est que de 4 kilogrammes, sa densité est de 7,28. Il est sonore ; si on ploie une baguette d'étain on entend un bruit particulier dû à des ruptures de petits cristaux et qu'on appelle cri de l'étain. Il ne se fait plus entendre si l'étain contient une certaine proportion de plomb et est d'autant plus fort que l'étain est plus pur. On reconnaît la pureté de l'étain en le faisant fondre et le laissant refroidir. La surface de l'étain pur est unie et brillante, celle de l'étain impur est terne et présente des cristallisations. On obtient de l'étain en poudre en le coulant dans une boule creuse en bois et l'agitant vivement. Aux Indes, on le coule dans un bambou dont les parois sont traversées par des chevilles et qu'on agite vivement. Cette poudre tamisée sert à faire sur le bois des dessins que l'on rend brillants avec un brunissoir.

L'étain se ternit à l'air, mais cette altération superficielle ne se propage pas. Chauffé l'étain se couvre d'une couche d'oxyde mélangé à l'étain métallique et finit par s'oxyder complètement en donnant l'acide stannique. Cette oxydation est très rapide si l'étain contient un peu de plomb. C'est ainsi qu'on obtient la potée d'étain qui sert au polissage et à la fabrication de l'émail. L'étain n'est pas attaqué par les acides organiques et ses sels sont inoffensifs ; aussi l'étain a-t-il longtemps remplacé l'argent pour les couverts et les plats à bon marché. Aujourd'hui, on lui préfère des alliages d'étain qui sont plus tenaces et plus brillants. L'étain ne décompose l'eau qu'au rouge, mais il la décompose à 100° en présence des alcalis en donnant de l'oxygène et du bioxyde d'étain. L'acide sulfurique concentré n'attaque que très lentement le métal ; l'acide chlorhydrique concentré l'attaque lentement à froid et rapidement à chaud. L'acide azotique surtout attaque l'étain avec violence en formant de l'acide métastannique ; l'acide monohydraté ne l'attaque pas. Si on plonge une lame de zinc dans une solution de sel d'étain, on précipite le métal à l'état de poussière noire ; on l'applique sur le papier et par un lustrage on obtient le papier étamé.

Usages. — Outre les usages déjà étudiés, l'amalgame d'étain sert pour le tain des glaces, l'étain sert à recouvrir le cuivre, le laiton et le fer de façon à les préserver de l'action des agents chimiques et entre dans la composition de beaucoup d'alliages. Nous allons examiner ces applications. Pour mettre les glaces en tain, on étend sur un plan horizontal une feuille mince d'étain, on la recouvre de mercure, puis on glisse la glace en chassant une partie du mercure et on la charge de poids. Ce travail, très insalubre, tend à être remplacé par l'argenture. Pour étamer un métal il faut que la surface de celui-ci soit débarrassée d'oxyde et qu'en appliquant l'étain fondu on empêche son oxydation ; on empêche celle-ci avec de la colophane et du sel ammoniac.

L'étamage du cuivre est pratiqué surtout pour les ustensiles de cuisine, afin d'empêcher l'attaque du métal par les aliments qui pourrait donner des sels vénéneux. On chauffe le vase bien nettoyé jusqu'au point de fusion de l'étain, on verse l'étain fondu et on étend le métal en le frottant avec un bouchon d'étoupe saupoudré avec un peu de sel ammoniac. Une pratique dangereuse pour la santé et trop souvent employée est d'allier du plomb à l'étain. *Biberel* a indiqué un genre d'étamage plus résistant, en remplaçant l'étain par un alliage de 6 parties d'étain et de 1 de fer, préparé en projetant des rognures de fer dans l'étain fondu et chauffant au rouge : *Richardson* et *Motte* ont substitué à l'alliage de Biberel un alliage de 90,4 Sn, 3,9 Fe et 5,7 Ni qu'on fait fondre avec un flux composé de 28 de borax et 85 de verre en poudre. L'étamage obtenu est plus blanc et plus solide que celui de Biberel.

On peut étamer le laiton et le bronze par le même procédé que le cuivre. mais, pour étamer les épingles, on les fait bouillir pendant quelques heures dans une chaudière étamée contenant de l'étain en grain et une solution de crème de tartre. On lave les objets étamés à l'eau froide, puis on les sèche et on les frotte avec du son ou de la sciure de bois.

L'étamage de la tôle de fer ou d'acier est employé surtout pour la fabrication des boîtes de conserves. On commence par décaper la tôle avec de l'eau de son devenue aigre et de l'acide sulfurique étendu, puis on la plonge dans du suif en fusion et dans de l'étain fondu recouvert de suif, qui empêche l'oxydation de l'étain. On distingue le brillant doux quand on a employé de l'étain pur et le terne doux quand on emploie un alliage de 1 partie d'étain et 2 parties de plomb. On étame de même le fer battu et les couverts en fer. On augmente la dureté de la surface en ajoutant à l'étain 1/16 de nickel. On doit laisser la tôle assez longtemps pour qu'il y ait assez d'étain sur le fer, sinon en fabriquant la boîte, le fer est mis à nu et il s'attaque alors plus rapidement que le fer non étamé. La conserve prend une coloration noire par une vraie formation d'encre. Dans l'étamage il se forme à la surface du fer un alliage de fer et d'étain recouvert d'étain pur. Allard en 1816 imagina de dissoudre l'étain pur avec un mélange de 2 parties d'acide chlorhydrique, 1 d'acide azotique étendu de 3 parties d'eau. On fait ainsi apparaître des parties cristallisées qui réfléchissent inégalement la lumière et on obtient le moiré métallique. Pour qu'il ne se ternisse pas à l'air, on le recouvre d'un vernis coloré, ce qu'on appelle japoniser.

L'étamage des ustensiles de cuisine est toujours plombifère, aussi est-il dangereux d'y faire cuire des aliments contenant du vinaigre ; le sel marin lui-même peut attaquer le plomb allié à l'étain. *Fordos* (soc. chimique, 1873) en faisant agir pendant 24 heures, 50 grammes d'acide acétique à 2 %, dans une casserole étamée à l'étain fin au dire de l'étameur, obtint une solution d'acétate de plomb donnant jusqu'à 78 mgr. de sulfate de plomb.

Les rognures de fer blanc contiennent de 5 à 9 % d'étain qui est un métal coûteux et sont impropres à la fabrication de l'acier que de petites proportions d'étain rendent cassant. Pour retirer l'étain, Kunzel traite les rognures par un mélange de 1 d'acide chlorhydrique et 10 d'acide azotique, jusqu'à ce que l'étain soit dissous ; on le précipite ensuite par le zinc. En les traitant par l'acide chlorhydrique gazeux à 400°, on obtient du proto-chlorure d'étain ; en les traitant par une solution de soude caustique à 15-18 Beaumé à la température de 50°, on transforme l'étain en stannate de soude. Dans le procédé Hemingway (br. américain, 1900) on traite le fer blanc par une solution de persulfate de fer et on ajoute du fer jusqu'à ce que le persulfate soit transformé en protosulfate. L'étain est alors recueilli sous forme de précipité et l'on a du sulfate ferreux. Enfin on peut suspendre les déchets comme anodes dans un bain d'acide sulfurique dilué. L'étain se dépose sur les lames de cuivre d'où on peut l'enlever sous forme de plaques. La tôle débarrassée d'étain peut être employée pour l'acier Martin.

Carlo Formenti (*Bull. chim., farm.*, 1906, p. 145) a donné une bonne bibliographie de la question et décrit son procédé : Les rognures, si elles sont recouvertes d'un vernis, sont d'abord lavées à la soude à froid, puis traitées par de l'acide chlorhydrique, dans des cuves en ciment ou en granit. La durée de cette opération doit être surveillée pour éviter la dissolution du fer. La solution de chlorure d'étain ainsi obtenue est traitée par de la chaux qui précipite l'hydrate d'oxyde d'étain. Le précipité est séché puis réduit dans des fours spéciaux.

Pour des feuilles épaisses telles que celles qui servent à faire les capsules métalliques pour la fermeture des bouteilles, les paillons, etc. on remplace l'étain par du plomb enveloppé d'étain. On coule de l'étain autour d'un lingot de plomb suspendu au milieu de la lingotière. En laminant ensuite ce lingot composé le plomb se lamine avec l'étain sans s'en séparer.

L'étain entre dans un grand nombre d'alliages. Avec le cuivre, il forme les bronzes que nous étudierons à propos du cuivre. On l'allie au plomb pour faire des vases, des mesures de capacité, des comptoirs de marchands de vins, des soudures. Il est la base d'un grand nombre d'alliages imitant l'argent et des métaux dits antifriction employés dans les coussinets de wagons et de machines.

Les alliages de plomb et d'étain sont plus faciles à travailler et surtout moins coûteux que l'étain pur. Mais si ces alliages sont attaqués par les substances qu'on y met leur emploi devient dangereux. Lors de l'établissement du système métrique, on a admis qu'on pouvait allier jusqu'à 18 °/₀ de plomb à l'étain ; mais en 1853. le conseil d'hygiène reconnaissant que les alliages contenant ces proportions de plomb étaient attaqués par les boissons même à froid a indiqué la proportion de 10 °/₀ de Pb. comme limite pour l'alliage des mesures de capacité, pour les lames qui couvrent les comptoirs de marchands de vin. Les alliages d'étain et de plomb à teneur assez élevée en plomb sont très fusibles et servent surtout pour les soudures et parfois pour les clichés. L'alliage 3 Sn+2 Pb fond à 135° ; 2 Sn+Pb à 137 ; 3 Sn + 1 Pb métal de caractères d'imprimerie indiqué par Johnson à 144 ; 1 Sn+1 Pb à 151° ; 6 Sn + 1 Pb à 155 ; 1Sn + 2 Pb à 183 ; 1 Sn + 4 Pb à 207°. Pour les clichés, on préfère les alliages d'étain, plomb et bismuth qui sont plus fusibles ; on les emploie pour souder les alliages d'étain et de plomb. On emploie pour faire des modèles pour la perrotine l'alliage à parties égales d'étain, plomb et bismuth qui fond à 99°. On a employé ce genre d'alliages pour les bouchons fusibles destinés à empêcher l'élévation de la pression dans les chaudières. L'alliage 2 Sn+2 Pb+1 Bi fond à 116 ; celui 3 Sn + 3 Pb+1 Bi à 124 ; 4 Sn + 4 Pb + 1 Bi à 128°. Ces alliages servent comme soudures pour les alliages d'étain et de plomb.

L'étain forme des alliages plus durs et résistants que le métal pur et imitant l'argent. Les feuilles d'argent faux sont formées d'un alliage de 100 d'étain et de 11 de zinc. Le métal Britannia contient 90 d'étain et 10 d'antimoine ; les alliages dit métal anglais, métal d'Alger, etc., sont des alliages d'étain, d'antimoine, de cuivre et de bismuth par exemple 83 Sn, 7 Sb, 3,5 Cu et 1 Bi. Ces alliages sont employés au lieu d'étain pur pour les plats, théières, etc. et n'offrent aucun danger pour la santé. On les argente parfois par électrolyse. L'alliage dit « minofor » de Moussier Fièvre est analogue.

L'étain est la base des meilleurs métaux blancs dits antifriction qu'on emploie de plus en plus pour garnir les coussinets des wagons et des machines. Hopkins eut le premier l'idée de diminuer le frottement des coussinets en les garnissant de plomb qui se moule à la forme de l'arbre. Mais ce métal est trop mou et les pattes d'araignée sont rapidement détruites ; on a remplacé le plomb par des alliages à base d'étain, de plomb ou de zinc, celui-ci étant bien meilleur marché ; mais cette substitution est fâcheuse, car le zinc donne de mauvais frottements. Les meilleurs alliages sont ceux à base d'étain, d'antimoine et de cuivre, qui s'usent très peu et ne donnent pas d'échauffement, et permettent de graisser à l'huile minérale. G. Charpy (Bull. Soc. d'encouragement, 1898) a fait l'étude expérimentale d'un grand nombre d'alliages antifriction. Ils présentent le même caractère général d'être formés de grains durs englobés dans un alliage plastique ; la portée se fait donc sur les grains durs qui ont un coëfficient de frottement peu élevé et sur lesquels le grippement ne se produit que très difficilement ; en même temps la plastiscité du ciment permet au coussinet de se mouler sur l'arbre et évite ainsi les surpresssions locales qui sont les principales causes d'échauffement. Dans les alliages d'étain de cuivre et d'antimoine, l'antimoine donne de la dureté et le cuivre augmente la résistance. On peut sans inconvénient faire dominer l'antimoine. On emploie ces alliages pour les garnitures des tiges des pistons et tiroirs.

Pour les wagons français, et les segments de pistons de locomotives, on emploie l'alliage : Sn 83,33 Sb 11,11 Cu 5,55 ; pour les wagons russes Sn 90 Sb8 Cu2. Dans les machines pour de faibles charges 85 Sn 10 Sb 8 Cu pour de fortes charges 80 Sn 12 Sb 8 Cu les axes lourds 72,7 Sn 18, 2 Sb 9,1 Cu. Le métal Babbitt américain contient 89,1 Sn 7,4 Sb 3,7 Cu. On peut ajouter sans inconvénient du plomb à ces alliages et diminuer leur prix en diminuant la proportion d'étain. La substitution du zinc à l'étain ou à la plus grande partie de l'étain donne de mauvais frottements. Parmi les alliages où domine l'antimoine, celui à 17 Sn 77 Sb 6 Cu donne de bons résultats pour les grandes vitesses de rotation ; le plus dur des alliages est celui à 12 Sn, 82 Sb, 2 Zn 4 Cu. Les alliages de plomb et d'étain auxquels on ajoute du zinc donnent des antifrictions passables. On emploie dans les moulins l'alliage 42 Pb 15 Sn 40 Zn. Pour les alliages de plomb étain et antimoine, la proportion d'antimoine ne peut dépasser 15 à 18 % sans amener la fragilité et les meilleurs résultats sont donnés par les métaux où l'étain dépasse 10 %. Ils sont très supérieurs aux alliages de plomb et d'antimoine qu'on emploie en Amérique. Mais les formules à quatre et cinq métaux différents semblent inutiles.

On peut étamer les ustensiles en aluminium avec un alliage à parties égales d'étain et de cadmium (H. Ramage, br. anglais 1894). On frotte ensuite avec un tampon d'amiante.

Les alliages d'étain et d'aluminium qui renferment moins de 10 % Al sont inutilisables, ils s'oxydent très rapidement et tombent en poussière en quelques semaines. Une feuille d'étain à 0,5 % tombe en poudre quelques heures après le laminage.

On obtient une couleur de bronze bleue en réduisant en poudre un alliage de 100 d'étain, 3 d'antimoine exempt d'arsenic et 0,166 de cuivre. On traite la poudre par l'hydrogène sulfuré jusqu'à ce qu'elle soit devenue jaune, puis on la lave bien et on la chauffe au bain d'huile.

Niobium Nb = 94.

Le niobium forme un acide niobique analogue à l'acide phosphorique comme le titane et le tantale. Ses minerais sont souvent mêlés à des titanates et des tantalates et contiennent comme base des terres rares. Tel est le pyrochlore niobate de chaux contenant 75 à 79 d'acide niobique, 10 à 14 de chaux avec de l'uranium, de l'yttrium, etc.; il se trouve dans les syénites. La Fergusonite, qu'en trouve au Groënland et en Suède, la Samarskite de l'Oural contiennent avec l'acide niobique du fer et des terres rares. Ce métal a été découvert en 1844 par *H. Rose*. On a essayé de l'employer pour des filaments de lampes électriques. Mais il s'est montré inférieur au tantale.

Cuivre Cu = 63.

Le cuivre a été connu de la plus haute antiquité ainsi que ses alliages avec l'étain. Le nom de cuivre vient de l'île de Chypre où les Grecs et les Romains exploitaient des mines de ce métal.

Le cuivre se trouve parfois à l'état natif presque pur. Celui du lac Supérieur contient 2 à 3 dix-millièmes d'argent et des traces de fer, de nickel et de zinc. On a trouvé dans la mine du Phénix une masse de cuivre pesant mille tonnes. Le cuivre se rencontre aussi à l'état d'oxyde (cuprite $Cu^2 O$) et de carbonate hydraté (azurite et malachite souvent employée comme pierre d'ornement) mais les principaux minerais sont les sulfures de cuivre associés au sulfure de fer et formant le cuivre panaché, la pyrite de cuivre qui constituent les minerais purs, c'est-à-dire exempts d'arsenic et d'antimoine. Les cuivres qui contiennent ces éléments et forment les minerais impurs qui sont le plus souvent argentifères et parfois considérés comme minerais d'argent. Du reste, les pyrites cuivreuses contiennent souvent de très petites quantités de métaux précieux.

C'est aux États-Unis qu'on produit le plus de cuivre, environ 37,5 °/₀ de la production totale. L'Espagne et le Portugal en produisent 23,7 °/₀, le Chili 13,5, l'Allemagne 6,3 °/₀. Le Pérou, la Bolivie, le Mexique, l'Australie, le Cap, le Japon, l'Angleterre, la Russie, la Suède et la Norvège en produisent des quantités assez importantes.

Métallurgie du cuivre. — Le traitement des minerais de cuivre est fait par des méthodes très variées : par voie sèche, par voie humide, enfin par électrolyse. En Amérique, le cuivre du lac Supérieur est simplement fondu dans un four à reverbère. On passe les scories au four à cuve et on a directement du cuivre noir.

Les oxydes et carbonates sont traités directement au four à cuve. Pour les minerais sulfurés, on concentre le cuivre dans des mattes de plus en plus riches au moyen de grillages où l'on élimine une partie du soufre sous forme d'acide sulfureux, puis de fusions où l'oxyde de fer formé passe dans une scorie pauvre formée par du silicate de fer et où le soufre restant s'unit au cuivre et au fer et forme une matte. Ces opérations se font toutes au four à reverbère dans la méthode galloise ; les fusions se font au four à cuve dans la méthode allemande.

Lawrence Austen en 1889 a essayé de fondre directement la pyrite de façon à obtenir une matte. On utilise ainsi la chaleur de combustion du soufre pour la fusion du minerai et on économise du combustible. C'est ce qu'on appelle la fusion pyriteuse. On arrive à n'employer que 3,25 °/₀ de combustible pour la fusion pour matte d'un minerai. On ne peut descendre au-dessous de ce chiffre, les matières ne sont plus assez liquides et bouchent le trou de coulée. Le traitement de la matte par une série de grillages et de fusions est souvent remplacé par une opération dans laquelle on utilise le principe de Bessemer, et où l'on obtient le cuivre raffiné. L'oxydation du soufre et du fer est produite par le passage de l'air dans la matte liquide et la chaleur dégagée par la réaction suffit pour maintenir les matières à l'état liquide. Il faut scorifier l'oxyde de fer produit et on y parvient en soufflant avec l'air du sable fin ; sans cette précaution, le garnissage en briques serait très rapidement attaqué. Il faut en outre avoir soin que l'air ne traverse pas le cuivre déjà obtenu ; autrement le cuivre oxydé deviendrait pâteux et boucherait les tuyères. Le convertisseur *Manhès* qui en 1880 a permis de réaliser cette opération est un cylindre horizontal mobile autour de son axe ; ceci permet de faire varier la hauteur des tuyères placées le long d'une génératrice, au-dessus du fond et de ne pas oxyder le cuivre obtenu ; le *sélecteur David* est formé par une sphère. Dans le traitement des minerais impurs on n'arrive pas par le grillage à éliminer la totalité de l'arsenic ni de l'antimoine. On conduit l'opération de façon à avoir outre la matte une petite quantité de cuivre métallique appelée *bottom* ; dans ce cuivre se concentrent l'arsenic et l'antimoine et en outre la plus grande partie des métaux précieux. La matte obtenue est ensuite traitée pour obtenir le cuivre qu'on appelle *best-selected*; le bottom est traité à part souvent par électrolyse. Le cuivre obtenu par grillage et fusion de la matte est impur et contient un peu de fer et de soufre ; on l'appelle *cuivre noir* ou *blistered copper*. Pour le raffiner, on l'oxyde de façon à scorifier les impuretés, puis comme le cuivre fondu contient de l'oxydule de cuivre, on couvre le bain de charbon de bois menu et on introduit dans le métal une tige de bois vert (perchage).

Dans les méthodes d'extraction par voie humide, le cuivre est dissous sous forme de sulfate ou de chlorure et on le précipite au moyen de fonte ou de vieux fer ; on obtient le cuivre de *cément*. Dans le procédé de *Dœtsch* qui est employé à Rio-Tinto, on traite les pyrites par le perchlorure de fer, ou plutôt par une solution de sel marin et de sulfate de peroxyde de fer. On obtient du protochlorure de fer et du chlorure cuivreux ou cuivrique. Le perchlorure de fer laisse la pyrite de fer presque inaltérée. On mélange la pyrite avec 1/2 °/° de sel marin et autant de sulfate de peroxyde de fer.

On la met en tas de 4 à 5 mètres qu'on arrose avec la solution de perchlorure et au moyen d'une lixiviation méthodique, on enlève en quatre mois environ la moitié du cuivre pour les pyrites contenant 2,68 % Cu et en deux ans, 2,2 %. Après précipitation du cuivre, on régénère la solution de perchlorure au moyen d'un courant de chlore. Le cuivre de cement est lavé pour enlever les sels de fer, puis fondu et raffiné.

On emploie aussi l'électrolyse pour extraire le cuivre d'une solution de sulfate de cuivre obtenue en faisant passer sur de la pyrite cuivreuse grillée à basse température une solution de sulfate de peroxyde de fer (procédé Siemens et Halske). On peut aussi électrolyser une solution de cuivre en prenant pour anode une matte de cuivre coulée en plaques (procédé Marchese). Mais le procédé électrolytique est surtout employé pour le raffinage du cuivre. On obtient un cuivre chimiquement pur et meilleur conducteur de l'électricité que le cuivre raffiné par les procédés ordinaires qui contient de l'oxydule de cuivre. De plus, l'or et l'argent restent au pôle positif et forment des boues. L'arsenic et l'antimoine entrent en dissolution et peuvent si la proportion en est trop forte dans le bain électrolysé passer dans le cuivre précipité, ce qui le rend cassant et diminue sa conductibilité.

Bibliographie. — Métallurgie du cuivre aux États-Unis F. Glaciot (S. des Ec. des A et M, 1905). Sur l'électrométallurgie du Cu, voir Cosmos 1906.

Propriétés et usages. — Le cuivre est un métal rouge susceptible d'un beau poli. Frotté, il a une odeur particulière et désagréable. La densité du cuivre fondu est 8,8 ; elle s'élève à 8,95 par l'écrouissage. Le cuivre fond à 1035° et se volatilise à une température plus élevée ; sa vapeur donne aux flammes une couleur verte. Le cuivre à l'état de fusion a une couleur vert de mer particulière. Il est après l'argent le meilleur conducteur de l'électricité ; la résistance spécifique du cuivre pur recuit est 1,56 microhms centimètre à 0° le coefficient de variation par degré est 0,00428 ; écroui le cuivre est un peu moins bon conducteur ; sa résistance spécifique est alors 1,621. De petites quantités d'oxydule de cuivre diminuent sa conductibilité. Le cuivre est par suite de cette propriété partout adopté pour les canalisations électriques, les câbles sous marins et les fils des bobines de dynamo. On préfère pour ces usages le cuivre raffiné pour électrolyse, qui ne contient pas d'oxydule et est meilleur conducteur. Il a de ce fait une valeur commerciale plus grande. Toutefois la résistance à la traction du cuivre pur est médiocre de 21 à 25 kgs par $^{m}/_{m^2}$ ce qui fait qu'on ne l'emploie pas pour les canalisations aériennes car on serait forcé d'avoir des supports trop rapprochés ; on emploie des alliages plus résistants. Le cuivre est également, après l'argent, le meilleur conducteur de la chaleur ; c'est pourquoi on l'emploie de préférence pour les chaudières de sucrerie, les réfrigérants des distilleries et des brasseries, les alambics, les condenseurs par surface, les chaudières à basse pression. Sa faible résistance fait qu'on préfère le fer ou l'acier pour les chaudières à haute pression, car le surcroît d'épaisseur nécessité par la

moindre résistance du métal annulerait l'influence de la meilleure conductibilité. Le cuivre est très malléable et ductile, on peut l'étirer en fil, le laminer en plaques, le marteler à froid ; on en fait des vases par le martelage ou
le repoussé. Comme une forte pression le ' fait en quelque sorte se mouler
aisément contre les parois qui l'enserrent, le cuivre enveloppant une tresse
d'amiante forme les joints métalliques ; il sert à faire des ceintures pour les
projectiles des canons rayés en acier ; l'écrasement de cylindres de cuivre
sert à mesurer la puissance des explosifs. Une faible proportion d'oxydule
correspondant à 0,2 % le rend cassant à froid ce qui arrive souvent pour les
cuivre raffinés. La dureté du cuivre n'est pas très grande ; il est rayé par le
carbonate de calcium et est facilement creusé avec une pointe d'acier. On
emploie des planches de cuivre pour la gravure.

Le cuivre en fusion absorbe facilement des gaz (acide sulfureux, hydrogène, oxyde de carbone) ce qui fait qu'en désoxydant le cuivre trop raffiné
au moyen du perchage on obtient un métal poreux et peu résistant ; cette
absorbtion de gaz fait monter le cuivre dans les moules et en pratique on ne
fait pas de moulages en cuivre. L'arsenic en proportion assez faible moins
de 0,6 % rend le cuivre plus tenace en empêchant cette absorbtion de gaz ;
mais si la proportion est plus élevée le métal devient cassant. De faibles
proportions de tellure, de bismuth rendent le cuivre cassant à chaud et à
froid.

Le cuivre ne s'oxyde pas à l'air sec ; il ne décompose la vapeur d'eau
qu'au rouge blanc. Aussi est-il employé souvent pour les tuyauteries de
vapeur. A l'air humide le cuivre se couvre d'une couche verdâtre d'hydrocarbonate de cuivre appelé vert-de-gris qui protège le métal contre toute
altération ultérieure. La présence d'un acide (vinaigre ou corps gras) formant avec le cuivre un sel soluble rend très rapide l'oxydation au contact
de l'air ; c'est pourquoi il est dangereux de conserver des aliments dans des
vases de cuivre, car ces sels sont vénéneux. C'est pourquoi on étame les
ustensiles de cuisine ; on emploie des vases de cuivre non étamés pour la
cuisson des sirops et des confitures, le cuivre ne pouvant se dissoudre dans
un liquide renfermant du sucre car ce corps réduit les sels de cuivre. On
prépare souvent des conserves de légumes dans des vases de cuivre ce qui
donne une teinte verte à la conserve et a causé parfois des intoxications ;
certains thés verts sont colorés avec du carbonate de cuivre ; on a mêlé du
sulfate de cuivre à des farines avariées ce qui a donné lieu à des accidents.
Les sels de cuivre sont des poisons hyposthénisants (Tardieu) et légèrement
corrosifs ; ils enflamment le tube digestif et peuvent même le corroder et le
perforer. Les ouvriers qui manient le cuivre sont exposés à un empoisonnement chronique assez rare et peu dangereux (colique de cuivre) ; comme
contre-poison on a conseillé : l'eau albumineuse qui forme avec l'oxyde de
cuivre un albuminate insoluble, le lait qui agit par la caséine qui précipite
l'oxyde de cuivre et par le sucre qui le réduit ; le sucre, le glucose, la
limaille de zinc, le fer réduit par l'hydrogène qui précipitent le cuivre.

L'ammoniaque au contact de l'air attaque le cuivre ; il se forme de l'azotite d'ammonium et de l'oxyde de cuivre qui, avec l'excès d'ammoniaque, forme une liqueur bleue qui dissout la cellulose ; l'oxygène de l'air est absorbé et il reste de l'azote avec de l'argon. Chauffé à l'air le cuivre s'oxyde et donne l'oxydule Cu^2O+42 calories puis de l'oxyde noir CuO facilement redoutable et qui sert dans l'analyse organique. Le cuivre n'est pas attaqué par l'acide sulfurique étendu ni à chaud ni à froid ; l'acide concentré à chaud l'attaque avec dégagement d'acide sulfureux. L'acide azotique même très étendu attaque le cuivre à froid ; on emploie les planches de cuivre pour la gravure à l'eau-forte. L'acide chlorhydrique attaque le cuivre à froid mais la réaction est lente Les sels de cuivre sont réduits par les métaux moins oxydables le zinc et le fer. En présence du fer le cuivre n'est pas attaqué par les sels notamment par l'eau de mer. Les tubes de condenseurs dont l'intérieur est parcouru par une spirale en fil d'acier de 1 à 2 mm de diamètre augmentent de poids sous l'action de l'eau de mer, le cuivre se recouvrant d'une couche d'oxyde de fer tres adhérente qui d'après *Uttiemann* forme enveloppe protectrice.

En outre des usages déjà signalés le cuivre sert dans la galvanoplastie. On cuivre souvent la fonte ou le fer pour les préserver de la rouille (candélabres de Paris). Le cuivrage est souvent nécessaire pour permettre de dorer et argenter. Le cuivre peut se souder aux métaux précieux et se laminer avec eux sans s'en séparer, c'est ainsi qu'on obtient le doublé. On peut étirer à la filière un fil composé d'une âme en acier et d'une gaine en cuivre (Fermer et Milliken Etats-Unis, Martin en France) et arriver à avoir des fils ayant une grande solidité et une bonne conductibilité.

Le cuivre entre dans la composition d'un très grand nombre d'alliages. Nous allons étudier ceux où le cuivre domine qui sont appelés bronzes lorsqu'il entre de l'étain dans l'alliage ; laitons lorsqu'il entre du zinc ; les bronzes d'aluminium sont des alliages de cuivre et d'aluminium, les maillechorts des alliages de cuivre, zinc et nickel.

Bronzes. — On appelle ainsi des alliages de compositions très variés et dont les propriétés sont très différentes, dans lesquels domine le cuivre et où l'étain entre en proportion plus ou moins forte. Les bronzes où n'entrent que le cuivre et l'étain sont plus fusibles et plus denses que le cuivre ; ils sont propres au moulage, plus sonores, plus cassants. Le bronze se fabrique au moment où il doit être moulé. On le fond dans des creusets pour de petites pièces ou sur la sole d'un four à réverbère pour des pièces de grandes dimensions. On fond d'abord le cuivre et quand il est en pleine fusion on ajoute l'étain et on brasse vivement avec une tige de fer dans les creusets, avec une perche de bois vert dans le four à réverbère. Le refroidissement dans les moules doit être rapide pour empêcher la liquation. Certains bronzes sont mous et malléables si on les refroidit brusquement et deviennent cassants et durs si on les refroidit lentement. Les bronzes sont d'autant plus durs que la proportion d'étain est plus élevée.

Le bronze des canons comprend 90 à 91 de cuivre et 10 à 9 d'étain. Il se liquate aisément ; des alliages plus riches en étain et plus fusibles se séparant du reste. L'étain brûle plus facilement que le cuivre et l'alliage s'appauvrit en étain. Les bronzes employés dans la construction des machines sont des bronzes pour paliers et pour robinetterie. Les paliers des locomotives à Seraing ont la composition 86.03 Cu 12,97 Sn. Ces bronzes sont plus durs que le métal à canon ; ils se travaillent bien au tour et à la lime mais ne se forgent pas. Le métal des cymbales et des tam-tams ou gongs chinois se compose de 80 Cu 20 Sn ; il est cassant à froid et au rouge vif mais malléable au rouge sombre. En augmentant la proportion d'étain la teinte jaune devient plus claire. Le bronze des cloches contient 78 Cu et 22 Sn ; il ne peut plus se travailler au tour étant trop cassant et c'est dans le moulage qu'on doit trouver le moyen de donner aux cloches le timbre et le son qu'elles doivent avoir. On prétendait qu'il fallait ajouter de l'argent pour avoir un son tout-à-fait clair et les fondeurs du moyen âge ne manquaient pas de s'en faire donner, mais on a constaté par l'analyse qu'ils ne le faisaient pas entrer dans leur alliage. Enfin le métal des miroirs de télescopes (68-67 Cu et 32-33 Sn) est blanc d'acier très dur, cassant et susceptible d'un beau poli.

Dans la plupart des bronzes pour la construction mécanique et des bronzes artistiques, on ajoute du zinc qui remplace une partie de l'étain. On a ainsi des alliages moins coûteux et plus durs. On ajoute également un peu de plomb, ce qui donne pour les bronzes artistiques de meilleures patines ; pour la construction, on corrige avec le plomb la tendance du zinc à donner de mauvais frottements. Néanmoins les paliers en bronze sont plus exposés à chauffer que les paliers garnis en métal antifriction. Le plomb a une tendance à se séparer et il est difficile d'ajouter à l'alliage plus de 3 % de Pb. On arrive à ajouter de fortes proportions de Pb. en ajoutant un peu de nickel et on a de bons paliers avec un alliage Cu, 64 ; Sn, 5 ; Pb. 30 ; Ni. 1. On ajoute également du fer en petite quantité. Donnons quelques compositions de ces métaux pour paliers : Métal Camélia Cu 70,2 Zn 10,2 Sn 4,25 Pb 14,75 Fe 0,55 B. bronze Harrington Cu 55,73 Zn, 42,67 Sn 0,97 Fe 0,68. Bronze pour presse étoupes locomotives belges Cu 90,24 Zn 6,38 Sn 3,37 pour coussinets Cu 83 Zn 4 Sn 9 Pb 4 ; pour coussinets exposés aux chocs et à l'humidité Cu 83 Zn 1,5 Sn 15 Pb 0,5 ; pour paliers d'essieux de locomotives du Nord Cu 82, Zn 8, Sn 10 pour paliers de Stephenson Cu 79, Zn 5 Sn 8 Pb 8 pour paliers locomotives anglaises Cu 73,6 Zn 9,5 Sn 9,5 Pb 7,5, pour pistons et corps de pompe Cu 74 Zn 22 Sn 1. Le bronze désoxydé fabriqué à Bridgeport (Connecticut) est analogue à ces métaux, il contient Cu 82.67 Sn 12,4 Zn 2,11 Fe 0,10 ; il n'est attaqué ni par l'acide sulfureux ni par les hyposulfites et on l'emploie pour les appareils digesteurs où l'on traite la pâte de bois pour la fabrication du papier.

Pour les bronzes artistiques on cherche un métal qui se moule bien et qui prenne une belle patine ; la composition est variable selon la patine à obtenir Cu 78-88 Sn 4-2 Zn 18-10 Pb 0-3. On a remarqué que les bronzes japonais contenaient jusqu'à 10 % de plomb et avaient ainsi une patine plus foncée.

Pour le moulage des objets d'art et des statues il existe plusieurs procédés ; le plus usité consiste à mouler en sable en se servant d'un modèle convenablement divisé et qu'on peut reproduire plusieurs fois. Mais quand on veut une reproduction unique on emploie le procédé dit à la cire perdue. Il consiste à faire un modèle en cire dans lequel cette substance occupe la place qne doit prendre le bronze. On fait le moule sur la cire avec des compositions de terre telles qu'en chauffant la cire fondue soit absorbée par la terre du moule. Il ne reste ensuite qu'à couler le bronze. La supériorité au point de vue artistique consiste en ce que le sculpteur lui-même peut retoucher le modèle en cire et que toutes les retouches seront reproduites dans le bronze. On peut reproduire plusieurs épreuves en prenant, de la cire ou d'un original quelconque, un moulage avec un mélange de gélatine et de glycérine que l'on peut aisément détacher du modèle. Ce moulage sert à obtenir des épreuves en cire qu'on fond en bronze par le procédé à cire perdue. Pour les patines les couleurs et les recettes sont très diverses. On forme un vert de gris artificiel en introduisant les bronzes dans un électrolyte de carbonate de chaux ou de magnésie (Lissmann 1897).

Le bronze des médailles qui doit être malléable pour la frappe se compose de 94 à 96 Cu 4-6 Sn et 0,5 Zn ; celui des monnaies de billon françaises 95 Cu 4 Sn 1 Zn, de monnaies danoises 90 Cu 5 Sn 5 Zn.

Les bronzes à assez fortes teneurs en étain ont une grande résistance à l'action de l'eau de mer ; aussi les emploie-t-on pour les hélices. On augmente beaucoup la résistance et la ténacité du bronze en lui ajoutaut du manganèse. Cette addition se fait au moyen de cupro manganèse qu'on prépare en fondant au creuset un mélange de cuivre, d'oxyde de manganèse et de charbon ou en fondant au four Siemens un mélange d'oxyde de cuivre, d'oxyde de manganèse et de charbon. Les cupro manganèses sont blancs ou roses, malléables susceptibles d'un beau poli.

Les bronzes chrômés à faible teneur en étain ont 97 % de la conductibilité du cuivre et 45 kgs de résistance ; on en obtient ayant 34 % de la conductibilité du cuivre et résistants à 75 kgs. On les emploie comme les bronzes phosphoreux et siliceux pour les lignes électriques aériennes. Ils peuvent être étirés en fils.

Le bronze *phosphoreux* qui a été découvert par *Montefiore-Levy* et *Kunzel* en 1871 s'obtient en ajoutant au bronze du phosphure de cuivre à 9 % Ph. On obtient le phosphure de cuivre en chauffant dans des creusets de graphite un melange de 97,5 de tournure de cuivre 60 de pâte à phosphore (phosphate acide de calcium mélangé de charbon), 7,5 de charbon de bois et 15 de pâte à phosphore épuisée. On chauffe graduellement jusqu'à la température où le cuivre se ramollit et on maintient celle-ci pendant 16 heures. On tamise et on lave pour séparer le phosphure de cuivre. La couleur du bronze phosphoreux se rapproche de celle de l'or allié au cuivre. L'élasticité, la solidité et la dureté sont augmentées. Le métal fondu est très fluide, se moule très bien. On peut faire varier la dureté en changeant la composition, avoir une grande dureté et une élasticité durable ou bien de la solidité avec une grande malléabilité. Le bronze phosphoreux peut se laminer, se forger s'estamper facilement ; on commence ce travail à chaud mais on le termine toujours à froid. La proportion d'étain varie de 4 à 10 % celle de phosphore de 0,1 à 1 %. On fait des fils en bronze phosphoreux à faible teneur en Sn et Ph pour les canalisations électriques aériennes pour la lumière ou pour les tramways à Trolley. Ils ont 97 % de la conductibilité du cuivre et leur résistance à la rupture est de 45 kgs par $^{m/m\,2}$. Pour lignes télégraphiques et téléphoniques on augmente la proportion d'étain et de phosphore et on a des charges de rupture plus élevées jusqu'à 75 kgs et une moindre conductibilité.

On emploie aussi pour les fils électriques le bronze de silicium qui ne contient que très peu d'étain, obtenu pour la première fois par *Weiller* à Angoulême en 1881. On le prépare en ajoutant un alliage très dur de cuivre avec 8 % Si. Celui-ci s'obtient en disposant dans un creuset 30 parties de chlorure cuivrique anhydre, 8 parties de silice et 3 de charbon. On recouvre avec un mélange de 150 de cuivre en limaille, 25 de terre siliceuse et 20 de charbon. On chauffe au rouge clair jusqu'à ce qu'il ne se dégage plus de chlore ; on chauffe ensuite au blanc pour agglomérer l'alliage formé. Le bronze de silicium pour fils télégraphiques présente la composition Cu 99,94 Sn 0,03 Si 0,02 Fe traces ; celui pour fils téléphoniques Cu 97,12 Sn 1,14 Zn 1,62 Si 0,05. On met 1/10 ou 1/11 de cuivre silicié. Le silicium comme le phosphore sert surtout à réduire l'oxydule de cuivre formé pendant la fusion.

Coloration noire des bronzes. — On emploie une solution faible de nitrate d'argent mélangée à une quantité égale d'une solution de nitrate de cuivre. On plonge quelque temps les objets à noircir dans le liquide, puis on les chauffe jusqu'à ce que la teinte noire se soit nettement manifestée.

Coloration verte. — On emploie : eau, 1000 gr. ; sel ammoniac, 250 gr. ; ammoniaque, 250 gr. Ce procédé demande plusieurs jours, quelquefois un mois, pour arriver à donner une patine artistique à un bronze. Pour aller plus vite, on recouvre l'objet de cette première solution et le lendemain on donne une deuxième couche avec : sel ammoniac, 50 gr. ; ammoniaque, 50 gr. ; cendres vertes, 70 gr. ; jaune de chrome 30 gr. ; vinaigre 1000 gr.

Bronze d'art. — On donne d'abord la coloration verte avec la solution indiquée plus haut, puis on sèche, on brosse et on recouvre de la solution : vinaigre, 1000 gr. ; plombagine, 25 gr., sanguine 125 gr. On sèche, on frotte avec une brosse dure et on vernit l'objet.

Patine antique du bronze. — On se sert du mélange suivant : sel ammoniac, 3 p., acide oxalique, 1 p., vinaigre, 25 p.

Laitons. — Le laiton est un alliage de cuivre et de zinc qui présente de grandes variétés selon la composition qu'on lui donne. On l'appelle aussi cuivre jaune. Plus résistant et moins coûteux que le cuivre, peu altérable à l'air, le laiton se moule bien et peut être forgé, laminé, embouti, étiré en fils ou en tubes. Il est employé dans la construction mécanique pour les tubes de chaudière, la robinetterie, etc. ; le laiton type pour ces usages est celui employé par l'artillerie pour les enveloppes de cartouches. Ce laiton contient 67 Cu et 33 Zn. Il doit être exempt d'arsenic. Il s'écrouit par le forgeage, le laminage, l'emboutissage, etc. On fait disparaître l'écrouissage par un recuit au-dessus de 600°. Le laiton fond vers 900° ; s'il est préparé avec des métaux absolument purs, il ne se brûle pas, mais les meilleurs laitons industriels se brûlent à 800° et les laitons ordinaires à des températures plus basses selon le degré d'impuretés (Charpy, *Recherches sur les alliages de cuivre et de zinc*). Le laiton écroui a une résistance d'environ 60 kgs par $^m/^{m\,2}$ avec 3 à 4 $^o/_o$ d'allongement ; après recuit la résistance est de 30 kg. avec 60 $^o/_o$ d'allongement ; sa densité est de 8,4.

La limite élastique, la résistance à la pénétration et la raideur augmentent d'une façon continue avec le teneur en zinc, si celle-ci ne dépasse pas 50 $^o/_o$. L'allongement à la traction et l'allongement de striction croissent d'abord avec la teneur en zinc, passent par un maximum pour l'alliage à 30 $^o/_o$ et décroissent ensuite rapidement. La résistance à la rupture par traction passe par un maximum pour l'alliage à 45 $^o/_o$ et décroît ensuite rapidement. Les alliages contenant plus de 45 $^o/_o$ de Zn sont fragiles et ceux à plus de 50 $^o/_o$ complètement inutilisables. Au point de vue de la construction on n'a aucun avantage à employer des alliages à moins de 30 $^o/_o$ Zn qui sont plus coûteux et dont les propriétés mécaniques (allongement, limite élastique, résistance) sont moins bonnes. Ces alliages sont employés pour la bijouterie d'imitation en raison de leur couleur. Les plus riches en cuivre appelés tombac (8 Zn 92 Cu) ont une teinte rouge. Puis les alliages ont une teinte jaune d'or : *chrysocale* ou *oréide* 90 Cu 10 Zn ; *métal de Bath* 83 Cu, 17 Zn ; *feuille d'or* de Vienne 79,5 Cu 20,5 Zn etc. L'alliage de Parnacott (1896) qui a la couleur de l'or jaune est une sorte de laiton avec fer et manganèse Cu 87 Zn 10 Fe 2 Mn 1. Le laiton sert à faire les épingles ordinaires, certains instruments de précision, les montures des instruments d'optique et de physique, la serrurerie riche, etc. Le fil de laiton étamé sert à faire les garnitures de presse-étoupes. Le doublage des navires se fait en laiton à 75 Cu et 25 Zn. On peut donner au laiton diverses colorations : jaune d'or en le plongeant pour quelques instants dans une solution étendue et chaude d'acétate de cuivre cristallisé parfaitement neutre, gris verdâtre en le frottant plusieurs fois avec une solution étendue de chlorure de cuivre ; violette en frottant le laiton chauffé avec un tampon de coton plongé dans une solution de chlorure d'antimoine ; noire foncée en lavant le laiton poli au tripoli avec un mélange de 1 partie nitrate d'étain et 2 de chlorure d'or et l'essuyant au bout de dix minutes avec un linge mouillé ; on a un moiré par l'ébullition dans une solution de sulfate de cuivre avec quelques clous de fer. Les laitons à forte teneur en zinc de 35 à 45 % Zn, plus résistants que le laiton des cartouches sont employés sous différents noms : *métal de Muntz* 40 Zn 60 Cu, métal Roma etc. On ajoute souvent de petites quantités de métaux étrangers : fer, manganèse, phosphore, aluminium qui jouent le rôle de désoxydant. Ces alliages se forgent à chaud. Le *métal Δ* ou *sterro métal* peut se ranger dans ce genre de laitons car souvent il ne contient pas d'étain et présente la composition suivante Cu 50 à 65 Zn 49,9 à 30 Fe 0.1 à 5. Le métal Δ contenant de l'étain a la composition Cu 98-40 Zn 1,8 à 45 Sn 0,1 à 10. Fe 0,1 à 5. Ces métaux se moulent bien avec un bon grain ; ils se ternissent moins à l'air que le laiton et doivent se marteler au rouge cerise. Le *bronze Tobin* fabriqué par la Ausonia Brass and Copper Cº est une sorte de Δ avec un peu de plomb qui le rend plus doux et plus ductile. Il offre la composition Cu 61.20 Zn 37,14 Sn 0,90 Fe 0.18 Pb 0,35.

Les alliages de cuivre et de zinc s'emploient pour les brasures et soudures. Soudure de cuivre forte 75 Cu 25 Zn ; de cuivre tendre 50 Cu 50 Zn ; soudure de chaudronniers forte 52-65 Cu 48-35 Zn, tendre 25 Cu 75 Zn. On emploie aussi au même usage des alliages de cuivre, zinc et étain : soudure de cuivre forte 89,5 Cu 9,5 Zn 1 Sn, tendre 77,5 Cu 18,5 Zn 4 Sn. Les alliages servent également à obtenir les poudres de bronze nuance pâle 17 Zn 83 Cu, rouge 6-10 Zn 94-90 Cu. Pour l'impression sur les papiers et les cuirs, sur tissus, la décoration sur plâtre, sur pierre, on emploie un bronze liquide composé de 10 parties de pyroxyline, 90 d'éther acéthylacétique, 25 de poudre de bronze. On obtient différentes nuances en lavant la poudre la séchant et la chauffant avec un peu d'huile de paraffine ou de cire et remuant constamment ; on a de belles couleurs de recuit.

En ajoutant au laiton une petite quantité d'aluminium on augmente sa résistance. Le laiton avec 2, 5 Al a une résistance de 52 kg. et un allongement de 20 %. Avec 3 % Al le laiton a une teinte brillante qui dispense de la dorure.

Bibliographie : Laitons spéciaux, Léon Guillet (Rev. de Métallurgie, 1904 et 1906. Alliages de cuivre (*ibid.* 1905).

Bronze d'aluminium. — Le cuivre et l'aluminium s'allient en toutes proportions. La teinte des alliages varie du blanc bleuâtre au jaune d'or et au jaune pâle, les propriétés mécaniques varient beaucoup. Les alliages à 60-70 Al sont cassants, cristallisés et rayent le verre ; ceux à 50 % Al sont mous, puis la proportion d'Al diminuant ils redeviennent durs. Le bronze à 20 % Al ressemble au bismuth ; il a sa couleur et peut se réduire en poudre dans un mortier. Les alliages au-dessus de 11 % d'aluminium sont très cassants, et non industriels. Ceux au-dessous de cette teneur offrent une grande résistance à la traction, résistent très bien à la compression et aux chocs. On peut les laminer, les étirer à froid et au rouge aussi aisément que le fer. On lamine les feuilles et les barres au rouge mais on termine à froid. Le bronze d'aluminium à 3 °/₀ a la couleur de l'or rouge, à 5 °/₀ il ressemble à l'or, sa densité est 8,3. Si l'on augmente la proportion d'aluminium la résistance à la rupture augmente et l'allongement diminue ; le bronze à 5,5 °/₀ a une charge de rupture de 40 kg. et un allongement de 64 °/₀, celui à 9 °/₀ a une charge de rupture de 57 kg. et un allongement de 31,7, celui à 0,5 °/₀ donne 63,5 et 11,9, celui à 11 °/₀ 68 kg. et 1,5. On peut souder ce bronze à l'argent avec une soudure composée de 60 d'argent et 40 de laiton (Dessaigne, br. fr. 99). On se sert avec avantage du bronze d'aluminium pour les tuyères de hauts fourneaux, les hélices, les torpilles, les percuteurs d'armes à feu, toutes les pièces exposées aux chocs et à l'humidité. Voir Inst. of. civil engineers 1906, Engineering 1907.

Le *copalnése*, alliage de Cu, Al et Mn, étudié d'abord par Heusler et Hadfield est doué de propriétés magnétiques bien qu'aucun de ses constituants ne possède cette propriété.

Maillechort. — Le maillechort appelé aussi argentan ou cuivre blanc ou packfong est un alliage de cuivre, nickel et zinc ou étain. L'argentan est de couleur blanc un peu jaunàtre, sa cassure est à grains serrés, sa densité est de 8,5 à 8,7 ; il est plus dur que le laiton mais aussi malléable et ductile ; il peut prendre un beau poli qui ne se modifie pas au contact de l'air. Il résiste aux acides mieux que le cuivre. L'argentan se compose de 50 à 66 Cu, 19 à 31 Zn, 13 à 31 Ni. On y ajoute parfois de petites proportions de fer.

Cristofle et Bouilhet préparent un alliage à parties égales de cuivre et de nickel. L'alfénide (59 Cu 30 Zn 11 Ni), l'alpaka sont des maillechorts employés pour la fabrication des couverts de table et de pièces d'orfèvrerie. Ils peuvent aisément s'argenter ou se dorer par la galvanoplastie. Le maillechort sert aussi pour la fabrication des instruments de précision pour les garnitures de sellerie et de carrosserie ; la monnaie de billon belge est en maillechort à 75 Cu 20 Ni 5 Zn.

Les fils de maillechort servent à la construction des rhéostats et des boîtes de résistances. Le maillechort à 60 Cu 25 Zn 16 Ni a pour résistance spécifique 30 microhms c/m et pour coëfficient de variation 0,00027. En ajoutant au maillechort 1 à 2 °/₀ de tungstène on obtient le platinoïde plus résistant et en augmentant la proportion de nickel la nickeline (61 Cu 10 Zn 20 Ni) dont la résistance spécifique est 33 microhms c/m et le coëfficient de variation 0,0003. La manganine (84 Cu 12 Mn 4 Ni) où le manganèse remplace le zinc a une résistance spécifique de 47 et un coëfficient de variation de 0,00004. On obtient un alliage de couleur d'or en augmentant dans le maillechort la proportion de cuivre 68 à 82 Cu, 8 à 25 Ni, 1 à 9 Zn.

En ajoutant au maillechort de l'argent, on a les alliages qu'on appelle tiers argent (Ag 27 5 Cu 59 Ni 13 Zn 9,5) qui sert à faire la vaisselle de table. Les monnaies divisionnaires suisses sont faites avec une sorte de tiers argent (Ag 15 Cu 50 Zn 25 Ni 10).

L'usine de Menden fabrique un alliage de cuivre et d'antimoine (Cu 100 Sb 6) qui a la couleur de l'or et qui reste inaltéré même à l'air chargé de vapeurs acides ou ammoniacales. Le cuivre forme deux antimoniures : $SbCu^2$, violet, fond à 516°, $SbCu^3$ fond à 681°,

.·.

On obtient un mastic métallique en humectant du cuivre avec une solution d'azotate de protoxyde de mercure, arrosant avec de l'eau bouillante, puis triturant avec une quantité de mercure telle qu'on ait facilement un amalgame de 30 de cuivre et 90 de mercure. C'est une masse molle qui se durcit en quelques heures. On l'a employé comme mastic dentaire.

Les sels de cuivre servent comme colorants pour les couvertes de porcelaine et de faïence. Les faïences à reflets métalliques notamment, sont obtenus avec le cuivre.

Le cuivre est la base d'un certain nombre de substances colorantes (Vert de Scheele, vert de Schweinfurt) Nous citerons un usage nouveau du vert de Schweinfurt. Pour préserver les coques des navires en fer on ne peut user du doublage en cuivre qu'en mettant entre les métaux une ceinture de bois assemblée de façon à être imperméable à l'eau, sinon la tôle serait rapidement attaquée. On préfère protéger la tôle avec une peinture.

Mais alors les algues et les coquillages se fixent rapidement en grand nombre sur la coque. En employant le vert de Schweinfurt qui est vénéneux on empêche les coquillages et les algues de se fixer sur la coque.

Cuivrage galvanique et galvanoplastie. — Le cuivrage du fer permet de protéger ce métal de la rouille à condition que l'eau ne puisse s'infiltrer entre le fer et la couche de cuivre et que le fer ne soit pas mis à nu. Un des meilleurs liquides pour le cuivrage galvanique est une solution d'oxyde de cuivre dans le cyanure de potassium obtenue en précipitant à chaud une solution de sulfate de cuivre avec du glucose et de la potasse, lavant le précipité rouge formé et le dissolvant dans le cyanure. La méthode de Weill emploie une solution de 350 grammes de sulfate de cuivre, de 1500 g. de tartrate de sodium et de potassium (sel de Seignette) et de 400 à 500 gr. de soude caustique dans 6 litres d'eau. Dans le procédé Oudry appliqué pour le cuivrage galvanique des candélabres à gaz, des fontaines, etc. on recouvre les objets de deux couches d'une couleur couvrant bien, en général au minium, puis on étend du graphite et on dépose le cuivre par l'électrolyse d'une solution concentrée de sulfate de cuivre

O. W. Brown et F. C. Mathers (J. of physical chemistry 1906, p. 39) préfèrent les solutions tartriques aux solutions cyaniques, pour le cuivrage du fer. Ils emploient le bain suivant : sulfate de cuivre 60 gr., hydrate de sodium 50, tartrate de potassium et de sodium 159, eau 1000. Densité cathodique 0,1 à 0,5 Amp. par dmq. Densité anodique $< 1,04$ Amp. S'il se produit un précipité vert à l'anode, on ajoutera 3 ou 4 gr. de soude caustique par litre. L'emploi de potasse et le chauffage du bain sont nuisibles.

En faisant déposer sur un moule par électrolyse une couche de cuivre continue assez épaisse pour être séparée de la surface du moule, on a une empreinte d'une exactitude parfaite et d'une grande finesse. C'est sur ce fait que repose la galvanoplastie. Pour que le cuivre représente bien exactement le moule, il faut un courant d'environ 30 ampères par mètre carré et il faudrait 15 heures pour obtenir une couche de cuivre de 5 mm. On abrège le temps nécesaire en n'employant ce courant qu'au début et en le rendant ensuite 10 fois plus intense. Les couches postérieures du dépôt de métal sont grenues et bosselées, la solidité et l'exactitude de l'empreinte n'en souffrent pas. On emploie comme électrolyte une solution saturée de sulfate de cuivre. Le moule sur lequel doit être fait le dépôt ne doit pas être attaquable par la solution de sulfate. Il ne peut être en étain, ni en zinc, ni en fer ; on emploie du plomb ou des alliages très fusibles de bismuth, plomb et étain (métal de Rose Bi 2 Pb 1 Sn 1) ou des moules en gutta percha, en cire, en paraffine, en plâtre même, rendus conducteurs avec de la plombagine ou de la poudre de bronze.

La galvanoplastie sert à reproduire des objets d'art (statues, médailles, vases, etc.), des matrices des fonderies de caractères, des planches stéréotypes, des gravures sur bois, etc.

Si on électrolyse sous un faible courant ne dépassant pas deux volts un objet en fer ou en fonte cuivré ou nickelé dans une solution de nitrate de sodium, le cuivre seul se dissout, d'après Roeder (br. all. 1898).

On fabrique actuellement l'appareillage électrique avec des pièces en terre cuite enduites de plombagine et recouvertes d'un dépôt électrolytique de cuivre.

Plomb Pb=207

Le plomb est un des métaux les plus anciennement connus. Les anciens temples nous montrent des débris de scellement en plomb. Il se trouve dans la nature surtout à l'état de sulfure ou galène qui contient une certaine quantité d'argent. La galène se trouve dans des filons souvent avec de la barytine. Le chapeau des filons de galène contient souvent du carbonate de plomb (cerusite) ou du sulfate de plomb (anglésite).

Les pays qui produisent le plus de plomb sont les États-Unis, l'Espagne, l'Allemagne, l'Angleterre.

Comme on l'a vu au chapitre de la métallurgie, l'oxyde et le sulfate de plomb réagissent aisément sur le sulfure de plomb pour donner du plomb métallique et de l'acide sulfureux. C'est une méthode très employée pour extraire le plomb de ses minerais et appelée méthode par *grillage* et *réaction*. L'opération est effectuée dans un four à réverbère. Le fer métallique décompose le sulfure de plomb pour donner du plomb et du sulfure de fer.

On traite la galène avec de la grenaille de fonte dans un four à cuve ; c'est la *méthode par précipitation*. Mais on emploie le plus souvent une méthode mixte qui consiste en un grillage au four à réverbère fait à basse température suivi d'une fusion au four à cuve, en ajoutant du minerai de fer ou des scories de puddlage. Il est important de recueillir les fumées qui contiennent, outre le plomb, de l'argent, du zinc et de l'antimoine. A la sortie du four de fusion le fer a précipité le plomb, provenant du soufre resté dans le produit du grillage et le charbon a réduit les oxydes. Une partie de l'oxyde de fer se combine à la silice du minerai.

On peut griller également la galène en présence de sulfate de chaux : c'est le grillage à la chaux, procédé *Hungtington-Heberlein*, essais de 1875 à 1889 à Pertusola, Italie, perfectionné par *Carmichael et Bradford* à Stolberg, Rheinland ; et par *de Savelsberg* (Voir Eng. and Mining J. 1906, pp. 883 et 1005.

A. Betts et Valentine ont fait d'intéressants essais de réduction au four électrique

Pour que les parois du four à cuve ne soient pas rapidement corrodées, on emploie le refroidissement systématique.

Le plomb d'œuvre ainsi obtenu est en général soumis à la désargentation, sauf le cas rare où il est trop pauvre en argent. On peut désargenter par quatre méthodes différentes : par coupellation directe. On oxyde le plomb fondu sur la sole d'un four à réverbère. La sole est garnie de marne. On fait écouler l'oxyde de plomb formé en agrandissant de haut en bas un trou de coulée des litharges. On souffle de l'air sur le métal fondu au moyen de deux tuyères. L'oxyde de plomb ou *litharge* ainsi obtenu, est transformé en plomb métallique dans un four à réverbère sur lequel on dispose des couches de litharge et de charbon. Si le plomb est impur et contient de l'antimoine on sépare les premières litharges qui sont les plus impures et donnent un plomb antimonié dur.

La méthode de coupellation s'applique au plomb d'œuvre très riche et aux plombs riches en argent qu'on obtient par l'une des deux méthodes suivantes : le *pattinsonnage* du nom de l'inventeur *Pattinson* (1833) ou la désargentation par le zinc, proposée en 1850 par *Parkes* d'après les expériences de *Karsten*. Nous avons déjà étudié la désargentation par le zinc à propos de ce métal. Le pattinsonnage repose sur le principe que si on laisse refroidir lentement du plomb pauvre fondu, il se forme des cristaux de plomb pur et l'argent se concentre dans la partie liquide. On enrichit ainsi le plomb jusqu'à 1/2 ou 2 1/2 % d'argent. On peut, soit retirer les cristaux de plomb, soit en agitant le bain, empêcher ceux-ci de se réunir et faire couler le plomb riche (*Boudehen*). D'après *Plattner*, la désargentation par le zinc présente les avantages suivants : 1° le travail n'exige pas un raffinage préalable du plomb d'œuvre, si celui-ci contient de petites quantités de cuivre, d'arsenic ou d'antimoine ; 2° on n'a à traiter que de petites quantités de produits intermédiaires ; 3° l'appareil employé est plus petit, on emploie un moins grand nombre d'ouvriers et on brûle moins de charbon ; 4° la séparation se fait dans un temps beaucoup plus court ; 5° on obtient un plomb plus riche et on a un poids moindre à coupeller ; 6° on perd moins de plomb ; 7° au cas où l'on a de l'or et du cuivre, ces métaux peuvent être concentrés dans une petite quantité d'un alliage plomb zinc, qu'on obtient en premier. Le plomb appauvri contenant du zinc est chauffé au rouge dans un four à réverbère soufflé. Il se produit à la surface du bain une croûte mince composée d'oxyde de zinc et d'oxyde de plomb qu'on enlève jusqu'à ce que le produit de l'oxydation soit de la litharge pure. On obtient environ 94 °/₀ du plomb pauvre à l'état de plomb commercial et 6 °/₀ de crasses appelées *absrtich*. On en extrait encore du plomb au four de raffinage et l'abstrich fournit ensuite une matière colorante pour vernis.

Blas et *Whest* ont proposé d'extraire le plomb de la galène en électrolysant un bain d'azotate de plomb et se servant d'anodes formées de plaques de galène comprimées à chaud. On raffine le plomb d'œuvre par électrolyse d'après Keith à l'usine de l'Electrometall refining Cᵒ de New-York. Le bain est formé de sulfate de plomb dissous dans l'acétate de sodium ; la solution est introduite d'une manière continue par le fond des cuves et s'écoule par le haut pour être chauffée à 38° dans un réservoir muni d'un serpentin à circulation de vapeur. Les anodes sont enveloppées de sacs de mousseline dans lesquels restent l'argent, l'arsenic, l'antimoine, etc.

Propriétés et usages du plomb.

— Le plomb est un métal grisbleuâtre, très brillant quand on vient de le couper ou de le gratter, mais il se ternit rapidement à l'air. Il a peu de tendance à prendre la structure cristalline et sa cassure présente un aspect uniforme et fondu. Sa densité est élevée, 11.35. On l'emploie pour faire des contre-poids et des projectiles pour les fusils. Il est facilement fusible, il fond à 332° ; on peut donc le couler aisément dans des cavités et on l'emploie pour des scellements ; on l'emploie également comme joint pour les conduites d'eau réunies par emboîtement ; il permet aisément le démontage de la conduite. Il est très mou, on le raye avec l'ongle et il laisse une trace grise sur le papier. Chauffé presque jusqu'à son point de fusion, il est cassant et peut se briser d'un coup de marteau. Mais à la température ordinaire il est très malléable, peut s'écraser sous le marteau et se laminer. On l'emploie pour les joints en écrasant une rondelle entre les deux surfaces creusées d'une gorge. On en fait des ceintures pour les projectiles des canons rayés en bronze ; les statuaires grecs se servaient de bandes de plomb pour prendre et reproduire exactement les formes d'un modèle. Le plomb ne s'écrouit pas par le martelage. Chauffé et fortement comprimé, le plomb passe à travers les orifices qu'on lui offre. On fait ainsi des fils de plomb peu résistants employés par les jardiniers pour rattacher les plantes à leurs tuteurs, des cylindres pleins qui servent à la fabrication des balles, car les balles moulées ont l'inconvénient de présenter des soufflures ; c'est également ainsi qu'on fabrique des tuyaux de plomb qu'on peut facilement poser et contourner de toutes manières.

Le plomb à l'air se ternit et se couvre rapidement d'une couche de sous-oxyde de plomb Pb^2O. Chauffé au-dessus de sa température de fusion il se couvre d'une pellicule irisée qui se transforme en protoxyde de plomb pulvérulent de couleur jaune appelé *massicot*. A température plus élevée, l'oxydation est plus rapide, le protoxyde fond et en se refroidissant forme de petites écailles, c'est la *litharge*. Au rouge le plomb dégage des vapeurs et il bout au rouge blanc. L'eau pure comme l'eau distillée ou l'eau de pluie au contact de l'air attaque le plomb à la température ordinaire et forme un hydrocarbonate de plomb blanc (céruse) et poreux de sorte que l'attaque du plomb se poursuit. L'eau dissout un peu d'oxyde de plomb et devient toxique. C'est ce qui arrive avec les toitures et chéneaux en plomb. Mais l'eau de source ou de rivière contenant de petites quantités de chlorure et de sulfate forme sur le plomb un enduit insoluble et imperméable qui protège le plomb. C'est pourquoi on peut employer les conduites de plomb pour distribuer l'eau dans les maisons. C'est pourquoi on emploie le plomb pour les groupes décoratifs des bassins ou fontaines soit à l'état de moulage comme dans les bassins de Versailles, soit en donnant à des feuilles de plomb la forme voulue en les martelant dans des matrices en bois comme on l'a vu à l'Exposition de 1889.

L'acide chlorhydrique concentré attaque le plomb, mais l'acide étendu ne l'attaque pas. L'acide fluorhydrique ne l'attaque que très lentement et on peut conserver cet acide dans des vases en plomb. L'acide sulfurique étendu n'attaque pas ce métal, aussi emploie-t-on pour fabriquer cet acide des chambres de plomb : on peut commencer la concentration de l'acide dans des cuvettes en plomb, mais on ne peut la terminer car l'acide assez concentré attaque le métal.

Le plomb et ses sels sont très vénéneux et parmi les métaux le plomb est celui qui produit le plus d'accidents toxiques en raison du grand nombre d'usages de ses composés. Absorbé à petites doses le plomb s'accumule dans les organes, il altère la nutrition et agit sur le système nerveux. Il peut s'absorber ainsi par les voies digestives (pinceau porté à la bouche, aliments cuits dans des poteries vernies au plomb ou des casseroles étamées avec un alliage d'étain et de plomb même si la proportion de plomb est de 5 %), par les muqueuses des poumons (poussières des ateliers de céruse, des tailleries de cristal), plus difficilement par la peau (teinture pour les cheveux). On a trouvé du plomb dans le vin et le cidre auxquels on a enlevé leur acidité au moyen de la litharge. Les peintres, les broyeurs de couleurs, les fondeurs de caractères, les plombiers, les étameurs et même les compositeurs d'imprimerie présentent souvent des cas d'empoisonnements.

Le plomb amène un amaigrissement plus ou moins rapide, une décoloration de la peau qui devient jaune pâle, une coloration bleuâtre des gencives, une diminution du nombre des globules du sang. Les maladies sont des coliques (coliques de plomb), des douleurs dans les membres, des paralysies et des accidents cérébraux. Le plomb s'élimine peu à peu par la peau qui se colore en noir dans un bain sulfureux et par les urines d'après Orfila, aussi par le foie d'après Bouchardat. On peut hâter l'élimination du plomb en administrant de l'iodure de potassium. La néphrite est la conséquence la plus fatale du saturnisme.

D'après des statistiques anglaises, la mortalité des professions exposées au saturnisme dépasse d'un dixième seulement la moyenne chez les imprimeurs, son élévation relative est due presque exclusivement à la phtisie ; le saturnisme est rare parmi eux. La mortalité est plus forte chez les peintres bien plus souvent saturnins. Elle est énorme chez les fabricants de limes, les ouvriers en plomb, les potiers (en raison des vernis à base de plomb), les verriers. Les imprimeurs parisiens sont plus frappés que ceux de Londres. La mortalité des peintres dépasse de moitié celle des autres Parisiens (Bertillon).

Le protoxyde de plomb peut s'oxyder directement à l'air et donne le *minium* rouge orangé (Pb^3O^4) qui, traité par l'acide azotique faible, donne un *oxyde puce* PbO^2 qui joue le rôle d'acide et peut céder facilement son oxygène. Cet oxyde se forme sur les plaques de plomb employées comme anodes dans l'électrolyse d'eau acidulée par l'acide sulfurique. Si ensuite on réunit les électrodes, il se forme un courant de sens opposé et l'oxyde pur est réduit et le plomb se combine à l'acide sulfurique. C'est le principe des *accumulateurs* électriques qui forment une des plus importantes applications du plomb. On emploie dans cette fabrication du plomb spongieux qu'on obtient en plongeant les lames de plomb dans l'acide azotique étendu de son volume d'eau (Planté), des pâtes d'oxyde de plomb, de minium, de chlorure de plomb, etc. disposées dans des cadres ou grilles en plomb coulé.

Le plomb forme avec les métaux des alliages fusibles, notamment avec les métaux précieux, or, argent et platine ; on l'emploie pour séparer l'argent et l'or du cuivre, on l'emploie aussi pour purifier le platine et le séparer du fer et de l'osmiure d'iridium. Le plomb absorbe tout au plus 1,5 °/₀ de zinc et 0,007 de fer, mais il absorbe d'autant plus de cuivre que la température est plus élevée.

On peut employer un bain de plomb fondu pour la trempe de l'acier (forges de Chatillon-Commentry).

Le plomb peut se souder à lui-même sous l'action d'une flamme de chalumeau à gaz ou à essence, comme l'a trouvé Desbassyns de Richemont. C'est ainsi qu'on soude les feuilles de plomb pour faire les chambres de fabrication de l'acide sulfurique. Pour de petites soudures, on peut employer l'amalgame de plomb à 6 °/₀ Hg qui forme une soudure autogène sans métal étranger ou une des soudures de plombiers qui sont des alliages de plomb et d'étain étudiés à propos de l'étain.

En outre des usages déjà étudiés le plomb sert à la chasse ; on l'emploie sous forme de grains obtenus sans moule. Ces grains sont des gouttes de plomb solidifiées ; on n'emploie pas le plomb pur mais du plomb allié à 0,3 à 0,8 d'arsenic. Une proportion trop forte d'arsenic donne des grains lenticulaires ; si elle est trop faible les grains sont allongés. L'arsenic est ajouté soit sous forme d'arsenic, soit sous celle d'acide arsénieux. On l'enveloppe dans un papier, on le met dans une corbeille en fil de fer, on l'introduit dans le plomb fondu et on agite bien. Pour granuler le plomb on se sert de passoires en tôle de forme hémisphérique, dans lesquelles on met des crasses qu'on recueille sur le plomb fondu. Le plomb versé passe à travers ces crasses et coule en gouttes isolées. La température que doit avoir le plomb fondu varie selon la grosseur du grain ; pour le gros grain un brin de paille plongé dans le métal doit être à peine bruni. Il faut que les grains tombent d'une hauteur assez grande pour qu'ils aient le temps de se refroidir. On emploie soit des tours, soit des puits ; les grains tombent dans de l'eau tenant en solution 0.25 millièmes de sulfure de sodium. On trie ensuite les grains puis on sépare les grains défectueux au moyen d'une table à secousses creusée de rainures, les grains ronds tombent d'un côté, les autres s'engagent dans les cannelures et vont d'un autre côté. On lisse ensuite les grains en les mettant dans un tonneau qui tourne autour d'un axe horizontal. On ajoute un peu de graphite, 6 gr. pour un quintal.

Le plomb s'allie en toutes proportions à l'antimoine et donne des alliages plus durs que le plomb pur. Un alliage de 35 Pb et 65 Sb aurait une dureté douze fois plus grande que le plomb pur. L'alliage à 17 à 20 % d'antimoine, 83 à 80 Pb sert à faire les caractères d'imprimerie ; le plomb antimonié sert aussi pour les balles de fusil. L'alliage à 13 % Sb est employé pour les coussinets notamment sur le Pensylvania Railroad ; pour des coussinets plus durs, 25 % Sb et 75 Pb.

Les alliages de plomb et d'étain servent pour les soudures ; ceux d'étain, plomb, antimoine avec ou sans cuivre forment des métaux antifriction, soit par exemple 5,5 Pb. 4 Sn et 1 Sb.

Un alliage pour les roues dentées comprend 50 Pb. 40 Zn et 10 Sb. On emploie pour les tuyaux d'orgue un alliage de 96 Pb et 4 Sn.

L'alliage pour clous de navire se compose de 3 Sn, 2 Pb, 1 Sb, le *calain* chinois qui garnit les boîtes à thé de 126 Pb 17,5 Sn 1,25 Cu. L'alliage de 9 Pb 9 Sb et 1 Bi se dilate par le refroidissement et est excellent pour les joints et pour les scellements dans la pierre ou le marbre.

L'alliage de *J. Fullerton* et *A. King-Churcle* 1896 comprend 91 Pb, 7 Sb, 1 Cu, 1 Bi est plus résistant que le plomb antimonié ordinaire et sert pour la robinetterie et la tuyauterie de gaz et d'eau. On a proposé l'emploi de l'amalgame de plomb pour amalgamer l'or et l'argent, *Mahlstedt* (br. all. 1895). Il aurait l'avantage de former mieux les écumes. De petites quantités de plomb entrent dans un grand nombre d'alliages d'étain et dans les bronzes.

On peut obtenir avec le plomb ou ses sels de brillantes couleurs sur le cuivre ou le nickel bien décapé. On trempe l'objet dans une solution bouillante de 20 gr. d'acétate de plomb et 60 gr. d'hyposulfite de soude par litre. On obtient d'abord une couleur grise qui passe au violet, puis marron, rouge, etc. et arrive en dernier au bleu. Avec de l'habitude on peut s'arrêter à une teinte intermédiaire. On passe la pièce au vernis mixtion blanc pour conserver la coloration. On obtient aussi de belles colorations en faisant déposer par électrolyse une mince couche d'oxyde de plomb. On emploie pour électrolyte une solution d'oxyde de plomb dans la potasse caustique et pour cathode une lame de platine. Si on maintient l'extrémité de cette lame en face du même point, on produit tout autour des anneaux colorés. On évite cela en tenant l'électrode constamment en mouvement. La teinte voulue obtenue on retire le corps de la solution et on le vernit.

Mercure Hg = 200

Le mercure était connu des anciens. *Aristote* et *Pline* en parlent et indiquent comme lieu d'extraction l'Arménie et surtout l'Espagne. On l'appelait *vif argent*. Les Egyptiens employaient le *cinabre* sulfure de mercure naturel comme peinture pour les statues. Le mercure se trouve en petite quantité à l'état natif; mais le principal minerai est le cinabre, parfois associé au bitume comme dans la Carniole et en Toscane. Les mines les plus considérables sont en Espagne (Almaden) et en Californie (New Almaden Knoxville). On en extrait également à Idria (Illyrie), dans le Palatinat, en Bohême, en Toscane, etc. Le mercure s'expédie dans des bouteilles en fer.

La bouteille de 75 pounds s'est vendue 41,87 dollards en 1903, 43,39 en 1904; et aujourd'hui 38,80. Cet abaissement de prix est dû à ce que les mines d'argent abandonnant de plus en plus le procédé d'amalganation.

Comme on n'a à traiter qu'un seul minerai et que le mercure distille aisément en se séparant des métaux étrangers, l'extraction du mercure est simple. A Idria et à Almaden on traite par simple grillage dans des fours à cuve ou des fours à réverbère. La condensation du mercure se fait à Idria dans des chambres en maçonneries reliées entre elles par des tuyaux en fonte arrosés d'eau, à Almaden dans des aludelles, c'est-à-dire des vases en terre cuite piriformes et ouverts à leurs deux extrémités de sorte que l'extrémité étroite de l'un s'engage dans l'extrémité large de l'autre, et la condensation se fait dans des files d'aludelles. En Toscane on charge le minerai et le combustible en couches alternées et l'on aspire dans le four pour faire passer les fumées dans des chambres de condensation. En Bohême, on décompose le cinabre en le chauffant avec des battitures de fer, dans le Palatinat, on décompose le cinabre par la chaux dans des cornues en fonte.

La production mondiale de Hg a été pour l'année 1903 de 3.716 tonnes.

Propriétés et usages du mercure. — Le mercure est le seul métal liquide à la température ordinaire. Il se solidifie à — 39°,5 et donne un métal malléable et ductile : il bout à 360°, mais il émet des vapeurs à la température ordinaire. Si on suspend une feuille d'or dans un flacon contenant du mercure on voit l'or blanchir par la formation d'un amalgame.

L'atmosphère des ateliers où l'on emploie le mercure en est saturée comme on peut le voir en y plaçant des bandes de papier imprégnées d'azotate d'argent ammoniacal, ou de chlorure d'or, de platine ou d'iridium. Les vapeurs de mercure précipitent le métal et le papier noircit. Le mercure pur versé sur une surface plane se divise en gouttelettes sphériques, brillantes et très mobiles. S'il est impur, il forme des gouttelettes ternes qui par l'agitation s'allongent en une pointe effilée, on dit qu'il *fait la queue*. Il peut se diviser par l'agitation en gouttelettes très fines et peut s'incorporer dans des corps étrangers ; c'est ainsi qu'on prépare les divers onguents mercuriels employés pour soigner les plaies (emplâtre de Vigo) ou pour tuer des parasites (onguent napolitain, onguent gris).

C'est ce qu'on appelle *éteindre* le mercure. L'extinction est plus facile quand le mercure est légèrement oxydé, ce qui se produit en laissant le métal exposé à l'air pendant un certain temps. On emploie la formule suivante (J. de Pharmacie, 1899) ; verser sur 100 gr. de mercure un mélange fondu et encore liquide de 20 gr. de cire et 30 gr. de vaseline, triturer jusqu'à extinction et ajouter 50 gr. de vaseline. La densité du mercure est 13,596. C'est le plus lourd des corps liquides ; aussi l'emploie-t-on pour la construction des baromètres. Le mercure étant liquide ne s'écrouit pas comme les autres métaux et sa résistance électrique est invariable. C'est pourquoi on a adopté le mercure pour la définition de l'ohm, unité de résistance électrique.

Le mercure s'altère lentement au contact de l'air et se couvre d'une pellicule grisâtre de sous-oxyde (Hg^2O) qui peut se dissoudre dans le métal et lui fait alors mouiller le verre. En faisant glisser sur la surface oxydée un tube de verre, l'oxyde y adhère et le mercure reprend son éclat. L'oxydation du mercure se fait assez rapidement à la température d'ébullition. Il se produit de l'oxyde rouge HgO qui se décompose par la chaleur, c'est ainsi que *Lavoisier* découvrit la composition de l'air.

Le chlore attaque le mercure à froid et donne du chlorure mercureux (calomel) ou mercurique (sublimé corrosif) selon que le mercure ou le chlore se trouve en proportion dominante. Le soufre chauffé doucement avec du mercure forme un sulfure $Hg S$ d'abord noir qui se sublime ensuite en beaux cristaux rouges (cinabre artificiel). En ajoutant au soufre un peu de potasse on prépare le vermillon.

L'acide sulfurique n'attaque pas le mercure à froid. A chaud, l'acide concentré forme du sulfate mercureux et de l'acide sulfureux si la température est inférieure à l'ébullition, de l'acide sulfurique, ou du sulfate mercurique si la température est plus élevée. L'acide azotique étendu l'attaque à froid en formant de l'azotate mercureux, à chaud en formant de l'azotate mercurique. L'acide chlorhydrique ne l'attaque pas à froid, mais lentement à 350°.

Le mercure est le métal le plus toxique ; les sels de mercure à dose assez forte causent une mort rapide. Mais absorbé lentement par suite du séjour prolongé dans une atmosphère saturée de vapeurs de mercure, il cause un empoisonnement chronique qui se manifeste par une salivation abondante et un tremblement. Les mineurs qui travaillent dans les mines de mercure, les étameurs de glace, les doreurs, tous les ouvriers qui manient habituellement le mercure, sont sujets à ces affections. Boussingault a constaté que le mercure avait une action délétère sur les plantes. Comme contre-poison, Melsens conseille l'iodure de potassium à faible dose, souvent répétée.

La propriété du mercure qui a reçu le plus d'application dans l'industrie est celle de former très facilement avec presque tous les métaux des combinaisons dites amalgames décomposables par la chaleur. L'amalgamation de l'or et de l'argent est particulièrement facile ; elle est employée comme nous le verrons pour l'extraction de ces-métaux de leurs minerais et pour la dorure et l'argenture. L'amalgame d'étain forme comme nous avons vu le tain des glaces ; l'amalgame de bismuth sert à faire des globes de verre creux formant des miroirs. Le mercure se combine aisément au plomb et au zinc, difficilement au cuivre. Nous avons vu à propos du zinc l'emploi du zinc amalgamé pour les piles électriques, à propos du plomb l'emploi de l'amalgame de plomb pour souder le plomb et pour amalgamer l'or. On emploie pour retenir l'or des plaques de cuivre amalgamées. Le mercure ne s'allie pas du tout avec le fer, c'est pourquoi on emploie pour le transporter des bouteilles de fer. Le nickel, le cobalt, le chrôme et le platine ne s'allient pas au mercure. Le mercure est employé à la construction des instruments de physique (thermomètre), des trompes et des pompes grâce auxquelles on obtient le degré de vide nécessaire pour les lampes à incandescence et les ampoules de Crookes. On frotte les coussins des machines électriques avec un amalgame. Le sécretage des chapeliers est une solution de mercure dans l'acide azotique. Le fulminate de mercure sert pour les amorces de fusils ou de mines. Le mercure sert à la fabrication du calomel, du sublimé corrosif employés en médecine et pour celle du vermillon. Un amalgame de 3 de mercure, 1 d'antimoine, 20 de plomb donne de bons crayons noirs. Les amalgames d'argent, de palladium et de cuivre servent parfois de mastic dentaires, mais ils sont dangereux et provoquent la salivation, et perdent bientôt leur solidité. Le mercure servait à la formation de l'image dans le daguerréotype. Les sels de mercure servent à renforcer les clichés.

Palladium Pd = 106,5

Le **palladium** découvert en 1803 par *Vollaston* s'extrait de la mine de platine. On traite le minerai par l'eau régale, on neutralise la liqueur par le carbonate de sodium et on précipite le palladium au moyen du cyanure de mercure. Le précipité donne par calcination le palladium métallique.

Le palladium est un métal blanc très malléable dont la densité varie de 11,4 à 12,1 suivant l'écrouissage. Chauffé à l'air il s'oxyde superficiellement et prend une teinte bleu d'acier ; l'oxyde se décompose à une température élevée. Le palladium fond vers 1500. Le palladium absorbe aisément l'hydrogène ; avec 600 volumes de ce gaz il forme un alliage $Pd^2 H$ qui condense 382 volumes d'hydrogène à la façon du platine. Par ses propriétés chimiques le palladium se rapproche de l'argent ; il se dissout dans l'acide nitrique.

Ses usages sont peu nombreux. Le fil de palladium est employé pour faire des ressorts spirals de montre non influençables par les dynamos. On peut couvrir d'une couche de palladium les métaux par voie électrochimique ; on prépare d'après Frantz le bain d'électrolyse en mélangeant au cyanure de palladium précipité, 7 parties de prussiate jaune de potasse, 3 de potasse caustique et 60 parties d'eau ; on fait bouillir une demi heure et on remplace l'eau évaporée. Le palladium déposé sur l'argent ou sur les métaux argentés n'en modifie pas l'éclat et les protège contre le noircissement par l'hydrogène sulfuré.

RHODIUM Rh = 104,32

Le Rhodium Rh = 104,32 découvert par *Wollaston* en 1803 dans la mine de platine se retire de l'osmiure d'iridium. Dans une solution des chlorures de platine, iridium, ruthénium et rhodium on précipite tous les métaux sauf le rhodium par du sel ammoniac. On évapore la liqueur, on chauffe le résidu dans un courant d'hydrogène et on le lave avec de l'acide azotique. On obtient ainsi le rhodium métallique.

C'est un métal blanc d'argent, cassant ; son point de fusion est entre ceux du platine et de l'iridium. Il est insoluble dans l'acide nitrique, soluble dans l'acide sulfurique à l'ébullition. Le rhodium s'allie au platine. Ces alliages sont moins attaquables par l'eau régale que le platine. Le platine rhodié forme un des métaux du couple du *pyromètre* de *Lechatelier*, l'autre étant en platine iridié.

RUTHÉNIUM Ru = 101,4

Le Ruthénium Ru = 101,4 a été découvert en 1843 dans l'osmiure d'iridium par *Clauss*. On obtient le ruthénium en chauffant avec de l'alcool la solution de ruthénate de potassium. Nous étudierons à propos de l'iridium la séparation du ruthénium et la préparation du ruthénate de potassium.

Le ruthénium est plus difficilement fusible que l'iridium et ne fond que dans l'arc électrique. Il est dur, cassant, à structure cristalline. Sa densité est 12. Il se rapproche de l'étain par ses propriétés chimiques. Il s'oxyde facilement si on le chauffe au contact de l'air et donne un oxyde dissociable à température élevée. Outre cet oxyde le ruthénium et l'oxygène forment l'acide *ruthénique* et l'acide *heptaruthénique* formant les sels $Ru O^4 M^2$ et $Ru O^4 M$ analogues aux manganates et permanganates. Le peroxyde de ruthénium Ru O^4 distille par l'action d'un courant de chlore sur une solution alcaline de rhuthénate de potasse ; il se décompose à la lumière, fond à 25°5 et détone à 108° en donnant de l'oxygène et l'oxyde Ru O^2. Le ruthénium est rare et n'a encore pas d'application.

ARGENT Ag. = 108

L'argent a été employé dès une haute antiquité et a bientôt servi d'étalon pour la valeur des choses concurremment avec l'or. L'argent se trouve à l'état natif mélangé d'or et de cuivre ; il est en filaments capillaires ou en rameaux divergents simulant des fougères comme dans la mine de Kongsberg en Norvège. Il entre en outre dans un grand nombre de minéraux sulfurés arséniés et antimoniés : Argyrose (Ag^2 S) Polybasite (Ag^3 Sb S^6) ou argent noir, Pyrargyrite ou argent rouge antimonial (Ag^3 Sb S^3) Proustite ou argent rouge arsenical, Miargyrite (Ag. Sb S^2). On rencontre aussi un amalgame d'argent et du chlorure d'argent ou argent corné. La galène contient presque toujours de petites quantités d'argent ; les minerais de cuivre en contiennent aussi.

L'argent était plus rare que l'or dans les régions centrales de l'Asie, en Judée. Le rapport entre les valeurs de l'argent et de l'or a beaucoup varié, mais en général a été en diminuant depuis l'antiquité. Il a augmenté à deux moments : au moment de la découverte et de la conquête de l'Amérique et en 1848 lors de la découverte des placers de Californie et d'Australie. Mais des mines d'argent très riches ont été découvertes aux Etats-Unis et le prix de l'argent à diminué dans des proportions telles que les pays bimétalliques c'est-à-dire ceux où les pièces d'argent sont acceptées pour les paiements autrement que comme monnaie d'appoint ont été forcés de ne plus frapper de pièces d'argent sinon leur stock de monnaies d'or se serait trouvé remplacée presque complètement par de l'argent. L'Allemagne ayant adopté en 1871 l'étalon d'or, la France et les pays de l'Union latine (Belgique, Suisse, Italie, Grèce) ont dû en 1874 limiter la frappe des monnaies d'argent et l'arrêter complètement en 1878. L'Angleterre a fait arrêter en 1904 la frappe de l'argent aux Indes. Le rôle de l'argent comme monnaie diminue dans les pays riches qui peuvent avoir de l'or ; mais beaucoup de pays (Mexique, etc.) ne connaissent encore que la monnaie d'argent. Notons que la Convention en 1792 avait décidé que la monnaie d'argent seule serait légale, les pièces d'or devant porter seulement l'indication du poids et non celle de la valeur. Cette mesure bientôt abolie était justifiée par la rareté des métaux précieux en circulation en France à ce moment.

Les mines d'argent les plus abondantes et les plus célèbres ont été trouvées en Amérique. L'Amérique, jusqu'en 1843, a fourni 122.050.724 kg. d'argent fin représentant 27 milliards 122 millions. Les célèbres mines de Potosi en Bolivie ont produit 37.617.600 kg. d'argent et 294.000 kg. d'or valant plus de 9 milliards. Dans l'antiquité on a exploité des mines d'argent très considérables ; celles du Laurium ont fait la richesse et la puissance d'Athènes et ont occupé jusqu'à 200.000 ouvriers. Les Carthaginois et les Romains ont exploité en Espagne des mines considérables. Les mines d'Espagne furent fermées sur l'ordre de Philippe II qui voulait ainsi se procurer des mineurs expérimentés pour les mines d'Amérique. Bien que les mines d'argent présentent des poches de minerai extrêmement riche et même des blocs d'argent natif de plusieurs tonnes comme celui qu'on trouva à Schneeberg en Saxe en 1748 qui pesait plus de 10 tonnes la teneur moyenne des minerais extraits est de 2 à 3 kg. par tonne. La production d'argent et celle de l'or vont en augmentant. En 1902 elle était de 5.121.469 kg. et celle de l'or de 491.553 kg. En 1903 on a extrait 5.291.543 kg. d'argent et 418.085 kg. d'or. Les pays qui produisent le plus d'argent sont d'abord les États-Unis (Nevada avec le célèbre Comstock), le Mexique, la Bolivie, le Chili, le Pérou ; en Europe l'Allemagne, la Russie et la Norwège. L'Espagne et la France extraient de l'argent de galènes argentifères.

Pour extraire l'argent de ses minerais on emploie des procédés de voie humide et d'autres de voie sèche. Les premiers se divisent en deux classes suivant qu'on a recours à l'amalgamation suivie d'une distillation ou à une dissolution dans l'eau et précipitation. Les procédés d'amalgamation ne sont employés que pour les minerais pauvres. A Freiberg avant 1858 on commençait par griller le minerai mélangé avec 10 % de sel marin (grillage chlorurant) puis on faisait tourner le produit du grillage avec de l'eau, du fer et du mercure dans des tonneaux. On séparait l'amalgame et le mercure grâce à leur densité et on distillait l'amalgame solide qui contenait 11 % Ag et 3 à 4 % Cu. L'amalgamation au patio inventée en 1557 par un mineur *Bartolomé de Medina* est encore employée au Mexique et dans l'Amérique du Sud. Après avoir porphyrisé le minerai au moyen de meules on y ajoute 2 à 3 % de sel marin puis on le mélange à de la pyrite cuivreuse grillée et réduite en poudre qu'on appelle *magistral* (0,5 à 3 %) et ensuite une quantité de mercure égale à cinq à six fois le poids d'argent contenu. Les mélanges se font en faisant piétiner la matière par des mules. Après deux à cinq mois on lave la masse obtenue dans des cuves en maçonnerie et on sépare l'amalgame qui est distillé. Il se forme par l'action du sel sur la pyrite grillée du bichlorure de cuivre. Celui-ci avec l'argent natif donne du chlorure d'argent et du protochlorure de cuivre, avec le sulfure d'argent le bichlorure et le protochlorure de cuivre donnent du sulfure de cuivre et du chlorure d'argent. Le bichlorure agit de même sur le sulfure d'arsenic et sur l'arsénio sulfure d'argent. Pour l'antimonio sulfure la transformation de l'argent en chlorure est incomplète. Le chlorure d'argent et le mercure donnent de l'amalgame d'argent et du chlorure de mercure, le protochlorure de cuivre se transforme en bichlorure, de sorte que le chlorure de cuivre agit indéfiniment sur le minerai.

Les méthodes par dissolution et précipitation sont employées surtout pour les minerais d'argent contenant du cuivre. On les applique à des **mattes** cuivreuses dans lesquelles on trouve la totalité de l'argent du minerai. En grillant ces mattes il se forme d'abord du sulfate de fer puis du sulfate de cuivre et à une température plus élevée du sulfate d'argent mais à ce moment tout le sulfate de fer est décomposé. Dans le procédé *Augustin* qui, en 1858 a été adopté à Freiberg au lieu de l'amalgamation, on continue le grillage avec du sel marin. On change le sulfate d'argent en chlorure qu'on dissout en lessivant le minerai avec une solution concentrée de sel marin qui dissout le chlorure d'argent. On précipite l'argent par le cuivre, puis dans la solution on précipite le cuivre par le fer. Dans le traitement des résidus de grillage de pyrite cuivreuse on dissout avec le cuivre l'argent qui s'y trouve. On le précipite soit au moyen de l'iodure de potassium (*Claudet*, br. 1871) ou mieux par l'hydrogène sulfuré (*Gibb*, 1875). En précipitant une partie du cuivre par l'hydrogène sulfuré l'argent est précipité avec les premières portions de sulfure de cuivre. On précipite environ 6 %/₀ du cuivre ; on traite ce précipité par un grillage chlorurant, puis par l'acide sulfurique étendu qui laisse l'argent dans la masse non dissoute, ou par l'eau qui laisse également l'argent. Le résidu est lavé avec une solution bouillante de sel marin et on précipite l'argent de sa solution par le cuivre.

La méthode de *Ziervogel* très employé dans le Mansfeld n'utilise pas le grillage chlorurant. On lessive à l'eau bouillante le produit du grillage de la matte qui contient de l'oxyde de fer, de l'oxyde de cuivre insoluble, du sulfate de cuivre et du sulfate d'argent qui se dissolvent. Mais en général on laisse encore de l'argent dans la partie insoluble, cette méthode ne peut pas s'employer si la matte contient de l'arsenic ou de l'antimoine car il se forme de l'arséniate ou antimoniate d'argent insoluble. En Californie et dans le Nevada on traite les minerais après grillage chlorurant par une solution d'hyposulfite de sodium et on précipite l'argent par le sulfure de calcium de façon à régénérer l'hyposulfite. Il ne faut pas ajouter un excès de sulfure de calcium qui transformerait le chlorure d'argent en sulfure insoluble dans l'hyposulfite. D'après Russel si les minerais d'argent contiennent de l'arsenic et de l'antimoine on les traite par un mélange de solution d'hyposulfite de sodium et de sulfate de cuivre. Il se forme un hyposulfite de sodium et de cuivre où l'argent vient remplacer le cuivre.

Pour extraire l'argent par voie sèche on traite par le plomb fondu les substances à désargenter, minerais d'argent ou minerais pyriteux grillés ou non grillés, minerais d'arsenic argentifères grillés, etc. On obtient un plomb argentifère et une matte dépourvue d'argent composée de sulfures de fer, de cuivre et de plomb. Si l'on fond du cuivre métallique argentifère avec du plomb on a un plomb argentifère facilement fusible et un cuivre allié au plomb et peu fusible qu'on sépare par liquation. On traite le plomb argentifère soit par coupellation soit par le pattinsonnage ou par le zinc, comme nous avons vu pour le plomb.

L'argent extrait par ces diverses méthodes n'est jamais pur et contient des métaux étrangers. Si le plomb domine parmi les métaux étrangers on raffine l'argent simplement en le coupellant de nouveau dans un petit four à reverbère dont la sole est garnie de cendres d'os qui absorbent la litharge et n'absorbent pas l'argent. La fin de la coupellation se voit nettement par le phénomène de l'éclair, qui consiste en une vive lueur au moment où la pellicule d'oxyde de plomb qui recouvre l'argent disparaît. Si le plomb n'est pas l'impureté dominante on ajoute du plomb. La litharge entraîne dans la cendre d'os les oxydes des autres métaux.

Dans toutes les méthodes étudiées l'or qui se trouverait dans le minerai reste avec l'argent. Nous examinerons à propos de l'or les méthodes de séparation de l'argent et de l'or.

Propriétés et usages de l'argent. — L'argent pur est blanc un peu jaune après plusieurs réflexions ; il a un vif éclat que le polissage augmente beaucoup c'est le métal qui a le plus grand pouvoir réfléchissant, c'est pourquoi on emploie pour les télescopes des miroirs en verre argenté. C'est le meilleur conducteur de la chaleur et de l'électricité. Sa densité est 10, 5 ; il est plus mou que le cuivre mais plus dur que l'or. La charge de rupture à la traction est de 21 kg. Il est très sonore. C'est après l'or le plus ductile et le plus malléable des métaux. On peut le réduire en feuilles de 1/500 de mill. d'épaisseur et on le travaille aisément au repoussé. Il fond à 916° et se volatilise à une température élevée en donnant des vapeurs bleuâtres. L'argent en fusion absorbe l'oxygène de l'air qui se dégage au moment de la solidification en projetant l'argent liquide. C'est le *rochage*. La présence d'une petite quantité de plomb ou de 1 °/₀ de cuivre empêche le rochage. L'argent ne s'oxyde pas directement et ne décompose pas l'eau. Les acides faibles et les acides organiques ne l'attaquent pas du tout ; aussi les couverts et la vaisselle d'argent sont ceux qui donnent le plus de sécurité. Il est attaqué à froid par l'acide azotique, à chaud par l'acide sulfurique concentré. Il est attaqué à froid par les acides bromhydrique, et iodhydrique à 550° seulement par l'acide chlorhydrique. Les sels d'argent et particulièrement les chlorures et bromures sont réduits par la lumière et cette réduction est beaucoup plus rapide en présence de composés organiques comme le collodion ou la gélatine. Ces sels exposés à la lumière acquièrent immédiatement la propriété d'être réduits par des bains contenant des substances aisément oxydables (sels de protoxyde de fer, acide pyrogallique etc.) Ces propriétés sont appliquées en photographie. L'argent est noirci au contact de l'acide sulfhydrique surtout en dissolution ; l'attaque est rapide. Les alcalis et le nitre sont sans action sur l'argent, aussi on se sert de creusets et de bassines de ce métal pour la préparation et la fusion de la potasse et de la soude et pour l'attaque des silicates par les alcalis.

L'argent formé par la réduction de l'azotate d'argent peut rester en dissolution colloïdale dans l'eau comme l'or. On l'obtient en précipitant une solution à 10°/₀ avec une solution formée en mélangeant 500 cm³ d'une solution à 30 °/₀ de sulfate ferreux et 1700 cm³ d'eau avec 280 gr. de citrate de sodium cristallisé.

On a reconnu que l'argent empêche le développement des microbes. On peut le réduire en fils très fins qu'on emploie pour recoudre les plaies. L'argent pur est trop mou pour les usages usuels. On l'emploie en alliages et pour l'argenture.

L'argent forme avec presque tous les métaux sauf le fer des alliages parmi lesquels l'alliage avec le plomb est très important pour la métallurgie de de l'argent. Les alliages les plus importants pour l'usage sont ceux avec le cuivre et avec l'or. Avec le cuivre, l'argent forme deux combinaisons définies $Ag^3 Cu^2$ fusible à 970° et $Ag Cu$ fusible à 947. Les alliages d'argent et de cuivre sont plus durs et plus sonores que l'argent pur. Ils servent à la fabrication des monnaies. En France et dans les pays de l'union latine les pièces de 5 fr. sont au titre 900/1000 et les autres monnaies au titre de 835/1000. Le Brésil et la Colombie ont adopté les mêmes titres. En Allemagne, aux États-Unis, au Pérou, au Chili toutes les monnaies d'argent sont au titre de 900/1000. En Angleterre elles sont au titre de 925/1000. Les alliages de cuivre et d'argent sont employés aussi pour l'orfèvrerie, la bijouterie, les médailles et sont soumis à un titre légal garanti par un poinçonnage. Les titres sont en France pour la vaisselle et les médailles 950/1000 avec une tolérance de 5/1000, pour la bijouterie 800/1000 avec la même tolérance ; en Bavière et en Autriche 812/1000, en Prusse, en Saxe etc 750/1000, en Angleterre 725/1000. Pour souder les pièces d'argenterie on emploie un alliage comprenant 670 à 880/1000 d'argent. Nous avons indiqué à propos du cuivre la composition du tiers-argent qui sert à la fabrication de vaisselle et de couverts et peut être ciselé.

On donne souvent aux objets d'argent une teinte noire ou brune. On obtient la teinte noire par une sulfuration lente effectuée en plongeant les objets dans une solution de sulfure de potassium ; la teinte brune s'obtient par la chloruration lente réalisée au moyen d'une solution de sulfate de cuivre et de chlorure d'ammonium.

Le niellage consiste à produire sur les objets en argents des dessins qui se détachent en noir. On grave ou on cisèle profondément le dessin sur l'argent et on remplit les traits avec un émail noir qui consiste en un sulfure d'argent, de cuivre et de plomb. On l'obtient en fondant ensemble 38 Ag. 72 Pb, 50 Cu, 384 S et 36 de borax, puis on coule la masse fondue dans l'eau on pulvérise, on lave avec une solution faible de sel ammoniac puis avec de l'eau gommée. Pour appliquer la nielle on fait pénétrer l'émail das les creux et on chauffe l'objet au rouge brun. On enlève à la lime douce la nielle qui dépasse les traits et on polit. Ce mode de décoration inventé par les Égyptiens a toujours été pratiqué en Orient ; c'est un orfèvre nielleur italien qui trouva la gravure en reproduisant sur le papier au moyen de l'encre le dessin qu'il voulait nieller.

L'argenture peut se faire par plusieurs procédés comme la dorure : par placage, par le feu, à froid, ou trempé et par électrolyse. Le placage d'argent ne peut se faire que sur le cuivre ; le procédé est très ancien et était connu des Gaulois. On répand à la surface du cuivre bien décapé une solution d'azotate d'argent, puis sur la couche d'argent déposé on applique une lame d'argent, on chauffe le tout au rouge et on passe au laminoir. On emploie le plaqué sous le nom de bimétal pour des ustensiles de cuisine qui n'ont pas besoin comme ceux en cuivre d'être étamés. L'argenture au feu se fait au moyen d'un amalgame d'argent ou d'un mélange de 1 Ag précipité 4 sel ammoniac, 4 sel marin et 1/4 de bichlorure de mercure. On recouvre la surface du métal bien décapé et on chauffe au rouge pour chasser le mercure. Pour l'argenture des boutons on emploie une pâte de 48 sel, 13 sulfate de zinc, 1 bichlorure de mercure, 2 chlorure d'argent. Pour argenter à froid ou au bouchon on frotte la surface du métal bien décapé avec un mélange de parties égales de Ag Cl et NaCl, 2 de carbonate de potassium et 2/3 de craie en poudre humectée avec de l'eau. Il faut cuivrer l'objet ou bien (*Schiell*, br. fr. 1902) l'étamer dans un bain 500 gr. pyrophosphate de sodium, 100 chlorure d'étain, 50 nitrate d'aluminium, 50 nitrate de magnésium dans 9 litres d'eau. D'après *Stein* on obtient plus aisément l'argenture avec un mélange de 1 d'azotate d'argent et 3 de cyanure de potassium broyés ensemble et formant avec de l'eau une bouillie épaisse qu'on étale rapidement sur la pièce à argenter avec une étoffe de laine. Ce genre d'argenture est bien moins solide que les précédents. L'argenture par voie humide consiste à plonger l'objet à argenter dans une solution bouillante de 1 gr. de chlorure d'argent, 4 gr. de sel marin et 4 de tartre. Ce mode d'argenture est également peu solide.

L'argenture galvanique très employée pour la fabrication des couverts et de la vaisselle de table appelée ruolz peut se faire directement sur le cuivre, le bronze, le laiton, la fonte, le fer, le maillechort ; l'étain, le zinc et l'acier poli doivent être au préalable cuivrés si l'on veut que l'argenture soit durable. Pour obtenir un bain convenable pour l'argenture on ajoute dans une solution de cyanure de potassium au dixième du chlorure d'argent fraîchement précipité et bien lavé jusqu'à saturation et on étend avec un volume égal de solution de cyanure. On précipite par mètre carré de 1 jusqu'à 240 gr. d'argent et l'épaisseur de la couche d'argent est depuis 1/9400 jusqu'à 1/42 de millimètre. On recouvre parfois les objets argentés avec une couche de palladium pour les préserver du noircissement par l'acide sulhydrique.

L'argenture des glaces tend à remplacer l'ancien procédé de mise en tain au moyen du mercure qui est très insalubre. On argente en décomposant une solution d'azotate d'argent de façon à produire un précipité continu et adhérent au verre. La glace est placée sur une table horizontale en fonte portant une couverture de laine et chauffée à 40° ; on verse successivement une solution d'acide tartrique et une d'azotate d'argent ammoniacal. L'argenture est terminée en une heure environ. On a des images plus blanches en formant ensuite sur la glace argentée comme l'a montré *Lenoir* un amalgame d'argent. On saupoudre la glace argentée de poudre de zinc puis on verse une solution de cyanure double de mercure et de potassium. Pour argenter les miroirs de télescopes on mélange des volumes égaux de quatre solutions : de 40 gr. de nitrate d'argent, de 60 gr. d'azotate d'ammonium, de 100 gr. de potasse caustique pure dans un litre d'eau. Pour la quatrième solution on dissout 25 gr. de sucre dans 250 gr. d'eau ; on intervertit en faisant bouillir avec 3 gr. d'acide tartrique, on neutralise, on ajoute 50 gr. d'alcool et on étend à 1 litre. On nettoie le verre avec de l'acide nitrique, puis de la potasse, de l'alcool et on le lave ensuite à l'eau pure. On plonge le verre dans le mélange ; il se forme un dépôt d'abord rose puis brun puis blanc d'argent. On retire alors le verre on le lave et on le polit avec du rouge d'Angleterre.

On utilise la facile réduction de l'azotate d'argent par les matières organiques pour faire une encre à marquer le linge. On fait dissoudre 10 gr. d'azotate d'argent et 5 gr. de gomme arabique dans 35 gr. d'eau. On écrit avec une plume ou on imprime avec un cachet en bois à caractères en relief sur l'étoffe imbibée de carbonate de sodium et repassée avec un fer chaud. En exposant au soleil, l'azotate d'argent est décomposé et les traits sont ineffaçables par l'eau, le savon et les carbonates alcalins.

Essais d'argent. — On a fréquemment à vérifier le titre d'un alliage d'argent, surtout pour les opérations de contrôle. La méthode du touchau en traçant des traits sur la pierre de touche avec l'alliage à essayer et avec des alliages de titre connu et comparant leur couleur, donne des résultats approximatifs, mais bien moins exacts qu'avec les alliages d'or. On emploie deux méthodes : l'essai par voie sèche ou coupellation et l'essai par voie humide imaginé par Gay Lussac. Dans l'essai par voie sèche, on fond l'alliage avec une certaine quantité de plomb dans une coupelle faite avec 3/4 de cendres de bois lessivées et 1/4 de cendres d'os. Pour 1 gr. d'alliage on emploie 3 gr. de plomb si le titre est 950,79, si le titre est 900 et 100, s'il est 800. On chauffe au rouge la coupelle, puis on y fait fondre le plomb et on ajoute l'alliage dès que le plomb est fondu. Le cuivre et le plomb s'oxydent et sont absorbés par la coupelle. Dès que l'éclair a paru, on rapproche la coupelle de l'ouverture du moufle pour refroidir lentement l'argent et éviter le rochage. On pèse ensuite le bouton. Le principe de l'essai par voie humide est que le chlorure de sodium, versé dans une solution d'azotates de cuivre et d'argent, précipite tout l'argent, laissant le cuivre en solution limpide. En mesurant la quantité de liqueur titrée qui précipite exactement tout l'argent, on détermine le poids d'argent en solution et on en déduit le titre de l'alliage.

$$On \ Au = 196,6.$$

Historique. — L'or est l'un des métaux que l'homme a le plus anciennement connus et travaillés. On a trouvé des bijoux et des ornements d'or dans les tombes des plus anciennes dynasties égyptiennes, dans celles de Mycènes en Grèce, dans les tombes préhistoriques de tous les pays. C'est que l'or, tout en étant un métal rare et par suite précieux, a été répandu dans presque tous les pays, mais en quantités très faibles. Son éclat, son inaltérabilité, la facilité avec laquelle on peut l'extraire et le travailler, l'ont fait rechercher dès que l'homme est sorti de l'état de sauvagerie primitive, et il est bientôt devenu avec l'argent l'étalon de la valeur des objets et le signe représentatif de la richesse.

Les gîtes d'or des divers pays étant exploités dès l'époque préhistorique, sont épuisés déjà quand les populations sont arrivées au degré de civilisation où commence l'histoire ; c'est toujours dans des pays sauvages que de hardis aventuriers vont à la conquête du précieux métal.

L'or, dans l'antiquité, a été plus abondant que l'argent dans les régions centrales de l'Asie, en Judée, etc. On en fabriquait des vases, des statues, des meubles, etc. Ce sont les rois de Perse qui firent frapper les premières monnaies d'or vers 550 avant J.-C. Après la chute de l'empire romain, la production des métaux précieux diminua et, au xvᵉ siècle, les monnaies étaient devenues rares. Les rois abaissaient le titre des pièces. On évalue pour cette époque à 400 millions seulement l'or de toute l'Europe.

Il n'est pas étonnant que l'or ait été l'objet des plus persévérantes recherches des alchimistes. Ils espéraient le créer et ils pensaient avec le public que c'était un remède universel. On le portait en amulettes, on saupoudrait de poudre d'or les mets des malades ; l'or potable, le bouillon d'or étaient des préparations tirant leur vertu curative de l'or qui y était plus ou moins réellement contenu. Encore aujourd'hui, le chlorure d'or est employé dans le traitement des affections lymphatiques, dans le traitement des scrofules (*Duhamel*, Comptes-rendus, 1836) et pour remédier à la morsure des serpents venimeux.

An xvıᵉ siècle, la découverte de l'Amérique et les guerres de conquête et d'extermination faites aux états civilisés du Mexique et du Pérou (Pizarre rapporta pour le trésor royal 3.882.500 fr.) amenèrent brusquement en Europe de très grandes quantités d'or. La valeur de l'or diminua par rapport à celle de l'argent. Mais bientôt les Espagnols exploitèrent, en même temps que des mines d'or, d'importantes mines d'argent et la valeur de ce métal diminua. Puis le rapport des valeurs de l'or et de l'argent se fixa à 15 1/2, rapport qu'on adopta après la Révolution pour les monnaies françaises avec le système bimétallique. Ce rapport resta à peu près invariable, malgré la découverte de l'or dans l'Oural, 1814, et dans la Sibérie, 1829. En 1852, la découverte presque simultanée des gîtes d'or de la Californie et de l'Australie fit diminuer ce rapport. Mais bientôt de nouvelles mines d'argent sont découvertes et la valeur de ce métal diminue de plus en plus.

Pour donner une idée de l'importance des régions aurifères nouvellement découvertes, disons qu'on a évalué à 15,500 millions l'or extrait de 1493 jusqu'à 1848 dont 11,000 millions extraits en Amérique, et à plus de 26 milliards (7,743 tonnes) l'or extrait de 1848 à 1893. Si, à l'époque moderne, on examine la production annuelle dans chaque pays, on voit que l'extraction de l'or en Australie et aux États-Unis, après avoir atteint un maximum en 1854, diminue peu à peu jusqu'en 1892. L'Afrique du Sud où l'exploitation a commencé en 1887, produit autant que chacun de ces deux pays. La production de ces trois pays augmente jusqu'en 1900 où la production du Transwaal tombe à presque rien par suite de la guerre sud-africaine, tandis que celle de l'Australie et des États-Unis continue à augmenter. Le Canada en 1891 et l'Alaska en 1897 commencent à extraire, et leur importance croît d'année en année. On peut en dire autant de Madagascar. En ce moment, tous les pays aurifères sont en progression.

Voir sur les mines d'or à Madagascar, Annales des mines, oct. 1906; en Australie, S. des Ing. Civils, 1900; à l'Alaska, Smithsonian Inst. Reports; sur les principaux centres aurifères et leur production actuelle, Mém. de la S. Antonio Alzata, XXIII, p. 355-381.

Dans chaque région aurifère, la teneur des minerais exploités va en diminuant. En effet, les prospecteurs commencent avec des moyens primitifs et ne peuvent traiter que les minerais riches. Ceux-ci, du reste, sont peu abondants et s'épuisent rapidement en même temps que s'établissent des usines perfectionnées où l'on traite des minerais plus pauvres et plus abondants.

État naturel. — L'or se trouve surtout à l'état natif et un peu combiné au tellure. Les sulfures de plomb et de cuivre contiennent parfois de petites quantités de sulfures d'or et d'argent. L'or natif n'est du reste pas pur. Il est toujours allié à l'argent, quelquefois au cuivre et au fer, au palladium, au rhodium et à l'iridium (Californie). Voici quelques analyses :

	Or	Ag	Cu	Fe	
Europe : Wicklow...	92,32	6.17		0,78	
Fneses....................	84,89	14,68	0,04	0,13	
Worespatack (Transylvanie).	60,49	38,74			
Alluvions du Rhin..........	93,00	6.6	0,069		
Asie : Schlangenberg................	64,00	36,00			
Beresow....................	91,88	8,03	0,09		
Siam.	90,89	8,98	traces	traces	
Afrique : Sénégal (Poudre d'or).......	84,5	15,3			Pt=0,2
Amérique : Californie..............	89,42	9,01	0,87		Ir=1,00
Ojos-Auchas (Mexique)...	84,50	15,50			
Llano (Amérique du Sud).	88,58	11,12			
Australie : Pépites..................	94,55	5,07		3,75	
Alluvions	95,48	3,39			

L'or natif se trouve dans des filons en général quartzeux (or de montagne). Il se trouve en grains, en ramifications et en cristaux cubiques ou octaédriques, associé parfois à de la limonite. En profondeur, on trouve des pyrites où sont disséminées des paillettes d'or invisibles. L'or, dans ces pyrites, n'est pas combiné au soufre, car il se dissout dans le cyanure de potassium qui est sans action sur le sulfure d'or. Les pyrites arsenicales ou antimoniales, les pyrites cuivreuses, les sulfures d'argent et de plomb contiennent souvent de l'or.

Mais les gîtes d'or les plus riches et les plus exploités sont les alluvions, soit actuelles, soit anciennes ; ils forment ce qu'on appelle des *placers*. Quand un filon aurifère se détruit par l'action des eaux superficielles, l'or qui s'y trouve est réduit en poudre plus ou moins fine, mais reste inaltéré et se dépose avec les galets et les graviers ou sables formant les alluvions. Les sables aurifères sont souvent très riches. On y rencontre parfois des morceaux ou blocs d'or nommés pépites d'un poids considérable ; 67 kg. à Port Philipps en Australie. Mais l'or est parfois en grains et souvent en paillettes si fines qu'il en faut 10 à 12 pour faire un milligramme. Beaucoup de rivières, même en Europe, contiennent de ces paillettes. Citons le Rhin, le Rhône, l'Arve, l'Ardèche, le Gardon, l'Hérault, la Garonne, l'Ariège, le Pô, etc. Il y a eu longtemps des *orpailleurs* qui exploitaient ces sables. Les Grecs et les Romains ont extrait de l'or des rivières de la Thessalie, de la Serbie, de la Macédoine, de l'Italie, de l'Espagne, etc. Ils employaient souvent pour le lavage des sables des canaux couverts de peaux de mouton garnies de leur laine qui retenaient les paillettes d'or, ce qui a donné naissance à la légende de la Toison d'Or.

Dans les meilleures alluvions du Rhin, il faut laver 4 mètres cubes de sable pour avoir 1 gr. d'or. Des alluvions beaucoup plus riches sont exploitées en Sibérie, en Chine, à Madagascar, en Californie, au Mexique, en Colombie, en Guyane, en Australie, etc. Celles qui donnent le plus d'or par mètre cube sont actuellement celles de Sibérie et de l'Alaska. En Californie, on a exploité et l'on exploite encore en quelques endroits des alluvions formées à l'époque tertiaire et recouvertes de basalte.

Nous indiquerons, en raison de son importance, la formation aurifère du Witwatersrand au Transwaal, formation jusqu'ici unique, bien qu'on dise que des gîtes de la Côte d'Or, Guinée, sont analogues. L'or est contenu dans des couches de conglomérats, formés de galets de quartz de diverses grosseurs, cimentés par de la pyrite aurifère. La teneur varie selon les mines et est en moyenne de 20 à 30 gr. par tonne ; au-dessous de 10 gr. d'or par tonne, l'extraction ne paye plus les frais d'exploitation. Des gîtes dont l'importance semble avoir été surfaite existent aussi à Madagascar.

Le tellurure d'or est exploité dans la Transylvanie. Il y forme des espèces minérales appelées Sylvanite (Au, Ag)^2 Te^3 et Nagyagite (Pb, Au)^2 (Te, S Sb)^3. Elles se rencontrent dans quelques filons de la Guyane.

L'or se trouve en quantités très faibles (au maximum 3 centg. 1/4 à la tonne) dans l'eau de la mer (Monit. scientifique, 1899, p. 600).

Production de l'or. — La production totale de l'or dans le monde s'est élevée en 1905 à une valeur d'environ 2 milliards de francs, exactement 1.951.000.000 fr. Ce chiffre est en augmentation de 154 millions sur la production de 1904. L'Afrique entre dans ce chiffre pour 3.953.265.000 fr. ; l'Australie pour 454.666.000 fr. ; les États-Unis pour 416.778.000 fr.

Depuis la découverte du Nouveau-Monde, on admet qu'il est sorti du sol terrestre pour plus de 125 milliards de francs d'or et d'argent. Dans les cinq années 1901 à 1905, on a mis au jour 8.300 millions d'or et 5.800 millions d'argent (comptés au pair). Depuis 16 ans, les quantités d'or obtenues ont plus que triplé.

Extraction de l'or. — Souvent l'extraction de l'or se fait par des procédés primitifs et très simples ; d'autres fois par des méthodes et des appareils compliqués. Les méthodes simples sont employées exclusivement pour les alluvions ; ce sont les lavages soit à la battée (Madagascar et Afrique Occidentale), soit au berceau (Sibérie). Le sluice, employé en Amérique, est moins primitif. On y utilise la propriété qu'a l'or de se dissoudre dans le mercure à froid. On retient ainsi l'or, et les parties stériles sont entraînées par un courant d'eau. Pour l'or des filons, on emploie le broyage et l'amalgamation. Celle-ci se fait sur des plaques de cuivre amalgamées.

L'or mélangé à la pyrite n'est souvent pas amalgamable. On a alors recours à des procédés chimiques. Le premier employé a été le procédé Plattner par grillage et chloruration. La solution de chlorure d'or obtenue est précipitée par le sulfate ferreux ou par l'hydrogène sulfuré. — Un autre procédé est celui de la *cyanuration*. Une solution de cyanure de potassium dissout l'or sans attaquer la pyrite. Le grillage n'est pas nécessaire. On précipite l'or de la solution de cyanure par le zinc : *Mac Arthur Forrest*, ou bien par électrolyse entre une anode en fer et une cathode en plomb : *Siemens et Halske*.

L'or amalgamé est distillé de façon à séparer le mercure. On fond ensuite l'or avec du borax. L'or de la cyanuration est fondu directement. On obtient ainsi de l'or impur que l'on affine ensuite. —

MM. *Ciautar* de Londres, ont fait breveter en Angleterre et en Belgique un procédé et un appareil pour l'extraction de l'or de la mer et des eaux contenant ce métal (Brevet belge, n° 181.802 du 11 janvier 1895). Le procédé consiste à agiter mécaniquement et très énergiquement du mercure au sein de l'eau de mer.

Affinage de l'or. — L'or peut être affiné par diverses méthodes que nous allons indiquer. L'or peut être séparé des métaux étrangers par fusion avec le sulfure d'antimoine. Les métaux étrangers forment des sulfures et l'or s'allie à l'antimoine. La masse fondue et refroidie est partagée en deux : le plagma formé de sulfures et de sulfure d'antimoine, et l'or antimonié. Celui-ci est débarrassé de l'antimoine par oxydation à chaud et fondu ensuite avec du salpêtre et du borax.

Avant le départ ou séparation de l'argent par les acides, on traite les alliages aurifères par le soufre de façon à économiser l'acide. On introduit l'alliage granulé et mélangé à 1/7 de fleur de soufre humide dans un creuset de graphite chauffé au rouge. On le maintient pendant 2 heures à 2 heures 1/2 au rouge naissant, puis on le chauffe de façon à fondre le mélange. S'il y a assez d'or, celui-ci se trouve en entier avec de l'argent dans le culot. Si l'alliage est pauvre en or, pour que celui-ci se rassemble dans le culot, il faut répandre sur la masse fondue un peu de litharge qui transforme le sulfure d'argent en argent, qui entraîne l'or dans le culot.

On affine l'or par l'action du chlore par deux méthodes. Une assez ancienne est la cémentation. Elle consiste à chauffer l'alliage aurifère réduit en grenailles ou en lames minces avec un cément composé de 4 parties de briques pilées, 1 partie de sel marin et 1 partie de sulfate de fer calciné. On chauffe graduellement pendant plusieurs heures. Il se forme du chlorure d'argent qui est absorbé par la poudre de brique et qu'on sépare aisément des grenailles d'or, en faisant bouillir la masse avec de l'eau. Miller, de Sydney, a imaginé en 1869 une excellente méthode d'affinage de l'or par le chlore gazeux, qui est employée aux monnaies de Londres, de Philadelphie et de Sydney. Elle est basée sur ce fait que le chlore n'agit pas sur l'or à haute température, tandis qu'il transforme en chlorure les autres métaux. On fait arriver un courant de chlore sec dans le métal fondu : l'argent et les autres métaux sont transformés en chlorures qui se rendent à la surface de l'or. On peut remplacer le chlore par du brôme.

On emploie également l'action des acides pour séparer l'or de l'argent. La séparation par l'acide azotique la plus anciennement employée est dite *inquartation*, parce qu'on a admis longtemps que pour une bonne séparation, il fallait opérer sur un alliage contenant 1/4 d'or et 3/4 d'argent. Pettenkoffer a montré qu'avec de l'acide azotique assez concentré, densité 1,320, il suffisait que l'argent fût en quantité double de l'or.

La séparation par l'acide sulfurique est préférée comme moins coûteuse et s'applique à des alliages contenant au plus 1/4 d'or. On doit employer de l'acide sulfurique de densité 1,848. A la monnaie de San-Francisco, on traite par cette méthode : l'or en barres de Californie dont on forme un alliage grenaillé contenant 2 parties d'or pour 3 d'argent : l'argent en barre de Comstock renfermant de 2 à 10 0/0 d'or qu'on traite directement sans granulation ; l'argent en briquettes à forte teneur en cuivre, provenant de l'amalgamation des déchets et des mines de l'Etat de Névada qui est fondu avec de l'argent fin, de façon à ne contenir que 12 à 8 0/0 de cuivre. On emploie des chaudières en fonte phosphoreuse (2 à 4 0/0 Ph) qui résiste mieux à l'action de l'acide. Le gaz sulfureux et les vapeurs qui se dégagent se rendent par un tuyau en plomb dans une chambre revêtue de plaques de plomb puis dans une tour et une cheminée très élevée. La charge d'une chaudière est de 100 à 150 kg. On chauffe l'acide à l'ébullition puis on introduit l'alliage. On décante ensuite avec un siphon en fer la solution bouillante. L'or non dissous est débarrassé par ébullition avec du carbonate de sodium, puis par l'acide azotique de l'oxyde de fer, du sulfure de cuivre et du sulfate de plomb qui s'y trouvent mélangés ; on le dessèche ensuite et on le fond avec du borax et du salpêtre On a extrait par ces procédés l'or des anciennes monnaies d'argent qui en contenaient 1/10 à 1/12 pour cent.

Propriétés physiques. — L'or pur est d'un beau jaune. Si l'on fait réfléchir plusieurs fois de suite la lumière sur deux lames d'or parallèles, on a une couleur pourpre. La véritable couleur de l'or est donc le rouge. Les lames minces donnent à la vision par transparence la couleur complémentaire : le vert. Il suffit pour le vérifier d'appliquer une feuille mince contre une vitre. De petites quantités de métaux étrangers changent la couleur de l'or. Il acquiert un vif éclat par le polissage. Sa dureté n'est pas beaucoup plus grande que celle du plomb. C'est le plus malléable de tous les métaux. On peut le réduire en feuilles de un dix-millième de millimètre d'épaisseur. Ces feuilles minces sont employées pour la dorure, et dans les électromètres. Sa ténacité est assez grande, un peu plus grande que celle de l'argent. On peut l'étirer en fils très fins.

La densité de l'or est très élevée, de 19, 25 à 19, 56 pour l'or fondu ; 19, 6 pour l'or battu. Un alliage 5 gr. 07 de Pr. et de 1 gr. 33 d'Ag, a la densité de l'or. C'est cette densité qui permet d'isoler le métal des sables d'alluvion ou des roches broyées par un simple lavage (battée berceau).

Le poids si lourd de ce métal précieux fut sans doute l'un des facteurs qui amena la substitution du papier-monnaie au papier-métal, 10.000 fr. en or pèsent plus de 3 kilogs.

L'or fond à 1045° ; il se rétracte beaucoup en se solidifiant. L'or en fusion produit une lueur vert de mer. Il se volatilise à une température plus élevée en donnant des vapeurs vertes par transparence et violettes par réflexion.

Propriétés chimiques. — L'or est inattaquable par l'air, l'oxygène et l'eau à toutes températures. Il n'est pas altéré par l'hydrogène sulfuré, ni par les acides sulfurique, chlorhydrique et azotique isolés. Cette grande inaltérabilité est l'un des facteurs qui caractérisent les métaux dits nobles ou précieux.

Le chlore, le brome attaquent l'or. Le chlore gazeux l'attaque à froid, mais ne l'attaque pas à une température élevée, car le chlorure d'or se décompose aisément par la chaleur. Ces propriétés sont utilisées pour l'extraction de l'or (procédé Plattner par chloruration) et pour l'affinage (procédé Miller par le chlore gazeux) que nous avons examinés.

Un mélange d'acide azotique et d'acide chlorhydrique dissout grâce au chlore naissant, l'or à froid ou à l'ébullition, en formant du chlorure. Au Cl^3. Cette action est employée pour l'essai de l'or à la pierre de touche.

Le soufre n'a d'action sur l'or à aucune température. Mais les sulfures alcalins attaquent et dissolvent l'or. C'est par ce procédé que Moïse fit dissoudre le veau d'or et fit absorber la liqueur à ses adorateurs (La Bible) dit :

Le cyanure de potassium en présence de l'oxygène de l'air dissout l'or d'après la réaction : $2 Au + 4 KCN + O + H^2O = 2 KOH + 2 (KAu(CN)^2)$. Cette réaction est employée pour l'extraction de l'or par la cyanuration. La solution de cyanure d'or sert à la dorure galvanique.

Un mélange de protochlorure et de perchlorure d'étain donne dans une solution de chlorure d'or un très beau précipité pourpre appelé pourpre de Cassius. Cette réaction est employée comme procédé colorimétrique dans les laboratoires pour les essais rapides de minerais d'or. La pourpre de Cassius est employée pour la peinture sur porcelaine et donne au verre une teinte rose ou pourpre.

L'or, comme l'avait signalé Faraday peut exister en solutions aqueuses rouges bleues, violettes ou noires. Pour avoir la solution rouge, on part d'une solution très étendue de chlorure dans laquelle on verse une solution de carbonate ou de bicarbonate de potassium. On ajoute du formaldéhyde et on porte à l'ébullition, en agitant. La solution obtenue est diluée. Elle se concentre par dialyse et on peut avoir plus d'un gramme d'or par litre en solution colloïdale. L'or potable des alchimistes n'est donc pas absolument imaginaire.

Le mercure dissout l'or à toute température et forme un amalgame bien défini. Cette propriété est, comme nous l'avons vu, utilisée pour l'extraction de l'or. Elle est employée aussi pour la dorure.

L'or est soluble dans une solution acide de thiocarbamide *J. Moir*, surtout en présence d'un oxydant : chlorure ferrique, bichromate de K, H^2O^2.

L'or forme des alliages avec la plupart des métaux ; de faibles proportions de certains métaux comme le bismuth, l'antimoine, le plomb, le zinc, l'étain le rhodium, l'iridium et aussi de faibles quantités d'arsenic rendent l'or très cassant. *Max Forest*, rapport de l'Administration des monnaies et médailles 1903. On emploie presque exclusivement les alliages avec le cuivre et avec l'argent.

L'or est précipité de ses solutions par les métaux moins oxydables, le zinc, le cuivre, etc. C'est le principe employé pour la dorure au trempé et pour la précipitation de l'or de sa solution dans le cyanure.

L'or pur est employé pour la dorure des objets et pour la décoration du verre et de la porcelaine. Les alliages d'or sont employés pour les monnaies la bijouterie et l'orfèvrerie.

Nous allons étudier plus en détail les procédés de dorure et les divers alliages employés.

Dorure. — Les feuilles d'or servent à dorer le cuir, le plâtre, la pierre, etc. Les feuilles d'or se fabriquent en partant de lames obtenues au laminoir qu'on découpe en morceaux appelés quartiers de 3 cm. de côté. On les bat au marteau entre des feuilles de parchemin (coucher) puis entre des feuilles de baudruche (chaudret). Les feuilles achevées sont placées dans de petits cahiers de papier lisse recouvert de craie rouge pour empêcher l'or d'y adhérer. Le déchet sert à préparer l'or en coquille qu'on mélange à du vernis et qui sert à la dorure. Pour dorer avec l'or en feuille, on enduit l'objet d'un mélange de vernis et de blanc de plomb, ou de colle et de craie et on applique la feuille. Pour les objets en fer ou en acier on commence par les décaper par l'acide azotique, puis on les chauffe jusqu'à ce que leur teinte soit devenue bleue et enfin on recouvre avec les feuilles d'or.

Les autres procédés de dorure emploient les solutions de sels d'or. Ce sont la dorure à froid ou au bouchon, la dorure au trempé, la dorure au feu, et la dorure galvanique ou à la pile.

Pour dorer à froid, on trempe dans une dissolution d'or dans l'eau régale un chiffon de linge, puis on le dessèche et on le brûle. On obtient une cendre appelée or en chiffons contenant de l'or très divisé et du charbon. A l'aide d'un bouchon trempé dans l'eau salée on étend cette cendre sur la surface bien polie et décapée de l'objet à dorer qui doit être en cuivre, en laiton ou en argent.

La dorure au trempé s'obtient en plongeant l'objet bien décapé dans une solution de sel d'or. L'or réduit est précipité sur la surface de l'objet. On emploie une solution étendue de chlorure d'or ou un mélange bouillant d'une solution de chlorure d'or et de carbonate de potassium ou de sodium. Les objets de fer ou d'acier qu'on veut dorer de cette manière sont couverts au préalable d'une couche de cuivre obtenue en les trempant dans une solution de sulfate de cuivre. On peut aussi les dorer d'une autre façon. On les attaque par l'acide azotique, puis on les enduit d'une solution de chlorure d'or dans l'éther et on chauffe. On remplace depuis quelques années la solution de chlorure d'or et de carbonate de sodium par une solution de chlorure d'or et de pyrophosphate de sodium. Les objets y sont dorés presque instantanément.

La dorure au feu s'emploie pour les objets en bronze, en laiton et en argent. Elle repose sur l'emploi de l'amalgame d'or et demande des précautions très grandes pour la santé des ouvriers. On dépose sur la surface à dorer, par l'intermédiaire d'une solution de mercure dans l'acide azotique, un amalgame formé de 1 partie d'or pour 2 de mercure. Puis on chauffe l'objet, on vaporise le mercure et on obtient une mince couche d'or adhérent. Pour éviter le travail pénible et malsain qui consiste à étaler l'amalgame sur la surface de l'objet, Masselotte (de Paris) introduit les objets à dorer dans un bain basique d'un sel de mercure. Au moyen d'un courant électrique, il dépose du mercure sur l'objet jusqu'à ce que la surface soit toute blanchie : il les dore ensuite dans un bain assez riche et il les remet dans le premier bain où il recouvre l'or déposé d'une nouvelle couche de mercure. Il porte ensuite l'objet dans un four muni d'une porte de verre et volatilise le mercure. La dorure ainsi obtenue est beaucoup plus solide et durable que par les autres procédés. On peut lui donner par le polissage un aspect brillant ou bien on lui donne le mat. Pour donner le mat, on chauffe l'objet avec un mélange de salpêtre, d'alun et de sel marin en fusion et on le trempe ensuite dans l'eau froide. Il se dégage du mélange en fusion un peu de chlore qui attaque l'or et lui donne l'aspect mat. On peut réserver des parties qui devront être polies en les couvrant avec un mélange de craie, de sucre et de gomme. Si l'on veut donner à la dorure la couleur rougeâtre des alliages d'or et de cuivre, on plonge l'objet après volatilisation du mercure dans de la cire à dorer en fusion. Cette cire est un mélange de cire, de terre bolaire, de vert-de-gris et d'alun. On enlève ensuite la cire en chauffant au-dessus d'un feu de charbon. Le vert-de-gris réduit forme du cuivre qui s'allie à l'or et donne la teinte voulue. Pour dorer le fer et l'acier par ce procédé, il faut les recouvrir d'une couche de cuivre.

La dorure galvanique s'obtient en décomposant par un courant électrique une solution de cyanure d'or dans du cyanure de potassium, l'objet à dorer étant relié au pôle positif de la pile ou de la source d'électricité, le pôle négatif étant relié à une lame d'or plongeant dans le bain. Pour préparer une solution convenant pour la dorure, on dissout 7 gr. d'or fin dans l'eau régale, puis on le précipite par le sulfate de fer ; on rassemble l'or très divisé sur un filtre, on le lave à l'eau distillée, puis on fait tomber l'or dans une solution de cyanure de potassium contenant 100 gr. de ce sel par litre. L'or se dissout immédiatement.

Le plaqué ou doublé a été introduit dans le commerce par le fabricant parisien *Tallois*. On obtient le plaqué en passant ensemble au laminoir des lames de cuivre ou de laiton et d'or. On peut régler comme on veut les épaisseurs relatives d'or et de cuivre du plaqué. En amincissant au laminoir ou en étirant en fil ce plaqué, on obtient le doublé avec lequel on fait des anneaux de chaîne et des bijoux de toutes sortes.

Alliages d'or. — Nous verrons les alliages d'or et de cuivre et ceux d'or et d'argent.

L'or pur n'est pas employé à la fabrication des monnaies ou des bijoux, car il n'est pas assez dur et résistant. En l'alliant à de petites quantités de cuivre, on le rend plus dur et en même temps il prend une teinte plus rouge.

L'alliage employé pour les monnaies d'or est pour la France, la Belgique la Suisse, l'Italie, la Grèce, l'Allemagne, les Etats-Unis, le Pérou, le Chili, et la Colombie, l'alliage de 900 d'or fin et de 100 de cuivre. On tolère deux millièmes au-dessus ou au-dessous de ce titre. L'Angleterre, la Russie et le Brésil ont adopté le titre de 916,66 d'or pour 1000 d'alliage, c'est-à-dire 22 carats, l'or pur étant dit à 24 carats.

En France et en Belgique les bijoux et les objets en or (c'est-à-dire en alliages d'or) sont soumis au contrôle de l'Etat. Le titre est fixé par la loi et garanti par un poinçonnage. Les titres légaux sont pour la vaisselle et les ustensiles, 920, 840, 750 millièmes, avec une tolérance de 3/1000 au-dessous pour les bijoux, 750 millièmes, avec la même tolérance ; pour les médailles, 916 millièmes avec une tolérance de 2 millièmes au-dessus. D'autres pays ont imposé des titres légaux différents : en Prusse, 750, 583, 333 millièmes. En Autriche, 767, 546 et 226.

. Les alliages d'or et de cuivre n'ont pas la teinte de l'or, mais une teinte rouge. Pour leur donner la couleur éclatante du métal pur, on fait la *mise en couleur* en faisant bouillir les bijoux dans un liquide composé de sel marin, de salpêtre et d'acide chlorhydrique, lequel mélange a la propriété de dissoudre, grâce à un peu de chlore qui se dégage, une petite quantité de l'or de l'objet et de le déposer à la surface sous forme d'une très mince couche d'or pur. On obtient à froid le même résultat avec une solution de 1 gr. de brôme et de 30 gr. de bromure de potassium dans un litre d'eau. A l'usage, cette pellicule d'or s'use, puis le cuivre de l'alliage s'oxyde et le bijou prend une teinte sale. On lui rend son éclat primitif en le lavant avec un peu d'ammoniaque et en le remettant en couleur.

Les alliages d'or et d'argent sont employés dans la bijouterie. Ils sont plus durs et plus élastiques que l'or et l'argent. Leur teinte varie suivant la composition mais tend au vert. L'or jaune ou pâle contient 708 Au et 292 Ag ; l'or vert 700 Au et 300 Ag ; l'électrum 800 Au et 200 Ag.

Les alliages d'or, d'argent et de cuivre sont employés pour souder l'or. Pour les objets au titre 750 millièmes on emploie un alliage de 400 Au, 100 Ag, 100 Cu. L'or dit de Nuremberg contient 55 Au, 55 Ag, 100 Cu.

Pour souder des objets à titre élevé, on emploie un alliage d'or et de cuivre dit or rouge contenant 500 Au et 100 Cu, soit au titre de 833 millièmes. D'après Robert Austen et Hunt, un alliage de 78 d'or et 22 d'aluminium est de couleur pourpre. -

Essai des alliages d'or. — On se sert souvent de l'essai au touchau. La pierre de touche est un basalte ou un schiste siliceux. Sur cette pierre on trace avec l'objet à essayer des traits. On trace d'autres traits parallèles et encadrant le premier avec des baguettes d'alliage de titre connu. On attaque ensuite les traits par l'eau régale étendue et on voit d'après la rapidité de l'attaque et les teintes prises si l'alliage essayé est au titre de l'alliage de comparaison ou s'il est au-dessus ou au-dessous. On arrive aisément à juger la teneur à l'aide d'une solution étendue d'acide sulfurique ou d'acide nitrique, etc., à 1/1000 près. Toutefois le procédé est rendu inexact par la mise en couleur, à l'aide d'une solution étendue d'acide sulfurique ou nitrique, qui forme un alliage superficiel plus riche.

Pour avoir un résultat certain, on emploie la coupellation. On fond un échantillon de l'alliage avec un poids d'argent triple, double ou égal suivant sa couleur et dix fois son poids de plomb et on soumet le tout à la coupellation. On aplatit ensuite le bouton d'argent aurifère, on dissout l'argent dans l'acide azotique, on lave l'or qui reste, on le calcine et on le pèse. C'est ainsi qu'on procède à la Monnaie.

PLATINE Pt = 194.

Le platine se trouve exclusivement à l'état natif. *Antonio de Ulloa* le rencontra dans les sables aurifères du fleuve Pinto dans l'Amérique du Sud, et

Wood essayeur à la Jamaïque l'importa en Europe en 1741. On le prit pour une sorte d'argent, ce qui le fit nommer platine, diminutif de l'espagnol plata, argent : *Scheffer*, directeur de la monnaie de Suède, le reconnut pour un métal particulier en 1752. Le platine se trouve dans des sables provenant de roches serpentineuses, sous forme de grains ou de pépites dont une a atteint le poids de 10 kgs. Les gisements les plus importants se trouvent dans la partie méridionale de l'Oural sur le versant oriental. On a rencontré du platine en Norvège sur le territoire de Roeroas, en Laponie dans les sables du fleuve Ivalo. On en trouve au Brésil, en Colombie, au Pérou, à Haïti, au Mexique, en Californie, à Bornéo et en Australie. Mais la Russie seule produit quarante fois autant de platine que tous les autres pays. La mine de platine se compose d'une part de grains irréguliers de platine natif contenant de l'iridium, du palladium et du fer, d'autre part de paillettes brillantes et très dures d'osmiure d'iridium, contenant du rhodium, du ruthénium, du fer et du cuivre. La mine de platine est mélangée dans les alluvions avec du sable, du zircon, du fer chrômé et titané et de l'or. *Wollaston* trouva le moyen de forger et de laminer le platine en comprimant dans des cylindres en fer munis de piston d'acier et chauffés au rouge l'éponge de platine obtenue en calcinant le chloroplatinate d'ammonium précipité. *Deville et Debray* ont remplacé ce procédé par une fusion dans un four en chaux ou chalumeau d'oxygène et de gaz d'éclairage. On retire le platine de la mine de platine par voie humide en dissolvant le minerai dans l'eau régale et précipitant le platine par le sel ammoniac ; ou bien par voie sèche en fondant le minerai avec de la galène et un peu de verre. Le platine se trouve dans le plomb et l'osmiure d'iridium reste inattaqué. Le plomb est coupellé puis on fond le platine dans un four en chaux. Souvent, on fond directement le minerai mélangé d'un peu de chaux. On obtient un alliage de platine et des métaux qui l'accompagnent ; cet alliage est plus dur et plus résistant aux réactifs que le platine pur et peut le remplacer pour la plupart des usages.

Le platine très divisé appelé *noir de platine* se prépare en faisant bouillir du sulfate de platine avec du carbonate de sodium et du sucre ou en traitant par l'acide sulfurique un alliage de zinc et de platine. Le platine ainsi divisé peut absorber et accumuler dans ses pores des quantités énormes de gaz, et provoque ensuite des réactions chimiques qui s'effectuent sans qu'il soit altéré (action de présence ou *catalytique*). Le noir de platine sert à transformer l'alcool en vinaigre. On obtient du charbon, de la ponce ou de l'amiante platinés en faisant bouillir ces substances dans une solution de chlorure de platine, les trempant dans une solution de sel ammoniac et les calcinant. Ces substances platinées ont les mêmes propriétés que le noir de platine ; elles provoquent l'inflammation de l'hydrogène et des carbures d'hydrogène ; elles sont employées pour faire des briquets à hydrogène et surtout pour les auto-allumeurs des becs de gaz.

Le platine est un métal brillant un peu gris ; pur, il est très mou et peut se couper avec des ciseaux. Sa densité est de 21,15 quand il a été fondu, sa résistance à la rupture est de 31 kg. On peut le souder à lui-même et le fondre au chalumeau à oxygène et gaz d'éclairage; il fond à 1775° (*Violle* méth. calorimétrique); 1718° (*Holborn et Henning* méth. radiométrique) 1710° (*Holborn Henning* méth. thermoélectrique); 1710° (J. A. Harker méth. thermoélectrique). Le platine fondu absorbe l'oxygène et roche par refroidissement comme fait l'argent. On a adopté comme étalon d'intensité de lumière la lumière émise par un centimètre carré de surface de platine en fusion au moment où il se solidifie (*Violle*).

Le platine est malléable et on peut obtenir par emboutissage les creusets, capsules, etc., dont on fait journellement usage dans les laboratoires à cause de l'infusibilité du métal et de sa résistance aux actions chimiques. Le platine est très ductile et on l'étire en fils extrêmement fins. On recouvre un fil de platine avec de l'argent et on le passe à la filière; on dissout ensuite l'argent par l'acide azotique. Les fils de platine, en raison de leur finesse, sont rougis par de faibles courants électriques et servent à faire les thermocautères. En raison de leur résistance aux hautes températures et aux réactifs chimiques, on les emploie comme support pour les essais au chalumeau. Le platine forgé ou étiré possède la propriété de condenser les gaz et de se laisser traverser par eux; il provoque également la combustion de l'hydrogène et des carbures d'hydrogène. On a utilisé cette propriété pour des lampes de mineurs qui donnent une lueur quand la flamme est éteinte grâce à un fil de platine d'abord chauffé par la flamme et dont la température est maintenue grâce à la combustion de vapeurs d'huile provoquée dans ses pores par cette propriété. Malheureusement le platine chauffé pendant longtemps dans des gaz carburés acquiert une texture cristalline et devient très fragile. Le platine est le seul métal que l'on puisse souder au verre: aussi est-il employé pour la fabrication des lampes à incandescence. On peut le remplacer par certains aciers au nickel.

Le platine est inoxydable à toute température et inattaquable par les acides. On l'emploie pour faire les alambics destinés à la concentration de l'acide sulfurique. En raison du prix élevé du métal, on a essayé de substituer au platine du cuivre doublé de platine qu'on obtient comme le doublé d'or. Mais la porosité du métal fait que l'acide vient attaquer le cuivre. On a aussi employé le platine pour la confection de manchons pour les becs à incandescence; mais le platine devient très fragile, se ramollit et se déforme; Verbeke (br. all. 1898) à Bruxelles remplace le platine par les alliages suivants : pour les fils de chaîne, 88 platine, 10 iridium, 2 rhodium; pour les fils de trame, platine 90, iridium 5, rhodium 2, palladium 3. Le platine étant un métal précieux et inaltérable, on a eu l'idée de l'employer à la fabrication des monnaies. On a frappé en Russie, entre 1825 et 1845, des monnaies de platine qui ont été retirées de la circulation. On y avait employé 14.250 kgs. Le platine sert à la frappe de certaines médailles commémoratives. Il sert à la confection des poids des balances de précision. Le kilogramme étalon est en platine.

Le platine est attaqué par l'eau régale assez concentrée, par les alcalis fondus au contact de l'air, par les azotates alcalins fondus. Il donne avec le soufre et les sulfures métalliques, avec le silicium, le phosphore et la plupart des métaux fondus des composés fusibles. Il faut éviter de chauffer dans une capsule en platine des phosphates, des sulfates, de la silice ou des oxydes métalliques mélangés de charbon. On fait avec le platine outre les creusets et capsules, des cuillers, des spatules, des pointes de chalumeau et de pinces, on l'emploie en bijouterie pour sertir le diamant ; les dentistes l'emploient pour la base des râteliers.

Le platine allié à de l'argent recouvert d'une feuille d'or et frappé au balancier a servi à faire de la fausse monnaie. Trois parties de platine et treize de cuivre donnent un alliage semblable à l'or pour la couleur, l'éclat et l'inaltérabilité. Mélangé à son poids d'acier, le platine donne un alliage convenant très bien pour les miroirs métalliques. L'alliage de 85-90 de platine et de 10-15 d'iridium est beaucoup plus dur, plus difficilement fusible et plus résistant aux réactifs que le platine pur. L'alliage 90 Pt + 10 Ir a été adopté par la commission internationale du mètre pour les mètres étalons des différents pays. Le couple thermoélectrique du pyromètre Le Chatelier est constitué par des fils en platine pur et en platine allié à 10 % de rhodium. Le platine rhodié est inattaquable par l'eau régale. Un alliage de platine et d'argent a été employé dans les ateliers d'horlogerie fine de Versailles et dans les ateliers d'émaux. L'alliage d'acier et de platine est employé pour faire des aciers damassés. Les orfèvres emploient sous le nom d'or blanc un alliage de 800 d'or et de 200 de platine.

Le noir de platine fondu avec du minium, du sable et du borax donne pour la peinture sur porcelaine des gris d'un ton fin et ne modifiant pas les couleurs que l'on applique à côté. En calcinant le précipité formé par l'azotate de protoxyde de mercure dans une solution de bichlorure de platine et fondant le résidu avec du strass, on obtient un très bel émail noir. Klaproth en 1793 a indiqué le moyen de donner aux porcelaines un lustre métallique gris en étalant sur le vernis de la poterie un mélange d'une solution concentrée de chlorure de platine et d'essence de lavande. Le bichlorure de platine peut former une encre pour marquer le linge. On écrit sur le linge imprégné d'une solution gommée de carbonate de sodium avec une solution de bichlorure dans l'eau distillée puis quand l'écriture est sèche on passe sur les lignes une plume trempée dans une solution de protochlorure d'étain. Les caractères ont une couleur pourpre et résistent au savon.

On peut par électrolyse recouvrir les objets métalliques d'une couche continue et adhérente de platine et les protéger ainsi contre l'action des réactifs. On peut employer des bains alcalins ou à l'acide oxalique ou à l'acide phosphorique. Dans le premier on dissout dans 250 cm.³ d'eau, 50 gr. de potasse caustique puis en chauffant à 50°, 12 g 5. d'hydrate de platine. On complète à 1 litre. On emploie une anode en charbon ou en platine et une force électromotrice de 2 volts. Les objets d'acier, de nickel, de zinc, d'étain, de maillechort doivent être au préalable cuivrés. Pour les bains acides on emploie pour 1 litre 6 g. 25 d'hydrate de platine et 25 g. d'acide oxalique ou bien 15 g. d'hydrate et 55 g. d'acide phosphorique. Le dépôt se forme en 5 ou 10 minutes.

La Cie de Saint-Gobain par un procédé spécial est arrivée à recouvrir des glaces d'une couche très mince de platine. Ces glaces sont transparentes quand on regarde du côté où le verre n'est pas recouvert de platine. Elles forment un miroir métallique si on regarde du côté de la couche de platine.

Le prix du platine augmente sans cesse depuis que l'éclairage électrique en fait une grande consommation. En 1880 il valait 485 fr. le kg., en 1890, 1000 f. ; en 1901, 2590 f. ; en 1902, 2500 f. ; en 1903, 3000 f. ; en 1904, 3400 f. En 1894, la Russie en produisait 5.028 kg. Le minerai est envoyé et traité surtout en Allemagne.

Iridium Ir = 192,7

L'iridium a été trouvé dans la mine de platine par *Tennant* en 1803. Il se trouve allié au platine natif et à l'état d'osmiure d'iridium. Pour le séparer on traite d'une part la solution de platine et des métaux alliés à lui dans l'eau régale, d'autre part l'osmiure d'iridium qui n'a pas été attaqué par l'eau régale. Après avoir précipité par le sel ammoniac le platine avec un peu d'iridium on précipite le palladium par le cyanure de mercure après avoir neutralisé la liqueur par le carbonate de sodium. Au moyen du sel ammoniac on précipite ensuite l'iridium avec un peu de platine. On réduit les chlorures doubles par l'hydrogène. Pour l'osmiure d'iridium on le fond avec 8 fois son poids de zinc dans un creuset en charbon de cornue et on fait distiller le zinc ; on pulvérise l'éponge d'osmiure d'iridium restée dans le creuset, ce qu'on ne pouvait faire avant ce traitement, puis on mélange la poudre avec le triple de son poids de bioxyde de baryum et son poids d'azotate de baryum desséché. On chauffe le mélange au rouge puis on le traite par l'eau régale à l'ébullition en condensant les vapeurs d'anhydride osmique dans l'ammoniaque. On précipite ensuite le baryum par l'acide sulfurique, on évapore à sec et on reprend par l'eau chaude. On ajoute du sel ammoniac et on précipite l'iridium et le ruthénium à l'état de chlorures doubles. On obtient une éponge métallique en chauffant les chlorures dans un courant d'hydrogène. On traite cette éponge comme celle fournie par l'eau mère de la précipitation du palladium par fusion avec du plomb. On dissout ensuite le plomb par l'acide nitrique, le rhodium qu'on a entraîné avec le précipité est dissous par l'acide sulfurique et le platine par l'eau régale qui ne peut attaquer les petits cristaux d'iridium formés. Pour séparer l'iridium du ruthénium on chauffe les métaux dans un creuset d'argent avec de la potasse et du nitre. En reprenant par l'eau on dissout le ruthénate de potassium avec un peu d'iridium à l'état d'oxyde. Pour séparer l'oxyde d'iridium du ruthénate de potasse on fait passer lentement un courant de chlore dans une cornue contenant la solution en chauffant jusqu'à ce qu'il ne distille plus de peroxyde de ruthénium jaune. L'oxyde d'iridium resté réduit par l'hydrogène donne de l'iridium pur.

L'iridium est blanc grisâtre et de densité 22, 28. Il ne fond qu'au-dessus de 2000° au chalumeau à hydrogène et oxygène ; encore ne fond-il qu'en petits grains et pour le fondre en quantités un peu importantes il faut recourir à l'arc électrique. Il roche comme le platine. Il est insoluble dans les acides et l'eau régale ne peut l'attaquer que s'il est en poudre très fine.

On l'emploie dans l'industrie à cause de sa grande dureté et de sa résistance aux agents chimiques depuis que *J. Holland* a trouvé un procédé permettant de le couler dans des moules. Ce procédé consiste à le couler à l'état de phosphure d'iridium obtenu en chauffant le métal au rouge et y ajoutant 25 °/₀ de phosphore. On décompose ensuite le phosphure d'iridium et on élimine le phosphore en chauffant le métal au rouge avec de la chaux. L'iridium ainsi obtenu est aussi dur que le rubis ; à froid il se casse sous le marteau, au rouge blanc il est malléable. Il se soude aisément à un grand nombre de métaux : or, argent, cuivre, acier, etc. Pour polir le métal on se sert de poussière de diamant ou de corindon mélangée avec de l'huile. Pour le percer on emploie d'abord un foret à pointe de diamant et on achève avec une pointe de cuivre incrustée de poussière de diamant. Pour le couper on emploie une lame mince de cuivre dont les bords sont recouverts de poussière de diamant en suspension dans de l'huile de coton. On prépare avec l'iridium des points de contact des appareils télégraphiques, des coussinets, des balances de précision, des pivots pour les montres et pendules, des pointes de chalumeau, des pointes pour les aiguilles d'or des chirurgiens et les plumes d'or, des filières à étirer l'or et l'argent. Le sesquioxyde d'iridium est employé dans la peinture sur porcelaine et donne une belle couleur verte.

L'iridium en s'alliant au platine donne à ce dernier de la dureté. L alliage de platine avec 10 °/₀ d'iridium est employé pour les mètres étalons à cause de son inaltérabilité et de son faible coefficient de dilatation.

On peut recouvrir d'iridium d'autres métaux et les préserver de l'action des réactifs. Un des meilleurs bains se compose de 3 g. chlorure d'iridium, 20 g. de borax, 20 g. de carbonate de sodium, 3 g. de chlorure d'ammonium dans 200 c/m³ d'eau. *Dudley* a indiqué des bains contenant de l'hydrate d'iridium soit avec de la potasse soit avec de l'acide oxalique.

CARBURES MÉTALLIQUES

Un grand nombre de métaux forment avec le carbone des composés définis ou carbures. Les méthodes générales pour produire les carbures consistent à chauffer le métal avec du charbon ou bien de réduire l'oxyde par le charbon à une température très élevée. Le carbone étant très réfractaire ne se combine au métal que si celui-ci devient liquide. Cependant en présence de l'azote et des alcalis le charbon peut donner des cyanures fusibles qui viennent carburer le métal sans que celui-ci devienne liquide ; c'est ce qui arrive dans la cémentation du fer. Les gaz carburés peuvent jouer le même rôle. La préparation des carbures s'est trouvée devenir pratique par l'emploi du four électrique qui permet l'action du charbon sur des corps réfractaires tels que la chaux. C'est par la réduction d'un oxyde par le charbon au four électrique qu'on obtient presque tous les carbures métalliques employés. Sur les carbures alcalins, voir Henri Moissan (Bull. Soc. Chimique 1898, p. 865). C'est ainsi qu'on obtient comme on a vu dans la première partie de cet ouvrage le carbure de silicium qui sous le nom de *carborundum* est employé pour le polissage. Nous allons étudier successivement les carbures métalliques employés dans l'industrie.

Le *carbure de calcium* a été obtenu pour la première fois par *Wilson* en 1888 en fondant ensemble au four électrique du coke et de la chaux. Il n'y a pas électrolyse mais réduction à une température élevée $(CaO + 3C = CaC^2 + CO)$ et pour préparer le carbure on peut employer indifféremment le courant continu ou le courant alternatif. Depuis 1895 la Wilson aluminium C° fabrique en grand le carbure de calcium. Une étude détaillée a été faite en 1895 dans le J. of. the am. chem. S. par *J. Morehead* et *G. de Chalmot*. La production de carbure de calcium s'est élevée à 83.000 tonnes en 1905.

Le carbure de calcium décompose l'eau en formant de la chaux et dégageant du gaz acétylène ; $(CaC^2 + 2 H^2O = CaOH^2O + C^2H^2)$. L'acétylène en brûlant donne une très vive lumière et le principal emploi du carbure de calcium est l'éclairage à l'acétylène. L'acétylène produit en brûlant de 15 à 16 fois plus de lumière que le gaz d'éclairage. Cette lumière analysée au spectroscope diffère peu de celle émise par le platine en fusion. L'éclairage à l'acétylène est celui qui, après l'éclairage électrique dégage le moins de chaleur pour une quantité donnée de lumière. Au point de vue de l'éclairage une tonne de carbure de calcium équivaut à 15 tonnes de houille employées pour la fabrication du gaz d'éclairage ; 1 kg de carbure de calcium fournit environ 300 litres de gaz acétylène ; si on liquéfie ce dernier les 300 litres. d'acétylène occupent un volume de 0.9 soit le double du volume du carbure Il n'y a pas d'avantage par conséquent à employer l'acétylène liquéfié dont le transport est dangereux.

La réaction de l'eau sur le carbure de calcium est très vive et le dégagement de gaz avec les divers appareils est irrégulier. Pour régler ce dégagement *Schneider* (1895) imprègne le carbure de calcium d'une substance hydrofuge, huile, stéarine, paraffine ou remplace l'eau par des solutions saturées de sels déliquescents chlorure de calcium ou de magnésium, d'éther, de pétrole ; *Morin* propose (br. fr. 1898) de mélanger au carbure 9 à 8 °/₀ d'un corps gras, *Meil* (br. fr. 1897) le trempe dans un mélange de benzine, de pétrole, de vaseline : par un mélange de glucose et de corps gras *Yvonneau* (br. fr., 1897) en fait un carbure de sûreté ; *C. Cenacin* (Bul. de Rouen 1900) a fait des essais pour agglomérer le carbure de calcium avec la naphtaline et en faire des bougies qui sous l'action de l'eau donnent un dégagement régulier de gaz. Le carbure de calcium pur d'après Moissan est transparent. Une trace de fer suffit pour lui donner l'aspect marron et mordoré du carbure industriel. Celui-ci contient d'autres impuretés notamment du sulfure et du phosphure de calcium provenant des impuretés du coke et de la chaux. Il donne par l'action de l'eau des gaz contenant 4 °/₀ d'impuretés consistant en hydrogène sulfuré et phosphoré, ammoniaque, oxyde de carbone, hydrogène, azote, oxygène. Les deux premiers gaz sont toxiques, donnent une mauvaise odeur et produisent à la combustion des gaz nuisibles. On peut purifier l'acétylène au moyen du chlorure de chaux à l'état solide et humecté et de l'acide sulfurique de densité 1,6.

Le pouvoir réducteur du carbure de calcium sur les oxydes métalliques a fait l'objet de nombreux essais. On l'a essayé dans la fabrication de l'acier. Les nitrates sont transformés en nitrites. On peut se servir du carbure de calcium pour préparer les métaux alcalins. Un fluosilicate mélangé de carbure et porté au rouge forme un carbure alcalin et du fluorure de calcium. En chauffant davantage le métal distille.

La décomposition du carbure par l'eau dégage 570 calories par kg de carbure. Cette décomposition s'opère même en présence de l'alcool concentré et le carbure sert à obtenir l'alcool absolu. Le dégagement de gaz ne se produit pas avec l'alcool absolu et on peut vérifier ainsi si un alcool est anhydre. (*Yvon* 1898). Le carbure de calcium peut servir à préparer les cyanures ; comme les carbures des métaux alcalins il se transforme intégralement en cyanure sous l'action de l'azote à partir de 450°. On peut amorcer cette réaction par la vapeur d'eau ou par des oxydes ou carbonates (*A. Frank et M. Caro* 1896-1897, *Rod et Rosenfel* 1896).

Il faut 1,5 kilowatt-heure pour produire 1 kg de carbure de calcium. D'après Borchers la production annuelle de carbure atteindrait 256.000 tonnes tandis que celle du cuivre électrique n'atteint que 166.000 t. Le prix de vente moyen est de 375 fr. et le prix de revient de 150 à 200 fr. environ. L'état physique le plus favorable pour la production ne paraît être l'état pulvérulent mais les menus fragments de la grosseur d'une noisette. Le carbure de magnésium est analogue au carbure de calcium.

Le *carbure d'aluminium* C^3Al^4 s'obtient en chauffant au four électrique un mélange d'aluminium et de charbon. C'est un corps en lamelles hexagonales jaunes et transparentes de densité 2.36 qui décompose l'eau à la température ordinaire en dégageant du méthane ($C^3Al^4 + 12H^2O = 3CH^4 + 2Al^2O^6H^6$).

La *carbolite* est un composé de carbure de calcium, d'aluminium, magnésium et silicium obtenu en réduisant au four électrique des laitiers de haut fourneau. D'après Hartenstein (1898) 1 kg de ce produit fournit par son contact avec l'eau 300 litres de gaz contenant de l'éthylène et équivalent à l'acétylène au point de vue lumineux.

La *cémentite* ou carbure de fer CFe^3 se trouve dans les aciers non trempés. Dans l'attaque de l'acier par l'acide chlorydrique ou sulfurique il se dégage des carbures d'hydrogène. Il est remplacé dans les aciers trempés par une solution solide du carbone dans le métal. Dans l'attaque par un acide ce carbone reste à l'état de graphite.

Le *carbure de manganèse* CMn^3 est attaqué par l'eau en donnant des volumes égaux d'hydrogène et de méthane. Il s'obtient au four électrique. Il existe également dans les ferro-manganèses obtenus au haut fourneau, dont les plus riches en manganèse se délitent à l'air humide. Ce carbure se mélange à la cémentite dans les aciers.

Le chrome chauffé avec du charbon au feu de forge forme le *carbure de chrôme* CCr^1 ; au four électrique il forme C^2Cr^3 cristallisé. Dans les aciers chromés et dans les ferrochromes obtenus au haut fourneau ou au four électrique ce carbure se combine au carbure de fer et donne des composés $CFe^3C^2Cr^3$, etc.

Moissan a obtenu au four électrique des *carbures de cérium et d'uranium* qui sous l'action de l'eau forment à la fois des carbures d'hydrogène solides liquides et gazeux. Cette réaction de l'eau sur des carbures métalliques qu'on suppose exister dans les masses profondes de la terre a pu jouer un rôle dans la formation des hydrocarbures naturels qu'on trouve dans certains gîtes.

TABLE ALPHABÉTIQUE DES MATIÈRES [1]

des tomes I (p. 1 à 752) et II (p. 753 à 1467)

A

---

1. J'exprime tous mes remerciements à Monsieur A. Boileau qui a bien voulu se charger de cette table pour le tome II.

B

C

D

E

F

G

H

I

M

N

O

P

Q

R

S

T

U

V

OBSERVATIONS

Page 114, ligne 32, *lire* : produire.

— 121, — 21, — : soude.

— 124. — 20, *ajouter* : le chlorure d'ammonium.

— 130, — 40, — : l'indigo.

— 139, — 42, — : de la sonde.

— 151, — 13, *lire* : doser.

— 172, — 32, — : oxydant indirect.

— 455, — 27, — : 1000.

— 511, — 12, — : $S < {}^H_H$

— 514, *ajouter* : Le noir Vital fut l'un des premiers de ces noirs sulfurés; sur son exemple, de nombreux produits analogues ont été préparés par presque toutes les fabriques de colorants.

Page 519, — 35, *lire* : 2 mètres 5.

— 529, — 21, *effacer* : neutre.

— 551, — 18, *lire* : SO^4H^2.

— 590, — 33, — : qu'elle a prise.

— 594, — 17, *ajouter* : qu'il décolore en présence d'un acide.

— 785, — 31, *lire* : camphres $C^{10}H^{16}O$.

— 879, — 5, — : Vèzes.

— 918, — 10, — : Au

— 957, — 7, — : crésolines

— 964, — 10, — : Homocréosol.

— 1081, — 29, — : cordol, *au lieu de* : salol.

— 1131, — 23, — : nirvanine.

— 1133, — 13, — : nitriles acides *et* Imides.

— 1133, — 17, — : $SO^2.CO$, *et non* $SO.CO^2$.

Page 1133, *ajouter* : après la ligne 13 :

Nitriles acides	COOH.R.CN	L'oxalique non isolé.
Imides	R(CO)².NH	L'oximide est connue.

— 1318, — 7, *lire* : Dérivés diaminoazo.

— 1398, — 20, *ajouter* : voir une Terminologie des fers, fontes et aciers en plusieurs langues, par Wedding, *in* Stahl und Eisen, 1907.

Sur l'utilisation de l'azote de l'air, voir les **notes de chimie** de Jules Garçon, *in* Bull. de la S. d'Encouragement pour l'Industrie Nationale, 1905, 1906, 1907.

Sur le coupage des métaux avec le chalumeau, *voir* Génie Civil, 1907, p. 241.

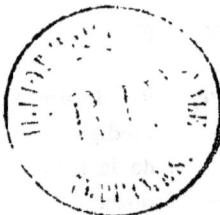

MACON, PROTAT FRÈRES, IMPRIMEURS